Verlag von R. Oldenbourg in München.

Die

Vereinigten Staaten von Nord-Amerika.

Von

Dr. Friedrich Ratzel,

Professor der Erdkunde an der technischen Hochschule zu München.

Prospect.

Die Arbeiten der Forscher und Sammler in den geographischen Wissenschaften und die Theilnahme des Publikums an denselben gehen launenhafte Wege. Manchmal leiden ganze Länder, selbst Erdtheile, unter einer Vernachlässigung, für welche man keinen thatsächlichen Grund findet, während die Theilnahme sich nach anderen Seiten hin aus Motiven concentrirt, welche man ebenso schwer erkennt. Es liegt darin etwas, das an die Unberechenbarkeit der Moden erinnert. Wenn Nord-Amerika und besonders derjenige Theil desselben, welcher von den Vereinigten Staaten eingenommen wird, zu den von der wissenschaftlichen Erdbeschreibung vernachlässigten Gegenden der Erde gehört, so kann nur in dieser Willkür eine Erklärung dafür gesucht werden. Man schütze nicht die Schwierigkeiten vor, welche durch die reissend schnelle und an tausend Punkten zugleich fortschreitende Entwickelung seiner Culturverhältnisse der Fixirung eines Gesammtbildes sich entgegenstellen! Diese müssen ja überall überwunden werden, wenn wir nicht von vornherein auf die Beschreibung dessen verzichten wollen, was nicht starr, nicht völlig unbeweglich ist. Man begreift es, wenn der Bildhauer vor einem jugendlichen Körper endlich den übergenauen

Meissel sinken lässt, dessen langsamer Nachahmung die Natur mit der Raschheit ihres Wachsthums voraneilt; aber in der Wissenschaft muss man sich immer entschliessen können, die Bilanz zu ziehen, wenn es nothwendig ist.

Es ist kein Zweifel, dass der Mangel einer gründlichen Beschreibung der Vereinigten Staaten von Nord-Amerika eine der auffallendsten Lücken in unserer geographischen Literatur bildet. Weder in Deutschland, noch in England oder Frankreich und, was noch mehr heisst, selbst nicht in den Vereinigten Staaten ist in neuerer Zeit der Versuch gemacht worden, uns das Bild des hochwichtigen Landes nach den neuen Forschungen und Entdeckungen, die sich seit drei Jahrzehnten wahrhaft gedrängt haben, in vertrauenswürdigen Zügen zu zeichnen. Der praktische Bedarf hat einige Versuche erzeugt, die in manchen Beziehungen nützlich gewesen sind, an die es aber ungerecht wäre, den Massstab wahrhaft wissenschaftlicher Leistungen anzulegen. Wir in Deutschland haben seit Jahren auf Wappäus' Handbuch der Geographie und Statistik von Nord-Amerika, ein gründliches und gediegenes Werk, zurückgreifen müssen, das 1855 und seitdem nicht mehr erschienen ist; wir haben daneben an minder eingehenden Arbeiten Karl Andree's Nord-Amerika gehabt, das nun ebenfalls über zwanzig Jahre alt. Es genügt aber, daran zu erinnern, dass man die eingehendere Erforschung der ganzen westlichen Hälfte des weiten Gebietes, die in geographischer Hinsicht die wichtigste genannt werden darf, erst von dem Beginne der grossen Wanderungen nach dem Far West, d. h. nach den Steppen und Gebirgen des Westens und nach Californien, an datirt, um sich klar zu machen, wie unvollständig in den wichtigsten Abschnitten gegenwärtig diese zu ihrer Zeit vortrefflichen Arbeiten sein müssen. Ohne im Mindesten die Pflicht der Dankbarkeit zu verletzen, welche wir ihren Verfassern schulden, dürfen wir diese unsere deutschen Grundwerke über die Vereinigten Staaten als für unser heutiges Bedürfniss nicht mehr genügend erklären.

Bedarf es unter solchen Umständen des Hinweises auf die hervorragende Stellung, welche die junge germanische Republik des

Westens unter den Ländern der Erde einnimmt, um das Erscheinen einer neuen Geographie der Vereinigten Staaten zu begründen? Sollen wir erst hervorheben, dass in erster Reihe die physikalische Geographie ein hohes Interesse an der Schilderung eines Landes haben muss, das, während es nicht viel kleiner als Europa selbst, das einzige aussereuropäische Land genannt werden kann, das nach Oberflächengestalt, Bewässerung, geologischem Bau, Pflanzen- und Thierwelt genügend genau bekannt ist, um zu Vergleichen mit unserem Erdtheil herangezogen werden zu können? Bei einem grossen Ueberblick der Thatsachen der vergleichenden Erdkunde darf man wohl sagen, dass Europa und Nord-Amerika zusammen mindestens vier Fünftel der Thatsachen liefern, auf welche diese Wissenschaft ihre Schlüsse gründet. Die beiden bestdurchforschten Erdtheile, sind sie es auch, die es am meisten zu kennen lohnt. Geht man gar in die Geschichte der Erde ein, so ist es nur von ihnen möglich, ein allgemeines Bild der geologischen Entwickelung und der Entwickelung ihrer Lebewelt zu entwerfen.

Sollen wir fernerhin daran erinnern, dass die Culturgeographie sich ausser mit Russland mit keinem gleichgrossen Staate civilisirter Völker zu beschäftigen hat? Dass die Vereinigten Staaten mit ihren nahezu 10 Millionen Q.Kil., ihren 45 Millionen Einwohnern, ihrem Handelsverkehr von 4 Milliarden, ihren Eisenbahnen von 120,000 Kil., ihren Telegraphen, Dampferlinien, Häfen, Grossstädten; ihrem Rassen- und Völkergemisch, welches Staats- und Gesellschaftsformen erzeugt, die wir in der Alten Welt nicht kennen; ihrer Verpflanzung altweltlicher Culturproducte in den jungen Boden, der bald zur Versuchsstation aller hohen und niedern Erfindungen des Menschengeistes geworden scheint — dass dieses seltsame, gährende, nervöse Volk, das dem Ethnographen das nie gesehene Schauspiel eines aus bekannten Elementen zu einem vorher unbekannten Typus erwachsenden Volkes bietet, dass dieser Staat, der grösste Freistaat der Neuzeit, der in 100 Jahren zu einer achtunggebietenden Weltmacht erwachsen ist, gekannt werden muss, und nicht oberflächlich, von Jedem, der überhaupt die moderne Welt verstehen will? Wir wollen uns hüten, die hundertmal gehörten Gemeinplätze von der ausserordentlichen Bedeutung und der gewaltigen Zukunft Amerika's neuerdings hier auszubreiten; wir wiederholen nur, dass, angesichts der vielseitigen Wichtigkeit dieses Staates und Volkes, das Unternehmen einer eingehenden Darstellung desselben nicht allein berechtigt, sondern vom wissenschaftlichen wie praktischen Standpunkt unzweifelhaft nothwendig ist. Es ist möglich, dass wir unsere Kräfte überschätzen, aber es ist nicht möglich, dasselbe mit der Bedeutung der Aufgabe zu thun, die wir uns gestellt haben.

Die Behandlung des Stoffes, welche wir gewählt, ergibt sich schon aus der Inhaltsübersicht des I. Bandes. Dieselbe versucht es, die wissenschaftliche Gründlichkeit mit allgemeiner Verständlichkeit und das rein geographische und völkerkundliche Interesse mit der praktischen Benützbarkeit zu verbinden. Der Geschäftsmann, der Auswanderer, der Zeitungsleser, jeder Freund der Erdkunde, wird sich, wie wir hoffen, ebensowenig vergeblich an dieses Buch um Auskunft wenden, wie der Gelehrte, und man hat eingedenk der Erfahrung, dass es oft weniger die Art des Inhaltes von einem Buche als die unklare Disposition und schwierige Erreichbarkeit desselben ist, welche den praktischen Gebrauch, besonders bei geographischen Werken, erschweren, der Anordnung des Stoffes nach seinen natürlichen Abschnitten, der Druckökonomie, der graphischen Veranschaulichung, dem Inhaltsverzeichniss und dem Register besondere Aufmerksamkeit zugewendet.

Es ist zunächst die wissenschaftliche Beschreibung und Zusammenfassung streng getrennt gehalten von der Schilderung; die erstere nimmt den Allgemeinen, die letztere den Schildernden Theil ein. Während in diesem durch die Aneinanderreihung einer Reihe von Naturbildern, theils nach eigener Anschauung des Verfassers, theils nach den zuverlässigsten Gewährsmännern, wie Agassiz, Bartram, Cooper, Dodge, James, Norwood, B. Taylor, Pr. von Wied u. A. der Versuch gemacht wird, ein Naturgemälde der Vereinigten Staaten in den grössten Zügen zu entwerfen, das Treue mit künstlerischer Beschränkung auf das Charakteristische verbinde, ging im Allgemeinen Theil das Bestreben dahin, die verschiedenen natürlichen Gruppen der geographischen Erscheinungen streng gesondert zu halten, dieselben erst unter allgemeinen Gesichtspunkten zu betrachten, dann in ihre Theile zu zerlegen und jeden von diesen mit demjenigen Mass von Eingehen auf das Detail zu behandeln, welches nöthig erscheint, um dem Buche den Charakter eines praktischen Nachschlagebuches neben dem eines wissenschaftlichen Handbuches zu verleihen. In den allgemeinen Abschnitten ist dem genetischen und vergleichenden Element jene Beachtung gewidmet, welche die moderne Erdkunde erheischt; die Betonung der geologischen und erdgeschichtlichen Verhältnisse im ersten, der ethnographischen und geschichtlichen im zweiten Bande prägt diese genetische Auffassung aus, welche dazu dienen wird, die Erfassung mancher fremdartigen Erscheinung der amerikanischen Natur und des amerikanischen Lebens zu vertiefen, hoffentlich auch in einigen Fällen zu erleichtern.

Von Gesinnung, die politische oder religiöse Schriften diktiren mag, hat man bei einer wissenschaftlichen Arbeit kein Recht, zu sprechen; die Gesinnung des Naturforschers — und der Geograph ist Naturforscher — ist in der Liebe zur Wahrheit vollständig umschlossen. Wir hoffen, dass man uns ganz von derselben geleitet finden wird. In jenen schwierigen Fragen der Culturgeographie, in denen kein Schluss nach naturwissenschaftlicher Methode gezogen, sondern zunächst nur eine möglichst breit basirte Meinung ausgesprochen werden kann (Beurtheilung des Volkscharakters, der politischen und socialen Verhältnisse und ähnl.) werden wir wenigstens versuchen, auf dem Grunde jener Methode in kühler neid- und neigungsloser Unbefangenheit zu verharren.

Bezüglich des Inhaltes des vorliegenden I. Bandes verweisen wir auf das nachstehende Inhaltsverzeichniss.

Der II. Band wird in ähnlichem Umfange wie der I. die natürlichen Culturbedingungen in dem Gebiete der Vereinigten Staaten, die einstige und jetzige Bevölkerung derselben nach ihrer ethnographischen und politischen Stellung, das Leben des Volkskörpers, wie es die Statistik darlegt, die Entwickelung und die Einrichtungen der wirthschaftlichen und politischen Verhältnisse, das geistige Leben in Literatur und Kunst, Wissenschaft und Schule in einer Reihe von allgemeiner gehaltenen Capiteln behandeln und mit einer eingehenden und auf die neuesten Quellen gestützten Beschreibung der einzelnen Staaten und Territorien, der Grafschaften und Städte schliessen. Eine Reihe von Karten und Tabellen wird die graphisch darstellbaren Verhältnisse (Rassen und Nationalitäten, Dichtigkeit der Bevölkerung, Verbreitung gewisser Culturen, Verbreitung nutzbarer Mineralien u. dgl.) erläutern.

Die

Vereinigten Staaten

von

Nord-Amerika.

Die

Vereinigten Staaten

von

Nord-Amerika.

Von

Dr. Friedrich Ratzel,

Professor der Erdkunde an der technischen Hochschule zu München.

Erster Band.

Physikalische Geographie und Naturcharakter.

Mit 12 Holzschnitten und 5 Karten in Farbendruck.

München.

Druck und Verlag von R. Oldenbourg.

1878.

Physikalische Geographie

und

Naturcharakter

der

Vereinigten Staaten von Nord-Amerika.

Von

Dr. Friedrich Ratzel,
Professor der Erdkunde an der technischen Hochschule zu München.

Mit 12 Holzschnitten und 5 Karten in Farbendruck.

München.
Druck und Verlag von R. Oldenbourg
1878.

Vorwort.

Da der Mangel eines neueren zusammenfassenden Werkes über die Geographie der Vereinigten Staaten von Nord-Amerika seit Jahren als eine der auffallendsten Lücken unserer Literatur bekannt ist, bedarf das Unternehmen, dessen erste Hälfte hier vorliegt, an und für sich gewiss keiner Rechtfertigung. Dagegen werden einige Worte über die Ziele, die es sich setzt und über die Anordnung des massenhaften Stoffes, den es in ein nicht allzu mosaikhaftes Bild zusammenzufassen strebte, hier nicht überflüssig sein. Der erste Zweck dieses Buches ist die Sammlung und wissenschaftlich geordnete Zusammenstellung derjenigen Thatsachen, welche die Gesammtheit der physikalisch-geographischen Erscheinungen und des Naturcharakters der Vereinigten Staaten von Nord-Amerika ausmachen. Der zweite Band wird die Thatsachen der Culturgeographie in derselben Vollständigkeit darzubieten suchen, welche hier angestrebt ist, und das Ganze soll demgemäss eine ziemlich vollständige wissenschaftlich gehaltene Geographie der Vereinigten Staaten werden. Das Buch soll aber den Charakter eines praktischen Nachschlagebuches neben dem eines wissenschaftlichen Handbuches tragen. Es ist daher einerseits alles Theoretisiren vermieden, das zum Verständniss der Erscheinungen nicht nothwendig zu sein schien, andererseits aber der Darstellung so viel Klarheit und, wo es möglich war, sogar Lesbarkeit zu geben versucht, als mit dem massenhaften und meist spröden Stoff vereinbar ist. Wer diesen Stoff kennt, wird zugeben, dass eine Sammlung von Monographien aus der Geographie der Vereinigten Staaten eine sowohl leichtere als anziehendere und lohnendere Arbeit gewesen sein würde als diese zusammenhängende Darstellung, die der Raumökonomie zu Liebe oft bei den wissenschaftlich interessantesten Partien kürzen musste. Aber der Plan war nun einmal in diesen engeren Grenzen vorgezeichnet und es war in Ermangelung von noch tiefer eingehenden zusammenfassenden Arbeiten auch in wissenschaftlicher Beziehung von Werth ihn durchzuführen.

Um für die ununterbrochene, thatsächliche Darlegung der physikalisch-geographischen Thatsachen Raum zu gewinnen, und um auf der anderen Seite das schildernde Element, dem ich eine grosse Wichtigkeit in der Beschreibung gerade eines so fernen Landes beilegen möchte, nicht zu verkürzen, ist die Beschreibung der ersteren so viel als möglich getrennt gehalten worden von der Schilderung der Landschaften. Ich glaubte dadurch ausserdem den Vortheil einer zusammenhängenden, jedesmal das ganze Land umfassenden Darstellung jeder einzelnen Gruppe von physikalisch-geographischen Thatsachen, wie Bodengestaltung, Bewässerung, Klima u. s. f. zu gewinnen, während bei der üblichen Vermengung derselben mit der landschaftlichen Schilderung fast nothwendig eine Sonderung in verschiedene natürliche Provinzen eintreten musste. Hoffen wir, dass diese Auseinanderhaltung der beiden Ziele einer Landesbeschreibung sich zweckmässig erweise. Wenn irgend ein Theil unter dieser Trennung leidet, so ist es jedenfalls nicht der schildernde, dem die Möglichkeit der Zusammenfassung seines Materials zu abgerundeten Bildern nur förderlich sein kann.

Dass ich in einige Verhältnisse, wie in den geologischen Bau und die Entwickelung des Landes, die neueren Veränderungen durch Erdbeben, Erosion, Hebungen und Senkungen, ferner in die Beschaffenheit des Meeresbodens, die Strömungen, Gezeiten, dann in die Verbreitungsverhältnisse der Thiere und Pflanzen tiefer eingegangen bin als man es in den Länderbeschreibungen gewohnt ist, bedarf keiner

Begründung. Es ist wenigstens von der Beschreibung eines so weiten Gebietes klar, dass sie nur dann möglichst treu sein kann, wenn sie möglichst breit fundirt ist. Dass es der Geographie gleich allen anderen einst rein beschreibenden Wissenschaften auch nicht erspart bleiben kann, sich immer mehr mit dem Werden der Dinge bekannt zu machen, um ihr Sein zu verstehen, dass sie daher den Zeugnissen der Geschichte eines Landes, wie sie besonders die Geologie bietet, nicht achtlos vorübergehen kann, dürfte ebenso klar sein.

Dass ich das vom geschlossenen Gebiet der Vereinigten Staaten weit abliegende, mit ganz anderen Naturverhältnissen begabte Territorium Alaska als eine auswärtige Besitzung betrachtet und demgemäss aus dem Rahmen der vorliegenden Arbeit ausgeschlossen habe, wird begreiflich erscheinen. In seiner politischen Stellung als Territorium der Vereinigten Staaten wird es dagegen im II. Band zu besprechen sein.

Auf eigener Anschauung beruht die Mehrzahl der Abschnitte im Schildernden Theile, bei welchen keine andere Quelle angegeben ist. Im Allgemeinen Theil konnte dieselbe der Natur der Sache nach nicht in gleichem Masse ausgenützt werden. Die Quellenwerke, welche bei wichtigeren Angaben dort angeführt sind, können einen Massstab abgeben für die Ausdehnung, in der ich das wissenschaftliche Material zu Rathe gezogen habe; dasselbe ist sehr reich, aber zum Theil weit zertreut und durch grosse Verschiedenheit der Qualität manchmal schwierig zu verwerthen. Ich fühle mich in dieser Richtung besonders verpflichtet den Publikationen der Surveys, die im Auftrag der Vereinigten Staaten unter Hayden und Wheeler arbeiten, dann den langen und werthvollen Bändereihen des American Journal of Sience and Arts, den Reiseberichten von James (Long's Expedition), Lewis and Clarke, Ch. Lyell, D. D. Owen, Prinz v. Wied, Ch. Fremont, J. Fröbel, den Pacific Rail Road Reports, den Reports von J. D. Whitney, J. Hall, J. A. Cooper, Newberry, Humphrey's und Abbott. Die Kärtchen sind nach Originalen in J. Walker's Statistical Atlas und A. Schott's Table and Results of the Precipitation verkleinert und vereinfacht. Von den Holzschnitten sind 1 und 2 aus Dana's El. of Geology, 3 aus Safford's Geology of Tennessee, 4 aus Fremont's Reports, 5 aus Schoolcraft's Upper Mississippi, 6 und 7 aus Humphreys and Abbott Report on Mississippi R., 8 aus einer Arbeit von Hilgard in American Journal of Science 1871 I., 9 der Arbeit Guyot's The Appalachian System, 10 und 11 Powell's Colorado Expedition, 12 J. Hall's Geology of New York Vol. 4 entnommen.

Nach manchen Seiten hin habe ich Dank auszusprechen für Hülfe, die mir bei dieser Arbeit mit Rath und That geleistet wurde. Bei den ersten Materialsammlungen, welche auf meinen Aufenthalt in Amerika zurück datiren, verpflichteten mich besonders L. Agassiz in Cambridge, Spencer F. Baird, F. Endlich und Gill in Washington, Meek in Jacksonville Flor., Franz Behr in San Francisco durch werthvolle Aufklärungen und Mittheilungen. Später hat vorzüglich Prof. Francis A. Walker durch Uebersendung wichtiger Literatur mein Vorhaben gefördert. Das British Museum in London und das Geographische Institut in Gotha (J. Perthes) haben mir ihre Kartensammlungen in uneigennütziger Weise zugänglich gemacht. Meinen lieben Freunden und Collegen Moritz Wagner und Karl A. Zittel in München verdanke ich zahlreiche Anregungen, Mittheilungen und Literatur. Der allerherzlichste und wiederholte Dank sei aber auch hier meinen Freunden von der Kölnischen Zeitung, F. W. Schultze und Ludwig Du Mont, ausgesprochen, in deren Auftrag ich 1873—1875 einen grossen Theil des Gebietes bereiste, das ich hier beschreibe, und die mir damit die erste Anregung zum eingehenderen Studium der Geographie von Nord-Amerika und mittelbar zur Abfassung dieses Werkes boten.

München, im November 1877.

Friedrich Ratzel.

Inhaltsverzeichniss.

Einleitung.

Allgemeiner Theil.

I. Begrenzung und Umriss.

II. Geologischer Bau.

III. Oberflächengestaltung.

*

IV. Ströme, Flüsse und Seen.

V. Das Klima.

VI. Die Pflanzenwelt.

VII. Die Thierwelt.

Schildernder Theil.

Tabellen.

Verzeichniss der Abbildungen.

Einleitung.

Der westliche Erdtheil gegenüber dem östlichen. Gemeinsame Grundzüge im Aufbau Nord- und Südamerika's. Nordamerika als geographische Individualität: Gliederung der Umrisse; innere Gliederung durch die Stromsysteme; klimatische Verhältnisse; die Organismen.

Die Vereinigten Staaten von Nordamerika nehmen nur einen Theil des amerikanischen Continentes ein, aber was diesen in Lage, Gestalt, Erstreckung vor anderen auszeichnet, muss auch in ihnen sich zur Geltung bringen, denn sie sind gross genug, um durch die ganze Breite des Continentes von Meer zu Meer sich zu erstrecken und nahezu das ganze Gebiet der nördlichen gemässigten Zone, soweit diese auf amerikanisches Land trifft, in sich zu fassen. In der Betrachtung eines kleineren Gebietes kann man die grossen Züge des Continentes vernachlässigen, dem dasselbe angehört, weil sie dort oft hinter Bedingungen beschränkterer Art zurücktreten, aber in einem Lande von dieser Ausdehnung werden sich wenigstens die allgemeinsten Eigenschaften mit denen seines Continentes decken. In Amerika, wo einige Grundzüge der Lage und Gestalt mit so grosser Beständigkeit von einem Ende bis zum andern festgehalten sind, wird diese Uebereinstimmung sogar in höherem Grade zu erwarten sein als in anderen Erdtheilen, und man wird allerdings selbst z. B. China leichter ohne jede Rücksicht auf Asien als ein Stück Erde für sich betrachten können, als man es bei dem Gebiete, das uns hier beschäftigt oder bei Canada oder selbst Brasilien wagen dürfte. Dort sind die sondernden Momente ebenso stark ausgeprägt, wie hier die vereinigenden.

Werfen wir daher einen Blick auf Gesammt-Amerika, auf das Ganze, ehe wir zur Betrachtung des Theiles übergehen, so ist vor allem nicht zu übersehen der hervortretendste Zug in der Gruppirung der Landmassen auf unserem Erdball, nämlich die Zutheilung Amerika's an die westliche und die der vier anderen Erdtheile an die östliche Halbkugel. Beim Vergleich der dadurch gebildeten zwei grossen Landmassen tritt die Zusammenschiebung der östlichen Erdtheile gegen die nördliche Hemisphäre in Gegensatz zu der langen lockeren Hingelagertheit des westlichen Erdtheils. Dazu, dass die östliche Landmasse an und für sich grösser ist als die westliche, tritt noch diese Zusammenschiebung und bedingt einen Unterschied beider Hemisphären hinsichtlich ihrer Continente, den man durch die Benennung continental und oceanisch kennzeichnet. Es wird damit ausgesprochen, dass auf der östlichen Erdhälfte mehr Land ist als auf der westlichen, auf dieser hingegen entsprechend ausgedehnteres Meer. Die Zusammendrängung nach Norden weist der östlichen Landmasse vorwiegend gemässigte Zonen an, während die westliche auf die verschiedenen Zonen nördlich und südlich vom Aequator vertheilt ist. Es ergibt sich ferner daraus, dass die östliche Landmasse vorzüglich im Sinn der Breite, die westliche in dem der Länge oder in meridionaler Richtung gelagert ist. Beide haben ungefähr 12,000 Kil. in ihrem längsten Durchmesser, aber die östliche ist doppelt so breit wie die westliche. Da nun die Klimate im Allgemeinen Gürtel parallel den Breitegraden um die Erde ziehen, so sind auf dem Westcontinent weiterstreckte Gebiete gleichen Klima's wie im östlichen nicht zu finden; jener hat zahlreichere und beschränktere, dieser weniger, aber dafür weitaus grössere Klimagebiete.

Im inneren Bau der westlichen Welt tritt uns eine grosse Einfachheit entgegen, die der mannigfaltigen Gliederung der östlichen wiederum scharf entgegengesetzt ist. Kein Theil ist in dieser dem anderen ähnlich, während wir dort demselben klar hervortretenden Grundplan im Aufbau der südlichen wie der nördlichen Erdtheilhälfte begegnen: Zwei Dreiecke, deren Spitzen nach Süden weisen und von denen das nördliche nordwestlich vom südlichen liegt; ein Hochgebirg, die Cordilleren, das in beiden dem Westrand entlang läuft und sie gewissermassen verknüpft; weite Ebenen im Osten vorgelagert und vom atlantischen Ocean durch Gebirge mittlerer Höhe geschieden; in der Mitte endlich der beiden Erdhälften die drei queren Gebirgszüge von Guayana, Venezuela und den grossen Antillen — dieses sind die grossen Züge, gleichsam das Gerüst des Westcontinentes, deren Wiederkehr im Norden und Süden die Mannigfaltigkeit der äusseren wie inneren Gliederung ausschliesst, wie wir sie in der Alten Welt finden [1]). Jene scharfen Sonderungen des Südens vom Norden, die hier so häufig und überall so fruchtbar

1) Dem Naturforscher tritt diese Einfachheit nicht minder klar entgegen als dem Geographen, der die Länder weniger nach ihrem Gewordensein als nach ihrem äusseren Bau und den Culturmöglichkeiten zu betrachten, welche sie darbieten. Man kann dieselbe nicht schärfer bezeichnen, als Dana es speciell für Nordamerika thut: „In Umriss und Aufbau setzt uns die Einfachheit des nordamerikanischen Continentes in Erstaunen: Im Umriss ein Dreieck, die einfachste der mathematischen Figuren; der Oberflächengestalt nach nichts als eine weite Ebene zwischen zwei Gebirgszügen und an den Grenzen auf vier Seiten Meer." Dieselben Grundverhältnisse sind für Südamerika hervorzuheben. Dana sagt weiter mit besonderem Bezug auf die geologische Entwickelung Nordamerika's: „Amerika hat die Einfachheit eines einfach entwickelten Resultats, während Europa eine *world of complexities.* Es ist nur eine Ecke der Alten Welt. Meere umgeben es im Westen und Norden, Festländer im Osten und Süden. Es war immer voll sich kreuzender Kräfte Amerikanische Schichten erstrecken sich oft vom Atlantischen Meere bis zum Mississippi und östlich vom Felsengebirge ist nur Eine Bergkette jünger als das Silur. Europa zerfällt in eine ganze Reihe von Ablagerungsbecken und hat Gebirge jeden Alters. Dieser weite Unterschied erklärt die grössere Vollständigkeit und Allgemeinheit geologischer Veränderungen in Amerika, die schärferen Grenzen der Perioden und das klarere Hervortreten mancher geologischen Grundthatsachen." (Adress on American Geological History. A. J. S. 1857. S. 305.) Aehnlich auch H. Credner: „Weisen die tief eingeschnittenen, vorgebirgs- und halbinselreichen Küsten, die zahlreichen selbständigen Fluss- und Gebirgssysteme Europa's auf einen sehr verwickelten geognostischen Bau dieses Continentes hin, so lässt sich aus der grossartigen Einfachheit der Oberflächenverhältnisse Nordamerika's auf dessen weniger complicirte geologische Zusammensetzung schliessen." (Geogr. Mitth. 1871. 41.) Auch Südamerika ist, soweit wir es in dieser Beziehung kennen, geologisch ungemein einfach gebaut und nicht ohne auch hierin einen gewissen Parallelismus mit Nordamerika zu zeigen, den übrigens die Aehnlichkeit der Oberflächengliederung in beiden Erdtheilhälften voraussehen lässt. Hartt hebt in seinen Scientific Results of a journey in Brazil 1870 47 ff. besonders in Bezug auf das Hervortreten des Urgebirges (Laurent. Formation), die Driftbildungen und neuere Oscillationen der Küste diesen Parallelismus hervor. Vgl. F. Fötterle, Die Geologie von Südamerika in Geogr. Mitth. 1856. 187.

an bewegenden und belebenden Contrasten sind, fehlen in Amerika, wo die Sonderung östlicher von westlichen Gebieten viel mehr vorwiegt. Man vergleiche die Contraste in Klima, Vegetation und Thierwelt, die in Asien zwischen dem Eismeer und dem indischen Ocean zusammengedrängt sind, mit den allmählichen Uebergängen, die in Nordamerika unmerklich von einer noch kälteren Eismeerküste nach der nicht minder warmen See des mexikanischen Golfes hinabführen, und man wird die Wirkungen eines so grossen Unterschiedes der inneren Gliederung bedeutend nennen müssen. Von der polaren Flechtenvegetation am Mackenziefluss zu den Tannenwäldern Südcanada's, den Eichenhainen Wisconsins, den kastanien- und wallnussreichen Laubwäldern des Ohiothales, den Magnolien und Lorbeern des Golfgebietes geht es ohne Sprung, immer stufenweise, immer vermittelt und abgeglichen fast 4000 Kil. in nordsüdlicher Richtung. Nur hier kann das Kolibri seine Flüge in Regionen ausdehnen, die 9 Monate harten Winter haben, und die Magnolie noch in nordischen Fichten- und Föhrenwäldern ihre tropische Pracht entfalten. Aber von dieser Vermittelung zwischen Süd und Nord hebt sich der Contrast zwischen Ost und West um so schärfer ab. Derselbe ist hier ins Extrem ausgebildet. Die üppigste Urwaldvegetation am östlichen liegt der Wüste am Westrand der Cordilleren gegenüber. Aber das Land westlich der Cordilleren ist im Allgemeinen ein zu kleiner Theil von Amerika, und sein Unterschied vom Inneren ein zu extremer, als dass es so belebend zu wirken vermöchte, wie ähnliche Contraste in der Alten Welt. Der Westen ist hier durch denselben nur ärmer, unzugänglicher und ungastlicher geworden, und der Gegensatz hat nicht in dem Masse seiner Schärfe bereichernd auf die Gesammtnatur Amerikas zurückgewirkt.

Indem der Westen die oceanische im Gegensatz zur continentalen Welt der Osthälfte darstellt, ist er gleichzeitig die feuchtere gegenüber der trockeneren Welt. Wir wollen keinen Werth auf die allgemeine Berechnung legen, welche der Tropenregion der Alten Welt 77, der Amerika's 115 Zoll jährlichen Regenfall zuspricht [1]), aber man kann mit Sicherheit behaupten, dass Nordamerika wenigstens

1) A. Guyot, Am. J. S. 1850. II. 168.

in gemässigten Breiten regenreicher als Europa und dass die von Natur immer regenreichen Tropenregionen in Amerika weniger von regenarmen Steppen und Wüsten durchsetzt sind als in der Alten Welt. Gleichzeitig ist aber Amerika auch der weniger warme Erdtheil. „Mannigfaltige Ursachen, sagt A. von Humboldt, vermindern die Dürre und Wärme des neuen Welttheils. Schmalheit der vielfach eingeschnittenen Feste in der nördlichen Tropengegend, wo eine flüssige Grundfläche der Atmosphäre einen minder warmen aufsteigenden Luftstrom darbietet; weite Ausdehnung gegen beide beeiste Pole hin; ein freier Ocean, über den die tropischen kühlen Seewinde wegblasen; Flachheit der östlichen Küsten; Ströme kalten Meeres aus der antarktischen Region, welche, anfänglich von Südwesten nach Nordosten gerichtet, unter dem Parallelkreis von 35° S. B. an die Küste von Chili anschlagen und an den Küsten von Peru bis zum C. Pariño nördlich vordringen, sich dann plötzlich gegen Westen wendend; die Zahl quellenreicher Gebirgsketten, deren schneebedeckte Gipfel weit über alle Wolkenschichten emporstreben und an ihrem Abhang herabsteigende Luftströmungen veranlassen; die Fülle der Flüsse von ungeheuerer Breite, welche nach vielen Windungen stets die entfernteste Küste suchen; sandlose und darum minder erhitzbare Steppen; undurchdringliche Wälder, welche, den Boden vor den Sonnenstrahlen schützend oder durch ihre Blattfläche wärmestrahlend, die flussreiche Ebene am Aequator ausfüllen, und im Innern des Landes, wo Gebirge und Ocean am entlegensten sind, ungeheuere Massen theils eingesogenen, theils selbsterzeugten Wassers aushauchen: alle diese Verhältnisse gewähren dem flachen Theil von Amerika ein Klima, das mit dem afrikanischen durch Feuchtigkeit und Kühlung wunderbar contrastirt[1]."

Fügt man zu jenem Reichthum an Niederschlägen die Ausdehnung der Flachländer, welche die Entwickelung grosser Stromsysteme so sehr begünstigen, und die für grosse Strombildungen so vortheilhafte zusammengedrängte Lage der hohen Gebirge, so begreift man, dass Amerika der Erdtheil des Strom- und Seenreichthums ist. Südamerika ist durch Flussreichthum, Nordamerika durch Fluss- und

1) Ansichten der Natur, 1860. I. 11.

Seenreichthum ausgezeichnet. Der Amazonenstrom ist der grösste Strom der Erde und Nordamerika beherbergt die grössten und zahlreichsten Süsswasserseen, von denen man behauptet hat, dass sie die Hälfte alles Süsswassers umschlössen, das auf unserem Planeten sich in Seen findet. Die Ueppigkeit der Vegetation, ausgeprägt in dem Artenreichthum der amerikanischen Florengebiete, in der grossen Zahl der Pflanzenformen, welche Amerika eigenthümlich sind, und in dem „üppigen saftstrotzenden Wuchse, jener Frondosität, welche der eigenthümliche Charakter des Neuen Continentes ist"[1]), ist der natürliche Ausdruck dieser Fülle des lebenspendenden Elementes. Aber selbst in ihrem Reichthum macht sich eine in keinem Florengebiet von Norden bis zum äussersten Süden fehlende *amerikanische Familienähnlichkeit* geltend, die wieder auf den einfachen, die Wanderungen und Vermittelungen erleichternden Bau des Continentes, seinen Haupt- und Grundzug hinweist[2]).

Ist nun auch die nördliche Erdtheilhälfte in vielen Punkten der südlichen ähnlich, so bleibt sie doch immer eine geographische Einheit für sich, der eine so wenig gangbare und geologisch so junge Verknüpfung wie die mittelamerikanische Landenge oder die Inselbrücke der Antillen nichts Wesentliches von ihrer abgeschlossenen Individualität rauben konnte. Es ist zwar ein müssiges Bemühen, den westlichen Continent in ein Amerika und ein Columbia zu zerlegen, wie es versucht worden ist, zwei Erdtheile aus dem einen zu machen, denn die Grenzen unserer Erdtheile sind überhaupt zufällige Linien und man müsste dann folgerichtiger Weise auch Europa seinem Stammerdtheil Asien zurückgeben oder Afrika in

1) A. von Humboldt a. a. O. I. 11.

2) Die Thier- und Menschenwelt der beiden grossen Hälften unserer Erdveste in Vergleich zu ziehen, wollen wir einstweilen unterlassen, wie wohl viel über den *vegetativen* oder von der *Ueppigkeit des Urwaldes erdrückten* Charakter der letzteren gesprochen wird, sowie über die Nachtheile, in denen im feuchten Amerika die Thierwelt sich befinde, deren Lebenselement trockene Wärme sei. Die nähere Betrachtung dieser beiden Reiche lehrt uns zu viele mehr in der jüngsten Geschichte der Erde als in der jetzigen Natur des Continentes begründete Bedingnisse thierischer und menschlicher Existenz kennen, als dass wir nicht die Ursachen ihrer Abweichungen von altweltlichen Verhältnissen mindestens ebenso sehr in erdgeschichtlichen als geographischen oder klimatischen Zuständen vermuthen sollten.

die zwei *natürlichen* Erdtheile zerlegen, aus denen es von Norden und Süden her zusammengewachsen ist. Mit solchen Grenzberichtigungen wollen wir uns hier nicht beschäftigen. Immerhin ist aber die geographische Individualität Nordamerikas zu betonen, die bei aller Uebereinstimmung des Grundbaues sich derjenigen Südamerika's bestimmt gegenüberstellt. Es gibt ein Gesetz in der Gestaltung der Landmassen, welches den Südcontinenten gewisse gemeinsame Eigenschaften zuweist im Gegensatz zu den Nordcontinenten, und gerade in dem Verhältniss des südlichen Halbcontinentes von Amerika zum nördlichen ist der Unterschied am wenigsten zu übersehen, den dasselbe ausspricht. Inselarm, halbinsellos, fast ungegliedert liegt Südamerika dem Zwillingserdtheil gegenüber, der gegen seinen Pol hin ebenso verbreitert und reich gegliedert erscheint, wie Südamerika in derselben Richtung verschmälert und gliederarm ist. In der That gibt die reichere Gliederung „der Erdgestalt von Nordamerika eine nähere Verwandtschaft mit Europa als mit Südamerika"[1]). Nordamerika theilt mit Europa die „auf dem ganzen Erdtheil ganz einzige Analogie" (C. Ritter), im Süden wie im Norden durch grosse mittelländische Meere bespült und von ihnen vielfach durchschnitten zu sein. Es hat vermöge seiner zahlreichen Buchten, Halbinseln und Inseln nächst Europa die grösste Küstenentwickelung (1 M. Küstenlänge auf 56 □M. Oberfläche, oder, das Verhältniss der Küstenlänge Europas zu seinem Flächeninhalt als 1 angenommen, 0,664; die Halbinseln, Landzungen und Küsteninseln von Nordamerika nehmen, wenn man von den noch nicht genau bekannten arktischen absieht, ungefähr den zehnten Theil des Continentes in Anspruch, so dass sich die *Glieder* zum *Rumpf* wie 1 : 9 verhalten). Nun fällt allerdings die grösste Gliederung in den nördlichen Theil des Continentes, wo jene culturfördernde Wirkung, welche man ihr zuschreibt, fast Null sein muss; aber sie fehlt nicht im Osten, Süden und Westen und gibt diesen Theilen sicherlich ein Uebergewicht wenigstens über Nordasien, wenn sie dieselben auch nicht auf die Stufe Europa's zu heben vermag. Es ist angesichts dieser reichen Gliederung nach Norden zu, dass C. Ritter

1) Carl Ritter, Allgemeine Erdkunde. 1862. 238.

aussprach: „Amerika scheint durch seine Gestaltung und Weltstellung dazu berufen, die Cultur des Menschengeschlechts am frühzeitigsten und am meisten gegen den Norden der Erde zu verbreiten“.[1]) Was aber die südliche Hälfte des Continentes durch ihre reiche Gliederung bereits an rascher Culturentwickelung gewonnen hat, darauf werden wir im Verfolg unserer Betrachtungen öfters zurückzukommen haben.

Aufs ausgiebigste wird diese äussere Gliederung der Umrisse durch die innere ergänzt, welche gegeben ist in dem ausserordentlich reichen Netz der Ströme und Seen, die nach allen Weltgegenden sich aus der Mitte dieser Erdtheilhälfte heraus entfalten und nicht wie die ähnlich grossen und ausstrahlenden Nordasiens durch breite, unwegsame Hochflächen von einander getrennt sind. Durch diese reiche Bewässerung wird die in jedem Erdtheilinneren vorwaltende Neigung zur Wüstenbildung zurückgedrängt, der Waldwuchs und der Ackerbau begünstigt, die junge Cultur gefördert, der Verkehr erleichtert. Was würde Britisch Amerika ohne seine Ströme sein? Sie allein ermöglichen den Verkehr in der unwirthlichen Region des weiten Hudsonsbaigebietes und damit das Vordringen einer auf Jagd- und Fischfang gegründeten Halbcultur bis in die Länder jenseits des Polarkreises. In dem klimatisch begünstigteren Gebiete, das den Gegenstand unserer Betrachtungen bilden wird, haben beim Reichthum anderweitiger Hülfsquellen die Fluss- und Seensysteme nicht diese grosse Rolle zu spielen, aber ihre grossartige Entwickelung verleiht ihnen doch eine Bedeutung, von denen uns unsere kleineren europäischen Stromverhältnisse keine Vorstellung geben.

Nicht ebenso günstig ist Nordamerika in klimatischer Beziehung gestellt. Hier hat es die Nachtheile in den Kauf zu nehmen, welche eine so bedeutende räumliche Ausdehnung immer im Gefolge hat. Das Meer übt in allen Breiten einen mildernden und anfeuchtenden Einfluss auf die Klimate, aber dieser heilsame Einfluss wird um so schwächer, je weiter man sich von seiner Quelle entfernt und je mehr Hindernisse sich dem Landeinwärtswehen der Feuchtigkeitsträger, der Seewinde entgegenstellen. Nordamerika

1) C. Ritter, Allgemeine Erdkunde. 1862. 239.

hat weite Regionen in seinem Innern, die dem Einfluss der feuchtigkeitsbringenden Winde entzogen sind und deren Dürre an die asiatischen Hochsteppen erinnert; selbst eigentliche, vegetationslose Wüsten fehlen ihm nicht. Aber diese Steppen und Wüsten erlangen nie die lückenlose Ausbreitung, welche ihnen Asien, Afrika und selbst das innere Ausstralien gestatten. Ihre Unterbrechung durch zahlreiche Flussläufe, die nie ganz wasserleer werden, unterscheidet die nordamerikanischen Steppengebiete von jenen des Ostens. Man kann sagen, sie sind oasenreicher und ihre Oasen sind ausgebreiteter. Der Grund davon liegt in dem Zusammentreffen der Hochgebirgsregionen mit den Regionen der Steppen, denn einerseits vermindern diese Gebirge durch ihre Lage die Feuchtigkeitszufuhr, andererseits sorgen sie durch ihre schneebedeckten Höhen dafür, dass die Wasserquellen nie versiegen. Der bemerkenswerthe Umstand, dass die Quellgebiete der grössten nordamerikanischen Ströme räumlich mit den Steppenregionen zusammenfallen und dass sie alle in ihrem oberen Lauf grosse Strecken derselben durchfliessen, ist in dieser Beziehung bezeichnend und gehört zu den hervorragenden Charakterzügen des nordamerikanischen Continentes.

Klimatisch bleibt indessen Nordamerika entschieden weniger günstig gestellt als die in entsprechenden Breiten gegenüber liegenden Theile der Alten Welt. Wir haben die grössere Feuchtigkeit und geringere Wärme, die im Allgemeinen die westliche Landmasse auszeichnet, bereits hervorgehoben und für Nordamerika hat dieser Unterschied ganz hervorragende Gültigkeit, ist aber nicht in allen seinen Theilen gleich entschieden oder in gleicher Richtung ausgeprägt. Man bemerkte ihn sehr früh, übertrieb ihn aber beim Mangel genauerer Beobachtungen so sehr, dass selbst Halley zur Erklärung der übermässigen Kälte, die in Nordamerika herrschen sollte, die Hypothese aufstellte, dass einst die Erdachse ihren nördlichen Pol in Nordamerika gehabt habe und dass jene Kälte eine Nachwirkung dieses Zustandes sei. Eine gründlichere Darstellung aller Verhältnisse, auf die jene allgemeine Regel gestützt werden kann, lieferte erst A. v. Humboldt in seiner ersten Schrift über die Isothermen [1]), worin er

1) Kleinere Schriften, I. S. 251.

das von Anderen übrigens schon angedeutete Gesetz der grösseren Kälte der Ost- und der grösseren Wärme der Westränder der Continente im Besonderen auf die klimatischen Verschiedenheiten zwischen Nordostamerika und Europa anwandte. Er sprach es damals aus, dass „selbst in den Zonen gleicher Jahrestemperatur auf den Ostküsten beider Continente die Winter strenger und die Sommer heisser als auf den Westküsten", und in dem seitdem oft wiederholten Vergleich: „So findet man in Newyork einen Sommer gleich dem in Rom und einen Winter wie in Kopenhagen, zu Quebec einen Pariser Sommer und einen Petersburger Winter" hob er den Gegensatz des extremen nordostamerikanischen zu dem mehr abgeglichenen westeuropäischen Klima hervor. Man hat seitdem die wissenschaftlich unfruchtbare Methode der Vergleichung des Klimas von einander gegenüberliegenden Küsten aufgegeben und statt des Gegensatzes vielmehr unerwartete Uebereinstimmungen gefunden, als man, wie es die Natur der Sache gebietet, die einander entsprechenden Theile der beiden Erdtheile miteinander in Vergleich stellte. Man fand dann europäische Anklänge auf der West- und ostasiatische auf der Ostküste Nordamerika's [1]). Man fand nun, dass sowohl in der Neuen als der Alten Welt der nördlichen Hemisphäre die Wärme am geringsten ist im Innern der Continente, dass sie gegen die Küste hin zunimmt und zwar viel rascher und bis zu höheren Graden an den West- als an den Ostküsten. Dann fand man aber ferner, dass im Unterschied gegen die entsprechenden Breiten der Alten Welt Nordwestamerika doch noch kühler sei als Nordwesteuropa, dass auch Nordostamerika hinter Nordostasien zurückstehe, dass die Wärmeabnahme gegen Norden zu eine viel raschere in Nordamerika als in Europa-Asien,

---

1) „Der früher so scharf betonte Gegensatz erscheint als Folge der einseitigen Anschauung beider Continente und an die Stelle desselben tritt eine auffallende Uebereinstimmung, denn in der That erheben sich in beiden Continenten die Isothermen vom Innern nach beiden Küsten hin, und zwar stärker an den westlichen als an den östlichen. Die Aufgabe ist daher eine andere geworden, es handelt sich nicht mehr darum, die einander zugewendeten Küsten der verschiedenen Continente mit einander zu vergleichen, sondern den allmähligen Uebergang festzustellen zwischen den einander abgekehrten desselben Continentes." H. Dove, Klimatol. Beiträge. 1869. II. 1.

und dass zu diesen Unterschieden der Wärmeverbreitung sich Unterschiede der Windrichtungen und Niederschläge gesellen, so dass jene allgemeine Uebereinstimmung für die unmittelbare Wahrnehmung zurücktritt hinter den Wirkungen dieser abweichenden Verhältnisse. Es sind in erster Reihe die Meeresströmungen, denen man diese Störungen verdankt, dann die besonderen Verhältnisse, die in der Vertheilung von Land und Wasser, besonders an der Nordseite von Nordamerika zu bemerken sind, und die Eigenthümlichkeiten der Bodengestaltung. Schon im Klima der arktischen Regionen von Nordamerika sind hervorragende Besonderheiten zu erkennen. Die Isotherme von 0°, welche diese Zone im Süden begrenzt, steigt an der Ostküste bis 50° N. B. herab und liegt an der Westküste bei 60. Kalte Winter und kalte Sommer bezeichnen diese Zone, deren mittlere Jahrestemperatur daher an einigen Punkten unter die tiefsten Grade herabgeht, die man anderswo beobachtet hat und die im Allgemeinen ein Gebiet negativer Isanomalen ist [1]). In der ungemein raschen Wärmeabnahme nach Norden zu, welche den östlichen und binnenländischen Theil der nächstfolgenden gemässigten Zone charakterisirt, sehen wir ein Uebergreifen dieser abnorm kalten arktischen Region. Diese Abnahme ist nahezu doppelt so gross wie in Westeuropa. Man beobachtet in denselben Gebieten, die ausser Südcanada und Britisch Columbia vorzüglich das Gebiet der Vereinigten Staaten östlich der Cordilleren in sich fassen, eine geringere relative Feuchtigkeit als in den entsprechenden Zonen Europa-Asiens bei erheblich bedeutenderen Niederschlagsmengen. Die Regenmengen sind durchschnittlich doppelt so gross wie in Europa-Asien, aber beim Vorherrschen trockener Landwinde ist dennoch die Lufttrockenheit ein bezeichnender Zug des Klima's in den östlichen und binnenländischen Theilen. Die Monsunregen, welche

1) „Die mittlere Wärme eines Parallelkreises nenne ich seine normale Wärme, jeder Ort, dessen Temperatur höher ist, ist zu warm, jeder, dessen Temperatur unter sie herabsinkt, zu kalt. Ich nenne ferner die Abweichung der wirklichen Wärme eines Orts von der mittleren seiner geographischen Breite seine Anomalie.“ H. Dove, Klimatol. Beiträge. 1857. I. 4. Die Jahreslinien gleicher Anomalie, die Isanomalen sind negativ, d. h. zu kalt in ganz Nordamerika mit Ausnahme eines Streifens an der Westküste, der vom 70. bis zum 40. Breitegrad reicht und nach Innen zu seine Grenze am Ostfuss der Cordilleren findet.

im Sommer die südliche Region dieser Zone benetzen, unterscheiden dieselbe scharf von unseren im Sommer trockenen südeuropäischen, westasiatischen und nordafrikanischen Ländern. Im Westen dieses Gebietes nimmt der Regenfall, besonders der winterliche ab und bedingt ausgedehnte, wenn auch nicht lückenlose Steppenbildungen. Die Hochebene, die sich zum Ostfuss der Cordilleren erhebt, schliesst den grössten Theil der Südost-, die Cordilleren selbst die Südwest-Winde aus. Im pacifischen Küstengebiet sind die nordwestlichen Theile ausserordentlich regenreich, aber südlich vom 40. Breitegrad treten Winterregen mit regenarmen Sommern wie in unseren Mittelmeergebieten auf. Eine kalte Strömung kühlt die Küste Obercaliforniens ab und gibt ihr einen kühlen Sommer. Die Länder um den californischen Golf sind bis zum 24. Breitegrad hinab durch den Niederschlagsmangel der Passatregionen ausgezeichnet, ebenso alles jenseits des Westrandes der Cordilleren nach binnen zu gelegene, den Seewinden entzogene Land.

Wir haben endlich ein tropisches Klimagebiet in Nordamerika, das Mexiko und Westindien umfasst und dessen Charakter, abgesehen von seiner Lage innerhalb der Wendekreise, auf dem Festland vorzüglich durch die Annäherung der Gebirge an die Küste und die weite Ausdehnung der Hochebenen im Innern bestimmt ist, während auf den Inseln Lage und Grösse mehrere klimatische Bezirke unterscheiden lassen, die vorzüglich durch Dauer und Intensität der zwei tropischen Regenzeiten unterschieden sind. Was die Wirkungen des Klima's dieser Tropenregion auf dasjenige des Gebietes der Ver. St. betrifft, so genügt ein Blick auf die Karte, um die Geringfügigkeit des in die Tropenregion der nördlichen Hemisphäre fallenden Landes im Vergleich zu der Meeresbedeckung desselben Gebietes erkennen zu lassen. Das Land der nord- und mittelamerikanischen Tropenregion ist ohne nennenswerthen Einfluss auf das Klima der nördlicher gelegenen Theile, während dieselben dem Meere des Golfes und Westindiens jenen hochwichtigen Sommermonsun danken, dessen wir bereits Erwähnung thaten.

In nicht geringem Grade trägt zur Individualisirung Nordamerika's, besonders gegenüber der südlichen Erdtheilhälfte, seine Organismenwelt bei. Was wir über die pflanzliche, thierische und menschliche Bevölkerung allein des Gebietes der Ver. St. in den betreffenden Kapiteln zu berichten haben werden, wird als allgemeiner Grundzug derselben die nahe Verwandtschaft zu den Bewohnern der östlichen Erdtheile, besonders Nordeuropa's und Nordasiens erkennen lassen, eine Verwandtschaft, die indessen nur in einer Minderzahl von Fällen zu vollständiger Uebereinstimmung fortschreitet und im Allgemeinen bei der Aehnlichkeit und Annäherung stehen bleibt, welche die Merkmale gemeinsamer, aber entlegener Abstammung sind. Man kann es aber für ganz Nordamerika als das Grundgesetz seiner organischen Welt bezeichnen, dass dieselbe im innigsten Zusammenhang mit der organischen Welt der gesammten Nord-Hemisphäre geworden ist. Man kann dieses Gesetz weiter dahin ausführen, dass der Zusammenhang am innigsten ist im Norden, während von Süden her Einflüsse sich geltend machen, die Ausstrahlungen anderer Schöpfungsmittelpunkte darstellen als die, von denen der Norden seine Lebewelt empfing. In Nordamerika ist daher sowohl in der menschlichen, als thierischen, als pflanzlichen Bevölkerung die Uebereinstimmung mit der Alten Welt am grössten im Norden, wo sie in den arktischen Regionen zu jener vollen Uebereinstimmung wird, die uns in der Circumpolarflora und -Fauna und in der hyperboräischen Menschenrasse entgegentritt. In der nächstsüdlichen subpolaren Zone tritt eine grössere Anzahl eigenthümlicher amerikanischer Arten auf, die aber ihre Nächstverwandten noch fast ausnahmslos in altweltlichen Formenkreisen finden. Schon in der kalten gemässigten Zone und mehr noch in der warmen gemässigten erscheinen aber specifisch amerikanische Formen, die, wie die Cacteen und Baumlilien im Pflanzen-, gewisse Nager oder Kolibri's im Thierreich, Familien angehören, welche ausserhalb Amerika's nicht gefunden werden. Am weitesten ziehen diese fremdartigen Gestalten auf den dürren Hochebenen des Innern nach Norden. Ihre Verwandtschaftsbeziehungen weisen aber nach Süden zurück und es ist kein Zufall, dass sie im Westen Nordamerika's, wo der räumliche wie klimatische Zusammenhang mit Mittel- und Südamerika am innigsten ist, ihre reichste Entfaltung finden. In Thieren und Pflanzen und selbst in der Cultur ist der Westen Nordamerika's *amerikanischer* als der Osten. Dieser entfernt sich nicht soweit von den Formen der Alten Welt wie jener, nur am äussersten Südrande tritt auch er nahe genug an die westindische Tropenregion, um in merklicher Weise die von dorther wirkenden Einflüsse in seiner Lebewelt auszuprägen. Eine entschiedene Annäherung an tropischen Naturcharakter ist indessen nur in den südlichen Theilen der Halbinsel Florida zu finden und hier ist es auch, wo die grosse Zahl rein amerikanischer Pflanzen- und Thiergeschlechter ähnlich wie im Westen die altweltlichen Anklänge übertönt; in den übrigen Bezirken des nordamerikanischen Südens dagegen sind diese die Kette, in deren Lücken jene nur einen lockeren Einschlag weben, der dann nach Norden zu sich sehr rasch verdünnt, ohne indessen innerhalb der Grenzen der gemässigten Zone ganz zu verschwinden. Die Leichtigkeit des Wanderns in nördlichen und südlichen Richtungen, eine Folge der eigenthümlichen Bodengestaltung Nordamerika's, tritt in beiden Thatsachen in verschiedener Ausprägung hervor: Die Massenverbreitung nordischer Formen bis an die Golfküste auf der einen und die weite Verbreitung von Süden kommender nach Norden auf der anderen Seite ist nur möglich durch die vorwiegend meridionale Gliederung Nordamerika's, deren tiefgreifenden Einfluss auf die Lebewelt der ganzen Erdtheilhälfte wir noch öfter zu betonen haben werden.

Allgemeiner Theil.

I. Begrenzung und Umriss.

Die natürlichen Grenzen der Vereinigten Staaten. Politische Grenzlinien. Die Küstenlinie. Ihre Gliederung. Inseln. Halbinseln. Vorgebirge. Buchten. Mündungsbuchten. Allgemeine Form der Küstenlinie.

Begrenzung. Die Vereinigten Staaten (ohne Alaska) nehmen die südliche Hälfte von Nordamerika ein. Sie bilden die schmälere, aber die geschlossenere Hälfte, in deren Zusammenhang weder eine Hudsonsbai noch ein St. Lorenzgolf einschneidet. Es entspricht dieser continental ausgebreiteten Lage, wenn der grösste Theil ihrer Grenze Meeresgrenze ist, wenn das Land vom atlantischen zum pacifischen Meere reicht und mit seinem Südrand einen grossen und wichtigen Theil jenes *amerikanischen Mittelmeeres*, des Golfes von Mexiko umfasst. Auch ein Theil der Grenzen, die auf dem Festlande gezogen sind, hat natürliche Berechtigung. Ein Blick auf eine Vegetationskarte des nordamerikanischen Continentes lässt erkennen, dass die Nordgrenze des mexikanischen Vegetationsgebietes wenig südlich von der politischen Südgrenze der Vereinigten Staaten gezogen wird, und auf einer Höhenkarte sieht man diese politische Grenze das Depressionsgebiet durchziehen, welches zwischen dem Gila und Rio Grande eine natürliche Sonderung der eigentlich nordamerikanischen von den mexikanischen Gliedern der grossen Gebirgskette der Cordilleren erzeugt und dadurch zu einer der bedeutsamsten Erscheinungen in der Oberflächengestaltung Nordamerika's wird. Die Jahres-Isothermen von 15° und 18° C. sind gleichfalls in der Gegend dieser Grenze zu ziehen, von der man demnach behaupten kann, ohne zu viel zu sagen, dass sie nicht bloss eine politische, sondern auch, und in nicht geringem Masse, eine Naturgrenze sei [1]). Von der Nordgrenze kann dasselbe nicht gesagt werden. Schon ihre fast geometrisch regelmässige Halbirung des Continentes von einem Rande bis zum andern macht es wahrscheinlich, dass sie auch manche Naturverhältnisse in derselben mit Naturgrenzen schwer vereinbaren Folgerichtigkeit halbiren werde und dem ist in der That so. Aber der Umstand, dass diese Grenze in so weiter Erstreckung im Sinn der geographischen Breite, d. h. in derselben Richtung gezogen ist, welche im Allgemeinen auch den Verlauf der Isothermen und der Vegetationsgrenzen bezeichnet, lässt dieselbe immerhin nicht bedeutungslos in natürlicher Beziehung erscheinen. Sie scheidet allerdings in einer allgemeinen Weise die gemässigteren von den kälteren Theilen

---

1) Die Grenze ist übrigens von Anfang an mit Rücksicht auf den eigenthümlichen Charakter des Landes gezogen worden, welches sie durchzieht, und mit Rücksicht auf den daraus folgenden Charakter einer Naturgrenze, der demselben in hohem Grade eigen ist: „Die Grenze ist gut", sagt mit sehr bezeichnenden Worten Major Emory, der Commissär, welcher seitens der Regierung der Ver. St. mit ihrer Feststellung betraut war, „und wenn die Ver. St. entschlossen sind, der Expansionskraft ihrer Institutionen und ihres Volkes zu widerstehen, die mir unvermeidlich zu sein scheint, und sich Grenzen zu setzen, ehe sie die Landenge von Darien erreicht haben, so wird man wahrscheinlich vergebens auf dem ganzen Continente eine Grenzlinie suchen, die besser für diesen Zweck geeignet wäre. Es ist ein Glück, dass zwei Völker, die in Gesetzen, Glauben, Sitten und Bedürfnissen so sehr verschieden sind, von einander durch Grenzen getrennt werden, welche gleichzeitig grosse Unterschiede in der Naturbeschaffenheit des Landes bezeichnen." Weiterhin sagt Emory: „Ich beobachtete diese merkwürdige Depression (vom californischen Golf bis zum Pecos) bei einer Durchforschung des Landes im Jahr 1846 und lenkte auf dieselbe die Aufmerksamkeit des damaligen Staatssecretärs des Innern, Buchanans, worauf dieser unseren Gesandten, der über den Vertrag von Guadalupe Hidalgo verhandelte, verständigte, keine Grenzlinie nördlich von 32° N. B. anzunehmen." (Report on the U. S. and Mex. Boundary Survey, 1857. I. 39 u. 41.) Mit diesen Rücksichten trafen übrigens auch Gründe militärischer Art und des Verkehres zusammen. Die Grenze von 1851, welche ziemlich weit nördlich von der heutigen verlief und in ihrer grössten Erstreckung dem Gila R. folgte, war für die Ver. St. ungünstig; sie schnitt die Communication zwischen den Grenzforts am Rio Grande und denen am Gila ab und ausserdem wurde es zu jener Zeit als ein besonders hoch anzuschlagender Nachtheil angesehen, dass sie die Giladepression Mexico überliess, während es doch ausser Zweifel zu stehen schien, dass die schon damals geplante Pacificbahn nur in dieser Einsenkung die westliche Gebirgsmasse zu passiren vermöchte. Heute würde man den Zuwachs, den der Vertrag von 1853 brachte, weniger hoch anschlagen.

Nordamerikas. Die Laubwälder des Ostens, die hohen Nadelhölzer des Westens, die Prärien des Innern — sie gehen sämmtlich nicht weit über den 49. Breitegrad hinaus, welcher die Nordgrenze in dem grössten Theil ihres Verlaufes bildet. Aber vielleicht zeichnet nichts so deutlich wenigstens die Annäherung auch der Nordgrenze der Vereinigten Staaten an gewisse Naturgrenzen als die Thatsache, dass sowohl am östlichen als am westlichen Ende dieser Grenze die Fjord- und Schärenbildungen, diese Küstenform von hervorragend klimatischer Bedeutung nur eben über dieselbe hereinragt. Wir finden Fjorde und Schären an der Ostküste bis nach Maine, an der Westküste bis an den Pugetsund, sie berühren gewissermassen nur das Gebiet der Vereinigten Staaten, aber an allen Küsten im Norden derselben sind sie in der reichsten Ausbildung vorhanden. Die klimatischen Bedingungen, welche zu ihrer Bildung unentbehrlich sind, waren also südlich von der heutigen Nordgrenze der Vereinigten Staaten, mit Ausnahme einer sehr schmalen Zone, in die eben die Nordküste von Maine und der Puget-Sund fallen, nicht mehr vorhanden.

Die politischen Grenzen der Vereinigten Staaten werden in der allmählichen Entwickelung zu ihrem heutigen Verlauf im Zusammenhang mit dem Werden der Vereinigten Staaten zu betrachten sein, dessen aufsteigende Stufen sie so treffend bezeichnen. Für jetzt genügt es, ihren allgemeinen Verlauf zu kennzeichnen und zwar ist dieser gegeben: Im Norden durch den St. Croix, wo dieser in die Passamaquoddybai mündet, denselben entlang bis zu seiner Quelle, von dieser gerade nach Norden bis zum St. Johns R., in diesem bis zur Mündung des Francis R., in diesem zum Ausfluss des Sees Pohenagamook, von da sw. in gerader Linie zu einem Punkte an dem nw. Zweige des St. John, der 16 Kil. in gerader Linie entfernt von dem Hauptzweig des St. John angenommen wird; von da wieder in gerader Linie in s. 10° w. Richtung bis zu dem Punkte, wo der Parallelkreis 46° 25′ den sw. Zweig des St. John schneidet, dann s. diesem Zweige entlang bis zu seiner Quelle und auf der Wasserscheide zwischen St. Lorenz und Ocean bis zur Quelle eines der Arme des Connecticut (Hall R.) und an demselben hinab bis zum 45. Breitegrad und diesem entlang bis zum St. Lorenz. In diesem Strome verläuft nun die Grenze, indem sie ihn halbirt, und ebenso verläuft sie, so genau es möglich, durch die Mitte des Ontario-, Erie- und Huronensees und der sie verbindenden; den Oberen See durchschneidet sie so, dass Isle Royale und alles südlich von den Narrows und vom Arrow R. gelegene Ufergelände, ungefähr ⅓ des Ganzen, in das Gebiet der Vereinigten Staaten fällt. Sie verlässt den Oberen See mit dem Arrow R., begleitet diesen nach dem Rainy Lake, steigt im Rainy R. nach dem Lake of the Woods hinab und geht von dessen Westrande dem 49. Breitegrad entlang, bis zum Ufer des Stillen Meeres, wo ihr früher zweifelhafter Verlauf in der Strasse San Juan de Fuca seit dem Schiedsspruch unseres Kaisers (1872) dahin festgestellt ist, dass sie daselbst dem Haro-Canale folgt, welcher die Vancouver-Insel vom San Juan Archipel trennt. Der letztere ist damit dem Gebiete der Vereinigten Staaten zugefallen. — Die Grenze gegen Mexiko läuft von der Mündung des Rio Grande bis zu 31° 47′ N. B., von da 160 Kil. direct westlich, dann südlich bis zu 31° 20′ N. B. und diesen Parallelkreis entlang bis 111° W. L., von diesem in gerader Linie nach einem Punkte am Colorado, der 32 Kil. unterhalb der Gilamündung liegt, und dann im Colorado aufwärts bis zu besagter Mündung und von dieser westwärts bis zu einem Punkte an der Küste, der eine Seemeile südlich vom südlichsten Punkte des Hafens von San Diego liegt. — Beide Landgrenzen, die gegen Britisch Nordamerika wie gegen Mexiko, haben zusammen eine Länge von 16,200 Kil.

Ausdehnung und Umriss. Innerhalb dieser Grenzen und seiner Meeresgrenzen ist das Gebiet der Vereinigten Staaten in der Weise gelegen, dass sein nördlichster Punkt durch den 49. Breitegrad, sein südlichster durch Cap Sable (24° 50′ N. B.), sein östlicher durch C. Quoddy Head (66° 59′ W. L.), sein westlichster durch Cap. Mendocino (124° 32′ W. L.) gegeben ist. Seine Ausdehnung zwischen Norden und Süden beträgt 1285, zwischen Osten und Westen 4625 Kil. und sein Flächeninhalt ist auf 7,838,300 □Kil. zu beziffern [1]).

1) Also 142,352 geogr. oder 3,026,494 engl. M. Mit Alaska, das übrigens nicht genau vermessen ist, 9,933,680 □Kil. oder 3,603,884 e. M. oder 169,509 g. M. (Behm u. Wagner, Bevölkerung der Erde in Geogr. Mitth. Erg. Heft. 35, S. 64.)

Die Küstenlänge der Verein. Staaten wurde im Jahr 1858 nach damals erneuerten Messungen auf 7064 Kil. berechnet, wovon 3036 auf die atlantische, 1866 auf die pacifische und 2162 auf die Golfküste kommen [1]). Diese Küstenlänge ist im Vergleich zu der Grösse des Landes nicht bedeutend; sie hält vor allem keinen Vergleich aus mit der europäischen, zu der sie sich nur wie 1 : 4 verhält. Indessen ist Küstenlänge kein unveränderlicher Begriff, den man ohne Rücksicht auf seine nähere Bestimmung vergleichen könnte. Da es seine Beziehung zu den Culturmöglichkeiten eines Gebietes ist, welche ihm besonderen Werth verleiht, so ist er in Bezug auf dieselben näher zu bestimmen [2]). Die Küstenlänge des Gebietes der Ver. St. ist nun vorzüglich darum eine verhältnissmässig geringe, weil ihm bedeutende Inseln und Halbinseln fehlen; aber dafür sind seine Küsten in reichem Masse mit einer Eigenschaft begabt, welche in der angedeuteten Richtung wichtiger ist, als aller Insel- und Halbinselreichthum, nämlich mit Zugänglichkeit durch reichliche und tief einschneidende Buchten und durch die Mündungen hoch hinauf schiffbarer Ströme und Flüsse. Man darf die Behauptung wagen, dass Europa mit all seiner reichen Umrissgliederung auf keiner einzigen Küstenstrecke so zugänglich sei und so viele vortreffliche Häfen habe, wie die atlantische Küste von Nordamerika. Die Zugänglichkeit ist nicht ebenso gross an der pacifischen Küste, wohl aber ist auch diese sehr buchten- und hafenreich. Der Golf von Mexiko aber nimmt als ein Abschnitt der reichgegliederten westindischen Region an den Vorzügen Theil, welche diese sogar unserem Mittelmeer an natürlicher Begünstigtheit haben vergleichen

---

1) Report on the Hist. and Progr. of the American Coast Survey. 1858. 46.

2) „Blickt man auf dem Erdball umher, so zeigen sich die Gliederungen, die isolirteren Theile der Erdflächen, die Gestadestrecken, die Halbinseln, die Inseln fast überall als die am reichsten begabten Erdstellen, auf denen die frühesten und grössten Entwickelungen sich concentriren konnten. Mit der Vervielfachung und Entwickelung der Organe hebt sich überall der Adel der Organismen ... Wir wiederholen es: nicht die absolute Grösse, nicht die Masse und das Gewicht des Materiellen, sondern die Form, die gegliederte und höher organisirte Form errang das Uebergewicht und trug das ihrige zur Entscheidung des Schicksals der Völker der Erde bei." C. Ritter, Allgemeine Erdkunde. 1862. 216.

lassen. Man mag also wohl sagen, dass die Keime eines Völkerverkehrs, die allerersten Anregungen zu Wanderungen und Austausch hier keinen so fruchtbaren Boden gefunden haben würden wie z. B. in den Inselfluren des ägäischen oder des jonischen Meeres oder selbst wie in Antillenmeergebieten, wo der Reichthum und die Annäherung der Festlandküsten und Inseln, der Buchten und Halbinseln so gross sind, dass selbst der träumende Geist eines Negervolkes sich hier aufs Meer hätte hinausgelockt, zu kühnen Unternehmungen angespornt fühlen müssen. Aber die eigene Art von Umrissgliederung, die wir gerade an der Seite finden, die für die Cultur Nordamerikas die wichtigste war, nämlich an der Europa zugewandten atlantischen Küste, hat Nordamerika in hohem Grade geeignet gemacht zur Lösung der Aufgabe, die ihm in der Verbreitung und Entwickelung der Cultur über die Erde zugefallen ist. „Durch die günstigste Hafenbildung, Insulirung und Küstenstellung gegen die nordostatlantische Westseite Europa's mit analogen Temperaturverhältnissen wurde das so hafenreiche Ostgestade Nordamerika's von Anfang an ganz vorzüglich am empfänglichsten ausgerüstet für die Aufnahme einer europäischen Civilisation . . . Nordamerika war durch seine maritime Lage zur nothwendigen, wiederholten Schifferentdeckung von Europa (nicht von Asien) aus bestimmt [1])"

Die grossen Elemente der Gliederung sind wie gesagt an der Küste der Ver. St. nur in geringer Zahl vertreten. Als scharf abgesonderte Glieder treten von Halbinseln nur Delaware (15,950 □Kil.) und Florida (60,500 □Kil.) an der atlantischen Küste und von Inseln nur Long Island (2420 □Kil.) in einer Grösse hervor, die hinter der Masse des Festlandes, ihres *Rumpfes*, nicht verschwindet. Alle andern Halbinseln und Inseln sind entweder zu wenig scharf vom Festland abgesetzt oder von zu geringer räumlicher Ausdehnung, um selbständig hervorzutreten. Man kann zu einer grossen Gruppe die zahllosen kleinen Inseln an der Küste von Maine (Grand Menan, Mt. Desert u. a.) zusammenfassen; die südlich vom Ostvorsprung der Neuenglandküste bei C. Cod gelegenen

1) C. Ritter, Ueber räumliche Anordnungen auf der Aussenseite des Erdballs. 1850. 32.

Nantucket, Marthas Vineyard, Penikese, Block, Fisher I. bilden eine andere natürliche Gruppe; Staten Island und Manhattan in der New-York-Bai schliessen sich an Long Island an. Die Felseninseln hören damit auf. Indem die Flachküste jetzt vorherrchend wird, begleiten Düneninseln, zerrissenen Nehrungen entstammend, die Südküste von Long Island, die New-Jersey und Delawareküste und wiederholen sich von da an, indem sie auch stellenweise noch zu zusammenhängenden Landstreifen, Nehrungen verbunden sind, bis zur Südspitze Florida's und über diese hinaus an der Golfküste. In dieser Region sind diejenigen Abschnitte der Küste, welche frei von vorgelagerten Inseln, Inselstrichen oder Landstreifen sind, seltener als die, an denen solche Gebilde sich finden. Es ist Flachküstencharakter. Aber an der Südspitze Florida's treten in den Keys[1]) die Werke riffbauender Korallen, deren Nordgrenze sich bis hierherauf erstreckt, mit diesen Schwemmgebilden in Verbindung und erzeugen besonders in der Kette der Florida Keys und Pine Keys zahlreiche kleine Inseln, die im Aufbau an ihren Korallenursprung, in der Anordnung aber an den Nehrungsboden erinnern, dem sie entsteigen. Die Tortugas sind ächte Koralleninseln. Die Golfküste hat entsprechend ihrem durchaus flachen Charakter zahlreiche Küsteninseln und noch ausgedehntere Nehrungen, als die Südhälfte der atlantischen Küste. Von den Inseln sind nennenswerth S. Vincent und S. Georges gegenüber der Appalachicolamündung, die Chandeleur-Inseln, Ile au Breton, Horn, Grozier und Marsh-Inseln an beiden Seiten des Mississippideltas. Die Küste des Stillen Meeres macht da, wo sie in das Gebiet der Vereinigten Staaten fällt, keine Ausnahme von der Inselarmuth, die sie auszeichnet. Sie ist durchaus Steilküste, der nur an einigen Stellen Dünen- und Flachuferstrecken eingeschaltet sind. Ihre wenigen Inseln sind demnach gebirgig und zwar fast durchaus vulkanisch. An der südcalifornischen Küste liegen die einen, am Nordrand der Oregonküste die anderen, die Mitte ist inselleer. Jenes sind Sa. Cruz, Sa. Rosa, S. Miguel, Sa. Catalina, S. Nicolas, S. Clemente

---

1) Amerikanisirt für das spanische „*Cayo*", das Felseninsel, Riff, Bank bedeutet.

und einige Klippen. Dieses die bereits oben erwähnte Gruppe der Haro-Inseln in der Strasse San Juan de Fuca und südlich von ihr im Admiralty Inlet gelegene Fjordinseln.

Vorgebirge und Buchten, indem sie vorwiegend die leichteren Aussprünge und Einschnitte bezeichnen, sind am meisten geeignet, die kleineren, praktisch aber darum nicht weniger wichtigen Gliederungen eines Landes auszudrücken. Es entspricht dem oben angedeuteten Detailcharakter der Küsten-Gliederung der Vereinigten Staaten, wenn eine grosse Anzahl von Buchten und bedeutenderen Landvorsprüngen an derselben unterschieden werden und wenn in Folge dieser mannigfaltigen Einzelgliederung diese Küste zu den hafenreichsten gehört.

Die bemerkenswertheren Vorgebirge sind:

An der atlantischen Küste:

C. Ann 42° 38′ N. B.,
C. Cod 42° 2′,
C. Henlopen 38° 47′,
C. May 38° 37′,
C. Charles 37° 12′,
C. Henay 36° 56′,
C. Hatteras 35° 14′,
C. Lookout 34° 25′,
C. Flor 33° 50′,
C. Canaveral 28° 16′,
C. Florida 25° 41′,
C. Sable 24° 58′.

An der Golfküste:

C. S. Blas 29° 36′.

An der pacifischen Küste:

C. Arguello 34° 25′,
C. Mendocino 40° 25′,
C. Orford 42° 51′,
C. Disappointment 46° 20′,
C. Flattery 48° 26′.

Die hauptsächlichsten Buchten sind:

An der atlantischen Küste:

Penobscot-Bai (Maine),
Massachusetts-B.,
C. Cod-B.,
Buzzard-B., } Massachusetts,
Long Island-Sund (New-York),
Delaware-B. (New-Jersey und Delaware),
Chesapeake-B. (Maryland und Virginia),
Albemarle-Sund,
Pamlico-Sund, } Nordcarolina.

An der Golfküste:

Tampa-B.
Appalachee-B.
Pensacola-B. } Florida,
Mobile-B. (Alabama),
Atchafalaya-B. (Louisiana),
Galveston-B.,
Matagorda-B. } Texas,

An der pacifischen Küste:

San Diego-B.,
Monterey-B.,
San Francisco-B.,
Trinidad-B., } Californien,
Gray's Harbour (Oregon),
Puget-Sund (Washington Territory).

Einige von diesen Buchten, wie Pennobscot-Bay, Long Island Sund, Delaware-Bai, Galveston-Bai sind gleichzeitig die Mündungen bedeutenderer Flüsse. Von *buchtenartig* einschneidenden *Flussmündungen* sind ihnen anzureihen die Mündungen folgender Flüsse: *Kennebec*, *Potomac*, *James*, *Neuse*, *Capefear*, *Pedee*, *Cooper*, *Savannah*, *St. John*, *Pease-Creek*, *Chocktawhatschee*, *Escambio*, *Pearl*, *S. Antonio* und *Guadalupe*, *Nueces*, *Colorado*, *Columbia*.

Unabhängig von diesen gliedernden Ein- und Aussprüngen verlaufen die *Linien, die den Umriss des Landes im*

Grossen bestimmen. Auch sie sind nicht ohne Bedeutung für den allgemeinen Naturcharakter und für die Culturstellung des Landes. Hier ist zunächst das eigenthümlich stufenförmige Zurückfallen der atlantischen Küste nach Südwesten hin hervorzuheben. Die ganze Ostküste von Nordamerika nimmt an demselben Theil. Nehmen wir Grönland, das fast unbewohnte, aus, so ist Cap Race auf Neufundland der Europa am nächsten gelegene Punkt Amerikas und wir sehen von hier die Küstenlinie gleichsam in drei grossen Stufen südwestwärts zurückfallen, Stufen, die durch Cap Breton in Neuschottland, Cap Cod an der neuengländischen Küste, Cap Hatteras an der von Nord-Carolina bezeichnet sind; südlich von Cap Hatteras schneidet das Meer in flachem Bogen in das Land ein, aber Florida, die Halbinsel, mit der es sich wieder gegen Osten ausbiegt, bleibt weit hinter der nördlichen Küste zurück.

Diese Anordnung wirkt in klimatischer Beziehung mildernd auf das Küstenklima, indem sie so ausgedehnte Strecken der Küste den Südwinden darbietet. Sie ist aber besonders wichtig für den Verkehr mit Europa und es wird z. B. leicht begreiflich, wenn man dieselbe betrachtet, wie alle unmittelbar von Europa ausgehenden Versuche zur Entdeckung Nordamerika's den Continent immer zuerst bei jenen nördlichen Vorsprüngen, vor Allem bei Neufundland, Labrador, Neuschottland, auffanden, zumal der Weg von Europa nach Amerika, welcher etwas über die direkte Verbindungslinie nach Norden hinausgeht, auch aus Gründen der Wind- und Strömungsverhältnisse sicherer und kürzer ist als jene Linie.

Die scharfe Scheidung der ostatlantischen von der südatlantischen oder Golfküste, welche beide fast rechtwinklig aufeinander treffen und dazu noch durch die gerad am Winkel des Zusammentreffens vorspringende Halbinsel Florida auseinander gehalten sind, ist ein weiterer bedeutsamer Zug in den allgemeinen Umriss- und Lageverhältnissen. Diese scharfe Ecke bei Florida wird eine Thatsache von tellurischer Bedeutung durch die Wirkung, die sie auf den Warmwasserstrom des mexikanischen Meerbusens ausübt, der erst durch die Zusammendrängung, die er in der Floridastrasse erleidet, zu dem *Fluss im Meere* wird, als welcher er erscheint, nachdem er diese Ecke passirt hat. Dass jenseits derselben die atlantische Küste so entschieden gegen Süden gekehrt ist, erscheint gleichfalls als Ursache weitreichender klimatischer Wirkungen. Der Sommermonsun, der dem ganzen Süden der Ver. St. seinen eigenthümlichen Klimacharakter aufprägt, die tief ins Innere dringenden Südwinde, das Mass von Feuchtigkeit, welches von hier nach Norden getragen wird, sind hervorragende Thatsachen, welche mitbedingt sind durch die Richtung der nordamerikanischen Golfküste. Nicht ebenso viel Wichtigkeit ist wohl der eigenthümlich regelmässigen Auswölbung zuzuschreiben, durch welche die Küstenlinie der Ver. St. am Stillen Meere ausgezeichnet ist; aber es scheint zweifellos, dass das Klima Californien's mitbestimmt wird durch das Zurücktreten seiner Küste von der Berührung mit dem kalten Strom, der von Norden an der Küste herabkommt und die Gegend von San Francisco noch eben anläuft. Auch ist es für die Metropole dieses Gebietes, San Francisco, nicht ohne Wichtigkeit, dass es durch seine Lage so nahe dem Scheitel dieser Vorwölbung um volle 6 Längengrade weiter in das Meer hinausgerückt ist als die südcalifornischen Plätze auf der einen und die am Puget-Sund und in Nord-Oregon gelegenen auf der anderen Seite.

II. Geologischer Bau.

Anhang: Geologische Entwickelung des Continentes.

Der geologische Bau des Bodens der Vereinigten Staaten ist seinen allgemeinsten Zügen nach aus unserem geologischen Kärtchen zu erkennen, das nach der dritten Ausgabe der Hitchcock-Blake'schen Karte verkleinert ist. (Tafel I). Schon ein vergleichender Ueberblick über die Flächenausbreitung der geologischen Formationen oder Formationencomplexe, welche durch verschiedene Farben von einander getrennt sind, zeigt einige Thatsachen von allgemeinem Werthe, die man als charakteristisch bezeichnen kann für die Geologie des Gebietes, das wir hier betrachten. Die auffallend starke Entwickelung .der Formationen, die man als die paläozoischen oder paläolithischen zusammenzufassen pflegt (silurische, devonische und Kohlenformation) bestimmt wesentlich den geologischen Bau der östlichen Hälfte der Vereinigten Staaten. Eine so zusammenhängende Masse paläozoischer Schichten ist uns auf europäischem Boden nicht bekannt. In zweiter Reihe steht hinsichtlich der Flächenausbreitung die Tertiärformation, in dritter das, was die amerikanischen Geologen als Eozoic zusammenfassen und was nach der bei uns gebräuchlichen Benennungsweise als die Azoische oder Urgesteins-Formation zu bezeichnen ist, in vierter die Kreide. Am wenigsten verbreitet sind die triassischen und jurassischen Schichten, die Alluvialgebilde und die vulkanischen Gesteine. Der Leser versuche auf einer geologischen Karte von Europa ein Gebiet von annähernd gleicher Ausdehnung in Parallele zu setzen mit dem hier niedergelegten und er wird den grossen Unterschied auf den ersten Blick erkennen. Hier in Amerika eine vorwiegend massige, zusammenhängende, dort in Europa im scharfen Gegensatz eine ebenso aus-

GEOLOGISCHE KARTE

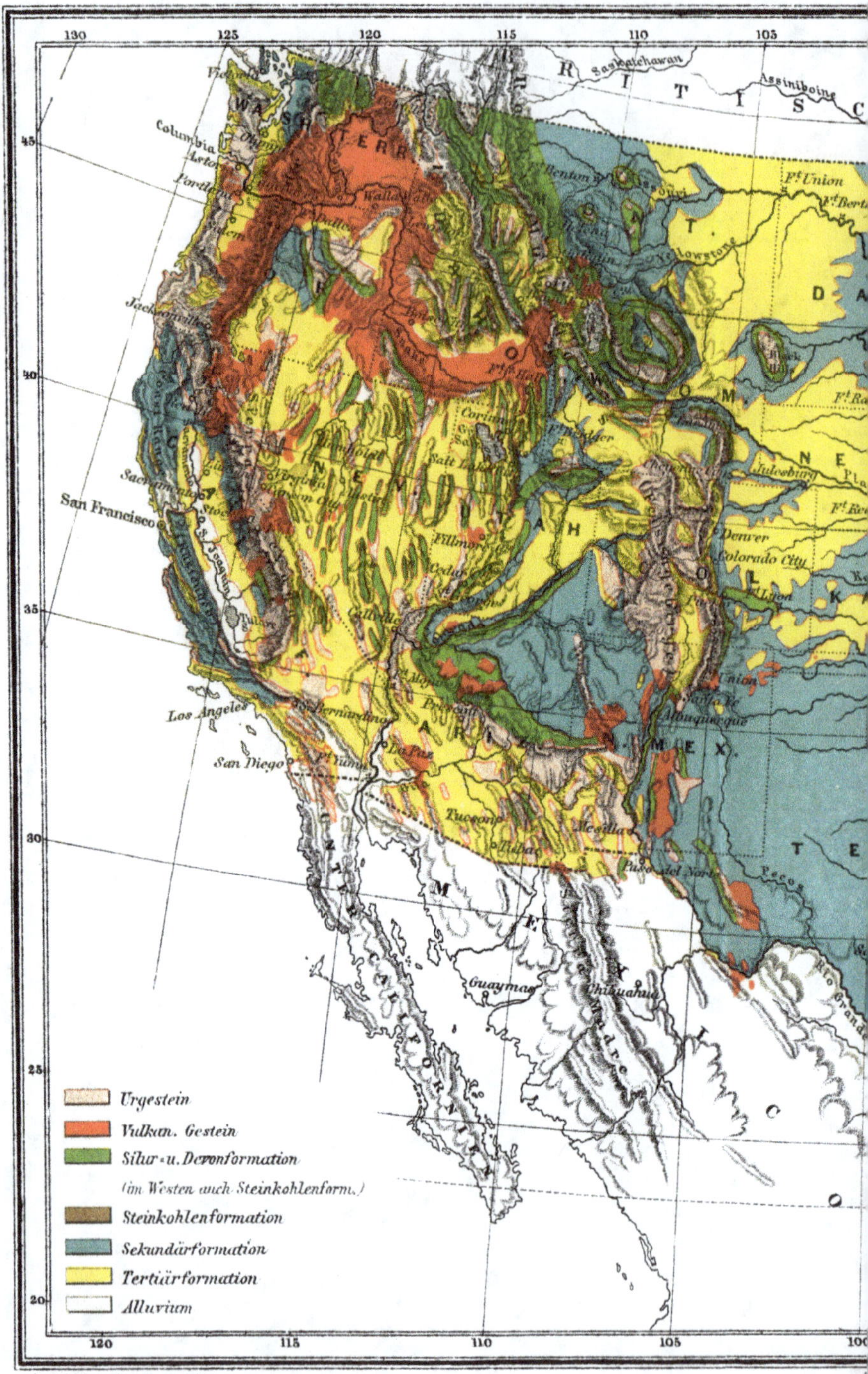

EREINIGTEN STAATEN.

Leipzig.

Aug. Müller sc

geprägt zersplitterte und durcheinander geschobene Lagerung der Formationen. Aber allerdings ist dies nur derselbe Unterschied, den die Vergleichung der Umrisslinien und den nicht minder auch die Vergleichung der Oberflächengestalt hervortreten lässt. Wie Nordamerika geologisch massig, compakt gebaut ist, so sind auch seine Umrisse viel weniger mannigfaltig, viel ungegliederter und seine Oberflächenverhältnisse viel einfacher als die irgend eines gleich grossen Theiles von Europa. Offenbar haben wir in dieser dreifachen Uebereinstimmung Ursachen und Wirkungen vor uns: Die Ursachen in den geologischen Verhältnissen und deren Wirkungen in den Umrissformen und in der Oberflächengestalt. In geographischer Beziehung sind es aber ohne Zweifel die gegenseitigen Lagerungsverhältnisse der Schichten, welche uns den geologischen Bau des Landes am interessantesten erscheinen lassen. Hier werden die Beziehungen zwischen geologischem Aufbau, Bodengestalt und Umriss greifbar und in der Aneinanderreihung der aufeinander folgenden Formationen tritt uns die Bildungsgeschichte Nordamerikas, d. h. das allmähliche Hervor- und Zusammenwachsen des Continentes aus dem Meere mit einer Deutlichkeit entgegen, die oft überraschend ist und eben auch wieder eine Folge der grossartigen Einfachheit ist, welche man als den Grundzug im geologischen Bau des ganzen nordamerikanischen Festlandes bezeichnen kann.

Die ältesten Formationen, die der Urgesteine, nehmen drei Zonen zusammenhängenden Vorkommens ein, ausserhalb deren sie nur ganz zerstreut gefunden werden. Dem Ost- und Westrand des Landes ziehen sie in grossen Massen entlang und von Norden ragen sie über die Grenze vom atlantischen Meer bis in die Region der Mississippiquellen herein, während sie im Süden ganz fehlen und im Inneren nur in kleineren inselartigen Massen vorkommen. Der östliche oder atlantische Zug der Urgesteine ist am breitesten entwickelt an seinem nördlichen und südlichen Ende und ist am schmalsten, ja fast unterbrochen in der Gegend von New-York. Wir werden sehen, dass ähnliche Verhältnisse beim Alleghanygebirg beobachtet werden, dessen breiteste Entwickelung an das Nord- und Südende, in die Abschnitte des Acadischen Gebirges und der Blue Ridge fallen und dessen Zusammenhang durch die breite Einsenkung, in welcher Hudson und Mohawk fliessen, gerade bei New-York fast gänzlich unterbrochen ist. Es fällt in der That diese Urgesteinszone des Ostens nicht bloss zusammen mit dem Gebirge der Alleghanies, sondern „sie bildet die Gebirgsregion der östlichen Staaten“ (C. H. Hitchcock). Auch da, wo die Urgesteinsregion von Norden her über die Grenze hereinragt, sehen wir sie zusammenfallen mit den *Landhöhen*, welche die Wasserscheide bilden zwischen St. Lorenzstrom, Mississippi und Saskatschawan. Der Hauteur de Terres und dem Coteau des Prairies liegen Urgesteinsformationen zu Grunde und dieselben bilden zusammen mit dem Urgesteinszug des Alleghanysystems gleichsam den erhöhten Rand des weiten Flachlandes, das von der östlichen Hälfte des Mississippi-Stromsystems, d. h. von Flüssen bewässert wird, die vorzüglich von diesem Rande nach Süden und Westen zusammenströmen. — Nach einem weiten Zwischenraume, der mit Sedimentärschichten ausgefüllt und nur durch die Granitinseln der Black Hills im Norden und die neumexikanischen Berge im Süden unterbrochen ist, stossen wir, nach Westen gehend, auf eine dritte Urgesteinszone, deren Zusammenhang mit den Gebirgsmassen, die das westliche Dritttheil Nordamerikas bedecken, sofort in die Augen springt. Es sind vorwiegend Granite und Gneisse, die überall als der Kern oder als das Gerüste der Cordilleren hervortreten und ganz besonders da nicht fehlen, wo diese Gebirge sich zu wirklichen Hochgebirgsgipfeln erheben. Zwei Hauptzüge treten besonders hervor: Einer am östlichen, der andere am westlichen Rand, jener entspricht dem Felsengebirge und seinen südlichen Ausläufern, dieser der californischen Sierra Nevada und dem Cascadengebirge, in das jene sich nach Norden hin fortsetzt. Zwischen beiden liegt ein wahrer Archipel von Gneiss- und Granitinseln, die aus der Decke von Tertiärschichten hervorstechen, welche den Grund des „*Grossen Beckens*“ bedecken. Sie entsprechen Höhenzügen, welche das Innere dieser gebirgsumschlossenen Hochebene in allen Richtungen und oft netzartig durchsetzen.

Wenn man sieht, wie in den Rahmen dieser drei grossen Urgesteinszonen die Schichten der Sedimentärformationen wie in ein hochrandiges Becken eingelagert sind, kann man nicht umhin zu erkennen, dass auch aus geologischem Gesichtspunkt jene Ansicht nicht unberechtigt erscheint, welche das ganze Gebiet der Ver. St. einem grossen nach Süden geöffnetem Thale vergleicht, dessen einen Rand das Alleghanysystem, den anderen die Cordilleren bilden und dessen Abschluss im Norden durch die Landhöhen gegeben ist, welche dort die grosse Wasserscheide bilden. Nur muss man an ein meererfülltes Thal dabei denken. In der That ist es bemerkenswerth, wie alle bedeutenderen Flüsse dieses grossen Gebietes ohne Ausnahme ihre Quellen und ihren Oberlauf in den drei Urgesteinszonen haben, und wie die meisten von ihnen dem Gebiete der Sedimentärformationen zuströmen, um sich dort zu dem grossen Stromgebiete des Mississippi zu vereinigen, welches das *Grosse Thal* der inneren Ver. St. erfüllt.

Die massige Entwickelung der paläozoischen Formationen tritt uns weiter entgegen, wenn wir unseren Blick auf die Verbreitung der Sedimentärformationen richten. Im Osten sind auf der Karte Silur- und Devonformation, im Westen mit beiden noch die Kohlenformation vereinigt, welche man daselbst noch nicht von den übrigen paläozoischen Formationen zu trennen vermochte. Die Dyas, soweit sie entwickelt ist, findet ihren Platz bei der Kohlenformation, von der die amerikanischen Geologen sie bis jetzt nicht scharf getrennt haben. Wir sehen also auf der Karte die paläozoischen Schichten im Osten durch zwei, im Westen durch eine Farbe dargestellt. Wie sie als grosse Beckenausfüllung den ganzen Winkel einnehmen, den die canadische Seenplatte mit dem Alleghanys bildet, wurde hervorgehoben. In drei Hauptmassen und einigen zerstreuten Fetzen ist im Osten die Kohlenformation mitten in die devonischen und silurischen Schichten eingebettet, aber die *produktive Kohlenformation* ist vorzüglich in den zwei östlichen Einlagerungen zu finden, von denen die eine sich dem Westrand der Alleghanies entlang, die andere zwischen Michigansee und Ohio erstreckt. Im Westen finden sich die paläozoischen Schichten vorzüglich vertreten durch den unteren Theil der Kohlenformation (Carboniferous Limestone, Bergkalk), aber man hat bei Santa Fé und weiter südlich im Thal des Rio Grande auch die produktive Kohlenformation mit nicht unerheblichen Flötzen aufgeschlossen. Im Allgemeinen sind die paläozoischen Schichten am stärksten vertreten am Ostrand der Urgesteinszone, und im Inneren des Grossen Beckens, wo sie stellenweis massig auftreten, aber sie sind sehr gering entwickelt in der westlichen Hälfte des Gebirges und fehlen ganz im Cascadengebirge. Sie sind stellenweis so stark gehoben, dass sie (z. B. in den Bergen um den Grossen Salzsee) Gipfel von 4000 m. bilden, aber wo sie am verbreitetsten auftreten, nämlich am mittleren Colorado in Arizona, sind sie fast ungestört und bilden dort zusammen mit einigen jüngeren und älteren Schichten die sogenannten Coloradoplateaus, in welche der Colorado und seine Zuflüsse die Abgründe ihrer Cañons eingegraben haben.

Von den Schichten, die man als mesozoische oder sekundäre bezeichnet, sind die drei verschiedenen Hauptgruppen in sehr verschiedener Ausdehnung vertreten. Die triassischen und jurassischen nehmen nur an drei Punkten nennenswerthe Räume ein, nämlich im Südwesten (Nordtexas, Indianerterritorium, Südkansas), am Ostrand der Felsengebirge und in der nördlichen Hälfte der Alleghanys. In geringerem Masse treten jurassische und wahrscheinlich auch triassische Schichten am Westabhang der Sierra Nevada hervor, wo sie in hohem Grade metamorphosirt und zu den Hauptträgern der Metallführung dieser berühmten Gold- und Kupferregionen geworden sind. In den Alleghanys sind es vorwiegend Sandsteine, im Südwesten gypsreiche rothe Schiefer, Mergel und Sandsteine, am Ostabhang der Felsengebirge Sandsteine und Mergel, durch welche sie vertreten sind.

Ungleich grossartiger ist die jüngste der sekundären Schichtengruppen, die Kreide entwickelt. Der räumlichen Ausdehnung nach betrachtet, bedeckt sie nächst der Tertiärformation die weitesten Gebiete. Fast überall tritt sie mit dieser gemeinsam auf und zwar an ihrem inneren Rande, wie es in der Natur der Sache liegt. Sie trennt dadurch fast überall die Tertiärgebilde von den älteren Formationen. Am wenigsten massig ist sie im Osten entwickelt, wo sie am Ostrand der Alleghanies von Long Island bis Washington in einem schmalen Streifen zwischen Urgebirg und Tertiär eingeschaltet ist. Zahlreiche kleinere, inselartig aus den Tertiärschichten hervorragende Kreidebildungen stellen eine lockere Verbindung her zwischen diesem Kreidestreifen und einem zweiten mächtigeren Complex derselben Formation, welcher um den Süd- und Südwestrand der Alleghanies sich breit herumbiegt und vom oberen Appalachicola bis zur Ohiomündung den Uebergang aus den alten Formationen des Ostens zu dem grossen Tertiärbecken des Unteren Mississippi bildet. Alle anderen bemerkenswerthen Kreidebildungen gehören dem Westen an und zerfallen in zwei grössere Massen, welche gesondert sind durch die grossen Gebirge des Westens. Oestlich von dieser Gebirgsschranke sehen wir die Kreide in mehreren breiten zusammenhängenden Bändern von Süd bis Nord das ganze Gebiet der Union durchziehen. Tertiärbildungen und gehobene Urgesteinsmassen sind zwischen sie eingeschaltet, ohne ihren Zusammenhang zu zerstören. Sie ist in besonders breiten Massen im südwestlichen Texas und in Neumexiko entwickelt, dann im Plateaugebiet des oberen Colorado, im unteren Missouri- und oberen Red-Rivergebiet, und endlich im Gebiet der oberen Zuflüsse des Missouri (Territ. Montana). Zusammen mit den Tertiärbildungen füllt überhaupt die Kreide fast das ganze Becken aus, das zwischen Cordilleren und Mississippi sich durch die Mitte der Union vom Golf von Mexiko bis zu den canadischen Seen erstreckt. In ähnlicher Lagerungsweise kehrt dann auch am Westrand des Continentes zwischen den Cordilleren und dem Stillen Meer die Kreide wieder, wo sie in Californien den grössten Antheil an der Bildung des Küstengebirges nimmt, das mit der Sierra Nevada zusammen ein altes Tertiärbecken einschliesst und wo sie am Puget-Sund in Verbindung mit Tertiärschichten in einer starken Entwickelung auftritt, welche gegen Norden, gegen Britisch Columbia und Vancouvers-Island hin noch zunimmt.

Die Tertiärformation findet ihre mächtigste zusammenhängende Entwickelung in der Osthälfte des Continentes, wo sie nach aussen von den älteren Formationen in einem Gürtel von wechselnder aber zum Theil mächtiger Breite abgelagert ist, der vom Cap Cod in Massachusetts ziemlich gleichlaufend der Küstenlinie sich um den ganzen älteren Kern des Continentes bis zur Rio Grande-Mündung zieht. Tief in das Innere des Landes dringt dieser Tertiärgürtel im Mississippithal ein, wo er bis zur Ohio-Mündung hinaufreicht. Eine zweite Gruppe von Tertiärbildungen, welche gleichfalls grosse Strecken Landes bedeckt, ist die bereits erwähnte im oberen und mittleren Missourigebiet, welche rings von Kreide umschlossen die ganze Mitte der Plains einnimmt. Die Bergoase der Black Hills macht einen tiefen Einschnitt von Osten her in dieselbe, ohne indessen ihren Zusammenhang aufzuheben. Nach Westen hin steht sie gleich der Kreide mit einer weiteren, ebenfalls sehr ausgedehnten Tertiärformation in Verbindung, welche aber nicht wie sie zusammenhängend, sondern von einem wahren Schwarme von inselartig hervorragenden Massen von Urgesteinen und Gesteinen paläozoischer Formation durchbrochen ist. Es ist die Tertiärformation, die einen grossen Theil der Hochebenen bedeckt, welche zwischen Felsengebirg und Sierra Nevada die Region der grossen inneren Becken bilden. Ihre vielfache Durchbrochenheit nnd Zerstücktheit, welche in Utah, Nevada, Arizona, Wyoming einen der charakteristischsten Züge in die geologische Karte von Nordamerika zeichnet, ist keine alleinstehende Thatsache, sondern wird ergänzt durch die sehr starke Abweichung, welche der geologische und paläontologische Charakter dieser Tertiärbildungen im Vergleich mit den östlicher und westlicher gelegenen aufweist. Im Tertiär des Ostens und meist auch der Plains haben wir ausgeprägte Meeresablagerungen, während wir hier vor Brack- und Süsswasserbildungen stehen, die unzweifelhaft in seichten, stark zurückweichenden Meeresarmen und Seen sich absetzten. Eine weitere grosse Tertiärablagerung, deren ursprünglichen Zusammenhang die spätere theilweise Bedeckung mit vulkanischen Auswurfsgesteinen nicht verhüllen kann, füllt von Südcalifornien bis zum Puget-Sund den Zwischenraum aus, den Sierra Nevada und Cascadengebirge einer- und das Küstengebirge andererseits zwischen sich lassen.

Die Alluvialbildungen sind auf der Karte nur im Osten scharf gesondert, wo sie überall nach aussen von der Tertiärformation liegen. Die Bildung einer Halbinsel wie Florida durch Anhäufung moderner Schwemmgebilde ist der hervorragendste Zug im Gebiet des nordamerikanischen Alluvium. Es ist überhaupt eine der bemerkenswerthesten Thatsachen der vergleichenden Geologie und Geographie und wird als solche weiter zu besprechen sein. Die bedeutende Ausdehnung des Alluvialgebietes im Mississippithal, sowohl nach Breite als Länge, ist eine weitere Thatsache, die Beachtung verdient. Im Westen umgeben grössere und kleinere Alluvialgebiete jeden Binnensee und Salzsumpf als die Produkte des allmählichen Zurücktretens der stehenden Gewässer in dieser Region. Sie sind wegen mangelnder Erforschung auf der Karte nur in wenigen Fällen vom Tertiär getrennt, in das sie allerdings oft ganz unmerklich übergehen.

Vulkanische Gesteine sind auf denjenigen Theil des Gebietes der Vereinigten Staaten beschränkt, welcher westlich von 103° W. L. gelegen ist. Oestlich von hier fehlen alle Spuren vulkanischer Thätigkeit — wir zählen natürlich nicht alle Erdbeben zu denselben —, nach Westen zu werden sie immer häufiger, bis wir in der Sierra Nevada und dem Cascadengebirge die grosse Vulkanregion der Vereinigten Staaten betreten, deren Mächtigkeit die innere und ursprüngliche Aehnlichkeit der süd- und nordamerikanischen Cordilleren klar vor Augen bringt. Mächtige Vulkane, die von ausgedehnten Lavabetten, alten Gesteinsströmen umgeben werden, bilden einen der auszeichnenden und hervortretenden Züge in der Geologie des fernen Westens. Im Thal des Columbia- und Snake-R. ist ein Lavafeld 5 Längen- und 3 Breitengrade weit zu verfolgen. Ein grosser Theil des Cascadengebirges besteht aus übereinander gelagerten Lavabetten, die am Durchbruch des Columbia-R. über 1000 m. mächtig auf horizontalen mittel- und spättertiären Schichten ruhen. Grosse Lavabetten und erloschene Vulkane sind auch auf der Hochebene zwischen Felsengebirg und Sierra nicht selten. Das berühmte Geysergebiet am Oberen Yellowstone, sowie zahlreiche andere heisse Quellen sind Zeugen der einst so mächtigen und noch nicht ganz erloschenen vulkanischen Thätigkeit in diesem Gebiete.

Die geologische Entwickelung Nordamerika's[1]. Die Zustände, welche in den verschiedenen geologischen Zeiträumen derjenige Theil der

1) Es scheint, dass die geologischen Ereignisse auf der ganzen nördlichen Hemisphäre im Allgemeinen sich in Gang und Aufeinanderfolge niemals weit von dem Plane entfernten, den man für die Verhältnisse unseres kleinen europäischen Erdtheils nach dem Studium der Thatsachen hat feststellen können. Aber darum ist jene unveränderte Uebertragung des europäischen geologischen Formationsgerüstes mit allen seinen Unter- und Unterunterabtheilungen und seinen will-

Erde durchlief, der heute das Gebiet der Vereinigten Staaten darstellt, sind zu sehr abhängig von der allgemeinen geologischen Geschichte Nordamerika's, als dass wir sie abgelöst von derselben betrachten könnten. Um so weniger ist diess möglich, als unsere Kenntnisse des geologischen Baues der Vereinigten Staaten noch zu wenig ins Einzelne gehen; die allgemeinen Grundzüge aber, die wir von demselben kennen, sind meistentheils gleichzeitig die Grundzüge der Geologie von Nordamerika.

Den grössten Theil von Nordamerika bedecken geschichtete versteinerungführende Gesteine der paläo-, meso- und känozoischen Formationen. Auf verhältnissmässig nicht sehr ausgedehnten Strecken fehlen dieselben unter Umständen welche den Schluss erlauben, dass hier von jeher nicht die Bedingungen zur Ablagerung solcher Formationen gegeben waren, d. h. dass hier niemals eines der Meere stand, die zu verschiedenen Zeiten verschiedene Theile von Nordamerika bedeckten und ihre Niederschläge über dieselben ausbreiteten. Diese Strecken azoischer Gesteine, um welche wie um einen Krystallisationskern die jüngeren Formationen sich anlagerten, bilden in den nördlichen Theilen von Nordamerika eine weite Zone, die vom atlantischen zum stillen Meere in einem grossen Bogen zieht, der nur mit seinem äusseren Scheitel in das Gebiet der Vereinigten Staaten hineinragt. Die östliche und südliche Hälfte der Halbinsel Labrador, Canada nördlich vom St. Lorenz und den Grossen Seen und das Hudsonsbai-Gebiet zwischen der Seenkette und den jüngeren Formationen längs der Hudsonsbai fallen in diesen *Nucleus des ameri-*

kürlichen und lokalen Benennungen, wie sie die älteren amerikanischen Geologen versuchten, noch nicht nothwendig und nicht einmal nützlich. Sehr wahr sagte Dana schon 1855: „Jeder Continent hat seine eigenen Perioden und Epochen und die Geologen New-Yorks und der anderen Staaten waren weise genug, diese Thatsache anzuerkennen und an europäischen Unterabtheilungen vorüberzugehen. Für Kreide und Tertiär ist dieses Prinzip ebenso wahr wie für Silur oder Devon. Cromwell's Diktatur machte Epoche in der englischen, nicht aber in der chinesischen Geschichte. Wir müssen die Reste der Vorzeit genauer kennen, ehe wir sagen, dass irgend ein Naturereigniss in Amerika gleichzeitig gewesen sei mit einem ähnlichen in Europa. Die Einheit der geologischen Geschichte liegt im Fortschritt des Lebens und in den grossen physikalischen Ursachen der Veränderungen, nicht aber in der Aufeinanderfolge der Schichten“ (J. D. Dana, Adress on American Geological History, Am. J. S. 1856. II. 307). Diese Worte kann man immer unterschreiben und vor allem den letzten Satz. Selbst ein Uebermass in der Bildung neuer Schichten, Gruppen und Namen, das unser Gedächtniss allzusehr zu belasten droht, ist wünschenswerther als die Sucht, überall Europa wiederzufinden. Jene lässt immerhin die Thatsachen gelten wie sie sind, diese thut ihnen Unrecht. Auch in der vergleichenden Zusammenstellung nordamerikanischer und europäischer Formationen (Tabellenanhang, Tab. I) möchten wir daher nur eine lockere, verdeutlichende, nicht eine zwingende Parallelisirung gegeben haben.

kanischen Continentes, wie ihn Dana nennt. Inselartige vereinzelte Stücke azoischen Gebietes liegen im nördlichen New-York, südlich vom Lake Superior, in den Ozark Mountains, den Black Hills u. a. O. Es ist auch nicht unwahrscheinlich, dass Streifen *azoischen Festlandes* an der Stelle der heutigen Bergketten der Alleghanies und der Sierra schon über die Silurmeere hervorragten, aber wir kennen noch nicht genügend die Geologie dieser beiden grossen Gebirge, um diess mit Sicherheit behaupten zu können.

An diesen Kern legten sich im Süden die Niederschläge aus den Meeren der älteren Silurzeit in Schichten an, deren vorwiegend horizontale Lagerung eine Zeit der Ruhe für diesen Erdtheil andeutet. Die drei Gruppen, in welche die amerikanischen Geologen diese unteren silurischen Schichten eintheilen, entsprechen langsamen Niveauänderungen. Die unterste, die Potsdamgruppe (welche der europäischen Primordialformation entspricht) ist offenbar in einem seichten, von Sandbänken durchzogenen und unterbrochenen Meere abgelagert, das allmählich zu einem tieferen Meere wurde, in welchem die darauf folgende Trentongruppe mit Kalksteinchichten von continentaler Erstreckung und die Hudsongruppe mit abwechselnden Schiefern und Kalksteinen sich bildeten. Trappausbrüche fanden während der Ablagerung der Potsdamgruppe in dem Gebiet südlich vom Oberen See statt. Die Hebungen und Senkungen und die verschiedenen Ablagerungen dieser Zeit waren nicht lokal wie etwa die der Tertiärzeit, sondern von grossartiger Ausdehnung. Die Masse des Continentes wurde in diesen und den folgenden paläozoischen Zeiträumen gebildet. Eigentliche Oceane in unserem Sinn, tiefe, in weiter Ausdehnung ununterbrochene Meere gab es wohl nicht, aber ebensowenig wüssten wir von unzweifelhaften Süsswasserbildungen zu berichten. Auch im Oberen Silur (Niagara-, Salina- und Helderberg-Gruppe) dauert dieser Zustand einer vorwiegend seichten, häufig wechselnden Meeresbedeckung und der Mangel der Süsswasserbildungen fort. Man will Landpflanzen in Formationen dieses Zeitraumes gefunden haben, aber ihr wahrer Charakter ist noch zweifelhaft. Im Allgemeinen waren die Niveauänderungen in der ganzen Silurzeit grösser und zahlreicher am Ostrand des Silurbeckens, an den Alleghanies, als im Innern. Wir finden dort mächtigere Ablagerungen, in denen häufiger Wechsel von Sandstein und Schiefer die Kalksteine unterbricht, während im Innern, im Westen minder mächtige, aber einförmigere und viel weiter ausgebreitete Ablagerungen vorwiegend kalkiger Natur die Silurformation charakterisiren.

Dem Kern des Continentes wuchs in der Devonzeit ein grosses Stück Festland im Süden und kleinere Stücke an allen anderen Seiten zu. Die Alleghanies und die Sierra waren zunächst nur durch landarme Inselreihen und Riffe vertreten. Landpflanzen traten um die Zeit der mittleren

Devonbildungen zuerst in grösseren Massen auf. In derselben Zeit erscheinen die ersten Wirbelthierreste, also bedeutend später als in Europa. Man theilt die Devonformation in Nordamerika in fünf Gruppen, welche die Namen Oriskany-, Corniferous-, Hamilton-, Chemung- und Catskillgruppe tragen und deren Gesteine vorwiegend aus Sandsteinen und Schiefern bestehen.

Eine Periode ausgedehnter Kalksteinbildungen zeigt gegen das Ende der paläozoischen Zeit eine Senkung der bisher so vorwiegend seichten Meeresböden an; es ist die Zeit der Berg- oder Kohlenkalkbildung, welche von den amerikanischen Geologen als Subcarboniferous Period bezeichnet wird. Die darauf folgende Zeit der eigentlichen Steinkohlenformation ist dagegen wieder eine Zeit der Hebung, welche mit der Ablagerung von Conglomeraten (Millstone grit) und Sandsteinen, jene vorwiegend im Osten, diese im Westen und Süden begann. Wo heute Kohlenflötze aufgeschlossen werden, war damals Festland und dieses Festland erstreckte sich weithin als einförmige Ebene und Sumpf, wo die Steinkohlenpflanzen unter wesentlich gleichen Lebensbedingungen vegetirten. Während so im Osten neuerdings Land zuwuchs, bestand, nach Westen gedrängt, das subcarbonische Meer im Gebiet der heutigen Rocky Mts. fort und mochte in dieser Region mit dem Meere im Norden zusammenhängen. Im Westen allein ist es auch, dass Schichten abgelagert wurden, vorwiegend Kalksteine, welche nach Alter und organischen Einschlüssen unserer europäischen Dyas- oder Permformation entsprechen. Nordamerika östlich des Mississippi war mit der Kohlenformation im Wesentlichen fertig, es wuchs nur nach Süden und Südwesten in den folgenden Perioden noch erheblich weiter.

In den älteren Formationen der Sekundärperiode fehlen in Nordamerika die scharfen Unterscheidungen, welche wir in der Trias und dem Jura von Europa wahrnehmen. Beide Formationen scheinen in Nordamerika eine zusammenhängende Reihe von Ablagerungen zu bilden und sind vorzüglich ausgezeichnet durch eine grosse Armuth an Fossilresten. Man schreibt diess dem Umstand zu, dass die älteren Sekundärformationen des inneren Nordamerika in einem Binnenmeere zur Ablagerung gelangten, das keine oder nur geringe Verbindung mit dem Meere hatte, und ähnlich arm an organischem Leben war wie der heutige Grosse Salzsee. Vielleicht war dieses Meer ein Rest desjenigen, aus dem in den vorhergehenden Perioden der Bergkalk sich abgesetzt hatte. In der Juraperiode scheint eine etwas tiefere Senkung dieses Binnenmeer mit dem Ocean verbunden und es mit neuen organischen Formen bereichert zu haben. In noch höherem Grade scheinen Senkungen in der Kreideperiode stattgefunden zu haben, wo ein Meer aus dem heutigen Golf von Mexiko mindestens bis in das obere Missourigebiet und (nach Ablagerungen der

Kreideformation im Mackenziegebiet zu schliessen) sogar bis zum Eismeer reichte, so dass das heutige Nordamerika sich damals aus zwei ungleich grossen Theilen, einem östlichen und einem westlichen zusammensetzte. (Fig. 1.) Mississippi und Ohio bestanden bereits, aber dieser dürfte der grössere von beiden gewesen sein, da sein Quellgebiet grösstentheils schon seine heutige Erhebung gewonnen hatte, während der Mississippi aus einem flachen, der Bildung grosser Ströme wahrscheinlich ungünstigeren Gebiete kam. Kleinere Strecken wuchsen ausser an den Rändern des nordamerikanischen *Kreide-Mittelmeeres* in dieser Periode am pacifischen und atlantischen Rand und am Südende der Alleghanies dem Continente zu.

Fig. 1. Das Kreidemeer Nordamerika's. (Nach Dana.)
Mo, Gebiet des Oberen Missouri.

In der Tertiärperiode fügte sich dem Continent im Osten und Süden ein grosser Theil des Niederungsgebietes der atlantischen Küste und des Mississippithales an, ferner im Westen diejenige Landmasse, welche die zwei Hälften zusammenkittete, in die der Continent noch zur Kreidezeit zerfallen war. Gleichzeitig fällt in diese Zeit die wichtigste Gebirgserhebung nämlich die der Hochgebirgskette im Westen und des californischen Küstengebirges. Damit war das nordamerikanische Festland so ziemlich in der Ausdehnung fertig, wie wir es heute sehen. Die nordamerikanischen Tertiärgebilde bezeichnen im Allgemeinen den Uebergang von Meer zu Festland, der mit diesen Landhebungen verknüpft war und bestehen desshalb häufig aus Brackwasser- und Süsswasserbildungen. Die Hebung, welche die atlantische Flachküste zwischen New-York und Florida in der Breite entstehen liess, in der wir dieselbe heute sehen, fand im miocänen Abschnitt der Tertiärperiode, die der Halbinsel Florida wahrscheinlich im pliocänen und noch später statt. Durch die Hebungen im Westen fiel in diese Zeit auch der Anfang der Ausbildung der grossen nordwestamerikanischen Stromsysteme, besonders des Missouri und Colorado.

In die posttertiäre Zeit fallen vorzüglich nur noch innere geologische Veränderungen, deren letztes Ziel die Ausgleichung der Verschiedenheiten zu sein scheint, welche durch die Hebungen und Senkungen in den früheren Perioden entstanden sind. Mit Thal- und Seebildungen, Drift- und anderen Schuttablagerungen, Erosion und Herausbildung der Gebirgsformen, Torf- und Korallenbildung erfüllt sich die geologische Thätigkeit dieser Zeit. Vulkanische Eruptionen treten ihnen in beschränkten Gebieten zur Seite. Nur an der Südost- und Südküste fährt eine nicht unbedeutende Landhebung fort, dem Continent neue Gebiete anzufügen, während minder merkliche Schwankungen, vorwiegend Senkungen, welche an der nördlichen atlantischen Küste bis nach Labrador hinauf vorkommen sollen, möglicher Weise an der Verschiebung des Continentes in entgegengesetzter Richtung thätig sind[1]).

1) Ueber diese und andere Veränderungen der Umrisse und Bodengestalt siehe den betreffenden Abschnitt am Ende des nächsten Capitels.

HÖHENKARTE DER

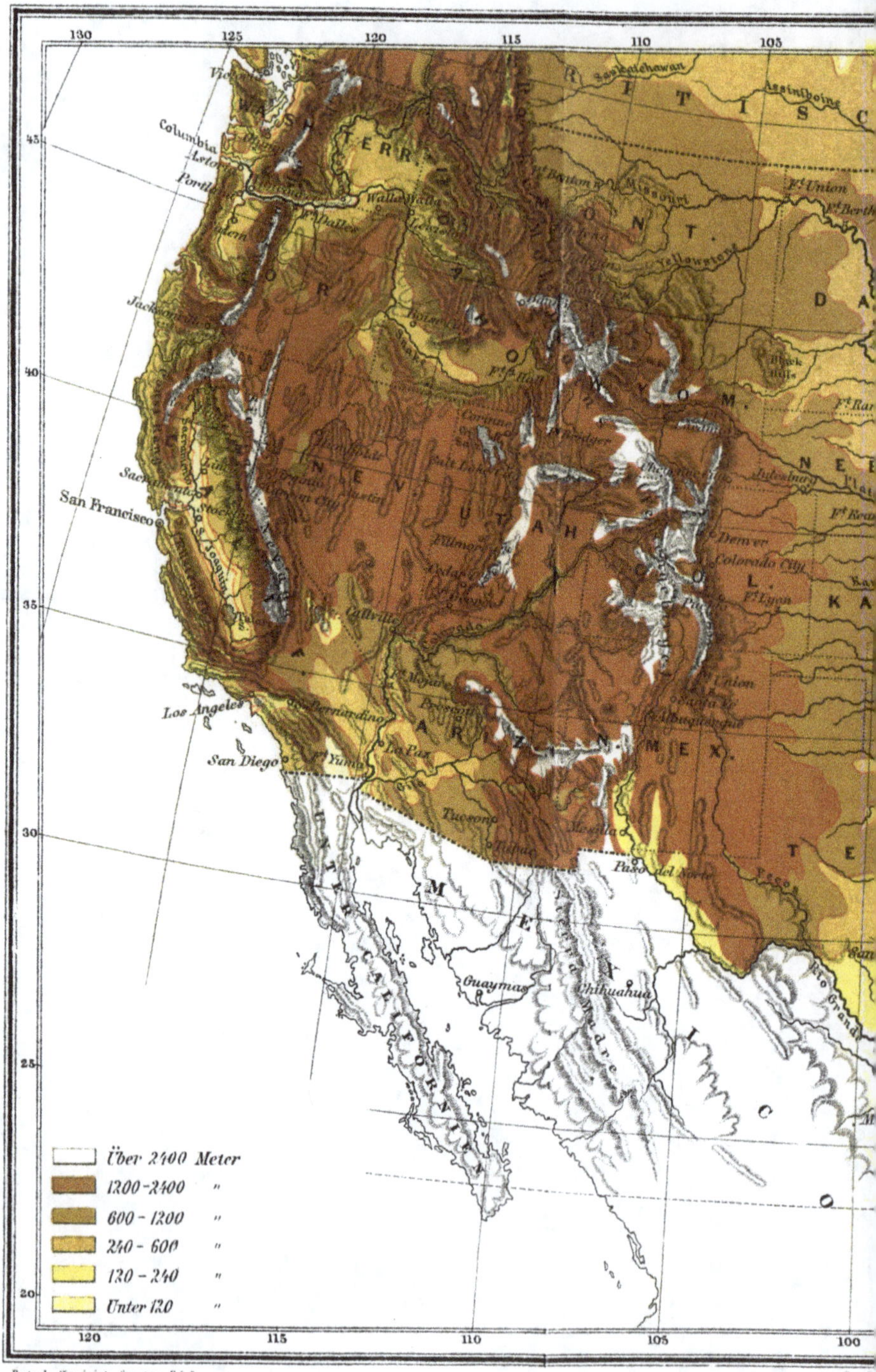

 Druck

IGTEN STAATEN.

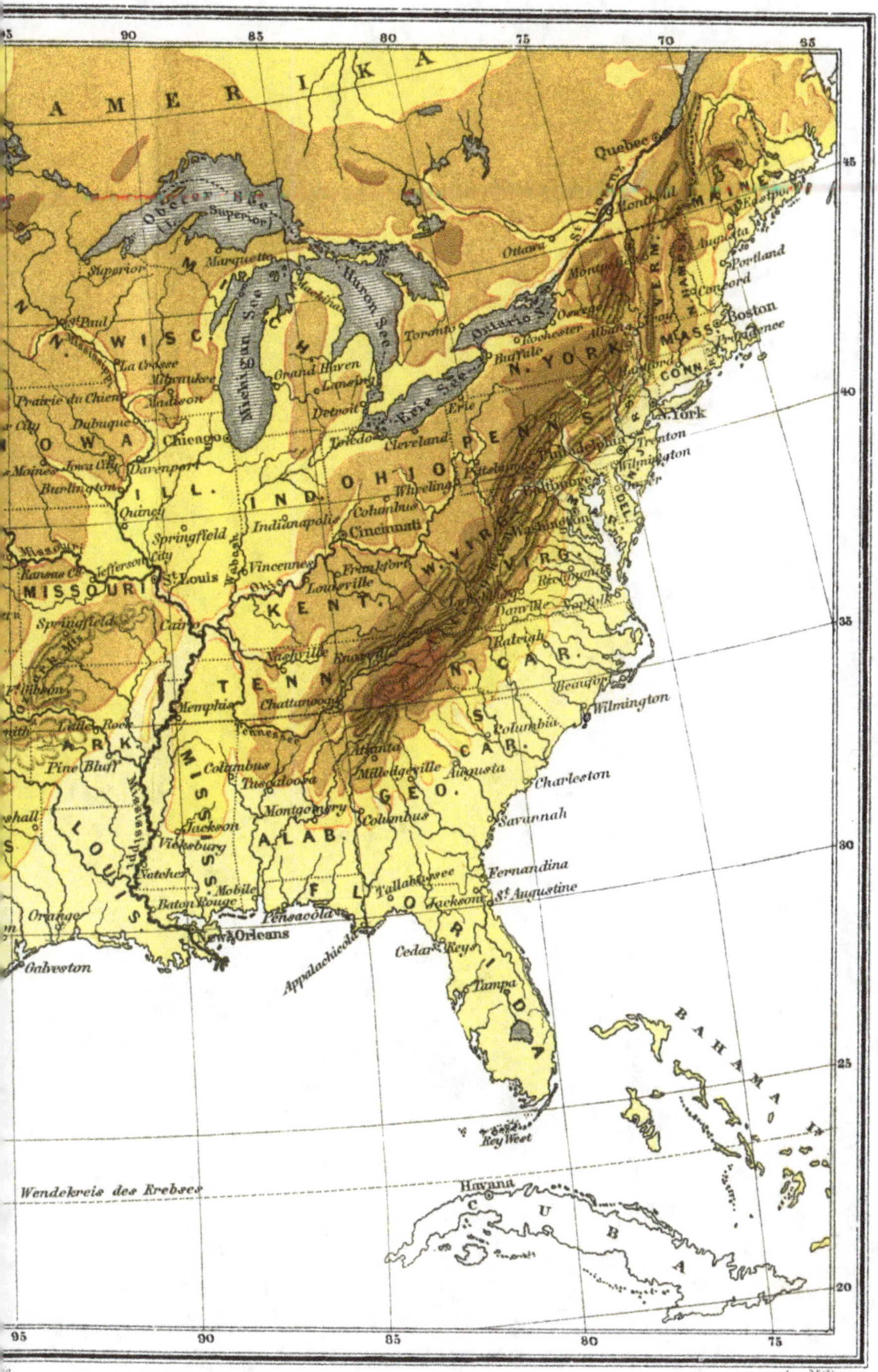

Aug. Müller sc

III. Oberflächengestaltung.

Ihre Grundzüge. Der Thalcharakter des südlichen Nordamerika. Einwände gegen denselben. Drei Thäler statt eines. Vertheilung der Hoch- und Tiefländer. Mittlere Höhe. — Die Alleghanies. Allgemeine Gliederung. Der atlantische Küstenstrich. Die Acadische Gebirgsgruppe. White und Green Mountains. Die Adirondacks. Die Alleghanies von Pennsylvanien. Blue Ridge. Die Südalleghanies. Der Westabfall. — Das Gebirgsland des Westens. Die Cordilleren. Das Hochland und die Gebirgszüge. Das Felsengebirge. Die Sierra Nevada und das Cascadengebirge. Das californische Küstengebirge. Das Thal von Californien. Die Hochebenen der Cordilleren. Das Grosse Becken des Inneren. Die Wahsatchkette und andere Gebirge der inneren Hochebenen. Die Gebirgszüge von Arizona und Neu-Mexiko. Texas. — Die Hochebene im Norden. Allgemeiner Bau von Britisch-Nordamerika. Der Strich um den 49. Breitegrad. Die Seenplatte. Hauteur des terres. Die Coteaux. Drift. — Das Flachland des Inneren. Allgemeine Gestaltung. Abfall von den Alleghanies und dem Felsengebirg. Bergzüge. Das Tiefland. Mississippibecken. Florida. — Anhang I. Der Meeresboden an den Küsten der Vereinigten Staaten. Anhang II. Jüngere Veränderungen der Oberflächengestalt.

Die Oberflächengestaltung des Gebietes der Vereinigten Staaten ist bestimmt durch die zwei grossen Gebirgsketten, welche dasselbe dem Stillen und dem Atlantischen Meere entlang durchziehen, und durch die vorwiegend flache Beschaffenheit des weiten Landes, welches zwischen diesen gelegen ist. Eine Senkung des nordamerikanischen Continentes um 300 m. würde das Eismeer in der Linie der Grossen Seen in Verbindung setzen mit dem Golf von Mexiko und eine Senkung von nicht ganz 200 m. mehr würde das ganze Festland in zwei ungleiche, scharf voneinander geschiedene Hälften zerlegen. Den Kern der einen grösseren würden die Cordilleren bilden, den der kleineren die südlichen und mittleren Alleghanies, während der nördliche Theil des Alleghanysystems zu einigen kleinen

Inselgruppen zusammenschwände. Die Scheidung würde eine noch viel entschiedenere sein, als sie zur Kreidezeit war, wo ein breiter Meeresarm längs des Ostrandes der Cordilleren sich von NW. nach SO. zog (Fig. 1. S. 39); denn vieles Land im N. und NO., das unter 400 m. liegt, war schon zur Kreidezeit trocken.

Wenn man den Blick nur auf die grossen Züge richtet, so ist es demnach unmöglich, im Gebiet der Vereinigten Staaten mehr als drei grosse Regionen nach der Oberflächengestaltung zu unterscheiden: Die Gebirgsmasse der Cordilleren im Westen, das Kettengebirg der Alleghanies im Osten und zwischen beiden das Flach- und Hügelland, welches sie verbindet. Vereinzelte Hügelzüge, wie sie Arkansas und Missouri durchziehen, verschwinden bei ihrer geringen Ausdehnung vor der Masse des Flachlandes, aus dem sie sich erheben. Man kann sich eine einfachere und dabei doch wirksamere Gliederung einer so

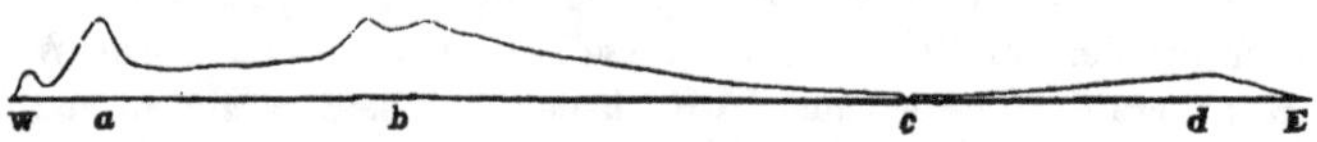

Fig. 2. Ideales Profil quer durch die Vereinigten Staaten vom Atlantischen (E) zum Stillen Meere (W) gelegt. d Alleghanies, c Mississippithal, b Felsengebirg, a Sierra Nevada.

grossen Landmasse nicht denken. Es sind eigentlich *die Elemente einer Thalbildung*, welche hier vereinigt sind: Das Flachland die Thalsohle, die Gebirge rechts und links die Umrandung. Und in der That beruht ein grosser Theil der Bedeutung, welche diese Gliederung für das Land hat, darin, dass die zwei grossen Gebirgszüge dem zwischen ihnen gelegenen Flachland gegenüber klimatisch und hydographisch eine ähnliche Rolle spielen, wie die umrandenden Gebirge gegenüber einer Thalsohle und nicht mit Unrecht hat man daher diese drei grossen orographischen Elemente des südlichen Nordamerika als die Wände und den Grund eines grossen Thalbeckens angesprochen. Der Mississippi, dessen weitverzweigtes Stromsystem seine Quellen gleichzeitig in den Alleghanies und den Felsengebirgen hat, der Hauptstrom Nordamerika's, ist selbstverständlich der Strom, dem dieses grosse Thal angehört, der es bewässert und durchfliesst.

Derartigen allgemeinen Vergleichen sollte indessen immer nur eine anleitende und anregende Bedeutung zugewiesen werden und nie sollten sie die Grundlage sachlicher Betrachtungen bilden, nie zu leitenden Gedanken erhoben werden. Es sind doch immer nur Analogien und als solche mehr zur Findung, als zur Durchbildung und Anwendung der Ideen tauglich. Der Vergleich Nordamerika's mit einem grossen Thale, der im Mund der Historiker und der weitblickenden von oben her betrachtenden Geister vortrefflich klingt, weil er den unabsehbar weiten Schauplatz einer jugendlichen Culturentwickelung mit Einem Worte in die Sehweite unseres geistigen Auges rückt [1]), dieser Vergleich hat der rein geographischen Betrachtung eher geschadet, da er zu sehr in den Vordergrund geschoben, zu weit ausgesponnen wurde. Unversehens leitet eine solche angenehme Idee unsere Vorstellungen irre. Hinter dem *Grossen Thal* traten alle anderen Eigenthümlichkeiten der Oberflächengestalt dieses so mannigfaltig gearteten Gebietes zurück. Das konnte man sich im Osten noch gefallen lassen, wo der Küstenstreif zwischen Alleghanies und Atlantischem Ocean schmal genug ist, um in das *Ostgehänge des Thales* zu verschwinden. Aber wie im Westen? Hier haben wir etwas mehr als eine Thaleinfassung vor uns. Dafür ist dieses Hochland, das ein volles Dritttheil des Gebietes der Vereinigten Staaten einnimmt, doch etwas zu ausgedehnt. Es ist wahr, dass es nicht die glückliche Lage, die reiche Zukunft des Mississippibeckens hat, aber als orographische Erscheinung steht es ebenbürtig neben ihm. Es umschliesst seinerseits selbst ein Becken von grossen Dimensionen (Fremonts *Great Basin*),

1) So z. B. wenn A. de Tocqueville sagt: „Dieses weite Gebiet bildet ein einziges Thal, dessen eine Wand sich von den runden Kuppen der Alleghanies herabsenkt, während die andere zu den Gipfeln der Felsengebirge hinansteigt. Im Grund des Thales fliesst ein gewaltiger Strom, in welchen von allen Seiten die Flüsse münden, die von diesen Gebirgen herkommen ... Das Thal, welches der Mississippi bewässert, ist wie für ihn allein geschaffen, er theilt hier wie ein Gott des Alterthums Gut und Uebel aus. In seiner Nähe entfaltet die Natur eine unerschöpfliche Fruchtbarkeit, aber je mehr man sich von seinen Ufern entfernt, um so geringer wird die Kraft der Vegetation, der Boden wird arm und die wenigen Pflanzen haben ein schwächliches Wachsthum ... Im Ganzen ist das Mississippithal der grossartigste Wohnplatz, den Gott dem Menschen bereitet hat.“ Democratie en Amérique. I. 21. An vielen Stellen gebraucht Tocqueville den Ausdruck *Thal* in demselben einen halben Continent umfassenden Sinn.

drei der grössten Stromsysteme des Continents, Columbia, Colorado und Rio Grande entspringen, fliessen und münden in seinen Grenzen, in seinen beiden Hochgebirgen beherbergt es die höchsten bis jetzt gemessenen Gipfel Nordamerikas, überhaupt die einzigen wahren Hochgebirge unseres Gebietes und eine zusammenhängende Hochlandmasse von gleicher Höhe und Ausdehnung findet sich überhaupt nur in Asien wieder. Es würde bei der Bedeutung, welche demnach ohne Zweifel diesem westlichen Hochlanddrittel zukommt, jedenfalls besser den thatsächlichen Verhältnissen entsprechen, wenn man sich das Gebiet der Vereinigten Staaten unter dem Bilde zweier Thäler vorstellte, die durch drei Gebirge begrenzt wären: Das Mississippibecken zwischen Alleghanies und Felsengebirg und das Hochlandbecken des Westens zwischen Felsengebirg und Sierra Nevada. Sogar noch ein drittes Thalgebiet, das zwischen Sierra Nevada und Küstengebirg am Stillen Meer gelegene, könnte im äussersten Westen angegliedert werden, so dass nur der Atlantische Küstensaum ausserhalb des Rahmens dieser Gliederung in aneinander gereihte Thäler zu bleiben hätte. Doch genug der Vergleiche und Ueberblicke! Treten wir lieber an die Dinge selbst heran und sehen wir zu, ob sie nicht vielleicht werthvollere Gesetze an sich selbst ausprägen.

Orographischer Gesammtcharakter. Mittlere Höhe. Die orographischen Verhältnisse des Gebietes der Vereinigten Staaten, wie Nordamerika's überhaupt, sind bestimmt, wie bereits hervorgehoben, durch die grossen Gebirge, welche den Continent durchziehen und die Ebenen, welche zwischen beiden eingelagert sind. Die Zusammendrängung der Gebirge in eine östliche und westliche Gruppe lässt einerseits den Ebenen freien Raum, sich zwischen ihnen weit auszubreiten, und schränkt andererseits die Mittelgebirge und Hügelländer in engere Grenzen ein als sie z. B. im grössten Theile von Europa finden. Ein Blick auf die Höhenkarte (Tafel II) lässt das Ueberwiegen der geringen und der starken Erhebungen gegenüber den mittleren klar hervortreten. Wir haben ausgedehnte Tiefländer an den östlichen und südlichen Küsten, im Gebiete des unteren und mittleren Mississippi, flache Erhebungen zwischen 500 und 1200 m. nehmen den grössten Theil des Nordens und des Innern ein, nur geringe Theile des Gebietes östlich von 100° W. L. erheben sich über 1200 m.: es sind die Hauptketten des Alleghanygebirges. Aber westlich von dieser Linie sind es gerade diese Erhebungen, die über 1200 und auf weite Erstreckungen sogar über 1800 m. hinausgehenden, welche den Oberflächencharakter vorwiegend bestimmen. Südlich des 45. Breitegrads sind sie im Westen ebenso vorherrschend wie sie im Osten selten sind, und es wird der richtigste allgemeine Ausdruck für die Höhenverhältnisse des Gebietes der Ver. St. sein, zu sagen: Im Osten überwiegen Höhen unter, im Westen über 1000 m.; dort sind die hypsometrischen Extreme nach der Tiefe, hier nach der Höhe zu gelegen. Vermittelnde Zonen, wo Höhen von 1000—1200 m., aber mehr in Ebenen, als in Gebirgsform vorwalten, sind in den Strich nördlich vom 45. Breitegrad und in der Region zwischen dem 100. Längegrad und einer Linie vom Nordrand des Michigansee's bis zur Pecosmündung gegeben. Der Westen unseres Gebietes ist demnach höher als der Osten, der Norden höher als der Süden. In der Thatsache, dass als mittlere Höhe südöstlicher Staaten wie Floridas und Lousianas 18 bezw. 23 m. berechnet werden, während man westlichen wie Wyoming Territ. (2195 m.), Colorado (1982 m.), Arizona (1830 m.), das 9 und 10fache an mittlerer Höhe zuspricht, prägt sich der grosse Unterschied und die weite Verbreitung extremer Höhenverhältnisse im Gebiet der Ver. St. klar aus.

Für die mittlere Höhe der Ver. St. liegt eine mit der nöthigen Gründlichkeit gearbeitete Bestimmung noch nicht vor. Eine solche ist auf dem gegenwärtigen Standpunkt der hypsometrischen Erforschung des fraglichen Gebietes auch noch gar nicht möglich. Es ist nur als eine Schätzung von annähernder Richtigkeit anzunehmen, was neuerdings J. M. Toner als Mittelhöhe des Gebietes der Ver. St. berechnet hat. Er gibt 648 m.[1]), während A. von Humboldt, allerdings vor mehr als dreissig Jahren, als unsere wissenschaftliche Kenntniss Nordamerika's noch höchst mangelhaft war und hinsichtlich des Westens eine solche eigentlich gar

1) J. M. Toner, Dictionary of elevations etc. in the U. S., New-York 1874, angef. in G. M. 1874. 438.

nicht bestand, 228 m. für ganz Nordamerika angab[1]). Da aber die grossen, seitdem gemachten Fortschritte vorwiegend in der Entdeckung und Aufnahme neuer Gebirgs- und Hochebenengebiete im Westen und Norden Nordamerika's bestanden, während die Kenntniss der Höhenverhältnisse der nordamerikanischen Tiefländer so ziemlich auf dem Punkte stehen blieb, wo Humboldt sie kannte, so ist mit Sicherheit anzunehmen, dass die Humboldt'sche Zahl, die übrigens von den amerikanischen Autoritäten noch immer festgehalten wird (s. z. B. Dana, Elements of Geology Rev. Ed. S. 15), zu niedrig gegriffen ist und wahrscheinlich kommt die erstgenannte des amerikanischen Berechners der Wahrheit näher.

Der natürlichen Gliederung des nordamerikanischen Continentes folgend, werden wir die Oberflächengestalt des Gebietes der Ver. St. in der Reihenfolge seiner hervortretenden Naturabschnitte betrachten. Die Alleghanies, die uns mit ihrem bestimmenden Einfluss auf den Verlauf der atlantischen Küstenlinie im Osten zuerst entgegen treten, das Gebirgsland des Westens, das ähnlich nach der pacifischen Seite hin den Continent begrenzt, das Tafelland des Nordens mit seinen zahllosen Seen und den Quellen bedeutender Ströme, welches, wenn auch locker, jene verbindet, und das Mississippibecken, das thalartig den weiten Raum zwischen ihnen ausfüllt: diese vier orographischen Hauptzüge unseres Gebietes werden gewissermassen die Rahmen bilden, in welche wir das Bild seiner Bodengestaltung einzuzeichnen versuchen.

Die Alleghanies. Das langgestreckte Kettengebirge, welches die zwischen dem atlantischen Meere und dem Mississippithal gelegene

---

1) Asie centrale 1843. I. 175. Humboldt berechnet dort die Oberfläche von der Panama-Landenge an bis zur Barrowstrasse auf 607,000 □M., wovon er 328,000 den *plaines et savannes presque continues* des Inneren und des Nordens zuweist. 1520 m. nimmt er für die mittlere Höhe der Gebirgsmassen des Westens, 760 für die der Alleghanies an. Die erstere Zahl ist sicher zu niedrig gegriffen und dass das Areal jener Hochländer nur auf 48,000 □M. veranschlagt wird, war nur auf Grund der Annahme möglich, dass die Gebirge des nordamerikanischen Westens schmale Kettengebirge seien. Auch die nicht unbedeutende mittlere Erhebung der Tafelländer des Nordens und des Inneren ist nicht genügend in Rechnung gezogen.

Osthälfte der Ver. St. fast in ihrer ganzen Länge von Südwest nach Nordost durchzieht, wird gewöhnlich *Das Alleghany-System* oder auch kurzweg *Die Alleghanies* genannt. Die amerikanischen Geographen legen ihm wohl auch den etwas allgemeiner klingenden Namen *Appalachian Mountain-System* bei, und beschränken den Begriff der Alleghanies auf eine besondere Kette, welche nur einen Theil dieses Gebirgssystems ausmacht. Aber der gebräuchlichere Ausdruck *Alleghany-System*, den wir anwenden, kann keine Missverständnisse hervorrufen, da wir unter einem Gebirgssystem nie einen Theil eines Gebirges, sondern immer nur ein zusammenhängendes Ganze, eine natürliche Gruppe von Gebirgsgliedern verstehen. Die Alleghany Mts. sind nur ein Gebirgsglied.

Von Gaspe an der Mündungsbucht des St. Lorenz bis zum Rand des Schwemmlandes, das den südlichen Theil des Staates Alabama bildet, erstreckt sich dieses Gebirgsystem in einer Länge von 2000 Kil. Seine Breite überschreitet nicht das Mass von 300 Kil. und ist im grössten Theile der Erstreckung auf durchschnittlich 200 Kil. zu schätzen. Von einzelnen Beugungen abgesehen, welche das Gesammtbild des Gebirgsverlaufs als eine Wellenlinie erscheinen lassen, wird in der ganzen Erstreckung die Richtung Südwest und Nordost streng festgehalten. Dieser lange Gebirgszug besteht aus einer grösseren Anzahl von Gebirgsketten, die einen ausgeprägten Parallelismus zeigen, wie wir ihn in Europa wohl nur vom Juragebirge kennen[1]), und die vorwiegend dem östlichen Theile der Erhebung angehören, und aus einer Hochebene, die dem westlichen und nordwestlichen

1) Guyot hat zuerst die Aehnlichkeit hervorgehoben, welche im Bau der Alleghanies und des Juragebirges herrscht (On the Appalachian Mt.-Syst. 1861. 10). In der That ist der ausgeprägte Parallelismus der Ketten beiden gemeinsam. Auch J. D. Whitney findet diesen Vergleich treffend. Ausser dem Parallelismus der Ketten hebt er auch die grosse Gleichförmigkeit in Verlauf und Höhe, welche sie auf weite Strecken bewahren, als eine Eigenschaft hervor, welche beiden Gebirgen gemein ist. Dagegen begründet aber allerdings das Vorhandensein zweier so sehr verschiedener Parallelzonen, wie sie in den Ketten und den Plateauregionen der Alleghanies auftreten, einen nicht zu übersehenden Unterschied, denn die Alleghanies werden durch sie zu einem viel weniger einfachen Gebirgsbau als es der Jura ist. Immerhin sind aber die Alleghanies dem Jura vergleichbarer als die Cordillere es den Alpen ist. In Walker Stat. Atlas. 1876. 2.

Theile angehört. Die Basis des ganzen Gebirges ist im Osten begrenzt durch das Atlantische Meer, im Westen durch den Ohio, den Erie- und Ontariosee und den St. Lorenzstrom.

Dass der Abfall des Gebirges gegen das Meer zu ein ziemlich gleichförmiger und unvermittelter ist, geht schon daraus hervor, dass die im Ganzen sehr einfache Küstenlinie des Atlantischen Meeres in derselben Richtung verläuft wie das Alleghany-System und dass sie in ihren Hauptumrissen den hervortretendsten Beugungen desselben folgt. In der That treten so wenig im Osten wie im Westen irgend hervorragende Glieder aus dem Gebirgssystem heraus. Indessen ist die Abfallebene, d. h. das Land, das vom Fuss des Gebirges sich zum Meere zieht, im Norden schmäler als im Süden. Ihre Breite beträgt durchschnittlich 90 Kil. in Neuengland, in der Breite von New-York verschwindet sie fast, aber gegen Süden verbreitert sie sich mählich, bis in Süd-Carolina sich 330 Kil. Land zwischen Meer und Gebirg geschaltet haben. In derselben Richtung, wie die Breite, wächst auch die Höhe ihres Ansteigens. Die Gebirge erheben sich im Norden aus ihr bei 150, im Süden bei 300 m. Im Allgemeinen ist indessen der Fall vom Fuss des Gebirges bis zum Meer dennoch im Norden ein steilerer als im Süden [1]); der Abfall nach Westen, nach dem Inneren des Continentes zu, ist dagegen durch die Einschaltung des Tafellandes ein viel langsamerer als nach Osten. Noch am Ohio ist dieses westliche Tafelland über 300 m. hoch und das Bett dieses Flusses ist

1) In New-York bildet der *Atlantic Slope* noch fast ebenso wenig wie in Neu-England einen besonderen Abschnitt der Oberflächengestaltung, aber schon in Pennsylvanien tritt er scharf geschieden zwischen Meer und Gebirg hervor. Er bildet hier wie in Delaware und Maryland eine wellige Ebene von grosser Fruchtbarkeit, die nicht bloss vom Meeresspiegel bis zum Fuss des Gebirges, sondern auch in der Richtung des Gebirges, also in südwestlicher Richtung ansteigt. Sie erhebt sich im Nordosten bis zu 45, im Südwesten bis zu 90 m. am Fuss des Gebirges und dieses allmähliche Ansteigen in südwestlicher Richtung setzt sich bis nach Südcarolina fort, wo bei gleichzeitiger Verbreiterung des Atlantic Slope die Erhebung desselben 300 m. erreicht. Breite und sanfte Landschaftsformen, Fruchtbarkeit, reiche Bewässerung zeichnen von hier bis hinab nach Georgia diesen natürlichen und hochwichtigen Abschnitt des atlantischen Nordamerika aus. S. Rogers, Geol. of Pennsylvania. 1858. I. 4.

stellenweis bis zu 160 m. in dasselbe eingegraben. Aus demselben Grunde wird hier auch die Begrenzung unbestimmter. Was das südliche und nördliche Ende des Alleghanysystems betrifft, so werden wir dasselbe bei Betrachtung der einzelnen Glieder des Gebirges näher kennen zu lernen Gelegenheit haben. Zur Vervollständigung des Gesammtbildes hier nur soviel, dass nach Norden hin ein Uebergang in die aus Urgestein bestehenden Tafelländer von Untercanada und Labrador stattfindet, während nach Süden das Gebirge ganz allmählich sich erniedrigt, um endlich unter das Flachland gewissermassen unterzutauchen, das den Rand des mexikanischen Meerbusens umgibt.

Für die Höhenverhältnisse des Alleghanysystems ist es bezeichnend, dass die falten- oder runzelartigen, parallelen Gebirgsketten, aus denen es so vorwiegend zusammengesetzt ist, auf weite Erstreckungen von derselben Höhe sind und dass die Kämme viel mehr hervortreten als die Gipfel. Kühne Erhebungen sucht man in diesem Gebirge vergebens; eine Gleichförmigkeit, welche nichts hochgebirgsartig Gewaltsames aufkommen lässt, beherrscht das ganze System [1]). Kein Theil des Gebirges überragt irgend einen anderen in hervorragender Weise. Die bedeutendsten Erhebungen sind in der südlichen Hälfte des Gebirges zusammengedrängt, wo einige wenige über 2000 m. aufragen — eine Höhe, die allerdings nur wenig die mittleren Gipfelhöhen der nördlichen und mittleren Theile übertrifft.

Nur unklar, gewissermassen verwischt heben sich zwei longitudinale Erhebungszonen aus der grösseren Zahl der Parallelketten heraus. Die eine liegt nach der atlantischen Seite, der Seite der Gebirgsketten hin, die andere nach der westlichen, wo das Tafelland vorherrscht. Wenn wir daher das Gebirge von der atlantischen Seite her überschreiten, kommen wir über eine Ebene, die immer welliger wird, indem sie langsam zum Fuss des Gebirges ansteigt,

1) Am auffallendsten ist diese Gleichförmigkeit in den mittleren Theilen des Gebirges, in den Staaten New-York, New-Jersey nnd Pennsylvania. Dort bietet es das Bild „langer, zusammenhängender Bergwände, deren blaue Kanten eine einförmige, selten von Gipfeln oder Klippen unterbrochene Linie an den Horizont zeichnen.“ Guyot, On the Appalachian Mt. System. 1861. 10.

dann in ein Gebirge aus Parallelketten und Längsthälern und endlich über eine Reihe von Tafelländern, die leicht nach Nordwesten zu geneigt und von tiefen Querthälern durchschnitten sind.

Viel deutlicher tritt hingegen eine Einsenkung hervor, welche das ganze System seiner Länge nach durchzieht, indessen nichts als ein natürliches Produkt dieser beiden Erhebungszonen ist. Es ist gleichsam der negative Ausdruck derselben und man hat es treffend als die *Negative Axe* des Systems bezeichnet. Es ist das Grosse Thal der Alleghanies[1]), das im Norden vom Champlainsee und dem Hudson ausgefüllt ist, das in Pennsylvania dem Susquehanna, in Virginia dem Potomac, in Tennessee dem Tennessee zum breiten Thale dient. Es trägt in seiner Erstreckung verschiedene Namen. In Pennsylvania heisst es Cumberland Valley oder Kittatinny Valley, weiter südlich Virginia Valley, in Tennessee Valley of East Tennessee. Im Nordosten und in der Mitte des Systems ist es durchschnittlich nicht mehr als 30 Kil. breit, in Virginia ist es noch schmäler und breitet sich aber in Tennessee bis zu 90 Kil. Durchmesser aus. Die auffallende Continuität dieser langgestreckten Einsenkung, welche von keiner einzigen bedeutenden Bodenanschwellung unterbrochen wird, ist einer der bemerkenswerthesten Charakterzüge in der Orographie von Nordamerika. Für den Verkehr zwischen Nord und Süd und für die Aufschliessung der Bodenschätze der Alleghanies ist das *Grosse Thal* längst von hoher Bedeutung geworden. Wir werden noch öfters auf dasselbe zurückzukommen haben.

Wenn auch die Gliederung des Alleghanysystems zurücktritt hinter dem Zusammenhang und der Aehnlichkeit der einzelnen Theile, welche hervorragendere Züge desselben sind als die Zerfällung und die Verschiedenheiten, so sind doch gewisse natürliche Marksteine vorhanden, die eine Gliederung des Gebirges erleichtern, und gewisse innere Verhältnisse, welche dieselbe erheischen. Es sind zunächst bedeutende geologische Unterschiede wahrzunehmen. Eine nördliche Abtheilung ist geologisch bedeutend älter als die

1) Von Rogers *The Great Appalachian Valley,* von Guyot *The Central Valley* genannt. Als orographischen Zug von bedeutender Grösse, scharfer Ausprägung und hervorragender wirthschaftlicher Bedeutung bezeichnet man es in den Oststaaten auch einfach als *The Great Valley of the Alleghanies.*

Theile, welche südlich davon liegen. Sie muss zur Zeit der Silur- und Devonformation gehoben worden sein, während der ganze Rest des Systems erst nach der Kohlenzeit auftauchte. Gleichzeitig ist dieser nördliche Theil vom südlichen getrennt durch eine Einsenkung, welche eine scharfe Grenzlinie innerhalb des Gebirges bildet. Es ist die Einsenkung, in der der Mohawk und Hudson fliessen und diese Einsenkung erhebt sich nirgends über 43 m., so dass eine Erhöhung des Meeresniveaus um diesen Betrag den ganzen Nordosten der Ver. St. sammt einem guten Stück von Canada zur Insel machen würde. Auch in der allgemeinen Richtung der Höhenzüge unterscheidet sich diese nördliche Abtheilung von der südlicheren Hauptmasse des Gebirgssystemes, indem sie weniger ausgeprägt südwestlich und nordöstlich ist. Sie neigt eher dazu, eine südnördliche zu werden. Endlich macht der in der Mitte des Systems so streng durchgeführte Parallelismus hier einer unregelmässigeren Gliederung Platz, welche zu einem Zerfall des Gebirges in mehrere verschiedene Gruppen führt. Diese nördliche Abtheilung des Alleghanysystems wird im Norden vom Meer und im Süden vom Hudson begrenzt und fällt also vorzüglich in das Gebiet der Neuengland-Staaten. Man kann sie desshalb als die Gebirgsgruppe von Neuengland bezeichnen. — Südlich von der Mohawk-Hudson-Depression schliesst sich an sie die mittlere Abtheilung des Gebirges an, welche man im Süden durch den Kanawha R. begrenzt. Diese Abtheilung bildet einen nach Westen convexen Bogen, der im Norden und Süden am schmälsten und in der Mitte am breitesten ist, so dass er eine halbmondförmige Gestalt annimmt. Diess ist der Theil des Alleghanysystems, welcher dessen charakteristische Eigenschaften am schärfsten ausprägt. Im Osten aus einer grösseren Zahl paralleler, gleichförmiger, mässig hoher Ketten zusammengesetzt, im Westen zu einem sanft abfallenden Tafelland herabsteigend, zwischen beiden das *Grosse Thal der Alleghanies* einschliessend, ist es der eigentlich typische Abschnitt des Gebirges und es ist ein günstiger Zufall, dass es diese mittlere Gruppe ist, von welcher der Name für das ganze Alleghany-System hergenommen wurde. Man bezeichnet sie am besten einfach als die Mittleren Alleghanies. — In der dritten und südlichsten Abtheilung, welche die Region zwischen New-River und den letzten

Ausläufern des Gebirges umfasst, begegnet man neben einer stärkeren Erhebung der Kämme und Gipfel einer grösseren Verschiedenheit des eigentlichen Gebirgsbaues. Die Richtung wird entschiedener südwestlich, die östliche Randkette hebt sich schärfer von den weiter westlich gelegenen Ketten hervor, als es in den *Mittleren Alleghanies* der Fall war, und indem ihre Gebirgsmassen sich verbreitern und erhöhen, entsteht hier in den Südlichen Alleghanies die höchste und massigste, in jeder Hinsicht gebirgshafteste Region des Gebirges in den Gruppen der Iron-, Unaka- und Smoky-Mts.

Die Nord-Alleghanies. Dieser Abschnitt des grossen Kettengebirgs zerfällt in drei Theile: 1) die Adirondacks zwischen Mohawk-Hudson, Champlainsee, St. Lorenz und Ontariosee; 2) die Neuengländische Gruppe östlich vom Mohawk-Hudson und Champlainsee; 3) deren Verlängerung, das Nordende des ganzen Systems, das vom Quellgebiet des Connectitut durch Canada und Neubraunschweig zieht: die Acadische Gruppe.

Die beiden letzten Abschnitte, die Nördlichen Alleghanies (auch Acadisches Gebirgssystem genannt) durchziehen das ganze Gebiet, das nach Norden und Osten von der grossen Hudson-Champlain-Richelieu-Depression gelegen ist, aber sie durchziehen es nicht als eine gewissermassen fremdartige, aus der Tiefe emporgestiegene Gebirgsmasse, sondern das ganze Land ist ein grosses Felsplateau, von welchem die verschiedenen Gebirgszüge nur die höher emporragenden Theile darstellen. Drift, d. h. Schwemmschutt von eiszeitlicher Herkunft überlagert nur zerstreut und in dünnen Schichten viele Theile dieses Felsgebietes, an dessen Zusammensetzung Gneiss und Granit den grössten Antheil haben. Diese Urgesteinsunterlage mit ihrer dünnen und lückenhaften Driftdecke erinnert an schwedische und schottische Verhältnisse und man sieht diese geologische Aehnlichkeit in der Landschaft, der Bewässerung, den Bedingungen des Ackerbaus sich häufig wiederholen. Zahlreiche Hügel, einige Bergketten und zwei grössere Gebirgsmassen heben sich aus demselben hervor. Im Norden, im Staate Maine überwiegt gleichwie in den angrenzenden Theilen von Canada entschieden der Charakter des Tafellandes. Kein eigentliches Gebirge, nur höhere Hügel bezeichnen dort den Oberflächencharacter; über die Felsentafel, deren mittlere Höhe zwischen 300 und 600 m. schwankt, steigt am höchsten an die Gruppe des Mt. Katahdin (1642 m.), die völlig in der Richtung der White Mts. gelegen, mit ihr durch eine Hügelkette verbunden ist. Nach Westen hin zieht fast parallel eine zweite Kette, die der Heights of Land, die einen solchen culminirenden Gipfel nicht besitzt, aber ähnlich wie die erste mit den erst weiter südlich zu grösserer Entfaltung gelangenden Bergketten zusammenhängt. Sie endigt im Süden fast gleichweit entfernt von den Hauptgipfeln der White und Green Mts., von denen sie wie eine gemeinsame Abzweigung nordostwärts ausstrahlt. Nennenswerth ist die bedeutendste Erhebung Mt. Gasford (1402 m.). — Der Tafellandcharakter wird auch nach Süden hin gewahrt, wo noch in Sicht des Meeres der Grand Sachem zu 514 m. ansteigt und gegen den Long Island-Sund das felsige Land nur ganz allmählich von seiner im Norden 250—300 m. betragenden Mittelhöhe abfällt. Als ein weites Becken ist das Connecticut-Thal in dieses Tafelland gesenkt und beiderseits umranden es bedeutende Bergketten. Westlich vom Thale des Connecticut, zwischen ihm und dem Thale des Hudson, zieht die Kette der Taconic oder Taghanik Range (Mt. Everett 803 m.), parallel mit ihr die Hoosik Range, die zusammen mit jener als der südlichere Theil der Green Mts. betrachtet werden kann. Im Saddle Mt. (1098 m.) treten beide zusammen und von hier zieht nun in ziemlich beständiger nördlicher Richtung die zusammenhängende Kette der Green Mts. bis an den Abfall in das St. Lorenzthal in der Nähe von Quebec. Moody Mt. kann als das Nordende dieser Kette bezeichnet werden. Mt. Mansfield (1350 m.) und Killington Peak (1287 m.) sind ihre hervorragendsten Gipfel. Zu bedeutenderen Höhen steigt aber das System im Osten des Connecticutbeckens an. Dort bilden in New-Hampshire die White Mts. ein kleines Gebirgsmassiv mit einer grösseren Anzahl von über 1500 m. hohen Gipfeln. Mt. Washington, der höchste von ihnen, der höchste Berg zugleich der Nord- und Mittel-Alleghanies, erreicht 1919 m.[1]). Zahlreiche

1) Wie kein irgendwie hervorragender Berg im Gebiet der Ver. St. zu finden ist, dessen Höhe nicht zu irgend einer Zeit überschätzt worden wäre, so ist auch Mt. Washington lange Zeit weit höher geschätzt worden als er wirk-

kleinere Höhenzüge gehen von diesem kleinen Massiv aus oder erheben sich selbständig aus dem Felsenplateau. Ich nenne die Blue Hills bei Boston (180 m.), die Calcot Mts. und Chain Hills am Unteren Connecticut, jene am rechten, diese am linken Ufer, die einzeln aufstrebenden Bergrücken Sunapee (1413), Monadnock (1133), Wachusett (914), endlich das Felseneiland Mt. Desert (488) an der Küste von Maine.

Im Westen dieser neuengländischen Höhenzüge erhebt sich die Gruppe der Adirondacks im nördlichen New-York als eine eigene, geographisch wohlgesonderte Gebirgsregion, in sich zusammenhängend und von der Umgebung fast inselartig durch die drei grossen Thäler der St. Lorenz, Champlain und Mohawk geschieden, nach denen sie ziemlich gleichmässig abfällt. Wiewohl diese Erhebungsmasse ausgeprägter in einer Richtung als in den andern, nämlich südlich und nördlich, etwa von Little Falls im Mohawkthal bis zu Trembleau Point am Lake Champlain zieht, bietet sie dennoch keine Erhebungsaxe, sondern, wie ihr allseitiger Abfall anzeigt, nur einen Culminationspunkt und stellt, geologisch betrachtet, die Wirkung einer einzigen grossen Hebung dar. Auch in den Bewässerungsverhältnissen prägt sich dieser centrale Aufbau aus, denn wir haben keine langgestreckte, firstartige Wasserscheide wie in anderen Theilen der Alleghanies, sondern die Gewässer fliessen nach allen Richtungen der Windrose ab. Auch scheint die hebende Kraft ihre ganze Energie auf eine bestimmte Region gerichtet zu haben, die zwischen St. Lorenz und Lake Champlain gelegen ist und an deren Grenze sie spurlos erlischt. In scharfem Gegensatz zu den neuengländischen Bergen, die sich allmählich in das canadische Hochland verlieren, hört diese newyorker Gebirgsgruppe am St. Lorenzthal eben so plötzlich auf, wie sie unvermittelt aus dem Mohawk- und Hudsonthale sich erhob. Man unterscheidet in dieser Erhebungsmasse trotz ihres innigen inneren Zu-

---

lich ist. Die erste Messung (1784) bestimmte ihn auf eher mehr denn weniger als 10,000 Fuss, eine zweite (1804) auf 7005, eine dritte (1814) auf 6225 Fuss oder 1898 m. Die zwei zuverlässigsten unter den neueren Messungen sind eine trigonometrische von Coast Survey ausgeführt, und eine barometrische von A. Guyot; jene gibt 1919, diese 1918 m. an. Die erstere Messung scheint die zuverlässigste von allen zu sein, die bisher angestellt würden.

sammenhanges verschiedene natürliche Abschnitte. Als Tongue Mts., auch Palmertown oder Polack Mts. bezeichnet man einen östlichen Zug, der von Saratoga bis Ticonderoga reicht, wo er auf der Landenge zwischen Champlain- und Georgesee endigt. Am Westrand des Georgesees zieht eine andere Gruppe hin, die als Kayadarossera Mts. bezeichnet wird und ihr Ende bei Crown Point und Port Henry am Champlainsee findet (Pharao's Mt.). Weiter nach Westen zieht eine dritte Gruppe, die bei Split Rock am Champlainsee endigt und als East Moriah Range (Dix's Peak) von der West Moriah Range unterschieden wird, welche ihr Nordende bei Willsborough am Champlainsee findet. Die Gebirgsgruppe, welche westlich von diesen von Little Falls bis Trembleau Point zieht, die längste und breiteste von allen, ist die Gruppe der Adirondacks im engeren Sinne [1]), welche die höchsten Gipfel dieses Systems (Mt. Marcy oder Tahawu 1540 m.) umschliesst. Es ist diess gleichzeitig der am weitesten nach Westen hinausgerückte der Adirondack-Gebirgszüge, von dem ein Tafelland mit allmählicher Senkung gegen die Seenregion des St. Lorenzsystems, zunächst gegen den Ontariosee abfällt.

Indem wir die Hudson-Depression überschreiten, betreten wir das Gebiet der Mittleren Alleghanies, wo sofort ein ganz anderer Typus von Gebirgsbau uns entgegentritt. In Neuengland war der Kettencharakter nicht zu verkennen, aber es war schwer die Grenze zu bestimmen, wo das Tafelland mit seinen zahllosen Einzelerhebungen aufhörte und wo die doch nicht ganz klar ausgeprägten Gebirgsketten anfingen. Es bedarf des in die Augen springenden Parallelismus im Laufe des Hudson und des Connecticut mit den begleitenden Gebirgen, die ihre Thalränder krönen, um den Parallelismus der Ketten herauszufinden. Anders hier: In Pennsylvanien und Virginien kann das Alleghanygebirge, ungeachtet der grossen Einförmigkeit seiner allgemeinen Gestaltverhältnisse,

---

1) Entgegen dem gewöhnlichen Sprachgebrauch beschränkt E. Emmons (Geology of New-York. 1842. II. 11) den Namen Adirondacks auf die höchste Partie dieses Abschnittes, *eine Gruppe vereinzelter Gipfel*, zu denen der höchste Punkt der ganzen Erhebungsmassen gehört. Er fasst dagegen den ganzen Abschnitt zusammen als Clinton Range.

vermöge seiner ausgezeichneten Längsgliederung in mehrere natürliche Abschnitte zerlegt werden. Zunächst sind die South Mts. (auch First Belt, Erste Reihe genannt) abzusondern, welche den Abfall des Gebirges nach der atlantischen Ebene zu bilden; sie zerfallen in einen nördlichen und einen südlichen Zug. Der erstere hängt zusammen mit den Jersey Highlands und den New-York Highlands und liegt in der Richtung der Green Mts. von Vermont, der andere ist als ein Ausläufer der Blue Ridge von Virginien zu betrachten. Beide Züge erheben sich zu durchschnittlich nur 200 m. hohen Hügelketten über die atlantische Ebene und verdienen den Namen von Bergen nur wegen ihrer innigen Verbindung mit den mächtigeren Theilen des Alleghanysystems. Ihr äusserer Eindruck ist indessen gebirgsartiger als man nach ihrer geringen Höhe erwarten sollte; denn sie erheben sich ziemlich unvermittelt und steil und oft sind ihre Höhen noch mit Resten des einstigen Urwaldkleides bedeckt. Das Kitatinny-Thal ist der zweite natürliche Abschnitt der pennsylvanischen Alleghanies; südlich von den South Mts., im Norden von der Kitatinnykette begrenzt, ist es nichts anderes als der nördliche Theil des *Grossen Thales*, welches als eine langgestreckte Furche das ganze Alleghanysystem durchzieht. In seiner nordsüdlichen Erstreckung steigt es von 50 m. im Norden bis 180 m. im Süden. Auch dieses allmähliche Ansteigen ist ein Theil der Massenerhebung, welche im ganzen System von Nordost gegen Südwest hin zunimmt, bis sie in Virginien 600 m. erreicht. Die Oberfläche des Thales ist wellig und hügelig. In dritter Reihe folgt die eigentliche Gebirgskette der Alleghanies, lange, schmale Höhenzüge von sehr gleichförmiger Erhebung, die getrennt sind durch lange und enge Parallelthäler. Bald ziehen diese Kämme ununterbrochen einige Meilen dahin, dann sind sie wieder in regelmässigen Zwischenräumen eingeschnitten. Oft vereinigen sich zwei Höhenzüge, nachdem sie eine längere Strecke parallel gelaufen sind, an beiden Enden und schliessen dadurch ein langelliptisches oder kahnförmiges Thal ein. Kleine Tafelländer von der Höhe der Kämme treten nicht selten mitten unter den letzteren auf und haben den Anschein, als ob sie durch Verschmelzung von mehreren derselben entstanden wären [1]. Nach Nordost fällt diese Kette mit den Catskill und Helderberg Mts. (Round Top 1160) gegen den Hudson ab; im Südwesten, wo sie unter dem Namen Clinch Mts. erscheint, geht sie ohne Lücke in die Ketten der Südalleghanies über. Weiter nach Westen hinaus entsprechen die Laurel und Chestnut Mts. den südlicheren Cumberland Mts. Tennessee's und das Tafelland von Ohio den Plains von Kentucky und dem Westabfall Tennessee's in's Mississippithal.

In den Süd-Alleghanies finden wir nach dem auffallenden Parallelismus der mittleren gewissermassen wie im Spiegelbild eine ähnliche Abweichung von dem regelmässigen Bau der Gesammtkette wieder wie an ihrem Nordende, eine ähnliche stärkere Erhebung, die auf dem Grund einer um 250—350 m. höheren Gebirgsbasis sich noch bedeutender von der allgemeinen Kammhöhe der Kette abhebt, ein ähnlich mächtigeres Hervortreten der laurentischen und huronischen Schiefer und Gneisse, welche zwar nirgends im ganzen Verlauf des Gebirges verschwinden, besonders breit aber am Süd- und Nordende, den gebirgigsten Theilen des ganzen Systems, hervortreten. Man kann den Anfang dieses Südabschnittes beim Quellgebiete des New R. (Kanawha) suchen. Die eigentliche Blue Ridge erfährt hier eine leichte Beugung nach Südwesten, während ein ostwärts abzweigender Gebirgszug ihren Namen erhält und bei 1500—1750 m. Höhe die Wasserscheide zwischen den Gewässern des Küstenstriches und denen des Golfes bildet. So wie in den mittleren Alleghanies es die Blue Ridge, die östliche Kette war, welche von den im Innern des Gebirges entspringenden Gewässern durchbrochen wurde, so ist

1) Prinz Max von Wied sagt vom ersten Anblick der östlichen Kette dieses Theiles der Alleghanies: „Sie zeigt keine charakteristisch gebildete Kuppen oder ausgezeichnete Formen, wesshalb ihr Totalanblick nichts Malerisches hat. Diesen Charakter, wenig ausgezeichnete Umrisse zu haben, zeigen, mit Ausnahme einiger Gegenden, besonders der schönen Catskill Mts., die meisten Landschaften von Nordamerika.“ (Reisen in N.-Am. I. 70.) Aehnlich Michaux: „Das Gebirge besteht nur aus hintereinanderliegenden Kämmen, deren Zwischenräume von einer Menge kleiner Hügel ausgefüllt sind. Wenn man sich auf den höchsten Gipfeln befindet, so gibt die Menge dieser Erhebungen, die mit demselben Urwald bedeckt sind wie das flachere Land, und wo man noch kaum eine menschliche Wohnung wahrnimmt, fast dasselbe Bild wie das Meer nach einem Sturme.“ Michaux, Voyage à l'Ouest des Mts. Allegh. 1804. 40.

es nun die westliche, die Kette der Unaka und Smoky Mts., welche durch ähnliche Durchbrechungen die Funktion der Wasserscheide verliert. Aber der Parallelismus und der innere Zusammenhang der Gebirgsketten, der bisher so streng festgehalten war, geht hier überhaupt verloren. Die Ostkette ist aus zahlreichen Gebirgsbruchstücken zusammengesetzt, die kaum zu einer zusammenhängenden und regelmässigen Kette verbunden sind. Ihre Richtung wechselt häufig und sie bildet zahlreiche Curven. Ebenso ist ihre Erhebung unregelmässig. Einige Gruppen von 1500 m. und mehr sind durch lange Depressionen unterbrochen, in denen sich Klüfte bis zu 700 m., also nahezu zur Höhe der inneren Hochthäler vertiefen. Die westliche Kette hängt inniger zusammen, ist im Ganzen höher, regelmässiger in Richtung und Erhebung und wächst sehr gleichförmig von 1500 bis nahezu 2000 m. Die Gebirgsbasis wächst bis 300 m. und das Niveau der Thäler, die zwischen den beiden Hauptketten eingeschlossen sind, beträgt 600 bis 800 m. Ihre Breite nimmt nach Süden hin zu, beträgt erst 50, dann bis zu 80 Kil. Zahlreiche querlaufende Gebirgszüge, Querriegel, sondern dieselben von einander ab und schaffen Becken, in deren jedem ein anderer Zufluss des Tennessee seine Quellen und seinen Oberlauf hat. Der nördlichste von diesen Querriegeln wird südlich vom Quellgebiet des New.-R. durch die Roan und Big Yellow Mts. gebildet; ein nordwestlicher Ausläufer der Black Mts., der bis zum Bald Mt. sich erstreckt, ist der nächste; dann folgen die Pisgah mit den New Found Mts., die Great Balsam Mts., die Cowee Mts., die Nantihala mit den Valley River Mts. Die Gruppe der Black Mts. (Black Dome, auch Mitchell's oder Clingmann's Peak 2045 m., Balsam Cone oder Mt. Guyot 2034 m.), die die höchsten Gipfel des ganzen Systems umschliesst, gehört z. Th. diesen Querriegeln, z. Th. der Blue Ridge an. Nach Westen sind diese Thalbecken von den zwar nur locker zusammenhängenden, aber in ihrem allgemeinen südwestlichen und nordöstlichen Streichen vollkommen übereinstimmenden Ketten der Iron, Smoky und Unaka Mountains (Smoky Dome in den Smoky Mts. 2030 m.) abgeschlossen. Es folgt dann die Fortsetzung des *Grossen Thales*, welches nach Süden zu an Höhe in der Weise abnimmt, dass es in

Virginien noch bis zu 800 m. ansteigt, um in Tennessee, wo es dafür sich bis nahe an 100 Kil. in die Breite ausdehnt, nicht über 300 m. Meereshöhe sich zu erheben. Clinch und Cumberland Mountains, die bereits dem Abfall des Systems angehören, begrenzen dieses Thal im Westen.

Ein hervorragend ausgedehntes und wichtiges Glied des Alleghanysystems wird durch die Hochebenen gebildet, die nach Nordwesten und Westen von den eigentlichen Gebirgsketten abfallen. Im Norden sind dieselben topographisch wie geognostisch als Fortsetzung des Tafellandes zu betrachten, auf dem die neuengländischen und acadischen Gebirgszüge sich erheben. Sie treten mit ihren Schiefern und mit der unteren Silurformation an den St. Lorenz heran, dessen Felsenbette sie am rechten Ufer von den Seen bis zum Meere bilden und an dessen unteren Laufe sie mit der Urgesteinszone zusammenhängen, die nordöstlich von den Grossen Seen sich in Britisch Amerika weit nach Westen erstreckt. Nach Westen findet wesentlich dasselbe statt. Im nördlichen New-York laufen die Gebirgszüge in ein ganz flachhügeliges, seenreiches Land aus, und ihr am weitesten nach Westen vorgeschobener Posten, Whiteface (ca. 1500 m.), hebt sich schon inselartig aus dem flacheren Lande heraus, das sich gegen den L. Ontario hin nordwärts senkt und unmerklich in die *Seenplatte*, die niedrige Hochebene übergeht, auf der bei 71 m. dieser See gelegen ist. Weiterhin fällt das Gebiet des Staates Ohio ganz in diesen westlichen Abfall der Alleghanies und wird durch ihn zu einer Reihe von flachen Hochebenen, welche von einer leichten Erhöhung, die nicht über 200 m. über den Spiegel des Eriesees sich erhebt, wasserscheidend durchzogen werden. Südwärts nach dem Ohio zu haben dieselben einen langen und leichten, nach dem Eriesee, dessen Spiegel in 172 m. M. H. liegt, einen steileren Abfall. Die grösste absolute Höhe dieser ganzen Region scheint ein Punkt der Wasserscheide zwischen Scioto und Miami zu sein, der auf 470 m. angegeben wird[1]).

1) J. S. Newberry, Bericht über die Geol. Aufn. von Ohio. 1873. I. 40. Nach Newberry's Untersuchungen wirft eine grosse Zahl von Gesteinsfalten, parallel den Faltungen der Alleghanies und wahrscheinlich gleichalterig und von den gleichen Ursachen bestimmt wie sie, die Oberfläche dieser Hochebene in

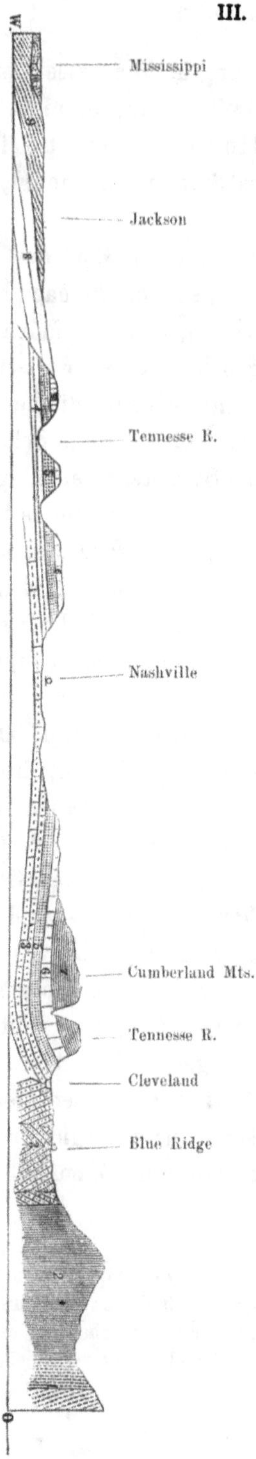

Fig. 3. Profil von der Blue Ridge durch Tennesse zum Missisipi.

1 Gneiss. 2 Urschiefer. 3 Untersilur. 4 Obersilur. 5 Devon. 6 Kohlenkalk. 7 Produkt. Kohlenformation. 8 Kreide. 9 Eocän. 10 Alluvium.

Im Süden ist der Westabfall im Allgemeinen orographisch nicht erheblich verschieden von dem im Norden. Die Verschiedenheit liegt auf der geologischen Seite, wo die Zusammenziehung der oberen Steinkohlenformation in ein schmales Band und ihre Ersetzung durch Kalksteingebilde devonischer und carbonischer Abstammung auch die Oberflächengestalt beeinflusst. Die Kalkplateaux der Kentucky Plains und Tennessee's gehören hierher. Das charakteristischste Bild der Verhältnisse, die zwischen Gebirg und Mississippi hier herrschen, bietet der Staat Tennessee, welcher als ein Streifen von 1° 55′ Breite sich von der Unakakette bis zum Mississippi hinab zieht. Die verschiedenen Abschnitte, aus denen sich dieser verhältnissmässig schmale Landstreifen zusammengliedert, geben in ihrer Aneinanderreihung, wie sie hier in der Natur vorkommen, eine sehr gute Vorstellung von dem allmählichen Abfall und der Gliederung der Alleghanies gegen Westen zu. Die Gliederung ist gerade hier eine so klare, dass man über ihre Elemente nicht im Zweifel sein kann. Selbst die naive, unmethodische, aber oft sehr treffende *Geographie*

---

flache Wellen, deren synklimale Zwischenräume die Thäler der nordsüdlich strömenden Ohio-Zuflüsse bilden. Sie deuten wahrscheinlich die äussersten Wellenkreise der hebenden Wirkung an, welchen die Alleghanies ihr Dasein verdanken. Vielfach sind sie durch die Driftablagerungen bedeckt und an und für sich zu wenig markirt, um als Faktoren der Oberflächengestaltung bedeutend hervorzutreten.

des Volkes, die allerdings in Nordamerika etwas reger betrieben wird als bei uns, selbst die populäre Anschauung hat die meisten dieser orographischen Glieder im Sprachgebrauch längst gesondert. Im Osten haben wir zunächst die Unakakette, eine südliche Fortsetzung der Smoky-Range, die ihrerseits als das südliche Glied der grossen Ostmauer der Alleghany-Gebirgsmasse aufzufassen ist. Wiewohl schon so nahe dem Punkte, wo drei Breitegrade weiter südlich die Alleghanies sich in der Tiefebene des Golflandes verlieren, ist die Unakakette, eine der massigsten Erhebungen, zu denen es dieses Gebirge bringt; doch stehen ihre Gipfel an Höhe um etwas Weniges hinter denen der Smoky-Range zurück. Am Westabhang dieser Kette, wo die Gebirgsnatur der Alleghanies sich kurz vor dem Abschluss noch einmal grossartig entfaltet, steigen wir in das Thal von Ost-Tennessee herab, das der Tennessee in seinem oberen Lauf in südwestlicher Richtung durchströmt. Ein Blick auf die Karte lehrt, dass wir es hier mit einem Abschnitt der grossen Einsenkung zu thun haben, welche parallel mit den Höhenzügen der Alleghanies vom Susquehanna bis zum Alabama zieht. Es ist allerdings kein glattes Wiesenthal, denn zahllose Höhenzüge, die sich von der Unakakette herabsenken oder parallel mit derselben in der Fortsetzung der grossen Westkette in nordöstlich-südwestlicher Richtung das Thal durchziehen, erfüllen dasselbe und einige von ihnen, wie die Clinch Mountains, erheben sich wie eigene kleine Gebirge in dem Thal, dessen Sohle sie allerdings in keinem Falle um mehr denn 300 m. überragen. Ihrer Form nach fallen sie fast alle unter den Begriff *Ridges,* denn sie stellen sich immer nur als scharfe schmale Kämme ohne bedeutende Einsenkungen oder Gipfelbildungen dar. Eine Gruppe, welche unter den Namen *Red Knobs* oder *Red Hills* geht, macht hiervon eine Ausnahme, da sie aus Sandsteinrücken besteht, die durch tiefe Einsenkungen von einander getrennt sind. Aber das Streichen dieser Erhebungen ist durchaus parallel dem der Alleghanies selber und es ist natürlich, dass auch die Gewässer die entsprechende Nordost- und Südwest-Richtung nehmen. Es folgt hieraus auch, dass in Tennessee das Wandern *across the country* eine schwere Aufgabe heisst, während nichts leichter ist, als *up* oder *down* von einem Ende bis zum anderen das Thal zu durchziehen[1]). Das Tafelland des sogenannten Cumberland-Gebirges schliesst sich im Westen an Ost-Tennessee an. Auch ihm ist das Nordost- und Südwest-Streichen mit der Alleghanykette gemein. Es ist eine Sandsteinplatte von 100—120 Kil. Breite und durchschnittlich 60 m. Meereshöhe, welche auf einer Kalkunterlage ruht. Seine Oberfläche ist sanft gewellt, doch ohne jeden tieferen Einschnitt, so dass weder seine Ueberschreitung in querer Richtung noch seine Durchreisung in Nordost-Südwest-Richtung erhebliche Schwierigkeiten bietet. An *Ridges*, den schmalen scharfen Kämmen, die vorzüglich aus senkrecht aufragenden Sandsteinschichten bestehen, fehlt es auch hier nicht und ebensowenig an Hügelzügen, die das Tafelland streckenweise in ein Gebirge verwandeln. Der Ost-Abfall ist steil und an vielen Punkten durchaus unvermittelt mit dem Niveau des Thales von Ost-Tennessee, während nach Westen hin das Tafelland nicht bloss durch zahlreiche pfeilerartige Ausläufer, sondern auch durch eine weiter ausgreifende Bodenerhebung von den tiefer liegenden westlichen Theilen getrennt ist. Vom Tafelland der Cumberlandberge herabsteigend, bewegt man sich bis gegen das Thal des unteren Tennesseeflusses hin in einer durchschnittlichen Meereshöhe von 280—320 m. Dieses niedere Tafelland, die *Highlands* genannt, ist eine Kalksteinplatte, in welche aber ungefähr in der Mitte eine beckenartige Vertiefung eingesenkt ist. Jene besteht in ihrer ganzen Erstreckung aus Bergkalk, während das *Central Basin*, wie jene Vertiefung genannt wird, einen Grund von obersilurischen Gesteinen aufweist. Dieses Becken, 27 Meilen lang und 12—15 Meilen breit, liegt in einer mittleren Höhe von 130—160 m.; bei seinem fruchtbaren Boden, seiner centralen Lage und dem leichten Verkehr, den es gestattet, ist es der bevölkertste Theil des Staates, der *Garten von Tennessee*. Nashville, die Haupthandelsstadt des Staates, liegt in seiner Mitte.

---

1) In diesem Thal von Ost-Tennessee, das eine der schönsten und fruchtbarsten Gegenden von Nordamerika ist, kommt auch die Thalform der *Coves*, unter der der Amerikaner ein weites, rings von hohen Bergen umschlossenes Thal, einen Thalgrund versteht, vorzüglich zur Ausbildung. Zahlreiche Thalgründe dieser Art liegen zwischen den Ausläufern der Unaka- und der Cumberlandberge.

Die amerikanischen Geologen sind geneigt, diese Vertiefung als ein altes Seebecken aufzufassen. Jedenfalls lässt sein geologischer Bau keinen Zweifel darüber, dass es durch Erosion der Bergkalkschichten entstand, welche ursprünglich die ganze Oberfläche der Highlands bis zum unteren Tennessee-Thal ohne Unterbrechung bedeckten. Geht man, immer in der Richtung der Längserstreckung des Staates, von diesem Centralbecken aus weiter gegen Westen, so überschreitet man neuerdings die Highlands, da dieselben ja das Becken von allen Seiten umfassen. Sie sind hier indessen schon bedeutend niedriger geworden als in der östlichen Hälfte und ihre mittlere Meereshöhe beträgt nur noch 200 m. Von ihnen steigt man neuerdings in eine tiefergelegene Region hinab, in das *Thal von West-Tennessee.* Der Tennessee, durch die Cumberlandberge von seinem südöstlichen Laufe abgelenkt, den wir ihn im Thal von Ost-Tennessee verfolgen sahen, umfliesst das Tafelland der Highlands im Süden und dann im Westen, wo er in ziemlich rein nördlicher Richtung zum Ohio hinabgeht. Es ist dieses von Süden nach Norden gerichtete Thal, in welches wir hinabsteigen, indem wir von den Highlands nach Westen gehen. Es ist ein schmaler Erosionscanal von nicht mehr als 16 Kil. mittlerer Weite, der in die Kalksteine der Highlands eingeschnitten ist. Seine beiden Ufer gehören sowohl den geographischen als den orographischen Merkmalen nach entschieden dem Gebiete dieses Hochlandes an. Erst einige Meilen westlich von diesem Thal taucht der Bergkalk unter jüngere Formationen, die sich dann allmählich gegen das Tiefland des Mississippi zu senken. Sie bilden den *Slope* oder Abhang von West-Tennessee, der indessen keinen sanften gleichmässigen Fall zeigt. Er wird in seinem östlichen Theile von einer Erhebung von 120—140 m. durchzogen, welche die Wasserscheide zwischen Ohio und Mississippi bildet, und fällt gegen die Fläche des Mississippithals mit jenen steilen, bastionenartigen Hügeln ab, welche als die *Bluffs* einen so hervorragenden Zug in der landschaftlichen Physiognomie des Mississippithales bilden. Zwischen jener Wasserscheide und diesem steilen Abfall senkt sich allerdings das Land mählich gegen den Mississippi hinab, dessen Spiegel hier bei normal niederem Wasserstand 52 m. hoch liegt. Die Erhebung der *Bluffs* über dem Mississippi schwankt in der

Gegend von Memphis, die wir hier zunächst im Auge haben, zwischen 15 und 58 m. Die *Mississippi-Bottoms,* die Anschwemmungsebenen des grossen Stromes bilden das letzte Glied in der Kette der geologisch, orographisch und landschaftlich so sehr verschiedenen Formationen, welche wir vom Westkamm der Alleghanies bis hieher verfolgten. Ein grosser Theil der *Bottoms* steht regelmässig mehrere Monate unter Wasser; ein anderer ist von Altwassern, Seen und Sümpfen eingenommen, und nur der kleinste Theil ist angebaut. In der Gegend von Memphis, wo ihr Gebiet auf einen schmäleren Streif zusammengedrängt ist, als weiter oben und unten, misst seine Breite 60, an der Nordgrenze Tennessee's 70 Kil. Wie im Osten die Bluffs, so bildet im Westen eine ähnliche Bildung, Crowley's Ridge, die Grenze dieses Thalbodens.

Die **Cordilleren**[1]) sind im Allgemeinen in der nördlichen Erdtheilhälfte Amerika's breiter entwickelt und reicher in ihrem Inneren gegliedert als in der südlichen, und sie erreichen das höchste Mass von Verbreiterung und Gliederung gerade in dem Gebiete der Vereinigten Staaten. Nachdem sie in Mittelamerika und Mexiko sich weit von dem Charakter der südamerikanischen Hochgebirgskette,

1) Ich behalte mit J. D. Whitney den spanischen Namen Las Cordilleras für die Gesammtheit der westlichen Gebirgserhebungen Nordamerika's bei: „Da mit der Zeit der Name Andes ohne den Zusatz Cordilleras sich als Bezeichnung für alle Westgebirge Südamerika's fest eingebürgert hat, so schlage ich vor, den letzteren ausschliesslich auf die nordamerikanischen Westgebirge anzuwenden ... Es ist übrigens mehr Grund vorhanden, die Gebirgskette des nordamerikanischen Westens als *Die Cordilleren* zu bezeichnen, als es für die südamerikanische der Fall ist, denn die letztere, die viel einfacher in ihrem Aufbau, besteht aus einigen grossen Gebirgszügen und nicht aus einer grossen Anzahl kleinere (Cordilleras) wie jene.“ (Yosemite Guide-Book. 1870. 26.) Uebrigens wurde von den ersten Erforschern auch der Name Andes für das Felsengebirg angewandt, z. B. in James' Account of an Exped. to the Rocky Mts., 1823. I. 79. Die Nomenclatur der verschiedenen Abschnitte dieser Gebirgskette ist, um diess gleich hier zu bemerken, leider noch in einem sehr verwirrten Zustand. So gibt es für die Bezeichnung Rocky Mts., Felsengebirge, ganz verschiedene Bedeutungen; denn einmal umfasst dieselbe bis zur Behringsstrasse hinauf die ganze Masse der östlichen Gebirgsgruppen der nordamerikanischen Cordilleren, dann wieder bloss die Gruppen, welche in der Parkregion (nördliches Neu-Mexiko, Colorado, südliches Wyoming) sich erheben oder bei anderen in etwas weiterer Fassung den Ostrand der Cordillere, soweit diese nicht wieder zu einer einfachen Gebirgskette geworden ist, also bis etwa 55° N. B., der Nordgrenze

der Anden, entfernt hatte, dort durch Ueberwiegen niedriger Tafelländer mit nur zerstreut aufgesetzten Vulkanschloten ohne bedeutendere Gesammterhebung, hier durch ebenso entschiedenes Vorwiegen gewaltiger Hochebenenbildungen über minder bedeutende Gebirgsketten, kehrt nun im eigentlichen Nordamerika die Gebirgsmasse des Westens wieder zu einem Typus zurück, der in Südamerika häufiger zur Ausprägung gelangt war und welcher bezeichnet ist durch die Einschliessung grosser Hochebenen zwischen hohen Kettengebirgen. Zwar erreichen dabei weder diese noch jene so grosse Erhebungen wie in Bolivia oder in Columbia und Ecuador, aber die Breitenausdehnung der Hochebene und die Zahl und reiche Gliederung ihrer Gebirge ist dafür viel grösser.

Wir haben zunächst im südlichen Theile der Hochgebirgsregion unseres Gebietes einen Ausläufer der mexikanischen Hochebene, des *Tafellandes von Neu-Spanien.* Die Gebirge aber, die am Ost- und Westrand dieses Tafellandes und zum Theil auf seiner Oberfläche selbst hinziehen, setzen sich nicht über die Naturgrenze hinaus fort, welche im Nordwesten von dem Gila-Plateau und im Nordosten durch das breite Thal des Rio Grande gebildet wird. Wir begegnen dagegen nördlich von der Grenze der Ver. St. einem neuen Abschnitt der Cordilleren; aber die ebengenannte Einsenkung, welche zwischen Gila und Rio Grande die Gebirgsmassen Mexiko's von denen des eigentlichen Nordamerika, des *Rumpfes* dieses Continentes scheidet, und welche den auf dem mittelamerikanischen Landstreifen mehrfach vorkommenden Einsenkungen (Panama, Tehuantepec) entspricht, ist die letzte ihrer Art, denn nördlich von ihr zieht nun die Cordillere mit unverändert hochgebirgshaftem Charakter durch die ganze Continentalhäfte bis über den Polarkreis hinaus. Sie zeigt auch hierin eine grössere Analogie mit den südamerikanischen Anden als

ihrer starken Verbreiterung in den Hochländern des Westens der Ver. St. Und welche Grenze soll man ihr gegen Westen zu ziehen? Wie und wo ist sie von den Wahsatch Mts. oder von der Uintah-Gruppe abzusondern? Wir werden die einzelnen Gebirgsgruppen so scharf wie möglich zu definiren suchen, aber wir werden uns dabei in keinem einzigen Falle mit allen Autoritäten in Uebereinstimmung finden, denn gerade die Erforscher und besten Kenner jener Regionen weichen in ihrer Auffassung der einzelnen Gebirgsgruppen weit von einander ab.

mit den räumlich näher liegenden mittelamerikanischen und mexikanischen Gebirgsketten und diese Analogie, die über eine so weite Kluft weg sich erhält, ist einer der Gründe, die am überzeugendsten für den tieferen Zusammenhang der ganzen westlichen Gebirgsmassen, sowohl Süd-, als Mittel-, als Nordamerika's sprechen, einen Zusammenhang, von dem man übrigens nicht glauben sollte, dass er überhaupt angezweifelt werden könne [1]).

Sehen wir einstweilen ab von den Kämmen und Gipfeln, deren allzu starke Betonung in einer so complicirt gebauten und vorwiegend breitmassigen Hochgebirgsregion wie dieser nordamerikanischen eher geeignet ist, den Einblick in das Gemeinsame der Erscheinungen zu erschweren, so finden wir, dass eine Hochebene von wechselnder, aber unter die Höhe von 1200 m. nicht herabgehender Erhebung die gemeinsame Grundlage aller der anscheinend so gesetzlos bald gehäuften, bald zerstreuten Gebirgszüge bildet. Dieses

1) Man muss den Ausdruck, das die nordamerikanischen Cordilleren einen Theil des grossen westamerikanischen Erhebungssystems bilden, nicht mit der missverständlichen Behauptung verwechseln, dass sie eine Fortsetzung der südamerikanischen seien. Diese letztere hat Anlass zu vielen Debatten gegeben, die indessen angesichts der so klar vor Augen liegenden Thatsachen ganz unnütz sind. Der Zusammenhang im Rahmen des grossen Gebirgssystems der Cordilleren wird nicht aufgehoben durch Unterbrechungen der Continuität, wie sie an den Isthmen von Panama und Tehuantepec oder am unteren Colorado und Rio Grande eintreten; auf der anderen Seite lassen es solche Unterbrechungen offenbar nicht zu, dass man von einer *Fortsetzung*, z. B. der Sierra Madre in die Felsengebirge rede. Die Glieder einer Kette setzen sich auch nicht in einander fort, aber sie bilden doch ein zusammenhängendes Ganze. So ist es mit diesen Gliedern der Cordilleren. Dieselben verdanken ihren Zusammenhang einer Kraft oder einer Summe von Kräften, die alle in derselben Richtung wirkten, gerade wie die Kette ihren Zusammenhang einer Kraft dankt, welche die einzelnen Glieder im Hinblick auf ein gemeinsames Ziel mit einander verband. Die zerstreuten, aber unschwer in Eine Linie zu bringenden Hügel, die ein Maulwurf über verschiedenen Punkten eines Ganges aufwirft, bieten vielleicht ein noch treffenderes Bild dieses Zusammenhanges, der keine Fortsetzung ist. Indessen liefert gerade dieser Streit über Zusammenhang oder Geschiedenheit der einzelnen Gruppen der Cordilleren einen Beweis für die Oberflächlichkeit der landläufigen Betrachtung der Hochgebirge, welche über den äusserlich allerdings mächtigeren Kämmen und Gipfeln die soviel massigeren Gesammterhebungen vergisst, Erhebungen, welche zwar nur die Fundamente der Hochgebirge, aber als solche wichtiger als alle hochragenden Kämme und Gipfel sind. Wo sich die Basis fortsetzt, braucht man nach dem Verbleib der Sierren nicht zu fragen.

nie fehlende Fundament einer so bedeutenden Hochebene ist die allgemeinste Eigenschaft der gesammten Erhebungsmasse, und man muss ihre Beständigkeit als einen auszeichnenden Charakterzug derselben hervorheben und diess um so mehr, als die Anhäufung der Kämme und Gipfel auf gewissen Punkten und nach gewissen Richtungen einen grossen Theil dieses Fundamentes frei lässt, wo dasselbe dann als wichtiger integrirender Theil des ganzen Gebirgssystemes nicht zu verkennen ist.

Als zweite gesetzliche Erscheinung tritt die eben erwähnte Häufung der Kämme und Gipfel an gewissen Punkten und nach gewissen Richtungen hervor. Zwischen dem 35. und 45. Breitegrad ist die Häufung der Kämme und Gipfel am West- und Ostrand der Erhebungsmasse so ausgeprägt, dass man gewöhnlich diese Region als ein breites Hochebenenbecken bezeichnet, welches nur am Rande im Westen und Osten von Gebirgsketten eingefasst sei. Diess klingt indessen etwas zu schematisch. Man kann wohl die im Westen begrenzende Gebirgsmassse als eine Gebirgskette bezeichnen, aber im Osten tritt nie diejenige einfache Gruppirung der Gebirge hervor, welche eine solche Benennung rechtfertigen würde: die begrenzende Gebirgsmasse bildet doppelte und dreifache, parallele und convergirende, strahlenförmig angeordnete, gitterförmig verbundene Ketten und nur ihre Zusammenhäufung am Ostrand gibt einen Grund ab, diese alle unter gemeinsame Gesichtspunkte zu bringen. Südlich vom 35. und nördlich vom 45. Breitegrad tritt aber selbst diese Häufung an beiden Rändern, hier

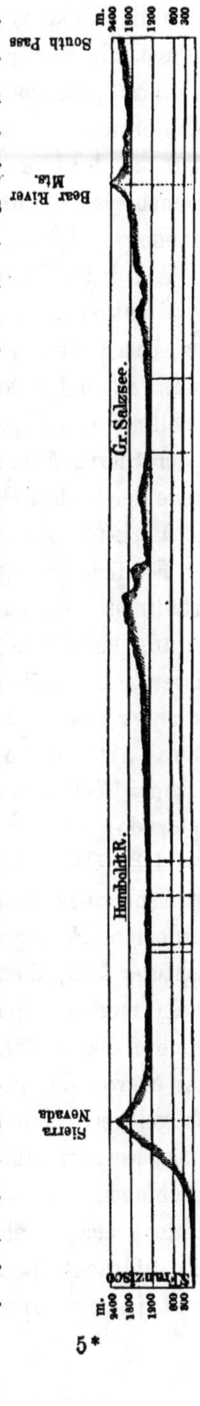

Fig. 4. Querprofil der Cordilleren in der Richtung der alten Einwandererstrasse. (Nach Fremont.)

gegen die Annäherung und Verbindung der beiden Kamm- und Gipfelsysteme, die sich jenseits des 50. Breitegrades zur einfacheren Nordcordillere verschmelzen, dort gegen die allgemeine Verflachung der Reliefformen zurück, welche nun die an sich minder bedeutenden Erhebungen der inneren Hochebene, des *Beckens,* zu grösserer Geltung kommen lassen und damit das Uebergewicht der Randgruppen aufheben.

Als dritte Thatsache von allgemeiner Gültigkeit ist zu nennen das Vorkommen der höchsten Gipfel nur in den eben bezeichneten westlichen und östlichen Randgebirgsmassen, und zwar in einer Zone von etwa 500 Kil. Breite, deren Mittellinie von Denver nach Monterey westsüdwestlich verläuft und in der Sierra Nevada die Mt. Whitney-Gruppe, dann die höchsten Theile der Wahsatch Mts. und in Colorado die Hochgipfel der Sawatch- und Park-Gruppe berührt.

Endlich ist es in vierter Linie bezeichnend für die Reliefverhältnisse des ganzen Gebirgsgebietes und erlangt damit die Bedeutung einer allgemeinen Eigenschaft desselben, dass von den Gewässern, die in diesen quellenreichen Regionen entspringen, sämmtliche grössere Ströme ihre Quellen in zwei beschränkten Abschnitten der östlichen Randgruppe haben, und zwar Missouri, Yellowstone, N. Platte, Snake R. (Columbia) und Green R. (Colorado) in der Wind River-Gruppe, Arkansas, Rio Grande, Grand R. (Colorado), S. Platte (Missouri) in der Park Range. Dass die Erhebungsmasse von diesen östlichen Randgebirgen nach Osten, Nordosten, Nordwesten, Südwesten und Süden abfällt, wird aus der Richtung klar, die alle diese Ströme einschlagen. Auf die Bedeutung dieser merkwürdigen Concentration der Quellgebiete für die Geschichte dieses Erhebungssystems werden wir zurükkommen. Aber dass es von der grössten praktischen Bedeutung ist, wenn eine so hochgelegene, von Gebirgen umrandete Region in dieser Weise von Gebirgswassern durchflossen ist, die möglichst lange Wege auf ihr einschlagen und sogar, wie Columbia und Colorado, ihre ganze Breite kreuzen, ehe sie das Gebirg verlassen, ist ein Schluss, der sich aufdrängt. Es liegt hierin eine Begünstigung der ganzen westlichen Erhebungsmasse, welche dieselbe in Klima und

Culturfähigkeit über alle anderen gebirgigen Hochebenen von gleicher Ausdehnung erhebt. Eine weitere allgemeine Eigenschaft dieser Erhebungsmasse ist damit gegeben, eine Eigenschaft, welche von weitreichenden Folgen für die natürliche Oekonomie eines halben Continentes ist.

Abschnitte natürlicher Gliederung, welche sich aus den Cordilleren Nordamerika's im Gebiet der Vereinigten Staaten hervorheben, sind die Gebirge, welche ihren Ostrand bilden, gewöhnlich als Felsengebirg (Rocky Mountains) zusammengefasst; die Gebirge des Westrandes, welche sich in die zwei grossen Gruppen der Sierra Nevada und des Küstengebirges vertheilen; die Hochebene des Grossen Beckens, welche zwischen beiden gelegen ist; Gebirge, welche auf der Hochebene sich erheben, ohne deutliche Beziehungen zu den östlichen oder westlichen Randgruppen kund zu geben; endlich die Gebirge Neu-Mexiko's und Arizona's, welche als die südlichen Vertreter der Ost- und Westgruppe und der Gebirge der Hochebenen erscheinen, ohne bei meist vereinzeltem Hervortauchen, bei unzusammenhängender Anordnung, bei allgemein geringerer Höhe sowohl der Gipfel als auch der Basis, von der sie aufsteigen, eine nähere Zusammengehörigkeit mit denselben klar erkennen zu lassen.

Das **Felsengebirg**, der Ostwall der ganzen Erhebungsmasse, zeigt einen Bau von bemerkenswerther Eigenthümlichkeit. Es hat wenig von dem inneren Zusammenhang und der Gleichförmigkeit, welche die Westmauer, die Sierra, auszeichnet. Wir haben wohl eine Reihe zusammenhängender Gebirgszüge, selbst eigentliche Gebirgsketten, aber häufig unterbrechen breite Depressionen dieselben und ihre Richtung erscheint bei näherer Betrachtung als eine sehr wechselnde, ebenso die Erhebung, welche stellenweise durch Zusammendrängung einer grossen Anzahl von Gipfeln eine sehr bedeutende wird, um dann wieder weite Strecken hin auf niedrigeren Stufen zu verharren. Es erscheint auf den ersten Blick schwer, eine tiefere Ordnung in diesem Gewirr von Gebirgsketten und Gebirgsmassen zu entdecken. Nur negative Eigenschaften treten scharf hervor, wie der Mangel einer durchgehenden Kammlinie, einer festgehaltenen Richtung des Streichens der einzelnen Gebirgsketten, eines festen Zusammenhangs der Gebirgsglieder, der besonders bei den fast unverbunden hinausgeschobenen vereinzelten Gebirgsgruppen wie den Black Hills, Little Rocky Mts. u. a. auffällt. Gegen sie treten gewisse Verhältnisse des Aufbaues, die auf grössere Strecken hin festgehalten sind, zurück. Man kann z. B. für die südliche Hälfte des Felsengebirges von der Sierra Moro bis hinauf zu den Snow Mts. die Einschaltung von Querketten zwischen die Längsgebirge, und die merkwürdigen gebirgsumrandeten Becken, welche dadurch entstehen, die Parks, als eine Eigenthümlichkeit des Gebirges bezeichnen, welche besonders im Vergleich mit der Sierra klar hervortritt. Aber diese Eigenthümlichkeit reicht weder im Süden noch im Norden über die angegebenen Grenzen hinaus. Im nördlichen Theil, soweit derselbe dem Gebiet der Ver. Staaten angehört, treten im Gegensatz dazu parallele Längsketten als die ausschliesslichen Produkte der gebirgsbildenden Kraft hervor, und im Süden, wo übrigens die Erhebungen zu gering sind, um Gebirgsbecken von der Grossartigkeit der Colorado-Parks zu erzeugen, ist dieselbe Richtung wenigstens die weitaus vorwiegende. Für jene Querriegel fehlt nördlich wie südlich jede deutliche Vertretung. Aber auch die Längsketten sind immer nur auf kurze Entfernungen mit einander in Verbindung zu setzen. So ist z. B. der Zusammenhang der Laramie Range mit der Front Range klar; ob aber die Wind River-Gruppe der Park Range entspricht, ist schon zweifelhafter und wo das südliche Aequivalent der Bighorn Mts. liege, wird Niemand zu sagen wagen, wie sehr auch die auffallende Aehnlichkeit, die sie in Form und Lage mit der Laramie Range bieten, wenigstens den Versuch nahe zu legen scheint, sie mit dieser Nachbarkette zu vergleichen [1]).

---

1) Scheint nicht das Vorkommen von ausgebogenen Gebirgsketten, wie es Laramie und Bighorn Range und in minderem Grade fast alle östlichen Randketten von Santa Fé bis zur Nordgrenze sind, eine gesetzliche Erscheinung zu sein? Es ist in der That merkwürdig, dass gerade in diesen östlichen Randketten die Ausbiegung nach Osten, und nur sie, so häufig sich wiederholt, während in allen übrigen Theilen des Gebirges gebogene Ketten selten und in solcher Aneinanderreihung nicht mehr vorkommen. Die Geologie, welche uns lehrt, dass krystallinische Urgesteine so gut den gebogenen wie den geraden Ketten des Felsengebirges zu Grunde liegen, lässt den ursächlichen Kern dieses eigenthümlichen Verhältnisses ebenso wenig erkennen wie die vergleichende Orographie. Uebrigens

Was man als *Eigentliches Felsengebirge* bezeichnet, ist die Gebirgsmasse, welche das südliche Wyoming, West-Colorado und Ost-Utah grossentheils erfüllt, im Osten aus den Plains steil aufsteigt und im Westen etwas sanfter nach dem Tafelland des Grossen Beckens abfällt. Auf diesem Raum, zwischen dem 37. und 41. Breite- und dem 104. und 108. Längegrad, erhebt sich die compakteste Hochgebirgsmasse, die das Gebiet der Ver. Staaten kennt. Man kann das Green R.-Thal als eine natürliche Scheidelinie innerhalb derselben annehmen, welche sie in ein westliches und östliches Gebiet trennt; es ist das letztere, welches die gebirgigsten und höchsten Abschnitte und gleichzeitig die wildesten umschliesst[1]).

Ihre mächtigste Entwickelung erfährt diese Gebirgsmasse in ihrer südlichen Hälfte, dort wo im Gebiete des Staates Colorado die Quellgebiete dreier grossen Stromsysteme, des Rio Grande, Colorado und Arkansas sich begegnen. Sie ist hier 280—300 Kil. breit. Hier erheben sich in einer Linie von etwa 500 Kil. die höchsten Gipfel, zu denen dieses Gebirge innerhalb der Grenzen der Ver. St. ansteigt, und in ihr ist überhaupt der grösste Theil des Gebirges gelegen, der die Höhe von 3000 m. übersteigt. Bereits wurde die bemerkenswerthe Erscheinung hervorgehoben, dass in eine Linie, die man von der Mitte der ebengenannten aus westwärts nach dem Stillen Meere zieht, auch die höchsten Gipfel der Wahsatch Mts. und der Sierra Nevada zu liegen kommen. Die Gebirgsforscher des Westens glauben in einem Gürtel von 500 Kil. Breite, in dessen Mitte die genannte Linie verläuft, „den Strich der mächtigsten Wirkungen der Hebungskräfte“ zu sehen[2]). Jedenfalls hebt sich das Gebirg weder im Süden noch im Norden so steil zu solcher Höhe wie hier, wo man im Mittelpunkt des Ostendes dieser Zone starker Erhebungen, in Denver, ein Hochgipfelpanorama von 200 Kil. vor sich hat, eine Reihe schneestreifiger Gipfel, welche aus der hier 1500 m. hohen Ebene der

---

scheinen die ostwärts ausgebogenen Inselguirlanden der asiatischen Ostküste (s. Peschel, Neue Probleme, 1876. 29) ihr Dasein ähnlichen, aber in grösserem Massstab angelegten Gebirgsbogen zu danken.

1) Es ist von der Ost- bis zur Wahsatschkette ziemlich durchgehender Charakter, dass die Berge „nicht bloss wild im allgemeinen Umriss sind, sondern auch im Einzelnen ungemein klippig und zerrissen erscheinen, ausgenommen in den Parks und grösseren Depressionen, deren Hügel eine lokale Eiszeit gerundet hat.“ C. Thomas in Hayden, Prelim. Report on Montana. 1872. S. 212.

2) Gardener in Bulletin U. S. Geol. Survey. 1874. II. 74. Er nennt Denver (Col.) und Monterey (Cal.) als Endpunkte dieser Linie.

Plains sich so steil erheben, dass die 2700 m., welche sie vom Fuss bis zum Kamme messen, in 30—40 Kil. zu durchmessen sind.

Von diesem verhältnissmässig niederen Standpunkt aus erblickt man bloss eine einzige Kette, welche als die vorderste, die vor dem Blick des von Osten Kommenden zuerst auftaucht, den Namen Front Range (auch East Range oder wegen ihrer zahlreichen schneetragenden Gipfel Snowy Range) erhalten hat. Ihr gehören die *classischen* Berge dieser Region an, jene oftgenannten Pike's Peak (4313), Long's Peak (4350), Gray's Peak (4372) u. a., welche nach den ersten wissenschaftlichen Erforschern der Felsengebirge, den Führern der Expeditionen genannt sind, welche in den ersten Jahrzehnten unseres Jahrhunderts die erste sichere Kenntniss von den westlichen Gebirgsregionen vermittelten. Vom Arkansasthal bis zu den Laramie Plains ist sie in einer Länge von 300 Kil. hingelagert. Vom Kamm dieser Kette sieht man gegen Westen hin eine zweite und dritte, die parallel zu jener ziehen und aus deren langgezogenen Granitkämmen ähnlich bedeutende Erhebungen hervortreten. Man hat der zweiten 380 Kil. langen Kette den Namen Park Range beigelegt, weil sie es ist, welche jene merkwürdigen abgeschlossenen Thäler der *Parks*[1]) im Westen begrenzt; Mt. Lincoln (4359) und Buckskin Mt. (4358) sind ihre Hauptgipfel. Wiederum durch eine Depression von nicht über 35 Kil. Breite getrennt, in der Eagle R. und Arkansas R. fliessen, folgt nun in dritter Reihe die Sawatch Range (auch Saguache oder Arkansas Range), die die zahlreichsten Hochgipfel trägt; Mt. Harvard (4385), Mt. Elbert (4367) sind die hervorragendsten der Gipfel, welche bis jetzt in ihr gemessen worden sind. Gegen Westen von ihr liegt die Gruppe der Elk Mountains, ein Haufen dicht zusammengedrängter steiler und hoher Hebungen, der von den Quellarmen des Grand R. umflossen wird und aus dem neben einer grossen Anzahl wenig niedrigerer Castle Peak (4300) und Snowmass (4256) hervorragen. Ein hoher Querriegel verbindet sie mit der Wahsatch-Kette. Parallel mit der Park-Range zieht von kleineren Hebungen die Sangre de Christo-Range, die von Wheeler als südliche Fortsetzung derselben betrachtet wird (Christone Peaks 4305) und die den Ostrand des San Luis-Thales bildet. Nach Süden setzt sie sich in der Kette der Moro Peaks fort, welche den Ostrand des als Verlängerung des San Luis-Parkes erscheinenden Oberen Rio Grande-Thales bilden. Weiter nach Westen folgen die nordöstlich streichenden Gebirgsketten der Sierra San Juan, Sierra de Plata (Mt. Aeolus 4285 mt.) und Sierra San Miguel (Mt. Uncompangre 4341 m.) und zwischen den beiden ersteren

1) „Zwischen diesen Ketten (Front und Park Range) liegen grosse Depressionen, die stellenweis als Längsthäler entwickelt, stellenweis durch Querhöhen von geringeren Erhebungen in Becken getheilt sind und welche man *Parks* nennt." Gardener a. a O. 73.

die nordwestlich gerichtete Sierra de los Pinos. Nach Westen von dieser Kette, also ungefähr westlich vom 108. Längegrad, liegt ein Tafelland aus Gesteinen der Kreideformation, das als Grenzscheide zwischen dem System des Felsengebirges und dem des Grossen Beckens betrachtet wird. Im Allgemeinen sind die Abhänge der Ketten des eben beschriebenen Abschnittes des Felsengebirges ostnordöstlich und westsüdwestlich gewandt; Front und Park Range ziehen von n. 10° ö. zu s. 30° w., die übrigen von n. 30° ö. zu s. 45° w. Die Westabhänge sind durchschnittlich etwas steiler als die östlichen, aber diese tragen mächtigere Faltungen der Schichten als jene. Indem man die ganze Reihe der Ketten nach Westen hin kreuzt, findet man immer weniger steile Abhänge, bis sie in der Plata-Kette sogar verhältnissmässig sanft geworden sind.

Unverhältnissmässig gross sind die Passhöhen in diesem Theile des Gebirges. Wenn man auch die Höhe des Argentine-Passes, die zu nahe an 4000 m. angegeben wird, weiterer Bestätigung anheimgeben will, so bleiben doch noch genug ziemlich sicher gemessene Höhen von 3000 bis 3700 m. (Jones P. 3780, Lake Creek P. 3758, Weston's P. 3560, Berthoud P. 3460, Cochetopa P. 3028), welche den vorwiegend wallartigen Charakter des Felsengebirges von Colorado klar erkennen lassen. Wo nach Norden zu dieser Charakter durch Auseinanderrücken der einzelnen Gebirgsketten aufgegeben wird, fällt auch sofort die Passhöhe bis auf zwei Drittheile derer, die man in Colorado beobachtet, denn die Pässe sind nördlich vom 41. Breitegrad meistens keine Einschnitte der Gebirgskämme, sondern Lücken zwischen ganzen Gebirgsketten und ihre Höhe wird dann vorzüglich durch das Niveau der Hochebene bestimmt. Es ist die erste, bez. südlichste von diesen Lücken, der Evans Pass (2378), welche die Pacificbahn auf ihrem Wege ins Innere der westlichen Gebirgsmasse übersteigt[1]).

Nach Süden hin setzen sich diese Erhebungen in das Gebiet von Neu-Mexiko fort, wobei sie an Höhe und Masse rasch abnehmen und dem Typus der Gebirgszüge des Grossen Beckens sich nähern, Es ist die natürliche Folge dieser Abnahme, dass die grossen Erhebungsmassen sich in zahlreiche kleinere Ketten und Gruppen auflösen, und da gleichzeitig auch die Hochebene unter das Niveau sinkt, das sie in den nördlicheren Theilen des Gebirges einnahm, so ist eine allgemeine Abschwächung des orographischen Charakters der hervorragende Charakterzug der südlichen Ausläufer des Felsengebirges. Natürlich zieht diese Abschwächung einer Parallelisirung derselben mit den nördlichen Hauptzügen enge Grenzen. Jenseits des 35. Breitegrades muss man die Gebirge Neu-Mexiko's als

1) Der höchste Punkt jedoch, den die Eisenbahn in dieser Einsenkung überschreitet, Stat. Sherman, ist noch um 135 m. höher gelegen.

eine Gruppe für sich betrachten, denn über ihn hinaus ist der Zusammenhang nicht festzuhalten.

Von den als solche zu erkennenden Ausläufern ist der Moro Peaks, der Fortsetzung der Sangre de Christo-Kette, bereits gedacht. Ihr Südende liegt bei Santa Fé; die etwas nördlich von hier gelegene Sierra de las Gallinas (Turkey Mts.) ist eine nordöstliche Abzweigung derselben, aber die in ihrer Richtung weiter südlich auftretenden Placer und Sandilla Mts. gehören bereits zu den eigenthümlichen neumexikanischen Einzelerhebungen. Ein anderer Süd-Ausläufer erhebt sich jenseits des Arkansas in Gestalt der Wet Mountains oder Sierra Mojada, die von der Front Range durch die 1675 m. tiefe Einsenkung getrennt sind, in der Cañon City gelegen ist. Dieser Gebirgszug ist in Gestalt und Richtung dem südlichen Theil der Front Range ähnlich, in Höhe ihm nachstehend. Er besteht aus einem Granitkern mit angelagerten Sedimentärschichten, aber einige seiner höchsten Gipfel sind Basaltkegel. Die Wet Mts. sind der Ostrand des Huerfano Parkes, der im Westen von der Sangre de Christo-Kette umschlossen wird und dessen Fläche einige kleinere Berggruppen vulkanischen Urprungs, die Veta Mountains, unterbrechen. Huerfano Butte ist ein Basaltkegel, der im Thal des gleichnamigen Zuflusses des Arkansas sich unvermittelt aus der Ebene erhebt. Der Doppelgipfel der Spanish Peaks, die wie südliche Aussendlinge der Wet Mts. erscheinen, ist nach Hayden *ein riesenhafter Gebirgswall vulkanischen Ursprungs* und das ganze Land zwischen diesen Gebirgen und den südöstlich von ihnen gelegenen Raton Hills ist *durchzogen von Gängen vulkanischen Gesteins*[1]). Die ebengenannten bilden einen Bergzug mit breitem Kamme, welcher in der Wasserscheide zwischen dem Purgatorio R. und Canadian R. mit 2400 — 2800 m. seine grösste Höhe erreicht. Hayden schätzt ihren höchsten Gipfel Raton Peak auf 250—300 m. über dem Thal des Purgatorio. Er erstreckt sich von der Hauptkette ca. 60 Kil. gerade ostwärts und endigt scharf abgebrochen beim Raton Pass (1708 m.) unter den wilden waldreichen Schluchten am Fuss der Basaltmasse, welche die Mesa Chicorica bedecken. Den Winkel zwischen ihnen und dem westlicher gelegenen Höhenzug der Baldy Range füllt ein Hochland tertiären Alters aus, das neuerdings durch seinen Lignit- und Eisenreichthum berühmt geworden ist und das im Osten von Bergzügen begrenzt ist, die am Westrand des Thales des Canadian vom Raton Pass bis zum Cimarroncito

1) Third Ann. Report. 1873. 153. Ebendaselbst S. 157 fasst er die Raton Hills sammt Fishers Peak als „Theile einer Mesa, die ihren Ursprung offenbar dem Ueberfliessen eines vulkanischen Gesteins verdankt.“ Zahlreiche Mesa's oder Tafelberge bestehen aus Tertiärschichten, die durch eine Decke darüber ergossener Lava vor Verwitterung geschützt sind.

ziehen. Die Raton Hills selbst bestehen übrigens aus denselben tertiären Schichten wie dieses Plateau.

Als vorgeschobener Posten liegt im Osten die Sierra Grande, ein sehr uneigentlich so genanntes Kuppengebirg, das von breiter Basis sich zu einem einzigen etwa 2400 m. hohen Gipfel erhebt. Sie ist wahrscheinlich vulkanischen Ursprungs. Mt. Capulin, der westlich und Laughlin Peak, der westsüdwestlich von ihm gelegen ist, sind es unzweifelhaft; ihre Höhe wird gleichfalls auf etwas über 2000 m. geschätzt. Die *Vega*, welche diese Kegelberge zwischen sich einschliessen, ein flaches, von sanften Anhöhen und niedrigen Basaltterassen umgebenes Becken, hat 1900—2000 m. Meereshöhe. Noch weiter hinausgeschoben ist das grosse Tafelland der Mesa Chicorica, das eine nicht geringere Höhe als die Raton-Berge erreicht, und Fishers Peak (2186 m.), *a somber outlier*, übertrifft sie vielleicht noch; aber gegen Osten und Südosten fällt es ab und ist jenseits der Trinchera, die von hier zum Purgatorio abfliesst, nicht über 2100 m. hoch. Seine Seiten sind am Südabfall von tiefen Schluchten durchzogen, welche ihrerseits von terrassenartig flachen, begrasten Abhängen unterbrochen sind, die durch zahlreiche basaltische Felsgetrümmer nach der Basaltdecke deuten, in deren Einhüllung der tertiären Schichten wohl die Ursache zu suchen ist, warum diese grosse Mesa sich erhalten konnte. Als eine weitere Gruppe von Südausläufern des Felsengebirges erscheinen die Gebirgszüge, welche auf der Westseite des Rio Grande-Thales sich in der Richtung der San Juan-Kette erheben und zu jenem Thale dieselbe Beziehung aufweisen wie sie dieser Gebirgskette zum San Luis-Park zukommt. So wie das Rio Grande-Thal eine Fortsetzung des San Luis-Parkes, so sind die Ausläufer der San Juan-Kette eine Fortsetzung der westlichen Parkumrandung in die Umrandung jenes Thales. Cerro de Navajo, Sierra del Nacimiento und Jemez Mountains liegen in dieser Richtung, während die Höhenzüge des Parkes selbst sich in kleineren Erhebungen wiederholen, unter denen die basaltischen Cerillos, Sierra Blanca und Costilla Mountains hervorzuheben sind.

Einen zweiten Mittelpunkt bedeutender Hebungen und Ausstrahlungen bildet die nordwestlich von der Colorado-Zone gelegene Wind River-Gruppe. Diese beansprucht aus zwei Gründen eine hervorragende Bedeutung: aus orographischen, weil sie wie eine Art Knotenpunkt an der Süd-Abbiegung der bis hierher vorwiegend südöstlich ziehenden Felsengebirge sich erhebt und weil von ihr einige hervorragende Gebirgszüge in verschiedenen Richtungen ausstrahlen; aus hydrographischen, weil hier die Quellgebiete von einigen der wichtigsten nordamerikanischen Ströme (Columbia mit Clarke's Fork und Snake R., Colorado, Missouri, Yellowstone, Platte) sehr nahe zusammentreten. Vom Südpass beginnend zieht sie unter wachsender Erhebung nordwärts, wo sie im Fremonts

Peak, diesem lange für die culminirende Spitze des Felsengebirges gehaltenen Berge, bei 4137 m. ihre höchste Erhebung findet. Man sieht, dass es nicht so sehr die Höhe, welche ja in der Park- und Sawatch-Kette vielfach übertroffen wird, als vielmehr die centrale Lage inmitten von nach allen Seiten ausstrahlenden Gebirgszügen ist, welche dieser Gruppe ihre hervorragende Stellung anweist und welche ganz besonders ihren Einfluss auf die Richtung des Oberlaufs einer so grossen Zahl von Gewässern bestimmt.

In der staffelförmigen Gruppirung, welche wir als ein hervorragendes Merkmal der inneren Gliederung des Felsengebirges bereits erkannt haben, ziehen von der Wind River-Gruppe einige Gebirgszüge nach Osten und Südosten, welche theils mit der Front-, theils mit der Park Range des *eigentlichen* Felsengebirges zusammenhängen. Die **Rattlesnake Mountains** ziehen zwischen Bighorn R. und North Platte R. nach Osten, wo sie mit den Red Buttes (1685 m.) abschliessen, um jenseits des letztgenannten in der **Laramie Range** oder den **Black Mountains** (Laramie Peak ca. 3000 m.), die südsüdöstlich ziehen, daher im stumpfen Winkel mit ihnen zusammentreffen, ihre Fortsetzung zu finden. Bei der Durchbruchstelle des Laramie R. ändern die letzteren ihre Richtung zu einer nahezu südlichen und treten damit in die Richtung der Front Range ein, mit der sie am South Paas (2283 m.) so innig zusammenhängen, dass man sie ungeachtet dieser Depression als einfachen Nord-Ausläufer derselben betrachten könnte. **Sweetwater Mountains** und **Medicine Bow Mountains** sind niedrigere Ketten, nach innen oder westlich von der Laramie Range gelegen. Nach Norden hin scheint eine kaum weniger zweifelhafte Verbindung mit der östlichsten Kette der nördlichen Felsengebirge durch den Gebirgszug gegeben, welcher die merkwürdige Vulkan- und Dampfquellenregion am Oberen Yellowstone im Osten begrenzt. Wiewohl von den grössten Flüssen dieser Region an drei Stellen durchbrochen, ist doch diese Kette in zusammenhängender Erstreckung vom 43. bis zum 47. Breitegrad zu verfolgen, wo bei allmählichem Zurückfallen des ganzen Gebirges gegen Westen zu in der Nähe des Passes Gate of the Mountains, durch den der Madison entfliesst, die bisher in zweiter Reihe gestandene **Deerlodge** oder **Mulfans Range** als östlichste der Randketten des Gebirges an ihre Stelle tritt und über die Nordgrenze unseres Gebietes hinaus in derselben verharrt. Den Namen der Rocky Mts. weisen ihr, sowie den ihr zunächst gelegenen und am innigsten mit ihr verbundenen Ketten die amerikanischen Geographen ausschlieslich zu, während den weiter nach Westen gelegenen, sowie den im Osten vorgelagerten kleineren Erhebungsmassen besondere Namen gegeben sind. So werden also als **Rocky Mountains** in diesem engeren Sinn die Ketten östlich und westlich vom Yellowstone-See bezeichnet, ferner die, welche den Oberen Missouri einfassen, und die auf beiden Seiten des Flathead R. ziehenden, während bereits die von der Südbeugung des Snake R. eingeschlossenen Gebirge als Snake River Mountains und Teton Range (Mt. Hayden 3920 mt.) unterschieden werden und die Blackfoot Mountains nördlich vom gleichnamigen Fluss, Red Rock Range westlich von Henry Lake, Red Mountains (Mt. Sheridan 3153 mt.) auf der Wasserscheide zwischen Heart und Lewis Lake, Elk Ridge im obersten Quellbezirk des Snake R. besondere Gebirgsgruppen bilden. Wir haben nördlich von hier den bis jetzt am wenigsten genau erforschten Abschnitt des Felsengebirges und die Beziehungen und Zusammenhänge der verschiedenen Ketten und Gruppen sind nördlich vom 45. Breitegrad nur im Allgemeinen bekannt, selbst die Benennungen nicht festgestellt. Die Flüsse dieser Region sind als Förderer des Verkehrs wichtiger und darum besser gekannt als die Gebirge, die meist nach ihnen benannt werden. Snake River Divide, Bitter Root Mountains (Eagle Peak 2300 mt.), St. Mary's Range, Flathead Divide (Mt. Kishnena 2614 m.) sind einige der bekannteren Abschnitte dieses Theiles des Felsengebirges. Eine merkliche Abnahme der Gipfel- und Kammhöhen ist für dieselben, wie für das ganze Gebirge in dieser Region bezeichnend und findet vorzüglich in der grossen Menge leicht gangbarer Pässe seine Ausprägung. Dem Passreichthum, der übrigens auch durch die reiche Gliederung des Gebirges in dieser Region gefördert wird, ist es auch zuzuschreiben, dass in früheren Jahrzehnten der Verkehr zwischen dem Inneren der Ver. St. und dem Stillen Meer die Gebirge vorzüglich hier im Norden überschritt, wie es denn auch gerade dieser Theil des Felsengebirges ist, welcher durch Lewis' und Clarke's Forschungen zuerst wissenschaftlich bekannt wurde. Dabei ist aber die Passhöhe dieselbe wie weiter südlich, indem die Gebirgsbasis, die Hochebene hier noch bei derselben Höhe verharrt wie dort. Boundary Pass (2241), Flathead Pass (2316), Lewis' und Clarke's Pass (1880) sind einige bemerkenswerthere Pässe der äusseren d. h. östlichen Ketten. Bei dieser geringeren Erhebung der Gebirge scheint auch der wilde, zerrissene Hochgebirgscharakter des Südens milderen Formen Platz zu machen, deren Entwickelung der einfache, vorzüglich auf krystallinischen Urgesteinen ruhende geologische Bau des Gebirges fördert. Hiervon machen allerdings die vulkanischen Regionen eine Ausnahme, aber vulkanische Kräfte haben nur in der oberen Yellowstone-Region und westlich von derselben sehr wirksam in den Aufbau des Gebirges eingegriffen.

Viel besser bekannt als die Masse des Gebirges sind in dieser Region seine Ausläufer oder Vorwerke, die aus der Hochebene der Plains sich oft unvermittelt und durch ihre scheinbare Vereinzelung doppelt auffallend erheben. Am schärfsten prägen diesen Vorwerkscharakter die Black Hills, die Schwarzen Berge, aus, welche als östlichste Vorposten der mittleren Felsgebirgregion zwischen dem 43. und 45. Breite- und dem 103. und 105. Längegrad sich erheben. Die elliptische Gruppe (Hauptaxe 20° N. zu W.), in der sie zusammenliegen, ist ungefähr 160 Kil. lang und 100 Kil. breit. Die Höhe der Basis, von der sie aufsteigen, misst 800—900 m., ihre höchste Gipfelhöhe etwas über 2000 m. Ihr Kern ist Granit, der einen Mantel von geschichteten Steinen an seiner Basis und seinen Seiten mit emporgehoben hat. Dass ihre Hebung nicht ausser Zusammenhang steht mit der Hebung der eigentlichen Felsengebirge, lehrt eine zwar nicht hohe, aber genügend deutlich ausgeprägte Bodenwelle, welche sie mit denselben verbindet. Merkwürdig, aber ihrem inselhaften Bau völlig entsprechend, sind ihre hydrographischen Verhältnisse. Es liegt in ihrer centrirten Gestaltung, dass kein einziger beträchtlicher Fluss in ihnen entspringt, trotzdem sie als eine Oase von Wäldern, Feuchtigkeit und Quellenreichthum mitten in die Hochprärie hinein gerückt sind; dagegen senden sie nach allen Himmelsrichtungen kleinere Bäche aus, welche ohne Ausnahme in die zwei das kleine Gebirg fast rings umgürtenden Arme des Cheyenne-Flusses, North und South Fork, münden; der erstere empfängt sogar die Hauptmasse seines Wassers aus dem Black Hill-Gebiet.

Auch die weiter nördlich in ähnlicher Weise vorgeschobenen Judith, Pear's Paw und Little Rocky Mts. scheinen von ähnlichem geologischen Bau zu sein wie die Black Hills. Wenigstens wird eine Granitunterlage, allerdings mit eruptiven Unterbrechungen, von ihnen angenommen. Ihre Lage schliesst sie jedenfalls den Black Hills und der weiter südlich gelegenen Big Horn-Gruppe an. Eigenthümlich, dass auch sie fast in einem Ringe, wie die Black Hills, von Flüssen umflossen sind, die ohne in ihnen zu entspringen, sich vorwiegend von ihren Zuflüssen nähren. Es scheint das anzudeuten, dass ihre Stellung inmitten der Hochebene nicht bloss eine insulare ist, sondern dass, ähnlich wie bei den Black Hills, in einiger Entfernung von ihrem Fusse sich das umliegende Land wie gestaut etwas erhebt.

Als Gebirg am bedeutendsten und durch Lage, Höhe und weite Erstreckung der Ketten dem Felsengebirge am nächsten kommend von allen diesen vorgeschobenen Posten, ist die Big Horn-Gruppe, welche sich 290 Kil. lang und 80 Kil. breit in 43° 30′ N. B. und 102° W. L. in nordwest-südöstlicher Richtung erstreckt. Mit ihrem südlichen Ende, das aus modernen Eruptivgesteinen besteht, lehnt sie sich an die Wind River-Gruppe und erreicht hier eine Wildheit, die aus diesem Abschnitt einen der pittoreskesten, gleichzeitig aber unzugänglichsten Theile des Felsengebirges macht. Einige Gipfel dieser Gruppe erheben sich bis 3600 m. und sind daher mit ewigem Schnee bedeckt. Die Big Horn Mts. geben keinem bedeutenden Flusse Ursprung, aber sie senden eine Reihe von Gewässern dem Yellowstone R. zu, die zu dessen wichtigsten Zuflüssen im oberen Laufe gehören und von denen der grösste derjenige ist, welcher seinen Namen von dieser Gruppe hat.

Den Westrand der grossen westlichen Erhebung kann man im Allgemeinen als das Gebiet der Sierra Nevada bezeichnen, denn diese Gebirgskette ist es, welche vom C. San Lucas bis zur Nordgrenze der Ver. Staaten dem pacifischen Rande des Continentes entlang läuft und damit den Wall bildet, mit welchem die Cordillere gegen das Stille Meer hin abfällt. Die Halbinselkette von Untercalifornien, die eigentliche Sierra Nevada, die Cascade Range sind nur verschiedene Namen für ein und dieselbe Gebirgskette, welche bis etwa zum 35. Breitegrad unmittelbar ins Meer abfällt, während sie von hier bis zum Puget Sund durch einen durchschnittlich vier Längegrade breiten Landstreifen von demselben getrennt ist. Das Küstengebirg, ein Gebirgszug von mittlerer Höhe und von minder einheitlichem Bau als die Sierra, füllt auf dieser ganzen Erstreckung die Lücke zwischen Hochgebirg und Meer aus, lässt aber zwischen sich und dem Hochgebirg breite und lange Thalbecken, die in Californien und Oregon von beträchtlichen Flüssen durchströmt werden. An einigen Punkten treten die beiden Gebirge auf längere oder kürzere Strecken zusammen und sind dann nur nach geologischen Merkmalen zu trennen. Sowohl im Norden als im Süden finden sich solche Zusammenhänge. Im Süden ist es die Gegend um den Tejon-Pass (38° N. B.), wo Bergzü e von beiden Seiten sich so in einander drängen, dass es der geologischen Untersuchung vorbehalten bleiben muss, das geographisch nicht mehr trennbare zu scheiden[1]); und im Norden ist im Shastagebiet die Annäherung gleichfalls eine so innige, dass auf topographischer Basis eine Grenze nicht mehr zu ziehen ist. Freilich

1) „Wir sagen einfach, dass wir alle diejenigen Gebirgszüge oder Ketten zum Küstengebirge rechnen, welche seit der Ablagerung der Kreideformation gehoben worden sind, und dass wir auf der anderen Seite die vor dieser Epoche gehobenen als zur Sierra Nevada gehörend betrachten.“ (J. D. Whitney, Geology of California. 1865. I. 167.) — Es bedarf kaum der Bemerkung, dass dieses geologische Kriterion eben auch nur zu einer künstlichen Sonderung der Gebirge führen kann, so lange man nicht nachgewiesen hat, dass das Ende der Kreideformation in der That eine scharfe Grenze zwischen der Hebung der beiden Gebirgssysteme zieht. Dieser Nachweis ist gar nicht zu erwarten, denn die Gebirgshebungen zeigen sich nirgends bestimmt an die geologischen Epochen geknüpft. Wir werden sehen, dass auch Whitney selbst keine scharfe Trennung versucht.

tritt noch weiter im Norden, in Oregon, beim 44. Breitegrad das Willamette-Thal in ähnlicher Weise wie in Californien das Joaquin-Sacramento-Thal trennend zwischen eine Reihe von Gebirgszügen der Küste und das Hauptgebirge, aber eine so scharfe Scheidung wie in Californien greift nun nicht mehr Platz. Hier ist dieselbe dafür in aller wünschbaren Deutlichkeit vorhanden und gibt dem grössten Theile des Staatsgebietes, dessen Flächeninhalt immerhin dem des Königreichs Italien gleichzusetzen ist, einen Charakter von Einfachheit und Regelmässigkeit, der sehr an die entsprechenden Eigenschaften des Gesammtcontinentes erinnert und in der That Californien wenigstens in orographischer Beziehung zu einem sehr ächten Stück Nordamerika stempelt[1]). Es ist besonders der merkwürdige Parallelismus der beiden Gebirge, welcher der Oberflächengestaltung des Pacific Slope zwischen dem 41. und 35° N. B. so grosse und einfache Züge aufprägt. Derselbe tritt sehr klar hervor, wenn man sich den Raum, welchen sie in diesem Gebiete bedecken, der Länge nach so zerlegt denkt, dass fünf gleichlaufende Linien in Abständen von 88 Kil. in der Richtung N. 31 W. das ganze Gebiet durchschneiden. Die mittere würde am Westrand der Sierra etwa von Visalia bis Red Bluff verlaufen, die nächstöstliche würde dem Hauptgrat der Sierra folgen und die höchsten Gipfel derselben zwischen Mt. Shasta und Mt. Dana berühren und die östlichste würde die Depressionen durchschneiden, welche am Ostfuss der Sierra zahlreiche Seen beherbergen, und würde von Klamath Lake bis zum Zusammenfluss des Gila mit dem Colorado reichen. Die erste Linie westlich von der Mittellinie würde

1) Und nicht bloss zu einem ächten Stück Nordamerika, sondern auch zu einem ächten Abschnitt eines **grossen** Continentes. Man muss diess immer betonen. Wir sind in Europa nicht daran gewöhnt, die Eigenschaften zu schätzen, welche einem Lande aus seiner Zugehörigkeit zu einem grossen Erdtheil erwachsen und manchmal grosse Vortheile sind. Wir sind zu tief in den kleinen Masstäben unseres eigenen kleinen Erdtheils befangen. Aber eine so merkwürdige geographische Individualität wie das Land zwischen Tulare und Klamath und die Wiederholung derselben in Oregon und im Washington-Territorium ist Produkt grösserer geographischer Verhältnisse. Noch mehr gilt dieses von anderen Abschnitten unseres Gebietes, vor allem vom Mississippibecken, das man ein *grosscontinentales* Gebilde in erster Reihe nennen möchte.

am Ostrand des Küstengebirges etwa von Kern Lake bis Clear Lake ziehen und die westlichste wäre gegeben durch die Küste des Stillen Meeres zwischen C. Mendocino und Punta Arguello. Diese fünf Linien fallen trotz ihres parallelen Verlaufs so ziemlich zusammen mit den Grenzen der vier grossen natürlichen Landschaften Californiens: Ostabhang der Sierra, Westabhang und Vorberge, Thal von Californien, Küstengebirge.

Die **Sierra Nevada** in dem Sinne, wie dieses Wort gefasst zu werden pflegt, ist auf Californien beschränkt, aber man erkennt unschwer, dass das Cascadengebirge (Cascade Range), das in derselben Entfernung von der See, derselben Richtung, derselben Breite und in ähnlicher Gliederung wie dieses californische Hochgebirge durch Oregon und Washington Territory zieht, mit demselben zusammengehört. Wir werden die beiden hier in Einem betrachten und weder in dem mächtigen Vulkan Mt. Shasta wie Einige, noch in Lassens Peak wie Andere wollen, einen natürlichen Grenzstein anerkennen. Beides sind vulkanische Berge und es ist bei der vielfachen Regellosigkeit vulkanischer Erscheinungen selbst dann nicht gerathen, sie zu orographischen Marksteinen zu machen, wenn sie, wie es bei Lassens Peak allerdings in grossartiger Weise der Fall ist, den Gebirgsbau wesentlich beeinflussen. Selbst J. D. Whitney meint, dass *with propriety* die Sierra Nevada als beim Lassens Peak endigend betrachtet werde, weil dort „die metamorphischen Gesteine derselben in einem grossen Querriss versinken und an ihre Stelle ein vulkanisches Tafelland tritt, dass sich nordwärts bis zum Mt. Shasta erstreckt [1])“, aber wenn er ein Paar Zeilen weiter sagt: „Jenseits dieser vulkanischen Region ist der

1) J. D. Whitney, Yosemite Guide Book. 1870. 38. Auch Clarence King sagt: „Die Erstreckung der Sierra Nevada nach Norden ist sehr schwierig mit Genauigkeit zu bestimmen, denn geologisch gesprochen nimmt das Sierra Nevada-System ein weites Gebiet in Oregon ein, während es physikalisch betrachtet mit Mt. Shasta aufhört.“ Er meint weiterhin: „Auch die Südgrenze ist schwer zu bestimmen, denn wo die Gebirgsmasse in die Coloradowüste herabsteigt, kommt sie mit einer Anzahl von kleineren Berggruppen in Berührung, die sich nach allen Richtungen verzweigen, um zuletzt sämmtlich unter den tertiären und quaternären Schichten jener Region sich zu verlieren.“ Mountaineering in the Sierra Nevada. 1874. 6.

Gebirgszug nordwärts durch Oregon und Washington Territory verlängert mit ziemlich demselben Charakter wie in Californien, wenn auch bei bedeutend geringerer Erhebung," so ist es eben nur mit *propriety*, aber jedenfalls nicht mit wissenschaftlicher Berechtigung, dass er jene Scheidung der Gebirge vornimmt.

Von dem Uebergang in das Küstengebirge beim Tejon-Pass bis zu Lassens Peak sind es 720, bis zu Mt. Shasta 880 Kil. und diess würde also die Länge der californischen Sierra Nevada sein, je nachdem man sie bei dem einen oder dem anderen von diesen Feuerbergen endigen lässt. Ihre durchschnittliche Breite kann auf 120—130 Kil. zwischen Ost- und Westfuss veranschlagt werden, ist aber sehr ungleich zwischen dem Ost- und Westgehänge des Gebirges vertheilt; der Westabfall ist viel sanfter als der östliche und bedeutend länger schon dadurch, dass er nach einem 1200 m. tieferen Niveau als dieser sich herabsenkt. Man steigt in der Gegend von Sacramento bis zu der daselbst bei 2130 m. gelegenen Passhöhe 19 m. pr. Kil. von Westen an, während man ebendort nach Osten hin 215 m. pr. Kil., also mit dem zehnfachen Gefäll absteigt[1]). Im Süden, wo die Passhöhe rasch anwächst, beträgt der Anstieg von Westen 45 m. pr. Kil. bis zu der auf 3660 m. gestiegenen Passhöhe und 57 m. bis zu der Gipfelhöhe. Die allmähliche Abnahme der Pass- und Gipfelhöhen von Süden (in 36° 33′ N. B., d. h. etwa in der Breite des Nordrandes von Owens Lake beginnend) nach Norden zu ist eine hervorragende Eigenthümlichkeit der californischen Sierra Nevada. Die beiden Werthe gehen gradweise herab von der ebengenannten Breite bis zu Beckworths Pass, der unter 39° 45′ N. B. liegt, von wo an sie sich dann neuerdings um Weniges heben[2]).

Der *grosse Zug* im Verlauf der Sierra Nevada ist die im Norden eintretende Bedeckung derselben Schichten, welche im Süden und der Mitte überall klar zu Tage treten, mit den Lavaergüssen der nördlichen Vulkane. Während ihr geologischer Bau dadurch verdunkelt wird, verliert ihre

1) Die Entfernung von Mt. Dana zum Monosee am Ostfuss beträgt 9,6 Kil., der Abstieg aber 2065 Mt.

2) J. D. Whitney gibt im Yosemite Guide Book, 1870, 39 folgende Höhentafel für die californische Sierra Nevada:

Orogaphie unter dieser Decke sehr bald jenen Charakter von grossartiger Einfachheit, welcher besonders in ihren centralen Theilen so deutlich hervortritt. Man weiss zwar, dass jene gewaltigen Massen vulkanischer Gesteine, welche besonders zwischen Lassens Peak und Mt. Shasta ausgebreitet sind, dieselben geologischen Formationen bedecken, welche weiter südlich in den Golddistrikten klar zu Tage treten; diese Formationen erscheinen wieder westlich und nordwestlich von der Vulkanregion und zwar zum Theil mit demselben lithologischen Charakter und der Erzführung, die sie im Süden und der Mitte des Staates auszeichneten, so dass sie zweifellos als eine Fortsetzung dieser gelten können. Wir sehen auch, dass Mt. Shasta selbst, ein Vulkan wie so viele Hochgipfel der Sierra, genau in der Hauptaxe des Streichens dieses Gebirgszuges liegt. Aber allerdings haben diese Theile der Sierra noch zu einer Zeit Störungen erlitten, wo die südlicheren bereits in dem Ruhestand angelangt waren, in welchem sie noch heute verharren. Wahrscheinlich zu gleicher Zeit wie in dem Küstengebirg sind hier Schichten der Kreideformation gehoben worden, welche man im Süden völlig ungestört findet; sie liegen fast horizontal südlich von Shasta City und sind vielfach gestört nördlich von diesem Punkte. Die orographischen Unterschiede prägen sich vor allem in der grossen Verschiedenheit des Sacramento- und S. Joaquin-Thales aus. Dieses war in der ganzen Länge seines Hauptstammes eine breite Ebene, sanft geneigt von den Seiten und gegen Norden; jenes wird ein wildes Gebirgsthal, ein Cañon von seinem Eintritte in die Vulkanregion an, und die weite Thalebene, so charakteristisch im Joaquin-Thale, ist hier bei Red Bluff (südwestlich von Lassen's Peak) durch einen Querriegel

Geogr. Breite	Passhöhen	Meter	Gipfelhöhen	Meter
36° 32′	Pass ohne Namen . . .	3657	Mt. Whitney	4575
37° 28′	Pass ohne Namen . . .	3780	Red Slate Peak . . .	4085
37° 55′	Mono-Pass	3282	Mt. Dana	4033
38° 10′	Sonora-Pass	3084	Castle Peak	3810
38° 30′	Silver Mt.-Pass	2681	Silver Mt.	3334
38° 45′	Carson-Pass	2670	Woods Peak	3217
38° 50′	Johnson-Pass	2237	Pyramid Peak	3076
39° 10′	Georgetown-Pass . . .	2170	Keine dominirenden Gipfel; Kamm des Gebirges 150 bis 300 m. über den Pässen	
39° 20′	Donner-Pass	2151		
39° 30′	Henness-Pass	2133		
39° 38′	Yuba-Gap	2025	Downieville Buttes . .	2561
39° 45′	Beckworth's Pass . . .	1624	Onjumi	2554

vulkanischer Felsgesteine abgeschlossen und kommt, wie der unregelmässige Oberlauf des Sacramento zeigt, nördlich von hier nicht mehr zur Entfaltung, wenn sie auch auf Strecken noch unter der Felsendecke hervortritt. Ein ausgedehntes Plateau von Tuffgestein und Kreideschichten nimmt in 300 m. Meereshöhe das Thal in einer Breite von ca. 80 Kil. ein und aus diesem erheben sich schroff die Bergzüge, welche in südöstlicher und nordwestlicher Richtung den nördlichen Theil des Staates durchziehen. Zwischen dem nördlichen und mittleren Arm des hier von Westen her in den Sacramento fliessenden Cottonwood Creek erheben sich die Bald Hills zu 360 m. Höhe: baum- und strauchlose Erhebungen von seltsamen Denudationsformen. Weiter nach Norden steigen Höhenzüge bis zu 1000 m. aus dem Tafellande hervor und in der von Südosten gegen Mt. Shasta hinziehenden Kette der Trinity Mts. (Mt. Balley 1938 m.) glaubt man die nördliche Fortsetzung des Hauptzuges der Coast Range zu erkennen. Diese Kette ihrerseits findet sowohl, was Richtung als geologischen Aufbau betrifft, ihre Fortsetzung in den Salmon Mts. (Shasta Balley 2331 m.) [1]). Es ist in dieser Region, dass sich jede Scheidung zwischen Küstengebirg und Sierra verwischt: „Die ganze Gegend ist ausschliesslich Gebirg. Weder Thal noch Ebene von irgend bedeutender Ausdehnung sind zu sehen und kein Anzeichen eines Bruches oder irgend einer Lockerung des Zusammenhangs zwischen Coast Range und Sierra Nevada ist zu bemerken [2]).“ Die Hauptverbindungsstrasse zwischen Californien und Oregon überschreitet diesen Gebirgszug. Gray Mts. oder Marble Mts. oder (nach dem Zuflusse des Sacramento, dessen Ostseite sie begleiten) Mt. Cloud Range werden 6—900 m. über das Thal sich erhebende Kalksteinhöhen genannt, die im oberen Sacramento-Gebiet als Vorberge der Sierra erscheinen; ihr Gestein ist Kohlen- oder Bergkalk. Castle Range dagegen, die mit Castle Rock (ungefähr 760 m. über der Thalfläche) schroff gegen den Sacramento abfällt, ist ein Ausläufer der Trinity Mts., die aber allerdings gerade in dieser Region noch gänzlich unerforscht sind.

Aus dem lavabedeckten Hochlande dieser Region, dessen durchschnittliche Höhe zwischen 1000 und 1200 m. beträgt, erhebt sich der dominirende Gipfel der nordcalifornischen Gebirge, Mt. Shasta, zu 4403 m. Ein ächter Vulkan von reinster Kegelform, ähnlich dem Vesuv zweigipfelig, von einer Unzahl hleinerer Krater umgeben, tief herab mit Schnee bedeckt und selbst Gletscher tragend, die den höheren Gipfeln der südlichen Sierra fehlen, ist dieser einsame Feuerberg, dessen Thätigkeit übrigens lange

1) 2500 m. ist die geschätzte Höhe eines weiter nördlich an der Quelle von Stewarts Fork gelegenen Gipfels. — „Balley scheint der indianische Ausdruck für einen kahlen Berg“. J. D. Whitney, Geol. of Calif. 1865. I. 324.

2) J. D. Whitney, Geol. of Calif. 1865. I. 324.

erloschen scheint, eine der grossartigsten Erscheinungen der nordamerikanischen Hochgebirgswelt. Aber seine bedeutende Erhebung bleibt eine Thatsache für sich, findet keine unmittelbare Fortsetzung oder Wiederholung so wenig gegen Norden zu, wie sie sie im Süden hatte. Nachdem die Lavamassen, die der Shasta ausgeworfen hat, dünner werden und dann ganz verschwinden, treten die Kreideschichten der Sierragehänge wieder an die Oberfläche und in der nächsten grösseren Gebirgskette nördlich vom Shasta, den Siskiyou Mts., deren höchster Gipfel auf 2100 m. geschätzt wird, bilden sie als Anlagerung des Granitkerns ganz wie in der südlichen und mittleren Sierra die Gehänge des Gebirges. Nur ein zweiter Vulkangipfel, Mt. Pitt (3000 m. geschätzte Höhe), der in der nordwestlichen Verlängerung der Siskiyou Mts. sich am Westufer des Oberen Klamath Lake erhebt, scheint ein Mittelglied zwischen den allerdings viel weiter nördlich gelegenen Oregonvulkanen und Mt. Shasta zu bilden. Nach der anderen Seite ist der Bergzug der Scott Mts. (1800—2000 m.), der sich im Süden an Siskiyou Mts. anschliesst, ein von vulkanischem Gestein allem Anschein nach ganz freies, in geologischer Hinsicht der Sierra ähnliches Gebirge, in dessen Schiefern selbst der Goldreichthum der mittleren Sierra wiederkehrt. Aber der orographische Aufbau erinnert nicht eben so sehr an die Sierra wie der geologische. „Die ganze Gebirgsmasse ist zu 1800 bis 2400 m. gehoben, aber nicht in einer zusammenhängenden Kette wie in der Sierra Nevada, sondern in einer grösseren Zahl unregelmässiger, von einander unabhängiger Massen, die durch erodirende Kräfte in einem solchen Masse zerklüftet und zerfurcht sind dass sie ein Labyrinth von Graten und Gipfeln darstellen, die durch Canons oft bis 1500—1800 m. tief von einander getrennt sind[1].“ Zwischen den Nordabhang der Siskiyou Mts. und das Meer ist ein aus Serpentin und serpentinartigen Gesteinen aufgebautes Tafelland von 900—1200 m. Meereshöhe eingeschaltet.

Nordende der Sierra Nevada. Wiewohl die Sierra jenseits der Einsenkung, welche die culminirenden Gruppen des Mt. Shasta und Mt. Pitt von einander scheidet, als Cascadengebirge[2]) in der alten nordnordwestlichen Richtung weiterzieht und in der wichtigen Stellung des höchsten und längsten Gebirgszuges des pacifischen Küstengebietes, sowie der Westmauer der Grossen Hochebene des Westens sich behauptet, so verliert sie doch von hier an viel von dem

1) J. D. Whitney, Geology of California. 1865. I. 360.

2) Der Begriff *Cascade Range* hat sich mit der Zeit bedeutend verengert. Noch bei Dana erstreckt sie sich vom Puget-Sund bis zum Golf von Californien (Geology of U. S., Explor. Exped. 1849. X. 614), und Sierra Nevada ist ihm, gerade umgekehrt wie jetzt, nur ein Nebenname für ihre südliche Hälfte.

geschlossenen, einheitlichen Charakter, der sie weiter südlich auszeichnet und ist trotz einiger hervorragender Gipfel, die ohne Ausnahme Vulkankegel sind, fortan nicht mehr das mächtige Gebirge, welches sie zwischen dem 36. und 40. Grad war. Die Kammhöhe erhebt sich nur stellenweise über das Niveau der hier durchschnittlich bei 1500 m. liegenden Schneegrenze, und selbst die isolirten Vulkankegel erreichen nicht mehr die Höhe des Mt. Shasta, hinter welchen selbst der Riese dieser Region, Mt. Rainier um 630 m. zurückbleibt. Die mittlere Passhöhe bleibt noch um einige 100 m. unter dem Durchschnitt der Kammhöhe [1]). Die tiefen Einsenkungen und die Durchbrüche der aus dem Grossen Becken des Inneren kommenden Flüsse Klamath und Columbia lehren, dass die Geschlossenheit hier nicht mehr herrscht, welche die Sierra Nevada-Kette zu einer so scharfen Wasserscheide machte. Doch ist die Wasserscheide südlich vom Columbia schärfer ausgeprägt als nördlich von demselben und es steht diess in innigem Zusammenhang mit der einfacheren Struktur der südlichen Hälfte dieses Gebirges und der durch die Vulkanergüsse complicirteren der nördlichen; denn während dort auch im Einzelnen die allgemeine Richtung des Gebirges festgehalten ist, bildet hier jeder der mächtigeren Vulkane ein Gebirg im Gebirge und unterbricht oder verzerrt damit den Verlauf der Kammlinie; es tritt daher an die Stelle der selten unterbrochenen Geraden, die den Verlauf der Wasserscheide zwischem dem Tulare-See und dem Columbia bezeichnet, nördlich von dem letzteren eine Zickzacklinie, die ganz der dort vorherrschenden unregelmässigen Gruppirung der höchsten Gipfel und Kämme und dem Mangel an Zusammenhang zwischen denselben entspricht. Aehnlich wie Mt. Shasta weiter südlich so sind hier im Norden vom Nuahum Peak an alle höheren Berge der Region, vor allem Mt. Hood (2880), Mt. S. Helens (2972), Mt. Adams (2920), Mt. Rainier (4404), Mt. Baker (3280) eben so viele Mittel- und Gipfelpunkte von kleinen Gebirgen, die in hohem Grade zerklüftet und zerrissen sind und deren vulkanische Produkte auf den Charakter des Land-

1) „Die Hauptmasse des Cascadengebirges in Oregon ist selten über 5000 oder 6000′ hoch; ihre Höhen sind bloss Hügel im Vergleich zu den Hochgipfeln, die in einsamer Grösse aus der Kette hervorragen". J. D. Dana, a. a. O. X. 615.

streifens, in dem sie liegen (ungefähr 121—123° W. L.) und stellenweise noch darüber hinaus eine bestimmende Wirkung üben. Die tertiären Schichten und Urgesteine, welche in diesem Gebiete die geschichteten Grundlagen des geologischen Aufbaues bilden, sind schon, wie wir gesehen haben, von Lassens Peak ab vielfach unter vulkanischen Auswurfsprodukten begraben und diese Decke vulkanischer Gesteine wird nach Norden zu breiter und mächtiger, bis sie im Gebiet des unteren Columbia das ganze Land zwischen dem Westabhang des Cascadengebirges und dem Meere unter ihren Lavaschichten verhüllt. Die hervortretendste Eigenthümlichkeit im geologischen Baue Oregons ist nach Dana die Masse der basaltischen oder vulkanischen Gesteine, die über seine Oberfläche sowohl in der Nähe der hohen Gipfel der Cascadenkette als in anderen Theilen des Gebietes weit verbreitet sind [1]). Der Columbia fliesst eine grosse Strecke ausschliesslich durch Basalt, nur in den unteren 30 Kil. seines Laufes bilden Tertiärschichten seine Ufer, höher hinauf bestehen sie aus Basalt, der oft 37—180 m. hohe Wände, *walls* und *palisades*, bildet, und aus vulkanischen Conglomeraten. In den hervorragenden Abschnitten des Stromes, jenen Nadeln und Klippen, die oberhalb Vancouver das *Lower Cape Hoorn* bilden, in den *Cascades*, den *Dalles*, den *Grand Rapids* treten Basalte und balsaltische Conglomerate in kühnen Felsformen zu Tage. Bis nach Wallawalla erstrecken sie sich am Columbia und bis zur Kooskooski-Mündung an seinem südlichen Arm (Lewis Fock). Auch in den Columbia Plains überlagert Basalt auf weite Strecken hin den Granit und Spuren vulkanischer Ergüsse fehlen nicht in dem weiten Gebiete zwischen ihnen und der Snake R. Range. Es ist vorzüglich diese Bedeckung mit vulkanischen Gesteinen, welche den Oberflächen-

1) J. D. Dana, a. a. O. X. 645: „Basalte und Laven haben eine weite Verbreitung im Oregongebiet. Sie sind längs des Columbia bis zu den Snake R.-Quellen, mit geringen Unterbrechungen durch das Willamettethal und in den Ebenen südlich vom Okanagan verbreitet. Am Oberen Columbia bedecken sie ausgedehnte Strecken. Basalthügel mit charakteristischen Rundgipfeln sind weit verbreitet, sie ziehen 40 Kil. weit nördlich und südlich von der Nordgrenze des Gebietes." Weiterhin bezeichnet er die Schichtung dieser Gesteine als ihren Grundzug, der besonders am Oberen Columbia hervortrete. Auch Spuren von säulenförmiger Anordnung sind vorhanden.

charakter, und wie wir weiterhin sehen werden, die hydrographischen Verhältnisse von Oregon und Washington Territ. bestimmt; sie macht vor allem den Westabfall der Cascadenkette nach dem Thale hin, das diese vom Küstengebirge trennt, viel unvermittelter als er in der Sierra Nevada ist. Im grössten Theil seiner Erstreckung ist es nicht durch vorgeschobene Hügel und leichtere Bodenwellen, sondern über Stufen von Basalt und Lava, dass man aus den *Plains* am Willamette und Cowlitz zum Hochgebirge aufsteigt; die untersten von diesen Stufen bezeichnen in den meisten Fällen auch immer die Grenze zwischen dem fruchtbaren Land und den *barrens* der Lavaketten. Indem auch in den zahlreichen fliessenden Gewässern dieser Unterschied der Bodenbeschaffenheit sich klar ausprägt, kann überhaupt die scharfe Sonderung des Hochgebirges von dem westlichen Thal als einer der hervortretenden Charakterzüge dieses nordwestlichsten Abschnittes der Ver. Staaten bezeichnet werden.

Südende der Sierra Nevada. Wie gegen die Nordgrenze des Staates, so verliert auch gegen die Südgrenze hin die Sierra Nevada von der Einfachheit, welche sie in ihrem mittleren Verlaufe auszeichnet. Wie dort die Lavaergüsse, so greift hier die Störung der Schichten der Tertiär- und Kreideformation in die Einfachheit und Regelmässigkeit der Lagerungsverhältnisse ein und hier wie dort wird damit die Oberflächengestaltung des ganzen Gebietes wesentlich verändert. Bis zum Passe Tejon finden wir den scharfen Unterschied zwischen Sierra und Küstengebirge darin, dass dort die Schichten, welche jünger als die Kreide, ungestört, also nach der Hebung des Gebirges abgelagert sind, während hier nicht bloss Kreide- sondern auch Tertiärschichten gestört und gehoben erscheinen. Dieser Unterschied der Lagerung zeigt einen sehr bedeutenden Unterschied des geologischen Alters der beiden Gebirge an. Von dem genannten Punkte südwärts verschwindet derselbe jedoch, ohne dass ein Bruch oder sonst eine auffallende Störung der Gebirgsmasse sein Aufhören bezeichnete. Die beiden Gebirge scheinen zu verschmelzen. „Die grossen Hebungslinien sind in der Richtung so gleichartig und so sehr von sekundären Hebungslinien durchsetzt, dass die orographischen Verhältnisse nirgends den geologischen Uebergang erkennen lassen, der nichtsdestoweniger besteht [1]." Dieser Uebergang findet etwa halbwegs zwischen dem Pass Tejon und der Cañada de las Uvas statt, und wenn man von diesem Punkte eine Linie südwärts zieht, hat man westlich Gebirge vom Alter des Küstengebirgs und östlich solche vom Alter der Sierra, ohne dass eine andere als diese ideale Grenze sie von einander trennte.

Im Westen haben wir zunächst die Sierra Sa. Monica, die östlich beim Passe Cahuenga beginnt, von Los Angeles westlich die Küste entlang zieht und mit dem kühnen Vorgebirge Point Mogu am Stillen Meere endigt. Im Westen hängt mit ihr zusammen und zieht ostwärts gegen den Pass Cajon die Sierra S. Gabriel (gegen 100 Kil. lang und 30—40 Kil. breit; Hauptgipfel nördlich von S. Antonio 3035 m.), welcher man wohl auch als Sierra S. Antonio oder als westlichem Ausläufer der S. Bernardino-Kette auf den Karten begegnet. Sierra Sa. Anna ist eine ungewöhnlich zerrissene Gebirgskette, die in nordwestlicher und südöstlicher Richtung sich ca. 80 Kil. lang erstreckt und deren höchster Gipfel Mt. Downey 1730 m. hoch ist. Temescale Range ist ein Gebirgszug von geringerer Ausdehnung, der nördlich und nordöstlich von dem ebengenannten gelegen ist und dessen höchste Gipfel wahrscheinlich die Höhe von 1000 m. nicht erreichen. Die Inseln, welche der Küste gegenüber liegen, an der diese Gebirge sich erheben, Sa. Catalina, S. Barbara, S. Clemente und S. Nicolas, haben gleich den Gebirgen eine südöstliche und nordwestliche Richtung. Sa. Catalina ist 28 Kil. lang, 3—7 Kil. breit, soll zu 900 m. aufsteigen und zeigt Spuren vulkanischen Aufbaues; S. Nicolas, 12 Kil. lang, 5 Kil. breit und ungefähr 180 m. hoch, besteht ausschliesslich aus Sandstein, und S. Clemente ist ein Basaltfels von 35 Kil. Länge, 3 Kil. Breite und über 300 m. Höhe.

Die S. Bernardino-Kette (S. Bernardino 3537 m.) ist der mächtigste Gebirgszug dieser Region. Der 1390 m. hohe Cajon-Pass trennt sie von der Sierra S. Gabriel, aber nach Südosten streichen bis über den Unteren Colorado hinaus und nach Sonora kleinere Ketten, die vollständig in seiner Richtung liegen, vorzüglich die Chocolate Mts., welche in derselben Weise die nordöstliche Umwallung der Colorado-Wüste bilden, wie die S. Bernardino-Kette weiter nördlich die der Mohave-Wüste. Als Zwischenkette sind in das Thal zwischen der S. Bernardino- und der Sa. Anna-Kette die S. Jacinto Mts. geschaltet, welche an ihrem Südende bereits in die Depression der Colorado-Wüste hineinreichen, wo an ihrem Westabhange Dry Lake 90 m. unter dem Meeresniveau liegt.

---

1) J. D. Whitney, Geology of California. 1865. I. 187.

Die Gebirge, welche in nordwestlicher und südöstlicher Richtung ziehend die südlichsten Theile des Staates Californien noch eben berühren, um von da in das Gebiet der californischen Halbinsel (Baja California der Mexikaner) einzutreten, welche sie in derselben Richtung durchziehen, werden gewöhnlich als Peninsular Mts. zusammengefasst. Es ist eine der wenigst bekannten Gebirgsregionen des Westens. Nur derjenige Theil, welcher der nordamerikanisch-mexikanischen Grenze zunächst gelegen ist und durch welchen der Weg vom Stillen Meere nach dem Unteren Colorado, der sog. San Diego Trail, führt, wird ziemlich häufig von civilisirten Menschen durchschritten und von ihm, der etwa 160 Kil. breit ist, haben wir eine Beschreibung J. S. Newberry's[1]), der man entnimmt, dass topographisch wie geologisch dieser Zug und mit ihm wahrscheinlich die ganze Halbinsel-Sierra von Untercalifornien als eine Fortsetzung der Sierra Nevada erscheint, dass sie vorwiegend aus granitischen und gneissartigen Gesteinen besteht, und dass es „ein Labyrinth von Bergzügen und Thälern", dessen dürrer, wüstenhafter Charakter nur von wenigen Oasen unterbrochen wird und hinsichtlich des Klima's und der Vegetation im Ganzen mit der Natur der Depression übereinstimmt, welche als *Colorado-Desert* sich vom Ostfuss dieses Gebirgszuges über den Colorado hinüber bis zu den Gebirgen von Arizona und Sonora erstreckt.

Das Küstengebirge. Kehren wir nun zurück zu dem Vereinigungspunkte der Sierra mit dem Küstengebirge, zu der Region des *debatable ground*, des strittigen Bodens zwischen diesen beiden Gebirgen, so sehen wir die Berge sich von beiden Seiten zu einer Art von Amphitheater um den Oberen San Joaquin und die Ebene des Tulare-Thales zusammenschliessen. 2000—2500 m. hohe Gipfel schauen von drei Seiten in diese Ebenen, die am Fuss der Berge bis zu 300 m. Tiefe aus Kies und Sand bestehen, welche von den Bergen herstammen. 450 m. ist die Höhe der Ebene am Fuss dieses Gebirgshalbkreises, über den der Tejon-Pass in 1611 m. Höhe wegführt.

Lassen wir mit den californischen Geologen das Küstengebirge Californiens, die Coast Range, an diesem Punkte beginnen und bis in die Region von Lassens Peak sich erstrecken, so haben wir in ihm ein Gebirgssystem vor uns, das bei ca. 400 Kil. Länge 60—100 Kil. breit, und zwar in seinen nördlichen Theilen breiter als in den südlichen ist. In unmittelbarer Nähe der Küste hinziehend, welche

1) J. C. Ives, Report upon the Colorado R. 1861. Geology. 13.

es durch ihren steilen, felsigen Charakter erhält, ist seine Richtung und Ausdehnung ziemlich klar aus der Küstenform dieser Strecke des *Pacifischen Abhangs* zu ersehen. Von südlich des 35. bis etwas nördlich vom 40. Breitegrad ist ihre Richtung nordnordwestlich und dieselbe ist auch die Richtung des Küstengebirges. Der südöstliche Rückfall der Küste südlich vom 35., ihre Einbuchtung unter dem 38. und ihre Nordnordostbiegung nördlich vom 40. Breitegrad bezeichnen drei Abschnitte der natürlichen Gliederung desselben.

Während das vorwiegende Streichen des Gebirges ein nordnordwestliches ist, treten dort am Südende einige westlich und östlich streichende Züge auf, deren Richtung auch in der Gruppirung der südcalifornischen Inseln ausgeprägt ist. Es sind die Sierra Santa Iñez, die unmittelbar am Rand der Sta. Barbara-Strasse aufsteigt, Sierra Santa Monica, vom Cahuenga Pass nach Point Mogu ziehend, und Sierra Santa Susanna, die nördlich vom S. Fernando-Thale liegt. Die vier der Küste von S. Barbara gegenüberliegenden und mit ihr parallelen Inseln Anacapa, Sa. Cruz, Sa. Rosa und S. Miguel können als Trümmer einer vierten westöstlichen Kette betrachtet werden. Nördlich von dieser Region der im Sinn der geographischen Breite geschehenen Hebungen folgt ein weiter Bezirk, wo dieselben mit den nordwestlich und südöstlich ziehenden Erhebungen in Conflikt gerathen sind; S. Rafael Hills und Cuyama Range sind hervorragendere Züge desselben. Aber erst vom Südende der Sierra Sa. Lucia an ist es, dass die letztere Richtung entschieden zum Durchbruch kommt. Diese Sierra ist überhaupt die dominirende in der ganzen südlichen Hälfte des Küstengebirges, dessen Meeresrand sie in der Länge von 150 Kil. bildet. Ihr Abfall zu demselben ist so steil, dass auf der langen Strecke zwischen Piedras Blancas und Point Sur nicht einmal ein Pfad zwischen Gebirg und Meer hinführt. Als Sierra de las Salinas wird der östliche Theil dieser Sierra bezeichnet, der aus einer Reihe von mit der Hauptkette parallelen Erhebungen besteht und nur durch die Thäler des Carmelo und S. Antonio R. und der Zuflüsse des Arroyo seco von derselben getrennt ist. Als Palo Scrito Hills wird dieselbe in ihren nördlichen und als S. Antonio Hills in ihren südöstlichen Theilen bezeichnet. Endlich wird als Sierra Gavilan (oder Gavillan) der Gebirgszug nördlich von der Salinas-Kette unterschieden, der nach Osten hin mit der Mt. Diablo-Gruppe in innige Verbindung tritt. Diese letztere ist ein ca. 240 Kil. langer und 30—45 Kil. breiter Complex von hohen, wellenförmig in einander übergehenden Erhebungen (high rolling hills, nach Whitney) getrennt durch enge Thäler und es ist in ihr, dass der Durchbruch stattgefunden hat, welcher die San Francisco-Bai und damit das Thor schuf, durch welches das Innere Californiens mit dem Meere in Verbindung tritt. Man unterscheidet als Contra Costa Hills den Bergzug, welcher den Ostrand der San Francisco-Bai bildet, der also San Francisco im Rücken liegt. Die Mt. Diablo-Berge im engeren Sinn, d. h. die um Mt. Diablo gruppirten Erhebungen schliessen sich im Süden an diese an und mit den Namen Mt. Hamilton, Panoche, S. Carlos und Estrella sind weitere Bergzüge bezeichnet, welche sich zwischen diesen und der bereits genannten Sierra de Gavillan erheben. Von ihnen durch die Bai getrennt sind die Bergzüge von S. Bruno, S. Mateo und Sa. Cruz, welche die Südhalbinsel der Bai von San Francisco durchziehen und welche wohl auch insgesammt unter den letzteren Namen zusammengefasst werden. Das Nordende dieser Höhen liegt am *Golden Gate*, der Meerenge, die Meer und Bai verbindet, und ihr Südende pflegt man an der Bucht von Monterey anzunehmen, und es wäre demnach die Länge dieses Abschnittes des Küstengebirges ca. 110 Kil. Seine bedeutendsten Höhen, die bis nahe an 1200 m. (Mt. Bache 1156 m.) sich erheben, befinden sich sämmtlich am Südende und ebendaselbst erreicht er auch seine grösste Breite von 40 Kil. Breite und Höhe nehmen gegen Norden hin ab, bis der ganze Gebirgszug beim Golden Gate sich ins Meer senkt.

Wir begegnen nördlich von der Bai zunächst ähnlichen orographischen und geologischen Verhältnissen wie südlich von derselben und die Gebirgszüge erscheinen z. Th. als Fortsetzungen derer, die wir schon kennen gelernt haben. Sie wachsen wie diese von der Bai an in Höhe und Breite und zeigen denselben geologischen Bau. Aber ihr erster Höhepunkt [1]), nach welchem sie hier genannt werden, Mt. S. Helena (1324 m.), ist bereits ein erloschener Vulkan und der Ursprungsherd der vulkanischen Gesteine, welche von hier in östlicher und südöstlicher Richtung sich über das Land ausgebreitet haben. Die Tertiär- und Kreideschichten treten von hier an noch an vielen Stellen zu Tage, aber Eruptionsprodukte aller Art haben sich über weite Strecken ergossen und nehmen an Masse zu, indem man nach Norden fortschreitet. An die Mt. S. Helena-Gruppe schliessen sich die Pelevo- und Vacca-Berge an, von denen die letzteren die westliche Begrenzung des Sacramento-Thales bilden, während die ersteren als ein verbindendes Glied zwischen ihnen und der S. Helena-Gruppe erscheinen.

In den Gebirgszügen, die man nördlich vom 42. Breitegrad, also im Gebiet von Oregon und Washington Territory als Vertreter des californischen Küstengebirges betrachtet und welche man hier in einem grösseren Abschnitt auch mit demselben Namen der (Oregon) Coast Range belegt,

1) Ein an sich weniger bedeutender, der Tamalpais (792 m.), wird öfter genannt, weil er, an weit sichtbarer Stelle stehend, eine der Landmarken der Bai von San Francisco bildet.

ist eine allgemeine Aehnlichkeit mit jenem nicht zu verkennen. Zunächst bleibt das Verhältniss der Höhe und Masse hier insofern ein ähnliches wie in Californien, als das Küstengebirg, wie der Sierra, so auch der Cascadenkette als ein um Erhebliches minder hohes und massig entwickeltes, ein *Nebengebirge*, wenn der Ausdruck erlaubt ist, gegenübersteht. Dann ist auch hier das Küstengebirge im Norden und Süden aufgelöst in eine Reihe von Ketten, in deren Verlauf eine rechtwinklig zum Streichen des Hauptgebirges, also östlich und westlich gehende Richtung entschieden vorwiegt; zwischen diesen beiden Zonen der Auflösung ist die eigentliche Coast Range von Oregon sehr ähnlich in Verlauf, Struktur und geologischem Bau, soviel wir von diesem wissen, dem Gebirgszug, der als ihr Vertreter in Nordcalifornien zwischen der S. Francisco-Bai und dem Shastagebiete sich ausbreitet. Man kann die schon oben genannten Siskiyou Mts. als den Anfang der südlichen Zone der Auflösung betrachten. Ihnen parallel laufen weiter nördlich die Rogue River Mts. und wiederum eine Strecke weiter nördlich die Calapooya Mts. und zwischen beide ist die nördlich und südlich verlaufende Kette der Umpqua Mts. eingeschaltet, die durch ihre Richtung bereits das eigentliche Küstengebirge ankündigt, das dann im Anschluss an das Westende der Calapooya Mts. sich vom 44. Breitegrad bis zum Columbia erstreckt. Das Küstengebirge ist hier ein einfaches Kammgebirg und eine scharfe Wasserscheide. Nördlich vom Columbia, der das Gebirge rechtwinklig durchbricht, herrschen wieder Querketten, von denen die bedeutendste die Olympic Range (Mt. Olympus 2480 m. nach älterer Mess.), die den Südrand der San Juan de Fuca-Strasse bildet und von der man annimmt, dass sie sich nach Norden in eine allerdings lückenhafte Gebirgskette fortsetze, der die Vancouvers-Insel, der Königin Charlotte-Archipel und die Küsteninseln bis Alaska hinauf angehörten.

Als ein einziges grosses *dynamisches*, d. h. seinem Ursprunge nach mit der Gebirgshebung zusammenhängendes Thal ist die zwischen den beiden Gebirgen in derselben Richtung wie sie verlaufende Einsenkung zu betrachten, die vom Tejon-Pass bis zum Puget-Sund über zwölf Breitegrade zu verfolgen ist. Von den grösseren Küstenflüssen dieser Region fliessen S. Joaquin, Sacramento und Willamette ganz, Klamath, Umpqua und Kowlitz zum Theil in derselben.

Die Inneren Hochebenen der Cordilleren. Bei der allgemeinen Betrachtung der Bodengestalt unseres Gebietes haben wir schon betont, wie nicht bloss die Gebirgsketten, sondern auch die Kette vom Hochebenenbecken, welche sie einschliessen, in Betracht zu ziehen sind, wenn man sich ein Bild von den allgemeinsten Grundzügen des Gebirgsbaues im westlichen Nordamerika machen will. Zwischen Sierra Nevada und Cascade Mountains im Westen und den Felsengebirgen sammt ihrer südlichen Fortsetzung in den Gebirgen von West-Texas und Nordost-Mexico im Osten sind diese Becken eingeschlossen und bilden zwischen ihnen jene mächtigen Hochebenen, welche für die westliche Hälfte von Nordamerika von nicht geringerer Bedeutung sind als die grossen Gebirgsmassen. Die Thäler des Rio Grande, des Colorado-Gila und des Columbia bilden die Thore und Wege, die aus dem Inneren des Gebirges nach den Terrassen führen, mit denen es beiderseits nach den Ebenen oder dem Meere abfällt. Am weitesten und am tiefsten eingesenkt von ihnen ist die Strecke zwischen dem mittleren Rio Grande und dem mittleren Gila. Hier würde ein Ocean, nicht viel höher als der Rio Grande bei El Paso, den nordamerikanischen Continent von Mexico trennen; er würde die Wüste am unteren Colorado bedecken und über die tiefen Pässe südöstlich von Los Angeles weg einen Arm zum Stillen Meere senden, der Untercalifornien zur Insel machen würde. Diese Vertiefung, die am Unteren Colorado sogar unter das Meeresniveau herabgeht, trennt jene Kette innerer Hochebenenbecken in eine südliche mexicanische und eine nördliche nordamerikanische Gruppe. Bloss mit der letzteren haben wir es hier zu thun. Diese selbst zerfällt wieder in zwei grosse natürliche Abschnitte, die sowohl durch Gebirge als durch Depressionen von einander getrennt sind. Die Wahsatch-Kette und die Depressionen im Gebiete des Grossen Salzsees bezeichnen die Grenze zwischen einer östlichen und einer westlichen Hochebene im Inneren des Gebirges und die beiden werden wieder durch Höhenzüge, jene durch die Uintah-Gruppe, diese durch die Wasserscheide zwischen Columbia und Humboldt R., in nördliche und südliche Abschnitte getheilt, so dass wir vier grosse Hochebenen in dem Raum zwischen den beiden grossen Gebirgsketten haben: Das Grosse Becken, das von den Wahsatch Mts. im Osten und dem Colorado im Süden begrenzt wird, und von dem die Snake R. Plains die nördliche Fortsetzung bilden, die Laramie Plains im Gebiet des Green R. und das Becken des Oberen Colorado. Die beiden ersteren nehmen den westlichen, die letzteren den östlichen Abschnitt der grossen Hochebenen des Inneren ein. Sie finden ihre Nordgrenze an dem Gebirgsriegel, der nördlich vom Columbia R. das Felsengebirg und die Sierra verbindet, während im Süden, wo nicht die Colorado-Gila-Depression sie begrenzt, ein allmählicher Uebergang in die Hochebenenbasis stattfindet, aus der die Höhenzüge von Arizona und Neu-Mexico sich erheben; das sogenannte Sierra Madre-Plateau ist in dieser Region noch in ihren Kreis zu rechnen.

Den grössten Unterschied bedingen jedoch die Beziehungen dieser Hochebenen nach aussen hin und sie zerfallen in dieser Richtung in zwei grosse natürliche Abschnitte, je nachdem sie einem der Abfälle des Zwischengebirgs-Landes oder einer Einsenkung desselben angehören. Jene fallen in den Kreis der grossen Stromsysteme des Westens (Missouri, Columbia, Colorado), diese lassen ihre Gewässer in Salzseen oder Salzsümpfen verdunsten. Es sind vorzüglich die letzteren, die wir hier zu betrachten haben. Ihre Grenze läuft im Westen hart an der Cascadenkette und der Sierra (sammt der San Bernardino-Kette) hin bis zum californischen Meerbusen und folgt im Osten der rechtsseitigen Wasserscheide des Colorado, der Wahsatch-Kette und der linksseitigen des Columbia. Im Norden und Süden verschmälert, erreichen diese abgeschlossenen Becken ihre grösste Breite in der Linie des Grossen Salzsees, wo sie 720 Kil. breit sind, während sie unter dem 37. Grad zu 300 Kil. zusammengezogen erscheinen. Es ist dieses Gebiet, welches man als das Grosse Becken des Inneren (Great Basin of the Interior) zu bezeichnen pflegt [1]).

Der Boden dieses Beckens ist eine Hochebene, die von zahlreichen Berg- und Hügelzügen in vorwiegend nördlicher und südlicher, d. h. mit dem Streichen der grossen einschliessenden Gebirgszüge im Allgemeinen paralleler Richtung durchzogen ist. Es dürfte im Ganzen die Hälfte der Oberfläche des Beckens von Bergen und Hügeln, die andere von Thälern und sonstigen niederen uud ebenen Bodenformen eingenommen sein. Die

1) Der Ausdruck *Becken*, wiewohl seit Fremont allgemein üblich, ist in dieser Anwendung auf einen grossen Theil der zwischen den Gebirgen liegenden Hochebenen nicht zutreffend und sogar in gewisser Beziehung irreführend, denn es findet in denselben nichts weniger als ein allmähliches Abfallen der Ränder nach innen und der Mitte zu statt, wie wir es mit dem Begriff eines Beckens verbinden. Das *Great Basin* hat mit einem Becken nichts weiter gemein, als die erhabenen Ränder, die den Abfluss seiner Wasser nach aussen verhindern; nach innen zu fallen diese Ränder allerdings ab, aber die tiefsten Depressionen liegen wieder an den Rändern statt in der Mitte und diese ist von einem grossen Complex von Höhenzügen eingenommen, die theilweis an Höhe nicht weit hinter den Randgebirgen zurückbleiben.

tiefsten Theile bilden drei grössere Senkungen, eine im Westen, die andere im Osten, die dritte und grösste im Süden; die erstere zu 1174 m. herabgehend, nimmt ausser einer Anzahl kleinerer Gewässer den Humboldt R. in sich auf, in dieser (bei 1296 m. gelegen) hat der Grosse Salzsee sein Bett gefunden, der von den Zuflüssen der Wahsatch- und eines Theiles der Uintah-Berge genährt wird, und auf ein noch tieferes Niveau sinkt. das Becken in seinem südlichsten Ausläufer herab, wo die Mohave- oder Mojave-Wüste zwischen der S. Bernardino-Kette und dem Colorado bei durchschnittlich 350 m. Meereshöhe den Südabfall des Inneren Beckens nach dem californischen Meerbusen hin bildet. Der Begriff der mittleren Höhe ist bei solchen grossen inneren Verschiedenheiten ohne verdeutlichenden Werth, aber man kann sagen, dass der grösste Theil des Grossen Beckens zwischen 1300 und 1500 m. Meereshöhe liegt. Von der westlichen Depression steigt die Hochebene langsam bis zur Mittelhöhe von 1800 m., welche in der Gegend der Quellen des Humboldt R. erreicht wird und fällt wenig vermittelt nach der Höhe des Grossen Salzsees ab, in welcher dann der grösste Theil des nordwestlichen Utah liegt.

Die Gebirgszüge, die im Inneren des Beckens sich erheben, sind im Allgemeinen von gleichartigem Charakter, von 300—1800 m. über die Hochebene ansteigend, zerrissen, ohne ungewöhnlich steil zu sein. Ihre Thäler sind vorwiegend Schluchten, Cañons. Ihr geologischer Bau, so wenig bekannt er ist, kann mit Sicherheit als ein sehr verwickelter bezeichnet werden. Man findet die verschiedensten Sedimentschichten vom Urgebirg bis herab zur Glacialformation, daneben Granite, Syenite und jüngere eruptive Gesteine, die oft weite Flächen in Form von Basalt- und Lavaströmen bedecken. Zersetzung und Erosion dieser Gebirge haben in den Thälern Massen von Detritus zu einer monotonen Gleichförmigkeit des Niveau's aufgeschüttet und in wenigen Thälern fehlt ein Alkali-Flat, ein je nach der Jahreszeit sumpfiger oder trockener Salztümpel, während die fliessenden Wässer mit wenigen Ausnahmen von kurzer Dauer sind. Nur wenige von diesen Gebirgszügen sind hoch genug, um eine hinreichende Masse von Schnee über den Winter hinaus festzuhalten und damit Bäche zu speisen, deren Existenz keine allzu ephemere ist. Von ihnen sind vorzüglich zu nennen: die West Humboldt Mts. (Star Peak ca. 3000m.) und East Humboldt Mts. (zahlreiche Gipfel von 3400—3800 m.), zwischen beiden der als Toyabes bezeichnete Gebirgszug (3000—3600 m.) und westlich von ihm die Shoshone Mts. Das mächtige, *alpinste* von diesen Gebirgen sind die East Humboldt Mts., die die Quellgebiete einiger dauernden Flüsse und mehrerer nahezu süsser Seen in sich beherbergen, in deren Cañons unzweifelhafte Gletscherspuren sich kundgeben und die in ihren höheren Regionen Bergseen tragen, welche die Feuchtigkeit beständiger Schneefelder nährt. Die durch die Depression des Secret Valley abgetrennte

Kette der Clover Mts. ist als nördliche Fortsetzung dieses Gebirges zu betrachten, mit dem sie im allgemeinen Charakter übereinstimmt; ihre südliche Fortsetzung, abgetrennt durch den Fremont Pass, ist eine minder wilde, geologisch verschiedene, vorwiegend aus horizontalen Kalksteinschichten sich aufbauende Gebirgswelt, in deren Kalkhöhlen zahlreiche Wasseradern zur Tiefe gehen, die dann am Fuss der Berge als wohlthätige süsse Quellen in grösserer Zahl hervortreten.

Durchschreiten wir das Grosse Becken von Osten nach Westen, so haben wir zunächst den Gebirgszug, der seinen Ostrand bildet, die Wahsatch Mts., die auf dem 112. Längegrad ziemlich gerade nördlich und südlich verlaufen und die wie ein riesiger terrassirter Wall langsam aus der höheren östlichen Hochebene aufsteigen, um steiler zu der erheblich tieferen westlichen Hochebene und dem Niveau des Grossen Salzsees abzufallen. Mit Ausnahme der Punkte, wo die tiefen Cañon-Thäler des Ogden, Weber und Provo R. einschneiden, bietet dieses Gebirg an seinem Westabfall durchaus den Anblick einer fest zusammenhängenden Mauer, denn selten sendet sie hier Vorberge oder sanftere Abhänge in die Ebene hinaus, sondern stürzt in den meisten Fällen unvermittelt in die Schutthalden ab, die ihren Fuss umsäumen. Nirgends tritt dieser Mauercharakter schärfer hervor, als beim tiefsten Abfall des Gebirges, nämlich am Rande des Grossen Salz- und des Utahsees[1]). Die Basis des Gebirges ist schmal, durchschnittlich nicht über 80 Kil. breit, aber es erhebt sich bis zu 3000 m. und darüber (Belknap Mt. 3626, Lone Peak 3266 m.), ohne bei der vorwiegenden Massenentwickelung so hervorragende Gipfel hervortreten zu lassen, wie sie in den Hauptketten der Cordilleren häufig sind; die bedeutendste Erhebung des ganzen Gebirges ist in seiner Südhälfte zu suchen. Die mittlere Kammhöhe ist dagegen um so grösser und dürfte nicht viel hinter 3000 m. zurückbleiben. Im Westen scharf gegen die Hochebene abgesetzt, im Norden durch die Bear Mts. und Teton Range und im Osten durch die Uintah Mts. mit dem Felsengebirg verbunden, ist dieses Gebirge nach Süden hin zu einigen Plateaux aus-

1) Indem dieser steile Abfall die Bildung grösserer Thäler verbietet, kommt das Schmelzwasser aus den Schneeregionen der Wahsatch Mts. in einer Unzahl von kleinen Felsencanälen zu Thal und die unwirthliche, steile Bodenform, die jede Cultur weit abzuweisen scheint, wird dadurch unmittelbar culturfördernd. Unbeengt vom Schutt und Geröll einer Fiumare und von den Hochufern, die in grösseren Thälern die Benützung des Wassers zur Bodenbewässerung oft unmöglich machen, sogar schon in die erforderlichen kleineren Adern abgetheilt, fliesst es hier von den Bergen herab und erleichtert damit die Irrigation, ohne die dort nichts gedeiht, in sehr bemerkenswerther Weise. Der amtliche Bericht spricht von *Zehntausenden* solcher Wasserfäden. C. Thomas in Hayden U. S. Geol. Survey of Montana, 1872. 229.

einandergezogen, welche den Uebergang zu dem grossen Colorado-Plateau bilden: Thousand Lake Mts., Sevier- und Aquarius-Plateau ziehen gegen das Colorado-Plateau hin und über sie hinaus sind Linear-, Paria-, Buckskin-, Kanab- und Sanub-Plateau bereits an den Rand des Colorado-Thales vorgeschoben. Gegen Südwesten bilden die Virgen Mts. und die kleinen Gebirgsgruppen, die die ausgebreitete Hochfläche des Escalante-Thales umlagern (Pahvan Range, Mineral Range, weiter östlich Sevier Range), Ausläufer der Wahsatch-Kette.

Schreiten wir von diesem hervorragendsten der Gebirge des Grossen Beckens nach Westen fort, so finden wir ein ähnlich massiges und mächtiges Gebirge im Inneren nicht mehr. Aber an seine Stelle tritt eine Masse niederer Höhenzüge, die meist aus einfachen, langen, unvermittelten, aber unter einander parallelen Ketten gebildet sind. Sie verlaufen der Mehrzahl nach nördlich und südlich, und dieselben Richtungen zeigen daher auch die Thäler dieser Region und zwar selbst da, wo sie, wie im westlichen Utah, zu breiten Flächen ausgezogen sind. Das Thal des Humboldt-Flusses macht nur scheinbar eine Ausnahme, von dieser Regel, denn es setzt sich vorwiegend aus aneinandergereihten durch Durchbrüche verbundenen Abschnitten solcher Thäler zusammen. Dieser merkwürdige, gewissermassen aufgelockerte Gebirgsbau herrscht selbst in dem früher gewöhnlich als eine bedeutende zusammenhängende Gebirgsmasse dargestellten Nordrande des Beckens. Schon Stansbury hat auf diese bemerkenswerthe Thatsache aufmerksam gemacht[1]), die Zeugniss ablegt für die orographische Einheit des Grossen Beckens.

Die einzige Variation in diesem ein- und gleichförmigen Bau wird durch die breiteren Thäler erzeugt, welche jeweils zwischen einigen Ketten von Höhenzügen eingeschaltet sind und Ausgangspunkte für eine nicht völlig willkürliche Gruppirung derselben abgeben können. Zunächst haben wir die Cedar Mts. und Thomas Range, eine Kette, welche das zum Südrand des Grossen Salzsees hinziehende Lone Rock Valley im Westen einschliesst und der weiter östlich Guyot Range gegenübersteht; zwischen dieser und der eigentlichen Wahsatch-Kette liegt Tuilla Valley; Desert Mts., Towano Mts. und Goose Creek Mts. mit dem Felsenmeer der City of Rocks sind gesonderte kleine Gebirgsgruppen im nörd-

1) „Der Nordrand des Grossen Beckens, oder die Erhebung, welche dasselbe vom Thale des Columbia trennt, besteht nicht, wie man annahm, aus einer zusammenhängenden Gebirgskette, sondern aus einer Anzahl von langen, unvermittelten, unzusammenhängenden, nördlich und südlich erstreckten und durch Thäler getrennten Höhenzügen, welche eben so viel Wasserscheiden darstellen, von denen die Wasser einerseits nordwärts nach dem Columbia, andererseits südwärts nach dem Grossen Becken fliessen." H. Stansbury, Explor. of the Valley of the Great Salt Lake, 1853.

lichen Theil der Salzseewüste. An ihrem Südrande erheben sich in dichter Zusammendrängung ähnliche Gruppen: Hawahwah Mts., Needle Range, Piñon Mts. Den Westrand der Wüste, von ihr durch White Valley getrennt, bildet die Kette der Goshoot oder Totsarr Mts., zwischen denen und den weiter westlich gelegenen Ungoweha Mts. Antelope Valley eingeschaltet ist. In der nördlichen Verlängerung der letzteren Kette ziehen die Wachoï Mts., und beide zusammen bilden den Ostrand des Steptoe und des Cave Valley, deren westliche Einfassung von einer längeren Bergkette gebildet wird, die in verschiedenen Abschnitten verschiedene Namen trägt: Im Norden Antelope Buttes, an diese schliessen sich die Waroja Mts., an diese die Monttim Range, an diese die Egan Mts. und an der Südspitze die Cedar Range. Ein kleiner Höhenzug, die Toomuntz Range liegt in dem breiten Thal Ruby Valley, welche jene längere Kette von den bereits oben genannten East Humboldt Mts. trennt. In der südlichen Verlängerung dieser ziehen die Hot Creek Mts. und in der auseinanderstrebenden Gabel, die diese mit den Egan Mts. bilden, die Pimpehute Mts. und die Revillee Mts.; Sierra-, Revillee- und Hot Creek-Valley werden von diesen vier Ketten begrenzt. Lassen wir die weiteren südlichen Fortsetzungen dieser Höhen und Thäler einstweilen bei Seite und verfolgen die Ketten, die sich um den Humboldt-Fluss gruppiren, so haben wir dicht hinter East Humboldt Range die zwei Ketten der Weahbah und Cooper Range, welche Pahunnupe Valley zwischen sich einschliessen. Weiter im Westen folgen die grösseren Ketten der bereits genannten Shoshone und Toyabee Mts., die den Westrand einer breiten Niederung (Fish Lake-, Smoky-, Guide-Valley) bilden, aus der kleinere Gebirgsgruppen wie Cortez Mts., Cooper Peak, East Range sich erheben. Aus einem ähnlichen Thälercomplex erheben sich weiter westlich die Sonoma Mts., West Humboldt Mts., Lookout Mts. auf dem linken und Antelope Mts., Trinity Mts. und Rabbit Hole Mts. auf dem rechten Ufer. Der Westabhang dieser Höhen schaut bereits auf die Depression hinab, in der Goose-, Pyramid-, Humboldt-, Tahoe-, Carson-, Walker Lake und andere Seen und Salzsümpfe gelegen sind und jenseits deren die Sierra Nevada sich erhebt. Washoe und Pine Nut Range sind kleinere Gebirgszüge dieser Region.

Die Region südlich und nördlich von diesen mittleren, durch die Pacificbahn, die sie durchzieht, zu besonderer Bedeutung gelangten Striche des Grossen Beckens verhält sich sehr verschieden in Bezug auf ihre Höhenverhältnisse. Im Norden zunächst haben wir ein wenig erforschtes Gebirgsgebiet zwischen Humboldt und Owyhee R., dessen Bau im Allgemeinen, wie wir bei Erwähnung des Nordrandes des Beckens schon hervorgehoben, dem oben geschilderten Typus der Hochebenengebirge entspricht, dessen

Entwickelung in Masse und Höhe der einzelnen Ketten aber weit hinter den Gebirgszügen südlich vom Humboldt R. zurückbleibt. Santa Rosa Mts., Quins R. Mts., Steen Snow Mts., Pueblo Mts., Black Rock Range sind weiter nach Westen zu gelegene Bergketten, von denen die beiden ersteren parallel ziehen, während die drei anderen in einer und derselben Streichungslinie liegen. Westlich von ihnen scheinen Warners Range und die weit nach Norden hinausziehende Kette der Blue Mts. in ähnlicher Weise eine und dieselbe Richtung zu verfolgen, die sich über sechs Breitegrade erstreckt. Winter Ridge zwischen Summer und Silver Lake ersetzt hier oben in Oregon die Washoe- und andere Ketten, welche in Nevada die Seen der Depression von einander scheiden. In den nordwestlichen Winkel zwischen Sierra und dem Columbiafluss zieht eine Bergkette parallel dem Des Chuttes-Fluss, welche als Westausläufer der Blue Mts. bezeichnet zu werden pflegt. Ein Theil dieser Gebirge gehört indessen bereits dem Aussenrand des Beckens, d. h. seinem Abfall nach dem Stromgebiete des Columbia an.

Von den Höhen, die südlich vom Humboldt R.-Gebiete ziehen, haben wir einige, die mit den Wahsatch Mts. zusammenhängen, ferner vereinzelte kleine Gebirge der Salzseewüste bereits kennen gelernt. Weiter westlich finden wir eine grössere Kette als Südausläufer der Egan Mts., die sich zusammensetzt aus der Ely-, Highland- und Meadow Valley Range. Vielleicht sind als secundäre Ausläufer von ihr die Mormon- und die Muddy Range anzusehen, die bereits zu der Wasserscheide zwischen dem Grossen Becken und dem Colorado gehören. Cedar Range ist ein vereinzeltes kleines Gebirg in dem Meadow Valley Wash, welches östlich von der Ely-Kette sich ausbreitet. Weniger zusammenhängende, immerhin aber in derselben allgemeinen Richtung liegende Höhenzüge folgen im Westen, wo Grant-, Quinn Cañon- (2870 m.), Pahranagat Range (Quartz Peak 2042 m.) eine Kette zu bilden scheinen, von der vielleicht die Vegas Range ein südlicher Ausläufer ist. Reveille-, Kawich- und Belted Range dürften zu einer zweiten Kette zusammenfassen zu sein, in deren südlicher Verlängerung unter dem 36. Breitegrad die Gruppen der Timber- und Spring Mts. liegen; die letzteren erheben sich mit einigen Gipfeln über 3000 m. (Charleston Peak 3307 m.), zu der grössten Höhe, die zwischen Wahsatch-Kette und Sierra erreicht wird und die um so bedeutender erscheint, als in dieser Region bereits der Abfall der inneren Hochebenen nach Süden beginnt. Die Thäler in der Umgebung der Spring Mts. liegen bereits zum Theil nur noch zwischen 600 und 700 m.; durch einen Wüstenstrich mit zahlreichen vereinzelten Berggipfeln wie Lane Mt., Gold Mt., Gold Hill, Grapevine Peak, Bear Mt., Kingston Peak u. a. von dieser Reihe getrennt (Ralston Valley, Ralston Desert, Amargoza Desert sind Abschnitte dieses

Wüstengebietes und die letztgenannte bildet bereits den Uebergang zur Mohave Desert), folgt eine weitere Reihe von Höhenzügen, die im Norden mit der Silver Peak Range beginnt, die Panamint- und Amargoza Mts. umschliesst und nach Süden in die vier Ketten der Kingston-, Funeral-, Telescope- und Darwin Range sich theilt. Death Valley liegt zwischen den beiden mittleren Ketten dieser Reihe, Antelope- und Salinas Valley scheiden dieselbe von der Kette der White-, Ingo- und Coso Mts., welche ihrerseits durch Owens Valley von der hier ausserordentlich steil abfallenden und ihre höchsten Höhen erreichenden Sierra getrennt sind. Zwischen ihnen, der San Bernardino-Kette und dem Colorado, liegt die Mohave-Wüste, die allmählich zur Colorado-Wüste und damit zum Stillen Meere und sogar noch unter dessen Niveau abfällt — ein Gebiet von 125,000 □ Kil.[1]), in welchem wenig Höhen über 900 m. aufsteigen, und welches sogar in seiner nördlichen Hälfte in der Mohave Sink zu 305 m. herabsinkt. Providence- und Pahutah Mts., die sich wahrscheinlich nur wenig über 2100 m. erheben, südliche Ausläufer der bereits zu den Uferketten des Colorado gehörenden Opal Mts., sind die einzigen nennenswerthen Höhenzüge in dieser weiten und wüsten Fläche, die einige der ausgeprägtesten Wüstenstrecken umfasst, welche Nordamerika aufzuweisen hat.

Das *Grosse Becken* nimmt die westliche und südliche Hälfte der Hochebenenausbreitung zwischen Felsengebirg und Sierra ein, und die ächteste Wüstenregion ist in ihm abgeschlossen. Aber der ganzen übrigen Hochebene, von den kleineren Becken abgesehen, die mit Ausnahme der Columbia Plains nur eine geringe Bedeutung beanspruchen, verleiht das fliessende Wasser einen Oasenreichthum, der den eigentlichen Wüstencharakter nicht mehr zum Durchbruch kommen lässt. Hinter der Steppe, die hier meist Strauchsteppe (Artemisia Plains, Sage Plains), und ihren Oasen, die überall die Ränder der Bäche und Flüsse, der Quellen und Seen umsäumen, tritt die Wüste soweit zurück, dass ihre schärfsten Ausprägungen wie Salzsümpfe, Salzseen, Sandebenen östlich vom Green R. nur noch in lokaler Beschränkung auftreten. Weder Boden noch Klima können die Entwickelung einer lückenhaften Cultur in dieser Region hindern, die an fliessendem Wasser so reich ist, und wir sehen dieselbe in der That sich nach allen Seiten hin ausbreiten, begünstigt durch die grosse Lebensader der Pacificbahn, die mitten durch die

1) Nach O. Löw's Schätzung, Geogr. Mitth. XXII. 335.

Laramie- und Green R.-Steppe führt, sowie durch den Erz- und Kohlenreichthum der Gebirge dieser östlichen Zwischengebirgs-Hochebenen. Sie verdient als Oasenregion der inneren Hochebenen von den wüstenhaften Becken derselben unterschieden zu werden.

Das wichtigste Gebirg sind hier die Uintah Mts., deren bereits oben als Zwischenglied zwischen Wahsatch- und Felsengebirg Erwähnung geschah. Durch Sierra Escalante, Bishop Mts. und Elkhead Range sind sie mit diesem, aber minder nahe als mit jenem, und mit keinem von beiden unmittelbar verbunden. In der Region des 41. Breitegrades sind sie in der Länge von 240 Kil. als bedeutendes Kammgebirg zwischen beiden hingelagert; rings um ihren Fuss liegt die Hochebene bei ca. 2050 m., der mittleren Höhe dieser Region. Ihre breiten, offenen Cañons, ihre ausgedehnten Vorbergketten, ihre gletscherpolirten Nordabhänge, die nach Süden sich in das hohe Plateau der Green- und Uintah R.-Gebiete verlieren, machen sie indessen dem Felsengebirge ähnlicher als den Wahsatch-Bergen; sie stehen jenen auch an Höhe ihrer bedeutendsten Gipfel näher als diesen, denn mit 4120 und 4050 m. sind diese (Hayden Peak und Dawe Peak) verzeichnet. Die Hochfläche, welche nördlich von ihnen gelegen ist, wird vom Green R., dem nördlichen Colorado-Arm, durchflossen und in ihrer nördlichen Hälfte als Colorado Desert, in der südlichen als Artemisia Barrens bezeichnet. Oestliche Ausläufer der Wind River-Gruppe fassen weiter im Osten eine ähnliche Hochfläche ein, die durch die niedrige Wasserscheide zwischen Colorado und Missouri von den genannten gesondert ist, die Laramie Plains, durch welche, aus dem Nord-Park, seinem Ursprungsgebiet kommend, der Nordarm des Platte R. abfliesst. Der Vergleich dieser rings von Gebirgswällen umrandeten Hochfläche mit den ähnlich umwallten Parks lässt keinen Zweifel, dass wir es auch hier mit einer Parkbildung zu thun haben, die nur in erheblich grösserem Massstabe angelegt ist als ihre südlichen *Homologa*.

Wie hier zu den Flussgebieten des Colorado und Missouri, so fällt weiter nördlich die innere Hochebene zu dem des Columbia ab. Dort sind jenseits des Snake R. die hervortretendste Gebirgsbildung der Hochebene die Salmon R. Mts., deren Zusammenhang mit dem Felsengebirg durch die als Bitter Root Mts. früher bezeichnete nordwestliche Gruppe desselben nicht zweifelhaft ist. Als besonderes Becken liegen zwischen ihnen und dem Snake R. die Camas Prairie, deren Name an zwei verschiedene Wüstenbeckenbildungen, eine im Südosten, die andere im Westen der genannten Gebirgsgruppe vergeben ist. Die im Südosten gelegene ist ein ächtes Wüstenbecken mit einem Salzsumpf, Godins Sink, und mehreren Salzseen, die westliche wird vom Salmon R. durchflossen. Nez Percés Plain ist eine Fortsetzung der letzteren in dem Winkel zwischen Snake R. und Clear Water R. Am nordöstlichen Abhang der Salmon R. Mts. liegt Big Hole Prairie, die von den Quellarmen des Jefferson durchflossen wird, also bereits in das Missouri-Gebiet gehört.

Von den nach Nordwesten sich herüberbiegenden Theilen des Felsengebirges, denen die kleinen Gruppen Pyramid Peak, Tatunah Hills, Palouse Hills angehören, vom Snake R. und dem Columbia R. ist die Great Plain of the Columbia R. eingeschlossen, die als der nordwestlichste Ausläufer des Grossen Beckens zu betrachten ist und durch die scharfe Sonderung von den rings sie umfliessenden Armen des Columbia besonders scharf hervortritt. Nur in ihrer nordöstlichen Ecke, die von den Spokane Plains eingenommen ist, gehen einige Wässer zum Palouse R.; aber die eigentlichen Columbia Plains sind ein scharf ausgeprägtes Wüstenbecken, das in centraler Einsenkung den Columbia Salt Lake bei 204 m. Meereshöhe trägt. Eine Eigenthümlichkeit dieses Beckens ist die Grande Coulée, ein Depressionsthal, das die Nordwestbiegung des Columbia abschneidet und für ein altes Bett desselben gehalten wird. Es ist ein oasenartig fruchtbares Land. Weiter westlich, zwischen Columbia und Cascaden-Gebirge sind es die Ausläufer des letzteren, welche die Oberflächengestalt des Landes bestimmen. Der Columbia kann hier als die Grenze des Grossen Beckens betrachtet werden.

Die Cordilleren in Neu-Mexico und Arizona. Bei der Betrachtung der verschiedenen Abschnitte der Cordilleren hatten wir im Osten wie im Westen bei einem bestimmten Punkte Halt zu machen, wo bedeutende, zum Theil allerdings vorbereitete Aenderungen in Grösse und Aufbau der Gebirge das Vorhandensein natürlicher Grenzen anzudeuten schienen. Diese Aenderungen bestanden vorwiegend in Abnahme der Kamm- und Gipfelhöhen, zum Theil auch (Hochebene des Inneren) in Erniedrigung der gesammten Gebirgsbasis und als Folge dessen in einem wie dem anderen Falle in Auflösung des innigen Zusammenhangs, welcher in anderen Abschnitten der Cordilleren die Gebirge zu geschlossenen Gruppen zusammengefügt hatte. Wir erreichten im Felsengebirg wie in der Sierra diesen Punkt in den südlichen Theilen, auf der Hochebene des Inneren in den südwestlichen, und wir konnten daraus schliessen, dass in der ganzen Breite des Gebirges eine Abnahme in der Energie der gebirgsbildenden Kräfte gegen Süden hin zu bemerken sei. Diese Kräfte haben aber mit ihrer abnehmenden Energie noch über ein weites Gebiet hin gebirgsbildend gewirkt, und es ist eben dieses Gebiet, welches wir nun als den südlichen Abschnitt der Gebirgsmasse des Westens der Ver. Staaten noch zu betrachten haben. Dasselbe fällt im Wesentlichen zusammen mit den Territorien von Neu-Mexico und Arizona.

Es ist ein Grenzgebiet, das wir hier vor uns haben und darum kein Wunder, dass es Grenzfragen sind, welche hier die wichtigste Rolle spielen. Es ist eine doppelte Grenzfrage. Auch südlich von dem Gebiet der Ver. Staaten ziehen Cordilleren auf und an der Hochebene von Mexico hin, und dass sie demselben grossen Gebirgsystem angehören wie die nordamerikanischen, unterliegt keinem Zweifel. Ist nun unser Gebiet abnehmender Hebungskräfte als ein neutrales zwischen die beiden Abschnitte der Cordillere, den nördlichen und südlichen, geschaltet? Oder begegnen sich beide auf demselben? Oder setzen sich gar ihre Züge über dasselbe fort? Wie alle Grenzfragen in der Natur sind auch diess hier schwer zu behandelnde Probleme, die man indessen am ehesten der Lösung dadurch nahe bringen wird, dass man die Thatsachen sich möglichst klar aussprechen lässt.

Ein sogenanntes Südende der Felsengebirge haben wir in den Gebirgen um den Oberen Rio Grande, besonders den Raton Mts., bereits kennen lernen. Man umgeht es am Ostrand, wenn man vom Missouri nach dem Oberen Rio Grande, etwa nach Santa Fé reist. Der früher viel benützte Weg vom mittleren Arkansas nach Neu-Mexico windet sich zwischen Las Vegas und Santa Fé vollständig um das Südende der Felsengebirgketten herum. Im Norden lässt man steile, hohe, schneegipflige Gebirge, während im Süden theils vereinzelte kleinere Gebirgsketten, wie die Placer-, Sandanilla-, Manzana-Berge, oder weiterhin abgelöste, gleichsam vorgeschobene Theile der bis 2100 m. ansteigenden Hochebene von Neu-Mexico auftauchen. Jene kleineren Ketten und Gruppen sind nicht verschieden von den Berggruppen, die wie Inseln sich aus den dem Gebirgen vorgelagerten Hochebenensteppen erheben. Im Südwesten scheint der vielbeschrittene Weg von El Paso durch das Gila-Gebiet nach Californien nicht minder deutlich einen Abschluss der Gebirgsketten des Inneren und der Sierra erkennen zu lassen; denn man kann dort vom Rio Grande nach dem Gila reisen, ohne auch nur eine einzige wirkliche Bergkette zu überschreiten. Die dortigen

Gebirgsketten reichen in der That nicht über das Quellgebiet des Gila hinaus und der alte Weg von Santa Fé nach Los Angeles (von Neu-Mexico nach Südcalifornien) windet sich um dieses Südende herum, wie es der vom Missouri herführende am Südostende beim Felsengebirg thut. Die Socorro-Berge, die man wohl früher für eine Verbindung der Felsengebirge mit der Sierra Madre in dieser südwestlichen Richtung ansprechen wollte, haben nicht die Fortsetzung nach Süden hin, welche eine solche Stellung erheischen würde. Eine Unterbrechung in dem Verlauf der Gebirgsketten findet also hier so gut wie im Osten statt, ist aber hier viel weniger auffallend, da wir schon auf der Zwischengebirgs-Hochebene, von der diese Region den südlichsten Ausläufer bildet, keinen dichtgedrängten, massigen Ketten mehr begegneten. Indessen bleibt es zunächst nur eine Unterbrechung der Gebirgs*ketten*, nicht der Gebirgs*masse*. Diese erhält sich in ihren nördlichen und mittleren Theilen auf einem Durchschnittsniveau von 1500—2000 m., also auf derselben Höhe, welche der Hochebene, d. h. der Massen-Grundlage des Gebirges in der Zone der grössten Erhebung nördlich vom 38. Breitegrad zukommt und sinkt nur langsam nach Südwesten zu, wo die Colorado-Depression noch unter das Meeresniveau herabgeht. Der weitaus grösste Theil des Gebietes lässt daher seine Gewässer in südwestlicher Richtung, der Richtung des Colorado und Gila, abfliessen, während nur unbedeutende Gewässer in südöstlicher, der des Rio Grande, gehen.

Dass jene Unterbrechung der von Norden herabziehenden Höhen nur die Gebirgsketten und nicht die Masse des Gebirges betrifft, nimmt ihr viel von ihrer Bedeutung. Aber weiter nach Süden zu wird auch die letztere, die breite Basis und damit der Kern des Gebirges, etwas von jener Abschwächung berührt, welche im Norden nur erst die Kämme und Gipfelhöhen herabgedrückt hatte, und wir haben an der Südwestgrenze der Ver. Staaten jene querlaufende Depression des Gesammtgebirges, welche als *Gila-Depression* zu den bemerkenswerthen Zügen in der Oberflächengestaltung Nordamerikas, zählt und die eine erhöhte, auch praktische Bedeutung (vgl. o. S. 18) dadurch erhält, dass eine noch weitergehende Lockerung des Zusammenhangs der Gebirgsglieder sich zu der

Senkung des Hochebenen-Niveaus gesellt. „In der Region des 32. Breitegrades, sagt Emory, verlieren die Gebirgszüge sowohl der westlichen als der östlichen Kette ihren Zusammenhang und nehmen jene Gestalt an, welche im Westen sehr treffend als *verlorene Berge* (lost mountains) bezeichnet wird. Sie bewahren indessen ihre allgemeine nordwestliche und südöstliche Richtung und beweisen damit, dass die hebende Kraft, welche sie erzeugte, dieselbe blieb, nur mit dem Unterschied, dass sie schwächer und in ihren Wirkungen minder regelmässig ward. Sie heben sich plötzlich aus der Hochebene hervor und verschwinden ebenso plötzlich. Es ist daher möglich, indem man diese Erhebungen umgeht, das Gebirgssystem dieser Region in der Nähe des 32. Breitegrades fast ganz auf der Höhe der Hochebene zu überschreiten. Würde das Meer um 1200 m. steigen, so vermöchte ein Schiffer den Continent in dieser Gegend zu durchfahren, und er würde vom Golf von Californien bis zum Pecos gleiche Tiefen finden. Im Norden und Süden würde er Peak's und Sierra's haben, und zeitweise wäre seine Durchfahrt eng und gewunden. Bei El Paso würde er sich in Büchsenschussweite von beiden Ufern befinden [1]).“

Indessen muss man die praktische Bedeutung dieser Depression nicht mit ihrer orographischen verwechseln. Sie stellt doch keine so entschiedene Unterbrechung des Gebirgszusammenhangs dar, wie z. B. die Einsenkung der Panama- oder selbst der Tehuantepec-Landenge. Sie ist weiter nichts als eine flache Einsattelung in der Hochebene, die nördlich und südlich von hier um ein Erhebliches höher ist. Andererseits tritt sie bedeutend hervor durch die an ihrem Südrande stattfindende Auflösung der mexikanischen Gebirgszüge, welche eine direkte Fortsetzung derselben in die nordamerikanischen völlig ausschliesst. Die mexikanische Sierra Madre löst sich südlich vom 32. Breitegrad ganz ebenso in kleine Höhenzüge auf, wie es vier Grade weiter nördlich das Felsengebirge that, und ein geographisches Auge sieht in diesem Zusammentreffen der Auflösung zweier gewaltiger Glieder desselben Gebirgssystems eine Thatsache von hervorragenderer Bedeutung, als in einer Hochebenen-

1) Rep. on the U. S. and Mex. Boundary Survey. 1857. I. 41.

einsattelung, die noch immer Höhen von 1340 m. bestehen lässt und nicht 1000 m. unter die Durchschnittshöhe der Hochebene herabgeht.

Nicht weniger scharf als nach Süden hin ist dieser südlichste Abschnitt der westlichen Gebirgsmasse der Ver. Staaten nach Osten und Westen abgegrenzt. Im Osten findet man jenseits des Rio Grande, der bis nach El Paso ziemlich direkt südlich fliesst, keine grösseren Gebirgsketten südlich vom 36. Breitegrad, von dem Punkte also, wo wir die Moro-Kette als Ausläufer des Felsengebirges haben endigen sehen. Im Westen haben wir bereits bei Betrachtung der Zwischengebirgs-Hochebenen den Unterschied des Landes dies- und jenseits des Colorado hervorgehoben. Indem dort der Colorado die tiefgelegene Mohave-Wüste von der Hochebene Arizonas scheidet, zieht er eine Naturgrenze von der wünschenswerthesten Schärfe.

In dem Gebiet, das auf diese Weise zwischen dem 36. und 32. Breitegrad gelegen und vom Rio Grande und Colorado begrenzt ist, haben wir ein Hochebenengebiet von verschiedenen Höhen und Abfallsrichtungen und zahlreiche Kämme und Gipfel, die auf ihr sich erheben. Als massigste Hochebenenbildung erscheint das Colorado-Plateau, das den nördlichen Theil von Arizona einnimmt und dessen Mittelhöhe auf 1600—1700 m. zu schätzen ist. Sein Abfall ist ein vorwiegend südwestlicher. Das Gila-Plateau, 1200—1500 m., füllt den südlichen Theil vor Arizona aus und hat westlichen und zum Theil nordwestlichen Abfall mit Ausnahme des Südrandes, von welchem die Gewässer bereits nach Mexico, also nach Süden, abfliessen. Das im Osten sich anschliessende Sierra Madre-Plateau, welches den südlichsten Theil von Neu-Mexico durchzieht, bildet einen breiten Hochebenenrücken, der Zuflüsse des Rio Grande von solchen mexicanischer Binnenflüsse scheidet. Abflusslose Becken sind auf der ganzen Hochebene nur in lokaler Beschränkung vorhanden und treten an Zahl wie an Ausdehnung zurück gegenüber dem unbedingten Vorwiegen des Abflusses in bestimmten Richtungen. Am hervorragendsten unter ihnen ist die Painted Desert, die in Nord-Arizona zwischen Colorado und Colorado Chiquito sich ausbreitet und dem Colorado-Plateau angehört. Aber an die Hochebene schliessen sich im Südwesten Senkungsbecken an, die man gewöhnlich als Gila Desert zusammenfasst und welche jenseits des Colorado ihre Fortsetzung in der früher genannten Mohave-Wüste finden.

Hinsichtlich der Höhenzüge muss vor allem hervorgehoben werden, dass von einer direkten Fortsetzung des nordmexicanischen Gebirgszuges der Sierra Madre auf die Hochebenen von Arizona und Neu-Mexico keine Rede sein kann. Es ist schon desshalb unfruchtbar und irreleitend, eine solche Fortsetzung zu suchen, weil die Gebirge von Neu-Mexico und Arizona einem ganz anderen Typus angehören als der der mexikanischen Sierra Madre ist. Diese ist eine in weiter Erstreckung zusammenhängende und geschlossene Gebirgskette von gleichbleibender Richtung des Streichens, Glied eines grossen Systems paralleler Ketten; jenes sind, wie wir gesehen haben, inselartig vereinzelte Höhenzüge, die sich wohl aneinanderreihen, aber nirgends zu eigentlichen, lückenlosen, geschlossenen Gebirgsketten zusammentreten. Man kann die beiden Gruppen als Stamm und Verzweigung in Beziehung setzen, aber man wird nie den Stamm als solchen unter den Verzweigungen wieder finden. Dennoch hat man es beständig versucht, und eine Sierra Madre finden wir noch heute auf allen Karten Neu-Mexikos in mehr oder minder weiter Ausdehnung niedergelegt. Als Rest irrthümlicher Anschauungen und wegen der Täuschung, die ihr Name hervorzurufen geeignet ist, würde sie jedenfalls besser nur mit ihrem neumexikanischen Namen Zuñi Mts. bezeichnet [1]).

1) Die Benennung Sierra Madre, die mehrmals in wechselndem Sinne im südlichen Nordamerika wiederkehrt, ist eine der unklarsten, mit denen die Geographie dieser Region belastet ist. Es ist zunächst hervorzuheben, dass wir es hier mit keinem Eigen- sondern einem Gattungsnamen zu thun haben, denn *Muttergebirge* sind für den Spanier alle grösseren Gebirgsketten, die scharfe Wasserscheiden bilden und zum Theil auch (nach Fröbel) die, welche einer Reihe von kleineren Ursprung geben oder zu geben scheinen. So ist es zu verstehen, dass dieser Name einer Gebirgskette in Nord-Mexico westlich von Durango und einer anderen in Neu-Mexico westlich vom Rio Grande beigelegt ist und dass sie selbst als Gesammtname der nordmexicanischen Gebirge zwischen Anahuac und der Gila-Depression auftritt. Diese mehrfache Verwendung desselben Namens erregte unter anderen Missverständnissen auch das, dass die beiden *Muttergebirge* eins seien, was doch thatsächlich so unrichtig wie möglich ist. Uebrigens ist in Neu-Mexico der Name Sierra Madre niemals eine mehr als lokal bekannte Be-

Wir finden zwischen Rio Grande und Colorado in unserem Gebiet vorzüglich drei grössere Gebirgsgruppen, deren Glieder sämmtlich in südöstlicher und nordwestlicher Richtung ziehen und welche bezeichnet werden können als Gruppe der Zuñi Mts., der Mogollon Mts. und der Pinal Mts. Jene ist am weitesten östlich, diese am weitesten westlich gelegen, und die mittlere liegt zwischen beiden inne. Das Quellgebiet des R. Colorado Chiquito trennt die östliche, das des R. Salado die westliche von der mittleren; innerhalb der westlichen kann das Thal des Oberen Gila als eine sekundäre Grenze zwischen zwei verschiedenen Abschnitten betrachtet werden. Man kann die dadurch gebildete Unterabtheilung als Gruppe der Calitro Mts. bezeichnen.

In der Zuñi-Gruppe tritt die Kette der Zuñi Mts., die man auch als Sierra Madre bezeichnet, am schärfsten hervor; sie reicht als ein einziger Höhenzug vom 34. bis über den 36. Breitegrad hinaus, wo die Sierra de Chasca, die S. de Tunecha und die S. de Garriso ihren nördlichen Abschluss bilden. Im Süden, wo sie gegen den Rio Grande hinzieht, liegen die kleinen Höhenzüge Sierra Magdalena und S. San Mateo in ihrer Richtung, und die grössere Sierra de los Mimbres mit ihrem südlichen Anhang der S. Florida, welche vom

---

nennung gewesen und nur die Kette im nördlichen und nordwestlichen Mexico, welche dem Stillen Meer entlang zieht, ist allgemein als Sierra Madre bezeichnet. Auch hat J. Fröbel (Rep. Smithson. Instit. 1854) nachgewiesen, dass unter allen Umständen die Fortsetzung der mexikanischen Sierra Madre nicht in der Richtung des Felsengebirges, sondern in der der Sierra Nevada zu suchen wäre, und Emory ist (a. a. O. I. 40) gleich ihm der Ansicht, dass die mexikanische Sierra Madre etwas ganz anderes ist als der neumexikanische Höhenzug desselben Namens. Nach Emory meinen die Mexikaner mit Sierra Madre ein Gebirg zu bezeichnen, welches die Wasserscheide zwischen dem Atlantischen und Stillen Meere bildet; aber ein einzelnes Gebirg, dass diese Funktion erfüllt, gibt es weder in Mexico noch im Gebiet der Ver. Staaten, wiewohl auf der grossen Humboldt'schen Karte von Neu-Spanien eine zusammenhängende und wasserscheidende Gebirgskette dieser Art, vom 21. bis zum 42. Breitegrad sich erstreckend, angegeben ist. Dieselbe ist nach ungenauen Nachrichten und auf Grund jener irrthümlichen Verquickung der Gebirgskämme mit Wasserscheiden entworfen, welche im vorigen Jahrhundert vollen Curs hatte. Die Fremont'sche Karte (von K. Preuss gezeichnet und in U. S. Senate Miscellan. 1848, Nr. 148 mitgetheilt) zeichnet übrigens genau dasselbe. Bei Comm Wilkes (Map of Upper Calif. 1849) erscheinen die Zuñi gar als Anahuac Mts., und bei Anderen muss die Sierra de los Mimbres als Bindeglied zwischen Sierra Madre und Felsengebirg herhalten. Emory's Karte (1857) gibt zum ersten Mal das richtige Bild, indem sie die mexikanische Sierra Madre in der Richtung der neumexikanischen Pinaleno-Kette bis an die Grenze fortführt, und sie hat dabei das nennenswerthe Verdienst, den Namen Sierra Madre ganz aus dem Spiele zu lassen.

Sierra Madre-Plateau gerade nördlich dem Rio Grande entlang zieht, scheint mit grösserem Rechte zu ihr als zu der Mogollon-Gruppe gezählt zu werden.

Die Mogollon-Gruppe schliesst sich an die ebengenannte durch die Sierra de Datili, S. de Luera, S. de Tulerosa und S. Blanca an, welche westlich und östlich ziehen. Als eine nordwestlich gerichtete Abzweigung von ihnen erscheinen die Mogollon Mts., welche mit den San Francisco Mts. (gleichnamiger Gipfel 3674 m.) in das Colorado-Plateau übergehen.

Die Pinal-Gruppe beginnt im südlichsten Winkel des R. Gila mit der Cordillera del Rio Gila, die durch die kleine Gruppe der White Mts. sich in die Pinal Mts., Apache Mts. und Signal Mts. fortsetzt, welche ihrerseits mit dem San Francisco-Plateau und den Black Mts. sich dem Nordwestende der vorigen Gruppe vereinigen.

Die Calitro-Gruppe, derjenige Theil der vorigen, welcher südlich vom R. Gila gelegen ist, umschliesst drei Parallelketten, deren erste aus den Chiricahui Mts. und den Pinaleno Mts., deren zweite aus der Sierra Calitro sammt S. del Dragon und deren dritte und westlichste aus den kleinen Gruppen der Sierra Espuela, S. de Sa. Catarina und S. Tortalita besteht.

Die Bergketten dieser verschiedenen Gruppen schliessen Thäler und Hochflächen zwischen sich ein, welche in einigen Fällen als üppige Oasen aus der dürren Hochebene hervortreten, in anderen Einsenkungen darstellen, in denen Steppen einen Salzsumpf umgeben. Die St. Augustin Plains zwischen Sierra de Datili und S. de Luera, Valle de Sauz und Valle de las Plagas in der Pinal-Gruppe, das Zuñi-Becken westlich von der gleichnamigen Gebirgskette, Navajo- und Tunecha Valley nördlich von derselben, Plagas de las Primas in der Calitro-Gruppe, Big Valley zwischen dem San Francisco-Plateau und dem Colorado, Long Valley zwischen Black- und Cerbas Mts. sind hervorzuheben. Auch das Becken der Gila Desert am Unteren Gila ist zu diesen Thal- und Beckenbildungen zu zählen.

Zahlreiche vereinzelte kleine Höhenzüge, Berge und Hügel erheben sich in den Zwischenräumen der grösseren Gebirgsgruppen. Wir haben in der Gila Desert und den anstossenden Theilen der Hochebene ein ganzes System von niedrigen, parallel laufenden Höhenzügen, südöstlich und nordwestlich gerichtet, die in derselben Richtung über den Colorado weg und durch die Mohave-Wüste ziehen. Sierra del Gila, de la Cabeza, del Tul, del Ajo, de la Nariz, Quijotoa, del Pajarito, de la Estrella, Dome Mts., Eagle Mts., Granite Mts. gehören zu ihnen. Auf der Hochfläche, welche die Pinal- von der Mogollon-Gruppe trennt, erheben sich im Süden Peloncillo- und Pyramid Range,

Sierra del Diablo, S. del Burro, S. de Natanes, Beauchamp Peak, Punto de las Animas. Im Gebiete des Colorado Chiquito, also westlich von der Zuñi- und östlich von der Mogollon-Gruppe sind die Blue Peaks, Calabasa Mts., Mesa de la Vaca, Mesa Blanca, Sierra Panoche und jenseits des Colorado Sierra Abajo, S. Lelate, Mesa Verde zu nennen. Oestlich von der Zuñi-Gruppe finden sich wenige vereinzelte Erhebungen wie Mesa Fachada, M. de los Lobos, The Needles, Trap Rock, jenseits deren gegen das Rio Grande-Thal zu bereits die letzten Ausläufer des Felsengebirgs erscheinen.

Die Region, in welcher diese zerstreuten, aber in Richtung und Höhe bemerkenswerth gleichartigen Höhenzüge ihre reichste Entwicklung erreichen, die Gila-Wüste, ist durch den Unteren-Colorado besser aufgeschlossen als die meisten anderen Theile von Arizona und Neu-Mexico. Das Thal des Unteren Colorado, eine Reihe von Becken und Schluchten, ist zwischen sie und die Mohavewüste in einer so zu sagen gewaltsamen Weise eingeschaltet. Es verläuft gerade rechtwinklig zum Streichen der Höhenzüge, die es daher, soweit es sie berührt, sämmtlich durchschneidet. Dieses eigenthümliche Verhalten macht es vor anderen geeignet, einen Einblick in den merkwürdigen Oberflächencharakter dieser Region zu gewähren. Man kann dieses Thal vom Colorado-Plateau abwärts als ein synklinales Becken und als eine um Weniges erhöhte nördliche Fortsetzung des Golfes von Californien betrachten. Die letzten 800 Kil. des Colorado-Laufes sind in ihrer ganzen Länge von der *Peninsular Extension* der Sierra Nevada im Westen und von den vereinzelten, mit jenen parallelen Erhebungen der Mojave Mts., Black Mts., Cerbat Range, Aquarius Range u. a. im Osten begrenzt. Die Oberfläche dieses Beckens ist aber keineswegs in ihrer ganzen Ausdehnung Tiefland. Ihren eigenthümlichen Charakter bezeichnet man am besten dahin, dass ihre Ebenen in ein Netzwerk von Gebirgszügen gefasst sind, die kahl und felsig, nicht bedeutend hoch, aber in seltsamsten Formen in allen Richtungen das Becken durchziehen. Die bedeutendsten von ihnen zeigen das für diese Gegenden normale nordwestliche und südöstliche Streichen, die anderen sind nur verbindende Zwischenglieder; beide zusammen bilden aber Reihen von abgesonderten Becken, die sich am längsten meist in nordwestlich-südöstlicher Richtung erstrecken und die mit ihren Kies- und Sandebenen die Wüste des Unteren Colorado bilden. In dieses Labyrinth von Höhenzügen und Wüstenbecken stürzt der Colorado aus dem Tafellande herab, das am westlichen Fusse der Felsengebirge hingelagert ist. Er füllte wohl einst diese Becken aus, aber seine Wasser schufen ihm mit der Zeit einen kürzeren und rascheren Lauf in jenen unzähligen mächtigen Schluchten der Cañons, in denen er nun dem Meere zuströmt. Die beträchtlicheren unter diesen beckenbegrenzenden Bergzügen des unteren Colorado-Gebietes sind von derselben geologischen Zusammensetzung wie die südlichen Ausläufer der Sierra Nevada in der Peninsular Range u. a., nämlich aus Graniten und gneissartigen Gesteinen aufgebaut; aber ihnen mischen sich alle Varietäten neuerer Eruptivgesteine vom Porphyr bis zum Obsidian und Bimsstein und es fehlt nicht an Zeichen von der Fortdauer, wenn auch in geschwächtem Zustand, der Kräfte, die hier in geologisch neuer Zeit vulkanische Ausbrüche bewirkten.

Am Unteren Colorado sind vereinzelte Granithügel (auf einem der ersten derselben ist der Mittelpunkt der spärlichen Cultur dieser Gegend, Ft. Yuma erbaut), die aus der dürren Fläche der Colorado Desert tauchen, die ersten Vorläufer der Gebirge, die weiter oben den Colorado in tiefe Schluchten zwängen. 20 Kil. oberhalb Ft. Yuma sind es die Purple Hills, die an den Fluss herantreten und ihm ein Felsenbett bereiten, das indessen durch die leichte Zerfallbarkeit des Granites, aus dem dieser Bergzug besteht, nicht jenen steilen, gethürmten Charakter hat, den man weiter oben bei den in vulkanische Massengesteine und vorzüglich in Porphyr geschnittenen Cañons beobachtet. Chimney Peak Range und Spire Range, Ausläufer der Purple Hills, die zunächst folgen, drücken in ihren Namen den zerrissenen Charakter aus, der ihren Graten und Gipfeln eigen ist. Ihr Gestein ist Trapp und diesem ist wohl auch weiterhin im Coloradothal die häufige Tendenz zur Bildung thurm- und säulenartiger Gipfel zuzumessen. Durch die Masse der Chocolate Mts. bricht sich der Strom ein tiefes Thal, während er die Riverside und Halfway Mts. an seinem rechten Ufer liegen lässt und nur ihren östlichen Fuss bespült. Die Monument Mts. und die breithingestreckte Mohave Range durchbricht er und diesen letzteren, die aus Granit mit zahlreichen Porphyr- und Trachytdurchbrüchen sich aufbauen, gehören *The Needles*, die Nadeln, eine der pittoreskesten Bergformen dieser Region an. Mit den etwas vom Ostufer zurückliegenden Black Mts. und den gleich ihnen südlich und nördlich ziehenden, noch weiter östlich gelegenen Cerbat Mts. (auch Gerbat Mts; es werden auch beide Ketten unter diesem Namen zusammengefasst) tritt man zum ersten Male aus dem Becken, dem *trough* des Unteren Colorado, der hier in ca. 180 Mt. Meereshöhe fliesst, heraus und betritt die erste Stufe, welche zu dem Hochlande des *Grossen Beckens* hinaufführt, dem Hochlande, das die zahlreichen Quellen des Colorado und seiner Zuflüsse nährt. Am Westrand treten gegenüber den Black Mts. die Dead Mts. auf, eine kleine Berggruppe, welche einen Ausläufer zu dem Gebirgszug am Ostufer hinübersendet. Die Black Mts aber treten weiter nördlich an den Colorado heran, kreuzen ihn und bilden kurz unterhalb der Einmündung des Rio Virgen, den ersten der mächtigen Cañons, die dieser Fluss zu durchströmen hat. Auf der anderen, der westlichen Seite vereinigen sich ihre Ausläufer mit der Gruppe der Opal Mts., und mehrere wenig bekannte Bergzüge erstrecken sich von hier nach Utah hinein. Im Osten aber, woher der Colorado nun mit scharfer Biegung kommt, erhebt sich die Hochebene des Innern, die von den Black und Cerbat Mts. im Südwesten begrenzt wird.

Die südlichen und südwestlichen Theile der Hochebene des Innern, in welche der Colorado und seine Nebenflüsse beim Herabsteigen von Hochland nach den Tiefländern der *Colorado-Wüste*, ihre Cañons, Schluchten bis zu 1800 m. steiler Tiefe, gegraben haben, sind vorzüglich durch das ungeheuere Mass der Wasserwirkung die hier zur Aeusserung gelangt, eine der orographisch ausgezeichnetsten und eigenthümlichsten Regionen von Amerika geworden. „Ihr topographischer Charakter ist complicirter, als der eines Gebirges, weite Strecken sind nicht passirbar für Menschen und ungeflügelte Thiere. Es ist nicht erstaunlich, wenn man die Ursache, welche aus einer Ebene, die aus Tausenden von Fussen sedimentärer Schichten besteht, solch ein Gebilde erzeugt, ausserhalb des Kreises der gewöhnlichen natürlichen Vorgänge sucht. Und doch ist es nichts wunderbareres als die Kraft des fliessenden Wassers, welche diese gewaltigen Erscheinungen erzeugt hat. Es ist nichts zu sehen von Rissen und Spalten, die unterirdische stossende Kräfte sich hier geöffnet haben könnten; selbst die Seiten der Thalschluchten, welche fast 2 Kil. senkrecht abstürzen, sind nicht unvermittelt“ [1]). Indem wir diese Ebene in nordöstlicher Richtung durchmassen, schildert Newberry den Anstieg zur ersten Stufe des Tafellandes, überschritten wir, ohne es zu merken, die Trapplager und kamen auf unregelmässig gebettetes Geröll. Die Gewässer gehen von hier nach Norden, und in dieser Richtung werden die Rinnsale tiefer und tiefer, schneiden durch mächtige Sand- und Kiesbetten und kommen zuletzt bis auf die Felsenunterlage, und indem sie auch diese erodiren, bilden sie Thalschluchten (Cañons), die zum Colorado hinabführen. Indem diese Cañons allmählich an Zahl und Tiefe zunehmen, wird das ganze Tafelland von einem Abgrundlabyrinth durchzogen, dessen nahezu senkrechte Wände jede Ueberschreitung verbieten“ [2]). Der Ruinen-

---

1) J. S. Newberry in Report upon the Colorado R. 1865. Geology 45.

2) Ebendas. Geol. 54. Kein neuerer Beobachter läugnet, dass diese Cañons ausschliesslich den Wirkungen des fliessenden Wassers ihr Dasein danken. Powell, der wohl am gründlichsten sie zu studiren Gelegenheit hatte, bestätigt vollkommen die Ansichten Newberry's, der vorzüglich die vollständige Uebereinstimmung der Schichten an den gegenüberstehenden Wänden der Cañons, den Mangel jeder Störung ihres Parallelismus und die Continuität des die Sohle bildenden Gesteines über die ganze Breite und mit den Wänden der Schlucht hervorhebt. Er selbst spricht sich aber entschiedener und klarer als Newberry über die geologische Seite der Frage aus: „Alle Thatsachen,“ sagt er, „die wir in Betreff der Beziehungen der Wasserwege dieser Region zu Bergen, Hügeln,

charakter, welcher in einem milderen Masse den Scenerien jedes felsenhaften Gebirgs eigen ist, kommt hier mit einer Schärfe und Ausschliesslichkeit zum Ausdrucke, welche erstaunlich sind. Sehr bündig zeichnet Powell denselben, wenn er die Cañonregion, die man vom S. Francisco-Plateau überblickt, in folgenden Worten schildert: „Die Ausdehnung und Grossartigkeit der Cañonsysteme ist erstaunlich. Das Plateau ist in Mauern zerklüftet durch diese Abgründe und gleicht einem Ruinenfeld. Meilenbreite Strecken sind weggeschwemmt, isolirte Berge sind in ihren Klüften stehen geblieben, Spalten, die so tief sind, dass das Auge ihr Dunkel nicht zu durchdringen vermag, sind durch Felswände getrennt, die man glaubt umspannen zu können, und schlanke Thürme, die auf ihrer Grundlage zu zittern scheinen, schiessen tausend Fuss in die Luft“ [1]).

Neben den Cañons sind die Mesas charakteristische Oberflächenformen dieser Region; wir haben sie anderwärts schon getroffen, aber sie sind nirgends so häufig und so massenhaft vertreten wie hier. Neu-Mexico kann man geradezu ein Mesa-Land nennen; denn dort gibt es

---

Cañons und Klippen kennen, zwingen zu dem Schluss, dass die Flusssysteme hier von den Schichtenfaltungen und von der Erosion in ihren Richtungen bestimmt wurden und ebenso auch von der Bildung der Lager und Hügel eruptiver Gesteine.“ Und weiterhin hebt er hervor, wie es keine Faltungen und Biegungen gab beim Beginn der Denudation. Als dieselben aber anfingen sich zu bilden, sei diess nicht plötzlich geschehen; die Gesteine seien nicht durch grosse Convulsionen durcheinander geworfen worden, sondern langsam hätten sich die Oberflächenformen verändert, so dass diese Aenderungen keine Wirkung auf die Richtung der Ströme übten. Diese Veränderungen gingen nicht rascher vor sich als die Erosion der Flussbetten, deren Richtung von jener nicht bestimmt wurde. Powell, Explor. of the Colorado R. 1875. 298, 201. Dass übrigens auch die Gesteinsbeschaffenheit die Wirkung dieser von aussen her wirkenden Kräfte bedeutend unterstützt, hebt Newberry hervor. Ihm zu Folge ist als ein passiver, aber darum nicht minder wirksamer Faktor die bemerkenswerth leichte Zersetzbarkeit der Granite dieser Regionen, nicht zu übersehen und um so weniger, als die Granite hier den Kern aller bedeutenderen Gebirgszüge bilden: „Diesen Granitgesteinen ist nahezu überall, wo sie auftreten, ein gemeinsamer Charakter eigen, den sie mit den meisten Graniten der übrigen Gebirgszüge desselben Systems im Coloradogebiet theilen; es ist das Vorwalten ihrer feldspathigen Bestandtheile über die hornblendigen und vorzüglich die verhältnissmässig grosse Masse Albit, die sie enthalten. In Folge dieser ihrer mineralischen Zusammensetzung sind sie gewöhnlich hellfarbig und weich, sehr nachgiebig gegenüber den zersetzenden Einflüssen und bieten selten jene kühnen Umrisse dar, welche Gebirgen von solcher Höhe eigen zu sein pflegen. Wenig Vegetation bedeckt ihre Abhänge, und ihr geologischer Aufbau ist mit Einem Blicke zu erkennen.“ (J. S. Newberry, a. a. O. Geol. 13.)

1) Powell, Explor. of the Colorado R. 1875. 195.

keinen einzigen Höhenzug, der nicht in Mesas ausliefe, von solchen begleitet wäre oder sogar selbst als eine grosse Mesa gelten könnte. Der Name bedeutet im Spanischen Tisch oder Tafel, und werden mit ihm „die in Mexico so häufig vorkommenden Tafelberge und Terrainstufen genannt. Man muss das Wort bald durch Plateau, bald durch Terasse übersetzen“ [1]). Die horizontale Lage der Schichten und ihre sehr verschiedene Zersetzbarkeit, welche in vielen Fällen durch übergeflossene oder zwischengeschaltete Lava-, Basalt- oder Porphyrschichten zu einer sehr ungleichen wird, sind die Bedingungen der Mesabildung. Rechnet man aber jede flache und steilwandige Oberflächenform zu den Mesas, so fallen auch viele von Cañons durchschnittene Schichtencomplexe unter diesen Begriff, und dieser Art von Mesabildung lägen dann dieselben Kräfte zu Grunde wie der Cañonbildung, nur immer unter Voraussetzung horizontaler Schichtung. Die ächten Mesas bleiben aber die Tafelberge der Hochebene, bei denen übrigens ein Zusammenhang mit der allgemeinen Erosion und Thalbildung ebenfalls nicht ausgeschlossen ist; sie tritt z. B. bei jenen hervor, die massenhaft im oberen Colorado-Gebiet vorkommen, von welchem sie Capt. Beckwith, der mehrere Tagreisen zwischen ihnen durchzog, folgendermassen beschreibt: „Auf beiden Ufern des Grand R. erheben sich die Gehänge rasch zu den steilen Abhängen der Mesas, welche 20—50 Kil. rückwärts gegen die Berge zu sich erstrecken. Diese Tafelberge sind in Classen zu theilen, deren jede dasselbe Niveau festhält und aus denselben Formationen besteht, auch wenn sie an entgegengesetzten Ufern des Flusses liegt. Alle sind bedeckt mit einer mehr oder weniger dicken Schicht von vulkanischem Gestein, das seinerseits einige Fuss Erde trägt, auf welcher manchmal Baumgruppen sich erheben... Während das Gefäll des Flusses ein sehr beträchtliches ist, scheinen diese Tafelberge ganz dieselbe Höhe zu bewahren und werden desshalb höher über dem Fluss, je mehr dieser fällt“ [2]). Der inselartige Charakter dieser Tafelberge tritt besonders im Gegensatz zu den umgebenden Ebenen so scharf hervor, dass man es begreift, wenn O. Löw die von den Moqui-Indianern bewohnten Mesas im nordöstlichen Arizona das *Helgoland Arizonas* nennt: „Da lag vor uns, sagt er, ein weites sandiges Becken, kein grüner Punkt ist sichtbar, kein Baum, kein Strauch unterbricht die Monotonie der Gegend, nur 10 Meilen drüben im Westen heben sich kahle Sandsteinblöcke vom Horizont ab“ [3]). Dieses sind die Sandstein-Mesas

---

1) J. Fröbel, Aus Amerika 1858. II. 132.

2) Pacific R. R. Report 38 and 39th Parallel. 1854. Tertiärschichten, die durch eine Basaltdecke zu Mesas geworden, beschreibt auch Hayden vom Ostfuss der Front Range des Felsengebirges. Sixth Annual Report U. S. Geol. Surv. 1873. 104.

3) P. G. M. XX. 407.

der Moquis. Bis an den äussersten Westrand des Colorado-Gebietes ragt übrigens die Mesa-Bildung hinüber; dort ist Table Mt. an der untern californischen Küste, unmittelbar südlich von der Grenze der Ver. Staaten, wegen seiner regelmässigen Tafelform eine der hervortretendsten Landmarken; er ragt 700 m. über die Küste hervor. Im Innern von Arizona und Neu-Mexico werden die Mesas sogar zu Tafel-Gebirgen, so die sogenannten Mogollon Mts. oder Sierra de Mogollon (auch Mogoyon), welche auf den Karten als ein erheblicher Gebirgszug erscheinen, aber nichts anderes sind, als eine grosse Mesa „ein langgestrecktes Plateau, das von der Sierra Blanca aus in nordwestlicher Richtung sich bis zur Sierra de S. Franisco ausdehnt"; seine durchnittliche Meereshöhe wird auf 2100 m. angegeben. Löw, der dieses *Gebirge* überschritt, nennt es ohne Weiteres Mesa und bezeichnet seinen südlichen Theil ausdrücklich als Plateau[1]). Nichts anderes ist das S. Francisco Plateau, und viele der vereinzelten Höhen in der Gila- und Mohave-Wüste sind Mesas.

Als Pässe dienen in diesem Gebiet, wie man bei der eigenthümlichen Gruppirung seiner Höhenzüge leicht begreift, meist nur Lücken zwischen den einzelnen Berggruppen, Ketten und Mesas, und zwar Lücken, die bei der inselartigen Getrenntheit vieler dieser Höhen oft vollständig auf das Niveau der Hochebene herabsinken. Die begangenste Strasse Neu-Mexico's, die von Santa Fé nach El Paso durch vier Breitegrade hinzieht, führt sogar über keinen einzigen nennenswerthen Pass, da sie fast überall dem hinreichend breiten Thale des Rio Grande folgen kann. Nur in den bedeutendsten Gebirgsketten sind wahre Pässe, Einsenkungen der Kammlinie, zu überschreiten. Dahin gehören Zuñi Pass (2423), Campbell und Washington Pass in der Zuñi-Kette, Conks Pass (1563) und Paso de los Mimbres in der Sierra de los Mimbres, Paso de las Animas im Sierra Madre-Plateau, El Puerto del Dado (1656) in Chiricahui Mts., Railroad Pass zwischen diesen und den Pinaleno Mts. (1586), Cactus Pass und ein anderer Railroad Pass nördlich von der Cerbat Range.

Was von neumexikanischen Höhenzügen östlich vom Rio Grande liegt, gehört bereits entschieden der Abdachung der grossen Gebirgsmasse des Westens an. Nach Süden und Osten fällt sie stufenweise zu immer tiefer liegenden Ebenen oder Hügelländern ab, bis sie im Mississippithal und im Golf von Mexico in das Tiefland übergeht.

In der Kette, die dem Rio Grande am nächsten liegt, erhebt sich von bemerkenswerthen Höhen am linken Ufer des Stromes, an der mexikanischen Grenze, die Sierra de los Organos, das Orgelgebirg, ein hochaufgethürmter Bau von Felsenmassen, deren vertikale und oft säulenartige Stellung Veranlassung zu ihrem Namen gegebenhat. Aber nur der mittlere

1) P. G. M. XX. 412.

Theil der Kette hat diesen Charakter, und nordwärts wie südwärts lehnen sich geschlossenere und mehr in die Breite gebaute Gebirgsmassen daran. Die weiter im Süden am selben Ufer sich erhebenden Eagle Mts. scheinen der gleichen Kette anzugehören. Nach Norden zu theilt sie sich in eine Sierra del Cavallo, welche nordwestlich dem Flusse entlang zieht, und eine Sierra Soledad oder San Andreo, die sich in nördlicher Richtung von demselben entfernt. Zwischen sich haben beide die *Steppenterrasse* der Jornada del Muerto, einer zu 220—240 m. über das Fussbett sich erhebenden basaltbedeckten Hochebene, die ungefähr 140 Kil. lang sich zwischen den beiden Gebirgen hinzieht. Nach Süden, Westen und Norden in das Rio Grande-Thal abfallend, findet sie nach Osten hin zwischen den Bergketten der Sierra de los Jumanes, Carizo, Pajuno und Sacramento, die man gewöhnlich als Sierra Blanca zusammenfasst, eine Verbindung nach den Hochebenen des Pecos-Thales. Bis gegen Santa Fé hinauf ziehen in der allgemeinen Richtung jener beiden Gebirgszüge unzusammenhängende, inselartig aus der Hochebene hervorragende Bergketten; die Sierra del Oso, die Manzana-, Sandilla- und Placerberge sind die hervorragendsten unter ihnen. Man kann sie als den Westrand des Pecos-Tafellandes, als Grenze zwischen ihm und dem Rio Grande-Thal, betrachten. Mehrere Pässe führen zwischen ihnen durch nach dem Rio Grande hinab. Zwischen die Manzana- und die Jumaneskette ist als Gebirge eigener Art die Mesa della Jornada, ein basaltüberdeckter Tafelberg eingeschaltet, dessen flacher, fast glatter Umriss erheblich absticht gegen die Klippenformen der wie Felseninseln aus der Steppe des Plateaus sich erhebenden Berge der genannten Sierren.

Die oben genannten östlicheren Ketten, die gegen den Pecos zu liegen, sind offenbar die Fortsetzung von südlicheren, bereits auf mexikanischem Boden gleichfalls zwischen Rio Grande und Pecos gelegenen Erhebungen, welche dort wie hier die Hochebene, auf der der Rio Grande fliesst, wallartig umgürten und deren Uebergang in die vorgelagerten, nächst niederen Hochebenenstufen der Pecos Plains vermitteln. Diese südlicheren Höhenzüge bilden eine Hauptkette, die in verschiedenen Theilen verschiedene Namen trägt. Sierra de las Limpias ist eine Porphyrgruppe, ein Theil der aus demselben Gestein sich aufbauenden Kette, welche weiter im Norden als Sierra del Diablo und Sierra de Guadalupe (auch Apache und Salt Plain Mts.) auftaucht. Sie umsäumen den Abfall der Scheitelfläche des Rio Grande-Hochlandes nach dem Thale des Pecos zu [1]). Wunderbar phantastische

1) Wenn sie, wie es den Anschein hat, an diesem Abfall theilnehmen, so erklärt sich ganz natürlich eine auf den ersten Blick auffallende Bemerkung

Säulen-, Tafeln-, Klippen- und andere Absonderungsformen zeichnen diese Gebirge aus, in denen eine deckenartige Flächenausbreitung des Porphyr über anstehendes Kalkgestein sehr deutlich zu sehen sein soll. Die Passhöhe beträgt hier 1429 m. (Emory). Keine grössere Berggruppe als diese findet sich in dem Winkel zwischen Pecos uud Rio Grande bis zu den Eagle Mts. am linken (texanischen) Ufer des letzteren; aber zahlreiche vereinzelte Berg- und Felsgruppen aus Quarzfels, Porphyr, Hornstein aufgebaut, unterbrechen auf der ganzen Hochebene die Einförmigkeit der Steppenlandschaft; Sierra San Jago, S. Corazon, Los Chisos, Los Bofecillos sind unter ihnen zu nennen. Weit hinaus bis zum Pecos vorgeschoben ist die Sierra Charrote, welche schon mehr zu den vereinzelten Höhen und Höhenzügen des westlichen Texas gehört. Am jenseitigen Ufer erheben sich in den Castle Mts. bereits Vorwerke des Felsplateaus des Llano Estacado.

Die Ebenen und Hügelländer des Innern. Die Ebenen und Hügelländer, welche zwischen den beiden grossen Gebirgszügen des Westens und Ostens das Innere der Ver. Staaten ausfüllen, und die man kurzweg als die Ebenen des Inneren zu bezeichnen pflegt, haben wir an ihren Rändern, da wo sie an jene Gebirge grenzen, bereits kennen gelernt. In der allgemeinen Betrachtung der Oberflächenbeschaffenheit hatten wir ihren Thalcharakter zu betonen, welcher es bedingt, dass sie zum grössten Theile mit dem Becken eines einzigen Stromes, des Mississippi, zusammenfallen. Von den Alleghanies sahen wir sie in der Seenplatte von New-York, in dem Tafelland von Ohio, den Kalksteinplateaus von Kentucky und Tennessee sich nach Westen hinaus erstrecken, von der Cordillere als wellige, von Vorbergen, gleichsam hinauszitternden Wellenkreisen der gebirgserhebenden Kraft, durchzogene Hochprärie sich aus Höhen von 1800 m. gegen Osten hinab senken. Die Einzelverhältnisse ihres Inneren und ihres Nordrandes zu betrachten, bleibt uns nun noch übrig.

Die Hochebenen des Nordens. Im Norden tritt zunächst als ein bedeutsamer Zug die Wasserscheide hervor, welche canadische Flüsse, die entweder dem Atlantischen Ocean oder der Hudsonsbai zufliessen, von denjenigen trennt, welche dem Mississippigebiet und damit dem Golf von Mexico angehören. Als Theil der canadi-

J. Fröbel's (Aus Amerika 1858. II. 380), welche besagt, dass von der Westseite dieser Gebirgsgruppe das Wasser nach der Ebene an ihrem Ostrande abfliesse.

schen Seenplatte zieht diese Wasserscheide in einer Höhe von 200—250 m. hart am Südrand der fünf grossen Seen hin, so dass nach diesen nur kleine Bäche abfliessen, während, der Süd- und Westneigung dieses Theiles der Ebene entsprechend, der grösste Theil der Bewässerung seinen Weg nach dem Inneren, dem Mississippibecken zu, findet. Nur in der flachen Halbinsel Michigan, welche den Michigan- vom Huronensee trennt und in ihrem seenreichen Inneren sich bis zu 90 m. erhebt, sowie in der zwischen Green Bai und Keechenaw Bai gelegenen Halbinsel zwischen Michigan- und Oberem See greift der nördliche Abfall dieser Wasserscheide tiefer in das Gebiet der Ver. Staaten ein; weiter westlich ist es im Gegentheil der südliche, der sich nach Britisch Nordamerika hinüberschiebt. In der Verlängerung dieser Wasserscheide liegen westlich vom Oberen See und erheblich höher als die Seenplatte die Landhöhen von Minnesota, die als Hauteur des Terres, Coteau des Grands Bois, Bois des Sioux und Coteau des Prairies unterschieden werden, und welche hier die Wasserscheide zwischen dem Oberen See und dem Red R. auf der einen Seite und dem Mississippi auf der anderen bilden. Weiter westlich setzt der Coteau du Missouri diese wasserscheidende Erhebung im Gebiet von Dakota bis hart an das linke Ufer des Missouri fort, worauf dann am rechten Ufer in den zahlreichen *Buttes*, vereinzelten Höhen, die zwischen Missouri und Little Missouri häufig sind, und weiterhin in der Fox Ridge, Powder River Ridge, Wolf Mts. bereits Ausläufer des Felsengebirges erscheinen [1]).

---

1) Dieser nördliche Hochebenenstreif stellt eigentlich eine Verlängerung canadischer Boden- und Oberflächenverhältnisse in das Gebiet der nördlichen Ver. Staaten dar. Wir haben jenseits der Grenze einen grossen Höhenzug, den allerdings weder Berge noch Hügel, sondern nur die Wasserscheiden bezeichnen, und dieser Höhenzug ist gleichzeitig wohlabgegrenztes geologisches Formationsglied, nämlich ein Complex azoischer oder Urgesteine, der sich inselgleich aus ringsum angelagerten Formationen jüngeren Alters erhebt. Die grosse Wasserscheide zieht auf ihm vom Fuss der Felsengebirge zwischen den Stromsystemen des Satkatschewan und Athabasca-Mackenzie gegen Nordost zum Wollaston-See und von diesem in nordnordöstlicher Richtung zu dem arktischen Hochland, welches zwischen der nördlichen Hudsonsbai und dem Eismeer liegt und geographisch wie geologisch zu dieser grossen Landhöhe gehört; an dieselbe schliesst sich im

Betrachtet man näher dieses Land zwischen dem Westrand der Seen und den Felsengebirgen, das im Allgemeinen bezeichnet ist durch die Gebiete der Staaten und Territorien von Minnesota, Iowa, Dakota und Nebraska, so ist es äusserlich allerdings eine im Ganzen flache Region, die im Osten und Norden vorwiegend hügelig (rolling), häufig sumpfig und streckenweise dicht bewaldet, im Südwesten breitflächig und wellig beschaffen ist. Aber dieses Flachland ist, wie wir gesehen, ebensowenig Tiefland, wie es die Prärien weiter südlich sind; es umschliesst vielmehr einige Tafelländer von nicht unbedeutender Erhebung und Erstreckung, Hochebenen, die auf die hydrographischen Verhältnisse Nordamerikas einen bestimmenden Einfluss üben. Vom Oberen See nach Nordwesten gehend, finden wir zunächst Tafelland von durchschnittlich 300—400 m. Erhebung über das umgebende Land, zu welchem wir in nicht mehr als 30 Kil. vom Obern See (Niveau 183 m.) ansteigen, und das seine grösste Höhe im Quellgebiet des Red R. findet, worauf es, nach Süden umbiegend, sich gegen das Thal des Minnesota hin in den Wellenhügeln der Prärie verliert. Es fällt im Ganzen nach Süden, von Westen und Osten aber nach seinem eigenen Inneren zu. Die obengenannten Landhöhen von Minnesota sind seine natürlichen Abschnitte. Das Thal des Red R., mehr eine grosse Ebene, eine Prärie als nur ein Thal, liegt 120 m. tiefer als dieses Tafelland [1]) und ist von 50—60 Kil. mittlerer Breite. Beim Fortschreiten nach Westen hebt sich das Land sehr langsam zu langen, wellenartigen Hügeln, die niedrig, gerundet, nur selten von einem cañonartig tief eingeschnittenen Thal oder einer trockenen *Coulée*, dem alten Bette eines Flusses unterbrochen sind. In dieser Region überschreitet man die Grenze von Prärien und Plains, vertauscht graue Steppen für das grüne Wiesenland, Salzbecken für Süsswasserseen, dorniges Gestrüpp für Wälder. Die Wellenhügel der Prärien werden hier höher, und alle Thäler ziehen südwärts, entsprechend der vorwiegenden Richtung flacher Bodenanschwellungen, welche sie von einander trennen. Aber auch hier ist die Fläche keine ununterbrochene. Vorzüglich zwei Tafelländer, die Coteaux, lange, breite, gleichmässige

Osten das ähnlich felsige, aus Urgesteinen sich aufbauende Tafelland der Seenplatte an und greift im Süden mit den Coteaux in unser Gebiet herüber.

1) „Nur die Anschauung selber kann einen Begriff geben von der eigenthümlichen Wirkung dieser ganz ebenen Fläche. Die Linie des Horizontes ist eine so vollkommene Gerade, dass sie zur Bestimmung der Höhe von Himmelskörpern dienen könnte. Als ich auf dieser Savanne stand und meine Augen anstrengte nach dem Anblick eines Gegenstandes, der etwas hervorragender wäre als ein Grashalm, dünkte mich, dass es keinen Fleck auf der Erde geben möchte, gleich passend, einen Breitegrad darauf zu messen.“ D. Owen, Geol. of Wisconsin, 1852.

Erhebungen, durchsetzen sie. Ca. 60 Kil. westlich von Lake Travers in 46° N. B. und 97° 30′ O. N. erhebt sich der Coteau des Prairies und zieht in zwei Arme sich theilend südlich bis zum Thal des James River, 44° 15′ N. B., und südöstlich bis in die Südwestecke von Minnesota hinein, wo er allmählich auf das Niveau der Präriehügel herabsinkt. Die Meereshöhe dieser Hochebene schwankt zwischen 570 und 630 m., und ihre Erhebung über dem Niveau des umgebenden Landes beträgt 250 m. im Osten und 220 im Westen. Das andere Tafelland ist der Coteau du Missouri, das dem Laufe des Missouri von Ft. Sully bis zur Mündung des Yellowstone folgt, dann nordwestlich abzweigt und in den Prärien jenseits der Grenze sich unmerklich verliert. In Höhe schwankt es von 600 bis 700 m., in Breite von 50—80 Kil., aber seine Oberfläche ist minder gleichartig als die des vorigen und hebt sich stellenweise bis zu 60 m. über das allgemeine Niveau des Tafellandes.

Ueber dieses weite Hochebenengebiet sind ungeheuere Schuttmassen verstreut, welche bald Thäler ausfüllen, bald als Hügel und Hügelketten aufgeschüttet, bald als gleichmässige Decke über den Felsboden des Urgesteins ausgebreitet sind, oder als erratische Blöcke sich über die Hochflächen erheben. Es sind vorwiegend eiszeitliche Gebilde, die man als Drift bezeichnet. Natürlich haben in einem so weiten Gebiet von einförmiger Oberflächengestalt, wie es der nördliche Theil der Vereinigten Staaten ist, die Erscheinungen der Eisbedeckung und Ueberflutung, welche den sogenannten quaternären Zeitraum der Erdschichte ausfüllten, den unbeengtesten Raum zu ihrer Entfaltung gefunden, und sind desshalb in einer Ausdehnung dort entwickelt, welche sie zu viel wichtigeren, eingreifenderen Faktoren der Bodengestaltung macht als auf irgend einem anderen bekannten Abschnitt der Erdrinde. Ihre Produkte und Relikten bedecken, wenn auch nicht völlig lückenlos, den grössten Theil der nördlichen Hälfte von Nordamerika bis zu durchschnittlich 39° N. B. Südlich vom Ohio sind sie nicht nachweisbar, wenn man zweifelhafte Vorkommnisse von erratischen Blöcken bei Philadelphia und Baltimore ausnimmt. Sie sind schwach vertreten in den Gebirgen und auf den beträchtlicheren Landhöhen, erreichen hingegen stellenweis beträchtliche Mächtigkeit auf den Ebenen und werden hier durch ihre weite Verbreitung und oberflächliche Lagerung das für den Ackerbau wichtigste Glied der geologischen Schichtenreihe.

In dem ganzen Gebiete, wo man diese quaternären Ablagerungen trifft, ist der Felsgrund an denjenigen Orten, wo er die zur Festhaltung der Spuren nothwendige Beschaffenheit besitzt, in der Art geschliffen und gefurcht, wie man es von den Unterlagen der Gletscher beschreibt. In Canada, Neu-England und den Mittleren Staaten sind diese Gletscherspuren allgemein verbreitet; im Oberen Mississippigebiet sind sie in den Hügelländern, den grösseren Flussthälern und Seebecken häufig. Die Richtung der Furchen ist eine vorwiegend nordsüdliche, wenn auch vielfach abgelenkt durch örtliche Verhältnisse. In den Thälern gehen diese Spuren oft tief unter die jetzige Thalsohle und deuten an, dass ganze Systeme von in tieferem Bette fliessenden Strömen und Bächen, Flusssysteme, die einem tieferen Niveau des Meeres entsprechen, zur Zeit der Eiswirkung bestanden.

Diesem von Eisspuren durchfurchten Boden sind nun jene *Drift Deposits* aufgelagert, die wir am passendsten Diluvialgebilde nennen werden. Das unterste von ihnen ist ein zäher, blauer Thon, ungeschichtet, der zahlreiche kleinere Gerölle und stellenweis grosse Blöcke umschliesst. Man nennt ihn Boulder Clay, Schollenthon. Eine Varietät desselben, ein feiner, geschichteter, von Geröllen freier Thon ist der Erie Clay der nordamerikanischen Geologen. Dieser Thon überlagert an vielen Orten des Westens, vorzüglich in Ohio, eine kohlige Schicht, die häufig Wurzeln nnd selbst aufrechtstehende Baumstümpfe enthält, welche ihr den Namen *Forest Bed* haben beilegen lassen. Ausgedehnte Torflager, die jetzt von anderen Driftgebilden bedeckt sind, gehören derselben Zone an, in der zum ersten Male Reste vom Elephanten, Mastodon, Riesenbiber u. a. Diluvialthieren gefunden werden, die auch in den späteren Quaternär-Gebilden nicht fehlen. Jünger ist die Gruppe mannigfaltiger Schwemmprodukte, die eine tiefe Senkung des Landes andeuten und die man als *Lacustrine Deposits*, wohl auch lokal (in Ohio) als *Delta Sand Deposits* zusammengefasst hat. Es sind weisse, gelbe, blaue Thone, mit und ohne Geröll, fein oder sandig, geschichtet und ungeschichtet, oft unserem Löss ähnlich, unter dessen Namen sie wohl auch gehen, ferner Gerölle und Sande. Da sie häufig die hohen Ufer zusammensetzen, welche in den Ebenen des Nordwestens selbst bei geringer absoluter Höhe sich bedeutend von der Fläche des Landes abheben, so hat man sie auch *Bluff Formation* genannt. Endlich folgt über diesen Ablagerungen die letzte der ausgedehnteren Driftbildungen, der sog. Eisbergdrift, welcher unseren erratischen Bildungen in Form und Anordnung entspricht; das Material desselben sind Blöcke und Gerölle, meist aus nah im Norden gelegenen Felsregionen stammend und 20—40, selten bis zu 100 e. M. weit transportirt [1]); sie sind wenigstens zum Theil auf Eisbergen nach Süden gekommen. Dass sich auch Reste alten

1) In dieser oberflächlichsten und jüngsten der grossen Driftablagerungen hat man häufig gediegenes Kupfer, das auf den Nordrand des Oberen Sees zurückweist, und stellenweis auch Spuren von Gold gefunden. Es ist kaum nöthig zu sagen, dass diese Funde ungegründete Hoffnungen erregten. Man hat tiefe Schachte abgeteuft, um dieses Kupfer zu graben, von dem zufällig einige Stücke auf Eisbergen über den Oberen See geschwommen waren.

Gletscherschutts unter diesen erratischen Bildungen finden, ist indessen wahrscheinlich. Im Allgemeinen ist das Material der Driftgebilde im Norden gröber als im Süden[1].

Ablagerungen, die in Form und Vertheilung an die Drift- oder Diluvialgebilde erinnern, aber jünger als sie, wenn auch gleich ihnen Wirkungen grosser und weitverbreiteter Ursachen sind, sind die Terrassenbildungen an den Seebecken und in den Flussthälern, welche von früher höherem Niveau der Seen und von Ruhepunkten in dem Sinken desselben Zeugniss ablegen. Auch alte Strandlinien der Seeküste und marine Ablagerungen in heute binnenländischen Gebieten gehören hierher. Langgestreckte, gerundete Sand-, Geröll- und Schutthügel, vollkommen entsprechend denen, welche im Schottland *Kames* und in Schweden *Asars* genannt werden, kommen in den höher gelegenen Theilen der Driftregion und besonders in den Wasserscheideregionen in weiter Verbreitung vor. Sie erhalten in Nordamerika, wo man sie von New-York bis nach Wisconsin hinüber kennt, den verständlichen Namen *Hog's Back,* Schweinsrücken. Ihr Material ist z. Th. einheimisch und gehört z. Th. ebenso fernen Regionen an, wie das der erratischen Blöcke, und ist gleich diesen in der Regel weder geschliffen noch gefurcht, aber immer geschichtet. Man betrachtet sie als Driftablagerungen, welche an Stränden stattfanden, wo Eisberge und Treibeis schmolzen und wo ihr Schutt von der Brandung gewissermassen gesichtet und von seinen feinsten Bestandtheilen befreit wurde.

Es ist nicht schwer, die jüngste Geschichte der Nordhälfte des nordamerikanischen Continents in der Schrift dieser Spuren und Reste zu lesen. Wir haben es hier mit einer Eiszeit zu thun, wie bereits an-

---

1) Man möchte nach den Beschreibungen der erratischen Gebilde in Nordamerika schliessen, dass dieselben dort viel häufiger seien als in Europa, und die grössere Intensität der heutigen nordamerikanischen Winterkälte scheint diesen Schluss zu bestätigen. Aber es ist auch zu erwägen, dass die Cultur dort zu jung ist, als dass sie diesen Spuren einer der merkwürdigsten geologischen Epochen so gefährlich hätte werden können wie bei uns, wo man sich schon genöthigt sieht, sie durch allerlei Mittel zu schützen. An Grösse stehen die erratischen Blöcke Nordamerikas nicht hinter denen unserer nordischen Ebenen zurück. Hitchcock nennt einen von Bradford Mass., der über 2000 Tonnen wiegt. Newberry berichtet von einem in Ohio, der als dreiseitige Pyramide von 12, 12 und 15′ Kantenlänge aus unbekannter Tiefe über den Grund hervorragt; einer von 43′ Länge und 32′ Breite liegt bei Wittingham in den Green Mts. Solcher, die mit einer Masse von 50—100 Tonnen über den Grund hervorragen, gibt es nicht wenige. Orton berichtet von einem Streifen erratischer Blöcke zwischen Dayton und Eaton (gleichfalls in Ohio), der 2—3 Meilen breit und so dicht ist, dass er die Cultur unmöglich macht (Geol. Survey of Ohio 1874. 33, 34). Schliffe und Furchungen sind an diesen Blöcken nur ausnahmsweise zu sehen.

gedeutet. Zu einer Zeit, die wahrscheinlich mit der der europäischen Eiszeit zusammenfällt, jedenfalls aber dieser in der Aufeinanderfolge der Erscheinungen entspricht, hatte die nördliche Hälfte von Nordamerika ein arktisches Klima, verbunden mit wahrscheinlich bedeutenden Niederschlägen [1]), welche zu grossen Gletscherbildungen Anlass gaben. Am Anfang nnd gegen Ende dieser Eiszeit waren die Gletscher lokale Gebilde; sie waren aber während des stärksten Waltens der kältefördernden Bedingungen so ausgedehnt, dass eine grosse Eismasse, die sich in südsüdöstlicher Richtung vorschob, ganz Neu-England bedeckte [2]), während andere grosse Gletscher die Gegenden östlich vom Mississippi und nördlich vom Ohio bedeckten. Es ist oben eine Thatsache angeführt, welche zu beweisen scheint, dass der Continent, wenigstens in seiner nördlichen Hälfte in dieser Zeit einige 100 Fuss höher war als jetzt. Aber auf die Eiszeit folgte eine Periode, welche man die Wasserzeit nennen könnte. Das Land sank, bis es mindestens 500′ unter seiner heutigen Höhe stand; die Kälte, das Eis, die Gletscher gingen zurück. Ein grosses Süsswassermeer bedeckte nicht nur die Region der Grossen Seen, sondern noch ein weites Gebiet ausser ihr. Der *Boulder Clay* wurde in dieser Zeit abgelagert, und ist wohl vorzüglich auf den Schlamm zurückzuführen, zu dem von den Gletschern die Schiefer- und Kalksteine zerrieben worden waren, und der nun beim Abschmelzen der Eisdecke zurückblieb. Dieses trat besonders in dem Ohio-Gebiete ein. Wo krystallinische Gesteine anstehen, wie in Neu-England, wird dieser Schlamm durch Sand und Geröll ersetzt. In stehendem Wasser, grossen Tümpeln, die beim Abschmelzen sich zeitweise an günstigen Orten sammelten, wurde feinerer Schlamm (Löss, Erie Clay) abgesetzt. Die Wälder und Moore, die auf dem einst gletscherbedeckten Boden wuchsen, führten zur Bildung der *Forest Beds,* die während der Senkung des Continents mit den neuen Ablagerungen des *Lacustrine Drift* be-

1) Bei der Parallelisirung der Eiszeit mit den Zuständen, welche heute die polaren oder südpolaren Regionen bieten, vergisst man merkwürdiger Weise so oft, dass ein arktisches Klima in unseren von Natur viel niederschlagsreicheren Breiten zu grossartigeren Gletscherbildungen Anlass geben musste, als wir heute in dem von Natur ebenso niederschlagsarmen Grönland oder sonst einem Polarland wahrnehmen. Auf Nordamerika, das wenigstens im Osten noch heute ein niederschlagsreiches Klima besitzt, wird diese Erwägung mit doppeltem Rechte Anwendung finden.

2) Dana hat die Dicke dieser Eisdecke, dieses *Ice sheet,* an ihrem Ursprung (Wasserscheide zwischen St. Lorenz und Hudsonsbai) auf 11,000′ geschätzt; aus den Spuren in den White Mts. schliesst man, dass daselbst das Eis 3000′ dick floss und 6000′ Meereshöhe erreichte, so dass ausser Mt. Washington nichts von dem ganzen Lande aus dem Eis hervorragte. (El. of Geol. 12.)

deckt wurden. Ueber diese streuten im Gebiete südlich von den grossen Seen schmelzende Eisberge die erratischen Blöcke und das Geröll, aus denen der *Eisbergdrift* besteht, während im Osten zur selben Zeit vielleicht noch einige grössere Thäler mit Gletschern erfüllt waren.

Das Flachland des Inneren. Südlich von diesen Landhöhen, welche man als die nördliche Ergänzung der Gebirgsumrandung des nordamerikanischen Flachlandbeckens betrachten kann, erhält das Gefälle der Hochebenen und der Ebenen immer mehr eine westliche und östliche Richtung, und beide Richtungen finden ihr Ziel in dem Thale des Mississippi, welches von St. Louis abwärts den tiefsten Theil der flachen Rinne darstellt, als welche hier das ganze Land zwischen Felsengebirg und Alleghanies erscheint.

Man kann dieses gesammte Gebiet des Inneren in zwei grosse Abschnitte theilen, deren südlicher und kleinerer gebildet wird durch das Tiefland des Mississippi und der Golfküste, während der mittlere bei vorwiegend flachem Charakter nicht bloss kein Tiefland in dem ausgesprochenen Sinn der Mississippi-Niederungen, sondern in weiter Erstreckung eine ausgesprochene Hochebene und stellenweise ein Hügelland von nicht unbeträchtlicher Höhe ist.

Den Abfall von den Alleghanies nach dem Mississippi zu haben wir kennen gelernt (s. o. S. 60). Der vom Felsengebirge bewahrt auch in den südlichen Theilen der Ver. Staaten zunächst einen ähnlichen Charakter wie im Norden, indem er gewissermassen als Fortsetzung der Hochebenenbasis des Gebirges von dem Fusse desselben langsam nach Osten und Süden zu abfällt. Bei der Höhe der Basis des Felsengebirges, die stellenweise über 1500 m. hinausgeht, haben wir es hier natürlich vorwiegend mit Hochebenen zu thun, die bei ihrem sehr allmählichen Abfall erst in unmittelbarer Nähe des Mississippi zweifellosen Tieflandcharakter annehmen.

Eine merkwürdige Beständigkeit, Einfachheit und Grösse auch in diesen Verhältnissen! Alles Land westlich vom Mississippi kann entweder als Ebene oder als Gebirg bezeichnet werden, und es ist überall, wenn wir gegen Westen fortschreiten, zuerst Ebene und dann Gebirg. Jene steigt erst langsam an, zuerst nicht mehr als

0,2 m. p. Kil., dann steiler und geht erst nach über 1000 Kil. breiter Erstreckung in das Gebirge über, wo dann allerdings der Anstieg anfänglich bis zu 7 und 9 m. beträgt. Die Breite und das allmähliche Ansteigen der Ebene, sowie die Höhe, zu der das Hochgebirge sich aus derselben herausreckt, sind wohl in verschiedenen breiten Gürteln unseres Gebietes verschieden; aber mehr oder minder scharf ausgeprägt finden sie sich überall vom Golf von Mexico bis zur Nordgrenze wieder. Das breite Flach- und Hügelland, das allmählich Hochebene wird, und das Hochgebirge, das aus ihm im Westen emporsteigt, kehren selbst weit nördlich von der Nordgrenze unseres Gebietes mit grosser Beständigkeit wieder; sie gehören in der That zu den charakteristischen Zügen der Oberflächengestalt von Nordamerika [1]). Wie sie sich, wenn auch in verschiedenen Höhenverhältnissen, in diesem ganzen Gebiete wiederholen, mag folgende Reihe von Profilen zeigen, die von Grad zu Grad durch das Gebiet zwischen Mississippi und Gebirge gelegt sind:

W. L.	32° N. B. Mittlere Höhe	35° N. B. Mittlere Höhe	39° N. B. Mittlere Höhe	41° N. B. Mittlere Höhe	45° N. B. Mittlere Höhe	48° N. B. Mittlere Höhe
	Meter	Meter	Meter	Meter	Meter	Meter
95—96	150	200	300	300	300	460
96—97	240	240	300	360	300	360
97—98	300	360	360	490	460	460
98—99	360	460	460	600	460	460
99—100	460	580	600	700	600	460
100—101	600	750	750	790	460	460
101—102	910	960	960	900	600	600
102—103	1370	1220	1220	1070	760	550
103—104	1220	1250	1520	1370	900	600
104—105	1220	1370	1830	1830	760	600
105—106	1370	1830	2740	2440	600	670

1) Ihr beständiges Zusammenvorkommen über ein so weites Gebiet hin lässt leicht auch einen genetischen Zusammenhang vermuthen, und es liegt jedenfalls nicht fern, mit einem der besten Kenner des Gebietes anzunehmen, dass „das ganze Gebiet westlich vom Mississippi ein grosses Plateau sei, welches allmählich gehoben wurde, bis die Kruste der centralen Abschnitte, bis aufs Aeusserste gespannt, barst und langsam jene höheren Gebirgsketten emporstiegen, welche wir als Felsengebirge zusammenfassen". F. V. Hayden, I., II. and III. Annual Report. 1873. 68.

Es erscheint uns nicht erstaunlich, wenn die Höhe, von der die Ebene am Fuss des Gebirges im Westen ihren Anfang nimmt, sich trotz der sehr bedeutenden Abnahme, welche das Gebirge in seiner eigenen Höhe zwischen Missouri und Rio Grande erfährt, keine sehr bedeutenden Verschiedenheiten zeigt. Wir haben die Hochebenenbasis als das beständigste Element in der grossen Erhebungsmasse des Westens kennen gelernt, und mit ihr ist es, dass die Ebenen des Inneren in inniger Beziehung stehen; denn von ihr sind sie gewissermassen die Abdachung, die sich ganz allmählich nach der tiefen Rinne des Mississippi hin senkt.

Die Grenze der Ebene gegen das Gebirge ist indessen nicht immer scharf zu bestimmen. Wo, wie in Wyoming oder Colorado, das Gebirge als geschlossene Kette erscheint, ist allerdings selbst der geologische Unterschied beider nicht weniger scharf als der orographische. Die Gebirgskette besteht aus krystallinischen Gesteinen, die beim Herauf- und Herausdrängen Gesteine von vorher horizontaler Lagerung hoben, falteten, überstürzten oder zersprengten. In dieser Art sind die Schichten, welche den Plains zu Grunde liegen, oft ziemlich weit in Falten geworfen und in der Nähe des Gebirges gehoben. So sind z. B. die Golden Hills, Boulder Hills und andere Vorberge der Colorado Front Range weiter nichts als Sedimentmassen, welche mit dem Gebirge zusammen gehoben wurden, und viele Meilen weit hinaus sind die Falten und Wellen der Plains wie Abschnitte von Wellenkreisen dicht hintereinander sichtbar. Die Schichten sind zuerst nur flach gebogen; aber näher gegen das Gebirg zu wird ihre Hebung steiler, und in den dem Gebirge zunächst gelegenen Vorbergen treten bereits klippige Felskämme aus den weichen Formen der Unterlage hervor.

Wo in Neu-Mexico das Gebirge in eine grosse Masse grösserer und kleinerer Gebirgszüge aufgelöst ist, die insgesammt wie im Einzelnen das Felsengebirg von Colorado weder an Masse noch an Höhe erreichen, wird die Trennung eine schwierigere, und es kommen die Wirkungen der hier in grosser Ausdehnung in Aktion gewesenen vulkanischen Kräfte hinzu, um die Abgrenzung zu erschweren. Die Spanish Peaks nnd die Raton Mts. hatten wir oben als Ausläufer des Felsengebirgs zu verzeichnen. Weiterhin am Oberen Cimarron bilden „Reihen kahler Kuppen mit schanzenförmigen Contreforts“ (Fröbel), die strahlenförmig von einem Knoten auslaufen und rasch ansteigend winkelförmige Ausschnitte der Prärieflâche zwischen sich lassen, die äussersten Ostausläufer neumexikanischer Gebirgsgruppen. Point of Rocks, eine oftgenannte Landmarke auf der alten Karawanenstrasse vom mittleren Mississipi nach Santa Fé, eine Gruppe von Trappklippen, ist wie ein Vorgebirg in die Ebene hinausgerückt. Rabbits

Ears, Round Mound, Pyramid Mts., Waggon Mounds sind Namen vulkanischer Kegel oder Klippengruppen, die in der Region des letzten Abfalls des Gebirges in die hier zu 1800—2000 m. ansteigende Hochebene sich erheben. Insofern sie nur vereinzelte Wirkungen derselben vulkanischen Kräfte darstellen, welche im Innern des Gebirges durch grosse Lavaströme und Vulkankegel einen so wesentlichen Antheil an der Gestaltung der Oberfläche jener Region nehmen, gehören sie noch dem Gebirge an. Wo vulkanische Gesteinsmassen über horizontale Schichten anderer Gesteine wegflossen, sie bedeckten und zum Theil vor Verwitterung schützten, entstand noch jene andere Art von Gebirgsvorwerken, die durch einfache, energische Erosion solcher Schichten in bestimmter Richtung entstandenen Mesas, welche oft als abgelöste Stücke einer hinter ihnen folgenden Hochebene vorgeschoben erscheinen. Ihre steilen Abhänge und tischartig flachen Rücken sind bezeichnende Züge, wie im Innern, so in der Vorberg-Landschaft dieser Region.

Eine ganz eigenthümlich scharfe Absetzung der Ebene gegen das Gebirg oder vielmehr der Ebene gegen die Hochebene, die an die Mesabildung erinnert, bedingt der geologische Bau im südöstlichen Neumexico und nordwestlichen Texas, wo der Llano Estacado, ein weites Sandsteinplateau von 970—1450 m. Meereshöhe und 70,000 □ Kil. Grundfläche, wie eine grosse Bastion in das um 500—800 m. tiefer liegende Land abfällt. Dieses Plateau ist den weiter zurückliegenden Gebirgen ähnlich vorgelagert wie die Hochebene der Plains in den nördlichen Bezirken; aber der Gesteinsunterschied sowohl hinsichtlich der Beschaffenheit als Lagerung liess nicht jene allmähliche Vermittelung mit der Ebene zu, welche noch im Gebiet des Arkansas die Plains so ganz allmählich in die Prärien überleitet. Vergessen wir übrigens nicht, dass direkt westlich von diesem grossen wüsten Tafelland keine quellennährenden Gebirge zu finden sind, deren Gewässer stark genug nach Masse und Fall wären, um diese Sandsteinfelsen zu durchbrechen. Es ist darin einer der Gründe der Existenz dieser Sandsteinwüste zu suchen, deren Starrheit sicherlich längst milderen Formen Platz gemacht haben würde, wenn ein Felsengebirg oder gar eine Andeskette, die ihre Wasser über sie wegsendete, ihr im Rücken stände.

Die Landhöhe von Texas, welche die Wasserscheide zwischen den südwestlichen Mississipizuflüssen und den selbstständigen kleinen Flusssystemen von Texas bildet, nimmt den Ostabhang des Llano Estacado in sich auf und fällt von da allmählig gegen Süden und Osten ab. Der Südabfall ist dabei der weitaus überwiegende, wie man an den Flussläufen sieht, welche südlich vom Red R. die westöstliche Richtung vollständig aufgeben, um südwärts parallel mit dem Mississippi zu fliessen. Die Oberfläche dieser durchaus der Kreideformation angehörigen Erdschwelle ist wellig, von unbedeutenden Höhen durchzogen und steigt im Westen zu 900 m. an. Sie fällt in drei Terrassen zum Meere und zum Unteren Mississippi ab, von denen die erste nur eine Ausdehnung der Landhöhe in tiefere Niveaux ist, die statt des steppen- und felsenhaften Charakters dieser Grasfluren den zerstreuten lichten Baumwuchs trägt, welcher für die höheren und nicht schon zur Steppe gehörigen Theile von Texas bezeichnend ist; die zweite ist Diluvialgebilde, flache, nicht ganz baumlose Prärie, zu der auch die reichbewaldeten Thalsohlen (Bottoms) der Flüsse zu rechnen sind; die dritte wird durch das niedrige, weithin kaum über das Meeresniveau erhobene Küstenland, dieselben alluvialen Küstenniederungen gebildet, welche von der Hudsonmündung an die ganze atlantische und Golfküste Nordamerikas umsäumen.

Die Wichita und Ozark Mts., ein sehr eigenthümlicher, wenn auch keiner der hervorragendsten Züge in der Oberflächengestaltung des Innern der Vereinigten Staaten, sind wegen ihres Zusammenhangs mit den Höhenzügen von Nordtexas an dieser Stelle zu nennen. Vereinzelte Hügel, die allerdings selten über 1000 m. und nie über 1200 ansteigen, sind zunächst dem Ostrande des Llano Estacado vorgelagert. Ihre Höhe und ihr Aufbau aus geschichteten Gesteinen der Kreideformation stimmt zu sehr mit der Hochebene, die ihnen im Rücken liegt, als dass man nicht geneigt sein sollte, durch Erosion abgelöste, isolirte Theile derselben in ihnen zu sehen. Weiter nach Osten und Norden zu gesellen sich auch grössere Bodenwellen, und wo die reichlichere Bewässerung tiefe Thäler in die Hochprärien gegraben hat, heben sich solche vereinzelte Hügel und Hügelzüge schärfer hervor, und wo sie dann in grösserer Zahl sich aneinanderreihen, wie z. B. in den San Saba Mts. am linken Ufer des Texas-Colorado oder in der Kette, die vom Südostende dieser über den Brazos weg zum Oberen Red R. sich erstreckt, geben sie grossen Abschnitten des betr. Gebietes einen stark hügeligen Charakter. Die Wichita Mts. im Indianer-Territorium erscheinen äusserlich als eine etwas kräftiger entwickelte Fortsetzung derselben Höhenzüge, sind aber, geologisch betrachtet, scharf von ihnen unterschieden durch die Theilnahme krystallinischer Gesteine an ihrem Aufbau. Ihr Kern ist Granit. Dagegen sind die Höhen, welche an den Ufern des Süd-Canadian auftreten, wie die Natural Mounds, Antelope Hills, Delaware Ridge, Shawnee Hills nur Produkt starker Erosion in Bodenwellen von geringer Höhe. Die Ozark Ridge (auch mit dem vielvergebenen Namen Black Hills bezeichnet) anderseits, welche von der Mündung des Canadian zu der des Missouri zieht, hat wiederum Kerne krystallinischer Gesteine, um welche ältere Formationen angelagert sind. Sans Bois Mts. an der Mündung der beiden Canadian kann als Südende, Pine Ridge am Missouri als nordöstlicher Ausläufer der Ozark Ridge betrachtet werden, und die Washita Hills und

Devils Backbone zwischen Arkansas und Red R. liegen in der östlichen Verlängerung der Sans Bois Mts. Sie alle sind Hügelzüge, deren höchste Höhen über 600 m. nicht hinausgehen, die indessen noch immer scharf genug sich vom Hintergrund ihrer flachen Prärieumgebung abheben und durch ihre reiche Erzführung ein Gegenstand von hohem praktischen Interesse für die betreffenden Gegenden sind. Stellenweise geht übrigens der Hügelcharakter vollständig unter dem der Hochebene verloren, so im südlichen Missouri, wo man als Ostende der Ozark Ridge nur noch ein Tafelland von 3—400 m. Meereshöhe hat, das nach allen Himmelsrichtungen langsam auf das Niveau des tieferen Prärielandes hinabsinkt. Dem geologischen Bau nach ist es Untersilur, und krystallinische Gesteine erscheinen in seiner ganzen Erstreckung nur noch sehr vereinzelt in Form einiger Kämme und Klippen granitischen Gesteins.

Man ersieht aus diesen kurzen Ueberblicken, dass Tiefländer im strengen Sinn des Wortes im Inneren Nordamerikas nicht zu suchen sind. Die Ebenen, welche einen grossen Theil des Raumes zwischen den grossen Gebirgszügen des Ostens und Westens ausfüllen, sind Hochebenen von zum Theil sehr bedeutender Erhebung, und die Hügelländer, von denen sie stellenweise abgelöst werden, erheben sich durchaus auf hoch gelegenen Grundlagen. Selbst der Oberflächencharakter der weiten Ebenen ist geeignet, sie vom Tiefland scharf zu unterscheiden; denn die absolute Flachheit, die für dieses bezeichnend ist, findet in unserem Gebiete sich nur längs der Flüsse und Seen. Jene wellige Bodenform der Prärien, welche die Amerikaner treffend mit einer von der Bewegung des Meeres hergenommenen Benennung *rolling* bezeichnen, wird oft vollkommen hügelartig, und wo Wasserläufe einschneiden, entstehen wahre Miniaturgebirge, und diess ist besonders ausgeprägt in den Hochprärien, den steppenartigen Prärien des Westens, wo noch die heftig eingreifenden Wirkungen einer sehr ungleichen, auf kurze Zeiträume beschränkten, dann aber flutartigen Bewässerung hinzukommen. Von den Plains in der Region des Little Missouri sagt ein neuerer Forscher: „Die Plains sind nur dem Namen nach Ebenen. Der Mangel an Bäumen setzt sie in besonders hohem Grade den Wirkungen der Winde und des Wassers aus, und nirgends findet man daher eine grössere Unregelmässigkeit der Oberfläche, unvermitteltere Erhebungen, steilere Abstiege, eine gebrochenere, zerrissenere, oft scheinbar unpassirbare Gegend wie hier. Nirgends schneidet der Regen tiefer ein, nirgends reisst der Frost senkrechtere Spalten. Die meisten Flussbetten sind von dem zähen, gefährlichen Flugsand erfüllt. Der Reisende hat Uferbänke zu durchschneiden, scharfe Höhen abzutragen, Brücken und Dämme zu bauen, und jede gewonnene Meile ist ein Stück intelligenter und geschickter Arbeit“ [1]).

---

1) R. J. Dodge, The Black Hills 1876. 15.

Die Frage nach der Entstehung dieser Unebenheiten hängt mit der Frage der Entstehung der Prärien überhaupt zusammen; auf beide wird ausführlicher zurückzukommen sein. Lesquereux fasst sie als Erosionserscheinungen. „Ich habe tagelang die Vertiefungen der Prärien verfolgt und sah sie immer in niedriger gelegene und scharf markirte Betten oder selbst in Flussthäler übergehen; in zahllosen Windungen, die an den umherirrenden Lauf mancher Bäche in nahezu flachen Thälern erinnern, führen sie abwärts“ [1]). Anscheinend horizontale Prärien sind auf sehr weite und flache Abflussbetten zurückzuführen. Die Desor'sche Ansicht, dass das *rolling* der Prärien zu der Zeit entstanden sei, wo der Boden der Prärie noch unter Wasser stand, lässt Lesquereux nur für die Coteaux gelten, in denen er Inseln der alten Prärieseen erblickt. Natürlich bleibt aber die Bodenbeschaffenheit nicht ohne wesentliche Rückwirkung auf den Charakter der Oberfläche, der vorzüglich nur da auf weitere Strecken entschieden wellig ist, wo lockere Gesteine seine Unterlage bilden, wie es in so hervorragender Weise in dem ganzen Präriengebiet nördlich vom Ohio der Fall. Die Prärie nimmt aber nicht selten auch die Formen des Tafellandes an, wo Gesteinsschichten von felsenhaftem Charakter ihre Unterlage bilden. Die Unterlage bedingt nicht selten sogar tiefergehende Unterschiede. Derjenige Theil von Arkansas, z. B. welcher Flachland ist, unterscheidet sich, wiewohl Prärie seinem Vegetationscharakter nach, dennoch erheblich von anderen Präriegebieten, und zwar ist es seine Felsunterlage, welche ihm eine eigenthümliche Stellung anweist. Nur im Süden und Osten sind Prärien mit Alluvialboden zu finden, in dem grössten Theile aber des Staates bildet Felsgestein ihre Unterlage, und hier verwandeln sie sich im Frühling unter dem Einfluss der häufigen Regengüsse, bei mangelnden Abflusswegen des Wassers, in binsen- und schilfbewachsene Halbsümpfe. Die Felsboden-Prärien sind im nördlichen Arkansas in zahlreiche niedrige Höhenkämme zerlegt, zwischen denen klare Bäche fliessen, und welche da, wo der Boden ein compaktes Felsgestein, dürr und klippig, oft gänzlich vegetationslos erscheinen; bei grösserer Ausdehnung bilden sie *Barrens*, hochgelegene kleine Kalkplateaux. Die Thalgründe zwischen ihnen sind *Halfprairies*, Wiesen mit parkartig wachsendem Gehölz und Gesträuch [2]).

1) J. Lesquereux, Geol. of Illinois 1866. I. 243.

2) Die Prairie des Osagues in Süd-Kansas ist der Typus einer besseren, fruchtbareren Prärie dieser Art, in der der Fels nicht aus dem Boden tritt, sondern in hohem Grade befruchtend auf denselben durch seine Zersetzungsprodukte einwirkt. Wo der grobe Sandstein des Millstone-Grit an die Stelle des Kalkbodens tritt wie in West-Kansas, da erscheinen die Kämme der Bodenwellen ähnlich dürr und felsig, erheben sich aber mit 120—150 m. bereits über das Niveau der *rollenden* Prärie zu unzweifelhaften Hügeln. Aus Millstone-Grit besteht ein grosser Theil der Hügelregion des westlichen Arkansas.

Das Tiefland hat in Nordamerika einen bemerkenswerth gleichmässigen geologischen Charakter und zeigt sehr einfache Verbreitungsverhältnisse. Was wir im Abschnitt über den geologischen Bau als das Gebiet des Alluvium bezeichnet haben, das ist immer auch zugleich Tiefland, nämlich der atlantische Saum von Long Island bis zur Rio Grande-Mündung und die ganze eigentliche Sohle des Mississippithales von der Missouri-Mündung abwärts. Aus dem ersteren tauchen einige insel- und halbinselartig vorgeschobene Stücke der unmittelbar hinter dem Alluvialsaum folgenden Tertiärformation hervor; aber im Mississippi-Tiefland haben wir ältere Gebilde nur an den Rändern, wo diese in den *Bluffs* bereits wieder den Tiefland-Charakter aufzugeben beginnen, um in das dahinterliegende Terassenland überzugehen.

Den Atlantischen Tieflandsaum kann man als ein Gebiet bezeichnen, das zwischen Meer und Festland noch in geologisch neuen und neuesten Zeiten strittig gewesen, und dessen Zugehörigkeit zu dem einen oder dem anderen selbst heute in bestimmten Fällen zweifelhaft erscheint. Ein Theil davon liegt unter dem Meeresniveau hinter natürlichen oder künstlichen Dämmen, über die das Meer bei Sturmfluten hinüberschwillt. Bei den grossen Fluten von 1804 und 1824 war ein grosser Theil dieses Saumes mehrere Fuss tief vom Meere überschwemmt. In den Küstenflüssen, die meist von kurzem Lauf, aber vom Eintritt in den Tieflandsaum an seeartig weit sind, gehen die Gezeiten hoch hinauf und verwischen weithin den Unterschied zwischen Süss- und Salzwasser, zwischen Fluss- und Meeresarm. Um so mehr ist diess möglich, als das Meer selbst mit unzähligen Armen sich in die vorgeschobensten Theile des Festlands, die Region der sogenannten *Sea-Islands*, verflicht. Dieses Lagunengewirr, das die Küstenschifffahrt in dieser Region so sehr erleichtert, während es auf der anderen Seite die Annäherung an die Küste von der hohen See her erschwert, schafft eine Uebergangsregion zwischen Meer und Festland, die stellenweis den Tieflandsaum in seiner ganzen Breite einnimmt. Dass die geologische Erforschung diesen Saum als eine junge Meeresbildung erkennen lässt, wurde hervorgehoben.

Sehen wir einstweilen von Florida ab, so haben wir zunächst in Georgia nach Lyell's Beschreibung[1]) ein Tiefland, das an den Atlantischen Ocean grenzt und die *Sea-Islands* sowie die Ebenen umfasst, welche unmittelbar hinter ihnen liegen. Seine Durchschnittshöhe beträgt 3—6 m., wiewohl es an einzelnen Stellen bis zu 12 m. ansteigt; es erstreckt sich

1) Ch. Lyell, Scond Visit to the U. S. 1855. I. 256.

30 Kil. landeinwärts und besteht aus Sand und Thon von sehr moderner Bildung, dessen Einschlüsse von organischen Resten alle heute lebenden Arten angehören. An einigen Orten enthalten diese Schichten Einlagerugen von Süsswassergebilden mit Knochen ausgestorbener Säugethiere. Die Mächtigkeit der ganzen Ablagerung ist gering. Gehen wir landeinwärts, so steigen wir nach etwa 30 Kil. steil eine Terrasse hinan, die sich 20 m. über dem Tiefland erhebt und nach abermals 30 Kil. zu einer zweiten Terrasse führt, die ungefähr eben so hoch über der zweiten wie diese über der ersten ist. Beide bestehen aus eocänen Schichten.

Nach Tuomey bilden dieselben Schichten in Süd-Carolina einen Streifen von 10—15 Kil. längs der Küste, dessen Höhe über dem Meere 2½ m. nicht überschreitet. „Keine bestimmte Grenze sondert sie von den Schichten, die gegenwärtig in Bildung begriffen sind, sie sinken ganz allmählich unter die Meeresoberfläche, und die Fossilreste sind oft mit denen der lebenden vermischt. So frisch sehen jene oft noch aus, dass es der Gegenwart der Reste von nicht länger hier lebenden Organismen bedarf, um uns sicher zu stellen, dass wir keine ganz jungen Muschelbänke vor uns haben“ [1]). Dieselbe geologische Bildung ist in Nord-Carolina, am Potomac, in der Chesapeake-Bai, auf Long Island, auf Nantucket, bei Boston, an der Küste von Maine, am Lake Champlain, am S. Lorenz zu finden. Rein paläontologisch betrachtet, ist kein Grund vorhanden, diese Gebilde zu trennen, denn ihre Fossileinschlüsse sind nicht verschiedener als sie auch heute bei solchem Unterschied der geographischen Breite sein würden. Sie gehören alle in die Reihe der *Laurentian Formations* nordamerikanischer Geologen. Aber ein erheblicher Unterschied liegt in der Höhe, bis zu der sie vorkommen, denn während sie an der Küste von Georgia häufig nicht über 1 m. hinausgehen, finden sie sich bei Montreal bis zu 140 m. gehoben. Einen weiteren Unterschied bezeichnen die erratischen Blöcke, die im Norden bis in die nordpennsylvanischen Thäler herab in diesen Gebilden häufig sind und im Süden gänzlich fehlen [2]).

Die Golfküste ist von demselben Tieflandsaume umrandet, so weit sie dem Gebiet der Ver. Staaten angehört; bei Mobile hat Lyell sie der

---

1) Report on Geol. of S. Carolina. 212.

2) Ueber die geologische Stellung dieser Alluvialgebilde siehe ausser Lyell's Travels in North America und A second Visit to the U. S. besonders Desor On the Post-Pliocene of the Southern States (Am. J. S. 1852. II. 49), wo er denselben ihren Platz zum Theil neben der Champlain-Formation des Nordens als einer mit dieser gleichzeitigen Ablagerung anweist, zum Theil aber auch sie mit den Fluss- und Seeterrassen des Nordens parallelisirt. Die Ablagerungen mit Seethierresten entsprächen ihm zu Folge den Bildungen der Champlain-Epoche, die mit Landthierresten (Mastodon, Mylodon u. a.) den jüngeren Ablagerungen aus der Terrassenepoche.

atlantischen Flachküste der Südstaaten ganz gleich befunden. Aus Texas haben wir eine genauere Beschreibung des Küstentieflandes durch F. Römer [1]), die keinen Zweifel übrig lässt an der wesentlichen Identität mit der atlantischen, nur ist dasselbe viel breiter, 50 Kil. am Sabine und bis zu 160 Kil. am Texas-Colorado. Die Inseln und Nehrungen, die der texanischen Küste vorgelagert sind und die feuchten Niederungs-Prärien dieser Küste, welche bei den Frühjahrsregen oft mehrere Fuss unter Wasser stehen, repräsentiren das texanische Tiefland, das auch in seinen geologischen Verhältnissen mit dem atlantischen übereinstimmt.

Zwischen die Ebenen, die erst als Hochebenen und Hügelländer, dann als Ebenen von immer noch beträchtlicher Erhebung einerseits von dem Felsengebirg, andererseits von den Alleghanies nach dem Mississippi herabziehen, ist das Tiefland des Unteren und Mittleren Mississippi wie ein Keil eingeschoben. Die Spitze dieses Keils reicht im Norden bis zur Missouri-Mündung, wo die Erhebung des nördlichen Hochebenenrandes beginnt. Es ist in dem kurzen Abriss der geologischen Geschichte unseres Gebietes, mit dem wir die Betrachtnng seines geologischen Baues schlossen (s. o. S. 35), der Rolle Erwähnung gethan, welche das heutige Tiefland des Mississippi von der Missourimündung bis zum Meer in der Entwickelung des Continentes während der Kreide- und Tertiärzeit spielte. Von einem tiefen und breiten Meeresarm wurde es mit der Zeit zu einer seichten Bucht, in welche von Norden her Sümpfe, Inseln, Landzungen hineinwuchsen, die sie immer mehr einengten und zurückdrängten und so mit der Zeit das sumpf- und lagunenreiche Tiefland schufen, das den Mississippi von der Schwelle der Seenplatte bis weit in den Golf hinaus begleitet. Noch heute bietet dasselbe bei Ueberschwemmungen des Mississippi, die nicht selten sind, das Bild eines Meeresarmes tief ins Land hinein, oft bis zum Ohio hinauf. Es ist in der Ausfüllung dieser Bucht, dass die geologische Thätigkeit in der Südhälfte des Continentes sich während der ganzen Quarternärzeit am deutlichsten kundgibt.

Wir finden hier über den tertiären Schichten zunächst eine geschichtete Geröll- und Sandmasse, von den Mississippi-Geologen Orange Sand oder Modified Drift genannt, welche durchschnittlich zwischen 20 und 30, an einzelnen Punkten aber bis zu 60 m. mächtig ist. Ueber ihren fluviatilen Charakter besteht kein Zweifel; sie ist von Strömungen abgelagert, die in vorwiegend nordsüdlicher Richtung flossen [2]) und die, wo sie am kräftigsten waren, Gerölle von oft bedeutendem Gewicht transportirten, während zwischen den Hauptströmungen an ruhigeren Stellen feineres Geröll und

1) Texas 1849. 5. u. 366.

2) „Das Geröll besteht aus Felsarten des Nordens." Hilgard, A. J. S. 1871. II. 399.

Sand zur Ablagerung kamen. Die Mächtigkeit dieser Ablagerungen fordert die Annahme einer ihnen vorangehenden bedeutenden Hebung, auf welche eine Senkung (während der Champlain-Epoche) weit unter das vor der Hebung bestandene Niveau und endlich (in der Terrassen-Epoche) wieder eine Hebung mindestens bis zu dem ersteren Niveau folgte. Man ist über Zeit und Mass dieser Niveauschwankungen nicht einig und ebenso wenig über den Zusammenhang, in dem die Ablagerungen des *Orange Sand* mit den wahrscheinlich in der Zeit nicht sehr abweichenden Driftbildungen des Nordens stehen. Der Name *Modified Drift*, den ihnen Hilgard u. A. beigelegt, soll andeuten, dass man ihn für eine den nordischen Driftgebilden gleichalterige Ablagerung halte, welche möglicherweise von den gleichen, wenn auch in ihren Wirkungen sicherlich abgeschwächten Faktoren bestimmt ward. Die bis heute vorliegenden Thatsachen genügen indessen nicht zur völligen Klarstellung der Beziehungen, die zwischen den Spuren und Produkten der Eiszeit im Norden und diesen grossen Geröllablagerungen im Süden obwalten; selbst die Verbreitung des *Modified Drift* über den ganzen Süden von Texas bis Maryland und Süd-Carolina ist zunächst nur eine im Allgemeinen angenommene und nicht unwahrscheinliche Erscheinung, deren nähere Untersuchung indessen zu wünschen bleibt.

Der Champlain-Periode, einer Periode der Depression, rechnet man die Ufer- und Brackwasser-, Sumpf- und Lagunengebilde zu, die reich an Pflanzenresten sind, theilweis sogar übereinandergelagerte Schichten von untergegangenen Wäldern umschliessen, und deren jüngstes Glied der Löss oder *Bluff Silt* ist. Dieser Löss des unteren Mississippi theilt bis herab auf die bekannten Concretionen (Lössmännchen) den Charakter des Löss des Nordens und Westens, unterscheidet sich aber von ihm durch den Mangel der Schichtung und der Reste von Süsswasserthieren. Beides erklärt man dadurch, dass seine Bildung vorzüglich in stagnirenden, aber durch die Flutwelle salzig gemachten Wässern stattgefunden habe. Ueber dem Löss liegt eine weit ausgebreitete Decke von gelbem Lehm, die oft 15—20′ Dicke in der Nähe der grösseren Thäler erreicht und bis zu einer Höhe von 6—700′ ansteigt. Für die Zeit ihrer Bildung muss daher eine mindestens ebenso tiefe Senkung angenommen werden. Erst jetzt folgt die *Terrassen-Epoche*, die Hebungszeit, die im unteren Mississippigebiet weder durch Terrassen- noch Strandlinien bezeichnet ist. Unmerklich leiten dann die Ereignisse aus dieser Zeit zu der Gegenwart herüber.

Die Oberflächengestalt dieses Tieflandgebietes ist in unmittelbarer Nähe des Mississippi die eines gänzlich flachen niedrigen Schwemmlandes, das zu einem grossen Theil unter dem Niveau des Stromes liegt und in der That überall zu seinem Ueberschwemmungsgebiet gehört. Sümpfe und Teiche bedecken es in weiter Erstreckung. In wechselnder

Entfernung hebt sich aus diesem Flachland, das man eigentlich noch zum Bette des Mississippi zu rechnen hat, die niedere Doppel-Terrasse der Bluffs, welche zu beiden Seiten das heutige Mississippithal begleiten. Man hat offenbar in diesen Bluffs alte Ufer des Stromes zu sehen, unter deren Niveau sich der Strom mit der Zeit eingesenkt hat. Sie entsprechen einander meistens in ihrer Erhebung und durchaus in der Reihenfolge der Schichten, aus denen sie zusammengesetzt sind. Zu unterst tritt ein Sandbett mit dünnen zwischengelagerten Thonschichten auf, die reich an Pflanzenresten sind. Es gehört dem *Orange Sand* oder der *Lagrange Group* der Mississippi-Geologen an, und die Pflanzenreste geben ihm nach der Meinung Safford's ein eocänes, in der Lesquereux's, der sich jedoch nicht mit voller Bestimmtheit ausspricht, ein miocänes Alter. Darüber folgt der *Bluff Lignit,* die mächtigste Formation der Bluffs, welche gleichfalls aus Sandbetten mit eingelagerten Thonschichten besteht. Die Lignitlager, welche übrigens durch die ganze Bluffformation fetzenweise zerstreut sind, erscheinen hier in grösserer Ausdehnung und bis zu 1 m. mächtig. Ueber das Alter dieser Bildung ist man im Zweifel. Safford[1]) schliesst dieselbe in seine eocäne Lagrange-Gruppe ein. Ueber ihr folgen dann die jüngeren Bluffformationen. Zunächst der *Bluff Gravel,* eine Sand- und Kiesbildung mit einer Thonschicht an der Basis. Der Kies ist häufig durch eisenoxydhaltigen Kalksinter zu einer Nagelflue verkittet und besteht aus Rollsteinen von mittlerer Grösse, welche meist aus Bergkalkschichten herstammen. Ueber diesem Kies liegt die oberste der Bluffschichten, der *Blufflehm,* der allen Beschreibungen nach, wie gesagt, eine entschiedene Aehnlichkeit mit unseren Lössbildungen hat. „Ein kieselerdereicher Lehm, etwas kalkhaltig, von lichter, graulichgelber Färbung, undeutlich geschichtet, mit Land- und Süsswasserschnecken und häufig auch mit seltsam gestalteten Kalkconcretionen (Safford a. a. O. 433)." Es ist wahrscheinlich, dass Knochen von Mastodon, Megalonyx und Castor, die in der Nähe von Memphis gefunden sind, diesem *Blufflehm* angehören. Man bezeichnet ihn seiner geologischen Altersstellung nach gewöhnlich kurzweg als *Mississippi-Diluvium.*

Nachstehender Durchschnitt gibt die Mächtigkeit der Bluffschichten, wie sie bei Randolph (Tennessee) anstehen:

1) Bluff-Lignit 27 m.,
2) Bluff-Kies 8 m.,
3) Bluff-Lehm 20 m.

In Tennessee heisst der ganze Westrand des Plateaus, wo er gegen das Mississippithal abfällt, *The Mississippi Bluff.* Man kann denselben ohne erhebliche Unterbrechungen auf einer Linie verfolgen, die aus dem

---

1) Geol. of Tennessee. 428.

nördlichen Theile des Staates Mississippi durch ganz West-Tennessee und bis gegen Hickman in Kentucky zieht. Im grössten Theile ihrer Erstreckung ist die Linie der Bluffs durch einen mehr oder weniger breiten Streifen angeschwemmten Landes vom Ufer des Mississippi getrennt; aber an vier Punkten tritt er unmittelbar an dasselbe heran und unterbricht dadurch in wünschenwerthester Weise die ungeheuere Einförmigkeit der Landschaft am unteren Mississippi. Da das Ueberschwemmungsgebiet durchgängig bis an die Bluffs reicht, sind diese auch die natürliche Grenze grösserer Orte gegen den Mississippi hin geworden. Alle bedeutenderen Städte oberhalb New-Orleans, vorzüglich Vicksburg und Memphis (*Bluff City* genannt), liegen an den Bluffs, und mit Vorliebe hat man für dieselben die Punkte ausgewählt, an welchen diese Hügel, kleinen Vorgebirgen vergleichbar, an das Mississippibette herantreten. Als *Chickasaw Bluff* sind die vier Bluff-Vorgebirge im Gebiet von Tennessee den Mississipischiffern wohlbekannte Landmarken. Diese Bluffs erheben sich von 15 bis 50 m. über die Anschwemmungsebene des Flusses.

Das Mississippi-Delta, auf dessen Betrachtung uns das nächste Capitel zurückführen wird, ist im wesentlichen dieselbe Alluvialbildung wie die Mississippi-Bottoms, nur mächtiger und in noch höherem Grade als sie mit dem Strome und durch ihn veränderlich.

Kleinere Alluvialbildungen wurden in wechselndem Masse an den Rändern von Flüssen und Seen über das ganze Gebiet hin abgesetzt und bilden in den sogenannten River Bottoms oder Flussniederungen und in den Marschen und Mooren der Seegegenden vereinzelte Tieflandstrecken, die im Ganzen keineswegs unbedeutend und besonders auch durch ihre dichte Bewaldung selbst in sonst waldlosen Gegenden und durch ihre Fruchtbarkeit wichtig sind. Sie überlagern natürlich die Driftbildungen, wo solche vorhanden. Man theilt auch sie in Ablagerungen der Champlain-Epoche, die weit über das Niveau der heutigen Alluvialwirkungen ansteigen, und der Terrassen-Epoche, deren Gebilde ohne Grenze in die modernsten Schwemmgebilde übergehen.

Einen Theil des atlantischen Tieflandsaumes, aber einen bemerkenswerth selbständigen und eigenartigen Theil bildet die Halbinsel Florida, die in Höhe und Küstenbildung zwar mit dem Tiefland der atlantischen und Golfküste übereinstimmt, jedenfalls aber eine völlig andere Entwickelung hinter sich hat, wie schon ihre sehr eigenthümlichen Fluss- und Seebildungen und die Eilandketten ihrer Südspitze, vorzüglich aber ihre geologisch, orographisch und hydrographisch gleich scharf ausgeprägte Unabhängigkeit von dem Alleghany-Gebirge erkennen lassen, welches die übrige Ostküste in allen diesen Beziehungen bestimmt [1]. Nur die Tertiärschichten, welche

1) Eine gleich grosse Halbinsel, die nicht von einer Bergkette bestimmt würde, kennt die Geographie nicht. Dana hat es indessen dennoch versucht,

den Fuss der Alleghanies umlagern, gehen nach Florida hinein. Wir haben gesehen, dass von dem Südende der Alleghanies terrassenartig die Kreide- und Tertiärschichten nach dem Meere zu abfallen. Die Verlängerung der Tertiärterrasse erstreckt sich von Norden her in die Halbinsel herein und durchzieht ihre Nordhälfte als *Backbone Ridge*, als Rückgrat der Halbinsel, in Gestalt poröser Kalk- und lockerer Sandsteinschichten. In Mittelflorida, wo die Fernandina-Cedar Key-Eisenbahn diese Erhebung überschreitet, beträgt ihre grösste Höhe über dem Meere nicht mehr als 55 m., und unter dem 28. Breitegrad findet sie ihr Ende. Zwischen dieser flachen Höhe und der atlantischen Küste liegt dann ein Strich sandigen Landes von durchschnittlich 60 Kilometer Breite, der eine Neigung nach Norden zeigt, eine so geringe Neigung indessen, dass der St. Johns R., der diesen Strich durchfliesst, 400 Kil. oberhalb seiner Mündung nur etwas Weniges mehr als 1 Meter (3′ 6″ E.) über Meereshöhe stehen soll[1]) Den Boden dieser Region bildet eine meist nur von dünnem Humus überlagerte Sandschicht von 1—2 m. Dicke, welche von der *Coquina*, einem Muschelconglomerat posttertiären Alters, unterlagert wird. Dieser junge Muschelkalk soll indessen nur in den nördlich von C. Canaveral gelegenen Theilen Floridas vorkommen. Nach Westen fällt die *Backbone Ridge* sanft zum Meere ab, an dessen Ufern ein Tieflandsaum, dem der übrigen Golfküste entsprechend, hinzieht.

Der südlich vom 28. Grad gelegene Theil von Florida ist ein merkwürdiges Niederungsland von leicht westlichem Abfall, das nur inselartig sich über 1½ bis 2 m. erhebt, im ganzen aber ein Mittelding zwischen Sumpf und See ist, dessen amphibische Natur sich verkörpert in dem seichten See Okeechobee und den cedernbewachsenen Morästen der *Everglades*. In diesem Theile der Halbinsel nehmen bereits die Riffkorallen am Aufbau des Landes Theil, und sowohl an der Küste als auch im Inneren begegnet man ihren Werken, die befremdend felsenhaft, als ob sie das Knochengerüst eines versinkenden Landes wären, aus den Sümpfen und Seen hervorragen. Agassiz schildert die Everglades als „eine weite Corallenbank, aus einer Reihe mehr oder weniger paralleler Riffe gebildet, welche eines nach dem anderen vom Meeresgrunde bis zu dessen Spiegel herauf-

---

Florida in Bezug zu setzen zu den Gebirgserhebungen Nordamerikas, indem er die Richtung ihrer Erstreckung in der der Cordilleren und der pacifischen Küstenlinie wiederfindet. Diese Uebereinstimmung hat für ihn Bedeutung, denn sie fällt zusammen mit einer der grossen Nordwest-Südostlinien, die zusammen mit den Nordost-Südwestlinien den Verlauf der Inselketten, Festlandumrisse und Gebirgsketten auf der ganzen Erde bestimmen sollen. El. of Geol. Rev. Ed. 30. 147.

1) Nach Messungen, die der Staat Florida im Hinblick auf das Projekt einer Canalverbindung zwischen dem mittleren St. Johns R. und dem Atlantischen Meere ausführen liess.

gewachsen sind, zwischen welchen dann die Gezeiten und Strömungen, Sand- und Trümmer-Ausfüllungen gebildet und so das Festland allmählich erweitert haben, während Wogen und Brandung jene Riffe bis 12′ hoch über den Seespiegel mit ähnlichem Material überschütteten"[1]). Nach Tuomey machen es der Umriss und innere Aufbau des Walles, der die Everglades umgibt (und der stellenweise 6—8 m. hoch ist, während die Meereshöhe der letzteren nicht über 2.5 m. betragen soll), ferner die Fossileinschlüsse sehr wahrscheinlich, dass er einst eine ähnliche Stellung einnahm wie die Keys. Es ist auch klar, dass eine Erhebung der letzteren um 3—6 m. eine ähnliche Wirkung erzielen würde, indem die See von dem Raume zwischen Inselkette und Festland ausgeschlossen würde, wodurch ein neuer *Everglade* entstände, der nur durch grössere Länge von dem jetzigen abwiche[2]). Manglebäume siedeln sich auf den Riffküsten an und befestigen den Grund[3]), während in zahlreichen Untiefen dazwischen das Wasser stehen bleibt und sich mit einer Menge Wasserpflanzen aller Art bedeckt, zwischen welchen man nur in Booten durchkommen kann. Die höheren und trockenen Riffe sind die sogenannten *Hammocks,* welche sich gleich Inseln aus dem tieferen grünen Sumpfe der *Everglades* erheben. Diese Formation dauert noch fort. Die Ketten der sogenannten *Keys*, welche die Süd- und Ostküste begrenzen und mit den Tortugas weit jenseits der Florida-Spitze endigen, sind nur neue Reihen von Hammocks, welche sich durch Meeresniederschläge dereinst mit dem Festland vereinigen werden[4]). Wie an der Südküste die organische Kraft des Korallenwachsthums, so scheint es an der Ostküste die Kraft des anschwemmenden Wassers in Flüssen und Meereswellen zu sein, die an der Weiterbildung der Halbinsel, an ihrem Hinausbau ins Meer arbeitet. Beide Faktoren zusammen

---

1) Neues Jahrb. für Mineral. 1854. 225.

2) A. J. S. I. 1851.

3) „Es ist schwer, sich ein Gewächs vorzustellen, welches mehr dazu taugt, Inseln aufzubauen als die Mangrove. Ihre langen Hängefrüchte fallen in das seichte Wasser und schlagen in dessen Schlammboden Wurzeln; der Schoss, welcher bald aufgeht, sendet seinerseits Zweige senkrecht abwärts, die ins Wasser tauchen und Wurzel fassen; neue Seitenzweige gehen von ihnen ab, verzweigen sich weiter und auf diese Weise wandern die Sprösslinge oft 20—30 m. vom Mutterstamme weg. Seetang und Treibholz fangen sich in ihren Schlingen, und so ist bald eine bleibende Insel hergestellt. Solche Inseln sind häufig an der Lee-Seite der eigentlichen Keys" (M. Tuomey in A. J. S. 1851. I. 392).

4) L. Agassiz's Mitth. an die Am. Association, Cincinnati 1852. Auszügl. in N. J. f. Min. 1854. 223. Tuomey, welcher in A. J. S. 1851. I. 390 einige Mittheilungen über die Geologie der Florida-Keys macht, nimmt leichte Hebungen für dieselben in Anspruch, und allerdings sind massive, gewachsene

machen Florida in seinen südlichen und östlichen Theilen wahrscheinlich zum jüngsten Abschnitt des Gebietes, das wir hier betrachten, sicherlich zu einem der jüngsten. Die aus solcher Jugend erwachsenden Uebergangszustände von Meer zu See und Strom, von Untiefe und Klippe zu Sumpf und Land haben, aus erd- und schöpfungsgeschichtlichem Gesichtspunkte betrachtet, eine Allgemeingültigkeit, welche ihrem Studium einen besonderen Werth verleiht[1]. Nicht am wenigsten anziehend ist in dieser Richtung das Problem des floridanischen Abschnittes des Golfstromes. Es ist bekannt, dass der Golfstrom zwischen Florida und Cuba mit der grössten Stromkraft durchfliesst, welche er überhaupt in irgend einem Theile seines Verlaufes aufweist, und er nimmt seinen Weg näher bei Florida als bei Cuba. Muss diess nicht eine bestimmte Rückwirkung üben auf die Ufergestaltung dieser Halbinsel? Einige amerikanische Geologen haben diese Frage untersucht und bejaht, und die Ansicht J. Le Conte's, dass die geringere Geschwindigkeit des Innenrandes des Golfstromes bei seiner Umbiegung um die Südostspitze Nordamerikas die erste Ursache der Bildung von Florida sei, steht nicht allein: Der Golfstrom ist reich an Sedimenten, die er aus dem mexikanischen Golf mitbringt; indem er aber am Innenrande seiner Umbiegung langsamer fliesst, muss er einen Theil dieser Schwemmstoffe fallen lassen, und durch sie ist der Grund zur Halbinsel Florida gelegt worden. Auf der so gebildeten Verlängerung bauten sich Corallen an, und der Wellenschlag that dann das Uebirge, um ihre Riffe und Inseln zu verkitten und zu erhöhen[2])

Anhang I. Gestalt und Ausdehnung der Küste der Ver. Staaten sind schon besprochen; es bleibt uns noch übrig, zu betrachten, wie die Oberflächenformen des Festlandes, welche wir im Vorhergehenden kennen gelernt haben, sich unter den Meeresspiegel fortsetzen; mit anderen

---

Riffe, wie er sie beschreibt, die 4′ über den Meeresspiegel hervorragen, nicht ohne stattgefundene Hebung denkbar. Die 250 Kil. lange und durchschnittlich 24 Kil. breite Kette der Florida-Keys betrachtet Tuomey als Produkt der Hebung eines grossen Korallenriffs, dessen Spitzen, wo sie über das Wasser hervorragen, das Fundament der Keys bilden, deren fernere Erhöhung dann dem Sande zu danken ist, den die Wellen aufwerfen (a. a. O. I. 393). J. Leconte sieht die Ursache dieser Hebung, die von Norden nach Süden fortschritt, in Sedimentbildungen, welche der Golfstrom verursachte (A. J. S. 1857. II. 51).

1) Ueber die Rolle, die die floridanischen Flüsse im Ausbau der Halbinsel spielen, s. u. IV. Flüsse und Seen.

2) J. Le Conte hat seine Theorien in geistvoller Weise begründet in einem Aufsatz On the Agency of the Gulf Stream in the formation of the Peninsula and the Keys of Florida. Am. Assoc. Albany 1856, der nicht die Beachtung gefunden hat, die er verdiente.

Worten, welcher Art der Abfall des festen Landes nach dem Meere zu in diesem Gebiete ist.

Die atlantische Küste der Vereinigten Staaten bildet einen Theil des Westrandes des nordatlantischen Oceans, und da es eine der allgemeinsten Eigenschaften dieses Oceans ist[1]), dass er an seinen Rändern rasch zu bedeutender Tiefe abfällt, erwarten wir denselben raschen Abfall auch an der Küste, die wir hier im Auge haben, und nicht vergebens. Nord-Amerika erscheint in seinem Verhältniss zu den Meerestiefen als eine Hochebene, die mit steilen Abhängen aus der Meerestiefe sich erhebt, und deren Rand- und Abfallslinie im Allgemeinen denselben Umriss hat, wie die gegenwärtige Uferlinie des Continents. Die Tausendfaden-Linie zieht 5—8 Längengrade vom heutigen Ufer hin, indem sie dessen Contouren folgt. Sie nähert sich dem Lande am meisten beim C. Hatteras und entfernt sich am weitesten in den nördlichsten Theilen unseres Gebietes zwischen C. Cod und C. Ann. Die Zweitausendfaden-Linie folgt ihr in einer Entfernung, die überall geringer ist als diejenige, welche die Eintausendfaden-Linie vom Lande trennt. Die mittlere Entfernung zwischen den beiden beträgt in unserem Gebiete 2—3 Längengrade. Das gleiche Verhältniss herrscht im Golf, wo selbst vor der Mississippi-Mündung in Sicht des Südpasses des Delta die Meerestiefe von 9 auf 54 und eine kurze Strecke weiter auf 170 Faden fällt. Für die Küsten des Stillen Meeres besitzen wir noch keine genügenden Messungen, um das Verhältniss des Abfalles des Festlandes zur Meerestiefe genauer erkennen zu können. Was vorliegt, lässt soviel erkennen, dass eine Abweichung von der oben angeführten Regel dort nicht stattfindet.

Wichtiger ist uns indessen zunächst das Verhalten des Landes am Ufer und des Meeresbodens in der Nähe des Landes. Wir können die atlantische Küste nach diesem Verhalten in zwei sehr verschiedene Abschnitte zerlegen: Einen kleinen Steilküsten- und einen sehr grossen Flachküstenabschnitt. Steilküste haben wir bis zur Hudsonmündung, auf deren linkem Ufer zugleich mit dem unmittelbaren Herantreten der Urgesteine an das Ufer auch dessen Felsencharakter aufhört. Schon an der New Jersey-Küste beginnen Küstensümpfe, Lagunen, Dünenstriche, sichere Anzeichen niedriger Küsten, und dieselben bleiben nun bestimmend für den Charakter der atlantischen Meeresufer bis nach Mexico hinein.

---

1) Und nicht bloss dieses, sondern, in allerdings nicht immer so scharf ausgeprägter Weise, aller Oceane: „Ein grosser Zug geht durch alle Meere, nämlich, dass der Rand der grossen Continente und Inseln von der Tiefe einiger 100′ unter dem Meeresspiegel in der Regel steil zu Tiefen von 10—12,000′ abfällt.“ Capt. F. J. Evans, Opening Adress British Association (Geogr. Sect.) 1876: „Ungefähr in diese Tiefe (1000 Faden), kleinere Unregelmässigkeiten abgerechnet, fällt der wirkliche Umriss der Continente.“ Von Pourtalès in P. G. M. XVI. 394

Von der nördlichen Felsenküste ist der zwischen dem 45. und 44. Grad gelegene Abschnitt (die Küste von Maine bis Portland) und noch etwas über den letzteren hinaus eine ächte Fjord-Küste. Ihre Länge, mit allen Buchten und Vorsprüngen gemessen, ist 4800 Kil., während sie in gerader Linie nicht mehr als 360 Kil. beträgt[1]); also eine Küstenentwickelung um mehr als das 13fache ihrer geraden Erstreckung. Weiter südlich ist die seltsame Form des C. Cod Produkt einer an das Felsenufer von Neu-England angesetzten Dünenbildung, und an der Küste von Long Island haben wir die ersten ausgedehnten Flachküsten, die in jenen Dünen sich ankündigten.

Am Hudson, an der Nordgrenze der Flachküsten, beobachtet man ein sehr merkwürdiges Verhältniss hinsichtlich der Tiefen, nämlich eine zum Theil mit Grünsand, meist aber mit Schlamm gefüllte Schlucht, welche das Bette des Hudson in südöstlicher Richtung gleichsam auf dem Meeresboden fortsetzt und zwar so, dass sie an Punkten, wo der übrige Meeresboden 10—20 Faden tief ist, deren 30 und 40 aufweist. Diese Schlucht beginnt erst ausserhalb der New-York-Bai, wenig östlich von Sandy Hook. Es dürfte keinem Zweifel unterliegen, dass wir in ihr einen sicheren Beweis für eine Senkung der Küste haben, welche erst stattfand, nachdem sich der Hudson bereits ein tiefes Bett gegraben hatte. Die Schlammbank der sogenannten Block Island Soundings, bei der dieser Canal mündet, d. h. in das Niveau des übrigen Meeresbodens übergeht, stellt wahrscheinlich ein altes Delta, eine gesunkene Flachküste vom Typus der nächstsüdlich gelegenen New Jersey- und Delaware-Küsten dar.

Derartige Unterbrechungen kommen weiter südlich nicht mehr vor. Der Meeresboden besteht hier im allgemeinen, wie auch nordwärts bis zum C. Cod, mit Ausnahme der eben angegebenen Schlammbank, aus Kieselsand, der rostgelb an der atlantischen, blendend weiss an der Golfküste zu sein pflegt. Quarz mit wenig Hornblende und Feldspath lassen ihn unschwer als ein Zersetzungsprodukt der Urgesteinszone der Alleghanies erkennen, welche die Küste in so weiter Erstreckung begleitet. In allen Tiefen sind diesem Sand zahlreiche Rhizopodenschalen beigemengt, die aber erst durchschnittlich von der Hundertfaden-Linie an, wo die Globigerinen vorherrschend werden, den Sandkörnern an Masse gleichkommen, um dieselben dann nach der Tiefe zu immer mehr zu überwiegen. Grünsandbildungen, die bekanntlich auch in die Klasse der zoogenen Meeresboden-Gebilde gehören, sind vorzüglich häufig in der Einbuchtung der Küste zwischen Süd-Carolina und Florida. Kleinere Bänke aus tertiärem Gestein bilden unwesentliche Unterbrechungen dieses im ganzen sehr regelmässigen Küstenabfalles.

---

1) Wells, Water Power of Maine 1869. 34.

Merkwürdig schroff schliessen diese für einen flachen Küstenabfall charakteristischen Meeresboden-Ablagerungen zwischen dem 25. und 26. Breitegrad ab. Sie verschmälern sich an der südlichen Hälfte der floridanischen Ostküste bis zu der Insel Key Biscayne zu, die noch aus Kieselsand besteht; aber Eilande, die 8 Kil. südlich davon liegen, bestehen bereits ausschliesslich aus Korallenkalk; aus ihm bestehen von hier an die ganze Ostküste Floridas und die vorgelagerten Eilande (Keys). Nur die Pine Keys, mehr nach Westen gelegen, bestehen aus Sand, der nun merkwürdiger Weise vom C. Sable an wieder erscheint und wie die ganze übrige Golfküste der Ver. Staaten, so auch die Westküste von Florida mit seinen *untermeerischen Sandebenen* umsäumt [1]). Erwähnenswerth ist der wenig steile und tiefe Abfall des Riffes der floridanischen Südostküste nach der Meerestiefe. Zwischen Cap Florida und den Bahamas beginnt der Abfall bei 60 Faden, und die Florida-Strasse erreicht hier keine grössere Tiefe als 370 Faden. Zwischen Key West und Havana geht sie auf 845 Faden hinab; aber in dieser Richtung, wie auch in der auf die Salt Key Bank zu (zwischen Florida und Cuba) wird der Abfall gemindert durch die Einschiebung des Pourtalès Plateau, einer Kalkfels-Platte, die parallel mit den Keys und südlich und östlich von denselben sich zwischen dem 25. und 24. Breitegrad hinzieht. Ihre Tiefe schwankt zwischen 90 und 250 Faden. Unterhalb dieses Felsbodens sind es kreideartige Polythalamienbildungen, welche den Boden der Florida-Strasse bis zu den grössten Tiefen bedecken. Die ausgedehnten Bildungen von ähnlicher Beschaffenheit und gleichem Ursprung in den Tiefen des Atlantischen Meeres und des Golfes von Mexico hängen durch diese Schichten der Florida-Strasse mit einander zusammen.

Die Küste des Stillen Meeres ist im Gebiet der Ver. Staaten weder in Bezug auf die Verhältnisse ihres Abfalls noch auf die Gesteinbeschaffenheit der nächstgelegenen Strecken des Meeresbodens hinreichend genau untersucht. Wir wissen aber, dass in ihrer ganzen Erstreckung der felsige Charakter vorwaltet, und dass daher der Abfall stellenweis ein steilerer ist als an der atlantischen Seite; aber der Ostrand des Stillen Meeres macht keine Ausnahme von der allgemeinen Regel, die wir oben für den Abfall der Landmassen nach der Meerestiefe zu hervorgehoben haben. Ausser den südcalifornischen Inseln, die wir schon genannt haben, sind

---

1) Von Pourtalès macht auf die auffallende Abhängigkeit der Fauna vom Meeresboden aufmerksam, die sich dabei kundgibt. Zwischen C. Florida und C. Sable wurden viele Thierformen der sogenannten Carolina-Fauna von der eingeschobenen westindischen Korallenfauna gänzlich verdrängt. Die Austern z. B. fehlen auf dem Korallenboden, während sie östlich und westlich davon auf dem Sande häufig sind. A. a. O. XVI. 395.

kleinere Küsteneilande und Felsklippen an dieser Küste häufig. Urgesteine, Gesteine der Silur- und Kreideformation, endlich vulkanische Gesteine nehmen am Aufbau der californischen Küste Theil.

Die Küste von Oregon ist nicht in demselben Masse wie die californische durch den Gebirgszug beeinflusst, der sie begleitet. Ein Küstengebirge ist hier wie dort vorhanden, aber es tritt nicht überall so nahe an die See heran, wie es das in Californien in seiner ganzen Erstreckung thut. Im südlichen Oregon, zwischen der californischen Grenze und dem Umpquahfluss, lässt es Raum für jene *Schwarzsandbetten*, die oft bis zu 5 Kil. sich ins Land hineinstrecken und Bänke bis zu 30 m. Höhe bilden. Den Goldreichthum, den sie an einigen Stellen geboten haben, hat ihnen einen gewissen Ruhm verschafft. In derselben Region sind die Buchten und Flussmündungen durch Sandbänke so seicht, dass sie gewöhnlichen Segelschiffen Schwierigkeiten beim Einlaufen bieten. Vorzüglich die Columbia-Mündung verliert durch die Sandbänke, welche sie unsicher machen, viel von dem Werth, den sie als Mündung eines so grossen Stromes für den Verkehr nach innen und aussen beanspruchen könnte.

Nördlich vom 47. Breitegrad treten im Gebiet des Washington-Territoriums ähnlich wie an der Küste von Maine Fjordbildungen auf, welche in Admiralty-Inlet und Puget-Sund Erhebliches zu der Gliederung der Küste beitragen. Es sind — eine bemerkenswerthe Ausnahme unter den Fjordbildungen! — keine krystallinischen, sondern geschichtete Gesteine und zwar Tertiärgebilde, in welche hier die Meereskanäle und -buchten geschnitten sind. Bedeutende Tiefen in grosser Nähe der Küste, die in einzelnen Kanälen nah zu 200 Faden erreichen, lassen den Fjordcharakter erkennen.

Anhang II. Jüngere geologische Veränderungen haben wir im Gebiet der Ver. Staaten in den Wirkungen von Kräften zu suchen, die im Erdinnern ihren Sitz haben, sowie in denen erodirender und anschwemmender Wasserkräfte. Die Aeusserungen von eigentlich vulkanischen Kräften sind in diesem Gebiete von bemerkenswerther Spärlichkeit. Nur unsicher, wahrscheinlich unbegründet sind die Berichte, welche von Vulkanausbrüchen in historischer Zeit sprechen [1]) So zahlreich die Vulkane

1) J. D. Dana sagt (Wilkes, Expl. Exped. 1849. X. 640): „Es wird berichtet, dass Mt. S. Helens und Mt. Rainier Spuren von Thätigkeit in den letzten 3—4 Jahren gezeigt haben, und vor 50 Jahren soll Asche gefallen sein," und Fremont erwähnt in seinem Report II. 193, dass der erstere am 23. November 1842 Asche ausgeworfen habe. Beglaubigter ist die Angabe J. D. Whitney's in der Geol. of California I. 87, dass im December 1859 im Inneren des Mt. St. Helens eine *tremendous explosion* gehört worden sei, ähnlich einem starken Artilleriefeuer, und dass dasselbe den Boden rings umher habe erzittern machen. Die Angaben der Ohrenzeugen stimmten sämmtlich darin überein, dass das Geräusch aus dem Inneren des Berges gekommen und auf mehrere Meilen im Um-

und Lavabetten im Westen der Ver. Staaten auch sind, so scheinen sie doch alle erloschen oder lassen nur in da und dort hervorsprudelnden Thermen und in seltenen Gasquellen und Schlammvulkanen noch Spuren der Erdwärme erkennen, die sie einst zu mächtigen Leistungen antrieb. Wir haben keine Möglichkeit die Zeit der letzten grossen vulkanischen Thätigkeit im Westen genauer zu bestimmen; aber dass dieselbe nicht sehr tief in die Tertiärperiode hinabzurücken ist, steht ausser Zweifel. Hayden[1]) nimmt z. B. an, dass die Trachyte des Yellowstone-Gebietes in miocäner und pliocäner, die Basalte aber in einer Zeit ergossen worden seien, welche, geologisch gesprochen, nicht weit hinter der Jetztzeit zurückliege. Die Periode der grössten Intensität fällt vielleicht noch diesseits der Pliocänzeit. Die Periode grösster Häufigkeit und weitester Verbreitung heisser Quellen versetzt er in die Pliocänzeit. Für Californien sind jedenfalls keine früheren Zeitpunkte hochgradiger vulkanischer Thätigkeit zu setzen, als für das Gebiet des Felsengebirges, welches Hayden hier zunächst im Auge hat. Dass nachweislich noch nach der Periode dieser vulkanischen Thätigkeit in Californien Cañons von 600—800 m. Tiefe in metamorphischen Schiefern ausgehöhlt worden sind, deutet jedenfalls darauf hin, dass ein längerer Zeitraum zwischen jener Zeit und der heutigen anzunehmen ist. Manches Jahrtausend muss für eine solche Bildung in Anspruch genommen werden, wie hoch man auch die aushöhlende Kraft des stürzenden Wassers anschlage. J. D. Whitney[2]) zieht auch den in früheren Zeiten wahrscheinlich grösseren Wasserreichthum der Sierra zur Erklärung dieser tiefen und geologisch so jungen Thalbildungen herbei.

Derjenige Ausläufer dieser einst so mächtigen vulkanischen Thätigkeit, welcher noch heute mit stellenweise bedeutender Wirksamkeit in die Oberflächengestalt Nordamerikas eingreift, sind die Erdbeben. Dass sie wenigstens im Westen mit den schlummernden vulkanischen Kräften zusammenhängen, ist nicht zu bezweifeln, und wenn es auch bloss ihre dort viel grössere Häufigkeit und Intensität wäre, welche hiefür Zeugniss ablegte, so wäre schon damit genügender Beweis geliefert. Wir finden aber ausserdem die meisten und häufigsten Erdbeben in den eigentlichen Vulkanregionen, und die Bedeutung einer Thatsache, wie z. B. der, dass

---

kreis zu hören gewesen sei. Whitney ist geneigt, die Ursache desselben im Einsturz eines Hohlraumes zu suchen, wie sie in diesen Vulkanregionen vorkommen. Was dagegen M. Lewis (in Travels of Capt. Lewis and Clarke 1809. 304) von Bergen erzählt, welche im Inneren comprimirte Luft enthielten, die in Explosionen sich Luft mache, ist entweder eines der zahlreichen Trappermährchen, die zu seiner Zeit über den Westen erzählt wurden, oder im besten Fall eine unklare Andeutung der Yellowstone-Geiser.

1) V. Hayden, 6th Annual Rep. 1873 28, 43, 50.

2) Geol. of Calif. I. 285.

das zerstörende Erdbeben vom 26. März 1872 gerade in der Vulkanregion von Owens Valley (Ostfuss der Sierra Nevada) seine grösste Kraft entfaltete, ist in dieser Richtung nicht misszuverstehen[1]). Wir können indessen glücklicherweise die Kraft der Erdbeben hier nicht mit süd- oder mittelamerikanischem Massstabe messen. Ist auch die Zahl der Erdbeben in Californien und überhaupt am Pacific Slope bedeutend, so sind sie doch nicht oft stark genug, um erhebliche bleibende Veränderungen an der Erdoberfläche, Zerstörungen u. dergl. zu erzeugen. Man kann sagen, dass wie die Zahl der Erdbeben der grossen Zahl der Vulkane und sonstigen Mittelpunkte vulkanischer Thätigkeit in diesem Gebiete entspricht, so auch die Schwäche der erdbebenerzeugenden Kraft einfach der Reflex der fast verschwindenden Intensität der vulkanischen Kräfte in demselben zu sein scheint. Vor 1850 sind die Erdbeben nicht registrirt, man berichtet bloss von einem sehr heftigen, das im September 1812 die Missionen S. Juan Capistrano und Viejo in Süd-Californien zerstörte und 30—45 Menschen das Leben kostete. Zwischen 1769, dem Jahr der Gründung der ersten Mission in Californien, und 1812 sind sicherlich keine starken Erdbeben in den bewohnten Theilen von Californien vorgekommen, da sie sonst jedenfalls in den Annalen der Missionen ihre Stelle gefunden haben würden. Aber 1850 zählte man 5, 1851 6, 1852 12, 1853 15, 1854 12, 1855 11 — zusammen 61 in 6 Jahren. Der dritte Theil von diesen Erschütterungen fällt auf die Gegend von San Francisco und den nördlich davon gelegenen Theil von Californien, der Rest auf Mittel- und Süd-Californien, und es ist in diesem letzteren Gebiet, dass dieselben sich mit dem grössten Grad von Heftigkeit äusserten[2]). Unter 99 Erdbeben, welche

1) Dieses Erdbeben, welches am 26. März 1872 die pacifische Küste heimsuchte, erschütterte das ganze Staatsgebiet und noch Theile von Nevada. In Lone Pine, einem Dorf im Owens R.-Thal, fielen 50 Häuser ein und in diesem Thale dauerten die Stösse noch in der Zahl von 3—4 jeden Tag einige Monate fort. Am selben Tag wurde ein Erdbeben in Utah und verschiedenen Theilen Mexico's und, was noch merkwürdiger, sogar in Kentucky verspürt. Am 14. Sept. desselben Jahres begann in Owens Valley das Erdbeben neuerdings mit heftigeren Stössen und unterirdischen Explosionen und dauerte einige Zeit. Ueber die Zeit seiner Fortdauer und den Zeitpunkt seines Aufhörens fehlen die Nachrichten; aber wir wissen, dass es durch zahlreiche Risse und Rutsche umgestaltend in die Oberflächenformen des genannten Thales eingriff. (A. J. S. 1872. II. 2. Ebendas. II. 316 von J. D. Whitney ausführlich beschrieben.) Eine gute Illustration der allerdings selten genügend beobachteten Wirkung der Erdbeben auf die Oberflächengestalt finden wir in dem Einsturz der mehr als 30 m. hohen Felszacke des Downieville Butte am Yuma-Pass, welcher 1852 bei einem Erdbeben stattfand. A. J. S. 1856. I. 224.

2) J. B. Trask, A. J. S. 1856. II. 110.

vom 1. Januar 1872 bis zum 1. April 1876 im Gebiet der Ver. Staaten beobachtet wurden, kamen 42 auf das Gebiet des Pacific Slope sammt Utah, Arizona und Neu-Mexico, davon nicht weniger als 31 auf Californien [1]). Auf die übrigen Theile des Gebietes der Ver. Staaten vertheilten in demselben Zeitraum die Erdbeben sich so, dass 28 auf die Neu-England- und Mittelstaaten, 12 auf die Atlantischen Südstaaten, 9 auf die Seeregion und den Nordwesten, 7 auf das Mississippibecken entfielen. Kein Erdbeben wurde aus dem Tiefland der Atlantischen und Golfküste, aus Florida und aus Texas gemeldet, und es ist wahrscheinlich, dass wir darin etwas mehr als nur einen Mangel an Beobachtungen zu erblicken haben; denn dieses Verhältniss entspricht der allgemeinen Regel, dass die Regionen der an Zahl und Kraft geringsten Erdbeben mit den grossen Tieflandregionen, die der häufigsten und stärksten mit den Gebirgen zusammenfallen.

Neu-England und die Mittelstaaten (New-York, Pennsylvanien, New-Jersey, Delaware) bieten das interessante Beispiel einer grossen Erdbebenregion, die keine Spur jüngerer vulkanischer Thätigkeit als aus der Sekundärperiode aufweist. Nach W. T. Brigham sind in den Neu-England-Staaten von 1638—1872 228 Erdbeben gefühlt worden, und von vier früheren hat man indianische Ueberlieferungen. Bemerkenswerther Weise fallen 148 davon auf die Zeit vom October bis März und 74 auf April bis September. Mittelpunkte lokaler Erschütterungen scheinen die Gegend von Montreal, die Umgebungen der Merrimackmündung und die Gegend von New-Haven zu sein. Da seit den mesozoischen Trappausbrüchen keine Vulkanausbrüche in Neu-England vorgekommen sind, sieht J. D. Dana die Ursachen dieser Erdbeben in Zusammenziehungen und Ausdehnungen, Brüchen und lokalen Höhleneinstürzen [2]). Zerstörend war keines von all diesen Erdbeben, deren grösste Zahl nur eben zu fühlen war. Als die heftigsten Erschütterungen dieses Gebietes werden die vom 18. November 1755 und vom 20. October 1870 bezeichnet.

Im Gebiet der atlantischen Südstaaten sind die Alleghanies der Sitz der Erdbeben, und es ist besonders eine Region von nicht grosser Ausdehnung in Nord-Carolina, welche von häufigen und ziemlich starken Erdbeben heimgesucht wird. Es ist das Hochland zwischen Blue Ridge und der Unakakette. Die dortigen Erschütterungen machten im Jahr 1873 und 1874, wo sie Monate andauerten, viel von sich reden und sind mit der

1) Nach Prof. Rockwood's dankenswerthen Zusammenstellungen in A. J. S 1872. II., 1873. I., 1874. II., 1876. II. Die Häufigkeit der Erdbeben in Californien spricht sich auch in Namen aus. In Californien gab es eine *Bahia de los Templores* (Erdbeben-Bai), und die Amerikaner, welche schon in den ersten Jahren nach ihrer Besitznahme des Landes so zahlreiche Erdbeben zählten, nannten es ein *Earthquake Country*

2) Memoirs Boston Soc. of N. H. II. 1 und A. J. S. 1871. I. 304.

Zeit in den amerikanischen Zeitungen zu vulkanischen Eruptionen ausgewachsen. Aber wenn dieses übertrieben ist, wie natürlich, so sind sie nach ihren Wirkungen, über die wir unverfängliche Berichte haben[1]), doch immer zu den wirksameren Erdbeben zu rechnen. An verschiedenen Punkten beobachtet man Spalten von verschiedener Länge und Breite, bis zu 1½ Kil. lang und 1 m. breit, die sehr zahlreich und in deren Nähe die Bäume massenweise gestürzt sind. Auch kleine Hügel von 2—3 m. Höhe sind über einzelnen aufgeworfen. Die Wirkungen solcher Erschütterungen sind in dem genannten Hochland im Quellgebiet des Pine Creek, dann zwischen dem Tuckasagee R. und Cowee Mt., am Valley River Mt. und am Hayewood Mt. zu beobachten, durchaus in Granitgebieten, und an einem oder dem anderen Ort sollen sie seit 1812, wo man sie zum ersten Mal beobachtete, in Zwischenräumen von 2 bis 3 Jahren wiedergekehrt sein und sollen nach jeder neuen Aeusserung das gesammte Ansehen der Region, die sie erschütterten, bis zur Unkenntlichkeit umgestaltet haben. In Betreff der Kraft, welche ihnen zu Grunde liegt, ist eine Meinung kaum zu äussern; jedenfalls sind ihre Aeusserungen unverkennbare Erdbebenwirkungen. Dass Rauch aus diesen Erschütterungsspalten aufgestiegen sei, wie einige Beobachter gesehen haben wollen, ist kaum wahrscheinlich; aber Geräusche, „dem Sprengen in einem tiefen Schachte ähnlich, erst explodirend, dann rollend,“ werden von den Beobachtern fast einstimmig berichtet.

Für die verhältnissmässige Seltenheit der Erdbeben in Tiefländern ist das Mississippibecken Nordamerika's ein ebenso treffender Beweis wie manche andere Tiefländer; aber von der geringeren Kraft der Erdbeben in vulkanlosen Tiefländern hat dasselbe Mississippibecken eine sehr hervorragende Ausnahme aufzuweisen. Durch die Erdbeben von 1811/12 sind vom südlichen Theile West-Kentuky's bis tief nach West-Tennessee hinein die Bluffs, welche dort steil gegen den Mississippi abfallen, in bemerkenswerther Weise erschüttert worden. Sie bestehen aus diluvialen Lehm- und Sandablagerungen, und in diesen sind Spalten von mehreren 100 m. Länge nicht selten. Ihre Breite schwankt zwischen ⅓ und 6 m. Ursprünglich gingen sie sehr tief, aber sie sind mit der Zeit wieder in etwas aufgefüllt und sehen jetzt wie trockene Fluss- oder Canalbetten aus; ihre gegenwärtige Tiefe schwankt zwischen 1 und 5 m. Oefters beobachtet man ganze Gruppen solcher Spalten, die in derselben Richtung verlaufen und zum Theil miteinander in Verbindung stehen und nach aussen hin sich in kleinere Spalten gleichsam verästeln. Sand, Kies und Lignit aus tieferen Schichten sind stellenweise bei jenen Erschütterungen

1) T. L. Clingman, Earthquake of N. Carolina. Ausz. in A. J. S. 1875. I. 55. C. G. Rockwood, ebendas. 331.

aufgeworfen worden und bilden jetzt kleine Hügel auf der Oberfläche der Bluffs. Gleichzeitig fanden zahlreiche Senkungen grösserer Strecken unter Bildung von *Sinkholes* statt.

Auch ein See, Beelfoot Lake im Mississippithal von Tennessee, verdankt seinen Ursprung den *Shakes* von 1811, indem das Bett eines Flüsschens theilweise gehoben und dadurch der Wasserabfluss verhindert wurde; ebenso wurden Eilande im Mississippi aufgeworfen. Ein anderer kleiner See bei New-Madrid verlor sein Wasser durch das Erdbeben. Ch. Lyell glaubt, dass diese Erdbeben, welche vom 16. December 1811 an mehrere Monate hindurch sich im unteren Mississippithal sehr fühlbar machten und in Spuren bis zum Jahr 1822 und vielleicht noch später sich kundthaten, im Zusammenhang standen mit den Erderschütterungen, welche im März 1812 so grauenhafte Verwüstungen in Venezuela anrichteten [1]).

Am Unteren Colorado deuten ungewöhnlich starke Schlammablagerungen im Becken des New R. und den mit ihm zusammenhängenden Lagunen und das Vorkommen abgestorbener, durch Ueberschwemmung getödteter Mezquitehaine Veränderungen im Niveau des Colorado an, welche nach Fröbel's Meinung [2]) zu gross sind, um, wie es gewöhnlich geschieht, durch Veränderungen in der Masse der Niederschläge erklärt werden zu können. Er meint sie auf Schwankungen des Bodens zurückführen zu müssen, und führt, um die Möglichkeit hebender und senkender Bewegungen des Bodens durch unterirdische Kräfte nachzuweisen, eine Solfatara an, welche an der Nordseite des Unteren Colorado noch immer in Thätigkeit ist; möglicherweise würden also auch hier Erdbeben im Spiele gewesen sein.

Weniger auffallend, aber in den letzten Wirkungen wohl viel grossartiger als alle Erdbeben, greifen die sekulären Schwankungen in die Form der Continente, in ihre Umrisse und ihre Oberfläche ein. In der jüngsten Epoche seiner geologischen Geschichte hat Nordamerika bedeutende Veränderungen dieser Art erfahren. Eine Senkungsepoche, eine *Periode der Depression*, folgte der Eiszeit, und ihre Spuren sind mit Sicherheit über den nördlichen Theil der Vereinigten Staaten von der Atlantisehen Küste bis Oregon und Californien und mit Wahrscheinlichkeit auch bis an die Ufer des mexicanischen Golfes zu verfolgen. Es ist die *Champlain-Epoche.* Ihr gehören Terrassen in fast allen grösseren Flussthälern der Ver. Staaten, Strandlinien an den Rändern der Seebecken, die nicht selten in die Flussthälerterrassen sich fortsetzen, Ausfüllungen kleinerer

---

1) Ch. Lyell, Princ. of Geology, 1868. II. 106. Vgl. auch Safford, Geol. of Tennessee, 1869. 113 und Humphreys and Abbot, Rep. on Mississippi R. 1858. 51., wo es heisst: „Selbst gegenwärtig noch werden leichte Stösse in der Umgegend von New Madrid nicht selten verspürt."

2) J. Fröbel in Smithson. Report 1854. 291.

Teiche und Tümpel (Shell Marl, aus Anhäufungen von Muschel- und Schneckenschalen in solchen Becken gebildet, weist häufig auf diese Epoche zurück), Strandlinien an der Meeresküste und endlich, die zuerst den Namen gaben, marine Ablagerungen in jetzt binnenländischen Gegenden, wie Champlain- und Ontariosee, an. Die Depression wuchs an der Ostküste des Continentes von Süden nach Norden; sie betrug im Süden Neu-Englands 8, in New Hampshire bis 60, am Champlainsee 120, bei Montreal 140 m. An der Küste des Stillen Meeres erreichte sie gleichfalls einige hundert Fuss. Eine Senkung, wenn auch in viel geringerem Masse, fand wahrscheinlich auch an der Golfküste statt.

Durch eine Hebungsperiode, die diese ablöste, die sog. Terrassenepoche, treten wir in die Gegenwart herüber. Es ist diese Periode, in der die Hebung der Terrassen stattfand, welche Zeugniss von der Senkung der vorigen Epoche ablegen. Kleinere Schwankungen in der Höhe des Landes, Senkungen und Hebungen finden bis heute statt; aber Senkungen und Hebungen von so weiter Ausdehnung wie die der Champlain- und Terrassenepoche gehören in Nord-Amerika der Geschichte des Continentes an; es sind vielleicht auch jene zunächst noch zu lückenhaft und noch zu sehr im Werden, um in ihrer ganzen Bedeutung schon erkannt werden zu können.

Am ausgedehntesten scheint von diesen beschränkteren Bewegungen eine sinkende zu sein, die sich an der atlantischen und vielleicht auch an der Golfküste kundgibt. Den ersten Beweis für ihr Vorhandensein finden wir an der äussersten nordöstlichen Ecke der Küste der Ver. Staaten, in den Fjordbildungen von Maine. Vor Jahren schon hat J. D. Dana die Fjorde von Oregon und Washington Territory als Zeugnisse jüngerer Senkungen angesprochen [1]) und indem er alle Fjorde als gesunkene Thäler betrachtet [2]), ist die Senkung ihm zu Folge auch für die Nordostküste der Ver. Staaten anzunehmen, welche wir hier im Auge haben. Weiter nach Süden zu, wo die Fjorde aufhören, müssen andere Massstäbe gesucht werden, um das Vorhandensein der Küstenschwankungen zu bestimmen und die verschiedensten Erscheinungen deuten dort auf Senkungen hin. Unzweifelhafte Spuren von Senkungen in einer jungen Zeit finden sich zunächst an der Küste von Massachusetts und in der Delaware-Bay, wo ganze Wälder der sogenannten Weissceder (Cupressus thujoides) unter das Meeresniveau gesunken sind. Lyell fand das Holz aus diesen submarinen Wäldern ähnlich dem, welches aus Torfmooren kommt. An der Küste von New Jersey sollen mehrere Generationen von solchen Bäumen übereinander vorkommen. Dr. Bresley zählte an einem Wurzelstock von

1) Wilkes, Explor. Exped. X. 695.
2) Manual of Geology, Rev. Ed. 543.

1.8 m. D., der aufrecht stand, wie er gewachsen war, 1080 und an einem unter demselben liegenden Stamme 500 Jahresringe. „Fünfzehnhundert Jahre wurden also ganz zweifellos als das Alter eines einzigen kleinen Theiles des gesunkenen Waldes festgestellt, dessen Tiefe übrigens noch nicht genau bekannt ist“ [1]). An der Küste von Georgia und zwar an der Mündung des Altamaha R. fand Lyell aufrecht stehende Baumstämme von Cupressus und Pinus in den Uferwänden von Salzsümpfen unter Fluthöhe, an Orten also, wo heute weder das Niveau noch die Bodenbeschaffenheit ihr Aufwachsen erlauben würde. Sand- und Schlammschichten, in denen selbst wieder hohe Cypressen wurzeln, bedecken sie, und Lyell zieht aus ihrem Vorkommen den Schluss, dass „erstens ein alter Wald um mehrere Fuss unter Wasser gesetzt wurde, wobei seine Bäume durch die Wirkung des Salzwassers abstarben; dass sie dann bis auf den Wasserspiegel herab abfaulten, worauf Sand auf die Stümpfe geweht wurde, und dass endlich, nachdem der Boden durch Schwemmgebilde wie in einem Delta erhöht war, auf den Trümmern des alten Waldes ein neuer aufwuchs“ [2]). Das Vorkommen von Lagunenriffen an der Südküste Florida's setzt nach der fast allgemein angenommenen Darwin'schen Theorie der Korallenbauten eine örtliche Senkung voraus; aber einer der Wenigen, die die Florida-Riffe eingehend untersucht haben, L. Agassiz, spricht sich gegen diese Annahmen sehr bestimmt in seiner oben bereits genannten (s. o. S. 140) Mittheilung aus, wo es heisst: „Die Thatsache, dass die Key's und Strandanlagerungen, welche allmählich entstanden sind, sich nur genau bis zum Meeresspiegel erheben, liefert einen unzweifelhaften Beweis, dass der Grund, über welchen sich das Hauptriff von Florida erstreckt, keinen Niveauwechsel erfahren und sich weder

1) Ch. Lyell, Sec. Visit to the U. S., 1855. I. 34. In A. J. S. 1857. II. 341 bringt G. H. Cook weitere Beweise für ein fortdauerndes Sinken der Küste von Long Island, N. Jersey und Martha's Vineyard. E. Hitchcock (Geol. of Massachusetts 1835. 121) hält es für wahrscheinlich, dass längs der ganzen atlantischen Küste von Massachusetts submarine Wälder vorkommen Im Hafen von Nantucket fand man unter 1,2 m. Sand Torf und Hölzer (Ahorn, Eiche, Buche, Cypresse), das Ganze $2^1/_2$ m. unter Ebbestand. Aehnliche Funde hat man an der Nordseite von Cap Cod, bei Martha's Vineyard, in der Bai von Provincetown gemacht.

2) Ch. Lyell, a. a. O., I. 249. W. Bartram, der treffliche Beobachter, der 1792 seine Reisen durch Nord- und Süd-Carolina u. s. f. herausgab, hat übrigens auch diese Erscheinung schon beobachtet: „Jeder Pflanzer an der Küste von Carolina, Georgia und Florida bis zum Mississippi, sagt er, sieht deutlich, wenn er die Salzmarschen der Küste unter Cultur bringen will, dass er seine Drainirgräben nicht über 3—4 Fuss tief legen kann, ohne auf Stümpfe von Cypressen und anderen Bäumen zu stossen, die ebenso dicht stehen, wie sie jetzt in den Sümpfen wachsen.“ Er schliesst daraus richtig, dass eine Senkung stattgefunden haben müsse. W. Bartram, Travels etc., London 1792.

gehoben noch gesenkt hat." Und weiter von den *landfest* gewordenen Riffen der Hammocks: „Die Einförmigkeit auch ihrer Höhen liefert einen weiteren Beweis, dass seit Beginn der Korallenbildung in dieser Gegend ein Höhenwechsel nicht stattgefunden hat" [1]).

Zahlreiche und mit die klarsten Beweise für in nachdiluvialer Zeit stattgefundene Bodenschwankungen liefert das Mississippidelta und seine Umgebungen. Seine Entstehung ist ohne Zuhülfenahme grosser sekulärer Schwankungen geradezu unverständlich. Auch ohne so klare Beweise stattgehabter Niveauschwankungen, wie wir sie aus dem oberen Theile des Delta's sogleich anzuführen haben werden, spräche schon die grosse Tiefe der Schlammablagerungen des eigentlichen Delta genügend deutlich für Senkungen, welche allein im Stande waren, eine über 200 m. senkrechte Tiefe hinausgehende Anhäufung solcher lockeren Absätze zu ermöglichen. Aber wie an manchen Küsten zeugen auch hier die versunkenen, in der Tiefe aufrechtstehenden Wälder am unzweifelhaftesten für die Senkung des Bodens. An der Basis von einer der ersten Hochuferbildungen, denen man flussaufwärts gehend begegnet, bei Baton Rouge, 60 Kil. oberhalb New Orleans, befinden sich die deutlichen Reste eines Waldes, wie er jetzt in den sumpfigen Landstreifen vorkommt, welche den Unteren Mississippi zu beiden Seiten begleiten und in etwas höherem Niveau, gleichfalls im Bluff begraben, Reste eines Waldes, wie er auf den höheren Uferrändern vorzukommen pflegt. Bartram entdeckte diesen fossilen Wald schon 1777, später wurde er von Carpenter (1838) und Lyell (1846) untersucht. Der untere Wald liegt im Niveau des Mississippispiegels bei Niederwasser, der obere ist von ihm durch eine Thonschicht von 3,6 m. getrennt und wird seinerseits von 22 m. Lehm und Sand bedeckt, in welche noch zwei dünne Lagen pflanzlicher Reste eingeschaltet sind. In den Resten der beiden begrabenen Wälder ist nichts zu sehen, was sie von den heute in derselben Region wachsenden Wäldern unterschiede. Die ganze Erscheinung ist nicht anders zu erklären, als durch die Annahme, dass eine starke Senkung der Mississippi-Ufer die einst bewaldeten Strecken so lange unter Wasser hielt, bis sie mit den Sedimentschichten bedeckt waren, unter welchen sie jetzt begraben sind.

Ob die Versandungen texanischer Häfen, wie z. B. die des Hafens von Indianola in der Matagorda-Bai, auf Bodenhebungen oder auf der Anschwemmungsthätigkeit der dortigen sedimentreichen Flüsse beruhen, muss dahingestellt bleiben. Uebrigens wird auch von der nahen Küste von Tamaulipas, also jenseits des Rio Grande, Landgewinn verzeichnet [2]).

---

1) In seiner oben S. 140 angeführten Abhandlung. Wir haben einige Beobachtungen, die den seinen widersprechen, ebendaselbst angeführt.

2) O. Peschel, Neue Probleme, 1876. 102.

Dass dagegen mit Sicherheit die Theilnahme der texanischen Küste an den Hebungen der Champlain-Epoche festgestellt werden kann, wurde oben bereits erwähnt.

An der Küste des Stillen Meeres sind bei so vorwiegend steilem Abfall die Zeichen der Hebungen oder Senkungen schwerer zu deuten, als an der Tieflandküste der atlantischen Seite. Dass die Fjorde von Oregon und Washington Territory als Zeugnisse jüngerer Senkungen angesprochen werden, haben wir erwähnt. Weiter südlich scheinen ausgeprägte Küsten- und Thal-Terrassen, die indessen noch nicht geologisch genau auf ihren Inhalt untersucht sind, im Gegensatz hierzu auf Hebungen zu deuten, die indessen möglicherweise schon früheren Perioden der Geschichte dieses Continentes angehören. Dass die sehr klar hervortretenden Terrassen in den Flussthälern von Oregon und Californien ihr Vorhandensein nur einer Hebung verdanken können, war schon Dana völlig klar, und er discutirte diese Frage zur selben Zeit, als Ch. Darwin seine schönen Untersuchungen über die Terrassenbildungen Südamerika's anstellte. Am Unteren Columbia und am Cowlitz würde diese Hebung ihm zu Folge 12—15; weiter oben am Wallawalla 35—50; am Unteren Willamete 15—18, am Unteren Sacramento 18—20, im Oberlauf desselben Flusses 80, oberhalb seiner Mündung 65—80 m. betragen haben. Reste eines unter Wasser stehenden Waldes, im Columbia oberhalb der Cascaden beobachtet, scheinen nicht sowohl für stattgehabte allgemeine Senkung als für einen Landrutsch von örtlicher Beschränkung Zeugniss abzulegen.

Ausgeprägte Terrassenbildungen, meist in zwei Stufen, sind an allen diesen Flüssen zu finden, am schönsten sieht man sie aber nach Dana's Beschreibung am Willamette, wo man im Thalgrund eine *low* und eine *high prairie* unterscheidet; letztere ist 12—16 m. über der ersteren gelegen, meistens steil von ihr abgesetzt, und tritt auf beiden Seiten 2—3 Kil. vom Fluss zurück [1]). Von der weiten Verbreitung der Küstenterrassen an der pacifischen Küste der Ver. Staaten hat G. Davidson Kunde gegeben [2]) und es ausser Zweifel gesetzt, dass sie auf Hebungen hindeuten. Ob aber diese Hebungen neu oder alt, entscheidet er nicht, und neuere Arbeiten über diesen Punkt liegen nicht vor. Eine Mittheilung F. Sheperd's [3]), der zu Folge man in der S. Francisco-Bai aufrechtstehende Bäume *vollständig versteinert* gefunden habe, ist von keiner Seite bestätigt worden. Derselbe erwähnt dort einer indianischen Ueberlieferung, nach der die Golden Gates einst Festland und die Gegend von San Francisco

1) Wilkes, Explor. Fxped. X. 676.

2) Proceed. Cal. Acad. of Sciences V. 90.

3) A. J. S. 1852. II. 153.

dagegen von einem Meeresarm bedeckt gewesen sei, der bei Monterey die Wasser des Sacramento und S. Joaquin ins Meer führte.

Neubildungen und Zerstörungen, die, soweit unsere Beobachtungen reichen, von Schwankungen des Bodens unabhängig sind, können wir in grösserer Ausdehnung nur an den Tieflandküsten, in unserem Falle also an der des Atlantischen Meeres und des Golfes, erwarten. In den meisten Fällen zwar werden die örtlichen Zerstörungen, welche die Meereswellen an den Küsten üben, beim Mangel oscillatorischer Bewegungen durch entsprechend ausgedehnte, wenn auch, wie natürlich, ganz anders gestaltete Neubildungen ausgeglichen. Aber in einzelnen Fällen sind die Verluste, die das Land durch die Bewegung des Meeres erleidet, so beträchtlich, dass sie nicht durch Neubildungen kurzer Hand aufzuwiegen sind. So wird der Landverlust, den der Otsrand von Nantucket in den fünf Jahrzehnten vor 1830 erlitt, auf einen Streifen von 5—8 m. Breite angegeben. Aehnlich soll Cap Cod an seiner Ostseite immer mehr zerstört und dafür an seinem Westufer durch Anschwemmung verbreitert werden. Andererseits ist die Flachküste am Südostende des Cap Cod im letzten Jahrhundert einige Kilometer seewärts vorgeschoben, nach Einigen mit der Schnelligkeit von 16—20 m. im Jahr, und der Hafen von Chatham ist dadurch versandet. Aehnliches wird von Nauset und der Westküste von Nantucket berichtet. Im Hafen von Nauset sind seit Menschengedenken Untiefen in Marschwiesen verwandelt worden[1]). An der Küste von New-York wächst die Landspitze Sandy Hook durch langsame Anlagerung in den Schifffahrtscanal, der den Haupteingang zur Bai von New-York bildet. Die praktische Wichtigkeit dieses Landzuwachses hat an diesem Punkte genaue Untersuchungen anstellen lassen, welche ergeben haben, dass die Ursache dieses Anwachsens in wechselnden Ein- und Ausströmen zu suchen ist, welche ihrerseits von den Gezeiten bedingt sind und beim Aufeinandertreffen einen raschen Niederschlag ihrer Sedimente erfahren. Den regelmässig wirkenden Ursachen entsprechend ist dieses Anwachsen ein sehr regelmässig fortschreitendes. Prof. Bache berechnet den jährlichen Durchschnittszuwachs in den letzten 12 Jahren auf 100 m.[2]). Weit in die See vorspringende Ausläufer der Ostküste von Nantucket werden derselben Ursache zugeschrieben. Dass die Gezeiten auch auf die Art und Weise der Ablagerung von Niederschlägen an den Küsten einwirken, werden wir im folgenden Abschnitte an derselben Flachküste sehen, und von der Wirkung des Golfstromes auf die Gestaltung eines so bedeutenden Gliedes des Continentes wie der Halbinsel

1) Zusammenstellungen dieser und ähnlicher Erscheinungen bei E. Hitchcock, Geol. of Massachusetts, 1836. 136 u. a.

2) A. J. S. 1857. 16.

Florida haben wir bereits gesprochen. Die Ansicht, dass auch der noch näher bei der atlantischen Küste Nordamerikas vorbeifliessende Labradorstrom nicht ohne Wirkung, und zwar erodirende Wirkung, auf die Form des submarinen Abfalls des Continentes sein könne, ist von amerikanischen Geographen in vermuthender Weise aufgestellt worden[1]. —

Im Ganzen und Grossen ist das Gebiet der Ver. Staaten, wie wir nun zu überschauen vermögen, in der jüngsten Periode der Erdgeschichte geringeren Veränderungen unterworfen gewesen, als viele andere Theile der Erde. Seine Vulkane sind in Ruhe, seine Küsten erleiden geringe Schwankungen und sind nicht in auffallendem Masse der Zernagung durch Wellenschlag und Sturmfluten ausgesetzt. Die mächtigste Wirkung dürften gegenwärtig wohl die Flüsse und Ströme auf die Umriss- und Oberflächenformen des Landes ausüben, theils durch Erosion im Inneren, theils durch Anschwemmung an den Rändern, und es kann wahrscheinlich derjenige Punkt dieses grossen Gebietes, wo ihre Wirkung sich vereinigt mit derjenigen riffbauender Korallen, nämlich die Südostspitze von Florida, als die Region der eingreifendsten Veränderungen durch kräftiges Wachsthum bezeichnet werden.

1) J. D. Dana, El. of Geology. Rev. Ed. 655.

IV. Ströme, Flüsse und Seen.

Günstige Bedingungen für grosse Süsswasseransammlungen in Nordamerika. Die Ströme und Flüsse. Ihre natürliche Gruppirung. Stromsysteme: Mississippi. Flüsse der Alleghany-Region. Zuflüsse des St. Lorenz und der Grossen Seen. Die texanischen Flüsse und Rio Grande del Norte. R. Colorado. Flüsse der Zwischengebirgs-Hochebenen. Columbia. Küstenflüsse des Stillen Meeres. — Die Seen. Die Seenplatte. Das Seengebiet des St. Lorenz. Die Seengebiete der Nord-Alleghanies und von Minnesota. Seen der Plains. Salz- und Natronseen. Die Seen und Sümpfe der Hochebenenbecken. Ueberschwemmungs- und Küstenseen. — Anhang I. Quellen und Höhlen. Anhang II. Zur Geschiche der Ströme und Seen in Nordamerika.

Wenn wir in weiten Flächen, in hohen und massigen Gebirgen, in beckenartiger Zusammenlagerung beider und in sanftem Abfall zum Meer die Bedingungen zur Bildung mächtiger Ströme gegeben sehen, und in weiten Hochebenenbildungen von ziemlich gleichbleibender Höhe die Umstände, welche der Entstehung grosser Binnenseen günstig sind, so sind nirgends auf der Welt mehr mächtige Ströme und mehr grosse Binnenseen zu erwarten als in Nordamerika und am meisten in dem südlichen Theile dieser Erdtheilhälfte, dem Gebiete der Vereinigten Staaten.

In der That ist dieses Gebiet ungewöhnlich strom- und seenreich, und wir hatten bereits in der Einleitung hervorzuheben, wie bezeichnend die massige Vertretung dieser beiden Formen des Flüssigen auf der Erde für die geographische Physiognomie des ganzen Landes sei. Ein Riesenstrom, wie der Mississippi, und noch vier Ströme, von Stromgebieten, die über 500,000 □Kil. umfassen, daneben der grösste Complex von Süsswasserseen, den man kennt, ein Gebiet halb so gross wie Deutschland mit Süsswasser bedeckend, und diess alles in die Hälfte einer Erdtheilhälfte zusammengedrängt: Weder Südamerika noch Asien, die sonst an grossartigen Entwickelungen das Bedeutendste leisten, bieten Aehnliches. Es gibt kein anderes Gebiet, wo die Stromgebiete der grossen Ströme zwei Drittheile der Oberfläche bedecken, wie in den Vereinigten Staaten, und wo daneben noch eine so gewaltige Anhäufung des süssen Wassers in Seebecken stattfindet.

Was zunächst die **Ströme und Flüsse** anbetrifft, so umschliesst das Gebiet der Vereinigten Staaten drei grosse Wasserscheiden, eine östliche, eine nördliche und eine westliche. Die östliche wird gebildet durch das Alleghany-Gebirge, die nördliche durch die Landhöhe, auf deren östlichem Ende die grossen Seen liegen, und die nach Westen hin sich als Coteau des Prairies und Coteau du Missouri fortsetzt, die westliche durch die Gebirgsmasse der nordamerikanischen Cordilleren. Die Alleghany-Wasserscheide entsendet einerseits ihre Gewässer nach dem atlantischen Meere, andererseits nach dem Mississippi, und damit nach dem Golf von Mexico; die nördliche lässt einen Theil den grossen Seen, den anderen dem Oberen Missouri und Mississippi, den kleinsten aber der Hudsonsbai zufliessen; die westliche ergiesst von der Ost- und Südostseite ihre Gewässer in den Golf von Mexico, und zwar vorzüglich durch den Mississippi, von der West- und Südwestseite nach dem Stillen Meere, und umschliesst daneben noch einige grössere Binnenseen, die die Mündungsbecken besonderer kleiner Stromsysteme darstellen. Da der Abfluss von der nördlichen Wasserscheide nach der Hudsonsbai sehr unbeträchtlich, eigentlich nur eine örtliche Ausnahme von beschränkter Ausdehnung ist, so lässt man gewöhnlich das Gebiet der Vereinigten Staaten bezüglich seiner Bewässerung in drei grosse Abtheilungen zerfallen, deren Scheidung durch die zwei meridionalen Gebirgsketten bewirkt wird. Man erhält auf diese Weise ein Gebiet östlich von den Alleghanies, eines westlich von der Cordillere und ein drittes, das zwischen beiden gelegen ist und sie an Grösse weitaus übertrifft; das erstere führt seine fliessenden Wasser nach dem Atlantischen, das zweite nach dem Stillen Meere, das dritte nach dem Golf von Mexico ab.

Diese Eintheilung, die im Ganzen gewiss zutreffend ist, wird indessen doch nur den grossen Zügen des Systems der fliessenden Wasser von Nordamerika gerecht. Wenn diese auch hier, wie in allen Verhältnissen des gross und einfach angelegten Landes, am meisten hervortreten, so fassen sie doch nicht Alles in ihren Rahmen. Das ist bei der Ausdehnung und weiterstreckten Meeresbegrenzung des Gebietes nicht möglich. So gehören z. B. die floridanischen Gewässer weder der östlichen noch der westlichen Seite der Alleghany-Wasserscheide an, und die texanischen entfliessen derselben Seite der westlichen Wasserscheide wie der grössere Theil der Mississippi-Zuflüsse, ohne indessen in das Stromsystem des Mississippi zu gehören; sie bilden offenbar eine Gruppe für sich, an deren Spitze billig der halbmexikanische Rio Grande del Norte seinen Platz findet. Diejenige Eintheilung der nordamerikanischen Flusssysteme wird jedenfalls die beste sein, welche diese kleinen Gruppen nicht über den grossen und beherrschenden vernachlässigt. Sie wird damit nicht bloss das Verdienst der Sachtreue, sondern auch das anzustreben haben, aus den hydrographischen Verhältnissen das Bild des eigenartig begabten Landes kaum weniger klar hervorleuchten zu lassen, als es aus den orographischen und geologischen uns entgegentrat. Eine solche Eintheilung würde etwa folgende Gruppen unterscheiden, deren genauere Abgrenzungen und Eigenschaften die nähere Beschreibung in der hier gegebenen Reihenfolge darlegen wird:

1) Stromgebiet des Mississippi: a. das Zuflussgebiet des Missouri; b. der Obere Mississipi; c. die Zuflüsse aus der Alleghany-Region (Ohio); d. Arkansas und Red River; e. Delta.
2) In der Alleghany-Region: a. einfache Küstenflüsse der Nordostküste; b. Flüsse, die nach dem Atlantischen Meere fliessen und ihre Quellen jenseits des östlichen Kammes der Alleghanies haben; c. Küstenflüsse der Südost- und der Golfküste bis zur Mississippi-Mündung; d. Floridanische Flüsse.
3) Im Gebiet der Grossen Seen: a. direkte Zuflüsse des St. Lorenz; b. Zuflüsse der Grossen Seen; c. Red R. of the North.
4) Rio Grande del Norte und die anderen texanischen Flüsse.
5) Stromgebiet des Colorado.

6) Binnenflüsse des Grossen Beckens.
7) Stromgebiet des Columbia.
8) a. San Joaquin, Sacramento, Willamette; b. kleinere Küstenflüsse des Stillen Meeres.

Das Stromgebiet des Mississippi begreift in sich den grössten Theil des Inneren der Vereinigten Staaten und besteht daher vorzüglich aus dem Flach- und Hügelland, das den Raum zwischen Felsengebirge und Alleghanies und zwischen Seenplatte und Golf ausfüllt. Es umfasst einen Flächenraum von 3,150,000 □Kil. (57,000 □M.) und wird also nur von den Gebieten der beiden südamerikanischen Riesenströme und des Ob, des grössten asiatischen Stromes, an Flächenausdehnung übertroffen. Seine Hauptquellen liegen im Felsengebirge, in den Hochebenen des nördlichen Grenzgebietes und in den Alleghanies. Die grösste Ausdehnung erreicht das Mississippi-Stromgebiet in der Region des 45. Breitegrades, wo es im Osten bis zum 76. und im Westen an den 114. westlichen Längegrad reicht. Von Süden nach Norden gemessen erstreckt es sich über 28 Breitegrade, also nahezu über die ganze nordsüdliche Ausdehnung des Gebietes der Ver. Staaten. Den allgemeinsten Umrissen nach ist es ein Dreieck, dessen Spitzen an der Mississippimündung, am Nordwestfuss des Felsengebirges und am Nordende der mittleren Alleghanies liegen, und von dem zwei Seiten, die nach Südwesten und Nordosten gewandt sind, bedeutend länger sind als die dritte, die nach Südosten schaut. Die Westspitze reicht um fünf Breitegrade weiter nordwärts als die östliche, und die Nordostseite ist in ihrer östlichen Hälfte tief eingebuchtet durch das Hereinragen des St. Lorenz-Stromgebietes [1]). Der Hauptcanal des Mississippi liegt

1) Liebhaber geographischer Homologien seien auf die merkwürdige Aehnlichkeit in den äusseren Umrissen des Mississippi-Stromgebietes und denen des nordamerikanischen Halbcontinentes aufmerksam gemacht, eine Aehnlichkeit, die in Südamerika sich im La Plata-Gebiet wiederholt: Starkes nordwestliches, geringeres nordöstliches Hinausragen, Breitenentwickelung nach Norden, Zuspitzung gegen Süden, Einbuchtung im Nordosten finden sich am Mississippigebiet ebenso ausgeprägt wie an dem Halbcontinent, dem dasselbe angehört. Cordilleren und Alleghanies bestimmen in beiden Fällen die westlichen, östlichen und südlichen Umrisse, und was für ganz Nordamerika die Hudsonsbai, ist für das Mississippigebiet deren südliche Repräsentation, die Gruppe der Grossen Seen.

dem äussersten Ostrand des Gebietes um acht Längengrade näher als dem äussersten Westrand, es ist also der westlich von demselben gelegene Theil des Stromgebietes grösser als der östliche und der Strom muss daher als ein vorwiegend dem Westen angehörender bezeichnet werden. Demgemäss wäre der Missouri als Hauptarm des Mississippi zu betrachten, und entspricht in der That diese Betrachtung dem Sachverhalt mehr als die zufälligere, aber übliche, welche den Oberen Mississippi als Hauptarm, den Missouri als Nebenfluss ansieht. Dieser Betrachtung ist der Mississippi ein in vorwiegend südöstlicher Richtung fliessender Strom, der das Innere der Vereinigten Staaten diagonal durchfliesst, aber gegen den Unterlauf hin durch zunehmende Verschmälerung des Continentes und Zusammenrücken der West- und Ostgebirge immer mehr aus der südöstlichen in eine südliche Richtung gedrängt wird.

Der Hauptarm des Mississippi, der Missouri, hat seine Quellen in einem gebirgigen, aber trotz seiner Gebirgsnatur regenarmen Gebiet, und diese Thatsache macht es erklärlich, dass trotz der Ausdehnung seines Quellgebietes die Wassermasse, welche er dem gemeinschaftlichen Bette des grossen Mississippi zuführt, verhältnissmässig gering, geringer selbst als des Ohio ist. Ohne Zweifel verdunstet auch ein grosser Theil der Wasser, die vom Westen herab dem Missouri zufliessen auf dem weiten Wege, den sie in den Plains zurückzulegen haben. Von der nördlichsten Quelle, die der Milk R. ihm zusendet, fliesst der Missouri 10 Längengrade bis über die Einmündung des Yellowstone hinaus östlich und von da in vorwiegend südsüdöstlicher Richtung der Vereinigung mit dem Mississippi zu. Seine bedeutenden Zuflüsse strömen ihm alle in derselben Richtung zu, in der er selbst in seinem ersten Drittel floss, d. h. in westöstlicher, und er nimmt sie daher sämmtlich auf seiner rechten Seite auf. In sein linkes Ufer mündet kein einziger Fluss von Bedeutung. Das grosse Stromnetz des Missouri erscheint daher als ein einseitiger Zweig, der von Nordwesten nach Südosten mit scharf gegen Nordosten gekehrter Ausbiegung gebogen ist und dessen Nebenzweige alle nach der rechten Seite und zwar in vorwiegend geraden, fast senkrecht auf dem Hauptzweig stehenden Richtungen ausstrahlen.

Das Quellgebiet des Missouri ist um den Union Peak, einen der bedeutenderen Berge der Wind River-Gruppe (ca. 4300 m.) zu suchen, welcher bei 43° 30′ N. B. und 110° W. L. gelegen ist. Einen Längengrad westlich und einen Breitegrad nördlich von denselben entspringen vier der äussersten Zuflüsse des Missouri: Big Horn, Yellowstone, Madison und Gallatin R. Die zwei letzteren bilden zusammen mit dem zwei

Längengrade weiter westlich entspringenden Jefferson die drei eigentlichen Quellarme (Forks) des Missouri. In tiefen und wilden Thälern fliessen sie nach Norden, um beim 46.° N. B. sich zum Missouri zu vereinigen, der von hier einige Meilen in einem der wildesten Cañons des Westens, zwischen 370 m. hohen Wänden dunkeln Granits („auf den ersten 3 Meilen ist kein Fleck zu finden, ausgenommen einer von einigen Yards, wo ein Mann zwischen dem Fluss und seinen thürmenden Uferwänden stehen könnte") fliesst, der von Lewis und Clarke, seinen ersten Entdeckern, den Namen *Gate of the Rocky Mts.* erhielt. Nachdem der Fluss nordöstlich den Gebirgszug der Snow Mts. umflossen hat, der ihn bis etwa zum 48.° in eine wesentlich nördliche Richtung zwang, steigt er in die Vorberge der Rocky Mts. und zum westlichen Saum der grossen Hochebene der Plains in einer Reihe von Fällen herab, deren fünf besonders hervorragende gezählt werden; 7.7, 1.8, 13, 3.7, 23.4 — zusammen 49.6 m. fällt hier der Fluss, und diese Fälle sind auf eine Strecke von 18 Kil. vertheilt. Der letzte und höchste wird als der *Great Fall of the Missouri* bezeichnet. Kurz nach der Aufnahme des nördlichen Zuflusses Sun R. tritt dieser rasche Fall ein, und es sind die nördlichen Ausläufer der Vorberggruppe der sog. Belt Mts., über die der Missouri mit diesen Fällen weggeht. Unmittelbar unter den Fällen ist er schiffbar, aber man rechnet die Schiffbarkeit gewöhnlich von dem 450 Kil. weiter unten gelegenen Ft. Benton an, in dessen Nähe nach Aufnahme der von Norden kommenden Marias und Monekis R. die Berge für immer verlassen werden. Der ungefesselte Gang durch die Plains prägt sich dann alsbald in einem viel mehr gewundenen Laufe aus.

Der südliche Theil des Quellgebietes des Missouri ist von den Quellen des Yellowstone und Bighorn R. eingenommen. In der Gegend des 110. Länge- und des 44. Breitegrades liegt jene in den letzten Jahren so oft genannte Yellowstone-Region, die vom Congress der Ver. Staaten zum *Nationalpark*, d. h. zu einem für immer im Besitz der Ver. Staaten bleibenden, der freien Ansiedelung verschlossenen Gebiete bestimmt wurde. Wir werden des Ausführlicheren auf diese wunderbare Gruppe von Dampf- und Heisswasserquellen, von heissen Seen und seltsamen Stalaktiten-Gebilden zurückzukommen haben. Der Yellowstone windet sich durch schmale, steilwandige Thäler, die an einigen Punkten vollständig unpassirbar sind, bis zu dem Punkte, wo er seinen ersten bedeutenderen Zufluss, Clarks Fork, aufnimmt. Von hier bis zur Mündung eines anderen, grösseren, gleichfalls von Süden her am rechten Ufer einmündenden Zuflusses, des Bighorn R., ist der Fluss 450—550 m. breit, frei von Fällen, ein rasches und klares Gewässer. Er ist aus den Bergen herausgetreten, und Capt. Raymonds sagt, dass er im Sommer bis zu Clarks Fork mit 1 m. tief gehenden Booten zu befahren sei. Aber vom Bighorn R. an wird er trüb, wie der

Missouri, und vom Powder R. an gleicht er auch durch Flachheit der Ufer, zahlreiche Sandbänke, dichtbebuschte Eilande, Veränderlichkeit der Tiefe und der Umrisse dem Missouri vollkommen, in den er dann bei Ft. Union mündet. So ungünstig wie der Missouri soll er übrigens für die Dampfschifffahrt nicht sein.

Kehren wir aber zum oberen Missouri zurück, um ihn auf seinem Wege bis zur Yellowstone-Mündung zu verfolgen, so finden wir ihn zunächst unterhalb der Fälle ein tiefes canonartiges Thal als klaren Fluss in einem reinen Kieselbette durchströmen. Die Ufer sind 60—90 m. hoch. Von der Mündung der Monekis und Marias R. an flacht sich dieses Thal zum Niveau der Prärie ab, und eine Strecke fliesst der Missouri mit zahlreichen Windungen, häufige Inseln einschliessend, in ebenem Land. Aber die Gruppe der Bear Paw Mts. zwängt ihn neuerdings in ein Felsenthal voll grotesker Säulen und Wälle aus braunem quadrigen Sandstein. Bis zu 180 m. erheben diese oft täuschend ruinenartigen Felsmauern ihre Zinnen, und tief ins Land hinein ziehen sie sich, einer enormen in Trümmer gefallenen Stadt zu vergleichen. Dem Anschein entspricht hier das Wesen: die Region ist so unfruchtbar und dürr, wie es die Strassen einer Todtenstadt sind. Wie ein Hälmchen zwischen den Steinen zwängt da und dort ein Weidenbusch sich hervor. Dieses ist das *Ueble Land*, die *Mauvaise Terre* der Trapper. Dann senken sich die Thalwände wieder und machen stellenweise Wiesen und Wäldern Raum. Aber die Wälder bestehen nur aus halb strauchartigen Weiden, Espen und Kirschbäumen. Von der Mündung des von Süden kommenden Musselshell R. an tritt die Felsnatur des Ufers nur noch an vereinzelten Punkten auf. Aber die Klarheit des Gebirgsstromes macht von hier allmählich einer immer wachsenden Trübung Platz, die in dem Wegwaschen der aus weichem, oft schlammartig lockerem Sandstein bestehenden Ufer eine unerschöpfliche Quelle findet. Ungefähr halbwegs zwischen Ft. Benton uud der Yellowstone-Mündung hat der Missouri die Eigenschaften angenommen, die nun seinen vorwiegenden Charakter bis hinab zum Mississippi bilden; er ist bereits breiter als seiner Wassermasse zukommt (bei der Mündung des Milk R. 800, hier am Yellowstone 1000—1200 m.), sein Boden bleibt Sand, der in veränderlichen Bänken sich da und dort anhäuft und die Schifffahrt erschwert. Die Ufer sind zurückgetreten und haben fruchtbare Niederungen zwischen sich gelassen; an der Nordseite sind sie nur noch der Abfall der *Rolling Prairie*, an der Südseite werden sie höher, tragen aber genügenden Graswuchs. Er ist der ächte Steppenstrom geworden, der in seinem vielgewundenen Lauf, seinem flachen, übermässig breiten, beständigen Veränderungen unterworfenen Bett, seinen ebenso unzähligen als unbeständigen Inseln und Sandbänken, dem ungeheueren Schlamm, mit dem er gesättigt ist, sich zum Gebirgsstrom, der er bis zu den Mauvaises Terres war, nicht weniger gegensätzlich verhält, als die Steppe selbst zum Hochgebirge. Er bleibt nun von der Mündung des Yellowstone an ebenso sehr derselbe, wie es im Wesentlichen die Gegenden bleiben, die er durchfliesst, die Plains und die Prärien. Seine Breite bei mittlerem Wasserstand verharrt bis zur Einmündung in den Mississippi bei 1500—1800 m., wie sie denn für einen Strom von dieser Grösse sich überhaupt merkwürdig gleich bleibt; aber der Unterschied seiner Wassermassen bei Hochwasser und bei Niederwasser ist ein sehr bedeutender. Ebenso der seiner Tiefe; er war bei der Mündung des Marias R. nicht ganz 2 und ist an der Mündung in den Mississippi 20 m. tief. Nur einen Wechsel in dem landschaftlichen Charakter seiner nächsten Umgebungen hat man auf dieser Strecke von 15 Längengraden zu constatiren, den Baumreichthum nämlich, der von der Mündung des Platte R. an an die Stelle der Baumarmuth tritt, die den Oberen Missouri charakterisirt, soweit er nicht im eigentlichen Gebirg floss: Erst östlich vom 96. Längengrand treten Wälder ausserhalb des Gebietes seiner feuchten Niederungen auf und damit, kann man sagen, ist er aus dem Prärien- in das Waldgebiet übergetreten.

Von den Zuflüssen, die der Missouri unterhalb des Yellowstone empfängt, sind Niobrara, Platte (Nebraska) und Kansas bemerkenswerth. Der erstere entspringt in den Vorbergen der Rocky Mts. in der Nähe des Rawhide Pk. bei ca. 104 W. L., fliesst als klarer Bergfluss erst in den Thälern, dann über die Plains in breitem Bette, um bei 102° 30′ W. L. in einen Cañon einzutreten, dessen Wände bis zu 180 m. emporsteigen und durch ihr enges Zusammentreten und steiles Aufsteigen das Flussthal auf weite Strecke völlig unwegsam machen; aber die tiefe Abgeschlossenheit dieses Wasserlaufs in seinem engen Felsenthal lässt hier mitten in der dürrsten Steppenregion eine Oase entstehen, die Bäume und Graswuchs in ihren Schluchten nährt, wie man sie nur wieder am Gebirgsrand findet. Die Mündung in den Missouri geschicht nach längerem ziemlich direkt westlichen Laufe in den Plains bei ca. 97½° W. L. Der Platte oder Nebraska R., der grösste Zufluss des Missouri nach dem Yellowstone, entspringt mit zwei Hauptarmen (N. Fork und S. Fork) in dem eigentlichen Felsengebirge zwischen dem 43. und 39. Breitegrad. Die Gewässer seines Quellsystems berieseln den ganzen Ostabfall des Felsengebirges zwischen Rattlesnake Mts. und Pike's Peak. Es sind Gebirgsflüsse, raschfliessend, kiesreich, klar bis zu der Vereinigung des Nord- und Südarmes (ca. 101° W. L.); hier treten die Uferhöhen weit zurück, so dass ein Thal von 4—10 e. M. Breite entsteht, das mit seinem Wasser- und Grasreichthum, sammt dem ebenen Weg, den es bietet, nicht bloss, wie ein Bericht (Lt. Warren) sich ausdrückt, „eine der besten Fahrstrassen von solcher Länge in der Welt“, sondern überhaupt die natürliche Strasse vom Unteren Missouri bis an den Fuss der Felsengebirge darstellt. Der grösste Theil der älteren Ansiedler des *Far West* sind auf dieser Strasse gekommen. Eine ebenso gute Wasserstrasse bietet leider der Platte nicht, denn es gehört zu seinen Eigenthümlichkeifen, dass er sehr gleichmässig die geringe Wassermasse über sein weites Bett ausbrseitet. Er hat bei Hochwasser nicht ganz 2 m. und kann bei Niederwasser fast an jedem Punkte gefahrlos überschritten werden, sofern man den trügerischen Boden der Flugsandbänke zu vermeiden weiss.

Der Kansas ist der südlichste und wasserärmste der Missourizuflüsse. Seine Quellen liegen schon nicht mehr im Gebirg, sondern auf den Plains, nahe beim östlichen Gebirgsabhang in etwa 104° W. L. Ein Nordarm fliesst von hier als Republican Fork, ein Südarm als Smoky Hill Fork ostwärts und beide vereinigen sich zwischen dem 94. und 96. Längegrad. Der erstere wird als Hauptquellarm betrachtet und trägt daher auch den Namen Kansas. Als bedeutendere Zuflüsse sind nur Solomons und Saline Fork, die in den südlichen Arm münden, und Big Blue R. zu nennen, der nach der Vereinigung beider sich in den Kansas ergiesst. Im Allgemeinen entspricht der Kansas in Lage der Quellen, Ausdehnung des Quellgebietes und Richtung des Laufes dem Niobrara und ist gleich ihm so wasserarm, dass seine Zuflüsse einen grösseren oder geringeren Theil des Jahres hindurch wasserleere Sand- und Kiesbetten darstellen. Die geringe Wassermenge hat den Kansas keine Bedeutung für den Verkehr gewinnen lassen, wiewohl in einzelnen wasserreichen Frühlingen Dampfer bis Fort Riley am Zusammenfluss der beiden Hauptquellarme gelangt sind.

Unterhalb des Kansas empfängt der Missouri von der rechten Seite noch einige Zuflüsse aus den Ozarkbergen, von denen Osage und Gasconade R. zu nennen sind. Die linke Seite ist dagegen schon vom Einfluss des Yellowstone an auffallend arm an grösseren Zuflüssen, und die wenigen nennenswerthen, die er auf dieser Seite aufnimmt, wie Dakota und Sioux R. fliessen merkwürdiger Weise in einer Richtung, welche gerade rechtwinklig auf der der rechtsseitigen steht und mit der des Missouri selber gleichlaufend ist. Coteau du Missouri und Coteau des Prairies, die nordsüdlich ziehenden Landhöhen, sind es, welche dem mittleren Missouri und diesen linksseitigen Zuflüssen die nordsüdliche Richtung ertheilen. Auch der zwischen beiden einmündende Vermilion R. folgt derselben. Nach Osten hin folgt derselben Richtung der Obere Mississippi, theilweise getrennt vom Missouri-Gebiet durch den Red R., der gleichfalls im Sinn der geographischen Länge, aber südnördlich fliesst. Alle diese Flussrichtungen zeigen an, dass östlich vom Mittleren Missouri der südliche und nördliche Abfall der Landhöhen an die Stelle tritt des östlichen Abfalles der Plains von dem Felsengebirg nach dem Mississippi-Thal; dass indessen die eine Richtung dabei nicht die andere auslöscht, sondern in theilweiser Geltung lässt, zeigt die starke östliche Ablenkung, die die vorwiegend südliche Richtung des Missouri auf der ganzen Strecke unterhalb der Yellowstone-Mündung erfährt.

Die Masse des Wassers, welche der Missouri in den Mississippi ergiesst, ist $^{1}/_{6}$ von dem, welches der Mississippi ins Meer führt. Das Missverhältniss zwischen dieser Wassermasse und der Grösse des Stromgebiets wurde bereits hervorgehoben. Für die Schiffbarkeit des Missouri ist dasselbe entscheidend, denn indem es die Vertheilung dieser Wassermassen über ein sehr ausgedehntes Gebiet bedingt, bleibt nur beschränkten Theilen des Missouri-Systems diejenige regelmässige Wassertiefe, welche erforderlich ist, um grössere Schiffe zu tragen, und die Region starker Winterkälten, in die der grösste Theil desselben hineinragt, trägt noch dazu bei, die Schiffbarkeit zu beschränken. Bei Sioux City wird die Schifffahrt durch Eis im zweiten Drittel des November, bei Leavenworth Anfang Decembers unterbrochen und erst Mitte Mai beginnen die Frühlingsregen, die dann 2—2$^{1}/_{2}$ Monate lang die Wasser hoch genug steigen machen und damit die Schifffahrt für einige Zeit ermöglichen. Das Schneewasser des Felsengebirgs erreicht Anfangs Juli den in der Ebene fliessenden Missouri unterhalb der Platte-Mündung, und es ist von diesem Zufluss, dass die Schifffahrt oberhalb der Niobrara-Mündung wesentlich abhängt. Die Abhängigkeit der Schiffbarkeit des Unteren Missouri von den Fluten seiner Quellgebiete macht natürlicher Weise die Schifffahrt zu Thal leichter als die zu Berg, und es ist jedenfalls nur jene, der man eine grössere Entwickelung voraussagen kann[1]).

Wenn auch der Obere Mississippi weder nach den Wassermassen, die er in das gemeinsame Bett des *Grossen Mississippi* bringt, noch nach seiner Entfernung von der Mündung als der Hauptquellarm des grössten Stromes von Nordamerika gelten kann, so ist er doch schon in seinem Lauf von den Quellen bis zum Zusammenfluss mit dem Missouri einer der bedeutendsten Ströme von Nordamerika. Bei dem Umfang seines Stromgebietes, das man auf 338,000 □Kil. bestimmt hat und der grossen Masse Wassers, die er führt, bleibt es eine bemerkenswerthe Thatsache, dass weder er noch seine Zuflüsse ihre Quellen in gebirgigen Regionen haben. Die Meereshöhe seines Quellgebiets beträgt kaum 500 M.

---

1) 1859 ging ein Dampfer der American Fur Company den Missouri bis Ft. Benton, also über die Marias R.-Mündung hinaus. 1860 folgten ihm zwei weitere, und derselbe Punkt ist seitdem öfters erreicht worden. Die gewöhnlichen Boote dieser Company haben 0,9—1,4 m. Tiefgang und pflegen bis zur Yellowstone-Mündung, unter Umständen auch bis zu der des Milk R. zu gehen. Sie nehmen bis zum Yellowstone 150—200 Tonnen Ladung und machen die Bergfahrt von 1900 e. M. in 22—25 Tagen.

und dasselbe ist von Sümpfen und Seen durchzogen und durch Sand- und Geröllhügel unterbrochen, welche den Driftbildungen angehören. Als eigentliche Mississippiquelle, die übrigens in diesem Gewirr von Sümpfen, Seen und trägen, vielverzweigten Wasserläufen schwer festzustellen war, hat Schoolkraft 1832 den von ihm und seinem Gefährten Lt. Allen sogenannten Itasca-See (von den Chippewähs Omoschkos Sagaigon, von den

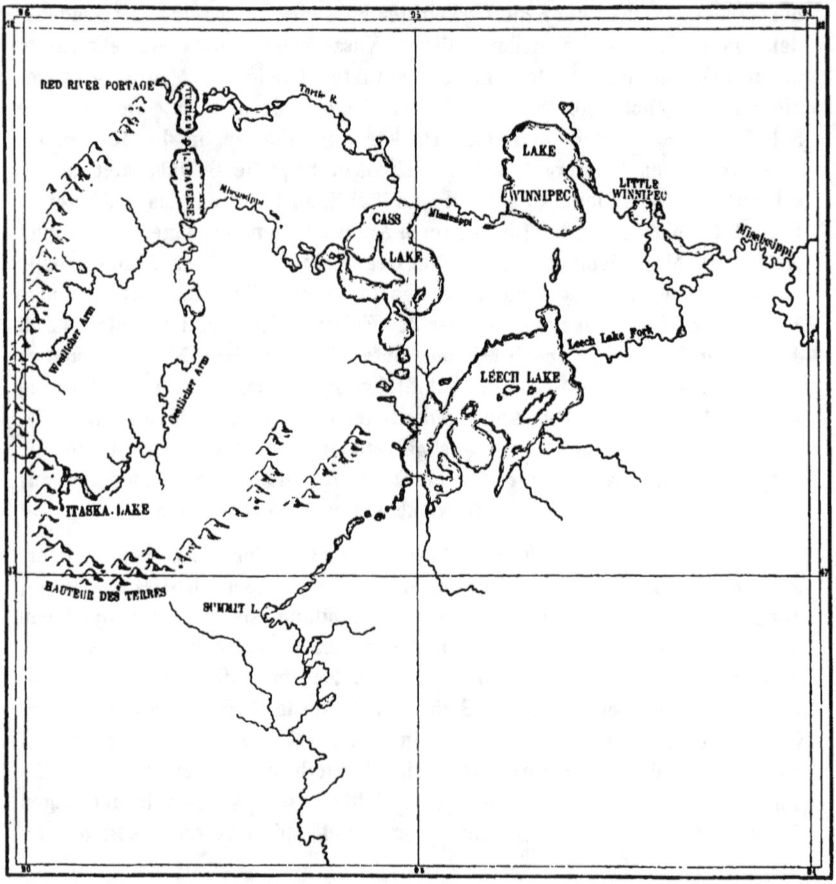

Canadiern Lac la Biche genannt) bestimmt, eine Wasserfläche von 12 Kil. Länge und 1—3 Kil. Breite, tief, klar und fischreich und von einem Inselchen unterbrochen, das bei 140 m. Länge 45 m. in der Breite misst und 20—30′ über den Seespiegel hervorragt. Die Lage dieses Sees ist 47° 14′ N. B. und 95° 02′ W. L. 5 Bäche ergiessen sich in ihn und von diesen ist einer, der grösste, dessen Quelle 10 Kil. vom Itasca-See entfernt und bei seinem Einfluss in diesen ²/₃—1 m. tief und 4—6 m. breit ist, als der eigentliche *Infant Mississippi* zu betrachten. Die Meereshöhe des Itasca-Sees, von seinem Entdecker Schoolcraft auf 480 M. geschätzt, ist nach Nicollet's späteren Messungen auf 511,3 M. bestimmt worden. Der *Gipfel* der Hauteurs des Terres, wenn man von einem solchen hier sprechen kann, wurde von demselben auf 545,4 M. festgegestellt.

Der Mississippi verlässt den Itasca mit einer Breite von etwa 10—12 m. und einer Tiefe von ½ m. und erreicht in dem nahen Lake Travers, einem klaren, insellosen See von 20 Kil. Länge bei 8 Kil. Breite, seinen nördlichsten Punkt. Zwischen diesem und dem nächsten See, Cass Lake, hat der junge Mississippi bereits eine Breite von 35—45 m. und eine Tiefe von 1½ m. Durch eine grössere Zahl von Stromschnellen gelangt er von der höheren Stufe des erstgenannten Sees zu der niedrigeren des letzteren, und nachdem er noch die Winnipec-Seen durchflossen, nimmt er seinen ersten grösseren Zufluss, den aus dem Leech L., dem grössten der Mississippi-Quellseen, kommenden Leech R, auf. Neuerdings erfährt er zwei Fälle, einen von 6 m. in 300 m. an einer Peckagama genannten Oertlichkeit, den anderen bei den sog. Little Falls. Nachdem er von der Linken den Swan R. aufgenommen, bildet er 6 Stromschnellen, bis zu dem Zufluss, der ihm die Wasser des Sandy Lake zuführt. Durch diesen Zufluss und den in den Sandy Lake sich ergiessenden Savannat R. führt der kürzeste Canoe-Weg vom Oberen Mississippi nach dem Oberen See via Fond du Lac R. Es folgen an weiteren Zuflüssen von der rechten (w.) Seite Pine R. und Crow-wing oder De Corbeau R. Der letztere ist der bedeutendste Zufluss, den der Mississippi oberhalb der Fälle von St. Anthony erhält, nahezu so gross und wasserreich wie der Hauptarm selbst. Er bezeichnet gleichzeitig das Heraustreten des Mississippi aus demjenigen Theile seines Gebietes, welcher auf der Seenplatte von Minnesota liegt, d. h aus seinem eigentlichen Quellgebiete. Diese Scheidung zögert nicht, sich in der Natur des jungen Stromes und seiner Umgebungen auszuprägen. So wie ein grosser Seenreichthum immer ein *jugendliches Stadium* der Entwicklung eines Stromsystemes anzeigt, so ist auch hier die Menge grosser und kleiner Seen ein deutliches Zeichen, dass der Fluss sich noch kein genügend tiefes und direktes Bett gegraben hat. Seine unzähligen Windungen, die vorwaltende Seichtigkeit und Breite seiner Wasser, die oft zu weiten Röhrichtsümpfen austreten, die Niedrigkeit seiner Ufer deuten in derselben Richtung[1]).

---

1) Die Schilderung, welche Schoolcraft vom Oberen Mississippi entwirft, wie er zwischen den Winnipec-Seen und den Peckagama-Fällen erscheint, hat einen generellen Werth: „Der Fluss windet sich in wahren Irrbahnen durch eine weite Prärie, die mit hohem Gras, Wasserreis und Binsen bedeckt ist.

Mit einer Insel von beträchtlicher Ausdehnung, welche in der Mündung des De Corbeau R. liegt, beginnt nun die Schaar der dichtbewaldeten Eilande, welche diesen Theil des Stromes erfüllen. Ihre Bewaldung mit Ulmen, Ahornen, Walnuss und Eichen sticht scharf ab von dem Schilf und den ärmlichen Föhrenhainen, die im Quellgebiet die Ufer der Bäche und Seen umgaben. Gleichzeitig werden die Ufer höher, steigen steil bis zu 18 m. über das Sommerniveau an und strecken sich in Prärien hinaus, welche hier zum ersten Male als ächte *Buffalo Plains* bezeichnet werden können. Sie tragen kräftigen Graswuchs und da und dort Büsche verzwergter Sckwarzeichen. Kurz, man ist in einer anderen Region: Man ist von der Seenplatte, die oft genug einem Süsswassermeere gleicht, in die Region der Prärien, der Bluffs, der Uferwälder, der bestimmt begrenzten Flussläufe herabgestiegen, man hat das Quellgebiet verlassen und steht am fertigen, wenn auch nur erst im Beginn seiner Bahn befindlichen Flusse. Die hohen Ufer treten jetzt öfters zu Schluchten zusammen, durch die sich der Strom, und oft mit starkem Fall, durchzuzwängen hat. Bänke harten Gesteins (Granit?) überwindet er in einer grösseren Anzahl von Stromschnellen. *Little Falls* und *Big Falls* unterhalb der Einmündung des Elk R., die sechs Prairie Falls zwischen dieser und der Mündung des von Osten (links) kommenden St. Francis R., endlich der bedeutendste Fall des Oberen Mississippi, die St. Anthony Falls, die 20 m. in 1,2 Kil. fallen, gehören in diese Kategorie. Sie bilden gewissermassen das Thor, durch das man die Prärieregion verlässt, um in die engen und steilen Kalkstein-Bluffs einzutreten, die von hier ab eine weite Strecke das Thal des Stromes bilden. Noch zwei Stromschnellen von minder bedeutender Höhe, die Rock Island Rapids (6,8 m. in 21 Kil.) und die Des Moines Rapids (6,4 m. in 18 Kil.), unterbrechen den Thalgang des Stromes zwischen hier und der Missourimündung, ohne indessen einen erheblichen Einfluss auf seinen Werth als Wasserstrasse zu üben und ohne irgend eine landschaftliche oder sogar geologische Grenze in der Art der Fälle von St. Anthony zu markiren. Den landschaftlichen Charakter dieser ganzen Strecke bestimmen am meisten die zahlreichen Inseln, auch hier noch in grosser Ausdehnung bewaldet, welche sich in das Bett des Stromes drängen und denselben

---

Diese Prärie ist durchschnittlich 3 M. breit und wird begrenzt von Zügen dürren Sandes, deren Erhebung mässig ist und die mit Gelbföhren bestanden sind. Der Fluss bespült bald die Düne der einen, bald die der anderen Seite und fliesst bald in der Mitte zwischen beiden. Seine Windungen haben nicht ihres Gleichen. Wir bewegen uns in Einer Stunde nach allen Linien der Windrose und glauben, uns durch ein endloses Labyrinth zu winden, ohne unserem Ziele näher zu kommen. Wenn wir in unseren Canoes sassen, konnten wir uns in einem ungeheueren Röhricht verloren glauben."

zu zahlreichen Abzweigungen, *Sloughs*, zwingen, die indessen in dem mitten durch in der Durchschnittsbreite von ½ Kil. ziehenden Hauptkanal nirgends mehr vollständige Schwellen bilden.

Die grösseren Zuflüsse des Oberen Mississippi kommen rechts von NO., links von NW. Unter den rechten Zuflüssen folgen die grösseren in folgender Reihe: Minnesota oder St. Peters R., Jowa, Des Moines; unter den Linken: St. Croix, Chippewa, Wisconsin, Rock und Illinois R.

Die Quelle des Minnesota oder St. Peters R. liegt am Nordrande des Coteau des Prairies bei 578 m., nahe bei den Quellen einiger südlichen Red R.-Zuflüsse, so dass sich der Minnesota mit dem Gebiete dieses zur Hudsonsbai gehenden Flusses nicht minder innig berührt als der Obere Mississippi selbst, für welchen jener möglicherweise in früheren Epochen der Erdgeschichte eine grössere Bedeutung gehabt haben kann, als ihm heute zukommt. Die ungewöhnliche, in gar keinem Verhältniss zu seinem Wasserreichthum stehende Breite des Minnesotathales, und zwar nicht blos in seinem unteren, sondern auch in seinem oberen Theile bis hinauf zum Lake Travers, seinem Quellsee, hat schon früher die Aufmerksamkeit der amerikanischen Geologen erregt; auch die massenhaften Geröllablagerungen dieses Thales, die sich bis zum Lake Travers und Lake Winnipeg fortsetzen, stimmen nicht zu der verhältnissmässig geringen Bedeutung, welche heute der Minnesota unter den Flüssen des Mississippigebietes beansprucht. Major Warren hat neuerdings die Ansicht aufgestellt, dass der Minnesota früher den Winnipegsee zum Quellsee gehabt und dessen Wasser zum Mississippi geführt habe. Eine Niveauveränderung um wenig mehr als 100 m. richtete die Schranke auf, welche heute als Wasserscheide den Lake Winnipeg vom Lake Travers trennt und des ersteren Wasser zur Hudsons-Bai abfliessen lässt[1]).

Durch die seenartigen Ausbreitungen Bigstone Lake und Qui Parle Lake und über die Stromschnelle der Pattersons Rapids fliesst der Minnesota dem Mississippi zu, in den er nach einem Laufe von circa 685 Kil. hart unterhalb von St. Anthony Falls als bedeutendster Zufluss mündet. Der Jowa, der aus dem Red Cedar R. und Clear Creek zusammenfliesst, mündet von derselben Seite fast 700 Kil. weiter unten, und in dieser ganzen Länge mündet kein einziges grösseres, wohl aber zahlreiche kleinere Gewässer. 125 Kil. weiter abwärts mündet wiederum von derselben Seite der zweitgrösste Zufluss des Oberen Missisippi, der Des Moines, nach 645 Kil. langem Lauf. Derselbe hat an der Mündung 135 m. Breite, aber wenige Kil. oberhalb derselben erschwert

1) G. K. Warren. An Essay conc. important Physical Features etc. Wash. 1875.

eine 15 Kil. lange Stromschnellenstrecke die Schifffahrt bei jedem anderem als hohem Wasser. St. Croix R., der oberste von den grösseren linksseitigen Zuflüssen mündet 1000 Kil. oberhalb der Vereinigung des Oberen Mississippi mit dem Missouri und hat 270 Kil. Lauflänge. Seine Quellen liegen in kleineren Seen der Seenplatte südlich vom Südwestende des Oberen Sees bei 290 m. Meereshöhe, und diese selbe Lage auf der Seenplatte und in ähnlicher Höhe ist charakteristisch für die Quellgebiete aller übrigen linksseitigen Zuflüsse. Chippewa R. mündet nach 265 Kil. Lauflänge 930 Kil. oberhalb der Missourimündung. Wisconsin R. folgt 210 Kil. weiter abwärts mit 530 Kil. Lauflänge, dann kommt der kleinere Rock R. mit 390 Kil. und der Illinois, der schiffbarste aller Zuflüsse des Oberen Mississippi, derjenige zugleich, dessen Quellen dem Michigansee am meisten genähert sind, und der eben desshalb die grösste Bedeutung als Verbindungsglied zwischen Mississippi-Region und Region des nordatlantischen Beckens, spec. des St. Lorenzgolfes gewinnt. Der Illinois mündet nach einem nordöstlich-südwestlichen Lauf von 635 Kil. 38 Kil. oberhalb der Missourimündung. ²/₃ seiner Länge können fast zu jeder Jahreszeit von Booten mit 0,9 m. Tiefgang befahren werden.

Das mittlere Gefäll des Oberen Mississippi ist bei einem Laufe von 2130 Kil. von den Quellen bis zur Missourimündung 0,6 m. per Kil. und vertheilt sich folgendermassen auf die einzelnen Theilstrecken:

	Entfernung	Meereshöhe	Gefäll
Aeusserste Quelle	2130 Kil.	514 m.	— m.
Itasca See	2120 „	484,5 „	5,38 „
Eintritt in den L. Travers	1975 „	448 „	0,40 „
Eintritt in den L. Cass	1900 „	431 „	0,36 „
Mündung des Leech R.	1775 „	417 „	0,17 „
Oberende der Peckagama Falls	1790 „	412 „	0,10 „
Mündung des Swan R.	1595 „	397 „	0,22 „
Mündung des Sandy Lake R.	1535 „	385,5 „	0,29 „
Mündung des Pine R.	1380 „	362 „	0,24 „
Mündung des De Corbeau R.	1305 „	348 „	0,29 „
St. Paul	1052 „	206 „	0,90 „
La Crosse	822 „	196,5 „	0,06 „
Prairie du Chien	725 „	184,5 „	0,19 „
Oberende der Rock Island Rapids	496 „	155 „	0,20 „
Unterende derselben	472 „	148 „	0,45 „
Mündung des Missouri	— „	117 „	0,10 „

Diese Zahlen beziehen sich auf den Niederwasserstand, dessen mittlerer Unterschied von Hochwasserstand ungefähr 6,5 m. bei Sandy Lake R. und St. Paul, 3—4 m. bei La Crosse, ungefähr 5 m. bei Rock Island und 11 m. an der Mündung des Missouri beträgt. Dass diese Unterschiede verhältnissmässig gering und diess besonders im Vergleich zum Ohio und den anderen Zuflüssen sind, liegt vorzüglich an der flachen Beschaffenheit des Beckens dieses Stromsystems, an seinem grossen Seenreichthum, den breiten Flussbetten, dem allmählichen Uebergang der Jahreszeiten in einander und endlich in dem vergleichsweise trockenem Klima des höheren Theiles dieses Beckens, dessen mittlere Regenmenge auf 95 mm. geschätzt werden kann. Die aus dem Oberen Mississippi sich ergiessende Wassermasse wird auf 105,000 engl. Cubikfuss per Sekunde angegeben. Das Wasser des Oberen Mississippi ist von dem des Missouri unterschieden durch eine viel grössere Klarheit, welche seiner Herkunft aus vorwiegend felsigen Regionen entspricht.

Durch den Zusammenfluss des Missouri und des Oberen Mississippi entsteht der mächtig flutende, trübe, wasserreiche Flachlandstrom des Unteren Mississippi, der nach vielgewundenem, vorwiegend nordsüdlichen, im oberen Theile leicht nach Osten und im unteren nach Westen ausgebogenem Lauf unter 29° N. B. in den Nordrand des Golfes von Mexico mündet. Sein Bette ist entsprechend der Bodengestalt desjenigen Theiles des Inneren von Nordamerika, den er hier durchfliesst, ein vorwiegend flachuferiges und nur in dem Abschnitt zwischen dem Zusammenfluss der beiden grossen Hauptarme des Stromes und der Ohio-Mündung treten Felsgesteine in seine Zusammensetzung ein, die jedoch sowohl am rechten, als am linken Ufer von beträchtlichen Tieflandstreifen unterbrochen werden. Von der Ohio-Mündung an fliesst der Strom vorwiegend in seinem eigenen Alluvialgebiet und tritt nur auf einige kleinere Strecken näher an die Stufen heran, die über die flachen und niederen Alluvialschichten sich zu den höher gelegenen Regionen des Ostens und Westens erheben, wobei, entsprechend der Thatsache, dass die Stufen nach Osten, gegen die Alleghanies zu, rascher ansteigen als nach Westen, der Fluss an seinem östlichen oder linken Ufer ihnen häufiger begegnet, als am westlichen oder rechten. Die geologische Zusammensetzung dieser *Bluffs* ist bereits oben beschrieben (S. 136), ebenso die Beziehungen der an der linken Seite auftretenden zu dem Abfall der Alleghany-Gebirge (S. 63). Am linken Ufer sind von ihnen besonders nennenswerth die 60 m. hohen Columbus Bluffs hart unterhalb der Ohio-Mündung in Kentucky, die Chickasaw Bluffs in Tennessee, die Bluffs bei Vicksburg (90 m.), Natchez, Port Hudson, Baton Rouge (50 m.); zwischen diesen Punkten hat der Mississippi auf einer Strecke von 400 Kil. fast beständig die linksuferige Terrasse zum Ufer. Auf der rechten Seite treten nur bei New Madrid (Missouri) und Helena (Arkansas) höhere Terrassen in nennenswerther Ausdehnung in die Uferbildung ein. Der Bluff am letzteren Orte ist eine Verlängerung von Crowley's Ridge, dem Höhenzug, der die Wasserscheide zwischen St. Francis und White R. bildet.

Zwischen diesen Ufern ist das constante Bett des Stromes am breitesten in der Nähe der Ohio-Mündung, wo es 1400 m. Durchmesser erreicht; bei Natchez ist die Breite auf 1300, bei Baton Rouge auf 900 und zwischen Carollton und der Delta-Gabelung auf 750 m. gesunken. Der mittlere Querschnitt der Wassermasse bei Hochwasser ist 18—20,000 □ m. und die Wassermasse, die sich in der Sekunde ergiesst, wird auf 19,300 Cubikmeter angegeben. Die Mündung des Missouri liegt 127 m. über der Meeresfläche, und das mittlere Gefäll des Unteren Mississippi beträgt daher nicht mehr als 0,06 m. pr. Kil. Dasselbe nimmt von der Missouri-Mündung bis zum Golf ab, und zwar ist unterhalb Natchez das Gefälle durchschnittlich die Hälfte und unterhalb Carollton ein Viertel desjenigen, welches man oberhalb Memphis beobachtet.

Beträchtlich ist nun noch der Antheil, den an der beständig fortgehenden und im Ganzen gleichmässigen Zufuhr dieser grossartigen Wassermassen die Zuflüsse nehmen, welche unterhalb der Vereinigung des Missouri und Mississippi sich in den Hauptstrom ergiessen. Der grösste derselbe, der Ohio, ist sogar als einer der Hauptarme zu betrachten, denn nicht bloss bringt er die grösste Wassermasse, sondern er ist es auch, durch den die sehr wichtige Ausdehnung des Mississippi-Gebietes nach Osten zu in die Alleghany-Region Statt hat. Der Ohio ist in der That ein nicht weniger wichtiges Glied dieses Strom-Systems, als es der Obere Mississippi ist.

Der Ohio hat seine Hauptquellen im Alleghany-Gebirge, und es folgt daraus, dass er den östlichen, genauer gesagt, den nordöstlichen Theil des Mississippi-Stromsystemes bildet. Der Alleghany aus den pennsylvanischen und der Monongahela aus den virginischen Alleghanies vereinigen sich bei Pittsburg (215 m. über dem Meere) zu einem 350—400 m. breiten Flusse, der von hier an unter den Namen Ohio in wesentlich südöstlicher Richtung zum Mississippi fliesst. Ausser den Alleghany-Zuflüssen, die den grössten Theil seiner Wasser bringen, empfängt er allen südlichen Abfluss der Seenplatte, die sein Gebiet im Norden begrenzt, von der Ostspitze des Erie-Sees bis zur Südspitze des Michigan-Sees. Dort bezeichnet die Wasserscheide zwischen Alleghany und Susquehanna die östliche, hier die zwischen Wabash und Illinois (mit Kaskaskia) die westliche Grenze des Ohio-Gebietes, während es im Süden die Cumberland Mts., jener südwestliche Theil der Alleghanies sind, welche dasselbe von dem Quellgebiet des Alabama scheiden. Das Areal, das also im Norden die Seenplatte, im Osten das Alleghany-Gebirge, im Süden die südwestlichen Ausläufer dieses und den Abfall zum Golf-Tiefland, im Westen das Mississippithal im engeren Sinn zu Grenzen hat, umfasst 530,000 □ Kil., und der Ohio durchfliesst es in einer Länge von gegen 2100 M., wovon 1570 seinem schiffbaren Laufe von der Vereinigung des Monongahela und Alleghany bis zum Mississippi angehören. Bis zu diesem Vereinigungspunkt ist sein Fall in den ersten 80 Kil. 1,8, in den nächsten 80 1,3, in den folgenden 110 0,9, in den letzten 45 endlich 0,6 m. Von hier an ist die Strömung des Ohio eine gleichmässige, sanfte, die nur bei Louisville in den *Falls of the Ohio* durch eine Reihe von Stromschnellen unterbrochen ist, welche ihn 6,1 m. in 5 Kil. durchmessen lassen, die aber an allen übrigen Punkten 0,12 m. per Kil. nicht überschreitet. Der gewöhnliche Spielraum zwischen Hoch- und Niederwasser ist 8 m., aber zwischen den Extremen beider beträgt der Unterschied 13,4 m. Die Breite des Ohio ist im oberen Drittel (von Pittsburg an gerechnet) 300, an der Mündung 750 m. Durch Hochwasser nimmt dieselbe ungefähr um $^{1}/_{5}$ zu. Die geringsten Tiefen über den Bänken gehen bei Niederwasser im obersten, seichtesten Drittel des Flusses bis 0,3 m. herab, und die Schifffahrt ist daher in den Monaten niedersten Wasserstandes (August bis October einschl.) nur mit kleinen, ganz flachen Fahrzeugen möglich. Die Wassermassen, die der Ohio jährlich in den Mississippi ergiesst, berechnet man auf $^{1}/_{4}$ derer, die dieser ins Meer führt.

Der wichstigste Nebenfluss des Ohio ist der Tennessee, der seine Quellen, 5 Breitegrade von denen des Ohio in südöstlicher Richtung entlegen, in den Alleghanies hat. Clinch R., Holston R., Nolleckucky R., French Broad R. und Little Tennessee, die alle ihre Quellen zwischen dem 37. und 35.⁰ N. B. haben, treten zum Tennessee zusammen, der in einem grossen nach Süden gerichteten Bogen unter Aufnahme des Hiawassee von der Linken und des Elk R. und Duck R. von der Rechten dem Ohio zufliesst und nahe dessen Mündung sich in ihn ergiesst. Gewöhnlich wird der mittlere Quellarm, Holston R., als der *eigentliche* Quellarm des Mississippi angesehen; ihn verdoppelt erst der French Broad R., dann der Clinch R., worauf er einen Fluss von ungefähr 360 m. Breite bildet, als solcher mit der Schnelligkeit von 0,8 m. per Kil. über die 36 M. langen, flachen Stromschnellen der sog. Muscle Shoals fliesst und nach ruhigem Lauf (zwischen Chattanooga und der Mündung 0,11 m. per Kil.) in 87,4 m. Meereshöhe in den Ohio mündet.

Cumberland R. ist der zweitbedeutendste Zufluss des Ohio und hat gleich ihm und dem Tennessee seine Quellen in den Alleghanies und zwar in dem mittleren westlichen Abschnitt derselben, welcher Cumberland Mts. genannt wird. Dieses Quellgebiet liegt also zwischen dem Tennessee und dem mittleren Ohio, nordwestlich von dem ersteren und südlich von diesem. Sein Lauf bildet mit dem des Tennessee einen concentrischen Bogen. Der Fall dieses Flusses nach der Ebene ist bedeutend und lässt ihn nicht zu der breiten Entwickelung kommen wie den Tennessee, hinter dem er allerdings auch in Länge und Wassermasse zurücksteht. Er ist nur 590, jener dagegen 960 Kil. schiffbar.

Er hat im oberen Lauf einen Fall, wo er 17 m. über Conglomeratgestein herabstürzt. Tiefer unten geht er über die Stromschnellen von Smith's Shoals 16 m. in 9 Kil. und hat aber von Nashville abwärts nicht mehr über 0,1 m. per Kil. Gefäll.

Der Wabash, der grösste der rechtsseitigen Zuflüsse des Ohio, ist dem Cumberland an Grösse zu vergleichen. Er hat seine Quellen ziemlich in der Mitte zwischen Erie- und Michigansee und wenig südlich von einer Linie, die die Südränder der beiden verbindet. Dem Hauptquellarm fliessen im Quellgebiet Eel, Salamonie und Mississinewa R. zu, dann kommen im weiteren Lauf von der Rechten Tippecanoe, Embarras und Little Wabash R. und von der Linken die kleineren Zuflüsse Rock, Racoon und Patoka und der bedeutendste von allen White R., der mit seinen beiden Armen West Fork und East Fork nicht weit hinter dem Wabash selbst zurücksteht. Wabash R. ist ca. 570 Kil. schiffbar; er hat auf dieser Strecke nur ca. 0,6 m. per Kil. Gefäll. Green R. und Kentucky R. sind Zuflüsse, die aus den Alleghany-Vorbergen (spec. den nördlichen und westlichen Theilen der Cumberland-Kette im Staate Kentucky) kommen. Der geringe Fall, der beiden hoch hinauf eigen ist, beim Green R. 0,18 m. per Kil. in den letzten 285 Kil., beim Kentucky 0,51 per Kil. insgesammt, beweist, dass sie zu den eigentlichen Gebirgszuflüssen nicht mehr gehören, und sie sind eben desshalb in beträchtlicher Strecke ihres Unterlaufes schiffbar.

Von weiteren nennenswerthen Zuflüssen erhält der Ohio auf seiner rechten Seite, also vorzüglich von Norden, Miami mit White R., Little Miami, Scioto, Hocking, Muskingum, Shenango R., auf seiner linken oder südlichen Salt R., zwischen Green und Kentucky, weiter oben Licking (gegenüber den beiden Miami's mündend), Sandy, Guyandotte, Great Kanawha und Little Kanawha R.

Der nächste grössere Zufluss des Mississippi ist der S. Francis R., dessen Quellen in den letzten Nordostausläufern der Ozark Mts. liegen, und dessen Flussgebiet von dem des Arkansas durch leichte Höhenzüge getrennt ist, welche vom Cap Giraudeau (Missouri) bis Helena (Arkansas) als Sehne der Ostbiegung des Mississippi sich erstrecken. In einer mit dem Mississippi wesentlich parallellen Richtung fliesst er in dem Theil des Mississippi-Tieflandes, den man S. Francis Bottom nennt, südwärts und hat bei 610 Kil. Länge in den letzten 360 Kil. seines Laufes nicht mehr als 0,03—0,2 m. per Kil. Gefäll. Von den 27,000 □ Kil. seines Stromgebietes gehören 16,000 dem Ueberschwemmungsgebiet des Mississippi an, so dass der grösste Theil des Flusses eigentlich mehr wie ein Nebenarm oder ein Altwasser desselben als wie ein selbständig fliessendes Gewässer erscheint. In der That steht er schon vor seiner eigentlichen Mündung durch eine Reihe von kleineren Auslässen mit den Randseen des Mississippi und damit mit diesem selbst in Verbindung. Er ist schiffbar 130 Kil. seines Unterlaufes und der durchschnittliche Wassererguss per Sekunde beträgt 800 Cubikmeter.

Der nächstfolgende, von Westen kommenden Zufluss, der **Arkansas**, zeigt in Erstreckung und Verlauf eine Aehnlichkeit mit dem Missouri, welche nicht oberflächlich ist. Man kann diesen grössten westlichen Zufluss des mittleren Mississippi mit einem Abschnitte des Missourisystems vergleichen, welcher gebildet würde durch den Platte R. und denjenigen Theil des Missouri, welcher unterhalb der Platte-Mündung (also ungefähr unterhalb Omaha) fliesst. Dieses südliche und untere Stück des Missouri-Stromsystems bietet einen so merkwürdigen Parallelismus mit dem des Arkansas, wie er selten vorkommen dürfte. North Platte und der Obere Arkansas, der Kansas und der Canadian, der Untere Missouri und der Untere Arkansas scheinen dieselben Gewässer, nur um 4 Breitegrade verrückt. Die Aehnlichkeit erstreckt sich auf die Lage der Quellen und Mündungen, auf die allgemeinen Verhältnisse des Gefälls, auf Grösse, Veränderlichkeit und Beschaffenheit der Wassermassen. Wir haben hier offenbar nicht bloss zwei Kanalsysteme, die zwei Hälften eines und desselben Gebietes entwässern, sondern die auch selber durch Gebiete sehr ähnlicher Boden- und Klimabeschaffenheit gelegt sind. Man erkennt unschwer hierin einen weiteren Beweis für das Vorwalten gleichartiger Bedingungen über weite Strecken hin, das dem ganzen Westen der Ver. Staaten einen so ausgeprägten Zug von Einförmigkeit, aber allerdings von continental-grossartiger Einförmigkeit aufprägt. Die Quellen des Arkansas liegen im Felsengebirg Colorado's, in den Bergen, die den Westrand des South Park bilden (Sawatch Mts.). Bei 39° N.B. und 106 W.L. und in ca. 3000 m. Meereshöhe entspringend und sofort fast gerade östlich fliessend, nimmt der junge Strom den nächsten Weg, um das Gebirge zu verlassen, so dass er in den ersten 240 Kil. seines Laufes schon auf die Hälfte der Höhe seiner Quellen herabgestiegen ist. Bei so raschem Lauf und der Bodenbeschaffenheit dieses Gebietes, die wir kennen, versteht es sich von selbst, dass dieser obere Abschnitt des Arkansas ein Cañonfluss ist, und zwar ist sein Cañon einer der engsten und wildesten dieser von schluchtenhaften Thälern tief zerklüfteten Region. Er hat beim Austritt aus dem Gebirge eine Breite von ca. 60 m. und 1—1½ m. Tiefe. Doch bewahrt er nicht lang die Klarheit und Raschheit des Gebirgsflusses. Schon ca. 50 Kil. unterhalb seines Austrittes aus dem Gebirge wird er trüb, und die Salzsteppen, die er durchfliesst, führen ihm brackisches Wasser zu. Er wird so seicht, dass er jenseits des 104. Längengrads, wo er die Hügelregion der Plains verlässt, um in die flacheren Theile derselben einzutreten, überall durchschreitbar ist ohne andere Schwierigkeit als die der Flugsandbänke. Seine Durchschnittstiefe in den Plains erreicht nicht 1 m. Sein Thalgrund erhebt sich selten mehr als wenige Fuss über sein Niveau und seine Breite ist durchschnittlich 140 M., erhebt sich aber stellenweise durch Windungen, Zertheilungen und Inselbildungen auf das Zehnfache. Seine sog. Bottom Lands, die tiefsten Theile des Thalgrunds, ein oasenhaft mit Gras und manchmal auch Bäumen bewachsener Strich, sind 1—5 Kil. breit. Der Eintritt des Cimarron erzeugt eine Röthung des bis dahin blassgrauen Flusswassers und eine Vermehrung der festen schlammigen Bestandttheile in demselben. Die Farbe ist jetzt „ein Roth, das nicht viel verschieden ist von dem des menschlichen Arterienblutes, und durch Absatzbildung erhalten die Ufer und Bänke die gleiche Farbe“ [1]). Nicht weit von hier beginnt die fruchtbare Region, und die letzten 1027 Kil. vor der Mündung des Verdigris R. abwärts sind bei hohem Wasserstand schiffbar, bei einer Breite, die zwischen 300 und 600 m. schwankt, und einer Minimaltiefe von nicht unter 0,3 m. zwischen Verdigris-Mündung und Little Rock und von 0,6—0,8 m. von Little Rock abwärts. Der Arkansas hat drei Hochwasser, deren grösstes das sommerliche, welches von der Schneeschmelze des Hochgebirges verursacht wird und von Mai bis Juli dauert, während ein kürzeres von 2 Wochen im Februar in Folge der Winterregen im unteren Lauf und ein drittes, ebenso kurz dauerndes im November als Folge der Herbstregen im unteren Laufe eintritt.

Nur zwei Nebenflüsse des Arkansas erlangen eine grössere Bedeutung: Canadian R., der im mittleren und White R., der im unteren Laufe einmündet. Der Canadian R. hat seine Quellen im südöstlichen Theile der Felsengebirge, wo er im Raton-Pass bei ca. 1800 m. Meereshöhe entspringt. Von allen grossen Flüssen des Ver. Staaten-Gebietes ist er es, der das dürrste Land durchfliesst, und es gilt dieses vorzüglich von seinem Hauptarm, der South Fork oder Gualpa R. genannt wird; einen grossen Theil des Jahres hat derselbe auf weite Strecken seines Bettes kein fliessendes Wasser, und $^2/_3$ der Wassermasse, die er dem Arkansas zuführt, bringt ihm sein nördlicher Hauptzufluss North Fork. Nur die letzten 300 Kil. des Laufes dieses Flusses sind durchaus von fruchtbaren und bewaldeten *Bottom Lands* eingefasst; weiter oben überwiegt der dürre Sand je weiter man nach Westen geht, und westlich von 96.° W. L. hält das Wasser selbst wechselnde Mengen von Kochsalz und Bittersalz in Lösung, die in manchen Fällen dasselbe zu salzig oder zu bitter für den täglichen Gebrauch machen. Salzausblühungen sind in seinen Umgebungen häufig [2]).

---

1) Capt. Bell in Long, Exp. to the Rocky Mts. 1823. II. 172. Der Cimarron heisst wegen dieser Eigenschaft in seinem unteren Laufe Red Fork.

2) Major Longa. a. O. II. 72.

Ganz anders ist White R., der unterste Zufluss des Arkansas, beschaffen. Er hat seine Quellen in ungefähr 360 m. Meereshöhe in den Ozark Mts., die von SW. her sich in den Winkel zwischen Missouri und Unteren Mississippi einschieben und einen grossen Theil der Staaten Arkansas und Missouri mit ihren selten über 600 m. hohen Hügeln erfüllen, durchfliesst dann von etwa 560 Kil. oberhalb der Mündung an einen breiten Strich *vollendeter Prärie* und tritt ungefähr 110 Kil. von der Mündung entfernt in die sumpfigen Niederungen des Mississippi ein, welche häufig von seinen Ueberschwemmungen zu leiden haben. Seine Wasser sind weisslich und trübe. Im Gebiet starker Winter- und Frühlingsregen gelegen, hat er bedeutende Fluten zwischen Januar und Juni, meist im März und April. Sein Fall ist im grössten Theile seines Laufes gering — 0,03 m. per Kil. in den unterhalb der Mündung des Black R. gelegenen 560 Kil.

Von kleineren Nebenflüssen sind folgende zu nennen: Zum Oberen Arkansas gehen Huerfano (r), Purgatory (r), Two Butte (r), Walnut (l), Good (r), Shawocospah (r), Little Arkansas (r), Cimarron (r), Verdigris mit Neosho, Spring und Elk R. (l); zur North Fork: Middle R.; zur South Fork: Moro, Canada Secco, Alamo und Mustang Creek; zum White R.: Black, Current, Cache, Buffalo und Little Red R.

Ein *Bottomfluss*, der ganz die Verhältnisse des Francis R. wiederholt, ist der Yazoo R., der kurz oberhalb Vicksburg einmündet. Sein Stromgebiet von 35,000 □ Kil. liegt vollständig am linken Thalgehäng und über die Hälfte desselben fällt in das linksuferige Anschwemmungsgebiet des Mississippi und ist wegen häufiger Verflechtungen mit den direkten Zuflüssen des letzeren schwer von ihm zu trennen. Jedenfalls fällt bei grossen Ueberschwemmungen ein grosser Theil seines unteren und mittleren Laufes mit dem Mississippi zusammen, der dann gerade in dieser Region seine Ufer weit landeinwärts sucht[1]). Die Quellen des Yazoo liegen nicht mehr als 32,6 m. über seiner Mündung und er durchläuft zwischen den beiden Punkten eine Strecke von 800 Kil., so dass also durchschnittlich nicht mehr als 0,04 m. Gefäll auf den Kilometer kommen. Seine äusserste Quelle liegt im Horn Lake, einem kleinen See der Bluffregion

1) Gegen geringere Ueberschwemmungen des Mississippi bietet indessen gerade seine Verbindung mit dem nahezu parallel mit ihm fliessenden Yazoo einem Theile des Ueberschwemmungsgebietes wirksamen Schutz, indem dieselbe einen rascheren Ablauf des Wassers ermöglicht. Nach Humphreys and Abbot (a. a. O. S. 83) haben ausserdem die alljährlich bei Hochwasser eindringenden Gewässer des Mississippi durch Schlammabsätze die Ufer der aus dem Mississippisumpf nach dem Yazoo abfliessenden Bäche erhöht und damit ein nicht unwirksames System natürlicher Dämme geschaffen.

von Memphis. Er führt den Namen Cold Water R., bis zur Einmündung des Tallahatchee, von wo er dessen Namen bis zur Einmündung des Yallabusha trägt der ihm endlich seinen gebräuchlichen Namen Yazoo zubringt. Sein Wassererguss per Sekunde wird auf 1230 Cubikm. berechnet und seine mittlere Breite in den unteren 380 Kil. seines Laufes, in denen er schiffbar ist, beträgt 260 m.

Indem einem rechtsuferigen Zuflusse von ganz demselben Charakter wie der Yazoo sich ein weit aus Westen kommender Strom gesellt, entsteht der Red R., der seinerseits, im Ganzen betrachtet, eine durchgehende Aehnlichkeit mit dem Arkansas zeigt, wie sie nur in einem so grossartig einförmig aufgebauten Gebiete wie dem des nordamerikanischen Westens möglich ist. Die Quellen des Red R. liegen bei 86° W. L. in ca. 800 m. Meereshöhe. Er fliesst bis zum 76. Längengrad ziemlich direkt östlich, fällt aber beim Eintritt in das Mississippi-Tiefland nach Südosten ab und hat desshalb seine Mündung um 4 Breitegrade südlicher als seine Quellen. Sein Flussgebiet ist daher nur ein schmaler Streifen, der zwischen dem Gebiet der texanischen Flüsse und dem Arkansas von SO. nach NW. zieht. Aber dieser Streifen schliesst alle Variationen westamerikanischen Naturcharakters in kaum geringerer Vollständigkeit ein, als es das in so viel grösseren Verhältnissen sich ausbreitende Arkansas- oder selbst das Missouri-Gebiet thut. Eine Salzsteppe wie die des Llano Estacado, ein erst dürres, dann fruchtbares Prärieland, ein Hügelland voll Wäldern und Seen und endlich der sumpfigste und üppigste Abschnitt des Mississippi-Tieflandes, sind die Gebiete, die der Red R. mit seinem Flussgebiet von 242,000 □ Kil. bedeckt. Eine solche Zusammendrängung aller Contraste, die die Westhälfte des nordamerikanischen Continentes bietet, ist übrigens nur möglich in Folge des ungewöhnlichen Hervortretens der dürren Hochebenenregion des Inneren gegen Südosten, die gerade im Quellgebiet dieses Flusses ihren Höhepunkt erreicht. Auch in dem ungemeinen Unterschied der Regenmenge, die an den Quellen 375 und an der Mündung 1625 mm. beträgt, prägt sich diese Zusammendrängung aus; bei der geringen Länge des Flusses (1900 Kil.) kommt fast auf jeden Kilometer seines Laufes von der Quelle bis zur Mündung ein Millimeter Zunahme der Regenmenge.

Die Thatsache, dass die Quelle des Red R. am Ostabhang des Llano Estacado liegt, setzt ohne Weiteres die Existenz eines Cañon voraus, durch den dieselbe ihren Weg nimmt, um aus dieser dürren Hochebene herauszukommen. Schon die Quelle selbst ist von 180—240 m. hohen Felswänden umgeben, die nur wenige Meter von einander abstehen, und die ersten 90 Kil. seines Laufes sind von ebensolchen Wänden eingefasst. So lange bleibt er innerhalb der Felsenwüste. Nach seinem Heraustreten ist er ein wasserarmer Fluss in sandigem Bette, das viel breiter ist als für seine gewöhnliche Wassermasse nöthig scheint und das in der trockenen Jahreszeit stellenweise gänzlich wasserleer wird. Sein Wasser ist noch 240 Kil. von der Quelle salzig und wird erst trinkbar von dem Eintritt des Flusses in die Witchita Mts. an, aus denen der erste bedeutende Zufluss, N. Fork, erhebliche Massen süssen Wassers in das Bette des *Gypswüsten-Flusses* ergiesst. Diese Berge sind bewaldet und genügend bewässert, aber eine Waldregion anderer Art durchfliesst der Red. R. in den *Cross-Timbers*, jenem merkwürdigen 10—50 Kil. breiten Strich bewaldeten Landes, der in der Gegend des 97. und 98. Längengrades vom Arkansas bis zum Brazos in südwestlicher Richtung sich ungefähr 650 Kil. weit hinzieht — eine parkartig offene, von Wiesen und Haiden unterbrochene Waldlandschaft, deren Bäume fast ausschliesslich die zwei dürreliebenden Eichenarten Post Oak und Black Jack sind. Oestlich von diesem Waldstreif mündet der sog. Falsche Washita, mit dem vereinigt der Red R. in das Mississippi-Tiefland eintritt, wo die Bewaldung dann sofort eine so dichte, dass schon bei 648 Kil. oberhalb der Mündung durch herabgeschwemmte Baumstämme jenes berühmte *Red R. Raft*, das *Grosse Floss* gebildet ist, das in einer Länge von 21 Kil. den Flussverkehr hemmt. Unterhalb dieser merkwürdigen Bank geht der Fluss nun ohne grösseres Hinderniss dem Mississippi zu. Nur bei Alexandria geht er über zwei unbedeutende Stromschnellen weg, aber er wird von diesem Punkte ab, wo die Uferhöhen zurücktreten, dem Verkehre sowohl als der gesammten Cultur der Umgebung nicht bloss zum Hinderniss, sondern öfters zu einer grossen Gefahr durch seine Ueberschwemmungen, welche beim Zusammentreffen von Hochwassern und Stauungen besonders im Mündungsgebiete grosse Dimensionen annehmen können. Im Ganzen ist er hier zwar schmäler als in dem Wüstengebiet (beim Heraustreten aus dem Llano Estacado 820 m. gegen 270, die er an der Black R.-Mündung bei mindestens 10 mal grösserem Wasserreichthum misst!), aber seine Tiefe verhält sich umgekehrt wie seine Breite, denn sie übersteigt im Steppengebiet selbst bei Hochwasser kaum 2 m., während sie im Unterlauf das 8fache erreicht. Soweit der Strom im Tiefland geht, ist er daher dauernd und bequem schiffbar, aber oberhalb Shreveport's ist die Schifffahrtszeit auf 3 Monate beschränkt und selbst in diesen begegnet man Schwierigkeiten. Es ist begreiflich, dass bei der grösseren Kürze des Laufes und der allgemeinen geringeren Ausdehnung des Quellgebietes die Fluten rascher verlaufen und diess vorzüglich bedingt es bei der Rolle, welche die Hochwasser in der Beschiffung dieser Art Flüsse spielen, dass der Red R. weit weniger günstige Verkehrsverhältnisse bietet als z. B. der Arkansas. Das *Raft* trägt übrigens auch seinen Theil Schuld an diesem ungünstigen Zustande. Die Zeit des hohen Wasserstandes währt von December bis Juni oder Juli. Das Wasser des Red R. ist ähnlich dem des Arkansas röthlich gefärbt und trüb; und diess ist der Grund seines Namens, an Stelle dessen übrigens das indianische Kechesqueono, wenigstens für den Oberlauf, auch noch gebräuchlich; er erhält diese Farbe beim Durchfliessen der rothen Thonschichten im Gebiete seines Oberlaufes.

Von Zuflüssen des Red R. sind im Steppengebiet North Fork (l), South Fork (r), Salt Fork (l), Pease R. (r); im Hügelland False Washita (l), Big Witchita (r), Blue (l), Clear Boggy (l), Middle Boggy (l), Little R. (l); im Unterlauf Sulphur Fork (r), Big Cypress (r), Saline Bayou (l), vorzüglich aber Washita oder Ouachitta (l) zu nennen. Der letztere ist überhaupt der bedeutendste Zufluss, den der Red R. empfängt, und Fourche au Cadeau, Little Missouri, Saline und Bartholomew oder Barthelemy R. sind Quellarme desselben. Indem er bei seinem Laufe nach S. noch einige, übrigens nicht sehr bedeutende Zuflüsse wie Bayou d'Arbonne, Bayou Lutre und Boeuf Bayou aufnimmt, wird er zu einem bedeutenden Flusse, der im Unterlaufe den Namen Black R. erhält und nach einem Lauf von 800 Kil. in den Red R. hart oberhalb dessen Ausmündung in den Mississippi sich ergiesst. Die Höhe der entferntesten Quellen dieses Flusses, die in den östlichen Ozark Mts. gelegen sind, wird auf 680 m. angegeben, aber sein Gefäll per Kil. erhebt sich in den letzten 450 Kil. seines Laufes nicht über 0,05 m., so dass er, abgesehen von seinem höheren Ursprung, in die Klasse der Bottom- oder Thalflüsse des Mississippi, des S. Francis, White und Yazoo R. zu stellen ist. Dem letzteren noch ähnlicher, ist Bayou Tensas, der in den untersten Abschnitt des Black R. mündet und dessen Ufer alljährlich vom Mississippi überflutet werden, so dass er im eigentlichsten Sinne weniger ein Zufluss als ein *Nebenfluss* desselben zu nennen ist. Seine Quelle liegt nicht mehr als 16,5 m. über seiner Mündung und er entfliesst einem der *Nebenseen* des Mississippi (s. u.) wie der Yazoo. Sein Durchschnittsgefäll beträgt 0,07 m. per Kil.

Unterhalb des Red R. ist oberhalb des Delta's kein selbständiger Zufluss des Mississippi auf der rechten Seite zu nennen, aber auf der linken finden sich zwischen Yazoo-Mündung und Delta einige selbständige kleinere Gewässer, von denen Big Black und Homo Chitto R. die bedeutendsten sind.

Indem der Red R. einen Theil seines Wassers nicht in den Mississippi, sondern in den parallel mit demselben nach dem Meere gehenden, jedoch auf diesem Wege mehrmals mit ihm durch Seitenzweige sich verbindenden Bayou Atchafalaya ergiesst, haben wir mit der Red R.-Mündung bereits die obere Grenze des Mississippi-Delta's[1]) erreicht.

1) Es ist nicht überflüssig, zu bemerken, dass die Amerikaner den Begriff Delta, gerade mit Bezug auf den Mississippi, häufig weiter fassen, als es geo-

Der Bayou Atchafalaya kann vermöge dieser verflechtenden Seitencanäle bereits als eine Abzweigung des Unteren Mississippi betrachtet werden, wie sie für die Deltabildungen charakteristisch sind, doch keineswegs ohne Weiteres als eine Gabelung des Stromes, was er allerdings auf den ersten Blick zu sein scheint und wofür er auch früher gewöhnlich gehalten wurde. In ähnlicher Weise zweigt am rechten Ufer Bayou Ibberville unterhalb Baton Rouge ab, um einen Theil der Mississippi-Wasser nach den Seen von Maurepas, Pontchartrain und Borgne zu ergiessen, die ihrerseits in den Golf abfliessen. Plaquemine ist ein Bayou der linken Seite, der mit dem Atchafalaya sich verbindet. Ebenso zweigt auch Bayou Lafourche auf der Linken ab und geht direkt zum Meere. Er ist die letzte nennenswerthe Abzweigung, nach welcher der Mississippi nun 300 Kil. bis zu seiner äussersten Mündungsgabel ungetheilt bleibt. Man muss die Geologie des Delta's kennen, um die Bedeutung dieser einzelnen Theile zu verstehen, die mit dem Mündungsabschnitt des grossen Stromes verflochten erscheinen.

Diese Bayous zeigen in ihren Ufern und Betten keine Spur von einstiger grösserer Breite oder von grösseren Wassermassen, die in ihnen sich bewegten. Ihr Verlauf zeigt nur wenige und leichte Biegungen. Wirbel, Strömungen, Unterwaschungen sind in ihren Gewässern selten. Ihre Breite erhebt sich im Mittel nicht über 60 m., ihre durchschnittliche Tiefe nicht über 2 m. Die Geschwindigkeit ihres Fliessens schwankt zwischen 0,28 und 1,15 m. per Sek. B. Atchafalaya empfängt im Jahresdurchschnitt 1430, Plaquemine 150, La Fourche 60 Cubikm. per Sekunde aus dem Mississippi. Sie sind also allem nach jedenfalls nicht als Mündungsarme

---

graphisch herkömmlich ist. So sagt Safford (Geol. of Tennessee 119): „Das Mississippi-Delta, welches bloss die Fortsetzung der Plains nach dem Golf von Mexiko ist“ und Bailey: „Der Anfang der Anschwemmungsebene oder des Delta's des Mississippi kann da gesetzt werden, wo noch Felsgestein in situ beide Ufer bildet, also etwa 7 M. oberhalb der Ohio-Mündung, bei dem Punkte, der als *The Chains* bekannt ist.“ (Ebend. 119.) Aber die Autoritäten in Mississippifragen, Humphreys und Abbot (a. a. O. 422), lassen das Delta da beginnen, wo der Mississippi den ersten Mündungsarm entsendet: „Dieser Punkt liegt am Ursprung des Bayou Atchafalaya, der daher als die Nordgrenze des Delta's angenommen wird, wiewohl wir nicht glauben, dass die Mündung des Stromes jemals an dieser Stelle lag.“ Diese Auffassung stimmt mit den Regeln, welche man in der Abgrenzung der Deltabildungen allgemein befolgt und die u. a. früher schon Lyell dieselben Grenzen ziehen liessen: „Oberhalb dieses Punktes (Abzweigung des Atchafalaya) empfängt der Mississippi Nebenflüsse, unterhalb desselben gibt er selber welche ab, die in Form von zahlreichen Armen und Canälen seine Wasser dem Meere zuführen.“ (Second Visit to the U. S. II. 183.) In wieweit in diesen Grenzen das Mississippi-Delta homolog ist anderen grossen Flussdelta's, wird aus den weiterhin mitzutheilenden Angaben hervorgehen.

zu bezeichnen, da nur ein so unbedeutender Theil der Mississippi-Wasser in ihnen den Weg zum Meere findet; es entspricht dagegen allen Thatsachen, die wir kennen, am besten, wenn wir einfach Canäle in ihnen sehen, wie sie jedes flache und tiefgelegene, Ueberschwemmungen ausgesetzte Land durchziehen, Abflüsse der trägen Gewässer sumpfiger Marschgegenden. Ein ganz anderes Bild gewährt jedoch Bayou La Teche, gleichfalls der linken Seite angehörend, der in den Grand Lake mündet. Er fliesst in einem alten Flussbette, das an der Ausmündung 400 m. breit ist, während das heutige Bett des Bayou nicht über 180 m. misst. Das Bett ist in die unverkennbaren Schwemmgebilde des Red R. eingegraben, die sich scharf von denen des Mississippi unterscheiden, und die Richtung des Bayou unterstützt die Annahme, dass man es hier mit einem alten Mündungsarm des Red R., vielleicht mit dem ganzen früheren Unterlaufe desselben zu thun habe.

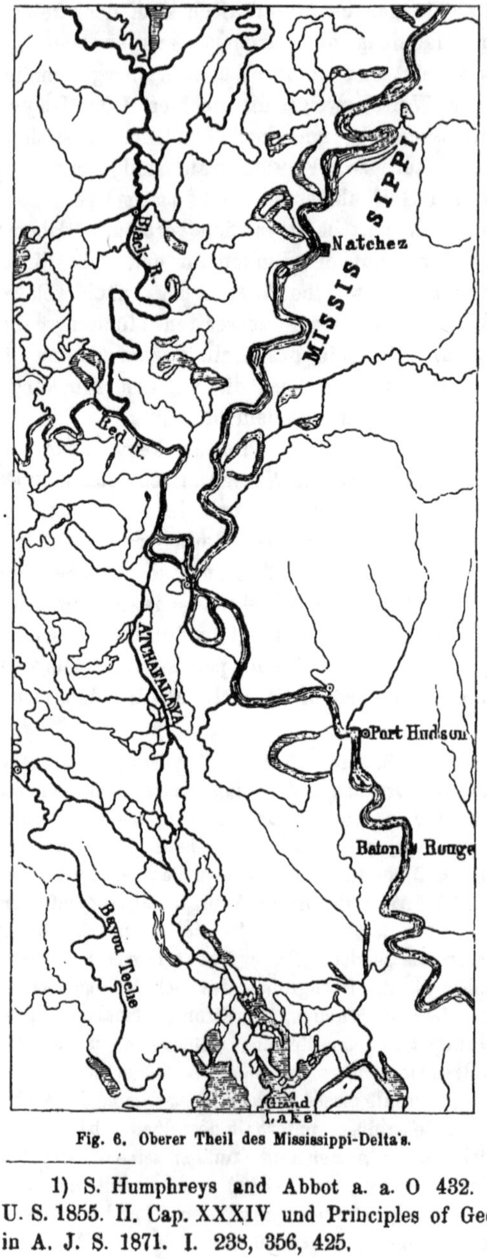

Fig. 6. Oberer Theil des Mississippi-Delta's.

Die geologischen Forschungen über das Mississippi-Delta[1]) schienen früher einen völlig anderen Bau erkennen zu lassen, als man auf Grund der Meinung ver-

1) S. Humphreys and Abbot a. a. O 432. Ch. Lyell, Sec. Visit to the U. S. 1855. II. Cap. XXXIV und Principles of Geology XIth Ed. I. 436. Hilgard in A. J. S. 1871. I. 238, 356, 425.

muthet, dass das gesammte Mississippi-Delta eine allmählich durch den Strom ausgefüllte Vertiefung, eine einfache Zuschüttung sei. Es unterlagert nämlich die gewöhnlichen Sand-, Kies- und Schlammbänke, die in jedem grösseren fliessenden Wasser gefunden werden, eine Schicht harten, blaugrauen Thones, die von der Ohio-Mündung bis zum Delta hinab nirgends im Strombett fehlt und im unteren Theile des Stromgebietes sogar über dem Wasserspiegel gefunden wird. Es ist ein Thon von feinem Korn, der wegen seiner grossen Zähigkeit und Dichte im feuchten Zustand sich schwer in Wasser löst und der keine Aehnlichkeit mit irgend einem der Absätze haben soll, welche der Mississippi heute bildet. Ob man aber daraus schliessen darf, dass er überhaupt nicht zu den Alluvialbildungen des Mississippi gehöre, ist zweifelhaft, wiewohl nach Humphreys' und Abbot's Angabe derselbe blaue Thon unter den Eocänschichten der Vicksburg Bluffs liegt und dem Mississippi-Bett nicht jener glatte, gleichförmige Anschwemmungscharakter eigen ist, welcher einem ausschliesslich durch Alluvion gebildeten Strombette zukommen sollte. Dieser blaugraue Thon erhebt sich zu Hügeln und Kämmen, die den Querschnitt des Mississippi-Bettes zu einem sehr unregelmässigen machen. Die Armuth an Fossileinschlüssen macht es unmöglich, denselben mit einer bestimmten geologischen Schicht zu parallelisiren; doch ist es gewiss, dass von alttertiären oder gar Kreideschichten, die Humphreys und Abbot zu erkennen meinten, hier keine Rede sein kann. Soweit Fossileinschlüsse von bestimmbarer Beschaffenheit gefunden wurden, waren es Reste jetztlebender Golfmollusken, möglicherweise mit einigen pliocänen gemischt, aber man kann mit Sicherheit behaupten, dass diese Thone nicht älter sein können, als die jüngere Pliocänzeit. Hilgard setzt wenigstens die oberen Deltaschichten in die Zone seines *Küstenpliocän*, das von Lyell als Postpliocän bestimmt wird[1]).

Welches indessen das Alter und der Ursprung dieser Thonmassen auch sein möge, so unterliegt es keinem Zweifel, dass dieselben eine sehr weite Verbreitung haben und dass sie vor allem die Grundlage des eigentlichen Delta's bilden, die von anderen Anschwemmungen nur dünn verhüllt wird. Die oft citirten Ergebnisse der Bohrungen artesischer Brunnen im Deltagebiet stellen die ausserordentliche Mächtigkeit dieses Gebildes ausser Frage. Eine der zuverlässigsten Untersuchungen dieser Art, die bis zu 178 m. vordrang[2]), fand schon 0,6 m. unter der Bodenoberfläche eine 5,7 m. mächtige Lage dieses Thones, deren unterste Schicht mit Pflanzenresten erfüllt war und von da an bis zu der genannten Tiefe

1) Ch. Lyell, Principles. XIth Ed. I. 456.

2) 1854 in New Orleans ausgeführt und von Dr. Benedict beaufsichtigt und beschrieben. S. Humphreys and Abbot a. a. O. 101. Lyell, Principles. XIth Ed. I. 455.

wechsellagerten Thon- und Sandlager, jene bis zu 19,3, diese bis zu 28,8 m. mächtig, und die Bohrung endigte in einem Thonlager von unbestimmter Mächtigkeit, das noch bis zu 9 m. angebohrt wurde. E. W. Hilgard[1]) hat in dem blauen Thon, der bei derartigen Bohrungen in New Orleans zu Tage gefördert wurde, nicht weniger als 50 verschiedene Molluskenarten gefunden, wovon 40 bestimmbar waren, und von diesen 40 leben 36 noch jetzt im Golf, während 4 neu sind, ferner Corallen- und Rhizopodenreste. Pourtalés fand Rhizopoden massenhaft in demselben Thon. Andere Bohrungen haben ähnliche Resultate hinsichtlich der Mächtigkeit des Mississippi-Alluviums im Delta gegeben und es ist wahrscheinlich noch zu niedrig gegriffen, wenn Ch. Lyell als Durchschnittstiefe des Delta's 170 m. annimmt. Wenn man erwägt, dass 20 Kil. seewärts vom Südpass bereits 95 Faden Tiefe, 10 Kil. weiter 144, und bei 50 Kil. Entfernung von demselben 452 Faden gemessen werden, so erscheint jene Durchschnittstiefe jedenfalls nicht zu hoch berechnet. Was aber das Material anbetrifft, das hier zusammengeschwemmt ist, so ist kein Zweifel, dass es in den tieferen Theilen der äussersten Delta-Abschnitte wesentlich von derselben Beschaffenheit sein wird, wie in der oberen Deltaregion, auf die jene Bohrungen und Berechnungen sich beziehen, d. h. es sind überall Niederschläge aus dem Mississippi, nur modificirt durch Berührung mit dem Seewasser des Golfes, an dessen Rande und in Berührung mit dem sie ursprünglich abgelagert wurden, Niederschläge von vorwiegend feinthoniger Beschaffenheit und Reste von See- und Brackwasserthieren umschliessend.

Wenn sich so die Meinung hinfällig zu erweisen scheint, dass das Bette des Mississippi nicht in seine eigenen Schwemmprodukte, sondern in alttertiäre oder Kreideschichten gegraben sei, so wird auch von nebensächlicher Bedeutung der Frage, ob innerhalb dieses Alluviums das Mississippi-Bett grössere Veränderungen der Lage erfahren habe oder nicht. Dass die auf den ersten Blick nicht unwahrscheinliche und früher allgemein angenommene Meinung, es seien die grösseren Bayou's und vorzüglich B. Atchafalaya alte Mündungsarme des Mississippi, sich nicht bestätigt, wurde hervorgehoben. Warum aber dennoch nach der Seite dieser grösseren Bayou's zu, nach der rechten und westlichen Seite hin, die grösste Masse der Alluvien abgelagert worden ist, bleibt eine offene Frage. Die erstgenannten Mississippi-Forscher, Humphreys und Abbot, sind der Meinung, dass es vorzüglich Strömungen an den Mündungen des Stromes seien, theils durch den Golfstrom, theils von Winden verursacht, welche das

1) E. W. Hilgard in A. J. S. 1871. I. 238. Die 4 neuen Molluskenarten schienen miocänem Typus am nächsten zu stehen, aber Conrad, dem sie zur Bestimmung vorlagen, wagte es nicht, ihr Nichtvertretensein in der so unvollkommen bekannten heutigen Golffauna als unzweifelhafte Thatsache festzustellen.

Sediment, das der Mississippi ins Meer herabführt, sich mehr nach der einen als der anderen Seite hin vertheilen lassen. O. Peschel nimmt diese Meinung auf[1]) und führt zu ihrer Unterstützung die auffallende Thatsache an, dass der Mississippi gerade da, wo seine Delta-Ausbreitung beginnt, eine plötzliche Ablenkung nach O. erfährt. Nahe liegt hier der Gedanke, dass man es in dieser Ablenkung mit einer Wirkung des Golfstromes zu thun habe, dessen Strömung man noch an den Pässen verspürt und der gerade hier entschieden von W. nach O. fliesst. Es wird durch diese Strömung das Wasser des ausmündenden Stromes nach O. abgeführt und in dem todten Winkel, der dadurch an der Westseite entsteht, fällt die grösste Masse der Sedimente nieder und wird noch vermehrt durch die Schwemmstoffe der weiter westlich mündenden Küstenflüsse, die zwischen Küste und Golfstrom ostwärts abgelenkt werden, ferner durch die allerdings nicht sehr beträchtlichen Niederschläge, welche die Bayou's zuführen. Wir finden ähnliche Wirkungen mit ähnlichen Resultaten am Nil und an anderen Flussdelta's. Dass auch die regelmässig wehenden Winde dieser Region nicht ohne Einfluss auf die Gestalt des Delta's sind, sei es durch direkte Ablenkung, sei es durch Erhöhung oder Erniedrigung des Niveau's der Küste, ist nicht zu bezweifeln, aber wir kennen mit Ausnahme der allgemeinen Bemerkungen, welche Humphreys und Abbot über diesen Punkt machen[2]), keine Untersuchung über die Wirkungen dieser interessanten Faktoren, welche auch Peschel in seiner oben angeführten Untersuchung über „Die Deltabildungen der Ströme“ ausser Acht lässt.

Der südlichste und äusserste Theil des Delta's ist eine lange, schmale Landzunge, die 80 Kil. weit in den Golf vorspringt[3]) und an ihrem Ende sich in drei Aeste theilt, deren jeder 1 oder 2 Ausmündungscanäle, *Pässe*, in sich schliesst. Pass à l'Outre, North East Pass, South Pass und South West Pass sind die Namen der grösseren von diesen fächerartig auseinander strahlenden Mündungen, die übrigens nicht alle von gleicher Bedeutung für den Wasserabfluss des grossen Stromes sind. Unbedeutend sind einige Nebenmündungen, die von jenen Hauptcanälen sich abzweigen, wie South East Pass, Grand Bayou, North Pass. Der SW. Pass ist es, durch den gegenwärtig die grösste Masse der Wasser des Mississippi sich ergiesst, während allem Anschein nach in früheren Zeiten verschiedene andere Mündungen in ähnlicher Weise Hauptmündungen waren. Nach Humphreys' und Abbot's Angabe entlässt derselbe 0,34 der Wassermasse des Mississippi, während durch

1) Neue Probleme der vergleichenden Erdkunde. 1876. 134.

2) A. a. O 450.

3) Von New Orleans bis zur Lotseenstation Balize am SW. Pass sind es 170 Kil. zu Wasser und 135 in gerader Linie.

den Pass à l'Outre 0,23, durch den North East Pass 0,22 und durch den South Pass 0,08 ausströmen. Der Rest von 0,13 findet seinen Weg durch verschiedene Nebencanäle. Die mittleren Tiefen und Breiten sind für den South West Pass 17,8 und 410, für den North East Pass 11,3 und 850, für den Pass à l'Outre 11 und 445, für den South Pass 10,3 und 240 m. Die grösste Tiefe findet sich im SW. Pass bei 21,5 m. Diese Mündungsgabeln des Mississippi sind jederseits von einem 200—300 m. breiten flachen, sumpfigen, ried- und weidenbewachsenen Landstreifen eingefasst, der nicht mehr als 1 m. über den Wasserspiegel hervorragt. An der äussersten Mündung besteht er nur noch aus einem Sandstreif, der durch zahlreiche Canäle in flache Eilande von unsicherem Bestande zertheilt erscheint. Die Wasserbreite innerhalb dieser Flachufer bleibt dieselbe bis etwa 12 Kil. von der Mündung, wo sie anfängt sich unter gleichzeitiger Verringerung der Tiefe zu erweitern; diese wird am geringsten nach aussen von der Mündung, wo auf der *Bar* die mittlere Wasserhöhe bis zu $3^1/_2$ m. herabgeht.

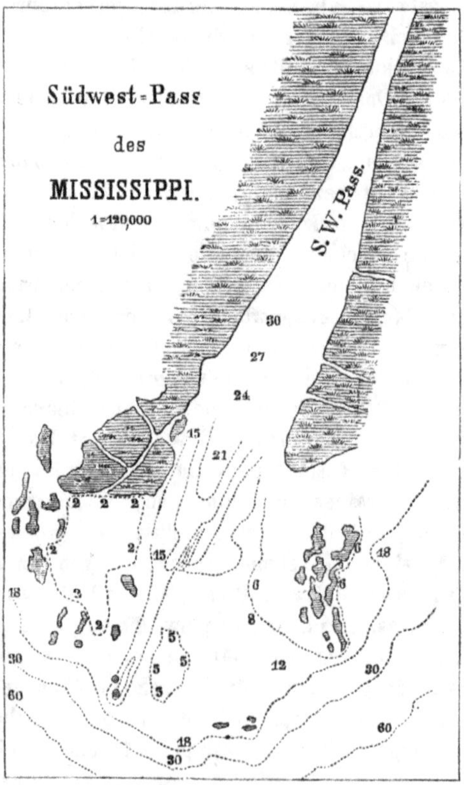

Fig. 7.

Diese *Bars* oder Bänke, die den Mündungen des Mississippi vorgelagert sind, sind von hoher praktischer Bedeutung, denn auf ihrem Anwachsen oder Zurückgehen beruht die grössere oder geringere Wegsamkeit dieser Eingangsthore, welche zu der grössten natürlichen Verkehrsstrasse und einer der ersten Handelsstädte Nordamerika's führen. Sie bestehen aus demselben zähen Schlamm, der überall die Ufer und das Bette des Unteren Mississippi bedeckt und sind die höchsten Kämme der Schlammkegel, welche mit allmählichem Abfall die submarine Fortsetzung und breitere Basis des Delta bilden. Sie fallen langsam nach aussen, der See zu und rascher nach innen, gegen den tieferen Theil des Mündungscanales. Ihren Ursprung hat man offenbar in der Abschwächung der flutenden Bewegung des Stromes beim Zusammentreffen mit dem Meerwasser zu suchen, die gerade hier stattfindet und in erster Reihe jene Schwemmstoffe zur Ablagerung gelangen lässt, welche auf dem Grunde des Strombettes fortgerollt werden. Es scheinen nach allen genaueren Untersuchungen, die vorliegen, vorzüglich diese Stoffe zu sein, welche die Schlammbänke aufbauen, während das feinere Sediment weiter hinaus geführt wird. Dass diese letzteren ihrerseits die Grundlage zum Fortwachsen der Delta-Arme bieten, steht ausser Zweifel, sobald man die leider noch nicht genügend vervielfältigten, indessen an und für sich nicht unwahrscheinlichen Beobachtungen als sicher annimmt, dass die Ufer der *Pässe* jährlich um einen gewissen Betrag nach dem Golfe hinauswachsen. Während der jährlichen Hochwasser wächst die Bank bis zur Oberfläche und ragt bei niedrigerem Wasserstande dann über sie hervor, aber das nächstjährige Hochwasser bildet sich neuerdings einen Canal in der jungen Ablagerung und lässt seine eigenen Niederschläge vor derselben niederfallen, so dass beim Mangel störender Einflüsse ein regelmässiges Hinausschieben der Delta-Enden erfolgen müsste. Aber diese letzteren sind allerdings gerade hier so wirksam, dass die Frage der Wachsthumsweise und Wachsthumsgrösse und damit mittelbar des Alters des Delta nur unter beständiger Beachtung der die Deltabildung theils fördernden theils störenden Verhältnisse beantwortet werden kann.

Einige Faktoren, welche bei der Entscheidung über diese Fragen zu berücksichtigen sind, wie die Grösse der Wassermassen des Mississippi, die Tiefe des Meeres an ihrer Ausmündung, die Grösse und Richtung ihrer Abflusscanäle haben wir bereits kennen gelernt. Welches ist aber die Masse der festen Stoffe, die der Mississippi jahraus jahrein in den Golf hinausführt? Verschiedene Untersucher haben verschiedene Mengen angegeben, die indessen sämmtlich um $^1/_{1500}$ als den Antheil fester Bestandtheile in einem bestimmten Gewichtstheile Wasser und um 100 bis 120 Millionen als die Zahl der Cubikmeter fester Bestandtheile schwanken, welche der Mississippi jährlich in den Golf führt. Man hat auf Grund dieser Annahme berechnet, dass der Mississippi jährlich eine Fläche von einer E. Quadratmeile 7—8 m. hoch mit seinen Sedimenten bedecken möchte. Vorzüglich in zwei Formen ist es, dass diese Sedimente ins Meer gelangen: Als Schlamm, der im Wasser schwebt, und als Schlamm, Sand und Kies, die der Strom an seinem Boden fortwälzt. Indessen bilden die im Wasser schwebenden oder suspendirten Bestandtheile die weitaus grösste Masse der Schwemmstoffe des Mississippi und das Delta besteht darum gleich dem übrigen Anschwemmungsgebiet vorwiegend aus Schlamm. Ob und welche Veränderungen dieser Schlamm in der Berührung mit Seewasser erfährt, ist noch nicht festgestellt; aber Thatsache ist es, dass die ungewöhnlich zahlreichen pflanzlichen Stoffe, die er einschliesst, im Deltagebiet durch ihre Zersetzung eigenthümliche Erscheinungen in hervorragender Ausdehnung hervorrufen (s. u. Mudlumps).

Die eigenthümlich schmale, schwächliche Gestalt, mit der das Delta des Mississippi sich in den Golf hinausstreckt, ist nicht geeignet, ihm ein so regelmässiges Wachsthum zu gestatten, wie man es von anderen Flussdelta's kennt. Wenn wir eine Zahl für seine Wachsthumsgrösse angeben, so kann es nur auf die Autorität derer hin geschehen, die am tiefsten in die Erforschung der Schwemmgebilde des Mississippi eingedrungen sind. Es ist werthvoll, zu wissen, welche Ansicht diese Forscher von der Wachsthumsgrösse des Delta sich bilden. Indessen haben solche Zahlen keinen absoluten Werth, denn hier scheint das sicherste Ergebniss aller Messungen die Erkenntniss zu sein, dass das Delta ein sehr unregelmässiges Wachsthum habe und dass dem Zuwachs an einem Ende häufig eine Abnahme an einem anderen entspreche. Man hat sogar glauben können, dass das Delta wenigstens nicht sichtlich wachse und einige Thatsachen schienen ein Zurückweichen anzudeuten. Indessen bedeuten dieselben einfach nur Schwankungen von örtlicher Begrenztheit.

Lyell erzählt, wie er die Charlevoix'sche Karte der Mississippi-Mündung, welche den Zustand derselben im Jahre 1716 darstellt, mit dem Thatbestand im Jahre 1846 verglich: „Wir waren erstaunt, sagt er, wie genau diese Aufnahme an den meisten Punkten die Zahl, Form und Richtung der Schlammbänke und Bayous darstellt, die in der Gegend der Balize gefunden werden. Die Lotsen, denen wir die Karte zeigten, gaben zu, dass man glauben könne, sie beruhe auf Aufnahmen der letzten Jahre, wenn nicht Schlammbänke sich an den Mündungen der Bayous gebildet hätten in Folge der veränderten Lage der Hauptmündung.“ Ebenso berichtete ihm Bringier, ein erfahrener Ingenieur von New Orleans, dass die Verhältnisse der Mündung in den letzten 40 Jahren merkwürdig stationär geblieben seien, und ein anderer Ingenieur, M. Dunbar, der die heutigen Tiefenverhältnisse mit den französischen Sondirungen von 1740 verglich, fand erstaunlich geringe Unterschiede. Auch Capt. Graham, ein Regierungsingenieur, fand, dass der NO.-Pass seit 100 Jahren nur 1 e. M. vorgerückt sei[1]). Immerhin befindet sich ein altes spanisches Gebäude, welches als das *Magazin* auf den Karten niedergelegt ist, gegenwärtig 600 Yards näher beim Meer als es auf der Karte angegeben ist, und die Hauptmündungen sollen sich nach den Angaben einiger Lotsen in 6, nach anderen in 24 Jahren 1 e. M. in den Golf hinausgeschoben haben. Es scheint aber, als ob die neubildende Kraft des Stroms und die zerstörende des Meeres sich bis zu einem gewissen Grade die Wage halten und dass in einem verhält-

1) Sec. Visit to the U. S. II. 119.

nissmässig so kurzen Zeitraum wie der, um den es sich hier handelt, ihre Wirkungen sich manchmal aufheben. Sobald der Strom eine geringere Masse Wasser durch einen seiner Mündungscanäle schickt, erlangen die Wellen des Meeres eine grössere zerstörende Kraft. Jedes Jahr, sobald die Zeit der Hochwasser vorbei ist, gehen die Gezeiten in allen Canälen hoch hinauf und schwemmen manche Schlammbank, manchen neugebildeten Uferrand weg, welche zur Zeit des Hochwassers sich gebildet hatten. Allerdings bringen sie auch manchen Gegenstand aus der Tiefe und werfen ihn an die Ufer, und aus dem Ballast versunkener Schiffe sollen sie schon ganze Bänke aufgeworfen haben. Doch tritt diess hinter ihrer zerstörenden und wegführenden Thätigkeit weit zurück. Andererseits sind Fälle nicht selten, in denen ein Hochwasser beim ersten Anprall jene Schlammhügel der Mudlumps, die oftmals Inseln von 1 Acre Ausdehnung bildeten, spurlos wegschwemmt. Die Karten von Gould, welche 1764—71 aufgenommen wurden, und die neuesten von Talcott (1838) und Humphreys und Abbot (1860) lassen beim Vergleich erkennen, dass der Südpass innerhalb der Zeit, die zwischen jenen früheren und diesen neueren Aufnahmen gelegen ist, um 6½ Kil. zurückgegangen ist und es scheint sogar kaum zu bezweifeln, dass selbst in dem kürzeren Zwischenraum der beiden neueren Aufnahmen, also in 22 Jahren, eine Bank von 3 Kil. Länge und ¾ Kil. Breite von den Wellen verschlungen wurde. So scheinen, wie unzweifelhaft auch das Wachsthum des Delta's im Ganzen ist, doch im Einzelnen und besonders in den an die Oberfläche tretenden Erscheinungen grosse Schwankungen die Regel zu sein. Sehr richtig bemerkt Lyell zu den Landverlusten des Delta's: „Die Abschwemmung mag sich vielleicht nicht in bedeutende Tiefen erstrecken, aber sie zeigt nicht bloss, wie schwer es ist, das Durchschnittstempo des Wachsthums durch kurzzeitige Beobachtungen zu bestimmen, sondern auch, in wie grosser Ausdehnung die zunächst auf den Bänken des Delta-Endes abgelagerten gröberen Schwemmstoffe späterhin weggetragen und in dünnen Schichten über weite Flächen ausgebreitet werden können [1]."

Der Mississippi tritt indessen nicht bloss hier an seinem Mündungsende als eine sehr energisch aufbauende und zeitweise ebenso energisch zerstörende Kraft auf. Wir haben Zerstörungen und Neubildungen an seinen Nebenflüssen vor sich gehen sehen und beobachten dieselben im grössten Masse in seinem Laufe von der Vereinigung des Missouri und Mississippi bis hinab zum Delta. Bei dem geringen Gefäll des Stromes und der vorwiegend flachen Beschaffenheit seiner Ufer ist es begreiflich, dass sein Schwemmgebiet ein ungewöhnlich ausgedehntes ist. Bei Cap Girardeau, einem Punkte 80 Kil. oberhalb der Ohio-Mündung, beginnt es

---

1) Lyell, Principles XIth Ed. I. 458.

mit erheblicher Breite, ist an der Ohio-Mündung 80 Kil. breit, zieht sich gegen die Bluffs von Memphis hin bis auf 45 Kil. zusammen und erweitert sich bei der Einmündung des White R. wieder bis auf 120 Kil., um dann als breite Ebene unter mehrmals wechselnder Verengerung und Erbreiterung sich bis zu seiner grössten und wirksamsten Ausbreitung im Deltagebiet zu erstrecken. Man kann sagen, dass die Grösse des Mississippi sich in dieser Ebene klarer ausprägt als in dem Strome selbst, der trotz des Wasserreichthums, der ihm in Ohio, Arkansas und Red R. und in unzähligen kleinen Flüssen zuströmt, in fast gleicher Breite von der Missouri-Mündung bis zum Meere verharrt. Entfaltet er sich auch stellenweise noch bis zu $2^1/_2$ und selbst 3 Kil. Breite, so geht doch seine mittlere Breite nicht über 800 m. hinaus — dieselbe Breite, die er schon beim Zusammenfluss des Oberen Mississippi und des Missouri misst, wiewohl jeder einzelne von Beiden zu dem Punkte der Vereinigung kaum schmäler herankommt. Es bewährt sich hier die Regel, dass eine Vermehrung der Wassermasse keine entsprechende Vergrösserung des Stromes in der Breite bewirken muss, sondern dass sie öfters sogar eine Verschmälerung hervorbringt.

Dieselbe Flachheit des Geländes, die dem Anschwemmungsgebiet des Stromes eine so grosse Ausdehnung verleiht, bedingt natürlicherweise auch eine bedeutende Unregelmässigkeit des Laufes, ausgeprägt in unaufhörlichen Windungen, vielen Inseln und Bänken, zahllosen Seitenarmen, die halb oder ganz vom Hauptbette abgeschnitten sind, und vor allem in häufigen Veränderungen der Breite, Richtung und Tiefe des Stromes, sowie der allgemeinen Gestalt seines Bettes.

Die Eigenschaften, die den Biegungen aller sanft fliessenden Gewässer eigen sind, fehlen auch den Curven des Mississippi nicht. Sie haben die Anschwemmungsbänke an ihrer concaven Seite, und sie zeigen sehr stark die Tendenz zur Abschneidung der stärkeren Biegungen durch verkürzende Canäle, welche jenen zahlreichen sichel- und halbkreisförmigen Seen Ursprung gibt, welche zu beiden Seiten, vorzüglich häufig aber an der westlichen, die Ränder des Stromes begleiten. Die Uferdämme des Mississippi, seine natürlichen Anschwemmungsränder, sind im Allgemeinen, wie es bei einem Tieflandstrom natürlich, wenig über seinen Wasserspiegel erhaben und sind häufigen Ueberschwemmungen ausgesetzt; sie sind durchschnittlich 3 Kil. breit und fallen landeinwärts sachte zu jenen ausgedehnten Strecken des Mississippi-Schwemmlandes ab, welche u n t e r dem Niveau des Stromes liegen, vorwiegend sumpfig und oft grosse Theile des Jahres hindurch überschwemmt sind. Die Bildung dieser höheren Randeinfassung ist unschwer zu verstehen, wenn man bedenkt, dass bei jeder Ueberschwemmung die gröberen Schwemmstoffe gleich zuerst schon am Rande des Bettes niederfallen, das überschritten wird, während der feinere Schlamm weiter hinaus getragen wird. Die unmittelbaren Ufer des Stromes sind daher auch aus anderem Material aufgebaut als die tieferliegenden Theile seines Schwemmgebietes; jene bestehen vorwiegend aus Sand und Kies, diese sind Schlammlager und oft genug dauernde Sümpfe.

Die Vegetation des Mississippi-Thales ist eine so reiche und üppige, und am meisten gerade in den Schwemmgebieten, dass die Mitwirkung vegetabilischer Trümmer- und Zerfallstoffe, die in allen Anschwemmungen der Flüsse eine grosse Rolle spielt, hier als eine besonders kräftige und wirksame zu erwarten sein wird. Und sie ist es in der That. Welche Wirksamkeit die sich zersetzenden Pflanzenstoffe in den jüngeren Theilen des Delta's entfalten, kann man an den *Mudlumps* sehen. Dass es oft genug zusammengewirrte Baumstämme und Gesträuche sind, die den Kern einer neuen Strominsel bilden, lehrt tausendfach die Beobachtung. Die starren Formen geben den Schlammansammlungen gewissermassen Halt. Treibholzansammlungen, welche man treffend *natürliche Flösse* nennt, bleiben nicht selten in irgend einem geschützten Winkel, auf einer Bank, an einer Mündung liegen, bedecken sich erst mit Schlamm und dann mit einer üppigen Vegetation, und werden so mit der Zeit zu kleinen Inseln. Treibholz, das durch irgend einen Bayou in eines der vielen Altwasser gelangt, die als kleine Binnenseen den Mississippilauf zu beiden Seiten begleiten, bildet öfters schwimmende Inseln in denselben. Wenn aber Taxodien auf solchen Massen Wurzel fassen, werden sie mit der Zeit zum Stillliegen gezwungen, denn diese Bäume senden starke Wurzeln in die Tiefe, welche wie Anker das junge Eiland festhalten. So geht auch im Strome selbst die Bildung einer Insel ziemlich regelmässig in der Weise vor sich, dass Treibholz auf einer Sandbank strandet, dadurch Anlass zu ungewöhnlicher Anschwemmung und in der Folge die Möglichkeit eines Pflanzenwuchses bietet, der vorzüglich durch seine festwurzelnden, zählebigen Weiden für die Befestigung des noch unfesten Gebildes bedeutend ist. Die regelmässigen Frühlingshochwasser bringen ihre Schwemmstoffe höher als bisher an die Insel heran und lassen diese, falls sie sie nicht zerrissen haben, bedeutend höher zurück, als sie vorher gewesen. Folgen niedere Wasserstände, so bleibt Sand und Staub, die der Wind aufwühlt, hier hängen und nicht lang dauert es, bis die rasch wachsenden Espen (Cotton-Wood) Schatten und Moder für reichlichere Vegetation herzubringen. Günstig gelegen wächst ein solches Eiland von diesem Punkte an rasch bis zu der Grösse, wo raschere Wellen ihm Schranken setzen, aber es ist allerdings immer nur auf der Sandbank, dass es aufwächst, und wenn irgend ein Wirbel, irgend eine neue Strömung in seiner Nähe zu wühlen beginnt, kann es in viel kürzerer Zeit, als es entstanden, wieder weggespült werden. Liegt es dagegen an einem Punkte, von dem der Strom sich allmählich entfernt, so kann es mit der Zeit mit anderen Gebilden ähnlichen Ursprungs und mit dem Ufer zu einem neuen Stück angeschwemmten Landes zusammenwachsen. Uebrigens können Anhäufungen entwurzelter Bäume für sich allein schon Neubildungen von hervorragender Ausdehnung und oft beträchtlicher Dauer erzeugen. Das grosse *Raft* des Red R. wurde oben (S. 179) erwähnt. Ein anderes im Atchafalaya bildete im Jahre 1816 ein zusammenhängendes Floss von 16 Kil. Länge, 2,5 m. Tiefe und 220 m. Breite, das mit dem Steigen und Fallen des Stromes stieg und fiel. Als es nach 1835 mit einem Zeitaufwand von 4 Jahren weggeräumt ward, waren Bäume von 18 m. Höhe auf ihm aufgewachsen.

Minder grossartig, aber gefährlicher sind einzelne grössere Bäume, besonders von den geraden und schwerverweslichen Cypressen, welche mit ihren Wurzeln im Boden des Stromes gleichsam verankert sind, mit dem zweig- und astberaubten Wipfel aber zum Wasserspiegel heraufragen. Unsichtbaren Klippen vergleichbar, bilden sie eine schwere Gefahr für die Schifffahrt auf dem Mississippi und seinen unteren Nebenflüssen. Manches Schiff hat sich an solchen *Snags* oder *Planters* einen Leck gerannt. Ihre Häufigkeit machte sie früher gefürchteter als jede andere Gefahr der Mississippi-Schiffahrt, so dass schon in den 30er Jahren ein Dampfer der Vereinigten Staaten eigens dazu bestimmt ward, die *Snags* aufzusuchen und zu beseitigen.

Wiederum anderen Ursprungs sind jene ausgedehnten Lager von in Schlamm vergrabenen, aber aufrecht stehenden Bäumen, vorzüglich Taxodien, welche man sowohl im Delta als auch in den übrigen Theilen des Anschwemmungsgebietes, und hier besonders in den *Bluffs*, begegnet. Zu New Orleans stösst man sehr häufig schon einige Meter unter Meereshöhe auf Lager von Bäumen und Baumresten, die zum Theil offenbar angetrieben und wagrecht übereinander geschichtet, zum Theil aber am Orte gewachsen und noch heute senkrecht stehend und wurzelnd getroffen werden. Hier ist es ein Sinken des Bodens, das sie anzudeuten scheinen. Wo sie dagegen, wie in den Bluffs, über dem Wasserspiegel und zwar oft in mehreren Zonen übereinander sich finden, geben sie häufig Zeugniss von stattgefundenen Erhöhungen des Bodens, wenn auch nicht immer durch unzweifelhafte Hebung, sondern nur durch Anschwemmung. Man sieht deutlich, wie in den *Cypress Swamps*, die noch heute die Alluvialebenen des Mississippi in ihren tieferen, sumpfigen Theilen auf weite Strecken lückenlos bedecken, Schlamm und Sand vom überschwemmenden Strome hereingeführt, der Boden dadurch mit der Zeit erhöht und neuen Geschlechtern von Bäumen Raum bereitet wurde, die dann ihre Wurzeln schon über denen der alten einsenkten[1]).

1) Es ist eigentlich missverständlich, wenn man von „Cypressenwäldern, die übereinander im Löss stehen“ spricht. Das Uebereinanderstehen ist sehr oft weiter nichts als das durch die Erhöhung des Anschwemmungsbodens ganz

Die Ueberschwemmungen sind bei jedem grösseren Flusse ein wesentliches Werkzeug der Wirkungen, sei es zerstörender, sei es neubildender, die er übt, denn alles, was er ausserhalb seines engeren Bettes vollbringt, kann er nur durch das Uebersteigen seiner Ufer leisten und oft ist dieser nach der gewöhnlichen Annahme abnorme Theil seiner Thätigkeit bedeutender als das gewöhnliche An- und Abschwemmen an den Rändern oder am Grunde seines Bettes [1]). Der Mississippi erhält seine Zuflüsse aus so verschiedenen Theilen des weiten Gebietes der Vereinigten Staaten, dass natürlich auch seine Wasserstände und besonders seine Ueberschwemmungen von einer Reihe verschiedener Ursachen bedingt sind. Während seine nördlichen Zuflüsse einen grossen Theil ihres Wassers aus den Schneefeldern des Felsengebirges erhalten, sind es bei den südlichen schon halbtropische Monsunregen, welche die reichlichsten Zuflüsse speisen. Es würde diese Ungleichheit grosse Unregelmässigkeiten auch in den Wasserstand des Mississippi bringen, wenn nicht die Wassermassen, welche die einzelnen Zuflüsse herbeibrächten, so sehr verschieden wären. Diese Verschiedenheiten gleichen sich gegenseitig aus. Der Ausdehnung des Missouri-Gebietes entspricht z. B., wie wir bereits hervorhoben, keineswegs die Wassermenge, die aus ihm dem Mississippi zufliesst und so wirkt der Missouri nicht nach dem Mass seiner Grösse auf das Sinken und Anschwellen des Mississippi ein. Der Obere Mississippi und der Ohio bringen umgekehrt verhältnissmässig reichliche Wassermassen und dasselbe gilt von den Tiefland-Zuflüssen, die sich dem Hauptstrom in seinem unteren Laufe gesellen. Diese machen daher zu gewissen Zeiten den letzteren viel mehr anschwellen, als nach ihrer geringen Grösse zu erwarten wäre. Wie erwähnt, erhalten die

---

natürlich bedingte Höherliegen der Basis jüngerer im Vergleich zu derjenigen der älteren Bäume. Die Altersbestimmungen des Mississippi-Delta, die sich auf die alten Cypressensümpfe stützen, leiden öfters an dieser Verwechselung.

1) Ohne Zweifel sind unsere landläufigen Auffassungen von Strömen und Stromwirkungen viel zu sehr an das normale enge Bette der fliessenden Gewässer gebunden und passen zwar gut auf einen hochuferigen Strom wie den Colorado oder auch den Columbia, welchen grosse Ueberschwemmungen unmöglich gemacht sind, nicht aber auf Tieflandströme, die nach Art des Mississippi oder des Amazonenstroms einen grossen Theil des Jahres weit über ihr Bette hinausgehen und gerade zu dieser Zeit stärker mit Schwemmprodukten getränktes Wasser führen als zu irgend einer anderen und stärkere und dauernde Anschwemmungen ausserhalb ihres Bettes bilden als innerhalb desselben. Für die tiefere Auffassung der Bedeutung solcher Ströme hat das Schwemmgebiet grösseren Werth als das Bette, in dem sie fliessen, und man hat diess wenigstens beim Amazonenstrom auszudrücken versucht, wenn man ihn sammt dem endlosen Gewirr seiner Zuflüsse als das *Süsswassermeer Südamerika's* bezeichnete.

wichtigsten Zuflüsse in diesem Stromgebiet merklich verschiedene Massen atmosphärischer Niederschläge und führen dem entsprechend auch sehr verschiedene Wassermassen in das Hauptthal ab. Das Deltagebiet hat 60,9 Zoll jährlichen Regenfalls mit vorwiegendem Sommer- und Winterregen; der Red R. und seine Zuflüsse fliessen von Westen her durch Gebiete, die zum Theil nur 20,8, weiter östlich 40,7, und an der Mündung 55,6 Zoll jährlichen Regens empfangen, wobei die Sommer- und Frühlingsregen vorwalten; der Arkansas hat im Quellgebiet 19,2, gegen die Mündung 39,5 Zoll Regenhöhe mit vorwaltendem Sommer- und Frühlingsregen; der Missouri kommt aus einer Gegend mit (von W. nach O. fortschreitend) 16,6, 13,1, 20,2, 33,9 Regenhöhe und theils mit Sommer-, theils mit Frühlingsregen; der Ohio kommt aus Gegenden, die (von O. nach W.) 36,5, 30,8, 44,5, 54,2 Regenmenge mit vorwaltendem Sommer- und Frühlingsregen haben; und der Obere Mississippi endlich kommt aus einem Gebiete, das (von N. nach S.) 27,3, 35, 43,3 Zoll Regenhöhe mit vorwaltendem Sommer- und Frühlingsregen aufweist. Während nun diese Niederschlagsmengen in den verschiedenen Gegenden sehr verschieden über die Jahreszeiten vertheilt sind, bedingt doch ihre Summirung, dass das Steigen und Fallen des Stromes von der Ohio-Mündung an bis herab an den Golf wesentlich unter Einem Gesetze steht. In dieser ganzen Erstreckung beobachtet man drei Jahresperioden höchsten Wasserstandes, welche den regenreichen Uebergangszeiten von Sommer zu Winter, von Winter zu Frühling, von Frühling zu Sommer entsprechen. Der Frühlingswasserstand wird durch die Schneeschmelze der nördlichen Gegenden der höchste, aber für die Sommerhöhe sind die späten Frühjahrsregen des Westens — am Ostabhang des Felsengebirges fällt ein Drittel der Jahres-Regenmenge in der zweiten Hälfte des Frühlings — am einflussreichsten. Umgekehrt wird der Frost und die Wintertrockenheit im N. zur Hauptursache des niederen Standes der Monate Januar und Februar, während das Minimum des Wasserstandes im Oktober ein Gesammtprodukt der klimatischen Zustände des Mississippi-Beckens darstellt.

Die unmittelbaren Gründe der zeitweiligen grossen Ueberschwemmungen des Mississippi sind unter kein Gesetz zu bringen, aber die Thatsache, dass die grosse Mehrzahl der Ueberschwemmungen, von denen wir genaueren Bericht haben, in den Spätfrühling fällt und die Beobachtungen der Nebenflüsse lassen nicht zweifeln, dass es in den meisten Fällen das Zusammentreffen einer raschen Schneeschmelze mit reichlichem Frühlingsregen ist, welches den Ueberschwemmungen zu Grunde liegt. Nach den Beobachtungen, die im Laufe unseres Jahrhunderts gemacht sind, kommt durchschnittlich auf jedes zweite Jahr eine grosse Ueberschwemmung, bei der Wassermasse und Stromgeschwindigkeit sich im Unteren Mississippi nahezu verdoppeln. Grosse Theile des Schwemmlandes werden dann unter Wasser gesetzt und ausser der Versumpfung und Verschlammung der tiefer liegenden Umgebungen sind eingreifende Veränderungen an den Ufern, Inseln, Altwassern u. dgl. als Folge jeder grösseren Ueberschwemmung zu constatiren.

Das Hochwasser von 1858, das noch keines der grössten war, hatte unter anderem folgende Wirkungen: Die Uferstrecken, welche zwischen Cairo und Memphis unter Wasser gestanden hatten, waren mit Sandschichten bis 0,8 m. Höhe bedeckt; die Sandbänke zwischen Cairo und der Red River-Mündung waren merklich höher geworden und die Aushöhlung an den ihr ausgesetzten Uferstrecken war überall in ungewöhnlichem Masse fortgeschritten; an einigen Orten war die Lage der Sandbänke und Aushöhlungen eine ganz andere und zehn mehr oder minder bedeutende Inseln waren durch Ausfüllung der sie vom Lande trennenden Arme zu Landzungen oder es waren doch jene Arme sehr schmal und seicht geworden. Rechnet man zu diesen abnormen Veränderungen die gewöhnlichen An- und Abschwemmungen, welche Jahr für Jahr ohne Unterbrechung vor sich gehen, so stellt sich der grosse Strom als eine sehr veränderliche Grösse dar, deren Beständiges vorzüglich in dem Wechsel seiner eigenen Zustände und derer der Umgebung zu suchen ist. Der grosse Schlammreichthum, den vorzüglich die westlichen Zuflüsse aus den lockeren Tertiär- und Kreidegesteinen ihrer Gebiete herbeibringen, spielt dabei keine kleine Rolle. Unter gewöhnlichen Umständen enthält das Mississippi-Wasser 0,7 per Mille Gewichtstheile feste Bestandtheile und etwa den zehnten Theil dieser Menge rollt es ausserdem in gröberer Form am Grunde des Bettes mit sich. Auf 100—120 Millionen Cubikm. schätzt man die Masse der festen Bestandtheile, die der Mississippi in einem Jahre ins Meer führt und unter der Annahme, dass das Delta 30,000 □ Kil. Oberfläche und 160 m. durchschnittliche Tiefe habe, hat Lyell jene bekannte Rechnung gemacht, dass die Bildung des Delta's in dieser Breite und Tiefe etwas über 30,000 Jahre in Anspruch genommen haben dürfte — eine Rechnung, die leider so lange ein Phantasiestück ist, als wir die Veränderungen nicht kennen, welche innerhalb einer so langen, für uns unübersehbaren Zeit in Bodenbeschaffenheit und Klima dieses grossen Stromgebietes und in Tiefe, Breite, Gefäll und Richtung seiner einzelnen Flüsse und Nebenflüsse Platz gegriffen haben. Es ist eine Rechnung mit unbekannten Grössen. —

Zum Schluss sei unter den vielen und verschiedenen Schwemmgebilden des Mississippi eines hervorgehoben, das in seinem Delta eine gewisse Rolle spielt und welches kein anderes Stromdelta, soweit wir wissen, mit dem des Mississippi theilt. Mudlumps nennt man Schlammhügel, welche in dem Theile des Delta's, der zwischen der äussersten Landspitze und

13*

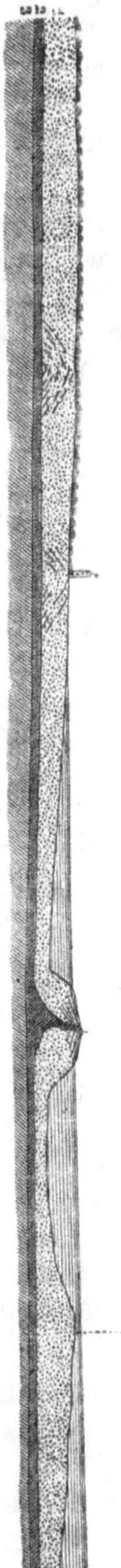

Fig. 8. Durchschnitt der Ablagerungen an den Mississippi-Mündungen mit Mudlump-Kegel. B. Mündungs-Bank.

den *Bars*, den Mündungsbänken gelegen ist, sich zeitweilig von dem Grunde in Form von Bodenanschwellungen erheben und nicht selten es sogar zu einer Höhe von einigen Fussen über dem Meeresspiegel bringen und meistens mit dem Ausbruch einer schwachen Salzquelle oder einer Gasausströmung zum Stillstand kommen, um nach einiger Zeit, wenn die Kraft, die sie hob, zur Ruhe gekommen ist, wie ein Krater in sich selbst zusammensinken und, wenn die zerstörende Macht des Wassers es erlaubt, vielleicht noch Jahre hindurch einen kleinen, mit einer salzigen Lagune erfüllten Ringwall zu bilden, der in hohem Grade an die seeumschliessenden *Maare* erloschener Vulkanregionen erinnert. Sind diese seltsamen, unerwartet, an unerwarteten Punkten und häufig entstehenden Gebilde an und für sich ein Gegenstand hohen Interesses, so werden sie es noch mehr durch ihre praktische Bedeutung für die Schiffbarkeit der Mündungscanäle des Mississippi.

Die *Mudlumps* liegen alle 1½—5 Kil. von der Axe des Hauptstroms zwischen der Deltaspitze und den vorgelagerten Schlammbänken. Ihre Erhebung kann mit sehr verschiedener Schnelligkeit geschehen; von einem säculären Tempo bis zur Zunahme um mehr als ½ m. in 24 Stunden sind alle Abstufungen vertreten. Eine Hebung von 1 e. Zoll per Stunde ist thatsächlich beobachtet und Hebungen von sichtbarer Geschwindigkeit werden berichtet und sind nicht unglaublich. Ein Wachsthum um ⅔ m. in einem Monat scheint ein normales Tempo zu sein. In der Regel wird die Hebung bedeutend langsamer, sobald der Schlammhügel sich über den Wasserspiegel erhoben hat. Es erfolgt dann fast in allen Fällen bald eine Oeffnung an der Spitze, aus der Gas oder ein Schlammstrom oder beide zugleich sich ergiessen; mit anderen Worten: Der Schlammhügel wird zum Gefäss einer Gas- oder Schlammquelle. Am häufigsten sind diejenigen Quellen, welche Schlamm und Gas ergiessen. Von ihnen fand Hilgard allein auf einem 1 Acre grossen Eiland in der Mündung des Pass à l'Outre nicht weniger als 8 in Thätigkeit, neben vielen ruhenden, die ihn alle so lebhaft an die toskanischen Schlammvulkane erinnerten, dass sie sogar sein *geographisches Bewusstsein* stutzen machten. Die grössten hatten bis zu 16 m. Durchmesser am Boden und ergossen 12—15 Liter Schlamm per

Minute, die kleinen gaben nicht mehr als ½—1 Lit. von sich. Der Schlamm, der abfliesst, trocknet schichtenweis an den Seiten dieser Hügel und gibt ihnen eine Zwiebelschalenstruktur, die auf Querrissen klar hervortritt. Das austretende Gas ist immer brennbar und in der Regel besteht es aus Sumpfgas mit geringen Beimengungen von Kohlensäure und Stickstoff, also aus den ersten Produkten der pflanzlichen Zersetzung[1]). Das Wasser, das zugleich ausfliesst, ist verdünntes und im Uebrigen wenig verändertes Seewasser. Der Schlamm endlich, welcher immer die Hauptmasse der Ergüsse ausmacht, ist von rahmartiger Zartheit, enthält manchmal Reste von Fluss- und Seethieren, besonders Foraminiferen, auch von durchaus macerirtem Holz und kann, nach seinem feinen Korn zu urtheilen, nur in erheblicher Tiefe abgesetzt worden sein. Dass der Druck der oberflächlichen, gröberen Deltaschichte auf diese zartere und flüssigere Mittelschicht die Hauptursache des Hervorbrechens der Schlammströme ist, ist kaum zu läugnen, wenn man die örtliche Beschränkung derselben auf die Region des grössten Wachsthums des Delta's in Betracht zieht, und diese Annahme, die Ch. Lyell zuerst begründete, wird durch die Erfahrung unterstützt, dass bei Hochwassern, welche immer zu grösseren Niederschlägen und dadurch Vermehrung des Druckes führen, die Thätigkeit der Schlammvulkane eine erhöhte wird. Die in der Tiefe durch Zersetzung der Pflanzenstoffe erzeugten Gase dürften keine andere als eine sekundäre Rolle dabei spielen. Hinsichtlich der Dauer dieser Gebilde ist bemerkenswerth die Constanz der Lage, die sie manchmal behaupten; so sind einige hervorragendere, im SW. Pass und im Pass à l'Outre gelegene seit 25 Jahren beständig in Thätigkeit. Die meisten setzen indessen ihre Schlamm- und Gasergüsse nur wenige Jahre fort und werden dann von Wind und Wellen langsam gleichgemacht.

Die **Flusssysteme des Atlantischen Abfalls** der Vereinigten Staaten gehören mit Ausnahme der floridanischen dem Alleghany-System und dem Tieflande an, das zwischen dieses und den Atlantischen Ocean sich einschiebt. Sie sind zahlreich, aber keines ragt durch Grösse hervor; neben den Stromsystemen des inneren und nördlichen und selbst neben denen des pacifischen Nordamerika erscheinen sie unbedeutend und sie erlangen nur

1) S. Analysen in A. J. S. 1871 I. 426. Ebendas. ist S. 245 die Analyse des Gases gegeben, das bei einer Brunnenbohrung in New Orleans in grosser Menge hervorströmte. Massenhafte Gasentwicklungen sind in und bei New Orleans bei Bohrungen, die zwischen 10 und 16 m. tief gehen, so gewöhnlich, dass man sogar früher daran dachte, diese brennbaren Gase zu Beleuchtungszwecken im Grossen zu verwenden. Zu solchem Zwecke sind indess diese Entwicklungen doch zu vorübergehender Natur.

dadurch stellenweis einen gewissen Einfluss auf die Umrissgliederung des Landes, dass ihre Mündungsbuchten durch Gezeiten und Wellenschlag erweitert und zu grösseren Meeresbuchten erweitert wurden, an deren Rändern in vielen Fällen grössere Mittelpunkte des Seeverkehres sich gebildet haben. Aber wenn das, was sie für das Land bedeuten, welches sie durchfliessen, sehr weit zurücksteht gegen die Rolle, die ein S. Lorenz, Ohio, Columbia oder Colorado, jeder in seinem Gebiete, spielen, so haben, umgekehrt wie dort, die Eigenschaften dieses Landes und vorzüglich seine Culturstellung ihnen an einigen Punkten eine Bedeutung gegeben, welche weit hinausreicht über die natürlichen Gegebenheiten und welche nicht unpassend der historischen Bedeutung alteuropäischer Flüsse verglichen worden ist. Einige sind grosse Verkehrsstrassen, andere wichtige Industrieförderer geworden, auf einige strahlt der Ruhm der Städte zurück, die von ihren Wellen bespült werden und auf andere fällt der Glanz von Ereignissen, die in der Geschichte des jungen Landes gross und denkwürdig sind. Alle wälzen ihre Wasser, die, Dank dem nahen quellenreichen Gebirge, ausnahmslos sehr reichlich fliessen, durch Gegenden, die in Amerika zu den dichtest bewohnten gehören; keiner fliesst, wie es im Westen manchem grösseren beschieden ist, von Menschen ungesehen und ungehört seinem Meere zu. Wie klein sie daher vergleichsweise auch sein mögen, so ist doch keiner wenigstens ohne die Bedeutung, welche eine höhere Cultur den Orten verleiht, an denen sie ihre Stätte findet.

In Ursprung, Grösse und Verlauf sind diese atlantischen Flüsse treue Abbilder der Bodengestalt des Landes, das sie durchfliessen, und nach der Gliederung dieses Landes sind auch sie zu gliedern. Wo die Nord-Alleghanies den alten Felsboden in Neu-England in einige grosse Parallelfalten gelegt haben, gehen die Flüsse parallel diesen Falten nordsüdlich; wo in den Mittel-Alleghanies die Parallelfalten länger und ihre einzelnen Züge lückenloser werden, während gleichzeitig die grössten Erhebungen nach S. und W. rücken, da fliessen alle grösseren Gewässer zuerst innerhalb des Gebirges südnördlich, um dann rechtwinklig durchbrechend westöstlich zum Meere abzufliessen; wo endlich in den Süd-Alleghanies die höchsten Gebirgsfalten sich am Ostrand des

Systems finden und ein breites Flachland sich zwischen es und das Meer einschiebt, da gibt nur noch der östliche Abhang des Gebirges atlantischen Flüssen Ursprung, während alles andere den Mississippi-Zuflüssen zufällt; aber im Flachland finden hier jene den Raum, sich zu breiten und wasserreichen Tieflandflüssen auszubilden. Die Golfzuflüsse östlich vom Pearl R. gleichen ihnen im Gesammtcharakter, in Ursprung und Verlauf, während die Florida's eine Gattung für sich darstellen.

Unter den neuengländischen Fluss-Systemen bilden zunächst die von Maine eine eigene Gruppe, deren Besonderheit schon durch den Seenreichthum des Inneren, der sich nirgends mehr im atlantischen Gebiete wiederholt, und durch die Fjordküste sich anzeigt. Weitere Eigenthümlichkeiten lässt eingehendere Untersuchung erkennen. W. Wells, der in seinem Buche The Water Power of Maine, 1869, S. 11 ff. die hydrographischen Bedingungen von Maine in einer eingehenderen Weise behandelt, als es bis jetzt von irgend einem anderen der atlantischen Stromsysteme gesagt werden kann, findet dort besonders einflussreich den Felscharakter der höheren Theile der Berge und Kämme des Acadischen Systems, welcher den Abfluss der Niederschläge beschleunigt, ihre lockere Zerstreutheit über das Land, welche die Niederschläge sowohl als die Gewässer gleichmässiger vertheilt werden lässt, ihre geringen Höhen und sanften Abhänge, die einen ruhigen Abfluss gestatten, die dichte Bewaldung der Berge an ihren tieferen Abhängen, welche die Wirkungen der vorwiegenden Nacktheit der Höhen wieder aufwiegt. Wenn die Berge von Maine auch nicht hoch genug sind, um ewigen Schnee zu tragen, so speisen sie doch mit ihrem schmelzenden Schnee die Bäche bis Ende Juni und die White Mts., die dem Androscoggin und Saco Zuflüsse senden, verlieren auch im Sommer ihren Schnee nicht ganz. Dass das Bergland von Maine im Allgemeinen seine höchsten Erhebungen im Westen erreicht und dass sein Hauptabfall südwärts gewandt ist, bedeutet einen Einfluss auf die hydrographischen Verhältnisse, der sich im Ursprung und Lauf der Gewässer klar ausprägt. Die Thäler sind meist breit und geräumig und die Wasserscheiden so wenig scharf ausgeprägt, dass besonders zwischen den in entgegengesetzter Richtung abfliessenden St. John- und Penobscot-Quellarmen sogar Gemeinsamkeit des Ursprungs eintritt und zwar in der Weise, dass sie ihre Quellen in einem und demselben Sumpfe haben. Diese Erscheinung ist in Maine gar nicht selten und tritt besonders bei Hochwassern häufig und deutlich zu Tage [1]). Endlich ist auch die besonders grosse Härte und schwer-

1) „So dass jenes geographische Curiosum von Flüssen, die sich mit ihren

zersetzliche Beschaffenheit der Felsgesteine als ein Faktor der hydrographischen Verhältnisse zu nennen. Dieselbe bedingt zum Theil die geringe Tiefe, die zahlreichen Unebenheiten und Windungen, Wasserfälle und Stromschnellen der Flüsse — überhaupt alle jene von geringer Einwirkung des Wassers auf die Gesteine abhängigen Erscheinungen, welche im Falle der Flüsse von Maine noch mehr hervortreten durch das geringe Gefäll.

Man zählt 5151 Flüsse und Zuflüsse auf der Karte von Maine, aber von ihnen sind nur wenige gross genug, um sie über ihre nächste Umgebung hinaus wichtig erscheinen zu lassen. Penobscot, 480 Kil. lang, 270 m. breit bei Bangor, mit einem Stromgebiet von 21,000 □ Kil. und einen jährlichen Wassererguss von 9 Milliarden Cubikm.; Kennebec, 360 Kil. lang, 260 m. breit bei Augusta, Stromgebiet von 14,500 □ Kil. und einem jährlichen Wassererguss von 6 2/3 Milliarden Cubikmeter. Androscoggin, 320 Kil. lang, mit einem Stromgebiet von 9000 □ Kil. und 3 1/2 Milliarden Cubikm. jährlichem Wassererguss; Saco, 150 Kil. lang, mit einem Stromgebiet von 3500 □ Kil. und 1 1/2 Milliarden Cubikm. jährlichem Wassererguss. Als Grenzfluss gegen New Brunswick ist der St. Croix (158 Kil.) und als ein bedeutender Fluss derselben britischen Colonie, welcher in seinem Oberlaufe Maine in der Länge von 336 Kil. durchströmt, der St. John zu nennen.

Im südlichen Theil von Neu-England münden nur zwei grössere Flüsse, aber ein dritter, der bereits im Gebiet von New York mündet, ist nach Ursprung und Richtung ihnen nahverwandt und bildet mit ihnen neben der Gruppe der Maine-Flüsse eine gleichberechtigte zweite natürliche Gruppe fliessender Gewässer der Nord-Alleghanies. Der erste und unbedeutendste von den dreien ist der Merrimac, der seine Quellen in den White Mts. hat, denen er in südlicher Richtung entfliesst; er bleibt in dieser Richtung den ganzen Weg, den er durch New Hampshire nimmt, aber in Massachusetts stösst er an die vorgeschobenen Berggruppen des Monadnoc und des Wachusett und biegt nun östlich ab, um nordöstlich von Boston bei Newbury Port zu münden. Der zweite, südlichere, der Connecticut ist der Hauptfluss Neu-Englands, der durch vier Staaten dieser Gruppe fliesst: Vermont, New Hampshire, Massachusetts und denjenigen, der von ihm den Namen hat; seine Ufer sind der fruchtbarste und mit der schönste Theil Neu-Englands und er bildet die grösste natürliche Verkehrsader dieser Region. Seine Quellen liegen nahe der canadischen Grenze in

Zuflüssen verflechten und nach entgegengesetzten Richtungen abfliessen, jene Erscheinung, die im Falle des Canals zwischen Orinoco und Amazonenstrom der eingehendsten Betrachtung von einem Humboldt gewürdigt wurde, bei uns sich mehr als einmal wiederholt." M. Wells, The Water Power of Maine. 1869. 14.

New Hampshire und sein westlicher Quellarm, Halls R., ist eine Strecke weit Grenzflüsschen gegen Canada (s. o. S. 19). Dieser Arm nimmt schon in New Hampshire einige Nebenflüsse auf: Den oberen und unteren Ammonoosuc, Sugar und Ashuelot R.; in Vermont: Pasumsic, Wells, White, Quechee, Black, Williams und West R.; in Massachusetts: Millers, Deerfield, Chickopee, Westfield R.; in Connecticut: Farmington R. Nach einem Laufe von 460 Kil. mündet der Connecticut bei New Haven in den Long Island-Sund. Sein Stromgebiet bedeckt 26,500 Q.-Kil.

Der Hudson, der Fluss New Yorks (520 Kil. lang, 30,000 Q.-Kil. Stromgebiet), ist eines der wichtigsten und interessantesten unter den fliessenden Gewässern von Nordamerika. Er findet auch in anderen Erdtheilen wenige seines Gleichen. Zunächst lehrt schon ein Blick auf die Höhenkarte, dass er eine bevorzugte Stellung einnimmt, denn er fliesst in der grossen und wichtigen Depression, die die nördlichen Alleghanies von den mittleren scheidet, indem sie vom Atlantischen Ocean quer durch das Gebirg in nordwestlicher Richtung nach der Senkung der Grossen Seen zieht. In einem Theile dieser Depression fliesst der Hudson von Albany ab, in einem anderen sein Nebenfluss Mohawk R. Sein Oberlauf aber ist in eine nicht minder bemerkenswerthe Furche des nördlichen Alleghany-Systems gebettet, die die Green Mts. von den Adirondacks trennt und in welcher eine flache Wasserscheide Zuflüsse des Hudson und des S. Lorenz trennt.

Unschwer erkennt man in dieser Furche einen Theil jenes *Grossen Thales der Alleghanies*, das von Quebec bis nach Tennessee einer ganzen Reihe von Flüssen zum breiten, natürlichen Bette dient, und die Geologie dieser Region lässt keinen Zweifel darüber, dass jene Wasserscheide zwischen Hudson R. und Lake Champlain nur eine Erscheinung von sekundärer Bedeutung, durch spätere leichte Hebungen erzeugt ist und dass noch in der Eiszeit Lake Champlain und Lake George demselben Meeresarme zum Bette dienten, der weiterhin im Thal des heutigen Unteren Hudson seine

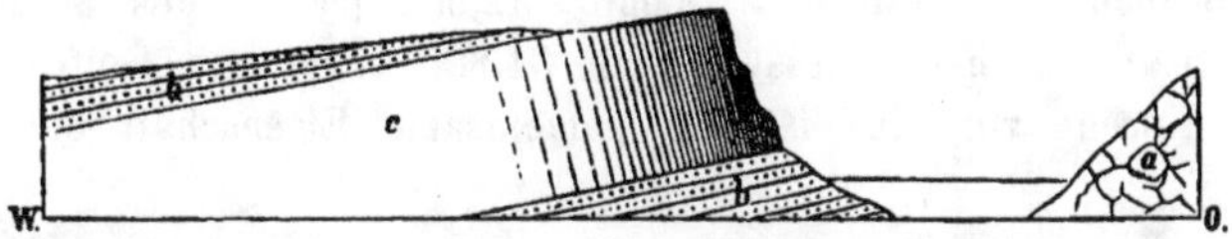

Fig. 9. Durchschnitt des Hudsonthales bei den Pallisaden n. von New York.
a. Syenitischer Gneiss. b. Triassischer Sandstein. c. Deckenförmige Diorit-Einlagerung.

Verbindung mit dem Meere fand. Dieses letztere Thal ist ein *dynamisches Thal* im schärfsten Sinne des Wortes, eine Spalte, die zwischen Urgestein und triassischen Schichten klafft und deren Profil unmittelbar nördlich von New York durch eine Einlagerung von Diorit, die 130 m. hohe, aus Säulen zusammengesetzte, steil abfallende Ufer bildet, noch verschärft wird. Bis etwas über Albany hinauf ist dieses Thal eigentlich mehr eine schmale Fortsetzung des Meeres als ein Flussbette im gewöhnlichen Sinn. Breit und tief, von den Gezeiten 230 Kil. von der Mündung aufwärts, also mehr als $^1/_3$ seiner Gesammtlänge, bewegt, ist in dieser Region der Hudson nicht bloss nach der Wassermischung halb Fluss, halb Meeresarm, sondern er zeigt auch in seinem ganzen Charakter Elemente von beiden seltsam verschmolzen. So ist denn in der That auch seine verkehrsfördernde Wirkung mehr der einer Meeresbucht als eines Flusses zu vergleichen, denn er trägt grosse Schiffe bis nach Troy hinauf, und wo er an seiner Mündung den prächtigen Hafen von New York bildet, zeigt er nichts von Verschlammung und Versandung, die die Mündungen anderer grosser Flüsse fast unzugänglich machen, sondern ist seeartig klar und tief [1]). Die Quellen des Hudson liegen in den Adirondacks und senden in zwei Zweigen ihre Gewässer dem Vereinigungspunkte zu, der 65 Kil. unterhalb der Quellen gelegen ist. Der einzige nennenswerthe Zufluss des oberen Hudson ist der Sacandaga R. Nachdem er nach dessen Aufnahme unter zahlreichen Stromschnellen in den oberen Theil seines nahezu geradlinig nordsüdlich verlaufenden Bettes eingetreten ist, nimmt er den Mohawk R. auf, der am Südabfall der Adirondacks entspringt und sich dem Hudson 270 Kil. oberhalb seiner Mündung verbindet. Er wird von hier an 400, weiter abwärts bis zu 1500 m. breit und in der Gegend der Palissaden verbreitert er sich der Mündung zu bis zu 2 Kil. Sein Fall von Albany bis zur Mündung beträgt 45 m.

In Pennsylvanien fliessen die Gewässer des Ostabhanges der Alleghanies in 3 grösseren Flusssystemen dem Meere zu, nämlich in dem des Delaware-Schuylkill, des Susquehanna-Juniata und des Potomac, denen sich das des Brandywine als ein kleineres sekundäres Becken anreiht. Die des Westabhanges gehen durch den Alleghany, Monongahela und Beaver R. dem Ohio und damit dem Golf von Mexiko zu und nur in einem kleinen Abschnitt durch den Genesee R. zum Eriesee und damit zum nördlichen Atlantischen Ocean. 42,500 □ Kil. des Staates fallen den mittelatlantischen Flusssystemen, 31,600 denen des Golfes, 880 dem des S. Lorenz zu. Es ist die gemeinsame Eigenschaft dieser Fluss-

1) Es wurde übrigens bereits (s. o. S. 142) auf eine Schlammbank hingewiesen, die vor der Hudson-Mündung wie ein versunkenes Delta in der Meerestiefe liegt. Ganz dasselbe findet man nach Dana (El. of Geol. 544) vor der Mündung des Connecticut und diese beiden submarinen Schlammbänke werden auf Senkungen der Küste zurückgeführt. Dieselbe Senkung erklärt den meeresbuchtartigen Charakter der unteren Hälfte des Hudson-Bettes.

systeme, dass die Wasserscheiden, welche sie trennen, durchaus niedrig und durch zahlreiche Pässe miteinander verbunden sind, so dass die vorwiegend gebirgige Beschaffenheit des Staates gerade durch die zahlreichen breiten und flach abfallenden Thäler in Bezug auf den Verkehr so aufgewogen wird; dass selbst zwischen den atlantischen Flusssystemen und dem des Ohio der Verkehr verhältnissmässig leicht bewerkstelligt wird.

Die atlantischen Flüsse dieser Region gehören der mittleren Gruppe an. Der verschiedene Gebirgsbau gibt ihnen einen anderen Ober-, das Küstentiefland, das vom Hudson an sich vorzulagern beginnt, einen anderen Unterlauf, als wir bei den neuengländischen fanden, während die scharfe Absetzung des Gebirges vom Küstentiefland ihnen den gemeinsamen Zug eines scharfen, unvermittelten Hervortretens aus jenem in dieses aufprägt. Stromschnellen, Klusendurchgänge, oft Wasserfälle bezeichnen fast bei jedem einzelnen Fluss der Mittel-Alleghanies den Uebergang vom Gebirge ins Tiefland. Auch dass die starken Gezeiten des Atlantischen Meeres in den Tiefland-Abschnitten dieser Flüsse weit hinaufgehen und tiefe und breite Aestuarien in die Küste schneiden, gehört zu den Charakterzügen dieser Flüsse.

Der nördlichste von ihnen, der Delaware, ist 490 Kil. lang. Er hat seine Quellen auf der Westseite der Catskills, von wo zwei Zweige, der westliche Mohawk oder Cooquago und der östliche Popacton zusammenfliessen, um an der Grenze Pennsylvaniens sich zu vereinigen. In vielgewundenem Laufe durchbricht dann der Delaware die ganze Breite der Allèghanies und durchfliesst u. a. eine sog. Water Gap, eine 3 Kil. lange Schlucht, deren Felswände bis 500 m. aufsteigen. Am unteren Ende dieser Schlucht nimmt er den Lehigh, seinen grössten Nebenfluss, auf, durchbricht noch einige Höhenzüge und bildet zahlreiche Stromschnellen, bis er bei Trenton mit einem Wasserfall und einer scharfen Südwestwendung in das Küstentiefland hinaustritt. Nahe seiner Mündung, schon im Aestuar-Gebiet, empfängt er den Schuylkill. Bis nach Philadelphia, also 65 Kil. oberhalb der Mündung, ist der Delaware für die grössten Schiffe fahrbar. Seine Mündung erweitert sich zu der tiefen Meeresbucht der Delaware-Bai. — Der nächstsüdliche Alleghany-Fluss, Susquehanna R., ist zwar einer der grössten der atlantischen Flüsse der Ver. Staaten überhaupt, denn er hat einen Lauf von 640 Kil., und ein Flussgebiet von 62,000 Q.-Kil., aber er steht an Verkehrsbedeutung dennoch weit hinter dem Hudson und selbst dem Delaware zurück, da die Chesapeake-Bai, in die er mündet, so tief in das Land einschneidet, dass nur ein schmaler Raum zwischen Gebirg und Meer übrig bleibt, der einzige, auf dem der Gebirgsfluss sich zum ruhigen, breiten Strome entfalten kann. Die Gezeiten gehen daher nicht höher als 8 Kil. von der Mündung aufwärts und höher geht auch nicht die grosse Schifffahrt. Die Quellen des Susquehanna liegen weit auseinander; ein östlicher Zweig kommt aus dem westlichen New York, ein westlicher vom Westabfall der pennsylvanischen Alleghanies; nach ihrer Vereinigung fliessen sie südwärts und nehmen den Juniata, der ähnlichen Ursprung und Lauf wie der westliche Quellzweig, nur weiter nach SW. zu hat, auf. Ein Nebenfluss des östlichen Quellzweiges ist der Chemung. — Der Potomac, 880 Kil. lang, entspringt in den Alleghanies von Maryland und Virginien, ist aber über die Hälfte seines Laufes Tieflandstrom, in dem die Gezeiten 475 Kil. weit aufwärts gehen, der bis Washington die grössten Kriegsschiffe trägt und mit 15 Kil. breiter Mündung in die Chesapeake-Bai sich mehr fortsetzt als mündet. Oberhalb Washington wächst sein Gefäll rasch an, zahlreiche Stromschnellen und Engen, unter denen der Pass von Harpers Ferry als eine der grossartigsten Scenen nordamerikanischer Gebirgsnatur hervorzuheben ist, machen ihn zum ächten Gebirgsstrom, dessen Gefäll allein auf der Strecke zwischen der Mündung des Savage R. und Washington 355 m. beträgt. Als bedeutendster Zufluss des Potomac ist der 480 Kil. lange Shenandoah zu nennen, der von S. her, dem Westabfall der virginischen Blue Ridge entlang, ihm zufliesst. — Weiter südlich münden in den unteren Abschnitt der Chesapeak-Bai Rapahannok und York R., deren Quellen in der Blue Ridge von Virginia, aber am Ostabhange liegen. Sie eröffnen die Reihe der Küstenflüsse der Südstaaten, die, mit Ausnahme des nächstfolgenden James R., nicht mehr aus dem Innern des Gebirges, sondern von seinem nächsten Rande kommen. Der Rappahannok ist 210 Kil. lang, wovon 170 schiffbar sind, der York R. hat zum nördlichen Quellarm den Mattapony, zum südlichen den Pammunkee, der in den äussersten Vorbergen der Alleghanies seinen Ursprung hat. In dem grössten virginischen Fluss, dem James R. haben wir den letzten Vertreter des Typus der mittleren Alleghany-Flüsse, die ihre Quellen im Inneren des Gebirges haben und erst nach Durchbrechung einer Reihe von Bergketten in das Tiefland hinaustreten. Seine Quellflüsse sind Jackson und Cowpasture und 350 Kil. von der Mündung an ist er schiffbar. Einzig nennenswerth von seinen unteren Nebenflüssen ist der Appomattox, der in sein Aestuar mündet.

Von hier an sind es die südlichen Zuflüsse des Ohio, die das Innere des Alleghany-Gebirges durchströmen und den atlantischen Tieflandflüssen nur den Ostabfall übrig lassen. Die letzteren gehören daher nur noch in ihrem äussersten Quellgebiet dem Gebirge an und sind im Ganzen einfach als Küstenflüsse zu bezeichnen. Der Roanoke entsteht aus dem Zusammenfluss des Staunton und Dan an der Südgrenze Virginiens, durchfliesst Nordcarolina und mündet in den Albemarle-Sund. Selbständig mündet in dieselbe Bucht von Norden her nach kurzem Lauf der Chowan, der aus dem Zusammenfluss des Meherrin und

Nottaway entsteht. Pamlico R. nennt man das Aestuar des Tar R., der den Fishing Creek aufnimmt und in den Pamlico-Sund mündet. In denselben Sund ergiesst sich der Neuse R. Zwei kleinere von N. kommende Flüsse der Küstensümpfe Nordcarolina's vereinigen sich mit dem Cape Fear R., der ihnen bei der Mündung seinen Namen gibt, wo sie zusammen die Bucht von Wilmington bilden. Der Great Pedee entsteht weiter südlich aus Yadkin und Rock R. und mündet in die Winyah-Bai (Südcarolina), nachdem er noch den Little Pedee und Lynches Creek aufgenommen. Der nächstsüdlich mündende Black R. ist ein kleinerer Küstenfluss. Nach ihm folgt Santee R., der aus der Vereinigung des Congaree und Wateree oder Catowba entsteht. Congaree entsteht seinerseits aus der Vereinigung des Broad R. und Saluda. — Die unbedeutenden Küstenflüsse Cooper und Ashley bilden durch ihre gemeinsame Mündung den Hafen von Charleston. Der Edisto erzeugt südlich davon durch gabelige Mündung die gleichnamige Kösteninsel und zahlreiche Bäche, die nicht einmal den Namen Küstenflüsse verdienen, bilden von hier bis zur Grenze von Florida breite Mündungsbuchten, die die Küste in mehrere hintereinander liegende Inselreihen zerfällen und eine breite Zone von weder dem Lande noch dem Wasser, weder dem Fluss noch dem Meere angehörigen Marschen, Buchten und Canälen bilden. Der Savannah (480 Kil., 25,000 Q.-Kil. Flussgebiet) einer der grössten atlantischen Küstenflüsse, der am Südende der Alleghanies mit den zwei Quellarmen Kiowee und Tugalo entspringt, der Altamaha, aus dem Zusammenfluss des Oconee und Ocmulgee entstehend, Santilla und St. Mary's R., der den Abfluss des grossen Okefinokee-Sumpfes darstellt, münden in dieses marschige Küstenland. Alle vier sind den grösseren Theil ihres Laufes für Dampfboote schiffbar, aber St. Mary's R. ist wegen des vortrefflichen Hafens, den seine Mündung bildet, besonders hervorzuheben.

Einige Flüsse des Golfgebietes haben gleich den letztgenannten ihren Ursprung im Südende der Alleghanies, von dem sie jedoch nicht in östlicher wie jene, sondern in südlicher Richtung abfliessen. Auch in anderen Eigenschaften reihen sie sich ihnen an, da sie gleich ihnen durch Tiefland in ein flachufriges Meer gehen. Nur die grössere Breite des Tieflandstreifens an der Golfküste und das in Folge dessen minder gleichmässige Gefäll bedingt zum Unterschied von jenen längeren Lauf und breitere Entfaltung. Der östlichste von ihnen, Appalachicola, entsteht aus dem Flint R., der am Ost- und dem Chatahochee, der am Westabhang der Blue Ridge entspringt. Trotz des Wasserreichthums, den er aus einem Gebiet von gegen 40,000 □Kil. zieht, ist er doch nur verhältnissmässig wenig schiffbar. Nur bis zur Vereinigung der beiden Arme, also nicht über 160 Kil. von der Mündung aufwärts können kleinere

Schiffe ohne Schwierigkeit gelangen. Die nächstwestlichen Choctanatchie und Yellow R. sind kleine Küstenflüsse mit grossen Aestuarien, ebenso die verschiedenen Küstenflüsse, die östlich vom Appalachicola in den Golf münden, wie Oklokonee und Ocilla. Escambia ist ein grösserer Fluss dieser Art, der mit seiner Mündung den ausgezeichneten Hafen Pensacola bildet. Der grösste aber von diesen Golfflüssen ist der Doppelfluss des Alabama und Tombigbee (1040 Kil., 82,000 Q.-Kil.), die zusammen, nachdem sie durch mehrere Querarme sich verbunden, als Mobile R. in die Mobile-Bai münden. Dieser Mobile R. ist indessen nur ein Gewirr von verschiedenen, unter sich verflochtenen Mündungsarmen, deren westlichen man Mobile, und deren östlichen man Tensaw R. nennt. Ein vollständiger Zusammenfluss findet nicht statt. Der Alabama entsteht aus Coosa und Talapoosa, die beide vom Westabhang der Blue Ridge kommen, und nach ihrer Vereinigung fliesst ihnen der aus derselben Quelle kommende Cahawba zu. Tombigbee entsteht weiter westlich aus einem gleichnamigen Quellarm und dem Black Warrior, die in den südlichen Ausläufern der Cumberland Mts. ihren Ursprung nehmen. Die Schiffbarkeit reicht auf dem Alabama bis nach Montgomery Al., auf dem Tombigbee bis Columbus Miss. Weiter westlich folgt als grösserer Küstenfluss der Pascagoula, der den Chiekasawha aufnimmt, und ein weiterer grösserer Küstenfluss, der Pearl R., mündet bereits in das Deltagebiet des Mississippi.

Ein eigenartig selbständiges System von fliessenden Gewässern bilden die **Flüsse von Florida.** Keiner ist durch Grösse ausgezeichnet, aber die besondere Stellung, die sie unter den Flüssen Nordamerika's einnehmen, verleiht ihnen ein Interesse, das erdgeschichtlichen Werth hat und nicht von Grösse oder Wassermasse abhängt. Es genügt, auf das oben (S. 137 ff.) von der Bodengestalt Florida's Gesagte hinzuweisen, um eigenthümlich geartete Bewässerungsverhältnisse in dieser Halbinsel voraussehen zu lassen. So wie es keine Halbinsel von ähnlicher Bodengestaltung gibt, so gibt es auch keine von ähnlichen hydrographischen Verhältnissen. Die Richtung ihrer Flussläufe ist ebenso merkwürdig wie ihre Beschaffenheit, die Art, wie sie untereinander und mit den zahlreichen Seen verbunden sind, ist höchst eigenthümlich und nicht weniger ist es die Geartetheit der letzteren, welche uns alle nur denkbaren Uebergänge zwischen nasser Tiefland-Prärie, Tümpel, See, Lagune und Fluss in den verschiedensten Verbindungen vor Augen bringt. Die ganze Halbinsel, kann man sagen, vorzüglich aber ihre

Südhälfte ist grossentheils noch kein eigentlich festes Land, sondern ein Mittelding zwischen Land und Wasser.

Die eigentliche Halbinsel Florida kann in ihrer nördlichen Hälfte bei aller anscheinenden Einförmigkeit als aus zwei sehr verschiedenen Theilen zusammengesetzt angesehen werden: Einem von der Golfküste allmählich bis zu 72 m. ansteigenden und nach O. ebenso allmählich abfallenden flachen Höhenrücken und einem Flachland, das im O. vorgelagert ist und mit einer sehr flachen, einförmigen Dünenküste sich ins Atlantische Meer senkt. Zwischen beiden fliesst der St. Johns R. (720 Kil., 66,000 Q.-Kil.), der wie ein langgestreckter See die fast ausschliesslich aus S. und W. kommenden Zuflüsse aufnimmt und in seinem flachen und breiten Bette bei unmerklichem Gefäll zum Meere führt. Sein Quellgebiet liegt wenig südlich vom 29. Breitegrad, wo Lake Monroe und Lake Apopka die äussersten Sammelbecken darstellen, welche von zahlreichen trägen Sumpfbächen und von noch viel mehr Zuflüssen gespeist werden, die ohne deutliche Betten aus den weiten, hier schon zu den Everglades überleitenden Sümpfen in diesen Seen zusammenlaufen. Der Abfluss des L. Monroe geht zum L. George, an dessen Ausmündung man gewöhnlich den eigentlichen S. Johns R. beginnen lässt. Oklawaha R. mündet in diesen unterhalb der Ausmündung und führt ihm ausser den Wassern des L. Apopka auch die des Orange L. zu. Weiter abwärts mündet von der rechten Seite noch der Abfluss des Dun's L., welcher ausser dem in das Mündungsbecken mündenden Pablo Creek der einzige rechtsseitige Zufluss von Bedeutung ist. Von der linken Seite mündet in der Nähe des 30. Breitegrades Black Creek, dessen Quellen nahe bei denen des Suwannee R. auf dem Höhenrücken von Mittelflorida liegen. Die seeartige Breite von durchschnittlich 4 Kil., welche der Fluss bereits wenig unterhalb Dun's Lake erreicht, und mit Ausnahme einiger unbedeutender Einschnürungen bis nahe an die Mündung bewahrt, zeigt genügend an, dass diese Zuflüsse ihm keine sehr bedeutenden Wassermassen zuführen, sondern dass es in erster Reihe die Seen und Sümpfe seines Quellgebiets sind, aus denen er seinen Wasserreichthum bezieht.

Das tiefste Wasser in der Mündung des St. John ist 28 m., aber diese Tiefe findet sich nur in einem schmalen Canal, der von zahlreichen Bänken durchsetzt wird, über denen nur 2—2,5 m. Wasser steht. Schiffbar ist er bis an das südliche Ende des L. George für Schiffe bis zu 2,5 m. Tiefgang, für kleinere bis in sein Quellgebiet. Ob der St. Johns R. 380 Kil. oberhalb seiner Mündung wirklich nur $3^1/_2$ e. F. über dem Meere liegt, wie man angibt, muss der Bestätigung durch genaue Messungen vorbehalten bleiben, aber sicherlich ist sein Gefäll ein ganz ausserordentlich geringes.

Der bedeutendste Fluss auf der Westhälfte der Halbinsel, der höheren Hälfte, ist der Suwannee, der den Westabfall des nordfloridanischen Höhenrückens in vorwiegend südlicher Richtung hinabfliesst. Er empfängt nördlich Zuflüsse aus Südgeorgia und östlich aus dem mittleren Florida. Alapaha ist unter den ersteren, Santa Fé R. unter den letzteren der nennenswertheste. Amixum (oder Withlocoochy), Hillsboro, der in die Tampa-Bai, Pease Creek, der in Charlotte Harbour mündet, sind weitere westfloridanische Flüsse, deren Quellen in den höheren Theilen des Inneren von Mittelflorida liegen.

Einen ganz anderen Typus von fliessenden Gewässern, Mitteldinge zwischen Sümpfen, Seen und Flüssen findet man südlich vom Pease Creek und dieser bildet bereits einen Uebergang zu denselben, denn sein Quellgebiet ist voll von Seen und seenartigen Sümpfen und nur das stärkere Gefäll seines Unterlaufes prägt ihm unzweifelhaften Flusscharakter auf. Der nächstsüdliche Fluss der Westküste, Caloosahatchee R., ist ein Ausfluss des Okeechobee-See's, nimmt aber seine Wasser nicht unmittelbar in einem einzigen breiten Canal auf, wie andere See-Abflüsse, sondern erhält sie aus den Sümpfen, die den See im W. und S. umgeben und während der regenreichen Zeit des Jahres regelmässig von ihm überschwemmt werden. Zahlreiche Abflüsse dieser Sümpfe und besonders der der Westküste zunächst gelegenen, mit Taxodien bewachsenen, welche als Big Cypress zusammengefasst werden, münden in den südlichsten Theil der Westküste, deren Rand sie hier in das Eilandgewirr der *Thousand Islands* zerschneiden. Es sind seichte, schilfreiche Canäle, die gewöhnlich von der Küste aus in lagunenartiger Breite ein Paar Dutzend Kilometer ins Innere zu verfolgen sind, dann aber allmählich seichter werden und durch immer stärkeres Ueberwiegen ihrer Schilf- und Binsenvegetation ohne bestimmte Grenze in die grossen Sümpfe übergehen, deren Wasserüberschuss sie abführen. Die Taxodien, welche gern in seichtem Wasser wachsen, machen diesen Uebergang noch unmerklicher. Aehnliche Abflüsse zeigen die Mangrove-Sümpfe der Südküste. An der Ostküste reichen im südlichsten Theil die Sümpfe (hier *Everglades* genannt) bis an den Rand des Meeres, so dass es hier ausser Chi's Cut, der in den südlichen Theil der Key Biscayne-Bai mündet, keinen grösseren Abfluss gibt, und nördlich vom 26. Breitegrad nehmen sie zwar gleichfalls einen lagunenhaften Charakter, ähnlich denen der Südwestküste an, aber die Lagunen werden hier zu parallel mit der Küstenrichtung laufenden Haffen, die durch schmale Sandnehrungen vom offenen Meere getrennt sind. Ein Damm flacher Sandhügel, der ganz wie aus alten Nehrungen zusammengeschoben erscheint, schiebt sich zwischen die Küstenlagunen und die Sümpfe des Inneren ein und verhindert die Drainirung der letzteren nach der Ostküste hin, so dass für den weitaus grössten Theil der *Everglades* ein Abfluss nach W und S. hin, theils unmittelbar, theils durch Vermittelung des Okeechobee-Sees anzunehmen ist. Der Miami ist einer der Abflüsse des Everglade-Sumpfes, ein Fluss, der einen Weg durch die halbmondförmige Kalksteinmauer gebrochen hat, die diesen Sumpf umrandet. Der Miami tritt aus den Everglades mit einem kleinen Fall. Der Kalksteinwall, welcher die Everglades umgibt, ist hier 6—8 m. hoch, während die letzteren nur $1^1/_2$—$2^1/_2$ m. über Meereshöhe liegen sollen. Den Everglades fliesst auch ein grosser Theil des nördlich von hier zur Erde kommenden Wassers zu und zwar hauptsächlich durch den Binnenfluss Kissimee R., der aus dem Sammelbecken des gleichnamigen Sees den Abfluss des zwischen 27 und 28° N. B. und östlich vom Pease Creek gelegenen Theiles von Florida zuführt. Weiter hinauf sind an der Ostküste nur noch Lagunen von der eben beschriebenen Lage und Beschaffenheit, die in seltenen Fällen (und wahrscheinlich nie für die Dauer) seeartig abgeschlossen sind, wie Lake Worth, oder Auslässe haben, und zwar meist mehrere, wie Jndian R. und Halifax R.

Das Stromsystem des S. Lorenz nimmt, mit dem Aestuar bis zur Insel Anticosti gemessen, einen Flächenraum von 1,378,000 □Kil. (25,000 d. □M.) ein. Der Gestalt und Lage nach ist es ein unregelmässiges nach SW. gerichtetes Parallelogramm von ca. 1500 Kil. Länge und 400 Kil. mittlerer Breite. Von dem Flächeninhalt entfallen 358,000 □Kil. auf die Grossen Seen und den Mündungsgolf, während 1,020,000 □Kil. die Oberfläche des von dem Strom und seinen Nebenflüssen drainirten Gebietes beträgt. In das Gebiet der Vereinigten Staaten fallen von diesem letzteren 180,000 □M., ferner die Halbscheid der Grossen Seen, die von der politischen Grenzlinie halbirt werden. Dieser zu den Vereinigten Staaten gehörige Theil des S. Lorenz-Stromgebietes liegt mit Ausnahme eines kleinen Abschnittes am Westende des Oberen Sees ganz auf der Südseite des S. Lorenz-Thales. Selbstverständlich halbiren wir hier dieses in seiner Gesammtheit für die Vereinigten Staaten so wichtige Stromsystem nicht nach politischen Rücksichten, sondern betrachten es als ein Ganzes. Wir theilen es nur insofern, als wir die grossen Seen, welche dasselbe aneinanderreiht und welche, wenn auch vom oberen Theile des S. Lorenz durchflossen, doch weit aus dem Rahmen des Stromsystemes heraustreten, als selbständiges geographisches Gebilde auffassen.

Als Quelle des S. Lorenz nennt man die des längsten Zuflusses des Oberen Sees, des S. Louis R. (S. Lewis), welche unter 48° 30′ N. B. und ungefähr 93° W. L. gelegen ist. Wenn man indessen die grossen Seen als ein fast selbständiges System von Wasserbecken ohne Rücksicht darauf betrachtet, dass es das Wasser des Stromes ist, den man von ihrer Ausmündung an S. Lorenz nennt, welches sie erfüllt, so liegt der Anfang des S. Lorenz an dem Punkte, wo der Ontario-See sich an seinem NO.-Ende zu flussartiger Schmalheit zusammenzieht. Wenn auch stellenweise Erweiterungen unterhalb dieses Punktes nicht fehlen, so ist die Wassermasse doch von hier an in engere Schranken gezwängt und verliert selbst für den Anschein nie mehr den ersten und eigentlichen Charakterzug des Stromes, das Fliessen. Die Richtung des Stromes ist von hier an entschieden nordöstlich und entspricht damit der Richtung der Nord-Alleghanies, an deren Westabfall hier der Lorenz-Strom eine ähnliche Senkung ausfüllt, wie der Ohio es weiter südlich, nur in entgegengesetzter Richtung fliessend, thut. Der Ontario-See liegt in derselben Einsenkung, während beim Niagara die mittelsilurische Stufe eine unverkennbare Grenze zwischen dem oberen, der eigentlichen Seeregion angehörigen und dem unteren oder Stromabschnitt des S. Lorenz-Systemes zieht (s. u. S. 237 über die Oberflächengestalt der Seeregion). Der Nordrand dieser Senkung, der die Wasserscheide zwischen Zuflüssen des S. Lorenz und den Hudsonsbai-Flüssen bildet, ist die Fortsetzung desselben Landrückens, der das nördliche Ufer des Oberen See's bildet und von da ostwärts ziehend die Landhöhen des Inneren mit dem Hochland von Labrador verbindet. Den Südrand bildet in seiner ganzen Erstreckung der nordwestliche Abhang des Alleghany-Systems (s. o. S. 54, 59). Zwischen den beiden Hochländern fliesst der S. Lorenz wie in einem weiten Thal, aber, wie auch in der Seeregion, näher der rechten (s.) als der linken (n.) Seite desselben.

Die Grenze der Vereinigten Staaten erreicht den Fluss selbst nur auf der nicht langen Strecke zwischen seinem Austritt aus dem Ontario-See und dem 45. Breitegrad; abwärts von hier verharrt sie vorwiegend am Thalrand, d. h. auf der Wasserscheide. Diese Wasserscheide ragt nur in der Region des grössten Zuflusses, den der S. Lorenz von der rechten Seite erhält, des Richelieu R. zwischen Adirondacks und Green Mts., tiefer nach S. hinab. In der südlichen Verlängerung derselben fliesst der Hudson R. und für den Verkehr ist dieses Thal, das sich nicht über 600 m. erhebt, nicht ohne Bedeutung, wie denn seine Zugehörigkeit zu dem *Grossen Thal der Alleghanies* (s. o. S. 50) ihm eine hervorragende Stellung unter den orographisch bedeutsamen Abschnitten Nordamerika's anweist. Die einzigen grösseren Zuflüsse, die der S. Lorenz von S. und O. her empfängt, Richelieu und Francis R., gehören dieser Einsenkung an.

Im Gegensatz zu diesen, den gebirgigeu Charakter ihrer Ursprungsgebiete durch verhältnissmässig kurzen und ungehemmten Lauf bezeugenden Zuflüssen sind die von der linken Seite kommenden die Abflüsse eines seereichen flachen Hochlandes, auf welchem die Gewässer breit und unter mancherlei Hemmungen sich bewegen. Die Aehnlichkeit dieses Gebietes mit der Seeregion westlich und nördlich vom Oberen See ist eine hervortretende; aber die unfertige Stromentwicklung erstreckt sich hier noch tiefer in die Flussgebiete hinab als in jenem gefällreicheren Gebiete. Ottawa, S. Maurice und Saguenay R., die grössten Zuflüsse dieser Seite, sind durch den Seereichthum ihres Gebietes, die seeartigen Erweiterungen, zu denen sie selber anschwellen, die Verbindungen, welche innerhalb der Flusssysteme stattfinden, die grossen Weitläufigkeiten ihres Laufes bis zur Mündung hinab ausgezeichnet. An diesem Charakter nimmt der S. Lorenz in seinem felsigen, vom Plateau-Charakter noch nicht ganz befreiten Bette selber Theil. S. Francis-, St. Louis- und St. Peter-See sind ebenso viele seeartige Erweiterungen im Bette des Stromes, der trotz des hohen geologischen Alters, das ihm wahrscheinlich zukommt, einen durch vielbehinderte Strömung bezeichneten unvollkommeneren oder jugendlicheren Zustand eines Stromes noch nicht überwunden hat.

Ueber die Zuflüsse der grossen Seen siehe unten S. 236 den Abschnitt, der von den letzteren handelt.

Der **Red R. of the North**, der als der einzige zum Gebiet der Hudsons-Bai gehörige Fluss Nord-Amerika's eine Sonderstellung unter allen anderen fliessenden Gewässern unseres Gebietes einnimmt, findet insofern am passendsten seine Stelle bei den Flüssen der Seeregion, als er gleichfalls einer Seeregion angehört, die in Lagerung, Richtung, Bau der einzelnen Seen und Flüsse ihre Aehnlichkeit mit der Region der Grossen Seen nicht verkennen lässt und als eine Fortsetzung derselben erscheint.

Als Quelle des Red R. of the North wird herkömmlich Lake Travers[1]), der Quellsee desjenigen Armes genannt, der auch als

1) Der Name soll andeuten, dass der See nahezu quer zu der Richtung liegt, in der Big Stone und Qui Parle Lake sich erstrecken. W. H. Keating, Exp. to Peters R. II. 6.

Swan R. von dem aus NO. kommenden längeren Zufluss Ottertail R. unterschieden wird. Er liegt in 203 m. Meereshöhe, ist 24 Kil. lang, aber kaum mehr als 2 Kil. an irgend einem Punkte breit. Er liegt mehr als 30 m. unter den Prärien, die ihn umgeben, und vom Bigstone L., der dem Minnesota oder Peters R. Ursprung gibt, trennt ihn nur eine schmale Landenge, welche häufigen Ueberschwemmungen ausgesetzt ist. Denjenigen Theil, aus welchem Swan R. ausfliesst, den nördlichen, nennt man auch Buffalo Lake. Bis zum Zusammenfluss mit dem Ottertail R. ist Swan R. ein seichter Fluss, der sogar stellenweise in den trockenen Monaten wasserlos ist. Ottertail Lake, in dem der östliche, viel längere Quellarm des Red R. of the North seinen Ursprung nimmt, ist einer der seichten, mit erratischen Blöcken erfüllten Seen, die für diese Driftregion so charakteristisch sind. 1 Kil vom Ufer ist er kaum 1 m. tief, seine Länge beträgt 18, seine Breite 6 Kil. Der Ottertail R. verlässt ihn an seinem südwestlichen Ende, wo die Prärie 10—12 m. über dem Seespiegel liegt. In den ersten 30 Kil. seines Laufes ist der Fluss ausserordentlich gewunden und reich an Seen, die er, wie zu einem Maschenwerk, durch seinen vielgewundenen Lauf verbindet. Er tritt bei 290 m. Meereshöhe mit dem Swan R. zusammen. Der Red R. steigt dann durch eine Kette von Stromschnellen erst in südlicher, dann westlicher, dann südöstlicher Richtung auf ein tieferes Niveau herab. Wenig unterhalb dieser Stromschnellen hört die Bewaldung der Ufer auf und der Fluss fliesst nun in Prärie-Ufern, die bei mittlerem Wasserstand durchschnittlich 10 — 15 m. hoch sind. Nur in der Nähe der Einmündung des Ottertail R. und der Nordbiegung des Flusses sind dieselben niedriger und überragen beim sommerlichen Hochwasser noch nicht um 1 m. den Wasserspiegel. Da von hier nordwärts die Neigung des Strombettes ebensosehr auf Aushöhlung durch den Fluss als auf dem natürlichen Abfall des Landes nach N. zu beruht, wachsen die Ufer an Höhe und messen unter 46° 40′ wiederum 9 m. Das Gefäll des Stromes ist zwischen der Südbiegung und Pembina 0,66 m. per Kil., die Entfernung von Ottertail L. bis Pembina 790 Kil. Pembina liegt bei 226 m. Ueber 46° N. B. hinaus reichen die Prärie-Ufer, die waldlos sind. Erst bei 46° 23′ setzt wieder ein Waldstreif ein, der von hier an den Fluss bis hinab nach Pembina auf beiden Seiten begleitet. In derselben Breite beginnt die Klarheit, welche der Fluss bewahrte, einer Trübung Platz zu machen, die von den Thonschichten stammt, welche 450 Kil. von hier an sein Bette bilden [1]). Die Zuflüsse des Red R. sind von geringer Grösse. Auf der westlichen Seite

1) Diese Thonschichten geben ihm indessen nur eine milchige Trübung, während das Braunroth, das dem Flusse den Namen verleiht, von dem von rechts her in der Gegend des 48. Breitegrades einmündenden Zufluss Red Fork gebracht wird, aus dem der Red L. kommt.

ist der grösste Shayenne R. (Abfluss des Devils Lake) der an der Mündung 20 m. breit ist; weiter nördlich folgt Pembina R., der aus dem L. Mc. Intosh kommt; von der östlichen Seite kommt Red Fork oder Red Lake R., der der grösste aller Zuflüsse ist, die Red R. innerhalb der Grenzen der Vereinigten Staaten empfängt. Er ist an der Mündung 30 m. breit. Jenseits der Grenze mündet der grösste Zufluss, der Assiniboine R., dessen südlicher Nebenfluss Souris oder Mouse R. mit einer tiefen Schlinge in das Gebiet der Vereinigten Staaten herüberreicht.

Die **Flüsse von Texas** unterscheiden sich von den Golfzuflüssen der Vereinigten Staaten westlich vom Mississippi durch Merkmale, welche ihnen theils die Eigenthümlichkeiten der Bodengestalt, theils die des Klima's ihres Gebietes aufprägen. Was oben (S. 128) über die Oberflächengestaltung von Texas gesagt wurde, lässt voraussehen, dass die Flüsse dieses südwestlichsten Abschnittes der Vereinigten Staaten eine theils östliche, theils südliche Richtung einschlagen und im Ganzen und Grossen ohne sehr bedeutende Hindernisse ihren Weg nach dem Meere verfolgen werden. Wir wissen, dass Texas das Gebiet ist, in welchem der im N. vorwaltend westliche Abfall von den Cordilleren gegen den Mississippi zu allmählich südlich wird. Der Red R. des Südens, der, wenn auch in den Mississippi fliessend, doch ein halb texanischer Fuss ist, zeigt in seinem westlichen Ober- und seinem südlichen Unterlauf deutlich diesen Wechsel und auch die eigentlich texanischen Flüsse lassen denselben da erkennen, wo sie weit genug nach N. hinaufreichen, wie man deutlich am Brazos R. sieht. Die kleineren und dann auch der halbmexikanische Rio Grande sind davon ausgenommen, aber eine allgemeine Richtung nach SO. hin, die im Unterlauf immer südlicher wird, ist auch ihnen eigen. Es ist ferner für sie alle bezeichnend, dass ihr oberer Lauf in trockeneren Gegenden liegt als ihr unterer und dass dieser in eine lagunenreiche Tieflandregion fällt. Der letztere Umstand lässt sie alle im unteren Laufe schiffbar werden. Mit Ausnahme des Rio Grande durchfliesst keiner von ihnen eigentliche Gebirge, was ihnen allen eine bemerkenswerthe Gleichmässigkeit des Laufes gibt, die am häufigsten nur im Mündungsgebiet durch überreiche Regengüsse unterbrochen wird; aber die Thatsache, dass ihre obersten Quellgebiete in leicht zerfallenden Schichten der Kreideformation liegen, macht sie ungemein schlammreich und aus derselben grossentheils dürren Region empfangen sie, auch darin den ächten Steppenflüssen des Missouri-Gebietes vergleichbar, salzgeschwängerte Zuflüsse. Intermittirende Flüsse (Fiumaren oder Arroyos) sind unter ihren obersten Zuflüssen nicht selten [1]). Dem

1) Die Fiumaren werden hier *Arroyos* (span. Wort für Bach) genannt. Wie ihre Beschaffenheit gleicht auch ihre Entstehung der der Fiumaren Süd-Europa's.

entsprechend sind auch plötzliche Anschwellungen etwas Gewöhnliches und dieselben sind für die Communicationen ein grosses Hinderniss und für den Unvorsichtigen nicht ohne Gefahr. Fuhrleute, welche auf dem Thalboden eines Gewässers dieser Art ihr Nachtlager aufgeschlagen, sind schon oftmals sammt Wagen und Vieh von der unerwarteten Flut mit weggeschwemmt worden. Das permanente Wasser der Flüsse dieser Gegend ist ein klares Quellwasser, dessen Quantität durch atmosphärische Niederschläge wenig Einfluss erleidet. Aber die Flussbetten sind zugleich der Abflusscanal für ausgedehnte Prärieflächen und Hügellandschaften, welche bei trockenem Wetter ganz wasserlos sind, bei heftigen Güssen aber eine sehr grosse Regenmenge empfangen. Von dieser dringt in den glatten und harten Boden nur wenig ein und die ganze Wassermasse, welche von einem Raume von oft mehr als hundert Quadratmeilen abläuft, drängt sich in einem tiefen und engen Flussbett zusammen und füllt zuweilen mit einer Schnelligkeit, die keine Rettung zulässt, dasselbe 6, 10 und mehr m. an. Man hat einen Masstab für die Höhe und Wildheit, welche diese Flüsse erreichen können, an dem Treibholz, das z. B. Fröbel in den Gipfeln hoher Bäume am Devils R. und am Guadalupe (Texas) hängen sah[1]).

Der grösste von ihnen ist der **Rio Grande del Norte**, Rio Bravo oder Rio del Norte, der überhaupt der grösste der Flüsse des Südwestens ist, doch allerdings seiner Lage nach nur theilweise in das Gebiet der Vereinigten Staaten gehört, insofern er im unteren und einem Theile des mittleren Laufes Grenzfluss gegen Mexiko ist, dem auch ein beträchtlicher Abschnitt seines Flussgebietes angehört. Seine Länge wird auf 2800 Kil., die Ausdehnung seines Stromgebietes auf 620,000 □Kil. (11,300 □M.) angegeben. Indem er fast auf seiner ganzen Länge zwischen den östlichen, bald gebirgs-, bald hochebenenhaften Ausläufern der nordamerikanischen Cordilleren fliesst, ist er vorwiegend Gebirgs- und Hochebenenfluss, aber es ist im Vergleich zu den beiden anderen Strömen des W., denen man dieselbe Eigenschaft zuerkennt, für ihn bezeichnend, dass er meist in der Richtung der Gebirgs- und Hügelketten fliesst, die von dem breiten Becken des San Juan-Parkes an, in den seine Quellbäche herabsteigen, bis zur Sierra de los Organos, ihn wie die Ränder natürlicher Thalbecken begleiten. Erst von der Sierra Blanca an legen sich auch in seinen Weg Gebirgsketten, die er in

Sie sind eine natürliche Folge der sehr ungleichen Vertheilung des Regens über das Jahr; die Sündfluten, die oft nach mehrmonatlicher Dürre das Land überschwemmen, graben in kurzer Zeit tiefe und breite Betten, die sie stellenweis mit sehr grossen Geröllmassen erfüllen und in welchen selten länger als einige Monate sich etwas mehr als Tümpel halten.

1) Fröbel, Aus America. II. 324.

tiefen Cañons durchbricht; darauf tritt er nach Aufnahme seines grössten Nebenflusses, des Pecos, in das texanische Hügel- und Tiefland ein, in welchem er in derselben Richtung wie alle anderen texanischen Flüsse dem Meere zufliesst.

Die Quellen des Rio Grande liegen unter 37 — 38° N. B. im Gebiet des Staates Colorado, in jenem südlichen Theile des Felsengebirges, welcher als Sierra la Plata sich von den Elk Mts. südwärts erstreckt. Die Quellen des Arkansas und des Grand R. (Colorado) liegen ganz in der Nähe und sind nur durch einfache Gebirgsketten von ihnen geschieden. Nach Durchbrechung der S. Juan-Kette tritt der junge Fluss in das weite Thal des San Luis-Parkes ein, in welchem er sich südwärts wendet, um seinen Weg durch das grosse natürliche Thal zu nehmen, welches von den parallelen Bergzügen des südlichsten Felsengebirges und dessen Ausläufern im östlichen Neu-Mexico gebildet wird. Er fliesst im S. Luis-Park bei 2300 m. und fällt mit dem Südabfall der Hochebene bis Peña Blanca (nahe bei der Einmündung des Galisteo) auf 1,610, bis Jsleta auf 1500, bis El Paso auf 1150 m. Sein Gefäll ist auf dieser ganzen Strecke so bedeutend, wie man es von einem dem hochgelegenen Quellgebiet eben entflossenen und im Gebirge fortfliessenden Gewässer erwartet. Zwischen Peña Blanca und Jsleta beträgt das Gefäll 1,2 m. per Kil. Bei El Paso trägt der Fluss schon durchaus den Charakter eines Hochebenenflusses. Wenig Zuflüsse und rasch wachsende und sinkende Wassermengen bei vorwaltender Wasserarmuth, welche es sogar zeitweilig ermöglicht, Tagreisen im trockenen Bett des Flusses zu machen, sind bezeichnend für seinen Lauf in dieser Region. Unter seinen Zuflüssen sind innerhalb derselben nur R. Puerco, der aus dem Innern Neu-Mexiko's, also von W. herankommt und vielleicht die kleineren weiter oben mündenden R. Chamas und Galisteo, jener von der rechten, dieser von der linken Seite zu nennen. Bemerkenswerth ist innerhalb der allgemeinen Armuth an Zuflüssen, welche diesem Abschnitt eigen ist, noch die besondere Armuth an denselben, welche die Ostseite vor der Westseite auszeichnet. — Von El Paso an nimmt der Rio Grande eine vorwiegend südöstliche Richtung, welche ihn auf einem von dem Streichen der Cordilleren und Cordilleren-Ausläufer im Allgemeinen bestimmten Wege nach dem nordwestlichen Winkel des Golfes von Mexiko hinabführt, allwo er als mexikanisch-amerikanischer Grenzfluss zwischen Matamoras und Brownsville unter 25° 56′ N. B. sich ergiesst. Die Mündung ist wie bei allen texanischen Flüssen eine seichte und geht erst durch die Vermittelung von Marschen und Lagunen ins Meer. Hinter seiner Mündungsbarre ist der Fluss nicht über 400 m. breit und wird von flachen Sandufern eingefasst, hinter deren dünenartigen Hügeln zahlreiche Lagunen und Salzmarschen liegen. Ein schmaler Arm zweigt bei San Martino ab, um einen selbständigen Weg durch die Laguna Madre nach dem Meer zu finden. Von hier bis Brownsville und Matamoras ist der Lauf des Flusses so viel und eng gewunden, dass die Schlingen seiner Windungen sich stellenweise nahezu berühren. Die unteren 370 Kil. seines Laufes sind in gerader Linie nicht mehr als 120 Kil. lang. Erst oberhalb dieser beiden Grenzstädte, die (dem Laufe des Flusses nach) 75 Kil. von der Mündung gelegen sind, werden die Ufer des Rio Grande ganz flaches Anschwemmungsland, wie am Unteren Mississippi, und etwa 150 Kil. von da flussaufwärts erstreckt sich in der Thalniederung einer der fruchtbarsten Striche Nord-Amerika's.

Verfolgt man den Rio Grande etwas näher von seiner Mündung aufwärts, so ist es zuerst bei der Mündung des S. Pedro, dass die Ufer gebirgigen Charakter annehmen und diesen behalten sie dann, wenn auch die eigentlichen Gebirgsketten nur stellenweise unmittelbar an den Strom herantreten, bis in die höchsten Theile des Quellgebietes. Oberhalb der Salado-Mündung wird das Bette des Rio Grande felsiger und der Fall des Stromes rascher. Stromschnellen treten hier zuerst auf und eine von ihnen, Las Islitas, welche ca. 60 Kil. unterhalb Eagle Pass liegt, ist selbst für kleinere Boote nur beim sommerlichen Hochwasser passirbar. Zwischen Eagle Pass und der Einmündung des aus dem texanischen Hügellande kommenden S. Pedro R. folgt wieder ein breiter Streifen fruchtbaren Flachlandes, der für den fruchtbarsten Theil des ganzen Rio Grande-Thales erklärt wird [1]).

Von der S. Pedro-Mündung ca. 600 Kil. aufwärts, etwa bis Presidio del Norte, ist das Thal des Stromes fast nichts anderes als ein einziger Cañon, dessen Wände, mächtigen Ruinenmauern vergleichbar, in wagrecht gelagerte, stellenweis 300 m. hohe Kalksteinschichten geschnitten sind. In kleinerem Massstabe wiederholt sich hier die Cañonlandschaft des Colorado-Gebietes. „Die Kalksteinmauern werden von einer unendlichen Menge von Hügeln, 40 m. hoch, gekrönt, die alle denkbaren Formen annehmen. Das ganze Land wird von tiefen *Arroyos* oder *Cañons* durchschnitten, die als Miniaturschöpfungen derselben Kraft erscheinen, welche den Rio Grande-Cañon schuf. Bei ihrer Einmündung in den Strom bilden sie Fälle oder Stromschnellen, welche durch abstürzende Fels- und Erdmassen gebildet sind; dieselben sind zahlreich, manche gefährlich und machen die Schifffahrt unmöglich. 45 Kil. oberhalb der Pecos-Mündung ist der Strom eine einzige Kette von Stromschnellen, und seine mittlere Geschwindigkeit ist 9—10 Kil. per Stunde [2]).“ „Auf viele Meilen langen Strecken ist kein Platz zu finden, wo ein Boot zu landen

1) W. H. Emory, U. S. and Mex. Boundary Survey 1857. I. 70.

2) Lt. Michler in U. S. and Mex. Bound. Survey 1857. I. 78.

vermöchte, geschweige denn ein der Besiedelung zugängliches Ufergelände. Die steilen Ufer erschweren selbst die Ueberschreitung des Stromes, welche auf dieser wilden Strecke nur an wenigen Punkten mit Leichtigkeit zu bewerkstelligen ist. Der sogenannte Comanche-Pass, hart unterhalb des Gebirgszuges Los Bofecillos gelegen, ist der besuchteste und öftest genannte von diesen Uebergangspunkten. Bei Presidio del Norte mündet an der mexikanischen Seite der Conchos ein ein wasserreicher Zufluss, der ziemlich regelmässig jeden Spätsommer den unmittelbar unterhalb seiner Mündung gelegenen Abschnitt des Rio Grande-Thales überschwemmt.

Oberhalb der Conchos-Mündung ist das Thal noch ca. 35 Kil. lang eine 4—6 Kil. breite, grasreiche Niederung, es wird dann schmäler und Hügel und vereinzelte Berge begrenzen es. Aber ungefähr 180 Kil. unterhalb El Paso legt sich die Bergkette der Sierra Blanca in den Weg, die in einem mächtigen Cañon-Thale durchbrochen wird. Vom oberen Ende dieses Cañons bis nach El Paso erstreckt sich dann eine 10—15 Kil. breite Thalniederung, deren Boden sich wenig über das Niveau des Stromes erhebt.

Der grösste Nebenfluss des Rio Grande ist der Pecos, ein ächter Hochebenenfluss, dessen Quellen in den Südausläufern des Felsengebirges in Neu-Mexiko liegen und der in vorwiegend südlicher Richtung dem Rio Grande zufliesst, in welchen er sich auf mexikanischem Gebiete ungefähr 950 Kil. von dessen Mündung ergiesst. Er trägt in seinem Wasser die Kennzeichen des Landes, das er durchfliesst, deutlich an sich. Er ist nach einem Beobachter „in der That eine Masse sich fortwälzenden rothen Schlammes und sein Wasser schmeckt, als sei es aus allen Salzen zusammengemischt“ [1]). Gleich dem Rio Grande fliesst er eine weite Strecke durch enge Cañons, die in seinem unteren Laufe eine nicht minder grossartige Entwickelung erreichen als die des Hauptflusses.

Die unteren Zuflüsse von der mexikanischen Seite (Rio Salado, S. Juan, Alamo) sind im Gegensatz hiezu klare Gebirgswasser, deren Quellen in felsenhaften Gebieten der nordmexikanischen Gebirge liegen. Der Salado überwindet einen beträchtlichen Fall 12 Kil. oberhalb seiner Mündung in den Rio Grande.

Die Möglichkeit einer wenigstens zeitweisen Dampfschifffahrt besteht auf dem Rio Grande bis zur Mündung des San Pedro oder Devils R., die von der See, nach dem vielgewundenen Lauf des Stromes gemessen, 850 Kil. entfernt ist. Gewöhnlich wird indessen nur die Zahl von 600—650 Kil. für die Schiffbarkeit des Rio Grande angegeben und

---

1) Lt. Michler a. a. O. I. 79. „Der Pecos verdient besser seinen anderen mexikanischen Namen *Puerco,*“ setzt er hinzu.

höher hinauf geht in der That die praktische Verwerthung dieses Stromes zu Schifffahrtszwecken heute noch nicht. An seiner Mündung erschwert das Einlaufen eine Barre, über welche ein Canal von nicht über 6 und und nicht unter 4 e. F. Tiefe wegführt. Sie besteht im Gegensatz zu den Mündungsbänken anderer mexikanischer Flüsse, z. B. der harten Sandbank des Rio Brazos, aus weichem Schlamm, was die Gefahr der strandenden Schiffe vermindert. Da die Mündung den vorherrschenden Winden gerade gegenüber liegt, ist wenig Aussicht zu einer sehr wirksamen Vertiefung oder zu Schutzbauten vorhanden.

Eine Reihe von Inseln, welche im unteren Rio Grande liegen, gehören je nach der Lage des Tiefwasserbettes des Stromes an ihren Seiten theils zu den Vereinigten Staaten, theils zu Mexiko. Elf liegen unterhalb Ringgold Barracks, sind klein und fast werthlos, aber oberhalb dieses Punktes liegen einige grössere, wie Beaver Island und Las Adjuntas, welche fruchtbaren Boden haben. Zusammen mit den zahlreichen Bänken, die häufig gangbare Furten quer durch den ganzen Strom legen, nehmen diese Eilande dem Rio Grande viel von dem Werth, den er als Grenzfluss zwischen zwei so sehr verschiedenen und einander so wenig freundlich gesinnten Völkern haben könnte; sie sind es, welche es den beiderseitigen Grenzbewohnern so leicht machen, die Grenze, sei es angreifend oder sich zurückziehend, zu überschreiten.

Von den ganz texanischen Flüssen ist der grösste der Brazos R., welcher 900 Kil. lang, ziemlich die Mitte des Staates durchfliesst und besonders durch seine Mündung wichtig ist, deren Lagune für Seeschiffe am zugänglichsten von allen Buchten der texanischen Küste. Im oberen Lauf besitzt er, gleich mehreren der texanischen Flüsse salzhaltige Zuflüsse, wie sie unter den Steppengewässern nicht selten sind. So enthält das Wasser des oberen Brazos Gyps, Kochsalz und Chlormagnesium und hat einen widerwärtigen Salzgeschmack, der sogar zur Verlegung eines Forts (F. Belknap) Anlass gegeben haben soll, da die Pferde das Wasser des Flusses nicht trinken wollten [1]). Sein Bett ist sehr breit, enthält aber nur wenig Wasser, solange nicht Platzregen dasselbe angeschwellt haben. Grosse Unregelmässigkeiten des Wasserstandes sind ihm mit allen anderen Flüssen und Bächen dieser Region gemein. Der Zufluss Clear Fork ist vor anderen texanischen Flüssen, die in der Regel rothe Erde aufgeschlämmt enthalten, durch sein klares Wasser ausgezeichnet, das über Kalkstein fliesst. Den Colorado (Texas-Colorado) kann man einen Bruderstrom des Brazos

1) Löw und Rössler in Geogr. Mitth. XIX. 459. Nach einer dort mitgetheilten Analyse von O. Löw enthält das Wasser des Rio Brazos, südöstlich von Kiowa Peak, 0,1723 Gyps, 0,8001 Kochsalz, 0,0351 Chlormagnesium und Spuren von schwefelsaurem Natron.

nennen, denn er hat seine Quellen in demselben salzreichen Steppengebiet südlich vom Llano Estacado, durchfliesst dasselbe Hügelland und mündet in demselben Küstenstrich. Er gleicht ihm in den Eigenschaften seines Wassers und in seiner Thalbildung. Seine Mündungslagune ist die Matagorda-Bai, deren Mündung (Paso de Cavallo) mit 4 m. Tiefe zwar zu den zugänglicheren gehört, die aber im Innern so seicht, dass die Einfahrt in den Fluss selbst grösseren Schiffen nicht möglich ist. Weiter nach W. folgen die kleineren Flüsse Guadalupe und San Antonio, die zusammen in die Bucht von S. Antonio münden, Mission R. und Aransas, die die Bucht von Copano zur gemeinsamen Mündungsbucht haben, Nueces, der in die Corpus Christi-Bucht und San Fernando, der in die Bucht El Grulo mündet. Diese westtexanischen Flüsse, von welchen der Nueces der grösste, haben das gemein, dass sie ihre Quellen nicht mehr im Steppenhochland von Nord-Texas, sondern in dem Hügelzug haben, der südlich von demselben in nordöstlicher Richtung den Staat durchzieht und in dessen nordöstlicher Verlängerung die Ozark Mts. von Arkansas liegen. Da ihre Quellen dem Meere näher liegen, von dem ein weniger breiter Tieflandstreifen sie trennt, sind sie von stärkerem Gefäll und geringerer Schiffbarkeit als die entgegengesetzt sich verhaltenden osttexanischen Flüsse. Sabine und Neches, die in die Sabine-Bucht oder den Sabine-See münden, Trinidad (mit 520 Kil. Lauflänge der grösste) und San Jacinto sind unter diesen hervorzuheben. Sie alle gehören dem Tieflandgebiete von Texas an, selbst ihre Quellen liegen z. Th. in demselben und nur die des Trinidad reichen in das Hügelland hinauf. Sie sind im grössten Theil ihres Laufes Prärieflüsse, breite, langsam und gleichmässig strömende und wasserreiche Gewässer. Trinidad R. wird durch diese Eigenschaft zum schiffbarsten Fluss in Texas, der in $^3/_5$ seiner Länge von Dampfern befahren wird.

In einem Lande wie Texas, wo die Cultur vorwiegend vom Rande her ins Innere vordringt und an einer seichten Küste wie der texanischen, die in ihrer 400 Kil. langen Erstreckung keinen einzigen guten Hafen hat, werden die Flussmündungen von besonders grosser Bedeutung. Sind sie auch ausnahmslos von veränderlichen Sandbänken umgeben, über denen selten mehr als 3 m. Wasser stehen, so bieten sie doch immerhin die besten Ankerplätze und in der That finden wir alle texanischen Häfen in den Flussmündungen, und man kann sagen, dass der grösste Nutzen, den derzeit die texanischen Flüsse dem Lande bringen, in den Buchten beruht, die sie in die Küsten einschneiden. Zwischen Rio Grande und Matagorda-Bay ist der Charakter der texanischen Küste ganz gleichartig: bei allmählich zunehmender Seichtigkeit des Meeres als erste Küstenlinie eine Inselkette von mehreren 100 m. bis 5 Kil. breit und an verschiedenen Stellen von Canälen durchbrochen, in deren Mündungen veränderliche Sandbänke liegen. Seichte Lagunen, deren Breite ungefähr dieselbe wie die der Küsteninseln und ebenso wechselnd wie sie, trennen diese Inseln vom Festland. Diese Lagunen sind durchaus seicht. Sabine Lake ist voll Austerbänken, Galveston Bay, an keiner Stelle tief, hat Bänke mit 1,5 m. Wasser, Matagorda Bay hat in ihren Canälen nicht über 3 m. Wassertiefe mit Ausnahme des nahezu 4 m. tiefen Schiffahrtscanals. Die westlichen Lagunen Aransas und Espiritu Santo sind noch seichter und der Haupteingang in die Nueces-Lagune hat nur 1,3 m. Wasser. Dann folgt die ausserordentlich flache Prärie des Küstentieflandes, deren Boden die schlammbeladenen Flüsse, die alle durch kalkreiche Schichten der Kreideformation fliessen, mit Kalk getränkt haben. Weiter nach O. zu tritt die Lagunenbildung zurück, indem Marschen an die Stelle der Meeresarme treten, die an der westtexanischen Küste die Nehrungen vom Festland trennen; aber es münden auch hier die Flüsse in seichte, seeartig ins Land einschneidende Buchten, welche man mit Wahrscheinlichkeit als erst in der Entstehung begriffene Lagunen betrachten kann. Mit den Lagunen verschwinden auch die Küsteninseln, deren östlichste, die vor der Mündungsbucht des Trinidad gelegene Insel Galveston Island, wie ein losgerissenes Stück Düne erscheint, das man insofern als ein Gebilde jenes Flusses betrachten kann, als es ein Erzeugniss der Gegenwirkungen der an die Küste anprallenden Strömungen des Meeres gegen die anschwemmende Thätigkeit der beiden in die Bai fallenden Flüsse darstellt. Es ist seiner Bodenbeschaffenheit nach ein flaches Anschwemmungsland, wie der ganze Küstenstreif von Texas.

Der Colorado des Westens. Naturgemäss zerfällt das Colorado-Becken in zwei Abschnitte, einen kleineren, der zwischen dem Gebirgsland des Westens und dem Meere liegt, und einen grösseren, der dem genannten Gebirgsland angehört; jener geht in grossen Theilen seiner Erstreckung unter das Meeresniveau hinab, dieser liegt in weiter Ausdehnung bei 2000 m. und mehr; dieser umfasst $^2/_3$, jener $^1/_3$ des ganzen Stromgebietes. Im N., O. und W. umgürten dieses Gebiet Berge, die bis in die Region des ewigen Schnees hinaufragen und die die Quellen des Colorado nähren; im S. fällt das Land rasch zu grosser Tiefe und endlich selbst bis unter das Meeresniveau hinab und in dieser Depression liegt die Mündung des Colorado. Das ganze Gebiet bedeckt einen Flächenraum von 582,000 □Kil. (10,575 g. M.).

Der Colorado entsteht aus der Vereinigung des Grand R. und des Green R. Grand R. entspringt aus einer Gruppe von Gebirgsseen, die

Fig. 10. Marble Cañon.

vom ewigen Schnee der Front Range in der Gegend von Longs Peak gewährt werden. Gewöhnlich wird ein grösserer See, Grand Lake, in welchen diese kleineren Seen abfliessen, als die Quelle des Grand R. bezeichnet, die demnach in 40° 17′ N. B. und 105° 43′ W. L. gelegen wäre. Green R. hat seine Quellen weiter nördlich an dem Ausgangspunkt so vieler weit auseinander strebenden Gewässer, am Fremonts Peak in der Wind R.-Gruppe, unter 43° 15′ N. B. und 109° 45′ W. L. Gleich wie am ersteren sind Alpenseen, die der ewige Schnee des Felsengebirges nährt, die Quellen dieses Flusses, der länger als der Grand R. ist und bei seiner mit der des Colorado zusammenfallenden Richtung als eigentliche und Hauptquelle betrachtet wird. Die Zuflüsse beider Arme sind in ihren obersten Abschnitten Gebirgsflüsse, die in ausnahmslos tief eingeritzten Thälern fliessen; aber die Thäler der dauernden Flüsse sind verschieden von denen, welche nur in den regenreichen Jahreszeiten Wasser haben und einen Theil des Jahres als Fiumaren trocken liegen; jene haben breite Flussbetten von mehr oder weniger wechselnder Ausdehnung, während diese eng und häufig von Fällen und Schnellen unterbrochen sind. Der Green R. fliesst durch ein Gebiet, wo die Hochebene durchschnittlich 300 m. über seinen Spiegel ansteigt; aber gegen die Uintah-Kette zu werden die Ufer niedriger, indem das Niveau der Hochebene sinkt, und an dem Fusse derselben fliesst der Green R. in einem geräumigen und ziemlich ebenen Thal. Dem Gebiet der höheren Ufer gehören jene merkwürdigen Erosionsbildungen der *Alcove Lands* an, welche sich im Thale des Bitter Creek finden, dichtgedrängte Cañons, die die Seiten der Hochebene zerklüftet haben und meist nur durch schmale Pfeiler stehen gebliebener Felsmassen von einander getrennt sind. „Das ganze Land ist auf diese Weise in unregelmässige, kantige Blöcke zerklüftet, die als Wälle, Thürme und Schanzen tiefe Thäler und höhlenartige, dunkle Schluchten umstehen [1]).“

Die ersten Cañons hat dieser Arm des Colorado sich in den Uintah Mts. gegraben, die er quer durchbricht. Die Mitwirkung der Gebirgshebung an der Cañonbildung, die wir schon bei der Besprechung der Oberflächengestaltung (s. o. S. 113) hervorgehoben, scheint sich dabei besonders klar zu zeigen, indem hier ein Zweifel daran, dass der Strom sein Bette, so tief es ist, selbst in die Schichten gegraben hat, die ihn heute einfassen, nicht möglich scheint. Die Schichten der Cañonwände entsprechen sich auf beiden Seiten vollkommen, sowohl in Mächtigkeit als in Lagerung, während Aufeinanderfolge und geologischer Bau das Uintah-Gebirge als eine der jüngsten Bildungen in der Gebirgswelt des Westens erkennen lassen. Für den neuesten Erforscher dieser Region besteht kein Zweifel

1) J. W. Powell Expl. of the Colorado R. 1875. 152.

daran, dass „der Fluss das Recht des Aelteren hatte, denn er floss, ehe das Gebirge entstanden war. . . . Der Fluss bewahrte sein Niveau, während die Berge gehoben wurden, gerade wie die Säge in derselben Ebene verharrt, während der Stamm, den sie durchschneidet, sich gegen sie bewegt. Der Fluss war die Säge, der das Gebirge entzweischnitt"[1]). Man betritt von Norden kommend den Uintah-Cañon des Green R. durch Flaming Gorge; die erste Schlucht wird Red Cañon genannt, dann folgt eine 45 Kil. lange Thalweitung, Browns Park genannt, die in der Axe der Erhebung oder Faltung der Uintah-Kette liegt und die Höhe dieses Cañonpasses darstellt, und südwärts steigt man durch Split Mt. Cañon zu den südlichen Vorbergen der Uintah-Kette hinab. In der Nähe des 37. Breitegrades treten Grand und Green R. zusammen und ihre Wasser fliessen von hier an als R. Colorado in vorwiegend westlicher Richtung, wobei sie von Nebenflüssen von O. und S. her den San Juan, dessen Quellen in der gleichnamigen Sierra liegen, und den Colorado Chiquito aufnehmen, der in den Zuñi und Mogollon Mts. und den ihnen benachbarten Gruppen entspringt und einen der wasserärmsten Theile von Arizona durchfliesst[2]). Aus den südlichen Wahsatch-Bergen mündet der Virgin R. auf der rechten Seite. Nachdem der Fluss hier zwischen den Plateaux, mit denen das Wahsatch-Gebirge abfällt, und dem Colorado-Plateau sich in den mächtigen Schluchten des Marble und Grand Cañon durchgearbeitet, biegt er in der Nähe des 115. Längegrades plötzlich nach S. um und fliesst nun in wesentlich derselben Richtung dem Golfe zu, wobei er von nennenswerthen Zuflüssen bloss noch den Gila R. aufnimmt.

Dieser ist an seiner Mündung nicht mehr als 45 m. breit und sein Bette ist hier ebenso seicht und von veränderlichen Anschwemmungsbänken durchschnitten wie das des Colorado. In den meisten Theilen gleicht es dem des Colorado, nur scheint der Fluss mehr Sand zu führen und damit

1) Powell a. a. O. 153. Auf die Lage der Thäler zu den Schichten wird hiebei besonderes Gewicht gelegt und unsere übliche Classification in Längs- und Quer-, in antiklinale und synklinale Thäler genügt diesen geologischen Speculationen nicht mehr. In der Uintah-Kette hat der Green R. nach Powell von Querthälern *diaklinale*, die in einer Falte verlaufen, *kataklinale*, die dem Fall der Schichten folgen, *anaklinale*, die demselben entgegengesetzt verlaufen; von Längsthälern *antiklinale*, welche antiklinalen Axen folgen, *synklinale*, die synklinalen Axen folgen, *monoklinale*, welche in der Richtung des Streichens zwischen den Axen der Falten verlaufen.

2) O. Löw berichtet, dass der Colorado Chiquito nach der Angabe der Moqui's nur während 5 Monaten im Jahr Wasser führe. Ungefähr halbwegs zwischen Sunset-Crossing und der Mündung fand er den Fluss im Spätsommer wasserleer, während er bei dem erstgenannten Ort noch $^2/_3$ m. tiefes, fliessendes Wasser hatte.

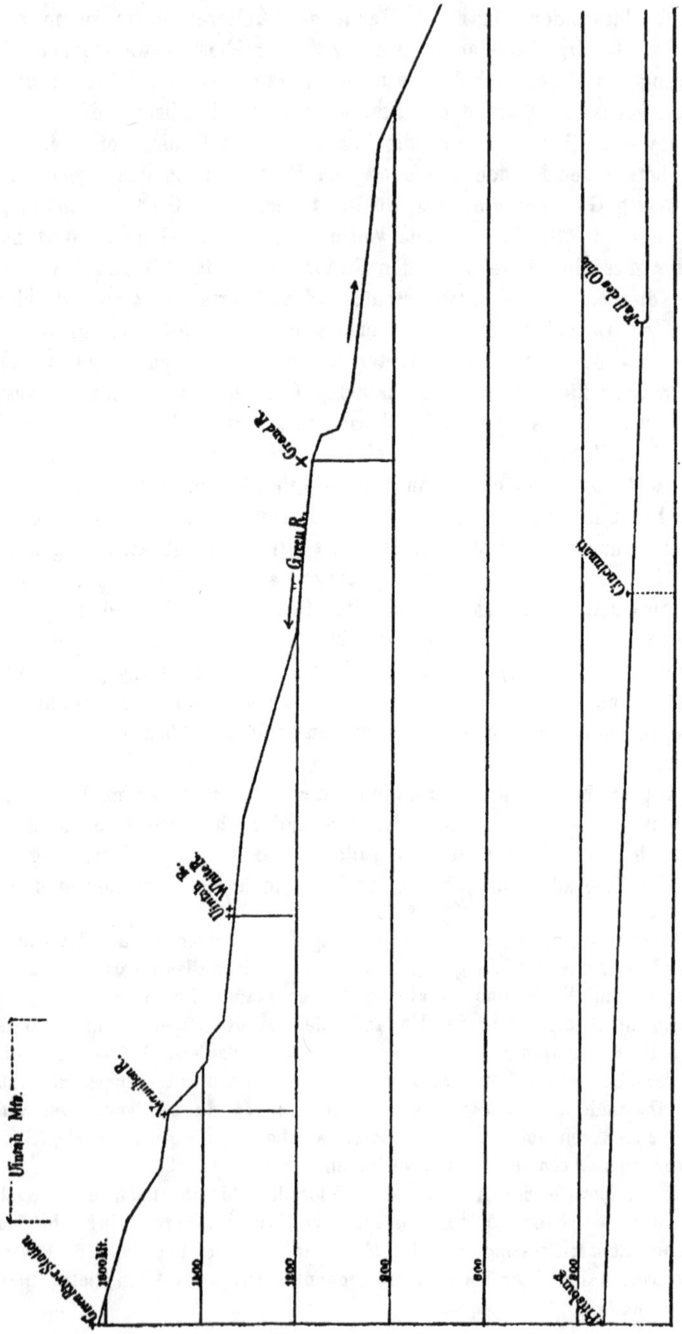

Fig. 11. Schema des Gefälles des Colorado und des Ohio-Mississippi.

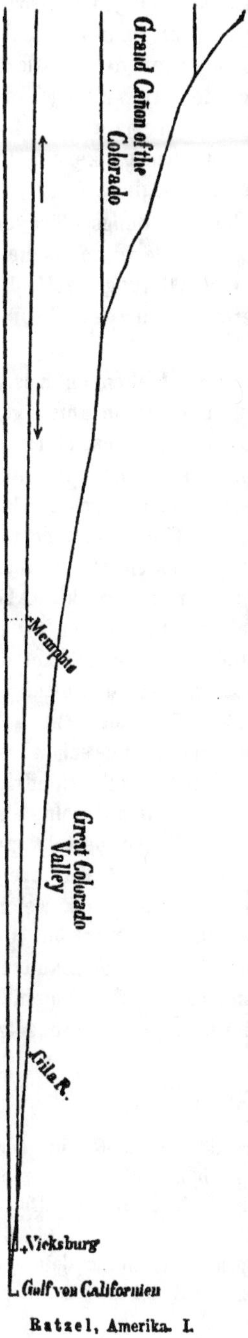

Zu Fig. 11.

seine flacheren Umgebungen ganz zu bedecken; auch durchfliesst er meilenweit Gegenden, die völlig weiss bedeckt mit alkalinischen Ausblühungen und demgemäss fast vegetationslos sind. Eine solche absolut wüste Gegend durchfliesst er in seinem mittleren Lauf, und ein Nebenfluss, den er in dieser Gegend aufnimmt, trägt mit grossem Recht den Namen Rio Salado. Der Oberlauf und das Quellgebiet liegen in den dürren Theilen des südlichen Arizonas und Neu-Mexiko's und der Fiumaren-Charakter, häufige Salzführungen, heftige Schwellen u. dergl. ergeben sich daraus von selber. Ausdauernd sind alle diese Gewässer nur im obersten Lauf und auch hier nur unter der günstigen Bedingung quellenreicher, bewaldeter, ziemlich hoher Gebirgszüge. Der Gila empfängt von S. her den Santa Cruz R., der seine Quellen in den Gebirgen der mexikanisch-amerikanischen Grenze in der Nähe des 110. Längegrades hat. Er ist ein nur zeitweis versinkender Fluss bis hinab gegen Tucson, da sein Oberlauf durch eine Gebirgsregion geht, die nie ganz wasserlos sein kann. Unterhalb Tucson verliert er sich vollständig in der Wüste und besteht den grössten Theil des Jahres nur aus einer Kette von Tümpeln bis zu seiner Einmündung in den Gila.

An die Stelle der Kette von Stromschnellen und Katarakten, welche bis zu der Südbiegung hin den Lauf des Colorado ausmacht, tritt unterhalb derselben eine mildere Form des Stromlaufes, welche bezeichnet ist durch längere Strecken glatteren und ruhigeren Wassers. Black Cañon ist der letzte stürmische Abschnitt, der in 40 Kil. Länge 25 bis 30 Stromschnellen hat, aber es ist bei mittlerem Wasserstande bereits möglich, ihn zu befahren. Auch die Strecke bis zum Pyramid Cañon hinab ist noch reich an Stromschellen, aber wenige gehen unter 1 m. Wassertiefe hinab und es ist mit Vorsicht möglich, sie zu passiren. Gerade die engsten Cañons, wie Painted und Pyramid Cañon, bieten den besten Wasserweg, ebenso die Canäle, zwischen den in diesem

Abschnitt des Stromes häufig vorkommenden Inseln. Völlig unpassirbar sind aber selbst sie bei Hochwasser, das Spuren der enormen Höhe, in der es in den engen Cañons flutet, 15 m. über der mittleren Wasserhöhe hinterlässt. Weiter unten treten in den Ausweitungen des Colorado-Thales, die man als Mojave- und Chemehuevis-Thal bezeichnet, zum ersten Mal Flachufer und Sand- und Kiesbänke auf, mit denen eine neue Gattung von Verkehrsschwierigkeiten beginnt.

Begeben wir uns von hier unmittelbar in das Mündungsgebiet des Stromes, um von dort an seinen Lauf aufwärts zu verfolgen, so erscheint zunächst seine äusserste Mündung als eine Verschmälerung des Golfes von Californien, die allmählich in den unteren Theil des Stromes überführt.

Der Golf von Californien ist beiderseits von steil abfallenden Küsten eingefasst, die unmittelbar zu Bergen von bedeutender Höhe aufsteigen. Seine Gewässer sind nahezu frei von Riffen und Bänken, besonders auf der westlichen oder californischen Seite, und ihre Tiefe ist nur unterbrochen durch vulkanische Felseninseln der Küste, die in grosser Zahl vorhanden sind. Nur am Nordende wird das Wasser des Golfes seichter und sinkt an der Colorado-Mündung auf 5 Faden [1]) und der Boden ist dort nicht felsig, sondern mit grauem, fettig anzufühlendem Schlamm bedeckt. Aber selbst hier noch ist ein seltsam schiffförmig gestalteter Felsen von 70 m. Höhe, Ship Rock genannt, die hervorragende Landmarke, gleichsam ein Vorposten der Felsklippen, die weiter oben das Colorado-Thal umstarren. Bei diesem Ship Rock misst die Tiefe noch 17—20 Faden [2]), geht aber von hier an rasch zu grosser Seichtigkeit über, die schon vor den Inseln Montague und Goree sich auf 2½—3 Faden erniedrigt. Das Wasser beginnt schon zwischen Ship Rock und den Inseln eine röthliche Farbe und Trübung anzunehmen und der Boden besteht aus Schlamm. Diese Mündungsinseln setzen sich in eine 20—24 Kil. breite Bank fort, über der nicht mehr als 3 m. Wasser stehen und welche die ganze Flussmündung querüber versperrt. Jenseits derselben hat der Fluss bis zur Grenze der Gezeiten 4—11 m. Tiefe. Das Land ist hier zu beiden Seiten der Ufer ein breites, flaches Schwemmgebiet, das durch die Springfluten [3]) häufigen Ueberschwemmungen ausgesetzt,

1) Ives, Colorado Explor. Exped. 1861. 26.

2) Lt. Derby mass hier 1850 20 Faden, während Ives 1856 nur noch 17—18 Faden fand. „Da der Boden bemerkenswerth flach und gleichförmig ist, so scheint es hienach, als ob sich der Golf gegen sein Ende zu rasch auffülle" (Col. Exp. Hydrogr. 8).

3) Eine bemerkenswerthe Erscheinung sind diese Springfluten in der Colorado-Mündung, welche bis 35 Kil. oberhalb der Mündung die Schiffahrt schwierig

in seinen Umrissen deltahaft schwankend, von zahlreichen Canälen durchzogen, in Bänke und Inseln zerschnitten. Man hat keine sicheren Messungen der Grösse der Schwankungen in Neubildung und Abschwemmung, aber sie sind durch die eigenthümlich wilde Natur dieses Flusses wahrscheinlich grösser als in vielen anderen Deltagebieten. Wenigstens berichtet Jves, dass „die Verschiebungen des Canals, der Ufer, der Inseln und der Bänke so beständig und rasch vor sich gehen, dass eine genaue Beschreibung, die sich auf die Erfahrungen einer einmaligen Untersuchung stützt, nicht bloss im folgenden Jahr, sondern vielleicht schon nach dem Verlauf einer Woche oder eines Tages unrichtig befunden werden würde“[1]). 240 Kil. von der Mündung aufwärts bis Ft. Yuma erstreckt sich diese Region des Schwemmlandes, in der das Flussbett aus nichts als Schlamm und Sand besteht. Der Strom ist hier schmäler als Deltaströme im unteren Lauf zu sein pflegen, er misst 200 — 800 m.; seine Tiefe ist 2 — 6 m., sinkt aber über zahlreichen Sand- und Schlammbänken unter 1 m. herab. Die Stromgeschwindigkeit beträgt beim niederen Wasserstand 4 Kil. per Stunde, beim höchsten, der 3 m. über jenen hinausgeht, 8 — 10 Kil. Im Mai und Juni fängt der Colorado an zu wachsen, der höchste Stand wird Anfangs Juli erreicht.

Von Ft. Yuma aufwärts tritt man in die Hügel- und Bergregion des Colorado ein und damit ändert sich nun sehr rasch der Charakter des Flusses. Es gilt dabei die Regel: Je steiler die Ufer, desto tiefer und gleichmässiger das Bett. Zwar sind anfangs, trotz der Berg- und Hügelumgebung, die Ufer noch von Schlammbänken umsäumt und zahlreiche

---

und unsicher machen. Sie erreichen eine Höhe von 7—9 m. und eine Schnelligkeit von 8—12 Kil. per Stunde. Eine starke Flutwelle von 1,3—2 m. Höhe (bore) geht ihr voran. Die Nippfluten haben nur 3 m. Höhe und eine Schnelligkeit von 4—5 Kil. per Stunde. Man kennt die Gesetze dieser Erscheinungen noch nicht. Bald ist es der Vollmond und bald der Neumond, der sie erzeugt. *Slack water* gibt es nicht, die ausgehende Ebbe begegnet der Flut und die Strömung setzt sofort um.

1) A. a. O. Hydrogr. 9. Er fügt später hinzu, dass das Material der Ufer und Bänke, Flugsand und zarter Schlamm, so beweglich sei, dass diese ungemein leicht ihre Stelle verändern: „Häufig kann man ein Boot über eine Stelle wegbringen, wo man beim ersten Berühren des Grundes 6—8“ zu wenig Wasser fand.“ Andererseits ist es eine anerkannte Thatsache, dass zwischen der Mündung und Ft. Yuma bei niederem Wasserstand kein Dampfschiff seinen Weg machen kann, ohne mehr als einmal auf den Grund zu gerathen; man untersucht dann den Grund und passirt die Bank, nachdem man durch Vor- und Zurückbewegung den Sand aufgelockert hat. Treibholz ist im Strome selten von gefährlicher Grösse und Stärke zu finden, aber es ist über die Ufer in erheblicher Menge zerstreut.

Untiefen machen auch hier noch die Schifffahrt gefährlich, aber sie sind nicht mehr so zahlreich wie im Mündungsgebiet, und im Cane-Brake Cañon passirt man die letzten von den grösseren Bänken, um freilich schon 2 Kil. weiter oben den ersten der Stromschnellen zu begegnen, welche von nun an das grösste und nie ganz zu überwindende Hinderniss jedes nicht ganz ephemeren Verkehres sind und bereits den schluchten- und fallreichen Charakter des mittleren Colorado-Laufes verkünden.

Die Binnenflüsse des Grossen Beckens. „Ein hervorragender Zug in der Gestaltung des amerikanischen Continentes ist das Fehlen grosser, abflussloser Flussgebiete und regenloser Regionen im Inneren. Mit Ausnahme kleiner Gebiete, wie das des Salzsees, münden alle nordamerikanischen Flussläufe in die See. Die Ausdehnung des Landes, das von nach der See gehenden Flüssen drainirt wird, ist hier grösser als in irgend einem anderen Theile der Welt. Es folgt daraus, dass wir grössere Thalgebiete, länger und breiter als die der alten Welt, besitzen.“ Mit diesen Worten hebt Maury[1]) einen Vorzug hervor, der Nord-Amerika in hervorragender Weise vor allen andern gleich grossen Continental-Gebieten auszeichnet und der von allen Theilen dieses Halbcontinentes dem Gebiet der Vereinigten Staaten am meisten zu Gute kommt. Gerade dieses müsste durch die Lage seiner Südhälfte im Passatgürtel am meisten zu den Wüstenbildungen neigen, wenn jene Art von Bodenbeschaffenheit, die die Abflusslosigkeit begünstigt, weit verbreitet wäre. Statt dessen sind die abflusslosen Becken, wo sie eine nennenswerthe Ausdehnung erreichen, auf jenes Gebiet beschränkt, das wir als das „Grosse Becken des Innern“, in Gestalt einer Reihe von Einsenkungen im westlichen Theil der Hochebene kennen gelernt haben, die zwischen dem Felsengebirg und der Sierra Nevada das Innere der nordamerikanischen Cordilleren ausfüllt. Die orographische Beschaffenheit dieser Landschaft (s. o. S. 101) lässt keinen Zweifel darüber, dass dieselbe der wüstenbildenden Tendenz des trockenen Klima's günstige Bedingungen bietet, wiewohl andererseits ebensowenig die Tendenz auf Einengung dieses abflusslosen Gebietes zu übersehen ist, welche auf der Nähe steiler und wasserreicher Gebirge beruht, die auf allen Seiten es umgeben und breite Theile

1) In De Bow's Industr. Resources of the W. States 1852. 367.

seiner Peripherie für ihre oft freilich nur mit Mühe durch die Wüste sich durcharbeitenden Abflüsse (Zweige des Missouri, Columbia und Colorado) in Anspruch nehmen.

Es sind vorzüglich zwei Gruppen von Flusssystemen, welche gezwungen sind, abflusslos in diesem Becken zu verharren, und zwar liegen sie, wie es der in der Mitte erhöhte, an der West- und Ostseite eingesenkte Boden desselben bedingt, am westlichen und östlichen Rande des Grossen Beckens. Die einen werden gespeist von den Gebirgen des östlichen Randes und vorzüglich der Wahsatch-Kette, die anderen von denen des westlichen, also der Sierra Nevada, und zum Theil auch von höheren Gebirgen des Innern wie z. B. den Humboldt Mts. In dem Wahsatch-Gebirge und dem östlich an dasselbe anschliessenden Uintah-Gebirge entspringen die Flüsse, die den Grossen Salzsee speisen: Bear R. und Weber R., die am Ostrand, Jordan, der am Südrand einmündet und das Wasser des Utah-Sees bringt, welcher seinerseits von einer grossen Zahl kleinerer Flüsse und Bäche aus der mittleren Wahsatch-Kette gespeist wird. In dem südlichen plateauartigen Abschluss derselben Gebirgskette liegen die Quellen des Sevier R., der den Sevier-See bildet.

Am Westrand umgürtet eine lange Reihe abflussloser Flüsse und Seen das Hochebenenbecken. Im südlichsten Winkel lassen Fiumaren der Chocolate Mts., der S. Jacinto und Sa. Anna Mts. ihr spärliches Wasser zum Dry Lake zusammenrinnen. Weiter nordöstlich fliesst der Mohave R. in den temporären Salzsumpf des Mohave Lake. Owens R., der zwischen Sierra Nevada und den Ingo Mts. nach S. fliesst, bildet Owens L. Rio Ida und Walkers R. vereinigen sich zu Walkers L. Pyramid L. wird durch Truckee R. gebildet. Eine Kette von Salzseen und -Sümpfen wird durch Bäche gebildet, die von Warners Range herabkommen. Die Flüsse, die in der Mitte des seltsamen Wüstenabschnitts der *Great Plain of the Columbia* zusammenrinnen, schliessen im N. diese Reihe der Randflüsse des Grossen Beckens ab. Ausser ihnen beherbergt dieses letztere aber noch in seiner Mitte ein centrales Flusssystem, das seine Zuflüsse aus den zahlreichen Höhenzügen erhält, die das Innere des Beckens erfüllen und deren höchste, East- und West Humboldt und Shoshone Mts., die reichlichste Wassermenge dem begreiflicher Weise nicht sehr wasserreichen Flusse zusenden. Nur die höchsten Gebirgszüge können hier einem Flussysteme von nennenswerther Ausdehnung Ursprung geben. Die gewöhnlichen, nicht über 1000 m. aus dem Hochebenenschutt aufragenden Höhen haben nur schmale Bächlein in ihren tiefsten Schluchten und spärliche Quellen an ihrem Fusse und beide versiegen bald nach ihrem Hervorbrechen, nachdem sie ein paar Q.-Kil. Landes durchfeuchtet und mit der Zeit auch durchsalzen haben. Die Züge der West- und East Humboldt Mts. und die zwischen beiden sich erhebende Kette der Toyabes Mts. gehören zu den wenigen unter den Gebirgen des Grossen Beckens, welche eine sehr erhebliche Wassermasse zu Thal senden und sie verleihen einem Strome Ursprung, der diesen Namen in der That verdient. Die Quellbäche des Humboldt R. kommen von ihnen herab. Die Toyabes Mts. senden den Abfluss ihres Ostabhanges dem Smoky Valley zu, während an ihrer Westseite der Reese R., der bedeutendste Zufluss des Humboldt R., entsteht, der indessen, wiewohl noch von dem Abfluss der Shoshone Mts. verstärkt, nur bei besonders grossem Wasserreichthum diesen erreicht; gewöhnlich zertheilt er sich schon vorher in eine Anzahl von Zweigflüsschen, welche im Sand versiegen. Vom Westabhang der East Humboldt Mts. fliessen die Quellen des Südarmes des Humboldt R. zusammen, während der Abfluss vom Ostabhang einige Seen bildet. Der Humboldt R. mündet nach ungefähr 450 Kil. langem Lauf in den gleichnamigen See, welcher seinerseits den grossen Sumpf des Humboldt Sink speist. Nirgends wasserreich, an keinem Punkte schiffbar, meist die Breite von einigen m. nicht überschreitend, kann dieser Fluss nur in einem so ungemein dürren Lande wie es Nevada ist, Bedeutung gewinnen. Durch seine Wasser wird er aber der Schöpfer einer Kette von Culturoasen, die nur durch künstliche Bewässerung gehalten werden, und in seinem vielgewundenen Thal fand die Pacific-Bahn den praktikabelsten Weg durch die Wüste der inneren Hochebenen.

In Süd-Californien bilden die Zuflüsse des Tulare-Sees, unter denen Kern R., Kaweah R. und Kings R. hervorzuheben sind, ein besonderes System, dessen Mittelpunkt der genannte See bildet, das aber nicht als vollständig abflusslos gelten kann, insofern Kings R. vor seinem Eintritt in den Tulare-See einen grossen Sumpf passirt, der seinerseits mit dem Quellsystem des Joaquin R. zusammenhängt. Kings R. gehört demnach zwei Systemen an. Völlig ohne Abfluss, ein Wüstenfluss fast im Sinne der arabischen Wadi's ist dagegen Mohave R., der so wenig constant ist, dass man nicht im eigentlichen Sinn von einem *Mohave-Fluss*, sondern nur von einem *Bett des Mohave* sprechen kann. Die Oberfläche dieser Fiumare ist an vielen Punkten ebenso trocken und sandig wie der umgebende Wüstenboden, das Wasser fliesst unter einer Sanddecke, nach deren Durchbohrung man allerdings stets auf Wasser stösst. Die Ausmündung dieses zweifelhaften Gewässers liegt im Mohave oder Soda Lake.

Wenn es auch ausserhalb dieses Gebietes der dürren Hochebenen des Westens keine grossen Flüsse mehr gibt, die des Abflusses nach der See zu entbehren, so bleibt doch, soweit die aus klimatischen Bedingungen hervorgehende Dürre herrscht, also im ganzen Gebiete der Plains, eine wenigstens theilweise Abflusslosigkeit das Merkmal zahlreicher, auch grösserer, fliessender Gewässer. Die Bewässerung der Prärien nimmt im Laufe des Jahres sehr ungleiche Verhältnisse an.

Im Frühling scheinen alle ihre Vertiefungen Betten von Bächen und Seen zu sein, während man im Sommer nur noch die grössten Flüsse als solche, alle kleineren hingegen trocken oder zu einem elenden Wasserfädlein zusammengeschwunden findet. Von O. nach W. nimmt diese Ungleichartigkeit in der Weise zu, dass der Wasserreichthum der ephemeren Flüsse grösser, die Zeit seiner Dauer aber immer kürzer wird. Der sommerlichen Vertrocknung verfallen hier sogar grosse Flüsse, wie wir z. B. beim Canadian R. und anderen Nebenflüssen des Arkansas schon oben zu berichten hatten, und selbst ein so grosser Zufluss des Missouri wie der Platte R. wird auf lange Strecken fast bis zur Trockenheit seicht. Bei der Spärlichkeit und unregelmässigen Wasserführung der Flüsse bleibt auch Raum genug für kleinere abflusslose Becken, die die Drainage irgend einer Terrainfalte einem Salzsee oder Salzsumpf zuführen. In den Fiumaren werden bei der Salzhaltigkeit des Bodens die Tümpel, in die der Fluss während der trockenen Jahreszeit zerfällt, zu kleinen Salzseen und ihre Zahl kann so gross sein, dass zeitweilig ein ganzer Flussarm salzhaltiges Wasser führt. Häufig spricht sich schon im Salzgehalt der Quellen der Salzreichthum des Steppenbodens aus. Den Beispielen, die wir von salzhaltigen Flüssen schon früher gegeben (s. o. S. 176, 213), sind als besonders bezeichnend noch die Zuflüsse des Cheyenne R. zuzufügen, welche aus den Black Hills kommen; dieselben sind eine Musterkarte der Eigenthümlichkeiten, welche so viele Flüsse und Flüsschen der Plains auszeichnen. Mehrere sind alkalinisch, andere salzig und warm, zwei von ihnen versinken eine Strecke weit, um weiter unten stärker hervorzubrechen. Dabei sind die Black Hills ein reich bewässertes Gebiet, aber die gyps- und salzhaltigen Thone der am Ostrand des kleinen Gebirges liegenden Bad Lands gehen noch in ihren Aufbau ein und sind es, die das Wasser so manches klaren Baches ungeniessbar machen, während der lockere Boden der Umgebungen die lebhaften Gebirgsbäche stellenweise nach Art der Fiumaren versiegen lässt und die Bildung abflussloser Becken in unmittelbarer Nähe des Gebirges als keine sehr entfernte Möglichkeit erscheinen lässt.

Das Stromgebiet des Columbia R. (770,000 □Kil. oder 14,000 g. □M.) nimmt den nordwestlichen Winkel des Gebietes der Vereinigten Staaten ein. Die Wasserscheiden des Grossen Beckens und des Colorado im S., des Missouri im O., des Saskatschewan im N. bilden seine Grenzen, in denen aus zwei grossen Quellgebieten, einem nördlichen und südlichen, die durch die Abflüsse Clarke's Fork und Snake R. bezeichnet sind, die Gewässer vom Westrand des Felsengebirges zwischen dem 43. und 53. Breitegrad, ferner von den Gebirgen des nördlichen Grossen Beckens und eines kleinen Theiles der Cascade Range und des Küstengebirges von Oregon nach dem Stillen Meer abfliessen. Das Flussgebiet hat die Gestalt eines nach binnen zu breiten, gegen das Meer hin rasch sich verschmälernden Keiles, dessen wesentlich nördlich und südlich gerichtete Länge seine östliche und westliche Breite um mehr als das Doppelte übertrifft. Auffallend tritt in dieser Gestaltung des Stromgebietes der Einfluss der Bodengestaltung hervor, welche es auch wesentlich ist, die ihm zu so grosser Ausdehnung desselben verhilft. Die zur Meeresküste wesentlich parallele Erstreckung der Gebirgskette verbietet den einzelnen Bächen und Flüssen das unmittelbare Abfliessen nach dem Meere, sie sammeln sich in diesen Depressionen und bringen aus denselben bereits erhebliche Flüsse dem Columbia zu, der diese Ketten quer durchbricht. Diesem Parallelismus der Gebirgskette danken die Zuflüsse und Quellarme des Columbia ihre weite Erstreckung gegen S. und N. und diese zwischen Meer und Binnenland gelagerten Schranken dämmen so das Stromgebiet des Columbia zu der fast unnatürlichen meridionalen Breite auf, in der wir es über 10 Breitegrade zwischen Gebirg und Meer sich erstrecken sehen.

Die nördlichen Quellflüsse des Columbia sind entsprechend dem in ihrem Ursprungsgebiete vorherrschenden Parallelismus des Gebirgsbaues vorwiegend nördlich und südlich laufende Gewässer, die fast ohne Ausnahme mit einigen von den Seen in Verbindung stehen, die in den Längsthälern dieses Theiles des Felsengebirges so häufig sind. Der Obere Columbia mit dem Salmon Lake, der Cootenay R. mit dem Flatbow Lake, der Canoe R. mit dem Oberen und Unteren Arrow Lake sind auf britischem Gebiete; Flathead R. und Lake, Big Blackfoot, Hellgate und Bitter Root R. auf amerikanischem die obersten Zuflüsse des Nordarmes, des Clarke's Fork, den man gewöhnlich als den *eigentlichen* Columbia, als den Hauptarm des Stromes betrachtet. Die vier letztgenannten sind die Quellarme des Clarke's Fork im engeren Sinne. Von N. her fliessen noch Nehoyalpitnu R., Okinakane R. und Lake, Similkamin, Meehow, Pischone R. und Chelan Lake demselben Arme zu und von NW., aus den Bergen des Washington-Territorium fliesst ihm der Yakima R. zu, der aus Nachess, Atahnama, Pisco und zahlreichen anderen Armen zusammenfliesst und in den Columbia hart oberhalb seiner Verbindnng mit dem Südarm mündet. Die linksseitigen Zuflüsse sind viel geringfügiger, nur Spokane R. mit

Coeur d'Alène und St. Joseph aus den Bitterroot Mts. ist auf dieser Seite nennenswerth. Der Südarm, Snake R. oder Lewis' Fork genannt, hat seine Quellen noch etwas weiter westlich als der Nordarm, in jener vorgeschobenen Gebirgsgruppe, die wir als die Wind River Mts. kennen gelernt haben. Snake und Henry's R. sind die obersten Quellflüsse. Pannack R. aus der Wahsatchkette, Bruneau, Owyhee, Malheur, Burnt, Powder, Grandrond, Wallawalla R. vorzüglich vom Grossen Becken sind Zuflüsse, die auf der linken Seite von S. und W., Malade, Boisée, Salmon, Mormon, Rock, Kuskuski, Cherana-Palouse R., solche, die rechts von N. und S. her aus den Salmon und Bitter Root Mts. einmünden.

Nach dem Zusammenfluss dieser beiden Hauptarme geht der Columbia in wesentlich westlicher Richtung dem Meere zu, ohne aber die Merkmale eines grossen Stromes im Unterlauf so klar auszuprägen, wie die Grösse des Stromgebietes, das hinter ihm liegt, und die Wassermassen erwarten lassen, welche er bis hieher in sich aufgenommen hat. Er bleibt bis zum Meere ein Gebirgsstrom und man hat Recht, sein Stromsystem ein *noch unentwickeltes* zu nennen, da ihm ein so wesentlicher Theil des normalen Stromsystems, nämlich der ruhige, breite, zum Meer hinabgleitende, durch Delta oder Aestuar mündende Unterlauf fehlt. Dass er dem Theile des Felsengebirges, durch den er fliesst, den Namen Cascadengebirge gegeben hat, ist für den Strom selbst ganz bezeichnend. Er ist 1200 m. breit beim Zusammenfluss der Hauptarme, wird aber 150 Kil. unterhalb Ft. Nez Percé bis 75 m. eingeengt und fliesst hier in den *Dalles* (Rinne) zwischen hohen Basaltwänden unter so starker Einengung, dass beim sommerlichen Hochwasser der Wasserspiegel 19 m. über den Winterstand steigt. Bei diesem hohen Stande ist jede Beschiffung unmöglich, bei Niederwasser kann sie bloss unter Schwierigkeiten ausgeführt werden. 60 Kil. unterhalb der Dalles folgen die eigentlichen *Cascades*, durch welche der Columbia das Gebirge verlässt. Er fällt hier auf einer Strecke von 3 Kil. 12—15 m. und macht durch die damit verbundenen Stromschnellen die Schiffahrt unmöglich. In hohen Wasserfällen stürzen in diesem Durchbruch zahlreiche kleinere Zuflüsse dem Columbia zu und die rechts und links aufragenden schneebedeckten Gipfel des Mt. Hood und Mt. Helens rahmen eine der reichsten Flussscenerien Amerika's ein. Indessen sind mit dem Eintritt in das Küstengebiet noch nicht alle Hindernisse umgangen. Schon 15 Kil. unterhalb der Cascaden ragt eine hohe Basaltwand, Cap Hoorn genannt, aus dem Strome hervor und bildet für die Schifffahrt eine schwierige Stelle, wenn der Sturm, vereint mit der Strömung, das Wasser gegen sie antreibt. Von der Länge von 180 Kil., die der Strom von den Cascaden bis zur Mündung misst, fallen 120 Kil. in das Gezeitengebiet und von einigen

Einengungen durch Felsen abgesehen, schwankt die Breite zwischen 4 und 7 Kil. Willamette von S. und Cowlitz von N. sind nennenswerthe Zuflüsse, die er noch auf dieser Strecke empfängt. In den unteren 24 Kil. seines Laufes ist der Columbia durchschnittlich 6 Kil. breit und mit Ausnahme eines Canales an jedem Ufer ganz von einer seichtliegenden Masse von Schwemmgebilden eingenommen. Breite Sandbänke strecken sich von den Vorgebirgen, die seine Mündung einfassen und nur 10 Kil. Raum zwischen sich lassen, ins Meer hinaus, die südliche 8 Kil. lang und 3 breit, die nördliche 6 Kil. lang und 2 breit. Zwischen beiden bleibt ein Canal von ca. 1½ Kil. Breite, vor dessen Mündung eine dritte Sandbank sich angelegt hat. Die Oberfläche der ganzen unter Wasser liegenden Anschwemmung ist nicht mehr als 120 □ Kil.

Flüsse von Californien und Oregon. Californien hat zweierlei Flusssysteme; die einen bewässern das Innere, d. h. die Niederung zwischen Sierra Nevada und Küstengebirg, die anderen haben ihre Quellen an dem seewärts gewandten Abhang des letzteren und fliessen von da nach kurzem Lauf ins Meer. Der ersteren sind es zwei: Sacramento in der nördlichen, S. Joaquin in der südlichen Hälfte des Staates, die von N. und S. zusammenfliessen, beim 38. Breitegrad in der Mitte des Thales von Californien sich vereinigen und in der Bucht von S. Francisco in das Meer ausmünden. Der Sacramento entspringt in und hinter der nordöstlichen Sierra Nevada in den Umgebungen von Mt. Shasta und Warners Range; der an den letzteren entspringende Quellarm heisst Pit R. San Joaquin hat seine sichere Quelle in der Sierra Nevada; in feuchten Wintern, wo er aus den Sümpfen nördlich vom Tulare-See Zufluss empfängt, liegen seine Quellen am Tejon-Pass, aber für gewöhnlich bilden die Flüsse, die in den Tulare-See münden, ein abflussloses System. (S. o. S. 230.) Durch das ganze Gebiet besteht die Regel, dass es der Zuflüsse vom Küstengebirge viel weniger sind als von der Sierra. In der 600 Kil. langen Strecke von Mt. Shasta bis Tejon fliessen etwa 12 Bäche vom Küstengebirg dem Sacramento und S. Joaquin zu, und diess sind meist Fiumaren, während aus der Sierra zahlreiche Zuflüsse und unter ihnen so beträchtliche wie Pit, Feather, Yuba, American, Cosumnes, Mokelumne, Calaveras, Stanislaus, Tuolumne, Merced R. diesen beiden Flusssystemen zuströmen. Nur die südlichsten von ihnen werden im Sommer wasserarm, ohne indessen zu völligen Fiumaren zu werden. Dagegen hat Süd-Californien westlich der Sierra gar keine ausdauernden Flüsse, alle seine Gewässer sind Fiumaren, deren Thäler nur in der Regenzeit mit Bächen, aber allerdings oft sehr stürmischen, erfüllt sind[1]).

---

1) Eine für das Wesen der Fiumaren bezeichnende Thatsache wird vom

Mit seinen Quellen gehört der **Rio Yaqui**, der bedeutendste Fluss von Sonora, noch diesem südwestlichen Theile der Vereinigten Staaten an. Dieselben liegen in den Guadalupe und Chiricahui Mts. und bilden zwei grössere Quellengruppen in oasenartigen Thälern unweit vom Guadalupe-Pass.

Während in Süd-Californien das Hinüberreichen der Wüste bis an den Rand des Meeres die Entwickelung eines Flusssystemes ähnlich dem des S. Joaquin und Sacramento ausschliesst, findet sich in Oregon unter ganz ähnlichen orographischen und noch günstigeren klimatischen Verhältnissen ein ähnliches Flusssystem, das des **Willamette**, der am Cascadengebirge und den Calapoya Mts. entspringt und in westlicher Richtung dem Columbia zufliesst, in den er bei Portland mündet. Zahlreichere Zuflüsse, die er aus dem Küstengebirge erhält, zeigen den Unterschied an, der zwischen dem Ostabhang dieses Küstengebirges in Californien und in Oregon besteht, vorzüglich die reichere, transversale Gliederung dieses Abhanges im Gegensatz zum californischen.

Die Flüsse des Küstengebirges sind in sich sehr verschieden in Richtung, Grösse und Gefäll, aber sie sind im Vergleich zu den anderen kurz und dünn. Ihre Wasserarmuth (südlich vom 38. Breitegrad findet sich keiner unter ihnen, dessen Bewässerung dauernd wäre) lässt die geringere Niederschlagsmenge erkennen, welche das Küstengebirge vor der Sierra auszeichnet. Das Küstengebirge ist reicher an fliessenden Gewässern, die nach aussen, dem Meere zu, als an solchen, die nach innen abfliessen. Aber nicht alle fliessen so kurz und gerade vom Gebirgskamm zum Meere, wie die grosse Mehrzahl der kleinen Küstenflüsse von Washington Terr., Oregon und Californien es in denjenigen Theilen des pacifischen Abhanges thut, wo die Höhenzüge unmittelbar zum Meere abfallen und völlig ohne Längsthäler sind. Dieser einfache Zustand findet sich weder im S. noch im N. und an beiden Enden treten Flüsse auf, die, mit dem Massstab der Küstenflüsse gemessen, hervorragend sind. So der **Salinas**, der zwischen der Sierra Sa. Lucia und der Kette des Mt. Diablo wie in einem Längsthal fliesst und **Eel R.**, der in ähnlicher Weise das Küstengebiet Nord-Californiens bewässert. Wo im Süd-Oregon das Küstengebirge von einer Gruppe unregelmässiger Höhenzüge unterbrochen wird, finden

---

San Diego R. berichtet, in welchem „im December 1849 nach einer regnerischen Nacht, die sein sandiges Bett völlig gesättigt hatte, plötzlich der obere Fluss in Gestalt einer schäumenden Wassermasse erschien, die mit der Geschwindigkeit eines schnellen Fussgängers sich bewegte und bald das Flussbett mit einem raschen Strome füllte. Im folgenden Jahr kam beim Mangel örtlicher Regenfälle das Wasser langsam und mit Unterbrechungen an" (Emory cit. bei Hittell, Resources of California 1874. 4.).

Flüsse, die in der Sierra entspringen, Lücken, um einen kurzen Weg nach dem Meere sich durch das erstere zu bahnen. Klamath, Rogue und Umpqua R. gehören zu ihnen. In Washington Terr., wo dieselbe Auflösung noch weiter schreitet, gibt es ebensowohl Küstenflüsse, die in westlicher, als solche, die in nördlicher Richtung, und zwar letztere von der Olympic Range, nach dem Puget-Sund abfliessen. Unter den ersteren ist Chehales nennenswerth. Cowlitz fliesst von der Sierra dem Columbia zu.

Die Seen. Das Gebiet der Vereinigten Staaten ist sehr seenreich und es wird in dieser Beziehung nur von den nördlich von seinen Grenzen gelegenen Theilen Nord-Amerika's erreicht. Dass die Bodenbeschaffenheit der Bildung und Ansammlung grösserer Massen stehenden oder nur unmerklich abfliessenden Wassers günstig ist, wurde schon hervorgehoben. Leicht geneigte Hochebenen zeigen sich in allen Erdtheilen besonders geeignet, Seen auf ihrer Oberfläche anzusammeln und es ist gerade diese Bodenform, welche in unserem Gebiete in grosser Ausdehnung vertreten ist. Nach ihnen sind die Tiefländer durch Reichthum an Seen ausgezeichnet, aber bei diesen ist häufig die Verbindung mit grossen Flüssen eine zu innige, als dass sie so scharf ausgeprägte Individualitäten zu bilden vermöchten wie die Hochlandseen. Sie sind häufig nur Erweiterungen im Unterlauf der Flüsse und bei manchen ist es schwer zu bestimmen, ob man See oder Sumpf vor sich habe. Auch manche Gebirge sind nicht arm an Seen, sofern ihr Abfall nicht zu steil und ihre Thäler nicht zu eng sind. Endlich gibt es abflusslose Regionen, deren allgemeine Bodengestalt an und für sich der Seebildung vielleicht nicht sehr günstig ist, die aber durch einen erhöhten Rand daran verhindert sind, ihre Gewässer nach aussen zu entsenden, wesshalb dieselben in den tiefstgelegenen Theilen ihres Innern sich sammeln und dort, je nach dem Grade der Verdunstung, Salzseen oder Salzsümpfe bilden.

Wir finden diese vier verschiedenen Arten von Seen, jede in grösserer Zahl, in unserem Gebiete vertreten und vermögen alle Seen, die wir hier zu betrachten haben, ohne Zwang in eine dieser Kategorien: Hochebenen-Seen, Gebirgs-Seen, Tiefland-Seen, Abflusslose Seen einzureihen; jede von ihnen hat ein natürliches Verbreitungsgebiet, welches erkennen lässt, dass diese Unterscheidungen nicht ohne Begründung in der Natur selber sind.

I. Hochebenen-Seen. Im N. der Vereinigten Staaten ragt aus Britisch Nord-Amerika eine breite Hochebene herein, der man wegen ihres Seenreichthums den Namen der *Canadischen Seenplatte* beigelegt hat. Der vorwiegend felsige Charakter, den ihr der geologische Aufbau aus Gesteinen der ältesten Formationen, der huronischen und laurentischen, verleiht, ergänzt sich mit ihrer Bodenbeschaffenheit zu einem Complex von Bedingungen, wie man sie nicht günstiger für die Ansammlung stehender Wasser denken kann. Vielleicht ist, wie wir noch sehen werden, auch die geologische Geschichte dieses Landstriches der Seenbildung zu Gute gekommen. Man könnte den ganzen Theil der Vereinigten Staaten, welcher zwischen Missouri und S. Lorenz-Golf und zwischen der nördlichen Grenze und dem 42. Grad gelegen ist, als Seenplatte bezeichnen. Ungefähr in der Mitte dieses Striches liegt die Gruppe der *Grossen Seen*, dieser typischen Hochebenen-Seen, östlich von diesen finden sich zwei sehr seenreiche Gebiete in Maine und im nördlichen New York, im W. derselben ist der Boden von Wisconsin und Minnesota von unzähligen Seen durchsetzt und auch die Halbinseln, welche die Grossen Seen von einander trennen, sind reich an kleinen Seen. Andere Hochebenen, die im Gebiete der Vereinigten Staaten vorkommen, sind im Gegensatze zu dieser nordischen Seenplatte durch Armuth an Seen ausgezeichnet. Weder die Hochebenen, mit der die Alleghanies nach NW. abfallen, noch die, welche dem Felsengebirge vorgelagert sind, noch auch die grossen Hochebenen zwischen Felsengebirg und Sierra Nevada beherbergen viele von den Seen, welche wir hier als Hochebenen-Seen bezeichnen. Im ersten Fall ist die Neigung zu gross, im zweiten gesellt zu dieser sich die Dürre des Klima's, im dritten haben wir es nur mit der abflusslosen Abart der Hochebenen-Seen zu thun, die gleichfalls sehr oft durch dürres Klima erheblich in ihrer Entwickelung gehemmt sind.

Die Gruppe der Grossen Seen besteht aus folgenden 5 Seen: Oberer See, Michigan-, Huronen-, Erie- und Ontario-See, die zwischen den Breitegraden 49 und 41 und den Längegraden 76 und 93 gelegen sind. Der Obere See reicht am weitesten nach N. und W., der Erie am weitesten nach S. und der Ontario am weitesten nach O. Sie sind so gelagert, dass der Obere See, Michigan- und Huronen-See eine Gruppe für sich bilden, in welcher der erstere und der letztere auf derselben nach SW. offenen Curve liegen, während der zweite von dem Punkte aus, wo sie zusammenhängen, wie ein Anhängsel sich in dem Bogen, den sie bilden, nach S. ertreckt. Die ganze Gruppe gewährt so das Bild eines dreizähligen Pflanzenblattes, dessen Einzelblätter einem gemeinsamen Stiele entspringen. Die andere Gruppe umschliesst Erie- und Ontario-See, die 2 kleineren der 5 Seen, und hängt mit der ersten an der nach S. gewandten Spitze des Huronen-Sees zusammen. Die Richtung, in der diese beiden Seen gelagert sind, ist vollständig die des S. Lorenz, des grossen Stromes, welcher dem Ontario-See entfliesst, nämlich eine nordöstliche und sie scheinen im Gegensatz zu den breiten, geräumigen Becken der drei anderen bereits durch ihre Schmalheit und übereinstimmende Richtung den Uebergang in diesen Strom zu bilden, wie sie denn die untersten der ganzen Gruppe sind. Der Flächenraum, den sie einnehmen, beträgt 230,000 □Kil. (4180 □M.).

Diese Seen liegen in einer Einsenkung der Seenplatte, deren Ränder bezeichnet sind durch den Verlauf der Wasserscheide zwischen den Seen und der Hudsons-Bai einer- und den Seen und dem Mississippi andererseits. Die Höhenverhältnisse derselben entsprechen dem Hochebenen-Charakter der ganzen Landschaft. Zwischen dem Oberen See und dem oberen Lauf des Mississippi besteht die Wasserscheide in Wisconsin aus Flachland, aus dem Bodenwellen von 8 — 10 m. und in seltenen Zwischenräumen lange Höhen von 30 — 60 m. sich erheben. Die Klippen krystallinischen Gesteins, welche am oberen Wisconsin sich ein paar Hundert Fuss über den Spiegel dieses Flusses erheben, sind eine Ausnahme in diesem ganzen Gebiet. Die Wasserscheide hebt sich bei ihnen bis 360 m. über dem Spiegel des Oberen Sees. Der Höhenzug, welcher den Oberen See im Gebiete des Staates Michigan begrenzt und westwärts nach Wisconsin hinüberzieht, übersteigt nirgends erheblich die Höhe von 330 m. Die grösste Erhebung der Huron Mts. geht nicht über 410 m. hinaus und die Trap Range, die sich von Keewenaw Point westwärts erstreckt, erreicht in den Porcupine Mts. 415 m. Diese Höhen, welche den L. Superior an seinem Südrande umgürten, werden in geringer Entfernung vom See erreicht und das Gefäll von ihnen zum Seespiegel hinab ist daher bedeutend (s. o. S. 120). Nicht so rasch, aber von weiterreichender Wirkung ist das Gefäll von diesen hohen Seerändern nach S. zu, welches einer Reihe der bedeutendsten Zuflüsse des Mississippi und des L. Michigan einen vorwiegend südlichen Lauf gibt.

Im Staat Ohio ist die Wasserscheide zwischen Ohio und Erie-See, mit anderen Worten zwischen Mississippi und S. Lorenz eine flache, vorwiegend sumpfige Hochfläche, über die hinweg man in ein paar Stunden von den Anfängen eines Flussgebietes zu denen eines anderen gelangt. Die zahlreichen Erhebungen, welche gepflogen worden sind, um die beiden durch Canäle zu verbinden, haben die Höhe dieser Wasserscheide an verschiedenen Punkten zu 110—115 m. über dem Erie-See und zu 70—165 m. über dem Ohio festgestellt. Dieselbe Wasserscheide ist im Staat Illinois noch schmäler, indem ein Mittelding von Sumpf und See, Petit Lac, sich zwischen die Quelle des Chicago-Flüsschens und des Des Plaines R. einschiebt, welcher dem Illinois und damit dem Mississippi zufliesst. Bei hohem Wasserstand wurde dieser sumpfartige See, der mit den beiden Flüssen in Verbindung steht, schon vor der Canalanlage befahren, welche später auf diesem Wege den Michigan-See mit dem Mississippi verband [1]). Am Ostrand des Michigan-Sees ist die Wasserscheide nicht breiter und beträgt z. B. zwischen Wisconsin und Fox R., wo

---

1) W. H. Keating schreibt von diesem Punkte: „Wir waren entzückt, als wir hier zum ersten Male diese interessante Thatsache der Scheidung von Gewässern, die derselben Quelle entspringen, und ihres Abflusses in verschiedenen Richtungen beobachteten. Wiewohl zur Zeit als wir hier waren, kaum genug Wasser vorhanden war, um unseren Kähnen die Durchfahrt zu gestatten, so konnten wir doch nicht zweifeln, dass der Weg im Frühling ein praktikabler sein müsse". (S. Longs Exped. to S. Peters River 1824. I. 166). Allerdings wird hinzugefügt, dass die *Portage* zwischen den beiden Seen in der trockenen Jahreszeit 30 e. M. breit sei.

eine flache, häufig überschwemmte Prärie eine Portage bildet, nicht mehr als 2500 Yards.

Westlich von hier ist ausser einigen Trapphügeln von 180 bis 500 m., die in der Gegend von Montreal sich erheben und den steilen Thalhängen, die die Flüsse stellenweise in die Driftdecke gegraben haben, kein anderer scharf hervortretender Zug der Oberflächengestaltung zu bemerken, als die aus mittelsilurischem Gestein gebildete Stufe, über welche zwischen Erie- und Ontario-See der Niagara stürzt. Diese Stufe tritt ungefähr in derselben Höhe und Beschaffenheit wie an den Niagarafällen an einer Reihe von verschiedenen Punkten der Seeregion auf. Im W. begegnet man ihr in dem Landstreif, der die Green-Bay vom Michigan-See trennt. Am Südrand der Halbinsel Michigan hinstreichend, hilft sie im Huronen-See die Georgian-Bay abtrennen und zieht durch West-Canada und den Isthmus des Niagara nach dem Hudson-Thale, wo jünger-silurische und devonische Schichten auf ihr die Catskill-Hügel aufbauen, mit denen sie sich dann an das Alleghany-System anschliesst. In der Seeregion spielt diese bemerkenswerthe Stufe desshalb eine so bemerkenswerthe Rolle, weil auf ihrer Höhe die 4 oberen Seen liegen, an ihrer Basis aber der unterste, der Ontario. Der Höhenunterschied beider von 102 m. zeigt den Unterschied zwischen Oberfläche und Basis dieser Stufe, während die Geringfügigkeit des Niveau-Unterschiedes zwischen dem westlichsten und östlichsten der auf der Stufe gelegenen Seen, des Oberen und des Erie-Sees, die nur 10,5 m. beträgt, die weite Erstreckung erkennen lässt, die die Stufe in nahezu demselben Niveau durch zwölf Breitegrade hindurch verharren lässt. Es zeigt sich natürlich auch in der grossen Verschiedenheit des Gefälles der Seen und des S. Lorenz, denn dieses beträgt auf der 1920 Kil. langen Strecke vom Westrand des Oberen Sees bis Quebec zwar durchschnittlich 0,09 m. per Kil., aber während diese Zahl als Mittelzahl gelten kann für das Gefäll vom Fuss der Niagara-Fälle bis Quebec, ist das Gefäll vom Westrand des Oberen Sees bis zum oberen Rand der Fälle nicht mehr als 0,015 m. per Kil.

In anderer Richtung ist der geologische Bau der Seeregion eine Sache von Bedeutung, denn die Lage und Anordnung der

5 Seen ist wohlbegründet in den geologischen Verhältnissen ihrer Umgebungen. Der Nordrand des Oberen Sees in seiner östlichen Hälfte und der des Huronen-Sees besteht aus krystallinischen Gesteinen der eozoischen Formation, der Südrand sämmtlicher Seen aus silurischen und devonischen Gesteinen. Der Obere und der Huronen-See füllen eine Lücke zwischen zwei geologischen Formationen aus, die weit von einander getrennt sind, während die anderen in silurischem wie der Ontario, oder in silurischem und devonischem Gestein wie der Michigan und Erie liegen. Von jüngeren Formationen tritt nur die der Steinkohlen in einem nicht grossen Bezirke der Saginaw Bay (Huronen-See) in die Begrenzung der Seebecken ein. Man wird den Einfluss der geologischen Verhältnisse auf die Lage der zwei nördlichen Seen nicht läugnen; dass aber auch die Lagen- und Gestaltverhältnisse der übrigen Seen nicht unberührt blieben von der geologischen Beschaffenheit ihrer Umgebung, wird die nähere Betrachtung zeigen.

Lake Superior, der Obere See (ind. Kitschigami), ist von Gros Cap bis Fond du Lac 560 Kil. lang und zwischen Grand Island und Neepigon Bay 240 Kil. breit, seine Küste ist 2300 Kil. lang und seine Oberfläche bedeckt 81,000 □Kil. Seine Form ist minder einfach als die der anderen grossen Seen dieser Gruppe, denn zahlreiche Aus- und Einsprünge unterbrechen die allgemeine Halbmondform seines Umrisses. Thunder Bay, Black B. und Neepigon B. am Nordufer, Batcheewagaung und Tequamenon B. am Südostrande, Keweenaw, Chaquamegon und Huron B. am Südrande, Fond du Lac am Westende sind tief eingeschnittene Buchten. Zwischen Keewenaw B. und Chaquamegon B. liegt die Halbinsel Keewenaw und andere grössere Halbinseln, von den zahllosen kleineren Vorgebirgen abgesehen, liegen zwischen Fond du Lac und Chaquamegon B., zwischen Black B. und Neepigon B. Die Umrisse des Südrandes sind weniger zerklüftet als die des Nordrandes. Die Nordufer sind felsig, reich an Vorgebirgen und tiefen Buchten und von zahlreichen felsigen Inseln umsäumt, unter denen St. Ignace an der Oeffnung der Neepigon Bay 440 und Pic Island an der Oeffnung der Thunder Bay 290 m. Höhe erreichen. Hier bilden vulkanische Gesteine den Rand des Seebeckens, aber der Südrand besteht vorwiegend aus silurischen Sandsteinen und Drift-Comglomeraten und ist weniger zerrissen und klippig, sondern von sanften geschweiften Umrissen, die auch an den Inseln sich kundgeben. Die ihm vorgelagerten Apostle Islands, am oberen Ende des Sees gelegen, sind niedrige Sandstein- und Drift-Inseln. Grand Island, in der

Mitte der Längserstreckung des Sees gelegen, ist gleichfalls aus Sandstein aufgebaut, der am Nordrand zu hohen Klippen ansteigt um im S. sich allmählich zum Seespiegel zu senken. Einige niedrige Inseln und Inselgruppen aus Sandstein, die gegen das Ostende zu liegen und gleichfalls in das Gebiet des Südrandes gehören, sind ohne weitere Bedeutung (Sandy I., Maple I., Isle Parisien, Iroquois I., Insel in der Batcheewagaung-Bai am Südostende, Montreal, Lizard und Leech Island am Ostufer). Isle Royale und Michipicoten, die zwei grössten Inseln des Sees, gehören nicht den Küsteninseln an, sondern bestehen aus jungen eruptiven Gesteinen[1]), die sich zum Theil nördlich vom See wiederfinden. Isle Royale ist 72 Kil. lang und 11 Kil. breit und bedeckt 475 □Kil. Ihr Bau ist ein sehr eigenthümlicher durch die Nebeneinanderlagerung einer grösseren Anzahl von Felskämmen, die bis zu 180 m. hoch sind und parallel mit der Längsaxe der Insel verlaufen. Indem sie aus einer Grünsteinvarietät bestehen, welche härter ist als die, welche in den tieferen Theilen der Insel sich findet, setzen sie dem Zerfall einen grösseren Widerstand entgegen und es kommt dadurch, dass sie in Form von Eilandketten weit über die Enden der Insel hinaus, aber streng in derselben Richtung wie sie fortstreichen. Im Innern der Insel sind die Zwischenräume zwischen diesen härteren Kämmen mit Seen, nassen Prärien und Sümpfen erfüllt. Michipicoten I. ist eine Grünsteinmasse von 240 m. Höhe und 28 Kil. Länge, die nichts von den Eigenthümlichkeiten des Baues von Isle Royale besitzt. Das lange Riff Stannard Rock in Mitten des Sees ist ein Sandsteinfels, der durch Einwirkung vulkanischer Hitze gehärtet ist[2]).

Die beckenartige Umrandung gestattet dem Oberen See kein weit ausgedehntes Zuflussgebiet. Er ist überall in nicht sehr grosser Entfernung von seinen Ufern von hohen felsigen Rändern umzogen. Ein Granitzug sondert im N. und W. die Zuflüsse des L. Superior von denen der Hudson-Bai und des Mississippi und bildet ²/₃ der Länge des canadischen Ufers. Am Südrand bildet ein anderer Granitzug die Höhen, denen die Huron Mts., Gruppen gedrängter, rundkuppiger Hügel, angehören. Einem Trappzug, der von Keewenaw Point westwärts zieht, gehört die halbmondförmige Gruppe der Porcupine Mts. an. Einige verhältnissmässig nicht unbedeutende Erhebungen bilden auch die Driftablagerungen in der Nähe des Sees und es bestehen z. B. Grand Sable (105 m.) und Point Iroquois (108 m.) ganz aus glacialem Schutt.

L. Superior empfängt seine Wasser aus mehr als 80 Flüssen, unter denen indessen kein einziger stromartige Grösse erreicht. Die Wasserscheiden, welche seine Zuflüsse von denen der übrigen Seen und der benach-

1) S. Geologische Karte der Isle Royale in Foster and Whitney, Rep. on Geol. of L. Superior Land Distr. 1850.

2) Foster and Whitney a. a. O. I. 20.

barten Stromsysteme des Mississippi und Red. R. sondern, bilden gleichsam einen zweiten erhöhten Rand, der in geringer Entfernung von dem eigentlichen Rande des Sees diesen umzieht und im S., O. und W. demselben am nächsten bleibt. Von W. kommt der S. Louis R., dessen Quellen, da sie am weitesten westlich gelegen sind, gewöhnlich als die Quellen des S. Lorenz-Stromes betrachtet werden. Bei seiner Einmündung in den See hat dieser Fluss eine Nehrung gebildet, hinter welcher eine lange Lagune, die mit der Küstenlinie des Sees parallel läuft, wie eine Art Mündungs-Reservoir des Flusses erscheint. Diese Lagune ist z. Th. von Sümpfen umgeben, die nach Lage und Beschaffenheit als Produkte der ausfüllenden Thätigkeit des Flusses erscheinen, und eine Bank mit 2,6 m. Wasser liegt in ihrer Mündung. Sie ist an einigen Stellen 7—8 m. tief, aber ihre mittlere Tiefe ist auf nicht mehr als 3—4 m. zu veranschlagen. Auch weiter oben im Fluss finden sich stellenweis noch tiefe Stellen bis zu den Stromschnellen der sog. French Rapids, aber dieselben wechseln häufig mit Untiefen, so dass für mehr als 1,8 m. tief gehende Fahrzeuge hier keine Schifffahrt möglich ist. Der Ontonagon ist der grösste der von S. kommenden Zuflüsse; er entsteht aus drei Armen, deren einer einem grösseren Binnensee, dem Agogebic oder Kleinen Fischsee entfliesst, der ca. 210 m. über dem Niveau des S. Superior liegt. Das Gebiet, das dieser Fluss mit allen seinen Zuflüssen einnimmt, ist nicht mehr als 2080 □Kil. gross, aber er ist für die Schifffahrt wichtig durch den Hafen, den seine Mündung bildet. Montreal, Black und Presqu'Isle R. sind weitere südliche Zuflüsse des S. Superior von etwas mehr als der gewöhnlichen Länge und Breite und von dem ersteren ist besonders hervorzuheben, dass er mit einem Katarakt von 27 m. Höhe in den See mündet. Sturgeon R., der in Keewenaw Bay mündet, ist der Ausfluss des Portage Lake, eines Sees von ca. 30 Kil. Umfang, der quer über der Basis von Keewenaw Point liegt. Die Portage zwischen dem Nordwestende dieses Sees und dem L. Superior, von dessen Ufern er hier kaum 1 e. M. entfernt ist, bildete schon zur Zeit der Entdeckung dieser Region einen wichtigen Uebergangspunkt des Verkehres zwischen dem Seegebiet und den westlicher gelegenen Gegenden. Oestlich von Keewenaw Point münden zahlreiche kleine Flüsse, deren Quellen ausnahmslos auf dem Scheitel der erhöhten Uferumrandung liegen und die daher einen kurzen und raschen Lauf haben, der sie werthlos für die Schifffahrt macht. Einige von ihnen bilden indessen an ihren Mündungen brauchbare Ankerplätze. Tequamenen oder Tahquamenaw R., der in die gleichnamige Bai mündet, ein 105 Kil. langer, theilweis schiffbarer Fluss, ist noch unter den Flüssen der Südküste hervorzuheben.

St. Mary's R., welcher L. Superior mit L. Huron verbindet, ist erst ein ostwärts gerichteter vielgewundener, seichter, 1—2 Kil. breiter Canal.

Bei St. Marys Falls (Sauts Ste. Marie) stürzt er 5,6 m. über eine Sandsteinbank, theilt sich dann in 2 Arme, welche in vorwiegend südlicher und südöstlicher Richtung die Insel Sugar I. umfliessen, und deren nördliche sich zum Little L. George, der südliche zum Mud L. erweitert. Sie umfliessen weiterhin Neebish I. und St. Josephs I. und münden in den Huron L., indem der nördliche in denjenigen Theil mündet, welcher als Georgian B. bezeichnet wird, während der südliche seine Wasser dem eigentlichen L. Huron zuführt. Der ganze Canal ist im Vergleich zu den beiden Seen, die er verbindet, seicht zu nennen, seine tiefsten Punkte gehen nicht über 20 m. hinaus und sein Fahrwasser ist von beiden Seiten her, mit Ausnahme der Stromschnellen, von flachen weit hereinragenden Ufern eingeengt. Indem die Inseln, welche in St. Marys R. begannen, sich in Drumond I., Cookburn I., Manitoulin I., Fitzwilliam I. und kleineren fortsetzen und auf die von S. hereinragende Halbinsel zulaufen, sondern sie den ganzen See der Breite nach in jene zwei Abschnitte der Georgian Bay und des eigentlichen L. Huron, welche im Kleinen ähnlich zu einander gelagert sind, wie L. Superior und L. Michigan.

L. Huron, der Huronensee, ist ca. 400 Kil. lang und mit Georgian Bay 300 Kil. breit, und seine Oberfläche bedeckt 52,000 □Kil. Er empfängt seine Wasser ausser aus dem L. Superior auch aus dem L. Michigan durch die Mackinaw-Strasse; seinerseits steht er mit dem Erie-See in Verbindung durch St. Clair R. In Lage, Umriss und Küstengestaltung ist er das Gegenstück des L. Superior. Gleich ihm ist er reich an Halbinseln, Buchten und Inseln. Georgian Bay, eine Bucht von 270 Kil. Länge und 115 Kil. Breite, bildet seinen nordöstlichen Abschnitt. Saginaw Bay bildet einen tiefen und breiten Einschnitt in seinem Westrande. Matchedash und Nottawasaga Bay sind kleinere Buchten an der Nord-, Thunder Bay eine ebensolche an der Westküste. Von Zuflüssen des Huronen-Sees sind nennenswerth French R., der den Nipissing-See und einige kleinere canadische Becken, und Severn, der den Simcoe-See drainirt. Beide münden in die Georgian Bay.

Ein Canal von 60 Kil. Länge und 6 Kil. Breite, Straits of Mackinac, verbindet den L. Huron mit dem L. Michigan, der 57,000 □Kil. bedeckt. Von den Inseln, die an seiner schmalsten Stelle liegen, ist Bois Blanc eine bewaldete Fläche von 40 Kil. Umfang, die grösste, während Mackinaw, die nur 5 Kil. im Durchmesser und 95 m. Höhe misst, durch ihre beherrschende Lage (*Gibraltar of the Lakes*) die wichtigste ist. Die Ufer des L. Michigan lassen in ihren sanft geschweiften Umrissen nicht den Unterschied verkennen der zwischen dem geologischen Bau seines Beckens und demjenigen des L. Superior besteht. In seine Umrandung treten nur Sedimentärgesteine und zwar von vorwiegend lockerer und weicher Beschaffenheit ein. Daher sind die Ufer flach, der

See selber in ihrer Nähe seicht, die Landzungen und Buchten selten, die Inseln sparsam vertheilt und klein und nur an den Oeffnungen nach der Green-Bai und nach dem Huron L. zu grösseren Gruppen vereinigt. Der hervorragendste Zug in der Umrissgestaltung dieses Sees ist die Bucht Green Bay, die durch zwei von N. und S. zusammenstrebende Landzungen und durch zwischen ihnen liegende Inseln (Potawatomee-, Rock-, Summer Island u. a.) im O., von der Küste von Wisconsin im W. begrenzt ist. Traverse Bay ist in den Nordwestrand der Halbinsel Michigan eingeschnitten. Noquet Bay liegt nördlich der Green-Bai gegenüber. Die einzige grössere Inselgruppe des Sees ausser der ebengenannten ist die Gruppe der Beaver I[s], die zusammen mit den Fox und Manitou I[s] in der Nordhälfte des Sees liegen.

Die Region der grössten Zuflüsse des Michigan liegt im NW., von wo ihm zunächst der Menomonee R. zuströmt, der aus dem Brulé und Pine R. entsteht und dessen Stromgebiet 7000 □Kil. einnimmt. Brulé R. hat seine Quelle im gleichnamigen See und empfängt einen Hauptzufluss, Mequacumecum, von N. her; beide bildeten in Indianerzeiten wichtige Wege für den Verkehr zwischen den Gegenden westlich vom Michigan und südlich vom Superior. Der östliche Arm des Menomonee ist der Machigamig R., dessen Quellen in den Huron Mts. 380 m. über dem Seespiegel liegen und von dem L. Machigummi (310 m. über L. Superior) eine Erweiterung darstellt. Der Menomonee selbst ist eine Kette von Stromschnellen und Katarakten, die ihm trotz seiner bedeutenden, stellenweis in 200 m. Breite daherflutenden Wassermassen keine Bedeutung für den Verkehr gewinnen lassen. Great und Little Benkuenesec Falls sind pittoreske Wasserfälle dieses Flusses. Nach S. folgt Fox. R., der Ausfluss des Winnebago-Sees, aus dem er in nordöstlicher Richtung der Green-Bai zufliesst. Dieser See empfängt seine Wasser aus N., W. und S. durch die Hauptzuflüsse Wolf und Waupaca R. und aus den Green Lakes. Seine Länge beträgt 360 Kil., sein Stromgebiet umfasst 16,700 Kil. Milwaukee (120 Kil.), Manitowoc und Sheboygan R. gehören zu den unbedeutenderen Zuflüssen, welche der L. Michigan von W. her empfängt. Am Südrand ist der kleine Chicago R. bedeutend für den Verkehr durch die Canalverbindung mit dem Mississippi geworden. Am Ostrand empfängt der Michigan-See den grösseren Theil des Abflusses der Halbinsel Michigan. Manistee, Maskegon, Grand, Kalamazoo und Josephs R. erstrecken ihr Quellgebiet über die Westhälfte der Halbinsel hinaus und lassen dem Huronen- und Erie-See nur die kleinere Hälfte übrig.

St. Clair R. führt aus dem Huronen-See nach dem Erie-See als ein zuerst völlig flussartiger, in der Mitte des Isthmus zwischen beiden Seen sich zum See (St. Clair L.) erweiternder Canal, der von besonderer Bedeutung für die Seeregion wegen seiner Schiffbarkeit ist. Bei einem glatten Gefäll von 0,06 m. per Kil. neben bedeutender Tiefe und Breite ist dieser Canal der einzige von Natur schiffbare Verbindungsweg zwischen zwei Seen, der in der ganzen Region zu finden. Detroit R. bildet den unteren Theil dieser Verbindung. 0,8—5 Kil. breit und 35 Kil. lang, fliesst er vom St. Clair L. aus in südwestlicher und südlicher Richtung zum L. Erie und hat auf der ganzen Strecke nicht mehr als 0,6 m. Fall. In der bedeutenden Tiefe, die seine Schifffahrt völlig hindernisslos macht, in der Geringfügigkeit seiner Niveauschwankungen, deren mittlere jährliche Grösse 0,5 m. nicht überschreitet (sie hob sich nicht über 2,5 m. zwischen den mehrerwähnten (s. u. S. 249) extrem niederen und extrem hohen Wasserständen von 1819 und 1838), endlich in dem Unterschied der Ufer, die auf der Westseite flach und z. Th. sogar sumpfig, auf der Ostseite steil und felsig sind, bekundet auch dieser kurze Fluss seine Zugehörigkeit zu dem System der Grossen Seen. Einige kleine Zuflüsse, die er empfängt (R. Rouge bei Detroit, R. aux Canards auf der canadischen Seite) sind kaum nennenswerth. Ausser einigen kleinen Eilanden umschliesst der Detroit R. eine grössere Insel, Grosse Isle, die an seiner Mündung in den L. Erie gelegen ist.

L. Erie, der südlichste See des S. Lorenz-Systems und der zweitletzte in der Seenkette, ist 405 Kil. lang, 50—90 Kil. breit, misst 1050 Kil. im Umfang und bedeckt 24,000 □Kil. Oberfläche. Er ist also kleiner als die drei nördlichen und westlichen Seen, doch grösser als L. Ontario, der nächstöstliche. Seine schmal-elliptische Form und die Einfachheit seiner Umrisse lässt ihn ebenso wie den L. Ontario bereits als eine Uebergangsform vom See zum Strom erscheinen. Nur einige kleinere Vorsprünge und Einbuchtungen (South Foreland oder Point Pelée, Languard Point, North Foreland oder Long Point am Nordufer, Miami Bay und Sandusky Bay am Südufer, Pigeon Bay am Westrande), ferner eine Inselgruppe im westlichen Theil zwischen S. Foreland und Sandusky Bay gelegen (Point Pelée I. mit 24 Kil. Umfang), bringen einige Gliederung in die im Ganzen sehr einfachen Umrisslinien dieses Sees. Seine hervorragendste Eigenthümlichkeit, die ihn von den sämmtlichen anderen Seen des Systems unterscheidet, ist aber seine geringe Tiefe, die nur am unteren Ende über 35 m. hinausgeht und die begleitet ist von einer schlammigen Beschaffenheit des Bodens, welche ebensowenig bei den anderen Seen gefunden wird[1]). Man pflegt den See nach den verschiedenen Tiefen

1) Diese schlammige Beschaffenheit des Seebodens im L. Erie ist sicherlich nicht bloss durch den Absatz der Schwemmstoffe bedingt, welche aus den drei höher gelegenen Seen und den wenigen einmündenden Flüssen herabkommen, sondern zu einem erheblichen Theile tragen die aus leicht zerbröckelndem Kalkstein bestehenden Ufer dazu bei. Längs der Ufer bilden die Zersetzungsprodukte

in mehrere Abschnitte zu theilen, die gewissermassen terassenartig auf einander folgen. Der Theil von Point Pelée aufwärts hat flachen Boden von 8—10 m. Tiefe, der Boden der mittleren Abtheilung, die sich von der genannten Insel bis Long Point erstreckt, ist gleichfalls flach und geht zu 20—24 m. herab, und der des dritten, untersten Abschnittes, welcher erhebliche Ungleichheiten aufweist, erreicht stellenweise in den untersten Theilen 70 m. Tiefe. In der Nähe der Ufer sind die Tiefen durchaus gering[1]). Bedeutende Zuflüsse erhält der L. Erie weder von der canadischen, noch von der amerikanischen Seite. Nennenswerth sind Grand R. (195 Kil. lang), der am Nord-, Maumee und Sandusky R., die am Südufer einmünden.

Das Wasser des Erie-Sees führt der Niagara R. in den Ontario-See. Er hat dabei jenen Höhenabstand zu durchmessen, der dem letzteren See sammt dem S. Lorenz-Becken von den vier oberen Seen trennt (s. o. S. 240). Die Schranke, die dieser Abstand ihm entgegenstellt, gehört silurischen Gesteinen und zwar vorwiegend den Formationsgliedern des Medina-Sandsteins, der Clinton-Gruppe, des Niagara-Schiefers und des Niagara-Kalkes an. Unter ihnen liegen untersilurische Schichten, die das Bette des Ontario-Sees, über ihnen obersilurische (Helderberg-Gruppe), die das des Erie-Sees bilden. Die Wand des Niagara-Falles und die steilen Wände, die den Niagara-Fluss bis zu seiner Mündung in den Ontario einengen, zeigen den Abbruch dieser Schichten, dem man ansieht, dass er durch Eingriff von aussen her und zwar, wie der Augenschein zeigt, durch Erosion entstanden ist. Der Gesteinsbeschaffenheit nach ist dieser Schichtencomplex vortrefflich geeignet, den Gegenstand einer mächtigen erosiven Thätigkeit zu bilden, denn über schiefrigem nicht sehr festem Sandstein liegen weiche Schiefer, welche ihrerseits von quadrig brechendem Kalkstein bedeckt sind. Der Gang der Erosion ist demnach in der sehr effektiven Form eines Bergrutsches zu denken: Die weichen Schiefer werden durchtränkt, erweicht und weggewaschen, kaum minder rasch der Sandstein an ihrem Grunde, und der Kalkfels, der die Hauptmasse der zu zerstörenden Felswände bildet, bricht dann zusammen, da er ohne Unterlage ist.

---

der Kalkstein- und Schieferschichten hohe Bänke, in welche die einmündenden Bäche tief einschneiden. Unterirdische Wasserläufe höhlen sie aus und machen Landschlüpfe zu einer nicht seltenen Erscheinung. Bei stürmischem Wetter trägt das Wasser des L. Erie meilenweit von den Ufern eine dicke Schlammfarbe und wo die Ufer aus so lockerem Material bestehen, wie in der 60 Kil. langen und stellenweise 25 m. mächtigen Driftbank des Südostufers, graben die Wellen bei jedem Sturme sichtbare Zeichen ihrer Thätigkeit ein.

1) Lt. H. W. Bayfield's Karte (Brit. Adm.) gibt als mittlere Tiefe des L. Erie 13—17 Faden an und diess kann als Mittelzahl noch heute als richtig gelten.

Der Niagara R. fliesst bei seinem Austritt aus dem Erie-See die ersten 3 Kil. ziemlich rasch, erweitert sich dann, nachdem er die Insel Grand Island umflossen hat, bis zur Breite von 3—4,5 Kil. und erscheint hier fast wie ein ruhiger See voll kleiner flacher Inseln. Von Black Rock am Austritt aus dem Erie-See bis zum Anfang der Stromschnellen beträgt der Fall nicht mehr als 4,6 m. Aber in den Stromschnellen, die dem eigentlichen Fall vorangehen, durcheilt der schmäler werdende Fluss auf der kurzen Strecke von 1500 m. einen Fall von 16 m. und stürzt dann über die Felsenschranke 48,7 m. tief ab. Durch eine tiefe Schlucht von 2—400 m. Weite eilt der Strom den Ontario-See zu, indem er auf der Strecke von den Fällen bis Queenstown (11 Kil.) einen Fall von 31 m., in den 11 Kil. aber von Queenstown bis zum Ontario-See nur von 1,2 m.

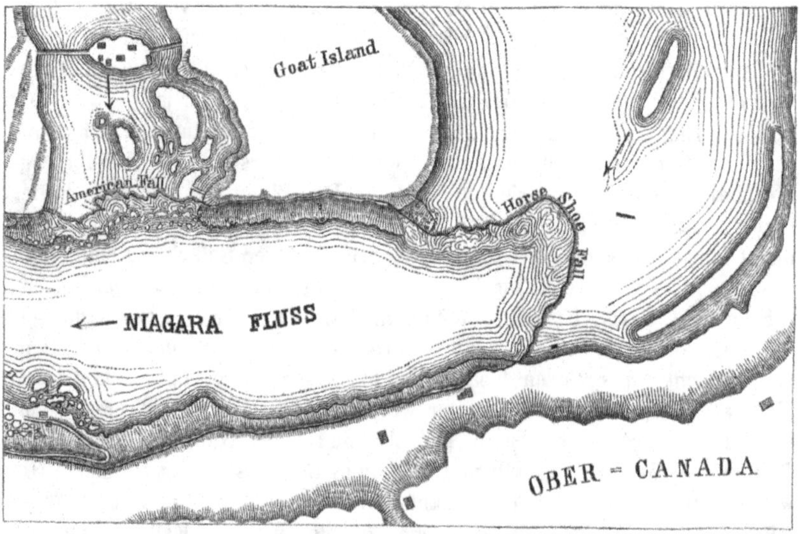

Fig. 12.

überwindet, so dass auch dieser Abschnitt zu einer Kette von Stromschnellen in seiner oberen Hälfte wird. 2 Kil. unterhalb des Falles, wo das bis dahin enge Bette sich rasch erweitert und in einem rechten Winkel abbiegt und ferner der aus härterem Stein bestehende Thalgrund sein Bett nicht eben so tief werden lässt wie weiter oben und unten, stürzt der Strom unter heftigem Wirbeln und Branden über zahlreiche Blöcke hinweg, die seinen Lauf hemmen. Man nennt diese Stelle die **Whirlpool Rapids.** Die Wassermasse, welche der Niagara führt, ist verschieden geschätzt worden. Die sicherste Schätzung ist die Barrett's, welche zu 554,000 Cubikm. per Min. gelangt[1]). Der Fall des Niagara besteht aus zwei durch eine Insel getrennten Fällen, deren grösserer Horseshoe Fall, der zu Canada gehört, 550 m. breit ist, während der kleinere American Fall nur 180 m., die Insel zwischen beiden aber ungefähr 500 m. breit ist.

L. Ontario, der letzte und kleinste in der Kette, hat 290 Kil. Länge bei 55 Kil. mittlerer Breite und bedeckt 16,200 □ Kil. Oberfläche. Ganz wie der Erie ist er von halb stromartigem, schmalem und regelmässigem Umriss und seine Ufer, die den Schichten der Silurformation, vorzüglich den unteren Kalksteinen angehören, sind nirgends klippig oder steil; sie steigen im N. ohne Unterbrechung zu breiten sanften Ebenen an, während dem Südufer entlang eine alte Küstenlinie in 5—12 Kil. Entfernung vom heutigen Ufer in Gestalt eines 50—60 m. hohen, aus Sand- und Kiesablagerungen bestehenden Höhenzuges gelagert ist; sie bildet als *Lake Ridge* einen hervorragenden Zug in der Oberflächengestaltung des nordöstlichen New York. Nur der nordöstliche Abschnitt des Sees ist reich gegliedert, indem dort, offenbar durch Hereinziehung eines Theiles des an kleineren Seen überreichen Gebietes zwischen Ottawa und S. Lorenz in die Umgrenzung des Ontario, tiefe Buchten eingreifen (Bay of Quinté, Pr. Edward Bay, Chalmont Bay, Hay Bay), welche ausser einigen kleineren Landzungen die Pr. Edwards-Halbinsel abgliedern und eine Reihe von Inseln bilden, unter denen Amherst I. und Galloo I. hervorzuheben sind. Nach Lage, Grösse und geologischem Bau finden diese Inseln ihre Fortsetzung in der Gruppe der Thousand Islands, die die Mündung dieses Sees in den S. Lorenz R. einnehmen, und von denen Wolfe I. noch halb zum See und halb zum Strom gehört. Die durch zwei Landzungen abgesonderte westliche Ecke des Ontario wird Burlington Bay genannt. An Tiefe überragt der Ontario trotz seiner tieferen Lage um ein Erhebliches den Erie-See; man gibt seine Durchschnittstiefe auf 150 m. an, was bei dem Umstand, dass seine Meereshöhe nur 70 m. beträgt, ein Hinunterragen unter den Meeresspiegel um mehr als seine halbe Tiefe bedeutet. In die westliche Hälfte des S. Ontario fallen weder von N. noch von S. grössere fliessende Gewässer mit Ausnahme des Niagara. Aber die Osthälfte empfängt von S. den Genesee und Oswego und von O. den Black R., welches grössere Flüsse des nördlichen New York sind und die Wasser einiger grösseren Seen dieses Theiles der Vereinigten Staaten (s. u. S. 258) in den Ontario führen. Am Nordrand mündet der weit hinauf schiffbare Trent R., der einige Seen von Ober-Canada, vorzüglich Rice und Sturgeon L., drainirt.

Im Ganzen und Grossen wird die Wassermenge dieser Seenkette denselben Gesetzen gehorchen, wie die irgend eines grossen Stromes, denn

1) Geol. of New York IV. 401.

sie selber stellt ja in der That nur eine Reihe von Erweiterungen im Bette eines grossen Stromes dar. So hat sie denn ihre Oscillationen und am Erie-See schwankt z. B. nach langjährigen Beobachtungen der jährlich niederste Wasserstand von November bis März und entfällt am häufigsten auf Januar, während die Zeit des höchsten Wasserstandes zwischen Juni und August variirt und ebenso häufig in den Juni wie den Juli fällt. Aus den vor 1851 angestellten Beobachtungen gab man die mittlere Grösse der jährlichen Schwankung für Cleveland (Erie) zu 0,4 m., für Buffalo zu 0,27, die grösste Differenz zu 0,67 für den ersteren und 0,39 für den anderen Ort. Grössere Perioden des Fallens und Steigens scheinen gleichfalls Perioden reicherer und geringerer Niederschläge zu entsprechen. So beobachtete man in Detroit einen niedersten Wasserstand im Sommer 1819, einen höchsten im Herbst 1838 und zwischen beiden Extremen, die 1,6 m. auseinanderlagen, fand ein allmähliches Steigen vom Minimum bis zum Maximum statt. Von 1838 bis 1841 fiel das Niveau allmählich, 1842 hob es sich ein wenig und von 1843—51 sank es neuerdings.

Schon früh wurde man auch auf seltsame Bewegungen ihrer Wasser aufmerksam, welche, wie häufig auch beobachtet, noch heute nicht genügend erklärt sind. Im Ontario beobachtete schon Charlevoix „eine Art Strom und Rückstrom, indem die Klippen in der Nähe der Ufer im Zeitraum einer Viertelstunde mehrmals von Wasser überflutet und wieder entblösst wurden, wenn auch im Uebrigen der Spiegel des Sees vollkommen glatt war“. Mackenzie beobachtete ein solches mehrere Stunden währendes Oscilliren bei Grand Portage im L. Superior. Bradstreet war Zeuge einer plötzlichen Anschwellung des L. Erie, die so stark war, dass sie einige Boote ans Ufer warf, ohne dass man eine sichtbare Ursache für sie hätte angeben können. Besonders in den Flussmündungen machen sich solche Anschwellungen bemerklich und nehmen dort völlig die Gestalt der *Bores,* jener mächtigen Flutwellen an, die man in den Flussmündungen der Küsten mit starken Gezeiten wahrnimmt. Bei ruhigem See beobachtete Gov. Clinton eine plötzliche Schwellflut dieser Art von 9 e. F. in der Mündung des Otter Creek am L. Erie und dieselbe wurde noch an einigen anderen Flussmündungen in ähnlicher Stärke beobachtet. Aehnliche Erscheinungen berichtet Cass vom L. Michigan. Whitney und Foster beschreiben eine ganze Reihe solcher plötzlichen Niveauschwankungen, die sie am L. Superior beobachteten [1]) und die im Sachlichen mit den älteren Beobachtungen übereinstimmen. Auch die bemerkenswerthe Thatsache, dass häufig auf eine solche plötzliche Niveauschwankung ein Sturm folgt, ist schon vor ihnen beobachtet, wie denn schon Prof. Mathes in der Green-Bai einen Zusammenhang zwischen Schwankungen des Seeniveau und des Luftdrucks

1) Rep. on the Geol. and Top. of L. Superior Land-District 1850 I. 51.

nachzuweisen versuchte[1]). Jährliche Niveauveränderungen sind in allen fünf Seen mit Bestimmtheit nachzuweisen und zwar, wie zu erwarten, im Zusammenhang mit den Aenderungen der Wassermassen, die die Zuflüsse herbeibringen. Die Vergleichung mit den meteorologischen Beobachtungen hat keinen Zweifel darüber gelassen, dass dieselben von der grösseren oder geringeren Menge der Niederschläge abhängen. Man hat auch von Schwankungen gesprochen, die in bestimmten grösseren Zeiträumen (5—7 Jahre) sich bewegen sollten, aber die Beobachtungen haben sie nicht bestätigt. Die Beobachtungen, welche Prof. Dewey von 1845—59 an der Mündung des Genesee R. angestellt hat, bestätigen die Richtigkeit vorgenannter Resultate auch für den Ontario. Auch hier war von keinem periodischen Steigen und Fallen die Rede, sondern die Schwankungen des Seespiegels, die nicht über 1,4 m. hinausgingen, erwiesen sich durchaus als von den gewöhnlichen Ursachen der Trockenheit und der starken Niederschläge abhängig.

Unvollständige Beobachtungen über Gezeiten in den Grossen Seen wurden schon frühe gemacht. Dablon's (1670), P. André's (1672) und D. Hontan's (1689) Berichte enthalten Mittheilungen über regelmässige Bewegungen, die auf Ebbe und Flut zu deuten scheinen, die sie indessen nicht von unregelmässigen, durch Winde und Strömungen erzeugten Bewegungen zu sondern vermochten. In neuerer Zeit sind die einschlägigen Beobachtungen systematisch angestellt worden und als Resultat derselben fand J. D. Graham 0,14 e. F. oder $1^3/_4$ e. Z. als die mittlere Höhe der halbtägigen Flutwelle im Lake Michigan und für die Zeit ihres Eintrittes 30 Minuten nach dem Meridiandurchgang des Mondes; den Unterschied zwischen Ebbe- und Flutstand weist er zu 0,25 e. F. nach und meint, es sei wahrscheinlich, dass „wenn man die Wirkungen der Winde und aller anderen Störungen aussondern könnte, welche unregelmässige Schwankungen des Seespiegels veranlassen, eine halbtägige Mondflut von $^1/_5$ (e.) F. nachzuweisen möglich sei“[2]).

Die Meinung G. M. Dawson's (Nature 30th April 1874), dass die Fluktuationen der Grossen Seen mit den Sonnenflecken-Perioden zusammenhängen, ist einstweilen nur als ein interessanter Versuch zu verzeichnen.

Bei Untersuchungen der Tiefen des Lake Superior, die 1871 vom Lake Survey unternommen wurden, stellte es sich heraus, dass alle tieferen Theile (169 Faden ist die grösste Tiefe) mit einem gleichmässigen, thonigen Niederschlage bedeckt sind, der sehr zart und von graulicher oder bläu-

---

1) Ebendaselbst sind zahlreiche ältere Beobachtungen dieser Erscheinung mitgetheilt. Siehe auch die Zusammenstellung Gov. Clinton's in Trans. N. York Lit. and Phil. Society II. 1.

2) J. D. Graham, A. Lunar Tidal Wave in Lake Michigan. Philad. 1860. 5.

licher Färbung ist. Unterhalb 30—40 Faden nahm man keine Abweichung von der Temperatur von 4° wahr, während zur Zeit dieser Beobachtungen (August) die Oberflächentemperatur zwischen 10 und 13° schwankte.

Die kleinen Hochebenen-Seen. Die Hochebene, in welcher das Bett dieser Grossen Seen durch einen Verein unter- und oberirdischer Kräfte ausgehöhlt ist, hat die seenerzeugende Fähigkeit, welche ihrer Bodenform und Bodenbeschaffenheit innewohnt, in diesen Riesenbecken nicht erschöpft. Wie sie selber nur das Südende einer grossartigen nordamerikanischen Seenregion bilden, so gibt es auch Seen in Menge ausserhalb ihrer fünfgliedrigen Gruppe, und besonders nach NW. hin, in der Richtung der anderen grossen Seen von Britisch-Nordamerika, bilden Tausende von grossen und kleinen stehendeu Gewässern gewissermassen ein Mittelglied zwischen diesen und den nordwestlich von hier gelegenen grösseren Seen der Winnipeg-Gruppe. Das Land ist nördlich vom St. Croix und vom Wisconsin so bedeckt mit Seen, grossen und kleinen, dass es stellenweis unmöglich ist, nach irgend einer Richtung 10 Kil. zu gehen, ohne auf einen derselben zu stossen. In Minnesota allein zählt man beiläufig 10,000 Seen, unter denen eine ganze Anzahl von mehr als 200 □Kil. sich befindet. Wir haben in Europa nur auf der finnischen Seenplatte eine entfernt ähnliche Ansammlung stehender Wasser. Einige von diesen Seen sind wichtig als Quellbecken beträchtlicher Flüsse, einige wegen der Erleichterung, die sie dem Verkehr bieten, andere durch gewisse Eigenthümlichkeiten in ihrer Beschaffenheit. Man kann sie nach ihrer geographischen Verbreitung in verschiedene Gruppen theilen, deren eine von den Seen des Nordwestens und der westlichen Seenregion, die andere von den Seen der nördlichen Hochlandschaften der Alleghanies gebildet würde. Eine andere Eintheilung aber, die wir bei Norwood finden, geht tiefer in ihren Bau und gegenseitige Lagerung ein. Dieser Kenner der Seeregion theilt in seiner eingehenden Beschreibung des Nordwestens[1]) die Seen dieser Gegenden in zwei grosse Gruppen, solche, die unter sich und mit Flüssen zusammenhängen, gewissermassen Ketten bilden, und isolirte, die sichtbaren Ab- und Zuflusses entbehren. Jene Abflussseen sind besonders zahlreich in den Quellgebieten der

1) D. D. Owen, Report Geol. Surv. of Wisconsin etc. Phil. 1852. 218.

Flüsse, die dem Gebiet des Oberen Mississippi, des Red R. und des Oberen Sees angehören. Die Seen der Mississippi-Quellen (s. S. 166) geben ein gutes Beispiel der Form- und Grössenverschiedenheit, welche für diese Art sehr bezeichnend ist. Grosse und kleine Seen von höchst mannigfaltigen Formen, verbunden durch seichte und schmale Bäche, die oft nicht einmal für ein Birken-Canoe Fahrwasser genug bieten, seicht, inselreich, dicht bestanden mit ganzen Feldern des sogen. Wasserreises (Zizania aquatica), wo sie Erweiterungen von Bächen sind oder in Bewegung erhalten werden durch Bäche, welche sie durchströmen — bilden sie ein vollkommenes Netz über dieses weite Gebiet, dessen einzelne Faden- und Maschengruppen jeweils bestimmt sind durch die Zugehörigkeit zu einem Flusse oder Bache und untereinander zusammenhängen durch Seen von nur zeitweiligem und in der Richtung zweifelhaftem Abfluss oder durch Seen, welche durch ihre Lage auf Wasserscheiden, also zwischen Quellgebieten verschiedener Flusssysteme, dazu befähigt sind, bei hohen Wasserständen, wie die Schneeschmelzen und Frühlingsregen sie bringen, nach mehreren Seiten ihre Wasser zu entsenden und damit zu Bindegliedern zwischen verschiedenen Flusssystemen zu werden. Ein solcher Verbindungssee ist z. B. Upper St. Croix L. zwischen Bois brulé und St. Croix R. Wahrscheinlich sind Mississippi und Big Fork R. (Red R.-System) in ähnlicher Weise mit einander verbunden und ähnliche Verbindungen, oft dauernder Art, sind zwischen kleineren Zuflüssen des L. Superior und des Mississippi keine Seltenheit. Der Name *Undine Region*, welchen Nicollet (in Erinnerung an das Undinen-Mährchen) der Seengruppe im Quellgebiet des oberen Mankato, eines Nebenflusses des Minnesota, beigelegt hat[1]), würde nicht übel auf die ganze Seeregion des NW. passen, deren Seen und Flüsse wie eine ungemein zahlreiche, durch die verschiedensten Verwandtschaftsbande mit einander verknüpfte Familie erscheinen. So kann auch der Quellsee des Red R., L. Travers, gleichzeitig als einer der Quellseen des Minnesota angesehen werden, da er bei Hochwasser, d. h. einen grossen Theil des Jahres hindurch, an seinem oberen Ende sich mit

1) Rep. Upper Mississippi R. 1843. 17.

demselben in Verbindung setzt. Der obere Minnesota hat allerdings seine äusserste Quelle im Pole-Cat L., einem nur etwa 5 Kil. im Umfang messenden See am Südrand des Coteau des Prairies, aber er fliesst in der Entfernung von nur einigen 100 Yards an dem L. Travers vorüber und nimmt bei hohem Stande Wasser von demselben auf. Nimmt man hinzu, dass der Swan oder Sioux R., der Abfluss des L. Travers nach dem Red R., in der trockenen Jahreszeit zu einer Fiumare wird, die nur wenige Tümpel enthält, so sieht man, dass die Verhältnisse und Beziehungen dieser Seen und ihrer verbindenden Flusscanäle in solchem Grade schwankend sind, dass z. B. L. Travers zwar in erster Reihe Quellsee des Red R., daneben aber auch ein Zuflusssee des Minnesota und zeitweilig sogar ein abflussloser See ist[1]). Dass Aenderungen in der Abflussrichtung dieser Seen, wie wir o. S. 169 angedeutet haben, unter solchen Verhältnissen unschwer und öfters eintreten konnten, ist begreiflich. Es gibt auch ganze Ketten von Seen in dieser Region, die offenbar früher durch Bäche mit einander zusammenhingen, nun aber von einander gesondert sind, solange nicht der Ueberfluss des Regens sie austreten lässt. Weniger Bodenhebungen, als vielmehr Erhöhungen durch Anschwemmung oder Torfbildung scheinen diese Trennungen bewirkt zu haben, die übrigens sehr leicht eintreten in einer so vorwiegend flachwelligen Gegend. Zwischen den meisten Seen westlich von St. Croix und Bois Brulé R., die heute den grössten Theil des Jahres hindurch isolirt sind, gab es einst solche Verbindungen und die fruchtbarsten Thalgründe dieser Region sind solche trocken liegende Verbindungscanäle und Seearme. Oft sind diese Seen durch Flüsse verbunden, deren Bett schwierig in der Sumpf- und Wasserfläche abzugrenzen ist, durch welche sie fliessen. Sie strömen so langsam, dass sie sumpfartig erscheinen und man schifft viele Meilen durch sie hin, ohne einen Uferfleck zu finden, der trocken genug wäre, um zum Lager benützt werden zu können.

Von diesen Abflussseen, die dauernden oder zeitweiligen Abfluss nach irgend einer Seite haben, sind die *Isolirten Seen* zu trennen,

---

1) Vgl. Keating, Exped. to St. Peters R. 1824. II. 120. 225. und Nicollet, Rep. Upper Mississippi R. 1843. 27.

die schon durch ihre Form und Grösse sich erheblich unterscheiden. Sie sind kleiner, selten von mehr als 2 Kil. Durchmesser und in der Regel von kreisrundem, ovalem oder halbmondförmigem Umriss. Viele von ihnen liegen in 20—30 m. tiefen trichterförmigen Vertiefungen, deren begraste Wände sich amphitheatralisch nach der Tiefe senken, wo der Spiegel des Sees in ungestörter Ruhe liegt, und es ist wahrscheinlich, dass diese mit unterirdischen Wasserläufen zusammenhängen. Diejenigen Seen dieser Gruppe dagegen, welche an der Oberfläche liegen, können bei sehr hohem Wasserstande einen Abfluss, sei es auch nur durch Durchsickern ihrer Rasenufer, gewinnen. Diese isolirten Seen sind wegen ihrer Kleinheit und dem geringen Nutzen, den sie dem Verkehr gewähren, minder wichtig und natürlicherweise auch viel weniger bekannt als die Abflussseen, aber sie sind nicht minder zahlreich, vielleicht sogar zahlreicher als sie. Man findet sie am häufigsten in jenen Gegenden, deren Boden aus Sandstein besteht oder mit mächtigen Driftablagerungen bedeckt ist, und sie bilden mit erratischen Blöcken, Geschiebelagern und Torfmooren zusammen die charakteristischen Züge der *Moränenlandschaft*. Die Rolle, die die *Boulders*, die Felsblöcke des eiszeitlichen Schuttes, in den Seen dieser Region spielen, ist nicht gering. Mille Lacs z. B. ist von einem Lärchensumpf, der tiefer liegt als der See, durch einen vorwiegend aus Steinblöcken zusammengehäuften Wall von 3—4 m. Höhe getrennt. Solche Wälle und Aufstauungen finden sich auch an anderen Stellen. Inseln, die bis zu 7 m. über den Wasserspiegel hervorragen, bestehen ganz aus Steinblöcken und es gibt Portages, die vorzüglich aus blockreichem Driftschutt aufgeschüttet sind. Auch die Apostle Islands im L. Superior sind Drift-Inseln. Die Flüsse erfahren nicht minder die Hemmnisse dieser Schuttaufhäufungen und der Mississippi wird in seinem oberen Lauf durch sie zu zahlreichen Stromschnellen gezwungen. Die Scenerie der Seeufer ist häufig durch die in grosser Verwirrung über einander geworfenen Blöcke des Driftschuttes, welche dieselben umgeben, wild und ihre Ränder durch dieselben unzugänglich.

Die öftest genannten von diesen Seen sind die Quellseen einiger Ströme und Flüsse, welche wir bereits kennen gelernt haben: Itasca-, Cass-,

Leech-, Winibigoschisch-, Swan-, Sandy-, Kadikomeg L. im Quellgebiet des oberen Mississippi, Bigstone und Travers L. in dem des Minnesota, Ottertail und Travers L. in dem des Red R. wurden neben manchen anderen Quellseen kleinerer Zuflüsse des Mississippi und der Seen bei den betr. Flusssystemen erwähnt.

Erwähnenswerth sind von anderen etwa noch Mille Lacs, ein seichter See, in welchem südwestlich vom Lake Superior die grösste Wassermasse zu finden und der ca. 28 Kil. lang und 24 Kil. breit ist. Die Masse von Felsblöcken in seinem ohnehin seichten Wasser scheint ihn in eine Masse gesonderter Tümpel zu zerlegen und daher der Name. In der Seengruppe des Fox und Rock R.-Gebietes ragt L. Winnebago hervor, ein ovaler See von 45 Kil. L., 16 Kil. Br. und 530 □Kil. Oberfläche. Horicon L. in seiner südlichen Verlängerung, die Gruppe der Green Lakes u. a. sind mit ihm, bezw. mit seinem Ausfluss, dem Fox R. verbunden. Sturgeon L. verbindet durch einen weiten Sumpf L. Winibigoschisch und Red L. mit einander. Der letztere, einer der grössten dieses Gebietes, misst 45 Kil. in der Länge, besteht aus zwei durch einen 4 Kil. breiten Arm mit einander verbundenen Becken, ist seicht und inselarm. Aus dem südlichen Becken entsendet der See seinen Wasserüberfluss zum Red R., während er in der obengenannten Weise in nassen Jahren mit den Mississippi-Quellen communicirt.

Die eigenartigsten Seen sind indessen die, welche eine grosse Kette zwischen dem Oberen See und Winnipeg-See bilden und durch welche die Grenze hinzieht, welche hier die Vereinigten Staaten und Canada von einander trennt. Es sind Abflussseen, welche ihre Gewässer in den Winnipeg senden und einige von ihnen, wie La Croix L., Rainy L. (1540 □Kil. oder 28 □Meilen), L. of the Woods (4565 □Kil. oder 83 □Meilen) gehören zu den grösseren der Seenregion. Die Ununterscheidbarkeit von Seen und Flüssen, die Jugendlichkeit des ganzen See- und Fluss-Complexes ist nirgends so ausgeprägt wie hier; nirgends ist es schwerer, die Grenze zwischen beiden zu ziehen. Rainy R., welcher den Abfluss des Rainy L., Winnipeg R., welcher den Abfluss des L. of the Woods bildet, sind Flüsse, in welche zahlreiche Seen eingeschaltet sind, welche auf weite Strecken hin selber seeartig breit oder wiederum durch Driftbänke und Geschiebeblöcke unterbrochen und zertheilt sind. Auch ihre Umrisse deuten diesen zwitterhaften und unvollsändigen Charakter an. Besonders mannigfaltig ist die Gliederung und Umrisslinie des Vermilion L. Dieser See besteht aus einer Folge von tiefen Buchten, Einsprüngen, Sackgassen, Felsenvorgebirgen und Inseln, die aus ihm ein Labyrinth machen, in dessen verschlungenen Gängen es schwer ist, seinen Weg nach einem bestimmten Punkte zu finden. Noch inselreicher als dieser ist der mit Inseln *völlig besäete* Nemakan L., der gleichfalls in die Seenkette des Vermilion R. gehört. Lac du Flambeau, der auf den Karten als eines der grösseren Wasserbecken dieser Region erscheint, ist in Wirklichkeit einem Complex kleiner, durch schmale Arme mit einander verbundenen Seen ähnlicher als einem einzigen See. Seine Umrisslinie wird dadurch eine äusserst unregelmässige und er ist sehr reich an Inseln. Um ihn herum liegen zahlreiche kleinere Seen, die durch 1—3 Kil. breite Landstreifen von ihm getrennt sind. Wepetangok, Mashkegwagoma, Trout, Upper Rock, Lower Rock L. gehören in dieser Weise gleichsam noch in sein Gebiet.

Die Hochebene der Seenplatte ist auch in ihren östlichen Ausläufern, die sich bereits an den Fuss des Alleghany-Gebirges anlegen, nicht seenarm, aber bei im Allgemeinen stärkerem Gefäll kommt es nicht mehr zur Bildung so grosser und vielverzweigter Seen wie im W. Südlich vom Michigan-See sind keine Seen vorhanden, die erwähnenswerth wären. Die Halbinsel Michigan hat neben zahlreichen kleinen Seen nur wenige grössere; von der südlichen Randplatte des Erie-Sees fliesst L. Chautauque zum Alleghany R. ab. Dagegen beginnt südlich vom Ontario im Staate New York eine neue Ansammlung von Seen, die bis an die atlantische Küste hinüber eine 2 bis 4 Grade breite Zone bilden und ihre Wasser theils dem St. Lorenz, theils den Flüssen Neu-England's zusenden. Man kann drei Gruppen in ihr unterscheiden: eine westliche, die durch den Genesee R. drainirt wird; eine mittlere: die Adirondack-Seen; eine östliche: die Seen von Neu-England. Die letztere umschliesst die zahlreichsten und grössten Seen und erzeugt in Maine neuerdings, wenn auch in kleinerem Massstabe, eine Unterbrechung des Zusammenhanges des Festen und Trockenen, die sehr an die Zustände im NW. erinnern.

Auf dem südlichen Theil der Seenplatte liegen zunächst südlich vom Ontario neben einigen kleineren die Seen Oneida und Onondaga. Der erstere ist 28 Kil. lang und 9 Kil. breit und seine Tiefe wird auf *nicht über 60 F.* angegeben [1]; der andere ist ungefähr 8 Kil. lang, 1,5 Kil. breit und 20 m. tief. Beide sind von Schwemmgebilden umgeben und zu grosser Tiefe mit denselben erfüllt [2]; der Onondaga-See ist sogar nur das halbausgefüllte südliche Ende einer alten tieferen Aushöhlung, die mindestens 80 m. tief ist. Ein kleinerer See dieser Gruppe, L. Sodom, ist 50 m. tief.

Südlich von der Helderberg-Kette liegt in New York eine andere Gruppe von Seen, welche gewisse Gemeinsamkeiten in der geologischen Lage und dem Bau ihrer Becken zeigt. Sie sind sämmtlich in Gesteinen

1) Geol. of New York 1842. III. 241.

2) Onondaga-See zeigt Schichten von Seethon (lake marl) von 2 m. und mehr.

der Erie-Gruppe und südlich von dem Kalksteinzug des Helderberg-Hügel gelegen, alle lang und schmal von Gestalt. Ihre Tiefen sind beträchtlich, aber sie sind an ihren Ausmündungen seicht. Die Schichtenlage ihrer Umrandung lässt keine Faltung, sondern nur Aushöhlung als Grund dieser Beckenbildung erkennen. Von W. beginnend, haben wir zunächst Cayuga L., 260 Kil. lang, 3 Kil. breit und 120 m. tief. Dann Otsego L., 11 Kil. lang, 2,5 Kil. breit, und Schuylers L. 6 Kil. lang, die beide Quellseen des Susquehanna sind. Cazenovia Otisco (4,5 Kil. lang), Skaneateles (21 Kil. lang, 97 m. tief), Owasco (15 Kil. lang) sind die östlichen. Die Adirondack-Seen liegen theilweise im Waldgebirg der Adirondacks selber, theils, und zwar der Mehrzahl nach, auf der kleinen Hochebene, welche als ein Theil der Seenplatte vom Westabhang des Gebirges gegen den St. Lorenz und Ontario hinzieht. Es sind Seen mittlerer Grösse, deren bedeutendste wie Saranak, Rocket, Schroon, Long L. nicht über 50 □Kil. Oberfläche hinausgehen. Im Gebirge bilden sie, hier den Quellgebieten des Hudson R. und einiger kleinen Zuflüsse des Richelieu R. zugehörend, Dutzende von dunkeln, waldumrandeten Becken; in der Hochebene flechten sie mit ihren trägfliessenden Abflüssen und Verbindungscanälen ein Seennetz zusammen, das mit grosser Treue im Kleinen die Bewässerungsverhältnisse der Seenplatte des NW. wiederholt.

Zwischen dieser Gruppe und den neuengländischen Seen nehmen eine besondere Stellung die beiden langen Thalseen ein, welche in der Einsenkung zwischen Adirondacks und Green Mts. (s. o. S. 50, 54) gelegen sind. Der nördliche, L. Champlain (180 Kil. lang, 0,8—22 Kil. breit), ist das Sammelbecken des Richelieu R., durch den er zum St. Lorenz abfliesst. Die Insel Grande Isle liegt in seinem nördlichen Abschnitt. L. George, der ungemein reich an kleinen bewaldeten Eilanden und Klippen ist, gilt für den poesievollsten der Seen des nordamerikanischen Ostens.

In Maine liegt das Ostende der Seenplatte, die hier noch einmal einen ungewöhnlichen Reichthum entfaltet. Hier kommt ein See auf je 44 □Kil. Oberfläche und 1 □Kil. See auf 14,3 □Kil. Land. Man zählt 1568 Seen mit 4400 □Kil. Oberfläche. Die nennenswerthesten sind Moosehead im Quellgebiet des Kennebec (ungefähr 260 □Kil.), Sebago im Gebiet des Presumpscott (110 □Kil.), Schoodic in dem des St. Croix (600 Kil.), Chesumcook in dem des Penobscot (48 □Kil.), Umbagog in dem des Androscoggin (40 □Kil.[1]). Südlich von hier sind

1) Wo Seen eine so weite Verbreitung erlangen wie hier, gewinnen sie auch eine höhere praktische Bedeutung, welche die Bewohner jener Gegenden sehr wohl zu schätzen wissen. In seiner „Water Power of Maine“ (Augusta 1869. 27) hebt Wells hervor, wie sie den Ueberschuss von heftigen Regen und Schnee-

noch einige grössere und zahlreiche kleinere Seen durch New Hampshire und Massachusetts zerstreut und von ihnen ist Winnepiscogee, der in den Merrimac abfliesst, mit 158 □Kil. der grösste. Die kleinen reichen in erheblicher Zahl bis an den Hudson [1]), werden aber westlich und südlich von da im gesammten mittleren und südlichen Alleghany-Gebiet so selten, dass bedeutendere Seen daselbst nicht zu nennen sind. Einige Flüsse, wie Susquehanna und Lehigk haben Quellseen, die über die Grösse von Tümpeln hinausgehen, der Lage nach jedoch mehr den Nord- als den Mittel-Alleghanies zugehören [2]).

II. Gebirgseen. So reich an Seen die Hochebenen in Nord-Amerika sind, so arm daran ist der grösste Theil der Gebirge. Von den mittleren und südlichen Alleghanies gilt dies, wie gesagt, in solchem Masse, das man sie eigentlich seenlos nennen kann, wenn man nicht tümpelartig aufgestaute Quellen einiger Flüsse als Seen auffassen will [3]). Im Verhältniss zu ihrer Grösse enthalten die Cordilleren fast eben so wenig. Man begreift es, wenn man erwägt, dass Hochebene und Gebirgsketten, diese beiden Elemente des Gebirgs-

---

schmelzen in den Jahreszeiten des Ueberflusses für die Zeit der Trockenheit aufbewahren, wie sie helfen, die Zahl und Heftigkeit der Ueberschwemmungen zu vermindern und wie sie die Eisgänge mildern, indem ihr Eis beim Aufthauen viel mehr zerfällt und langsamer zu Thal geht als das verhältnissmässig auch viel massigere Flusseis. Dass die Flüsse in einem Klima wie dem von Maine im Winter nicht sehr wasserarm werden, verdankt man ebenfalls den Seen, die endlich in ihren breiten und tiefen Becken viel Niederschlagswasser sammeln, das anders in die Tiefe sickern würde.

1) Unter den kleineren Seen dieser Region ist Wenham L. wichtig und berühmt durch das klare Eis, zu welchem in der Kälte neuengländischer Winter seine Oberfläche gefriert und welches in grossen Massen zur Ausfuhr gebracht wird. Der See ist 1½ Kil. lang und 12 m. tief und empfängt sein Wasser aus Quellen, die ihm wenig Salze und noch weniger Luft zuführen; zusammen mit der grossen Kälte, welche das Eis dieses Sees in grossen Blöcken bewahrt, in denen es gebrochen wird, bedingt diese Reinheit des Wassers, dass es weniger leicht schmilzt, als das gewöhnliche See- und Flusseis. J. Ch. Lyell, Sec. Visit to the U. S. 1855. II. 267.

2) Die Grenze des Vorkommens von Seen fällt in Pennsylvanien nach Rogers (Geol. Rep. 1868. I. 37) völlig zusammen mit der Grenze der Kies-, Sand- und Lehmlager, welche der Driftbildung angehören und es ist in diesem Zusammenhang als bemerkenswerth hervorzuheben, dass über die ganze eigentliche *Seeregion* der Vereinigten Staaten, wie auch Canada's, diese Driftgebilde verbreitet sind.

3) „Es ist bemerkenswerth, dass es in den Alleghanies keine Seen gibt, da alle Flüsse das Gebirge durch Querspalten oder Schluchten verlassen, die solche langgezogene Erhebungen, wie die des Jura oder der Alleghannies, stets begleiten." (Lyell, Second Visit II. 240.)

aufbau's, welche sonst zu einer einzigen geographischen Individualität vereinigt sind, hier auseinanderrücken und als zwei neben einander gelagerte, aber gesonderte Dinge erscheinen. Die Gebirgszüge des südlichen und mittleren Felsengebirges enthalten weniger Hochebenenhaftes als die meisten anderen Hochgebirge, es sind steile schmale Erhebungen mit tiefen Thälern von starkem Gefäll. Für Seen ist hier in seltenen Fällen Raum genug und wir haben denn in der That weder in Neu-Mexico, noch Arizona oder Colorado grössere Seen zu nennen. Kleine Gebirgsseen in den Quellgebieten der Flüsse, wie sie in allen Gebirgen vorkommen, fehlen allerdings auch hier nicht und in den Parks von Colorado sind dieselben sogar häufig. In den nördlichen Cordilleren ändert sich indessen dieses Verhältniss durch das Auseinandertreten der Gebirgsketten und die Verbreiterung der Grundlage, auf der sie sich erheben. Auch vulkanische Kräfte waren hier thätig, um das Terrain für grössere Stauungen und damit für Seebildungen günstig zu gestalten und wir haben in Folge dessen vorzüglich im Gebiet der Missouri-Quellen eine grössere Anzahl eigentlicher Gebirgsseen. Hier hat der Madison R. seine Quelle in einem ca. 60 Acres grossen See, Madison L., dem Reste eines grösseren Sees, der durch die Vertiefung des Abfluss-Cañon's grösstentheils trocken gelegt ist, von dessen einstiger Ausdehnung aber zahlreiche Spuren vorhanden sind. Westlich von ihm liegt, durch einen wasserscheidenden Höhenzug getrennt, der nicht mehr als 16 m. über den Yellowstone L. sich erhebt, Shoshone oder De Lacey's L., der den östlichen, wie der nordwestlich von hier liegende Henry L. (10 Kil. lang) den westlichen Quellsee des Snake R. bildet. Shoshone L. ist 18 Kil. lang und 12 Kil. breit. Sein Abfluss durchströmt ca. 7 Kil. weiter südlich einen zweiten See von 6 Kil. Länge, der Lewis L. genannt wird[1]). Ein östlicher Quellarm des Snake R. entfliesst dem Heart L., einem kleinen See südlich vom Yellowstone L. Der letztere ist der hervorragendste unter den Gebirgsseen dieser Region; seine Länge beträgt 90, seine grösste Breite 30 Kil. Unter den zahlreichen kleineren Seen, die vorzüglich nördlich von der Seengruppe des oberen Missouri- und Columbia-Gebietes gelegen sind, ist zunächst Cliff L. zu nennen, eine vierarmige Ausfüllung von Klüften im vulkanischen Gestein, ein anscheinend abflussloser, dennoch mit Süsswasser erfüllter See. Der Abfluss scheint unter den vulkanischen Trümmergesteinen seiner Umgebung zu geschehen. Flathead, Kalispelm oder Pend Oreille (54 Kil. lang, 12 Kil. breit), Coeur d'Alène L. sind grössere Seen des

1) Der Madison L. der Karten ist das, was wir mit Hayden (6th Report. 244) Shoshone L. nennen und was Petermann's 6blättrige Karte als De Lacy's L. bezeichnet. Derselbe erhielt den ersten Namen, als man ihn noch für den Quellsee des Madison R. hielt; den letzteren aber legte ihm De Lacey bei, der 1872 eine Karte dieser Region veröffentlichte.

nördlichen Felsengebirges, die Abfluss nach dem südlichen Arm des Columbia haben. An kleinen Seen ist daneben kein Mangel, wie denn in schuttaufgedämmten Teichen selbst an den Kämmen der wasserarmen Gebirge des Grossen Beckens die Quellen fast jedes einzelnen grösseren Flusses liegen.

In den Black Hills, der vorgelagerten Felsgruppe des nördlichen Felsengebirges, gibt es keinen grösseren See als einen im Red Valley, der nicht ganz einen Kil. lang und 200 m. breit ist; ein kleinerer liegt in seiner Nähe und beide werden durch Quellen an ihrem Grunde gespeist. An kleineren abflusslosen Seen ist dagegen in dem Grenzgebiete zwischen Hochgebirge und Plains, dem die Black Hills angehören, in der ganzen Erstreckung von Neu-Mexico bis Britisch-Amerika kein Mangel.

Auf einer ähnlichen Grenzlinie liegen weiter westlich, wo die Sierra Nevada und das Cascaden-Gebirge sich mit den Hochebenen des Inneren berührt, zahlreiche Seen, halb Hochebenen-, halb Gebirgsseen, einige abflusslos, einige in die Quellgebiete der Flüsse dieser Region hineingezogen. Zu den letzteren gehört L. Chelann im Washington-Territorium, der auf der Grenze zwischen den Columbia Plains und dem Hochgebirge von N. her in den Columbia mündet. Eine Strecke weiter südlich folgen die drei Klamath-Seen, von denen zwei Quellbecken des gleichnamigen nördlichen californischen Flusses sind, während der dritte isolirt liegt und abflusslos ist. Upper Klamath L. nimmt den Sprague R. in sich auf, der den weiter östlich gelegenen Silver L. drainirt und einen Zufluss aus dem zweiten Klamath-See, dem Klamath Marsh, erhält, einem 30 Kil. breiten, flachen Becken, das zur Zeit der Schneeschmelze sich mit Wasser füllt, in der trockenen Jahreszeit aber an weiten Strecken seiner Ränder zu grünen Wiesen wird. Als ihn Frémont sah, bestand er aus einem Complex von Tümpeln, die über eine weite Grasebene zerstreut lagen. Weiter nach S. folgt in derselben Einsenkung Goose L., ein etwa 50 Kil. langer und 20 Kil. breiter See, dem Pit R. entfliesst. Weiterhin ist L. Tahoe, der sich in den Truckee R. ergiesst, dem Ostabhang der Sierra so nahe gerückt, dass er von einem Ausläufer derselben umfasst wird. Er liegt in einem 80 Kil. langen, 30 Kil. breiten und ca. 1000 m. tiefen Thal, welches zwischen zwei Gratkämmen der Sierra Nevada eingeschlossen ist. Man nennt dieses Thal *Lake Valley* und der See füllt seine untere Hälfte. L. Tahoe hat 600 □Kil. Flächeninhalt und 500 m. Tiefe; die Meereshöhe seines Spiegels ist 1890 m. Fallen Leaf L. ist ein kleinerer sehr schmaler See von 5 Kil. Länge, der in demselben Thal, ungefähr 8 Kil. von L. Tahoe, aber in einem höheren Niveau als dieser liegt. Cascade L. liegt in ähnlich geringer Entfernung von L. Tahoe, aber höher als Fallen Leaf L.[1]).

1) Diese kleinen Seen sind, ebenso wie die Ufer des L. Tahoe selbst, mit Moränenschutt umgeben und ihre Aehnlichkeit in Lage und Umriss mit ge-

Im Küstengebirge ist der einzige grössere See Clear L., der mitten im Gebirge ein Wasserbecken von 40 Kil. Länge und 3—15 Kil. Breite bildet. Cache Creek führt seinen Wasserüberfluss nach dem Sacramento ab. Im südlichen Küstengebirge sind L. Elizabeth und Alamo L. kleinere Seen, während seine nördlichsten Ausläufer, die im Washington-Territorium ans Meer herantreten, an der buchtenreichen Küste von Puget Sund einige Fjordseen umschliessen.

Eine eigenthümliche Mittelstellung nimmt die Gruppe der zwischen den südlichen Theilen des Küstengebirges und der Sierra gelegenen Tulare-Seen ein, welche ihr Wasser bald in den S. Joaquin ergiessen, bald als ein abflussloser See sich darstellen. Die Tulare-Seen sind breite und seichte Wasserflächen, mit flachen, marschigen Ufern, ohne Terrassen und Uferabhängen. Sie nehmen den tiefsten Theil des Tulare-Thals ein und erhalten den Abfluss des breiten Westabhanges der Sierra Nevada südlich vom S. Joaquin, also von einer Kammlänge von mindestens 300 Kil. Drei der Flüsse, die sich in sie ergiessen, Kern R., Kings R. und Caweea oder Four Creeks R., sind nicht unbedeutend, führen stets Wasser und sind selbst noch im Spätsommer vom schmelzenden Schnee angeschwollen. Trotz dieses Zuflusses fehlt es an den Rändern der Seen nicht an Zeugnissen dafür, dass sie auf dem Wege sind, einzuschrumpfen[1]). Der grösste dieser Seen ist der Tulare L. mit ca. 1600 □Kil. Oberfläche und die kleineren Kern, Buenavista und Goose L., welche die Eigenschaften stehen gebliebener Tümpel in einem austrocknenden Sumpfe haben.

III. Tieflandseen. Eine eigene Art von Seen sind die Wasseransammlungen auf den wenig geneigten Flächen des Tieflandes, wo sie besonders als Erweiterungen der Flüsse, als seitliche Begleiter derselben in Form von abgeschnittenen Armen und Windungen, als Uebergänge von Aestuarien zu Mündungsseen weit verbreitet sind. Es sind meistens, entsprechend ihrer Abhängigkeit von fliessenden Gewässern oder von den zeitweilig stärkeren und schwächeren Niederschlägen, Seen von geringer Tiefe und von sehr veränderlicher Grösse. Sie finden ihre grösste Entwickelung an den Tieflandrändern des Golfes und man kann sie den bisher angeführten als Tieflandseen gegenüberstellen. In die Reihe dieser Seen gehören vor allem L. Borgne und L. Pontchartrain (letzterer mit L. Maure-

---

wissen Buchten des letztgenannten macht einen genetischen Zusammenhang der ganzen Gruppe wahrscheinlich. Jedenfalls sind sie einst alle Gletscherbetten gewesen. In ihre Gruppe gehört auch der kleinere Donner L., an dem die Pacific-Bahn vorbeiführt.

1) W. P. Blake mass in der Nähe dieser Seen am Ocoya Creek die Verdunstung des Wassers im August und bestimmte sie zu etwas über 2 m. jährlich oder 4,052,000 Gallonen für den Tag und die □M. A. J. S. 1856. I. 365.

pas, seiner westlichen Bucht) am linken Mississippi-Ufer, welche in offener Verbindung mit dem Meere stehen; ferner am rechten Ufer eine Seen-Gruppe, deren einzelne Glieder man als Erweiterungen des Bayon Atchafalaya betrachten kann: Grand L., L. Verret, L. Palourde; und eine andere, welche bereits dem Delta im engeren Sinne angehört: L. Washa, L. Cataouatche, L. Fields. Die Mündungslagunen der texanischen Flüsse gehören in diese Gruppe. Tieflandseen, die ausnahmslos Erweiterungen von Zuflüssen und Altwasser sind, finden sich in grosser Zahl weiterhin im Tiefland des unteren Mississippi und seiner Zuflüsse. Im Red R.-Gebiet sind Black L., Saline L., L. Bistineau, L. Bodeau, L. Ferry, Cross L., und im Saline R.-Gebiet L. Catahoula zu nennen. Zwischen St. Francis R. und Mississippi liegen L. Pemisco, S. Johns L., S. Mary's L., L. Nicormy, Castor L.

Im Mississippi-Thal selber liegt eine grosse Anzahl kleinerer Seen, meist abgeschnittene und abgeschlossene Windungen des Flusses — tausende, wenn man die kleineren Gewässer hinzurechnet. Diese Seen sind durchaus von dem Charakter der Ueberschwemmungsseen, wie man sie überall in den Tiefländern findet, welche die Ränder grosser Flüsse einfassen: Seicht, oft zwischen See und Sumpf mitten inne stehend, teichartig, wo sie kleiner sind, sehr veränderlich in Höhe und Ausbreitung des Wasserspiegels, einen Theil des Jahres hindurch durch Ueberschwemmungen in den Strom selbst mit einbezogen gehen sie durch die Sedimente, welche jede Ueberschwemmung in ihnen zulässt, der Auffüllung rasch entgegen. Aus den Schlingen des Mississipi-Stromes, welche durch Sendimentbildung oder durch eine Bodenhebung von dem ersteren abgeschnitten wurden, entstehen mit Vorliebe die halbmondförmigen Seen (s. Fig. 6 auf S. 182) der Mississippi-Niederungen, welche zu den charakteristischen Erscheinungen der unmittelbaren Umgebungen des Mississippi gehören. L. Concordia bei Vidalia ist einer der grösseren und ein gutes Beispiel solcher Altwasserseen. Er ist 24 Kil. lang und nicht über 14 m. tief. Da der Mississippi in der Nähe dieses Sees bis zu 45 m. Tiefe erreicht, so ist die Seichtigkeit dieses abgeschnittenen Arms wahrscheinlich den Absätzen zuzuschreiben, welche das alljährlich in die Seen eintretende Ueberschwemmungswasser bildet, indem es eine Masse Schlamm einführt, dem jeder Ausweg versperrt wird. Diese Seen, deren es 13 allein zwischen der Arkansas-Mündung und Bâton Rouge gibt, scheinen auf diese Weise eine erhebliche Rolle in der Auffüllung des Mississippi-Thales zu spielen.

Die texanische Küste setzt zunächst die Lagunenbildungen des Mississippi-Delta's nach W. zu fort. Jedes Flüsschen, das hier in die See mündet, durchfliesst vor der Ausmündung eine Lagune oder einen Küstensee und die verschiedensten Entwickelungsstufen von der ersteren bis zur letzteren treten hier neben einander auf. L. Mermenton ist ein entschiedener Küstensee, L. Calcasieu, der sich breiter nach dem Meere zu öffnet, nähert sich der Lagune, Mud L. und Sabine L. thun dasselbe in noch höherem Grade und weiter westwärts werden die Mündungs-Lagunen immer breiter und erhalten weitere Oeffnungen, so dass sie schon entschiedene Meeresbuchten bilden. Uebrigens auch das weiter zurückliegende, leicht ansteigende Küstentiefland von Texas zeigt seinen wenigstens theilweis marinen Ursprung durch salzreiche Seen und zahlreiche vegetationslose, salzgetränkte Flecken. Der Schluss liegt nahe, dass diese Tümpel Reste von Lagunen und dass das Flachland aus aufgefüllten Lagunen besteht. Emory glaubte Merkmale davon zu finden, dass die südötlichen Passatwinde, die $^9/_{10}$ des Jahres mit bedeutender Kraft wehen, die Lagunen mit Seewasser füllen, aber beständig unterbrochen werden durch Landwinde, die mit derselben Heftigkeit Süsswasser in dieselben treiben. Dieses Wechselspiel befördert die Sedimentbildung.

Reich an Tieflandseen ist auch Florida, die niedrige Halbinsel, von deren eigenartigen Bewässerungsverhältnissen auch die besten von unseren Karten der Vereinigten Staaten immer noch ein, wenn ich so sagen kann, viel zu compactes Bild geben, das der amphibischen Wirklichkeit nicht entspricht. Einem so eigenartigen Stück Land, wie es der östliche und südliche Theil der Halbinsel ist, kann man in einem mässigen Massstab und mit den üblichen Darstellungsweisen unserer Kartographie gar nicht gerecht werden. Um so überraschender ist aber das Bild, welches uns eine möglichst detaillirte Specialkarte von Florida gibt. Eine solche zeigt zwischen 20° 15' und 27° 30' N. B. fast nur Sumpfland, das in den Niederungen des Kissimee noch über den 28. Breitegrad sich hinaus erstreckt. Nur im O. und S. umgibt ein Damm trockenen Landes, aus Korallenfels neuer Bildung bestehend, dieses wie schwammartig durchtränkte Gebiet und im W. sind inselartige, unzusammenhängende Bänke desselben Gesteines, zerrissenen Resten eines Dammes, wie der östliche ist, vergleichbar, vorgelagert[1]). Das Innere zerfällt in mehrere verschiedene Gebilde. Zwischen dem 27. und 28. Breitegrad haben wir Abwechselung von *Pine-Barren* (höhergelegene, sandige Strecken, die mit Föhren bewachsen sind) mit trockenen und nassen Prärien; die trockenen Prärien, die man hier findet, werden durch zeitweilige Ueberschwemmungen unter Wasser gesetzt, da sie alle Tiefprärien sind. Zahllose kleine Seen, unter denen am zahlreichsten Teiche von 200—1000 m. Durchmesser sind, und deren Zahl mit 1000 nicht erschöpft ist, liegen in allen Vertiefungen. Ihre grosse Zahl und ihre regellosen, launenhaften Gestalten lassen ihre Ursachen erkennen: Es sind Tümpel, die in den natürlichen Vertiefungen des

1) Ueber allgemeinen Aufbau und Entstehung dieses Gebietes s. o. S. 138.

welligen Tiefpräriebodens stehen geblieben, zufällige Bildungen, die leicht veränderlich sind. Leichte Aenderungen der Oberflächengestalt bedingen demgemäss entsprechende Aenderungen ihrer Form und Lage. So sehen wir sie in der breiten Landzunge zwischen Tampa Bay und Charlotte Harbour als einzelne Tümpel weit zerstreut, dicht neben einander liegend, aber in der Regel gesondert, und ebenso in dem Striche, der zwischen dem Ostrand des Okeechobee-Sees und der Küste sich von Indian R. bis Jupiter Inlet erstreckt. Hingegen treten sie südlich und nördlich von diesen Tümpelgruppen zu flussartig verzweigten Canälen zusammen, die in Sümpfe einmünden und selber einen mehr sumpf- als fluss- oder seeartigen Charakter an sich tragen. Man kann sie je nach der Jahreszeit als Flüsse, Seen oder Sümpfe finden, denn sie sind das erstere, wenn sie Ueberfluss, und das letztere, wenn sie Mangel an Wasser haben.

Von diesem zwitterhaften Wesen sind auch grössere see- oder sumpfartige Gebilde dieses Gebietes nicht frei, von denen Okeechobee-See und Everglades (s. o. S. 208) besondere Erwähnung verdienen. Der Okeechobee-See[1]) wird genährt von einem grossen Theil der umgebenden Sümpfe und ist bei seiner Seichtigkeit (3—4 m. mittlere Tiefe) schwer von denselben abzugrenzen; er ist in seiner ganzen Erstreckung völlig flachufrig und sein Wasser steht in der sommerlichen Regenzeit über einem sehr grossen Theil dessen, was sonst sein Ufergelände ist. Auf weite Strecken ist er auch in der trockenen Zeit nichts als ein mit seichtem Wasser bedecktes Röhricht und man begreift bei so zweifelhafter Abgrenzung leicht, dass die Angaben über seinen Umfang und seinen Flächeninhalt (gewöhnlich zu 3000 □ Kil. angegeben) nur sehr schwankend sein können. Einige Eilande, den *Hammocks* der Everglades entsprechend, erheben sich aus seiner Flut. Neben den Zuflüssen aus den im N. und O. ihm umgebenden Sümpfen, die in der Form eines unmerklichen Durchsickerns in sein Becken gelangen, ist Kissimee R. als der einzige klar erkennbare Zufluss zu nennen. Derselbe setzt den

1) In älteren Werken wird der Name des Sees Mayaco gegeben. Einige gaben ihm 15 g. M. Umfang, Andere 8 g. M. Länge und 5 g. M. Breite. Seine Grösse war die Ursache der zerstückten, veränderlichen Form, in der Florida auf den älteren Karten erscheint. Noch Forbes (Sketches of the Florida 1821. 101) glaubte, dass man durch den S. Lucia von O. in den See gelangen und durch den Delaware nach W. ihn wieder verlassen könne und prophezeite ihm daher als der zukünftigen Strasse zwischen dem Atlantischen Meer und dem Golf von Mexico eine grosse Zukunft. Man glaubt sogar die alten Fabeln, die einst Florida umwoben, sich wieder beleben zu sehen, wenn man dort liest, dass „der See seine grosse Wassermasse aus Quellen und durch einen unterirdischen Canal beziehe, welcher seinen Ursprung im N., wahrscheinlich in den Alleghanies, habe“.

Okeechobee in Verbindung mit den grösseren Seen, die unter dem 28. Breitegrad sich um den Kissimee und Cypress L. gruppiren. Ebenso unmerklich wie ein grosser Theil des Zuflusses geschieht auch zum Theil der Abfluss durch jene zahllosen Canäle, die in der Region der *Tausend Inseln* sich nach der Südwestküste Florida's zu öffnen, aber der Caloosahatchee R. ist der einzige Abflusskanal, der in unzweifelhafter Flussgestalt von den Sümpfen am Westrand des Okeechobee bis zu seiner Mündung in Charlotte Harbour zu verfolgen ist.

Als ein Mittelding zwischen sehr seichten Seen oder Lagunen und einem überschwemmten Tieflandgebiet kann man auch die Sümpfe bezeichnen, welche im Tiefland der atlantischen und Golfküste in grosser Ausdehnung vorkommen. Der grösste von ihnen, der Great Dismal oder Dismal Swamp, welcher theils in Virginien und theils in Nord-Carolina liegt und 60 Kil. lang bei 30 Kil. Breite ist, gleicht „einer breiten überschwemmten Thalebene, die mit allen Arten von feuchtigkeitliebenden Bäumen bewachsen ist"[1]). Der ganze Sumpf liegt etwas höher als seine trockenen und feuchten Umgebungen und hat einen torfartig dunkeln, von vegetabilischen Resten erfüllten, halbflüssigen Boden. Nur an der Westseite liegt das unmittelbar an ihn grenzende Land höher und von hier empfängt er die Zuflüsse, deren Wasser ihn durchtränken und die er nach den andern Seiten hin abfliessen lässt. Der Mittelpunkt des Sumpfes dürfte 3—4 m. höher gelegen sein als seine nördlichen, östlichen und südlichen Ränder. Diese höhere Mitte ist von einem See von 11 Kil. Länge und 7 Kil. Breite eingenommen, dessen grösste Tiefe 4 m. beträgt. Unter den Gewächsen des Great Dismal sind die beiden sumpfliebenden Coniferen *Cupressus thyoides* und *Taxodium distichum* die hervorragendsten; sie bedecken den ganzen Sumpf mit einem ziemlich dichten, rasch wachsenden Wald, dessen Bäume einen sehr erheblichen Antheil an der Ansammlung vegetabilischen Stoffes haben, welcher den Boden des Sumpfes ausmacht[2]). Aehnliche Sümpfe kommen weiter südlich im ganzen Küstengebiete des Atlantischen Meeres und des Golfes vor. Einer der grössten ist Okefinokee Swamp im südlichen Georgia, welchem der S. Mary's R. entfliesst.

Es mag hier endlich auch der Ort sein, von den sogen. Wet Prairies zu sprechen, den nassen Prärien, die in den Beschreibungen des Inneren

1) Lyell, Travels in Nord-America 1845. I. 187.

2) Nach Lyell (a. a. O. 146) besteht dieser Boden bis auf einen geringen Bruchtheil aus torfartigem, organischem Stoff, der indessen viel weiter in der Zersetzung vorgeschritten ist als der eigentliche Torf, indem seine Grundmasse in einen schwarzen Brei ohne erkennbare Pflanzenreste umgewandelt ist. Nur die Abkühlung der Luft durch die starke Verdunstung ist nach diesem Gewährsmann im Stande, die völlige Zersetzung der Pflanzenstoffe in Dismal Swamp zu verhüten.

von Nord-Amerika eine so grosse Rolle spielen. Sie sind nicht so häufig und ausgedehnt, wie man auf Grund der Annahme glaubt, dass das Präriengebiet eine einzige grosse Fläche sei, von der das Wasser der atmosphärischen Niederschläge nur langsam abfliesse. Wir haben schon hervorgehoben, dass die Oberflächengestaltung der Prärien eine vorwiegend wellige, selbst hügelige ist; nach den Flussläufen zu ist durch langdauernde Erosion ein Gefäll ausgenagt und ausgehöhlt worden, welches den Mittelpunkt eines von Flüssen umgebenen Abschnittes der Prärie gewöhnlich auch zugleich zum höchsten Punkte macht. Dass es trotzdem an flachen Stellen und sogar Einsenkungen nicht fehlt, liegt in der Natur der *im Allgemeinen* doch viel mehr flachen als bergigen Region, und da zudem der Prärieboden viel Wasser aufsaugt und nur langsam wieder abgibt, so sind allerdings nach den sehr ausgiebigen Regengüssen des Frühlings weite Gebiete morastig und stellenweise mit stehendem oder unmerklich abfliessendem Wasser bedeckt. „Das ganze Land ist wie ein durchfeuchteter Schwamm, aber sobald das Wasser abnimmt, bedingt die Porosität des Bodens und die starke Verdunstung in einem so allseitig offenen Lande eine sehr rasche Austrocknung [1]).“ Nur da, wo das Gefäll noch geringer als es in der Prärie im Ganzen zu sein pflegt, oder wo der Boden sogar eingesenkt ist, bildet länger stehendes Wasser die Moräste und Tümpel der *Wet Prairies*, die also eine Erscheinung von örtlicher Beschränktheit darstellen und weder für die hydrographischen Verhältnisse noch für die ökonomische Ausnützung des Landes von irgend erheblicher Bedeutung sind.

IV. Abflusslose Seen, d. h. Seen, deren Wasser keinen Ausweg in's Meer findet, haben in Nord-Amerika ihre natürliche Stelle auf den Hochebenen, welche im fernen W. zwischen den zwei grossen Hauptketten der Cordilleren, dem Felsengebirg und der Sierra Nevada, sich ausbreiten und ebensowohl durch die Gebirgsumrandung als ihre im Ganzen gleichartige, im Einzelnen aber durch zahlreiche, kreuz und quer ziehende Höhen gegliederte Oberflächengestalt die Bildung geschlossener Becken begünstigen. Auch die übrigen Hochebenen tragen stellenweis zahlreiche Becken dieser Art, aber während sie dort in grossen Einsenkungen Seen von bemerkenswerther Grösse bergen, gehen sie hier selten über das Mass von Teichen und Tümpeln hinaus, die zwar zahlreich, aber im Einzelnen unbedeutend sind.

Der Seenreichthum des Grossen Beckens führt in erster Reihe auf die unvollkommene Erosion zurück, welche bei der Dürre

1) James Hall, The West. 1848. 108.

des Klima's nur mit den unvollkommensten Mitteln arbeitete und deren Leistungen häufig von den regellosen Wirkungen vulkanischer Kräfte durchkreuzt wurden. Die Mehrzahl dieser Seen liegt daher in den natürlichen Falten der Gebirge, welche weder völlig ausgewaschen, noch ganz mit Schutt erfüllt werden konnten, wie in Gegenden kräftigerer Erosion. Einige sind durch vulkanische Gesteine, andere durch Schuttlager aufgedämmt, einige liegen sogar hinter Moränen, wie z. B. Fishers L.[1]), und andere haben ihr Becken in einem alten Krater gefunden.

Die grosse Mehrzahl der abflusslosen Seen sind Salz- oder Brackwasser-Seen. Salzhaltigkeit des Bodens tritt zuerst nordwestlich von den Mississippi-Quellen im Gebiet der Wasserscheide zwischen Red R. und Missouri auf, wo sie im Allgemeinen an die zunehmende Regenarmuth geknüpft erscheint. Es fallen hier zeitweise im Sommer erhebliche Regenmengen und in besonders feuchten Jahren werden sogar manche der abflusslosen Salzbecken drainirt, aber die Trockenheit und die im Sommer verhältnissmässig grosse Wärme der Luft befördern die Verdunstung und schaffen immer wieder kleine Salzseen und Salzsümpfe. Mit der Zeit werden grosse Gebiete durchsalzen. Dana sagt von Oregon: „Ausser der Waldregion des Küstenlandes scheint kein Theil des Territoriums ganz frei von der Durchtränkung mit Salz zu sein . . . Man kann dieses Vorwiegen des Salzes als ein Zeugniss dafür betrachten, dass das Land vom Meere bedeckt gewesen. Sein Verbleib im Boden wird befördert durch die Trockenheit des Klima's." Die Mittheilung Gilbert's in G. M. Wheeler's Reports[2]), dass das Wasser, welches man aus gegrabenen Löchern am Ufer des Colorado erhält, und welches ohne Zweifel durchgesickertes Flusswasser, salzig ist, während das des Colorado selbst vollständig trinkbar; ferner die ebendort erwähnte Thatsache, dass Wasser aus gegrabenen Löchern am Rande des Sevier L. salziger ist als das Wasser des Sees selbst, gehören hieher. Die wechselnde Durchfeuchtung und Austrocknung des Uferbodens hat in demselben Salz aufgespeichert und wahrscheinlich tritt an die Stelle

1) Wheeler's Report. III. 1875. 112.

2) Vol. III. 1875. 108.

des in feuchtem Erdreich seewärts strebenden Abflusses eine landwärts gerichtete, durch Trockenheit des umgebenden Erdreiches bedingte Aufsaugung.

Der äussere Anblick der Salzseen ist einförmig. Folgende Worte Von Richthofen's können als Beschreibung des Typus gelten, von dem sie alle wenig abweichen: „Um den seichten Salzsee oder auch oft an seiner Statt, wenn er ausgetrocknet ist, liegt eine Kruste weisser Salze, oft hinreichend mächtig für technische Ausbeutung. Dann folgt ein Ring von salzhaltigem, gelbgrauem Boden, erst noch kahl, dann etwas weiter ab sich allmählich mit Pflanzen bedeckend, die die Natron- und Kalisalze lieben. Wenn es regnet, ist es dort morastig. Nach dürren Tagen ist der Boden ausgetrocknet und verwandelt sich leicht in einen ausserordentlich feinen gelben Staub, den der leiseste Luftzug aufwirbelt. In weiterem Abstand vom See folgt das für das ganze Great Basin charakteristische monotone Graugrün des sogen. Sage Brush. Auch hier noch lockt der Regen Salze aus dem Boden und dieser besteht aus derselben feinen gelben Erde wie im centralen Theil. Ganz allmählich steigt die Oberfläche nach allen Seiten an[1]."

Wir haben bei der allgemeinen Betrachtung des grossen Beckens (S. 95 ff.) drei grössere Einsenkungen in dem Bezirke desselben kennen lernen: Zwei abgeschlossene am Ost- und Westrand und eine nach dem Meere zu sich öffnende am Südende des Beckens. In den beiden abgeschlossenen Senkungen liegen zahlreiche abflusslose Seen und auch die dritte und südlichste Einsenkung entlässt nicht alle ihre Wasser nach dem Meere, sondern bildet gleich den ersteren Salzseen und Sümpfe. Nach diesen drei Einsenkungen gliedern sich die abflusslosen Seen des Grossen Beckens natürlich in drei Gruppen.

Die östliche Gruppe umschliesst im G r o s s e n S a l z s e e, den grössten abflusslosen See Nord-Amerika's, der am Fuss des Wahsatch-Gebirges und am äussersten Ostrand des Grossen Beckens einen Flächenraum von 15—1600 □Kil. bei 56 Kil. Länge und 28 Kil. Breite einnimmt. Er empfängt seine Zuflüsse vorzüglich aus S. und O., wo hohe Gebirge ihn umgeben, während an den Nord und Westrand die Wüste hinreicht. In eine nordöstliche Ausbuchtung mündet der Gebirgsstrom des B e a r R., welcher die Ostseite des nördlichsten Theiles der Wahsatch-Kette, den

1) Von Richthofen, China. 1877. I. 177.

man Bear River Mts. nennt, umfliesst und an der Westseite derselben zum See herabkommt; ein nordwestlicher Zufluss von ihm ist der Malade R. Am östlichen Ufer tritt Weber R., am südlichen der Jordan ein. Der letztere ist der wichtigste und ausgiebigste von diesen Zuflüssen; er kommt aus dem Utah-See, welcher einen halben Breitegrad südlich vom Grossen Salzsee gelegen ist und gleich ihm mit dem westlichen Ufer an die Wüste grenzt, während auf allen anderen Seiten zahlreiche Bäche ihm zufliessen; Timpanogos R., der aus der Uintah-Kette kommt und die Wahsatch-Berge durchbricht, ist der grösste von seinen Zuflüssen. Der Utah-See liegt 58 m. höher als der Grosse Salzsee und kann als das Sammelbecken der Zuflüsse betrachtet werden, die dieser von S. her empfängt. Der Jordan, durch den er seinen Ueberschuss dahin abführt, ist ein breiter, von vorwiegend flachen Ufern eingefasster, zur Bewässerung leicht zu benützender Fluss, der nur in seinem obersten Laufe bald nach dem Austritt aus dem Utah-See etwas von dem wilden Charakter annimmt, der den Flüssen dieser Region selten fehlt. Er durchbricht dort die Traverse Mts., einen östlichen Ausläufer der Oquirrh Mts., der quer über das Thal nach den Wahsatch-Bergen hinzieht. Von links ohne jeden dauernden Zufluss, nimmt der Jordan von rechts eine grosse Menge von Gebirgsbächen auf. Er ist einer der wasserreichsten, regelmässigst fliessenden und darum nützlichsten unter den Flüssen des Grossen Beckens.

Die Gestalt des Grossen Salzsees wird durch einen weit von N. hereinragenden Landvorsprung (Promontory Point) und durch mehrere Felseninseln, die 150—900 m. über seinen Spiegel sich erheben, zu einer reich gegliederten. Antelope Island (2100 m.) ist die grösste der Inseln, durchaus felsig. Stansbury I. (2100 m.) wird bei niederem Wasserstande landfest; dasselbe gilt von Strong's Knob (1490 m.). Carrington I. (1480 m.) ist eine Felsklippe, an die eine breite Sand- und Schlammbank angesetzt ist. Noch mehrere kleine Eilande sind durch den See zerstreut. Man sollte in der Nähe dieser so steil abfallenden Felseninseln bedeutende Tiefen erwarten, nimmt aber nichts davon wahr, da selbst zwischen den beiden erstgenannten Inseln die Tiefe nicht über 11 m. beträgt. Diese Zahl bezeichnet überhaupt die grösste Tiefe, welche im See sich findet, aber nur an einigen Stellen desselben vorkommt. Im grössten Theil der Westhälfte, am Ostrand und in der langen Bucht zwischen dem letzteren und Promontory Point geht die Tiefe nicht unter 2 m. herab und beträgt auf weiten Strecken nicht 1 m. Die tiefsten Stellen finden sich in der Mitte. — Die Tiefe des Utah-Sees soll noch geringer sein, nirgends über 4,8 m. hinausgehen; sie ist am Süd- und Ostrande am geringsten. Mit den steil aufragenden Höhen der Umrandung verglichen, scheinen diese geringe Tiefen anzudeuten, dass der Auffüllungsprocess hier seit lange im Gange ist.

Auf allgemeine und nicht ganz sichere Beobachtungen hin nimmt man an, dass der Grosse Salzsee gegenwärtig ungefähr 4 m. höher sei als zur Zeit der ersten Besiedelung seiner Ufer durch die Mormonen. 1852 will man das erste Steigen wahrgenommen haben. Bis dahin glich die Verdunstung des Herbstes den stärkeren Zufluss in Folge der Schneeschmelze und der Frühlingsniederschläge aus und die Schwankungen erhoben sich nicht über 0,4 m. Aber von 1852—56 seien grössere Schneefälle in den Gebirgen vorgekommen und im Jahr 1856 sei der See nahezu 2 m. höher als 1852 gestanden. Dann sei ein Sinken eingetreten, welches 1861 0,6 m. unter den tiefsten Stand der Zeit vor 1852 herabging, worauf ein neuerliches Steigen bis 1868 den Wasserspiegel nahezu 4 m. über den Stand von 1861 erhob und die Fläche, die der See bedeckt, um die Hälfte vergrösserte. Seit 1868 soll der See sich auf dieser Höhe halten, eher steigen als fallen, und seine Schwankungen sollen 0,6 m. betragen. Am 21. Juli 1874 hat man bei Black Rock, einem Eiland, das vor 1852 eine Halbinsel bildete, eine Säule errichtet, an der Steigen und Fallen des Sees gemessen werden soll[1]). Frémont gibt als Zusammensetzung des Salzes im Grossen Salzsee in Procenten: Kochsalz 97,8, Chlorcalcium 0,6, Chlormagnesium 0,2, schwefelsaures Natron 0,2, Gyps 1,1[2]). L. D. Gale bestimmte das specifische Gewicht des Wassers desselben zu 1,17 und fand 22,4 feste Bestandtheile, die sich folgendermassen vertheilten: Kochsalz 20,2, schwefelsaures Natron 1,8, Chlormagnesium 0,25, Chlorcalcium Spur[3]). Seit diesen Analysen sind keine weiteren von genügender Vertrauenswürdigkeit veröffentlicht. C. Thomas reproducirt in seiner Beschreibung des Grossen Beckens[4]) die Zahlen Stansbury's und Gales'.

Mit so hohem Salzgehalt ist das Wasser eine der stärksten natürlichen Soolen und seine grosse Dichtigkeit verleiht ihm einige merkwürdige Eigenschaften. „Niemand kann sich, ohne es selbst erfahren zu haben, eine Vorstellung von den merkwürdigen Eigenschaften dieses Wassers machen. Ein Mensch kann auf demselben in ausgestreckter Lage auf dem

1) Es mag solchen Niveau-Veränderungen zuzuschreiben sein, was Stansbury von *Castle Island* sagt: „Wenn man sich ihm von der Wasserseite nähert, lässt es regelmässig geschichtete Ufer erkennen, die durch völlig wagrechte und scharf gezeichnete Strandlinien in verschiedenen Höhen über einander gesondert sind. Es schien als ob das Wasser in Zwischenräumen auf ein tieferes Niveau herabgegangen sei und die Spuren seiner früheren Höhe den Abhängen des Hügels eingegraben hätte. Fast bis zum Gipfel folgten diese Linien über einander und waren an der Nordostseite am schärfsten ausgeprägt.“ (Explor. Great Salt Lake. 1853. 160).

2) Exp. to the Rocky Mts. 1845. 158.

3) Stansbury, Expl. Great Salt L. 1853. 419.

4) In Hayden's Rep. V. 234.

Rücken liegend treiben und Kopf, Hals, Arme bis zu den Ellbogen und die Füsse bis zu den Knieen ausser dem Wasser haben. Nimmt man eine sitzende Stellung ein, so bleiben die Schultern über dem Wasser, wenn man zur Erhaltung des Gleichgewichtes die Arme ausstreckt. Dennoch ist es wegen der beständigen Neigung der Beine, sich über die Oberfläche zu heben, schwer, in dem Wasser zu schwimmen; die Soole ist so stark, dass das kleinste Theilchen derselben in den Augen die heftigsten Schmerzen erzeugt. Würgen und Erbrechen sind die Folgen, wenn man sie verschluckt. Ich zweifle, ob der beste Schwimmer sich vor dem Ertrinken bewahren könnte, wenn er in diesem See bei starkem Wellenschlag zu schwimmen haben würde[1])." Dass mit den Niveauschwankungen, welche dem abwechselnd stärkeren oder schwächeren Zufluss von Süsswasser zu verdanken sind, auch das specifische Gewicht und der Salzgehalt sich ändern, ist sicher, wiewohl über den Betrag dieser Aenderungen nichts Genaueres bekannt ist.

Sevier L., in welchen der gleichnamige Fluss südwestlich vom Utah L. mündet, ist ausser dem Grossen Salzsee der einzige grössere Salzsee in dieser östlichen Einsenkung, von dem jedoch wenig Näheres bekannt ist[2]). Zahlreiche kleinere sind dagegen über das Wüstengebiet im W. des ersteren zerstreut. Grössere, die seltener den Namen See, den ihnen der Gebrauch beilegt, als den von Tümpeln und Sümpfen verdienen, folgen in den thalartigen Einsenkungen zwischen den nördlich und südlich ziehenden Gebirgen des Grossen Beckens, gleichsam in den Maschen des Netzes von Höhenzügen, welches über die Hochebenen hier gezogen ist. Alkali Flat, Alkali Lake, Mud Lake, Soda Lagoon, Salt Deposit, Field of Salt sind bezeichnende Namen solcher Ansammlungen von Wasser und Salz, in denen oft die Menge des letzteren die des ersteren überwiegt und die immer den tiefsten Punkt eines der zahlreichen Becken bezeichnen, in welche das eigentliche Grosse Becken hier zerfällt. Goshoot L., Franklin L., Ruby L., Fish L., die

1) H. Stansbury, Report. 1853. 212.

2) Einer der Topographen der Hayden-Expedition, Smith, hat den Südrand dieses Sees umwandert und unsere sehr mangelhafte Kenntniss der ganzen Region wenigstens dahin erweitert, dass er sich überzeugte, wie der Sevier L. kein Salzsumpf oder *Sink,* sondern ein wirklicher See, dessen Wasser indessen wahrscheinlich salzig sei. Einige Flüsse, die den Westabhang der östlichen Randgebirge herabfliessen und im Sommer und Herbst im Sande der Plains versinken, erreichen den See wahrscheinlich in regenreicheren Zeiten des Jahres (Hayden, Prel. Rep. Montana. 1872. 233). Auch von Wheeler's Expedition ist Sevier L. besucht worden und wir verdanken dieser die erste Analyse seines Wassers, das nach O. Löw in 100 Theilen enthält: 6,23 Chlornatrium, 1,34 schwefelsaures Natron, 1,03 Chlormagnesium, 0,04 Gyps und eine Spur von Chlorcalcium.

Tümpel der Ralston Desert und der Lava Fields gehören ebenfalls hieher. Sie alle tragen denselben einförmigen Charakter wie ihre wüstenhaften Umgebungen und nur der grössere oder geringere Grad von Austrockung bedingt einige Unterschiede in denselben. Häufig beobachtet man auch in diesen Thälern eine Abnahme in der Grösse der von dem Wasser aus den Randgebirgen herabgebrachten Schwemmprodukte nach der Mitte zu, von den Blöcken an den Berghängen bis zu dem feinen Thon, der die Mitte einnimmt und dort harte, absolut vegetationslose Platten, oft von einer Ausdehnung von mehr als 20 □Kil. bildet. Diese Thonplatten sind die *Dry Lakes* der Amerikaner. Die Vegetationslosigkeit derselben Thonplatten beruht auf dem fest zusammengebackenen Zustand ihrer Masse. Man findet dieselben nicht in den Thälern, welche längere Ebenen zwischen zwei Höhenzügen darstellen, sondern nur in den abflusslosen muldenförmigen; dort herrscht grober Kiesboden. Am häufigsten findet man abgeschlossene Seen und Sümpfe am Ostabhang der höheren Gebirgszüge, der in der Regel viel steiler und zerissener ist als der westliche und weniger Schnee hat, den er aber beim Schmelzen rasch abströmen lässt — alles Bedingungen, die die See- und Sumpfbildung in grosser Nähe begünstigen. Ruby- und Franklin L., die so am Ostabhang der East Humboldt Mts. liegen, haben süsseres Wasser als die Mehrzahl dieser Hochebenen-Seen. Es gibt, um diess hier einzuschalten, Seen, die anscheinend abflusslos sind und deren Wasser dennoch nicht oder nur sehr wenig salzig ist. Diess gilt vom Mountain Lakelet, Stockton Pond, Cedar Valley-Pond und den meisten Seen, deren Becken einstige Vulkankrater sind. Im ersteren Fall gibt die Zusammensetzung des unteren Seerandes aus trümmerhaftem Lavagestein, in den letzteren das beschränkte Gebiet, das der Auslaugung offen steht, die Erklärung an die Hand. Cedar Valley-Pond ist ein Tümpel von ganz neuer Entstehung[1]), Stockton Pond verdunstet alljährlich bis zur völligen Trockenheit.

Eine Einsenkung, ähnlich der des Grossen Salzsees, trennt die höheren Theile des Grossen Beckens von dem Hochgebirge, welches im W. sie umrandet. Von beiden Seiten fliessen Gewässer in dieselbe ab und einige von ihnen, welche in kein nach dem Meere ausmündendes System fliessender Wasser einbezogen sind, bilden abflusslose Seen. Wir haben eine Kette solcher Seen am Ost- und Westabhang von Warner's Range.

---

1) „Er ist seit der Besiedelung dieser Region entstanden und bedeckt einen Landstrich, der einst seitens der Bundesregierung als eine Futter-Reservation aus dem übrigen cultivirbaren Lande ausgeschieden worden war. Er verdankt seinen Ursprung oder seine Wiederentstehung augenscheinlich demselben allgemeinen Klimawechsel, welcher in derselben Zeit den Grossen Salzsee beständig hat steigen lassen." Wheeler Rep. III. 113.

Summer L., Albert L., Goose L. (22 Kil. lang, 8 Kil. breit) folgen in Zwischenräumen von 30—40 Kil. auf einander. Die beiden ersteren sind stark salzig und der letztere hat in der Fiumare von Drew's Valley einen zeitweiligen Abfluss, welcher keine so grosse Concentration der salzigen Bestandtheile zulässt. Oestlich von Warner's Range liegt eine Kette von mehreren Seen und Sümpfen, die mit einander in einer Abflussverbindung stehen, welche die Wasser des nördlichen den südlichen zuführt. Dort haben wir Süsswasserseen, hier Salzsümpfe. Von hier gegen W. liegen Wright und Lower Klamath L. als isolirte Becken mitten in der Gruppe der Klamathseen. Weiter südlich folgen Honey (18 Kil. lang, 7 Kil. breit), Pyramid (ungefähr 45 Kil. lang und 30 Kil. breit in der feuchten Jahreszeit), näher der Sierra Winnemuka (20 Kil. lang, 15 Kil. breit, mit Pyramid L. durch einen fiumarenartigen Abfluss des Truckee verbunden), Mono (in einem Vulkankrater), Walker (Sammelbecken des Rio Ida oder Walker's R. (70 Kil. lang, 30 Kil. breit), Owens L. (Sammelbecken des gleichnamigen Flusses, 24 Kil. lang, 14 Kil. breit). Humboldt L. ist eine Wasserfläche von 52 Kil. Länge und 15 Kil. Breite; er ist seicht und sein Wasserreichthum, der übrigens je nach der Jahreszeit sehr verschieden ist, steht in keinem Verhältniss zu der Länge des Flusses, dessen Wasser er empfängt; dieser Fluss nimmt jedoch in seiner unteren Hälfte keinen einzigen erheblichen Zufluss auf und ein grosser Theil seiner Feuchtigkeit versickert in dem Schuttboden der Thäler, die er durchfliesst, und verdunstet in der durstigen Luft der dürren Hochebene. Aus diesem See fliesst das Wasser südlich nach einem Sumpfe ab, in welchen von der entgegengesetzten Seite auch der kleinere Carson L. (30 Kil. lang, 15 Kil. breit) seinen Wasserüberfluss ergiesst. Der Sumpf, den sie so zusammen bilden, heisst an der einen Seite Carson Sink[1]), auf der anderen Humboldt Sink und wird sammt seiner Umgebung als Humboldt Desert bezeichnet. In der Jahreszeit der Schneeschmelze sind seine trockeneren und feuchteren Stellen alle mit einander und mit den beiden Seen zu einer Wasserfläche von bis zu 1000 □ Kil. vereinigt. Mud L. (ca. 1000 □ Kil.) ist ein grosser Sumpf, der die Wasser des Quinn's R. aufnimmt und in der feuchten Jahreszeit durch Fiumaren, mit Pyramid und Winnemuka L. in Verbindung tritt und diesen den

1) „Das Wort *Sink* hat in seiner Anwendung auf Flüsse zweierlei Bedeutung in der Wüste. Sein Gebrauch als Zeitwort bezieht sich auf das Verschwinden eines Flusses durch Absorption, aber seine gewöhnliche Anwendung als Hauptwort entspringt einer Täuschung, die indessen heute seltener geworden ist als der Gebrauch des Wortes Der See, Tümpel oder Sumpf, in den ein Sumpf mündet und in welchem dessen Wasser verdunstet, wird fälschlich als *Sink* bezeichnet. *Humboldt Sink, Sink of the Sevier, Sink of the Chalk Creek* sind derartige missverständliche Benennungen". (In G. M. Wheeler's Rep. III. 1875. 107.)

Wasserüberschuss zuführt, der bei abgeschlossener Lage ihn zum grössten See dieser Region machen würde.

Indem südlich von hier die höheren Gebirgszüge, vor allen die Sierra selber, zurücktreten oder sich erniedrigen und gleichzeitig die natürliche Trockenheit der Passatregion zu noch schärferer Ausprägung kommt, treten an die Stelle der wasserreichen, wenn auch kurzen Flüsse jener Region die Fiumaren und an die Stelle der Seen die Sümpfe; die letzteren bleiben indessen bei aller Wasserarmuth häufig und es ist Regel, dass jeder Höhenzug, selbst jede Berggruppe, einen Sumpf, das Sammelbecken ihrer Feuchtigkeit, an ihrem Fusse liegen hat. In der Mohave-Wüste liegt Soda oder Mohave L., das Becken, in welches der Mohave-Fluss mündet, bei 305 m., an einem der tiefsten Punkte der Wüste, als eine Einsenkung, die mit einer dicken Salzkruste bedeckt ist. Aehnliche Salzbecken sind auch an anderen tiefen Punkten dieser Wüste zu finden. Auf der anderen Seite der Bernardino-Kette liegt in der Colorado-Wüste der Salzsumpf Dry Lake, nahezu 100 m. unter dem Meere, der ausser dem unbeständigen Seitenabfluss des Colorado, dem New R., kleinere Zuflüsse der S. Jacinto-Berge aufnimmt. Es sind diese *trockenen Seen* hier im SW. nirgends ungewöhnliche Erscheinungen. Einige sind beständig trocken, andere haben zur Regenzeit Wasser, andere sind theilweise Sümpfe. In den heissen und trockenen Plateau-Gegenden von Arizona und Neu-Mexico kennt man diese tafelartig ebenen, hartkrustigen Flächen (Dry Lagoons, Playas) besonders auch wegen der Luftspiegelungen, die über ihnen häufig sind, da die Bodenbeschaffenheit dieselben besonders begünstigt. Sie erreichen gegen O. und N. zu nirgends grosse Ausdehnung, da alle grösseren Thäler von den Zuflüssen des Colorado drainirt werden.

Als Gila-Lagune wird ein tiefes, braunes, etwas salziges Gewässer von geringem Umfang bezeichnet, welches in der Gegend der Pima-Indianer am mittleren Gila liegt. Es ist mehr Quelltümpel als See. Hieher gehören auch die kleinen flachen Seen oder Tümpel, die von den Neumexikanern Cienagas oder Cenegales, d. h. Sumpflöcher, genannt werden und die da und dort auf den Plateaux zerstreut liegen, welche den Abfall der Südausläufer der Felsengebirge nach Osten vermitteln. Binsen umsäumen ihre Ränder und zahlreiche Wasservögel halten sich bei diesen kümmerlichen Oasen auf.

Im Küstengebirg begünstigen weder die klimatischen Verhältnisse noch die Bodenformen die Bildung ausgedehnter abflussloser Becken. Es ist eine örtliche Wirkung vulkanischer Kräfte, wenn man in der Nähe des Clear L. mehrere kleine abflusslose Becken und unter ihnen den merkwürdigen Borax L. findet, der eine Vertiefung einnimmt, welche vom Clear L. durch einen Wall vulkanischer Eruptionsprodukte abgesondert ist. Die Ausdehnung dieses

Sees ist je nach der Jahreszeit sehr verschieden. Whitney fand ihn 1863 gegen 1 Kil. lang und 400 m. breit und kaum 1 m. tief, sah aber Zeugnisse einer früher doppelt so grossen Länge und hörte, dass er vor den regenreichen Jahren 1861 und 1862 trocken gelegen habe. Der See wurde 1856 entdeckt und bald darauf begann man die Boraxschicht auf seinem Boden auszubeuten. Eine Untersuchung des Wassers ergab im Jahr 1863 2401,5 gr. feste Bestandtheile auf die Gallone, worunter Kochsalz, kohlensaures und borsaures Natron (vom letzteren 535 gr.)[1]. Im südlichen Küstengebirg kommen in dürrerem Klima einzelne abflusslose Becken vor. Wir rechnen nicht die zeitweis abflusslosen Tulare-Seen hieher, aber es liegt z. B. in der Mitte des Thales, welches das Temescal- von dem Sa. Anna-Gebirge trennt, eine Lagune, in der der S. Jacinto-Fluss verschwindet. Eine Anzahl von Flüssen der südwestlichen Gebirge verlieren sich in Salzseen, welche bereits auf mexikanischem Gebiet liegen, so St. Maria, Guzman und Jaqui R. Aehnlich wie die Salzseen des Grossen Beckens sind auch diese brackisch zur Regenzeit und bis zur Untrinkbarkeit salzig in der regenlosen Zeit. Der R. Mimbres, der dem L. Guzman zufliesst, erreicht ihn nicht, sondern verliert sich in einer Ebene nördlich von demselben.

Anhang I: Quellen und Höhlen. Ausser den Quellen, welche namhaften Flüssen und Strömen Ursprung geben, gibt es noch zahlreiche andere, welche bemerkenswerth sind durch besondere Eigenschaften, die ihnen innewohnen, durch die Lage, die sie einnehmen, oder durch ihre Verbreitung. Sie erlangen eine besondere Bedeutung in sonst wasserarmen Gegenden, wie sie in dem Gebiet der Vereinigten Staaten so verbreitet sind, und in den grossen Flachländern, wo die Entfernung der Gebirge die kleineren Wasseradern selten macht und die Wege von einem Flusse zum anderen sehr gross werden. Der Werth der Bodenfeuchtigkeit, und besonders der Quellen, wächst in demselben Masse, als die atmosphärischen Niederschläge unregelmässiger und spärlicher werden; er ist daher am grössten in den dürren Hochebenenlandschaften des Westens. Es erscheint uns keineswegs übertrieben, wenn O. Löw von den Quellen Neu-Mexico's sagt, dass sie, die z. Th. direct ganz unabhängig von Regen sind, Oasen in der wüstenartigen Umgebung bilden

1) Nach Hittell (Resources of Calif. 1874. 332) wurde die Boraxgewinnung aus diesem See durch die ausgiebigen Regen von 1867 und 1868 unterbrochen und nicht wieder aufgenommen. Dafür hat die Ausbeutung ausgetrockneter Boraxseen in Nevada, wo sie vom Humboldt R. bis zum Colorada vorkommen, einen erheblichen Aufschwung genommen.

und dort eine „solche Wichtigkeit erlangen wie in cultivirten Ländern eine grosse Stadt“. Er beschreibt die Quellenoasen im Gebiet der Navajo-Indianer folgendermassen: „Die Quellen, die man da und dort antrifft, sind mit grünen Wiesen umgeben, dieselben dehnen sich jedoch selten über $^1/_4$ M. (e.) aus. An jeder solchen Quelle wohnen ein Paar Navajo-Familien mit ihren Schafen und Ziegen[1]).“ Die Mehrzahl der Quellen empfängt ihr Wasser aus höherliegenden Schichten, in deren Zwischenräumen Regen und Thau zusammen- und abwärtsfliessen. Ein kleinerer Theil ist vulkanischen Ursprungs. Dass der Boden in der That in tieferen Schichten Feuchtigkeit enthält, lehrt die von O. Löw mitgetheilte Thatsache, dass Maiskörner in oberflächlich ganz dürr aussehendem Boden aufgehen, wenn sie $^1/_3$—$^1/_2$ m. tief gepflanzt werden[2]). Gerade im wasserarmen Inneren der Gebirgsregion des W. wird die Vertheilung der Quellen eine ausserordentlich unregelmässige durch die Massen von Gesteinsschutt, der die Flanken der Berge verhüllt und durch die weite Verbreitung vulkanischer Gesteine, welche vielfach die natürlichen Wasserläufe bedecken oder ablenken. Nur die Mesa's, diese Tafelberge, die in Neu-Mexico, Arizona und längs des ganzen östlichen Abfalls der Felsengebirge so häufig sind, lassen zahlreiche Quellen zu Tage treten und zeigen eine gewisse Regelmässigkeit in der Vertheilung derselben. Die Mesa's sind meist so gebaut, dass Schichten von verschiedener Dichtigkeit über einander liegen und zwar so, dass sie nach einer Seite hin leicht geneigt sind. Die Quellen treten hier meistens an den Böschungen auf. Die weniger zahlreichen Quellen an der Fallseite der Mesa's sind in der feuchten Jahreszeit wasserreicher als die der schmäleren und steileren Seite. An kalten Quellen ist Neu-Mexiko besonders im O. nicht arm, wo sie an den Abhängen der Mesa's zahlreich hervorsprudeln. Bei Bacon Springs, Defiance, Ft. Wingate, auf den Reservationen der Navajo-Indianer und bei den Moqui-Dörfern sind sie in der oben erwähnten Weise die Ursache kleiner Oasen. Im W. dieses Hochebenengebietes bietet das *Campo grande* am Gila in der Nähe der Pima-Dörfer eine grössere Quellengruppe, deren grasbewachsene Umgebung ein beliebter Lagerplatz der Karawanen ist. Sie haben die Form tiefer Wasserlöcher, die in den Rasen einer ebenen Thalfläche eingesenkt sind. Ihnen ähnlich sind die *Natural Wells* in der Gegend des Guadalupe-Passes in Neu-Mexico, eine Gruppe von tiefen, steilrandigen Löchern, die mit milchigem, aber trinkbarem Wasser gefüllt sind, welches in einem bald nachher versiegenden Bache abfliesst.

Am Rand des Grossen Salzsees und auf seinen Inseln treten zahlreiche Quellen zu Tage, die je nach den Jahreszeiten von sehr ver-

1) P. G. M. 1874. 406.

2) P. G. M. 1874. 409.

schiedener Beschaffenheit sind. Im Frühling und Frühsommer nährt sie der schmelzende Schnee, der ihnen genug süsses Wasser bringt; sobald aber dieser Zufluss aus höheren Regionen nachlässt, findet der salzgeschwängerte Boden Zeit, ihnen von seinen Bestandtheilen zuzuführen, und die vorher süssen Quellen werden nun im Herbst und Winter zu Mineral- oder Salzwassern.

Die Quellen Nevada's erfreuen sich im Allgemeinen keines sehr guten Rufes. W. W. Bailey sagt vom Wasser einer der heissen Quellen auf der Wasserscheide zwischen Humboldt und Truckee R.: „Wenn man es hat kalt werden lassen, ist es doch noch den meisten jener elenden Dekokte der 63 Elemente vorzuziehen, welche in Abwesenheit des *genuine article* in dieser Gegend als Wasser cursiren[1]).“

In den Prärien draussen sind die Quellen nicht minder wichtig wie hier auf der Hochebene. Im Sommer findet man sehr wenig Wasser in den Prärien südlich vom 40. Breitegrad, da die kleineren Ströme alle vertrocknen, selbst wenn das Jahr ein nicht besonders trockenes ist, und wegen des Wald- und Wassermangels werden die Niederlassungen für lange Zeit auf die Thäler des Missouri, des Kansas und ihrer grösseren Zuflüsse beschränkt sein. Uebrigens muss man die Wasserarmuth der Prärien nicht nach dem Bilde beurtheilen, das eine kleine oder mittlere Karte ihres Gebietes entrollt, denn hier fehlt es ebensowenig an fliessenden Gewässern wie in unseren feuchtesten und fruchtbarsten Regionen und sogar Ströme rollen ihre Wasser durch diese baumlosen Ebenen. Aber wenn man hört, dass die Quellenlosigkeit mit zu den bezeichnenden Eigenschaften der Prärien gehört, gestaltet sich die Sache anders. Den Mangel der Quellen könnte man allerdings schon aus der ungemein geringen Zahl von Zuflüssen folgern, welche die Flüsse da erhalten, wo sie durch Präriengebiet fliessen, aber diess ist nicht immer ein Zeichen von Wasserarmuth. Auch die geringe Zahl der Quellen würde diess nicht sein, solange sie auf ein enges Gebiet beschränkt wäre. Aber die Prärien sind in dem grössten Theil ihrer weiten Erstreckung in ungewöhnlichem

1) Am. Naturalist. IV. 32. Ueber die Möglichkeit, durch Anlegung von artesischen Brunnen dem an so vielen Punkten des Westens empfindlichen Mangel an fliessendem Wasser abzuhelfen, spricht sich Gilbert dahin aus, dass die nöthige Continuität der Schichten und die unterirdische Drainage, welche eine wesentliche Bedingung für die Erhaltung eines reinen Wassers ist, nicht an vielen Punkten vorhanden seien. In der Cañon-Region des Colorado und seiner Nebenflüsse ist die natürliche Drainage zu allgemein, in der Region der abflusslosen Becken ist auf süsses Wasser nur in seltenen Fällen zu hoffen und ebendaselbst ist die Continuität der Schichten eine zu geringe. Er hält jedoch z. B. die Westseite des Sevier-Thales für eine günstige Lokalität zur Anlegung artesischer Brunnen. (Wheeler Rep. III. 116).

Grade quellenarm. In dem *eigentlichen* Präriengebiet,dem Gebiet, das man als Grasprärie im Gegensatz zum Steppenland der Plains bezeichnet und dessen Westgrenze man bei ungefähr 100° W. L. ziehen kann, tritt indessen diese Quellenarmuth in anderen Formen auf als in den Steppen, die jenseits dieser Grenze liegen. „Es ist wahr, dass die Oberfläche wasserarm ist. Besonders im Sommer kann der Reisende tagelang reiten, ohne einem Bächlein oder selbst nur einer Pfütze zu begegnen. Aber andererseits ist es eben so wahr, dass man Wasser in der grössten Fülle überall in einigen Fussen Tiefe findet. Wir haben wenige Punkte gefunden, wo man beim Graben in die Tiefe kein Wasser erhielt und wo das Brunnengraben so leicht und im Allgemeinen so erfolgreich wäre. Gewöhnlich hat man kein Felsgestein zu durchsinken; unter dem Humus kommt eine Schicht harten Thons, dann Kies, dann wieder Thon und das Wasser findet sich dann in einer Schicht feinen, reinen Sandes. Die Tiefe der Brunnen kann zwischen 12 und 40 F. schwanken, liegt aber gewöhnlich bei 18—25. Thatsächlich besteht also kein Wassermangel, aber das Wasser ist eben nicht immer an der Stelle zu finden, wo es der Farmer in grösserer Menge braucht [1].“

Mehr gegen das Gebirge zu, wo die abflusslosen Becken häufig werden und in Folge davon der Boden durchsalzen ist, erhalten viele Quellen einen starken Salzgehalt und verlieren damit den Werth, den sie sonst für die Bewässerung des Bodens gewinnen könnten. Zahllos sind die Salzquellen schon in Nebraska, wo sie meist in Depressionen der Oberfläche liegen. Durch Verdunstung des salzhaltigen Wassers bedecken sich Hunderte von Acres in diesen tiefen Lagen mit Salzkrusten. Eine der Quellen kommt in der Dicke eines Mannsarmes aus dem Boden, aber im Ganzen sind die Salzquellen weniger stark als zahlreich und der Gesammtertrag der verschiedenen Werke, die sich mit ihrer Ausbeutung befassen, übertrifft nicht 100,000 Kil. Sie werden nach W. hin stärker und eine Reihe von Salztümpeln, die solchen Quellen ihr Dasein verdanken, findet sich noch am Abhang des Felsengebirges in Colorado, wo aber be-

1) James Hall, The West, ils Soil etc. Cincinnati 1848. 105. Früher schrieb man dem Felsengebirge eine grössere Bedeutung für die Quellenbildung in der Prärie zu, als es in Wirklichkeit hat. „Ist es nicht wahrscheinlich, dass ein grosser Theil des Wassers, das als Regen in den ausgedehnten Ebenen an der Ostseite der Felsengebirge fällt, den lockeren und porösen Boden durchsinkt, bis er auf eine festere Schicht trifft und zu Wasserfäden oder selbst Bächen gesammelt durch unterirdische Canäle in der Richtung des allgemeinen Abfalles des Landes abfliesst?“ (E. James, Long's Exp. to the Rocky Mts. 1823. 282.) Den grossen Quellenreichthum der Ozark Mts. glaubte man damals nicht anders erklären zu können als mit der Annahme, dass an ihnen diese unterirdischen Bäche sich staueten und als Quellen aufstiegen.

reits wieder süsse Quellen in grösserer Zahl mitten unter ihnen auftreten. Ganz gewöhnlich sind natürlicher Weise die salzhaltigen Quellen in dem salzgeschwängerten Boden des Grossen Beckens. Nicht bloss Kochsalz, sondern auch Glauber- und Bittersalz, Soda, Borax und andere Salze treten in ihnen auf. Virgin Salt Well, in der Nähe des Zusammenflusses des Rio Virgen mit dem Colorado, ist ein merkwürdiger natürlicher Soolbrunnen in einer trichterartigen Vertiefung, die oben ca. 90 m. im Durchmesser hat und in welcher ca. 15 m. unter dem Niveau der Plains ein Wasserspiegel von 36 m. Durchmesser steht. Das Wasser ist stark gesalzen. Ebenso gebaut, doch kleiner, ist Devils Hole am Fuss der House Range in Utah; der Wasserspiegel misst 5 m. und das Wasser ist brackisch. Einen tieferen Ursprung haben die Soolquellen des Ostens, die aus den unterirdischen Steinsalzlagern der paläozoischen Formationen gespeist werden. An ihnen sind in den atlantischen Staaten New York, West-Virginia, Pennsylvanien, West-Ohio und Michigan besonders reich. Die Quellen von Onondaga in New York lieferten bis vor wenigen Jahren allein die Hälfte alles in den Vereinigten Staaten erzeugten Kochsalzes.

Mit besonderer Kraft treten Quellen aus den Kalkschichten hervor, welche im SW. der Vereinigten Staaten den Cordilleren und im Inneren dem West- und Südabfall der Alleghanies vorgelagert sind. Bemerkenswerthe Erscheinungen dieser Art finden sich in Mittel-Florida, wo zahlreiche *Sinks*, Senklöcher bis zu 1000 m. Durchmesser, von raschfliessenden unterirdischen Bächen im weichen Kalkstein ausgewaschen sind; ihnen entspricht die grosse Zahl kräftiger Quellen, welche derselbe Theil von Florida aufweist, und die oft nichts anderes sind als die wieder hervortretenden Bäche, die in jenen Gruben verschwunden waren. Die Grube, in der die Wasser des Alachua Creek verschwinden, um unterirdisch zum Orange L. abzufliessen, und ein eiskalter, von unterirdischen Quellen gespeister See bei Talahassee sind bemerkenswerthere Erscheinungen dieser Classe. Aehnlich brechen Flüsse des westlichen Texas, die ihre Quellen in dem Kreideplateau haben, mit solcher Kraft und Wasserfülle aus dem Gestein hervor, dass sie „schon Mühlwerke am Ursprung treiben könnten“[1]). Comal, S. Marc, S. Antonio gehören zu diesen starkquelligen Flüssen, deren seichter Unterlauf sonderbar contrastirt mit der Wasserfülle ihrer Quellen. Einen ähnlichen Ursprung haben Bäche, die mit von Anfang an grossem Wasserreichthum den Anhäufungen von Trümmergestein entfliessen; es sind Bäche, die an einem Orte in dem spaltenreichen Gesteinsschutt versickert sind und nun neu gesammelt wieder hervortreten. In den Snake R. mündet ein solcher *unterirdischer Bach* in der Nähe des Rock Creek. Wieder anders ist die Entstehungsweise starker Süsswasserquellen im unteren

1) Römer, Texas 1849. 214.

Columbia-Gebiet. Der Untergrund besteht hier unter der Humusschicht zunächst aus Kies, der bis 10 m. mächtig wird, dann aus Flugsand von unbestimmter Mächtigkeit. Dieses Flugsandbett, sowie die scharfe Sonderung der von der Grasnarbe zusammengehaltenen Humusschicht von den darunter liegenden Kiesmassen scheint die Ursache der merkwürdigen temporären Quellen und der Ueberschwemmungen zu sein, welche durch dieselben öfters die Tiefprärien des Columbia betrifft. Das Wasser steigt hier von unten auf, hebt die Humusschicht, schwellt sie an und durchbricht sie endlich an mehreren Orten[1]). — Während manche kleinere Flüsse in Tennesee und Kentucky allsommerlich verschwinden, sind die grossen und kleinen Quellen, die aus den Spalten des Kalkgebirges hervorkommen, im Sommer höchstens etwas weniger wasserreich, trocknen aber nie aus. Auch sie bringen offenbar einen Theil des Wassers zu Tage, das aus den Flussbetten der Oberfläche verschwunden ist. Beim Herausströmen aus der Tiefe sind diese Quellen oft von Luftströmungen begleitet, welche stark genug sind, um eine Kerze zum Verlöschen zu bringen und die keinen Zweifel an dem innigen Zusammenhang der unterirdischen Wasserläufe mit der Oberfläche zulassen.

Heisse Quellen als Zeugnisse vulkanischer Thätigkeit sind im W. nicht selten und mehrere von ihnen zeigen hervorragende Eigenthümlichkeiten, so z. B. *Steamboat Spring* am Abhang von Lassen's Peak, welche eine erhebliche Masse kochenden Wassers ergiesst und umgeben ist von Dampfspalten, die über einen Raum von 2—3 Acres zerstreut sind und heisse Dämpfe aushauchen. In eine Quelle dieser selben Region strömt heisser Dampf ein und schleudert ihr Wasser $2^1/_2$ m. hoch auf. Ein See heissen Wassers, 180 m. lang und 90 m. breit, (*Boiling Lake*) findet sich in ihrer Nähe, von hohen Felswänden umgeben, die durch ihn sehr rasch zersetzt werden. Auch die heissen Quellen und Mofetten üben einen energischen zersetzenden Einfluss auf die Laven um Lassen's Peak[2]). Ein Gemeng von Thermen von 90—98° und Dampfquellen sind auch die California Geysers, die in dem Thal eines Zuflusses des Russian R. nördlich von San Francisco gelegen sind. Die ersteren sind von der atmosphärischen Feuchtigkeit hinsichtlich ihrer Wassermenge abhängig und haben mit eigentlichen Geysern nichts gemein[3]). Ferner kennt man warme alkalinische Quellen am Fuss der Sierra Sa. Monica und heisse Schwefelquellen bei Sa. Barbara. Sogar am Krater von Mt. Shasta sind noch Solfataren in Thätigkeit[4]). In der Nähe des Borax-Sees ist durch

1) Wilkes Expl. Exped. X. 666.

2) J. D. Whitney, Geol. of Cal. I. 311.

3) Ebendas. I. 93.

4) Ebendas. I. 95.

Solfataren ein Schwefellager von mehreren Hektaren Oberfläche gebildet worden. Borax kommt ausser in Seen dieser Region (s. o. 276) auch in Quellen vor. Am oberen Sacramento liegen bei Red Bluff einige warme (25° C.) Quellen, die Kochsalz, Borax, Schwefel- und Kohlenwasserstoff halten.

Bei der weiten Verbreitung, welche die vulkanische Thätigkeit im Cordilleren-Gebiet gefunden, sind Thermen auch in anderen Theilen desselben nicht selten und eine grosse Menge von ihnen bildet am oberen Yellowstone und Madison R. einen Complex von Heisswasser- und Dampfquellen, die zu den grossartigsten Erscheinungen ihrer Art zu zählen sind. Die Geyser-Region am oberen Yellowstone und Madison, die 1869 zuerst von Cook und Folsom besucht und 1871 von der geologischen Aufnahmscommission unter Hayden in ihrer ganzen Ausdehnung aufgenommen und beschrieben wurde[1]), ist als *Nationalpark* der Vereinigten Staaten, d. h. als ein Gebiet, dessen Ausnutzung zu wirthschaftlichen Zwecken verboten und das als ein *Park* dem Volke reservirt ist, sammt ihren Umgebungen in der Ausdehnung von 168 d. □M. durch Gesetz vom 1. März 1872 ausgeschieden. — Wenn man am Yellowstone-Fluss aufwärts geht, begegnet man in der Nähe der Mündung des Gardiner R. der ersten Gruppe heisser Quellen, die in einer Höhe von 1690 bis 2000 m. gelegen sind und 5 □Kil. mit ihren kalkigen Niederschlägen bedecken. Eine von ihnen liefert einen Wasserstrom von 2 m. Breite, 0,6 m. Tiefe und 52—55° C. Wärme; vier andere von 38—49° C. entspringen in der Nähe in Becken von 2—3 m. Durchmesser. Kleine Seen von 50—100 m. Durchmesser stehen in Einsenkungen, welche die Lage alter Quellen anzuzeigen scheinen. Ein Hügel von 60 m. ist durch eine dicke Sinterkruste in eine weisse Masse verwandelt und an seinen Seiten treten in verschiedenen Höhen heisse Quellen in halbkreisförmigen Becken hervor. Der Gipfel des Hügels ist eine Fläche von 150—200 m. Durchmesser, in welche eine grössere Zahl von Quellbecken eingesenkt ist; das grösste der letzteren hat 7 und 9 m. Durchmesser. Kegel von 15 m. Höhe und 6 m. Dicke, aus demselben Kalksinter bestehend, erheben sich da und dort zwischen den Quellen und zeigen die Lage heisser Quellen an, die zu fliessen aufhörten und sich schlossen, als der Druck von unten nicht mehr genügte, um das Wasser über diese Höhe hinauszutreiben. Aehnliche Hüllen aus Kalksinter umgeben andere heisse Quellen, deren Dampf sie durch enge Spalten entlassen. Heisse Quellen, die mit dem Plateau des vorgenannten Hügels im gleichen Niveau liegen, senden Strahlen von 0,6—1,2 m. Höhe empor und weisen eine

---

1) Eingehend beschrieben in F. V. Hayden, Prel. Report. Geol. Survey of Montana. Wash. 1872. Auszügl. in P. G. M. 1872.

Temperatur von 72° C. auf. Die zahlreichen Spuren älterer Heisswasserquellen, welche überall neben den jetzt thätigen auftreten, scheinen anzudeuten, dass die hier wirksamen Kräfte einst in noch grösserem Masse thätig waren als sie es heute sind, und eine 16—50 m. mächtige Sinterschicht, welche hoch über der Lage der jetzigen Quellen sich befindet, legt Zeugniss ab für Hebungen des Bodens, die nach der Entstehung dieser Quellen und ihrer Ablagerungen stattfanden.

Das eigentliche Geyser-Gebiet des Yellowstone liegt weiter aufwärts um den Yellowstone-See, dessen Becken wie ein ungeheuerer alter Krater zwischen die 3—4000 m. hohen Hochgipfel der Tetons, des Emigrant Peak, der Madison und Gallatin Mts. eingesenkt ist. Etwa 8 Kil. oberhalb der wilden Scenerie der Fälle und des Grossen Cañon des Yellowstone liegt eine Gruppe von Dampf- und Schlammquellen, unter welchen die sog. Locomotive Jet, die aus der schornsteinförmigen Oeffnung Dampf mit dem Geräusch einer Hochdruckmaschine ausstösst, ferner eine sinterüberdeckte Dampfquelle von 92° C. Wärme, in welcher der Dampf die Wassermassen jeweils 1,2 m. hebt, und heisse Schlammquellen in Becken von 4—6 m. Durchmesser hervorzuheben sind. 3 Kil. weiter oben befinden sich in einer neuen Gruppe von Dampf- und Schlammquellen welche, die den Schlamm 6 m. hoch emporschleudern und eine, die die Bäume umher bis 25 m. Höhe mit Schlamm bewirft, eine in einer Grotte mit brandungsartigem Gebrüll aufwallende und eine andere, aus deren 30 m. breitem Schlammbecken in Perioden von 3¼ Stunden eine heftige Wasser- und Dampfexplosion erfolgt, worauf sie einen 6 m. hohen Strahl 15 Minuten lang emporsendet. Auch hier haben zahlreiche erloschene Quellen schornstein- und thurmartige Hüllen aus schneeweissem, von Schwefel gelb gerändetem Sinter zurückgelassen. Am Westufer des Sees finden sich weiterhin 200 bis 300 thätige Dampf-, Heisswasser- und Schlammquellen, von denen einige Becken von 15 m. Durchmesser ausfüllen. Eine andere Gruppe liegt an einem als Fire Hole R. bezeichneten Zufluss des oberen Madison R. und unter ihnen sind pulsirende Quellen, ächte Geyser, häufig. Die Temperaturen schwanken von 50—90° C. und es fiel hier den Beobachtern auf, dass die blendend weissen Auskleidungen von Kieselsinter, welche eine so grosse Zierde der Quellbecken sind, sich nur in den heissesten Quellen finden, während in denjenigen, wo die Temperatur unter 65° beträgt, dieser Niederschlag überall Eisenoxyd enthält. Hier steigt aus einem Quellbecken von 65 m. Durchmesser eine bis 20 m. hohe Wassersäule; eine Quelle füllt einen 30 m. langen und nur 1—3 m. breiten Riss im Gestein aus, eine dritte liegt auf einem 15 m. hohen Hügel von weisser Kieselerde und hat 40 m. Durchmesser, eine vierte hat sogar ein Becken von 70 m. und Reihen von Quellen sind durch Canäle verbunden, in denen das heisse Wasser dem

Fire Hole R. zuströmt. Man mag wohl glauben, dass die ganze Gegend, von erhöhtem Standpunkte aus gesehen, das Bild einer Fabrikstadt bot, die aus Tausend Schloten Rauch und Dampf entsendet. Ein Theil der Quellen liegt tiefer als der andere in demselben Thal und man unterscheidet ein unteres und ein oberes Geyser-Becken, von denen jenes mit 75 □ Kil. das weitaus grössere ist; aber es ist in dem 8 □ Kil. grossen oberen Becken, dass die Geyser-Phänomene sich am schönsten zeigen. Hier steigen aus pulsirenden Heisswasserquellen Wasserstrahlen bis 70 und 80, Dampfsäulen bis 300 m. in die Höhe. Es bedarf kaum der Erwähnung, dass es an anderen Spuren vulkanischer Thätigkeit bei so kräftigen Andeutungen, wie diese unzähligen Quellen sie geben, nicht fehlt. Einige der höchsten Berge dieser Gegend sind mächtige Vulkankegel mit ausgebrannten Kratern, Basalt und Tuff bedecken den grössten Theil des oberen Yellowstone-Gebietes und ein heftiges Erdbeben, das die Erforschungs-Expedition am Ufer des Yellowstone-Sees erlebte, erinnerte an die unterirdischen Kräfte, die dem Feuer, das jene Quellen wärmt, vergesellschaftet sind.

Colorado ist reich an warmen Quellen und ebenso Utah; im ersteren Staate werden die *Colorado Springs* am oberen Arkansas, dann ähnliche Quellen in den Parks bereits von zahlreichen Kranken besucht. Einige warme Quellen an einem Nebenflusse des Oberen Arkansas, welcher *Fontaine qui bouille* heisst, hat schon Fremont gemessen (1843) und es ist bemerkenswerth, dass seitdem die Temperatur derselben sich um einige Grade erniedrigt zu haben scheint, da J. C. Peale bei seinen Messungen vor einigen Jahren (1872) niedrigere Temperaturen bei nicht erheblich abweichenden Lufttemperaturen erhielt[1]).

Im Thal des Jemez-Flusses (Neu-Mexico) liegen zwei Gruppen warmer Quellen, die man dort als *Ojos calientes* bezeichnet. Die obere Gruppe besteht aus 42 Quellen, deren Wärme von 36—40° C. variirt und aus deren Absätzen (hauptsächlich Chlornatrium, schwefelsaures Natron, Carbonate von Kalk, Magnesia und Natron, dann Kieselsäure, Eisen, Lithion bilden die festen Bestandtheile) sich ganze Hügel und Höhlen gebildet haben. Die untere Gruppe, etwa 3 Kil. von den anderen getrennt, hat 11 Quellen, deren eine ein grosser Sprudel von 76° C.

G. K. Gilbert hat sämmtliche Thermen der Vereinigten Staaten zusammengestellt, welche die mittlere Jahrestemperatur ihrer Umgebung um 8° C. übersteigen und eine Karte gezeichnet, welche ihr Verbreitungsgebiet erkennen lässt[2]). Man sieht auf dieser Karte, dass das Mississippi-Tiefland und die Atlantische Tiefebene vollkommen thermenfrei sind. Nur in Arkansas kennt man heisse Quellen, aber hier sind die Ozark Mts.

1) Hayden's 6th Annual Report. 1873. 103.

2) Wheeler, Rep. 1875. III. Plate III.

in der Nähe. Im Alleghany-Gebiet kennt man 15, in der Gebirgsregion des W. 121 Lokalitäten mit einer oder mehreren, oft vielen heissen Quellen. Dass die Zahl der Quellen mit dem Grade der Erhebung und Störung der Schichten zusammenhängt, scheinen diese Thatsachen nicht weniger klar zu lehren als die, dass auf demselben Raum, auf dem das Colorado-Plateau 5 Thermen zeigt, die eigentliche Gebirgsregion des W. deren 13 erkennen lässt. Bemerkenswerth sind auch die Unterschiede in den Temperaturen dieser Quellen; unter 82, deren Temperatur man gemessen, sind im W. 45 mit über 55° C., im O. nur 2 mit solch hoher Temperatur.

Mineralquellen verschiedenster Art sind in dem weiten, mineralreichen Lande natürlich weit verbreitet. Der salzhaltige Säuerling von *Saratoga Springs* im Staate New York dürfte der erwähnenswertheste von ihnen allen sein, da er zum besuchtesten Gesundbrunnen des Landes geworden ist.

Petroleum, welches in seiner Verbreitung durch die unterirdischen Regionen öfters dieselben Verhältnisse wie das unterirdische Wasser aufweist, tritt, diesem ähnlich, auch vielfach in Quellen zu Tage. Wo es freilich in synklinischen Becken vorkommt, wie in West-Pennsylvanien, wird es nur durch artesische Brunnen erbohrt und wo es in Höhlungen und Spalten der Schichten verborgen ist, müssen diese Höhlungen und Spaltungen angebrochen werden, um es zu Tage treten zu lassen. Aufsucher von Oelquellen betrachten Gegenden, wo die Schichten sehr gefaltet und gebrochen sind, als besonders günstig, indem sich an diese veränderten Lagerungsverhältnisse oft Höhlungen binden, aus denen man das Oel gewinnen kann. Wo es auf Verwerfungslinien und zwischen antiklinalen Bogen auftritt, kann es leichter als Quelle erscheinen. In Folge gewisser Zufälligkeiten gibt es indessen keine Oelregion, in der nicht auch Oelquellen vorkämen. Man kennt Petroleumquellen, häufig mit Salzquellen verbunden, in Californien (Pliocän), Utah und Colorado (Lignite der Kreideformation), Nord-Carolina und Connecticut (Trias), West-Virginien (nahe der oberen Grenze der Steinkohlen-Formation), West-Ohio und West-Pennsylvanien (Devon) Kentucky (Kohlenkalk). Die ergiebigen Petroleum-Vorkommnisse sind indessen bekanntlich nicht diese natürlichen Quellen, sondern erbohrte Brunnen.

Höhlen sind gewöhnlich die ausgetrockneten Betten unterirdischer Flüsse oder die Spalten, aus denen solche als Quellen hervorbrachen; sie finden daher ihre Stelle ganz natürlich an der Seite der Quellen. Quellenreiche Gebiete und Gebiete, in denen die Systeme der unterirdischen Drainage in scharfer Ausprägung vertreten sind, sind in der Regel auch reich an Höhlen. So ist der Kohlenkalk von Kentucky in seinem südlichen Gebiet ungemein höhlenreich und das besonders in den höheren Schichten, die mit Erden und Alkalien durchsetzt sind, denen die Tendenz zur Salzbildung und Ausblühung und damit zur Erleichterung der Zersetzung unabhängig von dem fliessenden Wasser innewohnt. Die grösste von diesen Höhlen, Mammoth Cave in der Nähe des Green R., soll 223 Verzweigungen aufweisen in der Gesammtlänge von 220 Kil. und man berechnet, dass ihr ganzer Hohlraum nicht unter 12 Mill. Cub.-Yards betrage[1]). In viel geringerer Zahl und Grösse kommen Höhlen in dem sog. Grindstone Grit, einem durch Kalk verkitteten Sandstein vor, der unter dem Kohlenkalk lagert.

Eine der charakteristischen Erscheinungen dieser Kalksteingebiete sind ausser den Höhlen die Senkungen, die unvermittelt, aber in grosser Zahl den Boden durchsetzen; sie sind besonders häufig in West-Tennessee und Kentucky, wo sie als *Sinkholes* einen auffallenden Zug in der Bodengestaltung bilden. Man sieht welche von 100 m. Durchmesser, die bis zu 1000 Hektaren bedecken. Ihre Bildung ist dem fliessenden Wasser zuzuschreiben, welches unterirdische Höhlen und Gänge auswäscht und mit der Zeit die Unterlagen bestimmter Bodenabschnitte wegführt, bis dieselben endlich unter dem Gewicht der überlagernden Massen einsinken. Die meisten haben am Grunde Risse und Spalten, welche das Wasser abfliessen lassen, aber wo diese Risse verstopft sind, haben sich kleine Teiche gebildet. In manchen bedeckt kühles Quellwasser den Grund, welches in Verbindung steht mit unterirdischen Wasserläufen. Diese *Sinkholes* sind besonders in Kentucky auch für die Landwirthschaft nutzbar gemacht worden, indem man in ihnen die Schweine hegt; dabei werden sie mit der Zeit zu künstlichen Sümpfen oder Seen, da durch den Abfall der Thiere die Abflussspalten sich verstopfen.

Die ausgedehnten Kalklager der Alleghanies sind auch in anderen Regionen nicht arm an Höhlen. Virginien hat eine Blowing Cave, d. h. eine Höhle, welche einen starken Luftstrom aussendet und dieselbe wiederholt sich in kleinerem Masse in New York bei Betlehem (Albany Cy.). Grössere Höhlen im Kalkstein der Helderberg-Gruppe finden sich bei Schoharie (Ball's Cave u. a.) und die untere Abtheilung dieser Gruppe ist überhaupt höhlenreich. In Pennsylvanien ist die Knochenhöhle von Port Kennedy, in devonischem Kalke 40 Kil. von Philadelphia gelegen, bekannt geworden; sie umschloss nach Cope[2]) Reste von Trilophodon, Megalonyx, Mylodon, Ursus pristinus — im Ganzen 30 Wirbelthierarten postpliocänen Alters. Eine andere, im *Auroral Limestone* von Ost-Pennsylvanien aufgedeckte, zeigte Reste von demselben geologischen Alter.

---

1) Geol. Survey Kentucky 1856. I. 81. Selbst im Inneren der Mammuth-Höhlen findet man Beweise dafür, dass die Fluten der Eiszeit sie durchströmten, in Ablagerungen, die in die Classe des *Modified Drift* gehören.

2) Proc. Am. Phil. Soc. XII. 15.

Im kalkreichen Gebiete zwischen den Grossen Seen, dem Mississippi und Ohio sind in der sog. Blei-Region Höhlen kein seltenes Vorkommen. Sie bieten nichts besonders Bemerkenswerthes. An pittoreskem Reiz vergleicht man berühmten europäischen Höhlen die californischen Bower Cave und Caveville Cave. Die erstere ist am nördlichen Arm des Merced R. in Californien gelegen. Sie ist gebildet durch eine an der Oberfläche breite, nach unten hin erweiterte Kluft im Kalkstein. Ihr Grund trägt einen kleinen See, an dessen Rand ein kräftiger Ahorn aufwächst, der seine Krone über die Spalte hinausreckt. Die Höhe der Höhle über dem Spiegel ihres kleinen Sees ist 30 m. Caveville Cave ist eine Tropfstein-Höhle im mittleren Californien, pittoresk, wie solche Höhlen zu sein pflegen, doch keine der grössten ihrer Art.

Anhang II. Zur Geschichte der Flüsse und Seen in den Vereinigten Staaten. Bis zum Schlusse der Devonzeit, wo der heutige nordamerikanische Continent nichts als ein Conglomerat von Inseln in einem weiten Meere war, muss die Entwickelung der Flüsse und Ströme von Nord-Amerika vorwiegend auf die Gebiete der damals längst trocken liegenden azoischen Ablagerungen beschränkt gewesen sein. Solange Inseln, Riffe, seichte Meeresarme die Regionen der heutigen Felsengebirge und Alleghanies, der Wurzelgebiete der grössten Ströme Nord-Amerika's einnahmen, konnte von grösserem fliessenden Gewässer als in den beschränkten azoischen Gebieten sich zu entfalten vermochten, keine Rede sein. Dana glaubt indessen, dass mit dem Schlusse der Devonzeit der Hudson vielleicht schon in seinen gegenwärtigen Grenzen und der S. Lorenz von Montreal aufwärts als Süsswasserströme bestanden. In der Zeit der Kohlenformation war das Ohio-Thal eine Region grosser Sümpfe, die mit Kohlenpflanzen bewachsen waren. Das Mississippi-Thal war im unteren Theile Meer und im oberen dürfte nur unter häufigen Oscillationen des Bodens die Thalbildung fortgeschritten sein. Das Gebiet des Missouri war noch zur Kreidezeit grösstentheils mit Meer bedeckt und ebenso das des Yellowstone und des Rio Grande. Wie das des unteren Mississippi sich durch allmähliche Verengerung eines alten einst breiten Meerestheils erst in der Tertiärzeit entwickelt haben dürfte, wurde oben besprochen. Am Ende der Tertiärzeit griffen im nördlichen Theil der Vereinigten Staaten bis zu ungefähr 40° n. Br. herab die Oscillationen des Bodens (s. o. S. 149) und die Driftbildungen (s. o. S. 121) wirksam in die Entwickelung der Flüsse und Seen ein, aber die ersteren, wenn auch zeitweilig in mit Schutt übervollen Thälern fliessend, blieben meistens in ihren Bahnen, wo sie nun in höheren Niveaux fliessen als früher. In der Gegenwart sind an einigen Punkten durch Bergrutsche die Flussläufe verändert worden, an anderen sind Wasserfälle beschäftigt, Felsbetten zu vertiefen und ihre eigene Lage allmählich zurückzuschieben und während manche der Seen auf den Hochebenen des W. wahrscheinlich durch Klimawechsel in der Abnahme begriffen sind und der Austrocknung entgegengehen, welche wahrscheinlich schon manche ereilt hat, sehen wir in anderen den Wasserspiegel sich erhöhen und erbreitern, ohne dass wir die genaueren Ursachen dieser Veränderung anzugeben vermöchten.

Dana vermuthet die Anfänge der Geschichte der Grossen Seen in einer der entlegensten Epochen der geologischen Geschichte unseres Continents, in der Zeit, in der die huronischen Schichten der azoischen Formation zur Ablagerung gelangten. Die Seeregion liegt zwischen der Zone der südlichen und nach S. zu wachsenden nachazoischen und der der stabileren azoischen Formationen des Nordens. Im Zwischenraum beider ist die Entstehung der Einsenkungen, die heute von grossen Wassermassen erfüllt sind, eben so wenig erstaunlich wie es die weite Verbreitung von Erhebungen eruptiver Bildung daselbst ist[1]). Die grosse Mächtigkeit, welche silurische Formationen in der Umgebung des Oberen Sees erreichen, scheint das frühere Vorhandensein bedeutender Depressionen anzudeuten. Das Thal des S. Lorenz bestand bereits nach der Zeit azoischer Ablagerungen als ein Meerbusen, der zwischen den in der älteren Silurzeit trocken liegenden azoischen Schichten von Canada und den Adirondacks bis gegen Ottawa reichte. In der letztgenannten Epoche füllten Schichten der älteren Silurformation diesen Golf so aus, dass er bis Quebec ein schmaler Canal ward, der einen Seitenzweig in der Einsenkung des Champlain-Sees abgab. Von da an erfuhr die Seeregion keine hervorragenden Veränderungen mehr bis zur grossen Senkungsepoche der posttertiären Zeit und wahrscheinlich war, wie erwähnt, der S. Lorenz oberhalb Montreal schon zur Zeit der Devonformation ein Süsswasserstrom. Als aber das Diluvialmeer die Küsten von Maine und Neu-Schottland bedeckte und von der Hudsons-Bai aus tief nach Süden in das heutige Festland herein-

1) Agassiz wies den Trapp-Ausbrüchen eine hervorragende Rolle in der Gestaltung der Umrisse des L. Superior und in der Form und Lagerung seiner Inseln zu. Nach der E. de Beaumont'schen Methode, die Gebirge nach ihren vorwaltenden Richtungen zu gruppiren und in der Uebereinstimmung der Richtung einen Ausdruck genetischer Uebereinstimmung zu sehen, stellte er sie in 6 sogenannte Systeme zusammen: „Sechs verschiedene *Systems of Dykes,* jedes aus einer besonderen Varietät von Trapp bestehend, parallele Höhen bildend, die in demselben System parallel, in den verschiedenen Systemen von verschiedener Richtung sind“ (Lake Superior 1850. 423), lässt er sie nicht bloss die Umrisse des gesammten Nordufers bestimmen, sondern auch die ersten Depressionen erzeugen, die dem See den Ursprung gaben.

reichte, ragte auch ein Meeresarm bis zu der Einsenkung, die heute Ontario-See ist und ein zweiter, der in südlicher Richtung abging, erfüllte das Becken des Champlain-Sees. Dieses Meer hat bei Montreal und am Champlain-See Spuren hinterlassen, welche ihm eine Tiefe von 170 m. zuerkennen lassen. Reste von Walfischen, die die Meeresarme belebten, wurden an den Ufern des letzteren 45 m. über der Meereshöhe gefunden.

Dr. Edm. Andrews hat aus den Verschiedenheiten, die man in der Zusammensetzung, den Lagerungsverhältnissen und der Ausdehnung der Seeufer-Terrassen wahrnimmt, Schlüsse auf die jüngere Geschichte der Seen gezogen. Er verlegt die Bildung der obersten Terrasse an das Ende der Driftperiode, nimmt ein darauffolgendes Fallen des Wassers auf sein heutiges Niveau, ein erneuertes Steigen bis zur obersten Terrasse, ein darauffolgendes Fallen bis zur mittleren, wobei diese gebildet ward, und endlich ein Fallen auf das heutige Niveau an. Aus der Grösse der Terrassen und der Zeit, die zu ihrer Bildung erforderlich, zieht er seine Schlüsse auf die Zeiträume, in denen diese Schwankungen sich bewegten und findet 5300—7500 Jahre als die Zeit, welche seit der Bildung der obersten Terrasse verflossen sein könnte[1]). L. Agassiz gibt in seinem Lake Superior[2]) die klarste Beschreibung dieser alten Uferlinien: Wie überall, sagt er, sind die Seeufer mit Sand und Kies bestreut, welche bis zu einer gewissen Grenze von den Wellen angespült werden. Die höchsten Ablagerungen sind noch im Bereich heftiger Stürme und sind innerhalb desselben von jeder Vegetation entblösst. Dann kommt ein anderer Strand, aus gröberem Material gebildet und der Wirkung der höchsten Wellen entrückt, wie die allerdings ärmliche Vegetation von Cryptogamen und einigen kleinen krautartigen Pflanzen beweist. Noch weiter entfernt vom Rand des Sees sieht man weitere Strandlinien, mit mannigfaltigen Kräutern, Sträuchern, Bäumen und besonders üppigen Flechtenpolstern überzogen. Der sanfte Abfall ihrer Terrassen zeigt an, dass der See längere Zeit in ihrem Niveau gestanden haben muss. Ueber ihnen erheben sich steilere Ablagerungen von Geröll und Sand, die vom See ausgewaschen und aus deren Material tieferliegende Terrassen gebildet wurden. So kann man Terrasse über Terrasse verfolgen und besonders klar treten sie in Buchten und an anderen geschützten Stellen des Strandes hervor; oft liegen 2 oder 3 nahe beisammen, bald 6, bald 12 m. von einander entfernt, dann folgt wieder ein flacher Anstieg zu einer neuen steileren Terrasse; 6, 10, selbst 15 solcher Terrassen übereinander sind oft an einer einzigen Stelle, den Stufen eines riesigen Amphitheaters gleich, zu beobachten.

---

1) Trans. A. S. Chicago II.

2) 1850. 99.

Dass L. Ontario und die südlich von ihm gelegenen Seen des nördlichen New York nur durch Aushöhlung entstanden seien, wird von einigen Geologen behauptet[1]). Die Uebereinstimmung der geologischen Lagerung an ihren Rändern lässt kaum eine andere Deutung zu. Man ist jedoch über die nähere Ursache der Aushöhlung nicht eben so einig. J. S. Newberry, der auch glaubt, dass die Gletscher der Eiszeit in Betten flossen, die im Allgemeinen mit dem Laufe der heutigen Hauptflüsse zusammenfallen, nimmt ausgedehnte Eiszeitgletscher auch für die Seeregion an[2]). Ihm zufolge floss ein grosser Gletscher in einem späterhin mit Drift ausgefüllten Bette, mindestens 40 m. tief, vom Huronen - See in den Erie - See, der damals kein See sondern ein ausgehöhltes Thal war; in diesem floss der Gletscher durch einen gleichfalls später ausgefüllten Canal auf der canadischen Seite in den Ontario und fand von da, sei es durch den Mohawk-Hudson oder den S. Lorenz, seinen Weg ins Meer. Ein zweiter Gletscher füllte das Bett des Michigan-Sees aus und fand sein Ende südlich im Mississippi-Thal, das damals tiefer war als jetzt.

Das Gebiet der Grossen Seen liegt so sehr im Mittelpunkte der eiszeitlichen Driftbildungen, dass wir einerseits wohl kaum fehlgehen, wenn wir seinen Einsenkungen die hervorragendste Stelle unter den Bodengestaltungen anweisen, welche die Ansammlung und Fortbewegung von grossen Eismassen, sei es als Gletscher, sei es als Eisberge begünstigten, während wir andererseits die ungewöhnlich grossen Drift-Anhäufungen in dem Gebiete zwischen ihrem Südrand und dem 40. Breitegrad auf nichts anderes als diese grossen Eis- und Wasserreservoirs zurückführen möchten. Durch den Driftschutt, der bis zu 100 m. hoch rings um sie ausgestreut wurde, sind die Abflussverhältnisse dieser Region in hohem Grade beeinflusst worden und die darauf folgende Senkung trug dazu bei, die Spur manches alten Flusslaufes zu verwischen und andererseits neue tiefe Thäler zu graben. Die alten Flussläufe liegen unter tiefen Schuttdecken. „Könnten wir die Sand-, Kies- und Thonschichten entfernen, sagt Lesquereux von Illinois, welche die Oberfläche des Staates von 3—30 und mehr m. bedecken, so würden wir tiefe Thäler, 20—80 m. tief, finden, die ursprünglich von Wasser gebildet, aber durch Eis erweitert sein mögen. Sie bilden noch heute die Hauptbahnen des Flussnetzes in diesem Staate. Man sieht häufig, dass die heutigen Flüsse ihre Thäler nicht selbst gebildet haben, denn der Illinois R. z. B. hat ein Bette, das kaum schmäler ist als das des Mississippi, wiewohl die Wassermasse 6 mal geringer und ihre Schnelligkeit auch nur halb so gross ist. Viele kleine Flüsse von Illinois schneiden die Drift-Ausfüllung ihrer Thäler gar nicht

1) Geology of New York III. 325.
2) Ann. Lyc. New York 1869. 213.

mehr durch[1])." In anderen Theilen der Driftregion ist es nicht anders. Newberry nimmt sogar ein ganzes System von alten jetzt meist aufgefüllten Wasserläufen für die Seeregion und ihre Umgebungen an. Die bedeutenden Tiefen der Seen, die z. Th. erheblich unter das Niveau des Meeres hinabreichen, sind bekannt. Diese Seen sind unter sich durch Canäle verbunden, die jetzt aufgefüllt sind, und z. B. zwischen Huronen- und Erie-See deutlich hervortreten. Vom Michigan-See erstreckt sich südwärts eine aufgefüllte Schlucht, die bis 60 m. Tiefe durchsunken ist. Detroit liegt auf einer 40 m. mächtigen Anschwemmungsschicht. Im Ohio-Gebiet haben die Bohrungen nach Petroleum zahlreiche alte Wasserläufe aufgedeckt. Von kleineren Flüssen zu schweigen, fliesst der Ohio in einem Thal, das mindestens 45 m. tiefer als der gegenwärtige Fluss ist. Die südlichen Zuflüsse des Erie-Sees fliessen auf durchschnittlich 30 m. hohen Schwemmschichten, welche beweisen, dass das Niveau des Sees einst um ebensoviel tiefer gelegen haben muss. Der alte Boden des Onondaga-Sees liegt 16 m. unter dem Meeresspiegel. Stromschnellen und Wasserfälle widerlegen in vielen Fällen nur scheinbar die Annahme der Existenz solcher alten tieferen Flussbetten, denn häufig umgehen diese letzteren die Hindernisse, an denen der Strom sich heute bricht; so im Falle der Ohio-Schnellen bei Louisville, der Mississippi-Fälle bei St. Anthony u. a. Newberry betrachtet es als fast sicher, dass alte Verbindungen der Grossen Seen in anderer Richtung als der heute bestehenden, besonders zwischen Superior und Michigan und zwischen Erie und Ontario, vorhanden sind. Der Ontario-See dürfte durch das Mohawk-Thal mit dem Hudson R., der Michigan-See durch den vorhin erwähnten aufgefüllten Canal mit dem Mississippi in Verbindung gestanden haben[2]). Eine mit grosser Wahrscheinlichkeit anzunehmende frühere Verbindung zwischen Minnesota R. und Winnipeg-See, die indessen in eine näherliegende Periode fallen dürfte, haben wir oben angeführt (S. 169) und auch davon ist schon gesprochen, dass für das Mississippi-Delta grosse Niveauveränderungen anzunehmen seien, welche vielleicht parallel gehen den Erhebungen und Senkungen in der Seeregion. Nach Hilgard's neueren Berichten über die Geologie des Mississippi-Delta's[3]) muss dieses in der Zeit der älteren Drift-Ablagerungen mindestens 180 m. höher gelegen sein als jetzt; es sank dann unter sein heutiges Niveau in der Zeit, welcher der geschichtete Drift und der Löss angehören.

1) Geol. Survey Illinois 1866. I. 8.

2) Ausführliche Beschreibung dieser alten Thäler in J. S. Newberry, Surface Geology of the Basin of the Great Lakes (Proc. Boston Soc. Nat. Hist. 1862.)

3) Proceed. Am. Assoc. 1872.

Es ist vorwiegend in derselben Region, dass der Biber einen eigenartigen und nicht geringen Einfluss auf die Oberflächengestaltung vermittelst des fliessenden Wassers ausübt. Er staut die Bäche durch Querdämme zu Seen, legt Canäle an, fällt Bäume, schafft Sümpfe. Seine künstlichen Seen erreichen oft über 30 Hektaren Oberfläche. In dem einzigen Chocolate R., der in den oberen See fliesst, sind auf einer Strecke von 6 e. M. 200 Biberdämme aufgeworfen und nach Simpson ist die Hälfte alles Landes in der Umgebung der Hudsons-Bai vom Biber unter Wasser gesetzt. Laufen diese Teiche aus, wie es mit der Zeit überall geschieht, wo der Biber sich zurückzieht oder ausgerottet wird, da unterbrechen sogenannte *Biberwiesen* als lichte, baumlose Wiesen die Eintönigkeit des Urwaldes. Sie sind auf weite Strecken hin im N. der Vereinigten Staaten die einzigen natürlichen Lichtungen und als solche für die Urbarmachung und beginnende Besiedelung von grossem Werth. Es soll sogar vorkommen, dass die Biber durch ihre Canalbauten Wasserscheiden durchbrechen; so sollen sie die Quellseen des Chocolate und Esconaba R., zweier Zuflüsse des Michigan- und des Oberen Sees mit einander in Verbindung gesetzt haben[1]).

In eine viel jüngere Zeit führt uns die Geschichte eines der interessantesten und wichtigsten Theile der Seeregion, des Niagara-Flusses. Nach den Beobachtungen, die in den 200 Jahren seit der Entdeckung dieses Flusses angestellt worden, unterliegt es keinem Zweifel, dass durch Abbröckeln der Felswand, über welche der Niagara fällt, die Gestalt und mit der Zeit auch die Lage der Fälle grossen Veränderungen ausgesetzt wird. Wie sehr der geologische Aufbau dieser Wand eine solche Zerbröckelung begünstigt, wurde schon hervorgehoben (s. o. S. 247). Die 25 m. Kalkstein, welche über den 30 m. Schiefer liegen, senden alljährlich neue Massen von Blöcken hinab, die das Felsenmeer des Abgrundes erfüllen, in welchen der Fluss fällt. Plötzliche Brüche und Abstürze sollen öfters das umliegende Land erdbebengleich erchüttert haben. Von 1815—1841 soll eine Einbuchtung von 12 m. Tiefe in der Mitte des amerikanischen Abfalles entstanden sein, der dadurch eine Hufeisenform erhielt, während der eigentliche Horseshoe-Fall, der canadische, von flacherem Umriss geworden sein soll; Goat Island, die zwischen den beiden Fällen gelegene Insel, verliert jedes Jahrzehnt ein paar Hektaren Boden. Bakewell hat berechnet, dass durch dieses Abbröckeln der Niagara-Fall durchschnittlich 1 Yard im Jahr zurückschreite, während Lyell 1 e. F. für wahrscheinlicher hält; nach seiner Annahme würden 35,000 Jahre erforderlich gewesen sein, um den Fall von Queenstown, wo er begonnen haben muss,

1) Vgl. Hermann Credner, die Beeinflussung des topographischen Charakters gewisser Landstriche Nord-Amerika's durch den Biber. P. G. M. 1869. 139.

bis zu seiner heutigen Lage zu bringen. Es ist jedenfalls keinem Zweifel unterworfen, dass die Gestalt des Falles seit seiner Entdeckung durch P. Hennepin im Jahr 1678 sich erheblich geändert hat. Schon 73 Jahre später, als der schwedische Naturforscher Kalm diese Gegend besuchte, bestand ein schmaler, vom Horseshoe-Fall abgelenkter und rechtwinklig zu den zwei grösseren Fällen gerichteter Fall nicht mehr, den Hennepin gesehen und gezeichnet hatte, und das heutige Bild der Fälle und ihrer Umgebung entspricht noch weniger dem, welches er entwarf. Es fehlt auch nicht an geologischen Beweisen für das Zurückweichen der Fälle. Man findet auf Goat Island und am Rand des amerikanischen Falles, sowie an anderen Punkten des Niagara-Thales, fluviatile Ablagerungen, die Ueberbleibsel der alten Anschwemmungen im Strombette sind und Reste von noch lebenden Süsswasserschnecken sowie von Mastodon enthalten. Man findet die Einschnitte in die Driftschichten, welche der Strom gemacht hat, und kann schliessen, dass zu einer Zeit das Bett des Niagara sich 90 m. über der heutigen Thalsohle befand.

Der Niagara steht übrigens in seinem Gebiet mit dieser scharf vorgehenden Erosion nicht allein. Besonders im SO. der Seeregion bietet die fast horizontale Uebereinanderlagerung von Schichten verschiedener Härte die günstigsten Bedingungen für die Entstehung von Wasserfällen, welche daher in den mannigfaltigsten Gestalten in diesem Gebiete häufig sind. Besonders die Einmündungen der Bäche und Flüsse in die meist erheblich tiefer gelegenen Seen sind durch dieselben bezeichnet. Taghannuc Falls am Cayuga-See (58 m. senkrechte Höhe), die Genesee Falls bei Rochester, der Fall des Canaserowlie sind Beispiele der verschiedenen Formen, in die das fallende Wasser die Schichten modelt, über die es sich bewegt. Im ersteren Fall ist die oberste Schicht die härteste und der Wasserfall hat seine nach rückwärts eingrabende Thätigkeit durch Zerbröckelung der unteren und Unterhöhlung der allmählich nachstürzenden oberen Schichten bewerkstelligt und es ist ein einfacher, tiefer Fall entstanden; im zweiten sind die oberen Schichten leichter zerfallend als die unteren und ist desshalb der ursprünglich einfache Fall oben rascher zurückgeschritten als unten und hat so eine terrassenartige Reihe von Fällen erzeugt; der dritte ist ein in ein gleichförmiges, horizontal gelagertes Gestein gleichsam eingesägter. Bei derartigen Fällen macht man die Bemerkung, dass sie ihre erodirende, rückwärts eingrabende Thätigkeit mit ziemlich gleichförmiger Geschwindigkeit üben und an einigen Seen, in die eine grössere Anzahl von Bächen sich ergiesst, findet man deren Fälle alle in ziemlich derselben Entfernung vom Rand der Seen. Im Allgemeinen scheint die erodirende Kraft am stärksten da zu wirken, wo die Wassermenge eines Baches klein genug ist, um noch allwinterlich gefrieren zu können; die zerbröckelnde Wirkung des Frostes übertrifft die abschleifende der Wellen um ein Bedeutendes [1]). Man findet ähnliche Boden- und Bewässerungsverhältnisse wie hier auch in dem seereichen Gebiet westlich vom Oberen See, wo an Stromschnellen und Wasserfällen in Folge dessen ebensowenig Mangel herrscht. Von den grösseren Flüssen scheint dort der Obere Mississippi noch rascher als der Niagara in der Ausgleichung und Austiefung seines Bettes vorzuschreiten. Von den S. Anthony Falls glaubt D. Owen, dass sie erheblich schneller zurückschreiten als die Niagara-Fälle. Das Gestein, das hier das Bett des Mississippi bildet, sei viel zerfallbarer. „Der Kitt, der die Sandkörner des S. Peter-Sandsteins zusammenhält, ist so schwach, dass man nur schwer ein festes Stück des Steines erhält. Und diess ist dasselbe Gestein, welches, nur von 4—6 m. dickem Schiefer bedeckt, die Grundlage der Fälle bildet [2]).“ Indessen scheint das Ziel der Erosion hier zunächst nur die Umwandlung der Fälle in Stromschnellen zu sein. Die Schichten der Gesteine, welche den S. Peter-Sandstein überlagern, sind nämlich entgegen ihrem sonst vorherrschenden Streichen gerade bei den Fällen stark in der Richtung des Stromes geneigt und als Ursache dieser Abweichung gibt man an, dass das von oben eindringende Wasser diesen Sandstein zerstöre und dadurch ein allmähliches Nachsinken der überlagernden Schichten bewirke.

In diesem ganzen Gebiete zwischen dem atlantischen Meer und dem beginnenden Anstieg der schiefen Ebene, die dem Felsengebirge vorgelagert ist, ferner nördlich von der Mississippi-Niederung, haben wir es mit, wenn auch manchmal geologisch alten, so doch hydrographisch jungen Flüssen und Seen zu thun. Kein einziger von den zahllosen Flüssen ist hier zur vollen Reife eines grossen Stromes durchgedrungen. Zu der Thatsache, dass eine starke Hebung des Bodens hier auch in den ältesten geologischen Zeiten, von denen wir Kunde haben, nicht stattfand, so dass scharf ausgeprägte Wasserscheiden und streng geschiedene Flusssysteme sich nicht bilden konnten, kommt als weiterer Grund mangelhafter Entwickelung der fliessenden und stehenden Gewässer der Complex von Wirkungen, durch den die Ereignisse der nachtertiären Zeit mit Hebungen, Senkungen und gewaltigen Schuttablagerungen sich hier verewigt haben. Während die Oscillationen an den Höhenverhältnissen im Allgemeinen nichts änderten, beförderten sie in hohem Grade die Ablagerungen von Fels- und Schuttmaterialien, die durch ihre Ausfüllung die Thäler noch flacher machten als sie gewesen waren, die durch Aufstauung den Lauf der Flüsse noch unregelmässiger und die Zahl der Seen noch grösser werden liessen als vorher.

1) S. Abschnitt *Waterfalls* in J. Hall, Geology of New York IV. 377.

2) D. Owen, Geol. of Wisconsin, Jowa etc. 1854. 75.

Der Westen zeigt ausgeprägtere Züge in seinen hydrographischen Verhältnissen. Dieselben starken Hebungen, welche auf der Seenplatte fehlen, haben hier die entlegensten Gebirgsbäche zu zwei grossen Systemen vereinigt, deren einzelne Glieder allerdings oft deutlich genug die Spuren grundverschiedener Entwickelungsstadien an sich tragen. Die gemeinsame Richtung des Gefälls zwingt sie einem und demselben Thale zu und wir sehen hier im Strom und seinen Nebenflüssen die reife Form des weitverzweigten Baumes und nicht, wie auf der Seenplatte, verwirrtes und verknotetes Geschlängel. Vom Colorado wird sogar angenommen, dass seine Tendenz zum Abfliessen in einer bestimmten Richtung sich über die Gebirgshebungen weg, die sie durchschnitten habe, behauptete (s. o. S. 114).

Vielleicht sind aber klimatische Veränderungen einer noch grösseren Entwickelung dieser Stromsysteme entgegengetreten. Man glaubt, dass durch die Trockenheit des Klima's grosse Abschnitte des Gebirgslandes dem Bereich derselben entrückt und zu abflusslosen Becken isolirt worden seien. So behauptet G. K. Gilbert in einem Briefe an J. D. Dana, dass der Grosse Salzsee eine Zeit höchsten Standes gehabt habe, während deren sowohl Utah- als Sevier-See Theile von ihm gebildet hätten. Noch immer sei 1000 e. F. über dem heutigen Spiegel des Grossen Salzsees die Uferlinie dieses alten grossen Binnensees zu sehen und an sekundären Uferlinien zwischen ihr und dem heutigen Wasserspiegel könne man das allmähliche Sinken desselben verfolgen. Der Columbia soll den Ausfluss dieses grossen Sees gebildet haben[1]). Am Westrand des Sa. Rosa Mts. an der Grenze zwischen Nevada und Oregon sind nach einer neueren Beobachtung J. Blake's die Spuren ausgetrockneter Seen in unverkennbarer Deutlichkeit vorhanden: „Nicht bloss die Felsen sind mit dicken Schichten einer Concretion umgeben, sondern jeder einzelne Körper, der unter Wasser war, scheint einen Nucleus für Niederschläge gebildet zn haben. Zahlreiche Anodonta-Schalen, die in 2—3 m. dicke Niederschläge eingehüllt sind, bedecken den Boden dieses Beckens[2])." Sicherlich ist ein sehr grosser Theil des W. der Vereinigten Staaten in der Tertiärzeit von grösseren und kleinen Seen bedeckt gewesen. Die Ränder jetzt vorhandener Seen im Grossen Becken zeigen fast für jeden einzelnen eine einst grössere Ausdehnung an. Im NW. haben der Columbia und seine Zuflüsse bis zu 600 m. tiefe Schluchten in die horizontal über einander geschichteten Ablagerungen alter Seebecken gegraben.

1) A. J. S. 1876. I. 228. In Wheeler's Rep. III. 88 schlägt er vor, diesen Ursee L. Bonneville zu Ehren desselben Bonneville zu nennen, welcher 1833 zuerst den Grossen Salzsee entdeckt hat. In der Eiszeit soll dieser grosse See bestanden und ein Areal von 45,000 □Kil. (820 □M.) bedeckt haben.

2) Proc. Californ. Ac. of Sc. IV. 278.

Newberry[1]) betrachtet die noch jetzt in dieser Region vorhandenen Seen bis zum Klamath-See als Reste tertiärer, meist wohl miocäner, Süsswasser-Seen. Im O. der Felsengebirge, unmittelbar an ihrem Abhang, liegen die grossen Seen-Ablagerungen der Bad Lands, die ähnlich wie die des Grossen Beckens und des Columbia-Gebietes Thon-, Löss- und Mergelschichten, aber in viel geringerem Masse vulkanische Zwischenlagerungen aufweisen.

Dieselben klimatischen Aenderungen, welche die Seen zurückgehen liessen, haben wohl auch vermindernd auf die Wasserführung der Flüsse gewirkt. Es ist behauptet worden, dass die Tiefe der Cañons des Colorado-Gebietes ohne Annahme früher grösserer Wassermassen nicht zu erklären sei. Man kann diess bezweifeln, ohne zu bestreiten, dass in manchen Flüssen dieser Region einst mehr Wasser floss. Man findet z. B. Spuren, dass das waldbedeckte Mesa-Gebirge Sierra del Mogollon einst grossen Flüssen Ursprung gab; Cañons von riesigen Verhältnissen sollen diess noch jetzt bezeugen. Heute werden diese tiefen Thäler nur in ihren oberen Abschnitten von kleinen Bächen durchflossen, die versinken, sobald sie in die Region der Wachholderbäume (bis 1500 m. abwärts) eintreten.

Am Columbia zeugt die Grande Coulée, das trockene Thal, welches die grosse Biegung des Columbia unterhalb Ft. Colville quer abschneidet, für stattgehabte Niveauveränderungen. Die Basaltlager, welche auf den Granitklippen dieses Thales in derselben Höhe liegen wie an seinen Ufern, schliessen die Annahme aus, dass Einsenkung oder Spaltenbildung die Ursache dieser Rinne gewesen sei. Dieselbe ist einfach ein altes Bett des Columbia, in welchem der Strom vor der Aushöhlung seines neuen, tiefer gelegenen Bettes floss[2]). Weiter abwärts erscheinen an demselben Flusse versunkene Wälder, welche ihn auf 40 Kil. seines Laufes oberhalb der grossen Fälle begleiten, als Zeugnisse für lokale Senkungen, welche in diesem Gebiete stattgefunden haben. Die Bäume stehen aufrecht, wie sie wuchsen, nur ihre Gipfel sind abgebrochen, soweit sie über den Wasserspiegel hervorragten. Es sind Fichten, die mit den noch heute an den dortigen Thalhängen wachsenden übereinstimmen. Dass es ein Felsrutsch ist, welcher diese Wälder in ein tieferes Niveau gebracht hat, als das ist, auf dem sie früher wuchsen, ergibt sich aus der Bodenbeschaffenheit und neueren Veränderungen derselben. Es lagern dort mächtige Massen vulkanischer Gesteine über einer plastischen, nachgiebigen Thonschicht und es ist kein Zweifel, dass diese in einer langsamen Bewegung die Thalgehänge hinab begriffen sind. Ausser manchen zerstreuten Beobachtungen hat man vorzüglich den Beweis von der nach und nach eingetretenen Krümmung einer

1) The Ancient Lakes of W. America. Am. Nat. IV. 641—660.

2) Wilkes Exped. X. 674.

geradlinig angelegten Eisenbahn; die Krümmung durch Verschiebung der Unterlage betrug in 4 Jahren *mehrere Fuss*. Die Gesteinsmassen, welche im Bett des Flusses die Stromschnellen der *Dalles* erzeugen, haben ebenfalls ganz das Ansehen von abgerutschten und in den Fluss gestürzten Theilen des Abhanges [1]).

Im ganzen pacifischen Küstenland sind Zeugnisse von einst tieferen Thälern und dem entsprechend höherer Lage des Continentes an der Columbia-Mündung, in den Meerengen und Strassen des Golden Gate an der Bucht von Sa. Francisco, am Haro- und Hood-Canal, am Puget-Sund und an der fjordreichen Küste von Washington Terr. und Britisch Columbia in grosser Zahl und Deutlichkeit zu finden. Ohne eine früher bedeutend höhere Lage des Continentes anzunehmen, kann man diese Terrassen, submarinen Thäler, Erosionbuchten u. dergl. nicht verstehen.

---

1) W. P. Blake, Proc. Am. Assoc. 1874. II. 72, wo auch Indianersagen angegeben sind, die den Stromschnellen des Columbia eine neuere Entstehung zuschreiben.

V. Das Klima.

Der allgemeine Charakter. Klima der Osthälfte. Klima der Westhälfte. Verbreitung der Wärme. Vertheilung der Niederschläge. Die Luftströmungen. Die Stürme. Klimatische Besonderheiten der See-Region, des Grossen Beckens, Californiens. Die Jahreszeiten. Die extremen Schwankungen. Wald- und Schneelinie. Anhang I. Die Meeresströmungen an den nordamerikanischen Küsten. Anhang II. Verschiedene atmosphärische Erscheinungen.

Wenn man sich erinnert, dass einer der wichtigsten Faktoren des Klima's die Vertheilung der Land- und Wassermassen, der Erdtheile und Meere über die Oberfläche unseres Planeten hin ist, so wird man der eigenthümlichen Umrissgestalt der westlichen Festlandmasse und besonders der ihres nördlichen Halbcontinents keinen geringen Einfluss auf die klimatischen Zustände des Gebietes zuschreiben, welches wir hier betrachten. Dieser Einfluss ist scharf ausgeprägt. Die Ausdehnung und Lage Amerika's wirkt in gerade entgegengesetzter Richtung auf das Klima zurück wie die des alten Continents. Die Ansammlung von Land in den warmen und seine Verminderung und Zerklüftung in den kalten Regionen erhöht hier die Wärme, während dort umgekehrt die Verminderung des Landes in den warmen und seine massige Ausdehnung in den kalten Regionen die Wärme vermindert. An der allgemein niedrigeren Temperatur, welche hieraus für Amerika im Vergleich zur Alten Welt folgt, nimmt das Gebiet der Vereinigten Staaten in um so höherem Masse Theil, als es nach seiner Lage und Ausdehnung ganz in den klimatischen Wirkungsbereich der nördlichen Ausbreitung des Continentes fällt. Während Nord-Amerika sich mit sibirischer Breite um den Polarkreis lagert, fehlen seinem Südrande die wärmesammelnden afrikanischen, arabischen, indischen Landmassen, die in der alten Welt die Wirkungen der grossen nördlichen Erstreckung compensiren. Die in gemässigter Zone liegenden Gegenden der Alten Welt werden daher im Winter in höherem Grade erwärmt durch das Land, das ihnen im Süden liegt, als sie erkältet werden durch das in ihrem Norden; aber in der Neuen Welt ist das Gegentheil der Fall.

Die Ostküsten Nord-Amerika's und Asiens haben eine allgemeine Aehnlichkeit in Richtung und Ausdehnung und selbst in den Meeresströmungen, die ihre Ufer bespülen. Hier ist der Unterschied zwischen alt- und neuweltlichem Klima am geringsten. In beiden Fällen ist ein Bestreben sichtbar, im Süden die Hitze und Feuchtigkeit der Tropen zu concentriren und im Norden die Charakterzüge des continentalen Klima's, Temperaturextreme und Trockenheit, scharf auszuprägen. Im Klima der Küsten des mexikanischen Golfes und Westindiens ist eine Aehnlichkeit mit Indien und Südchina ebensowenig zu verkennen, wie in dem Nordchina's und der Amur-Region mit Canada und Labrador[1]). Ganz anders ist es mit den Westküsten der beiden Continente, wo das Zurückfallen derjenigen Nord-Amerika's, ihre Verschmälerung gegen die warmen Regionen zu, ihr Mangel an Gliederung, das Fernbleiben des nordpacifischen Warmwasserstroms Thatsachen oder Folgen der Configuration sind, die ebenso entschieden auf die Minderung der Wärme, wie ihre Gegensätze an der europäischen Westküste auf eine Erhöhung derselben hinwirken. Innerhalb des Rahmens dieser grossen Unterschiede kehren aber doch die reichlichen Niederschläge der norwegischen und westschottischen Küsten an den Gebirgen von Oregon und die kurze und scharf begrenzte Regenzeit unserer Mittelmeerländer in Californien wieder[2]).

1) Schon in seiner ersten Schrift über die Isothermen hat A. v. Humboldt diese Unterschiede bezeichnet: „Diese Uebereinstimmung der Ostküste von Asien und Amerika beweist genugsam, dass das Ungleiche in den Jahreszeiten abhängig ist von der Vorstreckung und Erweiterung der Continente gegen den Pol hin, von der Lage der Meere in Beziehung zu den Küsten und von der Häufigkeit der Nordwestwinde, welche die rückwirkenden Winde (vents de remous) der gemässigten Zone sind". (Mém. Soc. d'Arcueil 1817. III. 523).

2) Dove fasst die hauptsächlichsten klimatischen Uebereinstimmungen und

Der Einfluss der Oberflächengestalt auf das Klima ist im Gebiet der Vereinigten Staaten, wie überhaupt in Nord-Amerika, gering im O., aber sehr bedeutend im W. In demselben Masse als der Westen des Continents von mannigfaltigerer und energischerer Höhengliederung ist als der Osten, sind auch die Beziehungen zwischen Oberflächengestalt und Klima dort inniger als hier. Im O. ist, wie wir gesehen haben, ein grosser Theil des Landes nur wenig über den Meeresspiegel erhöht und von sehr einförmiger Oberflächenbeschaffenheit; dasselbe ist ursprünglich fast lückenlos bewaldet, durchaus bebaubar und mit nicht sehr abweichenden Regenmengen bedacht. Das Alleghany-Gebirge, wiewohl langgestreckt und im Einzelnen nicht arm an mittelhohen Gipfeln, ist im Ganzen zu niedrig und zu stark von Senkungen unterbrochen, um zur Ursache scharfer klimatischer Unterschiede zwischen seinem Ost- und Westabhang werden zu können. Beide Abhänge des Gebirges sind daher gleich gut bewässert, gleich dicht bewaldet und unterscheiden sich, abgesehen von den unmittelbaren Wirkungen der verschiedenen Höhenstufen,

---

Unterschied zwischen Nord-Amerika und Europa dahin zusammen, dass übereinstimmend seien: die vorwaltend südwestlichen Windrichtungen, die allgemeinsten Verhältnisse der barischen und thermischen Windrose, die Wirbelbewegung der Stürme, die Vertheilung des Regens auf die Jahreszeiten. Entgegengesetzt findet er dagegen die Vertheilung der Winde auf die Jahreszeiten, indem Europa im Winter südwestliche, gegen Sommer zu immer mehr nördlich werdende, Nord-Amerika dagegen nordwestliche Winde im Winter, südwestliche im Sommer hat; ferner die Lage des Kältepols, die in Europa im Sommer auf der nordwestlichen, im Winter auf der nordöstlichen, in Nord-Amerika im Sommer auf der nordöstlichen, im Winter auf der nordwestlichen Seite liegt; grösste Trübung und Regenmenge fällt in Europa mit westlichen, in Nord-Amerika mit östlichen Winden zusammen; die Regenmenge nimmt in Europa ab von W. nach O., in Nord-Amerika von O. nach W. (Bericht der K. Preuss. Akad. d. Wissensch. Berlin 1840. 149). — Man sieht unschwer, dass diese Unterschiede vorwiegend auf Unterschiede des Umrisses und der Bodengestalt zurückführen. In Europa sind beide geeignet, grössere Wärme und reichlichere Niederschläge zu vermitteln. Man muss in diesem Sinne Blodget Recht geben, wenn er das Klima der Vereinigten Staaten ein ausgeprägter *natürliches* oder *normales Klima* nennt als das Europa's, welches besonders hinsichtlich der periodischen wie nichtperiodischen Schwankungen so sehr gemildert und abgeglichen ist. Zwischen dem Inneren Nord-Amerika's und Asiens, welches die Gebiete der grössten Schwankungen sind und dem West-Europa's, wo diese Schwankungen ein Minimum erreichen, stehen die Vereinigten Staaten östlich des Felsengebirges als ein Gebiet normaleren Klima's (im Verhältniss zur Breite) mitten inne.

nicht von den flacheren Gebieten, die im O. und W. ihnen vorgelagert sind. Selbst die inneren Thäler des Gebirges unterscheiden sich nur wenig in klimatischer Beziehung von den Abhängen und jenen Flächen; sie sind um Weniges kälter und regenärmer. So gering ist die Störung, welche die Alleghanies in dem allgemeinen klimatischen Charakter der östlichen Hälfte von Nord-Amerika erzeugen, dass man bei einem grossen Ueberblick alles Land östlich vom 95. Breitegrad als in klimatischer Beziehung wesentlich gleichgeartet betrachten kann. Auch im S., wo das Gebirge seine bedeutendste Höhe erreicht, ist sicherlich nur die Form der Küstenlinie im mexikanischen Meerbusen von überwiegendem Einfluss auf das Klima und neben ihr vielleicht die Massenerhebung des mexikanischen Hochlands und seiner östlichen Ausläufer, die im W. und NW. sich wie ein Damm dem Passat entgegenstellen und denselben nach O. und N. hin ablenken, wo er in dem weit offenen Becken des Mississippi-Thales den bequemsten Durchgang findet. Die mehr im Herzen des Continentes gelegenen Gebirgsgruppen wie die Ozark Hills und andere geringere Erhebungsmassen haben nicht mehr klimatische Bedeutung als die Alleghanies. Nur die breiten Höhen am Westende der grossen Seengruppe, in der Gegend des L. Superior und von diesem gegen die Quellen des S. Lorenz zu, erlangen durch ihre innere Lage und die höhere Breite, in die sie gerückt sind, eine etwas erheblichere klimatische Bedeutung. Sie sind dicht bewaldet, erniedrigen die Temperatur und vermehren die Niederschläge. Bei dem allmählichen Anstieg, der nun von dieser Region gleichartiger Klimazustände nach den Höhen des Westen hinaufführt, beginnt ungefähr beim 100.° W. L. mit den stärkeren Temperatur-Unterschieden und der grösseren Trockenheit die Wüstennatur sich geltend zu machen, welche dem grössten Theil des Westens in mehr oder weniger entschiedener Ausprägung ihren Stempel aufdrückt. Man ist hier auf einer Meereshöhe von 600 m. Mit dem 105.° steht man schon über 1500 m., und mitten im wüstenhaftesten Gebiete, das diesseits des Gebirges zu finden ist. Sand- und Salzwiesen von geringem Unfang treten wohl zerstreut in diesem Gebiet dürrer grauer Steppenvegetation auf, aber ausgedehnte Wüstenregionen wie im Inneren des westlichen Gebirgslandes gibt es hier noch nicht. Man hat sehr treffend in der Umgebung der Nordhälfte des Kaspisees und in der westlichen und südlichen Mongolei, bevölkerten und zum Theil (oasenhaft) wohlbebauten, aber steppenhaften Gegenden, die Parallele gesucht für diese Region, die bis jetzt von der Cultur gemieden ist, es aber sicherlich nicht an allen Punkten bleiben wird.

Wie der Osten ist auch dieses flache, langsam ansteigende Land im Herzen des Continentes im Ganzen ein Gebiet gleichartiger Klimazustände. Anders in dem Gebirg, das an die Hochebenen der Plains sich anlehnt. In den Rocky Mts. treten die schärfsten Gegensätze an die Stelle dieser Gleichartigkeit. Das Klima hängt hier in einem Masse, wie es nur in einem ausgedehnten Hochgebirgsgebiet möglich, von den Höhen- und Gestaltungsverhältnissen des Erdbodens und mehr von diesen als von jenen ab. Die Thäler Californiens z. B. sind wüst und dürr, wo eine Höhe sich zwischen sie und das Meer legt, und sie sind fruchtbar und wohlbewässert, wo die Luft vom Meere freien Zutritt zu ihnen findet. Der grossartigste und wirkungsvollste dieser klimatisch bedeutsamen Züge in der Bodengestalt des Westen ist aber der Plateaucharakter des Landes, dem die Kämme und Gipfel der Rocky Mts., der Sierra Nevada und der kleineren Gebirge von Colorado, Nevada, Neu-Mexico u. s. w. entsteigen. Man kann sagen, dass dieses Plateau westlich vom 105.° W. L. durchschnittlich nicht unter 1600 m. hoch ist, und sein vorwiegender Charakter ist der der Wüste. Nur in beschränkten Gebieten kommt durch das Zusammentreffen einer grösseren Zahl von Kämmen und Gipfeln die alpine Natur — dauernder Schnee, beständig fliessendes Wasser und eine Vegetation, die hoher Lage und zureichender Feuchtigkeit entspricht — zum Durchbruch. Die Sandwüste des Pecos und des San Luis-Flusses im nördlichen Neu-Mexico, die Laramie Plains, die *Sage Desert* im Gebiet der Missouri-Quellen und all die zahlreichen ihnen ähnlichen Gebiete, dem Plateau, der Basis des Gebirges, angehörig, sind nicht weniger bezeichnend für den allgemeinen Naturcharakter der Rocky Mts.-Region als die Schneegipfel, Alpenmatten und Föhrenwälder der Parks oder der Windriver-Gruppe. Das Innere des Gebirges, die Region des Grossen Beckens, ist vorzüglich aus Sand- und Salzwüsten, Salzseen und Salzsümpfen, waldlosen Mesa's (Plateauberge), in ursprünglicher Vegetationslosigkeit verharrenden Lavaströmen uud Vulkangipfeln, kahlen steilen Berghalden zusammengesetzt. Ein Raum von 500,000 □M. (e.) ist derart beschaffen. Ein Klima von extremem, im Allgemeinen zu niedrigen Temperaturen neigendem Charakter und grosser Trockenheit ist der natürliche Ausdruck dieser Zustände, und dieses Klima ist bis an den Rand des Stillen Meeres hin ermöglicht durch Gebirgszüge, welche zwischen das Binnenland und das Meer sich lagern und die ausgleichende und anfeuchtende Wirkung dieses von den nächstgelegenen Landgebieten so wirksam ausschliessen, als ob Hunderte von Meilen Festlands dazwischenlägen. Die bedeutende Gesammthöhe der der Küste genäherten Gebirgszüge des Westen ist in dieser Richtung als eine der folgenreichsten Thatsachen in der Oberflächengestaltung unseres Gebietes zu bezeichnen und um so mehr als „drei Viertheile der Zahl und Kraft aller Winde zwischen dem 35. und 50.° N. B. aus einer Himmelsrichtung kommen, in deren Signatur der Westen mit eintritt[1])".

Nach dem Gesagten ist es verständlich, dass in der ganzen Osthälfte unseres Gebietes keine scharf geschiedenen klimatischen Regionen zu finden sind. Was östlich vom 100.° W. L. liegt, d. h. östlich von dem erst steppen- und bald wüstenhaften Gebiet des westlichen Hochlandes trägt den Stempel übereinstimmender Grundbedingungen in allen klimatischen Verhältnissen. Hohe Temperatur im Sommer, niedere im Winter, reichliche Niederschläge charakterisiren das Klima dieses ganzen Gebietes, das fast vom Rand der Tropen bis zum 50.° und vom Ufer des atlantischen Meeres bis in's Herz des Continentes reicht. Es wäre ein entschiedenes Continentalklima, wenn nicht die grosse Feuchtigkeit wäre, welche günstige Winde von den Meeren im O. und S. her über das Land hin tragen. Die Sommerhitze vor allem ist so extrem, dass sie fast aus dem Rahmen des im Uebrigen so entschieden der gemässigten Zone angehörigen Klima's heraustritt; wenn St. Louis (an der Missouri-Mündung) während der drei Sommermonate mit seinen 27.° nur eine um 1,8° niedrigere Durchschnittstemperatur auf-

1) L. Blodget, Climatology of the U. S. 1857. 114.

weist als das fast tropische Key West und wenn das Maximum der Sommerwärme dort sogar um 3° höher als hier, so scheint es, als ob ein Tropenklima für drei Monate dem Klima der gemässigten Zone gleichsam aufgepfropft sei. Starke Niederschläge verstärken diesen Eindruck und helfen ihn in der weiten nördlichen Verbreitung wärme- und feuchtigkeitsliebender Pflanzen zu recht deutlicher Ausprägung bringen. Und es ist nicht der wenigst erstaunliche Zug dieses Klima's, dass es ungeachtet der sehr verschiedenen Höhenverhältnisse über sein weites Gebiet so gleichmässig ausgebreitet ist, als ob diess nur eine einzige Fläche sei.

Diess ist nicht so zu verstehen, als ob nicht zu einer Zeit z. B. die Temperatur in Charleston um ebensoviel unter dem Mittel sein könnte wie sie es in Galveston oder Milwaukee darüber ist, sondern es besagt, dass die jeweiligen klimatischen Zustände eines Ortes, wie sie auch sonst sein mögen, sich symmetrisch und nach Massgabe der Entfernung verbreitet zeigen. Es bildet diess einen scharfen Gegensatz zu den unvermittelten Uebergängen und den grossen örtlichen Unterschieden des westeuropäischen und nordwestamerikanischen Klima's. Diese Gleichförmigkeit tritt nirgends klarer hervor als in der Leichtigkeit, mit der man in Nord-Amerika dazu schreiten konnte, die Gesetze der Witterungserscheinungen für den ganzen Osten festzustellen und aus denselben jene Vorhersagungen abzuleiten, zu denen man in keinem Lande Europa's trotz unserer viel zahlreicheren und längeren Beobachtungsreihen mit einem auch nur entfernt ähnlichen Grade von Sicherheit je gelangen wird. „Diese Symmetrie der klimatischen Vorgänge, sagte Blodget schon vor 20 Jahren, „begünstigt die Erforschung der atmosphärischen Dynamik und der Gesetze ihrer Bewegungen und Stürme. Man erkennt diese bei jeder allgemeineren Störung an so verschiedenen Punkten und die ganze Erscheinung ist so gut zu begrenzen und zu definiren, dass es kaum möglich ist, nicht zu einer entscheidenden Erkenntniss dieser Gesetze aus dem Studium der Witterungsberichte zu gelangen[1])".

---

1) Blodget, a. a. O. 129. Wir müssen es nicht weniger der Einfachheit dieser Verhältnisse als dem grübelnden Forschergeist zuschreiben, der die Nordamerikaner

Die Störungen in der Atmosphäre bewegen sich im Allgemeinen in der Richtung von W. nach O. durch dieses Gebiet. Selten ist ein und derselbe klimatische Vorgang durch das ganze Land hin zu verfolgen, aber wenn es der Fall ist, macht er sich in 1—3 Tagen an den östlichst vom 100.° W. L. gelegenen Punkten fühlbar. Weiter als der Vorgang selbst sind seine Wirkungen zu verspüren. Ein Sturm, der über St. Louis weggeht, kann bis an die atlantische Küste gelangen, aber in der Regel gelangt wenigstens die Temperaturerniedrigung und der starke Westwind dahin, die einem Sturme zu folgen pflegen. Regen aus westwärts ziehenden Wolken ist manchmal ausserordentlich weit verbreitet; man hat solche Regen von der atlantischen Küste bis zu den Plains verfolgt. Dass manche klimatische Erscheinungen in diesem Gebiete dauerhafter zu sein scheinen als anderswo, dürfte gleichfalls eine Folge ihrer weiten, symmetrischen Verbreitung sein. Die ebengenannten Regen, andauernde Kälte bei Westwind, Oststürme sind Erschei-

---

auszeichnet, wenn schon 1749 ein gewisser Lewis Evans in einer in Philadelphia veröffentlichten Abhandlung das allgemeine Gesetz aussprach, nach welchem die Stürme in der Südhälfte von Nord-Amerika sich von SW. nach NO. bewegen, wobei Regen und Wind vorausgehen und Westwind mit klarem Wetter nachfolgt. Franklin wiederholte diese Beobachtung, die er wahrscheinlich unabhängig gefunden hatte. Das Drehungsgesetz der Winde ist in Nord-Amerika früher entdeckt worden als in Europa. Schon so früh wie 1847 wurde dort der Vorschlag gemacht, den elektrischen Telegraphen zur Uebermittelung von Warnungen vor heranziehenden Stürmen zu benützen. 1869 wurde das erste System von Wettervoraussagungen in Nord-Amerika in's Leben gerufen, und zwar, was bemerkenswerth ist, als Privatunternehmen mit Unterstützung der Handelskammer von Cincinnati, und seit 1870 werden die *Probabilities* und *Weather Maps* von der Bundesregierung in Washington herausgegeben. Kein aussereuropäisches Land hat auch so viel dazu beigetragen, den Vorwurf zu entkräften, den man der Klimalehre lange machen konnte, dass sie in ihren Schlüssen zu sehr von dem besonderen Charakter ihrer Geburtsstätte, Europa's, beeinflusst sei, oder dass sie sich zu sehr imponiren lasse von der grossartigen Einförmigkeit tropischer Verhältnisse, sobald sie ihren Blick über die europäischen Grenzen hinausschweifen lasse; die höchst eigenthümlichen klimatischen Verhältnisse Nord-Amerika's haben im Gegentheil sehr wesentlich mit beigetragen, den Grundsatz zu befestigen, „dass in dem bewegten Treiben des Luftkreises kein Punkt sich isoliren kann, dass jedes Phänomen als ein durch andere bedingtes erscheint und ebenso wieder andere hervorruft“ (H. Dove, Das Klima von Nord-Amerika. Z. f. allg. Erdk. N. F. I. 29).

nungen, welche häufig durch ihre Dauer auf eine weite Verbreitung zurückweisen. Eine gewisse Gesetzlichkeit in der Aufeinanderfolge der Erscheinungen, welche vom Beginn einer Störung bis zu wiederhergestelltem Gleichgewicht stattfinden, ist gleichfalls nur in dem weiten und gleichförmigen Gebiete möglich, das wir betrachten: Erhöhte Temperatur, südliche Winde, fallender Barometer, Regen bei östlichen Winden, rascher Uebergang zu westlichen Winden, sinkender Temperatur, steigendem Barometer und als Resultat kühles, klares Wetter — diess sind die Erscheinungen, in deren Kreislauf der grösste Theil der atmosphärischen Bewegungen in dem Gebiete des Ostens der Vereinigten Staaten fällt, und die nicht selten in derselben Folge von W. nach O. sich bewegen, wobei sie 300—800 e. M. in 24 Stunden durchlaufen.

Der grosse Spielraum, in dem alle klimatischen Veränderungen sich bewegen, ist eine anderes Zeugniss für die örtliche Weite des Raumes, auf dem sie sich abspielen. Es genügt ein Blick auf die meteorologischen Tabellen, um die Kluft zu erkennen, welche die niedersten und höchsten Temperaturen von einander trennt. Man bemerkt dabei, dass die Schwankungen nach der Seite der Kälte hin stärker sind als nach der der Wärme, dass die Erniedrigungen der Temperatur extremer und unvermittelter sind als die Erhöhungen. Auch die Veränderlichkeit der Regenmengen ist ähnlich gross, nur dass hier im Allgemeinen das umgekehrte Verhältniss herrscht wie bei der Veränderlichkeit der Temperatur. Die Schwankung nach dem Minimum ist nur halb so gross wie die nach dem Maximum zu, d. h. es kann nur halb so viel Regen fallen als die Durchschnittsmenge beträgt, aber die Regenmenge kann fast um das Doppelte zunehmen.

Die grossen Unterschiede im Klima der östlichen und westlichen Theile der Vereinigten Staaten wurden schon von den ersten Erforschern des Präriegebietes und der Felsengebirge erkannt und das Klima der Westhälfte wurde von Fremont, der uns zuerst genauere Nachrichten über dasselbe vermittelte, als ein weniger amerikanisches wie asiatisches bezeichnet und diese Benennung, die in dem Sinne wie sie gemeint ist, eine Klassifikation einschliesst, kann noch heute als zutreffend gelten. Es ist ein Hochebenen-

und Steppenklima, wie es in der grössten Verbreitung und Schärfe in dem hochebenen- und steppenreichsten Continente, in Asien, verwirklicht ist[1]). Nichts ist bezeichnender für dasselbe als der Mangel atmosphärischer Feuchtigkeit, der schon beim 95.° W. L. sich fühlbar macht, und vom 98. oder 100.° an mit rasch zunehmender Bodenerhebung dem ganzen Naturcharakter des Westens jenen armen und dürren Zug aufgeprägt, der der Charakterzug der Hochebenensteppe ist. Die Prärien des eigentlichen Mississippi-Beckens sind meistentheils nicht weniger feucht als z. B. die Binnenthäler der Alleghanies und unterscheiden sich von dem Waldgebiet des Ostens mehr durch die Plötzlichkeit und die weite Erstreckung eintretender Wechsel als durch irgend einen anderen Zug. Nur an der Grenze der Hochebenensteppe nehmen sie Theil an deren Dürre und es kann bloss die allgemeine Uebereinstimmung der flachen Bodengestalt und der Baumlosigkeit sein, welche ihnen noch immer den gemeinsamen Namen der *Prärien* beilegen lässt. Man thut recht, sie unter der im Lande selbst üblichen Benennung der *Plains* abzusondern. Selbst dem, der kein Auge für die Unterschiede der hydrographischen Verhältnisse und der Vegetation hätte, würde der Mangel jeder Schwüle und die kaum merkliche Perspiration in einer Temperatur, die im Sommer oft für Wochen nicht unter 32° sinkt, die Trockenheit der Luft deutlich genug verkünden.

---

1) Früher waren bei beschränkterer Erfahrung die Ansichten in dieser Beziehung wohl zu optimistisch. So sagt z. B. A. v. Humboldt: „Allgemein ist verbreitet, dass westlich von den Alleghanies das Klima auf denselben Breitekreisen milder sei als in den Atlantischen Staaten. Jefferson hat den Unterschied auf 3 Breitegrade geschätzt. Um dieselbe Zahl von Graden sieht man dieselben Erzeugnisse: die Gleditschia momosperma, Catalpa, die Aristolochia Sypho im Becken des Ohio weiter nach N. vordringen als auf den Küsten des Atlantischen Oceans. Volney hat diese Erscheinung durch die Häufigkeit der SW.-Winde zu erklären versucht, welche die heisse Luft vom mexikanischen Meerbusen nach diesen Gegenden hindrängen". (Mém. Soc. d'Arcueil. 1817. III. 505.) Man schloss damals aus den sehr günstigen Verhältnissen des Mississippi-Thales auf den ferneren Westen. Die Vorstellungen vom Klima Nord-Amerika's sind überhaupt lange Zeit dadurch, dass sie nur auf die Verhältnisse der östlichen Hälfte des Erdtheiles sich gründeten, sehr einseitig gewesen und es ist richtig, was Blodget sagt: „Unsere Auffassung des nordamerikanischen Klima's würde sehr viel anders gewesen sein, wenn der Continent, statt von O., ursprünglich von W. aus betreten worden wäre" (a. a. O. 185).

Die Luftverdünnung in dem grössten Theile des Inneren dieses Gebietes erhöht diese Wirkungen und die Thatsache, dass die Niederschläge und ihre Ursachen im Gegensatz zu den weitverbreiteten Regen des Ostens örtlich beschränkt sind, ist nicht geeignet, dieselben zu mildern. Die häufigen Salzseen, Salzsümpfe, salzgetränkten Sandwüsten, selbst salz- und alkalihaltigen Flüsse sind eine der auffallendsten Wirkungen dieser Trockniss. Salz- und dürreliebende Pflanzen (Artemisien, Chenopodien, Cacteen) werden hier in demselben Masse häufiger als die feuchtigkeitsliebenden, besonders Moose, zurückgehen. Das Klima der Plains bewegt sich in Extremen: Wenn es heiss ist, ist es sehr heiss, wenn kalt, sehr kalt; die Regen sind Sündfluten, die Winde Wirbelstürme. O. Löw nennt Wolkenbrüche für Neu-Mexico charakteristisch und sagt, dass sie während der Regenzeit häufig vorkommen. Extreme von Hitze und Kälte, die im O. unverhört sind, erscheinen hier auf den Raum eines Tages zusammengedrängt. Alle Umstände begünstigen die Ausstrahlung in der Nacht, so dass sehr *niedere Sonnenaufgangtemperaturen* zu den Charakterzügen des Klima's der ausgedehnten Hochebenen des Westens gehören. Andererseits sind diese Regionen viel weniger häufig von jenen grösseren und weit verbreiteten Schwankungen der Witterung betroffen als der Osten; es können keine so grossen Massen von Feuchtigkeit und Wärme in diesem gebirgigen und allgemein hochgelegenen Gebiete sich sammeln, dass grosse atmosphärische Bewegungen zu ihrer Ausgleichung nothwendig werden. So sind vor allem die grossen Stürme des Ostens hier unbekannt, wenn es auch an Stürmen von weiter Ausdehnung in einem so weiten Gebiete nicht fehlt. In der einzigen sturmreichen Gegend, der pacifischen Küste, sind die Stürme auf gewisse Jahreszeiten beschränkt und haben ein viel geringeres Areal, über das sie sich ausbreiten.

Dieses letztere, das californische Gebiet, steht zwischen Sierra und Küste und besonders in dem Theil, der westlich vom Küstengebirg liegt, unter dem Einfluss ganz anderer Faktoren, die allerdings weiter landeinwärts sich mit denen des Hochebenenklima's mischen und ausgleichen. Die nächsten oder unmittelbarsten dieser Faktoren des pacifischen Klima's sind viel weniger zahlreich als die des atlantischen Klima's im östlichen Theile des Continentes, entfalten eine Wirksamkeit

TEMPERATUR-KART

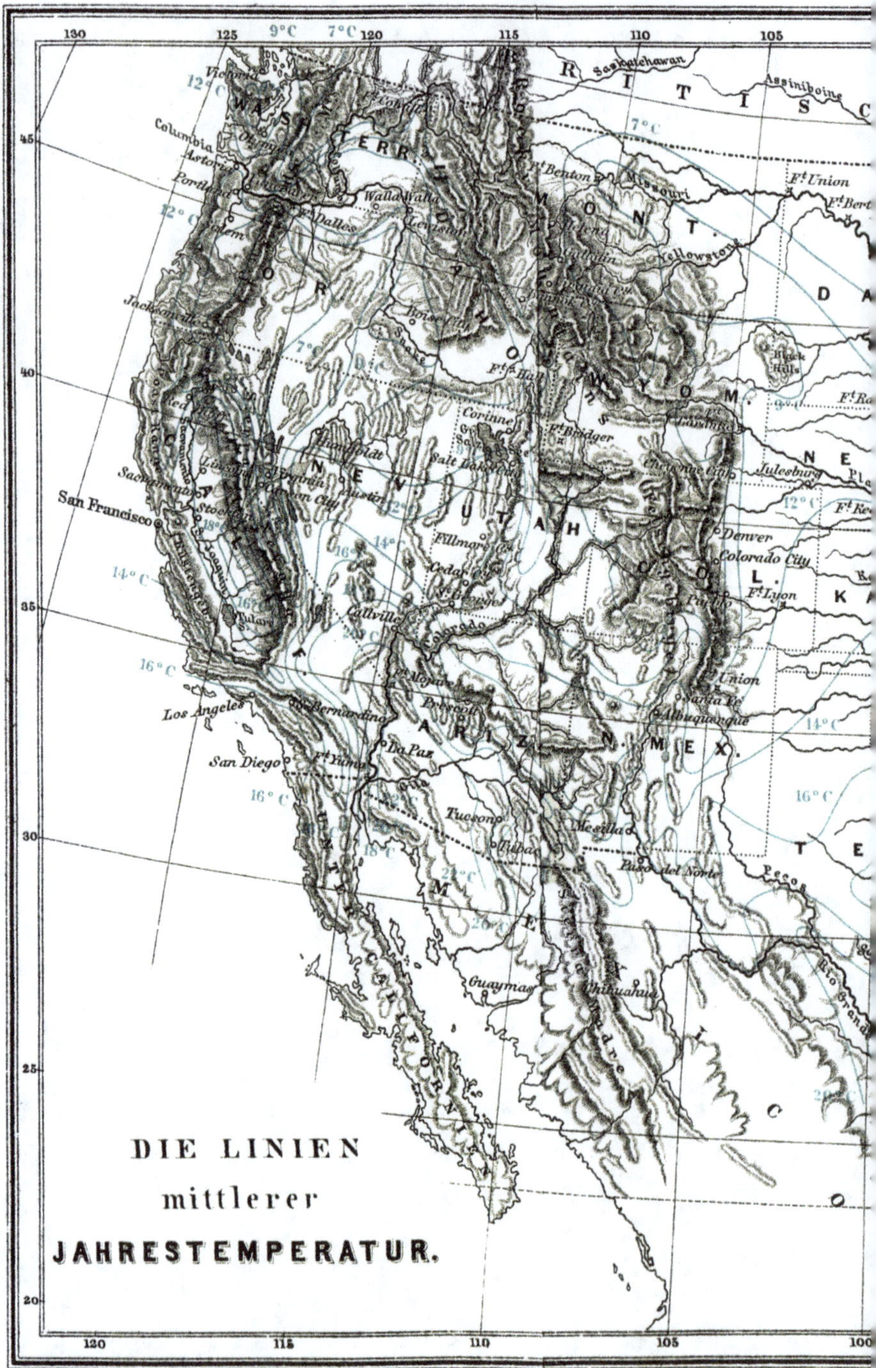

Ratzel, Vereinigte Staaten Bd. I.

EREINIGTEN STAATEN.

Leipzig.

Aug. Müller sc.

nach grösserem Massstabe und sind desshalb leichter zu verstehen. Der kalte Strom, der an der Küste fliesst, die Richtung der vorwaltenden Luftströmungen, die Zunahme der Feuchtigkeitscapacität der Luft mit zunehmender Wärme sind die drei Dinge, die man hauptsächlich in Betracht ziehen muss, wenn man das californische Klima zu verstehen wünscht, und indem wir sie erwägen, finden wir als bezeichnende Eigenthümlichkeiten desselben das Vorherrschen westlicher, d. h. oceanischer Winde, die kühlen Sommer, die milden Winter; aber auch erhebliche innere Unterschiede, die sich auf engem Raum zusammendrängen, sind als ein Charakterzug desselben hervorzuheben.

Verbreitung der Wärme[1]. Was nun die einzelnen klimatischen Erscheinungen betrifft, so ist zunächst bei der Verbreitung der Wärme über das Gebiet der Vereinigten Staaten zu beachten, dass die Unterschiede der Jahreszeiten daselbst viel zu gross sind, um aus dem Jahresmittel der Temperaturen eines Ortes oder auch aus den Jahres-Isothermen einen Schluss auf den Gang der Wärme im Laufe des Jahres zuzulassen. Diese Isothermen erlauben wohl, die Temperaturen in den östlichen Vereinigten Staaten unter gewissen Breiten als mit denen der gemässigten Zonen im Einklang stehend zu erkennen, aber sie geben keinen Begriff von den grossen Abständen nach oben und unten hin, aus denen die Isothermen eben nur das Mittel darstellen. Man muss tiefer in die Einzelheiten der Verbreitung der Wärme eingehen, um die Eigenthümlichkeiten zu erkennen, welche gerade sie dem nordamerikanischen Klima aufprägt.

Innerhalb unseres Gebietes ist es vorzüglich der abweichende Verlauf der Sommer- und Winterisothermen, welcher ein zutreffendes Bild des Charakters gibt, den die Wärmeverbreitung hier annimmt. Wenn wir z. B. die Winterisothermen (Isochimenen) von + 7,5°, 0° und — 8,7° verfolgen, so sehen wir die erstere bei Charleston (34° N. Br.) beginnen, ziemlich in Einer Breite bis zum 100. ° W. L. ziehen, dann auf der Hochebene von Neu-Mexico sich etwas senken, um, an der Küste des Stillen Meeres angelangt, sich steil bis zu 43°

1) Hiezu das Isothermen-Kärtchen.

aufzuschnellen; die zweite beginnt bei Philadelphia (40° N. Br.), sinkt langsam im Meridian von St. Louis zum 38., an den Felsengebirgen zum 36.° und steigt dann ganz wie die erste steil bis Sitka hinauf (57° N. Br.). Endlich die — 8,7° Isotherme läuft ziemlich parallel dem 45.° N. Br. bis zur Seeregion, erhebt sich in dieser um ein Weniges und steigt dann, ohne erhebliche Abweichung durch des Felsengebirge zu erleiden, weit nach Nordwesten hinauf. Unschwer erkennt man hier das Gemeinsame eines Sinkens der Wintertemperatur von der Ostküste nach dem Inneren zu, das besonders stark im Herzen unseres Gebietes, im mittleren Mississippi-Gebiet, ausgeprägt ist, und eines ungewöhnlichen Steigens derselben im meteorologischen Wirkungsgebiet des Stillen Meeres. Es folgt daraus, dass die Winter an der Ostküste milder als im Inneren, an der Westküste aber um Vieles milder als an der östlichen sind. Die mildernde Wirkung der Seeregion auf die Wintertemperatur, die im Verlauf der — 8,7° Isochimene sich ausprägt, bleibt örtlich. — Der Verlauf der Sommerisothermen (Isotheren) zeigt so ziemlich das entgegengesetzte Verhältniss. Wählen wir auch hier eine südliche, mittlere und nördliche, so finden wir die Isothere von 26° gleichfalls beim 34.° N. Br. beginnen, zuerst diesem Breitegrad entlang laufen, auf der ansteigenden Hochebene des Westens bis zum 30. Breitegrad herabsinken, um ein Gebiet des Grossen Beckens bis zum 36. zu steigen und im Küstengebiet des Stillen Meeres rasch nach S. abzufallen. Die zweite von 22,5° beginnt beim 40.° N. Br., steigt stätig nach innen zu, bis sie am Oberen Missouri den den 48. Breitegrad erreicht, von wo sie am Ostfusse des Gebirges hin bis zum 35. Breitegrad (die Lücke der Rio Grande-Gila-Depression!) sinkt, um innerhalb des Grossen Beckens wieder bis in die Nähe von 48° N. Br. zu steigen und im Küstengebiet des Stillen Meeres gleich der vorigen steil nach S. abzufallen. Die dritte Isothere (17,5°) zieht auf dem 45. Breitegrad westwärts, senkt sich etwas im Gebiet der Grossen Seen und hebt sich dann bis zum 54. oder 55.° N. Br.; jenseits des Felsengebirges steigt sie zunächst vom 47. Breitegrad etwas an und fällt aber an der Küste des Stillen Meeres bis zum 30.° herab. Man erkennt aus dem Isotherenverlauf klimatische Verhältnisse, deren Charakter gerade das Gegentheil von

REGENKARTE DE

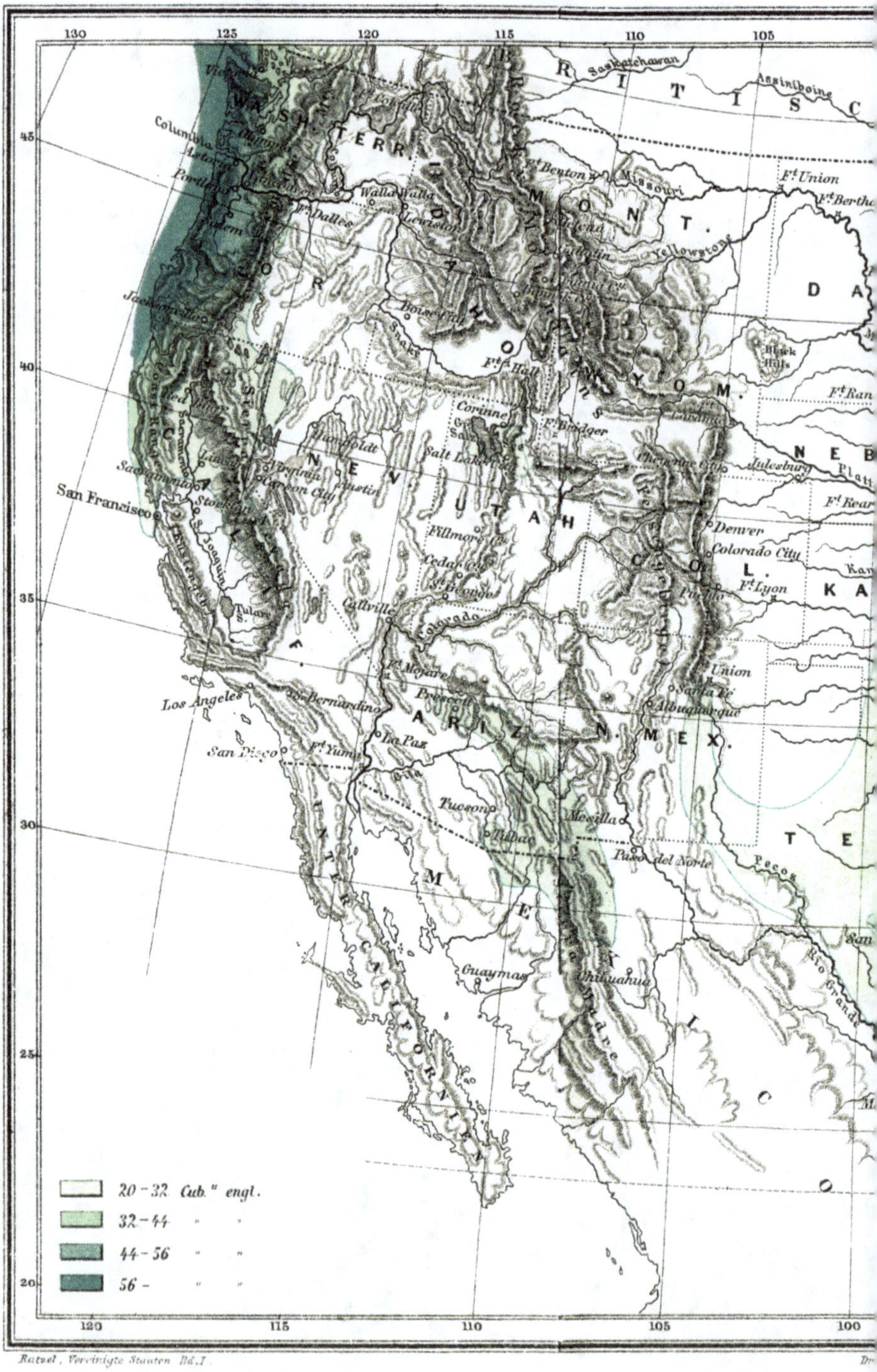

NIGTEN STAATEN.

eipzig.

Aug. Müller sc.

dem ist, den der Verlauf der Isochimenen enthüllt: Zunahme der Sommertemperaturen nach dem Inneren mit ungleich viel kühlerem Sommer an der West- als an der Ostküste. Die örtliche Mässigung durch die Einwirkung der Grossen Seen ist auch hier nicht zu verkennen. Der allgemeinste Schluss, den man aus dieser Vergleichung ziehen kann, ist der, dass die Vertheilung der Wärme innerhalb unseres Gebietes im Allgemeinen einen excessiven, continentalen und zwar nach höheren Breiten zu zunehmend excessiven Charakter trägt, ferner, dass sie im grössten Theile desselben unter dem normalen Mittel bleibt[1]).

Die atmosphärischen Niederschläge[2]). In der Vertheilung der atmosphärischen Niederschläge über das Gebiet der Vereinigten Staaten treten ein bedeutender Regenreichthum der Küsten, weite Verbreitung mittlerer Regenmengen im Inneren östlich vom 95.° W. L. und südlich vom 44.° N. Br., Regenarmuth im Inneren westlich und nördlich von diesem Gebiet und an der südwestlichen pacifischen Küste hervor. Dass die atlantische und pacifische Küste sich hinsichtlich der Niederschläge nicht gleichartig verhalten, ist eine weitere Thatsache, welche auffällt, denn an der ersteren sind es die südlichen, an der letzteren die nördlichen Theile, welche die reichsten Niederschläge empfangen, während andererseits die Regenarmuth der südcalifornischen Küste sich nirgendwo an der atlantischen wiederholt. Hier zeigt sich ein Gegensatz zwischen O. und

1) Nach Prof. J. Henry (Agricult. Rep. U. S. Patent Off. 1856. 461) ist das Verhältniss der *astronomischen Temperatur* zur *wirklich beobachteten* von 5 zu 5 Breitegraden auf einer Linie, die von New Orleans direkt nördlich läuft, folgendes:

Breite:	Astronom. Mitteltemp.:	Beob. Mitteltemp.:	Unterschied:
25°	23,51° C.	23,62° C.	+0,11° C.
30	21,67	20,55	—1,12
35	19,53	16,66	—2,87
40	17,11	11,66	—5,45
45	14,43	6,94	—7,79
50	11,50	2,77	—8,73

2) Hiezu die Regenkarte. — Bei der Schilderung der atmosphärischen Niederschläge sind hauptsächlich C. A. Schott's Tables and Results of the Precipitation etc. (Smithson. Contrib. XIX. II) zu Grunde gelegt.

W., den man dahin bestimmen kann, dass mit Ausnahme des pacifischen Küstengebietes nördlich vom 38. Breitegrad der Westen der Vereinigten Staaten viel weniger regenreich ist als der Osten. Dass die zwei Gebiete grossen Regenreichthums sich in gerade entgegengesetzten Theilen unseres Gebietes, im äussersten NW. und im SO., befinden und dass von beiden eine allmähliche Abnahme der Regenmengen nach Binnen zu Statt hat, die aber im NW. auf einen engeren Raum zusammengedrängt ist als im SO., ist eine weitere allgemeine Erscheinung. Lässt man aber das nordwestliche Regengebiet ausser Acht, so kann man als eine nicht minder grosse Erscheinung für das übrige Gebiet der Vereinigten Staaten die Abnahme des Regenreichthums von S. und O. nach N. und W. bezeichnen. Heben wir noch die bedeutende Ausdehnung der Gebiete gleicher oder ähnlicher Regenmengen hervor, so haben wir die augenfälligen Thatsachen genannt, welche die Regenkarte der Vereinigten Staaten in ihren grössten Zügen ausspricht.

Weder den Uebereinstimmungen noch den Unterschieden der Regenmengen und ihrer Vertheilung liegen in den verschiedenen Theilen unseres Gebietes dieselben Ursachen zu Grunde. Wir finden, dass die Regenmengen verschiedener Abschnitte desselben aus verschiedenen Ursachen resultiren und es ist in diesen Ursachen, dass wir triftige Gründe zur Zertheilung des Gebietes der Vereinigten Staaten in verschiedene natürliche Abschnitte, entsprechend der Herkunft, Vertheilung und Menge ihrer Niederschläge finden können.

Nach der Herkunft ihrer Niederschläge können wir drei Hauptgebiete unterscheiden, von denen das eine seine atmosphärische Feuchtigkeit vom Golf, das andere vom atlantischen, das dritte vom pacifischen Ocean erhält. Das erste ist das weitaus grösste und wichtigste. Vom Ostabhang des Felsengebirges bis zu den Grossen Seen und im grössten Theil der Südstaaten ist es Golfwasser, welches als Niederschlag zur Erde gelangt; die Region nördlich und östlich von Virginien erhält ihre Feuchtigkeit vom Atlantischen, alles Land westlich von den Felsengebirgen vom Stillen Meer. Jedes dieser *Herkunftsgebiete* hat seine Maximalregion der Niederschläge, die im Golfgebiet im Mississippi-Delta, im atlantischen Gebiet an der Mündung der Chesapeake-Bai, im Inneren der Nord-Alleghanies und an der Küste von Maine, im pacifischen Gebiet an der Küste von Oregon und Washington-Territorium gelegen sind. Ein Maximum, das im südlichen Florida auftritt, dankt seinen Ursprung wahrscheinlich der Nähe des Golfstromes.

Die Eigenthümlichkeiten und die gesetzlichen Verhältnisse der Regenvertheilung im Gebiet der Vereinigten Staaten treten am deutlichsten hervor in der Vertheilung der Sommer- und der Winterregen. Die Regenkarte der Monate Juni, Juli und August bietet ein ganz verschiedenes Bild von der Regenkarte des Winters, entspricht aber im Ganzen den Verhältnissen, welche die allgemeine Regenkarte darstellt, besser als diese. Es spricht sich hierin die Thatsache aus, dass es vorwiegend die Sommerregen sind, welche den hyetischen Charakter der östlichen Vereinigten Staaten bestimmen, während die Winterregen dieselbe Rolle im Westen spielen, wiewohl in einer viel weniger intensiven Weise. Der hervortretendste Zug in der Verbreitung der Sommerregen ist die Theilnahme Florida's an der regelmässigen tropischen Regenzeit, deren Maximum ungefähr 1 Monat nach der grössten nördlichen Deklination der Sonne eintritt und an der floridanischen Westküste bis zu 700 mm. in den genannten 3 Monaten ergibt. Ein Maximum von 600 mm. erreicht den unteren Theil des Mississippi-Delta's. Ein örtliches von 400 mm. liegt südlich und westlich von L. Michigan und hat seine Ursache wahrscheinlich in der Seeregion selber, ein ebensolches von 350 erscheint in der südwestlichen Ecke von Texas. In Californien dagegen tritt ein Minimum fast gänzlicher Regenlosigkeit zwischen dem Colorado und Sacramento auf, das nur durch gelegentliche Sprühregen, die kaum den Regenmesser befeuchten, unterbrochen wird, und beträchtlichere Regenmengen von 150 bis 300 mm. finden sich erst wieder auf dem schmalen Streifen nördlich vom 47. Breitegrad. Die Winterregen (Decbr., Jan., Febr.) zeigen das Einströmen feuchter Luft vom Golfe her in kräftigster Wirksamkeit. Ein Maximum von 450 mm. liegt am Westufer des Mississippi in Arkansas, ein anderes von 400 mm. reicht, indem es das regenärmere Innere des Gebirges zwischen sich lässt, am südlichen, östlichen und westlichen Abhang der Alleghanies bis 39° N. B., während ein Maximum, das bis 1100 mm. ansteigt, in

Washington Terr. liegt und mit 500 mm. bis zum 38. Breitegrad herabreicht.

C. A. Schott hat es unternommen, die Gegenden ähnlicher Regenverhältnisse in den Vereinigten Staaten zu natürlichen Gruppen zu vereinigen, die man Regenprovinzen nennen könnte und er unterscheidet 9 solcher Gruppen, die er in folgender Weise charakterisirt[1]: 1) Atlantische Küste von Portland bis Washington. Drei nahezu gleiche Maxima Mitte Mai, August und December und ein Hauptminimum Anfangs Februar. Die Unterschiede zwischen den einzelnen Monatsextremen sind gering. Das August-Maximum ist gewöhnlich das grösste. 2) Thal des Hudson, Vermont, N.- und W.-New York. Zwei Maxima Anfangs Juli und Mitte Oktober. Hauptminimum Anfangs Februar. Abstände mässig. 3) Gebiet des Oberen Mississippi. Hauptmaximum Ende Juni, ein sekundäres Mitte September, ein Hauptminimum Anfangs Februar. Abstände ziemlich gross. 4) Ohio-Thal. Ein Hauptmaximum Anfangs Juni, ein Hauptminimum Anfangs Februar. Abstände mässig. 5) W. Arkansas und Indianer-Territorium. Hauptmaximum Mitte Mai, sekundäres Anfangs November, Hauptminimum Anfangs Januar. Abstände mässig. 6) Unterer Mississippi und Red R. Ein Hauptmaximum Anfangs December, sekundäres Juli, ein Hauptminimum Mitte Oktober, sekundäres Juni. Abstände gering. 7) Mississippi-Delta und Golfküste von Alabama und Mississippi. Hauptmaximum Ende Juli, sekundäres Anfangs December, Hauptminimum Anfangs Oktober, sekundäres Ende April. Abstände mässig. 8) Südostküste von Virginien bis Florida. Hauptmaximum Ende Juli oder Anfangs August, 2 sekundäre März und December, 2 kleine Minima Mitte April und Ende Oktober. Abstände sehr gross. 9) Pacifische Küste von San Francisco bis Puget Sund. Scharf hervortretendes Minimum der Sommermonate und Maximum Ende December. Abstände excessiv. — In diese *Regenprovinzen* sind gewisse Regionen nicht aufgenommen, über deren Regenverhältnisse wir noch nicht genügend unterrichtet sind. Mit Wahrscheinlichkeit lässt sich z. B. Michigan als ein besonderer Typus hervorheben, der bezeichnet ist durch ein Maximum im September, ein Minimum im Februar und durch sehr mässige Abstände der Extreme. Man könnte diesen den *See-Typus* nennen. Texas mit 2 Maximis in Juni und September und einem Hauptminimum im Januar könnte ebenso einen besonderen Typus bilden. West-Florida gehört nach 7, Tennessee und Kentucky nach 8, Ohio und Indiana nähern sich 2, Illinois, Jowa und Wisconsin 3. Denselben Typus unter Wegfall des September-Maximums lassen Kansas und Nebraska erkennen, während Neu-Mexico durch hohes Maximum im August und niedere Minima im Januar und Mai an 8 er-

1) Smithson. Contrib. to Knowledge XIX. II. 127.

innert. Als Mischung von Typen lassen sich die Regenverhältnisse West-Virginiens, des mittleren Pennsylvaniens (1 und 4) und des südöstlichen Virginiens (7 und 8) verstehen. Die Regenverhältnisse Alabama's erinnern an 6, doch ist das Sommer-Maximum erheblich niedriger.

Nach der durchschnittlichen Zahl der Regentage kann man die Staaten und Territorien der Vereinigten Staaten folgendermassen gruppiren: Washington T. 132, Oregon 131, Pennsylvania 110, New Jersey 118, Michigan 117, Ohio 116, New York 109, Illinois, Indiana 107, Connecticut, Massachusetts, Alabama, Jowa 98, Rhode Island 96, Maine 93, Mississippi, Louisiana 92, Florida 91, Vermont, N. Carolina, S. Carolina, Kentucky, Winconsin, Minnesota 89, Virginia 85, Delaware, Maryland, Distr. Columbia, Georgia 83, Kansas 77, New Hampshire 76, Arkansas, Nebraska, Arizona 75, Indian T. 73, Wyoming 72, Texas 58, New Mexico 56, California 50.

Mit den grossen Niederschlagsmengen des Vereinigten Staaten-Gebietes stimmt auf den ersten Blick die Trockenheit der Luft nicht überein, welche für dasselbe mit Ausnahme der südlichsten Gebiete am Golf und am Atlantischen Meere so bezeichnend ist. Man leitet sie aus den raschen und häufigen Temperaturschwankungen ab, welche durch Abkühlung austrocknend, durch Erwärmung dampfbildend auf die Atmosphäre wirken. Die Luft nimmt hier in derselben Zeit doppelt so viel Feuchtigkeit von derselben Oberfläche auf wie in West-Europa und ihr Sättigungsgrad ist trotz der reichlichen Niederschläge viel geringer als dort. Die jährliche Verdunstung ist schon in den atlantischen Staaten doppelt so gross wie in England. Für das nördliche New York hat man sie zu 1250 mm., für Baltimore zu 1270 bestimmt. Für Maine gibt man sie zu 60—65 % des Niederschlages an. Die im Vergleich zu Gegenden mit ähnlicher Jahreswärme in Europa grosse Zahl heller Tage ist ein Ausdruck für die mangelnde Sättigung der Atmosphäre mit Wasserdampf. Im täglichen Leben zeigt sie sich in den bekannten Thatsachen des raschen Austrocknens des Brotes, in der frühen Beziehbarkeit der neugebauten Häuser, im leichten Wäschetrocknen u. dergl. Die Amerikaner schieben auch die Schuld für ihr nervöses Temperament und für die Eigenthümlichkeiten ihrer Körperbeschaffenheit, die Magerkeit und Sehnigkeit, auf die trockene Luft.

Der geringe Feuchtigkeitsgehalt zeigt sich auch in der Vegetation schon in den atlantischen Staaten darin, dass den Wäldern unterhalb einer Höhe von etwa 400 m. jeder reichlichere Mooswuchs abgeht. In derselben Richtung deutet die mangelhafte Grasvegetation in den inneren Staaten, wo ein zusammenhängender Rasen nicht mehr zu Stande kommt, und mehrere Thatsachen der Pflanzenverbreitung wie z. B. die, dass eine Cacteen-Art bis nach Neu-England ihr Verbreitungsgebiet erstreckt. Nach dem Innern zu wächst die Trockenheit. Man hat als

Massstab für dieselbe die Grösse der Verdunstung angegeben und zwar für das Arkansas-Becken zu 85, für das des Missouri zu ebensoviel, für das des Red R. zu 80, für das des Oberen Mississippi und des Ohio zu 76 und für das gesammte Mississippi-Becken zu 75 % des Niederschlags. Die grösste Lufttrockenheit herrscht jedoch auf den Hochebenen der westlichen Gebirgsregion; gemessen an der Verdunstungstemperatur, wie der feuchte Thermometer sie zeigt, erreicht sie auf den trockenen Hochebenen Neu-Mexico's und Arizona's 16° C. Unterschied von der Lufttemperatur. Wiewohl Lufttemperaturen von 26—32° C. in manchen Gegenden constant und solche von 45—48° C. in den tieferen Wüsten nicht selten sind, ist der Schweiss doch selbst bei den heftigsten Anstrengungen eine seltene Erscheinung. Die Neumexikaner ziehen Nutzen von dieser grossen Trockenheit der Luft, welche ihnen die Aufbewahrung der Nahrungsmittel erheblich erleichtert[1]). Lückenhafte Messungen der Lufttrockenheit in Nord-Nevada[2]) in einigen Wochen des Juni, Juli und August 1868 gaben als Grösse der täglichen Verdunstung 15 mm., wovon $^4/_5$ zwischen 6 Uhr Morgens und 6 Uhr Abends verdunsteten. 1,8 mm. war die grösste Verdunstung, die in einer Stunde beobachtet wurde. Am Grossen Salzsee mass Stansbury eine Zunahme des Unterschiedes zwischen feuchten und trockenen Thermometern von 3 auf $9^1/_2$ von Mitte Winters bis zum April. Nach Schönborn war im Juni derselbe Unterschied auf 15,5 gestiegen.

Man glaubt grössere Schwankungen in diesen Verhältnissen beobachten zu können, welche natürlicher Weise durch ihren Einfluss auf den Ackerbau die Aufmerksamkeit in hohem Grade fesseln. Die ausgetrockneten Seebecken scheinen für ein Trockenwerden zu sprechen und in Neu-Mexico soll der Ackerbau in Folge dessen an manchen Orten zurückgegangen sein, wo er früher blühte. O. Löw scheint der Meinung, die man an Ort und Stelle oft äussern hört, dass das Klima Neu-Mexico's nicht immer so trocken gewesen sei wie jetzt, einigen Glauben beizumessen, wiewohl er beifügt, dass in histo-

---

1) In den Rep. Pacific R. R. Survey beschreibt Capt. Gunnison z. B. folgendermassen die Weise, wie die Büffeljäger des nördlichen Neu-Mexico's ihre Beute aufbewahren: „Diese Jäger reisen 100 Miles, tödten das Wild und laden es auf Esel, wobei sie 10—12 Tage brauchen, um es sich zu verschaffen und 4, um es zu Markte zu bringen. Sie benützen kein Salz und ungeachtet der fast täglichen Regengüsse in den höheren Gebirgsregionen, ist die Trockenheit der Atmosphäre gross genug, um das Fleisch gut zu erhalten.“ Dieselbe Trockenheit kam einst den Büffeln und kommt jetzt den Rindern dieser Region zu Gute, indem sie das nahrhafte und weit verbreitete *Grama-Gras*, das beste Futter dieser Wiederkäuer, ohne Einbusse an Nahrungskraft welkt und dörrt.

2) Cl. King, Expl. 40th Parallel. V. 1871. XXII.

rischen Zeiten die Wassermenge *relativ keine grosse* gewesen sein könne[1]). Die vielen Ruinen an Stellen, wo man jetzt kein Wasser findet, scheinen in der That wenigstens eine einstmals andere Verbreitung annehmen zu lassen. Andererseits berichtet Fröbel: „Man glaubte, als ich durch das westliche Texas kam, ziemlich allgemein an eine dauernde Veränderung des Klima's mit einer grösseren Regenmenge. Die alten mexikanischen Einwohner des Landes schrieben die grössere Feuchtigkeit einem mysteriösen Einflusse der Nordamerikaner zu, mit deren Eindringen die Veränderung wahrgenommen worden sein sollte. Die Dürrungen der darauf folgenden Jahre, unter denen Texas so sehr gelitten hat, mögen aber wohl diesen Glauben erschüttert haben[2])." In der Umgebung des Grossen Salzsees glaubt man an eine Verbesserung des Klima's in der Richtung auf grössere Niederschlagsmengen als Folge der dort seit 30 Jahren schon weit fortgeschrittenen Bodencultur und der Anpflanzung von Bäumen; die Schwankungen in der Höhe des Seespiegels scheinen allerdings eine seit Jahren fortschreitende Vermehrung der Niederschläge in seinen Zuflussgebieten anzudeuten. Es sind jedoch grössere Beobachtungsreihen nöthig, ehe man zu unterscheiden vermag, was in solchen Veränderungen nur kurzperiodische Schwankung und was dauernde Aenderung in einer bestimmten Richtung ist.

Die Luftströmungen. Das Gebiet der Vereinigten Staaten liegt fast ganz in jenem Gürtel vorwiegend westlicher Winde, welcher die gesammte nördliche Erdhalbkugel zwischen dem 60. Breitegrad und dem Wendekreis umgibt. Nur der äusserste Süden, der an den Golf von Mexico grenzt, ist davon ausgenommen. Coffin führt in seiner grossen Arbeit über die Winde der nördlichen Hemisphäre[3]) die Beobachtungen von 251 Stationen dieses Gebietes, östlich vom Mississippi, an, welche mit Ausnahme von 6 vorwiegend westliche Winde haben. Von den 245 Stationen sind 231, welche den Westwind von einem Punkte zwischen NW. und SW. haben und 210, bei denen er aus einem nicht mehr als 35° von W. entlegenen Richtung kommt. Von 20 Stationen, die im Gebiet der Vereinigten Staaten westlich vom Mississippi gelegen sind, zeigen 16 gleichfalls vorwiegend westliche Richtungen[4]).

1) Peterm. Mitth. 1874. 414.

2) Aus America II. 314.

3) Smithson. Contr. to Knowledge VI. 133.

4) Auch auf dem Gipfel von Pike's Peak vertheilen sich die Winde nach Proc.: 27 SW., 26 W., 16 NW., 13 N., 8 S., 3 O., NO. und SO., 1 Calme.

An der Küste des Stillen Meeres sind im Gebiet der Vereinigten Staaten die Westwinde gleichfalls die weitaus vorherrschenden: Sie verhalten sich der Menge nach wie 8 : 1 zu den Ostwinden. Die Westwinde wehen am häufigsten im Sommer, Ostwinde dagegen nur im Winter. Nord-, Nordost- und Westwinde wehen häufiger am Morgen als am Nachmittag, während Süd-, Südost- und Südwestwinde ziemlich gleichmässig über Morgen- und Abendstunden vertheilt sind. Nach ihrer Häufigkeit folgen die Winde in S. Francisco so auf einander, dass als der häufigste W. erscheint, an den SW., NW., N., SO., S., NO. und O. sich anreihen. Die reinen Westwinde sind 140mal häufiger als die reinen Ostwinde. Von den pacifischen Stationen haben die nördlichen, wie Astoria, erheblich mehr Ostwinde als die südlichen, wiewohl der W. auch bei ihnen entschieden überwiegt.

Die Vertheilung der vorherrschenden Winde über das Gebiet der Vereinigten Staaten ist zunächst ganz im Allgemeinen durch die Thatsache bestimmt, dass in Nord-Amerika die vorherrschenden Bewegungen in der Atmosphäre von W. nach O. gehen und zwar in einem Gürtel, der zwischen dem 32. und 58.° N. B. liegt und dessen grösste Intensität bei ungefähr 45° zu suchen ist. Die östlichen Richtungen, welche in diesem Gürtel vorwalten, geben sich vorzüglich kund in südwestlichen und nordwestlichen Winden, welche das ganze Jahr hindurch abwechselnd herrschen, während der Gürtel selbst sich natürlicherweise im Laufe der Jahreszeiten in wechselndem Sinne verschiebt.

In diesem Gürtel kommen in Lousiana, Georgia u. s. f. in gewissen Theilen des Jahres nordöstliche Monsune zur Herrschaft und nördlich von denselben Polarströmungen, welchen durch die Umdrehung der Erde um sich selber eine westliche Richtung gegeben wird. Im allgemeinen Kreislaufsystem unserer Atmosphäre sind die vorwaltend westlichen Winde Nord-Amerika's Theile des herabsteigenden Aequatorialstroms oder rückkehrenden Passats, die als südwestliche, westliche oder nordwestliche Winde erscheinen, je nachdem das Herabsteigen in niederen oder höheren Breiten statthat. Die südwestlichen Luftströme dagegen, welche einen grossen Theil dieses Gebietes in der wärmeren Jahreszeit überfluten, gehören den unteren Strömungen an und tragen gleichzeitig den Charakter von Monsunen, die gleich den Südwest-Monsunen Indiens mit Feuchtigkeit gesättigt sind, während in dieser Jahreszeit der Aequatorialstrom viel weiter nördlich herabsteigt und von S. her der Nordost-Passat bis an das Gebiet der Golfstaaten vorrückt.

Unbeschadet der Gesetzlichkeit, welche diese Luftströmungen im Ganzen und Grossen ausprägen, sind dieselben zahlreichen und mannigfaltigen Störungen unterworfen, denn die Vereinigten Staaten gehören in die Zone veränderlicher Winde und nur von den südwestlichen, westlichen, nordwestlichen, nördlichen und nordöstlichen kann man sagen, dass sie dem grossen Kreislaufsystem der Atmosphäre angehören, während alle anderen hauptsächlich in atmosphärischen Störungen ihren Grund haben und im Gegensatz zu jenen als abnorme Winde erscheinen. Es stimmt damit überein, wenn man in diesem Gebiet in den unteren Luftschichten eine ebenso vorwaltende Neigung zu Ost-, wie in den höheren zu Westwinden feststellen kann[1]).

Die Stürme der Vereinigten Staaten theilt man in solche, welche aus W. und NW. kommen und deren Bahnen im Allgemeinen nördlich vom 40. Breitegrad liegen, und in solche, welche aus S. und SW. kommen und in Texas und dem Golf zu entstehen scheinen. Die letzteren sind viel weniger zahlreich als die ersteren, sie bilden nur etwa ¹/₆ aller Stürme, sind fast unbekannt im Sommer und am häufigsten im Winter und Frühling. Die Mehrzahl von ihnen erreicht die Küste südlich vom 40. Breitegrad und scheint auf dem Meere fast immer in einer mit der Küste parallelen; also nordöstlichen Richtung fortzuschreiten. Selten kommt es vor, dass sie schon am Lande in einer nordwestlichen Richtung abgelenkt werden. Es ist eine bemerkenswerthe Thatsache, die den amerikanischen Meteorologen längst aufgefallen ist, dass diese Stürme, welche in nordöstlicher Richtung der atlantischen Küste entlang sich bewegen, häufig in der Gegend des 50. Breitegrades stehen zu bleiben scheinen. Man bemerkt dann ein mehrtägiges Anhalten niederen Luftdrucks in der Gegend

1) J. Henry, Meteorol. in its Conn. with Agricult. 1858. 490. Im Zusammenhang mit dieser vorwaltend westöstlichen Richtung des oberen Luftstromes steht die Thatsache, dass die Cirruswolken in Nord-Amerika zu allen Jahreszeiten vorwiegend ostwärts ziehend beobachtet werden, einerlei, welche Windrichtungen gleichzeitig in tieferen Regionen die vorwaltenden sein mögen. (Vgl. Mühry, Ueber die Richtungen der Cirruswolke. Oest. Z. f. Met. VII. 311).

von New Foundland und Nova Scotia. Wahrscheinlich hängt dieses Anhalten der Stürme mit dem starken atmosphärischen Niederschlag zusammen, welcher dieser Küstenregion des Nordostens eigenthümlich ist. In die Klasse dieser südlichen und südwestlichen Stürme gehören jene heftigen Stürme, die man Wirbelstürme oder Cyclone nennt. Die tropischen Wirbelstürme kommen als *Hurricanes* an die südatlantische Küste der Vereinigten Staaten und die Golfküste. An der letzteren kommen sie besonders häufig vor. Ihre Bewegung ist hier immer von SW. nach NO. gerichtet und ihre zerstörende Kraft, von der die Pflanzungen und Wohnstätten des Südens alljährlich Spuren tragen, ist an der südlichen Seite am grössten[1]). An der atlantischen Küste kommen sie in der Linie des Golfstromes aus S. und zwar haben sie die Richtung OSO. bis zur Halbinsel Florida, bei welcher sie entweder umbiegen, um sich mit steigender Geschwindigkeit auf das Meer hinaus zu begeben, oder parallel der Küste nach NO. wehen. Ihre Axe, an der oft ein um 25 mm. verminderter Druck herrscht, bewegt sich zunächst mit nicht mehr als 40 Kil. Geschwindigkeit per Stunde, aber diese Geschwindigkeit kann nach längerem Lauf in höheren Breiten bis auf das Doppelte anwachsen. Um diese Axe rotiren die heftigen Luftströmungen links-rechts, d. h. nordöstlich auf der Linken und südwestlich auf der Rechten. Es gibt eine *Hurricane Season*, die Monate August, September und Oktober, in welche die grosse Mehrzahl dieser Stürme, und zwar mit Vorliebe auf Ende August und Anfang September, fällt. Es gibt sog. *Hurricane Districts* in den Küstenstrichen der atlantischen Südstaaten, in denen diese Stürme besonders häufig und heftig auftreten. Die Stürme, die aus dem Westen kommen, scheinen ihren Ursprung nicht selten auf dem Stillen Ocean, häufig im Cascadengebirge und in Nebraska zu haben. In ihrer Bewegung nach O. zeigen sie eine entschiedene Vorliebe für den Weg über den Oberen und den Huronen-See.

Einer ganz anderen Klasse gehören die Nordstürme an, welche an der ganzen Golfküste, besonders heftig aber an der texanischen, zwischen November und Mai, ausnahmsweise auch im Sommer wehen, heftige Nordwinde, welche viel zur Ausprägung des eigenthümlichen Charakters beitragen, welcher das Klima dieser Regionen auszeichnet. Es sind scharf individualisirte Winde, die als *Norther* oder *Norte* von allen anderen Stürmen unterschieden werden. Aus Texas schildert F. Römer sie mit folgenden Worten: „Das

1) Von den grossen Wirkungen, die diese Stürme erzielen können, mag der Wirbelsturm ein Beispiel geben, der im September 1854 die texanische Küste heimsuchte und den Canal, der in die Matagorda-Bai führt, dauernd vertiefte, so dass seine Tiefe von 9 auf 11 e. F. stieg; er trieb das Wasser mit so grosser Gewalt aus der Bai, dass es nicht anders als unter so starker Vertiefung der Mündungsbarre seewärts abzufliessen vermochte. (Emory U. S. und Mex. Boundary Survey 1857. I. 56.)

plötzliche Auftreten ist besonders bezeichnend für sie. Kaum deuten einige den Bewohnern des Landes bekannte Anzeichen, wie eine gewisse Wolkenbildung und der Flug der Vögel nach S., einige Stunden vorher ihr Erscheinen an. Der Fremde gewahrt sie gewöhnlich nicht früher, als bis er ihr unheimliches Pfeifen hört und ihren eisigen Hauch selbst empfindet. Obgleich die Temperatur, welche sie mit sich bringen, nur selten und dann wohl nur zur Nachtzeit unter den Gefrierpunkt sinkt und meist noch 4—6° R. über demselben bleibt, so ist dieselbe doch sehr empfindlich, da der Wechsel meist sehr plötzlich und der vorhergehende Wärmegrad oft bedeutend ist. Wenn am Morgen noch 20° R., so ist dieselbe vielleicht am Nachmittage nach Eintreten des Nordsturms 5°. Die Heftigkeit des Windes nimmt gewöhnlich von seinem ersten Erscheinen an gleichmässig zu, bis sie ihre grösste Höhe erreicht hat und nimmt dann ebenso allmählich wieder ab. Der Himmel ist während des Nordsturms trübe und mit grauen Wolken bedeckt. Ein allgemeiner Erfahrungssatz ist es, dass die Dauer eines Nordsturms selten 3 Tage übersteigt. Gegen den Frühling nimmt, wie die Heftigkeit und Kälte, so auch die Dauer des Windes ab. Während des zweiten Winters, den ich in Texas zubrachte, bildeten die Tage, an denen der Nordsturm wehte, fast die Hälfte. Der Einfluss, den er auf die belebte Natur äussert, ist bei Menschen und Thieren gleich bemerkbar. Der texanische Farmer verlässt mit seinem Erscheinen die Feldarbeit und wartet am Kamin sein Aufhören ab; der Fuhrmann, der auf der Reise davon überrascht wird, spannt seine Ochsen aus und sucht sich hinter einem schützenden Gebüsch bei einem hoch auflodernden Feuer zu erwärmen. Reconvalescenten haben besonderen Grund, sich vor der Einwirkung des Windes zu hüten, denn sehr häufig stellt sich in seinem Gefolge ein Fieberfrost und damit ein Rückfall des völlig überstanden geglaubten Wechselfiebers ein. Pferde und Rindvieh verlassen mit dem Eintreten des Nordsturms ihre Weideplätze in der Prärie und suchen in den dichten Uferwaldungen Schutz. Ochsen rennen oft mehrere Meilen weit fort, ehe sie eine solche geschützte Stelle finden. Ohne diese kalten Nordstürme würde die texanische Pflanzenwelt einen viel südlicheren Charakter haben und namentlich sind sie sehr wahrscheinlich schuld daran, dass Orangenbäume hier nicht, wie in dem benachbarten Louisiana, im Freien ausdauern und regelmässig reife Früchte tragen[1]." Man kann hinzufügen, dass dieser Wind an der mexikanischen Küste bis über Veracruz hinaus sich als eine empfindliche Unterbrechung der Wärme fühlbar macht, die

1) F. Römer, Texas 1849. 63. Uebrigens sind auch die unmittelbaren Wirkungen solcher Umschläge der Witterung auf den Menschen oftmals heftig genug. So erzählt Fröbel (Aus America II. 118), dass in einer Nacht, während er in der Cimarron-Wüste reiste, ein so kalter Norte wehte, dass einer der

man innerhalb der Wendekreise auch im Winter erwartet; doch hat er hier den grossen Vorzug, durch sein starkes Wehen die fiebererregenden Miasmen zu vertreiben und man behauptet, dass während eines *Norte* die Fieber-Epidemien sogleich nachliessen.

Hinsichtlich der Stelle, die man diesem merkwürdigen Winde nach seinem meteorologischen Charakter und Ursprung anzuweisen hat, ist vor allem sein Vorwalten in der Winterszeit hervorzuheben. A. Wojeikof nennt ihn einen *nördlichen Landwind* und weist ihm monsunartigen Charakter zu, der sehr an Ost-Asien erinnere. Mühry sieht dagegen in ihm den Polarstrom, der seinen Ausgangspunkt vom nordamerikanischen Kältepol nehme. Blodget klassificirt ihn ähnlich wie Wojeikof[1]). Wir haben keine hinreichend genauen Angaben über die Verbreitung dieses Windes; was wir aber davon kennen, bestärkt die Annahme, dass er eine Luftströmung von lokaler Ausdehnung, ein monsunartiger Landwind sei. Pettersen[2]) gibt an, dass er im Indian T., unweit der Grenzen, beginne und nach W. hin von der Sierra Madre in Mexico begrenzt werde, nach O. erstrecke er sich etwa bis 95° W. L. Er definirt den Norther als einen trockenen, durchdringend kalten Wind von ca. 45 Kil. per Stunde Geschwindigkeit, dem zuweilen Regen vorausgeht. Als Beispiel der raschen Temperaturwechsel, die er bedingt, führt P. an, dass an einem Tage das Thermometer Vormittags bei SO. auf 32,2° C. stand, und dass es um 4 Uhr, nachdem der Norther um 2 begonnen hatte, bereits auf 4,4° gesunken war: 27,8° Unterschied. Emory beschreibt einen Norther aus ähnlicher Gegend, aus dem nordöstlichen Texas, wo er ihn bei Frontera (ca. 1100 m. M H.) vom 4.—7. December erlebte, mit folgenden Worten: Ein ruhiger, milder Tag, an dem das Thermometer sich zwischen 4,5 und 21° C. bewegte, endete mit einen plötzlichen starken Südwest-Wind, der rasch in NO. überging und 24 Stunden heftig aus dieser Himmelsgegend blies, während welcher Zeit die Temperatur auf —17° C. herabging und 1½ Zoll Schnee fiel[3]).

Jedenfalls noch in höherem Grade lokal sind Nordwinde, die mit warmer Temperatur der Luft verbunden sind und die in den südwestlichen

---

Fuhrleute durch Rheumatismus dienstuntauglich wurde. Als der Wind aber plötzlich in einen schwülen Südwind einschlug, bekamen mehrere seiner Leute Schwindel und Erbrechen. Der Südwind übt überhaupt in diesen Gegenden eine niederdrückende Wirkung auf den Menschen aus.

1) A. Wojeikof, Die atmosphär. Circulation. Geogr. Mitth. Erg. Heft 38. — A. Mühry, Geogr. Mitth. 1861. 295. — L. Blodget, Climatoloy of the U. S. 392. Nach Wojeikof erniedrigt dieser Wind selbst bei S. Antonio (29½° N. B.) die Temperatur unter 0.

2) Oesterr. Z. f. Meteorol. 1872. 344.

3) Mex. Bound. Surv. I. 246.

Plains nicht selten zu sein scheinen. Ein warmer *Norther* scheint allerdings ein Widerspruch in sich selbst zu sein. Die Thatsache erklärt sich aber ohne Schwierigkeit durch einen vertikalen oder horizontalen Luftwirbel, in Folge dessen ein ursprünglicher Südwind als Nordwind erscheint.

Ueber die Stürme des Inneren sind wir begreiflicher Weise nicht eben so gut unterrichtet, wie über die, welche bis zu den Küstengegenden gelangen.

Auf der Karte, welche das U. S. Signal Office über die Verbreitung der Stürme (ohne die örtlichen Gewitter) in dem Gebiet östlich vom 100. Breitegrad auf Grund zweijähriger Beobachtungen veröffentlicht hat, sind leider nur die Stürme der Hälfte des Prärien-Gebietes, die des Gebirges gar nicht eingetragen. Die nördliche Hälfte des Gebietes der Grossen Seen und das S. Lorenz-Thal bis Quebec erscheinen dort sammt dem nödlichen Maine als die Region der häufigsten Stürme[1]). Das östliche Nebraska und die Gegend von St. Paul am oberen Mississippi folgen. 15—22,5 Sturmcentren werden jährlich in diesen Gegenden beobachtet. Das nördliche Neu-England, New York, grössere Theile von Minnesota, Illinois, Jowa, Nebraska fallen in eine Region mit 10—15 und ein durchschnittlich 2 Grade breiter Landstrich südlich von diesen Staaten in eine Region mit 5—10 Sturmcentren. Eine Zone von demselben Sturmreichthum zieht sich aus dem Golf von Mexico quer über den nördlichen Theil der Halbinsel Florida und von da an der atlantischen Küste, durchschnittlich 2 Längengrade landeinwärts reichend, bis New York. Ein kleineres selbständiges Gebiet von demselben Sturmreichthum liegt im nördlichen Texas. Von den Plains wissen wir durch vereinzelte Beobachtungen, dass ihre Stürme im Allgemeinen nördlichen und westlichen Himmelsrichtungen und mehr den letzteren als den ersteren angehören. Sie haben nichts zu thun mit den Hagelstürmen von grosser Gewalt, die den Boden mit manchmal ungewöhnlich grossen Hagelkörnern bedecken (Long gibt an, dass sie *fast* 1 e. Z. Durchmesser hatten), und die am Fuss der Felsengebirge häufig sind, wo schon von Long ihre Entstehung den raschen Wechseln der Temperatur zugeschrieben wurde, ebensowenig mit den erfrischenden Winden, die vom Gebirge nach den Steppen hinaus wehten und die derselbe Beob-

1) Auf diese Region bezieht sich eine Beschreibung Norwood's: „Ungefähr 13 e. M. oberhalb der Black R.-Mündung stiess ich auf die Spuren eines jener heftigen Wirbelstürme, die gelegentlich in diesen Regionen vorkommen. Seine Richtung war nördlich und südlich gewesen, seine Breite ungefähr 100 Yards. Fast jeder Baum in diesem Bezirk war 10—15' über dem Boden abgedreht und viele der grossen Bäume, die am Rande stehen, waren sammt den Wurzeln ausgerissen und streckten ihre Kronen dem Mittelpunkt zu, während die nicht entwurzelten nach derselben Richtung geneigt waren.“ J. G. Norwood in Owen, Geol. of Wisconsin 1852. 302.

achter den Landwinden verglich, die man an dem Meeresufer beobachtet. Das Gebirge würde das Ufer, die Plains würden das weite Meer sein. Die Morgen und Abende waren still, aber im Laufe des Vormittags erhob sich der Wind, der regelmässig von W. oder SW. wehte[1]).

Eine der gewöhnlichsten Erscheinungen auf diesen Ebenen sind die Wirbelwinde, deren man oft 20—30 auf einmal sieht; sie heben den Staub gewöhnlich 60—100, oft aber auch 300 m. hoch in die Luft; einige sind schmal und schwanken wie riesige Taue in der Luft, andere bilden Kegel, deren Basis dem Grunde aufliegt, andere sind umgekehrte Kegel. Diese Erscheinungen finden gewöhnlich im heisseren Theil des Tages statt[2]). Häufig genug bleiben diese Staubwirbel nicht harmlos, sondern entwickeln sich zu samumartigen Winden. „Heisse Winde, Sandstürme, Sandhosen, sagt O. Löw, gehören zu den normalen Erscheinungen der Mohave-Wüste[3]).“ Eben so normal sind nicht nur in ihr, sondern auch in den Plains die Wolkenbrüche, in deren Form die grösste Menge der Sommerregen herniederkommt, und mit ihnen sind gewöhnlich jene erwähnten Hagelfälle verbunden.

Wintergewitter, die sturmartigen Charakter annehmen und weite Gebiete durchziehen, sind bei den häufig vorkommenden Zusammenstössen der warmen Golf- mit den kalten nordwestlichen Präriewinden im Inneren Nord-Amerika's häufig und stellen hier eine viel gewöhnlichere Erscheinung dar als in Mittel-Europa. In den Wintern der 2 Jahre 1866 und 1867 zählte man in Illinois durchschnittlich 4,5, in Missouri und Arkansas 3,5 Gewittertage. In Wisconsin beobachtete man am 20. März 1866 ein heftiges Gewitter bei — 10° und gleichzeitig war die Temperatur im Staate Missouri 28,6° C. Warren[4]) macht die Bemerkung, dass in den Plains von West-Nebraska und Dakota im Sommer und Herbst die Gewitter ganz ähnlich denen des oberen Mississippi-Gebietes und der atlantischen Staaten seien; sie kamen unveränderlich aus W. und er-

---

1) Exped. from Pittsburg etc. I. 477.

2) Nicht selten ist bei diesen *Staubhosen* die eigenthümliche Erscheinung einer querlagernden Staubwolke in allerlei phantastischen Gestalten an dem Punkte zu sehen, wo die Säulenform in den umgekehrten Kegel übergeht. J. D. Whitney, Geol. of Cal. I. 366. — Diese sehr mannigfaltigen Formen von Wirbelwinden kommen auch bei den Schilf- und Präriebränden in Folge derselben starken örtlichen Temperaturverschiedenheiten vor und sind, gleich den *natürlichen* Wirbelwinden, theils stationär, theils von mehr oder weniger raschem Fortschreiten. Die Luft über einem solchen brennenden Feld ist geradezu erfüllt mit Wirbeln. Diese durch Feuer erzeugten Wirbelwinde sind eingehend beschrieben von A. F. Olmsted in A. J. S. 1851. II. 181.

3) P. G. M. 1876. 411.

4) Expl. in the Dakota Country. Wash. 1856. 39.

zeugten heftige Stürme, wo immer sie über die flache Prärie hinwehten. Auf Südwind folgte fast regelmässig Gewitter aus W.; oft weht jener 3—4 Tage, ehe dieses eintritt. Frühlingsgewitter waren (der Tradition nach) selbst im Mai noch von Schneefall begleitet und in der Nähe des Chaine de Roche-Flüsschens beim *Great Bend* des Missouri sollen bei einem solchen Gewitter 3 F. Schnee gefallen sein. Die Schneestürme sind im Allgemeinen sehr unsicher, sie fallen oft unvermuthet ein und sind dadurch den Prärie-Wanderern besonders gefährlich. Manche Jahre fällt indessen im Gebiet des mittleren Platte R. gar kein Schnee (s. S. 330). Bei unbeschränktem freien Raum, der der Ein- und Ausstrahlung gleich offen liegt, sind natürlich die örtlichen Unterschiede der Erwärmung sehr gross und um so mehr hier, wo das Gebirge und seine herabsteigenden Luftströme so nahe sind. Aehnlich wie auf der Hochebene von Mexico erscheint aber in dem gebrochenen Terrain der Black Hills und anderer Bergregionen der Plains die Kraft der Winde sofort gemildert. Die grossen Stürme der Plains sind hier unbekannt, am heftigsten wirken die Windstösse, welche den Gewittern vorhergehen.

Die Küste des Stillen Meeres gehört nicht zu den hervorragend stürmischen Regionen Nord-Amerika's. Die kalte Meeresströmung auf der einen, das Gebirge auf der andern Seite schützen diesen Strich vor dem Aufeinandertreffen der grossen Luftströmungen, welche sturmerzeugend wirken. In Süd-Californien sind bei der grossen Trockenheit der Luft Gewitter eben so selten wie in Peru. Im Sommer liegt der grösste Theil Californiens im Gebiet des Nordost-Passats, der indessen wegen der Gebirgsschranken hier nicht in seiner normalen Richtung auftritt, sondern gewöhnlich gegen W. zu abgelenkt erscheint. Die West- und Südwest-Winde der Küste, die gleichzeitig wehen, sind als lokale Monsune zu betrachten, die ihr Dasein der Verdünnung der Luft über dem Lande und ihre niedere Temperatur dem Wehen über den Ocean überhaupt und daneben noch dem kalten Küstenstrom verdanken. Der äquatoriale Luftstrom kommt im Winter innerhalb der Grenzen Californiens herab und erzeugt durch seine Mischung mit dem Passat die häufigen Regen; er ist aus seiner normalen südwestlichen Richtung durch das Gebirge in eine südöstliche abgelenkt. Dass dabei Gewitter nicht häufiger sind, verdankt man gleichfalls dem Gebirg, welches dem raschen Eindringen eines kalten und trockenen Polarstromes in die feuchte und warme Aequatorialluft wehrt. Es gibt übrigens Jahre, in denen die eine der beiden Hauptströmungeu der Atmosphäre bis zur nahezu völligen Verdrängung der anderen vorherrscht und entweder übermässige Regen oder verderbliche Dürre über das Land bringt[1]). Es ist

1) J. Blake in Proc. Cal. Acad. IV. 110.

indessen mehr die Dauer als die Heftigkeit, welche diese Winde schädlich werden lässt. Den Nordwest-Winden der pacifischen Küste schreibt Cooper die Ursache des vergleichsweise sehr spärlichen Baumwuchses um S. Francisco zu. In der Mündung der Bai von S. Francisco und der Depression zwischen den Buchten von Petaluma und Tomales finden diese Winde, die am häufigsten wehen und zugleich austrocknend und erkaltend wirken, freien Durchpass. Berghänge, die ihnen ausgesetzt sind, sind baumarm, wiewohl sie die grösste Regen- und Nebelmengen empfangen. Die entgegengesetzten Abhänge sind, wiewohl der heissen Südsonne ausgesetzt, dichter bewachsen[1]). Gegen N. zu herrschen dieselben Verhältnisse. An der Küste von Washington Terr. sind Gewitterstürme selten, sie beschränken sich auf die Wintermonate. Selten kommen bei Cap Flattery heftigere Stürme vor als Nro. 8 der Smithson'schen Skala (Strong Gale). Die Schifffahrt ist hier viel weniger gefährlich als unter gleichen Breiten im Atlantischen Ocean und dasselbe gilt für die californischen Küstengewässer[2]).

Klimatische Besonderheiten einiger Regionen. Einige Regionen zeigen bestimmte Eigenthümlichkeiten in ihren klimatischen Verhältnissen, welche zwar im Vergleich zu den grossen Gesetzen derselben nur lokale Ausnahmen darstellen, an und für sich aber ausgedehnt genug sind, um den klimatischen Charakter grosser Landstriche zu bestimmen. Ebenso sind gewisse klimatische Erscheinungen in unserem Gebiete besonders scharf oder in einer besonderen Richtung ausgeprägt. Beide verdienen es, in einer allgemeinen Beschreibung des Klima's der Vereinigten Staaten ihre Stelle zu finden.

Man kann voraussehen, dass eine Wassermasse wie die der Grossen Seen und ihrer an Seen und Flüssen so reichen Umgebung[3]) nicht ohne Einfluss auf die klimatischen Verhältnisse ihrer Um-

1) Proceed. Calif. Ac. März 1874.

2) Proceed. Boston Soc. of Nat. Hist. XI.

3) J. Henry schätzt die gesammte Wasserfläche der Grossen Seen, des S. Lorenz und der kleineren Seen und Flüsse in ihrem Gebiet auf 160,000 □Kil. (Trans. Albany Inst. I.) Uebrigens ist auch nicht ohne Wirkung auf das Klima der Seen-Region das Kalk- und Sandsteinplateau, welches zwischen dem Oberen Mississippi und den Seen in erheblicher Breite hinzieht, das in seiner breiten Erhebung den Sonnenstrahlen zugänglich und durch seine trockene, reine Luft vor Nachtfrösten, dieser Geisel des Ackerbaues im Nordwesten, gesicherter ist als die an und für sich fruchtbareren Tieflandregionen.

gebung sein wird und in der That trägt das **Klima der See-Region** den unverkennbaren Stempel dieser Einflüsse, die sich sowohl in der Wärme- als der Niederschlags-Vertheilung geltend machen und welche schon eine flüchtige Vergleichuug der Beobachtungen der Seestationen mit solchen von nicht sehr weit westlich davon gelegenen erkennen lässt. So zeigt z. B. Fort Howard (44° 40′ N. B.) an der Green-Bai bei einer mittleren Jahrestemperatur von 6,6° C. einen Unterschied zwischen mittlerer Winter- und Sommertemperatur, der sich zu demselben Unterschied von dem unter nahezu gleicher Breite (44° 53′ N. B.) gelegenen Fort Snelling am Mississippi (mit 7° C. mittl. Jahrestemp.) wie 2 : 3 verhält. Ft. Howard hat eine jährliche Niederschlagsmenge von 875 mm., während das an St. Mary's R. gelegene Ft. Brady nur 737 aufweist. An dem letzteren Ort ist die Jahrestemperatur um 1° niedriger als in Ft. Wilkins, welches an der Spitze der Keewenaw-Halbinsel gelegen ist. A. Winchell hat neuerdings die Einwirkung der Seen speciell auf die Temperatur des Staates Michigan festzustellen gesucht. Er fand, dass eine nahezu identische Juli-Temperatur sich an beiden Ufern des Michigan-Sees von Chicago bis Mackinac erstreckt, dass indessen das westliche Gestade etwas kühler als das östliche ist. Es prägt sich dieses Verhältniss in einer östlichen Biegung der Juli-Isotherme von 21,1° aus, welche hier 5 Breitegrade erreicht. Entgegengesetzt, d. h. nördlich abgelenkt zeigt sich die Januar-Isotherme von —5,6°, welche um 4½ Breitegrade in der Umgebung des Michigan-Sees nach N. zurückgedrängt ist.

H. Dove machte darauf besonders aufmerksam[1]), dass der Einfluss einer ihren Aggregatzustand ändernden Grundfläche bei abgeschlossenen Süsswasserseen noch auffallender sei als bei dem Meere. Hier kann das zu Boden sinkende Wasser abfliessen, während es dort in dem abgeschlossenen Becken als weiter erkaltend wirkender Faktor stehen bleibt. Auch hört das Süsswasser schon bei 3° auf, zu Boden zu sinken, während das Meerwasser bis zu 0° diese abgleichende Wirksamkeit entfaltet. Abgeschlossene Meeresbuchten

1) Ueber das Klima von Nord-Amerika. Z. f. Allg. Erdk. N. F. I. 21.

wie Ostsee oder Hudsons-Bai stehen zwischen beiden in der Mitte, üben aber bereits durch die Stauung kalter Wassermassen einen erkältenden Einfluss auf ihre Südküsten. Bei den Grossen Seen Nord-Amerika's zeigt sich dieser Einfluss besonders in dem verspäteten Eintritt und Aufhören der Winterkälte, deren Maximum in der Seeregion in die erste Februarhälfte fällt. „Man kann es daher als einen Grundcharakter des Klima's von Nord-Amerika in dem angegebenen Gebiet bezeichnen, dass vom hohen Norden bis fast zur Breite von 40° besonders am Meere und an den Ufern grosser Wasseransammlungen die Winterkälte sich so verspätet, dass in dem nordwestlichen Theile dieses Welttheils der alte Satz: „Wenn der Tag fängt an zu langen, kommt die Kälte angegangen", sich viel entschiedener bewahrheitet als in der alten Welt."

Die ausserordentlichen Unterschiede in der Erwärmung der verschiedenen Luftschichten über dieser aus Land- und Wasserflächen so bunt zusammengefügten Region finden auch in ihren sehr unregelmässigen Windverhältnissen einen nicht misszuverstehenden Ausdruck. Die Schiffer kennen die unheimliche Erscheinung, dass innerhalb einer Viertelstunde der Wind ihnen aus den entgegengesetzten Himmelsrichtungen weht, und „die unteren Segel eines Schiffes hängen oft völlig schlaff, während die oberen sich vor einer steifen Brise blähen"[1]). Von grosser Bedeutung ist auch, dass die Seen sich nie mit einer dauerhaften und zusammenhängenden Eisdecke überziehen. Der nördlichste von ihnen, der L. Superior, gefriert in sehr kalten Wintern, aber die Winde, die nie lang auf sich warten lassen, brechen die Eisdecke auf und häufen lange Parallelreihen von Eisschollen, 5—6 m. hoch, an den Küsten auf. Später werden dieselben von den Wellen wieder zertrümmert und weggeführt. Die Erscheinung ist auch geologisch interessant, da sie den Transport von Felsblöcken, die in solche Eisanhäufungen eingeschlossen werden, und möglicherweise auch Eisschliffe der Küstenklippen erklären können.

Das Klima von Toronto (33° 39′ N. B.) ist ein Beispiel, wie diese Einflüsse der Seeregion auch auf das canadische Klima sich

---

1) Foster and Whitney, Report L. Superior 1850. I. 56.

erstrecken und vorwiegend mildernd wirken. Die mittlere Jahrestemperatur ist 6,8° C., das Minimum — 32,5° (Januar), das Maximum 37,3° (August), die Regenmenge 926,3 mm., die Zahl der Regen- und Schneetage 146,6. Schnee ist in einzelnen Jahren noch in der ersten Juniwoche gefallen. Dass das geringste Monatsmittel der Temperatur mit — 5,1° C. auf Februar fällt (Januar zeigt — 4,5°, März — 1,2°), lässt deutlich jenen kältebewahrenden Einfluss erkennen, welcher den grossen geschlossenen Wasserbecken eigen. In derselben Richtung ist es bezeichnend, dass das kälteste Monatsmittel in St. Martins (bei Montreal 45° 32′ N. B.) mit — 11,8° C. auf Januar fällt, während Februar — 10,6, März 3,9 haben. Hingegen sind nach W. hin dieselben Einflüsse nur eine kurze Strecke sehr deutlich und im Gebiet des Red R. ist der canadische continentale Charakter bereits wieder der ausschlaggebende. Dort sind in Pembina Minimal-Temperaturen von — 48° beobachtet und die mittlere Januar-Temperatur wird zu — 12½° angegeben. Wärme-Extreme von 35° kommen ebenfalls dort vor und die Abstände zwischen Januar-Minimum und Juli-Maximum erreichen 80°. Die Sommer sind indessen kurz und Schneefälle ereignen sich schon Anfang Oktober's.

Die **klimatischen Zustände des Hochlandes im W.** sind vorzüglich gekennzeichnet, durch die zunehmende Dürre und den extremen Charakter der zwei Haupt-Jahreszeiten. Es spricht sich das in allen Beobachtungen aus, welche man über das Klima der Region westlich vom 100. Längegrad besitzt. Es ist aber bemerkenswerth, dass die erstere nicht gradweise zunimmt, sondern jenseits der genannten Linie durch einen Sprung ungleich grösser wird, als sie diesseits derselben war. In Nebraska z. B., welches von dieser Linie ungefähr in der Mitte durchschnitten wird, finden wir nach 5jährigem Jahresdurchschnitt von allen Stationen eine Regenmenge von 785 mm., aber in der westlichen Hälfte des Staates geht diese Zahl auf die Hälfte herab. Aehnlich verhalten sich O. und W. in dem südlicher gelegenen Kansas, wo die durchschnittliche Regenmenge 1022 beträgt. In Dakota stehen wir bereits bei 350 mm. als Durchschnitt 5jähriger Beobachtungen vorwiegend in den östlichen Theilen des Territoriums. Am Fuss des Felsengebirges mildert nur die Feuchtigkeit, die aus diesem herabkommt, diese Tendenz. Aber auch für diese Region bezeichnet Wojeikoff[1]), indem er von Colorado spricht, die Klarheit und Trockenheit der Luft als die klimatischen Hauptmerkmale. Er schildert die Bewölkung als gering; sie ist am geringsten im Herbst, verhältnissmässig am stärksten im Hochsommer. In Colorado Springs (39° 12′ N. B. 2020 m. hoch) beträgt die mittlere Bewölkung 2,3 einer Scala 0 bis 10. Die höchsten Zahlen wurden mit 3,8 und 3,9 im Mai und August, die niedrigsten mit 1,1 und 1,2 im September und Oktober erhalten. Die mittlere Temperatur ist in Denver (39° 44′ N. B. 1610 m. hoch) nach 2 verschiedenen Beobachtungsreihen 8,9—10,6°, in Colorado Springs 8,5. Das Minimum ist in Denver — 32,2, das Maximum 36,7°. Die mittleren Temperaturen des December und Januar sind an letzterem Orte — 1,7°, des Februar 2°; es ergibt diess eine Milde des Winters, welche denselben trotz der hohen Lage fast dem Winter des Mississippi-Tieflandes gleich macht. Der Januar von Denver steht nur 0,3° unter dem von St. Louis; die Nachttemperaturen sind dort in diesem Monat etwas kälter, die des Tages viel wärmer. Die Niederschläge erreichen in Denver 374 mm. und sind so vertheilt, dass in den niederschlagsreichsten Monaten Juli 29, November 38, März 42, September 47, April und Mai 53, in den niederschlagsärmsten December 16, Juni 17, August 18, Februar 19, Oktober 20, Januar 22 mm. fallen. Eine vollständige und dauernde Schneedecke kommt auf der Hochebene nicht zu Stande. In einzelnen Jahren fällt genug Regen, um die künstliche Bewässerung überflüssig zu machen; in der Regel ist dieselbe indessen nothwendig. Die Schwankungen des Luftdrucks sind nicht sehr bedeutend. Der mittlere Barometerstand in Denver ist 761,3, das niedrigste Mittel 758,7 (Februar), das höchste 765,1 (August). Für die weiter nördlich gelegenen Black Hills bezeichnet Col. Dodge[2]) den Regenfall als genügend. Regenschauer sind häufig. Er zählte 10 Regentage im Juni, 16 im Juli, 10 im August. 1—2 Tage währende Landregen sind nicht selten. Im

1) Z. d. öst. Ges. f. Met. 1872. 296.

2) The Black Hills 1876. 59

Sommer vergeht kaum ein Tag, an dem nicht ein Gewitter in einem oder dem anderen Theil der Black Hills vorkommt und diese Gewitter sind meistens heftig und nicht selten von Sturm und Hagel begleitet. Die häufigen Gewitter, sagt dieser Beobachter, sind der einzige Fehler des sonst vortrefflichen Klima's dieser Berglandschaft. Für das Gebirge selbst haben wir eine Reihe vorzüglich interessanter Beobachtungen, welche in der Nähe des Gipfels des Pike's Peak in der östlichen Kette des Felsengebirgs von Colorado bei ca. 4300 m. Meereshöhe und in 38,8° N. B. angestellt wurden. Die mittlere Jahrestemperatur ist hier in 6jährigem Durchschnitt — 7,3, die des Winters — 15,1, des Frühlings — 10,8, des Sommers — 2,3 und des Herbstes — 6,7° C. (Nowaja Semlja zeigt unter 73,6° N. B. eine ähnliche Jahreswärme, nämlich — 7,8, einen Winter von — 16,9 und einen Sommer von — 4,2. Die West-Alpen (ca. 42° N. B.) sind in gleicher Höhe in jeder Jahreszeit kälter, im Sommer um volle 8° und zeigen eine mittlere Jahrestemperatur von — 12°.) Ein Vergleich zwischen dem Gipfel Aetna und dem Pike's Peak bei 3000 m. gibt für den Aetna als mittlere Temperatur des Jahres 0,2, des Sommers 5,3, des Winters — 4,9, während Pike's Peak eine mittlere Jahrestemperatur von 0,7 bei — 8,5 für den Winter und 11,7 für den Sommer ergibt. Die starke Erhöhung der Sommerwärme, eine Wirkung der bedeutenden mittleren Erhebung des Bodens und seiner Wasser- und Waldarmuth, zeigt sich hier als der hervorstechendste Zug im Klima des Felsengebirgs-Gipfels. Das Temperatur-Minimum auf Pike's Peak betrug an 3 Tagen — 32,2°[1]). Die jährliche Regenmenge beträgt auf dem Pike's Peak aber 730 mm. und, wie in Anbetracht der Schwierigkeit genauer Messungen der Schneefälle anzunehmen ist, noch etwas mehr. Die grösste Regenmenge fällt im Juli mit 152, im April mit 132, im August mit 94, die kleinste im November mit 8 und im December mit 14 mm.

Am West-Abhang beginnen ganz andere Zustände; das Klima der

---

1) In Colorado City, am Flusse des Peak, betrug dasselbe in der entsprechenden Zeit (durchschnittlich 2 Tage später) — 25,4, was einen verhältnissmässig geringen Unterschied bedeutet. Das Maximum zeigte dagegen einen Unterschied von 20,6°.

Plains, das *Steppenklima*, kommt hier in erneuter und verschärfter Form zum Ausdruck. Wenn hohe Lage, Abgeschlossenheit durch umrandende Gebirge, Entlegenheit von den Meeren, Hereinragen in die Passatzone ein Klima-Gebiet aus den Hochebenen des Inneren schaffen, das durch die Plains zwar nach O. hin vermittelt ist, doch aber in seinen Extremen der Regenarmuth und der Temperatur-Schwankungen als eine Sache für sich dasteht, so werden am schärfsten ausgeprägt seine Eigenthümlichkeiten im *Grossen Becken* sein, welches alle jene Faktoren in der höchsten Potenz umschliesst. Indessen selbst innerhalb seiner Grenzen sind die klimatischen Unterschiede nicht unbedeutend. Im Rahmen der allgemeinen Regenarmuth besteht doch die Verschiedenheit zwischen N. und S., dass dort Regen zu allen Jahreszeiten, hier dagegen nur Winterregen fällt, und ebenso sind die Temperaturen dort um ein Bedeutendes niedriger als hier, während die Trockenheit der Luft überall gross ist. Das Klima von Salt Lake City am Grossen Salzsee kann man vielleicht am ehesten als ein mittleres und vermittelndes betrachten. Die mittlere Jahrestemperatur zeigt dort 15°, die des Januar — 2,7, des Juli 27° C. Einen Uebergang zum Gebirgsklima macht das von Montana, wo die mittlere Jahrestemperatur von Ft. Owen (1001 m.) 8,3°, von Stevensville (1040 m.) 8,5°, von Helena (1300 m.) 7° beträgt, wo der Sommer an beiden ersteren Punkten 21, der Winter dort — 4, hier — 2,4° Mitteltemperatur hat und wo die Niederschläge des Jahres nach den in Deerlodge City angestellten Messungen 407 mm. betragen: eine kleine Summe, von der mehr als die Hälfte (227 mm.) in der für die Entwickelung der Vegetation günstigsten Zeit von April bis Juli fällt. In Helena fielen in einem Jahr (1866) 572 mm.

Es liegen keine ganz genauen Regenmessungen aus dem eigentlichen Grossen Becken vor, und gewiss sind die Mengen der in demselben fallenden Niederschläge sehr verschieden, im Allgemeinen grösser in den höheren Lagen und an den Ost-Abhängen der Höhenzüge als in der niederen und an den West-Abhängen. Man kann 55 mm. als eine Durchschnittszahl für die Gegend des 40. Grades annehmen[1]),

1) Cl. King, Explor. 40th Parallel. Vol. Vth. Botany. XVII.

und von dieser Menge fällt die Hälfte zwischen April und November. In dieser Jahreszeit sind die Regen kurz und auf die Nähe der höheren Gipfel und Kämme beschränkt, wo sie indessen gelegentlich sehr stark sind. Thau und Reif sind fast unbekannt. Nach Beobachtungen von King's Expedition in West-Nevada aus dem Jahr 1867 gab es von der letzten Juliwoche bis zum 31. August an 13 Tagen Regen, aber meist nur *Spritzer* von geringer Verbreitung. Im September regnete es an 5 Tagen, im Oktober an keinem, im November an 5. Im December regnete es am 8. einmal den ganzen Tag, am 17. fiel über 30 mm. Schnee und am 23., 30. und 31. traten heftige Stürme mit Regen ein. In Carson City fiel 1868 im Januar ungefähr 30 mm. Schnee, der, durch leichte Gestöber verstärkt, sich bis März hielt. Anfang April fiel der erste reichlichere Regen und Ende Juni trat der letzte Schneefall ein. Mai und Juni 1867 waren unbeständig, helles Wetter wechselte gelegentlich mit leichten Schnee- und Regenschauern, die in drei Fällen einen ganzen Tag währten. Am 24. Juni trat der letzte Schneefall ein. Im Jahr 1868 beobachtete dieselbe Expedition 11 Tage im Juli und 5 im Anfang August's, an denen Regen fiel, während von da bis zum 10. Oktober nur ein einziger leichter Schauer vorkam.

In der Nähe der Flüsse, Seen und des Meeres, überall in der Nähe des Wassers, tritt reichlicher Thaufall, zeitweise auch Nebel, an die Stelle der Regen. Auf seiner ersten Entdeckungsreise durch dieses Gebiet (1843/44) fand sich Frémont in der Gegend des Goose L. vom 3—6. Januar in einen Nebel eingehüllt, welche jede Orientirung im Raum von 100 m. Durchmesser verbot. Auf den Berggipfeln lag gleichzeitig der hellste Sonnenschein[1]). Capt. Pope bemerkte auf seinem Survey der Gegend zwischen El Paso und Unter-Texas längs des 32. Breitegrades Thaufall in geringem Masse zum ersten Mal am östlichen Abhang des Llano Estacado. In Süd-Californien fällt dem Reisenden, der vom Colorado kommt, der starke nächtliche Thau auf, der wenigstens einen Theil der Vegetation erhält. Er fällt aber nicht in den gänzlich fluss- und seelosen Regionen. Long beobachtete am Ufer des Grand R. Thau-

---

1) Rep. Expl Exped. 1845. 214.

fall, der so stark war, dass er „in Tropfen von den Gräsern fiel und dass die Decken trieften, als ob sie einem Regenschauer ausgesetzt gewesen wären“ [1]).

Es ist ein Unterschied der Zeit, in der die Regen eintreten, zwischen dem nördlichen und dem südlichen Theil des Grossen Beckens, denn man kann nördlich vom 35. Breitegrad nicht von periodischen Regen sprechen, während die Niederschläge südlich davon dem Sommer und Herbst fehlen. Der Theil des Beckens, welcher nördlich vom 41. Breitegrad liegt, scheint sogar, wie gering auch seine Regenmenge, absolut genommen, sein mag, der Zone gleichmässig vertheilter Regen anzugehören. In der Gegend des Grossen Salzsees ist die Vertheilung der Niederschläge ähnlich wie in den atlantischen Staaten, wenn man aber nach W. und S. fortschreitet, findet man ein stetiges Abnehmen der Regenmenge bis zu der fast regenlosen Gila-Wüste östlich vom Colorado; westlich vom Rio Grande ist der Sommer eine ausgeprägte Regenzeit.

Löw hält den SO., die vorwiegende Windrichtung in den dürren Regionen des fernen Westens, für den Wolken- und Regenbringer. Auch im nordwestlichen Texas, im südlichen Neu-Mexico und Arizona weht ihm zu Folge den Sommer hindurch regelmässig dieser Wind, ein ächter Monsun und im Grunde nichts als der durch die Aspiration der heissen und trockenen Ländermassen abgelenkte Aequatorial-Strom. Im Winter sollen in der Mohave Wüste Nordwest-Winde herrschen, dieselben, die dem californischen Küstengebiet seine wohlthätigen Regen bringen, hier aber bereits so entwässert ankommen, dass sie selten Regen bewirken. Im Ft. Yuma betrugen die Regenmengen der vier Jahre 1870 bis 1873 68,8, 19,8, 84,8, 97,5; in Ft. Mohave 93,9, 53,3, 81,2, 86,3 mm. Beide Stationen liegen in dem heissen und dürren Colorado-Thal; in den höher gelegenen Umgebungen der Plateau- und Gebirgsregion von S. Arizona sind die Niederschläge wohl beträchtlicher.

Die ungleiche Vertheilung des Regens erreicht ihren Gipfel im südwestlichen Texas, wo ein Viertel der an und für sich nicht geringen Regenmenge (826 mm. Jahresmittel) in einem einzigen Monat

1) Exped. from Pittsb. to the Rocky Mts. 1823. I. 420.

und die Hälfte derselben im Herbst fällt, während oft genug kein Tropfen in den 3 Monaten Mai bis Juli zu Boden gelangt. Diese ungleiche Vertheilung der Niederschläge erklärt es, warum die Landwirthschaft hier ohne künstliche Bewässerung nicht auskommen kann, und ihre Wirkungen zeigen sich klar in dem steppenhaften Charakter der Vegetation. Alles Land westlich vom Nueces fällt in den Bereich dieses dem Pflanzenwuchs ungünstigen Klima's.

Die nächste Folge der Trockenheit sind die starken Wirkungen der Ein- und Ausstrahlung, die in grossen Extremen der Temperatur sich ausprägen. Der mittlere tägliche Temperatur-Unterschied beträgt vom Mai bis September zu El Paso 14°, der Unterschied zwischen Sommer und Winter zu Santa Fe 25°. Unterschiede von 30° C. zwischen Tag und Nacht sind an warmen Sommertagen auf den Hochebenen des Grossen Beckens keine Seltenheit. Capt. Beckwith berichtet sogar Unterschiede von 36°, welche er im Spätsommer beobachtete, und schon im August sieht man bei Sonnenaufgang häufig das Thermometer unter 0° herabgehen; Fremont beobachtete am South Pass fast in jeder Augustnacht Eisbildung. Aber diese trockene Kälte soll hier viel weniger empfindlich sein als wo sie von Feuchtigkeit begleitet ist. Emory sagt, dass eine Temperatur von + 3° in der feuchteren Luft am Gila R. ihm und seinen Begleitern empfindlicher gewesen sei als eine von — 4° auf der dürren Hochebene. Hinsichtlich dieser starken Schwankungen scheinen sich die Columbia Plains bei 300 m. nicht viel anders zu verhalten als die Grosse Salzwüste oder das mittlere Colorado-Gebiet bei 1250 m.

Nach Beobachtungen in Camp Douglas (bei Salt Lake City ca. 1400 m. hoch) war die mittlere Jahrestemperatur 10,8° C. und die mittlere Temperatur von August, Juli, September, Juni (die Monate nach der Höhe ihrer Temperatur geordnet) 21,5°, von Oktober, Mai, April, November 10,5°, von December, März. Februar, Januar 0,4°. Die Monatsmittel schwankten zwischen — 1,9° (Januar) und 24,5° (Juli). 1867/68 beobachtete man in Carson City im Januar als höchste und niederste Temperatur + 1,9 und — 23,3°. In der ersten Hälfte Februars trat ein Minimum von — 26,6° ein, während das Maximum des Monats + 10,2 war. Bemerkenswerther Weise war gleichzeitig die Temperatur in dem nur 18 Kil. entfernten, aber ca. 400 m. höher gelegenen Virginia City gleichmässiger und milder[1]).

Im Gila-Gebiet mass Löw tägliche Temperatur-Extreme bis zu 33°, einmal sogar von 42°. Die nächtliche Abkühlung ging dabei bemerkenswerther Weise, ähnlich wie in ringsumschlossenen Thalbecken unserer Gebirge, am weitesten in den tiefsten Theilen der bergumschlossenen Becken. Er fand z. B. am Fusse der Burro Mts. bei Sonnenaufgang (Oktober 18—20), in 1368 m. Höhe — 10°, in 1580 m. 4,4°, in 1884 m. 5,5°.

Emory beobachtete auf den kahlen Hochebenen von Arizona und Neu-Mexico bei ruhigem und hellem Wetter Temperatur-Unterschiede zwischen Tag und Nacht bis zu 35° C. und fand stellenweise die Luft in so hohem Grade wärmedurchlassend, dass man bereits geringere nächtliche Temperatur-Erniedrigungen bemerkte, wenn man das Lager zwischen zwei steilen Bergen aufschlug. Die Interradiation zwischen den Berghängen verminderte bis zu einem gewissen Grade die direkte Ausstrahlung des Bodens und das Thermometer stand in solchen Lagen einige Grade höher als es auf der offenen Hochebene zu stehen pflegte. In solchen Lagen, wie z. B. im Mohave-Becken, kann die Hitze unerträglich werden und selbst bei Nacht sich wenig mindern. Die Wirkung der hohen Temperaturen, die in diesen Gegenden oft genug bis 35—40° C. sich erheben, wird in so dürren Regionen wie z. B. der des unteren Gila, noch durch die felsige Beschaffenheit des Bodens und die ausserordentliche Trockenheit vermehrt. Felsblöcke sind noch um Mitternacht so erhitzt, dass es unangenehm ist, sich darauf zu setzen, die Maulthiere zucken vor Schmerz mit den Füssen, wenn sie einen Augenblick stille stehen und die kümmerlichen Bäche haben die Temperatur warmer Bäder. Der Wind vermehrt die Glut statt sie zu vermin-

1) Die Früh- und Spätfröste, die starke Erniedrigung der Temperatur, welche auch im Sommer die häufig eintretenden raschen Temperaturwechsel begleitet, die Extreme der Sommerhitze und Winterkälte machen das Klima dieser Hochebenen-Region sehr ähnlich dem des Kaukasus und Kleinasiens. Diese scharfen Charakterzüge machen sich in dem Ackerbau der Hochebenen-Oasen am Grossen Salzsee u. a. durch die grosse Unzuverlässigkeit der sonst in Nord-Amerika so leicht gedeihenden Maisernte empfindlich geltend.

dern, da die schnelle Erneuerung der den Körper umgebenden Luft diesem Wärme zuführt, statt sie ihm zu entziehen.

Als höchste Temperatur beobachtete Löw in der Mohave-Wüste 45,6°. Andere haben sogar 49, 50,5 und 52,8° notirt. Die mittlere Juli-Temperatur von Ft. Mohave wird auf 34,2° berechnet, beträgt aber wahrscheinlich noch etwas mehr. Den Wüstensand fand derselbe Gewährsmann eines Morgens bei 22° Lufttemperatur noch in 1 e. F. Tiefe 35° heiss und das Wasser des Colorado wurde von Mitte Juli bis Mitte September nie unter 25,5° und nie über 28° warm gefunden.

Das **californische Klima-Gebiet** ist nicht mit Unrecht dem Klima-Gebiet unserer Mittelmeerländer verglichen worden; in der That gleicht es denselben überall da, wo nicht die Nähe des Meeres jenes eigenthümliche feuchte, nebelige Küstenklima erzeugt, unter dem selbst San Francisco, Californiens Hauptstadt, noch leidet. Aber diese letzteren Einflüsse zerschneiden Californien in zwei klimatische Provinzen, deren eine westliche man die oceanische nennen könnte, während die binnenwärts gelegene unzweifelhaft continental ist. Für beider Klima sind die Luftströmungen, die sehr vorwiegend westliche sind, von der grössten Bedeutung und der Unterschied prägt sich, wie wir oben gesehen haben (S. 325), besonders in den Niederschlags-Verhältnissen aus und findet durch diese auch in der Vegetation seinen sehr bestimmten Ausdruck. Die Ost-Abhänge des Küstengebirges tragen besonders in dem Theil, der südlich von S. Francisco liegt auf weite Strecken hin nur Chaparral, während auf den östlichen sich Graswuchs einstellt. Trotz seiner geringen Höhe und den häufigen Unterbrechungen seiner Erstreckung ist das Küstengebirge eine nicht weniger ausgeprägte Wetterscheide als die Sierra selber.

Im Küstengebirge selbst gibt es wieder Landstriche, die, indem sie durch ihre Lage den Einwirkungen der Küstennebel und Seewinde weit offen liegen, eines besonders hohen Masses von Feuchtigkeit sich erfreuen. So ist z. B. an der Bucht von Monterey das Pajaro-Thal eine Oase von Feuchtigkeit und Fruchtbarkeit inmitten eines nicht ganz so sehr begünstigten Theiles des südlichen Küstengebirges. Im Allgemeinen ragt der moderirende Einfluss des Küstenklima's im Winter 30 Kil., im Sommer wohl doppelt so weit ins Innere. Nebelbildungen an der Küste beobachtete Löw selbst noch im südlichsten Californien, wo bei Sa. Barbara die Luft bis Morgens 9 Uhr klar war und ihre Temperatur bei ca. 32° C. stand, worauf dann unter Sinken der Temperatur um 5—6° plötzlich Nebel eintrat.

Nach 9jähriger Aufzeichnung[1]) beginnt die Regenzeit in S. Francisco im Mittel am 28. November und dauert bis zum 10. April. Der erste Regen fiel zwischen dem 14. September und 15. November, der letzte zwischen dem 12. März und 23. Juni. Die Mitte des Januar betrachtet man als den Höhepunkt der Regenzeit. Die Regenmenge des Januar betrug 250 mm. im Jahr 1862, dagegen wenig über 25 mm. in demselben Monat der Jahre 1860, 1861, 1864.

Auch die Temperatur scheidet scharf die beiden Striche. So findet die Thatsache, dass die mittleren Monatstemperaturen des Sommers in San Francisco niedriger als des Herbstes sind (Juli 15, August 15,2, September und Oktober 16,2), ihre Erklärung, wie schon Dove und Blodget aus Wilke's und Maury's vereinzelten Messungen schlossen, in dem kalten Strom, der die pacifische Küste entlang vom 45. bis 35. Breitegrad fliesst und der seine Wirkung nur über einen schmalen Küstenstreif erstreckt. Wenige Meilen landeinwärts von S. Francisco zeigt sich bereits eine höhere Sommer-Temperatur. Am Ft. Miller im S. Joaquin-Thale, das ca. 120 Kil. landeinwärts von S. Francisco und 60 Kil. südlich davon liegt, ist diese Erhöhung so weit fortgeschritten, dass wir dort eine mittlere Juli-Temperatur von 31,2 und eine mittlere Sommer-Temperatur von 28,7 finden. Dass dort gleichzeitig die mittlere Temperatur des Januar von 10°, die sie in San Francisco beträgt, auf 8,2 gesunken ist, lässt den Gegensatz zu dem abgeglichenen Klima der Küste noch schärfer erscheinen: dort 6,2, hier 23° Unterschied der kältesten und wärmsten Monate! — Wir finden die Wirkungen desselben kalten Stromes an allen Stationen nördlich von S. Francisco bis zum 45. Breitegrad, aber sie verschwinden nach S. hin. Ft. Humbold (40° N. B.) hat einen Juli von 13,5, einen August und September von 13,7. Astoria (45° N. B.) hat im Juli 17,5,

1) Monthly Rep. Agr. Dep. 1870. 481.

im August 18,7, im September nur noch 13,7, und in derselben Richtung, wenn auch rascher, sehen wir Los Angeles sich extremen Temperaturen nähern, indem hier der Juli bereits bei 22° angelangt ist. San Diego (32° N. B.) hat 11,2 im Winter, 21,2° im Sommer[1]).

Man kann nach allen diesen Belegen nicht zweifeln, dass ein kalter Abschnitt des Meeres, eine Strömung, im Sommer erkältend an die Küste zwischen 35 und 45° herantritt, und dass diesem kalten Meerestheil die niedere Sommer-Temperatur, die starken (westlichen) Seewinde, die häufigen Nebel — alles Folgen des Contrastes zwischen niederer Wasser- und hoher Luft-Temperatur, entspringen.

Weiter nördlich am pacifischen Abhang ist nach J. G. Swan's Beobachtungen[2]) die mittlere Jahrestemperatur in Neetah Bay bei Cap Flattery (48° 23' N. B.) 8,7°, die mittlere Regenmenge 2992 mm. Die Regenwinde kommen vorwiegend aus südlichen Richtungen. Ft. Vancouver am Columbia (46° N. B.) hat eine mittlere Jahrestemperatur von 9, einen Sommer von 15 und einen Winter von 3°. Der Regenfall beträgt 1125 mm. Von hier landeinwarts nimmt die Regenmenge ab und der Unterschied der Jahreszeiten zu, und zwar so rasch, dass bei den Dalles des Columbia die Regenmengen in 80 m. Meereshöhe schon auf 350 mm. gefallen und die Extreme der Winterkälte auf —27° gestiegen sind. Im Thal des Fraser-Flusses zu New Westminster (49° 12' N. B.) fallen dagegen noch 1534 mm., wovon 813 in der Zeit vom November bis Februar.

Der **Jahreszeiten** sind es in dem Gebiet östlich vom Felsengebirg 4, wie bei uns, doch ist ihre verhältnissmässige Dauer verschieden, ebenso wie es ihre Temperatur- und ihre Niederschlagsverhältnisse sind. Dass die Winter kälter und z. Th. schneereicher, die Sommer heisser und feuchter, die Frühlinge kälter und die

1) In den Aufzeichnungen der Goldgräber sind Wärmegrade von 40—48° häufig die Temperaturen, welche sie unter ihren Zelten im Inneren von Mittelcalifornien massen. Auch in den schattigsten Lagen steigt die Sommer-Temperatur häufig über 36°. Die Nächte sind dagegen kühl, man schläft nur unter mehreren Wolldecken behaglich im Freien und die Butter, die im Sommer jeden Abend fliesst, ist jeden Morgen wieder hart.

2) Proceed. Boston Soc. Nat. Hist. XI.

Herbste wärmer, daher auch die Sommer und die Winter länger sind als in den gemässigten Breiten Europa's, ist hervorgehoben. Auch in den nördlichen Theilen des Cordilleren-Gebietes herrscht diese Disposition der Jahreszeiten vor, doch mit noch schärferer Betonung der Extreme. Jenseits des Westrandes der Cordilleren und im südlichen Theile des Cordilleren-Gebietes selber ist es die Vertheilung der Niederschläge, ähnlich wie in unserem Mittelmeer-Gebiet, welche die Jahreszeiten scheidet. Eine regenarme Sommer- und regenreichere Winterzeit sind hier die einzigen scharf ausgeprägten klimatischen Abschnitte im Jahresverlauf.

Im O. und im Inneren treten im Verlauf der Jahreszeiten besonders die Härte des Winters, die Kürze des Frühlings, die Hitze des Sommers und der helle warme Spätherbst als charakteristische Eigenschaften hervor.

Die Dauer der abnorm kalten Winter ist in diesen Gegenden eine lange und ihre Wirkungen sind von einer in Mittel-Europa unerhörten Intensität. In sehr kalten Wintern frieren die Meeresarme zu, welche Long Island und Staten Island vom Festland trennen. 1771 war noch am 1. April der Connecticut mit so dickem Eis bedeckt, dass man ihn mit Pferden überschreiten konnte. Der untere Hudson ist 4 mal im vorigen Jahrhundert gefroren gewesen. Im Winter von 1780, welcher, mit dem von 1856, die tiefste Temperatur-Erniedrigung umschloss, die man in den Vereinigten Staaten beobachtet hat, war die Chesapeake Bay von ihrem Grunde bis zur Potomac-Mündung mit so dickem Eis bedeckt, dass beladene Wagen über sie wegfuhren, ebenso York R. Delaware R. war vom 1. December bis zum 14. März gefroren. Aber sogar Bayou St. John bei New Orleans war in diesem Winter, wie auch in dem von 1814, eine beträchtliche Zeit hindurch gefroren. Der Jahre, in denen die Orangen-, Citronen- und Olivenbäume in Louisiana und Nord-Florida erfrieren, sind es nicht wenige. Man kann rechnen, dass im Durchschnitt alle 20 Jahre eine Kälteperiode eintritt, welche bis in diese subtropischen Regionen hineinreicht. Bartram beobachtete in Nord-Florida eine Temperatur von — 3,3° und 1800 fiel bei St. Mary's R. (Flor.) 12 cm. tiefer Schnee. Zu Natchez (Louis.) beobachtete man in diesem Jahr — 8,3°. Weitere kalte Jahre waren im N. der Vereinigten Staaten 1812, 1816 (in diesem Jahr gefror es in Philadelphia im Juli), 1820, 1830/31 (im December gefror der Mississippi 200 Kil. unterhalb der Ohio-Mündung); in den Südstaaten war 1835 ein abnorm kaltes Jahr, in welchem im Februar die Temperatur bei Ft. King (Flor.) auf — 12, in New Orleans auf — 11, in Augusta (Georgia) auf — 20° fiel. Ein weiterer kalter Winter war der von 1855/56, in welchem der Potomac gefror und die Häfen von Baltimore und Philadelphia bis Ende März durch Eis geschlossen waren, der Long Island-Sund war vom 25. Januar bis zum 27. Februar für die Schifffahrt geschlossen und selbst der Hafen von New York hatte zeitweise Eis, welches sogar einige Male den East R. überbrückte; im Mississippi reichte Eisbildung bis Vicksburg und in Louisiana gefror es Wochen hindurch. Der Hudson bei Albany hatte nach den Beobachtungen von 1821—60 seine Eisdecke 77—98 Tage, im Mittel 89. Er wird für die Schifffahrt offen durchschnittlich am 15. März. Der Erie-See wurde nach 30jährigem Mittel am 15,7. April für die Schifffahrt offen. Der Kennebec gefriert sogar bis in seine Gezeitenregion und seine ganze Eisdecke sinkt und hebt sich mit Ebbe und Flut. Nach einer Beobachtungsreihe von T. S. Parvin[1]) ist der Mississippi bei Muscatine (Jowa) im kältesten Winter (1842/43) vom 26. November bis zum 8. April 133 Tage gefroren gewesen, im wärmsten (1851/52) vom 30. Januar bis 21. Februar 22 Tage. Zwischen 1838 und 1855 schloss er sich 1 mal im November, 11 mal im December und 6 mal im Januar.

Auch Schneereichthum zeichnet den nordamerikanischen Winter im atlantischen Gebiete aus. Am schneereichsten sind die Winter in jenen Theilen der Vereinigten Staaten, welche in das canadische Klima-Gebiet hinüberreichen, also in den Neuengland-Staaten und dem Gebiet des S. Lorenz und der Grossen Seen. Der Winter, welcher hier nach den hellen und warmen Tagen des Indian Summer in der letzen November- oder ersten Decemberwoche beginnt, wird gewöhnlich eingeleitet durch ein Schneegestöber aus NO., der Richtung, aus der die Winterstürme in der Regel kommen. Einige

1) A. A. J. S. 1856. II. 149.

Stunden vor dem Eintritt eines Schneesturms bedeckt sich der östliche Horizont mit dichtem Stratus von tief bleigrauer Farbe, die oberen Wolkenschichten, aus Cirro-Cumulus und Stratus bestehend, ziehen von S. herauf, unten aber kommt der Wind aus NO. und O. Die Schnelligkeit des Sturmes erreicht oft 45—60 Kil. in der Stunde, das Barometer fällt und das Thermometer hält sich um den Nullpunkt herum. Der Schneefall beginnt in fein krystallinischer Form und dauert continuirlich durch 48 Stunden; öfters sind in diesem Zeitraum 300 mm. oder noch mehr Schnee gefallen. Der Niederschlag hört dann allmählich auf, der Wind dreht sich durch N. nach W. oder WNW. bei einer Geschwindigkeit von 45 Kil. per Stunde.

Man hat behauptet, dass in der Regel die Temperatur-Extreme der Vereinigten Staaten von den entgegengesetzten Extremen in Europa begleitet werden. Die Winter von 1740/41 und 1779/80, der verderbliche Sommer von 1816, der Winter von 1830/31 waren aber sowohl in Nord-Amerika als in Europa weit unter dem Durchschnitt, galten in beiden für in demselben Sinne extreme Jahre. Andererseits gibt es auch Belege für jene Behauptung, wie denn z. B. Engelmann's Beobachtungen in St. Louis den in Deutschland abnorm kühlen Sommer 1854 für das Mississippi-Thal als den wärmsten seit 35 Jahren erscheinen lassen. Der Sommer 1860 zeigte in St. Louis + 1,1° C. Abweichung, in Wien — 0,9° C., der Sommer 1864 in St. Louis + 1,3, in Wien — 1,5. Eine bestimmte Regel scheint sich hier nicht zu ergeben. Fälle wie der vom Winter 1855/56, wo in beiden Continenten die mittleren Regionen abnorme Kälte, dagegen die canadischen Gegenden in Nord-Amerika, die skandinavischen und russischen in Europa abnorme Wärme hatten, sind vielleicht bemerkenswerther.

An den Winter schliesst sich ein kurzer Frühling, der selbst im S. noch von Frösten unterbrochen ist. Unser Gebiet erweist sich hier als die ächte Fortsetzung jener *Region des kalten Frühlings*, als welche Dove die Länder um die Hudsons-Bai kennzeichnet.

Die Frühlinge von 1843 und 1867 prägten diesen Charakterzug des nordamerikanischen Klima's besonders scharf aus. Die mittlere Temperatur des März war im Jahr 1843 — 15,7° C. zu Ft. Brady

(Michigan), — 15,2 zu Ft. Snelling (Minnesota), — 8,1 zu Ft. Leavenworth (Kansas). 1867 sank die Mitteltemperatur des März zu Sibley (Minnesota) auf — 13,3, zu Algona (Jowa) auf — 12,7, zu Neu-Ulm (Minnesota) auf — 11,4 und zu Ft. Dodge (Illinois) auf — 9,8° C. Algona erreichte in demselben Monat ein Minimum von — 31,7, Sibley von 28,9, Ft. Dodge von 28,3° C. Zu Washington (Arkansas) war die mittlere Temperatur von 1,8° C., die der März 1843 ergab, das niedrigste Monatsmittel einer 20jährigen Reihe mit Ausnahme des einzigen Januarmittels zu 1,1° C., welches 1865 beobachtet wurde. Dieselben Ursachen, welche dort den Winter bis in den Frühsommer hinein ausdehnen, bewirken hier sporadische Frühjahrsfröste. Noch im mittleren Tennessee fallen die letzten Fröste durchschnittlich in den Beginn des 3. Drittels des April, die ersten in dieselbe Zeit des Oktober. Als gänzlich frostfrei kann man dort 179,2 Tage bezeichnen. Im nördlichen Theil des Staates ist diese Periode um einige Tage kürzer, im südlichen, in der Baumwollen-Region, nimmt sie um 1—2 Wochen zu. Auf Edisto Island (32½° N. B. Süd.-Car.) tritt der durchschnittlich letzte Frost im Frühling am 31. März, der erste im Herbst am 4. November ein. In Washington (Arkansas) tritt der letzte Frühlingsfrost nach J. R. Eakin's 28jährigen Beobachtungen im Mittel am 26. März, der erste Herbstfrost am 30. Oktober ein; die entsprechenden Extreme sind 4. März und 19. April für den Frühlings-, 3. Oktober und 27. November für den Herbstfrost. Auf den Hochebenen des W. rücken die Fröste noch tiefer in den Sommer hinein. Col. Dodge fand noch Mitte Juni in den Black Mts. wenig Spuren des Frühlings. Der Boden, der vom Wasser der Schneeschmelze gesättigt war, trug keine Blumen, das Gras begann erst zu grünen und an den Sträuchen, die nach S. schauten, schwollen eben die Knospen. Am 11. Juni erlebte derselbe dort einen heftigen Sturm, während dessen Schnee fiel. In der Nacht des 10. August fiel am French Creek (1770 m.) ein Frost ein, der den Pflanzen schadete. Dagegen ging das Thermometer vom 14. Juni bis 20. Juli während eines Aufenthalts in derselben Gegend nicht über 20 und nicht unter 12° herab.

Die Wärme der Sommer, wie sie besonders den Osten und das Innere auszeichnet, hat früher Erwähnung gefunden. Ich trage hier nach, dass Boston in den 3 wärmsten der 47 Jahre von 1825 bis 1871 durchschnittlich 11, in den 3 kältesten 8° im Jahresmittel hatte. Die grösste Wärme beobachtete man am 11. Juli 1825 mit 38° und die grösste Kälte am 8. Februar 1861 mit 25,6°. Ein Fall um 33° in 18 Stunden war der grösste Sprung, den man wahrnahm. In New Haven zeigte der Sommer 1870, der in den Oststaaten der heisseste seit 92 Jahren war, vom 10. Juli bis 25. August eine mittlere Tagestemperatur von 29,4°, also 7,3° über der normalen Mittelwärme beider Monate, und ein Temperatur-Maximum (am 17. Juli) von 36,7°.

Die Pausen trockenen Wetters zwischen den Niederschlägen in den Atlantischen und Inneren Staaten werden gegen den Herbst hin immer andauernder. In den ersteren, wo der Herbst nicht regenarm ist, gibt es doch noch in jedem Oktober einige helle Tage, die sich häufig zu einer mehrwöchentlichen Reihe erweitern und deren Wiederkehr eine so regelmässige ist, dass sie als *Indian Summer* einen Charakterzug des Klima's an der atlantischen Küste bilden. In Canada schliesst sich ebenfalls an eine mehrwöchentliche helle und sonnige Zeit des Oktobers mit raschem Uebergang der Winter an, wobei innerhalb einiger Tage Temperatur-Unterschiede von 30° entstehen können.

In der nördlichen Prärie-Region ist in der Gegend von Ft. Union (48° N. B.) nach Prinz von Wied's Schilderungen der Gang der Jahreszeiten folgender: Auf den strengen, anhaltenden Winter folgt im Frühling die nasseste Jahreszeit, während welcher die Prärien, die in den übrigen Monaten nur verdorrtes oder mit Schnee bedecktes Gras tragen, in Blüthe stehen. Von der Mitte des Juli hebt eine durchaus trockene Periode an, welche fast ohne atmosphärische Niederschläge bis zum Ende des Herbstes dauert. Während des April fallen zuweilen noch heftige Schneestürme ein, vor dem Mai bricht das Laub selten in den Uferwaldungen, etwas später in den höher gelegenen Wäldern hervor, doch gibt es auch Jahre, in welchen selbst am Ende dieses Monats die Wälder noch nicht grün sind. Im Mai entfalten sich auch die Blumen der Prärie, aber schon Ende Juni ist der Blütenreichthum abgedorrt. Die Vegetationszeit der Kräuter ist mit dem Juli ziemlich abgeschlossen. In den Waldungen am Stromufer hält sich das Laub bis zum Oktober. Im November gefriert der Missouri und von da an bleibt der Schnee bis in den März liegen.

Die grosse **Veränderlichkeit** hat das nordamerikanische Klima mit dem Klima aller in ähnlich neutralen und gemässigten Strichen liegender Regionen gemein, die extremen Schwankungen innerhalb kurzer Zeiträume aber, denen es unterworfen ist, gehören zu seinen Eigenthümlichkeiten; ihre Grösse entspricht der Grösse und Ungetheiltheit der Landmassen und Meere[1]), die hier den Klima-Charakter bestimmen und der Nähe der Quellen grosser Temperatur-Aenderungen; doch liegt ihnen im O. und W. nicht dieselbe Ursache zu Grunde. Im O. sind sie als eine Folge des nahen Beisammenliegens der beiden grossen Luftströme, des polaren und des äquatorialen, zu betrachten und sind daher in der Regel von Sturm begleitet oder folgen auf einen solchen. Im W. erscheinen sie vielmehr als eine der Aeusserungen des trockenen Hochebenen-Klima's, in dessen Wesen in Folge der Insolation und Ausstrahlung, die bei der klaren und trockenen Luft beide gleich energisch wirken, grosse Temperatur-Unterschiede gegeben sind. Am Ostfuss der Felsengebirge, wo sie besonders häufig auftreten, hat man sie durch herabsteigende kalte Luftströme erklärt und an der Golfküste als durch monsunartige Winde erzeugt betrachtet.

Einen Wetterwechsel von hervorragender Schärfe hat J. Hann eingehend beschrieben[2]) und derselbe kann als ein charakteristisches Beispiel dieser selbst für unser wechselhaftes mitteleuropäisches Klima unerhörten Sprünge gelten. Nachdem der Januar 1866 in den Oststaaten mild begonnen hatte, liess ein am 4. in Neu-England eintretender Nordwest die Temperatur bis zum 9. auf Minima von — 33,3° C. in Maine, — 36,1 in New Hampshire, — 33,3 in New York, — 31,3 in Pennsylvanien sinken. Vom 9. an stieg die Temperatur wieder und erreichte am 19. und 20. in den Neu-England- und Mittleren Staaten das Monats-Maximum: Maine 4,4, New

---

1) „In den Vereinigten Staaten nimmt alles grossartigere Dimensionen an, selbst der Wetterwechsel" (Hann, Z. d. öst. Ges. f. Met. IV. 114).

2) Z. d. öst. Ges. f. Met IV. 105.

Hampshire 4,7, New York 10,1, Pennsylvanien 15,6°, während im W. gleichzeitig bei starkem Nordwest-Winde ein Minimum eintrat, das nur durch 7 Längengrade von diesem Maximum getrennt war und Kältegrade von — 32,8 (Sibley Minn.), — 29 (Mittel von Minnesota), — 24,1 (Mittel von Wisconsin) erzeugte. Ein polarer und äquatorialer Luftstrom, die hier nebeneinander lagen, konnten nicht ohne heftige Wechselwirkung bleiben. Unter einem heftigen Gewittersturm, der vom 19. Abends bis zum 20. Morgens von Plymouth (Wisconsin) bis Jackson (Mississippi) eine Strecke von 10 Breitegraden durchzog und in dem ganzen Gebiet des Aequatorialstromes eine Temperatur-Erniedrigung hervorbrachte, die an einigen Orten von Illinois und Indiana zwischen Abend und Morgen 30—36° betrug, glichen sie ihre Unterschiede aus. In Dubois (Illinois) z. B. hatte man am 19. Abends 5 noch 16,7, den nächsten Morgen 5 schon nur — 19,4° C.: einen Unterschied von 36,1°. — L. Koch schreibt von der ausserordentlichen Veränderlichkeit der Winterwitterung im südlichen Illinois (von Golconda, 37½° N. B. am Ohio): „Anfangs Januar 1853 war 3—4 Tage dichter Nebel, das Thermometer stand auf 0 und völlige Windstille. Am Mittag des 4. donnerte es ringsum, heftige Gewitter mit wolkenbruchartigen Regen folgten, mehrere Bäume in der Nähe meines Hauses zündete der Blitz. Während dessen drehte sich der Wind nach S. und das Thermometer stieg gegen Abend bis 17,5°. Noch vor Nacht setzte der Wind nach N. um, der Regen verwandelte sich in Glatteis, am nächsten Morgen hatten wir — 18,7°. . . 1857 war ein ziemlich milder Februar und März. Anfangs April blühten die Pfirsiche und die ganze Pflanzenwelt regte sich. Am 6. April hatten wir bei 10° ein schweres Gewitter, der Regen verwandelte sich Nachmittag in Glatteis, dem in der Nacht ein schwerer Schneefall folgte. Den nächsten Morgen stand das Thermometer 9° unter Null und die blühenden Pfirsischbäume brachen unter der Last von Schnee und Eiszapfen zusammen"[1]).

Bei so heftigen Temperaturwechseln und der grossen Feuchtigkeit der nordamerikanischen Winter spielt natürlich das Glatteis

1) Cit. Z. d. öst. Ges. f. Met. 1871. VI. 329.

eine grosse Rolle; es ist „meist das nachwirkendste, zerstörendste Uebel und tritt hier weit vernichtender auf als ich in Deutschland beobachtete. Ich sah dasselbe öfters so massenhaft, dass grosse Bäume unter dessen Last niederbrachen und es waren an einem solchen Morgen viele der Waldstrassen dadurch unzugänglich. Die immergrünen Bäume leiden dann am meisten; starke Cedern sind bis zur Erde gebeugt[1])". Man denkt dabei an die Beobachtung Bonnycastle's[2]), dass in Neu-Fundland die schnelle Temperaturabnahme die Veranlassung zu jener merkwürdig starken Bildung des Silberthaues wird, wenn warme Südwinde die Bäume mit einer mächtigen Eiskruste überziehen und „jeden Baum in einen Kandelaber von reinstem Krystall verwandeln".

Die ungewöhnlichen Temperaturdifferenzen, die man zwischen Sommer und Winter und zwischen Tag und Nacht auf den Hochebenen des Westens, besonders im Grossen Becken beobachtet, haben bereits ihre Besprechung gefunden; doch möchte ich hier noch einer Statistik Erwähnung thun, in der E. Loomis[3]) die Zahl der Beobachtungsstationen vergleicht, an welchen in den Jahren 1873 und 1874 Unterschiede von mehr als 22° C. zwischen Maximum und Minimum desselben Tages vorkamen. Derselbe findet, dass in dem ersteren Jahr 40, im anderen 35 Proc. zu denen gehörten, welche solche Extreme aufwiesen. Die Gipfel von Mt. Washington und Pike's Peak befanden sich bemerkenswerther Weise nicht unter denselben. Die Thatsache, dass solche Extreme am häufigsten in dem Gebiet zwischen Mississippi und dem Felsengebirge beobachtet werden und dass die dem Gebirge nahe gelegenen Orte Denver und Colorado Springs an der Spitze dieser Liste stehen, scheint für die Erklärung solcher Sprünge durch herabsteigende kalte Luftströme zu sprechen, welches natürlich durch die Nähe eines Gebirges erleichtert würde. Auch Blodget schreibt die lokalen Kälteminima, die in den nördlichen und nordwestlichen Theilen der Vereinigten Staaten im Winter die Temperatur

1) L. Koch, cit. Z. d. öst. Ges. f. Met. 1871. VI. 330.
2) Cit. H. Dove, Z. f. allg. Erdk. N. F. 1856. I. 21.
3) A. J. S. 1875. II. 12.

zeitweilig bis auf —40° C. erniedrigen, absteigenden kalten Luftströmungen zu, welche die durch starke Niederschläge entstandenen atmosphärischen Lücken auszufüllen streben und am häufigsten zu der Zeit eintreten, in welcher das Vordringen der höheren Temperaturen gegen N. zu sich am energischsten vollzieht, nämlich im Frühling[1]).

Als ein Träger extremer Temperatur-Schwankungen ist endlich der *Norther* oder *Norte* des Südwestens zu nennen, einer der auffallendsten und öftest genannten Luftströmungen des ganzen Gebietes, dessen wir unter dem Abschnitt *Stürme* bereits eingehender gedacht haben.

Schnee- und Waldlinie sind zwei geographisch besonders wichtige Wirkungen der Wärme- und Niederschlagsverhältnisse. Die Berge des atlantischen Gebietes sind nicht hoch genug, um diese Grenzen zur Ausprägung zu bringen. Man findet ewigen Schnee zum ersten Mal, von O. kommend, auf den Gipfeln des Felsengebirges. Hier ist nach Messungen am Pike's Peak die mittlere Abnahme der Wärme mit der Höhe, welche in den Alpen 0,58 beträgt, 0,61 für 100 m. Die mittlere Sommerwärme an der Baumgrenze ist am Pike's Peak 8,5° und diese Grenze liegt unter 51° N. B. bei 1860, unter 43° (Fremont's Peak) bei 2900, unter 40° (Middle Park) bei 3350, unter 35° in Neu-Mexico bei 3480 und an den S. Francisco-Bergen (Arizona) bei 3300 oder 3500 m. (verschiedene Messungen)[2]). Man hat nur an den Abhängen des Himalaya eine ähnlich hohe Lage der Grenze des Baumwuchses beobachtet. Die ausgedehnten und hohen Hochebenen, welche dem Gebirge vorgelagert sind, und die Thatsache, dass die Schnee-

1) Proceed. Am. Phil. Soc. XIV. 150.

2) H. Gannett gibt in seiner List of Elevations (Wash. 1875. 29) folgende Zahlen für Waldgrenzen des Felsengebirges: Mt. Delano (Montana) 2683, Mt. Blackmore (Mont.) 2926 m., Electric Peak (Wyoming) 2896, Mt. Washburn (Wyom.) 3018, Teton Range (Wyom.) 3354, Wind R. Mts. 3110, Gilberts Peak (Uintah Mts.) 3385, Longs Peak und Gray's Peak (Col.) 3385, James Peak 3354, Mt. Lincoln und La Plata Mts. (Col.) 3630, Pike's Peak 3506, Mittel aus 24 Messungen im Felsengebirge von Colorado 3480 m. Von Gray's Peak, Irwin's Peak, Mt. Lincoln, Horseshoe, Silver Heels, Mt. Yale, Mt. Harvard sagt W. H. Brewer: „Auf diesen Bergen liegt die Waldgrenze wenig über 3350 m. und

massen, welche hier fallen (s. o. S. 330), nicht gross genug sind, um durch Firnbildung und Hinabsendung von Gletschern erkältend auf die tieferen Theile des Gebirges wirken zu können, erklären diese Thatsache. In der That erlangt der ewige Schnee hier gerade in dem Gebiet der höchsten Erhebungen des Felsengebirges nie die lückenlose Ausbreitung wie in der viel tiefer liegenden Schneeregion unserer Alpen und anderer Gebirge. Der Bau des Gebirges kommt hierin dem Klima und der Hochebene zu Hülfe. In einigen der Gebirgsgruppen des Felsengebirges ist der Aufbau der Berge ein so steiler und zerrissener, dass grössere Schneefelder keinen Raum finden, während für kleinere Schneemassen auch an ihnen Raum bleibt. Einige haben dieselben daher schneefrei erklärt, andere haben eine Schneelinie an ihnen zu bestimmen gesucht. Hieher gehören z. B. die Grand Tetons, an denen vereinzelte Schneeflecken bis 3000 m. herabgehen, die aber doch nie im Hochsommer das Bild eigentlicher Schneeberge bieten. Ebenso sind vorzüglich in Folge ihres steilen, grosse Schneeanhäufungen nicht begünstigenden Baues die Hochgipfel der Wahsatch-, Uintah- und Wind River Mts. im Verhältniss zu ihrer Höhe schneeärmer als die der östlich von ihnen gelegenen Ketten der Laramie Range und der Gebirge von Colorado. Die letztern bewahren den Schnee an offenen Stellen nicht das ganze Jahr, aber in Schluchten und Mulden erhält er sich. Der westliche Abhang erhält mehr Schnee als der östliche; bei 2400 m. bleibt der Schnee selbst nicht den ganzen Winter hindurch liegen, aber in den Parks, den zwischen 2400 und 3000 m. liegenden Hochthälern zwischen den Gebirgskämmen, fällt mehr Schnee und hält sich von December bis April. Oft fällt im letzteren Monat, dessen Mitteltemperatur in Colorado Springs (2020 m.) 8,4° beträgt, mehr Schnee als in allen vorhergehenden.

---

alle trugen bedeutende Massen Schnee zur Zeit unserer Besteigungen, welche von Mitte Juli bis Anfang September währte.“ (Am. Naturalist IV. 220.) Eine ungewöhnlich hohe Waldgrenze von 3780 m. an der Südwestseite von Gray's Peak liegt dem Einschnitt des 4000 m. hohen Argentine-Passes gegenüber, der so gelegen ist, dass er den Südsüdwest-Winden freie Bahn gestattet. An der entgegengesetzten Seite desselben Berges, der nordöstlichen, liegt die Waldgrenze um 3—400 m. tiefer und eine mindestens 12 m. dicke Eisschicht unterlagert die Felstrümmer und das Geröll (A. J. S. 1876. I. 110).

Erst in den nördlicheren Abschnitten des Gebirges ist die Schneelinie bei 2460 m. zu bestimmen, während im Felsengebirge von Colorado Schneeflecken, die den Sommer überdauern, bis zu 3000 m. herabsteigen können. Nur in dem Sinne, dass jenseits einer in diesem Niveau gezogenen Linie an geschützten Stellen ausdauernde Schneelager immer zu finden sind, kann man dasselbe als die untere Grenze der Schneeregion bestimmen.

In die Reihe dieser ausdauernden Schneelager gehören auch einzelne, bis zu bedeutender Tiefe vereiste Stellen, welche an unsere Eishöhlen erinnern. In Colorado, wo die Bergwerke bis 4000 m. hoch liegen, ist es keine Seltenheit, dass die Bergleute auf Eis im Inneren der Berge stossen, nachdem sie einen Tunnel 20—30 m. ungestört hineingetrieben haben. So arbeitete man in Stevens Mine am Mc. Clellan Mt. 1874 seit 2 Jahren im Eis. Alles Erz und Gestein ist hart zusammengefroren und statt des Pickels arbeitet man mit Feuer, welches die zähe Masse in ihre Bestandtheile auflöst. 1876 war man 160 m. in das Innere des Berges vorgedrungen, ohne aus dem Eis heraus zu gelangen. Man hatte diese Eismassen als Ueberbleibsel der Eiszeit angesehen [1]), aber die Erklärung, dass die lockere, trümmerhafte Beschaffenheit, die tiefes Durchsickern des Wassers erlaubt, und die heftigen Nord- und Nordwest-Winde, welche die Verdunstung und Erkaltung befördern, in erster Reihe wirksam sind, liegt näher [2]).

In der Sierra Nevada, welche in einzelnen Theilen absolut höher ist und im Ganzen dem Meere näher liegt, scheint der Schneefall grösser zu sein als in den unter entsprechender Breite liegenden Abschnitten des Felsengebirges. In der mittleren Sierra Californiens fällt an Orten unter 1000 m. wenig Schnee und bleibt nicht lange liegen. Indem man sich höher erhebt, nimmt der Schneefall rasch zu und sammelt sich in ungeheueren Massen in den Schluchten und Mulden. In dem stürmischen Winter 1867/68 fielen gegen 2500 mm. Regen in 600 m. Höhe, und Whitney [3]) findet es nicht unglaublich, dass mehr als 60 e. F. Schnee in demselben Winter am Donnersee

1) A. J. S. 1874. II. 477.

2) Ebendas. 1876. I. 108.

3) Yosemite Guide Book 1870. 43.

(gegen 2000 m.) fielen. Bei allen Wechseln, denen die Niederschlagsmengen Californiens unterliegen, sind doch die Berge der Sierra in den eigentlichen Wintermonaten bis 1200 m. herab in Schnee gehüllt und bedeutende Schneemassen liegen in den Pässen bis Mai, selbst bis Juni. Der Kamm der Sierra ist nie ganz schneelos, wiewohl am Ende eines ungewöhnlich langen und trockenen Sommers nur noch in den Cañons am Nordabhang der höchsten Gipfel Schnee liegt. In dem Theil der Sierra, der zwischen Hennessy Pass und Lassen's Peak liegt, bleiben nur vereinzelte Schneemassen liegen, die aus der Ferne wie angespritzte Flecken erscheinen[1]). An Lassen's Peak liegen aber bereits grössere zerstreute Schneemassen bis zu 600 m. unter dem Gipfel und während zwischen ihm und Mt. Shasta keine bleibenden Schneelager vorkommen, finden sie sich an dem letzteren bis 2000 m. unter dem Gipfel[2]), an den Bergen des Cascadengebirges bis 1500 m.; hier ist es, dass man von einer wirklichen Schneelinie sprechen kann. Wie kostbar in diesem Lande mit spärlich zugemessenen, zeitlich beschränkten und nicht immer ganz regelmässig eintretenden Niederschlägen der Schatz von Feuchtigkeit ist, welcher in diesen Schneemassen aufgespeichert liegt, bedarf keiner Verdeutlichung. Im californischen Küstengebirge gibt es keinen ewigen Schnee, aber der Winterschnee reicht in der Sa. Anna-Kette im Januar bis zur mittleren Höhe von ungefähr 1400 m. herab.

Nur die nordcalifornische Sierra und das Cascaden-Gebirge weisen Gletscherbildungen in grossem Massstabe auf. Am Mt. Shasta hat Clarence King 1870 mehrere Gletscher entdeckt, welche die Nordseite des Berges einnehmen. Während die Südseite ganz gletscherfrei ist, schildert er jene als eine „einzige Eismasse, die von wenigen

1) Anfangs September 1873 fand ich an dem West- und Südabhang des Mt. Dana keine Spur von Schnee, dagegen am Ost- und Nordabhang starke Lager desselben, die aus firnartigem alten Schnee bestanden und bis 3600 m. herabgehen mochten. Aehnlich stellten sich die Verhältnisse an den übrigen Gipfeln dar, die man von hier überblickte. R.

2) Die Schneedecke, die sich am Mt. Shasta über 1800 m. (6000 e. F.) vom Gipfel abwärts erstreckt, besteht aus ausgedehnten Schneefeldern, die von Klüften, ähnlich den *Crevasses* der Gletscher durchzogen sind; einige haben eine Neigung von 30—40°.

scharfen Lavakämmen durchbrochen wird". Die Bänder blauen Eises, die Spalten, die Eiscascaden, die Firnfelder sind vorhanden, aber es sollen (nach wahrscheinlich noch nicht genügend eingehenden Beobachtungen) die Schmutzbänder und Eismühlen fehlen. C. King schätzt den grössten Gletscher, den er gesehen, auf 7 Kil. Länge. Zahlreiche Moränen sprechen indess auch hier von einst grösserer Ausdehnung der Vergletscherung. In demselben Jahre wurden auch die Oregon-Berge Mt. Rainier oder Tachoma und Mt. Hood einer näheren Untersuchung unterworfen, wobei es sich erwies, dass sie noch in höherem Grade als Mt. Shasta vergletschert sind. Am Mt. Rainier erstreckt sich eine mantelartige Firnmasse von etwa 600 m. Breite von den Gipfeln abwärts, theilt sich dann in 3 Eisströme, die 1000 m. mit wechselnder Steile und oft in mächtigen Eiscascaden abfallen; der eine von ihnen, der Nisqually-Gletscher, schliesst mit einer Eisfront von 160 m. Höhe ab. Am Mt. Hood wurden 3 Gletscher gezählt, die ihre Firnmulde in dem alten Krater dieses unthätigen Vulkanes haben[1]). Neuerdings hat J. Muir eine grössere Zahl von Gletschern geringerer Ausdehnung in der Merced-Gruppe der Sierra, an den Abhängen von Mt. Lyell und Mt. Mc. Clure, entdeckt. Er hat ihre sehr ungleiche Bewegung gemessen, welche 11—47 e. Zoll in 46 Spätsommertagen betrug, ihre Schmutzbänder und Spalten beschrieben, so dass trotz der geringen Länge (½—1 e. M.) an der Gletschernatur dieser gewöhnlich nur für liegengebliebene Schneemassen gehaltenen Gebilde kaum zu zweifeln ist; vielleicht klassificirt sie eine genauere Erforschung als die letzten Reste der einst sehr viel ausgedehnteren Sierra-Gletscher.

Die Waldlinie liegt an der mittleren Sierra in der Region der stärksten Erhebungen bei 3300 m., sie sinkt unter 39° N. B. auf 2400, die Höhe, in der sie am Mt. Shasta gemessen ist, und geht im Cascaden-Gebirge unter 44° auf 2100 und unter 47° sogar auf 1700 m. herab. Ueber die Einzelverhältnisse, unter denen der Baumwuchs sich nach oben hin abgrenzt, wird übrigens im

1) Die erste Entdeckung der Gletscher am pacifischen Abhang verdankt man übrigens dem Lt. Kautz, der sie 1855 am Mt. Rainier fand. Die Gletscher am Mt. Baker entdeckte Coleman 1869 (Proc. Calif. Acad. IV. 162).

botanischen Abschnitt und im beschreibenden Theil noch Verschiedenes zu sagen sein.

Die Schneemassen der Gebirge des Westens sind natürlich von nicht geringer Bedeutung für den Wasserreichthum der hier entspringenden Flüsse, doch bleiben die Beziehungen zwischen beiden noch näher zu untersuchen. Nach den bis jetzt vorliegenden Beobachtungen wären indessen diese Beziehungen minder innig als man gewöhnlich zu glauben geneigt ist. Nach Engelmann's Ansicht, der die höchsten Wasserstände des Mississippi bei St. Louis nach 7jähriger Beobachtung im April, Mai und Juni, die niedrigsten im November, December und Januar, das Maximum im Juni und das Minimum im November findet, ist die Schneeschmelze im Felsengebirge weniger massgebend für die Anschwellung im Frühsommer als die Frühlingsregenzeit in seinem Flussgebiet oberhalb St. Louis. Auch im Rio Grande, diesem so wesentlich dem Gebirge angehörigen Flusse, bringt vielleicht der Schneereichthum des Quell- und oberen Zufluss-Gebietes weniger Wasser als die grossen Regen in seinem mittleren und unteren Gebiet. Man kennt die Ueberschwemmungen dieses Flusses genauer wegen der Bedeutung, die dieselben für den Ackerbau einiger Gegenden, besonders des Presidio del Norte, haben. Er hat hier (nach Emory's Angabe) in der Regel 2 Ueberschwemmungen im Jahr, die erste im Juni, welche verursacht wird durch die Schneeschmelze im Quellgebiet des Rio Grande selber, die zweite im August durch die *tropischen* Regen, welche in den Bergen des Quellgebietes des Rio Conchos in dieser Zeit fallen. Diese Ueberschwemmungen sind indessen nicht so regelmässig, wie es im Interesse des Ackerbaues zu wünschen wäre; ob diejenige, welche auf die Schneeschmelze im Felsengebirge zurückweist, sich bis in den unteren Lauf des Flusses hin geltend macht, ist zweifelhaft. „Ich neige zu der Ansicht, sagt Emory, dass der grösste Theil der Wasser des Flusses, welche dieser Quelle entstammen, entweder durch Verdunstung oder Absorption verloren gehen, ehe sie die Tertiärregion in der Nähe der Mündung erreichen. In dem zwischenliegenden Abschnitt des Rio Grande, d. h. zwischen Valverde, bis wohin die Schneeschmelzen den Fluss den ganzen Sommer hindurch fliessend erhalten, und Presidio del Norte, wo der Conchos ihm Wasser von tropischen Regengüssen bringt, tritt in ungewöhnlich trockenen Jahren grosser Wassermangel ein. Ich vernahm von glaubwürdiger Seite, dass im Sommer 1851 ein Mann eine Maulthierheerde im Bett des Flusses von Presidio del Norte bis El Paso getrieben habe. Das Bett lag fast auf der ganzen Strecke trocken und nur an einigen Stellen, wo es aus undurchlässigem Gestein oder Thon besteht, standen Wassertümpel. Es war jedoch überall möglich, sich Wasser zum Trinken zu verschaffen, indem man einige Fuss tief in die Erde grub"[1]).

Die Frage des Zurückweichens der Wälder aus klimatischen Gründen in den Hochgebirgen sowohl als an ihren Polargrenzen, welche neuerdings öfter gestellt und früher schon von A. G. Schrenk eingehend behandelt worden ist[2]), ist auch für die Hochgebirge unseres Gebietes aufgeworfen worden, wo indessen die Erfahrungen bis jetzt zu vereinzelt sind, um allgemeine Schlüsse zu gestatten. Die Entwaldung geht sowohl im Felsengebirge als auch in der Sierra, besonders durch die Ueberhandnahme der Bergwerks-Industrie, rasch vorwärts, aber sie hat nur in den hochgelegenen Bergwerks-Distrikten Colorado's, wo die Schachte und Stollen häufig noch oberhalb 3000 m. in das Gebirge getrieben sind, die Ausrottung des Waldes an seiner oberen Grenze in Angriff genommen. Hier ist es allerdings keinem Zweifel unterworfen, dass in dem Masse als in so grosser Höhe das Wachsthum langsamer und das Aufkommen der Bäume mehr von Zufälligkeit beeinflusst ist, der einmal zerstörte Wald sich seltener erneuern wird und es ist nicht erstaunlich, wenn an die Stelle der in den letzten 20 Jahren dort zerstörten Wälder waldlose Strecken getreten sind. In der Sierra und dem Küstengebirge, wo das Klima besonders an den tieferen Abhängen den Waldwuchs nicht begünstigt, liegt die Gefahr völliger Entwaldung ebenso nahe.

1) J. W. Emory, Rep. U. S. and Mexican Boundary Survey 1857. I. 50.

2) Reise nach dem Nordosten des Eur. Russlands 1854. II. 467—482. Schrenk kommt zu dem Schlusse, der für viele Fälle die wahrscheinlichste Erklärung zu bieten scheint, dass einzelne heftige Winterkälten, vielleicht begleitet von trockenen Nordwinden, oder mehrere sehr kalte Winter die Wälder an ihren Nordgrenzen zum Erfrieren gebracht hätten.

Anhang I. Verschiedene atmosphärische Erscheinungen. Auf den weiten, dürren Flächen des Westens gehören optische Täuschungen zu den gewöhnlichen Dingen und sie sind besonders als Luftspiegelungen eigentlich unzertrennlich von der dortigen Landschaft. Schon in der See-Region macht der Unterschied zwischen Luft- und Wassertemperatur die Luftspiegelungen zu einer häufigen Erscheinung. Besonders am berg- und felsenreichen Nordufer vergeht kaum ein Tag, an welchem man nicht Berge umgekehrt in der Luft sieht, lange ehe man sie in ihrer wirklichen Lage wahrnahm, oder der nicht Zeuge ovaler, birnförmiger und selbst viereckiger Gestalten der Sonne bei ihrem Untergang oder sonstiger auffallender Wirkungen der verschiedenen Refraktionen über einander lagernder Luftschichten ist. In den Plains beruhen die Spiegelungen besonders auf der Verzerrung der Horizontlinie durch starke Erhitzung; sie erzeugen jene Wellenbewegungen, das Flimmern und Zittern, welche aus einiger Entfernung das Bild eines Wasserspiegels geben. Diess ist eine alltägliche Erscheinung, für die Emory einen treffenden Vergleich findet: „Zwischen den Höhenzügen begegnet der Reisende weiten Ebenen, welche meerartig erscheinen, wenn sie das Schauspiel der Luftspiegelung bieten, nachdem die Sonne über den Horizont emporgestiegen ist. Die Ebene allein beschränkt den Blick und die gerade Linie des Horizontes erscheint in Wellen gebrochen und gleicht dem Rande des Golfstroms, wenn man ihn vom Verdeck eines Schiffes aus 15—20 Kil. Entfernung sieht [1].“ Dieselbe Verzerrung erzeugt auch unnatürliche Vergrösserungen. „Ein Wolf oder ein Truthahn scheint so gross wie ein Pferd. Drei Hirsche, die unseren Weg kreuzten, wuchsen durch die *Mirage*, zusammen mit unserer unsicheren Distanzschätzung, zu einer wunderbaren Grösse an; wir glaubten einen Augenblick das Mastodon auf diesen weiten Ebenen wandern zu sehen, für die es allerdings geschaffen zu sein scheint. Jedes Ding, womit das Auge noch unbekannt ist, erscheint vergrössert und man macht sich beständig unrichtige Vorstellungen von der Grösse und Entfernung der Gegenstände [2].“ Die Distanzenschätzung wird erst nach langer Uebung möglich. Es bestätigt nur eine alte Regel, wenn die Täuschungen des Gesichtssinnes sich besonders auch in der Richtung auf Erhöhung der in diesen Flachgebieten vorhandenen Höhen geltend machen. Bei Höhenschätzungen in diesen Regionen ist diese Tendenz nicht zu unterwerthen. So schätzte D. Owen, dieser vielgewanderte geübte Geolog, den Pembina Mt. zuerst auf über 300 e. F., während derselbe in Wirklichkeit nicht mehr als 64 m. hoch ist.

Auch Von Richthofen hebt die Neigung zu Täuschungen des Gesichtssinnes hervor, welcher man in der klaren Atmosphäre der nordamerika-

1) Mexican Boundary Survey I. 47.

2) S. Long's Exp. to the Rocky Mts. I. 419.

nischen Wüste so leicht verfällt. „In einer Entfernung von 100 g. M., sagt er, lassen sich von hohen Aussichtspunkten die Formen der Gebirge klar und scharf erkennen und man kann oft bei ununterbrochenem Reiten vom Aufgang bis zum Untergang der Sonne nur mit Mühe die jenseitige Bergeinfassung eines Beckens erreichen, deren Entfernung man nach den gewöhnlichen Verhältnissen kaum auf den dritten Theil des wirklichen Betrages schätzte"[1]).

Von anderen Lufterscheinungen sind die Trübungen der Atmosphäre zu nennen, die den Steppen oder Plains eigen sind und von Stansbury, der sie in den Umgebungen des Grossen Salzsees und der Salzwüste als *dünnen, schwebenden und zitternden Nebel* öfter beobachtete, auf die rasche, starke Verdunstung zurückgeführt werden. Wahrscheinlich hat indessen der Staub, der in diesen dürren Regionen sich in grossen Massen ansammelt, einen grossen Antheil an diesen Trübungen. Eine ähnliche Erscheinung wird in den Staaten des Ostens und des Inneren durch die ausgedehnten Wald- und Prärie-Brände erzeugt, welche alljährlich die Vereinigten Staaten heimsuchen; bei der weiten Ausbreitung derselben ist das Vorkommen des Höhenrauchs in grossen Gebieten der Atlantischen und Mittleren Staaten nicht zu verwundern. Derselbe erscheint nördlich vom 38. Breitegrad bei westlichen Winden mit denselben Eigenschaften wie in Mittel- und Ost-Europa, als ein trockener, gelblicher Nebel, der die Sonne in Gestalt eines glühend rothen Balles erscheinen lässt. Es ist möglich, dass günstige Zustände in der Atmosphäre, besonders hinsichtlich ihrer elektrischen Spannung, seine Dauer und Ausbreitung befördern. Gewöhnlich macht ein Regen- oder Schneesturm dieser besonders zur Zeit des sog. *Indian Summer* auftretenden Erscheinung ein Ende. Südlich von dem genannten Breitegrad scheint der Höhenrauch nur in geringem Masse vertreten zu sein.

Nordlichter werden im Gebiet der Vereinigten Staaten häufiger beobachtet als in entsprechenden Breiten von Europa; sie sind in St. Louis ebenso zahlreich wie in Berlin und in New Orleans ebenso zahlreich wie in Wien. 1869 wurden im Gebiet der Vereinigten Staaten 162 Nordlichter beobachtet, 1870 236, 1871 170. Die höchsten Zahlen zeigten April, März, September, Oktober, die niedersten December, Januar, Februar.

Anhang II. Gezeiten und Strömungen. Die Gezeiten äussern sich sowohl an der atlantischen als der pacifischen Küste der Vereinigten Staaten in einer parallel mit der Küste gegen dieselbe sich heranbewegenden Flutwelle und einer in derselben Weise zurückfliessenden Ebbe. Die Tiefe des Meeres äussert dabei in der Weise einen wesentlichen Einfluss auf die Geschwindigkeit des Fortrückens

1) China 1877. 177.

der Flutwelle, dass sie durch ihre eigene Verminderung dieselbe verzögert. Beide Erscheinungen haben einen der stärksten Beweise gegen die Whewell'sche Theorie der Gezeiten und seine darauf gegründeten *Cotidal Lines* geboten[1]). Was die Höhe der Flutwellen anbetrifft, so verhält sich dieselbe an der atlantischen Küste, entsprechend der mannigfaltigen Gliederung derselben, sehr verschieden. Im S. bei Cap Florida (0,46 m.) beginnend, findet man eine allmähliche Zunahme bis auf 2,1 m. in der Mündung des Savannah R. und bei Port Royal, dann eine Abnahme auf 1,1 in der Winyah Bay, eine leichte Zunahme auf 1,3 bei C. Fear, ein Sinken auf 0,6 in Hatteras-Inlet. Sandy Hook (New York) und New Haven haben höhere Fluten von 1,5 und 1,8 m., während das dazwischen liegende Fire Island nur 0,64 aufweist. Von hier bis Monomoy an der Küste von Massachusetts schwankt die Fluthöhe zwischen 0,3 und 1,1, aber Plymouth und Boston haben 3 m. und nördlich von hier ist die niedrigste Flut bei Newburyport 2,4 und die höchste bei Gloucester 2,7. Portland (Maine) hat 2,6. Nordöstlich von hier kommen an der Küste der Fundy Bay Fluten von 10 m. Mittelhöhe vor. Man sieht in diesen Verschiedenheiten der Fluthöhe deutlich die Wirkung der Küstenformen, denn wie überall haben auch hier die Einbuchtungen die Tendenz, die Flut zu erhöhen[2]).

Die Gezeiten der pacifischen Küste sind sehr eigenthümlich und verwickelt. Im Allgemeinen zeigt jeder Mondtag von 24 h. 50 m. 2 Fluten und 2 Ebben, die nach Höhe und Eintritt ungleich sind, und zwar ungleich im Verhältniss zu der wachsenden Deklination des Mondes. Sie weichen am meisten von einander ab, wenn der Mond in der grössten Deklination, und am wenigsten, wenn er im Aequator steht. Ihre Aufeinanderfolge ist in der Regel diese: Von der niedersten Ebbe ausgehend hebt sich das Wasser zur niedrigeren der beiden Fluten (uneigentlich auch *Half Tide* genannt), fällt dann langsam zu der höheren Ebbe, die manchmal auch nur durch einen Stillstand bezeichnet ist, und hebt sich neuerdings zu der höchsten Flut, um von dieser zur niedersten Ebbe zu fallen[3]).

Der Meeresströmungen an den nordamerikanischen Küsten hatten wir im Zusammenhang mit gewissen klimatischen Erscheinungen bereits im Vorhergehenden zu gedenken (s. o. S. 299, 339). An der Küste des Stillen Meeres haben wir eine kalte, an der des Atlantischen eine kalte und eine warme Strömung, welche sich den Küsten nähern und in verschiedenen Richtungen die Verhältnisse derselben beeinflussen. Es ist nur Vermuthung, wenn man behauptet, dass der Lauf dieser Strömungen an

1) Vergl. H. Dove, Ueber die Gestalt der Flutlinien an den amerikanischen und europäischen Küsten. Z. f. allg. Erdk. 1856. VI. 472.

2) S. den Aufsatz von A. D. Bache über die Fluthöhen (mit Tafel) in A. J S. 1858. 47.

3) Tide Tables for the Pacific Coast. U. S. Coast Survey. Wash. 1867.

der Gestaltung der nordamerikanischen Küsten, so wie wir sie vor uns sehen, einen Antheil habe, den man feststellen könne (s. o. S. 140. 155); dagegen stehen ihre klimatischen Wirkungen ausser Zweifel.

Diejenige Meeresströmung, welche wir wohl als die mächtigste und deutlichst ausgeprägte von allen atlantischen ansprechen können, empfängt an der Küste Nord-Amerika's den hauptsächlichsten der Impulse, welche sie concentriren und beschleunigen[1]). In das Caraibische Meer führen der Küstenstrom von Guyana und der nördliche Aequatorialstrom, erwärmte und theilweis durch Süsswasseraufnahme dünner und leichter gemachte Wassermassen, welche, indem sie ihrer nordwestlichen Bewegungsrichtung folgen, zwischen Cuba und Yucatan in das Becken des Golfes von Mexico eintreten, in welchem sie längs der eingebuchteten Küste hinkreisen, um ihn durch die Bemini-Engen wieder zu verlassen. Vielleicht ist das Mississippi-Wasser, das von den Mündungen aus in südwestlicher und südöstlicher Richtung neben dieser Strömung abfliesst, nicht ohne Einfluss auf die scharfe Ausprägung, mit der die letztere als Golfstrom den Golf von Mexico verlässt. Dass sie durch ihr nahes Vorbeifliessen die Gestalt des Mississippi-Delta's beeinflussen, ist eine wahrscheinlich nicht unbegründete Meinung. Der Golfstrom fliesst an der Küste der Vereinigten Staaten von der Südspitze Florida's bis zur Höhe von Long Island. Selbst sein Anfang liegt in den Gewässern der Vereinigten Staaten, wenn wir unter Golfstrom zunächst nur denjenigen fertigen Abschnitt der nordatlantischen Meeresströmung verstehen, welcher den Golf von Mexico bereits verlassen hat[2]). Er erreicht in diesem Gebiet seine grösste Geschwindigkeit, Tiefe und Wärme. Die Geschwindigkeit beträgt 4 Knoten in der Stunde in der Strasse von Bemini, 3 beim Cap Hatteras. Seine Tiefe schätzt man am ersten Punkt auf 200, am anderen auf 114 Faden; sie nimmt ab, indem

1) „Der Atlantische Ocean kreist durch dieses Mittelmeer im grossen System seiner Strombewegung, die hier jenen stärksten Impuls erhält, der sie als Golfstrom bis an den Polarkreis sendet. Durch den Golfstrom, kann man sagen, ist die Mississippi-Mündung nach der Florida-Strasse verlegt und durch ihn wird das Wasser des Amazonenstroms in „das amerikanische Mittelmeer", erst in das caraibische Meer, dann in den Golf und aus diesem wieder in das atlantische Meer geführt" (Maury in D. Bow, Resources of the S. States I. 366). An derselben Stelle vergleicht er die beiden Theile des amerikanischen Mittelmeeres mit den Ventrikeln eines Herzens. Den Funktionen eines Herzens sind allerdings diejenigen nicht unähnlich, welche sie in der Aufnahme und der Aussendung der grossen Wassermassen erfüllen, die von W. nach O. durch sie ihren Weg suchen.

2) „Der Golfstrom hat seine Quelle im Golf von Mexico und seine Mündung im Atlantischen Ocean. Er beginnt zwischen der Westspitze von Cuba und der Südspitze von Florida." (E. Schmid, Lehrb. der Meteorol. 1859. 466.)

die Breite zunimmt; diese, welche in der Strasse von Bemini 50 Kil. beträgt, steigt auf 110—120 östlich vom C. Hatteras und nimmt nordöstlich von hier rasch bis zu 1000 Kil. unter gleichzeitiger Zertheilung in bandartige Streifen zu. Die mit den Meeren der Passatregion gemeinsame dunkelblaue Farbe unterscheidet den Golfstrom scharf von den umgebenden Meerestheilen und besonders von dem kalten Wasser an seinem Westrand. Da der Golfstrom als Produkt klimatischer Verhältnisse mit diesen selber sich verändert, so sind auch seine Beziehungen zur Küste der Vereinigten Staaten nicht immer dieselben. Im Herbst, wo seine Intensität am grössten, bleibt er länger bei der Küste, d. h. er biegt nicht so scharf und mehr nördlich ab als im Frühling, wo dieselbe am kleinsten.

Die Zertheilung des Golfstromes in wärmere und kältere Streifen macht sich zuerst, aber sehr milde, bemerklich in der Gegend des 27. Breitegrades, indem ein kalter Streifen hier mitten im warmen Wasser auftritt. Nach N. zu wird dieser Streifen breiter, mehrere andere gesellen sich ihm und auf der Höhe des Cap Hatteras nehmen sie bereits eine grössere Breite ein als das eigentliche Golfstrom-Wasser. Eine ähnliche, aber schärfer ausgeprägte Erscheinung ist die sogenannte *Kalte Wand*, ein kalter Streif, der am Westrand des Golfstromes liegt und von Einigen als ein an die Küste gedrückter und theilweis zertheilter Arm der bei der Davis-Strasse aus dem Polarbecken austretenden Polarströmung angesprochen wird. Ueber seine und des Golfstromes Temperatur, Breite und Entfernung von der Küste ergeben die Messungen Folgendes: 12 nautische Meilen östlich vom Cap Florida war die Temperatur im Juni nicht höher als 9,4° C., während die Mitteltemperatur des kältesten Monats in derselben Breite noch immer 12° und die des nahen Key West sogar 20° ist. Noch bedeutender sind die Unterschiede im N., wo das kalte Wasser zwischen Golfstrom und Küste scharf von dem ersteren abgesetzt ist. Bei Cap May ist unmittelbar an der Küste die Wassertemperatur (in diesen und den folgenden Fällen nach mehrjährigen Messungen, zwischen 0 und 30 Faden im Sommer angestellt) 12° C., steigt in einer steilen Curve in der Entfernung von 30 nautischen Meilen zu 20° und steht in 120 n. M. Entfernung bei 29,5°, um von hier an zu fallen. Bei Sandy Hook ist die Temperatur an der Küste 18°, fällt in der Entfernung von 90 n. M. auf 17 und steht bei 150 n. M. auf 26,6°; bei C. Fear ist die Temperatur 40 n. M. von der Küste 22°, 110 n. M. von derselben 25,5°; bei Charleston mass man in 45 n. M. Entfernung 20°, in 65 n. M. 18, in 80 n. M. 26° C. Der Ausdruck *Kalte Wand*, den G. M. Bache zuerst[1]) für diese zwischengeschobene kalte Wasserschicht anwandte, bezeichnet gut die scharfe Absetzung von der warmen Strömung.

1) A. J. S. 1856. I. 35.

Von der Wirkung der pacifischen Kaltwasserströmung auf das Klima der californischen Küste ist öfters gesprochen. Der östliche Abschnitt der nordpacifischen Strömung, welcher als pacifische Driftströmung von NW. her an die nordamerikanische Küste tritt, erkältet erheblich die Meerestheile, welche ihr Wasser mit den seinen mischen, und die Meerestemperaturen nehmen in der Region dieses Stromes im Sommer zwischen 140 und 120° W. L. unter 40° N. B. in folgender Reihe nach der Küste zu von 5 zu 5° Längengraden ab: 20, 18,5, 13,7, 15,5, 14,2°. Im Frühling ist dieselbe Reihe: 13,2, 13,7, 13,2, 13,7, 13,2 — also eine nahezu gleichmässige Wärme über die ganze Breite hin. Im Winter, für den wir ähnliche Messungsreihen nicht besitzen, soll die Temperatur der Meeresoberfläche bei S. Francisco 11,2° betragen.

Mit den Strömungen hängt die Nebelbildung in einem Theil des atlantischen Küstengebietes, welche einen wesentlichen Faktor des dortigen Klima's ausmacht, direkt zusammen. In Maine bilden kühle Nebel eine Eigenthümlichkeit der Hundstage, welche die Bewohner des Staates im Vergleich mit der Sommerhitze der südlicher gelegenen Neu-England-Staaten sehr wohl zu schätzen wissen. Die mittlere Sommerwärme soll nach Beobachtungen in Bowdoyn College durch diese Nebel um 3,6° C. erniedrigt werden[1]) und dieselben hüllen im Spätsommer oft das gesammte Küstengebiet mit kurzen Unterbrechungen für Wochen in ihre Schleier. Eigenthümliche Nebelbildungen in der Mündung des Piscataqua, welche bei Temperaturen unter — 15° statt haben, werden dort ebenfalls als eine Wirkung des Golfstromes betrachtet. Die Flut bringt warmes Seewasser (aus dem Golfstrom) in das Aestuar, das wie eine Thermalquelle raucht und dichten Nebel entstehen lässt. Anderen Ursprungs sind die an den Mississippi-Mündungen häufigen Nebelbildungen, da der von N. herkommende, mit dem Schmelzwasser von Eis und Schnee gespeiste Strom[2]) gewöhnlich kälter als das Meer ist, in welches er mündet. Die Nebelbildung soll im Golf ziemlich eben so weit zu verfolgen sein wie die Farbe des Mississippi-Wassers, und über dem Strome selbst ist sie gewöhnlich nach oben und den Seiten sehr scharf abgeschnitten.

1) Wells, Water Power of Maine. 1874. 6.

2) Nach Lyell, Sec. Visit to the U. S. II. 114 sind Eisschollen zeitweise bis unter Natchez hinabgeschwommen und einige Male soll man sie sogar bis in den Golf verfolgt haben.

VI. Die Pflanzenwelt.

Pflanzenwuchs und Klima. Die natürlichen Gebiete der Pflanzenverbreitung in Nord-Amerika. Allgemeiner Charakter der Flora der Vereinigten Staaten. Europäische und asiatische Anklänge. Pflanzenstatistik Das Waldgebiet. Die Wälder des Ostens; des Südens; des Nordwestens; Verbreitung der Wälder in den Vereinigten Staaten. Schilfvegetation. Torfbildungen. Die parkartigen Baumschläge des Westens. Statistik der Flora des Waldgebietes. Das Prärien- und Steppengebiet. Verbreitung. Die Prärie. Flache und wellige Prärie. Die Prärieflora. Die Steppe (The Plains). Verbreitung. Charakterpflanzen. Die Steppen des Grossen Beckens; von Colorado; des Rio Grande-Gebietes. Die Wüsten. Die californische Flora. — Anhang I. Die Entstehung der Prärien. Anhang II. Die Vertretung der wichtigsten Pflanzenfamilien in der Flora der Vereinigten Staaten.

Bei den innigen Beziehungen zwischen Pflanzenleben und Klima ist die Pflanzenwelt jedes grösseren Theiles unserer Erdfeste ein treuer Spiegel von dessen klimatischen Zuständen. So sind in Nord-Amerika die Gebiete der Pflanzenverbreitung durch dieselben Grenzen geschieden wie die Klimagebiete; die drei Provinzen der nordamerikanischen Pflanzenwelt (Waldgebiet, Steppengebiet, Californisches Küstengebiet) fallen also im Wesentlichen zusammen mit den Gebieten des atlantischen, des innercontinentalen und des californischen Klima's, und was bei Besprechung der klimatischen Verhältnisse von dem Einfluss der Lage und Bodengestalt Nord-Amerika's auf sein Klima gesagt wurde, gilt so vollständig auch von dem Einfluss, den sie auf die Pflanzenwelt üben, dass wir hier eigentlich eine Wiederholung des dort Gesagten zu geben hätten, deren wir uns billig entschlagen dürfen.

Das Gebiet der Vereinigten Staaten reicht nicht weit genug nördlich, um noch die canadische Zone der Nadelwälder zu berühren; sein Waldgebiet ist daher ausschliesslich ein Gebiet der Laubwälder, denen allerdings zahlreiche Nadelhölzer, und zwar im N. mehr als im S., im W. mehr als im O. und an den Gebirgshängen mehr als in den Ebenen zugemischt sind. Dieses Waldgebiet zieht wie ein breiter Gürtel quer durch den Continent, ein Gürtel, der im O. das ganze Gebiet zwischen den Grossen Seen, dem Golf und dem Mississippi einnimmt, um im Innern sich zwischen der hoch nach N. ziehenden Prärie und der ebendort nach S. herabsinkenden Grenze des Baumwuchses zu verschmälern und gegen das Gebirge und das Stille Meer hin sich neuerdings zu einer ähnlichen Breite wie am atlantischen Ufer zu entfalten, einer Breite von 20°, die aber dieses Mal nach N. und nicht nach S. gewandt ist. Indem am Rand des Stillen Meeres das californische Küstengebiet sich unmittelbar an die Südwestgrenze dieses Waldgebietes anschliesst, ist das Steppengebiet recht entsprechend seiner innercontinentalen Natur im O., N. und W. vom Meer ausgeschlossen, welches es nur im S. am mexikanischen Golf und im SW. am Golf von Californien und mit der Landzunge der californischen Halbinsel erreicht. Gleichwie der Waldgürtel nach N. erstrecken die Steppen sich über die Grenze unseres Gebietes nach S., so dass nur das californische Küstengebiet vollständig innerhalb der Grenzen der Vereinigten Staaten gelegen ist. Innerhalb derselben nimmt das Waldgebiet ungefähr ½, die Steppen ⅖ und das Californische Gebiet ⅒ der Oberfläche ein. Treffend zeichnete Asa Gray den allgemeinen Charakter dieser verschiedenen natürlichen Provinzen in der Pflanzenwelt der Vereinigten Staaten in einem Vortrag vor der American Association zu Dubuque[1]): „Indem ich mich vom Osten entfernte, der gleichmässig verbreitete Niederschläge und darum ein natürliches Waldkleid hat, sah ich die Zahl der Bäume abnehmen, weite Prärien an ihre Stelle treten, auf die Flussränder sie beschränken und dann vor den weiterstreckten Plains verschwinden; Grasebenen sah ich sich in braune

1) A. J. S. 1872. II. 282.

Einöden verwandeln, die freilich im botanischen Sinn selten Wüsten sind; dann sah ich begünstigtere Abhänge eines Gebirges, das hoch genug ist, um sich Niederschläge zu erzwingen, mit einem Baumwuchs von Nadelhölzern bedeckt, der nicht ärmlich ist; ich durchschritt weiterhin die breite, kahle Hochebene, welche durch Gebirge an beiden Seiten von der Feuchtigkeit beider Oceane ausgeschlossen und von Sierren durchzogen ist, die noch so öd zu sein scheinen, wie sie geboren wurden; und erreichte endlich den Westabhang der mächtigen Gebirgsschranken, der, vom Stillen Ocean erfrischt, die stolzen Wälder der Sierra Nevada und des Küstengebirges und in ihnen Bäume trägt, die das Wunder der Welt sind."

Durch die ganze nordamerikanische Flora geht ein starker Zug von Aehnlichkeit mit der europäischen und nordasiatischen Pflanzenwelt. Nicht nur Familien und Gattungen sind Nord-Amerika bald mit Europa, bald mit Ost-, bald mit Inner-Asien gemein, sondern bis auf die Arten herab erstreckt sich in nicht wenigen Fällen die Uebereinstimmung und von der grössten Zahl der nordamerikanischen Pflanzenarten lässt sich wenigstens eine allgemeine physiognomische Aehnlichkeit mit europäischen, nord- und ostasiatischen und selbst nordafrikanischen Formen behaupten[1]). Dieselbe, sowie auch die weiter gehenden generischen und specifischen Uebereinstimmungen, sind stärker im N. als im S. In der Region der canadischen Nadelwälder macht sich noch ein Nachklang jener fast durchgängigen Uebereinstimmung der Arten geltend, welche alle

---

1) Wenn sich dem Geiste dessen, der in Amerika eine ganz neue Welt erwartet, vorzüglich diese allgemeine Aehnlichkeit der nordamerikanischen und europäischen Vegetation überraschend aufdrängt, so ist allerdings der Naturforscher, der diese Aehnlichkeit aus seinen Büchern kennt, manchmal eher über die scharf unterscheidenden Züge erstaunt, welche das Fehlen eines oder des anderen vielleicht unscheinbaren, aber gewohnten Gewächses in das Naturbild zu zeichnen vermag. „Grosse Haiden ohne Haidekraut, sagt Ch. Lyell, erinnerten mich an die eigenthümliche Thatsache, dass keine Haideart in Nord-Amerika heimisch. Wir vermissten auch das kleine purpurrandige Gänseblümchen an den grünen Hängen und es wurde uns gesagt, dass sie oft mit Sorgfalt angepflanzt worden seien, immer aber wieder in der trockenen Luft und an der hellen Sonne dieses Klima's absterben" (Travels in N. Am. I. 5).

Nordpolarländer, ob sie nun zu Asien, Amerika oder Europa gerechnet werden, zu einem einzigen Floragebiet, dem circumpolaren, vereinigt[1]). Indem nach S. hin die Küsten der Nord-Continente sich von einander entfernen, gehen auch ihre Floren immer weiter aus einander und wenn man noch in Alaska die Zahl der mit Nord-Europa gemeinsamen Arten auf 50% schätzt, sinkt nach den genauen Zählungen von Asa Gray[2]) schon in dem nördlichen Theil der Vereinigten Staaten die Zahl der europäischen (nicht eingeführten) Arten auf 15,3 % herab und von 694 Gattungen phanerogamischer Gewächse sind in demselben 353 den europäischen Floren fremd und 120 sind dem Gebiete eigenthümlich. Wir haben leider keine eben so genauen Zählungen für die noch südlicher gelegenen Gebiete, aber dass die Uebereinstimmungen dort noch weiter abnehmen, folgt schon aus der starken Infusion tropischer und subtropischer Formen, die, wie Magnolien, Yuccen, Cacteen, Bignonien, rein amerikanisch sind. Der genetische Schlüssel zum Verständniss dieses Verhaltens liegt in der Thatsache, dass vorwiegend nördliche Formen die Träger dieser Uebereinstimmung sind; dieselbe hängt desshalb von der Zahl solcher Formen ab, welche nach S. gewandert sind. Immerhin kann von einer Selbständigkeit der nordamerikanischen Flora in dem Sinne, wie man die des südamerikanischen Waldgebietes oder der indischen Inseln selbständig nennt, nicht gesprochen werden. Die europäischen und asiatischen Anklänge bestimmen den Charakter dieser Pflanzenwelt in erster Reihe und es ist dabei nicht zu vergessen, dass die meridionale Anordnung der Gebirge, ihre Zusammendrängung auf verhältnissmässig enge Gebiete und das Vorwiegen weiter Ebenen die Wanderung von N. nach S. in hervorragender Weise begünstigen und in demselben Grade die Bildung eigenthümlicher Formen und die Entfaltung eines Formenreichthums erschweren, wie wir ihn z. B. in der europäischen Flora verwirklicht sehen. Die Isolirung Nord-Amerika's nach N., O. und W., welche heute

---

1) Uebrigens würden nur 22 Arten von Phanerogamen der Flora der nördlichen Vereinigten Staaten zugefügt, wenn man das eigentliche Canada mit in ihr Florengebiet einschlösse (Asa Gray, A. J. S. 1856. II. 206).

2) Asa Gray, Statistics of the Flora of the N. United States (A. J. S. 1856. II. 204).

die Zuwanderung altweltlicher Formen fast gänzlich ausschliesst, wirkt in derselben Richtung und es ist nicht erstaunlich, wenn wir die Zahl der Gefässpflanzen in dem gesammten nordamerikanischen Florengebiet (die arktischen Regionen ausgenommen) auf kaum 10,000 schätzen hören[1]). Allerdings steht das nordamerikanische Florengebiet räumlich weit hinter dem entsprechenden Theil der Alten Welt zurück und die vorzüglich pflanzenreichen Waldregionen sind dort verhältnissmässig kleiner als hier.

Man darf schon jetzt dem Waldgebiet die grösste Wichtigkeit unter den drei Florengebieten zuschreiben, in welche Nord-Amerika südlich von der arktischen Baumgrenze zerfällt. Der Wald ist die beste Gewähr der Fruchtbarkeit eines Landes und deutet untrüglich auf dessen allgemeine Geeignetheit, den Boden und Schauplatz einer höheren Civilisation zu bilden. Wo Wald ist, ist Wasser, Speise, Wärme, Wegsamkeit zu finden; was dem Menschen an Förderung seiner Cultur-Entwickelung von aussen her gereicht werden kann, ist nirgends so vollständig zusammengebracht wie in den bewaldeten Ländern. Die Geschichte der Alten Welt hat diess klar gezeigt und nicht minder bekräftigt es die der Neuen. In beiden haben sich die Steppen als ein, wenn nicht culturfeindlicher, so doch der Cultur-Entwickelung nicht entgegenkommender Boden bewiesen. Aus diesem Gesichtspunkte erscheint es von hoher Bedeutung, dass das Gebiet der Vereinigten Staaten gerade in dem Theil des Waldgebietes, welcher innerhalb seiner Grenzen gelegen ist, das begünstigste Waldland der nördlichen Hemisphäre umschliesst. Mit den geringen Ausnahmen waldloser Thalniederungen und Berggipfel ist es ursprünglich ununterbrochen bewaldet gewesen vom atlantischen Ufer bis ins Mississippi-Thal hinein. Und die Wälder, die es trägt, sind unübertroffen an Mannigfaltigkeit ihres Baumwuchses. Prinz v. Wied zählt am unteren Ohio 60 verschiedene Bäume in den Waldungen[2]). Im O., wo die Mannigfaltigkeit weniger gross ist, bilden doch z. B. im südlichen New York 4 Eichen,

---

1) A. Grisebach, Die Vegetation der Erde II. 270, 299, 595.

2) W. H. Brewer schätzt die Zahl der Bäume und Sträucher in der nordamerikanischen Flora auf 800 und von diesen erreichen 300 30 und mehr Fuss Höhe (Statist. Atlas U. S. 1875. 1).

3 Ahorne, 2 Wallnüsse, Kastanie, Buche, Esche, Ulme, Tulpenbaum, Sassafras und daneben sehr verschiedene Tannen und Föhren, Cypresse, Thuja und Wachholderbeerbaum den Grundstock der gewöhnlichen Wälder des Flach- und Hügellandes, dieser stark verarmten, aber noch nicht unkenntlich gewordenen Abkömmlinge der alten Urwälder. Auf 50 schätzt man die Zahl der Nadelholzarten des westlichen Waldgebietes[1]; Californien, das noch reicher an Coniferen als das schönbewaldete Japan, hat allein 28 davon. Welche Riesen unter diesen zu finden sind und nicht bloss in dem eigentichen Riesencedern-Geschlecht der Sequoien, sondern auch unter Föhren und Tannen, werden wir im Verfolg unserer Beschreibung zu erwähnen haben.

Die gegenwärtige Verbreitung der Wälder in dem Gebiet der Vereinigten Staaten, wie sie nebenstehendes Kärtchen zeigt, ist zwar begreiflicher Weise nicht ausschliesslich Produkt der natürlichen Verhältnisse, da sie zu einem guten Theile bedingt ist durch die Ausbreitung der Cultur; sie lässt aber doch immer noch die ursprüngliche Vertheilung des Waldes über das weite Gebiet hin erkennen. Im eigentlichen Waldgebiet sieht man Maxima der Bewaldung vorzüglich an drei entgegengesetzten Punkten: Im NO., im NW. und im SW. Das reichbewässerte Innere des Staates Maine und das Adirondack-Gebirge im NO., die Theile von Michigan und Wisconsin, welche um den L. Superior liegen, im NW., Florida im SW. sind die waldreichsten Gebiete im O. der Union. Kleinere Regionen dichter Bewaldung finden sich in den mittleren Alleghanies, in der Gegend des Dismal Swamp und anderer Küstensümpfe im Gebiet von Virginien und Nord-Carolina, ferner in den ebenfalls sumpfreichen südlichen Theilen von Georgia und Alabama. Ein Vergleich mit der Regenkarte lässt sogleich erkennen, dass ein bestimmter Bezug zwischen den Niederschlagsmengen und dem Waldreichthum stattfindet und zwar in der Weise, dass die niederschlagsreichsten Gegenden auch die waldreichsten sind. Auch die Gebirge erweisen sich als Stätten grösseren Waldreichthums. Minima finden sich in verhältnissmässig hochcultivirten Gegenden, wo die Ausrottung des Waldes die grössten Fortschritte gemacht hat, daher besonders in den dichtbevölkerten Neu-England- und Mittelstaaten, in den seit 200 Jahren von der Grosscultur in Anspruch genommenen Südstaaten, ferner auf den Hochebenen, die theils den Westabfall der Alleghanies nach dem Mississippi-Thale zu vermitteln, theils dieses Gebirge durch die sog. Seenplatte mit den Hochebenen des Nord-

1) A. Grisebach a. a. O. II. 253.

WÄLDERKARTE DE

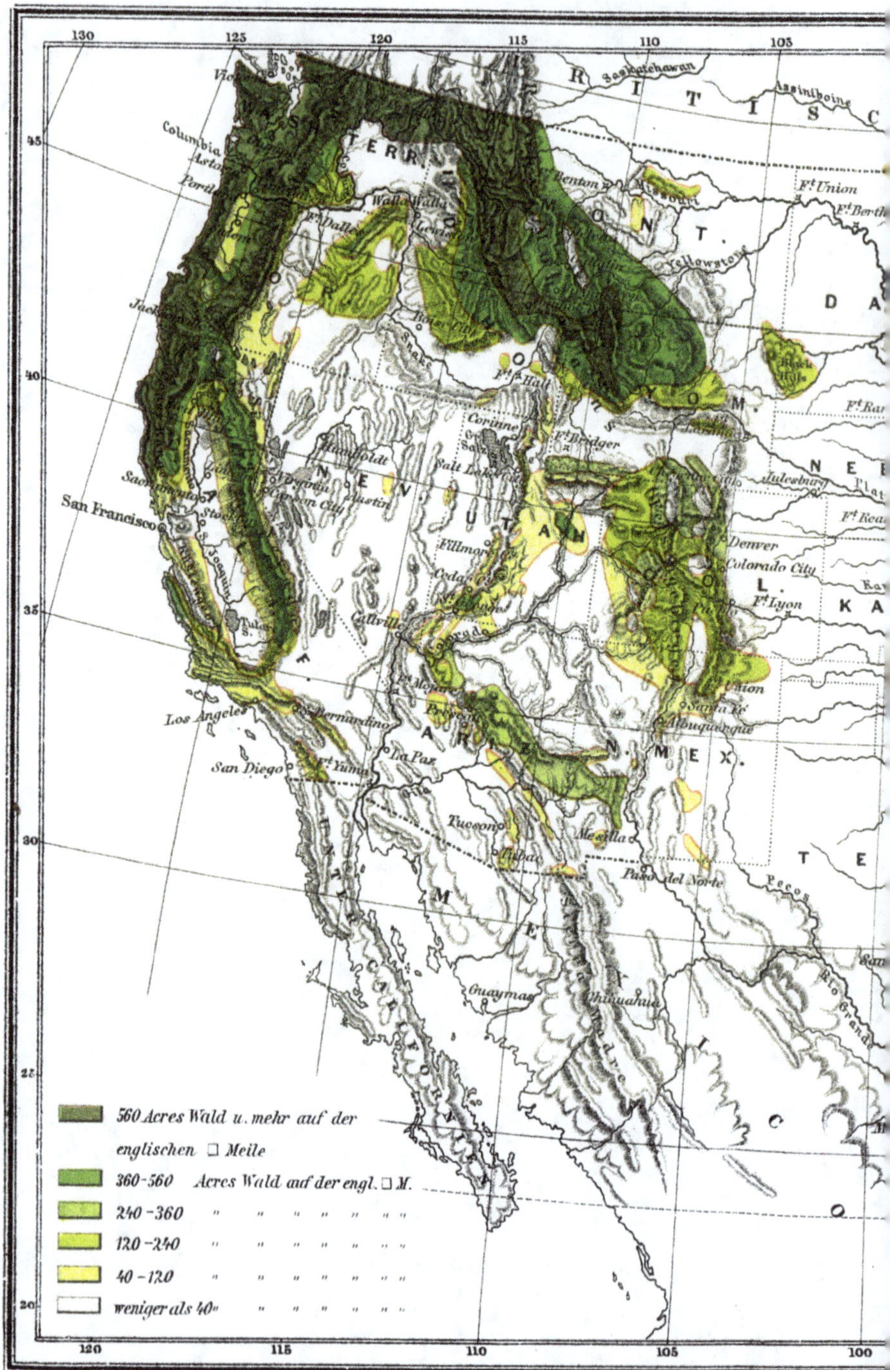

Ratzel, Vereinigte Staaten Bd. I.

Druck

INIGTEN STAATEN.

zig.

Aug. Müller sc

westens in Verbindung setzen. In den *Barrens* von Tennessee und Kentucky und den *Groves* und *Openings* von Ohio, Indiana und Illinois kommen hier waldarme Ubergangsformen zwischen Wald- und Prärieregion zur Entwickelung. Der fast *baumlosen* Prärie begegnet man zuerst in nennenswerther Ausdehnung am Südrande des Michigan-Sees. Jenseits der Lücke im Waldkleid Nord-Amerika's, welche die Prärien und Plains ausfüllen, findet sich eigentlicher Waldwuchs erst wieder in den Gebirgen, wo die Vertheilung auf zwei grosse Zonen, welche durch das Felsengebirge and die Sierra Nevada gebildet werden, die Abhängigkeit der Bewaldung von der Bodenerhebung deutlich erkennen lässt. Ueberall wo Berge über 2000 m. sich erheben, findet sich wenigstens ein Ansatz von Wald, während derselbe nur in dem feuchten Küstenstrich von Oregon und Californien tiefer als 1000 m. vorkommt. Die dürren Hochebenen des Grossen Beckens und des Colorado-Gebiets gehören zu den waldärmsten Strichen des Continentes, aber jeder Gebirgskamm, der aus ihnen sich hervorreckt, trägt Bäume, wenn auch nicht immer in der Form, die wir Wald nennen würden. Da dieser Theil der Karte nicht auf Messungen beruht, wie der östliche, sondern auf Schätzungen, so sind auch die Umrisse seiner Waldgebiete nur als Annäherungen und Andeutungen zu nehmen. Man kann im Allgemeinen sagen, dass hier der Waldreichthum von N. nach S. zu abnimmt. Die einzige ununterbrochen quer durch das Gebirg ziehende Waldzone wird durch die dichten Wälder der nördlichen Felsengebirge im Gebiet der Territorien von Montana, Idaho und Washington Terr. gebildet, ausschliesslich Nadelwälder wie im ganzen Westen. Das Zurücktreten der Hochebenen gegen hohe Gebirgskämme, die in dichter Zusammendrängung dieses Gebiet durchziehen, das klimatisch bedingte tiefere Herabsteigen der Waldzone an den Gebirgen, der verminderte Einfluss der trockenen Passatwinde, endlich die bisher noch ungemein dünne Bevölkerung, machen den Nordwesten im Inneren und mehr noch an der sehr niederschlagsreichen Küste zu einer der waldreichsten Regionen von Nord-Amerika. Im Vergleich zu ihm sind Sierra Nevada, das südliche Felsengebirge, das Wahsatch-Gebirge und einige neumexikanische Gebirgszüge nur dünn bewaldet, doch erscheint die erstere noch als das begünstigtere von diesen Gebieten, indem ihre Wälder in einem ununterbrochenen Streifen sich erstrecken, während in die des Felsengebirgs die Steppe der Laramie Plains eine breite Bresche legt.

Die gesammte Waldvegetation des eigentlichen Waldgebietes trägt einen üppigen Charakter und dieser üppige mannigfaltige Laubwaldcharakter, der schon im N. der Vereinigten Staaten, ja sogar schon in der Region des Winnipeg-Sees und am Nordrand der grossen Seenkette hervortritt, steigert sich gegen S.

zu einem fast tropischen Reichthum in den feuchten Regionen der Golfküste, Louisiana's und Florida's. Die Mehrzahl der nordischen Bürger des Waldes geht bis nach S. hinab, aber nun gesellen sich ihnen noch zahlreiche immergrüne Bäume aus den Geschlechtern der Eichen, Magnolien, Lorbern, Stechpalmen u. a. Aecht tropische Formen von Palmen (Sabal), Bambusen (Arundinaria), Yucca's, im W. auch Agaven und Cacteen, daneben zahlreiche tropische Sträucher, Kräuter und Schlinggewächse kommen hinzu, um eine Waldnatur herzustellen, der das östliche Waldgebiet, das unserige, nichts an die Seite zu stellen hat. Aber diese üppigen Wälder des Südens sind leider von beschränkter Ausdehnung, denn ein grosser Theil des südlichen Flachlandes ist Sumpf, der mit Cypressen und Taxodien, im äussersten Süden auch schon mit Mangroven (Rhizophora mangle) bewachsen ist, und ein noch grösserer Theil ist Sand, der nur einförmigen Föhrenwald, den Kiefernschlägen der Mark oft nicht unnähnlich (*Pine Barren* der Südländer) trägt.

Die nördliche Grenzlinie der charakteristischen südlichen Formen, die nur von wenigen überschritten wird, zieht Asa Gray bei 36° 30′. Würde sie in der nordöstlichsten Ecke von Virginien, in der Region der Dismal Swamp, noch bis zum James River hinaufgeführt, so würde diese Linie die möglichst scharfe Grenze zwischen südlichen und nördlichen Formen darstellen. Von den hervorragenden südlichen Bäumen geht nur Taxodium am atlantischen Ufer wie im Mississippi-Gebiet noch um einige Grade weiter nördlich und auf den Höhen des Alleghanies gehen natürlich zahlreiche nördliche Formen viel weiter nach S. hinab.

Wie gegen S. zu, verändert sich die Zusammensetzung und das Ansehen der Flora des Waldgebietes auch gegen W., doch freilich in ganz anderer Weise. Es wurde schon hervorgehoben, wie der Waldgürtel sich im Inneren des Continentes durch die weite Verbreitung der Steppen und Prärien verschmälert und nach N. gedrängt sieht. Gerade die Region, in welcher im O. die schönste Entfaltung der Laubwälder stattfindet, ist im Inneren zur Prärie und Steppe geworden und der Waldgürtel ist, ausgenommen in den Gebirgen, fast ganz in die Nadelholzregion zurückgedrängt. Es hat diess in erster Reihe eine Verarmung der Wälder an den Bäumen zur Folge, welche in den ausgedehnteren und milderen Regionen des Ostens und Südens so zahlreich vertreten waren, und in zweiter überhaupt eine Abnahme des Reichthums der Formen in fast allen Familien. Nahezu $^1/_4$ der in der nördlichen Laubholzzone einheimischen Arten überschreitet nicht das Felsengebirge und $^4/_5$ derselben erreichen nicht das Küstenland des Stillen Meeres in Oregon. An ihre Stelle treten eigenthümliche Formen des Nordwestens, die theils der Flora des californischen Gebirges, theils der Britisch Columbiens angehören. Der Ersatz ist indessen kein vollständiger und die Pflanzenwelt bleibt arm. Von 353 Gattungen, die der Osten nicht mit Europa gemein hat, hat er 101 (28 Proc.) mit dem gemässigten Asien und 85 (24 Proc.) mit dieser nordwestlichen Region gemein. 45 Arten nordostamerikanischer Pflanzen werden in Asien, nicht aber in Nordwest-Amerika gefunden.

Am Westabhang des Alleghany-Gebirges bereichert sich der Wald durch Aufnahme neuer Formen. Die Wälder im Ohio-Gebiet bezeichnet man als die reichsten und üppigsten in der ganzen Nordhälfte der Vereinigten Staaten (s. o. S. 365). In der Zeit vor der Besiedelung und Waldvernichtung war die Buche der vorwaltende Baum in den Urwäldern des mittleren und unteren Ohio-Gebietes; sie fand sich hier grösser als im waldreichen Osten und Norden. Cotton-Wood, der häufigste Baum des Westens, wird am Ohio hinab grösser als irgendwo diesseits des Mississippi und von der Sykomore oder Platane des Westens, die der grösste von den amerikanischen Laubbäumen ist und nicht viel hinter der orientalischen Platane zurücksteht, hat man im Ohio-Gebiet Stämme von 15 e. F. Durchmesser gemessen.

Nord-Amerika ist überhaupt reich an riesigen Pflanzenformen. Die Feuchtigkeit und die grosse Wärme des Sommers wirken in den atlantischen Gebieten auf die Pflanzenwelt in der Richtung zurück, dass sie derselben ein kräftigeres und rascheres Wachsthum verstatten. Diess zeigt sich besonders in dem dichteren und höheren Unterholz aller nordamerikanischen Wälder und in dem rascheren Wachsthum dortiger Bäume. Der jährliche Durchschnittszuwachs der Weymouthskiefer (P. strobus) um 1 m. bedeutet eine Wachsthumsgeschwindigkeit, wie wir sie in Europa nicht kennen[1]). Die Mannigfaltigkeit und Fülle des Unterholzes ist cha-

1) Ob dieser raschere Wachsthum eine um so viel geringere Kraft und

rakteristisch für die Wälder Nord-Amerika's und zwar über die Grenzen der Vereinigten Staaten hinaus; Richardson fand noch in den Wäldern an der Hudsonsbai undurchdringliches Weidengebüsch. Man hat die verschiedenen Waldregionen Nord-Amerika's nach ihrem Unterholz unterschieden. Am Ostabhang der Alleghanies walten Rhodoreen vor, am Westabhang tritt der Papaw-Strauch (Asimina) ein, im Mississippi-Thal Arundinarien, in Indiana Weiden- und Rhamnus-Arten, während das Oregon-Gebiet sein eigenthümliches Unterholz aus dornigen Araliaceen, Mahonien, Arctostaphylus- und Vaccinium-Arten besitzt und die californischen Wälder nach Art der Wälder unseres Mittelmeer-Gebietes durch Armuth an Unterholz ausgezeichnet sind.

Es ist nicht ohne Interesse, zu sehen, wie die Ansiedler diese Wälder beurtheilten und taxirten, da die verschiedenen Waldarten, die sie unterschieden, zum Theil auch eine wissenschaftliche Berechtigung haben. Wo bewaldetes Land erst zu besiedeln und urbar zu machen ist, wo also der praktische Versuch noch keine Aufklärung gegeben hat über den Grad seiner Fruchtbarkeit, ist es seit lange Gebrauch, es nach den Bäumen zu beurtheilen und zu klassificiren, welche auf ihm wachsen; sogar bei der Steuerbeanlagung eines bewaldeten Grundstückes wird die altübliche Scala der drei verschiedenen Arten von Waldboden angelegt und dieselbe wurde zur Zeit als die Urwälder des Ohio- und Tennessee-Gebietes anfingen besiedelt zu werden, zu einer grossen Feinheit in Unterabtheilungen ausgearbeitet. Michaux bezeichnet für die reichsten Böden von Kentucky und Tennessee folgende Pflanzen als charakteristisch: Cerasus virginiana (Waldkirsche), Juglans oblonga (Weisse Walnuss), die verschiedenen Eschen, Quercus imbricaria (Black Jack), Ulmus viscosa (Slippery Elm), Celtis occidentalis (Hackberry), Gymnocladus canadensis (Kentucky Coffee Tree), Gleditschia triacanthos (Honey Locust), Asimina triloba (Papaw). Besonders die 3 letztgenannten charakterisiren die reichsten Böden. In den bergigen Gegenden und an den Flussrändern gesellen sich den genannten oder ersetzen sie zum Theil: Quercus macrocarpa (Overcup White Oak), Zuckerahorn,

---

Festigkeit des Produktes, besonders des Holzes bedingt, wie behauptet wird, ist wohl nur für einige Bäume Nord-Amerika's zuzugeben. Jedenfalls ist es schief, wenn Grisebach (Veg. d. Erde II. 261) darin den Grund der ausgedehnten Windfälle in den Wäldern des Oregon-Gebietes sieht, statt ihn in gewissen vorherrschenden Windrichtungen und Sturmbahnen zu suchen.

Buche, Platane, Tulpenbaum und Magnolie. Die Böden zweiter Klasse bestimmen sich durch das Vorkommen starker Bäume: Kastanie, Quercus rubra (Red Oak), Qu. tinctoria (Quercitron), Sassafras, Diospyros virginiana (Persimon), Liquidambar styraciflua (Sweet Gum), Nyssa villosa (Gum tree). — Endlich sind die Böden dritter Klasse vorwiegend durch Quercus rubra (Red Oak), Qu. nigra (Black Jack), Qu. castanea (Chestnut Oak), Qu. prinus montana (Rocky Oak), durch Föhren und stellenweise durch Wachholderbäume bezeichnet. Meistens macht sie aber schon der ärmliche Wuchs kenntlich, in dem ihre Bäume verharren[1]). Selbst in den Swamps, den Sümpfen und Halbsümpfen, die im S. grosse Strecken an den Flüssen und in den Pine-Barrens durchziehen, sind Unterschiede in der Güte des Bodens aus den Bäumen zu entnehmen, welche denselben bedecken. Magnolia grandiflora und tripetala, Nyssa biflora, die Kastanieneiche (Qu. prinus palustris) sind nur da zu finden, wo in den Sümpfen längs der Flüsse der Boden gut, beständig kühl, feucht und beschattet ist. Wo derselbe Boden die Hälfte des Jahres überschwemmt, daher schwarz und morastig ist, wächst auch Gleditschia monosperma und die Leyereiche (Quercus lyrata). Die Sümpfe in den Pine-Barrens dagegen, die meist schmale und langgestreckt Bodensenkungen ausfüllen und zuletzt in die Sümpfe an den Flussrändern münden, sind mit Magnolia glauca, Rothahorn, Wassereiche, Sweet Gum, Gum Tree und Red Bay (Persea Carolinensis) bewachsen[2]).

Eine eigenthümliche Ausbildung erfahren in anderer Richtung die Wald-Vegetationsformen der Waldregion im sog. Nordwesten, im westlichen Theile der Seeregion. Die Gebiete des nördlichen Michigan und Wisconsin und des östlichen Minnesota sind durch reichliche Niederschläge und durch eine Fluss- und See-Entwickelung ausgezeichnet, die einem feuchten Klima förderlich sein muss und dieses Klima prägt sich in der Vegetation aus, welche durch eine besonders starke Vertretung der auch im O. vorhandenen Sumpfwälder, des Röhrichts, der Torfwiesen ausgezeichnet ist. Gleichzeitig fängt in derselben Region der Uebergang

1) F. A. Michaux, Voyage à l'Ouest. Paris 1804. 178.

2) Ebendas. 301.

von der Laubwald- in die Nadelholz-Zone an, welcher den hiesigen Wäldern bereits einen ganz anderen, düsteren und ärmeren Charakter aufprägt als man selbst noch am Südrand der Grossen Seen im Ohio- und Mississippi-Gebiet zu finden gewohnt ist. Die übermässig flache, zu Sumpfbildungen neigende Bodengestalt der tieferen, und die steinige, sandige oder felsige Beschaffenheit der höheren Lagen bedingen einen bedeutenden Unterschied zwischen der Bewaldung der beiden. In den Thälern sind nasse Wiesen, Lärchen- und Cypressen-Sümpfe (Tamarack- und Cedar-Swamps) gewöhnlich. Fichte und Schierlingstanne wachsen ebenfalls noch in den Thälern, und in den tiefen Niederungen kommt auch Ulme vor. In den Flussniederungen, wo periodisch überschwemmter Boden an die Stelle des dauernd sumpfigen Landes tritt, sind Laubhölzer, wie Eichen, Ahorn, Esche, Ulme, Eller und Weide zu finden. Höher hinauf folgen Föhren, Gelbbirken, und wo der Boden sehr gut ist, auch Zuckerahorn. Man hat für die mit Zuckerahorn bewachsenen Höhenzüge den besonderen Namen *Maple Ridges*. Kiesige, dürre Hochprärien tragen verkümmerte Straucheichen und niedere Föhren und Birken. Die hervorragendsten und werthvollsten von allen diesen Waldbäumen bleiben immer die hohen Weissföhren, welche in kleineren Beständen (*Pineries*) in den besseren Tieflandböden wachsen. Man hat Bestände von ihnen besonders in der Region des St. Louis R. und des Oberen Wisconsin, wo Weissföhren von 1 1/3 m. Durchmesser keine Seltenheit sind. Diess ist erstaunlich, denn nicht weit von hier, beim 50. Breitegrad, liegt die Polargrenze dieses Baumes und es sind in der That schon am Crow Wing R. die Föhren, welche dort mit Birken, Ulmen und Eichen die hauptsächlichsten Waldbäume bilden, gewöhnlich von nicht mehr als 0,25 m. Stammdurchmesser und die dicksten messen 0,5 m.; aber sie erreichen bei dieser Schmalheit bedeutende Höhen und man sieht auf der Wasserscheide zwischen Chippeway und Wisconsin welche, die bis 20 m. unverzweigt aufstreben.

In der unmittelbaren Nähe der Seeufer wird die Flora in eigenthümlicher Weise bestimmt durch die besonderen klimatischen und Oberflächen-Verhältnisse, vielleicht auch durch die Erleichterungen, welche die breiten, vielbewegten Wasserflächen den Wanderungen der Samen von Ufer zu Ufer bieten. Parry fand in der Uferflora des Oberen See's eine seltsame Mischung von littoralen und alpinen Pflanzen. *Lathyrus maritimus* und *Hudsonia ericoides*, die den Uferregionen des atlantischen Meeres eigen sind, finden sich dort zusammen mit den arktisch-alpinen *Potentilla tridentata* und *Cenomyce rangiferina*. Die Thatsache, dass gewisse früh hervorkommende Pflanzen, bei denen man es am wenigsten erwarten sollte, in der L. Superior-Region kräftiger und grösser werden als in den atlantischen Staaten und früher zur Blüthe kommen (es gilt diess besonders von einigen Carices) findet wahrscheinlich ihre Ursache in der tieferen, beständigeren Schneedecke, welche hier das Land deckt. Es wird dagegen auf geologische Gründe zurückzuführen sein, wenn die Drifthügel der Seeufer durch gewisse Pflanzen ausgezeichnet sind, die mit Vorliebe auf kieseligem Boden im Norden wachsen, wie *Castilleja sessiliflora*, *Oenothera serrulata*, *Psoralea esculenta*, *Oxytropis Lamberti* u. a. — In den Wäldern der Seeregion meint C. Whittlesey 3 Klimastufen nach dem „Lokalklima der Seeufer, welches durch die feuchtere Atmosphäre und die vermehrte und die verstärkte Luftbewegung erzeugt wird", unterscheiden zu können. Thuja, Balsamtanne, Fichte, Birke bilden daselbst einen Urwald, der bereits einige Kil. landeinwärts nicht mehr so dicht ist, wie unmittelbar an den Ufern. In den höheren Lagen der Uferhügel nährt besserer Boden Zuckerahorn, Schwarzeiche, Weymouth-Föhre. Schierlingstanne tritt am Fuss dieser Höhen auf und mischt sich mit den oben genannten Urwaldbäumen in den tiefen Lagen. In den sumpfigen Theilen kommen Zwergföhre, Fichte, Balsamtanne, Espe, Birke besonders häufig vor. Wenn auch manches in dieser Vertheilung der Bäume auf Gestalt und Beschaffenheit des Bodens beruht, so werden doch dem Vorherrschen des Zuckerahorns in den höheren, der Schierlingstanne in den tieferen und jenem Ufer-Urwald in den tiefsten Lagen bestimmte Verschiedenheiten der Wärme und Feuchtigkeit zu Grunde liegen.

Neben der Bewaldung nimmt die Schilfvegetation und das Moor hier eine hervorragende Stelle ein. Oft sind ganze Seebecken in der Region seichter Driftseen westlich vom L. Superior mit dem Wilden Reis (Zizania aquatica) angefüllt und sie nennt man *Rice Lakes.* In der Seenkette des Rum R. finden sich allein 3 *Reis-Seen,* von denen einer 5, ein anderer 3 Kil. lang ist. „Die Reisfelder, welche weder Einsaat noch Pflege, sondern einzig Ernte heischen, bedecken manches Tausend Acres und ergeben, was zum Brote nöthig ist“[1]). Dass sie gewaltige Schaaren von Wasservögeln anziehen, ist auch kein kleiner Vortheil. In den Erweiterungen des oberen Namekagon, wo der Wasserreis in einem grossen und kleinen *Reis-See* massenhaft wächst, kam es Owen vor, als seien diese Gewässer ein einziger grüner Brei, wie Pfützen, die voll von zähen grünen Conferven sind. Die Blätter und Halme, die auf der Oberfläche schwimmen, bedecken dieselbe manchmal fast ganz[2]).

Die unzähligen Halbseen, d. h. die gestauten, seichten Wässer, welche weite Strecken flachen Landes in der Seeregion bedecken, die halb und ganz eingetrockneten Seen, die versumpften Flussniederungen fördern eine sehr reiche Torfbildung und von den Mooren gehören die *Cranberry Marshes* (Preisselbeerhaiden), auf denen *Vaccinium macrocarpon,* die grossfrüchtige nordamerikanische Preisselbeere, in grosser Menge wächst, zu den charakteristischen Vegetationsformen der nördlichen Vereinigten Staaten und besonders des Nordwestens. Nirgends ist diese nützliche Pflanze so häufig wie in den Gebieten des oberen St. Croix R., wo sie auf feuchten Torfwiesen in einem Boden von Sphagnum mit *Andromeda polifolia* und *calyculata*, *Sarracenia purpurea*, *Menyanthes trifoliata* u. a. zusammenwächst. Vaccinium Pennsylvanicum L. (amerikanische Heidelbeere) zieht im Gegensatz zu diesen ihren Verwandten den hochgelegenen föhrenbewachsenen Sandboden vor, wo sie zusammen mit Pinus Banksiana die Pine Barrens charakterisirt. Man kann den Nordwesten wohl überhaupt als den torfreichsten Theil der Vereinigten Staaten bezeichnen, alle Bedingungen der Entwickelung dieses werthvollen Produktes des Pflanzenreichs sind hier in grosser Ausdehnung gegeben und Minnesota dürfte, was Torfreichthum betrifft, an der Spitze stehen.

1) J. G. Norwood in D. D. Owens Geol. of Wisconsin 1852. 324.

2) Geol. of Wisconsin 1852. 159.

Auch im O. sind, um diess gleich hier zu erwähnen, ausgedehnte Torflager vorhanden. Man hat berechnet, dass allein Massachusetts 120 Mill. Tonnen Torf besitzt, was einen Werth von, niedrig angeschlagen, ebensovielen Millionen Doll. darstellen würde. Das grösste Torflager soll indessen in den Sümpfen des grossen *Dismal Swamp* an der virginischen Küste liegen, die seit einigen Jahren ausgebeutet werden; in der That sind hier in den unter Wasser zersetzten Resten einer ungemein üppigen Sumpfwald- und Moos-Vegetation grosse Anhäufungen von Brennstoff zu vermuthen; dennoch ist es aber wohl übertrieben, wenn gesagt wird, dass sie „an Einfluss auf die Zukunft dieses Landes (der Vereinigten Staaten) nur von dessen grossen Kohlenlagern übertroffen werden dürften"[1]). Im W. verwirklichen sich natürlich nur in sehr beschränktem Masse die Bedingungen der Torfbildung. Torf aus Moos ist in den westlichen Theilen des Prärielandes überhaupt nicht zu erwarten, da das trockene Klima die Moos-Vegetation nicht begünstigt. Im Felsengebirg und der Sierra ist derselbe in beschränktem Masse vorhanden. Dagegen ist eine Art Torf, die aus den unter Wasser zersetzten Resten saurer Gräser, Binsen und verschiedener Wasserpflanzen besteht, in lokaler Ausdehnung in tiefer liegenden Theilen der Plains nicht selten. Der ächte Torf findet sich nur bis nach Iowa hinein. In den pacifischen Staaten scheinen sich nur in Oregon und im Washington Territ. nennenswerthe Torfmoore zu finden; Californien entbehrt ihrer fast ganz.

Die Uebergangs-Landschaft. Die geschlossenen Wälder des Nordostens rücken gegen W. zu immer mehr aus einander, indem sie ausgedehnte baumlose Stellen in sich aufnehmen, die von Natur dicht mit Gras und Kräutern bewachsen sind. Es sind diess die Vorboten der Prärien, welche jenseits des Mississippi bereits mehr Raum einnehmen als die Wälder, wie weit man auch deren Begriff fassen möge. Von dieser Uebergangs-Landschaft hat H. Engelmann nach Studien im südlichen Illinois, wo dieselbe typisch ausgeprägt ist, folgendes Bild entworfen[2]): Die Prärien nehmen immer die höchsten Punkte ein, aber ihre relativen Höhen sind sehr verschieden. Sie reichen an einzelnen Punkten bis zur Tiefe von 6 m. über dem Niveau der Gewässer herab. Ihre Oberfläche ist eben oder leichtwellig und einige lassen beträchtliche Höhenverschiedenheiten er-

1) Cit. bei Hayden, Final Rep. Nebraska 1872. 72.

2) Remarks upon the causes producing the different characters of vegetation known as Prairies, Flats, and Barrens in S. Illinois. A. J. S. 1863. 384—96.

kennen. Bewaldete *Flats* und, gegen die *Flussthäler* hin, Hügel umranden sie. Hochgelegene Striche, die nicht flach genug sind, um für Prärien gelten zu können, sondern mehr dem Typus des *gebrochenen* Landes angehören, werden als *Barren* bezeichnet; gehen sie in Hügelland über, so bedecken sie sich mit Wald. Im Allgemeinen sind Prärien und Barren die Vegetationsform der Wasserscheiden, die Wälder die der Thalgehänge. Der Baumwuchs, welcher in parkartiger Zerstreuung die Gleichförmigkeit der Prärie unterbricht, besteht auf den flachen Stellen der *Flats* aus einzeln stehenden Eichen (Post-Oaks [Quercus obtusiloba] und Black- oder Barrens-Oaks [Q. nigra]); wo eine solche flache Stelle sich so weit einsenkt, dass sie feuchteren Boden hat als die Umgebung, kommen noch einige andere Eichen (Q. palustris und imbricaria) und der schuppenrindige Hickory (Carya alba) auf. Alle diese Bäume stehen in weiten Zwischenräumen ohne anderes Unterholz als ihre ebenfalls weit zerstreuten jungen Sprösslinge. Die lichten Haine dieser Flats umgeben meistens die Prärien, indem sie die Grenzen zwischen ihnen und dem Hügelrand der Thalgehänge bilden, seltener bedecken sie die ganzen Hochflächen. Wo bei tiefer welliger, eingeschnittener Bodenform der Barren-Charakter entsteht, bekleiden ähnliche Eichenhaine die flachen Hügel, die dieser Formation eigen sind, und in den Einsenkungen kommt ein etwas üppigerer Wuchs derselben, gemischt mit Barren-Hickory (Carya tomentosa), Hasel- und Sumachstrauch, zur Entfaltung. Als *Post Oak-Hills* bezeichnet man diejenigen Hügel der Barrens, welche mit einem dichteren und höheren Wald verschiedener Eichen bewachsen sind. In den Rissen der Thalgehänge, welche von Bächen durchflossen werden, kommen, ausser einigen anderen Eichenarten, Esche und Wallnuss nebst häufigerem Unterholz zur Entwickelung. Die Waldbäume des Ostens und Südens, wie Liriodendron, Liquidambar, Nyssa, Magnolia, Fagus, Ulmus, Taxodium kommen, ausser an den Grenzen der Prärie-Region, nur in den Bottom-Ländereien der grösseren Flüsse vor. Aehnlich sind die Verhältnisse im NW. Auch hier gehört der Wald der Tiefe, die Prärie der Höhe, an. Es ist hier allgemeine Regel, dass die Bewaldung der Flussniederungen immer spärlicher wird, je näher man ihrem Quellgebiete kommt. Die Wasserscheiden sind gewöhnlich am waldärmsten, in weiten Strecken sogar waldlos. In Iowa sind die Wälder nördlich vom 42. Breitegrad schon selten. Es gibt hier Strecken von 15—20 Kil., die waldlos sind. Ebenso ist in der Gegend des 42—45. Breitegrades im Seengebiet von N. Iowa und Minnesota Wald eine seltene Erscheinung. Der etwa 30 Kil. breite Waldstreifen des Bois Franc[1]), der vom S. Peter's R. südwärts bis zu den Quellen der Mississippi-Zuflüsse sich erstreckt, ist die einzige grössere Waldparzelle in dieser Gegend. Aehnlich ist die Umgebung der Shetek-Seen im Quellgebiet des Des Moines R. (von Nicollet als *die Grosse Oase* bezeichnet) ein Wald mitten in der waldarmen Prärie, der sich hier im Schutz der Feuchtigkeit, die die Seen aushauchen, vor den Präriebränden und der sommerlichen Harttrocknung des Bodens zu bewahren vermochte.

Was die übrigen, d. h. nicht baumartigen Gewächse der Waldregion, vorzüglich die Kräuter und Sträucher, betrifft, so findet Asa Gray, indem er die Pflanzen des nordöstlichen Theiles der Vereinigten Staaten nach Zahl und Vorkommen zusammenstellt, dass an Dikotyledonen 622, an Monokotyledonen 172, an Kryptogamen (ausschliesslich Pilze und Algen) 143, zusammen also 937 Gattungen vorhanden sind, welche 2928 Arten umschliessen, von denen 2668 einheimisch sind. Von diesen einheimischen Arten fallen folgende Zahlen auf die verschiedenen grösseren Familien: Compositae 273, Cyperacae 213, Gramineae 162, Leguminosae 91, Rosaceae 71, Ericaceae 62, Scrophulariaceae 54, Orchidaceae 51, Ranunculaceae 49, Labiatae 49, Umbelliferae 37, Onagraceae 36. Diese Vertheilung lässt von der Gesammtzahl der Arten ein volles Achtel auf die Compositen, $^1/_{10}$ auf die Cyperaceen, $^1/_{13}$ auf die Gramineen, $^1/_{24}$ auf die Leguminosen, $^1/_{29}$ auf die Rosaceen entfallen. Die Reihenfolge der artenreichsten Familien ist etwas anders in den entsprechenden Theilen der Alten Welt, wo wir zwar gleichfalls die Compositen in erster Reihe, dann aber den Rest in der Folge Gramineae, Cyperaceae, Leguminosae, Cruciferae, Umbelliferae, Caryophyllaceae, Labiatae, Rosaceae, Scrophulariaceae

1) *Bois franc* oder *Bois fort* ist ein Ausdruck der französischen Canadier für laubabwerfende im Gegensatz zu immergrünen Bäumen.

haben. 7 Familien sind rein amerikanisch: Sarraceniaceae, Limnanthaceae, Loasaceae, Cactaceae, Galacineae, Hydrophyllaceae, Bromeliaceae und die zweite und fünfte von diesen sind auf das Gebiet der Vereinigten Staaten beschränkt. 19 Familien des Ostens der Vereinigten Staaten, die nicht in Europa vorkommen, hat derselbe mit Asien gemein. An eigenthümlichen Familien ist daher dieses Gebiet reicher als Nord- und Mittel-Europa, das nur 7 Familien hat, welche in den nordöstlichen Theilen der Vereinigten Staaten nicht vorkommen, während hier 26 gefunden werden, welche Europa unbekannt sind. Dass von diesen 26 Familien 23 ihre grösste Verbreitung in tropischen und subtropischen Regionen finden, ist eine bemerkenswerthe Thatsache, nicht weniger aber die, dass jene 26 Familien im Ganzen durch nicht mehr als 64 Arten — kaum 3 Proc. der ganzen Artenzahl, vertreten sind. Etwas über die Hälfte der Gattungen der nordöstlichen Vereinigten Staaten (353) ist, wie oben erwähnt, in Europa nicht vertreten.

Die Prärie- und Steppen-Region. Die baumlosen Flächen und Hügelländer, welche man als *Prärie- und Steppen-Region* zusammenfasst, nehmen einen grossen Theil des Inneren der Vereinigten Staaten ein. Ihre Grenze fällt im S. mit der Grenze der nordamerikanischen Vegetations-Gebietes gegen das mexikanische, im W. mit dem Scheitel der Sierra Nevada und des Cascaden-Gebirges zusammen, im N. wird sie durch eine Linie gebildet, welche von der Mitte des Kleinen Winnipeg-Sees nach der Mündung des Columbia R. zieht. Diess sind ziemlich scharfe Grenzlinien und vorzüglich die südlichen und westlichen werden kaum einem Zweifel begegnen, während die nördlichen durch den allmählichen Uebergang der waldlosen Wiesen und Steppen in das bewaldete Gebiet schon mehr unsicher ist. Aber die Unbestimmtheit der Grenze ist am grössten gegen O. zu, wo jene Zone lichter parkartiger Wälder, die Uebergangslandschaft zwischen die eigentliche Waldregion, d. h. die Region dichter, einst fast ununterbrochener Wälder, und die waldlosen Gegenden der eigentlichen Prärie eingeschaltet ist. Man zieht hier die Grenze der Prärie-Region entweder da wo die lichten bereits von Prärie durchbrochenen Wälder beginnen, also etwa am Wabash und

Kentucky R., östlich vom Mississippi, oder aber 6—8 Längengrade weiter westlich, in der wechselnden Entfernung von 1—3 Längengraden vom rechten Ufer des Mississippi, wo auch diese Haine bereits zurückbleiben und das ganze Land, mit einziger Ausnahme der Flussränder, und der nächsten Umgebungen der Ansiedelungen, baumlos ist. Innerhalb dieser Grenzen unterscheidet der Amerikaner Prärien und Plains, d. h. Wiesen und Steppen.

Die eigentliche Prärie umfasst den westlichen Theil von Ohio und Indiana, den südlichen Theil von Michigan und Wisconsin, fast ganz Illinois und Iowa und den nördlichen Theil von Missouri. In der Gegend zwischen dem 97. und 100. Breitegrad geht sie in den Staaten Nebraska und Kausas in die Plains über, welche ihrerseits die westlichen Hälften dieser Staaten, dann grössere oder geringere Abschnitte aller westlich von hier bis zum Stillen Meere gelegenen Staaten und Territorien einnehmen. Eine theils zwischen Prärie und Plains mitten inne stehende, theils aus beiden gemischte Vegetationsform bedeckt das Gebiet des Südwestens zwischen Gebirg und Mississippi, das die Staaten Arkansas, Texas und kleine Theile von Missouri und Lousiana, sowie das Indianer-Territorium umfasst.

Jener erstgenannte Theil der Prärie-Region, den man als die Prärien des Ostens, und der letztere, den man als Prärien des Südwestens unterscheiden kann, nehmen Theil an dem im Ganzen flachen, im Einzelnen welligen und kleinhügeligen Oberflächencharakter, welcher für das Innere der Vereinigten Staaten bezeichnend ist; doch liegen sie im Allgemeinen tiefer und die mittlere Höhe überschreitet nicht 250 m.; weite Strecken erreichen nicht die Hälfte dieser Höhe. Allerdings bemerkt man schon in dieser Region ein erhebliches Ansteigen der Prärien von O. nach W., aber eigentliche Hochebenen-Bildungen bleiben auf die westlichsten Striche beschränkt. Innerhalb der Grenzen von Illinois erhebt man sich von 125—270 m. und einige höhere Wellen der Prärie (*Swells*) erreichen 300 m. In Wisconsin gehen Prärien bis 330, in Iowa bis 450 m. Wie diese Erhebung sich nach W. hin immer weiter fortsetzt, bis sie am Fuss des Felsengebirges 2000 m. erreicht, ist (S. 42 ff.) beschrieben. Innerhalb der Prärie-Region selbst sind indessen die Höhenunterschiede noch sehr bedeutend. Flache Prärien sind selten; man findet sie vorzüglich im S. und W. des L. Michigan in den Quellgebieten des Illinois und Wabash R. Nach W. zu herrscht die wellige (*rolling*) Prärie dermassen vor, dass man in Iowa wenige Striche findet, die völlig ebenen Boden haben. Diese kleineren Unebenheiten können Höhenunterschiede bis zu 15 m. erzeugen. Die Einsenkungen, welche gewöhnlich feucht und sumpfig sind, nennt man *Swales* und *Sloughs*. Wo die Höhenunterschiede grösser werden, ist die Bildung eines fliessenden Wassers und damit die Entstehung tieferer Einschnitte die Folge, deren Seitenwände als *Bluffs* steil ansteigen und deren Grund, *Bottom*, dicht bewaldet zu sein pflegt. In die Prärien des Südwestens wird durch die Hügelzüge von Texas und Arkansas ein Zug von grösserer Mannigfaltigkeit gebracht, doch gehören sie in den weiten Strecken des Anstiegs vom Golf und vom Mississippi her ebenfalls dem Tieflande an und zeigen ähnliche Formen wie die Prärien des Ostens. Aber die Hochebenen, welche dem Felsengebirge vorgelagert sind, treten hier näher gegen den Mississippi heran als dort und in Folge davon ist das Tiefland schmäler.

Der Pflanzenwuchs der Prärie besteht vorwiegend aus Gräsern und Kräutern. Bäume und Sträucher treten nur unter besonderen Bedingungen, aber auch dann nur in zerstreuten Gruppen oder einzeln auf. Der Wiesencharakter waltet unbedingt vor. In den tieferen Theilen ist der Graswuchs hoch; je höher und trockener die Prärie, desto feiner ist das Gras, desto dichter und verflochtener der Rasen. Dieses feine Gras der Hochprärien besteht vorzüglich aus Sesleria- (Buffalo-Gras[1]) Bouteloua- (Muskit- und Gramma-Gras) und Festuca-Arten (Bunch-Gras); es sind diess sehr nahrhafte Gräser, die in den dürren Gegenden besonders wichtig werden durch die Eigenschaft, den Nahrungswerth auch in der trockenen Jahreszeit

1) Das Büffel-Gras wächst auf den Höhen 6—10 cm. hoch und wird von den Thieren dem üppigeren Gras der Niederungen vorgezogen. Man behauptet im Westen, dass es mit der Verdrängung des Büffels gegen W. und N. hin immer mehr abnehme und durch grössere Gräser ersetzt werde. Die Thatsache mag richtig sein hat aber mit dem Büffel gewiss am wenigsten zu thun.

und im Winter zu bewahren. Der Graswuchs wiegt hier überall vor, im Gegensatz zu den Steppen, in denen er sich unter der Kraut- und Kleinstrauch-Vegetation gewissermassen verliert. Von Kräutern sind überall in der gesammten Prärie-Region die Familien der *Compositen* und *Leguminosen* am stärksten vertreten und von den ersteren sind die Gruppen der Astern und Sonnenblumen reicher entwickelt als alle anderen. Die *Onagrariaceen* ragen durch grosse und bunte Blüthen hervor. Die Charakterpflanzen der Prärie sind nach Gray[1]) ebenfalls unter den Compositen und besonders den helianthusartigen zu finden. Besonders häufig und gleichzeitig hervortretend sind Helianthus rigidus, laetiflorus, occidentalis, mollis, hirsutus, Actinomeris helianthoides, Coreopsis aristata und palmata, Echinacea purpurea und angustifolia, Silphium laciniatum, terebinthinaceum, integrifolium — alles Compositen. In zweiter Reihe würden zu nennen sein: Cacalia tuberosa (Comp.), Nabulus racemosa, asper, crepidineus (Comp.), Ambrosia bidentata, psilostachya (Comp.), Veronica fasciculata (Scroph.), Liatris pycnostachya (Comp.), Eupatorium serotinum (Comp.), Solidago ohioensis, Riddellii, missouriensis (Comp.), Aster oblongifolius, azureus, turbinellus, sericeus (Comp.).

In der Steppe, welche ungefähr beim 100. Längegrad aus der Prärie durch allmähliche Verdrängung der Gräser und Wiesenkräuter und deren Ersatz durch eine entschiedene und eigenthümliche Haideflora hervorgeht, überwiegen diejenigen Pflanzen, welche dem dürren und gegensatzreichen Klima angepasst sind und zum Theil auch salzliebende. Die Bewaldung tritt in noch engere Grenzen zurück als in der Prärie und erst in der bedeutenden Höhe von ungefähr 3000 m. stellt auf den Gebirgen sich ein dichter Wald ein. *Compositen* und *Leguminosen* sind auch hier die artenreichsten Familien, aber es sind, wenn auch manchmal dieselben Gattungen, doch meistens sehr verschiedene Arten, durch welche sie hier vertreten sind. Geselliges Wachsthum prägt auch hier dem Vegetationsbild den Stempel einer grossen Gleichförmigkeit auf, aber auch der Einförmigkeit, und zwar die letztere durch das

1) A. J. S. II[d] Ser. XXIII. 397.

unbedingte Vorwiegen der dominirenden Arten, die auch in Grösse und Färbung die bestimmenden sind. Es finden zwar gewisse Unterschiede in dieser Steppenvegetation statt, welche besonders die nördlichen und südlichen Abschnitte des weiten Gebietes, das sie überzieht, von einander weit unterschieden sein lassen, aber der Name *Reich der Artemisien und Chenopodien,* den Watson der Flora des nördlichen Theiles des Grossen Beckens beigelegt hat, kann auf alle die verschiedenen bald mehr, bald minder scharfen Ausprägungen der Steppe in Nord-Amerika Anwendung finden. Der strauchartige Wermuth (Sage Brush: Artemisia tridentata u. a.) ist in solchem Grade die häufigste und charakteristischste Pflanze dieser Steppen, dass diese selbst im Volksmund die Namen *Sage Plains, Artemisia Plains* trägt. An Individuen-Zahl folgen den Wermuthsträuchern unmittelbar die gleichfalls in Gestalt eines niederen, verborgenen, verzwergten Strauches wachsenden Obione-Arten (Greasewood).

Die am häufigsten vorkommenden und den Charakter des gesammten Vegetationsbildes am entschiedensten bestimmenden Gewächse des nördlichen Grossen Beckens ordnete S. Watson in der Reihenfolge ihrer Häufigkeit folgendermassen an: Artemisia tridentata, Obione confertifolia, O. canesceus, Sarcobatus vermicularis, Linosyris viscidiflora, Grayia polygaloides, Halostachys occidentalis, Linosyris graveolens, Artemisia trifida, A. spinescens, Eurotia lanata, Purshia tridentata, Ephedra antisyphilitica, Tetradymia canescens. Von diesen Charakterpflanzen der Nordhälfte des Grossen Beckens gehen nur Tetradymia und Eurotia über den 49. Breitegrad hinaus, nur Obione canescens und Eurotia über die Felsengebirge hinüber und mit ihnen gehen die beiden selteneren Artemisia-Arten nach Arizona und Neu-Mexico. Dagegen sind die meisten über die Sierra nach dem pacifischen Abhang hinüber verbreitet. Die Gesammtflora hat keineswegs den gemischten und vermittelnden Charakter, den man von der Mittelstellung des Grossen Beckens zwischen Felsengebirg und Sierra erwartet. Der Fuss der Wahsatch-Kette und der Kamm der Sierra ziehen im O. und W. der Verbreitung dieser Flora scharfe Grenzen und zahlreiche californische und Felsengebirgs-Pflanzen gehen nicht über diese Grenzen hinaus. Auch der Süden sendet nur spärlich und nur eine kurze Strecke über die Grenzen von Nevada und Utah hinüber seine Cacteen, Euphorbien, Daleen u. a. Im N. wird sich die Grenze wahrscheinlich am wenigsten scharf ziehen lassen. Die ganze Region bildet eine botanisch wohlbegrenzte Provinz, welche S. Watson als den *Distrikt der Artemisien und Chenopodien* bezeichnet. Derselbe Forscher[1]) gibt die Zahl der in Nevada und Utah wildwachsenden Phanerogamen überhaupt zu 1235 Arten in 439 Gattungen an; davon sind Arten der Salzwüsten 49, Wasser- und Wiesenpflanzen 170, Steppenpflanzen 304, Bergpflanzen 393, eingeführt 33. 60 % davon finden sich auch am Pacifischen Abhang, 25 % erreichen den Atlantischen Ocean, 15 nur den Mississippi oder Saskatchewan, 17 sind mexikanisch, 15 arktisch. Der Flora der Wahsatch- und Uintah-Ketten gehören $^3/_4$ der arktischen Arten an. Von Kryptogamen, deren Wachsthum eine so dürre Landschaft nicht günstig ist, sind Farnkräuter nur in den Wahsatch- und Uintah-Bergen häufig (man sammelte 12 Arten), fehlen dagegen völlig auf manchen Höhenzügen des Beckens. Von Laubmoosen sind 97 nachgewiesen, deren grosse Mehrzahl den feuchtesten Cañons angehört[2]). Einige, besonders Grimmien, finden sich übrigens auch an den trockensten, versengtesten Felsen der Thäler.

Für die Steppen östlich des Felsengebirgs fehlen uns gleich genaue Zusammenstellungen, doch ist ihr Floracharakter im Ganzen dem des Grossen Beckens ähnlich und ohne die Zwischenschaltung so hoher Gebirgsketten würden die beiden wohl als ein einziger Bezirk der Prärie-Region erscheinen. Aus Porter's und Coulter's Synopsis der Flora von Colorado[3]) lernt man einen grossen Theil dieser östlichen Steppenpflanzen kennen, doch sind sie hier allerdings mit denen des Gebirges zusammengeworfen. Diese Autoren zählen 1098 Arten von Phanerogamen und 215 von Kryptogamen (ungenügend bekannt) auf, darunter 186 Compositen (mit 29 Varietäten), 93 Gräser, 93 Leguminosen, 62 Cyperaceen, 49 Scrophulariaceen, 44 Rosaceen, 43 Ranunculaceen, 17 Chenopodien, 13 Cacteen auf. Die Gattung Artemisia ist mit 11 Arten und 4 Var., Aster, Erigeron und Senecio mit je 15, Obione mit 3, Cereus mit 6, Opuntia mit 4, Yucca mit 1 Art vertreten. — Wie hier die Pflanzen des Felsengebirges, so sind in der Torrey'schen Aufzählung der Steppenflora des Südwestens[4]) südcalifornische Pflanzen mit inbegriffen, wesswegen die Zahl von über 2200, zu der man bei Schätzung auf Grund dieser Zusammenstellung gelangt, jedenfalls zu hoch gegriffen ist. Die artenreichsten Familien vertheilen sich

1) In Cl. King, Explor. 40th Parallel Vol. V. XLIII.

2) Im trockenen Zustand ist die Cañon-Flora nicht viel verschieden von der der Kämme und Abhänge in ihrer Nähe; wo aber Feuchtigkeit vorherrscht, kommt eine dichte Strauchvegetation auf, die vorzüglich aus Ceanothus velutinus, Ribus cereum, Amelanchier canadensis, Symphoricarpus montanus, Prunus demissa besteht. Die Bergflora ist hier überhaupt verhältnissmässig reicher an Sträuchern als die der Thäler. Unter den Kräutern der Berggehänge sind Arten von Penstemon, Eriogonum, Lupinus, Castilleia besonders stark vertreten.

3) Miscell. Publ. of Hayden's Survey. Wash. 1874.

4) Mex. Bound. Survey 1859. II. Botany.

auf diese Zahl in der Weise, dass auch hier die Compositen, mit 20 Proc., in erster Reihe stehen; ihnen folgen die Leguminosen mit 10, die Cacteen, Euphorbiaceen und Scrophularineen mit nicht über 4, Gramineen, Cyperaceen, Labiaten, Cruciferen, Polygoneen, Boragineen, und Liliaceen mit 3—2 oder kaum 2 Proc.

Von dieser Flora, die man die des Rio Grande-Gebietes nennen kann, entwirft C. C. Parry folgendes Bild[1]): Der Unterlauf des Flusses steht nach Lage und Klima mitten innen zwischen der Tierra Caliente Mexico's und der Küste von Louisiana und Ost-Texas und die Vegetation dieses Striches steht ebenso zwischen mexikanisch-subtropischen und nordamerikanisch-gemässigten Formen. Die baumartigen Palmen und die texanische Lebenseiche wachsen hier als die ausgeprägten Vertreter der beiden Regionen neben einander. Man kann diesen Strich als Lower maritime Belt unterscheiden von dem Upper maritime Belt, welcher die hügelige Prärie-Region von Texas mit ihren weiten Grasebenen, parkartigen Eichenhainen und den an verschiedensten Bäumen, Sträuchern und Schlinggewächsen reichen Bottom-Wäldern umschliesst. Im unteren Rio Grande-Gebiet ist diese Region durch ein dichtes Heckengebüsch (Chaparral[2]) aus Acacien, Mimosen, Algarrobien und anderen Dornensträuchern ersetzt, welchen sowohl die Dürre als die heftigen Seewinde ein kurzes gestauchtes Wachsthum aufprägen. Weiter nach N. folgt das Vegetations-Gebiet der Kreide, charakterisirt durch Sträucher wie Berberis trifoliata, Rhus microphylla, Diospyros texana, durch zahlreiche Cacteen, durch eine kleine Agave (Lechaquia der Mexikaner) und Dasylirium (Bear-Grass der Amerikaner), welche gesellig in grosser Menge auf den felsigen Tafelländern dieser Region wachsen. In den Fiumaren wächst die Zwerg-Wallnuss (Juglans rupestris), ein niedriger Strauch. In den feuchten Klüften der Felsregion entwickeln sich einjährige Pflanzen, die der Prärie-Flora angehören, in üppigem Wachsthum, während die höheren Theile dieses Bezirkes der entschiedensten Wüste angehören. Die Vegetation der hohen Plateau-Ufer des Rio Grande gehört theilweise der Flora der Kreide-Tafelländer an und ist eine steppenhafte Strauchvegetation: Fouquierien, Larrea, Ephedra, Yucca bezeichnen zur Genüge ihren Charakter; an salzreichen Stellen tritt sogar Grease-Wood (Obione) auf. Algarrobien und Acacien bilden am Abfall dieser Tafelländer zu dem Strom ein Chapparal. Am Strome selbst sind Wälder von Cotton-Wood und Weiden häufig. Eine halb alpine Pflanzenwelt krönt im Schatten von Föhren und Eichen die höheren Abhänge der Organ Mts. Auch Ben More trägt alpine Anklänge. In den Gebirgen des nordöstlichen Mexico, des südlichen Neu-Mexico und Arizona sind an den niederen Abhängen aus-

1) Mex. Bound. Survey 1859. II. 9 ff.

2) S. die Anmerkung auf S. 391.

gedehnte Gebüsche von Ephedra gewöhnlich, an den Fiumaren wächst hier neben der Zwerg-Wallnuss eine Esche. Piñon (Pinus edulis) und eine Eiche (Q. Emoryi) bedecken in zerstreutem Wachsthum die Abhänge. An den Wänden der Cañons des Rio Grande und seiner Zuflüsse wachsen nur wenige Kräuter und Sträucher, Mauerbewohner, die die unzugänglichsten Standpunkte aufsuchen: Laphamien, Perityle, Eucnide u. dergl.; in den Schluchten, die in seine Tiefe führen, felsigen Betten unregelmässiger Bäche, steigt die Steppenflora herab.

Die Wüste kann in Nord-Amerika als das letzte und äusserste Resultat der Entwickelung bezeichnet werden, in deren Verlauf die Prärien und Steppen nur Stufen oder Etappen darstellen. Mit den Steppen durch zahlreiche Uebergänge verbunden und räumlich von ihnen umschlossen, erscheinen sie in der That meist nur als die extremste Form derselben und fast alle nordamerikanischen Wüsten haben etwas Steppenhaftes an sich. Die früher oft ausgesprochene Behauptung, dass Nord-Amerika keine Wüsten habe, ist nach der genaueren Kenntniss, die wir heute von dieser Erdtheilhälfte besitzen, dahin einzuschränken, dass die ohne Zweifel vorhandenen Wüsten nirgends in weiter Erstreckung ununterbrochen vorkommen, dass sie als vereinzelte und beschränkte Erscheinungen zwar häufig, immer aber durch oasenhafte, wasserführende, der Steppenvegetation und damit häufig auch einer sehr eingeschränkten Cultur zugängliche Striche getrennt sind. Uebrigens ist der Begriff *Wüste* von einer unerlaubten Unbestimmtheit. Man sollte nur die nahezu wasser- und vegetationslosen Striche so nennen, um nicht Gefahr zu laufen, die im botanischen und zoologischen Sinn keineswegs wüste Steppe mit als Wüste zu classificiren.

Mit O. Löw kann man dreierlei Formen von der Steppe bis zur Wüste im W. der Ver. Staaten unterscheiden: 1) Steppen, mit Gras bedeckte, baumlose Ebenen: Nebraska, Dacota, W. Kansas, O. Colorado; 2) Halbwüsten, baumlos, mit wenigem oder keinem Gras, aber mit niedrigem Gebüsch (Atriplex, Artemisia, Aplopappus) bewachsen: Nevada, Utah, Wyoming, N. W. Texas, W. Indianer-Terr., Neu-Mexico; 3) ächte Wüsten mit äusserst spärlicher, streckenweise gar keiner Vegetation: Mohave Desert in Californien, Gila Desert im südwestlichen Arizona, Painted Desert im nördlichen Arizona und südlichen Utah. In so hohem Grade wasserarm, dass selbst keine eigentlichen, culturfähigen Oasen mehr zu Stande kommen, sind nur die 3 letztgenannten ächten Wüsten; dagegen ist die 1. und 2. Gruppe reich an Oasen durch die Gebirge, die sie durchziehen, und die Flüsse, die sie durchfliessen. Dagegen sind auch wieder einzelne Flecken vollkommen wüstenhaften Charakters wie z. B. die Depressionen und Salzseen der Plains und des grossen Beckens, die Lavafelder des Nordwestens, die Mesa-Flächen Neu-Mexico's in diesen Steppen und Halbwüsten zerstreut. Was die Lage der eigentlichen Wüsten betrifft, so könnte man für das vor den Rocky Mts. in Colorado und vor der Sierra Nevada in Californien liegende, südlich bis zur mexikanischen Grenze reichende Gebiet approximativ als Regel gelten lassen, dass Alles zu den ächten Wüsten gehört, was unter 1000 m. und zu den Halbwüsten, was zwischen 1000 und 1500 m. Seehöhe gelegen ist. „Sobald das Terrain weiter ansteigt, bedeckt es sich mehr und mehr mit Vegetation und bei 7—8000 F. treten grossartige Urwälder mit fetten Gründen und zahlreichen Quellen auf“ [1]). Man findet in Folge dessen die ausgedehnten Wüstenbildungen in den tiefst gelegenen Regionen, wo gleichzeitig hohe Gebirge nicht in solcher Nähe vorkommen, dass sie anfeuchtend, oasenbildend auf ihre Umgebungen wirken können.

Die bedeutendste der nordamerikanischen Wüsten ist Mohave Desert, die eine Fläche von ungefähr 125,000 Q. K. (2270 g. Q. M.) bedeckt; sie gehört grösstentheils dem Staate Californien an. Ihr nördlicher Theil, von dem die Sierra Nevada die atmosphärische Feuchtigkeit abhält, ist sehr vegetationsarm, aber die gänzlich vegetationslosen Gebiete sind von geringerem Umfang und erscheinen meist nur da, wo in den *Sinks* (S. o. S. 274) sich harte, durchsalzene Thonplatten gebildet haben, oder wo Geröll- und Felsmassen die Erde bedecken, in welcher allein die Pflanzen Wurzel zu fassen vermöchten. An allen anderen Punkten „existiren vereinzelte Pflänzchen, wo nur immer möglich, Sträucher und in den Sandschluchten sogar Bäume, aber alle sind so eingerichtet, dass sie mit einem wahrhaft minutiösen Wasserquantum zu wirthschaften vermögen; die Blätter sind nämlich rudimentär geworden

1) O. Löw in Mitth. d. Ver. f. Erdk. Leipzig 1877. 5.

oder verschwunden und die Ernährungsfunktion derselben ist auf den Stamm übertragen, welcher zu diesem Ende Chlorophyll in der äussersten Schichte führt"[1]).

Als Wüstengebiete sind auch beträchtliche Theile der zahlreichen abflusslosen Becken, welcke die Hochebene des Inneren umschliesst, in Colorado, Utah, Nevada, Neu-Mexico, Californien, Texas und Arizona zu classificiren. Die tiefsten Theile derselben sind, wie oben erwähnt, in grösserer oder geringerer Ausdehnung wüste, und zwar sind es vorwiegend Salzwüsten, die bald als die Ufer oder das Ueberschwemmungsgebiet von Salzseen, bald als Salzsümpfe, bald als *Sinks* erscheinen. Zu den ausgedehntesten unter ihnen gehört die Great Salt Lake Desert westlich und nördlich vom Grossen Salzsee, wo zwischen Granite Rock und den Goshut Mts. ein Strich von 30 Kil. hinzieht, auf dem kein Hälmchen, sondern nur die dünne Salzkruste zu sehen ist, welche diese ächte Wüste wie mit einer frischen lockeren Schneedecke überzieht; das Sandsteinplateau des Llano Estacado in Texas; die Gila Desert und Painted D. am unteren Gila R.; Colorado D. am unteren Colorado; Ralston D. und Lava Fields am Ostabhang der Silver Peak Range; die tieferen Theile der Columbia Plains; die Gegend um die Tulare-Seen. Kleinere Wüstenregionen des Grossen Beckens wurden oben (S. 275) schon genannt.

Das ächt wüstenhafte Gebilde trockener, vom Wind zusammengewehter Sanddünen (von den Spaniern *Medanos* genannt) ist in den grösseren von diesen Wüsten nicht selten. Wiewohl sie oftmals durch ihre Lagerung den Anschein bieten, als ob sie den Rand eines ausgetrockneten Sees umgäben, sind sie doch, wie die mikroskopische Untersuchung ihres Sandes lehrt, keine Wasserbildung, denn dieser ist scharfkantig, nicht geschliffen. Ausgedehntere Dünenbildungen kommen zwischen dem unteren Colorado R. und dem Fuss der untercalifornischen Sierra vor, der entlang sie sich am californischen Meerbusen weit hinab erstrecken, ferner südlich von

---

1) O. Löw a. a. O. 9. Er nennt Dalea spinosa und Parkinsonia microphylla als Bäume mit grünen Stämmen und Zweigen und höchst spärlichen Blättern.

Arkansas, am mittleren Platte R. und südlich vom Rio Grande auf dem Weg von El Paso nach Chihuahua.

Die californische Flora. Dem pacifischen Abhang ist durch die wohlbekannte Lage zwischen Hochgebirg und Meer, und durch die Besonderheit seines Klima's eine so eigenthümliche Stellung angewiesen, wie keinem anderen der natürlichen Abschnitte des nordamerikanischen Continentes. Er ist zwischen Hochgebirg und Wüste auf der einen Seite und dem Meer auf der anderen wie eine Oase eingeschaltet und seine Pflanzenwelt prägt diese Sonderstellung in einer so grossen Zahl von Eigenthümlichkeiten aus, dass man, trotz zahlreicher Uebereinstimmungen mit der Wald- und Prärie-Region, nicht anders kann als ihr eine Sonderstellung neben dem ebengenannten Gebiete anzuweisen. „Die Flora des obercalifornischen Küstenlandes liefert keine so eigenthümliche Vegetationsform, dass sie dadurch von der Vegetation der Nachbarländer gerade sehr bedeutend abwiche. Allein wegen einer ganz besonderen klimatischen Stellung und der dadurch bedingten Absonderung endemischer Pflanzen verdient dieses Litoral am Stillen Meere von der Mündung des Oregon (46° N. B.) bis zum Ursprung der californischen Halbinsel (33°) als ein selbständiges Vegetations-Gebiet betrachtet zu werden.“ [1])

Der grösste Theil des californischen Florengebietes ist nach der Bodengestaltung gebirgig, ein kleinerer ist Flach- und Tiefland, und die botanischen Eigenthümlichkeiten sind in verschiedenem Masse vertheilt auf die Pflanzenwelt des Gebirges und der Ebene. In den gebirgigen Theilen findet man ausgedehnte Nadelholzwälder, aber keinen eigentlichen Laubwald, ganz wie im Felsengebirge. Der Laubhölzer sind es wenige und sie sind der Mehrzahl nach immergrün und nicht von hohem Wuchs; ihr Vorkommen ist immer nur ein zerstreutes und sie bilden höchstens lichte Haine. Dagegen ist kein Mangel an mannigfaltigen, hochgewachsenen und waldbildenden Nadelhölzern. Das californische Gebiet ist mit 28 verschiedenen Nadelholzarten eines der an Coniferen reichsten Florengebiete, die man kennt und mehr als die Hälfte dieser Arten ist dieser Region

---

1) Grisebach, Vegetation der Erde II. 301.

eigenthümlich. Einige sind durch ungemein hohes und gerades Wachsthum ausgezeichnet und die Riesen der Coniferen, die Sequoia oder Riesencedern, finden sich nur hier. Die Aehnlichkeit der californischen und japanischen Nadelhölzer ist bemerkenswerth. Die Wälder, die jene bilden, nehmen an den Gebirgen eine Zone ein, zwischen 900 und 2500 bis 3600 m., innerhalb deren sie in bestimmter Ordnung über einander folgen.

Zwischen ihrer oberen und der Schneegrenze liegt die Alpenregion, die eine nicht geringe Anzahl von Arten mit den Hochgebirgen der Alten Welt und den arktischen Regionen gemein hat, in der jedoch die langen sommerlichen Dürren der Entwickelung einer reichen, alpinen Matten-Vegetation nicht günstig sind.

An den unteren Abhängen des Mt. Shasta besteht der Wald vorwiegend aus Zuckerföhre (P. Lambertiana), Fichte (Abies Douglasii), Bastardceder (Libocedrus decurrens), Oregonceder (Cupressus Lawsoniana), Schwarzeiche (Quercus Sonomensis) und Lebenseiche (Qu. crassipocula). Der grösste Waldbaum in dieser Region ist indessen Pinus ponderosa, der nicht selten 3—4 m. Durchmesser und 75 m. Höhe erreicht. Dieser Wald reicht bis ungefähr 1200 m. und erst bei dieser Höhe beginnt der eigentliche Gebirgswald, der bis 2200 m. reicht und seinen wesentlichen Bestandtheilen nach ausschliesslich aus Nadelholz besteht. Es sind vorzüglich 8 Bäume, die diesen Wald bilden und jeder von diesen erreicht bis zu 2 m. Durchmesser und 60—80 m. Höhe. Es sind: P. Lambertiana, ponderosa und Jeffreyi, Abies Douglasii, Picea grandis, amabilis und nobilis und Libocedrus decurrens. Indem man sich in diesem Gürtel erhebt, gehen die Föhren zurück, während die Fichten zunehmen. Bei 2200 m. ist Picea nobilis der vorherrschende Baum. Bei 2400 m. hört der Wald fast plötzlich auf. Die Bäume behalten ihre Dimensionen bis zu diesem Punkt (Brewer mass noch bei 2300 m. eine Picea nobilis von 2 m. Durchmesser, die neben ewigem Schnee stand; 150 m. weiter oben hatte aller Waldwuchs aufgehört) und geben dann unvermittelt einigen strauchartig wachsenden Nadelhölzern Raum, die bis etwa 2800 m. zerstreut vorkommen. Eine Föhre, Pinus flexilis, ist die häufigste unter diesen Zwergformen, die durch verbogenes und niedergedrücktes Wachsthum an die Legföhren unserer Alpen erinnern. Abgesehen von diesen vorgeschobenen Posten ist der Wald fast überall ununterbrochen mit Ausnahme frischer Runsen oder Schutthalden und einiger eingestreuter Chaparral-Flecken, die mitten im Baumwuchs der Berghänge vorkommen und deren Vorhandensein wohl auf zufällige Ursachen, vielleicht Waldbrände oder örtliche Wirkung waldzerstörender Insekten, zurückzuführen ist.

Aehnlich wie an diesem einzelstehenden Berge sind die Bewaldungsverhältnisse auch in der eigentlichen Sierra, nur dass die Waldgrenze (s. o. S. 352) um so mehr hinaufrückt, je weiter man nach S. fortschreitet. Sie dürfte in der Mt. Whitney-Gruppe stellenweise kaum tiefer als 3900 m. liegen[1]). In der mittelcalifornischen Sierra stehen zwischen 36 und 38° N. B. und in 1500—2100 m. Höhe in kleineren Beständen die Riesencedern (Sequoia gigantea), die bis zu 105 m. ihre Gipfel erheben, und deren Verwandte, das Redwood (S. sempervirens), ausgedehnte Wälder an den Abhängen des Küstengebirges bildet. Auch unter diesen kommen Stämme von grosser Höhe und Stärke vor und in den herrlichen Redwood-Waldungen von Sa. Cruz hat man einzelne Bäume von 84 m. Höhe und 15 m. Umfang an der Basis gemessen[2]).

Im Küstengebirge findet sich in den südlichen Theilen eigentlicher Waldbestand spärlich; man begegnet ihm in den Thälern, die sich gegen den Ocean öffnen, auf den höchsten Gipfeln und Kämmen, in den tiefen schattigen Schluchten an ihren Abhängen. Föhren und Eichen wiegen weitaus vor. Pinus Coulteri, insignis und monticula, Quercus lobata, Douglasii, Garryana, agrifolia, Sonomensis sind die charakteristischen Formen. Red-Wood kommt in kleinen Beständen nördlich von Concepcion an vor. Cupressus macrocarpa (Monterey-Ceder), Tetranthera Californica (Laurel oder Bay), Arbutus Menziesii (Madrona), Populus monilifera (Cottonwood), Platanus racemosus (Sycamore) sind weitere Bäume dieser seltenen Haine. Von ihnen allen erfreuen sich nur einige Eichen, voran Quercus agrifolia, einer weiteren Verbreitung auch über die dürren Ebenen der Thäler.

---

1) Brewer behauptet (Geol. of California I. 338), dass es noch Bäume von über 1 m. Durchmesser in Regionen der Sierra gebe, wo es fast allnächtlich friert.

2) Man kennt die Ursache des ausserordentlichen Höhenwachsthums dieser Bäume nicht, aber die Erscheinung verliert wohl etwas von ihrem Räthselhaften, wenn man sich erinnert, dass in diesem Gebiete die Sequoien nicht allein stehen mit ihren Riesendimensionen, wiewohl wahrscheinlich ihre höchstwachsenden Glieder von keiner andern Art erreicht werden. Pinus Lambertiana, P. nobilis, Abies Douglasii, A. Menziesii, A. Mertensii, Thuja gigantea u. a. theils Californien, theils Oregon angehörige Bäume, erreichen gleichfalls Höhen, die keinem von unseren europäischen Nadelhölzern vergönnt sind. Die erstgenannte soll bis 100 m. hoch werden; 60—80 m. sind keine ungewöhnlichen Höhen. Selbst die Nadelhölzer des Felsengebirges erstaunen den, der mit ihren Genossen in der atlantischen Flora bekannt geworden ist, durch ihr viel mehr schlankes und aufstrebendes als üppiges und in die Breite gehendes Wachsthum, so dass das hohe Wachsthum der californischen keine vereinzelte und örtliche, sondern eine verbreitete und vorbereitete Erscheinung ist, deren Ursache man am ehesten in den klimatischen Verhältnissen des westlichen Nord-Amerika zu finden erwarten darf.

Durch die Flora der Mittelgebirge, Hügel und Ebenen geht eine **Aehnlichkeit mit unserer Mediterran-Flora**, welche zwar nur auf die Aehnlichkeit der Lebensbedingungen zurückzuführen, indessen nichtsdestoweniger für jene sehr charakteristisch ist. Immergrüne Eichen, ein Lorbeer, eine immergrüne Kastanie[1]), ein Erdbeerbaum (Arbutus) unter den Bäumen, eine grosse Anzahl stark holziger, kleinblättriger, zum Theil auch immergrüner Sträucher, dann duftende harzreiche Kräuter und endlich einjährige, gesellig wachsende Gräser machen diese Aehnlickeit zu einer sehr auffallenden. Während es der gemeinsamen Arten wenige sind, ist die Uebereinstimmung in den Vegetationsformen eine um so grössere. Die lichten Haine der immergrünen Eichen und der an den Gebirgsabhängen tiefer herabsteigenden Föhren; die ausgedehnte niedrige Strauchvegetation, als *Chaparral* und *Chamisal* eine nur zu häufige Erscheinung in der californischen Landschaft[2]); die Matten stark duftender Kräuter, auf denen die grösste Blüthenfülle mit grauer Dürre wechselt, sind so entschiedene Anklänge an mediterrane Verhältnisse, dass man sich nicht wundert, auch in den Culturen denselben Anklängen, bis jetzt besonders gegeben durch die weiterverbreitete Nothwendigkeit künstlicher Bewässerung, durch den ausgedehnten Weinbau, die sehr gedeihliche Cultur unserer Südfrüchte, zu begegnen. Die wenigen nordischen Laubbäume, wie Esche, Ahorn, Wallnuss, Platane, Espe, Weide sind in Californien zu wenig verbreitet, um diese Aehnlichkeit zu stören; in Oregon, wo sie bereits häufiger

1) Diese in der Sierra als hoher Strauch weitverbreitete Kastanie oder Chinquapin (Castanopsis chrysophylla) wird erst auf den Siskiyou Mts. zu einem Baum von $^1/_2$ m. Durchmesser und 12—18 m. Höhe.

2) Der eigentliche Begriff, den **Chaparral** bezeichnet, ist der des dichten Unterholzes von Strauch-Eichen. Im Allgemeinen nennt man aber mit diesem Namen alles dichte, dornige, fast undurchdringliche Strauchwerk, das die niedrigeren Abhänge des Küstengebirges und der Sierra in sehr grosser Ausdehnung bedeckt und in welchem meistens verschiedene Arten von *Ceanothus* vorherrschen. **Chamisal** nennt man dieselbe Vegetationsform überall, wo Chamiso (Adenostoma fasciculata) vorwaltet. Wie schwer durchdringlich dieses Dorngesträuch oft ist, mag eine Bemerkung J. D. Whitney's andeuten, welcher von der Sa. Anna-Kette sagt: „Die Dichtigkeit des Chaparral auf dieser Kette würde ihre Erforschung ausserordentlich schwierig machen“ (Geol. of California 1869. I. 178). An einem Orte schildert er die Strauch-Eichen als eine Pflanzenart, die „so viel Dornen hat als Ansätze von Blättern und Zweigen“.

werden, kommen sie gleichwohl nicht zu erheblich grösserer Geltung, da hier die Nadelwälder bis in die Ebenen herabsteigen, so dass für Laubwald nicht einmal mehr Platz übrig bleibt.

Man schätzt die Gesammtzahl der diesem Gebiet eigenthümlichen Arten auf 1000 und Griesbach führt 50 endemische Gattungen aus demselben an[1]; unter diesen letzteren sind nicht weniger als 11 Sträucher. Auf die Compositen entfällt auch hier die grösste Zahl mit 9, Polygoneen folgen mit 4 und Papaveraceen, Rosaceen, Onagrarien und Liliaceen mit je 3 Gattungen. Die einzige endemische Baumgattung ist die Riesenceder Sequoia. Die Mehrzahl der auf ungefähr 800 zu schätzenden nicht endemischen Arten gehört der Prärie- und Steppen-Region an. Der Beziehungen zu der tropischen Vegetation Nord-Mexico's sind es bei dem trockenen Klima wenige; das Vorkommen der Cacteen kann man nicht zu diesen rechnen; Palmen und Yucca fehlen. Mit der Waldregion hängt das californische Gebiet durch Oregon und Columbia zusammen und die Beziehungen zu demselben sind daher im N. zahlreicher als im S., wo die Anklänge an die Steppenregion überwiegen. Die negativen Charakterzüge der californischen Flora im Gegensatz zu der Flora der atlantischen Staaten fasst A. Gray in dem oben angeführten Vortrag[2] in folgenden Worten zusammen: „Californien hat keine Magnolien, Tulpen- und Sternanis-Bäume, keinen Papaw (Asimina), keine von unseren gemeinen einblätterigen Berberitzen, kein Podophyllum oder verwandte Gattungen, keine weisse Wasserlilie und keine Nelumbo, weder Prickly Ash (Zanthoxylum) noch Sumach, weder Loblolly Bay (Gordonia) noch Stuartia, keine Linden und Robinien. Auch Gymnocladus, Gelbholz (Cladrastis), Nyssa, Liquidambar, Hydrangea, Diervillia, Schneeball fehlen; es hat wenige Astern, Goldruthen, keine Lobelien, keine Huckleberry's (Gaylussacia) und kaum eine Heidelbeere; es fehlt Epigaeum, die Zierde unseres Frühlings, Kalmia, Clethra, Stechpalme, Persimmon, Catalpa, Tecoma; ebenso ist nichts dort vorhanden, was unseren Sassafras-, Benzoin-, Hickory-, Ulmen-, Maulbeer-, Buchen-, Kastanien-, Birken-, Horn- und Eisenholzbäumen entspräche."

1) A. a. O. II. 595.
2) A. J. S. 1872.

Anhang I. Die Entstehung der Prärien. Die Erkenntniss der Ursachen, welche der Präriebildung zu Grunde liegen, ist von allen den Schwierigkeiten umgeben, welche so grossen und mannigfaltigen Erscheinungen eigen zu sein pflegen. Es ist von vornherein wahrscheinlich, dass eine grosse, umfassende Ursache einer so ausgebreiteten und in allen Erdtheilen wiederkehrenden Erscheinung wie den Prärien nicht fehlen werde; aber da thatsächlich Prärien und prärienartige Vegetationsformen unter dem Einfluss weit verschiedener Ursachen sich bilden, so ist es nicht leicht, die grosse, allgemeine Ursache von den mehr nur in örtlicher oder zeitlicher Beschränkung und häufig in Verbindung mit jener wirkenden Gründen zu trennen. Die Forschungen über die Entstehung der Prärien haben aus diesem Grunde ihre eigene Geschichte, die nicht uninteressant ist. Zahlreiche Controversen sind über diesen Punkt geführt, die verschiedensten Wege zur Erklärung eingeschlagen worden und in den Theorien, die nach einander auftraten, spiegeln sich die Strömungen wieder, die zu verschiedenen Zeiten in den Wissenschaftsgebieten die vorherrschenden waren. Einige Theorien haben keine allgemeinere Geltung zu erlangen vermocht, so die, dass die Wurzeln der Bäume von den verschlungenen Wurzeln des Schilfrohrs gewissermassen erstickt würden[1]), die J. D. Whitney's, dass die staubartige Feinheit des Präriebodens den Baumwurzeln keinen Halt gebe[2]), die Atwater's u. A., dass das Wasser, das auf den meisten Prärien lange stehen bleibt und die beständig feuchte Beschaffenheit des Untergrundes den Baumwuchs nicht aufkommen lasse[3]). Auch die in den Kreisen der Präriebewohner einst allgemein gültige Erklärung der Waldlosigkeit durch die Präriefeuer, welche die vorhandenen Wälder mit der Zeit zum völligen Verschwinden gebracht hätten, die natürlichste Theorie der Ansiedler, denen in ihren Urbarmachungs-Arbeiten das Feuer ein so wichtiger Bundesgenosse ist, hat sich vor der Wissenschaft nicht gehalten. Man findet in den Prärien nichts von den Resten der Wälder, welche diese Theorie voraussetzt.

Die Prärie-Feuer sind allerdings eine fast regelmässige Erscheinung in den Prärie-Staaten trotz der Verbote, die in diesen allen gegen das Feuerlegen erlassen werden. Es vergeht selten ein Herbst, ohne dass sie auf weiten Strecken den grössten Theil des trockenen Grases verzehren. Dieses ist ihre Nahrung. Ein solches Feuer schreitet langsam vor und lischt schon bei kleinen Hindernissen aus, wenn Windstille herrscht, aber es wird gefährlich bei raschem Wind. Fast so rasch wie dieser selbst durchschreitet es weite Strecken. Der Reisende schützt sich in diesem

1) A. J. S. I. Series. XXIII. 40.
2) Iowa Geol. Rep. I. 24.
3) A. J. S. I S. I. 116.

Falle dadurch, dass er selbst einen Fleck Rasen in Brand steckt und auf diese Stelle sich zurückzieht, die dem Feuer keine weitere Nahrung mehr bietet. Bei heftigem Wind sind Flüsse und Gräben von mehreren Klaftern Breite kein Hinderniss für die Verbreitung des Feuers, um so weniger als dieses in dem trockenen Röhricht und dem Schachtelhalmgestrüpp der Thalniederungen ein massenhaftes und sehr leicht Feuer fangendes Brennmaterial vorfindet. Es ist kein Zweifel, dass diese Feuer unter gewissen Umständen hemmend auf den Waldwuchs einwirken, aber nur an den Grenzen der Prärie gegen die Waldregion wird diess stattfinden, während in der eigentlichen Prärie es der Feuer nicht bedarf, um Baumlosigkeit zu erzeugen; auch in Gegenden, die häufig vom Feuer verheert werden, finden sich hier Wälder, wenn z. B. eine höhere Lage etwas mehr Feuchtigkeit an die Pflanzen herankommen lässt.

Von allen diesen und ähnlichen Erklärungen der Präriebildung, welche von örtlichen Erscheinungen ausgehen und jene nicht als eine grosse tellurische Erscheinung auffassen, ist indessen die interessanteste jedenfalls die Torfhypothese, welche noch in neuerer Zeit von Lesquereux mit Kenntniss und Geschick verfochten wurde[1]) und auch in den nordamerikanischen Prärieregionen selbst noch immer von *praktischen* Leuten stark geglaubt wird. Dieselbe nimmt an, dass der schwarze Boden der Prärien ursprünglich Torfboden und dass der Säuregehalt und die Lockerheit, die diesem Boden eigen, die Ursache seiner Baumlosigkeit sei. Eine Reihe von auffallenden, aber örtlich begrenzten Erscheinungen scheint diese Hypothese zu unterstützen. Lesquereux geht vorzüglich von der Bildung der Uferprärien aus, deren Boden ihm zu Folge weder eigentlicher Torf noch Humus, sondern eine weiche schwarze Erde ist, die eine beträchtliche Menge Ulminsäure enthält und durch die langsame Zersetzung von Pflanzen, besonders unter Wasser, entsteht. Dieselbe kann als ein Mittelding zwischen Humus und Torf gelten. Eingehend beschreibt er die Torfbildung in der Bai von Sandusky, die gegenwärtig durch langsame Auffüllung auf dem Wege ist, in eine Prärie umgewandelt zu werden. Eine Kette von Sandbänken und niedrigen Inseln, aus Anschwemmungsgebieten bestehend, schützt sie gegen allzuheftige Einwirkung der Seewellen. Rund um die Bai und besonders im SW., ziehen sich ausgedehnte Ebenen, die von Wasser bedeckt sind und deren Boden bemerkenswerthe Verschiedenheiten zeigt. Gegen den See zu, wo an tieferen Stellen der Pflanzenwuchs noch schwach ist, herrscht ein sandiger Thon vor, der nach den seichteren Punkten hin durch Zumischung von zersetzten Pflanzentheilen schwarz und schlammig wird. Gegen den Rand hin wird derselbe dicker, und wird

1) Prof. S. Lesquereux in Geol. Survey of Illinois 1866, Geol. Vol. I. S. 238 ff. und A. J. S. II S. XXXIX u. XL.

endlich zu einem nassen, schwarzen Prairieboden mit genau derselben Pflanzenwelt wie die Seesümpfe und mit einer thonigen Unterlage. Der Uebergang von diesen nassen zu den höher gelegenen trockenen Prairien ist ein ganz unmerklicher; indem wir uns vom Rand des Sees in ansteigender Richtung entfernen, haben wir beständig denselben schwarzen, schwammigen, modrigen Boden, mit derselben Thonunterlage und fast demselben Pflanzenwuchs. Und ferner sehen wir, dass die hügelartigen Erhöhungen, welche Bäume tragen, aus ganz demselben Boden bestehen wie die vorhin erwähnten niedrigen Inseln und Sandbänke des Sees. Aber aus der Prairie noch ragen diese Erhöhungen inselartig hervor. — A. Winchell, der gleichfalls die Entstehung der Prairien aus langsam abfliessenden Seen vertritt, legt besonderen Werth auf die Priorität des Wurzelfassens. Ihm zu Folge bemächtigten sich Gräser, Binsen u. dergl. mit ihren leichtwandernden Samen so rasch des noch nicht völlig trockenen Bodens, in welchem vorher alle Keime untergegangen waren, dass den Bäumen, Sträuchern u. dergl. kein Raum zum Wurzelschlagen übrig blieb. Nur auf den Inseln und an den höheren Rändern dieser auslaufenden Seen, wo die Gräser minder üppig wuchsen, vermochten jene aufzukommen[1]). Engelmann hat sich in einer Arbeit über die Entstehung der Prairien des mittleren Missouri- und Mississippi-Gebietes ebenfalls, wenn auch nicht ausschliesslich, auf die Bewässerungsverhältnisse gestützt, ohne indessen, wie man hervorheben muss, die Absicht zu haben, eine allgemeine Theorie der Prairiebildung auf die Verhältnisse der Bodenfeuchtigkeit zu gründen; er wendet seine Theorie auf die Prairien des genannten Gebietes, keineswegs aber auf die westlicher gelegenen und die Plains an, von denen er selbst sagt (S. 389 seines oben S. 375 citirten Aufsatzes), dass ihre Ursache im Mangel an Feuchtigkeit zu suchen sei, der theils unmittelbar, theils mittelbar durch unzulängliche Zersetzung des Bodengesteins wirke. Der Boden der Prairien im südlichen Illinois, woher er seine Beispiele nimmt, besteht aus dem sehr fein zertheilten, fast pulverigen Zerfallprodukt sandig-thoniger Schiefer der Kohlenformation. Dieser Boden nimmt Wasser rasch auf und erhärtet dabei fast bis zur Undurchdringlichkeit durch die Verstopfung seiner Poren, er hält dadurch lange die Feuchtig-

1) Die Erfahrung lehrt übrigens, dass wenn ein Sumpf trockener wird, er sich nicht in Prärie, sondern in Wald verwandelt. Man hat diesen Vorgang oft genug beobachtet und es liegen darüber die Mittheilungen von Naturforschern vor. Im nördlichen New York rückt am weitesten von allen Bäumen die Lärche in den Sumpfregionen vor, und fast eben so unempfindlich gegen Feuchtigkeit zeigt sich die Schwarzfichte, dann kommt Thuja; es gibt kaum einen Sumpf, wo diese nicht wüchsen; die nächsten Bäume sind Schwarzesche, Rothahorn, endlich Birke und Ulme. Als Strauch geht die Erle ebensoweit wie die Lärche. Vgl. die Beobachtungen Asa Gray's und Verrill's in A. J. S. 1865. II. 298 ff.

keit, die sich auf seiner Oberfläche in Depressionen und in seinen oberen Schichten sammelt. Dieser Zustand ist dem Pflanzenwuchs im Allgemeinen nicht günstig; nur Pflanzen, welche sich in einem durchfeuchteten Boden behagen und denselben durch ihr dichtes Wachsthum vor allzu raschem Austrocknen schützen, gedeihen hier gut und diess sind Gräser. Dagegen ist dieser Boden am wenigsten geeignet tiefwurzelnde Pflanzen zu tragen. Die Stellen, wo Bäume aufwachsen, sind immer von anderer Bodenbeschaffenheit als die eigentlichen Prairien. Der Boden der letzteren ist tiefer und humusreicher z. B. als der der *Flats*, aber diese sind ihrerseits nicht so feucht, wenigstens steht das Grundwasser tiefer. Ihre Bäume sind flachwurzelnd. Dem bestbewaldeten Striche des höher gelegenen Landes, den Hügeln, ermöglicht schon die Bodenbeschaffenheit eine leichtere Drainage.

Diesen Hypothesen gegenüber hat unter den amerikanischen Forschern vorzüglich J. D. Dana die grössere und ohne Zweifel allgemeingültigere Anschauung vertreten, dass der über so weite Gebiete sich verbreitenden Waldlosigkeit klimatische Ursachen zu Grunde liegen [1]). Er erinnert daran, wie überall der Wald fehlt, wo das Klima trocken ist und wie er da, wo er den Ebenen mangelt, in den höheren feuchteren Regionen unvermittelt und oasenartig auftritt. Die Verschmälerung der Waldregion an der pacifischen Küste von N. nach S., ist z. B. nur ein Spiegelbild der Verschmälerung der Zone reichlicherer Niederschläge in demselben Gebiet. Eine vergleichende Betrachtung der Verbreitung der Wälder über die Erde lässt folgende Thatsachen erkennen: 1) ein Vorwalten der Feuchtigkeit ist direkt verbunden mit einem Vorwalten der Wälder; 2) in einem genügend feuchten Klima bedecken sich alle Arten von Boden, die nicht unter Wasser stehen, mit Wald, vom feinsten Schlamm bis zum gröbsten Kies, vom sauersten Torf bis zum fruchtbarsten Alluvium; 3) Grasflächen verdrängen Wälder und diese jene, je nachdem das Klima trockener oder feuchter wird. Dana's Ansicht wird von der Mehrzahl der Botaniker und, man kann wohl sagen, auch der Geographen getheilt werden. Man kann einer auf diese Ansicht gegründeten Darstellung und Erklärung der nordamerikanischen Prärien, wie sie auch Grisebach neuerdings gegeben hat[2]), das Zeugniss nicht versagen, dass sie auf alle Prärien oder Steppen Anwendung finde, welches auch im Uebrigen ihre Lage, ihre Ausdehnung, ihre Klima- und Vegetationsverhältnisse seien. Die früher erwähnten Hypothesen haben im Gegensatz hiezu einen vorwiegend lokalen Charakter: Sie genügen, um gewisse beschränkte Fälle von Baumlosigkeit zu erklären, sind aber unfähig den grossen Erscheinungen von tellurischer Ausdehnung

1) A. J. S. 1865. II. 293.

2) Die Vegetation der Erde 1872. II. 273 ff.

gerecht zu werden, welche unter den Begriff der Steppen fallen. „Die Prärien, sagt Grisebach, sind die Steppen Nord-Amerika's. In der westlichen wie in der östlichen Hemisphäre nehmen baumlose Ebenen den inneren Raum der Continente ein, wo die Winterkälte streng ist und die regenlose Periode des Jahres das Pflanzenleben einschränkt. Die Uebereinstimmung der Vegetation beruht auch in den Prärien auf den drei Jahreszeiten der Steppe, ihre kurze Entwickelung wird unter vorübergehenden Niederschlägen eingeleitet, bald wieder durch Dürre und später durch den Winter gehemmt. Wie in den Steppen ist die Bewaldung entweder an fliessendes Wasser gebunden oder auf die geneigten Abhänge von Gebirgsketten zurückgedrängt. Wie dort verwandelt sich das Weideland in gewissen Gegenden, die der Niederschläge entbehren, in wasserlose Wüsten." Zwar hebt er hervor, wie die Prärie-Region Nord-Amerika's viel reicher bewässert sei als diejenige des inneren Asiens, aber diese Bewässerung hindert nicht die volle Entfaltung der Steppennatur, sowenig wie sie diess unter ähnlichen Verhältnissen in der Kalahari Süd-Afrika's vermag; indessen ist die weite Verbreitung oasenhafter Striche ihre Folge. Aber nicht der Passat wie in Afrika und Asien, sondern westliche Winde, die bei der Uebersteigung des Gebirges ihre Feuchtigkeit verloren haben, sind die Träger der Trockenheit in diesen Gebieten und nur, wo diese Winde auf vom Golf von Mexico oder den canadischen Seen kommende Winde treffen, entsteht Wolkenbildung mit einigermassen beträchtlichem Niederschlag, der den Waldwuchs ermöglicht.

Anhang II. Die Vertretung einiger wichtigeren Pflanzenfamilien in der Flora der Vereinigten Staaten. Von Ranunculaceen haben die Vereinigten Staaten neben einer grossen Zahl eigenthümlicher Formen mehrere, die auch in entsprechenden Strichen der Alten Welt gefunden werden und von denen einige hier durch häufiges Vorkommen jene oft so auffallende Aehnlichkeit in der äusseren Erscheinung der hiesigen und der mitteleuropäischen Flora erzeugen helfen. Einige Arten von Anemone, Hepatica, Ranunculus, Caltha, Delphinium, Aquilegia sind Nord-Amerika und Europa gemein oder doch europäischen Formen so ähnlich, dass man besonders zur Frühlingszeit, wo viele von ihnen blühen, sich auf Wiesen und in schattigen Wäldern von alten Bekannten umgeben wähnt. Einige blau- und purpurblüthige Clematisarten, fleischroth blühende Akeley's, die schattenliebende Hydrastis canadensis mit ihren grossen rosenrothen Blüthen, die strauchartige

Xanthorhiza, welche ihre dunkeln Purpurblüthen in Sträussen trägt, sind Glieder dieser Familie, die keine kleine Rolle in dem blüthenreichen nordamerikanischen Landschaftsbilde spielen. Die Familie der Podophylleae, den Mohngewächsen nächstverwandt, ist eine ächt amerikanische; die Frucht von Podophyllum peltatum, der May-Apple, wird gegessen. Von den Papaveraceen ist in hohem Grade charakteristisch für die dürren Strecken des Südens und Westens die Argemone mexicana, ein stacheliges Milchsaftgewächs mit grosser weisser, mohnartiger Blüthe. Die weissblühende, von rothem Safte strotzende Sanguinaria canadensis ist Nord-Amerika eigenthümlich. Unter den nordamerikanischen Fumariaceen sind die Diclytren mit ihren seltsam zweispornigen, rothen, gelben oder weissen Blüthen zu nennen, die in unsere Gärten übergegangen sind. Eine Corydalis-Art gehört zu den lieblichsten Frühlingspflanzen, die im Mai die schattigen Wälder am Hudson und Ohio zieren. Die Nymphaeaceen und Nelumbiaceen sind durch gelbe und weisse Seerosen vertreten, die den unseren ähnlich, aber formenreicher sind. Von der Seerose Cyamus flavicomis, die in Teichen Virginia's und Carolina's wächst, werden Samen- uud Wurzelknollen von den Indianern mit Vorliebe gegessen. Die Magnoliaceen, eine eigenthümlich nordamerikanische Familie, sind besonders für den Süden der Vereinigten Staaten charakteristisch, wo sie als Bäume und Sträucher mit grossen, lederartigen, dunkelglänzenden Blättern und seerosenartigen, duftenden Blüthen sehr häufig und für den Vegetationscharakter der Landschaft, besonders nach der schönen Seite hin, wichtiger sind als irgend ein anderes Pflanzengeschlecht. An Magnolia grandiflora, einen stolzen zu 60—70' aufstrebenden Baum, reicht kaum ein anderer von den immergrünen Bäumen an stolzer Schönheit heran. Zahlreiche andere Magnolia-Arten, von denen eine (M. glauca; man zählt ihrer 7 im Gebiet der Vereinigten Staaten) in Strauchgestalt bis nach Massachusetts hinaufgeht, gehören mit in erster Reihe zu den Gewächsen, die einen Zug von Reichthum und Mannigfaltigkeit der Flora der Vereinigten Staaten selbst noch an ihrer Nordgrenze aufprägen. Liriodendron tulipifera, ein Familiengenosse der Magnolien, ist nicht von ihrer dunkeln und gemessenen Schönheit, aber mit seinem hellgrünen, an Platanen erinnernden Laubwerk, seinen grossen rothgelben Blüthen, seiner breiten Verästelung und seiner Grösse (er erreicht bis 100' Höhe) ist er doch eine der schönsten und kräftigsten Erscheinungen im nordamerikanischen Walde. Nahe verwandt ist die Gattung Illicium, die mit einigen Arten im Mississippi-Gebiet vertreten ist. Die Anonaceen, die hier sich anreihen, sind eine vorwiegend tropische Familie, die aber mit einigen Gattungen, wovon eine baumartig (Asimina triloba, Papaw tree), in das Golfgebiet hinüberreicht. Die Umbelliferen oder Doldengewächse, diese ebenso entschieden nordische Familie, ist dagegen in Nord-Amerika schwach vertreten. Nur wenige Arten (Schierling, Wasserschierling, Gleisse, Ligustrum), die wahrscheinlich erst in den letzten Jahrhunderten eingewandert sind, sind Nord-Amerika mit Nord-Europa gemein; ausserdem sind manche Gattungen in beiden Erdtheilen vertreten, aber sie sind in der Regel in Nord-Amerika arten- und individuenärmer als in Europa. Von den nahverwandten Araliaceen sind Panax und Aralia in Nord-Amerika heimisch, nicht aber Hedera, das Epheu, welches erst von Europa hinübergebracht wurde, nun aber allerdings in grosser Menge überall an menschlichen Wohnungen, Kirchen, Mauern u. s. f. gefunden wird. Die Grossulaceae, Stachel- und Johannisbeeren, sind an Arten und Individuen reicher als ihre europäischen Verwandten, aber ihre Früchte sind nicht immer schmackhaft. Dasselbe gilt von den Vitaceen, den Reben. Die nordamerikanischen Berberideen sind unseren europäischen ähnlich. In den Sarracenien haben wir wieder eine ächt amerikanische Familie, deren Glieder zu den seltsamsten Gewächsen gehören. Die verschiedenen Arten von Sarracenia sind auf Sumpfwiesen besonders in den Südstaaten so häufig wie bei uns der Fieberklee. Droseraceen sind an denselben Standorten weit verbreitet. Es gehört zu ihnen die neuerdings oft genannte *fleischfressende* Dionea musicapa, die Fliegenfalle, in den Bogs oder Torfwiesen von Nord-Carolina. Die Onagraceen erreichen in Nord-Amerika ihre grösste Entwickelung. Die Gattungen Oenothera (Nachtkerze) und Epilobium, welche zahlreiche bunt- und grossblüthige Arten umschliessen, sind der Alten und Neuen Welt gemein, aber sie sind in der letzteren ganz besonders stark vertreten und spielen an allen Standorten, in Sümpfen, Wäldern, Prärien, selbst auf den dürren Plains des Westens ihre Rolle durch ihr oft massiges Auftreten und ihren Farbenreichthum. In der Familie der Cornaceen hat Nord-Amerika seine schönen Cornus-Arten, die als Unterholz und kleinere Bäume wesentlich beitragen, seinen Wäldern einen Zug von oft fast tropischer Ueppigkeit aufzuprägen. Cornus florida mit seinen grossen milchweissen oder röthlichweissen Involucren ist ein sehr schönes strauchartiges Bäumchen. Der Strauch Hamamelis hat die Eigenthümlichkeit, vom Oktober bis zum Februar Blüthen zu treiben und seine Früchte im Frühling zu reifen. Von den Loranthaceen hat auch Nord-Amerika gleich Europa die Misteln, die hier besonders die Eichbäume zum Wohnort wählen. Die rein amerikanische Familie der Cacteen ist zwar eine vorwiegend tropische, sendet aber vereinzelte Glieder ihrer verbreiteteren Gattungen hoch nach N. hinauf: im O. eine kleine Opuntie bis zum 41. (New Jersey), in der Rocky Mts.-Region verschiedene Arten bis zum 45. oder 46. Grad. Die Familie erreicht ihre grösste Entwickelung nach allen Richtungen in den südwestlichen Theilen der Vereinigten Staaten, die zum Theil durch sie dem mexikanischen Floracharakter stellenweise schon sehr nahegerückt werden. Die Cruciferen oder Kreuzblüthler sind in Nord-Amerika weniger stark vertreten als in den entsprechenden Theilen der Alten Welt. Artenreiche Gattungen sind Arabis, Cardamine, Draba. Thlaspi und Capsella gehören zu den aus Europa eingewanderten Unkräutern. Cakile ist eine Strandpflanze, die den Ufern des Atlantischen Oceans mit denen der Grossen Seen gemein ist. Von Virginia nordwärts ist Nasturtium, die Brunnenkresse, häufig. Die Veilchen, Violaceae, sind in Nord-Amerika durch eine grössere Anzahl von Arten vertreten. Unser Stiefmütterchen (V. tricolor) ist östlich vom Mississippi weit verbreitet. Von den Passifloren, Passionsblumen, reichen einige Arten aus tropischen Gebieten herüber und werden bis nach Virginia herauf gefunden. Hypericaceen sind hier eben so zahlreich wie in Europa und Hypericum perforatum ist hier wie dort ein verbreitetes Unkraut. Aus der Familie der Camelliaceen ist Gordonia Lasianthus, der Loblolly Bay der Einheimischen, ein stolzer Baum der Sumpfwälder im Golfgebiet; mit seinen weissen Blüthen und immergrünen Blättern steht er nur hinter der Magnolie zurück. Von den Aceraceen oder Ahornen rechnet Michanx 7 Arten zu den Waldbäumen der Vereinigten Staaten, deren Wälder in der That nur noch dem Eichengeschlecht eine ähnliche Anzahl schöner Bäume verdanken. Strauchartige Ahorne, vorzüglich aus der Gattung Negundo, sind im Unterholz häufig. Aus der Familie der Sapindaceae ragen mehrere Rosskastanien, theils Sträucher, theils Bäume, durch ihre grossen und bunten Blüthensträusse hervor. Die Polygalaceen sind in den Vereinigten Staaten eben so artenreich wie in Mittel-Europa. Wie hier die Polygala amara unserer Gebirge, so gilt dort P. Senega als heilkräftig. Malvaceen sind hier gleichfalls häufig und in wesentlich ähnlicher Erscheinung wie in Europa, so dass wir den bekannten Gestalten unserer Malven und Eibische nicht selten begegnen. Die Tiliaceen, Linden, sind in zwei Arten als schöne Bäume vertreten, deren Blüthen einen noch würzigeren Duft aushauchen als unsere deutsche Linde. Die Rhamnaceen sind durch mehrere Sträucher, ausser durch den eigentlichen Rhamnus oder Kreuzdorn auch durch den ächt amerikanischen, besonders in Californien häufigen Ceanothus und durch einen windenden Zizyphus vertreten. Von den Euphorbiaceen, die zur Hälfte amerikanisch sind, gehören etwa 50 Arten den nichttropischen Theilen von Nord-Amerika an. Caryophyllaceae liefern eine ganze Anzahl mit Europa gemeinschaftlicher, theils einheimischer, theils eingewanderter Arten aus den Gattungen Silene, Dianthus, Stellaria, Arenaria, Cerastium. Die Kornrade, Agrostemma Githago, ist hier ein kaum minder lästiges Unkraut der Getreidefelder geworden als in Europa. Von den Geraniaceen kommen einige Arten in den Vereinigten Staaten vor, von den Balsaminaceen ist Impatiens mit einer unserem Noli tangere sehr ähnlichen Art vertrete. Oxalis acetosella, der Sauerklee, ist in den nordamerikanischen Wäldern häufig. Von den Rosaceen sind die kletternden Rosen des Südens mit ihren grossen, weissen Blüthen und die grossen weiss- und rothblühenden Himbeeren als einige der schönsten Erscheinungen in der nordamerikanischen Flora zu nennen. Unsere Walderdbeere ist in den nordöstlichen Theilen der Vereinigten Staaten weit verbreitet. Purshia tridentata, ein Strauch aus dieser Familie ist einer der wenigen Sträucher der dürren Plains im Missourigebiete. Aus der Unter-Ordnung der Pomeen sind P. coronaria (Crab tree) und Amelanchier Botryapium (Maybush) als einheimische Fruchtträger zu nennen. Unsere europäischen Holzäpfel und Schlehen sind in Nord-Amerika bereits verwildert. Kirschen und Weissdorn sind in mehreren einheimischen Arten vertreten. An Leguminosen ist Nord-Amerika verhältnissmässig weniger reich als Europa, aber diess ist ohne Bedeutung für das Vegetationsbild im Grossen, da in Nord-Amerika die baum- und strauchartigen Leguminosen in besonders hervortretende, den Vegetationscharakter mancher Gegenden geradezu bestimmende Weise entwickelt sind. Die Robinia pseudacacia, hispida und glutinosa (Locust), Cercis canadensis (Judas tree), Gymnocladus canadensis (Kentucky Coffee tree), einige ächte Acacien, der Mezquite-Baum des Westens sind häufige, und, jeder an seinem Standorte, hervorragende Bäume und Sträucher, die meisten von ihnen mit ausgezeichneten Blüthen. Calycanthus floridus (Allspice), der Einzige aus der gleichnamigen Familie, ist mit seinen braunen würzigen Blüthen in unseren Gärten häufig geworden. Die Saxifrageen, Pflanzen höherer Breiten, gehen vorwiegend auf den Höhen der Gebirge von N. her in das Gebiet der Vereinigten Staaten. Die durchgehende Aehnlichkeit der Pflanzen, welche die höchsten Gebirge bewohnen, tritt bei ihnen auffallend hervor. Philadelphus (unser falscher Jasmin) gehört zu ihnen. Die schönen Parnassien fehlen der nordamerikanischen Flora nicht. Die Crassulaceen wachsen hier wie in Europa vorzüglich an dürren, felsigen Standorten und sind daher im W. der Vereinigten Staaten häufiger als im O. Aus der Familie der Anacardiaceen ist das Sumachgeschlecht bemerkenswerth, das Nord-Amerika mit einigen seiner charakteristischen Sträucher beschenkt. Rhus toxicodendron (Poison Oak) des Südens und Westens, ist für viele Menschen schon bei der blossen Berührung schädlich. Rhus glabra ist ausgezeichnet durch die schöne scharlachrothe Färbung, die er im Spätsommer annimmt. Die Cupuliferae liefern einige die hervorragendsten Laubbäume des nordamerikanischen Waldes, wie Eiche, Buche, Hopfenbuche (Ostrya), Horn- oder Eisenholz (Carpinus), die im Ganzen den europäischen Arten sehr ähnlich und vorwiegend baumartig entwickelt sind. Indessen ist die Häufigkeit strauchartiger und immergrüner Eichen einer der bezeichnenden Züge im nordamerikanischen Vegetationsbild, besonders im S. und W. Die amerikanischen Haselnussarten sind kleiner als die europäischen, wiewohl noch immer strauchartig. Die Castanceen sind mit grossen Bäumen (C. vesca) und niedrigen Sträuchern (C. pumila u. a.) vertreten und ihre Früchte sind essbar. Von den Betulaceen bilden die Birken in den Wäldern des Nordens und Ostens ein durch Grösse und Artverschiedenheit hervorragenderes Element als in der Alten Welt, aber die Erlen, z. Th. mit europäischen Arten identisch, werden nur strauchartig. Maulbeere und Ulme (Familie der Urticaceen) sind gleich den vorhergehenden amerikanische Waldbäume, die Nahverwandte in Europa haben, aber Celtis und Planera sind ulmenähnliche, rein amerikanische Baumgeschlechter. Aus derselben Familie sind Nesseln und Hopfen, z. Th. in europäischen Arten, in Nord-Amerika zu finden, während der Hanf, der gleichfalls wild vorkommt, eingeführt zu sein scheint. Myrica und Comptonia (Sweet Fern) sind in einigen Arten, Sträuchern mit aromatischen Blättern und Blüthen, vertreten; M. cerifera liefert vegetabilisches Wachs. In den Juglandaceen, den walnussartigen, treffen wir wieder eine vorzüglich amerikanische Familie, die mit zahlreichen Arten hier vertreten ist. Die eigentliche Wallnuss (Juglans) und der Hickory (Carya) sind häufige und stolze Waldbäume im Land östlich der Felsengebirge. Nicht so sehr in den mittleren als den nördlichen Theilen des Landes sind die Weiden (Salicineae) häufig, von denen die Vereinigten Staaten 37, Britisch Amerika aber 41 Arten besitzt. Sie gehen seltener über die Strauchform hinaus als in Europa. Die Espen sind dagegen stärker nach Arten- und Individuenzahl vertreten als in Europa und erreichen besonders im SW. und W., wo sie auf hunderte von Meilen die einzigen nennenswerthen Bäume sind (Cottonwood), eine sehr hohe Bedeutung für den Gesammtcharakter der Landschaft. In den Uferniederungen des Mississippi und Ohio ist die amerikanische Platane (Platanus occidentalis, Sykamore, Plane-tree, Button-wood; Familie Platanaceae) häufig und wird dort einer der stärksten Bäume Nord-Amerika's. Sweet Gum (Liquidambar styraciflua, Familie der Hamamelaceae) erinnert im Ansehen an die nahverwandte Platane und erreicht gleich dieser an den feuchten Standorten des Südens riesige Dimensionen. Laurineae, Lorbeeren, sind in verschiedenen Arten weitverbreitet. Sassafras (Laurus sassafras) ist im S. ein Waldbaum, nördlich von Virginia ein häufiger Strauch. Spicewood (L. benzoin) und Bay Tree (L. carolinensis) sind kleine immergrüne Bäume der südlichen und mittleren Staaten. Von den Aristolochien umschliessen die Geschlechter Aristolochia und Asarum wie in der Alten Welt einige heilkräftige Pflanzen. In den Polygonaceen findet sich eine Anzahl von Arten, die Nord-Amerika und Europa gemeinsam sind, besonders in den Geschlechtern der Ampfer (Rumex) und der Knöteriche (Polygonum). Dass von den Ericaceae unsere Haidekräuter Erica und Calluna in Nord-Amerika nicht wiederkehren, auch nicht durch ähnliche, gleich ihnen gesellig wachsende Pflanzen vertreten sind, ist eine anscheinend kleine, für das Vegetationsbild aber keineswegs unbedeutende Thatsache. Andere Gattungen dieser Familie sind allerdings um so reichlicher vertreten. Vaccinium (Heidel- und Preisselbeere), Andromeda (die bis 40' hohe, baumartig wachsende A. arborea ist im S. nicht selten), Gaultheria, Arbutus, Kalmia, Andromeda und, nicht zuletzt, Rhododendron und Azalea sind in zahlreichen Arten, die oft massig vorkommen, durch das Gebiet der Vereinigten Staaten und besonders den Norden derselben verbreitet. Unter den Iliceen erreicht der Holly tree (Ilex opaca) Höhen, die wir in Europa nicht kennen; man findet Exemplare von 80' Höhe und 4' Durchmesser. Einige andere Ilex-Arten, im allgemeinen Habitus unserer Stechpalme ähnlich, bleiben strauchartig. Aus den Familien der Styraceae und Ebenaceae sind Diospyros (Persimon), Halesia (Snow Drop), Hopea (Sweet Leaf) Sträucher, die durch ihre Blüthen und (Persimon) durch essbare Früchte ausgezeichnet sind. Die Caprifoliaceae umschliessen mehrere schönblühende Geisblattarten. Linnaea borealis, die Zierde unserer nordischen Wälder, kehrt in Nord-Amerika wieder, wo sie unter dem Schutze des strengen Winters und des Gebirges bis Maryland herabgeht. Hollunder und Schneeballstrauch erscheinen in mehreren verbreiteten Arten.

Wenn nach der Veranschlagung Asa Gray's[1] $^1/_8$ der Blüthenpflanzen von Nord-Amerika der Familie der Compositen oder Synanthereen, der Zusammengesetztblüthigen angehört, so wird die Bedeutung dieser Familie im Gesammtbild der hiesigen Pflanzenwelt grösser sein als die irgend einer anderen. In der That erreicht keine Familie krautartiger Pflanzen die der Compositen in Masse, Mannigfaltigkeit und Verbreitung der Arten. Die Artemisien z. B. treten auf den theilweise nach ihnen benannten dürren Plains des fernen Westens, wie wir gesehen haben, so bestimmend hervor, wie auf unseren Haiden die Haidekräuter, nur dass jene sich über viel weitere Flächen ausbreiten. Dieser Familie gehören die meist sehr gesellig auftretenden Erigeron an, von denen eine Art (E. canadense), die nach Europa herübergewandert ist, zu einem unserer wucherndsten Unkräuter geworden ist. Die schöne Goldruthe (Solidago) kommt in 51 Arten vor. In den nahverwandten Gattungen der Labiaten und Scrophularineen, die zusammen $^1/_{18}$ der nordamerikanischen Flora ausmachen, herrschen europäische Formen vor, so Arten der Geschlechter Ajuga, Teucrium, Mentha, Lamium, Galeopsis, Stachys, Thymus, Pedicularis, Antirrhinum, Euphrasia, Rhinantus u. a., aber die Verbenaceen haben in den Bignonien eine Schlingpflanzengruppe, die durch ihre grossen Schar-

1) A. J. S.

lachblumen eine der grössten und eigenthümlichsten Zierden der nordamerikanischen Flora ausmacht. Von den Solanaceen braucht man bloss die aus Amerika stammenden Weltbürger Tabak und Kartoffel zu nennen, um anzudeuten, dass Amerika auch in dieser Familie durch eigenthümliche Gattungen vertreten ist. Bilsenkraut und Stechapfel sind weit verbreitet, scheinen aber aus Europa eingewandert zu sein. Von den Oleaceen hat Nord-Amerika ausser einer eigentlichen Olea, die zwar essbare Beeren, aber keine Oliven trägt, und einem Ligustrum, eine grössere Anzahl von Eschen, 8 an der Zahl, die sämmtlich Waldbäume von nicht minder bedeutender Grösse und schöner Erscheinung sind als unsere Eschen. An Coniferen sind die nordamerikanischen Wälder nicht bloss in den coniferenreichen Gebirgen des äussersten Westens (Sequoia!), sondern auch im Lande diesseits der Rocky Mts. bedeutend reicher als die europäischen. Pinus und Abies sind in zahlreichen, Juniperus, Thuja, Taxodium, Taxus, Libocedrus, Sequoia in jeweils mehreren Arten vertreten und die meisten von ihnen treten in Gebirgsgegenden, die Cedern und Cypressen auch in Sümpfen waldbildend auf. An der Golfküste reichen einige Palmen (Chamaerops) und eine Cycadee (Zamia) aus tropischen Regionen herüber. Ebendort und noch weiter nördlich sind die Liliaceen durch die eigenthümlich amerikanische Gattung Yucca vertreten; aber auch unsere nördlichen Lilien kehren in Lilium, Narthecium, Ornithogale, Allium, Asparagus wieder. Von Gramineen bietet Nord-Amerika zahlreiche Gattungen, die auch Europa besitzt, und es cultivirt alle unsere körnertragenden Gramineen, am ausgedehntesten den Mais, der ein ursprünglich amerikanisches Gewächs ist. An einheimischen Nährgräsern für das Vieh ist Nord-Amerika nicht weniger reich als Europa.

VII. Die Thierwelt.

Allgemeiner Charakter. Die nearktische Region. Beziehungen zu anderen natürlichen Verbreitungsgebieten. Wirbelthiere. Weichthiere, Insekten und niedere Thiere. Subregionen oder Provinzen. Austro-Riparische, Oestliche, Centrale, Pacifische, Sonorische, Untercalifornische Provinz. Beschränkte. Bedeutung dieser Unterabtheilungen. Verbreitung einiger hervorragender Wirbelthiere. Die Fauna der grossen Seen. Korallenriffe. — Anhang: Geschichte des organischen Lebens in Nord-Amerika.

Für den Thiergeographen bildet das Gebiet der Vereinigten Staaten, zusammen mit dem nicht-arktischen Theil von Britisch Amerika und einem Stück von Mexico, die *nearktische* Region, welche als Gebiet der Thierverbreitung der *paläarktischen* Region in der alten Welt entspricht, die Europa und die in die nördliche gemässigte Zone fallenden Theile von Asien und Afrika umfasst. Man zieht die Grenzen dieser Region im N. an der Waldgrenze und im S. beim 22. Breitegrad[1]). Die californische Halbinsel zählt man zu derselben. Zum Theil bedingt durch die Verhältnisse der Bodengestalt und des Klima's ist das Thierleben der nearktischen Region im Allgemeinen ärmer als das der paläarktischen, weniger reich und weniger mannigfaltig[2]). Wahrscheinlich ist aber die geologische

1) Wallace zieht diese südliche Grenze beim Wendekreis des Krebses; Sclater, dem man die erste genauere Umschreibung und die Benennung der nearktischen Provinz verdankt, (J. Linnaean Society. Zool. II. 1858. 130) bestimmt sie als „Grönland und Nord-Amerika bis hinab zum *Centre of Mexico*, ein Areal von etwa 6,500,000 miles". Früher hatte Schmarda (Geogr. Verbr. d. Thiere 1853. S. 258) dieselbe als Reich der Nagethiere, der Zahnschnäbler und Kegelschnäbler bezeichnet.

2) Guyot nennt als die hervortretendsten charakteristischen Züge der nordamerikanischen Thierwelt: das Ueberwiegen der pflanzenfressenden über die

Geschichte des amerikanischen Nordcontinents und vor allem ihr letzter Akt, die Eiszeit, ein wirksamerer Faktor in der etwas ärmeren Gestaltung der nordamerikanischen Thierwelt gewesen, als jene Zustände, welche der Gegenwart angehören. Bei vielen Aehnlichkeiten und sogar Uebereinstimmungen mit der entsprechenden thiergeographischen Provinz der östlichen Hemisphäre, sondert eine bedeutende Zahl eigenthümlicher oder nur in der neotropischen (südamerikanischen) Provinz wiederkehrender Formen die nearktische Provinz mit Entschiedenheit von der paläarktischen.

Die nearktische Region besitzt Vertreter von 26 Säugethier-, 48 Vögel-, 18 Reptilien-, 11 Amphibien- und 18 Fisch-Familien. Mit Ausnahme der Fische, deren Reichthum den grossartigen See- und Flusssystemen Nord-Amerika's entspricht, sind weniger Familien von Wirbelthieren vertreten als in der paläarktischen Region. Nahezu oder ganz eigenthümlich sind der nearktischen Region 3 Familien von Säugethieren (Antilocaprinae, Saccomyinae, Haplodontidae), 1 von Vögeln (Chamaeidae), 1 von Reptilien (Chirotidae), 2 von Amphibien (Sirenidae, Amphiumidae) und 5 von Fischen (Aphredoderidae, Percopsidae, Heteropygii, Hyodontidae, Amiidae). Von Gattungen sind den Säugethieren dieser Region 24, den Vögeln 39, den Reptilien 21, den Amphibien 15, den Süsswasserfischen 29 eigenthümlich. Es ist diess eine verhältnissmässig geringe Zahl, aber die grosse Zahl eigenthümlicher Familien (hat doch die ganze paläarktische Region deren nur 3) lässt dennoch Nord-Amerika als eine vorzüglich scharf charakterisirte Region erscheinen.

Die Aehnlichkeit zwischen der nearktischen und paläarktischen Region ist am grössten in der Classe der Säugethiere. Von ihnen sind zunächst 3 Gattungen der Maulwürfe: Condylura, Scapanus und Scalops Nord-Amerika eigenthümlich; Urotrichus ist ausser Californien noch in Japan zu finden. Latax ist ein eigenthümliches Wiesel, Taxidea eine besondere den Dachsen nahestehende Gattung,

---

Raubthiere; die grosse Zahl der Nager, welche häufig Wasserthiere sind; die grosse Zahl der Wasservögel (Physical Geography 1873. 108). Diese Charakterisirung, welche oft nachgesprochen wurde, ist zu allgemein, um treffend sein zu können. Sie gehört in die Classe der geographischen Schlagwörter, die vielleicht auf elementaren Stufen nützlich sein können.

Spilogale ein gleichfalls eigenthümliches Stinkthier. Die so charakteristisch amerikanischen Procyoniden (Waschbären) zählen im Südwesten Bassaris in ihren reichen Formenkreis. Eumetopias und Halicyon sind Seehunde, die nur an der Westküste von Nord-Amerika vorkommen. Antilocapra ist eine einzig dastehende Gemsengattung des Felsengebirges, Aplocerus eine ziegenartige Antilope. Aber am reichsten sind die Nager mit ihren Saccomys- und Hesperomys-Arten, ihren Erdeichhörnchen (Cynomys, der Präriehund, Tamias), dem Baumstachelschwein (Erethizon) und den Haploodonten vertreten. Eine so merkwürdige Form wie Didelphys, das einzige nicht-australische Beutelthier, ferner die Bären-Familien der Procyonidae und Bassarididae, die Megadermatidae und Dicotyles hat Nord-Amerika mit Süd-Amerika gemein.

Von den Vögeln treten bei dem Mangel einer scharfen Naturgrenze so viele Formen in die neotropische, die mittel- und südamerikanische Region über (denn abgesehen von denen, die durch eigene Arten hier und dort bleibend vertreten sind, wandern zahlreiche allherbstlich nach West-Indien und Süd-Mexico, um daselbst den Winter zuzubringen), dass sie als die am wenigst scharf charakterisirte Wirbelthierclasse der nearktischen Region erscheinen. Während streng genommen 39 Gattungen dieser ganz eigenthümlich sind, theilt sie 22 mit der paläarktischen Region, aber wenn man auf die Artenzahl und Verbreitung sieht, kann man wohl 54 von den 168 Gattungen Landvögeln des gemässigten Nord-Amerika als vorzüglich nearktisch bezeichnen. Der alten Welt gegenüber treten die Familien der Cathartidae (Geier), Tanagridae, Trochilidae (Kolibri's[1]), Icteridae, Clamatores besonders hervor, während gegenüber

1) Von Kolibri's kennt man im Gebiet der Vereinigten Staaten nach E. Coues' neuester Zusammenstellung 11 Arten, von denen aber nur eine, Trochilus colubris, eine weite Verbreitung über das ganze Gebiet östlich des Felsengebirgs erlangt. Sie ist überhaupt eines der verbreitetsten Thiere dieser Familie und wird von Brasilien bis 57° N. B. gefunden. Noch bei Pembina ist es im Juni einer der gemeinsten Nistvögel. Im W. erlangt Selasphorus platycercus gleichfalls eine weite Verbreitung von Mexico bis Oregon und Wyoming und geht im Felsengebirg von den Plains bis an die Waldgrenze hinauf. Die übrigen sind auf die südlichsten Theile, vorzüglich die Grenzgebiete gegen Mexico, beschränkt. (Birds of the Northwest 1876. 271.) — Die einzige nord-

dem südamerikanischen Gebiet die reiche Vertretung der Paridae (Spechte) und Tetraonidae (Waldhühner) der nearktischen Vogelwelt Relief gibt. Eigenthümlich sind Nord-Amerika die Meleagridae[1]). — Von den Reptilien sind alle Ordnungen reich entwickelt. Die nearktische Region ist verhältnissmässig schlangenreich: 4 Colubridae (Nattern), 2 Homalopsidae, 1 Pythonide, 4 Crotalidae (Klapperschlangen). Solenoglyphae und Elopidae sind Nord- und Süd-Amerika eigen. Von Eidechsen ist die nearktische Gattung Chirotes bereits hervorgehoben; von den mit Süd-Amerika gemeinsamen sind

amerikanische Papageien-Art, Conurus carolinensis, welche in den südlichen atlantischen und Golfstaaten und am Mississippi und Missouri bis zur Platte R.-Mündung verbreitet ist, ist in raschem Rückgang begriffen. Sie ist aus dem oberen und mittleren Ohiogebiet und in den atlantischen Staaten aus den nördlich von Georgia liegenden Gegenden fast völlig verdrängt.

1) Die Verschiebung der Grenzen dieser Provinzen durch die regelmässigen Wanderungen ist nicht gering und von den Landvögeln Nord-Amerika's sind die der östlichen Provinz die weitest wandernden; zwar häuft sich die grosse Masse in Florida, Georgia und anderen der südlichen atlantischen Staaten an und nur 87 gehen nach West-Indien, aber eine grössere Zahl wandert nach Mexico und Guatemala und man kennt 27, die bis zur Landenge von Panama, und 25, die bis nach Süd-Amerika ihre winterlichen Reisen ausdehnen. Von den Wadvögeln verbreiten sich viele im Winter über ganz Süd-Amerika bis hinab nach Patagonien, während die Schwimmvögel ihnen nur in geringer Zahl auf dieser weiten Wanderung folgen. Die Vögel der westlichen Provinz wandern in viel geringerer Zahl als die der östlichen, die dem pacifischen Küstengebiete eigenthümlichen fast gar nicht. Aus der arktischen Provinz ziehen sich einige Vogelarten in den höheren Theilen des Gebirges durch den ganzen Westen der Vereinigten Staaten und tief nach Mexico hinein. Südliche Formen gehen im Inneren weiter nach N. als an der atlantischen Küste, im W. verbreiten sich Formen des nördlichen Mexico in die Thäler des Colorado- und Gila-Gebietes. Die Wanderungen nach O. und NO. hin sind grösstentheils unregelmässig, zu einem guten Theile wohl selbst unfreiwillig. In Grönland kommen 35 eigentlich nordamerikanische Vogelarten vor, in Europa 69, die mit Ausnahme von 19 in Grossbritannien gefunden sind; von diesen 19 sind 9 in Helgoland beobachtet und nur in 5 Fällen hat man nordamerikanische Landvögel auf dem europäischen Festlande gefunden. 55 Vogelarten gehören Nord-Amerika und Europa an (oder sind nicht genügend unterschieden), ungerechnet die pelagischen Vögel und die Bewohner beider nordatlantischen Küsten. Von 26 europäischen Landvögeln, die auf Island vorkommen, gehen 16 oder 17 bis Grönland und 11 bis nach dem nördlichen amerikanischen Continent. Sie benützen die Faröer als Rastplatz. Die nach Europa gelangenden Vögel benützen nur wenig diesen Etappenweg, sondern werden meist von westlichen Winden hinübergetrieben.

Amividae, Gerhonotidae vorhanden. Phrynosomen (Hornfrösche) und Iguaniden (Leguane) sind reich und charakteristisch entwickelt. Crocodilus und Alligator sind vorhanden. Unter den Schildkröten sind die altweltlichen Emydae besonders stark vertreten und die rein amerikanische Gruppe der Trionychidae fehlt auch dieser Region nicht. Die südamerikanischen Cinosternidae gehen in die nearktische Region über, Chelydra gehört nur ihr an. — An eigenthümlichen Amphibien ist Nord-Amerika reicher als irgend ein anderes Gebiet, das man zum Vergleich herbeiziehen könnte. Die Scaphiopodidae, Plethodontidae, Amblystomidae, Trachystomata, Amphiumidae sind ihm eigen, die Arcifera hat es mit Süd-Amerika gemein, die Frösche Diemyctylus und Megalobatrachus mit der paläarktischen Region. Neben 9 besonderen Salamandriden-Gattungen so merkwürdige Formen wie Siren, Menobranchus, Amphiuma! Die Batrachier (Frösche und Kröten) stehen an Zahl und Mannigfaltigkeit hinter diesen zurück. — Der Familien der Süsswasserfische, welche Nord-Amerika eigen sind, wurde bereits Erwähnung gethan. Der Fischreichthum ist überhaupt hervorzuheben. Nicht wenige Gewässer haben ihre eigenen Gattungen: Dem Mississippi-Gebiet gehört der Scaphirhynchus aus der Störfamilie, der Salmonide Thaleichthys ist dem Columbia, der Barsch Huro dem Huronensee, die Cypriniden Meda dem Gila, Acrochilus dem Columbia, Cochlognathus den texanischen, Mylaphorodon und Orthodon den californischen Flüssen eigen. Aphredoderidae, Hypsaeidae, Plagopterinae, Catostomidae, Amiidae, Lepidosteidae kommen nur in Nord-Amerika vor. Die starke Entwickelung der Siluridae (Welsartige, mit Süd-Amerika gemein) bildet ausserdem einen Charakterzug, der die nearktische Fischfauna scharf von der paläarktischen trennt; während andererseits die reiche Vertretung der Percoidae, Cottidae, Haplomi, Accipenseridae, Spatulariidae, Cyprinidae, Gasterosteidae auch in dieser Classe die nahe natürliche Verwandtschaft der beiden Regionen klar hervortreten lässt[1]).

---

1) Die Thierstatistik ergibt für die Wirbelthiere des nearktischen Reiches folgende Artenzahlen: 310 Säugethiere: Affen 1, Raubthiere 46, Robben 13, Wiederkäuer 14, Schweine 1, Sirenia 1, Wale 42, Fledermäuse 23, Insektenfresser 28, Nager 139, Zahnlose 1, Beutelthiere 1. — 756 Vögel: Sperlingsartige 339, Wad-

Aus dem Reich der Mollusken, der Weichthiere, sind die Süsswasserbewohner in einer Fülle vertreten, welche einen der auffallendsten Züge in die zoologische Physiognomie Nord-Amerika's zeichnet. Die 552 Arten Unioniden, welche in den neuesten Berichten für Nord-Amerika angegeben werden, übertreffen weit die Zahl, welche die ganze übrige Erde von diesen Muscheln aufzuweisen hat. 380 Arten von Melanien, 58 Paludiniden, 44 Cycladiden bilden mit diesen eine Fauna von süsswasserlebenden Schnecken und Muscheln, wie sie so reich kein Erdtheil besitzt. Die Fülle ist hier so gross, dass man sie nicht bloss wie bei den Süsswasserfischen als einen Ausfluss der grossartigen Fluss- und Seensysteme dieses Halbcontinentes betrachten kann, sondern tieferliegende Gründe für sie anzunehmen sich gedrungen fühlt, die übrigens von Seiten der Schöpfungsgeschichtschreiber bisher nicht genau bestimmt werden konnten[1]). — Von Landschnecken besitzt Nord-Amerika 242 Arten, wovon 80 auf die auch bei uns am stärksten vertretene Gattung Helix entfallen. Clausilien sind nicht, Pupa und Bulimus nur schwach vertreten. Im Vergleich zur Ausdehnung von Nord-Amerika ist diess kein Reichthum zu nennen, aber man weiss, dass die Artenzahlen dieser Gruppe in einem deutlichen Verhältniss stehen zur Gliederung ihres Wohngebietes: Je mehr Inseln und Hochgebirge d. h. je mehr Sonderung, desto mehr Arten; je mehr Verbindung und Wanderfähigkeit, desto grössere Uebereinstimmung der Formen.

Von den 50,000 Insekten, welche im nearktischen Reich vorkommen sollen, sind die Käfer, die man auf etwa 12,000 schätzt, wahrscheinlich am stärksten vertreten. Ihre Lucanidae sind alles europäische Typen, dasselbe gilt von der Mehrzahl ihrer Carabidae und Buprestidae. Von Cicindelidae hat sie 5 Gattungen. Longicornia sind mit 111 Gattungen vertreten, wovon 59 eigen-

---

vögel 81, Möven und Sturmvögel 71, Raubvögel 61 u. s. f. — 257 Reptilien: Schlangen 132, Eidechsen 82, Schildkröten 41, Crocodilier 2. — Amphibien 101: Geschwänzte 53, Froschartige 48. — Fische 816.

1) Es ist von geologisch-geographischem Interesse, dass A. R. Wallace diesen Reichthum an Süsswassermollusken als einen Beweis gegen eine in diluvialen Zeiträumen stattgehabte Meeresbedeckung eines grossen Theiles von Nord-Amerika auffasst (Geogr. Verbreit. der Thiere II. 142).

thümlich sind. Die bestmarkirten Verwandtschaften bestehen zwischen diesem und dem paläarktischen Reich, wogegen es der Beziehungen zu dem neotropischen Reich sehr wenige sind[1]). Von Schmetterlingen hat man im nearktischen Reich fast 500 Arten beschrieben, die zu 100 verschiedenen Gattungen gehören; statt der Armuth an Schmetterlingen, die man sonst immer vom nearktischen Reiche behauptete, erweist sich dasselbe als ungefähr eben so reich wie das paläarktische Reich. Grundzug ist die Aehnlichkeit mit europäischen Formen: „Wir müssen zugeben, dass, wenn wir unsere Schlüsse nur auf die Schmetterlinge basirten, wir kaum die nearktische von der paläarktischen Region trennen könnten[2]).“

Die übrigen grossen Gruppen der Insekten sind hinsichtlich ihrer Verbreitung über Nord-Amerika noch nicht genau genug bekannt, um gerade bezüglich dieses Punktes kurz charakterisirt werden zu können. Soweit indessen Specialarbeiten vorliegen, findet man, dass aus der Ordnung der Orthoptera 45 Gattungen Acridien mit 237 Arten beschrieben sind[3]), dass Texas allein über 600 Arten von Hymenopteren besitzt[4]).

---

1) Die Vertheilungsweise wie Leconte (Smithson. Contr. to Knowledge XI. 6th Art.) sie von den Käfern schildert, gibt gleichzeitig ein zutreffendes Bild der Verbreitungsverhältnisse der Insekten über Nord-Amerika im Allgemeinen. Ihm zufolge hat die Atlantische Provinz zahlreiche Arten, die über ein weites Gebiet vertheilt sind und von denen manche selten vorkommen; man findet geringe Variationen über weite Strecken hin. In der Central-Provinz ist eine geringe Anzahl von Arten über ein weites Gebiet zerstreut und sind viele lokale Arten vorhanden. Die Pacifische Provinz endlich zeigt eine geringe Anzahl von Arten über ein enges Gebiet verbreitet; die meisten sind häufig und die Variation ist schon innerhalb enger räumlicher Grenzen eine bedeutende, so dass selbst stark vertretene Formen nur enge Verbreitungsgebiete haben, jenseits deren sie durch andere ersetzt sind.

2) A. R. Wallace, Die geogr. Verbreit. der Thiere 1876. II. 139.

3) C. Thomas in Wheeler's Rep. Geol. Survey V.

4) Cresson, Trans. Am. Entom. Soc. IV. Unsere Honigbiene, welche ursprünglich nur der Alten Welt eigen, in der sie über Europa, ganz Afrika und den grössten Theil Asiens verbreitet ist, wurde im 17. Jahrhundert aus Europa nach Nord-Amerika gebracht, wo sie sich stark vermehrt hat und sogar verwildert ist. Die Versuche, in Amerika heimische honig- und wachsbereitende Bienen aus den Geschlechtern Melipona und Trigona zu domesticiren, haben keine günstigen Erfolge ergeben und das Terrain scheint auch hier unserer Apis mellifica vorbehalten zu sein.

Von anderen Gliederthieren hat Wood die Myriopoden auf 81 Arten angegeben[1]) und Cope schätzt die Zahl der Spinnen und Kruster auf je 400 und gibt für die Molluscoidea 79 (10 Brachiopoden, 30 Ascidien, 30 Bryozoen), für die Echinodermata 123 (36 Holothurien, 68 Echiniden, 2 Crinoiden, 17 Asteroiden) und für die Colenterata 144 (107 Medusen, 14 Ctenophoren, 20 Polypen, 3 Hydroiden des Süsswassers). Die Zahl der Protozoen bleibt natürlich unbestimmt. Wie unvollständig indessen diese Listen sein müssen, mag die Thatsache lehren, dass von 264 darin aufgeführten meerbewohnenden Echinodermen und Coelenteraten nur 55 der langestreckten pacifischen Küste Nord-Amerika's angehören.

An Unterabtheilungen von entschieden ausgeprägtem Charakter und scharfer Begrenzung ist auch in thiergeographischer Beziehung Nord-Amerika weniger reich als andere Gebiete von ähnlicher Ausdehnung. Dieselben Ursachen, welche dem Klima weitgetrennter Gebiete gewisse gemeinsame Züge aufprägen und welche zahlreiche Pflanzen vom Golf bis zu den grossen Seen und selbst vom Atlantischen bis zum Stillen Meere wandern liessen, haben auch die Gebiete der Thierverbreitung minder mannigfaltig, minder wohlbegrenzt geschaffen. Besonders die Richtung und Erstreckung der Felsengebirge ist in dieser Hinsicht bedeutsam. Sie hätten eine scharfe Grenze der Thierverbreitung bilden können, wenn ihr Bau so massiv wäre wie der des Himalaya oder auch nur der südamerikanischen Anden. Wo aber Thäler und Hochflächen von mässiger Höhe und mildem Klima von beiden Seiten in die Kette eindringen und sich an sie anlegen und wo es im höchsten und massigsten Theile Pässe gibt, welche von den meisten Thieren im Sommer frei überschritten werden können, da kann die sondernde Wirkung bei noch so grossen einzelnen Gipfelhöhen nicht bedeutend sein[2]).

1) Trans. Am. Phil. Soc. XIII.

2) A. R. Wallace ist geneigt diesem Gebirge eine verbindende Rolle in der Thierverbreitung zuzuweisen: „Vor der Eiszeit, sagt er, herrschte hier wahrscheinlich eine warme Periode und alle Theile der Kette besassen eine üppige und verschiedenartige Fauna, welche, als die kalte Periode herannahte, in die Flachländer hinabwanderte und die Länder im O., W. und S. mit gleichen Lebensformen bevölkert." (Die geogr. Verbreit. der Thiere 1876. II 143.)

Nicht das Gebirge ist bezeichnender Weise die Grenze der beiden grössten Unterabtheilungen oder Provinzen der Thierverbreitung in Nord-Amerika, sondern jene öfter genannte mit dem 98. — 100. Meridian zusammenfallende, aber orographisch vollkommen unbestimmte Linie, die die Steppen des Westens vom Wiesen- und Waldland des Ostens scheidet. Oestlich von dieser Linie dehnt sich die sogenannte Alleghany-Provinz, westlich die Provinz des Felsengebirges aus, an welche im äussersten Westen zwischen Gebirg und Meer die Californische Provinz sich anreiht. Die letztere erstreckt sich als Küstenprovinz ungefähr vom 52. bis zum 32.° N. B., von Britisch Columbia bis nach Untercalifornien. Die beiden Nordprovinzen, die canadische und die arktische, von denen die erstere im Osten und im fernsten Westen von einer Linie begrenzt ist, die mit der politischen Nordgrenze der Vereinigten Staaten im Allgemeinen zusammenfällt, während das Gebiet der Steppen zungenförmig 5 — 6 Breitegrade weit in sie hineinreicht, fallen nicht mehr in den Kreis unserer Betrachtungen. Nur das verdient vielleicht auch hier Erwähnung, dass ihre Grenzen, gleichwie die der südlichen Provinzen, weniger in der Lage und Bodenform als dem Klima der betreffenden Regionen ihren Grund finden. Die Nützlichkeit allein erklärt es, wenn man trotz dieses Mangels an scharfen natürlichen Grenzlinien, auch hier kleinere Provinzen im Rahmen des grossen nearktischen Reiches abzugrenzen gesucht hat. Wir bezeichnen dieselben nach E. Cope, der sie in seinem Essay on Geographical Distribution[1]) eingehender beschrieben hat, als: 1) Austroriparische, 2) Oestliche, 3) Centrale, 4) Pacifische, 5) Sonorische, 6) Untercalifornische Prozinz.

Begrenzuug und Merkmale sind kurz folgende: Die austroriparische Provinz erstreckt sich vom Golf von Mexico nordwärts bis zur Isotherme von 25° C. Sie umfasst in diesem Raum den atlantischen Küstenstrich, das Golfgebiet, das Thal des unteren Mississippi, das südliche Texas. Sie wird in einen floridanischen, louisianischen und texanischen Bezirk getheilt. In allen Classen des Thierreichs ist die Artenzahl gross. Diese Provinz bietet die grösste Entwickelung der Reptilien und Amphibien im O. Siren, Anolis und Alligator sind bemerkenswerthe Gattungen von hier

1) Bull. U. S. Nat. Museum. Wash. I. 1875.

heimischen Amphibien und Reptilien. 9 Vogelgattungen gehen nördlich nicht über diese Provinz hinaus. Von den Säugethieren sind dagegen nur eine Gattung und einige wenige Arten derselben eigen. Die Fischfauna stimmt in den meisten Punkten mit der der nächsten Provinz überein. Diese, die östliche, reicht von der Isotherme von 25° bis zur Nordgrenze des Reiches und vom Ufer des Atlantischen Oceans bis zu den westlichen Hochebenen und unterscheidet sich von der vorigen fast nur durch den Mangel zahlreicher Formen, während sie mit ihr besonders in jenen Eigenschaften übereinstimmt, durch welche sie sich von der nächstfolgenden Central-Provinz unterscheidet. Ausser Condylura gehen alle ihre Säugethiergattungen auch in eine der anderen Provinzen hinüber, doch hat sie mehr als 20 eigene Arten, 8 Vogelarten theilt sie mit der austroriparischen Provinz. Keine Gattung von Reptilien und nur eine von Amphibien (Gyrinophilus) ist ihr eigenthümlich. Sie hat 3 Reptiliengattungen. Am eigenthümlichsten ist ihre Fischfauna, die artenreichste in ganz Nord-Amerika, der die zwei Ordnungen Ginglymodi und Halecomorphi, mehrere Gattungen Percidae, Siluridae, Cyprinidae und Catostomidae ausschliesslich angehören. Die Central-Provinz ist in ihrer Thierwelt am meisten beeinflusst durch den Mangel an Wäldern, welcher die Gras- und Gestrüpp-Steppen zu ihrer vorwiegenden Vegetationsform macht. Der Bison hat hier seine Heimat und neben ihm sind einige Gattungen Wiederkäuer aus den Gruppen der Schafe und Antilopen und einige Arten von Cerviden heimisch. Auch Nagethiere sind stark vertreten. 11 Vogelgattungen gehören der Central-Provinz zu eigen, darunter einige grössere Steppenhühner. Reptilien sind nicht häufig und Schildkröten sind besonders selten. Die Mokassinschlangen und Elaps fehlen, Klapperschlangen sind nur in einer, höchstens 2 Arten vertreten. Charakteristisch ist Phrynosoma. Batrachier sind selten. Weder sie noch die Reptilien zeigen eine einzige eigene Gattung. Fische sind, entsprechend der Wasserarmuth des Gebietes, im Ganzen selten, doch sind einige Flüsse, die ins Stille Meer münden, und besonders der Columbia, ausserordentlich reich an Salmoniden. Ausser ihnen erfahren nur Cyprinidae, Catostomidae und Cottidae eine grössere Entwickelung. Die pacifische Provinz möchte bei zahlreichen Uebereinstimmungen mit der centralen und dem geringen Raume, den sie einnimmt, nur als ein Bezirk von dieser erscheinen, wenn nicht der Mangel einiger wichtigen Gattungen von Säugethieren (Bison, Antilocapra), das Vorhandensein anderer (Enhydra, Otaria), das Vorkommen eigener Vogelgattungen (Geococcyx, Oreortyx, Chamaea), Reptilien und Amphibien, sogar das Erscheinen von Gattungen wie Plethodon und Diemyctylus, die mit Ueberspringung der centralen Provinz hier und in der östlichen vorkommen, zu viel eigenthümliche Züge dem Bild ihrer Thierwelt verliehe. Nur eine Schildkröte kommt hier vor. Die Fischfauna ist gleich der

Central-Provinz arm an Typen [1]). Die Provinz von Sonora umschliesst Theile von Nevada, Arizona, Neu-Mexico und Sonora, geht nach N. nicht über die Mohave-Wüste mit Ausnahme eines bis 37° reichenden Striches am Ostabhang der Sierra, nach W. nicht über die Sierra Nevada hinaus. Nach Texas erstreckt sie sich so weit als die Pecos-Küste reicht. Ihr fehlen die Wiederkäuer der Central-Provinz, sie ist überhaupt, was Säugethiere betrifft, von allen am ärmsten, einige Vögel hat sie mit Mexico gemein; aber ihre Haupteigenthümlichkeit ist der Besitz von 9 Gattungen Eidechsen und Schlangen, die in keiner der anderen nearktischen Provinzen und von 8 weiteren, die nur in Unter-Californien vor-

1) Cooper theilt das californische Fauna-Gebiet wieder in folgende weitere Unterabtheilungen: 1) Colorado-Thal. Vom Great Bend (36° N. B.) bis zur Mündung. Bezeichnet durch die Westgrenze einer Anzahl weiter ostwärts wohnender Säugethiere und Vögel. Der Colorado gibt der baumnistende Vögel, Batrachier und Landschnecken aufweisenden Fauna dieser Region einen oasenhaften Charakter im Vergleich zu der westlich von hier liegenden 2) Wüstenregion, welche das Paradies der Reptilien genannt werden könnte. Sie umschliesst allein 11 Eidechsen. 3) Südküste. Aehnlich der untercalifornischen Region oder gemischt mit nördlichen Formen. Sehr reich an Arten, besonders Vögeln und Reptilien, arm an Batrachiern, ohne Süsswasserfische. 4) Mittlere und Nordküste. Süd- und nordpacifische Formen treffen zusammen, einige nördliche Formen, wie der schwarze Bär, der langschwänzige Fuchs u. a. finden hier ihre Südgrenze. 5) Tulare-Thal. Reich an Wad- und Schwimmvögeln. 6) Sacramento-Thal. Arm an Reptilien. 7) und 8) Süd- und Nord-Sierra. Nordpacifische Formen wandern in diesen hochgelegenen wald- und wasserreichen Distrikten südwärts, Bewohner des Grossen Beckens überschreiten von O. her ihre Grenzen. Beide sind reich an Arten und kennt man bis heute 80 Säugethiere, 253 Vögel, 34 Reptilien, 15 Batrachier. — Gewisse Eigenthümlichkeiten der californischen Thierwelt hängen innig mit den klimatischen Zuständen zusammen. Die grössere Zahl tropischer Vogelformen und solcher, die das ganze Jahr hindurch, ohne zu wandern, in den Grenzen dieser Region verbleiben, hängt von der Milde, die (im Vergleich zu den atlantischen Staaten) stärkere Vertretung der Eidechsen neben der schwächeren der Schildkröten und Batrachier von der Trockenheit des Klima's ab. Diess erzeugt eine oberflächliche Aehnlichkeit mit der Thierwelt ähnlich beschaffener Regionen, z. B. mit der der Mittelmeer-Region, der wir schon bei den Pflanzen begegneten. Selbst die vorwiegend felsigen Küsten Californiens scheinen im Gegensatz zu den sandigen und sumpfigen Küsten des atlantischen Randes von Nord-Amerika diese Aehnlichkeit zu fördern, die desshalb unter den Fischen und Mollusken der Küste nicht fehlt. Indessen sind diess natürlich keine Uebereinstimmungen genetischer Art, die sofort auf schöpfungsgeschichtliche Zusammenhänge wiesen, sondern einfach die Folgen ähnlicher Lebensbedingungen. Californien umschliesst auch weniger Wandervögel als andere Gebiete der Vereinigten Staaten; an Vögeln, die im Sommer aus den Ebenen oder von der Küste nach den Gebirgen wandern, um dort zu brüten, ist es dagegen nicht arm.

kommen. Diese Region hat die reichste Entwickelung von Klapperschlangen (9 Arten), Phrynosomen (7 A.), Kröten (6 A.), Amphibien und Fische sind ärmlich vertreten. Der Colorado R. hat nur Cypriniden und Catostomiden. Die untercalifornische Provinz, welche die gleichnamige Halbinsel umfasst, gleicht mehr der von Sonora als der pacifischen und ist gleich jener besonders reich an Reptilien, von denen 4 Gattungen in keinem anderen Theile des nearktischen Reiches vorkommen; sie hat eine grosse Anzahl von eigenen Vogelarten, wenige Batrachier und sehr wenig Süsswasserfische.

Diese 6 Provinzen, welche sich dergestalt auf Grund der Verbreitungserscheinungen der Wirbelthiere abgrenzen lassen, finden sich natürlich durch die anderen grossen Gruppen des Thierreichs, soweit sie auf diesem Boden vertreten sind, nur in den allgemeinsten Zügen bestätigt; will man aber das nearktische Reich nach ihnen allein eintheilen, so kommt man bald zu grösseren, bald zu geringeren Zahlen von Provinzen. So tritt z. B. die östliche und pacifische Provinz auch in der Verbreitung der Mollusken deutlich hervor, aber während die letztere, welche von den 400 Landmollusken des nearktischen Reiches ein volles Viertel umschliesst[1]), als wohlcharakterisirt gelten kann, fallen die von Sonora und Unter-Californien mit der Central-Provinz zusammen, da sie gleich ihr durch grosse Armuth an Arten und Formen ausgezeichnet sind. Auch die austroriparische Provinz ist für Mollusken schwer abzugrenzen. Für die Käfer der Vereinigten Staaten bildet J. Leconte[2]) 3 Provinzen, die zusammenfallen mit den in aller Pflanzen- und Thierverbreitung so scharf sich geltend machenden drei Gebieten: 1) dem atlantischen bis zu den Steppen, 2) dem Steppengebiet und den Gebirgen, 3) dem pacifischen Gebiet. Diese Gebiete oder Provinzen theilt er wieder in Bezirke und zwar zerfällt die atlantische Provinz in folgende Bezirke: 1) einen nördlichen mit Maine, O. Canada, Nova Scotia, New Foundland; 2) einen mittleren, der im W. von den Alleghanies begrenzt wird und sich bis in das

1) Selbst in Californien, das mit seiner lang andauernden trockenen Jahreszeit den feuchtigkeitbedürfenden Weichthieren keinen so günstigen Boden bietet wie die Gebiete östlich vom Mississippi, hat, nach Cooper, eine so beschränkte Oertlichkeit, wie der Zusammenfluss des S. Joaquin und Sacramento 31—32 Süsswasser-Mollusken (Proc. Cal. Ac. IV. 93).

2) Smithson. Contr. to Knowledge XI. Cap. 6.

südliche Virginien erstreckt; 3) einen westlichen, der Minnesota und die Staaten des Mississippi bis zu dem gleichnamigen Staate umfasst; 4) einen südlichen, der aus den Staaten südlich von Virginien und Kentucky besteht; 5 und 6) zwei suptropische, die durch den südlichen Theil von Florida und die texanische Küste gebildet werden. In der Central-Provinz sind zu unterscheiden: 7) Ein nördlicher Bezirk, am oberen Missouri und Saskatschewan; 8) und 9) zwei mittlere Bezirke, deren einer aus Kansas und Nebraska und der andere aus dem nordöstlichen Neu-Mexico besteht; 10) Texas ohne die Küste; 11) das obere Gila-Gebiet; 12) das Gebiet des unteren Colorado und Gila. In der pacifischen Provinz sind als Verbreitungs-Bezirke zu unterscheiden: 13) das Gebiet von Sitka; 14) das östliche Oregon und Washington Terr.; 15) Californien bis Sa. Barbara; 16) Süd-Californien, wahrscheinlich sammt der Halbinsel. Aus der Central-Provinz werden bei genauerer Kenntniss ihrer Käferfauna wahrscheinlich noch 2 Provinzen, eine westliche und nordwestliche, auszuscheiden sein, welche das Grosse Becken in sich fassen. Im Gegensatz hierzu grenzt für die Verbreitung der Vögel Spencer F. Baird nur 2 Regionen ab, eine östliche und eine westliche. Jene oftgenannte klimatische und orographische Grenzlinie des 98.—100. Längegrades scheidet sie von einander, ohne indessen, wie sich von selber versteht, eine scharfe Grenze zu bilden. In den feuchten, nicht ganz waldlosen Thälern der Missouri-Zuflüsse gehen östliche Arten bis an das Felsengebirge heran. Die Avifauna der östlichen Provinz zeigt trotz der Scheidewand der Alleghanies wenig Unterschiede; die westliche ist ziemlich gleichartig von den Plains bis zum Kamm der Sierra, zeigt aber einige Verschiedenheiten zwischen dieser und dem Stillen Ocean. Im S. bildet die Gegend des Sabine und Brazos die Grenze. Als Unterprovinzen werden eine Plateau-Provinz zwischen Felsengebirg und Sierra, die auch Unter-Californien in sich aufnimmt, eine südöstliche Provinz, die die atlantischen Südstaaten, Florida und das Thal des unteren Mississippi umfasst, u. a. unterschieden, so dass auch hier die oben charakterisirten Provinzen Cope's eine gewisse natürliche Allgemeingeltung zu beweisen erscheinen.

Die Verbreitungsgebiete einiger grösseren Säugethiere, welche den Naturcharakter der Vereinigten Staaten wesentlich bestimmen helfen oder bemerkenswerth sind durch ihre Beziehungen zum Menschen, verhalten sich folgendermassen:

Die Bären, die mächtigsten Raubthiere des ganzen Gebietes, sind über dessen gesammte Ausdehnung verbreitet. Der schwarze oder amerikanische Bär (Ursus americanus) bewohnt dasselbe mit Ausnahme von Californien, eine braune Varietät (var. cinnamomum) gehört dem Missouri-Gebiet an und der Grizzly (U. ferox), das stärkste und gefährlichste Raubthier Nord-Amerika's, bewohnt den Nordwesten und in besonders grosser Zahl Californien. Man hat ihn bis zum 61. Breitegrad gefunden. Die Wölfe sind in zwei Arten und mehreren Varietäten über das ganze Gebiet verbreitet. Der gemeine Wolf (Canis Lupus) hat im S. vorwiegend dunkle, im Prärie- und Steppengebiet weisslichgelbe, in Arkansas und Texas rothbraune Varietäten. Der Präriewolf oder Coyote (C. latrans), ein Mittelding zwischen Wolf und Schakal, gehört dem Westen und Südwesten (Texas) an. Von Füchsen zählt Baird 7 Arten und Varietäten auf; ein unserem europäischen sehr ähnlicher rother (Vulpes fulvus, var. fulvus) gehört dem östlichen und nördlichen Theile des Gebietes, von den atlantischen Staaten bis zum Missouri und von Pennsylvanien bis Canada an; Washington Terr. und die Neuengland-Staaten haben ihre eigenen Varietäten desselben; ein grauer Fuchs (V. virginianus) bewohnt das ganze Gebiet, mit Ausnahme der nördlichsten Striche; V. littoralis ist auf die californische Kusteninsel S. Miguel beschränkt; V. macrourus und velox sind Steppenfüchse. Bassaris ist ein texanisches und californisches marderähnliches Raubthier. Zwei Marder gehen quer durch den nördlichen Theil des Gebietes. Die Zahl der Wiesel, welche im Gebiet der Vereinigten Staaten vorkommen, ist 9. Von Ottern kommt eine (Lutra canadensis) dem Osten und dem Inneren, eine andere (L. californica) dem pacifischen Küstengebiet zu. Enhydra ist californisch. Der Vielfrass, Wolverene der Amerikaner (Gulo luscus), gehört vorwiegend den nördlich von der Grenze der Vereinigten Staaten gelegenen Gebieten an, wird aber vereinzelt in Maine und Massachusetts und in den nördlichen Theilen der Steppen gefunden. Der Dachs, Badger (Taxidea) gehört dem Westen der

Vereinigten Staaten an und kommt östlich vom Mississippi nicht vor. Von den 5 Stinkthieren gehören 4 dem Westen an, aber das verbreitetste (Mephitis mephitica) ist das des Ostens und Südens. Der Waschbären sind es zwei, eine östliche und eine westliche Art.

Von katzenartigen Raubthieren sind die zwei Gattungen Felis und Lynx vertreten. Von den Katzen geht der Panther (F. concolor), dessen Verbreitungsgebiet sich von 55° N. B. bis 54° S. B. erstreckt, natürlicherweise durch das ganze Gebiet. Der Jaguar (F. onca) kommt im westlichen Texas vor, die Tigerkatze oder Ocelot (F. pardalis) vielleicht im nördlichen Texas; F. eyra und F. yaguarundi sind kleinere texanische Katzen. Luchse, bei den Amerikanern als Wild Cats bekannt, bewohnen in verschiedenen Varietäten Nord-Amerika von dem Wendekreis bis zum 60. Breitegrad. Eine nordische Form ist Lynx canadensis, welcher nur in den nordöstlichen Theilen der Vereinigten Staaten, weder südlich von New York noch westlich vom Mississippi, vorkommt; L. rufus ist weiter verbreitet, er geht bis in die tropischen Regionen von Mexico. L. fasciatus ist bloss in Washington Terr. zu Hause.

Opossum's sind in einer Art (Didelphys virginiana) im O. und dem Inneren, vom Hudson südwärts, in einer zweiten (D. californica) im SW. verbreitet.

Von Nagethieren Nord-Amerika's war das grösste, der Biber (Castor canadensis), auch einst eines der verbreitetsten. Er geht im NW. am Mackenzie bis 68° (Richardson) und bewohnte noch in unserem Jahrhundert Florida und Louisiana; im O. wurde er in Labrador und im W. im Columbia-Gebiet gefunden. Heute ist sein Wohngebiet östlich vom Mississippi überall auf die wenigst bewohnten und besuchten Landestheile beschränkt, deren Ausdehnung und Zahl immer geringer wird. Die Moschusratte (Fiber zibethicus) hat dasselbe Verbreitungsgebiet wie der Biber, mit dem sie in Wohnweise und Gewohnheiten manche Aehnlichkeit zeigt; sie wohnt vom 69. bis 30.° N. B. und vom Atlantischen zum Pacifischen Meere und vermeidet nur das Anschwemmungs-Tiefland der atlantischen und Golfküste. Auch sie ist überall in den bewohnteren Theilen des Landes zurückgedrängt wiewohl in viel geringerem Masse als ihr Familiengenosse. Die Zahl der Hasen Nord-Amerika's beträgt 13 und alle, mit Ausnahme des Schneehasen, werden innerhalb des Gebietes der Vereinigten Staaten gefunden. Der Nordosten hat seinen Lepus americanus, der bis Ohio und Virginien geht; im S. und SW. ist der Sumpfhase (L. palustris und dessen Varietät L. aquaticus) zu Hause; der Prärieregion und zum Theil auch Californien gehören L. callotis, der schwarzschwänzige, L. texanus und L. Bachmanni an; L. Artemisia ist Bewohner der Plains, L. californicus des pacifischen Küsten- und Gebirgsgebietes. Ein Murmelthier (Arctomys monax), von den Amerikanern Woodchuck und Groundhog genannt, gehört dem Norden der östlichen Hälfte der Vereinigten Staaten, ein zweites (A. flaviventer) den Black Hills an. Im Steppengebiet sind 2 Arten Präriehunde (Cynomys) heimisch. Von den übrigen Nagern, deren gesammte Artenzahl 130 beträgt, sei nur noch das Stachelschwein erwähnt; Porcupine (Erethizon) gehört in einer Art den bewaldeten Theilen des Gebietes östlich vom Felsengebirge an, wo es aber südlich vom 39. Breitegrad nicht mehr vorzukommen scheint, und in einer zweiten dem pacifischen Gebiet.

Aus Mexico verbreitet sich das einzige Edentat, welches Nord-Amerika, die einstige Heimat riesiger Glieder dieser Familie, heute beherbergt, das Armadill (Dasypus novemcinctus) nach dem westlichen Texas.

Von Vielhufern bewohnt nur das Pekari (Dicotyles torquatus) die tiefer gelegenen Theile von Texas und Arkansas. Wiederkäuer sind im Allgemeinen in mit allweltlichen Typen sehr nahe übereinstimmenden Formen vertreten. Die Gebirge des Westens haben 3 Gattungen von Bergschafen (Antilocapra, Aplocerus, Ovis). Die Hirsche sind in 5 Arten vorhanden, von denen der weitestverbreitete noch heute C. virginianus ist, der ausser dem pacifischen Gebiet in allen Theilen der Vereinigten Staaten vorkommt; im W. gesellen sich ihm C. macrotis und leucurus, Bewohner der Plains am Ostfuss des Felsengebirges; dieselben gehen am Columbia bis Oregon; C. Richardsonii ist ein Bewohner der pacifischen Staaten, in denen er von Süd-Californien bis Alaska gefunden wird. Der grösste der nordamerikanischen Hirsche ist der canadische

Wapiti oder Elk (C. canadensis), der einst wahrscheinlich keinem der gemässigten Theile der Vereinigten Staaten fehlte, heute aber in die dünnbevölkerten Theile des Westens gedrängt ist und diesseits des Missouri nur noch in einem schmalen Striche der Alleghanies gefunden wird. Im N. nicht über den 56. oder 57. Grad hinausgehend, wird er dort vom Elennthiere, dem Moose der Amerikaner (C. Alces) ersetzt, welches im Gebiet der Vereinigten Staaten im O. bis etwa zum 43. Breitegrad, im W. bis zur Oregon-Mündung südwärts geht, jedoch nur noch in den unbesiedelten Gegenden von Maine und Minnesota in beträchtlicher Zahl gefunden wird. Das Renthier geht in seiner südlichen Form (Rangifer caribou), dem Woodland Caribou, der Amerikaner, bis Maine und an die Nordufer der Grossen Seen herab. Der Bison (Bison americanus), Buffalo der Amerikaner, einst über den ganzen Osten der Vereinigten Staaten bis zum Felsengebirg und stellenweise noch in diesem selbst verbreitet; ist seit der Besiedelung immer mehr nach W. zurückgedrängt und durch die Auswandererstrassen und Eisenbahnen des Westens neuerdings auf zwei Verbreitungsgebiete beschränkt, deren eines vom L. Athabaska bis zum 45.° N. B., das andere vom 42. bis 32.° N. B., beide in der Breite von kaum 10 Längegraden, am Fuss des Felsengebirges sich erstrecken.

Tiefenfauna der Grossen Seen. Die Grossen Seen des S. Lorenz-Systems beherbergen eine Tiefseefauna, welche mit der einiger europäischen und asiatischen Seen das gemein hat, dass ihre Verwandtschaft mit entfernteren meerbewohnenden Formen grösser ist als die mit den übrigen Süsswasserbewohnern ihrer Umgebung. Dieser Umstand verleiht ihr eine erdgeschichtliche Bedeutung. Im L. Superior ist von den Uferrändern bis zu 30—40 Faden Tiefe die Fauna je nach der Bodenbeschaffenheit verschieden, während sie in den tieferen Schichten überall dieselbe ist. Diese Tiefwasserfauna ist arm und ihre Besonderheiten beruhen weniger im Vorkommen eigenthümlicher als vielmehr im Mangel zahlreicher Arten, welche weiter oben vorkommen. Durch alle Tiefen gehen unter anderen mehrere Dipterenlarven, verwandt mit Chironomus, einige Würmer der Gattungen Tubifex und Saenuris, ein Pisidium, eine Hydra und mehrere Kruster. Die Untersuchungen des Lake Survey ergaben: Radiata 1, Mollusca 10 (davon 4 Pisidien), Vermes 11, Crustacea 8 Arten. Die meisten Arten sind identisch mit solchen, die auch in den anderen Seen der grossen Seeregion gefunden werden. Eine Mysis und eine Pontoporeia waren nicht zu unterscheiden von entsprechenden Arten des Wetternsees (Schweden). Mysis und Pontoporeia von Krustenthieren, Tubifex und Saenuris von Würmern, Pisidium von Weichthieren, Hydra von Polypen, Chironomuslarve von Insekten sind diejenigen Thiere, welche in die bedeutendsten Tiefen hinabgehen[1]). S. J. Smith führt weiterhin 3 Arten von Cladoceren. Daphnia galeata und pellucida und Leptodora hyalina als Bewohner des Oberen und des Michigan-Sees an, die zugleich in nordeuropäischen Seen vorkommen[2]). Die Untersuchungen der Chicago Academy of Science im Michigan-See ergaben bei 14 Faden und in 28 Kil. Entfernung vom Ufer 1 Plumatella, 2 Melania, 1 Lymnaea, 1 Clepsine und einen Egel neuer Gattung. Bei 45 Faden zwischen 20 und 32 Kil. vom Ufer fand man 1 Mysis, 2 Gammarus, 1 Pisidium (neue Art) und eine kleine weisse Planarie[3]).

Wenn die Beziehungen dieser Tieffauna zu der nahe gelegener Meerestheile aufgehellt sein werden, werden sich wahrscheinlich ähnliche erdgeschichtliche Folgerungen daran knüpfen lassen, wie an die Reliktenfauna nordeuropäischer und asiatischer Binnenseen. Bei der Grösse dieser Seen waren ohnehin Aehnlichkeiten mit den Meeresbewohnern zu erwarten, da, ausgenommen die Salzhaltigkeit des Wassers, wichtige äussere Lebensbedingungen, wie Breite des Raumes, Wasserfülle, Tiefe, Temperatur[4]), Ruhe in der Tiefe, Brandung an den Ufern, oceanischer Wellenschlag an der Oberfläche, hier meeresähnlicher sind als in den meisten Binnenseen, die wir kennen.

Verbreitung der Korallenriffe. Dana begrenzt das Verbreitungsgebiet der riffbauenden Korallen durch seine Iso-

1) A. J. S. 1871. II. 373. 448.

2) Ebendas. 1874. I. 161.

3) W. Stimpson, Am. Naturalist IV. 403.

4) Die Temperatur des Wassers im Oberen See war unterhalb 40 Faden überall 4° C., während sie an der Oberfläche gleichzeitig (die Messungen fanden im August statt) zwischen 10 und 13° schwankte.

cryme von 20° d. h. durch eine Linie, innerhalb deren die Temperatur des Wassers im kältesten Wintermonat nicht unter 20° sinkt. Diese Linien fallen, allgemein gesprochen, mit dem 28. Breitegrad zusammen, erfahren aber natürlich erhebliche Verrückungen durch den Einfluss der Landmassen und Strömungen. An der nordamerikanischen Küste geht diese Linie von C. Florida (25° 40′ N. B.) fast direkt nördlich und biegt in 33° N. B. um die Bermudas, die ächte Riffinseln sind. Die Westküste Florida's ist frei von Riffen. Die Nordgrenze riffbauender Korallen im Pacifischen Ocean liegt am amerikanischen Continent bei 21° N. B., erreicht daher nicht das Gebiet der Vereinigten Staaten. Von den der Küste nahe gelegenen Inseln dieser Seite werden bloss die Revillagigedos (18° N. B.) andeutungsweise als Koralleninseln bezeichnet[1]).

Anhang. Für eine Geschichte des organischen Lebens in Nord-Amerika liegt das Material nur erst in weit zerstreuten Bruchstücken vor uns, welche selbst nicht eine so lückenhafte Schilderung erlauben, wie man sie für Europa hat versuchen können. Nur einige allgemeine Grundzüge lassen sich erkennen, die durch den Vergleich mit den entsprechenden Erscheinungen im Norden der Alten Welt bereits zu interessanten Schlüssen auf die alten Formverhältnisse, Verbindungen und Sonderungen innerhalb der Länder der nördlichen Hemisphäre geführt haben. Man kann als den allgemeinsten dieser Schlüsse die Erkenntniss bezeichnen, dass der Norden der Neuen Welt, der uns hier beschäftigt, nur in den ältesten und neuesten der geologischen Perioden eine hervorragende Uebereinstimmung mit dem Norden der Alten Welt zeigt. Zwar bildeten beide zusammen jene alte, grosse, nördliche Landmasse, die den insularen und weniger ausgedehnten Landmassen der Südhemisphäre wie ein einziger Continent gegenüberlag und das alte Nord-Amerika nahm ohne Zweifel Theil an der reichen Entwickelung organischer Wesen, die in den Augen der Pflanzen- und Thiergeographen den Nordcontinent zu dem wichtigsten Schöpfungscentrum wenigstens in der für unser heutiges organische Leben so wichtigen Tertiärzeit gemacht hat. Aber wir wissen, dass wenigstens die Pflanzenwelt in der Kreide- und Frühtertiärzeit bedeutende Verschiedenheiten aufwies und dass im Verlauf der Tertiärzeit Nord-Amerika viele Thierformen, besonders Säugethiere, besass, die man in europäischen Schichten bis jetzt nicht gefunden hat und

---

1) J. D. Dana, Corals and Coral Islands. 1872. 303.

mehr von den Thierformen verlor, die es einst gemeinsam mit der Alten Welt besessen, als diese. Es ist wahrscheinlich, dass zeitweise die beiden Landmassen im Norden, sei es über Asien oder Europa zusammenhingen, aber unwahrscheinlich, dass dieser Zusammenhang sie jemals in voller Breite zu einer einzigen verschmolz. Er war genügend, um ihnen eine allgemeine Aehnlichkeit der organischen Formen aufzuprägen, ohne doch jene tiefergehende Uebereinstimmung zuzulassen, der wir in den verschiedenen Theilen der Alten Welt begegnen. Treffend scheint A. R. Wallace ihre Beziehung zu bezeichnen, wenn er sie „die zwei grossen Zweige des Lebensbaumes unserer Erde" nennt.

In den geologischen Zeiten, aus denen keine Spuren von der Existenz festen Landes überliefert sind, herrscht eine Uebereinstimmung der Gattungen und zum Theil selbst der Arten lebender Wesen, wie sie natürlich ist bei der Geringfügigkeit der Schranken, die in einer landlosen oder, sagen wir vorsichtiger, *landarmen* Zeit der Verbreitung seebewohnender Thiere gesetzt waren. Diess gilt von der Zeit der Silurformation und in etwas geringerem Grade von der der devonischen, in welcher indessen noch keine Wirbelthierreste gefunden sind. Auch in den Kohlenformationen der Nordhälfte der Alten und Neuen Welt waltet noch immer eine bedeutende Uebereinstimmung, die z. B. bei den eigentlichen Kohlenpflanzen im gemeinsamen Vorkommen eines Drittheils aller Arten in der Alten und Neuen Welt sich ausspricht. In der unteren Kohlenformation erscheinen auch hier die ersten Labyrinthodonten und das Vorkommen ächter Reptilien in denselben ist wahrscheinlich. Aber in den geringfügigen Dyas-Schichten Nord-Amerika's sind überhaupt keine Wirbelthiere gefunden. In der Trias- und Jurazeit fanden in Nord-Amerika keine so ausgedehnten und fossilreichen Ablagerungen statt wie im Norden der Alten Welt, aber die Spuren, die man von Pflanzen und Thieren aus dieser Zeit besitzt, zeigen dieselbe generische Uebereinstimmung wie die Reste früherer Zeiten, ohne dieselbe grosse Zahl übereinstimmender Arten. Vielleicht sind die riesigen Dinosaurier hier früher als in Europa aufgetreten; sie sind sehr zahlreich in der nordamerikanischen Trias. Dass, gleich wie in Europa, auch in Nord-Amerika das erste Säugethier (Dromatherium) in triassischen Schichten gefunden ist, scheint gleichfalls den allgemeinen Parallelismus der organischen Entwickelung in der Alten und Neuen Welt zu kennzeichnen. Aus den Ablagerungen der Kreidezeit sind uns in Nord-Amerika ganz wie in Europa zum ersten Mal zahlreiche Pflanzengeschlechter entgegengetreten, die in nahen Verwandtschaftsbeziehungen zu den Bürgern unserer heutigen Flora stehen. Eichen, Buchen, Pappeln, Weiden, Erlen, Platanen, Ahorne haben ihre Reste in Schichten der Kreideformation hinterlassen. Europa hatte eine Flora von etwas tropischerem und alterthümlicherem Habitus als Nord-Amerika. Palmen sind wohl dort, nicht aber hier gefunden und ebenso sind Farne, Cycadeen, Coniferen dort überwiegend vertreten. Dagegen hat Nord-Amerika von dieser Zeit an seinen Tulpenbaum, Sassafras, Liquidambar, Taxodium u. a. Formen der warmen gemässigten Zone bewahrt, während Europa ihrer verlustig ging. In der Thierwelt, die einen vorwiegend marinen Charakter hat, gehen die Uebereinstimmungen mehr ins Einzelne, finden aber ihre Schranke an der allem Anschein nach geringeren Lebensfülle, die in Amerika herrschte. Gegen 6000 Thierarten der europäischen Kreide hat Nord-Amerika nur 2000 aufzuweisen. Aber doch fehlt ihm keine der für die europäische Kreide eigenthümlichen Thierformen, weder Rudisten noch die seltsamen Ammoniten und Belemniten, weder die Riesenreptile, die in der Ordnung der Mosasaurier hier die formenreichste Entwickelung erreichen, die man kennt, noch die Erstlinge der Knochenfische. Es bilden sich bereits Formen heraus, die wie Lepidosteus und Amia noch heute nur Nord-Amerika eigen sind. Gezähnte Vögel, die Reptilienmerkmale tragen, wie die Odontornithen sind bis jetzt nur in der nordamerikanischen Kreide gefunden, aber von Säugethieren hat sie bis jetzt eben so wenig Spuren erkennen lassen wie die europäische. Die Zeit des ersten und massenhaften Auftretens der Säugethiere ist in Nord-Amerika und Europa die frühtertiäre. Der eben erwähnte Unterschied im Charakter der Vegetation erhielt sich auch in der Tertiärzeit, in deren frühester Periode (Eocän) Europa eine Pflanzenwelt von mehr tropischem und australischem Charakter bewahrte, während Nord-Amerika fortfuhr, sich seiner heutigen Vegetationsphysiognomie anzunähern. Seine Wälder glichen in hohem Grade denen, die wir an denselben Orten heute sehen und Europa nahm in der mittleren Tertiärzeit (Miocän), wohl in Folge einer ausgiebigeren Verbindung mit Nord-Amerika, viel von demselben Charakter an, so dass damals unsere Wälder den heutigen nordamerikanischen viel näher standen als jetzt. Noch in der jüngsten Epoche der Tertiärzeit (Pliocän) erhielt sich diese Uebereinstimmung, die nicht bloss in der Identität der Gattungen, sondern u. a. auch darin sich äusserte, dass Gattungen damals artenreich waren (z. B. die Eichen), die es heute in Europa nicht mehr, wohl aber in Nord-Amerika sind. Die bedeutsamsten Entwickelungen machte aber die Thierwelt in dieser Zeit durch; in ihr herrschte viel mehr Aehnlichkeit mit der europäischen als in der Pflanzenwelt. Beiden Gebieten waren damals Formen gemein, die sie später verloren. Die Beutelthiere und Lemuriden waren in der älteren, die Faulthiere, Kameele und riesigen Dickhäuter in der jüngeren Tertiärzeit über Nord-Amerika und Europa verbreitet und nur Nord-Amerika hat in seinem Opossum (Didelphys) einen Rest davon bewahrt. Gleich der europäischen hatte auch die nordamerikanische Thierwelt bis zum Schluss der Tertiärzeit eine grosse

Aehnlichkeit mit der südasiatischen, ohne darum ihren eigenen Typus aufzugeben, der in manchen Gruppen einen viel grösseren Formenreichthum aufweist als wir in Europa kennen (man hat z. B. allein 30 tertiäre Pferdearten in Nord-Amerika entdeckt) und ausserdem reich ist an völlig eigenartigen, nun längst ausgestorbenen Typen, wie die Dinocerata und Tillodontia. Noch in der Diluvialfauna von Nord-Amerika fehlen Elephanten, Pferde, Tapire, Löwen nicht, aber es sind ihnen riesige Edentaten (Faulthiere) gesellt und ausser dem eigentlichen Elephanten vertritt eine in der Alten Welt unbekannte Gattung, Mastodon, den Riesentypus der Proboscidier. Das Nilpferd und das Schwein fehlen und unser Mammuth (Elephas primigenius) war auf den Nordwesten von Nord-Amerika beschränkt. Menschenähnliche Affen und Affen des altweltlichen Typus kennt man aus Nord-Amerika nicht. Eine geringere Entwickelung der Raubthiere scheint auch in dieser Zeit schon den heutigen Zustand vorzubilden, in dem Amerika mit seinem Jaguar und Puma weit hinter den gewaltigeren und mannigfaltigeren Raubthieren der Alten Welt zurücksteht. In der Eiszeit gingen fast alle diese Quadrupeden zu Grunde, oder zogen sich nach Süden zurück, wo sie in mehr oder weniger stark veränderten Abkömmlingen fortleben (Faulthier, Tapir). Diese Katastrophe musste der nordamerikanischen Fauna verderblicher werden als der europäischen in demselben Masse, als die Eiszeit in Nord-Amerika, begünstigt durch Lage, Umriss und Bodengestalt dieser Erdtheilhälfte, gewaltigere Dimensionen annahm und als hier durch Meeresumrandung und Gebirge die Neueinwanderung erschwert war. Vom Menschen will man Spuren im Pliocän Nord-Amerika's gefunden haben.

Schildernder Theil.

I. Amerikanische Landschaft[1]).

Der grosse Unterschied zwischen der nordamerikanischen und der europäischen Landschaft liegt in dem geringen *„finish"* der ersteren und in der grösseren Zahl von Werken menschlicher Hand in der letzteren. Die Natur selbst macht einige Unterschiede, wiewohl weite Strecken des continentalen Europa für Theile unseres eigenen Landes angesehen werden könnten, wenn nicht eben die Werke von Menschenhand sie unterschieden. Im Ganzen muss man zugestehen, dass Europa erhabenere und grossartigere Scenen darbietet als wir innerhalb unserer Grenzen diesseits der Rocky Mts., Californiens und Neu-Mexico's finden. Unter den europäischen ist es vorzüglich die englische Landschaft, die durch einen gewissen Zug von behaglicher Nettigkeit ausgezeichnet ist, und Landschaften, in denen wir diesen Zug wiederfinden, haben wir nicht selten in der Nachbarschaft unserer grossen Städte, nur dass die Hecke, die die Felder trennt, gewöhnlich durch rohe Steinmauern oder durch Holzzäune ersetzt ist, an deren Stelle der Naturfreund allerdings lieber Weissdorn oder wilde Rosen sehen würde. Die grössere Fessellosigkeit der Natur in der gewöhnlichen nordamerikanischen Landschaft und die zahlreichen Waldparcellen in derselben machen dafür die Ausblicke in diesem Lande oft wunderbar schön, wenn sie weit genug sind, um jenen Mangel an Vollendung im Einzelnen zu verhüllen, welche nur die Wirkung langer Zeit und Arbeit sein kann. In dieser Beziehung bieten wenigstens die älteren Theile der

1) Nach J. Fenimore Cooper: American and European Scenerie compared. (The Home Book of the Picturesque 1852.)

Vereinigten Staaten Bilder, die einen grösseren, freieren Zug in sich haben als die meisten in der Alten Welt.

Man muss aber allerdings gestehen, das Ein grosser Reiz uns fast ganz fehlt. Wir denken an die Küste. Unsere Küste ist fast ausnahmslos nieder, einförmig, zahm. Es fehlen ihr die alpinen Felswände, die kühnen Vorgebirge, die Höhen, die aus dem Binnenlande herüberschauen und alle jene herrlichen Dinge, die die Mittelmeerküste zu einem Weltwunder machen. Der Amerikaner spricht gern von der Grösse seiner Baien und Flüsse, aber Dinge dieser Art bedürfen einer gewissen Erhebung in der Landumgebung. So wunderbar die Bai von New York für den Handel geeignet ist, so untergeordnet ist ihr Platz neben anderen grossen Häfen in landschaftlicher Beziehung. Der oft gehörte Vergleich mit Neapel ist besonders unpassend, denn es möchte schwer sein, zwei Meerbusen zu finden, die in Wirklichkeit einander weniger gleichen. Auch in der Farbe hat das Meer an den nordamerikanischen Küsten weniger Anspruch auf Schönheit als im Allgemeinen die europäischen. Meistens ist das Wasser grün, das sichere Zeichen seichter Ufer, während im Mittelmeer das Blau der Tiefe bis an die Felsen des Ufers reicht. Gerade die Küste erinnert uns daran, um wie viel Zeit, Cultur, Arbeit den natürlichen Reiz einer Landschaft erhöhen können. Die See hat an der holländischen Küste dasselbe Grün wie bei uns und die Ufer sind dort flacher, aber man erblickt nie diese Wiesen, Dörfer, Kirchen und alle anderen menschlichen Werke, die sogar unter dem Spiegel des Meeres liegen, ohne eine Art von Ehrfurcht vor der menschlichen Arbeit zu empfinden. Es ist kaum möglich eine holländische Landschaft zu betrachten, ohne dass man glaubt, zu gleicher Zeit ganze Seiten der Geschichte des Volkes zu lesen. In der Alten Welt zeigt Deutschland in manchen Beziehungen am meisten Aehnlichkeit des landschaftlichen Eindrucks mit Nord-Amerika. Zerstreute Waldparcellen fehlen ihm weniger als den südlich und östlich von ihm gelegenen Ländern und sein Anblick ist weniger nackt als der Frankreichs. Vereinzelte Häuser sind ebenfalls in Deutschland häufiger als in Frankreich. Die Gewohnheit des Beisammenwohnens der ländlichen Bevölkerung in Dörfern gibt jeder, besonders aber der deutschen Landschaft, einen Anklang von Parkcharakter, aber natürlich ohne künstliche Verschönerungen, wie sie diesem eigen sind. In Nord-Amerika ist dieser Anklang bei der Masse zerstreuter Wälder und Waldseen und durch die natürliche Grazie der Natur oft noch deutlicher ausgesprochen. Besonders an trüben Tagen bringt mancher Fernblick in Nord-Amerika ein parkartiges Bild vor Auge, weil dann wohl das Schöne in dieser Scenerie empfunden, die Mängel im Einzelnen aber verdeckt werden.

Seen und Wasserfälle sind in Nord-Amerika weit verbreitet und tragen sehr viel zur Belebung der einförmigeren Landschaften bei. Manche sind sehr lieblich, aber keiner kann mit den schönsten Seen des Alpenlandes oder Ober-Italiens verglichen werden. Selbst Lake George im nördlichen New York, der in der Menge seiner bewaldeten Eilande und Klippen kaum seines Gleichen haben dürfte, würde doch erst in vierter oder fünfter Reihe kommen, wenn man die bekannteren Seen nach ihrer landschaftlichen Schönheit ordnen wollte.

Die Gebirgslandschaften Nord-Amerika's diesseits der Felsengebirge entbehren zwar der Grossartigkeit und wilden Erhabenheit, welche dem Hochgebirge eigen zu sein pflegen, aber sie sind nicht ohne ganz eigenartige Reize. Die grosse Ausdehnung der Wälder, verbunden mit der Fruchtbarkeit ihres Bodens, erzeugt in einem Gemisch von Wildheit und Cultur Bilder von aussergewöhnlicher Schönheit. Fast in jedem der älteren Staaten sind weite Distrikte zu finden, die diesen Charakter haben. So wie die Cultur eindringt, wird mit der Zeit eine Linie von Gebirgslandschaften sich von Maine bis nach Georgia ziehen und dieselbe wird ihres Gleichen nirgend in der Alten Welt finden. Nord-Amerika ist reich an Flüssen und damit auch reich an dem Reize, den dieselben der Landschaft zu verleihen im Stande sind. Die nördlichen Staaten der Union sind sogar ungewöhnlich reich bewässert und die Gleichstellung des Hudson mit dem Rhein ist in manchen Theilen nicht ganz unberechtigt, wiewohl beider Charakter sehr verschieden ist[1]). Der Rheinfall kann nur mit amerikanischen Fällen zweiten Ranges verglichen werden und die Hudson-Mündung bei New York steht sicherlich weit über dem Verlaufen in Sand und Schlamm, welches das

1) Vgl. u. S. 448.

Schicksal des Rheines in seinem untersten Abschnitt ist. „Wir gestehen, schliesst Cooper, Europa die grösste landschaftliche Schönheit in seinen Alpen, Apenninen und Pyrenäen, in seinen Werken von Menschenhand, in allen jenen Wirkungen zu, die von Zeit und Arbeit abhängen, in dem Hauch von Reife, der über alle seine Scenerien gebreitet ist; aber für Amerika wahren wir die Frische einer vielversprechenden Jugend und einer Art gesunder natürlicher Heiterkeit.

Dieses Urtheil eines der feinsten Beobachter und grössten Naturschilderers ist von anderen competenten Amerikanern immer nur bestätigt worden. Es lässt wenig Variationen zu und es wäre nutzlos weitere Stimmen anzuführen, die mit anderen Worten dasselbe sagen. Doch möge noch dem Nächstberechtigten, Bayard Taylor, diesem Weltwanderer, das Wort vergönnt sein, der von den neuengländischen Bergen sagt: „Worin steht diese Scenerie hinter dem Schottischen Hochland, dem Jura oder den Voralpen zurück? In nichts; sie ist eher noch schöner. Es ist wahr, dass sie des magischen Reizes der alten Gedanken-Associationen ermangelt, aber dieser Mangel — wenn es einer ist — vergisst sich bald. Der Hauptunterschied ist einer, der in allen amerikanischen Scenerien wiederkehrt. Eine jungfräuliche Natur hat einen Reiz, der nur ihr gehört und ebenso hat auch wieder die unterworfene, civilisirte, polirte Natur, die ganz Wohnstätte des Menschen geworden ist, ihre eigene Schönheit, wogegen sie allerdings in jenem Uebergangszustand, in dem sie das eine nicht mehr und das andere noch nicht ist, einen sehr unbefriedigenden Eindruck hinterlässt.“ Er führt das Saco-Thal, den schönen Zugang zu den White Mts., als Beispiel an: Die vielen unerfreulichen Lichtungen, die Felder, die mit hässlichen Stümpfen besetzt sind, die zahlreichen einzelstehenden, aus ihrer natürlichen Nachbarschaft herausgelösten Bäume — es sind nur einzelne widerstrebende Elemente in dem landschaftlichen Bild, die glücklicherweise noch nicht häufig sind[1]).

---

1) At Home and Abroad II. 345. Uebrigens muss überhaupt in Amerika mit den Gegenständen auch die Betrachtung des Reisenden und Künstlers eine neue Richtung nehmen. Wer hier Wanderungen unternimmt und nicht will, dass eine stete neue Folge lieblicher aber einförmiger Naturbilder „das müde Aug' wie eine Last beschwere“ muss in der Zukunft Nahrung für seine

II. Wald und Urwald in den nordöstlichen Staaten.

Ein breiter Gürtel von Wald und Wiesen zieht um den nördlichen Scheitel der Erde; wie ein Kranz schlingt er sich zwischen die baumlosen Regionen des hohen Nordens und die Steppen der südlicheren Tiefländer und weniger als irgend eine andere Zone der irdischen Pflanzendecke haben ihn Meere und Gebirge, diese grossen Schranken der Pflanzenverbreitung, verzerren oder zerstückeln und umwandelnden Einflüssen aussetzen können. Die drei nördlichen Erdtheile, Asien, Europa und Amerika, sind einander zu nahe gerückt, die beiden ersteren nur durch die mässigen Höhen des Ural geschieden, der dritte mit dem ersten durch inselreiche Archipele und Landzungen verknüpft, die in der Behringsstrasse sich einander bis auf wenige Meilen nähern; Strömungen in den trennenden Meeren, von Erdtheil zu Erdtheil gehend, stärken das Band, das in der natürlichen Lage gegeben ist, und die Erdkundigen und Erforscher der Erdgeschichte berichten uns, dass viele Gründe für eine einst noch innigere Verbindung durch nun ins Meer gesunkene Inseln oder Festlandbrücken sprechen. Nur jenseit des Polarkreises, wo der Winter mit immer und überall gleicher Uebermacht auf allem Lebendigen ruht, ist das Wenige und Aermliche, was gedeiht, noch gleichförmiger als in unserem nördlichen Waldgürtel, aber Pflanzen wie Thiere sind doch auch in diesem so wenig scharf geschieden, dass ihrem Betrachter die drei Erdtheile, denen sie angehören, wie einwurzelige Bäume erscheinen mögen, die am Wurzelstock ihren

---

Phantasie suchen. So macht es der Amerikaner. „Wenn er dem Lauf der breiten Ströme seines Landes nachgeht, ist sein Geist immer mit dem beschäftigt, was noch kommen wird. Statt eines Thales, welches sich Jahrhunderte lang auf einerlei Weise darstellt, in welchem Edelleute und Pächter wohnen, deren Heerd mehrere Menschenalter ungestörter Vererbung hindurch von denselben Namen umgeben war, deren Felder seit undenklichen Zeiten nie ihre Grenzen verändert, immer auf dieselbe Art bestellt wurden — erblickt er hier ein Thal voll des üppigsten Pflanzenlebens, drückend wie ein Erntewagen beladen, das noch kein Fuss betreten, in jungfräulicher Frische, und dann denkt er gleich an die Dörfer, welche sich bald an den Hügelseiten erheben werden, hört die Axt in den Waldungen arbeiten und stellt sich Mühlen, Brücken, Kanäle und Eisenbahnen vor, welche den jetzt durch Schilfgras und wilde Bäume laufenden Fluss einschliessen oder über ihn weg führen werden“ (Willis and Bartlett, American Scenery I. 2).

gemeinsamen Ursprung nie verläugnen, wie weit auch ihre Kronen auseinanderstreben. Die Aehnlichkeit geht in der That tief. Sie liegt tiefer als die Gründe des übereinstimmenden *physiognomischen* Charakters dieser Gebiete, welche man im Klima suchen könnte. Dass hier wie dort nicht nur Bäume mit im Herbst fallendem Laub, sondern bestimmte Geschlechter, wie Eiche oder Buche oder Ahorn, wiederkehren, dass ebenso nicht bloss Nadelhölzer den gesammten Gürtel durchsetzen, sondern als Tannen oder Föhren oder Lärchen sogar in sehr ähnlichen Arten allverbreitet sind, dass das Gleiche im Ganzen und Grossen auch von den Sträuchern, Kräutern und Gräsern und von den Thieren des Waldes und Feldes gilt, dass also nicht bloss die Physiognomie, sondern das Einzelne, das ihr zu Grunde liegt, nicht bloss der Gesammteindruck, sondern auch seine Elemente ähnlich sind, ist eine Thatsache, die mit ihren Gründen tief in die Geschichte unseres Planeten, in alte, geologische Zeiten hinabreicht. Wo, wie in Europa und Nord-Amerika, auch die Eingriffe des Menschen in die Natur in ziemlich gleicher Richtung sich bewegen, bleiben am Ende nur feinere Unterschiede bestehen, während das gesammte Naturbild immer gleichförmiger wird.

Die Thäler und Hügel derjenigen Theile des nordöstlichen Amerika's, welchen annähernd dieselbe Jahreswärme wie Mittel-Europa zukommt — von Ebenen ist in diesem Gebiete nicht viel zu reden —, tragen Wälder, die, wie bei uns, aus Laub- und Nadelholz bestehen, in denen aber die Arten des ersteren von Natur zahlreicher und mannigfaltiger, und in denen ausserdem ihre Mischung eine buntere ist; nur die besten Stämme sind dann und wann gefällt worden, im Uebrigen ist die Natur sich selbst überlassen geblieben und hat nun, was sich von Bäumen und Sträuchern hier findet, in einer Regellosigkeit zusammen aufwachsen lassen, die uns an unseren wohlgepflegten Wäldern längst fremd geworden und in Mittel-Europa vielleicht nur noch in den weiten Urwaldgebieten der Karpathenländer erhalten ist; doch habe ich selbst dort keine Hochwälder gesehen, die auf ein paar Quadratruthen 8 oder 10 Baumarten neben einer vielleicht noch grösseren Zahl verschiedener Sträucher und Schlinggewächse vereinigen; dazu ist der Bestand von Natur ein zu einförmiger.

Natürlich ist nicht aller Wald hier unberührter, jungfräulicher Urwald. Die Cultur ist schon zu weit vorgedrungen und hat die ursprünglich fast lückenlos ausgebreitete Walddecke an zahlreichen Stellen durchbrochen. Aber auch da wo der Wald sich in seiner ursprünglichen Natur erhalten hat, ist er, der ächte Urwald, kein undurchdringliches Dickicht, wie es der tropische, der an Schlingpflanzen und hohen Kräutern reiche, ist. Er ist kaum dichter als unsere Gebirgswälder, aber er ist eine ungestörte, nach eigenen Gesetzen entwickelte, nach eigenen sich erhaltende Erscheinung. Darin wurzelt sein Eigenthümliches, dass Menschenhände nur tastend und mit verschwindender Wirkung in ihn eingreifen. Er gestaltet sich wie er muss. Was Grosses im Wachsthum eines Waldes entstehen kann, wird da hervorgebracht. Man sieht sehr oft, ja fast jeden Schritt junge Bäume, die aus dem Moder erstorbener, umgestürzter Bäume, meist ihrer Artgenossen, hervorwachsen, wohl gar aus einer Spalte in der vor Fäulniss mehr als das Holz bewahrten Rinde, oder man sieht hart nebeneinanderstehend grosse, mittlere und kleine erst keimende Bäume einer Art und rings um sie liegen gestürzte Stämme in allen Stadien der Verwesung — das sind die ächten Urwaldscenen. In unseren regelrechten Wäldern stehen meist Bäume Eines Alters beisammen, hier reicht Anfang und Ende sich die Hand und lückenlos fügen sich die Erscheinungen vom Keimen bis zum Erdewerden in Ein Bild. Und nicht bloss alte Stämme liegen am Boden, sondern vielmehr mittlere und sehr junge, und wenn tausend Keime, die da zum Lichte streben, einen unbeschränkten Reichthum, eine unerschöpfliche Möglichkeit des Werdens aussprechen, sagen diese vom harten Kampfe, den alles, was werden will, bestehen muss, vom Kampfe, der sichtlich unendlich mehr vor der Zeit zum Falle bringt, als er siegen lässt. Was erst werden will und was schon gewesen ist, nimmt den grössten Raum ein, denn der Ruhepunkt der Vollendung ist nur ein kleines Stückchen im Scheitel der langen Wellen, die zwischen Entstehen und Vergehen auf- und abwogen.

Auch das ist wesentlich, dass der Boden hier viel mehr dem Walde angehört, den er nährt, ein viel organischerer Bestandtheil in demselben ist, als im gepflegten Wald, denn dieser ist im weitesten Sinne sein Erzeuger. Aus dem Moder der gestürzten Bäume, des Laubes, der Nadeln, der Früchte, überhaupt alles dessen, was er trägt, erzeugt er sich ohne Aufhören neu, und nur wo rasches Wasser über ihn geht, das ihn aufreisst, wird er unterbrochen. Dieser Boden nährt zahllose Pflanzen, die ihn mit ihren Wurzeln kräftig zusammenhalten und ihn zu einer dichten Decke über die Felsen und Klüfte weg weben. In den Urwäldern der Nord-Alleghanies, wo jedes Thal und fast jeder Abhang ein Felsenmeer zu nennen, tritt das besonders klar hervor, denn hier geht die Moos- und Moderdecke so dicht über die Ungleichheiten des trümmerreichen Bodens weg, dass man wohl erst nach mehrmaligem Durchbrechen zu einem richtigen Begriffe von seiner Natur gelangt. In dieser Bodenvegetation prägt sich auch die Urwaldüppigkeit trotz Schatten und nordischen Klima's deutlich, doch freilich in kleineren Zeichen aus, die nur dem suchenden Auge auffallen. Die Dicke der Moosdecke und ihr fast lückenloser Zusammenhang, die Fülle der verschiedenartigsten Bärlappgewächse, der immergrünen Schneebeeren und vor allem der zahllosen Fichten und Tannenkeimlinge, die man im Moose findet, dann auch der Miniatur-Urwald farbenprächtiger Flechten, der unter Pilzen und Lebermoosen auf jedem Stück modernden Holzes aufspriesst, sind solche Zeichen. Die Hauptsache bleibt aber, dass der Boden kein Stein und keine Erde, sondern Wald, wiewohl gewesener, ist.

Das sind gewissermassen die Grundzüge eines jeden Urwaldes, aber die Lage, der Boden, das Klima lässt sie an verschiedenen Orten mit sehr verschiedenen Mitteln ausgeführt erscheinen. Hier wie überall im Norden sind die Elemente an Zahl gering, an Erscheinung mehr düster als reich oder glänzend. So treten jene Grundzüge schärfer hervor, während ihre Umhüllung zurücktritt; so ist das Wesentliche überwältigend klar und gross, während das Beiwerk — ich denke an die tropisch reichen Blatt- und Blüthen-Entwickelungen, an die grosse Mannigfaltigkeit der Bäume, Sträucher, Kräuter und Schilfe, an die Verschlingungen, die Parasitengewächse —, die verwirrenden Arabesken, fast fehlen. Wer zum ersten Mal in einen solchen Wald tritt, möchte wohl enttäuscht sein, aber er wird das Bedeutende wahrnehmen, sobald er eben nicht bloss die Sinne, sondern auch den Geist für dasselbe aufschliessen will.

In den Höhen, in denen sich in diesen am längsten besiedelten Theilen Amerika's die Wälder noch am meisten im Urwaldzustand erhalten haben, Höhen, die durchschnittlich schon über 600 m. hinausgehen, zeigen die Bäume nicht mehr den stärksten und höchsten Wuchs, dessen sie ihrer Natur nach fähig sind, sondern beginnen niedriger, dafür aber dichtästiger zu werden. Es ist natürlich, da ihre Wachsthumsperiode durch späten Frühling und frühen Winter von zwei Seiten her eingeengt und selbst der Sommer hier nicht so warm wie in den tieferen Lagen ist. Ohnediess gehören weder Fichte noch Balsambaum zu den Riesen ihres Geschlechts, und die Birken, die unter sie zerstreut und gegen die Kälte nicht so empfindlich sind, sind von Natur nicht sehr hoch. Immerhin sind die ausgewachsenen Bäume noch stark und hoch genug, um einen tüchtigen Wald zu bilden, und die schönsten unter ihnen, die Weisscedern, scheinen gerade hier am besten zu gedeihen. Aber wer mitten unter ihnen steht, hat keine Möglichkeit, sich ihre Grösse klar zu machen, überall ist der Blick beschränkt, Eines beschattet das Andere und man athmet erst auf, wenn endlich ein noch so kleines Bächlein über den Weg geht, das einige Lichtung in die Massen bringt, irgend einen Baum oder ein paar Sträucher aus der Fülle emporhebt, Einzelnes ohne Mühe betrachten, einen freien Blick in das Ganze gewinnen, wohl gar die Sonne hereinscheinen lässt. Geschieht das Letztere, so wird der Charakter des Urwaldbildes sofort ein anderer, denn je dichtästiger die Bäume, je verschiedener die Höhe, zu der sie ihre Kronen erheben, desto wechselnder, mannigfaltiger ist das Gewebe von Licht und Schatten, das sie über den Boden hin breiten, und das tiefe, feuchte Grün der Kräuter und Moose am Boden hebt sich um so kräftiger hervor, je vereinzelter, je schärfer begränzt die Stückchen Sonnenlicht durch die Zweige auf es herabgelangen. Welch luftiger Aufbau aber diesen Nadelbäumen, ja allen Pflanzen, die hier stehen; eigen, das sieht man erst, wenn so die Sonne über ihnen steht Nichts scheint doch in einem solchen Walde mit so vielen Mitteln angestrebt und so sicher erreicht, als der Schatten, zu dem jedes Blatt einer jeden Pflanze, jeder Zweig sein Theil beiträgt; aber wiewohl das Moos die Flechte beschattet, der Sauerklee mit seinen runden Blättchen wieder einen Theil des Lichtes auffängt, das diesen bestimmt, die Wedel der Farnkräuter sich wie Schirme über alle diese niedrigen und die unzähligen Zweige der Fichten und Tannen, über alle Sträucher so hoch wie möglich nach dem Lichte heben und mit jeder Nadel, die sie tragen, ein Lichtheilchen abhalten, zu dem Tieferstehenden zu gelangen — wiewohl sich das in tausenderlei Weisen über und hinter einander schiebt: eine Wand bringen sie nicht hervor, nur einen dichten, an grösseren Lücken nicht ganz armen Schleier, durch den das Licht nicht immer nur als Dämmerung herabgelangt.

Die Lücken in einem solchen Walde sind fast ausnahmslos das Werk der zahllosen kleinen Bäche, die unter und über dem Grunde hingehen und bei den häufigen Stauungen, bei Ueberfüllung und dergleichen diese und jene Strecke ihres Ufers überschwemmen, Baumwurzeln unterwühlen, Bäume zum Sturz oder bei längerem Stehen durch die Ueberfülle von Feuchtigkeit, die sie um ihre Wurzeln ausbreiten, zum Absterben bringen. Erdrutsche, abstürzende Felsen mögen da und dort wohl Aehnliches bewirken, bleiben aber doch stets mehr vereinzelte Erscheinungen. Und jene füllen dann diese Lücken in eigenthümlicher Weise aus, denn ihre Gewässer sind die einzigen bewegenden Kräfte in diesen Wäldern, wo alles, was da fällt, am Orte liegen bleibt, auf den es fiel, am Orte verwest, bis es ihn als Erde zudeckt; sie bringen an einzelnen Stellen eine Fülle todter Stämme zusammen, entblössen an anderen das Felsgestein, das sonst allenthalben von Moos und Moder bedeckt ist, und nähren fast überall das reichste Wachsthum der Astern, Goldruthen, Farne, Moose und was alles in dem feuchten Moder aufgehen mag. Die Pfade, die, kaum von Thierfährten zu unterscheiden, durch diese Wildniss führen, müssen sich am Rande, streckenweise selbst im Bett dieser Bäche halten, und es ist ein erfreuliches Wandern, das an so mannigfaltigen, bald wilden, bald friedlichen Bildern hingeht.

Hier auch, wenn irgendwo, bringt thierisches Leben ein paar Töne in die Todtenstille des Urwaldes. Wie eigen ist es aber, dass diese Wälder, die Nahrung und Schutz in Ueberfülle bieten, doch im Ganzen so arm an Thieren, vor allen arm an den lebhaftesten und belebendsten, an Vögeln sind! Wir konnten die Thiere zählen, die wir sahen, solange wir im dichten Walde weilten, und konnten mehr als einmal die Beoachtung machen, dass wenigstens die Vögel, und wahrscheinlich auch die Eichhörnchen und andere kleine Säugethiere, in demselben Masse häufiger wurden, als der Wald selbst lichter ward. Das wissen wir auch in Europa, dass die meisten Singvögel am liebsten in lichten Hainen, oft selbst zahlreicher in vielbesuchten Anlagen als in den stilleren Wäldern leben, die ganz nahe sind; Falter, die so viel zur Belebung der Landschaft beitragen, auch viele Käfer, Bienen, Fliegen, Heuschrecken gehen der Sonne und den blumenreichen Wiesen nach, und vielen Thieren richtet die Arbeit des Menschen, das Umwenden der Schollen, die Kornfelder, die er bestellt, die Fruchtbäume, die er pflanzt, reichliche Mahle an und sie werden, wie die Sperlinge und Schwalben oder auch die Feldmäuse bezeugen, bei dem sicheren Auskommen zahlreicher als irgend ein verwandter Stamm, der sein Fortkommen in der Wildniss suchen muss. Dass es aber hier, wo der Reichthum einer ungestörten Natur überall noch so nahe bei den Werken des Menschen liegt, ebenso sein sollte, ist erstaunlich, und doch spricht, was man sieht und hört und liest, dafür, dass hierin Amerika, soweit es nicht unter den Tropen liegt, dieselben Erscheinungen aufweist wie Europa. Viele Thiere, die nicht der Jagd verfallen, scheinen mit den Fortschritten der Cultur häufiger geworden zu sein, als sie zur Zeit waren, da das Land noch fast ausnahmslos Wildniss war; besonders von Hasen, dann von Singvögeln, die zwar in den Wäldern nisten, aber ausserhalb derselben ihre Nahrung suchen, wird diess berichtet, und nur die grossen Säugethiere, welche viel gejagt werden und nur in den dichten Wäldern genügenden Schutz finden, vor allen das Elenthier, die Hirsche, Biber, Bär, Wolf, Panther, Luchs scheinen in demselben Masse zurückzugehen, wie der Urwald gelichtet wird. Ich erinnere mich hier an Beobachtungen, welche St. Pierre über Russland mittheilt, das zu seiner Zeit in vielen Beziehungen ja ähnliche Naturzustände aufwies wie heute Nord-Amerika; er sagt dort: Ich habe mehr als sechshundert Meilen Weges in den Wäldern Russlands gemacht, habe aber niemals kleine Vögel — er spricht vorher von Singvögeln — getroffen, als nur in der Nähe der Dörfer. In Finnland reisten wir manchmal an einem Tage zwanzig Meilen, ohne ein Dorf oder einen Vogel am Wege zu treffen, aber wenn wir Sperlinge fliegen sahen, schlossen wir, dass eine menschliche Wohnstätte in der Nähe sein müsse, und sahen uns in diesem Schlusse niemals getäuscht. — Ein sorgfältiger Beobachter der nordamerikanischen Natur, Wilson Flagg, sagt in seinem reizendem Buch Woods and By Ways of New England: „Sowohl den körnerfressenden als den insektenfressenden Vögeln kommt die Ausdehnung des Ackerbaues zu gute. Ehe die Weissen sich im Lande angesiedelt hatten, werden Vögel und kleine Säugethiere hauptsächlich an den Waldrändern, den Flussufern, auf lichten Stellen und Haiden und um die Dörfer der Rothhäute sich aufgehalten haben; wahrscheinlich war damals ihre Zahl über den ganzen Continent hin geringer als gegenwärtig, trotz der unbarmherzigen Nachstellung, mit der Jäger und Trapper sie seitdem ununterbrochen heimgesucht haben."

Im eigentlichen Urwalde sah ich zweimal *Partridges* (Tetrao umbellus) über den Pfad laufen, sah und hörte den rothköpfigen Specht (Picus erytrocephalus) an den Bäumen auf- und abrennen und Würmer herauspochen, und Stimmen, die von Finken herrühren mochten. Einmal fand ich einen Triton im feuchtem Moos; Schnecken sah man aber sehr wenige.

III. Die Herbstfärbung nordamerikanischer Wälder.

Wenn mit dem Eintritte der Herbstzeit die Bäume und Sträucher weniger Wärme und in ungleicherem Masse empfangen als in den früheren Zeiten des Jahres, fangen sie an, gleich allen übrigen Gewächsen, sich zum Winterschlaf zu neigen. Ihr inneres Wachsthum wird schwächer, die Blätter entfärben sich vom fröhlichen Grün ins Gelbe, Braune, Rothe, die Früchte vollenden ihre Reife und am Ende fallen sammt ihnen, bald früher, bald später, alle Blätter ab, so dass der Stamm mit Aesten und Zweigen kahl dasteht, als sei er nur gewissermassen das Spalier einer ungemein blatt- und blüthenreichen Schlingpflanze gewesen, die über Nacht der Herbstwind ganz von ihrer Stütze gelöst und wer weiss wohin vertragen habe.

Diesem herbstlichen Zustand der Wälder und aller einzelnen Bäume (sofern sie nicht zu den immergrünen gehören) prägt das Klima Nord-Amerika's einen völlig anderen Charakter auf, als ihm in unserer Heimat zukommt. Indem der Herbst langsamer herankommt, der Sommer zögernder vor ihm weicht, und indem sich in jenen Tagen, die man Indian Summer nennt, bei klarem, wolken- und sturmlosem Himmel noch eine milde, gleichmässige Wärme über die Erde breitet, wird das Entfärben des Laubes hier eine weniger übereilte, mannigfaltigere Erscheinung, die früher beginnt, sich gradweis vollendet und nicht so rasch im Absterben und Niederfallen sich abschliesst wie bei uns. Wir haben meistens nur gelbe und braune Herbstfärbungen und die gelben bleiben bei hellen oder bräunlichen Tönen. Aber hier erscheinen alle Abstufungen von Gelb, von der Citronenfarbe bis zum tiefsten Gold und Rothgelb, ferner mannigfaltiges Roth, Violett, Purpur und herrliches Braun mit purpurnem tiefem Schein. Es dauert vom Spätsommer bis in die letzte Hälfte des Oktober bis sie alle ihre Farben nach einander entfaltet haben. Unsere Herbstfärbung ist eigentlich schon zu innig mit dem Blätterfall verbunden, es ist ihr im reichlichen, vorwaltenden Erdbraun schon so viel von Absterben und Zerfall beigemengt. Man kann sich nicht wundern, dass unsere Dichter, die feinsten Beobachter dieser Stimmungswechsel in der Natur, so selten von den Goldfarben des Herbstes reden, dass Welken, Fallen, Verwesen ihr Herbstgesang ist. Das tritt ihnen eben am klarsten entgegen. Hier dagegen singen sie alle viel lieber von dem Lächeln, mit dem die Erde im Herbst zum Schlafe sinkt, oder vom brennenden Abendroth der Natur, das in Wäldern und Feldern der winterlichen Nacht vorleuchte. H. D. Thoreau, der treffliche Naturbeobachter, sagt einmal: „Unsere Begriffe vom Reifen, von seiner Farbe, Zartheit, Vollkommenheit, sind gewöhnlich auf die Früchte beschränkt, die wir essen, und wir vergessen, dass die Natur eine unendliche Ernte, von der wir kaum etwas geniessen, alljährlich reifen lässt. Die meisten verwechseln veränderte Blätter mit verwelkten oder verwitterten; das ist aber, wie wenn sie reife Aepfel mit den faulen zusammenwürfen. Ich glaube, der Uebergang eines Blattes zu einer höheren Färbung ist ein Beweis, dass es bei der vollkommenen Reife angekommen ist, die der Reife der Früchte entspricht." Und ein anderer Schilderer nordamerikanischer Waldnatur, Wilson Flagg, meint, die Sonnenuntergangs-Farben seien wohl zarter, aber in den Herbstfarben sei eine Weichheit und Tiefe, die den Geist höchst wohlthuend berühre. „Fern und nah, von den Bergen, die in Gold, Purpur und Scharlach leuchten, von Felsenklippen, die Farne und Sumach tragen, von Wegen und Zäunen, die von mannigfaltigen flammenden Sträuchern eingefasst sind, von Farmhäusern, die wilder Wein umrankt, bis herab zu den rothen Preiselbeerbüschen auf der Haide — alles heiter und schön." Ein phantasievoller Novellist, wie N. Hawthorne, konnte die mährchenhafte Schönheit eines neuengländischen Berges im Herbst nur durch das fremdartigste Bild versinnlichen, indem er ihn mit einer Sphinx vergleicht, deren Leib ein reicher, bunter persischer Shawl verhüllt! Er ist aber sonst kein Bilderhascher.

Es wären viele Kräuter und Gräser zu nennen, welche zu irgend einer Zeit des Jahres das Grün ihrer Blätter oder Stengel in leuchtendes Roth verwandeln, aber es sind wenige unter der grossen Zahl, die durch diesen Färbungswechsel bedeutende landschaftliche Wirkungen erzielen; derselbe ist nämlich selten allgemein, sondern nach Zeit und Ort zerstreut. Doch seien hier die Salicornien genannt, die zu bestimmten Zeiten die Salzsümpfe an den Meeresufern meilenweit mit carmoisinrothen Wiesen überziehen. Auch die mannigfaltigen Glieder des Heidel- und Moosbeerengeschlechts weben zur Spätsommer- und Herbstzeit oft ausgedehnte rothe und tiefbraune Felder in das verwitterte Grün der Wiesen und Moore. Aber die grossen Farbenmassen, die weithin leuchten, werden erst von Bäumen und Sträuchern in das Landschaftsbild gebracht.

Im August schon steht im Heckengebüsch der Weg- und Waldraine manch korallenrothes Bäumchen, fast palmenartig in der Dünne des Stammes und der Länge und ausstrebenden Stellung lang gefiederter Blätter. Das ist Sumach, der nach den ersten kühlen Nächten des Spätsommers sehr rasch sein grünes Kleid in Scharlach und Purpur umgewandelt hat, die Farbenpracht vorverkündigend, die kommen soll. Da er bis jetzt noch allein mit diesen brennenden Farben aus dem allerdings schon etwas trüben Grün der übrigen hervorleuchtet, mag man ihn aus der Ferne leicht für einen seltsamen Blüthenstrauch halten, und wer je das Gezweig einer vollkommenen Edelkoralle gesehen, wird sich durch die winkelige Verästelung und die tiefe rothe Farbe leicht an selbe erinnert fühlen. Aber in Kürze wachsen aus dem Gesträuch, das ihn begleitet, reichliche Genossen zu; purpurbraune Blätter sondern sich schon da und dort aus dem Grünen, und wo viele Rothahorne, die Zierde des nordamerikanischen Herbstes, beisammen stehen, sieht man schon die merkwürdige Art des Beginnens des Farbenwechsels. Bald ein einzelner Zweig oder Ast, bald die höchste Spitze oder Krone, bald die äussersten Spitzen im ganzen Umfang sind geröthet, und das geht mit einer so unerklärlichen Willkür voran, dass manchmal das Roth in einer schiefen Linie über die Krone läuft, als ob ein Blitz darüber hingezuckt wäre, oder scharf abgeschnitten nur eine Seite, oder die obere und untere Hälfte des Baumes einnimmt. Im ganzen Wald ist es wie am einzelnen Baum und ebenso über die Flur hin, wo mitten im Grün kleine purpur- oder scharlachrothe Haine wie Blumenbeete oder Wegeinfassungen stehen. Sumpfige Stellen lassen den Rothahorn — und er liebt diese Lagen — meist bedeutend früher sein Herbstkleid anziehen, als höhere, trockene Lagen.

Bei aller Willkür im Einzelnen hat indessen die Erscheinung ihre Gesetze: die Färbung ist im Beginn am tiefsten und ihr Fortschritt ist eigentlich ein Ausbleichen, das freilich oft noch die herrlichsten Töne erzeugt. Sie schreitet am einzelnen Blatte von den Adern in das zartere Gewebe, am Baum vom Kronenumfang in das Innere fort; wie sie oft das einzelne Blatt nicht ganz mit ihrer Farbe zu sättigen vermag, bleibt auch das Innere der Baumkronen meistens unvollkommener gefärbt als das Aeussere. Derselbe Baum oder derselbe Strauch zeigt, allgemein genommen, jedes Jahr dieselbe Färbung und färbt sich zur selben Zeit; selten sieht man zwei, ob sie auch nahe beisammenstehen, die nicht ein bedeutend unterschiedenes Herbstkleid anhätten. Mildes, gleichmässiges, nicht zu kaltes, noch zu warmes Wetter ist zu rechter Entwicklung und einiger Dauer der Herbstfärbung nothwendig. Frost macht die Blätter welk, Hitze bleicht sie, und in beiden Fällen entblättern sich die Bäume vor der Zeit. Am schönsten soll die Färbung werden, wenn auf einen feuchten Sommer ein kühler Herbst folgt; aber in diesem Falle werden oft die Frühfröste gefährlich. Im Ganzen soll doch nur alle sechs bis acht Jahre eine so vollkommene Entfaltung der Herbstfärbung erscheinen, wie sie aus dem glücklichen Zusammentreffen aller begünstigenden Umstände hervorgeht.

Einige Bäume nehmen ausschliesslich gewisse Farben an, andere tragen verschiedene in verschiedener Mischung und Zusammenstellung. So sind Buche, Birke, Gleditschie, Pappel, Maulbeer- und Tulpenbaum immer nur gelb in verschiedensten Tönen, die meistens eine kurze Zeit, oft nur einen Tag herrlich sind, um dann mählig zu verblassen. Nicht oft vollkommen gelb, sondern meist mit Grün gemischt sind Ulmen, Nussbäume, Hickory's, die ächte und die Rosskastanie, Linden, Platanen, Hornbaum und auch die Weinrebe. In Purpur oder Scharlach kleiden sich folgende: Scharlach- und Weisseiche, Haselnuss, Sumach, Tupelo (aus der Ahornfamilie), Erdbeerbaum, Cornelkirsche, Schneeball, wilde Rebe (Ampelopsis) Heidel- und Preiselbeere. Alle Töne von Gelb und Roth — Citrongelb bis Purpur — erscheinen am Roth- und Zuckerahorn, am gestreiften Ahorn. Zerstreutes Gelb und Roth bei vorherrschendem Grün und nur in einzelnen Fällen glänzende Gesammtfärbungen entwickeln: Bachahorn, Eberesche, Weissdorn, die Kern- und Steinobstbäume, Brombeere, Erdbeere und einige andere aus dem Rosengeschlecht. Fast unverändert bleiben von den Bäumen nur Erlen, Robinien, Weiden, wiewohl auch wenigstens ein Theil ihrer Blätter vor dem Fallen gewöhnlich gelbe Farben annimmt.

In ihrer Art einzig schön sind die Herbstfärbungen der Esche, welche eigentlich in keine dieser Gruppen ganz passen. Indem Purpur sich mit dem lichten Grün ihrer Blätter mischt, erscheint zuerst ein Bronzeton, dann Chocoladebraun, das bald mehr und mehr ins Veilchenblaue schimmert, um allmählich in ein Röthlichgelb zu verbleichen; indem dann auch das Roth verschwindet, erreichen die Blätter mit einem entschiedenen Gelb ihre volle Reife und fallen mit den anderen im November. Leider ist aber gerade dieser Baum sehr empfindlich und oft stört ein Herbstfrost diese schöne Verwandlungsreihe schon in ihrem Beginne.

Bedauerlich, dass all diess Beschreiben nichts Eindringendes, kein rechtes Bild gibt. Wenn aber der Leser jemals im Schatten eines über und über goldgelben Ahornbaumes gestanden und in den Wipfel geschaut hätte, wo es von ein paar Sonnenstrahlen leuchtet, als sei das dünne Gold der Blätter im Schmelzen und wolle gleich mit seinem leichten beweglichen Schimmerlicht an allen Zweigen herabfliessen; oder wenn er an einem neuengländischen Herbsttag von kühler Höhe herab über das Land geblickt hätte, wo die Abendsonnne das kräftige, ächt eichenhafte Purpur- und Violettbraun der Eichen weit über die bebuschte Ebene hin aufleuchten lässt und die Wälder manchmal wie Massen verdunkelten Kupfers, bäumchenartigen, wie es in den Bergwerken gefunden wird, dastehen, bald bläulich, bald violett, bald dunkelbraun mit röthlichem Hauch, immer von satter gediegener Farbe; wenn der Leser das gesehen hätte, möchte Aehnliches mit Nutzen zu beschreiben sein. In anderer Weise eine genügende Vorstellung zu geben, ist bei der Ungewöhnlichkeit und dem Reichthum der Erscheinung nicht möglich. Einstweilen möge die Aufzählung der bemerkenswerthesten Eigenthümlichkeiten in diesem Eindrucke genügen.

Es ist vor allem bedeutend, dass die Herbstfärbung hier zu Lande Schritt für Schritt kommt und für jeden Baum und Strauch einige Zeit dauert. Grosse Gruppen folgen auf einander. Löscht eine ihre Flammen, so zündet die andere ihre an, als ob eine von der anderen die Glut nehme. Erstirbt der Rothahorn mit seinem Feuerroth und Purpur, so bricht sein Genosse, der Zuckerahorn, in lichteste Goldfarben aus, und wenn dieser welkt, kommen die Eichen mit ihren dunkeln, beständigen Farben, ihrem tiefen Braun, das bald mancherlei Roth, bald Violett, bald Gelb aus seiner Tiefe glühen lässt. Der Rothahorn beginnt diese Reifezeit im August, die Eichen beschliessen sie in der letzten Oktoberhälfte und im Anfang November's und der Schnee fällt auf tiefbraun und röthlich gefärbte Eichenblätter, die derzeit noch weder welk, noch verwesend erscheinen. Das nimmt dem Herbst einen Hauptstachel. Mählich kommt er und jeder Schritt hat sein Zeichen und seine Zeit. Wer kann sagen, wann bei uns die Blätter fallen? Ein Nachtfrost tödtet sie, da sie doch gestern noch lebendig grün gewesen, und der nächste Sturm reisst sie ab. Wenn aber die Pflanzenwelt hier in einer Weise abstirbt, die die erwünschten Ruhepunkte finden lässt, so mildert auch diess den Eindruck des Vergehens, dass sie ihren Lauf ganz zu vollenden scheint. Die Reife, die sich in der Farbenpracht ausspricht, deutet an, dass jedes Blatt die Höhe seiner Entwickelung erreicht hat. Wie es gesetzmässig ist, dass der reife Apfel vom Baum fällt, so dünkt uns dasselbe vom reifen Blatte natürlich, und wir sehen ein solches Absterben mit der Ruhe, mit der man dem Auslöschen eines Lichts zuschaut, das das Oel seines Lebens verzehrt hat.

Und welchen Schatz von schönen und merkwürdigen Dingen erschliessen nun im Einzelnen diese herbstlichen Zustände! Weit ist hier übertroffen, was wir in buntblättrigen Pflanzen in unseren Gewächshäusern hegen. Von der Schönheit der rein goldgelben, rein scharlach- und purpurrothen Blätter ist nichts weiter zu sagen, als dass sie in reichster Fülle vorhanden. Aber da sind Reihen von Ahornen, deren jeder auf jedem Blatt eine pfirsichrothe Zeichnung auf lichtgelbem Grunde trägt, rothe Spitzen oder rothe Adern, oder Streifen oder einen Herzfleck. Und diese Zeichnungen werden kräftiger gegen die Spitze und gegen den Umfang des Baumes, so dass du leicht, im Abpflücken von innen nach aussen fortschreitend, gleichsam alle Entwickelungsstufen der schönen Zierat vereinigen kannst.

Wie schön ist dann der Gesammteindruck eines solchen Baumes mit dem röthlichen Hauch über das Gold und Gelb hin! Wie überraschend, wenn er etwa unter Ulmen steht, die sehr lang grün bleiben, wo er so ganz verschieden, im Contrast kaum mehr baumartig aussieht, ohne dass ihm ein Blatt fehlt oder sonst Zeichen des Absterbens zu merken wären. Er lodert ganz auf, wenn die Sonne in ihn hineindringt, so leuchtend sind diese Töne. Und wie ernst stehen dagegen wieder die Eichen da in ihren gesättigten Prachtfarben.

Noch ein anderer Reichthum spricht daraus. Alles geht Einen Weg, Alles strebt sommerliches Grün in Gelb, Roth und Braun zu wandeln. Aber wo wird zweimal dasselbe gebildet? Die Mannigfaltigkeit der Farben ist eben so gross wie die der Blätter; die Fülle der Variationen ist unerschöpflich. Auch sind die Farben immer pflanzenhaft mild und tief, bei allem Feuer niemals von der mineralischen Härte, die manche Blumen in Masse so unerträglich macht.

Die Frauen und Mädchen säumen hier in den letzten hellen Tagen des Herbstes nicht, die schönsten Blätter in Hain und Wald zu sammeln; sie machen sie durch Tränkung mit warmem Wachs haltbar und vereinigen sie zu Sträussen und Kränzen, die dann unter Glas und Rahmen statt Bildern die Wände zieren. Landschaftsmaler haben aus diesen leuchtenden Herbstfarben schon manche kühne Inspiration geschöpft; aber ihre Darstellungen dieser herbstlichen Farbenmeere wollen europäischen Augen nicht recht eingehen, da ihnen die Natur in solchem Gewande nur ausnahmsweise einmal nahegetreten ist. Wer die Erscheinung aber wochenlang vor Augen gehabt, den schönen Wechsel sich vor seinen Augen hat vollziehen sehen, der kann sich auch im Bilde an diesem Gewande erfreuen, das ihm eines unter den vielen ist, die die Natur in Wald und Feld im Lauf des Jahres an- und abthut.

IV. Der Hudson.

Der Hudsonfluss, in dessen Mündung New York liegt, bietet der Stadt nicht nur einen der vortrefflichsten Häfen der Welt und eine mächtige, tief ins fruchtbarste Land reichende Lebensader, er bringt ihr auch in seinen Ufern Hügelland und Gebirge ganz nahe und stellt so hart neben das betäubende Getreibe der Weltstadt eine grosse und schöne Natur, dass New York auch nach dieser

Richtung manche Grossstadt Europa's weit hinter sich lässt; unterhalb der Mündungsinsel Manhattan, auf der New York sich ausbreitet, erweitert sich sein Hauptarm zu der prächtigen Bai, östlich geht der Nebenarm East River in den inselreichen Long Island Sund über und nach Norden zu führt eine Bergfahrt von einer halben Stunde mitten in ein dichtbewaldetes Felsen- und wasserreiches Hügelland. Das ist eine vorzügliche Lage, deren Bedeutung für die geistige und körperliche Erholung der riesig anwachsenden Bevölkerung des Städtecomplexes am unteren Hudson (New York, Brooklyn, Jersey City, Hoboken etc.) sich in demselben Grade steigert, wie die Menschenmassen sich in ihrem Mittelpunkte zusammenhäufen.

Die Leute hier lieben es, ihren Hudson mit dem Rheine zu vergleichen, aber wenn man näher zusieht, besteht die Aehnlichkeit höchstens im Stromcharakter und in der Culturbedeutung, die beiden zukommt, und selbst diese ist am Ende gering[1]). Was uns Deutsche betrifft, so haben wir überhaupt keinen Fluss, der mit dem Hudson zu vergleichen ist; wer sich ein Bild von ihm machen will, wird ihn eben betrachten müssen, und die beste Gelegenheit diess zu thun ist eine Fahrt stromaufwärts, wie sie hier, unserer Rheinfahrt ähnlich, auf der Tagesordnung jedes Lustreisenden steht und auch von vielen Tausenden alljährlich ausgeführt wird.

Man hat noch nicht das städtische Gewühl New York's hinter sich, so wird das jenseitige Ufer bereits abschüssig, lässt, wenn auch noch häufig von Häusern unterbrochen, den Wald bis zum Rande

1) „Mit Recht wird Fluss und Gegend sehr gerühmt und ist oft mit der Rheinfahrt verglichen worden. Hügel, senkrechte Felsen, eingebogene, wohlbebaute Buchten, treibende Ortschaften, zierliche Landhäuser auf der Höhe wechseln auf so angenehme Weise, dass keinen Augenblick Ermüdung oder Erschöpfung eintritt. Zwischen dem Rhein und Hudson ist manche Aehnlichkeit und Unähnlichkeit. Dieser erweitert sich einige Male zur Breite eines Sees; jener behält bei schönerer Farbe gleiche Flussbreite. Wald tritt hier an die Stelle des Weinbaues und die elegante Wohnung des wohlhabenden Mannes an die Stelle der Ritterburg. Einzelne Punkte (wie Westpoint) können sich den schönsten am Rheine an die Seite stellen. Im Ganzen sind aber die Berge und Felsen am Rheine kühner und fantastischer". (F. v. Raumer, Die Ver. Staaten 1845. II. 460).

des Flusses herabziehen und reckt da und dort aus der grünen Hülle einen Grat seines Felsengerippes. Indem wir weiterfahren und uns der Nordspitze der Insel nähern, nehmen auch die Ufer Manhattan's allmählich einen minder städtischen Charakter an, der flache Höhenzug, in den sie ausläuft, wenn auch zumeist schon in Querstrassen und Avenues und Boulevards zerlegt, beginnt Landhäuser mit ausgedehnten Parks und da und dort Wald- und Wiesenparzellen zu tragen, zwischen die sich an einigen Stellen noch Aecker und Gärten einschieben, und endlich öffnet sich zur Rechten die Einfahrt in den Ostarm des Flusses, den Arm, welcher Manhattan vom Festlande abschneidet: blickst du von hier zurück, so verkündigen im Süden nur der Dunstkreis, die Thürme, der Mastenwald das Dasein einer Stadt auf dieser Insel, die vor deinen Augen sich mit ihrer Nordspitze so dicht und dunkelbewaldet aus der Flut erhebt, dass sie kaum Hendrick Hudson, ihrem Entdecker, der im September 1609 den nach ihm benannten Fluss zum ersten Male befuhr, einsamer und unberührter erscheinen konnte.

So ist die Stadt entschwunden und nur vereinzelte Anzeichen ihrer Nähe sendet sie noch über den Fluss auf das Festland; einige grosse Gebäude, die erzieherischen oder wohlthätigen Zwecken dienen und manche Landhäuser, die mit ihren Thürmchen und Erkern zu prangen suchen, darunter eines eine treu nachgeahmte Burgruine, machen sich am Ostufer bemerklich, am westlichen aber treten senkrechte, wie Säulen aneinander gereihte Felsen (The Palisades) in langer Reihe aus der grünen Hülle des Waldes und Buschwerks, die nun nur noch in zwei schmalen Bändern, unten zwischen die Felswand und das Wasser gedrängt, oben den Grat bekrönend, sich erhält. Selten nur durch eine Schutthalde oder einen Streifen Gebüsch unterbrochen, der sich an günstiger Stelle herabzieht, geht diese Felswand fast fünf deutsche Meilen dem Westufer entlang und erhebt sich stellenweise zu einer Höhe von über vierhundert Fuss; es ist, wie es scheint, ein eruptives Gestein, das, seiner Neigung zu regelmässiger Zerklüftung folgend, sich hier zu einer einzigen langen Mauer aufgebaut hat, die um so imposanter dasteht, mit je milderen Formen sonst weithin und vor allem am gegenüberliegenden Ufer das Land an den Fluss herantritt. Aber die

Wasserfläche ist hier auch breit genug, um von dieser Einfassung nicht überschattet zu werden; von Ufer zu Ufer in gerader Linie theilweis über eine Viertelmeile (geogr.) messend, bleibt sie unbedingt herrschend in dem ganzen Bilde, und der Fluss möchte mit seinen mächtigen braunen Fluten, die sehr unmerklich fliessen, leicht einem Meeresarme gleichen, wenn nicht auch vor uns im Norden ein Hügelzug sich quer überlegte, so wie im Süden Manhattan vorgeschoben ist.

Verharrt das eine Ufer auf Meilen fast unzugänglich in seiner Felsenstarrheit, so drängt sich die Cultur um so dichter am andern zusammen, das flachhügelig, von zwei Eisenbahnen (der Hudson River- und der New York-Bostoner Linie) und einem Canal durchzogen ist und besonders in dem drei deutsche Meilen von New York entfernten blühenden Villenstädtchen Yonkers einen der reizendsten Plätze des Staates aufzuweisen hat. Dieser Ort liegt in einer Einbuchtung am Einfluss des Neperah oder Sägemühlenflusses, er bildet einen Lieblings-Sommeraufenthalt der New Yorker, und weit umher sind die Abhänge der Hügel mit Landhäusern und Gartenanlagen bedeckt, die in die fast ununterbrochen und dichter als parkartig bewaldete Landschaft reich und regellos eingestreut sind. In dieser Gegend, die noch keine der breitesten Stellen des Hudson in sich schliesst, ankerte Hendrick Hudson bei seiner ersten Entdeckungsfahrt und ward durch die starken Gezeiten und die Breite und Tiefe des Flusses in der Meinung bestärkt, dass er sich hier endlich in der schon zweimal vergeblich gesuchten nordwestlichen Durchfahrt nach Indien befinde — einer Meinung, die er erst aufgab, als er bei Albany das Bett des Flusses verengen und sein Gefälle sich rasch vermehren sah. Enttäuscht kehrte er zurück, und so wiederholte sich hier, was ein Jahrhundert vorher sich in West-Indien abgesponnen hatte: hier wie dort vergebliches Suchen nach den reichen Gold- und Gewürzländern Indiens, hier wie dort erst gering geschätzte, bald aber ihren Werth sehr klar beweisende, ungesuchte und unerwartete Entdeckungen; fand Columbns den Erdtheil, so öffnete Hudson zuerst das Thor, durch welches dereinst der reichste Verkehr desselben ein- und ausströmen, um das seine Metropole sich aufbauen sollte. Gerade an diesem historisch bedeutsamen Punkte begegnete uns ein mit Hunderten von Passagieren gefülltes Dampfboot, das von Albany kam, und eine Schaar von achtzehn Barken, die Steine und Holz zu Thale führten — beides lebendige Zeugnisse der Cultur, die in den zweihundertvierundsechzig Jahren seit der Entdeckung sich in dieser Gegend entwickelt hat. Amerika hat viele solcher Punkte, denn seine Geschichte ist jung und nicht reich an welterschütternden Ereignissen, aber die Gedanken, die sich an sie knüpfen, sind oft sehr erfreulicher Natur; so dieser. — Fuhr nicht auch vor einigen sechzig Jahren ein gewisser Fulton, den seine Zeitgenossen für verrückt erklärten, mit dem ersten brauchbaren Dampfboot, das die Welt sah, diesen selben Fluss hinauf? Der Hudson wird einst so gut seinen Ruhm haben, wie der Nil, der Ganges, der Tiber oder die Themse.

Die Felswand der Palisaden fällt oberhalb Yonkers ziemlich steil gegen Norden ab und es zeigen sich nun niedrigere Hügel auch auf der Westseite, die sanfter zum Flusse herabziehen; auch sie bedeckt ein nur in geringem Masse von Lichtungen unterbrochener Wald, der trotz des fast einförmigen Braungrüns seiner Belaubung, das im hohen Sommer zum Charakter des Waldes hier so gut wie bei uns gehört, in verschiedenen Umrissen der Kronen, in ihrer wechselnden Dichtigkeit und Höhe eine mannigfaltigere Zusammensetzung beweist, als sie unsern heimischen Laubwäldern eigen ist. Selten, dass ein tannen- oder kiefernartiger Baum hier aus der Fülle des Laubholzes sich abhebt; nur die Cypressenform des Wachholderbaumes (Juniperus virginiana) lodert an allen lichten Stellen wie eine trübe Flamme aus der Erde empor und steht, ihrer Gewohnheit entsprechend, stellenweise so häufig auf irgend einer eng umschriebenen, kahlen, steinigen Lichtung beisammen, dass man einen verödeten Gottesacker da zu sehen glaubt; ihre Farbe ist lichter als die der Cypresse.

Wir nähern uns jetzt Westpoint, einem der schönstgelegenen Orte am unteren Hudson. Beide Ufer sind sich hier ähnlich geworden; hüben wie drüben walten lang ausgezogene Kämme, flachgeschwungene, selten scharfe Linien vor, und auch die Landschaft, die sich in der Ferne quer vor die Richtung des Flusses legt, setzt sich aus hinter einander liegenden flachen Hügelkämmen zusammen.

Erhebt sich irgendwo das Land zu einer hervorragenden Höhe, so ist es ein breiter, runder Rücken, ein sehr stumpfer Kegel, höchstens vielleicht mit einem terassenartigen Abfall gegen den Fluss, und die Höhe der Hügel geht hier nicht über die anderthalbtausend Fuss hinaus, die dem Stormking, dem breiten Rücken zukommen, der zwischen Westpoint und Cornwall vor uns liegt. Kahl würden diese Linien wohl einförmig, aber es umhüllt sie überall der Laubwald und der mächtige, den Rhein an Grösse auch hier weit übertreffende Fluss, den sie einfassen, verleiht ihnen Bedeutung. Auch der Himmel verschönt sie, und es ist ein reiches kräftiges Bild, wie unter dichtgeballten, graublauen Wolkenmassen ein schmaler Streif sonnendurchglühten Abendhimmels hingeht, wie in der Ferne die dunklen blauduftigen Hügelketten sich am Horizont heraufheben und der letzte Sonnenschein in ihren Thälern liegt.

Der Fluss macht hier viele Biegungen, wiewohl er im Ganzen sehr entschieden von Norden nach Süden geht, und so schliesst sich mehrmals das Bild nach allen Seiten ab, dass es einem langen See vergleichbar wird; fehlten nicht die Schneehäupter der Alpen, so würde ich ihn da und dort dem Züricher See ähnlich gefunden haben; Breite und Umrandung würden stellenweise so ziemlich stimmen, nur das Wasser, mehr braun als grün, macht wieder einen Unterschied.

Wir stiegen ans Land, wo ein Bach mit klarem Wasser über rund abgeschliffene Felsenstufen in den Fluss eilt, und verfolgten die Strasse, die zu der kleinen Hochebene führt, auf welcher die Kriegschule der Vereinigten Staaten mit zahlreichen Gebäuden, Anlagen, Exercierplätzen, Befestigungen sich niedergelassen hat. Die Lage ist herrlich und beherrschend. Gegen Norden geht der Blick weit den Fluss hinauf, östlich schweift er über das Hügelland, wo mitten im Grün des Waldes und der Fruchtgärten da und dort eine Häusergruppe, eine Kirche, ein grösseres Landhaus sich erhebt, im Westen treten wieder waldige Hügel, vor allen der Stormking, mit breiter Sohle in das Thal und im Rücken hebt sich aus der kleinen Hochebene, an deren Rand wir stehen, der runde Hügel, der die Trümmer des Forts Putnam und rings um sie einen dichten Wald von Eichen, Kastanien, Ahorn und Nussbäumen trägt.

Von Cornwall an, das eine kleine Strecke oberhalb Westpoint gelegen, werden die Ufer flacher und lassen das bebaute Land näher an den Fluss herantreten, während die Hügel sammt den Wäldern sich von demselben entfernen; der Fels allein, der hier im Allgemeinen nur von dünnen Erdschichten bedeckt wird, tritt noch häufig aus seiner Hülle hervor und liegt besonders am rechten Ufer auf ziemlich weite Strecken zu Tage, wo dann sofort jene an Kirchhöfe erinnernden lichten Haine der Wachholderbäume die Dürre des Bodens weithin verkünden. Nichtsdestoweniger kommt jetzt eine Ortschaft nach der anderen an den Fluss heran, denn was nach Osten und Westen landeinwärts liegt, ist zum Theil sehr fruchtbares Land, das seine Erzeugnisse an die Strasse nach New York zu bringen sucht, und welches von den Eisenbahnen durchkreuzt wird, die das kohlen- und eisenreiche Pennsylvanien mit dieser und den weiter nach Osten und Norden gelegenen Neuengland - Staaten, den Hauptsitzen der nordamerikanischen Industrie, verbinden.

Die Natur schiebt sich aber bald wieder mächtiger in dieses Getriebe hinein. Die Catskill - Mountains, die schon oberhalb Cornwall in Gestalt langgezogener, langsam aufsteigender Höhen hinter den Hügeln des Ufers hervorkamen, treten näher an den Fluss, scheiden sich, indem man, sie zur Linken lassend, vorüberfährt, in zwei Höhenzüge, die ein tiefes Thal trennt, und stehen dann bald im Süden, wie sie kurz vorher am Nordhorizont gestanden haben, wie aufsteigende Wolken. Auch ihre Formen sind weich, überall ins Weite und Breite gezogen und gerundet; eigentliche Gipfel sind kaum vorhanden, denn nur selten schwillt eine flache Erhebung aus einem der Kämme auf.

Die Catskills sind wie das ganze Hügelland der Hudson - Ufer eine Sommerfrische der Newyorker und anderer Städtemüden aus der Nähe und Ferne, und sind es mehr als andere näher gelegene Punkte, weil sie gebirgsartiger und doch nicht viel entlegener sind. Ihr höchster Punkt misst gegen 1000 m., an Wäldern sind sie überreich, an kleinen Seen und Flüssen sammt einigen Wasserfällen fehlt es nicht, und auch einige der riesenhaften Gasthäuser, die an solchen Orten hier zu Lande erstaunlich bald und schnell aufschiessen, stehen zur Verfügung der Vielen, denen diese Natur mit aller Lieblichkeit und aller Grösse die Reize des Zusammenlebens mit ein paar hundert fashionablen Menschen nicht ersetzen kann.

Aecker, Wiesen und helle Farmhäuser sind hier am Ufer hin zerstreut und einigemal sieht man gar Weinberge an den steileren Abhängen. An deutsche Scenen gewöhnt, vermissen wir nur den Schmuck der Baumgärten und der Obstbäume um die Häuser, die bei uns in solchem Bilde nicht fehlen würden; mehr im Süden, in New Jersey und Pennsylvanien, wird viel und auch edles Obst gezogen, und der Norden des Staates New York gegen die grossen Seen hin ist durch seinen Aepfelreichthum berühmt; aber es ist, wie es scheint, hier nicht häufig Sitte, wie es bei uns ist, Bäume vor die Häuser zu pflanzen, und wo man welche pflanzt, gibt man oft den grossen Schattenbäumen Ulme, Ahorn, Eiche den Vorzug.

Indem die Catskills gegen Norden und Westen zurücktreten, schieben sich ihre langen Kämme mehr zusammen und scheinen in der Verkürzung formenreicher, als sie sind, wo man sie in ihrer ganzen Länge hinziehen sieht; ein solches Gebirge gewinnt in der Ferne überhaupt den Anschein grösserer Höhe und Massenhaftigkeit, zumal wenn es sich so bald in den blauen Duft hüllt, in welchem wir nur die ferneren Dinge zu sehen pflegen, und wenn es so lückenlos ist wie dieses.

Mit den Catskills treten nicht nur die Hügelketten von den Ufern zurück, auch die Felsen ziehen sich landeinwärts und flaches, angeschwemmtes Land schiebt sich zu beiden Seiten an den Fluss und hebt sich in Gestalt langer, seichter Inseln, von denen auf grossen Strecken nichts als die Spitzen des Röhrichts über dem Wasser zu sehen sind, selbst aus dessen Bett. Man erzählt, dass Hendrick Hudson bei seiner ersten Fahrt in dieser Gegend, nahe dem Städtchen Hudson, die Flussnatur desselben zuerst erkannt und hier endlich erst seinen Gedanken aufgegeben habe, in einer nordwestlichen Durchfahrt zu steuern. Trotzdem die Gezeiten bis hier herauf das Wasser salzig und, wenn auch in geringem Masse, steigen und fallen machen, lassen allerdings die flachen Inseln den Gedanken an einen Meerescanal nicht mehr aufkommen, und die Sage klingt besonders nicht unwahrscheinlich, wenn man bedenkt, dass dieser Schiffsmann ein Holländer war, den diese ganze Gegend an die

Umgebung seiner heimatlichen Flüsse erinnern musste, wo sie im untern Laufe träg zwischen ihren flachen Ufern dem Meere zugehen, mit dem sie sich lange vorher gemischt haben.

Die Schifffahrt wird hier durch viele Untiefen gefährdet, man begegnet daher häufiger den kleinen Leuchthürmchen, die da und dort auf einer der Inseln oder am Ufer sich erheben, und sieht auch lange Strecken künstlicher Dämme zu beiden Seiten hinziehen, wo der Fluss sich allzu sehr auf Kosten seiner Tiefe ausgebreitet hatte.

Lange schon durch eine schwere Rauchwolke angekündigt, wird Albany, die Hauptstadt des Staates und der bedeutendste Platz am oberen Hudson, endlich sichtbar; hinter Reihen von Schiffen und Lagerhäusern erhebt es sich, thürme- und häuserreich an sanften Höhen des westlichen Ufers hinaufgebaut, und unser Boot setzt uns hart vor einer imposanten Stein- und Eisenbrücke, die über eine Viertelstunde lang sich hier über den Strom spannt, ans Land.

V. Die Gebirgsnatur in den Nord-Alleghanies.

1.

Die Gebirge des östlichen Nord-Amerika sind sowenig der Gestalt wie der Höhe nach Hochgebirge. Im nördlichen Abschnitt eine Hochebene mit aufgesetzten flachen Kämmen und runden Kuppen, in der Mitte und im Süden hinter einander liegende Ketten von „langen, zusammenhängenden Bergwänden, deren blaue Kanten eine einförmige, selten von Gipfeln oder Kanten unterbrochene Linie an den Horizont zeichnen“ [1]), sind die Alleghanies der ächte Typus eines Mittelgebirges, dessen gesammte Erscheinung ein ziemlich getreues Abbild des Schwarzwaldes oder der Vogesen darstellt. Aber selbst ein flaches und zahmes Gebirge erwirbt eine eigenthümliche Grösse, die es imposant erscheinen lässt, wenn es so lückenlos bewaldet ist wie dieses. Das einfarbige dunkle Braungrün der Wälder hebt hier überhaupt das höhere Land schärfer von der

1) Guyot, On the Appalachian Mt.-System 1860. 49. Vgl. auch die oben S. 57 angeführten Bemerkungen Michaux's und des Prinzen von Wied.

gelichteten, bebauten Ebene ab, und Hügelzüge, die bei uns, wo das Flickgewand der braunen, gelben und grünen Aecker und Wiesen über sie gebreitet ist, kaum bedeutender als das flachste Land in der Landschaft stehen, werden hier in ihrem ernsten, natürlichen Kleide sofort zu culturfremden Stätten, in denen wir die Natur unverfälscht und fessellos wie im Gebirge oder am Meer vermuthen. Die ausgedehnte Bewaldung kommt in dieser Richtung gerade der Landschaft der östlichen Staaten und auch Canada's sehr zu gute, denn die Bodenformen sind im Ganzen nicht bedeutend, die Gewässer nicht lebhaft genug, um das Gesammtbild vor Einförmigkeit zu bewahren; die vielgerühmte Schönheit der Hügel- und Bergzüge dieses Theiles von Amerika beruht zum guten Theil auf seinen Wäldern. Man muss indessen in das Innere dieser Gebirge dringen, um den vollen Reiz dieser eigenthümlichen Schönheit zu geniessen. Man erkennt dann, dass, wo die Cultur so rasch vorgeschritten ist wie hier, das Gebirge mitunter auch die grosse Funktion erhalten hat, in seinem Inneren und auf seinen Höhen Reste des Urwaldes zu hegen, der einst den ganzen Osten fast lückenlos bedeckte. Manches Eigenthümliche birgt noch die Tiefe dieser Gebirge, von denen der einförmige Fernblick nichts berichtet, vor allem jene zahllosen Seen, deren Eindruck im Rundblick von irgend einem der neuengländischen Berge das Bild gewährt, als ob dieses Land, eben erst aus einer weiten Flut aufgetaucht sei, die noch in Tümpeln und Seen restweise in allen Vertiefungen verharre.

Wo das grosse, Europa zugewandte Eingangsthor der Neuen Welt in der Bucht von New York sich aufthut, liegt das Gebirge schon eine Tagereise vom Meere entfernt, aber die Strasse, die zu ihm hinführt, ist der breite, felsenufrige Hudson, der die Hügel der New York-Highlands und der Catskills, Vorläufer des Gebirges, bespült und dessen Quellen am höchsten Gipfel gelegen sind, den die Alleghanies in dieser Region erreichen, am Mt. Marcy. Oberhalb Albany wird der Hudson Gebirgsfluss, der in Stromschnellen aus den Granitterrassen der Adirondack-Thäler herabsteigt. Man nähert sich seinem Quellgebiet in der natürlichen Einsenkung, welche von Süden nach Norden ziehend, im Osten von den Green Mts. und im Westen von den Adirondacks eingeschlossen ist. Dieser Weg führt über den George- und Champlain-See, zwei waldumrandete Becken, die diese Gebirge verbinden und trennen. Der erstere ist ein dunkler Edelstein, das ernst-schöne Juwel dieser halbnordischen Landschaft. Lang und schmal vom Süden nach Norden hingestreckt, liegt dieser See in einem Bette rundkuppiger, dichtbewaldeter Berge, die so steil abfallen, dass nur am westlichen Ufer ein Weg frei und im Ganzen nur an drei Orten Raum für grössere Ansiedelungen bleibt. Diese steile Umrahmung lässt längs der Ufer die ganze Einsamkeit und menschenferne Wildniss der nördlicher gelegenen Wald- und Gebirgsregionen mitten in das südliche Culturland hereinziehen, und es ist wieder ein eigenthümliches Ding, wie beide in so scharfer Vertretung, kaum durch eine Meile Weges geschieden, hier aneinandergränzen. Weder im Schwarzwald noch in den Vogesen, Gebirgen, die höher sind als das den Lake George umrahmende, noch in den Alpen wird der Abstand so gross, und selbst in den Karpathen ist wenigstens an den meisten Orten die Bevölkerung dicht genug, um das Land auch in weniger zugänglichen Theilen gleichmässiger zu durchsetzen und um den Versuch zu machen auch den wilderen und rauheren Gegenden noch Nahrung abzugewinnen. Hier ist aber noch lange nicht alles gute Land in Benutzung übergegangen; die Bevölkerung in diesem verhältnissmässig alten Staate ist in den meisten Gegenden viel dünner gesäet als bei uns, und was an Thatkraft jetzt schon überfliesst, sucht sich im Westen bessern Boden und unbeschränktere Wirkungskreise, denn diess lockt mehr als gedrängtes Wohnen und peinlich genaue Ausnutzung des Bodens, wie unsere Bevölkerungen sie gewohnt sind und nun am Ende lieben.

Wenn man sich dem See von Süden her nähert, überschreitet man eine Terrasse, die sanft zu seinen Ufern abfällt und die Häuser von Caldwell, dem kleinen Hauptort der Grafschaft Warren, und der ganzen Seegegend trägt. Auf dem ganzen Wege hieher standen die dunkeln, waldigen Berge in gedrängter Reihe, und erst wenn man nahe am See, lassen die Windungen des Weges sie zurück- und auseinandergehen, so dass man nun mit einem Male einen überraschenden weiten Blick gewinnt, der Meilen grüner Ufer und klaren, ruhigen Wassers umfasst und über Felseninseln hingeht, die bis zum Rand bewaldet sind. Hier gewinnt man im ersten Augenblick ein vollkommenes Bild des vielgepriesenen und vielbesungenen Lake George, und alle nähere Bekanntschaft, welche folgen mag, kann dasselbe nur noch ausführen und bereichern. Es ist so einfach, dass seine Züge sofort zu erkennen sind und sich einprägen. Tiefgrünes Wasser und dichter, dunkler Wald sind diese Züge, und an den schmalen Ufersäumen, wo beide nicht mehr zusammenreichen, tritt Felsgestein hervor. Der See ist so schmal, dass diese drei überall im Gesichtskreis bleiben, und wenn er breiter wäre, würden seine paar Hundert Felseninseln, die fast alle, auch die kleinsten Klippen, bewaldet oder bebuscht sind, den dreifachen Charakter mitten in seine Wasserflut zeichnen. Die Berge, die um ihn sind, sind hoch und steil genug, um ihn zu überragen und fest zu umranden, aber nirgends so hoch noch so steil (der höchste, Black Mt., hat nicht ganz 1000 m.), dass sie ihn beherrschen oder verdunkeln, und nur ihre fast lückenlose Bewaldung stimmt ihn so ernst.

Hier zum ersten Mal tritt das überwältigende Zusammenstimmen und Zusammenwirken einer grossen, klaren Wasserfläche und eines ununterbrochenen Waldgebietes hervor, das weiter im Norden, in den weiten Seeregionen, wo kein Thal ohne stehendes Gewässer, wohl aber eine ganze Kette von Süsswassermeeren zu finden ist, immer und immer wiederkehrt. Als ich längere Zeit nach diesem ersten Anblick des Sees aus den Adirondacks zurückkehrte und den Black Mt. bestieg, von dem der Blick über die ganze Umgebung des Lake George und bis zum Champlain-See und zum Hudson geht, trat mir dieses einfache, grosse Bild als ein vertrautes und sehr liebgewordenes vor Augen, und ich zögerte nicht, es zum Erhabensten zu stellen, was das Gebirge oder das Meer je bieten kann. Von dieser Höhe gesehen, verliert das Land seine paar Aecker und Wiesen, und Wald hüllt alle die breitwurzelnden, langgezogenen Berge und die geräumigen Thäler ein, wo nicht gerade ein See oder ein fliessendes Wasser ist. Wenn auch diese Hülle aus starren Bäumen besteht, so ist sie doch für jede Wahrnehmung aus der Ferne eine sehr sanfte, weil die Baumgipfel, wie sie ungleich hoch sich neben einander heraufdrängen, eine unendliche Mannigfaltigkeit von Licht und Schatten zusammenweben, die wie Sammt daliegt, um aber unter jedem Sonnenstrahl in eine unverhoffte Farben- und Formenfülle aufzublühen, wie sie eben nur dem reichen, alten, in seiner Art unsterblichen Leben des Waldes möglich ist. Jene Abstufungen von Licht und Schatten, die am Ende bis auf die einzelnen Blätter zurückgehen, in deren wechselndem Verdunkeln und Lichtzurückwerfen sie ihren ersten Grund haben, geben auch der Färbung eines so dichten Waldes eine Sättigung, welche die Farbenunterschiede der einzelnen Baumkronen ganz in ihre Tiefe aufnimmt. Wie der Schaum der Wellen, sammt allen Stufen von Grün und Blau, durch die er sich immer wieder aus dem Meer gebiert und in das Meer auflöst, stets Meer bleibt, so ist dieses überall Wald, ob auch allerorten die helleren Kronen der Ahorne und zahllose Birken sich vor dem Dunkel der Nadelbäume abheben und am Fuss jene, auf den Gipfeln diese vorwalten. Wie er nun nach allen Seiten viel weiter als dein Auge geht, überall derselbe in Gestalt und Farbe, nur von Gewässern unterbrochen, die in seinem Dunkel so unvermittelt dastehen, als ob die Ueberfülle des Lebenssaftes, der solches Wachsthum nährt, hier aus dem Erdboden getreten sei, kommt solche Einförmigkeit dem mächtigen Eindruck des Meeres näher als irgend ein anderes Bild, das ich bisher in der Natur gesehen habe, und ob dann die Erde unter solcher Hülle eben oder hügelig oder zu Bergen erhoben ist, ist eine Sache, die hinter ihm zurücktritt.

Auch die Gestalt des Sees war von jenem erhöhten Punkte fast vollständig zu überschauen. Da er flussartig schmal, trat vor allem sein Inselreichthum hervor; von Klippen, die kaum ein paar Bäume tragen, bis zu Eilanden, die bebaut und bewohnt sind, sind alle Formen und Grössen vertreten, und der Reichthum an Buchten stimmt ganz zu diesem Charakter. Die Inseln — es sollen ihrer, den Begriff Insel im weitesten Sinne genommen, über dreihundert vorhanden sein — sind besonders dicht in der Mitte des Sees zusammengedrängt, wo er eine leichte Biegung macht, und sie bilden ein Labyrinth, das den Gedanken nahe legt, dass einst ein reissender Strom hier seine Bahn hatte, die Schichten des harten Gesteins zertrümmerte, auseinanderwarf und in Stromschnellen auswusch. Nur die Willkür eines mächtig fliessenden Gewässers konnte sich labyrinthische Wege suchen, wie die sind, in denen nun das Wasser an diesen Stellen steht.

2.

Das Thema waldumrandeter Seen klingt in tausenderlei Variationen durch das leise harmonische Heben und Sinken dieser ewigen Naturweise der Gebirgsschönheit wieder. Wenn man kreuz und quer die Adirondacks durchwandert, kann man jeden Tag an einem anderen See sein Nachtlager aufschlagen. Die Mannigfaltigkeit im Eindruck dieser einfachen Erscheinungen ist erstaunlich. Schon die Art, wie man sich ihnen nähert, fasst ihr Bild in die verschiedensten Rahmen. Man steigt bald zu ihnen herab, bald zu ihnen hinauf, bald überschreitet man schwankende Moore, um an ihren Rand zu gelangen. Wenn man vom Champlain-See dem Hochgipfel des Adirondack-Gebirges, dem Mt. Marcy, zuwandert, überschreitet man mehrere dichtbewaldete Stufen, deren jede durch eine Reihe von Seen, grössere oder kleinere, bezeichnet ist. Dieser Gipfel ist derart von einem Kranz von Seen ganz umgeben. Man erreicht zuerst die südlich von ihm gelegenen Ausable Ponds. . . . Ist man in feuchtem, stellenweis sumpfigem Wald ein paar Stunden gegangen so wird es auf einer Seite lichter und man tritt auf eine Wiese, die Erlen- und Weidengesträuch und, von Weitem erkennbar, über dem gelben, kurzen Rasen, der Torfgrund anzudeuten schien, die heimisch vertrauten Blüthen blauer Enziane trägt. Wer die Formen des Bodens kennt und vom Seereichthum der Adirondaks gehört hat, wird in solchem Grunde sofort ein aufgefülltes Stück Seeboden vermuthen, denn nur in Seen wird das Geröll der höher herabfliessenden Bäche so gleichmässig und eben vertheilt, dass ein Boden entsteht, der, die vom Pflanzenwuchs erzeugten Unebenheiten abgerechnet, wie eine Wasserfläche daliegt. Weiter geht man über den elastischen, stellenweise schwammartig weichen und feuchten Boden und sieht vor sich Berge und Felsen mit breiten Wänden und in so steilen Linien auftauchen, dass unter ihnen unbedingt noch ein bedeutendes Thal liegen muss, dessen Rande man zuschreitet. Ueber seinen Rand blickend sieht man statt Wiesen und Wäldern dunkelgrünes Wasser in ihm stehen —

ein See, höchst einsam und still, eine dunkelspiegelnde Fläche, die rechts und links sich hinter den Vorsprüngen der Berge verliert, an der Seite, wo wir an sie herantreten, von der Torfwiese und an der, die uns gegenüber steht, von hohen, bis zu den Uferrändern bewaldeten Bergen eingeschlossen ist.

Mag man zehnmal wissen, dass man einen See zu erwarten hat, es wird doch immer ein überraschendes Ding sein, wenn auf einmal mitten in den Wald, und zwar gerade in diese weite, in jedem Sinne, in Farben, Formen, Bewegungen unruhige, mannigfaltige, Unzähliges aussprechende Urwaldeinsamkeit, die geräuschlose, in sich sprachlose, nur Fremdes wiederspiegelnde Fläche eines stehenden Wassers gelegt ist. Wir haben das in diesem Gebirge, wo fast in jedem Thal ein paar waldumschlossene Seen stehen, wieder und wieder empfunden. Der Eindruck, den man empfängt, ist zu seltsam und zu tief, um je vertraut zu werden. Der Gegensatz von Wald und Wasser, den ich eben nannte, ist es nicht allein, wiewohl er bedeutend in diesem Eindruck ist. Die dunkle, gleichmässige Umrandung der Berge in ihrem Waldkleide breitet einen wunderbaren Ernst und eine Stille über das Wasser, und ausser dem Wasserspiegel, dem Himmel und dem dunkeln Rande hat das Auge nichts, nach dem es schweife. Was da vorhanden, ist vollständig zur Ruhe gekommen und zieht auch uns, wie wir in seinen Bann treten, sanft und eindringlich zum Ruhen nieder. Von Schlaf ist nichts da, dazu ist das Auge des Sees zu klar, zu unermüdlich in seinem Spiegeln, aber Ernst und Friede sind die Zeichen dieses Bildes. . . .

Wir waren von der Seite her an den See gekommen (Ausable Pond ist sein Name) und gingen nun, um einen weiteren Blick zu gewinnen, seinem Rande nach zu dem Punkte, wo das Flüsschen, an dem wir heraufgewandert waren, ihn verlässt. Je näher wir dem Ende kamen, desto zahlreicher und dichter zusammengehäuft wurden längs dem Ufer entblätterte, rindenlose, verbleichte Baumleichname. Das Wasser, das in diesen Seen erheblichen Schwankungen unterworfen ist, wühlt, wenn es steigt, Tausenden von Bäumen die Erde unter den Wurzeln weg, dass sie stürzen; auch seine Zuflüsse bringen manchen Stamm von den Bergen herab, und alle diese todten Bäume sammeln sich dann am Ausflusse des Sees. Hier war aber noch ein anderer Faktor ins Spiel gekommen, ein künstlicher; der Staat hatte, vermeintlich zum Besten der Industrieen, die sich am unteren Laufe des von diesen Seen genährten Flüsschens der Wasserkraft wegen niedergelassen haben, den See vor ein paar Jahren einzudämmen gesucht und dadurch das Wasser, das zugleich durch bedeutende Regengüsse anschwoll, so gestaut, dass es alle unter einer gewissen Höhe gelegenen Wälder überschwemmte und zerstörte, am Ende den Damm zerriss und im Ausable-Thal selbst grosse Verwüstungen anrichtete. Nun stehen weithin die verdorrten Bäume, ein Leichenfeld eigener Art, auch ein Denkmal der verschwenderischen Unvorsichtigkeit, mit der dieses Volk in seine doch keineswegs unerschöpflichen Schätze hineingreift.

Wir bestiegen zwei Kähne, um nach dem Fuss des Mt. Marcy, des höchsten unter den Adirondack-Gipfeln, zu fahren. Unser Weg führte über den unteren Ausable Pond und über ein Stück moorigen, sumpfigen Landes, das von dem sehr trägen Wasser durchflossen wird, welches der obere See dem unteren zusendet. In diesem seereichen Gebiete finden sich solche Landanschwemmungen in der Verbindungslinie zweier stehenden Gewässer nicht selten, und so lange sie so schmal sind, dass die Kähne von einem See zum anderen über sie weggetragen werden können, haben sie den Namen Carries (von to carry, tragen). Meistens ist das Wasser, welches sie durchfliesst, eine Strecke weit fahrbar und es sind dann diese Fahrten zwischen den Cedern hin. die immer am dichtesten ans Wasser herantreten, durch ganze Wiesen der prächtig duftenden weissen Seerosen und des buchweizenartig röthlich blühenden, schwimmenden Polygonum höchst anziehend. Eine solche Landenge gehört halb dem See, halb dem Lande an, ist oft nur ein Archipel von Hunderten kleiner Inseln, und welche Fülle neuer Bilder ein solches Ineinanderweben von Land und Wasser zu erzeugen fähig, mag der Leser sich vielleicht vergegenwärtigen, wenn er sich des mannigfaltigen Reizes erinnern will, den ein einziger Bach in einen Wald oder ein Wiesenland bringt. Jeder einzelne Baum, wenn er aus dem geselligen Zusammenstehen im Walde heraustritt, erhält eine höhere Bedeutung, bringt alle seine Eigenschaften mehr zur Geltung, wie man schon an den Waldrändern und auf den Lichtungen sieht; hier aber tritt er an langsam fliessendes, für den ersten Blick stehendes Wasser, in eine reiche Vegetation, in ein unter allen Umständen bedeutendes, eigenthümliches, fremdartiges Bild ein. Da stehen zum Beispiel drei Cedern auf einer kleinen Insel beisammen, eine grosse, gerad aufstrebende, die hoch hinauf astlos, säulenartig rund und gerade ist, eine niedrigere, die tief herab buschige Aeste trägt, und eine dritte, verdorrte, die sich in der Stellung, die sie im Leben hatte, an diese lehnt — die drei typischsten Cedernformen; oder es wächst auf einer Hervorragung am Ufer eine Lärche, ein noch junger Baum, der an diesem Ort im üppigsten Gedeihen ist und im Grün seiner zarten Nadeln vor den trüberen Farben der Umgebung völlig leuchtet; Rothahorne fangen schon an ihr Herbstkleid anzulegen, wovon an denen, die wir bisher gesehen, noch keine Spur zu bemerken war, ihre Blätter zeigen purpurbraune Flecken, Ränder, Streifen und in einigen ist das Grün bereits ganz geschwunden. Dann kommt wieder ein Stück trockneren Landes, dass voll weissrindiger Espen steht, die in der Ferne Birken gleichen, oder am Ufer hebt eine Goldbirke ihre lichte Krone zu sechzig, siebenzig Fuss, dass sie wie ein Wahrzeichen, wie eine Flagge am Mast, weithin sichtbar ist. Und das Unterholz, meist dunkles Erlengebüsch, steht überall dicht und schliesst wie mit Hecken das Land gegen das Wasser ab. Sehr häufig geht der Blick seitwärts in Buchten, in Canäle, die ihre grüne Uferumrandung allerdings abzuschliessen scheint, und es ist da fast geheimnissvoll still; der einzige Vogel, der häufig ist, der Eisvogel, sitzt lauernd auf einem über das Wasser ragenden Aste, gibt keinen Laut, fliegt auch nicht weit, wenn er aufgestört wurde und immer vorwärts, so dass er uns lange Strecken begleitet. Später fuhren wir auch einmal am späten Abend über einen solchen Canal hin, der den oberen und unteren Saranak-See verbindet, und störten wohl sechsmal Schwärme von Enten auf, die wie Pfeile auf und in bekanntem Zickzack über das Wasser hinflogen. Derartige flüchtige Unterbrechungen lassen aber die Einsamkeit nur noch tiefer empfinden.

Im feuchten Rasen stand hier am Ufer da und dort die merkwürdige Becherpflanze (Saracenia purpurea), deren krugförmig ringsum geschlossene, nur nach oben mit ausgebogener Mündung geöffnete Blätter schon von Weitem durch ihre seltsame Form, ihren Purpuranflug und ihr gedrängtes Beisammenstehen auffallen. Die einzelnen Blätter sind etwa drei Zoll lang und bedeutend ausgebaucht, so dass wohl ein kleines Glas Wasser Raum in ihrer Höhlung hat, und die Purpuradern, welche den Hals des hellgrünen Krügleins zeichnen, sowie die purpurfarbenen Borsten, welche sein Inneres bekleiden, lassen dieses Gefäss zierlich geschmückt erscheinen; aber auf dem Grunde des Wassers, das fast immer in demselben zu finden ist, lebt viel ekles Gewürm, Mückenlarven zumal, und macht das Trinken nicht eben einladend, so verführerisch es auf den ersten Blick scheinen mag. Die Führer sagten jedoch, es werde das Wasser in diesen Pflanzenkrüglein, die auch Huntsman's Cup, Jägerbecher, genannt werden, für wohlschmeckend und gesund gehalten.

Im Kahn und zu Fuss gelangten wir zum oberen Ausable Pond, der noch dichter als der untere von Wald und Bergen umschlossen ist, in den die Berge auf allen Seiten ohne die Vermittelung eines sanften Uferrandes wie Klippen ins Meer steil herabsteigen. Merkwürdig verschönt sie das Wasser, das um ihre letzten Abhänge steht und so alles mit seinem Spiegel zudeckt, was unter den Linien des steileren Aufsteigens liegt; es fallen alle die zerstreuenden Einzelheiten der tieferen Abhänge und des Thales weg, bleiben endlich nur die grossen Linien der Wasserfläche und der Berge vor Augen, und das gibt dem Ganzen etwas einfach Grosses, wie es am Lande selten mit diesen Mitteln, Wald und Wasser, erreicht wird.

Vom Mt. Marcy westwärts hinabsteigend bezogen wir das Lager am Ufer des L. Colden, einem kleinen See, der, ungleich den Ausable Ponds, von dunkeln, steilen Ufern rings eingeschlossen ist. Die Ruhe des Schlafes ist über ihn ausgebreitet. Eine Strecke über ihm liegt ein zweiter kleinerer See, L. Avalanche, ein seichtes, von Felstrümmern und todten Bäumen auf allen Seiten eingefasstes Wasser, der höchste See in diesem Gebirge, der nur den kleinen

Triton mit zimmetbraunem Bauche und ein paar Würmer in seinen kalten Fluten nährt. An einer Seite sind die Gesteinsschichten von einem Gange grünsteinartigen Felsens unterbrochen, der rascher als sie verwittert, damit eine Schlucht in die Bergwand reisst und den See mit gewaltigem Trümmerwerk auffüllt. Ehe man zum L. Colden kommt, bildet das Flüsschen, das ihn speist, Opalescent R., einen Wasserfall, wo der Fluss sich in die Platten des wagrecht geschichteten Gesteins eingesägt hat, dass er senkrecht abfällt, dann vielleicht fünfzehn Schritte ruhig und klar über flachen Kiesboden geht, wiederum senkrecht abfällt und wieder ruhig wird, bis er auf einmal über einen schrägen Abfall pfeilschnell in das tiefere Bett schiesst und dann in der murmelnden, spielenden Weise, die einem Gebirgsfluss im flachen Thale eigen, weitergeht. An diesem letzten Falle stehend, sieht man die drei Fälle zu Einem Bilde aufgebaut. Das Ganze von ein paar stolzen, ruhigen Cedern überragt und umrahmt, ist eine prächtige Scene so mitten in der Ruhe des Waldes und der Berge, die sich ringsum und vor allem beherrschend im Hintergrunde aufbauen.

Wir besuchten am folgenden Tage den kleinen Waldsee L. Calamity, an dessen Ufer einer der Ersten, die diese Wildniss und ihre Bodenschätze genauer erforschten, ein gewisser Henderson, vor dreissig Jahren durch zufällige Gewehr-Entladung auf der Jagd den Tod gefunden hat. Es steht jetzt ein Marmor-Denkmal am Rande des todten, stillen Wassers, das, wie alle diese Gebirgsseen, dicht von Bergen umschlossen ist, überall den Wald und den vielleicht in aufgefüllten Buchten ein Torfmoor zum Rande hat. Wir waren dann am Ostfluss (East River) hin, der aus diesem See fliesst, nach den Fällen gegangen, hatten das Wasser über Klippen brausen, sich wieder zu klaren Fluthen sammeln, wieder zerstäuben und dann ruhig weitergehen sehen. Felsen, die tief zerklüftet sind, Cedern, die mit erst ausgebogenem, bald aber kerzengradem Stamme aus und an ihnen hinaufgewachsen, zahlreiche Birken und Ebereschen, da und dort über das Ufer geneigt, weg- und stimmenlose Abgeschiedenheit begleiten dich auf diesem Wege.

Weiter nach Westen wandernd kamen wir zu Seen, die am Rande des Gebirges, halb in ihm, halb auf der Hochebene liegen.

Der erste ist L. Henderson, der schon nicht mehr im strengen Sinne Gebirgssee ist, wie etwa die Ausable Ponds oder L. Colden; in seinen Fluten netzt keiner der hohen Berge seinen Fuss, nur Hügel, mit jungem aber schon dichtem Wald bekleidet, stehen um seine Ufer, felsige Hügel, die gleichsam mit leichteren Wellen die hoch aufgeworfenen Wogen der Bergzüge in das Land fortpflanzen. Er ist ein buchtenreicher See, und es war besonders schön, als wir ihn der Länge nach durchfuhren, eine tiefe Bucht oder einen Arm hinabzuschauen, der sich fern in den Wald verliert, auf einer Seite schon im späten Schatten des Nachmittags, auf der andern im wärmsten Lichte liegt. Es folgte eine nicht sehr breite Landzunge, über welche wir zum Preston Pond, einem wiederum tief in den Bergen versteckten, waldumsäumten See, gingen. Dieser war von allen den Seen, an deren Rand wir bisher hingegangen, über die wir gerudert, auf die wir von den Höhen herabgeschaut hatten, welche sie überschatten, der unvergleichlich schönste. In und an ihm war Alles, was auf die Schönheit und den eigenthümlichen Charakter wirkt, am reinsten und in wirksamster Zusammenstellung vereinigt: Seine Wasserfläche war tief, klippen- und insellos, so breit nur, dass überall der Rand zu sehen, und nicht so schmal oder verlängert, dass sie flussartig geschienen hätte; die Berge, deren Fuss er bespült, gehören zu den höheren, und ihre Wälder sind an den Seiten, welche sie uns hier zukehren, weder von Felswänden, noch von Lichtungen irgendwie erheblich durchbrochen, so dass die Umrandung des Sees das gleichmässigste, lückenloseste Kleid trägt, das zu denken ist; und die Ufer sind fast ausnahmslos steil, so dass sie nicht nur den Gegensatz der Wasser- und Berglinie scharf hervortreten lassen, sondern auch den Dingen, die in das Wasser gerathen und auf dem Spiegel schwimmen, keinen Haltpunkt gewähren, keinen Anlass zur Ansammlung von Treibholz, keinen Boden für Schilf oder sonstige Wasserpflanzen bieten[1]).

---

1) Waldumrandete Seen spielen eine so grosse Rolle in der Natur der ganzen nördlichen Hälfte der Vereinigten Staaten, dsss es nicht für überflüssig gehalten werden mag, einige Eindrücke ihres eigenthümlichen Wesens hier wiederzugeben: Wie eigen war nun das Weben des Lichtes vom Morgen bis

Der Indianer-Pass, eine Schlucht, aus der die Bäche strömen, die diese Seen speisen, ist der nächste Weg vom Hochland, zu dem das Gebirge gegen Westen abfällt, in das Herz des Gebirges selbst. Zwischen den fast senkrechten Wänden des Wallface und dem steil aufsteigenden Abhang des Mt. Martin ist ein schmaler Einschnitt, der weithin durch die unvermittelte Weise auffällt, wie er die sonst so flachen und trägen Linien dieses Gebirges unterbricht. Sein Grund liegt voll Felstrümmer, haushohe mitunter, die Schluchten und Klüfte zwischen diesen erfüllt der Wald mit den Leichen seiner

zum Abend in diesem Thale mit dem schimmernden Grunde! Ein solcher See ist des Morgens nicht so still wie am Mittag und Abend. Wenn die Sonne kommt, tauscht die kühle Nachtluft ihre Stelle mit der warmen, herniedersteigenden, ziehen die Nebel von den besonnten Theilen der Fläche zu denen, die noch im Schatten stehen, drängen sich und steigen aufwärts, und der Wasserspiegel selbst wird durch diese Bewegungen beständig zu leichten Wellen gekräuselt; die Sonne kommt eben hier, wo so bedeutende Höhen ringsum stehen, schon in voller Kraft, wenn sie kommt, und so ist der Gegensatz, den ihr Aufgang und des Abends der Untergang an hellen Tagen bewirkt, bedeutender als im ebeneren Lande; der Morgen wird mit ihrem Kommen sofort wärmer, der Abend mit ihrem Gehen kühler, als wo sie von tieferen Schichten des Horizonts her zu wirken vermag. Dann ist zu dieser Zeit der Gegensatz der erhellten und der im Schatten stehenden Theile ein ungemein lebhafter, und es bringt reichste Bewegung, wie die Sonne, von den obersten Wipfelrändern beginnend, in das Dunkel hineinleuchtet und farben- und formenreiche Stücke eins ums andere und immer grössere aus der Nacht des Waldes löst. Weiter zurück stehen fernerliegende Berge noch dunkel und in den Thälern schwebt blauer Nebel. Aber Alles ist im Fortschreiten zur Erhellung: die Sonne steigt, ihr Licht schreitet weiter in das Dunkel, ihre Wärme trinkt den Thau. Auch am Strande ist Leben aufgewacht, ein blauer Rauch beginnt aus den Tannenwipfeln zu quellen, die das Lager überschatten, schon zittert ein Kahn über die Flut, und nicht lange dauert es, dass ein Flintenschuss vom jenseitigen Ufer (ein matter Klang ist es freilich in dieser Lichtfülle, die durch das Auge alle anderen Sinne zu beherrschen scheint) verkündet, wie einem Hirsch oder Reh der Morgentrunk versalzen wurde. Aber die paar Männer, die ihr Lager unter den Bäumen aufgeschlagen haben, bringen doch nicht viel Bewegung in den See. Sie rudern wohl hinüber, das Reh zu holen, fahren nach der Bucht, in der ein Bergbach mündet und die Forellen am häufigsten vorkommen, sind geschäftig am Ausweiden, am Kesselreinigen und Kochen und Braten, aber man hört keinen jauchzen oder singen; wunderselten, dass am ganzen Tage ein anderer Ton als ein Flintenschuss oder der Ruderschlag die Stille unterbricht. Nur dass vom Morgen bis zum Abend der Rauch und in den ersten Nachtstunden der Widerschein des Feuers über den Tannen steht, meldet, dass Menschen hier sind. Das eigene Treiben der Lichter und Schatten im Wald und über den See

Bäume, und viel verwirrtes Gesträuch und junger Baumwuchs strebt an den Wänden herauf. Etwas über 1000 m. ist die Passhöhe und zu 400 m. steigen über ihr noch die kahlen Wände des Wallface auf.

Ueberschreitet man ihn in westlicher Richtung, so kommt man zu den zerstreuten Ansiedelungen von North Elba und steht hier nun auf der obersten Stufe der Hochebene, die vom Fuss des Adirondackgebirges gegen das flache Land abfällt, das westwärts zieht und nun keinen Berg mehr sieht, bis wo der ewige Schnee der Felsengebirge am flachen, meeresgleichen Präriehorizont auf-

---

hin wird von diesem Bisschen Leben gar nicht gestört, vor allem nicht am Mittag, wo sie Schleier über Schleier weben und allen Dingen besänftigend überbreiten; es webt so unmerklich, du schaust kaum zu, so hat's dich eingesponnen. Licht, das über Baumwipfeln zittert, Wellenschlag, Blätterneigen geht leicht zusammen und gibt ein duftiges Gewebe, zumal wenn fernes Zirpen und Summen und die Bahnen, die ein Falter von Blume zu Blume träumt, und die Perlen, die ein Fisch aufwirft, der aus dem Wasser schnalzt, sich da und dort in die Maschen fügen wollen. Es ist zu dieser Zeit wenig Bewegung in den Dingen selbst, aber über ihnen geht viel vor mit leisem Gezitter und Gebebe; es erzittert ja der ganze See, wenn er in seiner Ruhe lag und plötzlich ein Eisvogel aus dem Cederngebüsch bricht und in seine Tiefe taucht, und scheint nicht mehr ganz in Ruhe zu kommen, es fangen die Linien der Berge an, leise Wellen zu schlagen, wo die Sonne auf ihnen liegt, und über den ganzen Wald breitet sich ein Vertiefen und Zarterwerden, wie wenn ein Wellengewand zu Sammt würde. Dann kommt die Zeit der wachsenden Schatten; der Schleier, an dem Alles vorhin wob, ist plötzlich verschwunden, und an den Bergen und aus den Thälern wächst es verdunkelnd hinauf, und wie der Morgen die Unterschiede der Dinge erweckt, leitet sie jetzt der Abend leise zu der Ruhe Einer Gestalt und Einer Farbe. Wie aber das Einzelne und Mannigfaltige zurücksinkt, wird es als Ganzes mächtiger, die heitere Vielgestalt wird zur düstern Masse und mit der Verdunkelung wächst ihr eigenes Spiegelbild so innig mit ihr selbst zusammen, dass die Uferlinie verschwindet und man am Ende nicht wohl unterscheiden kann, was von diesen Formen unter, was über dem Wasser steht, was wirklich, was gespiegelt; bald ruht Alles im Gesichtskreis unter den Hüllen der grossen Formen, die allein noch erkennbar sind. So hat ein wohlbegränztes Stück Natur, wie dieser See, gleichsam sein eigenes Tagesleben, und uns, denen es am wohlsten wird, wenn wir auch in der Natur in einem noch so kleinen Raum uns einwohnen, ein beschränktes Gebiet mit unseren Gedanken erfüllen und mit den Bildern beleben können, die aus der Phantasie heraustreten, wird an solchem Orte der Holzstoss vor der Hütte zum eigenen Heerd, die Pfade ringsumher vertraut wie Gänge und Stiegen des Vaterhauses; denn wir bedürfen wie die Zweige mancher Bäume nichts als Boden, dessen Härte nicht abstösst, um Wurzeln zu schlagen, und fügen uns gern in den grossen und ruhigen Gang des Naturlebens ein, das abschliesst ohne zu beengen.

leuchtet. Mit zahllosen Seen, die in allerlei Grössen und Formen durcheinanderliegen, oft zu Sechsen und Zehnen durch Bäche wie zu einer Kette verknüpft sind (viele Hunderte würden es sein, wenn man die kleineren zu den grossen zählen wollte, doch werden der beträchtlicheren in den Büchern bereits mehr als hundert gezählt) und mit Urwäldern, die stellenweise selbst noch von Indianern bewohnt werden, zieht sich sanft abfallend, selten noch durch Hügelketten unterbrochen, das Land gegen Abend hinaus und aus den Seen fliesst das Wasser durch den Lorenzstrom und den Hudson dem Atlantischen Meere zu. Wie die Region der grossen Süsswasserseen, die diese im Norden begränzt, ist auch diese weniger grossartige Seeregion ein Produkt des undurchlässigen Felsbodens und der vorwiegend ebenen, höchstens flachwelligen Bodenformen mit dem Regenreichthum, der diesen Gegenden eigen.

Auch wir wandten unsere Schritte westwärts, um einen Blick in diese eigenthümliche Landschaft zu gewinnen. Von North Elba gingen wir zum L. Placid, von diesen zu den Saranakseen, die zu Dreien beisammen liegen und durch jene früher beschriebenen, halbsumpfigen, kaum merklich fliessenden Wasser mit einander verbunden sind. Das waren Wanderungen auf staubreichen Feldwegen, bald an Aeckern und Wiesen und durchaus wohlbehäbigen Farmhäusern vorbei, bald durch Weissföhren- und Lärchenhaine und durch das Gebüsch der mannigfaltigen Sträucher und niederen Bäume, die auf den Rodungen aufgewachsen sind. Wir sahen da ein welliges Land, nicht unfruchtbar, doch dünn bevölkert; vom Urwald war keine Rede mehr, denn was an Wald zu sehen war, war sicherlich zum Mindesten der zweite Wuchs, und bei dichterer Bevölkerung und reicherem Verkehr hätte diese Gegend irgend einer im Odenwald oder im Spessart gleichen müssen. In L. Placid sahen wir wieder einen stillen, grünen, berg- und waldumgebenen See, der nur erheblich grösser als die *Ponds* des inneren Gebirges war, im Einzelnen aber dieselben Ansichten darbot wie sie. Ein Ende bespült den Fuss eines der höchsten Berge der Adirondacks, das andere ist von den Aeckern und Wiesen der Hochebene umgeben.

An diesen Tagen, wo Sonnenschein und Regen öfters unvermuthet mit einander abwechselten, schien es mir neuerdings, was ich schon immer in New York zu beobachten geglaubt hatte, dass der Himmel in diesen nordöstlichen Gegenden wechselndere und mannigfaltigere Bilder in Färbungen und Wolken biete, als irgend einer, den ich je gesehen. Den Himmel über der baierischen Hochebene loben die Maler wegen seines Reichthums an mannigfaltigstem Gewölk, das häufig wechselt, aber ich habe an ihm kein so beständiges Gestalten und Umgestalten der Dunstschleier und Wolken, und vor allem keine so tiefen, klaren Farben gesehen. Das Klima und die Lage mag es erklären; diese, südlicher als die Südgränze Deutschlands, lässt kräftigeres Licht herabkommen, jenes bringt sehr häufigen Wechsel zwischen Feucht und Trocken, Regen und Sonnenschein. Die Masse der Niederschläge ist grösser als in Deutschland, aber sie sind mehr zerstreut und werden immer wieder von den sehr trockenen West- nnd Südwestwinden unterbrochen. Am Saranaksee hatten wir einige Tage hindurch genau denselben Gang täglicher Veränderung des Gewölkes. Des Morgens stieg der Nebel von dem Wasserspiegel wie von einer verdampfenden Flüssigkeit auf und sonderte sich in geringer Höhe zu flockigem Gewölk, das eine Zeit lang stehen blieb, dann aber offenbar von Luftströmungen erfasst wurde, im Osten sich nach parallelen Längsrichtungen zu Riesenfedern zusammendrängte, welche vom Horizont zum Zenith liefen, im Westen aber sich dichter ballte und in Gruppen ordnete, in denen die grössten Wolkenballen in der Mitte und immer kleinere, ziemlich regelmässig abnehmend, gegen das Ende hin standen. Diese Formen lösen sich gegen Mittag in einen Dunstschleier auf, vor dem dichtere Wolken von gräulicher Farbe erscheinen, und bald ist der Himmel überzogen und strichweise und vorübergehend fällt einiger Regen, aber nur in spärlichen, trägen Tropfen.

3.

Durch den Gebirgswald machten wir am folgenden Tage unsern Weg zum Gipfel des Mt. Marcy. Erst führte der Pfad, dessen Richtung durch Einschnitte an den Bäumen bezeichnet ist, über feuchten Moderboden, aber bald trat er in ein Felsgebiet ein, wo dichtes Moos eine feste Decke über die regellos über einander geworfenen Gesteinstrümmer zog. Dann ging es wieder eine Strecke weit einem Bächlein nach, wo verschiedene Arten Lycopodium, Zwergwäldern von Nadelbäumen gleichend, in dichtgedrängten Haufen standen. Einmal wurde es zur Seite Licht, und als wir zu der Stelle hingingen, wo die Stämme sich ins Blau des Himmels zeichneten, sahen wir in ein dichtbewaldetes Thal, in dem wieder ein kleiner See stand. Dass der Baumwuchs dürftiger ward, zeigten die dünneren, niedrigeren Stämme an. Wir stiegen immerfort steil an, bis der Fels mit breiter Fläche aus der Erde trat; über ihn gingen wir quer weg und suchten dann in seinen schmalen Rissen, die schon mit strauchartig niedrigen Fichten erfüllt waren, die Höhe zu gewinnen. Hier standen zahllose Tümpel in jeder Vertiefung des Gesteines, grosse und kleine, ein Lehrbild gleichsam der Natur dieses Gebirgslandes, das durchaus die schwerverwitternden, undurchlässigen Granite und Schiefergesteine zum Kerne hat und nicht am wenigsten gerade darum so seereich ist. Wenn in anderen Gesteinen, in Kalk etwa, oder in den weichen Sandsteinen oder Nagelfluen unserer Voralpen, das Wasser in verhältnissmässig kurzer Zeit die Thäler vertieft, Schluchten aufreisst, in Spalten eintritt, welche es den unterirdischen quellennährenden Wasserläufen zuführen, hat es hier überall wenig tiefe und wenig geneigte Thäler, in denen es oft meilenweit wie in einer Ebene schleicht, um plötzlich in gewaltigen Fällen auf ein niedriges Niveau herabzustürzen, auf welchem es dann wieder ruhig weiter geht, bis ein neuer Absturz der Schichten es plötzlich um vielleicht hundert, hundertfünfzig Fuss fallen lässt. Das Gestein setzt grösseren Widerstand entgegen, zumal auch seine Schichten oft nahezu wagerecht in den Thälern liegen; darum sind auch Quellen in diesem Gebirge bei weitem nicht so häufig wie in den Alpen, und darum sind diese Seen so ungemein zahlreich.

Ist der Felsabhang überschritten, so treten wir in einen Fichten- und Balsamwald seltsamer Art, der eine Stufe des Berges hart unter dem Gipfel bedeckt. Der kurze Sommer, die winterliche Schneelast, die rauhen Winde dieser Höhen drängen das Höhenwachsthum, das sonst gerade diesen Bäumen in so entschiedener Ausprägung zukommt, völlig zurück, und was an Triebkraft vorhanden, geht in Zweige und Wurzeln über, die ungemein dicht und mannigfach verbogen dem zwerghaften Stamme entspringen. Ueber Mannshöhe geht keiner hinaus, höchstens dass sie verdorrte Wipfel höher hinausrecken. Auch die Nadeln stehen hier ungemein dicht, und der eigenthümlichen, bläulich weissbereiften Abart der amerikanischen Fichte, die hier häufiger als in den Wäldern der tieferen Lage zu sein scheint, steht dieses dichte, pelzige Nadelkleid vorzüglich seltsam zu Gesicht. Gleiche Ursachen, gleiche Wirkungen. So wie auf diesen Bergen Fichten und Tannen, sind auf den unseren die Föhren verzwergt, die man Legföhren oder Latschen nennt, aber jene stehen immer noch aufrecht, während diese zu Boden gebogen, wie kriechend wachsen.

Es ist nicht leicht, sich durch dieses Dickicht durchzuwinden, die Augen vorab muss man vor den zurückschlagenden, steifnadeligen Zweigen wohl in Obacht nehmen, und ein Straucheln über das vielverflochtene Wurzelwerk liegt bedeutend im Bereich der Möglichkeit; doch ist dieser oberste Waldgürtel nicht mehr sehr breit und mass an der Stelle, wo wir ihn durchschritten vielleicht nicht mehr als fünfhundert Schritt[1]). Nun kam wieder eine schräge Felsenplatte und deren Kante lief zum Gipfel, den ein Signal der Landvermesser weithin kenntlich macht. Eine Metallplatte ist hier in den Stein eingelassen und sagt jedem, der es etwa nicht wissen sollte, dass er hier den 1540 m. hohen Gipfel des Mt. Marcy oder des Tahawu (indianischer Name: Wolkenspalter!) erreicht hat.

1) Die Krummholzbildung betrifft in den Alleghanies Abies nigra und A. balsamea, welche den oberen Theil des Waldgürtels völlig in Beschlag nehmen, und dabei immer niedriger werden, bis sie nur noch Mannshöhe erreichen. Da die kalten Winde sie verhindern, sich in eine Höhe zu erheben, wo der Schnee sie nicht mehr schützt, verzweigen sie sich um so mehr in horizontaler Richtung und bilden eine fast lückenlose Hecke von ca. 400 m. Breite um den ganzen Gipfel. Die abgetödteten Gipfelsprossen ragen wie die Geweihe einer Riesenherde von Hirschen über sie hervor. Den ersten Ersteigern soll dieser Heckengürtel ein nicht leicht zu überwindendes Hinderniss geboten haben; sie mussten über sie wegklettern und auf den Zweigen gehen. An günstigen Punkten, wo Schutz vor den Winden geboten ist, sieht man jedoch dieselben Fichten sofort höher werden. Thoreau beschreibt diese eigenthümliche Verzwergung von der Höhe des Mt. Katahdin, des Hauptgipfels von Maine, und beschreibt sie in seiner originellen Weise: Alt wie die Sündflut, 2—10 F. hoch,

Da lag nun das Land vor uns und sah zumeist einem braunen und grünen Meere gleich, das in sehr sanftem Wellenschlage erstarrt ist. Berge und Hügel so weit das Auge reicht, bräunlichgrünes Kleid des Waldes überall und da und dort ein See in einem Thale. Höhere Berge heben sich im Osten und Nordosten hervor, die Weissen und Grünen Berge von Vermont und Massachusetts; eine weite Ebene, die Adirondack-Seeregion, zieht gegen Westen hinaus; die höheren Adirondackberge stehen im Norden ganz nahe und im Süden ist niederes Gebirge und Hügelland. Ein eigentliches Gebirgsbild ist das keineswegs, und wer sich klar machen will, was da vor Augen liegt, sagt sich wohl ohne Buch und Karte, dass er auf dem höchsten Gipfel des Hügellandes steht, das sich aus einer Hochebene herausgewölbt; denn das übersieht man wohl nicht leicht, dass, wie beträchtlich immer die Meereshöhe der Gipfel sein möge, doch ihre Höhe über den Hauptthälern unverhältnissmässig gering ist und dass die Thäler nicht tief sind. Das sind durchaus flache Formen, denen ihr dichtes Waldkleid sehr zu gute kommt; sie sind von Körper nicht so kühn, dass sie ohne Minderung ihres Ansehens sich nackt zum Himmel recken dürften[1]).

Es lagen in diesem Ausblick auch die bedeutendsten Züge der gesammten Bodengestaltung eines grossen Theiles von Nord-Amerika. Auf dem Gipfel Eines Gebirgszuges stehen wir, der andere liegt uns gegenüber im Osten, zwischen beiden geht die grosse Senkung hin, in der der Champlain- und Georgsee stehen, und im Westen dämmert die Ebene hinaus. Weiter im Osten, jenseit der Weissen Berge, liegt das Meer, nach Süden geht die Senkung bis zur Mün-

---

die Wipfel flach und ausgebreitet, die Nadeln bläulich, die Spitzen wie von der Kälte angefressen, als hätten sie seit Jahrhunderten aufgehört dem stählernen kalten Himmel zuzuwachsen. Sie hatten im Lauf der Zeit alle Zwischenräume zwischen den Felsen ausgefüllt und der kalte Wind hatte sie alle gleich gemacht. Ueber diesen Garten machte ich 1/8 Mile weit meinen Weg, den lockersten, trügerischsten Weg, den ich je gegangen bin. The Maine Woods 1872. 61.

1) „Ein Gebirgskamm hinter dem anderen, Gipfel über Gipfel, die Umrisse ineinanderfliessend wie die Wellen des Meeres, harmonisch und doch unendlich mannigfaltig", so schildert B. Taylor (At Home and Abroad II. 365) auch die Aussicht vom neuengländischen Mt. Washington, welche der vom Mt. Marcy ähnlich sein muss.

dung des Hudson: Ein enormes Thal, zwei Gebirgszüge, die es einfassen, und an ihrem äusserem Fusse dort Ebene, hier Meer — das ist in seinen grossen Zügen das Land zwischen Montreal und New York.

Als wir herabstiegen, durchwanderten wir die Scenen, die sich beim Aufsteigen geboten hatten, genau in umgekehrter Folge: Erst über Felsenboden, der nur in wenigen engen Klüften Pflanzenwuchs hegt, dann durch den Gürtel der verzwergten Fichten und Tannen, und wieder über Felsen, bis wir in den Wald eintraten, der bis zum Opalfluss hinab die Gehänge dicht bekleidet. Es wurden auf diesem Wege verschiedene Pflanzen eingesammelt, die theils um ihrer Verwandtschaft mit altweltlichen Gebirgspflanzen, theils um ihres arktischen Gewandes willen mit besonderem Interesse betrachtet wurden; sie waren leider meistens schon über die Zeit der Blüthe hinaus. Azaleen und Rododendren, nächste Verwandte unserer Alpenrosen, waren im immergrünen Buschwerk, das da und dort aus Klüften oder im dünnen, auf die Felsenstufen hingewehten Erdreich wächst, wohl zu erkennen; die rundblätterige Drosera mit ihren langen, purpurrothen Drüsenhaaren auf den aufgebogenen Blättchen ist von ihrer europäischen Verwandten nicht zu unterscheiden; Saxifragen oder Steinbreche, kleinblüthige, schlanke Pflänzchen, sah ich in zweierlei Arten, welche in europäischen Gebirgen an ähnlichen Orten stehen; das Sumpfveilchen unserer Höhen war vorhanden; eine kleine Silene, stengellos, wie in Rasen wachsend, wurde als unsere Silene acaulis erkannt. Auch die Erle ist dieselbe, wie die europäische Bergerle. Wäre es früher im Jahre gewesen, es würden wohl noch mehr Bekannte uns da entgegengetreten sein. Doch ist es an diesen genug, um zu erkennen, dass auch hier die Pflanzenwelt der kalten Höhen in der Alten und Neuen Welt in innigerer Verwandtschaft steht, als die des flacheren Landes[1]).

1) 33 Arten von Phanerogamen kommen bloss in der alpinen Region der nördlichen Alleghanies (White Mts., Adirondacks, Green Mts.) vor und von ihnen sind 31 auch europäisch und, mit 2 oder 3 Ausnahmen, auch asiatisch. Von 12 subalpinen Arten derselben Region sind 9 europäisch.

VI. Neu-England[1]).

Zwischen den Nord-Alleghanies und dem Meere ist Neu-England von Maine bis Rhode Island ein flachhügeliges Granitgebiet, das in polirten Felsen, in Driftschutt und gestauten Tümpeln und Seen Spuren alter Eiswirkung in grosser Fülle zeigt. Es ist in den flacheren Theilen die ausgeprägteste Moränen-Landschaft. Selbst Lyell nennt sie, wie sie in New Hampshire erscheint, *featureless*[2]) und B. Taylor sagt: „Der östliche Theil von Massachusetts, mit Ausnahme der Gegend um den Wachuset und einigen Punkten an der Küste, ist weder schön noch pittoresk zu nennen. Die zahlreichen Seen heben indessen das Gesammtbild. Es ist erstaunlich, wie der Schimmer des Wassers das gewöhnlichste Landschaftsbild aufheitert. Je weniger indessen die Natur hier gethan hat, um so mehr hat der Mensch von dem Seinigen hinzugefügt. Indem man sich Boston nähert, wird der ödeste Fleck belebt. Die Granitblöcke, welche so wenig erfreulich aussehen, wenn das Wogen eines Getreidefeldes sich an ihnen bricht, werden zu einem Schmuck der Landschaft, wenn sie sich auf einem Grasplatz erheben, die kümmerlichen Föhren werden unter der Hand des Menschen zu schönen Bäumen und eine einzeln stehende, frei und rund sich entwickelnde Ulme ist

---

1) Vorwiegend nach B. Taylor, W. Flagg, H. D. Thoreau.

2) Second Visit I. 53. Von derselben Gegend schrieb er bei seinem ersten Besuch der Vereinigten Staaten (von Boston aus): „In der That, hätte mich nicht die Verschiedenheit der Pflanzen und die der Vögel, die ich in den Wäldern fliegen sah, beständig an Amerika erinnert, so würden mich die geologischen Erscheinungen glauben gemacht haben, ich befände mich in Schottland oder sonst einem Theile von Nord-Europa. Die Haufen Sand und Kies sind ganz ohne organische Reste und manchmal sind grosse Felsblöcke, die weither gebracht sind, in ihnen begraben oder bedecken sie. Aber meistens stammt das Material dieser Schutthaufen von benachbarten Felsgesteinen. An einigen Punkten hat man diese Ablagerungen bis zu 100 und selbst über 200 F. tief durchbohrt, ohne den anstehenden Fels zu erreichen; aber gewöhnlich sind dieselben von geringer Mächtigkeit und nach ihrer Wegräumung stösst man auf eine polirte Granit-, Gneis- oder Glimmerschieferfläche, welche glatt ist und gelegentliche Furchen oder gerade Parallelkritzer aufweist. Da und dort beobachtet man gerundete oder abgeflachte, geglättete Felsenkuppeln, die den *roches moutonnées* an den Rändern der alpinen Gletscher gleichen" (Travels in North America 1845. I. 8).

die Zierde einer ganzen Landschaft[1])." Die Seen, die in diesem flachhügeligen Felsgrund stehen, haben keine steile, aber wildöde, von weither gekommenen Blöcken und Driftschutthalden umgebene Ufer und die Menge ihrer Einbuchtungen, Engen, Vorsprünge und Inseln belebt ihren Eindruck. Einige könnten als genaue Wiederholungen nordschwedischer Seen gelten; so fand sich Taylor durch Winnipiscogee vollkommen an den Tindsö in Tellemarken oder den schwedischen Mälar erinnert. Aehnlich wird das romantische Saco-Thal mit Guldebrandsdalen verglichen.

In wohlthuendem Gegensatz zu dieser rauhen Landschaft steht der ebenste und fruchtbarste Theil Neu-Englands, das Connecticut-Thal. Die grossen offenen Landstriche zu beiden Seiten dieses vielgewundenen Flusses, welche dort den Namen *Intervals* haben, gehören überhaupt zu den culturreichsten Landschaftsbildern im ganzen Gebiet der Vereinigten Staaten; diese Thalweitungen sind fruchtbar, dicht bevölkert, industriereich und der breite Fluss, der sich durch sie hinschlängelt, hat selbst etwas Milderes, man möchte sagen civilisirteres, als die anderen Flüsse des atlantischen Gebietes. Er erinnert mit dieser Eigenschaft mehr an den Ohio als an irgend einen anderen der nordamerikanischen Flüsse. Der Blick über dieses milde, belebte Thal vom Mt. Holyoke, dem *Rigi Neu-Englands*, wird zum Schönsten gezählt, was die Natur und Cultur vereinigt in diesem Lande darbieten.

Von den weniger lieblichen, aber kaum minder culturreichen östlichen Theilen Neu-Englands und speciell Massachusetts' gibt Wilson Flagg, ein vortrefflicher Naturschilderer, in seinem Buche Wald und Feld in Neu-England[2]), unter Anderm eine Beschreibung der Landschaft und des ländlichen Lebens, der ich hier einige Züge entnehme:

Wer in Neu-England gereist ist, erinnert sich gewiss mit Freude an die alten Wege, die durch die weniger cultivirten Theile der Ansiedelungen führen. Manche waren früher Landstrassen und sind nun nur noch Feldwege, welche zu irgend einem Weiler führen.

1) At Home and Abrood II. 343.

2) Boston 1872.

Wie angenehm, bei einer Wanderung einen solchen Weg zu finden, auf dem man halbe Tage fortgehen kann, ohne auf eine Eisenbahnstation oder eine Fabrik zu stossen! Einige sind so wenig begangen, dass die zwei begrasten Streifen in der Mitte fröhlich grünen. Die Farmhäuser, die man an diesen Wegen trifft, gehören unter die wenigen Beispiele der älteren, einfacheren Bauweise, wie sie im vorigen Jahrhundert üblich war. Gehst du auf einem solchem Wege, so musst du wohl Obacht geben, dass dich nicht eine jüngere Wegkürzung abseits führt; du musst dem gemächlichen Weg folgen, dem, der sich um den Berg windet, der um die Wiese herumführt. Auf der neuen Strasse siehst du Kies und Lehm, zierliche Häuser und angestrichene Zäune an ihrem Rand und da und dort vielleicht eine steife Fichte. Aber den alten Weg begrenzt wildes Gesträuch, alte Bäume von willkürlichem Wuchs und hier und da ein einsames Haus. Da ist nichts von Einförmigkeit. Bald gehst du im Wald, bald an Wiesen hin, die um ein paar Fuss tiefer liegen als dein Pfad, und es rieselt auch ein Bach daneben. Nichts kann lieblicher sein als die Art, wie die Wälder sich in und um diese Lichtungen fügen, wie Farmhäuser, Scheuern, Schöpfe, Herden sie beleben und da und dort ein Kirchthurm sich hinter dem Abhang vorhebt. An diesen Stellen, wo der Wald vorwiegend aus Ahorn und Eichen und am Rand aus den Büschen der Kornelkirsche, des Schneeballs, der Heidelbeeren besteht, ist auch die Pracht der Herbstfärbungen am grössten.

Diese alten Wege hat Niemand ausgelegt, es sind nichts als erweiterte Fusspfade, die erst von einem Haus der jungen Ansiedelung zum andern führten, oder kunstlose Fahrwege früherer Farmer und Holzfäller; sie halten sich immer etwas an den Höhen, wenn es möglich ist, um die nassen Wiesen und das Gebüsch zu vermeiden, das die Niederungen umgibt. Die alten Farmhäuser, die an ihnen stehen, waren meist früher roth angestrichen und hatten weisse Fronten. Einige waren ganz ohne Tünche gelassen. Sie stehen ein paar Ruthen vom Wegrand zurück, sind am öftesten von Ulmen beschattet, sind nicht eingezäunt und den Grasplatz zwischen Haus und Weg weidet das Vieh ab. Von der Hinterseite des Hauses geht zwischen zwei unregelmässigen Reihen von Hickory-,

Butternuss-, Waldkirschen- und Eichbäumen ein Fahrweg zum nahen Wald und führt oft durch ihn hindurch. Manchmal steht das Haus auch eine ziemliche Strecke vom Wege entfernt und dann führt ein Fusspfad, den wohl Strassenpappeln umstehen, über Wiesen voll zerstreuter Bäume zu ihm hin. Selbst Farmen, die ganz von Wald umschlossen sind, magst du im Lauf einer solchen Wanderung begegnen.

Freilich erreicht man hier heut zu Tage auf jedem Wege am Ende eine Eisenbahnstation, aber die Dörfer an diesen grossen Verkehrswegen sind ohne besondere Reize. Einige Häuser darin sind meist sehr elegant, aber es ist eine landläufige Eleganz, Geschmack, Kunst, Mode und Alles, was sich an diesen Häusern zeigen mag, sind Neu-England nicht eigenthümlich, man findet sie in jedem neuen Stadttheil, es sind kosmopolitische Erscheinungen.

Der Farmer in Neu-England ist ein hartarbeitender Mann, sein Land ist weder tief noch sehr fruchtbar und was er daran arbeiten kann, bringt er mit Hülfe seiner Söhne oder eines Taglöhners fertig. Er zieht ein kleines Einkommen aus dem Verkauf der Produkte, aber er kann nicht davon leben. Darum steht neben dem Wohnhaus fast immer ein niedriges Häuschen, die Werkstatt, und wenn er Pflug und Erntegeräth zur Seite legt, nimmt er Ahle und Pechdraht zur Hand. Die Farm gibt ihm Nahrung, aber was er an Geld bedarf, verdient er als Schuhmacher.

Wenige Dinge sind so anmuthig in unserer Landschaft wie diese Zeugnisse selbständiger Arbeit, wenn man sie mit anderen Gegenden vergleicht, wo die Leute in den Fabriken arbeiten. Wenn man uns auch beweist, dass die Arbeiter, die im Dienst eines Kapitalisten stehen, eben so glücklich und gedeihlich leben wie die unabhängigen Farmer, so dünkt jenes uns doch eine niedrigere Art von Arbeit, in der Wenige auf Kosten Vieler in die Höhe kommen und ein Fabrikdorf, wo die Arbeiter in grossen Miethhäusern wohnen und die einzigen ansprechenden Bauten die Wohnungen der Herren und Aufseher sind, ist kein schöner Anblick. Aber leider verliert selbst die Farmarbeit neuerdings ihren unabhängigen Charakter durch die allmähliche Aufsaugung der kleinen Eigenthümer durch grosse Gesellschaften.

In den alten Gemeinden sind die Kirchhöfe keine Erholungsgärten, man pflanzte keine Bäume in dieselben und wenn nicht einige von selbst aufschossen, blieben sie baumlos. Die Grabsteine sind dort nicht aus Marmor, sondern aus dunklem Schiefer, der den melancholischen Eindruck eines solchen einfachen Gottesackers nur noch erhöht. Oft, wenn man lange durch dichten Wald gegangen ist, führt der vielgewundene Weg auf eine Lichtung, wo mehrere Häuser, der Kern der zerstreuten Gemeinde, durch kürzere Zwischenräume getrennt, beisammen stehen. Dann fehlt nicht die Kirche, die Schmiede, das Wirthshaus in ihrer Mitte. Wo einige Wege zusammenlaufen, steht auf einem Grasplatz auch wohl das ländliche Schulhaus, ein einstöckiger, einfacher Bau, roth angestrichen, von Ulmen beschattet, und ihn ihm waltet zur Sommerzeit, wenn die älteren Kinder auf dem Felde arbeiten, eine Farmerstochter als Lehrerin. —

Maine ist der nördlichste Staat und der Naturpark von Neu-England, an den die Cultur, die die übrigen fünf Staaten weit aus dem Urzustand herausgeführt hat, weiter als irgend einen anderen Theil von Nord-Amerika, noch am wenigsten gerührt hat. „Maine ist (mit Thoreau's Worten) ein Land voll Nadelbäumen, voll moosiger Silberbirken, voll Uferahornen, sein Grund strahlt von den Beeren des Waldes, wo nicht feuchtmoosige Felsblöcke sich aus ihm erheben; es ist ein Land, dessen Oberfläche durch unzählige Seen und rasche Flüsse belebt ist, und diese Flüsse schwärmen von Forellen, Salmen, Shad's und manchen anderen Fischen; in langen Zwischenräumen hallt sein Forst vom Ruf des Blauhähers, des Spechtes und des Chicadee, vom Krächzen des Fischhabichts und Adlers, vom Lachen der Möve und dem Geschnatter der Enten längs den einsamen Flüssen wieder; Nachts hört man das Heulen der Wölfe und den Schrei der Eule; im Sommer schwärmt der Wald mit Stechfliegen und Moskitos, die dem weissen Manne fürchterlicher sind als Wölfe. Das ist die Heimat des Elen- und des Renthiers, des Bären, des Wolfes, des Bibers und des Indianers[1]).“

---

1) Thoreau, Maine Woods 1872. 81. Selbst noch in dieser rauhen Wildniss, die vom Standpunkt der Vereinigten Staaten bereits eine recht nordische

Oed ist das Bild, das der Fernblick über diese Landschaft entrollt. Vom Berg Katahdin, dessen Gipfel nach Süden und Westen eine Umschau von 100 e. M. gestattet, sieht man endlosen Wald, keine Lichtung, keine Hütte. Es sieht alles so unberührt aus, als ob nie auch nur, wie Thoreau sich ausdrückt, ein einsamer Wanderer sich hier seinen Stab geschnitten hätte. Zahllose Seen bieten sich dem Blick. Der Moosehead L. im Südwesten liegt wie eine Silberplatte am Ende der Tafel, der insellose Chesuncook, der mit hundert Inseln besäete Millinocket und hundert andere namenlose Seen und ebensoviele Berge, deren Namen bloss den Indianern bekannt sind, sind im Gesichtskreis. Der Wald sah wie eine dichte Grasnarbe aus und die Seen, die im vollen Sonnenschein lagen, schienen wie zahlreiche Trümmer eines zerschlagenen und zersplitterten Spiegels über diese weite Wiese zerstreut.

Die Berge von Maine sind, wie die Alleghanies überhaupt, ohne scharfe Umrisse. Die höchste Gruppe derselben, die um den Katahdin, hat man treffend im Fernblick mit einer Gruppe runder bläulicher Pilze, grosser und kleiner, verglichen, wie sie dort in den Wäldern wachsen. Der Katahdin selbst hat einen flachen, tafellandartigen Gipfel. Diese Berge wirken durch ihre Masse, welche das ganze Land gewissermassen in Wellen schlägt, nicht durch einzelne grosse oder seltsame Formen. „Aber nicht sie, sondern der Zusammenhang des Waldes von Maine, fährt Thoreau fort, ist das Auffallendste in dieser Wildniss. Ausser den wenigen abgebrannten Stellen, den schmalen Lücken der Flussthäler, den kahlen Spitzen hoher Berge, den Seen und Strömen, ist der Wald ununterbrochen dicht. Er ist selbst schauerlicher und wilder, als man nach dem Bilde unserer anderen Urwälder denkt, eine feuchte, vielverschlungene Wildniss, die im Frühling in einem Sumpf steht. Der Grundzug der Gegend ist in der That überall ein ernster und wilder, ausgenommen der entfernte Anblick des Waldes, wie er sich von

---

ist, am Kennebec, konnte Lyell noch die Mannigfaltigkeit in der Zusammensetzung der nordamerikanischen Wälder bewundern. Er sah dort „2 Birkenarten mit grösseren Blättern als die britischen, verschiedene Eichen und Föhren, die Schierlingstanne mit taxusartigen Nadeln, die Silberfichte, 2 Ahornarten“. (Second Visit I. 43).

Bergen gesehen darstellt, und die Seebilder, welche mild, man möchte sagen civilisirend wirken. Die Seen sind etwas, was man nicht erwartet, sie scheinen so hoch zu liegen, das Licht ruht so breit auf ihnen und der Wald ist an ihrem Rande zu einem schmalen Saume verdünnt und da und dort ragen blaue Berge hervor, die wie Amethyst um ein Juwel vom grössten Glanze gesetzt sind. Das liegt alles weit vor und über den Veränderungen, welche an ihren Ufern jemals eintreten könnten[1]).

VII. Durch die Alleghanies von Pennsylvanien[2]).

Die Felsen näherten sich dem Flussufer oft so sehr, dass zwei Wagen sich kaum ausweichen konnten; hohe Waldstämme gaben dunkeln Schatten, alte Ahorne, Linden, Eichen, Wallnuss-, Tulpenbäume u. s. w. waren mit wilden Weinstöcken umflochten und umrankt, deren dicke, rauhe Stämme bogig herabhingen, links am Felsen die schönsten Blumen des Rubus odoratus, Hybiscus mit ihren Samenkapseln, das Impatiens fulva mit seinen hochorangefarbigen Blumen, Eupatorium purpureum, kurz es beschäftigte uns eine höchst interessante Vegetation auf eine angenehme Art . . . In den benachbarten hohen Bäumen schossen wir das röthliche Eichhorn mit dem dunkeln Seitenstreifen (Sciurus hudsonicus) bei einer kühlen Quelle, welche die Bewohner mit vortrefflichstem Wasser versorgt. Der Fluss war von Kähnen, schwimmenden Enten und Gänsen be-

1) Was derselbe urwaldbegeisterte Naturpoet, der Jahre lang wie ein Indianer und mit Indianern lebte, von der Bewohnbarkeit dieser Wildniss sagt, bezeichnet übrigens recht gut die Stellung, die der gebildete Amerikaner ihr gegenüber einnimmt: „Es war dennoch ein erleichternder Gedanke, in unsere glatteren, aber auch nicht reizlosen Gegenden zurückkehren; für einen bleibenden Aufenthalt ist kein Vergleich zwischen ihnen und der Wildniss, wie nothwendig die letztere auch als Erholungsplatz und als Hintergrund, ja als der Rohstoff unserer ganzen Civilisation immer bleiben wird."

2) Nach Maximilian Prinz von Wied (Reisen in das Innere von Nord-Amerika. 1838).

lebt. Der gelbflügelige Specht kletterte an den Stämmen. Aus einem kleinen Seitenthale tritt hier aus hohem Holze höchst malerisch der Mud Run-Creek hervor, ein Bach, dessen umgebende Waldscenen sehr anziehend sind. Die hohen Bäume breiteten ihre starken Aeste dergestalt aus, dass kein Sonnenstrahl den Boden erreichen konnte. Noch etwas weiterhin verliessen wir den Delaware, um ziemlich ansehnliche Höhen zu ersteigen. Ueber die Höhen führte der Weg abwechselnd an Eich- und Wallnuss-Waldungen vorüber, sanft bergauf und bergab, dann erreichten wir das Dörfchen Richmond und erstiegen eine ansehnliche Höhe. Man folgt von hier aus einer höher liegenden Ebene, auf welcher sich in nordwestlicher Richtung oder zur Linken die nahe Aussicht auf die Blue Mts. eröffnet, welche die erste Kette oder die Vorberge der Alleghanies bildet.

Diese erste Kette ist nicht sehr hoch, man gibt ihre Höhe auf 2000 über dem Meere an, sie dehnt sich aber weit aus, hier soweit das Auge reicht, und ist einförmig mit grünen Urwäldern bedeckt. Die Richtung ihres Zuges ist von Norden nach Süden und sie zeigt keine charakteristisch gebildete Kuppen oder ausgezeichnete Formen, wesshalb ihr Totalanblick wenig Malerisches hat. Diesen Charakter, wenig ausgezeichnete Umrisse zu haben, zeigen, mit Ausnahme einiger Gegenden, besonders der schönen Catskill Mts., die meisten Landschaften von Nord-Amerika. Ziemlich in nördlicher Richtung bemerkten wir in der jetzt vor uns ausgebreiteten Gebirgskette einen Ausschnitt, in welchem der Delaware dieselbe durchbricht und diese Oeffnung trägt die Benennung des Delaware-Watergap oder Delaware-Gap. Nachdem der kleine Ort Williamsburg zurückgelegt war, sahen wir vor uns nun beinahe in allen Richtungen üppig grüne Wälder und Höhen hinter Höhen sich erheben. Je mehr unsere Pferde rasch dem Thale zueilten, schienen die Gebirge immer mehr an Höhe zuzunehmen. Endlich glänzte der Delaware wieder vor uns und wir erreichten bald seine Ufer. Seine schöne glänzende Fläche spiegelte gleich einer Camera obscura höchst malerisch das Bild der grünen, die Ufer bedeckenden, überall ausgebreiteten Waldungen ab. Man folgt dem Flussufer weiter aufwärts, wo hohes Holz einen schönen Saum bildete. Sehr dickstämmige Platanen, Tulpenbäume, grossblättrige Linden, Eichen, Ahorne, Birken, Sassafras, Sumach u. a. wachsen hier und haben ein dichtes Unterholz von Rhododendron maximum, deren Stämme oft 15 F. hoch sind und die Stärke eines Armes haben. Weinranken verwirren manche dieser Gesträuche. Zur Linken hat man Mais- und andere Felder, Wohnungen mit ihren Umzäunungen, erreicht aber bald den Fuss der Gebirge und die vorerwähnte enge Schlucht, aus welcher der Fluss hervortritt. Als wir dem Engpasse zufuhren, bemerkte man auf dem Fluss eine schwimmende Schlange, welche ruhig sich hinabtreiben liess, aber sogleich untertauchte als man sich ihr näherte.

Wir hatten nun das Gebirge erreicht, das zu beiden Seiten sich kühn und steil erhob. Die steile Bergwand des Gap besteht aus Grauwacke und Thonschiefer, sie ist oben mit Nadelholz gekrönt, an ihrer unteren Region mit Laubholz bedeckt, jedoch gemischt, und ihre Mitte ist nackt und schroff. Die Bergwand tritt immer näher an den Fluss, dessen Ufer, rauh und wild, mit vielen abgeknickten, weiss abgescheuerten, zerbrochenen und wild verwirrt durcheinandergeworfenen Bäumen besetzt ist, deren auch noch manche im Wasser liegen. Diess ist die Folge der hohen Fluten und Eisgänge im Frühjahr. Da wo das Flussufer flache Stellen und sandige Bänke hat, ersetzen hier Dickungen junger Platanen häufig, was in Europa an unseren Flüssen die Weidengebüsche sind. Der Platanus, von den hiesigen Deutschen Wasser-Ahorn oder Wasser-Buche, von den Anglo-Amerikanern Buttonwood oder Sykamore genannt, liebt ganz besonders den Standort am Wasser oder in niedrigen feuchten Gegenden, wo er ein colossales Wachsthum erreicht.

Durch das *Gap* hindurch führt der Weg unmittebar am Ufer des Flusses und dann schief an der steilen, bewaldeten, westlichen Bergwand hinauf. Hier war eine wilde herrliche Gegend! Dicht gedrängt steigt der Wald mit mancherlei Unterholz auf, wo eine Menge interessanter Pflanzen unsere Aufmerksamkeit fesselte. Malerische Felsen, über welche Wasser herabsintert, mit mancherlei bunten Moosen, Flechten und schönen Farnen bedeckt sind, stehen zwischen den Stämmen, bilden schattige Winkel, malerische Höhlungen,

Sitze, während alle die hiesigen Waldbäume mit Nadelholz, besonders der Hemlock-Tanne und der Weimuthskiefer gemischt, eine imposante Wildniss bilden. Das Thal des Gap lässt dem Flusse gerade so viel Raum, um sich zwischen den steilen felsigen Bergwänden durchzudrängen, und dreht man sich in dieser interessanten Schlucht rückwärts um, so blickt man gegen einen hohen Waldkopf, die sog. Indian Ladder. Mehrere Inseln liegen hier im Flusse, die aber durch die Fluten theilweise ihrer Bewaldung beraubt sind, doch stehen einige von ihnen noch ziemlich mit hohem Walde bedeckt.

Indem man sich der Höhe der Blue Ridge nähert, welche sich jenseits des Gap erhebt, werden die Nadelhölzer im Walde immer häufiger und strauchartige Eichen, Scrub-Oak, 2—3 m. hoch (hier Quercus Banisteri), bilden den grössten Theil des Unterholzes. An den raschfliessenden Bergbächen bilden Erlen, Birken, die weidenblättrige Spiraea (S. salicifolia) und die feurigrothe Lobelia cardinalis die Einfassung. Höher hinauf nimmt der Wald einen immer einförmigeren Charakter an; aus einem niederen Unterholz von strauchartigen Eichen und Kastanien erheben sich die schmalen Stämme der Pinus rigida, einer kurzästigen Föhre, und dieser einförmige Wald bedeckt auch die Kämme und Kuppen dieser Gebirgskette. Hat man die höchste Höhe erreicht und wendet sich um, so bekommt man eine imposante Aussicht. Hohe Rücken erheben sich in einem schmalen Thaleinschnitt hinter einander, alles ohne Unterbrechung finster mit Wald bedeckt, rechts und links hohe Waldwände, die den Einschnitt begrenzen. Beim Hinabsteigen passirt man den von niederem Rohr- und Sumpfgras umgebenen See Long Pond, der zwischen Kiefernwald und mancherlei interessanten Gesträuchen liegt. Eine Andromeda, die Gaultheria procumbens, Kalmia latifolia, Spiraea salicifolia, Cornus, Rhamnus u. a. wachsen an seinen Ufern. Zwischen den Gesträuchen blühte eine schönblaue Gentiana und Weidenröschen (Epilobium). Im See selbst wuchs eine schön blau blühende Pontederia, eine roth blühende Utricularia, Seerosen (Nymphaea). Obgleich diese Wildniss vollkommen einsam war, so fanden wir doch keine Wasservögel daselbst, überhaupt äusserst wenig animalisches Leben.

VIII. Allgemeiner Naturcharakter des Südens.

Mit dem häufigen Auftreten von Schlingsträuchern — so nenne ich kurz die Schlingpflanzen mit holzigen Stengeln im Gegensatz zu den für die landschaftliche Physiognomie unwichtigen, wiewohl sehr zahlreichen, windenden und schlingenden Kräutern und Kräutchen — entsteht eine neue Form des Waldes, von der man sagen kann, dass das Unterholz stärker als in allen Arten nordischer Wälder, oft so stark wie die Bäume und oft merklich stärker entwickelt ist. Schon die Wälder in den nordöstlichen Theilen dieses Continents unterscheiden sich vorzüglich dadurch von den unter ähnlichen klimatischen Bedingungen stehenden und mit im Ganzen ähnlichen Bäumen bestandenen europäischen Wäldern, dass ihren Grund ein reichlicheres Unterholz bedeckt. Jene Wälder umschliessen mehr Sträucher und in den flachen oder hügeligen wärmeren Lagen auch mehr Schlingsträucher als diese. Aber je weiter man südlich geht, desto schärfer prägt sich dieser Unterschied aus, und wenn man z. B. in Mittel-Florida in den Wäldern des feuchten Tieflandes keinen einzigen Baum, der nicht seine Schlinggewächse trägt und in der Regel sogar ein wahres Gewirr von Schlinggewächsen an jedem Baume sieht, wenn dazu im trockenen Föhrenboden so gut wie in der fruchtbaren Schwarzerde der Niederungen eine grosse Fülle von Sträuchern und kleinen oder strauchartigen Bäumen herrscht — gehen doch selbst Eichen, Kastanien, Rosskastanien, von Weiden und Erlen nicht zu reden, hier zur Strauchgestalt über — wenn sogar Palmen und Baumlilien sich in das Gesträuch weben, so merkt man, dass man stufenweise durch Einfacheres zum Reicheren fortgeschritten ist, indem man vom mitteleuropäischen zum nordamerikanischen, von diesem zum Walde des Golfgebietes ging. Die nächste Stufe wird nun der tropische Urwald sein, dessen verwirrter und verwirrender Reichthum, dessen mannigfaltig gestaltete Elemente den schärfsten Gegensatz zur Einförmigkeit des aus vorwiegend gleichartigen Elementen zusammengesetzten Waldes unserer Heimat bilden.

So stehen wir hier an der Schwelle der Tropennatur und es will uns auf derselben bedünken, als sei es hier mit Vorstufe und Eingang, wie es oft mit Knospe und Blüthe ist: dass diese nicht erfreulicher sein könne als jene. Wir haben hier ja eigentlich nur den heimischen Wald mit seinen Eichen, Buchen, Ahornen in der üppigsten Entfaltung; was Neues hinzugekommen, ist zum Theil zwar dem Wesen, nicht aber der Form nach neu und ist zum anderen Theil — wie der Blüthenreichthum und die Schlingpflanzen — nichts als eine sehr reiche Verzierung. Aber es wird kaum ein Anblick erfreulicher sein als der, den die Entfaltung einer Natur bietet, die uns in einfacheren Formen vertraut war, in Formen, die doch ihren Reichthum zumeist verschlossen hielten. Erst dann wird Schönheit, Fülle, Grösse dieser Dinge unserer Schätzung vollkommen zugänglich, wenn wir sie über manche Stufen der Entwicklung bis zur vollen Entfaltung verfolgen konnten. Schon die Natur unserer Heimat erfüllt uns mit dem Gefühl eines unerschöpflichen Reichthums und selbst die Berichte von der tropischen machen uns nicht zweifelhaft an ihr, denn wir haben die Erfahrung, dass sie nicht auszuschöpfen ist. Nun finden wir hier in der Neuen Welt im Wesentlichen dieselbe, nur durch Elemente bereichert, die keineswegs fremdartig, sondern den schon bekannten mehr oder weniger ähnlich sind. Und indem wir von Norden nach Süden fortschreiten, nimmt diese Bereicherung immer mehr zu. Wir sehen, wie sie Eins ums Andere zufügt, und es bleibt uns nicht verborgen, wie sie verfährt. Sie schafft durch Ausprägung leichter Unterschiede aus vereinzelten Arten ganze Artgruppen, aus der Rebe, der Nachtviole, der Rose drei, fünf, acht, aus dem Weissdorn zwölf neue Arten. So erweitert sie die alten Gränzen der alten Gattungen und füllt sie mit neuem Inhalt. Oft verfährt sie so einfach, dass sie, was wir als Baum kannten, zum Strauch, und noch öfter was dort Strauch war zum Baume macht. Viele, die im Norden das Laub abwarfen, sind hier immer grün, einige, die nicht zur Blüthe gelangten, voll Blüthen geworden, und am allerhäufigsten, ja ganz allgemein ist es, dass nun in grossen Massen vorhanden ist, was im Norden vereinzelt blieb. Noch auf vielen Wegen sehen wir so das Bekannte erweitert, vermehrt, vermannigfacht, und empfinden es stärker, als wenn eine viel reichere, aber in fast allen Theilen fremde Tropennatur auf uns eindränge.

Eine gewisse Einfachheit der Bodengestaltung hilft diesen Eindruck verstärken und lässt vor allem die grossen Züge der Landschaft denen des Nordens selbst da noch ähnlich erscheinen, wo die Zumischung tropischer Elemente schon weit gediehen ist. Wenn, wie in Italien, hellfarbige Kalkgebirge das Land durchzögen, welche die grössere Klarheit der Luft und die Kraft der südlichen Sonne so deutlich zum Bewusstsein bringen, wenn ein so schönfarbiges insel- und klippenreiches Meer da und dort tief einschnitte und wen, wie eben daselbst, Vulkane die Natur in eindrücklichster Weise grossartig thätig zeigten, würde auch die Pflanzen- und Thierwelt sofort in ein mehr fremdartiges Licht gerückt. Statt dessen wiegt hier endloses Flachland vor und verlaufen die wenigen Gebirge durchaus in sanften, langgezogenen Linien, haben gerundete Abhänge, Thäler von geringem Fall — sind überhaupt so zahm, wie es sich mit einer Meereshöhe von 2000 m. nur immer vertragen mag. Wie anders würden sich die schöne Pinienform der langnadeligen Föhren, die Palmen, die Baumlilien, die Lorbern und Magnolien in grausigen Schluchten, an Felswänden, auf Bergen ausnehmen, deren helles Gestein jeder Sonnenstrahl in glühendsten Farben leuchten liesse! So aber sind sie ganz auf sich angewiesen und stehen in den Sümpfen, an den trägen, gelben Flüssen, im dünenhaft welligen Land in Lagen, die der Geltendmachung ihrer eigenthümlichen Schönheiten zum wenigsten nicht günstig sind. Nur in einigen Richtungen kommt die Flachheit und Feuchtigkeit des Bodens der Entfaltung schöner Pflanzengestalten zu gute: sie fördert das Wachsthum zahlreicher grossblüthiger Liliengewächse, nährt die in ihrer Art imposanten Taxodien- oder Cypressenwälder und — was das Bedeutendste ist — gibt der gesammten Vegetation eine Ueppigkeit, die man nur unter den Tropen oder vielleicht in einigen sehr regenreichen, gleichmässig temperirten Strichen Ost-Asiens wiederfinden wird. Wo sie den Boden zum Sumpf macht, ist die Vegetation immer am üppigsten und am reichsten an fremdartigen Formen, und da bei dem feuchten Klima, der durchgängig geringen Erhebung und der Flachheit der Bodenformen in dem ganzen Theile von Nord-Amerika, der östlich vom Felsengebirge liegt, Sümpfe von grosser Ausdehnung sehr häufig sind, kann die Sumpfscenerie als der charakteristischste Zug der südlichen Landschaft bezeichnet werden. Wie der Charakter der Pflanzenwelt Süd-Europa's durch das Vorwalten dürrer Hügel und Berge wesentlich mit bestimmt wird, so wird der des Golfgebietes in ganz hervorragender Weise durch die feuchten Niederungen beeinflusst, welche westlich vom Mississippi alle Küstenstriche, Flussufer und Seeumgebungen einnehmen, ja so ausgedehnt sind, dass zum Beispiel mehr als die Hälfte der Halbinsel Florida, welche an Grösse Italien nicht nachsteht, in ihren Bereich fällt. Wie dem Norden die Cedern-, so sind dem Süden die Cypressensümpfe eigen und beide sind weit verbreitet, aber Europa hat weder im Norden noch im Süden etwas dem *Dismal Swamp* von Virginien oder dem floridanischen *Big Cypress* auch nur entfernt Aehnliches aufzuweisen.

Wer jemals im Winter durch den Süden, etwa durch die östlichen Theile der beiden Carolina's reiste, wo Niederungen und dürre Sandrücken häufig mit einander abwechseln, hat den südlichen Charakter jener und den nordischen dieser gewiss bald herausgefühlt. Wiewohl die Cypressen des Südens (Taxodien) im Winter ihre Blätter abwerfen, während die Föhren der Sandrücken grün bleiben, sieht es doch im Cypressensumpf immer halb tropisch, im Pine Barren hingegen winterlich dürr, nordisch aus; das Unterholz und einzelne eingesprengte Bäume bedingen den Unterschied. Im Cypressensumpf sehen wir das dichte Palmengestrüpp, die immergrünen Arundinarien, Lorber- und Haidekrautartige, und stellenweise Magnolien, ferner lebhaft grüne Schlingsträucher wie Smilax und Jasmin, im Pine Barren vorwiegend nur Bäume mit periodisch hinfälliger Belaubung, die zu dieser Zeit, wenn nicht blattlos, doch nur noch mit dürren Blättern bedeckt sind.

Immerhin gehören die Grundformen der gemässigten Zone an, sind aber hier, wie gesagt, artenreicher und massenhafter vertreten und zum Theil üppiger entwickelt als im Norden. Wenn wir hier Rosen, Pflanzen aus dem Haidekrautgeschlecht, Weissdorne und ähnliche durch höheren Wuchs, kräftigere Belaubung, grössere Blüthenfülle und weit bedeutenderen Formenreichthum vor den nordischen Geschwistern ausgezeichnet finden, glauben wir einen Anlauf zu sehen, die ärmere Pflanzenwelt der gemässigten Zone aus sich selber heraus allmählich zu einer Vegetation von tropischer Fülle zu entfalten, einen Anlauf, den aber schon die Beimischung fremder, ächt tropischer Elemente abstumpft und den weiter im Süden das Ueberwiegen derselben vollkommen erstickt. Die Pflanzenwelt Florida's und überhaupt des Golf- und Mississippi-Gebietes ist gerade dadurch so eigenthümlich anziehend, dass dieser Versuch eben in ihr seinem Ziele so nahe, wie überhaupt irgendwo auf der Erde, jedenfalls erheblich näher als in Süd-Europa, gekommen ist. Von den Schöpfungscentren, die um den Pol liegen, ging mit der Sonne, nach Süden hin immer mächtiger werdend, eine Welle der Entwicklung aus, und von denen in den Wendekreisen floss ihr eine mächtigere entgegen, die jene überstürzte, sowie sie ihrem Gebiete nahe kam. In dem ganzen Gürtel, der als warme gemässigte Zone um die Erde zieht, hat der Anprall und das Durcheinanderwogen seine Spuren gelassen und ist nicht beendigt.

Indem solche üppige Entwicklung die gewohnten Formen der Pflanzendecke mit einem reicheren Inhalte füllt, als ihnen im Norden zukommt, sprengt sie dieselben nicht, wie es in den Tropen der Fall. Wir haben hier trotz der mannigfaltigen Baum- und Straucharten zusammenhängende Föhrenwälder, welche mit geringen Lücken Hunderte von Quadratmeilen bedecken, haben entschiedene Laubwälder und trotz der überall wuchernden Schlingpflanzen, der grossen Liliengewächse, der unkrautartig an allen Rainen und Wiesenrändern wachsenden Sträuche noch vollkommene Wiesen und Haiden. Wenn man darum z. B. an der Küste hin oder auf einem breiten Strome wie dem St. Johns oder Mississippi durchs Land fährt, bietet der Fernblick kein Bild, das von einer ähnlichen Landschaft des Nordens verschieden ist, und kann höchstens die Dichtigkeit der Uferwälder den Gedanken nahelegen, dass man es mit üppigerer Vegetation zu thun habe. Einem scharfen Auge würde vielleicht der absolute Mangel des dunkeln Grüns und der schmalen Pyramidenformen der Tannen oder im Unterholz das breite, strahlenreiche Palmenblatt und dergleichen auffallen, aber man würde sich sagen, dass dieses verhältnissmässig unerhebliche Eigenthümlichkeiten sind, welche hinter der Uebereinstimmung der Baumformen im Umriss und den Stamm- und Astformen sowohl als der Belaubung zurücktreten. Da die Palmen nur im äussersten Süden Florida's, also in einem verhältnissmässig sehr kleinen Theile des Gebietes, das uns hier beschäftigt, Baumgestalt und selbst dann nur eine sehr struppige, buschige annehmen, da die Baumlilien klein bleiben und die Bananen nur in den Gärten gefunden werden, treten nur die eigenthümlichen Tillandsien, welche moosartig von den Aesten der Bäume hangen, als entschieden fremdartige Elemente in diesem Naturbilde auffallend hervor.

Die Thierwelt folgt dieser Entfaltung weniger rasch als man vermuthen möchte. Der Süden wird an glänzenden Vögeln, Reptilien, Insekten, Muschelthieren nicht in demselben Masse reicher, wie er sich mit neuen Pflanzengestalten und schönfarbigen Blüthen erfüllt. Das Insektenleben ist weder massiger noch bedeutend formenreicher als im Norden und steht dort wie hier besonders durch die verhältnissmässige Armuth an überall sichtbaren, auf den Wegen laufenden oder in Blüthen lebenden Käfern selbst hinter den mitteleuropäischen zurück. Auch an weitverbreiteten Landschnecken, die schaarenweis an feuchten Tagen unsere Wälder und Gärten durchkriechen, ist Mangel, so dass man tagelang wandern kann, ohne dass irgend eine von ihnen zu Gesicht kommt. Genauerer Beobachtung erschliessen sich freilich reiche Schätze, aber ich spreche vom Augenfälligen. Dass der Süden reicher an grossen Heuschrecken und schönfarbigen, oft sehr phantastisch gestalteten Wanzen, dass schöne braunrothe Krebse zu Hunderten an den Rändern der Sümpfe und Wassergräben leben, dass an denselben Orten eine sehr bewegliche Wassernatter ungemein häufig, dass der Fruchtreichthum zahlreicher Sträucher viele laute Vögel nährt — dies sind so die häufigsten Zeugnisse eines üppigeren Thierlebens, welche sehr bald offenkundig werden, ohne dass man sie suchte.

Der Reichthum an Reptilien ist so gut wie der an Palmen oder Baumfarrn eine Eigenthümlichkeit der Tropen, berührt aber in diesen Gegenden weniger die Zahl der Arten als der Individuen. Es sind z. B., abgesehen von den Seeschildkröten, nur ein paar Trionychiden vorhanden, aber man wird sich in den Sumpfwäldern des Golfgebietes selten vergeblich nach einer der Colonieen von zehn bis dreissig, grossen und kleinen, umsehen, die auf irgend einem umgestürzten Baumstamme oder auf einem Inselchen im Sumpf oder Teich beisammen sitzen. Ebenso sind die Löcher der Höhlenschildkröte (Gopher genannt) wenigstens in Florida fast so häufig wie bei uns die Oeffnungen der Dachs- und Kaninchenbauten. Giftschlangen sind seltener als man glaubt; sie scheinen nur an einzelnen Oertlichkeiten, deren übeln Ruf das Gerücht bald verbreitet und übertreibt, besonders häufig zu sein. Ich sah bei wochenlangem Umherstreifen in Florida, Alabama und Louisiana trotz sommerlich warmer Tage weder eine Klapper- noch die so gefürchtete Mocassinschlange. Die Alligatoren sind häufig, machen sich aber nicht besonders bemerklich, zumal sie laut- und bewegungslos wie dürre Aeste und Stämme umhertreiben und den Menschen kaum jemals belästigen. Unter den wenigen Eidechsen ist Anolis carolinensis die häufigste, doch nicht häufiger als unsere grüne oder graue, denen sie in Gestalt und Farbe ähnelt. Wenn sie an einer recht sonnigen Stelle sitzt, bläst sie alle Paar Secunden ihren purpurrothen Kehlsack auf, wobei sie sich sorgfältig in Positur setzt, niederduckt, die Augen schliesst und den Kopf mehrmals pustend vorstösst — ein harmloses, komisches Bild voll Behagen.

Verschiedene Kröten, Frösche und zahlreiche Salamandrinen sind dem Süden eigen. Die Froschstimmen haben einen höheren, mehr krächzenden Ton als bei uns und ihre Chöre schienen mir im Verhältniss zu dem grossen Spielraum, den das sumpfreiche Land bietet, nicht übermässig häufig und oft ganz ungenügend besetzt zu sein, worüber ich indessen weiter nicht klagen möchte.

Die Säugethiere finden zum Theil vortreffliche Schlupfwinkel in den Niederungswäldern, wo besonders der kleine braune Bär und der kurzschwänzige Luchs noch vielfach häufig sind. Aber sie zeigen sich wenig bei Tage. Dann und wann ein graues Eichhorn oder eine Wühlmaus und an stillen Abenden ein Sumpfhirsch oder Reh, die zur Tränke an lichte Uferstellen kamen, ist alles, was ich sah.

Das Vogelleben hat im Gesammteindruck wenig, das es von dem des Nordens unterscheidet, und vor allem im Winter, wenn die Wandervögel in den Süden herabgezogen kommen, treten die Unterschiede hinter der Masse der Berührungspunkte zurück. Selbst die Kolibris, deren übrigens der Westen bei seinem innigeren Zusammenhang mit dem subtropischen Mittel-Amerika mehr zählt als der Südosten, den ich hier im Auge habe, gehen ja bis nach Canada und Alaska hinauf und sind dort nicht farbenreicher als hier — grau mit rubinrother Brust. Auch den grünen gelbköpfigen Carolinapapagei, den einzigen, der innerhalb der Grenzen der Vereinigten Staaten gefunden wird, kann der Süden nicht als sein ausschliessliches Eigenthum beanspruchen, da er bis zum Delaware und im Westen bis zum Missouri hinauf, wenn auch vereinzelt, gefunden wird. Aber auch hier steht wenigstens an Masse der Individuen der nahrungsreichere Süden voran und manche Waldlichtung erscheint fast tropisch reich an Vögeln, die zum Theil mit glänzendem Gefieder ausgestattet sind. Ich werde den heitern Anblick nicht vergessen, den ich beim ersten Ausflug in die Umgegend Charleston's in der Nähe des Goose Creek gewann, wo eine ganze Schaar der scharlachrothen Cardinäle oder Rothvögel sich in den Aesten einer gewaltigen, schattenreichen Wassereiche herumtummelte. Wie Papageien wiegten sie sich auf den Zweigen, stellten ihr Federkämmchen stolz auf und wirbelten ganz übermüthig ihre kräftigen, wohlklingenden Laute hervor. Sie flogen hin und wieder, und zwar ziemlich tief und ohne viel Geräusch, dass sie wie Flammen, die man bei Feuerwerken wirft, durchs Gebüsch schossen. Sie waren von der scharlachrothen Art — es gibt auch rosenrothe und noch blassere Varietäten — und von fern sah man nicht das Schwärzliche am Kopf und die graue Farbe am Rücken.

Wo immer man geht, hat man über sich ein paar Geier schweben und nicht selten stört man sie auf Waldwegen von einem Aase auf, das die Neger in ihrer Faulheit nicht begraben haben. Eine Art ist selbst in den Städten zu finden, wo sie den Abfall der Fleischbänke verspeist. Die vorwiegende Sumpfnatur des Südens nährt natürlich zahlreiche Wasservögel und vor allem ist das wasserreiche Florida mit ihnen gesegnet. Schaaren von mehreren Hundert Enten erheben sich dort selbst noch vor den Dampfboten auf den lebhaftesten Strecken des unteren St. John und die Inseln, welche vor der Mündung dieses Flusses liegen, sind streckenweise weiss vom Mist der Pelikane. Den rosenrothen Löffelschnabel und einige prachtvoll schneeweisse Reiherarten sieht man nicht selten, die letzteren sogar zum Theil noch schaarenweise, an den Binnenseen Mittel-Florida's, wo sie mit Vorliebe über dem Wasser auf hereinragenden Aesten der Uferbäume kauern.

IX. Das Küstentiefland von Virginien und Carolina.

Der Landstrich zwischen Washington und Richmond ist ein leichtwelliges Tiefland. Indem wir von Washington ausgehen, haben wir den Potomac zur Linken, passiren auf langen Brücken einige seiner breiten Zuflüsse — das ganze Flussgebiet ist südlich von Washington eher Meeresbucht als Fluss zu nennen — und wenden uns dann südwestwärts, d. h. landeinwärts. Bei Fredericksburg überschreitet die Bahn den Rappahannock, der gleich dem Potomac ein Fluss von kurzem, im oberen Theile reissendem, gegen das Meer zu sehr schnell verbreitertem Laufe ist; auch von ihm und von den weiter südlich, in gleicher Richtung ins Meer fliessenden York- und James-River ist im untern Laufe schwer zu sagen, wo der Fluss aufhört und das Meer beginnt; Ebbe und Flut gehen hier überall tief ins Land hinein und die Flussmündungen sind weit hinauf Aestuarien. Wir haben oft ziemlich dichten Wald zu beiden Seiten, und Wald zwar, dem man es ansieht, dass das Land, welches ihn trägt, noch Raum für Viele hat; da liegen hart an der Bahn die schönsten Stämme und verfaulen, und vertrocknete Bäume stehen reichlich unter den grünen. Meist ist es Föhrenwald. Die bebauten Strecken sind von geringer Ausdehnung und zeigen am öftesten Reste von Maiscultur. An ärmlichem, kurzrasigem, oder mit Gestrüpp bewachsenem Boden, der hier wie in so vielen Gegenden des Südens die Lage früherer Tabaksfelder bezeichnet, welche das Land ganz erschöpft haben, fehlt es nicht. Er macht einen haideartigen Eindruck und entspricht sowenig wie alles Uebrige, was man von Naturscenen sieht, dem Bilde, das man sich vom sonnigen, blüthenreichen, üppigen Süden macht. Aber so bleibt es noch gegen Süden hinab, und wer zu Fuss von Canada bis Florida reisen würde und vermiede die Städte, dem würde überhaupt der Uebergang vom Norden zum Süden, und zwar zu einem fast schon subtropischen Süden, ein sehr allmählicher zu sein scheinen, denn in der Natur sind hier keine Schranken gezogen, wie sie in Gestalt von Alpen- und Karpathengebirgen in Europa bestehen, und es wohnt im Süden kein anderer Volksstamm als im Norden. Bestünden aber auch Gebirgsschranken, so würden die eigenthümlichen klimatischen Verhältnisse dieses Erdtheiles den Süden nicht so weit vom Norden verschieden sein lassen wie in Europa, denn die Winter sind selbst in Georgia oder Alabama viel rauher als im südlichen Italien oder Spanien, wie denn erst in Florida die Zucht der Citronen und Orangen ein so bedeutender Zweig der Landwirthschaft werden kann wie in jenen Gegenden.

So allmählich der Uebergang in der Natur, so entschieden betont aber die menschliche Cultur diesen Unterschied zwischen Nord und Süd. Die Städte bewirken, dass er auch in Amerika ein sehr scharfer wird. Sie stellen einen Extrakt der Landesbevölkerung vor Augen, der in dieser Verdichtung die eigenthümlichen Merkmale derselben bestimmter hervortreten lässt; sie zeigen äusserlich schon darin einen südlichen Charakter, dass sie gewisse Aufgaben, die den Stadtbevölkerungen obliegen, im Süden fast überall weniger vollkommen gelöst werden als im Norden; sie führen endlich die südliche Flora, mit deren Vertretern die Menschen vorzüglich gern die Umgebung ihrer Wohnungen schmücken, meistens viel weiter nach Norden hinauf, als sie in der freien Natur, wo keine schützenden Mauern sie umstehen, gelangen würde. Die Hügel um Lyon sagen wenig vom warmen Süden, aber die immergrünen Anlagen in der inneren Stadt führen für den Nordländer eine um so erfreulichere Sprache, und so ist es mit den Lorbern und Palmen in Cannes und Nizza und an den geschützten Orten weiter südlich. Und so ist es in Richmond, der nördlichsten Stadt des ächten, alten, Baumwolle und Tabak bauenden, sklavenhaltenden Südens[1]). Es mag der Schneesturm brausen wie er will, man sieht die herrlichen Magnolien,

1) Uebrigens bietet schon Washington in den Parkanlagen um das Capitol immergrüne Laubbäume des Südens, die die harten Winter dieser Gegend ohne Schutz ertragen.

fast lindenbaumgrosse, die vor den vornehmen Häusern der Grace- und Franklin-Strasse stehen, man sieht sie im Hollywood-Kirchhof mit den wie Birken aufschiessenden Stechpalmen und den dichtlaubigen, dunkelgrünen Lebenseichen schöne Haine bilden und man sagt sich: Da ist doch endlich wieder der Süden, ist wieder Licht und Wärme — Willkommen, glückliches Land, und gib mir was von deiner Helle!

Ja, das ist der Süden! Und der Schneesturm ist ausgeblieben; der Himmel ist vom Morgen bis zum Abend klar und die Tage sind warm wie die seltenen schönen Apriltage des deutschen Frühlings. Die Luft ist so frisch und wieder so weich, man meint, man könne niemals wieder müd oder verdrossen werden fühlt aber auch keine Anregung zu reichlicher Bewegung; man möchte wohl am liebsten in der Sonne liegen, sich ruhig ihres Lichtes und ihrer Wärme freuen und alles Elends der Welt vergessen. Solcher Tage haben wir wenige, hier sind sie, mit Ausnahme des Sommers, häufig; unsere hellen Tage sind im Winter kalt, im Sommer heiss und im Frühling und Herbst engt sie Wind und Regen ein. Diess sind aber vor allem die Tage, welche dem Menschen heiteren, sorglosen Sinn geben und erhalten, und wären die verschiedenen Dutzend Neger, die ich nun vor dem Gasthaus faulenzen sehe, etwas weniger braun und ungeschlacht, so könnten sie recht wohl Lazzaronis oder palermitanische Eckensteher darstellen, denn die Hauptsache theilen sie mit diesen ganz: ihnen behagt das Leben, es ist ihnen wohl in der Welt, sie brauchen keine Arbeit, brauchen keine guten Kleider, keine gute Nahrung, brauchen weder Geist noch Hände zu beschäftigen, da dieses Behagen kein Gefühl der Leere und Unruhe aufkommen lässt, das nach Ausfüllung zu streben hätte.

Südlich von Richmond zieht zwischen dem Meere und den südlichen Alleghanies ein ebenes oder flachhügeliges Land hin, das zum grössten Theil mit Föhrenwald, Pine Barren[1]), bedeckt und über

1) Pine heisst Föhre, und barren: öd, unfruchtbar, so dass der wörtliche Sinn der hier so oft gebrauchten Benennung *Pine Barren* etwa durch Föhrenöde wiederzugeben wäre, genauer indessen als dürrer Boden zu umschreiben ist, auf dem nur Föhren fortkommen. Aber das Wort ist über diesen Sinn hinaus-

weite Strecken sumpfig ist. Ein grosser Theil Nord-Carolina's und Virginiens fällt in diesen Bezirk, dessen einförmiger, vielfach recht nordisch armer Charakter sehr wenig in ein Gebiet passen will, welches bereits südlich vom sechsundreissigsten Breitegrad und an der Palmengrenze liegt. Die gelbe und die Pechföhre setzen diese Wälder fast ausschliesslich zusammen; einzeln stehend, erzeugen sie schöne Baumgestalten, aber in diesem massenhaften Beisammenwachsen gehen ihre Einzelschönheiten verloren, und einen kräftigen, heiteren Wald stellen sie so wenig vor Augen wie unsere heimischen Föhren. Sie strecken die Aeste zu weit und zu willkürlich aus, können dieses Gerüst nicht mehr mit ihrem spärlichen Laube decken, dass es ein Schattendach wird, und ihre Nadeln sind lang und starr, ihr Grün ist ein grauliches oder gelbliches. Und gerade die grössten und schönsten unter ihnen sind fast ohne Ausnahme hart über dem Grunde etwa anderthalb Fuss hoch von der Rinde befreit und ziemlich tief angehauen, so dass das weisse Holz hervortritt; fährt man bei Nacht durch einen solchen Wald, so schimmern diese lichten

gewachsen und umfasst nun alle trockenen Föhrenwälder, ob ihr Boden fruchtbar oder nicht, und manchmal hört man sogar die zum grossen Theile aus Laubholz bestehenden Wälder, wo die Föhren stellenweise ganz zurücktreten, als *Pine Land* bezeichnen, wie denn die Landwirthe und sonstigen Bodenverständigen das höhere Land hier in Pine Land erster, zweiter Classe u. s. f. einzutheilen pflegen. Die Föhre ist eben der häufigste, verbreitetste Waldbaum dieser Regionen. Wir wollen indessen das Wort in seinem engeren Sinne nehmen. Es ist mir leider nicht möglich, die Zahl der Acres oder der Quadratmeilen, welche südlich vom Potomac und östlich vom Mississippi mit Föhrenwald bestanden sind, genau anzugeben; aber indem ich verschiedene Schätzungen vergleiche, finde ich, dass man ohne Gefahr, zu übertreiben, ein Dritttheil allen Landes der Südstaaten in diese Kategorie verweisen und zwei Dritttheile alles Waldes als Föhrenwald beanspruchen kann. Im Flachland, das nicht völlig sumpfig, und in allem nicht schon gebirgigen Hügelland sowie auf den Hochebenen (welche freilich weder häufig noch ausgedehnt, sondern mehr nur ein locales Vorkommen sind) wiegt Föhrenwald bis zur Verdrängung alles anderen nennenswerthen Waldbestandes vor. Nicht umsonst heissen Nord-Carolina und Georgia *The Pine State*. Wenige gleich grosse Gebiete werden in irgend einem Erdtheil eine so gleichförmige Bewaldung zeigen, und in so mildem Klima dürfte Aehnliches nicht wiederzufinden sein. Natürlich ist das Föhrengeschlecht demgemäss vertreten: das Gebirge hat die Weissföhre des Nordens (unsere Weimuthsföhre) und seine eigene Table Mountain-Pine (Pinus pungens), der Sumpf die Teichföhre (P. serotina), das fruchtbare

Stellen in endlosen Reihen vom Grunde her und sieht alles Land wie ein Kirchhof voll marmorner Leichensteine aus. Diese Beschädigung der Bäume hat die Gewinnung ihres Harzes zum Zweck, wie denn Harz, Pech und Terpentin die Haupterzeugnisse dieser Gegend sind. Die Terpentinöl-Ausfuhr hat sich seit dem Ende des Bürgerkrieges nahezu verdreifacht. Auch Holz wird in grosser Menge ausgeführt.

Ein Poet des Südens, der einst vielgenannte W. G. Simms, sang von diesem Lande:

Ein Föhrenwald, wohin du ostwärts siehst,
Ein Föhrenwald, durch den du westwärts ziehst.
Im Norden Föhren sich zum Himmel strecken,
Von Süden Föhren ihre Aeste recken u. s. f.

Aber der Reisende, der von Norden kommt, sieht doch noch einige andere Dinge als Föhren; er sieht sie vor den Föhren, weil sie ihm neu und erfreulich sind. Als Unterholz sieht er fast überall

---

Niederland seine Loblolly- oder Oldfield-Pine (P. taeda) und die seltene P. glabra, der trockene, sandige Boden endlich, der eigentliche *Pine Barren*, die kurznadelige (P. mitis), die langnadelige (P. australis) und die Strauchföhre (P. inops). Mit Ausnahme der letzteren, welche sehr oft ein gedrücktes, mehr in die Breite gehendes Wachsthum hat und nicht über 30 F. hoch wird, sind das alles ansehnliche Bäume, deren häufigster, die in den Pine Barren fast ausschliesslich vertretene langnadelige Föhre, überhaupt eine der stolzesten Vertreterinnen der ganzen Gattung ist. In diesem Föhrenparadies ist nun der Pine Barren wohl am richtigsten classificirt, wenn wir ihn mit dem deutschen Föhrenwalde vergleichen. Sein Boden ist nicht der beste, aber diesen Bäumen sagt er offenbar ganz vortrefflich zu, und selbst wenn er nur Sand ist, mit etwas Kalk von verwitterten Schalen vielleicht und sehr wenig Dammerde gemischt, wächst auf ihm jene häufigste Föhre noch leicht zu 60 F. Höhe. Freilich ist sehr oft das Unterholz eine kriechende Fächerpalme, und auch den Reben, Jasminen, Rosen, die auf den jüngeren Bäumen ihr Geranke von Krone zu Krone werfen und die schönsten Gärten in die Wipfel bauen, ist in den heimischen Föhrenwäldern nichts entfernt Aehnliches an die Seite zu stellen. Aber die zwei wesentlichsten Dinge, der Boden und die Bäume, sind sehr ähnlich, und jene schönen Zuthaten sind doch nur in den besten Lagen so üppig entwickelt, dass der nordische Anklang vor dem tropischen nicht mehr zur Geltung kommt; im Allgemeinen kann man sagen, dass gerade die Pine Barrens nordischen Waldcharakter selbst bis an die Quellen des St. John, bis ins Gebiet des Zuckerrohrs, der Orangen und Bananen hinab ausbreiten.

den Hollybaum, die baumförmige Stechpalme[1]) und an höheren Punkten reckt sich die Lebenseiche mit ihrer zähen Gestalt aus immergrünem Gesträuch heraus. Oft ist ein grosses Stück Wald überschwemmt und steht voll verdorrter Bäume, von deren Aesten eine solche Masse griesgrauer Baumbärte herabhängt, wie ich sie in unberührtesten Lärchenhainen der Alpen nicht gesehen. An den Holzbaracken der Stationen — eigentliche Bahnhöfe gibt es hier ja nur in den grösseren Städten — steht die Cypresse viel höher und kräftiger, als sie je im Norden zu finden sein möchte, und an Magnolien ist kein Mangel[2]). In der Nähe von Florence, das freilich bereits in Süd-Carolina liegt, sah ich auch den japanischen Mispelbaum, dessen goldfarbene Fruchtbüschel und grosse, lichtgrüne, schöngeformte Blätter die Nordländer, wenn sie nach Süd-Italien kommen, fast noch mehr als die Hesperidenbäume zu entzücken pflegen. In dieser Jahreszeit hatte er natürlich keine Früchte, aber er stand schön grün da.

---

1) Der Holly (Ilex opaca) ist ein kleiner Baum, der im Stamm unseren Buchen gleicht, aber kaum höher wird als 30 F. Er hat wie die Buche eine hellgraue, glatte Rinde und macht in Stamm und Aesten gleich ihr einen zähen, festen Eindruck. Er ist untersetzt, gibt in geringer Höhe über dem Boden kurze Aeste ab, die knickig gewachsen sind und sich an den Enden etwas herabbiegen. Sein Laub ist dunkelgrün, stachelig, seine Frucht eine scharlachrothe Beere, die in kurzstieligen und meist zahlreichen Büscheln an den Zweigen sitzt. Die Beerenbüschel bleiben den ganzen Winter hindurch und man soll an manchen zu keiner Zeit des Jahres den Beerenschmuck vermissen. Mit seinem dunkeln, glänzenden Laube, das ziemlich dicht beisammen steht, und der Masse rother Beeren bildet er einen schönen Schmuck der Wälder, aber dem Nordländer fällt er wohl am meisten durch seine vollkommene Baumgestalt bei so geringer Höhe auf, denn unsere Bäume sind ausnahmslos jung oder strauchartig, solange sie so niedrig.

2) Die Magnolie geht mit Einer Art bis nach Massachusets hinauf (M. glauca), ist aber dort nicht mehr immergrün. Ich habe sie im Norden nicht gesehen, aber die Botaniker behaupten, dass ein kleiner Magnolienhain (man nennt sie dort Sweet Bay und auch Beaver Tree, Biberbaum) bei Gloucester in der Nähe von Boston der nördlichste in ganz Amerika sein soll. Diese Magnolia ist ein kleiner Baum oder baumartiger Strauch und die weissen Blumen haben einen vortrefflichen Duft, der sie weithin so begehrt macht, dass jener Hain zur Blüthezeit stets aller Blüthen beraubt und dadurch so beschädigt wird, dass man seine gänzliche Ausrottung befürchtet. Aber die Magnolie, die man hier in den Gärten sieht, ist ein stolzer Baum, den der Leser als M. grandi-

Die Föhrenwälder begleiten uns bis Charleston, aber wir hatten auf Lichtungen schon die unverkennbaren Reispflanzungen, hatten Baumwollenfelder und an den kleinen Stationen viele Baumwollenballen gesehen, und wussten, dass wir nun im Herzen eines Baumwollenstaates waren. So war es auch nicht erstaunlich, als wir in der Strasse, auf der wir in die Stadt fuhren, fast um jedes Haus einen Garten voll immergrüner Bäume, die herrlichsten Camelliensträucher voll Blumen und Orangenbäume voll Früchte erblickten. Am selben Abend sass ich noch unter den Lebenseichen eines Parkes, der am Südende der Stadt liegt, wo man den Hafen und das jenseitige Ufer des Cooper-Flusses überschaut.

X. Oasen der Pine Barrens.

Wie im Grossen das ganze Land, das im Süden zwischen Gebirg und Meer liegt, so ist jede einzelne Landschaft von seichten Wässern und Sümpfen durchzogen. In Florida vor allem kann man kaum irgendwo eine Stunde Weges gehen, ohne alle Stufen der Vegetation, vom Lilien- und Kalmusgebüsch der Teiche bis zum dürren Eichengestrüpp des reinsten Quarzsandbodens, vorüberzuschreiten, wenn nicht sie zu durchwaten. Auf meinen Wanderungen

flora gewiss schon in Parkanlagen gesehen, vielleicht auch um der Fülle schöner, weisser Blüthen von Tulpengrösse willen bewundert haben wird. Seine elliptischen, starken, dunkelgrünen Blätter, die hier immergrün sind, werden bis 12 Zoll lang, sind ein herrlicher Schmuck, der schon etwas von starkem, dauerndem Sonnenlicht, von tropisch unbeengter und kräftiger Entwickelung sagt. Die Verästelung ist einfach, ziemlich breit, hat stets eine Tendenz zur Pyramide, die Aeste streben gerade oder im Bogen aufwärts, die Rinde ist dunkel, matt, wenig gefurcht. Die Blätterbüschel sind alle aufwärts gerichtet, stehen dicht, und was ihnen an Zartheit fehlt, ersetzt der dunkelgrüne Glanz ihrer Oberfläche, der in der Sonne prächtig schimmert und spiegelt. Auch ist die Belaubung wegen der grossen, starren Blätter keine massige oder schwere. Denn jedes Blatt steht für sich da, zeichnet seinen Umriss und wirft seinen Schatten in die Krone.

in der Gegend von Palatka und Jacksonville war es mir bald fremdartig, eine halbe Stunde im Walde zu gehen, ohne auf eine sumpfige Niederung, ein trägfliessendes Bächlein, einen schilfverwachsenen Teich zu stossen oder wenigstens eine Bodensenkung zu finden, in welcher die kräftigeren, saftreicheren Pflanzen, welche die feuchte Lage lieben, das starre Pine Barren-Gestrüpp verdrängt hatten. Es ist ein interessanter Zustand. Die extremen Bodenarten: Quarzsand und schwarzerdiger Sumpf, liegen immer so nahe beisammen, dass das Pflanzenkleid jede kleine Strecke ein anderes ist, und jede Lage und Bodenart hat so charakteristische Pflanzen, dass das Kleid ohne weiteres den Körper anzeigt, welchen es verhüllt. Der Pine Barren-Boden hat die langnadeligen Föhren, Black Jack-, Truthahn- und Weideneichen; wo er fruchtbarer wird, treten Laubbäume, vor allem Hickory und Gummibaum dazu; wo eine Bodensenkung ist, die feuchter als die höheren Lagen, aber nicht sumpfig, breitet sich das Palmettogesträuch sofort aufs üppigste aus, wachsen die kleinen Bäume der immergrünen Wassereichen, der Lorbern, der blüthenreichen Andromeden zu dichten Gebüschen zusammen, schlingt bereits der goldblüthige Jasmin, die Brombeere, wohl auch irgend eine Rebe ihre Ranken darüber. Dieser Wechsel wiederholt sich mit jeder Welle des nirgends vollkommen flachen Bodens und von Weitem sieht man von der Höhe herab diese üppig bewachsenen Senkungen wie Oasen im Föhren- und Haideland liegen. Aber schärfer wird der Contrast, wo ein Bächlein sich ein tiefes, beim unfesten Boden stets breites und oft steilwandiges Bett gehöhlt hat. Da sieht man schon von Weitem einen üppig grünen Streif: die Gebüsche am Rande der Schlucht und die überragenden Wipfel der tiefer stehenden Bäume, und wenn man hinzutritt, hat man ein Dickicht vor sich, in welches das schärfste Auge nicht mehr denn vier, fünf Schritte tief dringen mag. Hier drängen sich die Magnolien und Lorbern mit ihren dunkeln Kronen, hier die Gummibäume, die Wassereichen, der Dogwood-Baum mit seinen weissen Prachtblüthen, der Hollunderstrauch und alle Schlinggewächse zusammen, die am Boden und auf den Bäumen irgend Raum finden mögen. Ganz in der Tiefe schleicht aber der Bach unhörbar durch kaum zu durchdringendes Palmettogesträuch hin, staut sich da und dort zu einer Lache, in deren schwarzbraunem Sumpfgrund du bis zum Nabel versinken kannst, wenn dich das Wassergärtlein blauer Nachtviolen oder die schneeweissen und goldgelben Blüthenkolben der Drontien, die da in der Verborgenheit in grösster Fülle blühen, zu heftig anziehen. Und fast noch üppiger ist die sumpfige Uferlandschaft an den Flüssen, vor allem am St. John, der mit seinen mächtigen Wellen nicht bloss der Befruchter des Landes, sondern auch der Zerstörer manches Lebens ist, das sich an seinem Rande entfaltet. Wo er Nahrung und Gedeihen hinführt, reisst er auch wieder ein, doch sterben die Trümmer oft nur langsam, werden bald von neuem Wachsthum überwuchert, das auf und zwischen ihnen Raum findet. Wenn aber freilich der Sumpf sich viele Meilen weit ohne Unterbrechung hinstreckt, wie es gegen die Mündungen zu der Fall, wenn seine schlammerfüllten Vertiefungen, die fast beständige Wasserbedeckung und das verwirrte Gestrüpp ihn fast unzugänglich machen, wenn die schönen Taxodien herausgehauen sind, so dass das Ganze ein einziges zusammengewirrtes Unterholz ist, da sehnt man sich, wenn auch keinen Berg — denn dieser Wunsch ist schwer erfüllbar — oder Felsen, so doch wieder einmal eine Höhe, eine Bodenwelle, und wäre es selbst nur ein Pine Barren, zu betreten, wieder trockenen Fusses wandeln, sich unbeengt umschauen und im trockenen Schatten irgend eines Baumes niederwerfen zu können.

Abgesehen von den Cypressenwäldern waren mir von allen Sumpflandschaften jene vorhin erwähnten Sumpf-Oasen im dürren Boden die liebsten. Man erkannte sie, wie erwähnt, von Weitem am Dunkelgrün ihrer Lorberbüsche, ihrer Magnolien, am dichten gelbgrünen Palmettogestrüpp, das noch weit auf den trockneren Boden übergeht, an den Blüthenpflanzen, die den feuchten Boden lieben und meistens gleich in auffallend grosser Menge beisammenwachsen, wo sie eine gute Lage finden. Es sind oft nicht so sehr bleibende Sümpfe als von unten her, d. h. durch das Steigen des Grundwassers überschwemmte tiefergelegene Stellen, und man sieht oft am Graswuchs, dass sie zu gewissen Zeiten des Jahres nicht unter Wasser stehen. Sie sind mehr nur als feuchte Stellen zu betrachten, wie sie überall auftreten müssen, wo das Land, das hier auf weite Strecken nur ein paar Fuss über das Flussniveau ansteigt, wellenförmig wird. Sie sind aber so häufig, dass sie für das Land eben so charakteristisch sind wie seine föhrenbewachsenen Flachhöhen oder seine Cypressensümpfe.

Am häufigsten stellt sich eine solche Oase als kleiner Archipel dar. Jede Insel ist eine Baumgruppe, eine Gruppe von Büschen um einen Baumstumpf, ein Gewirr von Büschen und Schlinggewächsen, ein kleiner Liliengarten. Auf eine Strecke, deren unverwachsener Wasserspiegel grössere Tiefe anzeigt, folgt eine seichtere mit üppigem Wachsthum von Lilien, Alismen, Pontederien. Eine kleine Halbinsel trägt dichte Lorberbüsche; auf einer Insel steht eine Magnolie, rings am Ufer, das freilich schwer zu fixiren, Ahorn, Eichengestrüpp, Weissdorn, Kirschen, Andromeden u. a. Die weitere Umgebung ist mit allerlei Blumen bewachsen, unter denen wahrscheinlich überall durch grosse Anzahl, lichte Farben und seltsame Gestalt der Blumenkronen die Utricularien und Pinguicularien am meisten hervorragen. Originell ist die reiche Vertretung dieser Familie der Lentibulaceen, deren Geschlechter und Arten sonst nur einzeln und weit zerstreut zu finden sind. Von den beiden Gattungen Utricularia und Pinguicula (Fettkraut) fand ich an einem der ersten Tage auf den sandigen und sumpfigen Lichtungen westlich von Jacksonville am St. John allein vier verschiedene Arten. Diese wuchsen reichlich in einem Bezirk von etwa einer englischen Meile im Geviert; in Deutschland hatte ich nur zwei oder drei Lentibulaceen und diese nicht häufig gesehen. Es waren alle vier reizende Pflänzchen. Zieht man noch die halbschwimmenden Utricularien der Sumpfgewässer in Betracht, so hat man hier mindestens sechs Arten einer schönblühenden Familie auf engem Raume beisammen und empfängt von dieser reichen Entfaltung eines kleinen Formenkreises einen lebhafteren Begriff halbtropischer Lebensfülle, als von allem Reichthum mannigfach verschiedener Gestalten, die zufällig beisammen stehen mögen. Zwei Veilchen wachsen an denselben Orten und sind in der Gesammttracht der ebengenannten Pinguicula pumila so ähnlich, dass letztere im Volksmund ohne weiteres Veilchen genannt wird.

Am Rande und auf jeder Höhe und Untiefe dieser Sümpfe oder kleinen Seen oder überschwemmten Waldwiesen — jeder Name trifft zu — sind aber am zahlreichsten verschiedene kleine Sträucher aus der Haidekraut- und Heidelbeer-Familie, aber klein und dichtblätterig mit dichten Träubchen weisser, weisslichröthlicher, rosenrother Blüthen. Die Häufigkeit dieser Gewächse (Florida zählt allein neun Heidelbeerarten) ist an und für sich schon eine interessante Thatsache, und überraschend zu sehen, wie die Fülle heidel- und moosbeerartiger Gewächse, die im Norden dieses Erdtheils das Pflanzenkleid in Feld und Wald so reich mit vielfarbigen Blüthen und Beeren durchstickt, sich auch überall im Süden, doch freilich in bedeutend ansehnlicheren Formen wiederholt. Auf dem Sandboden der Föhrenhaine und auf den palmettobewachsenen Lichtungen und feuchten Niederungen, überhaupt in allen nicht absolut tiefsumpfigen, noch gänzlich dürren, wüstenhaften Lagen sind Gewächse aus dieser Familie in Florida allgemein verbreitet. Mancherorts bilden sie zusammen mit den Palmettosträuchen die hervorragendsten Bestandtheile der Pflanzendecke und wachsen fast so gesellig wie bei uns die Haidekräuter, denen sie, wie sie vielfach in der Tracht ihnen gleichen, auch im inneren Baue nahe verwandt sind.

Alle diese Gewächse verbindet nicht nur eine verhältnissmässig grosse Familienähnlichkeit, die sich besonders in Form und Stellung der Blüthen unverkennbar ausspricht, sondern auch, wie das in manchen anderen Pflanzenfamilien der Fall, das anscheinend ganz nebensächliche, nichts desto weniger aber allverbreitete Merkmal eines vorwaltenden Farbstoffes. Es ist die Neigung zu röthlichen und bräunlichen Färbungen, die, wenn nicht in den Blüthen, so doch im Kelch, wenn nicht hier, dann an den Stengeln und Blättern, und endlich am schärfsten ausgeprägt in den Früchten, den durchgängig rothen oder schwarzen Moos- und Heidelbeeren hervortritt. Manchmal bricht sich diese Tendenz mit Gewalt Bahn und erzeugt, wie man bei den Andromeden oft sieht, blutrothe und braunrothe Flecken auf den Blättern, färbt wenigstens noch die äussersten Spitzen der Kelche, der Staubgefässe, die Seite des Stengels, welche der Sonne ausgesetzt ist, die Blattadern oder sonst eine abgelegene Partie. Für den Gesammtcharakter dieser Pflanzen und der Landschaft gewinnt diese eigenthümliche Tendenz im Sommer und Herbst, wenn die Sonnenhitze nicht bloss die Früchte, sondern gleichsam die ganzen Gewächse zur Reife, die verborgensten Farben an die Oberfläche gebracht hat, eine nicht geringe Bedeutung. Weite Strecken sind dann gleich den Haiden des Nordens braun und roth geworden.

Diese Oasen lassen auch das Thierleben des Südens, das im Ganzen sich nicht geräuschvoll äussert, kräftiger hervortreten. Hier kann man am Morgen und Abend die Schleifer und Triller des Spottvogels, hier wohl auch den Schrei des Carolina-Papageis und das dünne, heisere Gekrölz der Teichkröten vernehmen. Den schwarzen Wachsvogel mit seinem prächtig scharlachrothen Schmelzfederpaar am Rücken, den kleinen schwarzweissen und den grossen dunkeln Specht mit rother Haube sah ich hier zum Frühtrunk kommen. An Schmetterlingen, Bienen, Heuschrecken ist an diesen feuchten Plätzen nie Mangel, und die leuchtend grasgrüne Eidechse Anolis carolinensis sitzt nirgends lieber als auf Zweigen oder im Rohr über dem Wasser, lässt sich von der Sonne bescheinen und zieht ihren purpurrothen Kehlsack mit eifrigem, beständigem Kopfnicken, Schütteln und Augenverdrehen auf.

XI. Die Sumpf-Cypresse.

Amerika, soweit es östlich von seiner grossen Gebirgskette liegt, hat eine so geringe Gesammterhebung und so wenig schroff ansteigende Gebirge, dass Sümpfe, deren Vorkommen in Europa vereinzelt ist, sowohl in Nord- wie in Süd-Amerika einen hervortretenden Bestandtheil der Landschaft bilden. Ihre Vegetation ist eine ganz besondere. In den Vereinigten Staaten haben wir im Norden die selbst noch in Canada sehr ausgedehnten Cedernsümpfe welche von Lebensbäumen und Cypressen gebildet werden, im Süden die Cypressensümpfe (Cypress Swamps), welche vorwiegend mit Taxodium distichum bestanden sind. Beides sind eigenartige

Bildungen, denen wir in Europa nichts an die Seite zu stellen haben und gehören zum Bedeutendsten und in mancher Hinsicht auch zum Schönsten, was die Natur des östlichen und südlichen Nord-Amerika bietet.

Ehe sie ihre neuen Blättchen hervorsenden, sind die Taxodien den beiden Sumpfcedern des Nordens, Lebensbaum und Cypresse, ähnlicher als irgend einem anderen Nadelbaum und könnten mit ihnen verwechselt werden, zumal sie genau dieselben Standorte in Sümpfen, auf dauernd feuchtem Erdreich, an See- und Flussufern haben. Sie gleichen ihnen in Stamm und Verzweigung sehr. Schon beim jungen Bäumchen hat der Stamm immer eine Kegelgestalt, da er von der ausgebreiteten Wurzel bis zur Spitze sich gleichmässig verschmälert und dieselbe Gestalt behält er beständig bei. Auch führt er in jedem Lebensalter den Stamm womöglich bis nahe zur Spitze durch und setzt nur kurze, mehr zweigartige Aeste an, welche am Grunde nicht viel stärker und länger sind als an der Spitze, so dass Pyramidengestalten, wie sie bei Tannen und Fichten normal sind, hier nie, höchstens durch Zufall und dann unvollkommen, zur Ausbildung gelangen. Die Krone wird dadurch mehr walzenförmig. Aber während diese Aeste in der Jugend gerade Gerten sind und eine regelmässige Gabelverzweigung haben, werden sie im Alter gern regellos gewunden und verschwinden, wenn der Baum einmal über die ersten zwanzig Fuss hinausgewachsen ist, von der unteren Hälfte des Stammes und erhalten sich bei fortschreitendem Wachsthum meist nur am Wipfel, wo sie sich dann mit den Endästen zusammen in den seltsamsten Windungen ergehen und höchst regellose, verworrene Kronen bilden, die aber bei der Höhe und tadellosen Regelmässigkeit des Stammes weiter nicht auffallen. In den älteren Bäumen nimmt auch der Wurzelstock eine merkwürdige Form an, indem er zu einem wahren Sockel anschwillt, aus dem der Stamm wie eine Säule hervorwächst. Diese Anschwellung über der Wurzel findet sich in minderem Grade bei vielen im Sumpf und im Wasser wachsenden Bäumen hiesiger Gegend, wie ich sie denn selbst bei Eichen sehr ausgebildet gesehen habe; es entsprechen ihr hohle und zerklüftete Stellen im Inneren des Strunkes und nicht selten laufen von den Wurzeln aus schmale

Vorsprünge am Stamme hinauf, die ihm ein *geflügeltes* Ansehen (wie es der Botaniker nennen würde) geben.

Die Rinde ist eine weisslichgraue, etwas ins Gelbbraune stechende Faser- oder Bastrinde, d. h. sie ist nicht schurfig wie die der Föhre oder Tanne, sondern aus feinen Fasern zusammengesetzt, welche sich zu ziemlicher Dicke über einander lagern und innig verflochten sind. Durch die Natur dieser Fasern ist auch die Art der Zerklüftung der Rinde bedingt, denn die Risse sind lang und schmal und verästeln sich unter einander, zeigen auch dann und wann eine entschiedene Neigung zur Spiralwindung. Man findet eine ganz ähnliche Rinde bei den Sumpfcedern des Nordens; es ist ein gewisser lebendigerer Charakter, den das sonst meist starre Rindenkleid durch diese hinaufziehenden, gleichsam in Wurzeln und Zweige zertheilten Risse gewinnt. In der That ist es, als flechte sich diese Rinde im Wachsen den Stamm hinauf, während die meisten kleinklüftigen oder schurfigen Rinden dem Stamme gleichsam angegossen oder wie ein schweres Kleid umgelegt sind. Den aufstrebenden Charakter des Stammes verstärkt diese Rindenbeschaffenheit in hohem Grade. Als Theile des Stammes sind auch die *Kniee* zu nennen, zuckerhut- und keulenförmige Auswüchse der Wurzeln, in denen die Holzfasern merkwürdig zusammengewunden und -geschlungen sind; sie streben oft zu zwei Fuss Höhe aus dem Boden auf.

Solange diese Bäume blattlos sind, sehen sie in der Ferne freilich kahl und abgestorben aus, denn die Schlingpflanzen beleben ihre hohen Kronen nicht mehr und ihre Stämme sind gar zu schlank und einfach, wenn sie über einer Wasserfläche zu Tausenden und Tausenden hervorragen und nur da und dort von einer kaum viel malerischeren Föhre unterbrochen sind. Aber dafür ist der Anblick herrlich, den sie bieten, wenn der Frühling die Blättchen ans Licht ruft. Einmal war ich einen langen Weg am St. Johns R. von Jacksonville aus hinabgegangen und nahm den späten Heimweg am Rand der Sümpfe, die an seinem rechten Ufer hinziehen. Ich kam über eine weite Fläche, die die Neger, welche in der Nähe wohnen, abgebrannt haben, um dem Boden einen besseren Graswuchs abzuzwingen; da war nichts als verkohlte

Stoppel und schwarze Palmettostümpfe, welche aus der Asche schauten. Aber neben im Sumpf war es eine Strecke weit eigenthümlich grün, etwa so, wie wenn ein sehr durchsichtiger Schleier über das Gebüsch gebreitet sei. Wer sich eines Lärchenhains in seiner ersten Frühlingsbelaubung erinnert, kann sich etwa vorstellen, wie das aussah. Ich ging näher und sah, dass es ein Taxodienwald im jungen Grün war. Die Blättchen waren noch nicht entfaltet, und da sie hart an die Stielchen gedrückt waren, welche sich alle aufwärts wendeten, so dass sie wie Kerzchen aus den Zweigen kamen, war das Grün dünn und doch sehr auffallend. Nur die kleinsten Sprösslinge hatten schon entfaltete Blätter, aber an den Bäumen, die fünfzig und sechzig Fuss hoch waren, konnte ich die Knospen kaum entdecken, so klein waren sie noch. Ob die vom Boden zurückgeworfene Wärme oder der Weg, den der Saft in hohen Bäumen von der Wurzel bis zum Wipfel zu machen hat, oder eine andere Ursache hierin wirksam war, könnte ich nicht sagen. Sind die Blättchen entfaltet, so erinnern sie durch ihre Fiederstellung, den zarten Bau und das frische Grün in hohem Grade an Mimosenblätter und manches junge Taxodium, dessen Aeste den fast geometrisch regelmässigen Wuchs, der den Nadelhölzern sonst eigen, zu Gunsten phantastischer Verbiegungen, Ausreckungen etc. verlassen haben, sind, wenn man nicht den Stamm und die Früchte näher betrachtet, schwer als Cypressen zu erkennen.

Ganz im Trockenen gedeiht dieser Baum nicht, und selbst wo er an Plätzen wächst, die einen Theil des Jahres sumpfig sind, zeigt er etwas andere und nach dem Urtheil der Holzkenner weniger schätzenswerthe Eigenschaften, als wo er sich häufiger Wasserbespülung erfreuen kann. Seine natürlichsten Standorte sind daher die Sümpfe an der Meeresküste, deren seichtes Wasser noch von den Gezeiten bewegt wird, die Mitteldinge zwischen See und Sumpf, die man in Süd-Florida findet und ebensowohl seichte Seen als auch Sümpfe unter beständigem niedrigem Wasserspiegel nennen könnte, endlich die flachen Ufer im unteren Lauf und vor allem im Anschwemmungsgebiet der grossen Flüsse. An diesen Orten werden sie wegen ihrer helleren Rinde und ihres weisseren Holzes, das gleichzeitig weniger harzreich und leichter ist, Weisscypressen genannt, an den trockeneren Standorten aber erwerben sie sich den Namen Schwarzcypressen, weil die Rinde mehr braun, das Holz mehr röthlich ist; in diesem Falle ist auch immer das Holz harzreicher und etwas schwerer.

XII. Tropische Anklänge.

Eine grosse Anzahl von Pflanzen und Thierarten, welche in den südlichen Vereinigten Staaten vorkommen, gehören Gattungen oder Familien an, deren grosse Masse in den Tropen heimisch ist; aber wenige von ihnen sind, was man *tropische Formen* zu nennen pflegt, d. h. Geschöpfe, die schon im Aeusseren unverkennbar die Wirkungen der kräftigeren Sonne ihrer eigentlichen Heimat ausgeprägt zeigen. Die Banane ist in dieser Hinsicht wohl die entschiedenst tropische Pflanze, der man hier im Süden begegnet, denn die Ueppigkeit ihrer riesigen Blätter und ihr Fruchtreichthum sind offenbar nur unter einem tropischen Himmel möglich; aber da sie nur in den Gärten gefunden wird, wo man sie cultivirt, ist sie in der Landschaft nicht so bedeutend wie andere tropische Formen, unter denen die Palmen, die Baumlilien, die Tillandsien und ein bambusartiges Rohr durch häufiges Vorkommen und auffallende Gestalten hervorragen.

Die Palmen sieht man hier, wie in Süd-Europa, nur an ihrer Nordgrenze und es sind im Ganzen nur kümmerliche Entfaltungen, mit denen sie ihre fremdartigen Blatt- und Stammgestalten in die wesentlich doch noch recht nordische Kette des hiesigen Pflanzengewandes weben. Aber sie treten viel massenhafter auf als irgendwo in Europa und finden an der Yucca und Arundinaria und vor allem an der häufig cultivirten Banane ächt tropische Formverwandte, die dem Gesammtcharakter der hiesigen Pflanzenwelt doch wieder einen tropischeren Anhauch geben, als sie in Süd-Europa mit allerdings weniger ansehnlichen Vertretern zu bewirken vermögen.

Dem Anschein nach ein Strauch wie unser Ginster, saftlos, sperrig, ist die gemeinste der hiesigen Palmen, Sabal Adansonii, die Sägen-Palmetto genannt wird; aber in Wirklichkeit ist dieselbe der Spross eines nicht unbedeutenden Stammes, der am Boden kriecht, und zwar so, dass er sich nur wenig über denselben erhebt. Man sieht schenkeldicke Stämme, die da und dort Nebenäste und Blätterbüschel abgeben; aber meistens sieht man nur die Blätter, die so dicht stehen, dass sie den Stamm verbergen, der zudem meist stark von Gras und Moos überwachsen ist. Ist aber, was in den hiesigen Wäldern sehr gewöhnlich, ein Feuer über dem Boden hingegangen, welches das verhüllende Gebüsch verzehrte, so bietet das Labyrinth der kriechenden, stachelschuppigen Stämme einen eigenthümlichen Anblick, denn nicht höher, als sie selber sind, ragen sie auf, sind meist von gleichförmiger Dicke und so zahlreich, dass sie ein vielverschlungenes, ziemlich gleichmaschiges Netz bilden. Nur wo sie ein Blätterbüschel tragen, treiben sie mit einem kegelförmigen, fast fusshohen Strunk empor, der sich allmählich zu dem Bündel der scharfkantigen Blattstiele verjüngt. Die Blätter haben bei vollständiger Entfaltung einen kreis- bis eiförmigen Umriss und sind, wo sie erst im Aufgehen sind, wie ein Fächer zusammengefaltet. Auf manchmal fünf Fuss hohem Stiele erhebt sich das Blatt mit einer gefalteten Fläche, deren Faltenstrahlen sich bald zu schilfartigen, scharfkantigen Einzelblättern scheiden; die zusammenhängende Blattfläche ist spitzoval, am höchsten in der Mitte, fehlt fast an beiden Seiten, wo die Einzelblätter fast unmittelbar dem gemeinsamen sägenartig scharfen Blattstiele ansitzen; so kommt es, dass das Blatt ohne Zerreissung des Zusammenhanges sich zur Kreisform entfalten kann, denn die seitlichen Einzelblätter können sich bis an die Kante des gemeinsamen Blattstieles herabbiegen. Andererseits ist die zusammenhängende Blattfläche nicht gross genug, um den Schilfcharakter der Blattstrahlen zu überwiegen, und wäre nicht deren strahlige Anordnung, so würde wenig Unterschied zwischen diesen Palmenbüschen und einem Schilfdickicht zu finden sein, solange keine Blüthen vorhanden oder das dichte Netz der kriechenden und windenden Stämme am Boden nicht entblösst ist.

Der Gestalt nach bedeutender, aber nur im Süden seines weiten

Verbreitungsgebietes häufig und gesellig genug vorkommend, um einen entschieden tropischen Zug in die Landschaft zu bringen, ist die eigentliche Palmetto- oder Kohlpalme (Sabal Palmetto). Dieser Baum wird im südlichen und südwestlichen Florida, wo er besonders an den Rändern der zahlreichen Flüsse und Seen häufig vorkommt, über 20 Fuss hoch, behält aber selbst in den schönsten Exemplaren etwas Untersetztes, Rauhes in seinem Stamm, das ihn von den schlanken Palmen der Tropen eben so weit entfernt wie seine strauchartigen Artgenossen. Ebenso sind die Baumlilien oder Yuccen keine sehr hervorragenden Gewächse, wiewohl sie mit ihrem schlanken Stämmchen und der dicht ausstrahlenden Krone schmaler, starrer, schilfförmiger Blätter der Palmenform sogar näher stehen als die hiesigen Palmen. Sie sind immer nur ein paar Fuss hoch, dabei aber nicht häufig genug, um als Gebüsch zu wirken. Sie wachsen gleich den Palmetto's an feuchten Orten. Die Sumpfgegenden sind es auch, in welche das bambusartige Gras Arundinaria gigantea und eine kleinere Art A. tecta einen tropischen Zug weben. Im Winter fällt dieses Gras dem Nordländer viel mehr auf als im Sommer, weil seine Blätter wenigstens zum Theil immer grün bleiben, was gerade bei unseren nach Standort und Gestalt entsprechenden Schilfgräsern am wenigsten der Fall ist. Da es in den Sümpfen des atlantischen Küstenlandes bis nach Nord-Carolina hinaufgeht, wo es in den feuchten Föhrenwäldern sofort in Massen auftritt, steht es auf weite Strecken noch in entschieden nordischer Umgebung, und wenn es hier zu zwanzig Fuss Höhe aufwüchse, wie im Mississippi-Delta, müsste der Contrast bedeutend werden. Aber es wird dort kaum höher als in guten Lagen unser Schilfrohr, wobei natürlich dann auch die eigenthümliche Verästelung und Blattform weniger zur Geltung kommt. Weiter südlich aber und besonders am ebengenannten Orte wirkt es durch sein Höhenwachsthum und seine Umgebung viel fremdartiger, und wenn man z. B. bei New Orleans durch Palmengebüsch und an zerstreuten Baumlilien vorüber an ein solches *Reed* kommt, das vor sich einen Graben voll weisser und blauer, grossblüthiger Liliengewächse hat und wie ein junger Wald fast undurchdringlich dicht sich erhebt, da erinnert es schon eher an die Bilder von Bambuswäldern, welche wir im Hintergrund von indischen Tigerjagden oder auf Landschaften aus dem Orinocogebiet gesehen haben, als an das Schilf, dessen Lieder uns Lenau gesungen hat. Sein Rauschen ist auch ein spröderer, knarrender Ton, denn die Blätter der Arundinaria sind kurz und hart; es ist ein ähnlicher Ton, wie ihn das Palmengebüsch im Winde erzeugt.

Der Stamm dieses Grases ist hohl und gibt von Knoten zu Knoten ein einseitiges Büschel eben so geknoteter und wiederum mehrfach verästelter Zweige ab, welche am Ende drei bis sieben Blätter ausbreiten, die schmal, lanzettförmig und etwa fingerlang sind und sich gegen die Scheide zu, aus der sie entspringen, zu einer Verengung zusammenziehen, welche sie gestielt erscheinen lässt. Ihre Farbe ist das grauliche Grün des Schilfs, die des Stammes olivengrün. Natürlich stehen diese Blätter abwechselnd, da sie sich nach einander aus den Scheiden hervorschieben, aber sie machen dessenungeachtet einen palmenhaften Eindruck, da diese Stellung in einiger Entfernung für eine fiederartige genommen werden kann, wie wir sie von der Cocos- und Dattelpalme kennen.

Keine von allen diesen und den anderen fremden Pflanzengestalten, welche wir im allmählichen Fortschreiten gegen Süden der nordamerikanischen Flora zuwachsen sehen, kann es an landschaftlicher Bedeutung mit der Tillandsia aufnehmen, dem spanischen Moos oder Baummoos. Im Einzelnen eine der bescheidensten, ist sie im Ganzen die massigste, verbreitetste, durch die Orte ihres Vorkommens und die Gestalten, die sie annimmt, am meisten in die Augen fallende der halbtropischen Pflanzen. Sie ist es, die vor allem den südlichen Waldlandschaften dieses Continents einen so ganz andern Stempel, den an tropische Fülle und tropisches Wuchern erinnernden Charakter aufprägt, welchen wir in unserem vielfach ähnlichen Mittelmeergebiete nicht finden; und wenn die einzelnen Baumarten der südlichen Wälder fast durchaus grosse Aehnlichkeit mit nordischen Formen aufweisen, ist es die Tillandsia, die oft mit ihren grauen Schleiern diese Aehnlichkeit wieder bis zum Verschwinden verhüllt. Sind doch wenige Bäume ganz frei von ihr und hält sie doch gerade die verbreitetsten und schönsten, die Eichen, Cypressen und Föhren, am dichtesten verhängt!

In der That ein seltsames Gewächs! Aus silbergrauen, etwas wolligen Fäden von Liniendicke zusammengesetzt, die zu Paaren aus einer eben so dünnen, silbergrauen, kurzhaarig-wolligen (mehr wie bereiften) Axe hervorsprossen und selbst wieder Nebenfäden, nämlich Zweige und Blätter, abgeben, welche nie länger als ein Finger werden und sich alle im Halbkreis zurückbiegen; dieses Fadengewirr, ins Endlose fortwachsend, indem Zweig um Zweig abstirbt, während Seitenzweige das Wachsthum weiterführen und mit jenen abgestorbenen, welche weder abfallen noch verwehen, beständig im Zusammenhange bleiben; durch und über einander von den Zweigen hangend, auf denen sie selbst bei mehreren Ellen Länge nur mit punktgrossen Würzelchen und ein paar Wurzelfaden kleben; hart neben einander wachsend, sich, je länger sie werden und je mehr der Wind sie durch einander wirft, immer mehr zusammenwirrend; und endlich Schleier von jeder Art von Zerrissenheit, Durchlöcherung, Verfransung bildend, welche, wie die Ueberfülle des Schnees, nur der Sturm dann und wann oder das eigene Gewicht abschüttelt, das die Zweige knickt — so ist Tillandsia usneoides, eine Gattung der sonst so üppigen Bromeliaceen- oder Ananasartigen.

Ich bemerkte früher gelegentlich, dass die Föhren in Nord-Carolina längere und dichtere Baumbärte trügen als irgend ein alpiner Lärchenwald, der in dieser Beziehung wohl das Bedeutendste in unserem und dem südeuropäischen Klima leistet; es sind dort schon Tillandsien, während wir in den Alpen bekanntlich nur Flechten von den Bäumen hangen sehen. Von dort und vom mittleren Mississippi der Gegend von Memphis erstreckt sich ihr Verbreitungsgebiet bis in die brasilianischen Urwälder hinab.

Auch die Häufigkeit der Schlinggewächse kann als ein tropischer Charakterzug bezeichnet werden; diese südliche Natur verdankt ihnen sicherlich einen grossen Theil von dem, was tropisch üppig in ihr erscheint. Wenn sich eine Schlingpflanze an einen Baum hinaufrankt, so wird dessen Gestalt in jedem Falle bereichert, wenn schon er dadurch nicht immer schöner wird. Junge Föhren werden durch die grossblüthige weisse Rose, die an jedem Aste ein paar Ranken hinaussendet, ohne weiteres zu Blüthenbäumen. Die Buche hat im Winter ihr Laub verloren, aber ein paar Smilaceen haben sich ihrer schon lange angenommen und umkleiden im April alle Aeste mit ihren glänzend immergrünen Pfeilblättern. Ende Februar waren die Cypressen in den Niederungswäldern bei Jacksonville (Florida) noch völlig blattlos, aber die windenden Jasmine und das Gaisblatt brachten nicht nur übergenug des schönsten lichtgrünen Laubes, sondern auch zahllose goldgelbe und scharlachrothe Blüthensträusse an ihre Stämme und ihre dürren Kronen. Die dunkle, fast schwarzgrüne Krone der Magnolie ist sehr häufig von den saftigen, gelblichgrünen Zweigen der Muscadine-Rebe umzogen, welche manchmal so weit sich an den Aesten hinausranken, dass sogar die geschlossene Pyramide des Baumes in eine lichte, ausbreitende Verästelung aufgelöst wird. Die Starrheit der Eiche wird durch die tief herabhängenden Zweige der Reben[1]) gesänftigt, die manchmal allzu geometrisch regelmässige Kegelgestalt des Cypressenstammes durch die ziemlich dicken, schlängelnden und umwindenden Stämme derselben um manche seltsame Gestaltung bereichert, der in den Aesten und Blättern etwas steife Lorber durch die gleichsam über ihn weg zur Erde flutenden Zweig- und Blättermassen der Berchemien zu einem kleinen Waldwunder gemacht. Oft ist ein Baum schon abgestorben, zeigt aber nichts von dürren Aesten, da eine ganze Gemeinde von Schlingpflanzen sich in seiner Krone zu einem hängenden Garten vereinigt hat. Ebensowenig sieht man viel von Baumstümpfen, wo vor Kurzem ein Wald gerodet wurde, denn sie sind bald der Kern der dichtesten Gebüsche geworden, da Schlinggewächse sich um und über sie hergelegt haben.

Was die Gebüsche anbelangt, so wissen wir ja, was an ihnen schon unsere paar deutschen Schlingpflanzen, vor allen Clematis, Zaunrübe, Hopfen in Verflechtung und Verdichtung leisten; sie sind natürlich auch den niedrigeren erreichbar, die sich nicht an den Bäumen hinaufwinden, bieten in ihrer meist dichten Verästelung und Belaubung zahlreiche Ansatzpunkte und werden daher fast vom ersten Aufwachsen an zu einem vollkommenen Dickicht zusammengeflochten, so dass in allen nicht ganz dürren Lagen Gesträuch

---

1) Es sind sechs rankende Arten, sowie eine Art aus der Gattung des wohlbekannten amerikanischen Weines hier im Süden vorhanden.

und Dickicht gleichbedeutende Ausdrücke werden. Von besonderer Wirkung ist diejenige Form, welche ich die strömende nennen möchte, weil sie mit zahllosen langen, hängenden Zweigen gleichsam über die Büsche weg und von ihnen herabströmt; diese Zweige sind dann oft nicht windend, nicht mit Ranken versehen, sondern halten sich bloss durch Dornen, und wo selbst diese fehlen, durch ihre Länge, ihre Biegsamkeit und die dicht übereinanderstehenden Seitenzweige fest, mit denen sie gleichsam ein Gitter über den Busch bilden. Der Leser hat sich wohl schon der Brombeersträucher erinnert, die bei uns in solcher Weise ihre langen, biegsamen Dornenzweige über den Boden lichter Wälder ausbreiten. Auch diese sind hier häufig[1]), zum Theil kräftiger entwickelt, dornenreicher, aber auch grossblüthiger.

Bescheidener geben sich die, welche an der Erde kriechen oder nur an Kräutern oder Halmen hinaufwinden, die, wie sie selbst, nur krautartig, dünn und schwank sind; doch ragen auch unter ihnen einige durch Blätter- oder Blüthenreichthum hervor, wie denn die Passionsblumen und Clematis-Arten, die zu den prächtigsten Schlingpflanzen des Südens gehören, oft ganz am Boden bleiben, von dem sie aber dann gleich ganze Strecken dicht überziehen. Manchmal ist es gerade die Zartheit ihres Baues, welche sie mit anderen gleich ihnen zartgebauten Pflanzen sehr graziöse Gruppen bilden lässt; es sind in dieser Hinsicht besonders einige Schmetterlingsblüthler, welche an den Schilfpflanzen hinaufranken, von Bedeutung.

Von Schmarotzergewächsen, welche auf den Bäumen und Sträuchern wachsen und oft in beträchtlicher Länge von denselben herabhängen und welche in ihrer Bedeutung für die Landschaft den Schlinggewächsen nahe verwandt sind, erlangt im südlichen Nord-Amerika nur die vorgenannte Tillandsie grosse Bedeutung. In Süd-Florida kommt bereits eine auf Bäumen schmarotzende Orchidee vor und andere Schmarotzergewächse sind nicht selten, reihen sich aber hier vorwiegend noch den Kräutern an, die am Boden haften.

1) Man zählt sechs Arten und eine ganze Anzahl von Spielarten im Golfgebiete.

XIII. Die Keys von Süd-Florida.

Die Keys sind eine lange Kette niederer Inseln, welche sich nur wenige Fuss, etwa 6—8 oder 10, höchstens 10—13, über den Meeresspiegel erheben. Sie beginnen beim Cap Florida, wo sie nach der Halbinsel zu convergiren, indem sie sich in Gestalt eines flachen Halbmondes in südwestlicher Richtung erstrecken. Bei Cap Sable hat sich derselbe so weit von der Küste entfernt, dass ein 40 e. M. breiter Strich seichten Wassers zwischen ihr und den Keys liegt. Weiterhin strecken sie sich mit einigen Unterbrechungen bis zu 83° W. L., wo die Tortuga's ihre westlichste Gruppe darstellen. Sie bestehen entweder aus Ansammlungen todter Korallen, oder aus Korallenfels, oder aus Korallensand, welcher zu grösserer oder geringerer Festigkeit zusammengebacken ist. Ihre Form ist verschieden, aber gewöhnlich ist sie schmal und lang und die grösste Längenerstreckung liegt gewöhnlich in der Axe der Hauptkette, ausgenommen allein in der Gruppe der Pine Islands, wo dieselbe rechtwinklig zu ihr steht. Die Mehrzahl von diesen Inseln ist so klein, dass selbst die grössten, wie Key West und Key Largo, nicht mehr als 15—24 Kil. Länge haben; viele erreichen kaum 1 Kil. In der Breite variiren sie von 0,3—0,7 Kil. und die breiteste ist kaum 1,5 Kil. breit. Wie verschieden indessen ihre Grössenverschiedenheiten auch sein mögen, so stimmen sie doch alle darin überein, dass sie ihre steilere Seite dem Golfstrom zuwenden, während ein sanfterer Abfall nach den Schlammbänken stattfindet, welche von ihnen umschlossen werden. Dieser Gegensatz des Abfalls kehrt überall wieder; er findet sich so wie hier an den Inseln, auch an den Riffen und an den Steilküsten (Shore Bluffs) der benachbarten Theile der Halbinsel. Das eigentliche Riff zieht parallel mit der Hauptkette der Keys einige Kilometer südlich oder südwestlich von derselben; der Abstand beider überschreitet nicht 10 Kil., welche er bei Key West erreicht. Dazwischen liegt ein schiffbarer Canal, der 3—6 Faden tief ist und von der Marquesas-Gruppe bis Cap Florida sich erstreckt. Bloss bei Love Key sind nicht mehr als 4 m. Wasser vorhanden. Einige kleine Keys erheben sich in grösseren Zwischenräumen auf diesem Riff. Bei Cap Florida biegt das Riff gegen die Kette der Keys und die Küste der Halbinsel um. Wenige tiefere Stellen unterbrechen den Verlauf dieses Riffes, das mit seinen Korallenklippen die Südspitze Florida's zu einer der für die Schifffahrt gefährlichsten Gegenden im ganzen Atlantischen Ocean macht.

Dieses Riff, dessen allgemeine Richtung der der Keys entspricht, und welches nur an wenigen Stellen über den Meeresspiegel hervorragt, ist die eigentliche Region der lebenden Korallen. Todte Korallen beginnen an den eben erwähnten hervorragenden Stellen sich anzusammeln und als Keys sich über den Meeresspiegel zu erheben. Je nach der Richtung der vorwaltenden Winde ist auch ihre Richtung und Lage verschieden. Einige ziehen von Südwesten nach Nordosten in der Richtung des Golfstroms, andere durch das Vorwalten nordöstlicher Winde in entgegengesetzter Richtung[1]).

Key West ist nach Tuomey's Beschreibung[2]) 9 Kil. lang und 3 Kil. breit und sein höchster Punkt ist 5—6 m. über der mittleren Fluthöhe. Das Wasser seiner Brunnen, die nicht über 5 m. tief sind, fällt und steigt mit den Gezeiten. Das Felsgestein, aus dem die Insel besteht, ist bröcklig mit Ausnahme einer mehrere Zoll dicken oberflächlichen Schicht, welche sehr hart ist; es unterscheidet sich nur durch grössere Festigkeit von dem Kalksand, der von den Wellen beständig ans Ufer geworfen wird. An der Südküste wird dieser Sand zu einer Höhe aufgeworfen, welche der des höchsten Punktes des ganzen Eilandes entspricht. Man findet nur todte Trümmer, keine Koralle in ihrer natürlichen Lebenslage in diesem Gestein.

1) S. Agassiz's Arbeiten über die Florida-Riffe in U. S. Coast Survey Rep. 1851 und 1866.

2) A. J. S. 1851. Vgl. o. S. 138 ff.

XIV. Fluss-Scenerien.
(Mississippi, Alabama, Ohio.)

Wie mühselig keuchend und langsam der schwere Dampfer seinen Weg flussaufwärts zu verfolgen scheint, verlieren wir doch bald New-Orleans und seine halb städtischen Dependenzen aus den Augen. Wir haben nun, kaum eine deutsche Meile von der Stadt, zu beiden Seiten die Dämme, welche die Pflanzungen gegen das hochgestiegene Wasser schützen, und darüber hinaus schon die Felder voll jungen Zuckerrohrs, das in langen Reihen, jede Reihe von zwei Furchen begrenzt, sich weit ins Land hineinzieht, bis der dichte Wald gegen den Horizont abschneidet. In ganz Louisiana und in grossen Theilen von Mississippi und Arkansas, den drei Staaten, welche am Ufer des untern Mississippi liegen, bleibt diess der vorwiegende Charakter der Uferlandschaft: Ein Damm, der etwa vier Fuss über den Wasserspiegel aufsteigt, dahinter niedriger liegendes Culturland und hinter diesem der dunkle Streif des nie fehlenden dichten Waldes. Aber jetzt stehen weite Flächen des bebauten Landes unter Wasser, das als seichter See tief ins Land hineinzieht. Diese überschwemmten Flächen werfen das Abendroth, dessen Spiegelbild die Wellen des Flusses zu einem Spiel von leuchtenden Punkten, Streifen und Kreisen auflösen, wie ein einziger Goldspiegel zurück. In der Dämmerung sehen wir nicht die schon halb weggeschwemmten Häuser, die Dörfer, in denen das Wasser seit Wochen fusshoch steht. Nur breite Lücken in den Dämmen und da und dort ein entwurzelter Baum sind zu erkennen. Alles schaut nach den Bildern von Zerstörung. Man glaubte, der Mississippi müsse mit Trümmern bedeckt sein, man müsse das Rauschen der furchtbaren Flut hören, die sich noch immer durch die Breschen der Dämme in das Land ergiesst; aber nichts von alledem ist zu hören oder zu sehen, vielmehr ist dieses Bild so friedlich, dass es fast beengend wirkt. Wir haben so viel von den Verwüstungen dieses Flusses in den letzten Wochen gehört, nun scheint er so still wie ein See im Gebirge, von dem die hohen Berge seiner Umrandung die Stürme fern halten, und scheint mit dem Abend noch immer stiller zu werden. Man erkennt selbst seine schlammgelbe Farbe nicht mehr unter der gleichmässig dunkeln Spiegelfläche, die nach dem Verglühen des Abendrothes sich über ihn breitet. Man sieht keine Wellen als die, welche der Kiel und die Ruder des Schiffes aufpflügen; man hört kein Wirbeln oder Fliessen, höchstens einmal, wenn wir uns dem Gestade nähern, den gurgelnden Anprall seiner Wellen am Ufer. Man gewinnt das Gefühl, dass dieser Strom zu mächtig ist, um nur unter convulsivischen Ausbrüchen, wie etwa ein plötzlich anschwellender Gletscherbach, Zerstörungswerke vollbringen zu können. Er ist wie ein Mann von Riesenkraft, der mit einem spielenden Finger seinen Gegner niederdrückt, ohne mit einem Muskel oder einer Miene zu verrathen, dass es ihn irgend aus seiner ruhigen Verfassung bringt. Ich sah nur einmal sein Wasser am Zerstörungswerk, wie es einen alten Cedernstamm, der sich mit seinem sperrigen Wurzelgewirr in eine Höhlung des Dammes verfangen hatte, mit Wellenschlägen tiefer und tiefer, bald bohrend, bald stossend in die Grube einwühlte, die in kurzem zu einer weiteren Bresche werden musste. Der war freilich so eifrig an seiner unheilvollen Arbeit, dass er wie ein belebtes Wesen voll Bosheit und Heimtücke erschien; er selbst wird aber bald mit der Flut ins Land hineingerissen, wo sie ihn irgendwo in ihrem Schlamm begräbt.

Man kann es überhaupt, auch für die Ruhezustände, als eine allgemeine Regel bezeichnen, dass der unmittelbare Eindruck grosser Ströme immer weit hinter der wirklichen Bedeutung des Gegenstandes zurückbleibt. Weder die zerstörende noch die schaffende Thätigkeit derselben gibt sich in ihrer äussern Erscheinung kund, und wer daher z. B. an den Mississippi, den wir als eine der grössten Lebensadern des stromreichen Amerika kennen, mit der Erwartung herantritt, ein grossartiges Naturschauspiel zu finden, wird sich bedeutend enttäuscht fühlen. Eine nur an wenigen Stellen auffallend breite Wasserfläche, in welcher sich die strömende Bewegung so wenig bemerklich macht, dass man sich beim Dämmerlichte des Frühmorgens und Abends auf einen sehr ruhigen Landsee versetzt fühlen könnte, niedrige, fast durchaus bewaldete Ufer, selten eine eben so flache Insel oder ein Röhricht, das eine erst werdende Insel, ein Mittelding von Sandbank und Insel anzeigt, sind die Erscheinungen, welche er darbietet. Weite Ausblicke flussabwärts oder -aufwärts gewinnt man bei dem ungemein gewundenen Laufe des Mississippi selten, und am Ende bleibt das Imposanteste die Länge der Zeit, in der wir diesen Strom immer gleich breit, gleich ruhig, gleich einförmig umrahmt vor Augen behalten. Vier Tage und Nächte haben wir ihn vom Meere bis zur Ohio-Mündung denselben bleiben sehen, und begriffen schon aus dieser Thatsache allein den überwältigend grossartigen Eindruck, den er auf die Europäer machte, als sie zuerst in gebrechlichen Kähnen sich von seinen Wellen seewärts tragen liessen. Und von der Mündung des Ohio bis zu der des Missouri, welche noch zwei Tagereisen weiter nordwestlich liegt, bleibt ihm im Wesentlichen derselbe Charakter eigen, so dass man ihn allerdings als einen der grossartigsten, aber zugleich auch der grossartigst einförmigen Flüsse bezeichnen kann. Im Uebrigen muss man mit Karte und Landesbeschreibung dem Eindrucke seiner einzelnen Abschnitte nachhelfen, um sich seine Grösse und Bedeutung recht gegenwärtig zu halten.

Die Farbe des Mississippi ist, wie bekannt, gelb, jedoch nicht das dicke, trübe Gelb, das manchen andern Flüssen eigen ist, sondern ein leicht ins Graue spielendes helleres, halb durchscheinendes. Die Schlammtheilchen, welche diese Färbung bewirken, sind nämlich so fein, dass man Mississippi-Wasser wochenlang im Glase stehen lassen kann, ohne dass es sich klärt. Es setzt im Anfange wohl eine verschwindende Menge gelben Pulvers ab, bleibt aber immer gelblich, durchscheinend trüb. Man befreundet sich bald mit dieser Färbung, welche besonders schöne Effecte des Mittags hervorbringt, wenn die Wasserfläche das Blau des Himmels in einem bläulichen Silberschimmer widerspiegelt, während ihre Wellenkämme vom Sonnenlichte durchglüht sind, dass ihr Gelb trotz seines matten Tones prächtig leuchtet.

Bei der Einförmigkeit der Uferlandschaft gewinnt überhaupt der Wechsel und verschiedene Zustand der Tageszeiten, wie er sich im Flusse spiegelt, ein tieferes Interesse und entschädigt mit einer Fülle anziehender Bilder für den Mangel grossartiger oder lieblicher Scenerie am Ufer. Auf der See erwartet man mit Sehnsucht den Aufgang des Mondes und der Sterne, die eine Abwechslung in Himmel und Wasserspiegel bringen. Für diese einzigen am Tage fast immer gleichen Dinge im Gesichtskreise, für das Morgen- und Abendroth, ja selbst für die Wolkenbildungen gewinnt man ein ganz anderes Auge als am Lande. Mit der Zeit wird es hier ebenso. Sobald die Sonne untergegangen ist, werden Gebüsch und Wald am Ufer zu zwei niedern dunkeln Rändern, die wie Hecken oder Zäune eine schimmernde Strasse einfassen. Auf der Wasserfläche breitet sich indessen der Goldschimmer aus, mit dem diese das tiefe Gelb und Roth des Himmels spiegelt, und oft ist er bis in die Wälder zu verfolgen, deren Boden mit Wasser bedeckt ist. In diesen tanzt die Glut gleich tausend Irrlichtern auf den Wellen, die sich an den Baumstämmen brechen. Wenn die Farben am Himmel düsterer werden und sich mehr gegen den Horizont zusammenziehen, wird auch die Wasserfläche farblos und spiegelt nur noch mit den höheren Wellen, welche von den Seiten des Schiffes ausgehen. Die Flut liegt aber im Uebrigen wie ein dunkler Krystall da. Nichts von der trüben Farbe macht sich bemerklich, und man meint, wenn jetzt gerade ein Meteor vorüberschösse, das die Dunkelheit aufhelle, müsste man in diesem Wasser bis auf den tiefsten Grund hinabsehen können. Aber nun kommt der Mond hinter den Bäumen vor, lässt neue Irrlichter, Silberflammen diesmal, auf dem Wasser tanzen, das unter ihnen steht, kommt dann näher und verwandelt das Wellenspiel, das hinter dem Schiffe herzieht, in der Ferne in einen kochenden See geschmolzenen glühenden Silbers und in der Nähe in eine Menge silberner Kreise, Bogenlinien und Punkte, die sich beständig auflösen, neu entstehen und zu den mannigfaltigsten Bildern verschlingen. Diese Spiegelung ist manchmal dem Meerleuchten ähnlich, nur dass der eigenthümliche Phosphorschimmer und das Leuchten von der Tiefe herauf fehlt, das diesem eigenthümlich. Gegen Morgen tritt die natürliche Farbe des Flusses, das trübe, halb durchscheinende Gelb wieder hervor, um jedoch wieder zum Spiegel zu werden, sobald die Sonne hervorkommt. Wo Wellenschlag ist, scheint es im Lichte der Frühsonne, als koche eine gelbe Flüssigkeit über eine schimmernde Oberfläche auf, die sich, je nach den wallenden Bewegungen, hebt, öffnet oder schliesst.

Die Wälder am Ufer bleiben im Ganzen überall dieselben. Einzelne Magnolien oder Lebenseichen sieht man da und dort in den

Feldern oder vor den Häusern stehen. Jene sind am schwarzgrünen, dichten Laube und den unveränderlich schlanken, aufstrebenden Formen, diese an der breiten Verästelung und dem graulichen, kleinblätterigen Laubdache kenntlich. In der Ferne ragen häufig die bizarren Kronen der Cypressen, welche immer dicht mit Tillandsien behängt sind, über den Niederwald hervor. Aber dieser, der vorwiegend aus Weiden und Espen und vereinzelten Sykomoren besteht, bedeckt allein den Uferrand, die Inseln und die überschwemmten Niederungen. Er erscheint durch die buschförmigen Weiden sehr dicht und erreicht durch die Espen, welche wie die meisten im Sumpfe wachsenden Bäume auffallend schlank und gerade aufstreben, oft eine beträchtliche Höhe. Aber doch verliert er nie den Charakter eines jungen Waldes, weil die einzelnen Bäume und Sträucher in der Feuchtigkeit und dem fetten Sumpfboden so dicht aufschiessen, dass wenige sich gehörig entfalten können. Nur die Sykomoren wachsen durchgängig zu vollkommener Baumgestalt auf und beleben die Uferlandschaft mehr als alle andern mit ihren weissen Aesten und dem Gelbgrün der jungen Blätter. Von ihnen ist eine jede verschieden gestaltet. Es liegt diess darin, dass die Aeste stark, aber ihrer wenige sind, dass die Krone sehr durchsichtig ist und die Tendenz vorherrscht, die Verästelung früh zu beginnen, so dass oft starke Aeste hart über der Wurzel vom Stamme sich abzweigen und kerzengerade aufsteigen, während ein anderes Mal der ganze Stamm über der Wurzel in vier oder fünf Aeste ausstrahlt oder sich gabelt, dass man einen Zwillingsbaum vor sich zu haben glaubt. Im Ganzen ist indessen der Uferwald niedrig und weithin, wo die Weiden vorwalten, sogar gebüschartig.

Im Gebiete von Louisiana sind die Niederungen längs des Mississippi angebaut oder tragen wenigstens Spuren einstigen sorgfältigen Anbaues. Zuckerrohr und Reis sind die Pflanzen, welche hier gezogen werden und hohe Erträge liefern. Hier sieht man dann und wann einen schlossartigen Bau und neben ihm unfehlbar ein einfaches, fabrikartiges Haus mit zwei hohen Schloten. Dieses ist das sogenannte Zuckerhaus, wo das Rohr gepresst und der Saft versotten wird, jenes die Pflanzerwohnung. In Pracht und Wohlleben, das sie beherbergte, glich diese manchem Fürstenschlosse der

Alten Welt; nun aber ist sie entweder verlassen, oder um das verarmte Leben, das übriggeblieben, schlottert ihre Pracht wie ein fröhliches Pupurkleid um einen siechen Greisenleib. Es ist einstimmiges Urtheil Aller, die das Land kennen, dass der Anblick der cultivirten Theile von Louisiana und ganz besonders der Mississippi-Ufer seit dem letzten Kriege fast das Gegentheil von dem geworden ist, was er war. Früher war Louisiana der reichste und bestangebaute Staat des Südens, und die Pflanzungen zogen sich wie endlose Gärten am Flusse und seinen zahlreichen Mündungsarmen und Canälen hin. Jetzt ist ein grosser Theil des Landes in den Händen der einstigen Sklaven, die es verwahrlosen lassen, und ein anderer Theil kann aus Mangel an Arbeitskräften gar nicht mehr angebaut werden. Um die halbverfallenen Pflanzerwohnungen gruppiren sich die elendesten Block- und Bretterhäuser, in denen die Schwarzen leben. Alles, selbst Landebrücken, die halbzerrissen am Ufer hangen, selbst der elende Zustand der Dämme und die Aermlichkeit des Rindviehs, das man da und dort grasen sieht, spricht von Verfall. Die Ueberschwemmung, die jetzt weite Flächen einstigen Culturlandes bedeckte, fasste diese Elemente zu einem sehr trostlosen Bilde zusammen.

Im Vergleich mit dieser Culturruine waren die dünn bevölkerten Uferstrecken von Arkansas, Mississippi und Tennessee, die sich vielfach noch ganz im Naturzustande befinden, wahrlich sehr erquickliche Erscheinungen. Selbst die roheste Natur ist erfreulicher als der Anblick einer im besten Wachsthum halb getödteten Cultur, wie er in Louisiana uns auf Schritt und Tritt entgegenstarrt. —

Wenige Wochen vor dieser Mississippi-Fahrt war ich den Alabama von Montgomery an bis Mobile herabgefahren und auch diese Uferlandschaft war im Grossen dieselbe, wie überall an den grossen Flüssen des Südens — vorwaltend dichter, bis an den Wasserrand herab stehender Wald, seltene Lichtungen, zerstreute Blockhäuser und dann und wann ein grösseres hölzernes Wohn- oder Lagerhaus; das Wasser war lehmgelb; eine weite Strecke fällt auf beiden, dann auf einer, dann auf der anderen Seite, dann allmählich in die Ebene verlaufend wieder auf beiden Seiten, unmittelbar zum Flusse ab, eine steile Wand die an einem Punkte 200 F. hoch wird. Da der

Fluss an allen flachen Stellen aus seinen Ufern getreten war, erschien die ganze Gegend viel wilder als sie wohl in normalen Zuständen sein wird. Viele Felder standen unter Wasser und zahlreiche Blockhäuser hielten sich nur noch auf schmalen Inseln; einzelne waren schon vom Wasser erreicht und verlassen. Von einer solchen Insel nahm unser Boot Rinder und Schweine auf, die seit mehreren Tagen auf dem engen Fleck von aller Nahrung abgeschnitten gelebt hatten und erbärmlich aussahen. Die Bäume am Ufer standen meistens tief im Wasser und manche rangen vor dem Gewühl der Fluten, das um sie wirbelte, ihre Aeste wie verzweifelt, wie Ertrinkende; einige waren entwurzelt und mit anderen zusammengewirrt. Doch auch diess hatte sein Anziehendes. Da die Stämme fast überall verhüllt standen, brachten sie die eigenthümlichen Verästelungen, die besonderen Formen und Farben der Baumkronen zu grösserer Geltung als in natürlicher Lage und gaben zu mancherlei Studien über die unterscheidenden Merkmale des Astwerks Anlass. Am häufigsten und hervorragendsten war die Sykomore, die amerikanische Platane, mit ihren weissen, spärlich grau gefleckten Aesten, die sammt den Zweigen weit ausgreifend manche kühne Linien in das lichte, graulichgrüne Laubwerk dieses Baumes zeichnen. —

Die Uferscenerie ändert sich, wenn man den Mississippi herauffährt, abgesehen von der sehr verschiedenen Bodengestaltung der beiden Flussthäler, erheblich, sobald wir in den Ohio-Fluss einbiegen. Schon auf der Missouri-Seite des Mississippi erhöhte sich das Ufer auf weite Strecken und erschien ausgedehnter angebaut und dichter bewohnt als in irgend einem anderen südlicheren Theile, das untere Louisiana allein ausgenommen. Hier aber wird lückenlose Cultur des Thalbodens, der selbst jetzt, bei Hochwasser, durchschnittlich sechs bis zehn Fuss über den Fluss sich erhebt, die Regel und es verdrängt, je höher wir im Flusse gelangen, das helle Grün der Weizenfelder und das dunklere des Hafers, Obstgärten, die in voller Blüthe stehen und die im Allgemeinen gut gehaltenen Ansiedelungen, Dörfer und Städtchen den Niederungswald, der im Mississippi-Thale fast unumschränkt herrschte. Oefters hat man, wo der Strom durch eine Biegung sich zum See abzuschliessen scheint, rings im Umkreis einige Dörfer, wohl auch ein Städtchen am Ufer, und überall Felder und Gärten zwischen dem Fluss und den schon lange nicht mehr in natürlicher Dichtigkeit bewaldeten Hügeln der Thalumrandung. Am Abend, wenn der Strom, der viel ruhiger als der Mississippi fliesst, glatt wie ein Spiegel und das ganze Bild in einer gewissen milden Stimmung und halb verschleiert daliegt, kann man sich an die Weser oder an den Neckar versetzt denken. Sobald aber das Ufer, was freilich nicht mehr oft der Fall, niedrig wird und sich mit Sumpfwald bedeckt, oder sobald die Hügel unmittelbar an das Wasser herantreten, so dass keine Thalebene übrig bleibt, muss die Täuschung verschwinden, denn man sieht alsbald, dass die Bevölkerung sich doch nur erst die bequemsten Stellen zur Urbarmachung und zum Wohnen ausgesucht hat, während Dörfer in höheren Lagen, oder, durch Dämme geschützt, in den Niederungen gar nicht vorhanden, ja, auf den einladend flachen Bergkämmen und Vorsprüngen der Thalabhänge selbst einzelne Häuser ganz selten sind. Andererseits ist aber der Schiffsverkehr stärker als auf dem Mississippi; wir begegnen besonders zahlreichen Flachboten mit Kohlen, die flussabwärts und anderen mit Eisenerz aus Missouri, welche aufwärts gehen. Kohlenbote liegen manchmal zu Hunderten in langen Reihen paarweis am Ufer. Grossen und kleinen Fracht- und Passagierdampfern, kommend oder gehend, begegnen wir in jeder der Windungen, welche den Fluss in eine Kette abgeschlossener Bilder zerlegen, und einen oder mehrere finden wir an der Lände jedes Städtchens, das wir vorüberfahren.

Die flachhügeligen Ufer dieses Flusses wirken nach der Eintönigkeit des unteren Mississippi-Thales wahrhaft erfrischend. Sie sind zwar in keiner Weise bedeutend, aber es sind doch nicht die ewigen endlosen drei Parallellinien des Wasserspiegels, Uferrandes und Gebüsches; wie niedrig die Berge, es sind doch Thäler, selbst Schluchten, auch dunkle Höhleneingänge vorhanden, in denen wir Diess und Jenes wenigstens vermuthen können, wogegen schon eine kühne Phantasie dazu gehört, das Mississippi-Thal über seine bebuschten Uferränder hinaus nach anderen als flachen, niedrigen, sumpfigen Scenen zu verfolgen, wie wir sie unaufhörlich daselbst vor Augen haben. In dieser Hinsicht ist es mit nicht sehr grossartigen Landschaften wie mit Gesichtern: sie reizen am meisten durch das, was sie ahnen lassen, sind um so interessanter, je mehr unsere Phantasie durch ihre Züge angeregt wird, an ihnen zu deuten, auszumalen, zu ergänzen, zu verfolgen. Wenn die obersten Wipfel eines Tannenwaldes über eine noch so flache Höhe ragen, deuten sie ein Thal an, über dessen Abhang sie sich erheben, dessen Grund wir mit Bächen, Wiesen, Aeckern, freundlichen, heimlich abgeschiedenen Wohnstätten beleben können; so ist es, wenn ein Bergvorsprung ein Thal verbirgt, dass wir nur einen flüchtigen Einblick im Vorüberfahren gewinnen, wenn eine Strasse oder gar eine Eisenbahn in das Land hinter den Uferhöhen führt oder wenn ein Kirchthurm über dieselben vorragt. Hier fehlt es in der freundlichen Uferlandschaft zum Glück nirgends an Material zu erwünschtester Ausfüllung des Hintergrundes. Am eindrücklichsten wird aber natürlich die Belebung der Ufer sowohl als des Flusses selbst in der Umgebung der beiden grossen Städte. Beide liegen an Stellen, wo der Fluss scharfe Biegungen macht, ziehen sich mit langen, schmalen Vorstädten am Ufer hin, haben bedeutende Orte auch jenseit des Flusses liegen und sind lange ehe man sie erreicht an dichten Rauchwolken und weithin sichtbaren, imposanten Brücken kenntlich, die sich mit erstaunlich kühnen Bogen über den Fluss spannen.

XV. Die Grossen Seen.

„Dieser See gleicht dem Meere; man sieht weder seinen Boden noch seine Ufer", schreibt der erste Entdecker der Grossen Seen, P. Hennepin[1]), vom Michigan-See. Er zeichnet mit diesen einfachen Worten die Natur der fünf Grossen Seen in ihrem hervortretendsten Charakterzug, welcher eben die Meerähnlichkeit ist. Diese Wasserbecken, deren kleinstem Europa nur einen einzigen seiner grössten Seen an die Seite stellen kann, sind in der That ebensoviel kleine

1) Nouv. découverte d'un très grand pays 1697. 55.

Meere, auf deren jedem es zahlreiche Punkte gibt, von denen aus man nichts mehr als Wasserfläche und Firmament erblickt. Sie haben ihre Archipele, ihre Klippen, ihre Dünen, ihre Stürme und Gefahren, auch ihre Räthsel[1]), wie das Meer; ihr süsses Wasser und ihr minder reiches Thierleben allein erinnern daran, dass sie zu Meeresgrösse ausgebreitete Landseen sind.

Diese Meerähnlichkeit ist ein Thema, das alle neueren Beschreiber der Seeregion variiren. Von dem westlichsten und obersten sagt D. D. Owen: „Dem Oberen See ist zu Zeiten nicht bloss die bewegliche Mannigfaltigkeit, sondern auch die Erhabenheit des Oceans eigen. Bei Windstille liegen seine kühlblauen durchscheinenden Wasser unbeweglich, verglast wie irgend ein kleiner abgeschlossener Landsee und spiegeln mit vollkommener Treue die Landschaft wieder, welche umgekehrt in ihrer Tiefe liegt. Aber wenn dieser Teich vom Sturm bewegt ist, schrecken die weissen Schaumkämme seiner Wellen nicht bloss das leichte Rindencanoe, das noch vielfach in jenen Gegenden im Gebrauch ist, sondern auch Schooner und Dampfer, dass sie in irgend einer geschützten Bucht Schutz suchen. Wie vom Meeresufer sieht man zu solcher Zeit Fahrzeuge aller Art, bald vor dem Winde getrieben, bald gegen den Sturm kämpfend, ihren Weg nach dem beliebtesten Schutzhafen, dem von Madeline Island suchen[2]).“ Franz v. Löher schreibt von dem Ufer des Michigan-Sees bei Chicago: „Es war da alles wie am Meere. Das Gewässer breitete sich aus unabsehbar, die Wellen rollten und peitschten sich mit dem zierlichsten Ungestüm. Am Ende des Hafendammes stand ein Leuchthurm, zur Seite streckte sich ödes, sandiges Ufer, darauf lag im Sande halb vergraben ein zertrümmertes Boot, am Seerande ebbete Treibholz. In kurzen Pausen schwieg der Sturm, dann fielen die Wellen sogleich zusammen und der See leuchtete weitauf in grünblauem Glanze. Bald aber fuhren Sturm und Wolken wieder darüber her, die wogende Wasserfläche blieb dunkel überhangen und man sah wenig mehr als hin und wieder ein Segel daraus hervortreten und die zahllosen

1) S. o. S. 250.

2) D. Owen, Rep. Wisconsin 1852. XXXIII.

Möven, welche um den Leuchthurm flatterten und ihr trauriges Geschrei vermischten mit dem einförmigen Krachen und Seufzen der Wellen[1])."

Die Annäherung an das Südende des L. Michigan von der Gegend des Joseph's R. her beschreibt Keating[2]) folgendermassen: „Der Wald, den wir durchschritten, bestand fast ganz aus Buchen, deren weithin in allen Richtungen an der Oberfläche erstreckte Wurzeln unseren Pferden sehr beschwerlich fielen. Höhere Stellen waren dicht bedeckt mit der aromatischen Gaultheria, deren zahlreiche Früchte in voller Reife sich befanden; mit ihr kam die Whortle-Beere vor, die in voller Blüthe stand. An diesem Tage sahen wir die ersten Weissföhren (P. strobus) und an einigen Punkten wurde dieser Baum schon häufig. Nachdem wir eine Zeitlang dem Bache gefolgt waren, der von den Franzosen Rivière du Chemin genannt wird, bogen wir südlich ab und kamen zu einem Sandhügel von etwa 20 F. Höhe. Der Nebel, der hinter ihm aufstieg und die Kühle der Luft verkündigten die Nähe des Sees, an dessen Ufer wir plötzlich standen, als wir um den Fuss dieses Hügels gebogen waren. Die Landschaft erfährt hier eine plötzliche Umwandelung. Aus den tiefen, ebenen, einförmigen Prärien, die wir in den letzten Tagen, oder dem sumpfigen Buchenwalde (Beech-Swamp), den wir in den letzten Stunden durchwandert hatten, glaubten wir uns an das Ufer des Oceans versetzt. Wir befanden uns am Südende des Sees und der Blick nach Norden war unbegrenzt; man sah hier nichts als die grossartige, oceangleiche Wasserfläche, die an diesem Tage, von keinem Hauche bewegt, wie ein Spiegel von Eis dalag. Im Süden dagegen war der Blick in einer Entfernung von wenigen 100 Yards durch einige Sandhügel beschränkt, die 6—12 m., an einigen Stellen aber wohl bis 30 m. sich erhoben. Der Nebel, der den See bei unserer ersten Annäherung bedeckte, verschwand bald und die Sonne, welche nun den Wasserspiegel und die Sandhügel bestrahlte, war wahrhaft ermüdend für das ungewohnte Auge." Und weiterhin: „Indem wir in südwestlicher Richtung längs des Ufers fortschritten,

1) Land und Leute in der alten und neuen Welt 1858. III. 258.

2) Long's Exp. to St. Peters R. I. 157.

fühlten wir uns beständig an die Küste des Atlantischen Oceans in New Jersey erinnert. Die wellenförmigen Sandhügel sind an den Kämmen mit buschigen Föhren bewachsen, während die dem See zugewandte Seite völlig kahl ist. Das flache Land hinter diesen Hügeln, welches man vom Ufer her nicht erblickt, ist mit einem lichten Wald von Weissföhren, Eichen, Buchen, Hopfenbuchen u. a. bedeckt. Im Osten und Westen von uns bog ein schmaler zusammenhängender Ufersaum langsam nach Norden um und war, eingerahmt zwischen See und Hügelzug, alles, was das Auge erreichen konnte[1]).“ Derselbe Reisende sagt vom Südende: „Die Landschaft um Chicago bietet wenig von den Zügen, auf denen das Auge des Reisenden mit Behagen verweilt. Es ist zu viel Einförmigkeit in der Scenerie. Die grosse Wasserfläche ist öde, nicht unterbrochen durch Inseln, nicht belebt durch schwellende Segel und ihre ermüdende Eintönigkeit wird noch vermehrt durch das ebenso unbelebte Bild des Landes, das dem Blick keinen Ruhepunkt bietet, indem es bloss aus Prärie besteht, in welcher wenige magere, struppige Wäldchen hier und dort zerstreut sind[2]).“

Eine grössere Mannigfaltigkeit der Uferscenerie lässt diese allen gemeinsame Meerähnlichkeit doch nicht immer so einförmig werden. Bald in Felsen-, bald in Dünengestalt zieht sich das Land an den See heran und streckt seine Zungen und Klippen in denselben hinein; es sorgt dafür, dass jene Illusion nicht allzu täuschend werde. Im Gegensatz zu den eben geschilderten Flachufern des Michigan-Sees ist besonders das Süd- und Südwestufer des Oberen Sees reich an den malerischsten Klippen. Die mauerartig geschichteten Sandsteine der steilen Uferumrandung sind hier in allen denkbaren Formen von den Wellen durchbrochen. J. G. Norwood zählte auf einer Strecke von 200 Yards allein mehr als 50 Felsenpforten, meist spitzbogig, die auf ihren Quadersäulen täuschend wie künstliche Bauwerke aus-

1) Vom Michigan-See schreibt auch F. v. Löher: „Auf Ansichten herrlicher Gestade muss man auf diesen grossen Seen freilich verzichten. Das Wisconsin-Ufer zeigt sich meist nur als ein ferner dunkler Streifen; auch wenn wir näher kamen, erhob es sich meistens nur wenige Fuss über dem Wasser. An einigen Stellen mag es bis fünfzig Fuss hoch steigen, aber immer geht seine sandige Abdachung bis weit in den See hinein.“ (A. a. O. III. 261.)

2) A. a. O. I. 164.

sahen. Tiefe Höhlen sind hinter ihnen in die Felsen gegraben und manche stützen sich auf zahlreiche Säulen, mit denen sie an die Grotten von Elephantine erinnern. „Vollständige Architrave, Friese und Karniese sieht man beständig, aber Säulenbasen sind selten, weil sie im Wasser stehen. 20—40 F. Sandstein bauen sich mächtig auf diesen Bogen auf, in fast horizontalen Schichten, und tragen majestätische Waldbäume, welche der ganzen Scene etwas grossartig Pittoreskes verleihen[1].“ Im Fernblick tritt dieser Zug natürlich viel weniger hervor; so in dem Bild, das man von den Hügeln am Südrande gewinnt. „Wenn man von den höchsten Gipfeln der Penokie Range gegen den See hin blickt, sieht man vor sich ein flaches Feld liegen, das dicht mit Nadelholz bewachsen ist; jenseits erscheint der Spiegel des Sees, die niederen Apostle Islands, welche ursprünglich derselben Ebene angehörten, von der sie ein zufällig nicht erodirtes, im See liegen gebliebenes Stück darstellen: Weit im Norden zeichnen sich sehr verschwommen die Umrisse der Hügel des anderen Ufers an den Horizont, und im Nordwesten sieht man die Drifthügel zwischen Chegwomigon Bay und Brulé R. bei Detour in den See vorspringen[2].“

XVI. Niagara.

Das Allgemeinste, was man von diesem grossartigen Schauspiel sagen kann, ist, dass aus dem Erie-See, welcher 180 m. über dem Meere liegt, der Niagara erst langsam, dann mit raschem Wellenschlag gegen den Abgrund zu fliesst und hart vor demselben durch eine Insel in zwei Arme getheilt wird, mit denen er in die Tiefe stürzt. Das Thal, in das der Niagara stürzt, ist eine Schlucht in der Hochebene, so dass der Wasserfall also unter dem Niveau des umgebenden Landes liegt. Die Gegend rings umher ist vorwiegend flach und lässt in Nichts die Nähe einer so gewaltigen Erscheinung vermuthen.

1) J. G. Norwood in Geol. Rep. Wisconsin 1852. 268.
2) D. D. Owen a. a. O. 434.

Am Ufer des Niagara liegt hart unter den Fällen auf der amerikanischen Seite das Dorf Niagara Falls, auf der canadischen Clifton, und beide verbindet eine Hängebrücke. Nähert man sich den Fällen von dem Dorfe Niagara Falls her, also von der amerikanischen Seite des Flusses, so bekommt man zuerst den sogenannten amerikanischen Fall zu Gesichte, welcher linker Hand erscheint, wenn man auf die Brücke zugeht, und da dieser Fall, sowohl was die Wassermasse als die Form betrifft, in der sie in die Tiefe stürzt, bedeutend hinter dem sogenannten canadischen Falle zurücksteht, pflegt dieser fragmentarische Anblick zu enttäuschen. Man geht weiter, um auch den canadischen Fall in den Gesichtskreis zu bringen, und gewinnt die erste Ansicht desselben von der Mitte der Hängebrücke, wo er aber noch etwa eine Viertelstunde von unserem Standpunkt entfernt ist und wo der amerikanische Fall nicht so vollständig zu übersehen ist, wie es im Interesse des Gesammtbildes, das man doch vor allem gewinnen möchte, zu wünschen wäre. Aus dieser Entfernung stellt sich der canadische Fall fast so einfach wie der amerikanische, als eine allerdings enorme Wassermasse dar, welche über eine ziemlich ungebrochen, von Ufer zu Ufer querüberlaufende Felsbank ohne Cascaden und dergleichen in beträchtliche Tiefe stürzt. Er ist wahrscheinlich breiter, aber bei weitem nicht so hoch, wie ihn die Meisten erwartet haben, und da unsere Vorstellungen von erhabenen Dingen, besonders der Natur, zwar sehr oft eine Erhöhung, niemals aber eine Verbreiterung ohne Schaden ertragen können, bleibt hier eine zweite Enttäuschung nicht aus, welche in der Kahlheit der höchstens bebuschten Ufer und in der Masse profaner Gebäulichkeiten, die in Gestalt von Wirthshäusern, Kaufläden, Photographenbuden und dergleichen besonders auf der canadischen Seite hart an den Fluss und seinen Fall herantritt, bei entsprechender Stimmung weitere Nahrung finden kann. Das Fegefeuer des im Kreis um die Sache Herumgehens, des stückweisen Sehens und langsamen Herankommens ist aber nun überstanden, denn jenseit der Brücke angekommen, geht man auf der Strasse, welche auf der canadischen Seite am Flusse hinführt, direkt auf den canadischen Fall zu, wobei man den amerikanischen in voller Front zur linken Hand hat.

Aber es ist jetzt auch Zeit, den für ein solches Schauspiel ungünstigsten erhöhten Standpunkt aufzugeben und womöglich bis an den Rand des Wassers hinabzusteigen, wo die Gewalt des Stromes aus der Nähe empfunden und das volle Bild des Falles in der richtigen Weise, d. h. von unten nach oben ermessen werden kann. Auf halbem Wege zwischen der Brücke und dem Fall führt ein Weg zu einem Fährhause, Canadian Ferry, hinab, wo man Boote haben kann, um in die Brandung hinein- oder zum anderen Ufer hinüberzurudern. Dieser Weg bietet mit die besten Aussichtspunkte und von dem Platze vor dem Fährhause schien mir die beste Gesammtansicht beider Fälle und ihrer Umgebung zu gewinnen. Es fehlt hier auch das unverschämte Kutscher- und Führerpack, steht nur ein wackeliges Tischchen, mit weissem Handtuch gedeckt, vor der Thür, auf welchem ein paar Tropfsteine, merkwürdige Verwitterungen, Alabasterkreuzchen und anderer Kram ausgebreitet ist. Aber es kümmert sich weiter Niemand um den Fremdling, der froh ist, sich in aller Stille in das Felsengewirr schleichen und auf eine Platte hinstrecken zu können, auf der er die beiden Fälle gerade vor Augen hat.

Hier hatte ich also zu Füssen den reissenden Strom, der an diesem Punkte bereits aus dem milchigen Schaume, als welcher er vom Fuss des Falles weggeflossen, wieder zum klaren grünen Spiegel geworden ist und als solcher verhältnissmässig ruhig, aber ungemein rasch vorbeifliesst; die brandende Bewegung macht sich nur noch in den Kreisen und Wirbeln bemerklich, welche, mit jedem Augenblick wechselnd, die grüne Fläche bedecken und heftigen Widerstreit der Bewegungen in der Tiefe andeuten. Gerade gegenüber stürzt der Arm des Niagara herab, der den amerikanischen Fall bildet. Es ist das einfachste Bild einer enormen stürzenden Wassermasse; 350 m. breit daherkommend, biegt sie sich über die Kante des Abgrundes, welche hier wie eine einfache, ungebrochene Linie erscheint, zerstäubt dann sofort an verschiedenen Unebenheiten, ohne eigentliche Cascaden von einiger Bedeutung zu bilden, und fällt in einer Reihe breiter, gleichmässiger, zusammenhangender Schaummassen in die Tiefe, wo sie offenbar keine grossen Hindernisse findet, da sie sich fast sofort in die grünen, klaren Massen des höher vom canadischen Fall herabkommenden, hier längst durchsichtig grün gewordenen Stromes auflöst, auch nur eine Staubwolke von geringer Höhe erzeugt. Durch einen schmalen Felspfeiler ist von diesem Falle ein minder bedeutender getrennt, welcher in derselben einfachen Weise herabkommt, dessen Breite aber kaum ein Achtel des amerikanischen Falles betragen dürfte. Dann kommt die Felseninsel Goats Island (Ziegeninsel), welche gleich den vor ihr liegenden Sister Islands (Schwesterinseln) mit einem Dickicht von Schierlingstannen, Fichten und Lebensbäumen bewachsen ist. Sie kehrt uns ihren steileren Abfall zu, welcher fast 60 m. in die Tiefe geht, während ihre Rückseite, sowie auch die Schwesterinseln, von den beiden Armen des Niagara bis zum Rande umflossen werden, ehe diese sich in die Tiefe stürzen. Man kann sie als den Gipfel eines grossen Felsenpilasters bezeichnen, der an die Wand des Abgrundes gelehnt ist, in den der Niagara fällt, und der hoch genug über die Wassermassen des Flusses hervorragt, um dieselben in zwei Arme zu theilen. Jenseits dieser tannenbewachsenen Felswand kommt wieder ein schmälerer Fall herab; er fällt auf grosse Felsblöcke, die an seinem Fusse angehäuft sind, zerstäubt auf ihnen und stürzt mit einer Masse kleiner Schaumbäche über und zwischen denselben weg. Ihn scheidet nur ein kleiner Zwischenraum von dem grossen canadischen Fall, der über eine hufeisenförmig eingebogene Felswand fällt (daher sein Name Horseshoe Fall). Erheblich breiter wie der amerikanische (er ist fast 600 m. breit) und trotz der Breite wasserreicher steht zwar auch dieser Fall, wie gesagt, dem einfachsten Typus eines Wasserfalles viel zu nahe, um in sich mannigfaltig, dramatisch, wild, pittoresk zu sein, bietet aber doch wenigstens an Einer Stelle etwas, das die Einförmigkeit des brüllenden, schneeweissen Hinabschäumens in günstiger Weise unterbricht. An einem Punkte ist die Wassermasse so gross und gleichzeitig wahrscheinlich die Felsbank so geglättet, dass jene sich wie ein grüner Glasfluss ohne ein Bläschen oder ein Sprühen herüberbiegt. Wie spielen dann an diesem hellgrünen, klaren, schön gebogenen Spiegel die Schaumstreifen hinauf, sobald er senkrecht zu fallen beginnt; welches Lichterspiel und welche Bewegung ist auf seiner Oberfläche, ehe er sich in die erst rieselnden und bald prasselnden und brüllenden Schaumsäulen auflöst; wie oft ist der Kern einer solchen Säule, die sich von der klaren Masse ablöst, bereits Schaum, während die Hülle noch klar und grün wie ein Glasfluss! Und wie unzähliges Einzelne ist in dem grossen Bilde von Augenblick zu Augenblick anders geworden! Selbst das eigentliche Wesen der Bewegungen, der Grundton, wenn ich so sagen kann, sowohl dieses als des amerikanischen Falles lässt ja unzählige Variationen zu. Das Herabbiegen der Wassermassen über die Felsbank, ihr Zerstäuben, sobald sie senkrecht zu fallen beginnen und den Zusammenhang verlieren, das Beisammenbleiben einzelner Wellen (wiewohl in Staub aufgelöst) und der lockere Zusammenhalt dieser Wellen in den Schaumsäulen oder Strehnen, aus denen sie wohl oft sprühend hinausflattern, meist aber ziemlich regelmässig und mit merklicher Concentration der Staubmassen nach unten, neben und über einander herabfallen — das sind alles nur allgemeine Formen, wie man sie eben dem Gedächtniss einzuprägen sucht. Man tritt aber vor die Sache selber hin und sieht diese Formen alsbald in tausend Erscheinungen entfaltet. Gerade das ist es ja, was uns in die Betrachtung eines solchen reichen Bildes so tief versenkt, so an es fesselt, dass wir nicht loskommen können — der unerschöpfliche Reichthum, in den die im Grunde so einfachen Bewegungen, Farben, Töne etc. auseinandergehen. Die Einfachheit der Erscheinung beschränkt uns wohlthuend, während ihr innerer Reichthum spannt und nicht ermüden lässt. Der Grundton schläfert ein, während die Variationen uns in diesem Träumen so hellsehend und schöpferisch finden, wie selten beim verständigsten Wachen.

Dass indessen trotz all dieser im Einzelnen bedeutenden Eindrücke das Gesammtbild der Fälle wenig den Ideen von Grossartigkeit entspricht, die wir mit dem wasserreichsten Katarakt der Erde verbinden, bleibt nichtsdestoweniger wahr. Schon dass die ganze Sache in der Erde steckt, dass man vom umgebenden Lande, wie flach es auch ist, auf sie herabschaut, schadet ihrer Wirkung; dass der Fall getheilt und im Verhältniss zur Höhe sehr breit ist, dass die Gebirgsumgebung fehlt, welche den Schall verstärken und das Bild umrahmen könnte, wirkt in derselben Richtung. Es sind das für den, der die grossartige Erscheinung würdigen will, freilich keine unübersteiglichen Hindernisse. Man muss nur den Gesichtskreis erweitern, über den ersten Eindruck hinausgehen, Einzelnes studiren, um über dieselben wegzukommen; in so fern kann man wohl sagen, dass die Niagarafälle eine sehr gute Schule für alle sind, welche sich der Natur von der ästhetischen Seite her nähern wollen; denn wenn selbst eine so grossartige Erscheinung studirt sein will, um in ihrer vollen Grösse empfunden zu werden, wie viel Täuschung und Selbsttäuschung muss dann in der landläufigen Schwelgerei in Naturschönheiten geringerer Art sich verbergen!

Indem der erste Eindruck der Niagarafälle einiger Elemente von unmittelbar wirkender Grossartigkeit und Schönheit ermangelt und daher unsere Erwartungen bis zu einem gewissen Grade enttäuscht[1]), sehen wir uns darauf angewiesen, diese Lücken durch ein aufmerksameres Studium auszufüllen, als wir sonst solchen Bildern zu widmen pflegen. Wir gehen mehr ins Einzelne und suchen auch den Rahmen zu erweitern, Manches aus der näheren und ferneren Umgebung hineinzuziehen, das geeignet sein möchte, die Vorstellungen, die wir von der Grösse und der Macht der Erscheinung hegen, der Wahrheit näher zu bringen und gleichzeitig zu verstärken und zu vertiefen. Diese Methode verfehlt nicht ihre Wirkung und wir kehren von jeder Abschweifung mit grösserer Fähigkeit der Würdigung und ungeheuchelten Bewunderung zum Mittelpunkt zurück.

Schon wenn man den Fluss eine kurze Strecke über den Fall hinaus verfolgt, sei es thalauf- oder thalabwärts, gelangt man zu Scenen, welche das Wesen desselben erläutern, wenn ich so sagen kann, und dadurch den an sich offenbar ungenügenden ersten Eindruck vertiefen. Die Stelle, wo sich der See oberhalb des Falles verengt und mit immer wachsender Schnelligkeit seine zusammengedrängten Wassermassen über einige breite, flache Stufen weg (welche nur durch eine Reihe querlaufender, zurückstürzender Schaum-

1) „Dieser Wasserfall hat einen entschiedenen Zug von Weichheit, wenn wir diesen Ausdruck gebrauchen dürfen, der seine Grossartigkeit in ganz eigenthümlicher Weise sänftigt. Wir entdecken, seitdem wir in die Geheimnisse dieses grossen Schauspiels eindringen, einen anderen Charakter, als der ist, der sich zuerst an unsere Sinne drängte“ J. F. Cooper (In Homebook of the Picturesque 56).

wellen angedeutet sind) dem Abgrunde zuführt, und ferner die sogenannten Whirlpool Rapids, welche der Fluss ungefähr eine halbe deutsche Meile unterhalb des Falles bei plötzlicher Verengung des Felsenbettes erzeugt, sind in ihrer Art kaum weniger grossartig als der Fall selbst und verdienen als integrirende Bestandtheile desselben grössere Beachtung, als ihnen von der Mehrzahl der Besucher und Beschreiber gezollt wird. Es ist ja dieselbe gewaltige Wassermasse, welche die Fälle bildet, nur in andere Umgebung gefasst und dadurch natürlich in anderen Formen sich bewegend. Von den sogenannten Schwesterinseln, drei Eilanden, welche hart oberhalb des Hauptfalles sich in den Fluss oder vielmehr den nur erst halb flussartig gewordenen See hineinziehen, schweift der Blick einerseits über das herabkommende Wasser, das mehrere Meilen breit heranbraust, andererseits bis an den oberen Rand des Falles, dessen Donnern schon klar vernehmlich ist, und hat, da diese Inseln eigentlich nur Felsplatten sind, die nicht mehr als ein paar Fuss über dem Wasserspiegel hervorragen, hart zu Füssen in wirksamster Nähe die Brandung, in die das Wasser durch die Beschleunigung seines Laufes bei gleichzeitiger Verengung und felsiger Unebenheit des Bettes aufschwillt. Draussen am fernsten Horizont zieht die Linie des breiten Flusses noch ungebrochen von Ufer zu Ufer, aber nur ein schmales Stück herwärts ist wellenlos, dann beginnt der grüne Spiegel schon durch kleine Wellen getrübt zu werden, die da und dort zu weissen Spitzen und Kämmen aufbäumen, deren Schaum aber freilich immer schneller zerfliesst als Schnee vor der Sonne. Plötzlich reihen sie sich zu einer beständigen Schaumlinie, die fast den ganzen Fluss quer durchzieht, eine Stufe in dem felsigen Bette andeutend; mehrere solche Querlinien, einige an den Seiten, andere in der Mitte, kürzer, aber zum Theil stärker als die erste, folgen; das Wasser, indem es mit grösserer Geschwindigkeit über diese Hindernisse wegstürzt, lässt in den Zwischenräumen bald Lücken und staut sich bald zu höheren Wellen, die wie eine Brandung schäumend aufspritzen. So kommt gerade in dem Augenblick, wo durch Abschüssigkeit und Verengung des Bettes der Strom immer rascheren Fall erlangt, eine Unregelmässigkeit in sein Fliessen, welche im Verein mit dem Conflikt der ungleichen Bewegungen am

Rande und in der Mitte eine Art von fliessender Brandung erzeugt, welche den ganzen Fluss tief unter die Oberfläche in eine von Schaum schneeweisse, rollende, vor- und rückstürzende, bald in Kämme, bald in hochaufthürmende Wellen, bald in umherspritzenden Gischt zerwühlte Masse umwandelt. Als solche gelangt sie an den Rand des Abgrundes und wird zum Theil erst im Hinabstürzen wieder klar, wo an einzelnen Stellen das durchsichtige Grün des Seewassers schon prächtig hervortritt.

Dasselbe Schauspiel, nur viel wilder, wiederholt sich in den genannten Whirlpool Rapids. Auch hier die wildeste, brüllende Brandung, von einem unbeschreiblich hastigen Strömen fortgerissen. Der Schaum, den eine Welle aufgeworfen, schwebt noch in der Luft, wenn schon eine neue über sie wegstürzt und neue Funken aufgesprüht sind, mit denen sich jene im Herabfallen mischen. Und dabei braust diese Brandung, welche man nicht unzutreffend einen horizontalen Wasserfall nennen könnte, durch ein enges Bett steiler, hoher Felsen, in denen sie einen donnernden Widerhall weckt, über gewaltige Splitter, Blöcke und Platten weg, welche herabgestürzt oder vom Strom hergerollt sind; man weiss nicht, was grossartiger in dieser Scene: das Wirbeln, Wellenschlagen und Schäumen der zusammengedrängten und theilweise gehemmten Bewegung, oder das reissende Strömen, das jede Welle gleichsam schon an der Wurzel fasst und fortreisst, wenn sie kaum entstanden, das diese ganze Brandung in ein wildes Trümmerwerk von Wellen zersplittert, um sie um so rascher zu Thale zu führen. Eine Meeresbrandung ist ein ruhiges und harmonisches Ding im Vergleich mit diesem Gemisch aller möglichen widerstrebenden, höchst heftigen, durch die fortreissende Gewalt des Stromes nie zur Vollendung kommenden Bewegungen.

Am Rande der Brandung, wo man im Rahmen der hohen, dunkeln Felsen den Fluss in dieser wilden Weise herabtoben sieht, überkommt es uns, als sollten wir es uns selber unglaublich machen, dass dies noch ein Strom sei. Wir suchen nach Bildern, die dem Wesen der Erscheinung besser entsprechen möchten als die Flussnatur, von der wir so ganz andere Vorstellungen haben. Es will uns bald bacchanalisch vorkommen, wie die Wellen jauchzend und sprühend sich übereinanderstürzen; bald denken wir an die Beschreibungen von fliehenden Büffelheerden, welche ein Präriebrand in den Fluss treibt, wo sie mehr noch von der eigenen blinden Angst als der Strömung fortgerissen, über einander wegstürzen, in jeder Weise hinabzueilen suchen; oder wir denken, ob nicht eine Heerde Eisbären sich in solcher wilden, brüllenden Flucht aus der zerquetschenden Umarmung der Eisberge ins offene Meer rettet? Wenn am Ende kein Bild genügen will, suchen wir uns die Sache naturphilosophisch auszulegen und wundern uns nicht, dass diese Wassermassen, die aus weiten Fernen, fast vom Polarkreis her, auf vielgewundenen Wegen zusammengeflossen, so freudig aufjauchzen und es so eilig haben, dem nahen Meere zuzustürzen, das sie von der Zersplitterung, dem mühseligen Gerinne erlöst, sie endlich zur Ruhe bringt. Das Weitere kann dann je nach der Stimmung trüb oder hoffnungsvoll gedeutet werden, je nachdem man im Meere Grab oder Wiege sehen will — was es im Grunde freilich beides ist.

Diese Scenen sind gleichsam Vor- und Nachspiel der gewaltigen Erscheinung; sie zeigen uns die Wassermasse, welche den Fall bildet, in den verschiedensten Verhältnissen — hier noch breit und fast friedlich daherwallend, dort zu einem wilden, wüthenden Schluchtenstrom eingeengt, der ein Hochgebirgsbild mitten in die Ebene zaubert. Schwieriger ist der Fall selbst aus der Nähe zu beobachten, denn ihn umschweben dichte Wolken des aufzischenden Wasserstaubes, die den Blick auf allen Seiten beschränken. Nur auf einigen Stellen gelingt es, diesen Nebel, der uns in einem Augenblicke zum Triefen durchnässt, zu durchschreiten und hinter einen der Wasserstreifen zu treten, die am Rande der Fälle in weitem Bogen herabstürzen. Hier sieht man Grotten, in die das Wasser beim heftigen Aufprallen einen dichten Perlenregen wirft — derselbe Regen hat sie offenbar ausgehöhlt —, auf deren Boden das tiefgrüne Wasser steht, in das die stürzenden Schaummassen sich jeden Augenblick wirbelnd auflösen. Wasserkügelchen fliegen nach allen Seiten, schweben und glühen in der Sonne, von den Wänden tropft und rinnt es beständig und über die Felsen der Umrandung eilt das Wasser in tausend kleinen Bächen und Katarakten weiter zum Flusse hinab. Des Morgens steht hier ein herrlicher Regenbogen, der quer durch die

Grotte zieht und auf deren diesseitigem Rande, einer feuchten Felswand, aufruht. Ein kleiner Amerikaner, ein verkümmerter, blasser Gesell, stellte sich an diesen Punkt so, dass der Regenbogen auf seinem struppigen Haupte zu ruhen schien, fühlte sich gehoben und grinste feierlich vergnügt, wurde aber ob solcher Entweihung des erhabenen Anblicks sofort von einigen ernsthaften Beschauern belangt und gezwungen, sich durch eine nasse Wolke zurückzuziehen.

Fragt nun Niemand, welches die Thaten der Götter und Halbgötter, die dieser gewaltigen Naturerscheinung das Dasein gaben? Welche Titanen unter diesen Felsen brüllen? Welche Sirene arglose Schiffer in den Abgrund lockt, der tausendmal schauerlicher als Scylla und Charybdis zusammen? Die Sage schweigt. Die, welche kindlich genug waren, sich mit Gesängen und Sagen, dem Furchterweckenden zu befreunden, sind aus dem Lande gezogen, was sie dachten und dichteten ist mit ihnen untergegangen und von den Europäern, die nach ihnen die Fälle entdeckten, haben wir nur in übertreibenden Beschreibungen, welche oft genug an die Lüge grenzen[1]), Zeugnisse von dem überwältigenden Eindruck der Scene auf die Phantasie unvorbereiteter Beobachter. Was sich seitdem

---

1) Dabei muss man indessen den ersten Entdecker, P. Hennepin ausnehmen, der in seiner Nouv. Découverte d'un très grand Pays 1697 S. 60 die Niagarafälle mit einer Nüchternheit beschreibt, welche uns fast unangemessen scheint: „Zwischen den Seen Ontario und Erie, sagt er, befindet sich ein grosser und wunderbarer Wasserfall, dessen Masse und Kraft höchst erstaunlich sind. Er hat seinesgleichen nicht in der ganzen Welt. Man sieht deren wohl in Italien, und selbst Schweden besitzt einige, aber man kann sagen, dass sie nur schwache Versuche sind im Vergleich mit dem, von welchem wir hier sprechen. Am Fuss dieses schrecklichen Wassersturzes sieht man den Fluss Niagara, welcher nicht mehr als 1/4 Lieue breit, aber an einigen Stellen sehr tief ist. Oberhalb des Falles fliesst derselbe so rasch, dass er alle Thiere mitreisst, welche ihn zu überschreiten versuchen, um am jenseitigen Ufer zu weiden; er wirft sie mehr als 600 F. tief hinab. Der unvergleichliche Wasserfall besteht aus zwei grossen Nappes d'eau und zwei Cascaden mit einer Insel dazwischen. Die Wasser, welche hinabstürzen, schäumen und kochen in der erschrecklichsten Weise. Das Geräusch, das sie verursachen, ist stärker als der Donner und man hört es bei Südwind mehr als 15 L. weit. Von diesem Falle weg fliesst der Niagara, besonders die zwei ersten Lieues mit einer ganz ausserordentlichen Schnelligkeit bis zum Gros Rocher, verlangsamt dann aber seinen Lauf die übrigen 2 L. von hier bis zum Ontario-See."

von menschlichen Geschehnissen in die Geschichte der Niagarafälle geflochten, ist vorwiegend kleinliches Zeug von Unglücksfällen aus Mangel an Vorsicht, Selbstmorden, ein Eremitenleben eines närrisch eitlen Gesellen u. dgl., Dinge, die in kein Heldenbuch, wohl aber in die Polizei-Akten von Niagara County passen, wo sie zu finden sind.

XVII. Die Seeregion des Nordwestens.

Im Westen und Nordwesten der Grossen Seen liegt ein Land, in dessen Naturcharakter die Züge einer See-, Wald-, Prärie- und Felsenlandschaft in seltsamer Mischung durch einander laufen. Wir haben bereits im Allgemeinen Theil Gelegenheit genommen, diese für die Geographie von Nord-Amerika besonders durch ihre hydrographischen Verhältnisse wichtige Region zu kennzeichnen. Sie ist aber neben der Prärie wohl auch als Landschaftsform eine der eigenthümlichsten Erscheinungen Nord-Amerika's und vielleicht reicher an lieblichen und grossartigen Scenerien als irgend ein Stück dieser Erdtheilhälfte östlich vom Felsengebirge.

Vorzüglich charakteristisch ist das unvermittelte Hervorragen der Felsmassen. Von Petenwell Peak gesehen erscheint z. B. das ganze Land um den Wisconsin als eine leicht wellige Ebene, welche mit Gruppen von niedrigen Eichen und Föhren besäet ist. Aber soweit der Blick geht, erheben sich auf allen Seiten ähnliche isolirte Höhen, felsig oder von Felsenbastionen gekrönt, die mit Ausnahme einer Hügelkette im Südwesten nicht die geringste Verbindung unter einander zeigen, sondern durch meilenbreite Zwischenräume von einander getrennt sind. Petenwell Peak selbst ist eine ovale Felsmasse von 300 und 100 Yards Durchmesser, die 60 m. hoch sich unvermittelt aus der Ebene erhebt und einer ausgedehnten, in Trümmer gefallenen Befestigung mit Wällen und Thürmen sehr ähnlich sieht. Derselbe Sandstein bildet noch eine lange Strecke flussabwärts die Ufer, bald auf der rechten, bald auf der linken Seite und wird vom Flusse durchbrochen in den sogen. Dalles of the Wisconsin, wo sie auf einer Strecke von 10 Kil.

8—25 m. hohe Mauern bilden, die an der weitesten Stelle 30 m. von einander abstehen und das tiefe Wasser in ihrem Schatten fast schwarz erscheinen lassen. Bei Hochwasser erweitert sich der Fluss oberhalb dieser Schlucht zu einem See und bei Niederwasser wird er in ihr niemals seicht. Auch an diesen Felswänden fehlt es nicht an den mannigfaltigsten Erosionsprodukten, die die bekannten Ruinenbilder vortäuschen. „Man stieg ein enges Thal herab, schreibt Long vom Oberen Mississippi, das auf beiden Seiten von Hochufern und Klippen eingefasst war; der grüne Rasen der sanfteren Abhänge contrastirte seltsam mit dem Grau der Kalk- und Sandsteinfelsen, die wie hohe Mauern zu beiden Seiten emporstiegen. Als das Thal sich erweiterte, sah man sich plötzlich angesichts des majestätischen Mississippi, in dessen breitem Becken die Natur riesige Züge entfaltete, und der gewaltige, wasserreiche Fluss, der so breit und rasch in seinem inselreichen Bette hinströmt, erweckte wie immer ein Gefühl von Scheu und Entzücken. Wandte man sich aber zurück nach der Prärie und fasste den Anblick aus der Ferne zusammen, so war man von wahrhaft wunderbaren Bildern umgeben. Man sah, soweit das Auge reichen mochte, zwei Riesenmauern von vollkommen regelmässigen Umrissen, die durch neben einander aufgethürmte Pyramiden gebildet schienen und zwischen denen breit und eben ein grüner Präriestreif sich hinzog, der die Schlangenwindungen des Stromes einfasste[1]).“

Im Hinblick auf diese Scenerien kann man vielleicht Norwood Recht geben, wenn er sagt: Die Rheinufer mit ihren thurmgekrönten Hügeln sind ein Lieblingsvorwurf der Maler und ein Gegenstand der Bewunderung für alle Europa-Reisenden geworden. Dennoch ist es zweifelhaft, ob sie nicht an landschaftlicher Schönheit von einigen der Ströme unseres Westens erreicht werden. Die Felsformationen sind zwar sehr verschieden, aber die Natur hat hier in einem grossen Massstab und aller Civilisation vorauseilend, merkwürdige Gegenstücke jener mehr künstlichen und civilisirten Landschaft aufgebaut. Hier am Mississippi sind die Züge der landschaftlichen Physiognomie nicht die grossartigsten, nicht so, wie man

1) Exp. to St. Peters R. I. 248.

sie vielleicht erwartet bei der Annäherung an die Quellen eines der grössten Ströme der Erde. Keine Hochgebirgsgipfel, keine Sturzbäche, keine Thäler, die in enger Abgeschlossenheit eine Welt für sich bilden, keine engen und abschüssigen Pässe, keine zusammengezwängten Engen, aus denen aufgestaute Wasser mit Gewalt hervorbrechen, keine verbogenen und zerdrückten Schichten, die Zeugniss ablegen von gewaltigen Umwälzungen — nichts von alledem ist zu sehen. Aber die Bilder, welche hier sich entfalten, wenn auch minder grossartig als in der Gebirgsnatur, sind doch eindrucksvoll und eigenartig. Ueppiger Rasen bekleidet die Abhänge bis zum Rand der Bäche; die Felsenklippe schiesst aus ihr hoch in mauerartigem Aufbau empor; der Strom ist bald klar und ruhig wie Krystall, bald durch eine Gesteinsschwelle oder Felsenterrasse in Stromschnellen aufgelöst; die Baumgruppen beschämen die Kunst des Landschaftsgärtners in ihrer malerischen Anordnung, wie sie bald die Höhen krönen, bald den Rasen der Abhänge mit ihrer dunklen Farbe und ihrem vereinzelten Schatten unterbrechen. Von den Höhen erscheinen die Thäler wie Culturstätten voll saftiger Weiden und schattiger Haine. An irgend einem bevorzugten Punkte des Stromufers erhebt sich ein einsamer Wigwam. Jenseits der Höhen, die die Thäler einfassen, erstreckt sich die Prärie, deren lange zitternde Wellen sich erst in weiter Ferne in die Linie auflösen, in der Himmel und Ebene sich verbinden. Es ist nicht der Eindruck ursprünglicher Wildheit, den dieses Bild erzeugt, sondern man meint eine Culturstätte vor sich zu sehen, die plötzlich von ihren Einwohnern verlassen ist; die Wohnungen des Volkes sind verschwunden, aber die Schlösser der Häuptlinge sind erst theilweis zerstört und ihre Reste krönen fast jeden Hügel. Die Kalksteinfelsen verwittern in eigenthümlicher Weise, welche sie halbverfallenen Mauern, Thürmen und Bastionen ähnlich erscheinen lässt. Ueberall in Wisconsin und Jowa, wo Dolomite an die Oberfläche treten, haben wir auch diese seltsamen, malerischen Verwitterungsformen.

Ist diess Ein bemerkenswerther und schöner Zug dieser Landschaften, so liefern die Seen und Flüsse und die zahlreichen Mittelformen zwischen beiden noch eigenthümlichere und wenn auch nicht immer eben so pittoreske, doch höchst stimmungsvolle Bilder.

Eine Beschreibung der Fahrt auf dem Court Oreille R., die wir den Norwood'schen Berichten[1]) entnehmen, mag diesen Landschaftscharakter illustriren.

„Kurz nachdem wir in diesen Arm des Chippewah eingelenkt waren, kamen wir an Stromschnellen, die durch eine Kette syenitischer Porphyrfelsen gebildet sind. Bei der Portage, welche sie verursachen, beträgt der Fall 14 oder 15 e. F. Gewaltige Syenitblöcke, die mit verschiedenen Arten von Moos bedeckt sind, heben sich aus den Föhren hervor, welche die Ufer einfassen. Diese bestehen aus Driftschutt. 14—16 e. M. von hier folgt eine Stromschnelle auf die andere mit sehr geringem stillem Wasser dazwischen. Das Flussbett ist voll Felsblöcken; grosse Massen von Syenit oder Trapp, entweder anstehend oder nicht weit transportirt, ragen aus den Wellen hervor. Es bleibt dieses der Charakter des Flusses bis einige Meilen oberhalb des See Court Oreille, wo die Umgebung freier, offener wird und der dichte Föhrenwald etwas verkümmerteren Schlägen von Nadelholz und Espen Platz macht. Ehe man den See erreicht, ist jedoch das Land nur wenig höher als die Hochwasserspuren und trägt nur Sumpfvegetation. Einige verzwergte und halb abgestorbene Föhren sind der einzige Waldwuchs, den man sieht. Erst beim Eintritt in den See ist der Fluss wieder von hohen Ufern umgeben, deren grüner Rasen bis an den Wasserspiegel herabreicht. Das Wasser des Sees ist klar und nicht braun, wie das des Flusses, der ihm entströmt. Durch einen sehr engen Canal passirten wir durch Wasserlilien und Binsen hindurch in den Grit oder Grindstone L., von welchem uns eine Portage von einer halben Meile nach Lily L. oder L. Volée, einem kleinen See führte. Von diesem See nach dem Namekagon R. überschreitet man neuerdings eine Portage, welche über einen Höhenrücken mit weiter Aussicht führt. Der Namekagon ist an diesem Punkte 15—20 Schritte breit, seine Ufer ziemlich hoch. Die vorwaltenden Bäume in seiner nächsten Umgebung sind Birken und Föhren, deren Unterholz vorwiegend aus Farnkräutern besteht. Das Land ist flach, die Wälder dünn (open) und die einzigen Steine, die man

---

1) D. D. Owen, Geol. of Wisconsin. 157 ff.

sieht, sind erratische Blöcke. Indem wir diesen Fluss hinauffuhren, kamen wir zu einem kleinen See, der als Little Rice L. bekannt ist. Nachdem man ihn durchmessen, sieht man 25—30 F. hohe Hügelreihen vor sich, welche ausschliesslich aus Drift bestehen; sie wiederholten sich in kleinen Zwischenräumen und erreichten weiter oben etwas bedeutendere Höhen. Nach Nordosten zu ist das Land ziemlich offen, aber nach Südwesten versperrt ein Föhrenwald den Ausblick. Great Rice L. liegt weiter aufwärts. Seine Erscheinung ist nichts weniger als einladend. Die Blätter des wilden Reises, welche auf seiner Oberfläche flottiren, bedecken diese fast ganz und zu der Jahreszeit, in der wir ihn besuchten, hatte sie ganz den Anschein der schleimigen grünen Algendecke, welche stagnirende Tümpel überzieht. Oberhalb dieses Sees folgt wieder eine Reihe von Stromschnellen, die durch grosse Trappblöcke fast unwegsam gemacht sind. Man verlässt auf dem Wege nach dem Lake Superior bei ihnen, einige Meilen oberhalb des Great Rice L., den Namekagon, um sich durch eine nordwärts gelegene Seenkette nach der Mauvaise Rivière zu begeben. Der erste See, den man über eine einmeilige Portage erreicht, ist Leech L., zweifellos so genannt wegen der zahlreichen Egel, die ihn bewohnen. Felstrümmer umsäumen sein Ufer; dann folgt, durch eine schmale Portage getrennt, Island L., der seinen Namen von einer mit niederen Birken bewachsenen Insel in seiner Mitte trägt; wiederum überschreitet man eine Portage von ²/₃ Mile, um den Little L. zu erreichen, der von sumpfigen Mooswiesen umgeben ist, auf welchen Saracenia, die Becherpflanze, in Menge wächst. Endlich kommt man zum letzten in der Reihe, Long L., der reich an Buchten ist, welche durch bewaldete Vorsprünge von einander getrennt sind. Er fliesst nach verschiedenen Seiten ab, am einen Ende nach dem Mississippi, am anderen nach dem Lake Superior. Ausser einigen Indianern sahen wir an dieser ganzen Seenkette kein anderes lebendes Wesen als einige nordische Taucher (Colymbus glacialis), die denselben Weg zogen wie wir und deren seltsamer Schrei bald wie Kindergeschrei, bald wie Gelächter erklang".

XVIII. Uebergangslandschaft zwischen Wald- und Prärieregion. — Präriewälder.

Der Uebergang von den dichtbewaldeten Gebieten des Nordens und Ostens nach den baumlosen Ebenen des Westens ist ein allmählicher, das Verschwinden des Unterholzes und das Vorwalten der Haine von Eichen und Waldbäumen (*Oak openings*), die in weiten Zwischenräumen ohne Gesträuch und Unterholz über die Prärie zerstreut sind, ist das landschaftliche Merkmal dieser Region, das sie von Minnesota bis Texas getreu bewahrt. Wenn man in den erstgenannten Staaten die Wälder der Seeregion verlässt, „betritt man ein offenes, welliges Prärieland, wo noch eine Strecke weit die gerundeten Hügel mit Eichenhainen bedeckt und die dazwischen liegenden Einsenkungen von klaren Seen erfüllt sind. Beide zusammen erzeugen ein anmuthiges Landschaftsbild: Ein saftig grüner Rasenteppich ist über die sanft gerundeten Bodenschwellungen und die leisen Abhänge gebreitet und bedeckt selbst den Boden in den Eichenhainen, wo die Bäume in so regelmässigen Entfernungen wachsen, als ob sie von Menschenhand gepflanzt wären; dazu am Fuss jedes dieser Parkhügel ein schöner klarer See — wir konnten uns keine reizendere Landschaft denken“[1]). Aber schon in West-Minnesota „breitet sich die baumlose Ebene in langgezogenen Wellen aus, über denen jene halb düstere Grossartigkeit schwebt, die nur den Prärien des Westens eigen ist“[2]). Römer sagt von der texanischen Prärie bei Houston: „Meilenweit dehnte sich die fast völlig ebene Grasflur vor uns aus, und nur einzelne Inseln von Bäumen oder Gebüsch waren ordnungslos über dieselbe zer-

---

1) Cyr. Thomas in Hayden 6th Ann. Rep. 1873. 293. Aehnlich Thümmel: „In diesen offenen Eichenwäldern findet man nicht selten die herrlichsten Scenerien der Vereinigten Staaten. Unabsehbare Strecken dehnen sich wie ein ungeheuerer Park vor dem entzückten Wanderer aus, Hügel und Thäler wechseln ab; hier stehen Bäume in einzelnen Gruppen und Dickichten, dort dehnen sie sich in langen, wie von Menschenhänden gelegten Alleen aus und zwischen diesen, wie ein mit den herrlichsten Mustern durchwirkter Teppich, schwankt und wogt das blüthendurchflochtene Gras der Prärie“ (Die Natur und das Leben in den Vereinigten Staaten 1848. 411).

2) C. Thomas, ebendas. 294

streut. Der oft gemachte Vergleich mit einem englischen Park im grossartigsten Massstabe erschien mir gleich jetzt in hohem Grade passend.“ Und von den Hainen des höher gelegenen Hügellandes: „An den Stellen, wo einige Lebenseichen, die im Wuchse unseren Obstbäumen ähnlich sind, zwischen dem langen gelben Grase zerstreut waren, erinnerte mich die Landschaft recht lebhaft an Gegenden im südlichen Deutschland, wo Obstbäume zwischen den reifenden Saatfeldern stehen[1]).“ Und ähnlich beschreibt sie S. Long vom mittleren Missouri: „Gegen Abend kamen wir an einem anderen ausgebreiteten Hain von Cottonwood-Bäumen an, zwischen welchen wir unser Zelt aufschlugen, unmittelbar am Rand des Flusses. Die Bäume, aus welchen diese inselartigen Haine bestehen, erinnern durch ihre niedere und verzweigte Form, ihre Entfernung von einander und wenn sie über den Boden hin zerstreut stehen, lebhaft an Obstgärten, für welche man sie aus einiger Entfernung in einem cultivirteren Gebiete wohl halten würde[2]).“ Auch J. Fen. Cooper beschreibt dieses Grenzgebiet aus einer schon halb steppenhaften Region, wie sie in Arkansas und dem südwestlichen Missouri vorkommt: „Die Gegend, sagt er, hatte sich zum Besseren geändert, wiewohl die Hand, welche den umgebenden Regionen soviel von der Wüste aufgeprägt hatte, auch auf ihr noch mit einem Theile ihrer Macht ruhte. Der Anblick der Vegetation war hier weniger entmuthigend als in den sterilen Oeden der *Rolling Prairie.* Man sah Baumgruppen in grösserer Zahl und ein langgestreckter Waldsaum bezeichnete die nördliche Grenze des Gesichtsfeldes. Man sah da und dort an tiefgelegenen Stellen die Spuren einer oberflächlichen Cultur solcher einheimischer Gewächse, welchen ein rasches Wachsthum zukommt und von denen man weiss, dass sie auch ohne viel Sorgfalt im tiefen Alluvialboden zur Reife kommen. Die regelmässige und einförmige Beschaffenheit des Landes machte einer ungleicheren, mehr gebrochenen Oberflächengestalt Platz. Noch immer sah man zwar dieselben weiten, leeren Oeden und dieselben üppigen Tiefgründe, sowie jene eigenthümliche Vereinigung von

---

1) Römer, Texas 3. 105.

2) In Long's Exp. from Pittsb. to the Rocky Mts. I, 477.

schwellenden Feldern und Nacktheit, welche dieser Gegend den Anschein eines alten Landes gibt, das auf unbegreifliche Weise seiner Bevölkerung und deren Wohnstätten beraubt ward. Aber diese unterscheidenden Merkmale der Rolling Prärie waren längst durchsetzt von den neuen Erscheinungen zerstreuter Hügel, gelegentlich auftauchender Felsenmassen und breiterer Waldstreifen[1]."

Diese selbe lockere, zerstreute Art des Baumwuchses kommt auch in anderen Gegenden vor, die aber gewöhnlich auf der Grenze zwischen baumarmen und dicht bewaldeten Gebieten zu liegen scheinen. In der Regel sind es Eichen, welche diese Haine zusammensetzen und diese kehren im Seegebiet, am Arkansas, Missouri, in Californien so gut wie in Mexico wieder. Ein Enzinal des tropischen Mexico würde ohne die Orchideen und Bromelien, die die Aeste seiner Eichen bedecken, von einem Oak-Grove Californiens kaum verschieden scheinen, denn es sind hier wie dort kleinblättrige, kurzstämmige, immergrüne Eichen, welche den Hain bilden. Ganz besonders ist es das mittlere und südliche Californien, wo sie eine grosse Ausbreitung erlangen. Von S. Francisco bis nach Sacramento, vom Küstengebirg bis zum Fuss des Hochgebirges kann man Californien durchreisen, ohne wahre Wälder zu sehen. Was man begegnet, sind äusserst lichte Haine von immergrünen Eichen, welche über die gelben Weizenfelder und den zur Sommerzeit ebenso gelben Rasen des Hügellandes wie die Fruchtbäume in unseren Feldern, oder besser wie Olivenbäume in Oelgärten zerstreut sind. Den Olivenbäumen vergleicht sich am besten ihr vorwiegend niedriges, knorriges Wachsthum und das Grau ihres kleinblättrigen, aber allerdings mehr als olivenartig dichten Laubwerkes. Diese Haine verstärken in höchst angenehmer Weise den freundlichen Eindruck, welchen das californische Flach- und Hügelland besonders auf den macht, der von den Wüsten Utah's und Nevada's in dasselbe herabgestiegen ist. Man glaubt überall goldene Weizenfelder und fruchtreiche Baumgärten zu sehen[2].

---

1) J. Fenimore Cooper, The Prairie. N. Y. 1873. 132.

2) Dieses zerstreute, im extremsten Sinne hainartige Wachsthum der verschiedenen Eichenarten, welche in der Ebene meistens fehlen, um überall sofort aufzutreten, wo der Boden sich zu Hügeln aufwölbt, bietet besonders in

Während diese Haine auf gewisse Striche beschränkt sind, laufen bis in die dürrste Steppenregion hinein den Flüssen entlang meistens offene, parkartige Gruppen, die den Namen *Groves* tragen und häufig auch zu dichten Wäldern zusammentreten. Ihr Baumbestand ist nicht so einförmig wie bei den Eichenhainen, aber der Mangel gewisser gemeiner Bäume der atlantischen Staaten macht sich sehr bemerklich. Man kann im Präriengebiet weit gehen, bis man eine Birke, Erle, Kastanie, Buche oder ächte Espe (Populus tremuloides) oder gar ein Nadelholz findet. Zwei Arten wollsamiger Espen (Cottonwood: Populus monilifera und angulata), die einander so ähnlich, dass man sie leicht verwechselt, können jedoch als die charakteristischen Bäume dieser Region bezeichnet werden[1]). Aber

---

Californien ein anziehendes Problem. Die Trockenheit des Bodens, welche man gewöhnlich zur Erklärung anzieht, kommt an vielen anderen Orten vor, die ein ganz anderes Baumwachsthum aufweisen. In den Vorbergen, wo sie kaum geringer ist, stehen die Bäume in Wäldern, die allerdings nicht so dicht sind, wie in den entsprechenden Höhen deutscher Hügelländer und Gebirge. Die Cultur kann dieses hainartige Wachsthum nicht erzeugt haben, da es auf Stellen wiederkehrt, über die nie ein Pflug gegangen ist, und da schon frühere Erforscher Californiens zu einer Zeit von demselben sprechen, in der nur ein paar hundert Weisse im ganzen Lande lebten. Wenn man einen solchen Hain aus der Nähe betrachtet, erstaunt das sehr unregelmässige Wachsthum der Bäume, welche verschiedenen, zum Theil immergrünen Eichenarten (vorzüglich Quercus lobata und agrifolia) angehören. Sie senden durchschnittlich schon bei 10 F. Höhe breite Aeste aus, die der Krone oft zu einem Durchmesser von mehr als 100 F. verhelfen, und diese Aeste sind in ihrer ganzen Wachsthumsweise noch viel willkürlicher, bizarrer als die unserer deutschen Eichen. Sie gehen vorwiegend in die Breite und bilden schirmartige Ausbreitungen, welche an Pinien erinnern. Einige haben dünne, andere dichte Belaubung, doch wiegt die erstere vor. Ihr vereinzeltes, höchstens gruppenweises Aufwachsen hebt diese Eigenthümlichkeit scharf hervor und macht sie zu einem werthvollen Element in der übrigens kahlen, sonnverbrannten Hügellandschaft. Ich glaube, dass die häufigen Buschfeuer dieser Gegenden ihren Antheil an dem hain- und parkartig zerstreuten Wachsthum der Eichen haben, indem sie viel Unterholz wegfressen. Man sieht auch auf den wildesten Stellen kein dichtes Eichengebüsch.

1) „Diese Cottonwoods haben ihren Namen von der baumwollartigen Samenhülle, welche im Mai oder Juni reift und dann in grosser Menge in der Luft herumfliegt und Leuten, die viel im Freien sind, oft für Augen und Nase sehr lästig ist. Die Aeste des Cottonwood sind nicht sehr zahlreich, besonders wenn er, wie es am Mississippi unterhalb des Zusammenflusses des Missouri der Fall ist, in Wäldern vorkommt; sie zeigen weniger Neigung zur Pyramidenform als

man findet doch in der östlichen Hälfte der Prärieregion in den *Groves* und Wäldern der Flussniederungen noch Zuckerahorn, Linde, Ulme, Hickory, Walnuss, verschiedene Eichen, Eschen, die ahornartige Negundo (Ashleaved Maple der Amerikaner), die Robinie. Haselstrauch und Sumach setzen die Gebüsche vorwiegend zusammen wie im Osten, doch mangeln ganz die Haidekräuter und Vaccinien. Auch andere Sträucher, wie Hollunder, Schneeball, Geisblatt, Schneebeere, Weissdorn- und Schlehenarten sind nicht selten. Die grosse Zahl der Schlingpflanzen verleiht diesen Wäldern manchmal einen fast tropischen Charakter. Der wilde Wein (Ampelopsis quinquefolia), einige Reben (besonders Vitis cordifolia) erklimmen die höchsten Bäume und einige haben mehr als schenkeldicke Stämme. Diese Thalwälder sind an den feuchteren nördlichen Abhängen dichter

---

irgend ein anderer Baum. Dieser Baum ist vielleicht so weit verbreitet als irgend einer der in Nord-Amerika einheimischen, und erstreckt sich wenigstens von Canada bis Louisiana und vom atlantischen Ocean bis zum unteren Theil des Columbia-Flusses. Er kommt jedoch so ausserordentlich häufig in jedem Theil des vom Mississippi und seinen Nebenflüssen bewässerten Landes vor, dass er mit demselben Recht, mit dem man auch andere geographische Namen ertheilt, die Mississippi-Pappel genannt werden kann. Es ist wahrscheinlich, dass fast die Hälfte der Bäume auf dem neuerdings angeschwemmten Boden (Bottoms) des Mississippi und seiner Nebenflüsse von dieser Gattung ist. Der Cottonwood verliert an Grösse, je nach der Fruchtbarkeit des Bodens, und erreicht am Ohio, Mississippi und Arkansas die Höhe unserer grössten Bäume. Er wird manchmal in Umfang und der Ausdehnung seiner Aeste von der majestätischen Platane übertroffen, aber in Wäldern, wo die beiden gemischt vorkommen, wie es gewöhnlich der Fall ist, überragt er alle anderen Bäume. Ein Cottonwood, welcher in den Aufzeichnungen der Erforschungs-Expedition, die im Jahre 1806 den Red R. befuhr, erwähnt ist, und welcher als einer unter vielen genannt wird, stand in einem Kornfeld, 3 oder 4 Tagereisen oberhalb Natchitoches, und mass 140 F. 6 Z. Höhe und 5 F. im Durchmesser, wird somit von wenigen Bäumen, ausser der Platane, in den gemässigten Strichen Nord-Amerika's übertroffen. Obgleich wir keine thatsächlichen Messungen damit zu vergleichen haben, so sind wir doch der Ansicht, dass viele Bäume in Arkansas diese Dimension eher übertreffen als dahinter zurückbleiben. Das Cottonwood-Holz ist leicht und weich, nicht sehr dauerhaft, ausser wenn es vor dem Wetter geschützt wird. Ehe sie aufbrechen, sind die Knospen dieses Baumes mit einer klebrigen, harzigen Ausschwitzung zum Theil bedeckt, welche der gleicht, die die Knospen der Populus balsamifera dicht einhüllt und im Frühling und Frühsommer einen angenehmen und balsamischen Geruch aushaucht." (Long's Exp. to the Rocky Mts. II. 165.)

und gehen weiter hinauf als an den trockeneren Süd-Abhängen. Sie rücken von hier überall, wo immer sie Schutz vor den verzehrenden Präriefeuern finden, eine Strecke auf die offene Prärie vor.

Die Wälder des Missouri, obwohl in ihrer Ausdehnung begrenzt, sind tief und schattig, und wenn auch die Atmosphäre merklich weniger feucht ist als in den Wäldern des Mississippi, so absorbiren gestürzte Bäume, deren Holz weich und porös, wie Linden und Cottonwood, doch viel Feuchtigkeit aus dem Boden. Auch im Gebiet des Arkansas und seiner Nebenflüsse bilden Cottonwood und Platane überall hervortretende Züge in der Physiognomie der Waldlandschaft. Mit dieser ist dort die schlanke und anmuthige Akazie (Robinia) untermischt, die Honey-Locust (Gymnocladus), beides gefiederte Leguminosen, mehrere Arten von Wallnuss, Hickory und Eschen, mit gefiederten und zertheilten Blättern. Bäume aus der Coniferenfamilie kommen nicht häufig, weder hier noch am Missouri, vor. Auf den Kämmen der felsigen Klippen finden sich hier und da wenige Cedern (Juniperus), die einzigen immergrünen Bäume. Auf jungem Schwemmland, Inseln u. dergl. kann bei den häufigen Veränderungen des Flusslaufes sich nur selten eine Waldvegetation von gehöriger Dauer entwickeln. In vielen Fällen haben die jungen Pappeln und Weiden (welche die ersten und einzigen Bäume sind, die an den kahlen Strichen am Ufer aufwachsen) ihre gewöhnlichen Dimensionen nicht erreicht, ehe sie, durch eine neue Veränderung im Laufe des Stromes untergraben und heruntergeschleudert und von dem Flusse weggeschwemmt werden.

Das Wachsthum des Cottonwood ist übrigens sehr rasch, das der Salix angustata, der gewöhnlichsten der hier vorkommenden Weiden, ist langsamer, so dass sie selten eine beträchtliche Grösse erreicht. Die Samen dieser beiden Baumarten erzeugen sich in der grössten Kälte und reifen frühzeitig im Sommer, und da sie von der Natur mit einer Vorrichtung ausgestattet sind, um dessen grösste Ausstreuung zu sichern, so haben sie sich weit ausgebreitet und Wurzel gefasst in den fruchtbaren Ländereien längs dem Mississippi und seinen Nebenflüsssen und fast bis zum Ausschluss anderer Bäume die Oberhand gewonnen.

XIX. Die Prärie.

Fast unmittelbar neben der Grossartigkeit des Reichthums liegt in der nordamerikanischen Natur die Grossartigkeit der Armuth und der Einförmigkeit. An die Wälder des Ostens mit ihrem Reichthum verschiedener Baumarten, der Mannigfaltigkeit ihrer Sträucher, Schlinggewächse und Kräuter schliessen sich in manchmal schroffem Uebergange die baumlosen Wiesenfluren an, welche nach Westen hin durch zunehmende Dürre und Schroffheit des Klima's immer mehr verarmen, an Höhe des Wuchses, Mannigfaltigkeit der Arten, Glanz und Fülle der Blüthen zurück- und endlich nicht selten in ächte, trostlose Wüsten übergehen. Dieser Armuth der Pflanzendecke entsprechen Bodenformen, in welche das Vorwalten der Fläche einen starken Zug von Einförmigkeit bringt, denn die Gebirge treten aus dem Rahmen dieser Steppennatur durch ihre reiche Bewässerung und die dadurch geförderte Kraft und Fülle der Vegetation heraus, und nur die Ebene, die Hochebene und das Hügelland verharren in demselben. Während der Wald auf allen Bodenformen erscheinen kann, gehört es zum Charakter der Steppe, dass sie an die Flächen gebunden ist. Flachheit und Baumlosigkeit bedingen in erster Linie das Bedeutende des Eindruckes, den alle Formen der Steppe gewähren, von der in üppigen Wiesen schwellenden Grassteppe (Prärie) bis zu der gelben Strauchsteppe, wo sie schon an die Wüste streift. Das Bild liegt nahe: „Man glaubt den küstenlosen Ocean vor sich zu sehen. Wie dieser, erfüllt die Steppe das Gemüth mit dem Gefühl der Unendlichkeit und durch diess Gefühl, wie den sinnlichen Eindrücken des Raumes sich entwindend, mit geistigen Anregungen höherer Ordnung. Aber freundlich zugleich ist der Anblick des klaren Meeresspiegels, in welchem die leichtbewegliche, sanft aufschäumende Welle sich kräuselt; todt und starr liegt die Steppe hingestreckt, wie die nackte Felsrinde eines verödeten Planeten[1])." Humboldt spricht mit diesen allgemein gültigen Worten

1) A. v. Humboldt, Ansichten der Natur 1860. I. 4.

von der Grassteppe des Orinoco-Gebietes. Von der nordamerikanischen Prärie sagt J. F. Cooper in eingehender Schilderung dasselbe: „Die Erde war hier dem Ocean nicht unähnlich, dessen ruhelose Wellen hoch aufschwellen, wenn die Wuth des Sturmes sich gelegt hat. Dieselbe wellige und doch regelmässige Oberfläche, derselbe Mangel fremder Gegenstände, dieselbe Unbeschränktheit des Umblicks. So ungemein war die Aehnlichkeit zwischen dem Wasser und dem Lande, dass es für ein dichtendes Gemüth (wie sehr auch der Geologe über eine so einfache Theorie lächeln mag) schwer gewesen sein würde, nicht den Gedanken zu fassen, dass die Bildung des einen durch die ebbende Wirkung des anderen bewirkt worden sei. Da und dort streckte ein Baum seine Aeste in die Luft, einem einsamen Schiffe vergleichbar, und um die Täuschung zu vollenden, erschienen in der Ferne zwei oder drei rundliche Gebüsche, die an dem duftigen Horizonte wie Inseln im Meere schwammen. Es ist nöthig, den vorsichtigen Leser daran zu erinnern, dass die Einförmigkeit der Oberfläche und der niedrige Standpunkt des Beobachters die Entfernungen vergrösserten, aber wie eine Bodenwelle hinter der anderen sich hob und Insel auf Insel auftauchte und verschwand, gewann man die entmuthigende Einsicht, dass lange und scheinbar endlose Striche durchwandert werden mussten, ehe die Wünsche selbst des bescheidensten Auswanderers sich erfüllen konnten[1]." Und wie in der ungeheueren Einsamkeit des Meeres der Himmel mit seinen Wolken und Gestirnen eine ansprechende, belebende Bedeutung gewinnt, so auch hier in der Prärie, wo das Auge, das weiter keinen Anhalt findet, den Erscheinungen des Firmamentes und der Luft sich ausschliesslich zuwendet. Einem so feinen Schilderer, wie Cooper, konnte das nicht entgehen; er beachtet in seinen Präriebildern den Stand der Sonne, den Zug der Wolken und den Flug der Vögel ebenso sehr, wie in den Schilderungen aus dem Osten die Eichen und Tannen, Felsen und Bäche: „Die Sonne, sagt er an einer Stelle, war hinter den Kamm der nächsten Bodenwelle der Prärie gesunken und die Glut des Abendroths flammte in ihrer Bahn auf. Die Färbungen folgten rasch auf einander; an die Stelle des Glanzes,

1) The Prairie, A Tale by J. Fen. Cooper. N. Y. 1873. 7.

der das Auge geblendet, traten kühlere, grauere Lichter." Und ein ander Mal: „Die Sonne, die den ganzen Tag sich durch solche Massen von Nebel und Dunst gerungen, sank langsam in einen Streïfen lichteren Himmels und von diesem in voller Pracht, wie in ein weites Meer, in die trübe Oede des Horizontes. Die Heerden, welche auf den weiten Fluren der Prärie gegrast hatten, verschwanden nach und nach und die endlosen Schwärme der Wasservögel, die auf ihrem jährlichen Weg von den Seen im Norden nach dem Golf von Mexico begriffen waren, fächerten nicht mehr die Luft, die sich jetzt mit Dunst nnd Thau erfüllte." Eine wilde Scene begleitet er mit folgendem Naturbild: „Wie gewöhnlich zu dieser Jahreszeit war der Himmel mit grauen fliegenden Wolken bedeckt, unter welchen unendliche Schaaren von wandernden Vögeln auf ihrem Weg nach der entfernten See des Südens hinzogen. Der Wind hatte sich erhoben und wehte über die Prärie in Stössen, denen ein Mann kaum Stand halten konnte, dann schien es wieder, als ob er sich in die höheren Lüfte erhebe, um dort mit dem treibenden Nebel zu spielen, den er in einem grossartigen Chaos schwerer Wolken durch einander wirbelte und wälzte." Dieselben Herbststürme schildert er in diesen Worten: „Der Himmel war mit treibenden Wolken verhängt, die zu schweren, heftig umhergetriebenen Massen gethürmt waren; manchmal öffnete sich eine Lücke, die den blauen Himmel in der Pracht hervorschauen liess, welche zu licht und hehr ist, um von den Bewegungen der niedrigeren Welt gestört zu werden. Ueber diese aber flogen die Winde in der nackten, einsamen Prärie mit einer Heftigkeit dahin, wie man sie in weniger offenen Theilen des Landes selten erfährt. Man konnte sich in das Fabelalter zurückdenken und sich vorstellen, dass der Gott der Winde seinen untergeordneten Geistern erlaubt habe, aus ihrer Höhle auszuschwärmen und dass diese nun in wilder, zügelloser Lust sich über die Fläche hin jagten, wo kein Baum, kein Menschenwerk, kein Hinderniss irgend welcher Art sich ihrem tollen Spiel entgegenstellte."

Hinter dem Schleier dieser allgemeinen Eindrücke, die den verschiedensten Formen der Prärie eigen sind, ist, wie in allen Landschaftsbildern, die Pflanzenwelt das im Einzelnen form- und farbengebende Element. In dem Namen Prärie liegt bereits eine Andeutung der Form, in der sie hier vorwiegend erscheint. Die eigentlichen Prärien (s. o. S. 379) sind in der That Wiesen, ebensowohl durch die Armuth an Bäumen und Sträuchern, als durch den Reichthum an Gräsern, aber es sind ganz besonders kraut- und blumenreiche Wiesen. Ihre Kräuter, die eigentlichen Präriepflanzen, sind im Allgemeinen grosse, starke Gewächse, nicht selten harzreich, mit dicken, grossen Blättern und hervorstechenden Blüthen. Die Compositen und Leguminosen sind am stärksten unter ihnen vertreten, sie sind hier noch häufiger als im Osten. Einige sind bekannt und oft genannt. Silphium laciniatum die Compasspflanze, soll die Ränder ihrer breiten dicken, bis ²/₃ m. langen Wurzelblätter unveränderlich nach Norden und Süden kehren[1]) Ein anderes Silphium (S. perfoliatum) bildet durch seine Blattstellung einen geräumigen Becher. Die Pentalostemon-Arten oder Turbanblumen gehören mit ihren grossen weissen und purpurnen Blüthenbüscheln zu den schönsten Prärieblumen. Einige der Sonnenblumen, besonders Helianthemum rigidus, lassen ihre Blüthen von Morgen bis Abend sich nach der Sonne wenden. Eine sehr charakteristische Form ist auch Cacalea tuberosa mit musaartig grossen tiefgrünen Blättern. Neben ihnen sind unter den farbengebenden Blüthenpflanzen die Prärie-Erbse (Astraglaus Mexicanus), die wilde Hyacinthe (Scilla Fraseri), Malvenmohn (Malva Papaver), Spiderwort (Tradescantia), die rosenrothe Mimose Sensitive Brier (Schrankia)[2]), Distelmohn (Argemone mexicana) hervorzuheben. Unter den Farben dieser Blüthen sind blau, roth und gelb in leuchtenden Tönen vertreten und man sagt, dass im ersten Frühling pfirsichroth, später blau, dann gelb unter denselben vorwiege. Dem ungewohnten europäischen Auge sind wenigstens im Sommer und Herbst die zahlreichen leuchtend blutrothen

1) Die Prärie-Reisenden pflegten sich mit Vertrauen nach diesem Compass zu richten. In der 1870er Zusammenkunft der Am. Association wurde diese Polarität von einem Dr. Hill bestätigt und als Wirkung des Sonnenlichtes erklärt (Am. Naturalist. IV. 495).

2) Die Blüthe ist ein runder Kopf; die langen purpurrothen Staubfäden, jede von einem goldgelben Staubbeutel gekrönt, geben ihr das Ansehen einer goldenen und purpurnen Quaste.

Blüthen der Prärie am auffallendsten, da es an diese Farben wohl durch Klatschrose und Adonis in den Getreidefeldern, nicht aber in den Wiesen bei uns gewohnt ist[1]).

---

1) Eine eigenthümliche Farbenwirkung wird durch den Reichthum der Prärien an Leguminosen erzielt. Unter den Gräsern wächst nämlich eine grosse Menge dieser Pflanzen mit gefiederten Blättern, und diese sind so allgemein weissgrau, dass sie der ganzen Ebene eine besondere silberweisse Farbe geben. Die Erscheinung ist um so überraschender, wenn ein leiser Wind die Blätter der zahlreichen Arten von Astragalus Psoralea, Baptisia und die wunderschöne Amorpha canescens bewegt, deren untere Seite alle mit einem silberartig glänzenden Flaum besetzt ist. Ueberhaupt bedarf es in einem so gleichförmigen Landschafts- und Vegetationsbild nur kleiner Ursachen, um erhebliche Veränderungen zu erzielen, die als leichte Variationen eines grossen Thema's einen Hauptreiz der Prärielandschaft in ähnlicher Richtung wie die leichtwellige Bodenbeschaffenheit ausmachen. So erzeugen z. B. die kleinen Unterschiede der Höhe und die Nuancen des Bodens hier eine grosse Mannigfaltigkeit des Vegetationscharakters in sehr kleinen Räumen. In den Prärien am Flusse bringen gelbe Sonnenblumen der verschiedensten Art, rothe Zinnien, blauer Rittersporn und Salvien, weissblättrige Euphorbien und zahllose andere Blumen und Kräuter zwischen dem hohen Grase ein grelles Farbengemisch hervor. Nur wenig über dieser hochwüchsigen Blumenwiese erhaben, auf den Bänken des Ufer-Conglomerates und zwischen dessen aus ihrer Verbindung gelösten Geschieben von Jaspis, Quarz, Lava, ist eine andere Pflanzenwelt nach einem zwergartigen Massstabe geschaffen. Winzige Asterbüsche mit violetten Blümchen; zierliche kleine Malven, die einen mit karmin-, die anderen mit mennigrothen Blüthchen; niedrige graue, wollige Artemisien von alpinischem Aussehen und mit starkem aromatischen Geruche, ähnlich dem der A. mutellina der Alpen; zwergartige Asklepien; kleine weisse Syngenesisten, die nur vier Randblüthchen haben und wie Cruciferen aussehen, — allerlei solche Miniaturpflänzchen, hier und da durch eine lederartige Opuntie unterbrochen, zieren einen kurzen und spärlichen Rasen. In diese Conglomeratbänke ist hier und da ein Thälchen eingewaschen, in welchem sich Kürbisse über den Boden ranken und da oder dort eine Argemone oder ein anderes stacheliges Kraut, das ich nicht zu nennen vermag, in den Furchen und Rissen des Mergelbodens steht. (Fröbel, America II. 110.)

XX. Das Thal des mittleren Missouri.

Eine grosse Oasenkette kann man das Missouri-Thal nennen, die in gewaltiger Diagonale mitten durch die nordamerikanische Steppe hindurchgelegt ist und deren Wüstencharakter in mächtiger Weise unterbricht. Wir haben nicht vergessen, die geographische Bedeutung dieser Thatsache an ihrem Orte hervorzuheben (s. o. S. 9) und wollen nun dem landschaftlichen Werthe derselben gleichfalls einige Worte widmen, in welchen wir uns vorzüglich auf Prinz von Wied's berühmtes Reisewerk über Nord-Amerika stützen, dessen Schilderungen hier locker zusammengereiht sind.

Die Steppenregion beginnt am mittleren Missouri sich von der Mündung des Platte R. an entschieden zu zeigen. Bei dem Hügel Ischta Masö (das eiserne Auge) erscheint bereits das blaue Wasser des Platte-Flusses neben dem gelben des Missouri, mit dem es sich nur langsam mischt. Es hält sich am westlichen Ufer. Der Fluss ist hier inselreich und von sehr unregelmässigem, reissendem Laufe. „Die Ufer waren zum Theil von dem reissenden Strome bei hohem Wasserstande auf eine merkwürdige Art zerstört. Auf vielen Stellen waren 15—18 F. hohe grosse Massen mit 30—40 F. hohen Pappeln herunter gerutscht, ebenso ganze Maisfelder der Bewohner; Holzablagerungen bildeten eine wilde Scene der Zerstörung, wozu die abgebrochenen und zerknickten Pappeln mit beitrugen. Das Treibholz auf den Sandbänken, bestehend aus den Balken schwerer Waldstämme, welche Thürme und Höhlen bildeten, gibt einen diese nordamerikanischen Ströme auszeichnenden Charakter; wenigstens habe ich in Brasilien nichts Aehnliches gesehen, wo die Flüsse grösstentheils in Urgebirgen oder doch in festerem Boden ihren Lauf nehmen. An den Ufern, denen wir jetzt folgten, waren an vielen Stellen die Treibholzstämme schon mit Sand überschüttet und ein Saum von Weiden befand sich vor dem hohen Walde. . . Jene Zerstörungen der Ufer werden häufig im Monat Juni durch die hohen Fluten verursacht. Der Fluss braust alsdann wild und unaufhaltsam schnell dahin, die Ufer stürzen von allen Seiten ein, oft mit den grössten Waldstämmen, und schwimmende Bäume drohen alsdann den Schiffen den Untergang. Das Ufer hatte hier ein sonderbar schwarz geflecktes Ansehen, weil die dicke, schwarze Humusschicht auf seiner Oberfläche zum Theil heruntergestürzt war und die Unterlage von Sand hier und dort hervorblickte. Die obere Erdschicht hatte beinahe eine Kohlschwärze und ist ungemein fruchtbar. Gleich Lawinen stürzt an vielen Stellen das Ufer ein und wird jenseits wieder angesetzt, wo es sich dann sogleich mit Weidengebüschen dicht bedeckt[1]).“

Weiter aufwärts zeigen sich zerstreute Hügelgruppen, welche den grösseren Bodenwellen des Steppenlandes angehören. Zuerst bilden Black Snake Hills (Wakan-Seuä oder Schwarzschlangen-Hügel) eine Kette von Bluffs am mittleren Missouri. Eine andere Gruppe sind die Ards Hills oberhalb der Platte R.-Mündung mit originellen Kanten, Kämmen und Köpfen. Weiter oben folgen Woods Hills, welche indessen nur bedeutend auftreten, solange sie steil zum Wasser abfallen, während sie nur als flache grasbewachsene Wellen in der Prärie erschienen, wo der Fluss in seinen Schlangenwindungen sich von ihnen abkehrte. Oberhalb des Big Sioux werden die Ufer auf weite Strecken von Hügeln mit seltsamen Kanten und Kämmen eingefasst. Die ungleiche Verwitterung der Schiefer und Sandsteine, aus denen sie bestehen, bedingt pittoreske Umrisse, Thurm-, Ruinen-, Mauerformen. Die Calumet Bluffs gehören hierhin. Oft gewinnt durch sie die Landschaft einen hervorragend malerischen Charakter, wie ihn Wied z. B. vom Gasconade R. schildert: „Wir hatten während der Nacht in der Nähe von Otter Island gelegen und erblickten nun bald vor uns die Gegend des Gasconade R. Dort zeigten sich viele weite Sandbänke, links malerische Hügel, mancherlei schöne Abstufungen der Wälder, eine Insel, auf deren Oberfläche man deutlich die 6 F. dicke Schicht der Walderde und darunter Sand bemerkte, mehr zurückgezogen vom linken Ufer eine interessante Hügelkette, Köpfe und Thäler sämmtlich mit hohem, jetzt schon grün ausbrechendem Walde bedeckt

1) Mit Weiden bewachsene Inseln, bewegliche Sandbänke und nachstürzende Ufer sind z. B. auch am Arkansas nicht weniger häufig wie am Missouri. Die Waldlinie, welche die Ufer entlang zieht, ist ungefähr eine halbe Meile breit, aber nicht ganz ununterbrochen. (Long's Exp. I. 118.)

und das Ganze von der heitersten Morgensonne beleuchtet.“ Die meisten dieser Kegelkuppen sind graubraun, einige schwärzlichgrau, einige rothbraun, wie gebrannt. Grosse Stücke Glimmer, der oft nester- und lagenweise in diesen Thonhügeln vorkommt, sieht man von ferne als glänzende, funkelnde Punkte an den Abhängen. Oft ziehen festungsartige Wälle auf ihnen hin und niedrigere, zitzenartige Hügel scheinen Vorwerke zu bilden. „Die ganze Hügelkette, schreibt Wied aus der Gegend des Muscleshell- und Milk R., hat mit ihren tausendfältigen Kuppen, Schluchten und Vertiefungen eine grünlichgraue Farbe, hier und da mit einzelnen schwarzgrünen Flecken des Nadelholzes bezeichnet, und diese Gegend mit ihren frischgrünen Wald- und Weidenniederungen am Flussufer gewährt einen höchst originellen Anblick.“ Weiter hinauf bilden horizontale Sandsteinschichten die Ufer und begleiten in den mannigfaltigsten, an alle Art Mauerwerk erinnernden Formen dieselbe mehrere Tagereisen lang. Die Ufer tragen hier den treffenden Namen Stonewalls. Oberhalb Ft. Union bis in diese Gegend ist die Bewaldung des Missouri-Thales üppig und mannigfaltig, wiewohl bereits zahlreiche Bäume des Ostens und der Mitte hier fehlen[1]). Prinz v. Wied schreibt noch vom Bonnet de Boeuf-Creek: „Zur Rechten bestand der Wald aus hohen weissen Platanen, links am steilen Ufer lagen hohe Ahornstämme im Wasser, die in dieser Lage blühten“ und vom Nadaway: „Rund um in dieser Gegend waren die Waldungen höchst malerisch. Die zahlreichen Rosskastanienbäume hatten nun vollkommene Blätter, die weisse Esche blühte, sowie die Pyrus- und Prunus-Arten, deren wie mit Schnee überschüttete Gesträuche schön mit den rothen Blumenmassen der Cercis contrastirten.“ Nur die frisch überschwemmten Strecken sind gewöhnlich blüthenarm.

Vom Big Sioux an wird die Landschaft wilder, der Waldstreif des Ufers wird immer schmäler, die waldlosen Plains treten immer

1) Die Zahl der Waldbäume nimmt am mittleren Missouri bereits erheblich ab. Prinz v. Wied nennt von dort: „Black und Red Oak, Red Elm, White Ash, Honey-Locust, Mulberry, Red-Bud, Cotton-Wood, mehrere Weiden, Platanus, Black Walnut, Hikory, Box Alder, Iron Wood, Hackberry.“ (Reise in Nord-Amerika S. 288.)

häufiger zwischen seinen Lücken hervor, die düstere cypressenartige Rothceder (Juniperus) wird häufig an dem schluchtenreichen, steilen Bluff-Ufer. „Der Charakter des Landes hatte sich hier schon sehr verändert. Die Gegend ist meist waldlos und nackt, der Holzwuchs nicht mehr hoch und kräftig wie am unteren Missouri, doch sieht man noch die Ranken der wilden Weinstöcke die Gebüsche umschlingen, was noch weiter aufwärts gänzlich aufhört.“ Der Wachholderbaum und die Pappel bilden den grössten Theil der Wälder in dieser Region, die zahlreichen Cedar Islands sind mit jenen Cedern vorwiegend bewaldet. Hier sind es schon mehr die Formen als die Farben, welche das Landschaftsbild machen. In dem Masse, wie jene vor dem Steppengrau verblassten, werden diese kühner und reicher und Scenen, wie „ringsum ein Amphitheater sonderbarer Bergkuppen, zu den Füssen der schöne breite Fluss, von unzähligen Sandbänken durchschnitten“, und, setzen wir hinzu, in der Ferne das Panorama des schneegipfeligen Felsengebirgs, lassen auch der ausgeprägtesten Steppe, die gelb und staubig, stellenweis schon wüstenhaft[1]) hier an den jungen Strom heranzieht, ihre Reize.

XXI. Die Steppen (The Plains).

So wie im Ohio- und See-Gebiet die Prärien sich allmählich aus den Wäldern gewissermassen herausentwickeln, gehen weiter westwärts die Steppen aus ihnen hervor. Um den 100. Längengrad, wo die mittlere Erhebung bereits über 600 m. hinausgeht, machen die Wiesen einer Kraut- und Strauchvegetation Platz, welche das Gras mehr und mehr verdrängt, dürreliebende, kleinblätterige, stachelige, auch viele salzliebende Pflanzen an die Stelle

1) Die ganze Prärie war gelb vertrocknet, Staub wurde bei der geringsten Bewegung erzeugt, und schon ein trabender Wolf verursachte denselben. Aus dem Staube konnte man in der Ferne das Dasein der Bisonheerden erkennen, welche ganze Wolken desselben auftrieben (Ebendas. 492).

der Präriekräuter, ausdauernde holzige Kleinsträucher an die Stelle der weichen ein- und zweijährigen Gewächse treten lässt, das Grün und den Farbenreichthum der Wiesen in das einförmige Grau der Steppen verwandelt. Man kennt etwas Aehnliches in der östlichen Hälfte Nord-Amerika's nicht, denn die Barrens, welche dort in der Prärie-Region auftreten, sind allerdings wenig fruchtbar im Vergleich zu den schwarzbodigen Prärien und der tausendjährigen Modererde der Urwälder, aber sie können doch immer als eine Form der Prärien angesprochen werden und sind jedenfalls nicht culturunfähig[1]). Ist es daher erstaunlich, wenn den Ersten, die dieses Gebiet mit forschendem Blick betraten, einem Fremont oder Beckwith, der Contrast der Steppen der westlichen Hochebenen zu dem, was man bisher als amerikanische Natur kannte, so scharf erschien, dass sie die Uebergänge zwischen Ueppigkeit und Dürre viel weniger beachteten als die extremen Unterschiede, und diese Steppen asiatisch und nicht amerikanisch fanden? Man verwies sie in ein scharf abgesondertes, bergumrandetes Becken, innerhalb

1) Uebrigens hat sich die Schätzung, in der die Barrens bei den ersten Ansiedlern Kentucky's und Tennessee's standen, mit der Zeit erheblich geändert. Man betrachtet sie nicht mehr als wüste Ländereien. Es ist wahr, dass ihr Kalkboden stellenweise dürr und dem Anbau ungünstig ist, aber ihn unterbrechen breite Striche rothen, thonigen Bodens, der so reiche Ernten gibt, dass schon 1856 D. Owen (Geol. of Kentucky I. 83) seinen Werth in der Nähe grösserer Ortschaften zu 50 Dollars p. A. angibt. Er bietet wahrscheinlich auch kein ganz so ödes Bild mehr, wie vor 100 Jahren, wo ein zu 2 m. dicht aufwachsendes Gras ihn bedeckte und den Baumwuchs derart erstickte, dass Strecken, die heute für gut bewaldet gelten können, noch im Gedenken älterer Ansiedler baumlose Prärien waren. Man macht in Kentucky Unterschiede zwischen verschiedenen Theilen der Barren, indem man die einen für fruchtbarer hält als die anderen. Der grösste Theil derselben ist wenigstens anbaufähig. Michaux meint, dass wohl auch das jährliche Abbrennen des Prärie-Grases, das früher hier allgemein geübt wurde, dazu beitrug, die Barrens in ihrem öden Zustande zu erhalten (Voyage à l'Ouest des M. Allegh. 165). Die Barrens oder Prairies von Kentucky umfassen ein Gebiet von ca. 140 □M., das von den umgebenden reichbewaldeten Theilen durch einen dünnbewaldeten Saum von Eichen und anderen Bäumen, vorzüglich aber durch Post-Oaks (Quercus obtusiloba) getrennt ist, in welchem die Bäume spärlicher und ärmlicher werden in dem Masse als man sich dem Barren nähert. Dieser selbst ist prärieartig mit Gras und Kräutern bewachsen. In Tennessee und Missouri ist er weniger ausgedehnt.

dessen sie wie eine grosse Ausnahme von der amerikanischen Natur abgeschlossen sein sollten. Uebrigens übertrieb man damals auch unter dem Eindruck des Unerwarteten und Fremont nannte z. B. das Kaninchen das grösste Säugethier der Steppe und den Sage Brush-Strauch ihr einziges Holz.

Die Bodenformen der Steppe sind im Allgemeinen, ähnlich denen der Prärie, in dem Rahmen der Ebenen, Hügelländer und Hochebenen eingeschlossen, aber sie gehören den letzteren ganz vorwiegend an und das Flache wiegt in ihnen weniger vor. Da die Steppe diejenigen Theile des Inneren fast ausschliesslich bedeckt, welche den Hochgebirgen so nahe liegen, dass sie noch in den Wirkungsbereich ihrer Gewässer fallen, so sind die tief eingeschnittenen Thäler der letzteren eine charakteristische Erscheinung im Steppengebiet; nicht weniger sind es die höheren und steileren Bodenwellen, welche wir schon oben Wellenkreisen verglichen, die vom Mittelpunkt einer Gebirgserhebung gleichsam hinauszittern. Sie verkünden die Nähe des Hochgebirges, auf dessen höheres Ansteigen sie gleichsam vorbereiten oder das sie mit flacheren Theilen der Hochebene vermitteln. Auf diese, dem Hochgebirg vorgelagerten Theile der Steppe bezieht sich die Schilderung Dodge's: „Die Plains sind nur dem Namen nach Ebenen. Der Mangel an Bäumen setzt sie in besonders hohem Grade den Wirkungen der Winde und des Wassers aus und nirgends findet man daher eine grössere Unregelmässigkeit der Oberfläche, unvermitteltere Erhebungen, steilere Abstiege, gebrochenere, zerrissene, oft scheinbar unpassirbare Gegenden wie hier. Nirgends schneidet der Regen tiefer ein, nirgends reisst der Frost senkrechtere Spalten. Die weiten Flussbetten sind von dem zähen gefährlichen Flugsand erfüllt. Der Reisende hat Uferbänke zu durchschneiden, scharfe Höhen abzutragen, Brücken und Dämme zu bauen und jede gewonnene Meile ist ein Stück intelligenter und geschickter Arbeit[1])."

Die steil abfallenden Ufer der fliessenden Gewässer unterbrechen für den Fernblick den flachen oder welligen Charakter der Steppe so wenig, dass man sie gewöhnlich erst wahrnimmt, wenn man hart

1) The Black Hills 1876. 15.

an sie herangetreten ist. Man ist dann immer wieder aufs Neue überrascht von dem Contrast dieser versenkten Oasen mit der Oede, die sie umgibt, und jedenfalls gehören diese unerwarteten schroffen Abstände zum Anziehendsten, was die Steppe an landschaftlicher Schönheit bietet. Man begreift es, dass Steppenreisende ihrer mit einer Art von Anerkennung Erwähnung thun. Fröbel schreibt z. B. aus der Arkansas-Region: „Das tief eingeschnittene Bett des Cottonwood-Creek stellt sich in der einförmigen Grasfläche als eine gerade Linie von Baumwipfeln dar, welche aus der Tiefe ein wenig über den Rand emporragen. Dem Little Arkansas entlang stehen in der Tiefe Ulmen und Pappeln. Von der Fläche aus gesehen, scheinen sie mit ihren über die Schlucht emporragenden Köpfen gerade aus dem Boden hervorzuragen. Sowie man an das Flussbett selbst herantritt, hat man eine besondere kleine Welt in der kahlen Steppe vor sich. Aus der Tiefe wachsen die Bäume empor, an der Seite der Schlucht stehen Sonnenblumen auf zwei- bis dreimannshohen Stengeln; Weinreben ranken sich durch das Gebüsch.“ Am Mono L. erfuhren wir selber den merkwürdigen Eindruck, den diese Oasen machen. Wir stiegen dort von den Vulkanen in westlicher Richtung herab und ritten quer über die Hochprärie in gerader Richtung nach dem fernher schimmernden Blockhaus einer einsamen Ranch. Wir erwarteten nichts mehr zu sehen, erfuhren aber bald, dass selbst diese scheinbar so öde Steppe ihre Reize hat. Die Fläche sah ununterbrochen und einförmig grau aus, wie überall in diesen Gegenden, aber als wir eine Stunde querfeldein geritten waren, that sich eine Schlucht auf, von der man keine Spur gesehen hatte; sie wurde weiter, je näher wir kamen, und stellte sich, als wir an ihrem Rande standen, als eine etwa 200 Schritt breite Ausweitung des schluchtenartigen Thales einer der Bäche dar, die vom Hochgebirg herab über die Hochebene und in den See fliessen. In dem weichen Geröllboden hatte das Wasser ein enges tiefes Thal gehöhlt. Es fiel über eine Quaderschicht tiefer liegenden Gesteins in diese Weitung, die vom üppigen Rasen und Weiden- und Espengebüsch grün war, dass sie wie ein Oasengarten in die einförmige Dürre der Prärie versenkt schien. Wir stiegen die steilen Wände hinab und standen vor dem dünnen Gewässer, das aus dem Quaderthor der Schlucht rauschte, so erfreut, als ob wir diese letzten Wochen statt der interessantesten Gebirgslandschaft immer nur die Wüste durchreist hätten. Gerade der Contrast im Kleinen war wohlthuend.

XXII. Ein Blick in das Felsengebirge.

1.

Nach fast zweitägiger Fahrt vom Mississippi-Thal her über die grüne, fruchtbare Prairie von Kansas und die vertrockneten, gelben Steppen, mit denen sich das Land unmerklich zur Hochebene erhebt, sieht man im Westen die Felsengebirge wie Keime von Wölkchen auftauchen. Zuerst erscheint die südliche Berggruppe des Pike's Peak in ihrer Isolirtheit, der langgestreckten Gestalt und den steilen Wänden einer grossen, fernen Insel nicht unähnlich; sie taucht im Süden auf, wo sie wie ein vorgeschobenes Werk vor die im Ganzen sehr regelmässig nordsüdlich verlaufende Kette hervortritt. Sie ist ein willkommener Vorbote, denn sie scheint viel zu versprechen. Ihre Formen sind von einer grossartigen Schönheit, die man edel nennen kann, so gehalten, so massvoll ist bei aller Kühnheit ihr Aufstreben. Wer je die wunderbar schöne Linie des Monte Pellegrino bei Palermo gesehen, weiss, was ich meine, denn ihr ist die dieser Berggruppe nahe verwandt. Erst strebt sie steil in die Höhe, als gälte es einen wolkenspaltenden Wipfel aufzuthürmen, bricht aber ehe man es vermuthet, und auf der einen Seite früher als auf der anderen, mit einer sanften Biegung ab und vollendet nun, ohne irgend einen scharfen Grat oder Kluft, mit welllig zusammenneigenden Linien, den eigenthümlichen Umriss, der sehr entschieden an einen Löwen erinnert, der mit niedergeducktem Kopfe schläft — etwa an den Thorwaldsen'schen bei Luzern. Ein röthlicher Felston, welchen mattweisse Linien und Flecken der Schneefelder durchziehen und den, wie wir näher kommen, das weiche Dunkelgrün des tieferen Waldkleides, des faltenreichen, gleichsam herabgesunkenen, überall einfasst, füllt diese Form mit einer weichen, duftigen Farbe, und die durchscheinend grauen, blauen und veilchenblauen Bergschatten — ein lang entbehrter Augentrost! — sind vermildernd über das Ganze gebreitet.

Während diese schöne Berggestalt sich entfaltet hat, sind gegen Norden weitere schneestreifige Kuppen aufgetreten; sie sind noch vereinzelt und würden ohne die scharfen Umrisse, welche ihre Felsennatur andeuten und die Nähe der schon zu imposanter Masse und Höhe heraufgewachsenen Gruppe des Pike's Peak kaum als die höchsten Gipfel eines Hochgebirges zu erkennen sein. Ihre Formen haben zunächst nichts von alpiner Schärfe — keine Hörner, Nadeln, nichts übermässig Kühnes, Scharfzackiges oder gar Uebergebogenes ist zu sehen; eine Neigung zu breiten und stumpfen Kegeln, langen Gratlinien mit sanften Einsenkungen und zarten Uebergängen, selbst zu Wellenlinien, scheint mit wenigen Ausnahmen auf der ganzen Linie zu herrschen. In der Ferne, in der sie jetzt noch stehen, erscheinen sie in ihrem matten Blau und Grau so duftig wie ein Schatten, der sich aufzuhellen beginnt, oder den die Sonne wirft, wenn sie von leichten Nebelschleiern verhüllt wird. Auch erscheinen sie ohne erkennbaren Zusammenhang weit zerstreut an diesem und jenem Punkte des westlichen Horizontes, tauchen bald auf, versinken bald ganz, bald halb, wie eben die Prärie, die jetzt schon welliger als ein stürmisches Meer sinkt oder anschwillt. Aber wie die Wagenreihe unseres Zuges sich von Welle zu Welle bergauf und bergab windet und immer weiter westlich fortschreitet, kommen sie sichtlich näher, und schon gelingt es, von mancher Höhe tiefere, dunklere Massen zu erblicken, die ihnen zur Grundlage dienen, sie verbinden.

Die Gipfel und Grate wurden erst zu Gruppen, ähnlich der des Pike's Peak, so dass mit dieser vier am Horizont standen — die nördlichste länger als die anderen, fast eine Kette für sich, und in den Formen am alpenhaftesten, schärfsten, die südlichste, wie schon beschrieben, die schönste im Umriss, die beiden mittleren einander ähnlich, so gross wie die südliche und von trägeren Formen, die minder lebhaft zum Auge sprechen. Diese beiden sind einander genähert, die nördliche und südliche Gruppe sind hingegen durch bedeutend grössere Zwischenräume von ziemlich übereinstimmender

Weite von ihnen getrennt und über sie hinaus sieht man schon das Gebirge in undeutlichen Wellenlinien nach den beiden entgegengesetzten Himmelsrichtungen hinausziehen, in deren Linien es mit unbedeutenden Abweichungen durch den ganzen Nordcontinent und in Süd-Amerika wieder vom nördlichen Rande bis zum Cap Horn streicht.

Nun fahren wir aber mit Schnellzugseile schon seit zwei Stunden dem Gebirge zu, seitdem die ersten Gipfel aufgetaucht sind und noch sind es nur Gruppen, was wir sehen, Unzusammenhängendes. Sollte man denn nicht erwarten, dass das Ganze, die Kette sammt den Vorbergen, endlich auftauchen müsse? Und diese lästigen Bodensenkungen, in die wir von jeder Hebung wieder hinabsteigen! Kaum glaubt man einen Ausblick gewonnen zu haben, so schieben sie sich vor und schränken uns wieder auf Himmel und Prärie ein, an deren Blau und Braungelb wir uns in zwei hellen Sommertagen doch wahrlich genügend gesättigt haben! Aber es hat eben jeder Kern seine Schale; ich erinnere mich recht gut, es war dasselbe, als ich bei Waldshut zum ersten Mal die Alpen sah, und mehr noch, als ich an einem trüben Decembermorgen zwischen Montpellier und Frontignan den ersten Blick aufs Meer gewann. Wie drängte es, endlich den vollsten Zug aus der langersehnten Quelle einer grossen, schönen Natur zu thun! Doch da war bald eine Wegbiegung, bald eines der meilenlangen Rebenfelder, die dort so häufig, bald ein Haus und bald eine Wolke davor, und am Ende war man unvermuthet mitten ins Gewühl der beengenden Stadt geworfen, hatte es höchstens bei dieser und jener guten Gelegenheit flüchtig aufleuchten sehen. Das waren damals Tantalusqualen. Jetzt bin ich freilich ruhiger und was hilft es auch, ungeduldig sein? Las ich nicht mit Erstaunen jüngst im Reisebericht des Major Pike, der 1806 die erste Forschungsexpedition nach den Felsengebirgen führte, wie lang ihm und seinen Leuten der Weg vom ersten Anblick bis zum Erreichen des Gebirges ward? Und wie müd müssen erst diese der Prärie gewesen sein, in der sie vier Monate gewandert waren! Von dem Ort, wo sie den ersten Anblick der Felsengebirge gewonnen hatten, bis zu deren Fuss brauchten sie zwölf Tage statt der vier, die sie vermuthet hatten. Die Luft ist in dieser Höhe ungemein klar und dünn und täuscht über die Entfernung der Dinge. —

Wir sind endlich in Denver. Was auf der Herreise aus allmählich aufgetauchten Bruchstücken sich am Horizont aufbaute, dürfen wir nun als Ganzes von einem wohl gelegenen Punkte in günstigster Abendbeleuchtung, bei staub- und wolkenloser Luft, kurz, in Nichts beschränkt, ganz ruhig in uns aufnehmen. Es ist das auch ein Glück, das freilich wohl nur der recht würdigen kann, dem unser viel launenhafterer europäischer Regengott einmal eine Alpenreise, auf die er sich ein Jahr und mehr gefreut, mit einer Regenwoche eröffnete. Derartige Intermezzi sind hier zur Sommerzeit nur erwünscht, denn der Regen kommt jetzt meist nur bei Gewittern herab und ist von so kurzer Dauer, aber dabei so nothwendig für die Vegetation, dass ihn Jedermann dankbar begrüsst. Abgesehen von der Nützlichkeit, bringt er auch eine kurzweilige Unterbrechung in das ewige Blauen und Sonnenscheinen; es ist ohnediess ein etwas stahliges Blau in dieser Höhe und bei dieser ungemein trockenen Luft, eine Farbe, der etwas Durchsetzung mit dem weichen Weiss und Grau der Wolken jeweils wohlthut; diese erzeugen sich wohl täglich im Gebirge, bleiben aber meistens tief an dessen Horizonte stehen.

Im Halbkreis liegt nun das Felsengebirge, soweit es von hier aus zu überschauen, vor deinem Blick. Es ist einfach zu sagen, wie es sich darbietet, viel einfacher als bei irgend einer Alpenansicht. Die zwanzig Meilen bis zum Fusse sind noch völlig Prärie, die bald in glatter, schräger Fläche, bald in Wellen ansteigt, um sich erst hart vor dem Gebirge selbst plötzlich zu einer Vorlagerung von Hügeln aufzurecken, die theils wallartig gestreckt, theils kegelförmig sich erheben und überall nur einen schmalen Saum vor dem Gebirge bilden. Sie sind gleich der Prärie mit kurzem, gelblichgrünem Rasen bedeckt, waldlos und nur auf den Gipfeln und Graten felsig, als hätten sie beim Aufsteigen jener ihr weites, vielfaltiges Gewand mitgehoben und es nur zu ritzen vermocht. Dieser Hügelsaum zieht, vielfach durchbrochen und in mannigfaltige, doch vorwiegend langgestreckte Formen gegliedert, überall vor dem Gebirge hin, und im Südhorizont, wo sich die Kette wie im Norden zum Halbkreis zu biegen scheint, sieht man denselben klar aus der Prärie in allmählicher Erhebung ansteigen und mählich in die höheren Berge übergehen, welche da, wo wir das Gebirge direct vor uns haben, sich unvermittelt, d. h. aus eigener Basis zu erheben scheinen.

Hinter diesem Hügel- und Bergwall, der so unvermittelt aus der Prärie aufsteigt, erhebt sich da und dort, wo er am höchsten wird, der Scheitel der weiter westlich liegenden Hochgebirgskette, die man die Park Range nennt — flachlinige, dazu felsenhafte Gebilde, in dunkles Waldkleid gehüllt bis zum Kamm, kahl und schneestreifig an den Gipfeln, die aus ihm sich hervorheben.

2.

Von Denver führen mehrere Eisenbahnlinien nach dem Gebirge, dessen Erzreichthum, Heilquellen und Naturschönheiten von Jahr zu Jahr zahlreichere Besucher anziehen. Eine der belebtesten Linien führt von Denver einige zwanzig Meilen nordwärts und biegt dann nach Westen, um das Kohlenbecken von Boulder und den Eingang des Boulder Cañon, des Thales zu gewinnen, durch das die Strasse nach den Goldwäschereien des Boulder Creek und den höchst ergiebigen Silberminen von Caribou und Nederland führt. Wir verlassen Denver des Nachmittags und sind vor Abend in Boulder. Ueber die gelbe, staubige Prärie eilen wir rasch hin, solange der Weg parallel mit den Bergen nach Norden läuft; aber wo er abbiegt und sich den Bergen nähert, schnaubt und stampft die Locomotive, trotz ihrer leichten Last, denn die Prärie, wie flachwellig sie in der Fernsicht erscheint, hebt sich mit bedeutender Steigung gegen das Gebirge, nach dem wir nun in geradester Linie hinstreben. Schon wird die bläuliche Fläche, mit der es am Horizont stand, körperlich, tönt ihre Farbe zu einem Schleier ab, der über den Vertiefungen noch dicht anzuschauen, während das Grün des Rasenkleides, das die Vorberge ganz überzieht, auf allen näheren Punkten schon deutlich vorleuchtet, lässt Abhänge, Schluchten, Felsgrate hervortreten und löst, was ein einziger Wall geschienen, in Reihen von Hügeln und Bergen auf, die ohne Regel durch einander geschoben und aneinandergereiht sind, vortreten, zurückgehen, bald klarer, bald schattenhafter werden, wie wir ihnen näher kommen. Die Hochgebirgsgipfel, die vorher ihre Schneehäupter über die Vorberge gehoben, sind bereits zurückgesunken, denn diese, die theilweise selbst nicht unter 3000 m. messen, wachsen zusehends in die Höhe und Breite vor unseren Augen und lassen bald nichts mehr als den Himmel über sich. Nun werden die Wellen des Präriebodens kühner, so dass stellenweise die Eisenbahn in tiefen Einschnitten durch sie hinführt, und in diesen Einschnitten sieht man, wie das Felsgestein schon nahe unter die Erdkrume getreten ist und stellenweise die schmalen Schichten und dunklen Bänder der Kohle einschliesst. Eine Bodenwelle steigt steiler auf und senkt sich nicht so bald, sie ist schon ein kleiner Höhenrücken, wo sie aber abfällt, hebt sich eine andere vielleicht zu 30 m. und trägt einen Felsgrat auf der Kante, der wie ein Heidenmäuerlein entlang zieht. Hügel mit Felskämmen, mit Klippen und Graten an den Abhängen wiederholen sich, wir sehen sie am Fuss der waldigen Vorberge wie Dünengebilde hinziehen, und diese selbst, an deren Abhängen noch immer ein faltig herabgesunkenes Waldkleid den Felsenkörper nur halb zu umhüllen, die Gipfel völlig frei zu lassen schien, sind nun so nahe, dass man Felsen aus dem Walde hervortreten und Wald in Schluchten hinaufziehen und an geschützten Stellen sich fest am Gipfel behaupten sieht.

In diesen Hügeln liegen die tertiären Kohlen, deren Ausbeutung für die rasch wachsende Bergwerks-Industrie von Colorado von so grosser Bedeutung ist. Man geht durch das Städtchen Boulder, das hart an dem breiten Thore liegt, welches der Boulder Creek in die Bergwand gebrochen. Es ist ein Städtchen von Holzhäusern, einer der Verkehrsmittelpunkte für die tiefer im Gebirg liegende Minenregion und darum reich an Kaufläden, Schenken, Gasthäusern und Pferdeställen. Farmern, Bergbeamten und dergl., die zu Pferde aus dem Gebirge kommen, sonnverbrannten kühnen Gesellen mit breiten Hüten und hohen Stiefeln, in schweren mexikanischen Steigbügeln, begegnet man häufig in seinen Strassen, und zahlreiche Wagen bringen geschnittenes Holz aus den nahen Sägmühlen herab. Der Boulder Creek rauscht noch über Felsen, die er herabgespült, an diesem Städtchen vorbei, verliert aber bald sein schweres Geröll, da sein Fall sich schon merklich vermindert, so wie er aus dem Gebirge heraustritt. Eine englische Meile weiter abwärts ist er schon Präriefluss,

d. h. er fliesst, wenn auch noch mit einer Schnelligkeit, die an seinen nahen Gebirgsursprung erinnert, doch vielgewunden, oft in mehrere Arme getheilt, die durch flache Sandinseln getrennt sind, in niederen Ufern, an deren schmalen Saum kräftigeren Grüns sich überall sogleich das Gelbgrau der Prärie anschliesst. Da und dort entziehen ihm Bewässerungsgräben ein Bächlein nach dem anderen und bis er zum Platte R. kommt, in dessen Bett er zum Missouri hinabfliesst, ist er ein breiter, seichter, sand- und kiesreicher Bach geworden.

Aber er kommt uns jetzt als wilder Bergbach entgegen, indem wir die Strasse verfolgen, welche von Boulder aus an seinem Ufer, bald am rechten, bald am linken hinführt. Ich zählte mindestens fünfzehn Brücken auf der neun Stunden langen Strecke. Wir haben hier keine breite, ebenenhafte Thalöffnung zu passiren, sondern treten unmittelbar in eine Felsschlucht, wo eine Viertelstunde oberhalb Boulder schon so wenig Raum zwischen Bach und Felswand war, dass der Weg stellenweise in letztere eingesprengt werden musste. Merkwürdiger Contrast!

Die Berge sind hier aus fleischrothem Granit, dessen Wände und Klippen den Bach einengen, dass er gewaltig schäumt und braust. Sie steigen zu etwa 300 m. über das Thalniveau an, tragen auf sanfteren Abhängen und in Schluchten wohl Erde, doch wenig Baumwuchs. Nur hainartig stehen die Föhren und die sehr schmalen hohen Tannen, eine gute Felsstaffage durch ihre schlank aufstrebenden Gestalten und dunkle Farbe, doch kein Wald, vor allem keiner, wie ihn die Abhänge unserer Alpen tragen. Selbst grüne Matten suchen wir vergebens, Präriegewächse, gelb- und rothblühende Cacteen, starre, schmalblättrige Agaven, kleine Sonnenblumen, Lupinen u. dergl., treten uns statt ihrer entgegen und verkünden, dass ein innigerer Zusammenhang zwischen der flachen Wüste und dem Hochgebirge besteht, als der tiefe Unterschied der äusseren Erscheinung glauben lässt. Es war nicht bloss ein Schein, wenn es uns beim ersten Anblick der Felsgebirge vorkam, als habe das Gebirg beim Aufsteigen die gelbgraue Pflanzendecke der Prärie sanft mit sich aufgehoben und sie gleichsam über sein Felsgeripp gezogen. Es ist so, denn selbst bei 3000 m. hat die Flora dieses

Gebirges noch unverkennbar den Präriecharakter und nirgends in ihrer ganzen langen Erstreckung verläugnen die Felsengebirge von Colorado in ihrer Pflanzenwelt, dass sie zwischen zwei Wüsten liegen.

Hart am Bach ist es freilich anders. Da sind wir tief in den Alpen, da fehlt es nicht an saftigst dunkelgrünem Erlengebüsch und beweglichen Espen, an Rosen von sehr süssem Dufte, an Schlinggesträuch, das die Hecken verdichtet, an grünen Rasenflecken mit zierlichen kleinen Nachtviolen mitten darin. Wie heimeln diese Scenen an, wo hinter einem Felswall ein Halbinselchen angeschwemmt und dicht begrast ist, wo eine kleine Insel voll Erlensträuchern mitten im reissenden Bach liegt, wo in die brausenden Fälle ein feiner, rothstengliger Ahorn nickt und vom Wasserstaub weithin glänzt! Auch jene wilderen Bilder sind uns nicht unvertraut, wo Baumstämme, nackte, heruntergespülte, sich in den Felsen verwirrt haben und den Bach sperren, wo frisch abgestürzte Felsmassen, scharfkantig und von frischen Bruchflächen, mitten in seinem Bett liegen, wo andere dräuend überhangen, die vielleicht nur das weitausgreifende Wurzelwerk einer Föhre noch in ihrer Lage hält.

Einzelnes ist vertraut, denn Viel muss ja allen Hochgebirgen gemein sein, da sie, von allen Unterschieden der Lage und des Klima's abgesehen, durch ihre Natur in so vielen Beziehungen übereinstimmen. Aber neu ist die Fülle ununterbrochener Variationen über das Thema eines engen, höchst wilden Felsenthales und eines ebenso wilden Baches, der es durchfliesst. Unsere Höllenthäler und Teufelsschluchten sind Einschaltungen in mildere, friedlichere Bilderreihen, aber dieses Thal ist ein Höllenthal, so lang es ist. Keine nennenswerthe Ausweitung unterbricht auch nur auf fünfhundert Schritt den Schluchtencharakter, höchstens weichen einmal die senkrechten Felswände zurück und lassen minder steile Bergabhänge herantreten, aber selbst wo dies der Fall, scheint vor dir oder im Rücken wieder ein Felswall das Thal quer abzuschliessen und du kommst nicht aus den starren, dräuenden Bildern heraus. Mehr als einmal steht ein Berg von vielleicht tausend Fuss vor dir, dessen eine Wand völlig senkrecht abfällt und weder vom Pflanzenwuchs noch vom Wasser belebt ist, das etwa über sein vielzerklüftetes Gestein herabrieselte; nur die Farbenwechsel am Gestein, das an geschützten Stellen fleischröthlich, an den Vorsprüngen violett und grauviolett, lässt diese Wände nicht ganz einförmig erscheinen. Es ist hier wahrlich nicht mehr bildlich, wenn man von *aufgethürmten* Felsen und Bergen spricht, denn aus hausgrossen Blöcken scheint jeder Berg aufgebaut. Sicherlich ist die Verwitterung in grossem Massstabe thätig gewesen, man sieht es an den kühnen Formen der Seiten und Abhänge der Berge und an den Massen, die im Thale liegen. Risse ziehen längs und quer durch die höchsten Felswände.

An einer der wildesten Stellen steht Castle Rock, ein 300 m. hoher Fels, ein gutes Wahrzeichen dieses Thales, an mehreren anderen Punkten ähnliche, die weniger in die Augen fielen, da sie nicht wie dieser auf allen Seiten entblösst, sondern wie Pfeiler an die Berge gelehnt waren. Dieser aber hebt sich ganz frei und ziemlich schlank mit erst senkrechten, dann im Bogen zu scharfer Spitze zusammenneigenden Wänden aus dem Thalgrunde. Er trägt nur ein paar kümmerliche Föhren an Vorsprüngen und in Spalten, wo angewehter oder herabgewitterter Staub sich absetzen konnte.

Noch Stunden wandert man im engen Thal. Wo die Felswände zurücktreten, kommen ziemlich steile, kahle oder dünnbewaldete Berge heran, die selten Raum genug für ein paar Hafer- und Kartoffelfelder lassen, und erst wenn man etwa sechs Stunden in dieser langen Schlucht zurückgelegt, gehen unerwartet die Fels- und Bergschranken weit zurück und lassen eine Thalfläche sich unbeengt ausbreiten, um die sie wie ein Amphitheater sich in weitem Bogen aufbauen.

Diese Thalweitung gleicht den entsprechenden Abschnitten unserer Alpenthäler so vollkommen, dass man sich in der That nur mit einiger Ueberwindung an den Gedanken gewöhnt, über diese saftigen, blumenreichen Wiesen, am üppigsten Weiden- und Erlengebüsch hin und im Schatten von Tannen und Föhren, die ganz so voll und kräftig wie in der Ebene aufstreben, in einer Höhe von mehr als 2500 m. zu wandern. Nach so manchem Neuen, dass ich im Norden und Süden gesehen, ist mir diess doch die erstaunlichste Naturerscheinung auf dem ganzen Continente. Noch reichlich 1000 m. sieht man die Tannen- und Föhrenwälder an den Bergwänden hinaufziehen und die nächsten Hochgipfel der Snowy Range, welche nicht unter 4000 m. hoch sind, noch über die Schneefelder hinaus im frischesten Grün leuchten. So ist hier eine Regel durchbrochen, die wir in Europa zu den allgemeinsten rechnen zu dürfen glaubten: dass unter gleicher geographischer Breite die Schneegrenze im Ganzen in gleicher Höhe zu liegen habe. Doch wird es nicht schwer fallen, sich in den neuen Begriff von Baumgrenze und Grenze des Pflanzenlebens überhaupt zu schicken. Verheisst doch dieses neue Verhältniss eine Fülle unerwarteter Einzelheiten, die ihm entspringen müssen! Wie Manches wird uns noch überraschen in diesem Gebirge mit montblanc-hohen Bergen, die fast bis zu den Gipfeln bewaldet, selbst im Frühsommer schneearm und durchaus gletscherlos sind! Auf der Wasserscheide zwischen Atlantischem und Stillem Meer, wo Alpenpflanzen vom Aetna und Glockner bei mexikanischen Cacteen und Agaven stehen!

Die Thalebene von Middle-Boulder ist bei sanfter Neigung ziemlich einförmig eben — ein alter Seeboden, wie sie überall im Hintergrunde der Hochgebirgsthäler häufig anzutreffen sind. Ihr Grund ist theils gute Erde, theils steinig, theils schwammig feuchter Moorboden; die gute Erde findet sich an den Rändern des Thales und zieht oft ziemlich hoch an ihnen hinauf; von ihr sind einige Stücke schon angebaut. Das Thal ist von Bergen auf allen Seiten umgeben, von niedrigeren, kaum 300 m. über der Thalfläche erreichenden, an den Seiten und wo es sich gegen den Eingang der Felsschlucht, des Cañon, hinabsenkt, von höheren im Hintergrunde, wo sich der Fluss wieder in Felsschluchten begräbt und stärkeren Fall erhält als irgendwo weiter unten, da er hier nun seinen Quellen sich nähert, die nur etwa zwei Meilen weiter oben am Rande des ewigen Schnees liegen. Alle diese Berge sind nun im schärfsten Gegensatz zu dem wilden Felsgewirr, das auf Meilen die Ränder des Cañon bildete. sanft ansteigende Höhen mit flachen, manchmal kaum merklich aus dem Kamm des Höhenzugs hervortretenden Gipfeln. Selbst von Bergen im Hintergrunde, die zum Theil schon ewigen Schnee tragen, gilt dieses, wiewohl sie wenigstens zum Theil in schärferen Umrissen wieder die entschiedener hervortretende Felsnatur erkennen lassen. Jene sind durchaus nur dünn bewaldet, so dass die schmalen Tannen stellenweise kaum noch hainartig stehen; doch wächst bereits wieder mannshohes Föhrengesträuch auf den Rodungen. Diese aber sind in ein dunkles Waldgewand gehüllt, das an Dichte und Lückenlosigkeit dem des Schwarzwaldes nicht nachsteht und prächtig düster in seinem Ernste von dem matten Weiss der Schneefelder absticht, welche stellenweise sich selbst noch in seinen Grenzen erhalten haben und vom Morgen bis zum Abend von der Sonne beschienen werden, die ihre Bahn jetzt quer über das Thal hat.

Durch dieses Thal rauscht das Flüsschen in einem raschen, lauten Ton, der vom Plaudern eines Wiesenbaches eben so weit entfernt ist wie von dem Toben, zu dem es weiter unten die Felsenumdämmung und der ungleiche Grund zwingt. Der rasche Fall von den Bergen des Thalhintergrundes hat ihm eine Geschwindigkeit gegeben, die das Fliessen über die leichtgeneigte Thalebene nicht bieten könnte, aber die unmittelbaren Einengungen an den Ufern oder im Bette fehlen, und so ist es ein Mittelding von Bergbach und Thalflüsschen.

Man verlässt, indem man weiter ansteigt, das liebliche Thal, auf das man bald wie auf einen Garten in Felsenumzäumung zurückblickt, und kommt auf steilem, steinigem Pfade mitten in die Berge, welche es nach Westen abschliessen. Ihre Abhänge sind einst viel dichter bewaldet gewesen, als sie es jetzt sind, man sieht an Stümpfen und verkohlten Stämmen die Spuren der Axt und des Feuers und die Föhre und Tanne stehen sehr dünn. Dabei ist die letztere (Abies Engelmanni) so schmal gewachsen, so vorwiegend nur Stamm, an dem kurze, buschige Zweige wagrecht abstehen ohne eine Krone zu bilden, dass sie, selbst wenn sie zehnmal dichter stünde, keinen Wald zusammenzusetzen vermöchte. Die Wüstenanklänge sind selbst hier noch nicht ganz verklungen, es fehlt an saftigen Kräutern, aber nicht an trockenen Agaven und Cacteen, und die ersteren sehen mit ihren hohen, steifen Blüthenschäften von weissgelber Farbe nicht eben belebend aus.

Nach zweistündiger Wanderung sind wir in einer Höhe von über 3000 m. beim Bergwerksdorf Caribou angelangt, das mit seinen Längs- und Querreihen der primitivsten Holzhäuser an einer Stelle erbaut ist, wo der Abfall der Berge der Snowy Range, die nun ganz aus der Nähe mit ihren zerstreuten, meist nicht sehr ausgedehnten

Schneefeldern herabschauen, etwas gelinder ist und stellenweise sogar flachen Boden bietet. Ueberall sieht man Stollen und Schächte sich in die Bergwände öffnen und Halden zerschlagenen Gesteins erheben sich wie Schanzen rings ums Dorf und auf allen Höhen. Wir verfolgen den Weg weiter, bis er an den Fuss der Schneeberge rührt, und steigen dann auf kürzester Bahn zum Kamm der Snowy Range über den zerfallenen Granit, den die langsam schmelzenden Schneemassen gleichsam durchweichen und anfaulen. Wenn wir uns zurückwenden, zieht jenseit der Berge schon die Prärie wie ein graues Meer einförmig und eben nach Osten hinaus. Zu den Seiten aber geht der Blick stellenweis schon in das dichter bewaldete Hügelgewirr des weiten Hochthales, einen der *Parke,* die jenseit der Snowy Range, ringsum von Schneebergen umzäunt, sich in der Höhe von 2500 m. über Hunderte von Quadratmeilen ausdehnen.

3.

Wenn der Wanderer, der über die dürren, einförmigen, schattenlosen Plains hergekommen ist, endlich in die erfrischende Kühle der Felsengebirgsthäler eintritt, sieht er in ihren einfachen Forsten mehr als in dem üppigsten Laubwald des Ohio- oder Mississippi-Thales oder in dem lieblichsten Eichenhain von Texas oder Missouri. Diese starren Föhren und Fichten, diese düsteren Wachholderbäume, die Cypressen des Westens, vertreten ihm hier die Palmen, die in südlicheren Wüsten Wahrzeichen der Oasen sind. Jeder einzelne Baum bezeugt eine Naturkraft, die in der Steppe erstorben schien; jeder Wipfel, der sich hier im Winde wiegt, bedeutet einen Triumph des Lebens über die Starrheit der Felsen und des Staubes.

In diesem Lichte der Erwünschtheit gesehen, ist der Wald des Felsengebirges eine herrliche Erscheinung. Denken wir ihn aber losgelöst von Umgebungen, die ihm einen ausserordentlichen Werth verleihen, so scheint er im Vergleich mit den Wäldern des Alleghany-Gebietes oder Californiens spärlicher und ärmer. Die wenigen Fichten und Föhren, die ihn zusammensetzen, und seine spärlichen und gewöhnlichen Espen und Weiden sind Kinder eines rauheren Klima's, die aus dem winterlichen Canada unter dem Schutze der Steppen bis in diese südlichen Breiten herabgewandert sind. Alle jene Formen fehlen, welche den Wäldern des Ostens den freundlichen und mannigfaltigen Charakter südosteuropäischer Laubwälder verleihen und ebenso die Riesen verschiedener Nadelholzgeschlechter, welche man am Sacramento und Columbia und sonst nirgendwo findet. In den mehr noch als die eigentlichen Hochgebirge dieser Region oasenhaften Vorbergen ist dieser Charakter besonders stark ausgeprägt. So ist z. B. die Aermlichkeit des Waldbestandes in den Black Hills und den übrigen Vorbergen des Felsengebirges eine oft hervorgehobene Thatsache. Als Oasen in der Wüste, und die Wälder der Black Hills stellen allein eine Oase von 4000 e. Q. M. dar, ist man geneigt gewesen, auch sie zu überschätzen. Aber „reich und schön, wie diese Wälder in ihrem Dunkel erscheinen, bestehen sie doch der Mehrzahl nach aus Bäumen, die weniger als 25 cm. im Durchmesser haben. Es gibt wenige Wälder alter Bäume, es sind wohl immer einige durch den jüngeren Nachwuchs zerstreut, aber sie sind immer sehr in der Minderheit. Es scheint das Feuer zu sein, welches das Heranwachsen grösserer Bestände von alten Bäumen verhindert; aber wahrscheinlich ist auch eine Ursache vorhanden, welche ein dichtes Beisammenwachsen der jungen Bäume begünstigt und dadurch die Entwickelung der einzelnen hemmt. Ich schätzte, dass nur $^1/_{10}$ des Waldlandes der Black Hills von gutem alten Wald bestanden ist, der Rest ist Wiese, Steppe oder Gebüsch“[1]).

In diesen, wie auch in dem eigentlichen Felsengebirge sind die schönsten Waldregionen in den *Parks* zu finden. Den orographischen Begriff des Wortes haben wir oben erläutert (S. 72), den landschaftlichen bestimmen Gebirgsumrandung und reichliche Bewässerung; kleine Seen sind in den Parks nicht selten; doch muss man an den meist ungemein steilen Anstieg und die an den Abhängen noch immer steppenhaft angehauchte Flora in diesen Gebirgen sich erinnern, um zu verstehen, wie irgend ein Hochthal, eine einfache Thalweitung, als Park erscheinen kann. Dass das selbst in diesen feuchten Thälern noch immer lückenhafte und keineswegs urwäldliche Wachsthum des Waldes den oft bedrückenden und verwirrenden Eindruck anderer Gebirgswälder fernhält, ist

1) The Black Hills 1875. 100.

vielleicht auch in Rechnung zu bringen. Nach R. J. Dodge's Behauptung wäre sogar jede grössere Lichtung ein Park[1]). „Fast die ganze Oberfläche der Mesa's," sagt er, „mit Ausnahme der schmalen Bottomländereien in den Thälern und Abhängen ist mit dichtem Nadelholz bestanden. Steigt man aber nach irgend einer Seite herab, so findet man flache Einsenkungen, welche immer auch kleinere und grössere Lichtungen, oft von einigen Miles Länge und von unregelmässiger Begrenzung sind. Der Boden ist offenbar derselbe wie an den wildbewachsenen Stellen, aber dennoch ist oft weder Baum noch Strauch, sondern nur eine reiche Wiesenmatte zu finden. Dieses ist ein Park. Einige sind mit Baum- und Strauchgruppen bestanden. Gewöhnlich bilden Espen einen Gürtel zwischen dem Nadelholz und den baumlosen Stellen. Es ist begreiflich, dass der Ausdruck in Anknüpfung an derartige ganz bestimmte Landschaftsbilder entstanden ist, aber jedenfalls hat er sich längst ausgewachsen und heute umfasst er Gebiete von Hunderten von Quadratmeilen. San Luis Park z. B. im südlichen Colorado ist ein kleines Gebirgsland für sich, in dessen von Schneegipfeln umrandeten Grenzen Bergzüge, Thäler, Flüsse und Seen in bunter Abwechselung ausgebreitet sind.

In den nördlicheren Theilen des Felsengebirges ist der ganze Aufbau weniger auf breite Becken als auf enge Thäler angelegt, welche an alpine Bilder erinnern, wo nicht vulkanische Kräfte die eigenthümlichen Formen der Kegelberge, Krater, Lavaströme, Kraterseen u. ähnl. eingefügt haben. Doch fehlt es auch hier nicht an weiten natürlichen Lichtungen, die wiesenartig mit Gras bedeckt sind. Schätzt doch Hayden allein die Grasfläche im Thal des oberen Madison R. auf 150 e. Q. M. Er sagt von demselben Thale: „Der Fluss mäandert sammt seinen Zuflüssen in den merkwürdigsten Windungen durch diess Thal. Gewiss könnte ein geschickter Landschaftsgärtner sich nützliche Anregungen zu seiner Kunst in dieser Region holen. Das Bett des Flusses ist wie künstlich aus dem Rasen herausgeschnitten und seine Inseln sind von jeder möglichen Gestalt und von jeder Art von Schönheit. Im unteren Theil des Thalbeckens steht wenig Föhrenwald und in seinen oberen Theilen

1) The Black Hills 1876. 49.

ist es hoch hinauf üppig mit Gras bewachsen. Die begrasten Abhänge sind seltene Beispiele von sehr ausgedehnten natürlichen Wiesenmatten" [1]). Welch seltsame Züge die Aeusserungen vulkanischer Kräfte in Geysern und heissen Quellen in weite Gebiete dieser Region zeichnen, haben wir schon im allgemeinen Theil (S. 282) zu erwähnen gehabt.

Die Grenze der Waldregion umgibt, wie wir der James'schen Beschreibung des Pike's Peak entnehmen, die Spitze dieses Berges in einem Abschnitt, der, von der Ebene gesehen, nächst dem Gipfel liegt, der aber, wenn man näher kommt, einen grossen Theil des Berges einzunehmen scheint. Ueber den bewaldeten Theil ist der Aufgang noch steiler, aber weniger schwierig als unten, weil die Oberfläche so stark geneigt ist, dass die grossen Blöcke, wenn sie gelockert sind, niederrollen und kein Hinderiss finden bis zum Beginn des Waldes. Die rothe Ceder und die Pinus flexilis sind diejenigen Bäume, welche am höchsten vorkommen. Sie sind klein, haben dicke und sehr rauhe Stämme und bei Beginn des waldlosen Theiles des Berges haben sie weder Rinde noch Aeste an der den herabrollenden Felsblöcken ausgesetzten Seite. Diese Bäume sind wahrscheinlich in keiner so ausgesetzten Lage aufgewachsen, um unfähig zu sein, Rinde und Aeste auf einer Seite hervorzubringen oder zu behalten; der Wald musste sich früher zu einer beträchtlicheren Höhe an den Abhängen hinauf erstreckt haben als jetzt, so dass die Bäume, welche jetzt am Rande des Waldes sind, früher von ihren mehr ausgesetzten Nachbarn geschützt waren.

Den Ausblick von den Felsengebirgsgipfeln bestimmen Wald und Steppe ganz vorwiegend. Von Pike's Peak, den wir hier im Auge haben, geht der Blick nach Norden, Westen und Südwesten über eine Menge von Bergen hin, deren Gipfel weiss von Schnee sind. „Westwärts lag unmittelbar zu unseren Füssen das enge Thal des Arkansas, welches wir mehr als 60 Miles verfolgen konnten. An der Nordseite des Peak lag Schnee und Eis in grossen Massen und die Schlucht, in welcher er lag, ging in ein waldloses, aber anscheinend fruchtbares Thal über, das westlich von dem ersten

1) 6th Annual Report 1873. 58.

grossen Höhenzuge liegt und weit gegen Norden hinauszieht. Im Osten lag die grosse Ebene der Steppen, welche am äussersten Horizont in den Himmel zu verfliessen scheint, der lückenlos ihr aufruht. Die Erhebung unseres Gesichtspunktes über die Ebene und die geringe Klarheit der Atmosphäre liessen uns keine der kleinen Unebenheiten erkennen, aber der Lauf des Arkansas und seiner oberen Nebenflüsse konnte vermöge der Bäume an ihren Ufern deutlich wie auf einer Karte verfolgt werden"[1]).

Die Bewaldung der auf die Ketten des eigentlichen Felsengebirges nach Westen zu folgenden Gebirgszüge hat in den Arten der Bäume Aehnlichkeit mit der beschriebenen, ist aber im Ganzen noch ärmer. Hohe Gebirge, wie Uintah und East Humboldt Mts., sind stellenweise wohlbewaldet, aber ein grosser Theil der Gebirgsregionen des Grossen Beckens ist ganz so baumarm wie die Thäler, oft wegen des verzwergten Charakters der auf ihm wachsenden Sträucher anscheinend noch ärmer; aber auf allen, nur die niedersten Höhenzüge ausgenommen, findet sich da und dort eine Pinus monophylla oder Juniperus occidentalis, welche beide ein verkümmertes Wachsthum zeigen, über 5 m. in der Höhe nicht hinausgehen und auf einen Gürtel von 500 m. zwischen 1700 und 2200 m. beschränkt sind. Der sogen. Berg-Mahagony (Cercocarpus ledifolius), ein kleinblättriger grauer strauchartiger Baum von höchst knorrigem und verbogenem Wachsthum ist auf den Höhengürtel zwischen 1800 und 2500 m. beschränkt. Die ächte Espe (Populus tremuloides) findet sich in den höheren Cañon-Thälern, erreicht aber nicht die Höhe der weidenblättrigen Espe (P. balsamifera v. angustifolia), welche in einigen Cañons der East Humboldt Mts. bis 18 m. erreicht. Von Nadelhölzern kommt in den Washoe Mts. die häufigste Föhre der Sierra, P. ponderosa, in grösseren Beständen vor. In den höheren Cañons der East Humboldt Mts. und wahrscheinlich auch den Toyabe Mts. ist P. flexilis, seltener P. Balfouriana verbreitet. Noch höher kommt Abies Engelmanni vor. A. grandis ist in Cañons der Goose Creek Mts. gefunden. Juniperus communis und virginiana (letztere durch schlankere, geradere Form und Vor-

1) Long's Exp. to the Rocky Mts. II. 31.

liebe für feuchtere Standorte vor J. occidentalis ausgezeichnet), kommen ebenfalls auf den westlichen Höhenzügen vor. Von allen diesen Bäumen kann man indessen nur selten sagen, dass sie ausgedehntere Strecken bedecken; sie stehen meist zerstreut in den Cañons und selten geht einer über 12—15 m. Höhe hinaus. Ihr Wachsthum ist höchst langsam, daneben unregelmässig, ihr Holz daher grobfaserig und äusserst ungleich. Watson führt einen Fall an, wo ein einziger Zweig von Pinus monophylla eine viermal wiederholte Spiraldrehung der Faser aufwies[1]).

Günstiger sind die Bewaldungsverhältnisse im Süden, in Neu-Mexico, wo mehr noch als in den nördlichen Theilen des Felsengebirges Nadelholz die vorwiegende Waldform und das am meisten in den mehr nach Osten, gegen die Plains hin gelegenen Theilen ist, nach welchen weniger von den subtropischen Cactus- und Palmenformen der mexikanischen Hochebenen hingelangen als nach den westlichen; in den letzteren entsprechen Boden und Klima mehr den Lebensbedingungen jener Kinder südlicherer Breiten. Föhren, Wachholder, Zwergeichen bedecken das Land parkartig mit Wald und Gebüsch und in den höheren Lagen gesellen sich zu diesen auch Fichten.

XXIII. Quer durch das Grosse Becken.

Bei Cheyenne ist das Land eine *Rolling Prairie*, ein wellenförmiges Land mit kurzem, trockenem Graswuchse, wie man ihm überall als einem leicht erhöhten Saume längs des Fusses der Felsengebirge begegnet. Die Bahn führt westwärts in fast gerader Linie auf das Gebirge zu, übersteigt oder umgeht eine Bodenwelle um die andere und begegnet höheren, je höher sie selber steigt. Plötzlich ist es aber, als zögen sie sich alle aus der welligen Flachheit zu steileren Formen zusammen, sie sind unversehens zu Hügeln

---

1) S. Watson in Cl. King, Expl. 40th Parallel. V. XXVIII. Ebendaselbst wird berichtet, dass Stämme von Pinus flexilis von 0,7—0,8 m. grösstem Durchmesser bis zu 486 Jahresringe aufwiesen; Sage Brush von 0,24 m. Durchmesser zeigte 65 Ringe.

geworden, Felsengrate treten aus ihren Seiten, Klippen aus ihren Scheiteln und tiefaufgerissene wasserlose Thäler scheiden sie. Einige sind hoch und wild genug, um als würdige Vorberge sich den schneebedeckten Gipfeln von Longs Peak vorzulagern, die zur linken Hand herüberragen. Vereinzelte, weitzerstreute Föhren, von gedrücktem Wuchs, der stellenweise der Form der alpinen Legföhren nahe genug kommt, stehen vor Felswänden, in Schluchten, Spalten und sonstigen geschützten Stellen: eine bei aller gedrückten Kümmerlichkeit und Aermlichkeit erfreuliche Abwechselung nach der wüstenhaften Einförmigkeit der Hochprärie. Auch sie lehren, dass wir mitten im Gebirge sind, wiewohl die Prärie kaum eine Stunde hinter uns liegt.

Die seltsamen Formen der Felsgruppen drängen sich mit phantastischen Gleichnissen an die Sinne. Man kann sie nicht übersehen. Als Felsen wohlbekannter Art aus der Nähe unbeachtet gelassen, erregen und fesseln sie aus der Ferne unter zahllosen täuschenden Formen die Aufmerksamkeit: auf den Bergen als lange Linien rohen Gemäuers, als Burgen, als Trümmer von Kirchen und Kapellen, in fernen Thälern als Pyramiden, als Grabmäler, oft zu säulenreichen Kirchhöfen gehäuft, an Abhängen als Hütten, als dunkle Bergwerkseingänge, als Terrassen, als Bastionen. Und ausser dem Zuge, der langsam bergauf stampft, alles so ganz menschenleer, in das einförmigst graugrüne Gewand des dürren Grases gehüllt, selten von den Föhren unterbrochen, deren dunkle, verbogene Gestalten selbst wie verzaubert erscheinen! Wir d e n k e n wohl, dass es Bäume, sehen uns aber nach den Formen von Bäumen vergebens um. Es sind Gnomen des Baumreiches.

Wie Stunde um Stunde vergeht, fügt in langen Zwischenräumen sich eine geringe Zahl weiterer Erscheinungen in dieses einförmige Bild: Eine Schafheerde mit vielen schwarzen und weissen Lämmern; ein Wasserthurm, der mit langem, eisernem Arm dem Dampfkessel Nahrung spendet; verlassene Hütten, die bis ans Dach in der Erde stehen[1]); einige Blockhäuser für Bahnbeamte; der Schäfer, ein Knabe, der mit langem Stab und Flinte zu Pferde sitzt, und sein

1) Dug-outs genannt; in der Prärie wegen der scharfen Winde häufig.

zottiger Hund, der ihm voraus zur Heere eilt; einige graue Erdeichhörnchen, die ein altes Bachbett herabhüpfen. Weiterhin treten an leblosen Dingen zahlreiche Schneezäune, Schneemauern und der erste jener bedeckten, aus Balken und Brettern erbauten Gänge auf, welche später in der Sierra Nevada auf meilenweiten Strecken die Bahn gegen Schnee zu schützen haben.

Auf der Passhöhe culminirt die kahle, wilde Einförmigkeit der Gebirgswüste und bleibt nun der herrschende Zug im Bilde, bis wir an den Grossen Salzsee hinabgelangen, in dessen Nähe die Natur freigebiger und durch eine stellenweise schon intensive Cultur zu reichen Leistungen bewogen wird. Es gibt wohl auch sonst Oasen saftigen Graswuchses und fröhlicher Weiden- und Pappelgebüsche, und die wassereiche Hochebene von Lamarie, die grösste von ihnen, ist von beträchtlicher Ausdehnung (gegen zwölf deutsche Meilen lang), aber in der Ferne sieht man immer die kahlen Höhen, und wo das Wasser nicht hinkommt, hat mitten in der grünen Wiese die Wüste in abschreckender Dürre wieder überhandgenommen. Oft muss der Boden schon mit Salzen geschwängert sein, da selbst am Rande mancher Gewässer, die hier häufig von Süden her die Bahnlinie kreuzen, um sich in den etwas weiter nördlich nach Osten zum Missouri abfliessenden North Platte-Fluss zu ergiessen, der Pflanzenwuchs um nichts kräftiger ist als auf den ganz dürren erhöhtern Stellen. Freilich sind auch diese Bäche ärmlich genug, besonders in der Sommerszeit, wo sie zu kaum mehr sichtbaren Wasserfäden werden. In sehr entschiedener Weise prägt sich dieses am Bitter Creek aus, in dessen Thale die Eisenbahn eine Zeit lang hinführt, denn sein Wasser selbst ist so salzgeschwängert, dass man sich scheut, es zu trinken. Hier war eine der gefährlichsten Strecken für die vielen Auswanderer, welche vor der Vollendung der Pacificbahn mit ihren Familien auf Wagen und Pferden, oft karavanenweise, durch die Wüste nach den Ländern der Verheissung im fernen Westen zogen.

Wenn beim Herabsteigen von der Passhöhe sich die Schneegipfel von Longs Peak in zartesten Umrissen und tiefem Blau an den Südhorizont zeichnen, ist es bei solch ödem Charakter der nähern Umgebung eine wahre Erquickung. Der Contrast der todten Farben mit dieser gleichsam sanft glühenden des fernen Gebirges ist ausserordentlich, und man begreift, wie eine geheimnissvolle Ahnung von Reichthum und erfreulichem Leben auch ohne alle sagenhaften Ueberlieferungen so viele über diese Oede weg nach dem Gebirge zog. Es liess sich unendlich viel in diese blaue thürmende Ferne dichten, viel auch hineinwünschen. Scheinen doch schon die Wolken, die über ihnen hängen, eine ganz andere Fruchtbarkeit anzudeuten, als sich in den Salzkräutern und rauhen Borstengräsern dieser Hochebene kundgibt!

Einen Tag und eine Nacht sauste der Zug durch diese Wüste, die, von den Oasen abgesehen, nur in leichten Schattirungen ihr Ansehen ändert, im wesentlichen Charakter aber sammt Felsen und Föhren immer dieselbe bleibt. Die Staffage bereichert sich langsam. Einige Jäger tragen erlegte Antilopen um die Schultern, wie man auf altchristlichen Bildwerken den guten Hirten das Lamm tragen sieht. Antilopen kommen bald darauf in Heerden von zwölfen und zwanzigen mehrmals in Sicht und nähern sich auf weniger als Schussweite dem Zuge, suchen einigemal sogar in grossen Sprüngen mit ihm Schritt zu halten. Auswandererwagen schleichen im Sande hin, von mageren Pferden gezogen und mit Rindern und Ziegen im Gefolge, welche von berittenen Männern der Gesellschaft getrieben werden; die Frauen und Kinder lugen neugierig unter der Decke vor, die im Halbbogen gespannt ist. —

Ich sprach von Schattirungen in der kärglichen Pflanzendecke dieser Wüste, und diess ist wörtlich zu nehmen, denn ihr Ansehen ändert sich nicht unerheblich, je nachdem eben die Gewächse dichter oder zerstreuter stehen. Das scheint ein geringer Unterschied, aber in diesem Bilde, das in Formen und Farbe so einförmig, wird jeder kleinste Zug zu einer Sache von Bedeutung. Sie ist wesentlich aus denselben Pflanzen zusammengewoben wie die der Hochprärien, aus dürren Gräsern, holzigen Lupinen, Artemisien[1]), Chenopodien, Salz-

1) Die Artemisien, als Sage-Brush die Charakterpflanze dieser Steppen bildend, haben unscheinbare, in Büscheln stehende Blüthen, silbergraue Blättchen, welche sperrigen, zerknitterten, gewundenen Zweigen entspringen. Wie die Zweige sind Stämmchen und Wurzeln. Das Wachsthum ist ein büschel- oder bündelweises, die einzelnen Büsche stehen gewöhnlich einige Fuss aus einander und nehmen

kräutern, die oft niedere Strauchgestalt erlangen — vorwiegend dürre, grau- oder gelbgrün gefärbte, blattarme Gewächse. Oenotheren mit zollangen weissen Hängeblüthen, Gillien mit langen scharlachrothen Röhrenblüthen, Felder wilden Roggens, manchmal auch Wachholderbüsche, bringen dunklere Schattirungen hinein. Oft neigt aber die Schattirung nach der grauen und gelben Seite. Dann zieht sich der dürre, aber noch ziemlich dichte Graswuchs immer mehr zu vereinzelten, runden Rasenflecken zusammen, die sich zu Halbkugeln zusammendrängen, wie die Gewächse der hohen Alpen- und Polarregionen, und das Gelb des Sandes scheint auf allen Seiten hervor. Selbst diese werden an vielen Stellen immer seltener, verschwinden am Ende und lassen eine Wüste zurück, die nicht öder zu denken ist. Eine Strecke zieht diese sich hin, dann sieht man wieder grünlichen Schimmer an tieferen Stellen, Büsche von wildem Roggen, Artemisienbüsche und in einer tiefen, schmalen Schlucht geht vielleicht sogar ein Bach oder ein Wasserfaden zwischen niederem, kümmerlichem Weidengebüsch hin.

Die Felsengebirge stehen an Schönheit der Landschaft zwar schon wegen der vorwaltenden Dürre weit hinter den Alpen zurück, und höchstens die wilden, grotesken Felsformen und die mit ihnen auf weite Strecken erfüllten Schluchtenthäler oder Cañons können mit grossartigen Scenen aus unsern Hochgebirgen verglichen werden. Aber man kann doch nicht verkennen, dass derjenige Abschnitt,

---

häufig die Spitze von 5—6 F. hohen Sandhügeln ein. Es scheint, als bezeichneten die Gipfel dieser Hügel das Niveau der Steppe und als sei der Sand und Staub nur da weggeweht worden, wo er nicht durch die Wurzeln der Sträucher gehalten wurde. Bemerkenswerth ist die Seltenheit junger Pflanzen dieser Artemisien; manche glauben, dass es überhaupt keine gebe: „Alle Büsche sehen aus, als ob sie nicht herangewachsen, sondern gealtert erzeugt worden seien, als ob sie gleichalterig mit den Bergen und Ebenen seien, auf denen sie wachsen.“ Wenige andere Pflanzen wachsen im Sage-Brush zerstreut, doch sind einigen von ihnen zarte Blüthen eigen. Schlangen, Eidechsen (besonders die steppenhaft trockenen und stacheligen Phrynosomen, Hasen, Wölfe (Coyotes), „die halbdurchsichtig vor Hunger“, vertreten die Thierwelt. Das Sage-Brush findet sich von Idaho bis Mexico, von der Ebene bis zu 2500 m. Höhe; es scheut nur die feuchten Striche, die Nähe des Wassers und die Alkali-Flats, auf welch letzteren das Grease Wood (Obione canescens) als Ersatz eintritt. (Vgl. W. Bailey. Am. Naturalist III. 356.)

welcher von der Pacificbahn durchschnitten wird, das Gebirge zufällig in seiner ärmsten und einförmigsten, ja fast abschreckenden Ausbildung vor Augen führt. Da die Mehrzahl der Reisenden ohne Seitenabstecher durchs Land fährt, wird dieser einseitige Eindruck leicht verallgemeinert, und oft hört man daher die schiefsten, unglaublich unterschätzenden Urtheile, die das ganze Felsengebirge als eine solche Wüste darstellen. Sie sind sehr zu bedauern, und ich wünsche, dass recht bald die projektirten Linien durch Colorado und Utah und durch Arkansas und Arizona zum Stillen Meer ausgeführt werden mögen. Auf ihnen wird der Reisende umgekehrt wie auf der Pacificbahn mit die schönsten Theile des in sich so sehr verschieden beschaffenen Gebirgszuges zu Gesicht bekommen.

Jetzt besteht freilich ein grosser Contrast zwischen der Landschaft, durch welche unsere Alpenbahnen führen und der dieser ersten Felsengebirgsbahn. Wenn ich die Passhöhe des Brenner mit der der Black oder Humboldt Mountains vergleiche, scheint mir jenes Alpenbild, das ja noch lange keins der grossartigsten und schönsten ist, das Werk einer unendlich reichen und künstlerisch gestaltenden Phantasie, während diese hier selbst an den kühnsten Stellen wie leere Umrisse erscheinen, wie Rahmen, die erst noch auf Ausfüllung mit Formen und Farben warten. Der gewaltige Wasserreichthum, die zahllosen Quellen und kleinen Wasserfäden der Alpen treten gerade dort so wirksam auf, während hier meistens nur ein etwas lichterer grünerer Ton in der graulichen Pflanzendecke von verborgener spärlicher Feuchtigkeit spricht. Diese Leere und Armuth bekommt durch die vorwiegend trägen Linien der Bergumrisse und die dann und wann mit regelloser Wildheit zusammengeworfenen Felsenmeere selbst etwas Rohes, Abstossendes, das allerdings nichts als eines reicheren Pflanzenkleides bedürfte, um vielleicht selbst gefällig zu erscheinen. Nacktheit ist eben hier, ganz wie beim menschlichen Körper, eine sehr anspruchsvolle Eigenschaft, die nur da nicht abstösst, wo die schönsten Linien sie begrenzen.

Anläufe zu alpinen Bildern erscheinen doch mehreremal. Es sind indess Anläufe. Wir steigen von der Hochebene der Black Mountains zum Becken des Grossen Salzsees durch einige Schluchtenthäler hinab, die von ziemlich wasserreichen und wilden Bächen durchrauscht sind und auf der Thalsohle und an den Abhängen grüne Wiesen und ein reiches Buschwerk tragen. Blaue, schneestreifige Alpengipfel, die vor uns auftauchen, schmale Felsenthäler mit saftigem Graswuchs am Ufer ihrer Bäche, die da und dort aus den Seiten der Felsenwälle hervorbrechen, Uebergang der Hochebene in ein Hügelland und aus den Hügeln in Berge, Föhren, die wieder häufiger sich an die Felsspalten schmiegen, künden den Eintritt in das Wahsatch-Gebirge, die Schranke an, welche das wüste Hochland des Wyoming Terr. vom Becken des Grossen Salzsees trennt. Durch Echo- und Weber-Cañon steigen wir hinab, zwei Thäler, deren wilde Felszerklüftung — 600 m. hoch bauen sich die Sandsteinwälle, Thürme und Pfeiler senkrecht auf weite Strecken auf — nur in der Wildniss der östlichen Felsengebirge von Colorado ihresgleichen findet. Hier waren einst die gefährlichsten Stellen der Bahn in den ersten Monaten nach ihrer Vollendung, denn ein ähnlich schwieriges Terrain findet man nur am Westabhange der Sierra wieder, wo es nach Californien hinabgeht. Jetzt sind die Brücken längst so solid wie irgendwo auf einer westlichen Bahn, der Bahnkörper befestigt und vor abstürzenden Trümmern geschützt.

Die Schneeberge, die lange vor uns standen, mit ihren trägen, höchstens flach pyramidalen Umrissen, spärlich bewaldet, vorwiegend kahl, sind nun zur Seite gerückt und wir fahren an ihren Abhängen hin. Die Felsenthäler machen breiteren Thalbecken mit herrlichen Grasmatten und stilleren Wässern Platz, der Boden nährt wieder Blumen, die an die saftigen *Bottoms* der östlichen Prärien erinnern, trägt weite Wiesen und Felder hochhalmigen, goldenen Getreides und längs der Bäche Weiden- und Erlendickicht, das durch Schlinggewächse fast undurchdringlich verflochten ist. Als die Mormonen auf ihrem Zuge nach dem Salzsee aus der Wüste des Hochlandes in diese Thäler herabstiegen, verglichen sie nicht mit Unrecht das Land, das vor ihnen lag, mit dem Gelobten Lande, das den Juden nach ihrem Wüstenzuge beschert ward.

Die schwere Wagenreihe gleitet durch sie hin, wie von ihrem eigenen Gewichte getrieben, gegen den Grossen Salzsee hinab, den leider die Dämmerung nur undeutlich erblicken lässt. Ehe wir ihn erreichen, wird in Ogden Halt gemacht und Wagen gewechselt. Von hier geht die Zweigbahn nach der Mormonenhauptstadt Salt Lake City ab, die man in zwei Stunden erreicht. Von der Union Pacific kommen wir nun zur Central Pacific, und es ist jedem wohl, die eine Hälfte der Wüste absolvirt zu haben.

Indem der Zug weiter im Thale des Weber R. hinabrollt, sehen wir in Kürze den breiten Spiegel des Salzsees vor uns. Die Eisenbahn geht einige Meilen hart an seinem Rande hin, sodass man deutlich den Schatten der gegenüberliegenden Berge im Wasserspiegel sieht, die schwärzliche Farbe des Wassers und den grünlichen Schimmer seiner Oberfläche erkennt. Das Thal reicht mit einer einförmigen, marschigen Grasebene an den See und zieht mit derselben am diesseitigen Rande zwischen ihm und den Bergen hin; drüben aber scheinen die Gebirge, deren halbalpine Formen und Schneegipfel wieder an die Felsengebirge von Colorado erinnern, hart an den See zu treten. Das unbestimmte Licht des letzten blassen Abendrothes geht über die weite Wasserfläche, wo nicht der Wind ein Wellengekräusel erregt, das von fern wie mattes Silber erscheint. Die Luft ist weicher einzuathmen, dunstreicher, ihre Wolken erscheinen zahlreich, dicht zusammengeballt und mit den verwischten Rändern, die Regen andeuten, nach unten hängend. Der Regen beginnt zu fallen, indem wir wieder vom See weg thalaufwärts streben, und ehe Nacht einbricht, hängt er seine grauen Schleier vor die kahlen, gelben Bergreihen, in deren Thäler unsere Fahrt für weitere dreissig Stunden hingehen wird. Erwachend finden wir uns am nächsten Morgen in einer noch wüsteren Wüste, als die wir gestern verlassen haben, in einem Thale voll Sand, Felsen und spärlichem grauen Buschwerk, aus dessen wolligen Zweigen und Blättchen die klare Morgensonne einen durchdringenden Wermutgeruch destillirt: eine höchst originelle, aber passende Zugabe zum Wüstencharakter. Die Matten, die Wasserfläche, die weichen Wolken, der Regen von gestern Abend stehen bei der Wiederkehr des Wüstenbildes wie eine Fata Morgana in der Erinnerung.

Hat sich denn der Zug zurückgewandt? Das alles, was nun auftaucht und vorüberflieht, das Nahe und Ferne, selbst die grauen Kräuter am Boden, sahen wir doch gestern erst. Es schien gestern etwas milder, aber der Unterschied ist gering. Wir sind wieder auf einer Hochebene, welche beiderseits von niedrigen, steinigten Hügeln und in der Ferne von Gebirgszügen eingefasst wird. Vor und hinter uns schliessen sie den Gesichtskreis ab, um bei der Annäherung hinter die Hügel zu treten, über welche auf beiden Seiten ihre flachen Gipfel hervorragen. Die Gipfel sind aber, und das mag ein Zeichen sein, dass wir dem ersehnten Meere näher sind, tiefer herab mit Schnee bedeckt als in den östlicher gelegenen Ketten des Felsengebirges. Bald unterbricht eine Klippe, eine Felswand, eine Felsgruppe die Oede, bald ein dunkler Wachholderbaum, dessen kurze Zweige sich dicht an den Stamm drängen. Mehr ist nicht zu sehen, wenn es nicht der weisse Salzring um den Rand eines trockenen Tümpels ist. Und die Formen der ferneren, höheren Gebirge, welche nun schon der Humboldt-Kette angehören, sind kaum verschieden von allem, was wir von den Felsengebirgen kennen. Es sind vorwiegend bastionenhafte Felsmassen, die nicht sehr steil, aber auch nicht mit vielen Stufen von Vorbergen aufsteigen, von trägen, breit pyramidalen Formen. Die klar erkennbaren, vielgewundenen und zerknickten Bänder seiner Schichten, der Mangel der Pflanzendecke geben ihm einen etwas felsenhafteren Charakter, als auf Grund des Reliefs und der Umrisse ihm zukommt. Doch immer rechtfertigt dieses Gebirge in vollstem Masse den Namen des Felsengebirges. Wieder kommen Burgen, Wälle, Pfeiler, Coulissenreihen unerwartet aus dem Sande der Hügel hervor. Sind keine Felsen vorhanden, so erscheinen die Hügel wie grandiose Sandhaufen. Der Pflanzenwuchs ist so gering, es würde kaum den Charakter der Landschaft ändern, wenn auch dieser Sand von der Sonne und Trockniss zu Felsen zusammengebacken wäre[1]).

---

1) Den merkwürdigen Fernblick von diesen Höhen schildert Bailey folgendermassen: „Der Ausblick von den West Humboldt Mts. ist sehr ausgedehnt und eigenthümlich. Die Atmosphäre ist so klar in diesen Regionen, dass es möglich ist, in die Entfernung von 60 Miles so leicht zu sehen wie anderwärts in die von 20. Man sieht von dieser Höhe Gebirgszug hinter Gebirgszug im Osten und im Westen. Keine entschiedenen Farben beleben diese Landschaft mit dem mannigfaltigen Reiz unserer grünen Gebirge des Ostens; im Vordergrund hat man verschiedene Abstufungen von Braun, im Hintergrund von hellem Azur und die entferntesten Bergzüge sind blau in blau gezeichnet. Die Thäler sind dürr und öde und von den Wegen, die sich in ihnen hinwinden, sieht man Staubwolken

An wenigen Stellen, wo Feuchtigkeit genug sich sammelt, ohne zur Bildung von Salz- und Soda-Tümpeln zu führen, sind Oasen grüner Wiesen in den Verlauf des endlosen Wüstenbildes geschaltet. Sofort zeigt hier der Boden seine eingeborene Fruchtbarkeit und bringt das ganze Jahr hindurch Massen von Heu hervor, von denen wir viele Tausende gepresster Ballen an einigen Stationen aufgestapelt sahen. Dasselbe wird nach nahen und fernen Minendistrikten versandt, die hier in Nevada noch häufiger als in Utah und Colorado in den allerunwirthbarsten Gegenden gelegen sind. Sie würden ohne künstliche Fütterung von Californien und den paar Oasen her völlig lebensunfähig sein. Bei Argentea durchschneidet die Eisenbahn eine solche Oase, welche unerwarteter Weise sogar das Bild eines sumpfigen, pflanzenreichen Marschlandes hereinzaubert. Höchst erfreulich sind dort die weiten dunkelgrünen Felder der Binsen, die ihre braunen Köpfchen in gleicher Höhe wiegen, wie das Getreide seine Aehren, die Tümpel und trägen Bäche, vor deren Wasserpiegel die Schleier blüthenreicher Schwimmpolygonen und dichtgedrängter Schleimgewächse gezogen sind, die Weidenbüsche

---

sich bis zu 300 m. in die stille Luft erheben. Nur die weissen Flächen der Salzausblühungen unterbrechen diese Monotonie; man sieht diese am besten aus der Entfernung; sie haben keinen Reiz für den Reisenden, der sie durchziehen muss und in ihrem beissenden Staub fast erstickt. Bei Sonnenuntergang ist diese Wüstenlandschaft am schönsten. Dann nehmen die Berge die glühendsten Farben an, ihre Massen sind wie mit Gold bestreut und jeder Cañon, jede Schlucht ist mit purpurnem Schatten erfüllt. Die zarten Tinten verändern sich rasch, sie vertiefen sich, fliessen in einander über und versinken im Dunkel der Nacht. Wenn man freilich jedes Detail dieser abnormen Scenerie in seiner schrecklich öden Besonderheit betrachtet, will es scheinen, als ob das Ganze uns in keiner Weise reizen könnte. Aber es ist gewiss, dass es uns fesselt, dass es besonders eine eigene Färbung hat, die man sonst nirgends sieht und welche man nicht vergisst. Ich will nicht sagen, dass das Land zwischen Felsengebirg und Sierra etwas anderes als eine Einöde, eine *heulende Wüste* sei, ich stimme nicht mit jenen wenigen hier Angesiedelten, die behaupten, dass es nichts Schöneres auf der Welt gebe. Es ist eine Beleidigung für einen Urwald, ihn in dem Sinne Wildniss zu nennen, wie wir es hier thun, denn im Vergleich zu dieser Oede ist er überquellend voll von Leben und Schönheit. Aber hier, wo nichts als kahle, baumlose Berge den Blick aufhalten, ist völlige, ungestörte Einsamkeit und was auch ihren Reiz ausmache, es ist sicher, dass man diese seltsamen Bilder immer wieder bewundert, wenn man sie einmal gesehen. (Am. Naturalist IV. 27.)

endlich mit den saftigen Sonnenblumen in ihrem Schutze. Aber kaum erfreuten wir uns des neuen Bildes, so hat sich der Boden wieder zu heben angefangen, ist dürr und salzig geworden und trägt wieder Artemisien und Fettsträucher, bittersalziges, graues, holziges Gewächs.

Bei der Station Humboldt (dieser Name kehrt hier in Gebirg und einzelnem Berg, in Fluss, See, Ansiedelung und berühmten Quellen wieder) sind sogar Mais- und Kleefelder, die prachtvoll stehen, und ein unerwarteter Baumgarten zu sehen, aber man sieht sich nicht lange nach der Ursache des überraschenden, höchst seltenen Phänomens um. Vor dem Stationshause sprudelt eine grosse Quelle auf und ist als Springbrunnen gefasst, der das herrlichste Bergwasser in hohen Bogen wirft. Selbst Obstbäume gedeihen in der Feuchtigkeit. Die Quelle gilt für die grösste Sehenswürdigkeit zwischen Utah und Summit, dem Gebirgsscheitel der Sierra Nevada.

Fin herrlicher Sonnenuntergang setzte diesem letztem Reisetage in der Wüste ein gutes Ende. Gleich der Morgenröthe und dem Heraufkommen des Mondes und der Sterne gewann er eine ganz andere Bedeutung in dieser Einöde, wo so weniges den Durst eines Auges zu sättigen vermag, welches an reichere Bilder gewöhnt ist. Es ist auch in dieser Hinsicht die Wüste dem Meere zu vergleichen. Es war ein doppelter Sonnenuntergang, vielmehr eine doppelte Abendröthe, denn tief am Westhorizont lagen Wolkenmassen, die eben sich zu heben begannen, als die Sonne hinter ihnen untergegangen war. Die erste Abendröthe war schon fast überall verblasst, als sie sich lösten und im Abendhimmel, der alsbald wieder golden wurde, wie Goldschiffe mit Purpursegeln dahinschwammen.

Wir waren die Nacht weiter im Thale des Humboldt-Flusses emporgestiegen und waren am Morgen nahe der Passhöhe, die bei der Station Summit die Höhe von 2050 m. erreicht. Eine wilde Gebirgsnatur war an die Stelle der Wüste getreten. Schneefelder waren unter den Gipfeln der nächsten Berge ganz nahe zu sehen, wilde Bäche kreuzten die Bahn, Tannen- und Fichtenhaine standen an steinigen Abhängen hinauf und in den Klüften, die zwischen Felswänden ins Gebirge dringen. Wir sahen in Thäler hinab, wo ein Meer von dunkeln Wipfeln blaue Seen und hellgrüne Matten umdrängte und auf den Abhängen Heerden weideten. Der Zug sauste durch meilenweite Schneetunnels, die den Ausblick beschränkten, und überholte alle die wilden Bergbäche, den Yuba-, den Bear-, den American R., die von hier zum Sacramento-Fluss hinabrauschen. Tiefer hinab kamen Wälder fremdartiger Eichen, langnadelige Föhren mit riesigen Zapfen, Cedern unbekannter Art, und eine hohe, weisse Lilie, unserer Gartenlilie sehr ähnlich, stand häufig in ihrem Schatten. Diess ist nun californische Natur, und die Wolken, die über uns ziehen, kommen vom Stillen Meere. Als wir das Gebirge verliessen und ins Thal des Sacramento und S. Joaquin gelangten, waren auf Meilen und Meilen Weizenfelder das erfreuliche Kleid des Landes, und an heiteren Bildern von regsamen Städten und Gruppen von Farmhäusern unter schattigen Eichen war nirgends Mangel. Feigen und Trauben bot man an jeder Haltestelle feil. Als wir gegen Abend das niedrige Gebirge des Küstenzuges (Coast Range) überstiegen hatten, kam uns ein kühler Seewind entgegen, und nach Sonnenuntergang trug uns die Dampffähre über den Arm der Bai, welcher Oakland von San Francisco trennt. Wieder lag in einem glänzenden Lichtmeere eine Weltstadt vor den Augen und die Wüste war rasch vergessen.

XXIV. Die Thierwelt der Prärien und Steppen.

Die Fauna der Prärien wird ihrem Gesammtcharakter nach durch einige vorherrschende Formen bestimmt. Wenn man sich erinnert, dass die Mannigfaltigkeit des organischen Lebens vorzüglich bedingt ist durch die entsprechende Vielartigkeit der physikalischen Verhältnisse, unter denen es sich entwickelt, vorzüglich der Bodengestalt, so wird man von vornherein kein ausserordentlich reiches Thierleben hier erwarten. Auch sind an und für sich die waldlosen Gegenden viel ärmer an den verschiedenen Arten der organischen Wesen als die Waldregionen und man kann sagen, dass in der Fauna der Prärie eine nicht viel geringere Einförmigkeit herrscht als in ihrer Flora. Wenn man von Osten her in das Prärie-

Gebiet eintritt, verschwinden wenige der Säugethiere ganz, welche man in den Wäldern des mittleren Mississippi und des unteren Missouri fand, aber die Mehrzahl wird auf die engen, bewaldeten Uferstreifen und die tiefgelegenen Regionen beschränkt. Es gilt das von allen waldbewohnenden Raubthieren und Nagern, sowie den Fledermäusen. Einigen Arten dagegen bieten offenbar die weiten Flächen passendere Wohnstätten und sie werden nun plötzlich zahlreicher oder nehmen um eine oder einige Arten zu. Wölfe, Füchse, wiesel- und dachsartige Säuger gehören zu diesen. Die Fledermäuse sind in den Prärien nur überall da häufig geworden, wo die Behausungen des Menschen ihnen den Schutz gewährten, den die offenen Flächen versagen. Dass die Wiederkäuer Bison, Edelhirsch (Elk) und virginischer Hirsch (Deer) in den grasreichen Prärien einst in grossen Mengen vorhanden waren, ist bekannt. Von Nagern sind Grund- und Wühlmäuse, sowie Erd-Eichhörnchen häufig. Während von den Vögeln fast alle Formen der atlantischen Staaten hier vorkommen, finden sich die eigentlichen Waldbewohner doch nur spärlich oder vorübergehend auf ihren Wanderungen. Daher sind selbst die schmalen Waldstreifen längs den Flüssen nicht sehr belebt[1]). Die Schwalben sind selten. Vorherrschend sind dagegen in den nicht ganz öden Theilen die Feldsperlinge des Ostens und die Lerchen. An Singvögeln fehlt es nicht ganz. Das Präriehuhn ist der hauptsächlichste Jagdvogel und unter den Raubvögeln ist der Turkey Buzzard (Cathartes aurea) weitverbreitet. Die Fische sind bisher nicht genügend genau untersucht. Reptilien, Amphibien und Landschnecken, diese schwerer beweglichen Thiere, sind durch die Präriefeuer fast ganz aus der offenen Prärie vertrieben und kommen in geringer Zahl vorwiegend an den bewaldeten oder bebuschten Flussufern vor. Von den Insekten sind einige Gruppen in einem ungemeinen Art- und Individuen-Reichthum entwickelt,

---

1) An den Ufern des Missouri ist nach Prinz v. Wied Columba carolinensis häufig zu sehen. Mit den Prärien, die näher an den Fluss herantreten kommt auch das Präriehuhn (Tetrao phasianellus) und der Brachvogel (Numenius longirostris) häufiger an den Ufern vor, während Gänse und Enten seltener werden. Die Höhlen, in denen Enten nisten, wie auch die der Füchse und Murmelthiere (Groundhogs), öffnen sich zahlreich nach den steilen Uferwänden.

aber die zahlreichsten haben oft die beschränkteste Verbreitung An Orthopteren, besonders Heuschrecken, dürfte nicht leicht ein Gebiet reicher sein, auch die Libellen sind reich entwickelt und an Zweiflüglern, besonders stechenden und blutsaugenden, ist kein Mangel. Hymenopteren sind besonders in den Gruppen der Bienen und Wespen schwach vertreten. Flusskrebse sind häufig. Von Würmern finden sich riesige Egel in den Tümpeln.

Vom mittleren Missouri beschreibt Prinz v. Wied das Thierleben als ein ziemlich armes. Strandläufer sind nach seiner Schilderung in weiter Entfernung fast die einzigen Uferbewohner, sowie auf hohen trockenen Bäumen der rothköpfige Specht und die Geier, an den Ufern Schwalben, in den Schluchten die carolinische Taube, in der Prärie die Staarlerche und einige andere Arten. Die Thierstimmen sind weder durch Häufigkeit noch durch melodischen Reiz ausgezeichnet. „Höchst selten wird die Stimme dieser nackten, todten, einsamen Wildniss von den Stimmen der Wölfe, der Bisonstiere oder der Krähen unterbrochen. Die weite Prärie zeigt kaum ein lebendes Wesen, wenn man die hier und dort verbreiteten Heerden der Bisons und der Antilopen oder einige Hirsche und Wölfe ausnimmt[1]).“ Die häufigste in diesen Wäldern ist die des Wippoorwill. Auch eine Lerche (Sturnella) lässt ihren kurzen zirpenden Lockton und ihre angenehm flötende Strophe nicht selten hören. „In den uns umgebenden Gebüschen sangen einige Vögel ihren ärmlichen leisen Gesang oder vielmehr Gezwitscher und es war hier nichts von dem lauten Concert zu vernehmen, das in dieser Jahreszeit die europäischen Gebüsche belebt[2]).“ Gegen das Gebirge zu nistet häufig der weissköpfige Adler (Bald-Eagle) auf hohen Bäumen am Ufer. Auch die Wildgans macht ihre Nester auf solche Bäume. An den steil abgeschnittenen Uferwänden der Bluffs finden sich Colonien von Schwalbennestern, alle dicht neben einander geheftet, halb kugelig, vorn mit einer Oeffnung. Hirundo fulva erbaut sie. Aber selten sind hier Bilder, wie derselbe Forscher

1) Prinz v. Wied a. a. O. 486.

2) A. a. O. 291. Turdus rufa, die fuchsfarbene Drossel, singt etwas ähnlich unserer Singdrossel, aber nicht so abwechselnd und mannigfaltig. Die Finken haben einen kleinen Gesang.

sie vom Chariton R. vorführt, wo die Ufer mit dichtem Wald bedeckt waren, wilde Gänse (Anser canadensis) ruhig auf den Sandbänken gingen, die Haubenente (Wood-Duck, Anas Sponsa) paarweise am Ufer schwamm, Krähen und Geier über dem hohen Wald flogen und wo man bei einigen Pflanzungen auf den Maisstengeln Flüge von Papageien sitzen sah, welche man von dem Schiffe aus mit der Flinte erreichen konnte[1]).

Von diesen Präriebewohnern weichen einige vor dem Menschen zurück oder werden ausgerottet, andere dagegen finden mehr Nahrung oder Schutz als vorher und vermehren sich in demselben Masse als die Ansiedelungen vorschreiten. Zu den ersteren gehören alle grösseren Säugethiere: Bison, Elk, Biber, Bär und Wolf in erster Reihe, zu den anderen die kleineren Nager, die Fledermäuse, die Schwalben und überhaupt jene *freiwilligen Hausthiere,* die sich vorzüglich aus der Classe der Vögel rekrutiren. Von den niederen Thieren dürfte durch das Vordringen des Menschen am meisten der Bestand der Flussmuscheln und Krebse leiden, denn beide werden eifrig von den freilaufenden Hausschweinen aufgesucht.

Die Zutraulichkeit der Thiere, die man oft in wenig besuchten, dünnbewohnten Gegenden findet, ist auch in der Prärie zu beobachten. Krähe und Blauhäher sind hier viel zahmer als im Osten und die Wiesenlerche, die dort einer der scheuesten Vögel ist, singt hier mit der grössten Unbefangenheit von den Dächern der embryonalen Präriedörfer herab.

In dem den Steppen zunächst gelegenen Theil des Felsengebirges ist z. B. im South Park der virginische Hirsch häufig; Edelhirsche (Elks) kommen vor, die Spuren der Bergschafe sind an den umgebenden Höhen und besonders jenseits der Baumgrenze eine sehr gewöhnliche Erscheinung. Die Bisons sollen vor 1862 in diesem Thale häufig gewesen und der letzte soll 1868 in der Nachbarschaft von Pike's Peak geschossen worden sein. Man findet ihre Schädel bis zu 3500 m. aufwärts. Grizzly-Bären sind ganz gewöhnlich und gehen im Sommer bis über 4000 m. Sie sind etwas kleiner und von mehr silbergrauem, zottigerem Haar als die

---

1) A. a. O. 261.

californischen. Von Insekten sind die Käfer auffallend selten; während auf den alpinen Höhen der Sierra Nevada gewisse pflanzenfressende Käfer sehr häufig sind, scheinen sie hier geradezu zu fehlen. Hingegen sind Schmetterlinge an sonnigen, vegetationsreichen Strichen oberhalb der Waldgrenze manchmal sehr häufig. Grillen sind gleichfalls häufig. Aber die eigentliche *feature* des niederen Thierlebens im alpinen Felsengebirg sind die in ausserordentlicher Zahl vorhandenen Heuschrecken. Es genügt zu sagen, dass beim Wegschmelzen grösserer Schneemassen ganze Bänke todter Heuschrecken zurückbleiben, welche die Luft verpesten. Brewer sah *Myriaden* auf dem 4359 m. hohen Gipfel des Mt. Lincoln. Auch an Stechfliegen ist kein Mangel.

Der wüstenhafte Theil der Steppe ist sowenig leer an Thieren wie an Pflanzen, aber in merkwürdiger Schärfe prägt sie die Abhängigkeit auch der Thierwelt von der Vegetation und mittelbar dem Klima aus. Wo noch gewisse Wüstenpflanzen vorkommen, wie z. B. Larrea, dieser äusserste Vorposten der Vegetation, „da gibt es noch Ameisen, die die Larrea-Samen in ihren Behausungen aufspeichern und wo es noch Ameisen gibt, da existiren noch Eidechsen, denen sie zur Nahrung dienen. . . Steigt man aus den niederen Theilen der Wüste höher hinauf, so treten allmählich vereinzelte Grasbüschel auf, und hiermit hat der Hase und die Ratte eine Existenz gefunden. Sowie die Flora einigermassen sich vermehrt, stellen sich Insekten-Arten ein, sowie spärliche Klapperschlangen, Landschildkröten und gehörnte Eidechsen. Wo sich Gebirge über 4000 F. erheben, nimmt die Natur allmählich einen oasenhaften Charakter an und Gras und Quellen lassen die Existenz des Bergschafes und des Hirsches zu[1])“.

1) O. Löw, P. G. M. 1876. 334.

XXV. Bad Lands.

J. Evans, eines der Glieder der D. Owen'schen Expedition, welche im Jahre 1849 das Gebiet des Oberen Missouri erforschte, gab die erste Beschreibung des merkwürdigen Gebietes der Bad Lands oder Mauvaises Terres, das sicherlich eine der landschaftlich eigenthümlichsten Regionen Nord-Amerika's darstellt und neuerdings auch durch seine Einschlüsse fossiler Säugethierreste viel von sich reden machte: „Indem man sich, sagt er, vom Sage Creek aus dem White R. nähert, öffnet sich der Ausblick auf die Mauvaises Terres, der eines der ungewöhnlichsten und pittoreskesten Bilder entrollt, die im ganzen Missouri-Gebiet zu finden sind. Von den Hochprärien, die wie ein Hintergrund sich in Bänken und Terrassen gegen die Ausläufer der Rocky Mts. erheben, blickt der Reisende in ein ausgedehntes Thal hinab, das eine Welt für sich ist und das theils durch Faltung der Erdrinde, theils durch die langdauernde Wirkung der nagenden Einflüsse der Erosion entstanden zu sein scheint. Es ist etwa 6 Meilen weit und die Länge, in der es sich westwärts bis zum Fuss der dunkeln Kette der Black Mts. erstreckt, mag 20 Meilen betragen. Seine tiefsten Theile, die ca. 90 m. unter dem Niveau des umgebenden Landes liegen, sind mit spärlichem Gras bewachsen und ihr Boden ist ähnlich dem der höher gelegenen Strecken. Aber das ganze Thal bildet den schärfsten Gegensatz zu seiner Umgebung. Von der einförmigen, offenen Prärie steigt der Wanderer 30—60 m. hinab in ein Thal, das aussieht, als ob es aus einer Welt versunken sei, die Tausende von hohen Säulen und Obelisken, scharf von einander geschieden, steil zu 60 m. und mehr ansteigend, oft von unregelmässigen Pyramiden gekrönt, in ihm hinterlassen habe. So dicht stehen diese natürlichen Säulen und Thürme über die Oberfläche dieses merkwürdigen Thales zerstreut, dass man sich nur auf tiefen, schmalen, labyrinthischen Gängen durch sie hin windet, die den schmalen, gekrümmten Strassen irgend einer alteuropäischen Stadt nicht unähnlich sind. Aus der Ferne gesehen nehmen in der That diese Felsmassen in ihrer endlosen Aufeinanderfolge den Schein massiger Bauten an, aus denen Zinnen und Thürme, Pfeiler und Thorwege sich in buntester Mannigfaltigkeit hervorheben. Man könnte glauben in den Bau einer Todtenstadt eingetreten sein, wo irgend eine verschollene Nation Tausend Denkmale ihres Geistes und ihrer Arbeit hinterlassen hat. Freilich schwindet dieser Schein, wenn man von der Höhe herabsteigt, um sich einen Weg durch das Labyrinth zu bahnen und dasselbe in seinen verborgensten Winkeln kennen zu lernen. Oede und Wüste starrt da von allen Seiten entgegen. Im Sommer liegt die Sonne in den engen Gassen, die weissen oder aschfarbenen Wände der Felsbauten werfen dann ihre Strahlen heiss zurück und kein Windhauch noch der Schatten eines einzigen Strauches mildert die Glut. Nur der Geologe fühlt seinen Geist hier noch angeregt. Ihm lohnen reiche Schätze von Fossilien die Mühe der Wanderung in dieser Felsenwüste. In grösster Fülle sind Reste entschwundener Thiergeschlechter im Schutt des Trümmerwerks zerstreut. Sie alle verkünden, dass eine ausgedehnte Süsswasserablagerung der frühen Tertiärzeit hier vor uns steht. Vorläufer des Mammuth und Mastodon wanderten hier an den Stellen, die nun der Tummelplatz des schwergehörnten Bergschafs, des zottigen Büffels und der leichtfüssigen Antilope sind[1]."

---

1) Von Richthofen stellt diese Ablagerungen in die Reihe der früher abflusslosen, später z. Th. drainirten Hochebenenbecken, welche er in vielen sog. Lössregionen der Alten und Neuen Welt zu erkennen glaubt. „Die Schichtenfolge, sagt er, hat in hohem Grade die Eigenthümlichkeiten eines Wechsels von Löss mit Salzsee-Ablagerungen, die sich stets wiederholenden Kalkconcretionen, der Kalksand und Kalkgries, deuten auf die letzteren, und die Schildkröten in der zweiten Schicht lassen darauf schliessen, dass der See bei seiner ersten Bildnug süss war, die Säugethiere weisen auf Steppen hin, die Schichten 4, 6, 7 und 9 (einer Hayden'schen Zusammenstellung) auf Löss, der im langen Lauf der Zeit compakter geworden ist. Auch das Vorwalten von Helix und Succinea unter den Mollusken lässt auf trockene Bildung schliessen. . . Es dürften somit seit der Miocänzeit im Osten des Felsengebirges klimatische Verhältnisse geherrscht haben, welche, wenn auch gewiss manchen periodischen Aenderungen unterworfen, von denen der Jetztzeit nicht wesentlich verschieden waren, aber zu einer Zeit, als die Unebenheiten des Bodens noch nicht ausgefüllt waren, zur Entstehung grösserer Salzseen Veranlassung geben konnten, welche jetzt nur noch in kleinstem Massstab existiren, während die ganze Gegend wohl ihren Steppencharakter seit jener Zeit nicht abgelegt haben mag" (China I. 185).

XXVI. Californische Natur.

Californien hat etwas Mittelmeerisches in den Farben und Formen seiner Landschaft. Sein heller Himmel, der weite Fernblicke erlaubt, der gebirgige Charakter seines Bodens, welcher jede Einförmigkeit in den Linien fernhält, die Pflanzenwelt, die in Kräutern und Sträuchern durch Trockenheit und Blattarmuth an die Grenze des Steppenhaften streift, um in den Bäumen bald die Form des Oelbaumes, bald die der Pinien nachzuahmen, bald riesenhafte, an keinem anderen Orte der Welt zu findende Formen zu erreichen, seine felsigen, buchtenreichen Küsten, seine im Sommer trocken liegenden Flüsse, die einige Monate des Jahres in raschem Lauf der Küste zueilen, um die trockene Zeit hindurch nur breite, kiesreiche Fiumarenbetten als Spuren ihres Daseins zu hinterlassen, endlich die Culturen jener Kinder der Mittelmeerregion: der Hesperidenfrüchte, des Feigenbaumes, des Granatapfels, der grossbeerigen spanischen Trauben, die sich immer weiter über das junge Land ausbreiten — das alles erinnert in seiner Weise nicht weniger an altweltliche Verhältnisse, als es im Osten die Wälder voll Eichen, Buchen, Ahornen und Eschen, die grünen Matten der Lichtungen, die wogenden Getreidefelder thun. Hier haben wir ein Spiegelbild des Nordens und der Mitte, dort des Südens Europa's, aber dieses ist im Ganzen treuer als jenes.

Californien ist, wie gesagt, kein Waldland wie der Osten, Norden und Süden der Erdtheilhälfte, auf deren westlichem Abhange es liegt, oder wie das mittlere und nördliche Europa es vor der Zeit überwiegender Cultur gewesen sind. Es ist vielmehr ein Land wie Italien, Griechenland oder Syrien, in welchem die Zeit häufiger Regen von einer allzulang währenden dürren Zeit unterbrochen wird, so dass kräftiger Baumwuchs nur an den Orten gedeiht, wo ein Mass von Schatten und Feuchtigkeit vorhanden ist, welches von der Dürre des Sommers und Herbstes nicht erschöpft zu werden vermag.

Von San Francisco bis nach Sacramento, vom Küstengebirg bis zum Fuss des Hochgebirges kann man Californien durchreisen, ohne wahre Wälder zu sehen. Was man begegnet, sind äusserst lichte Haine von immergrünen Eichen, welche über die gelben Weizenfelder und den zur Sommerzeit ebenso gelben Rasen des Hügellandes wie die Fruchtbäume in unseren Feldern, oder besser wie Olivenbäume in Oelgärten zerstreut sind. Den Olivenbäumen vergleicht sich am ehesten ihr vorwiegend niedriges, knorriges Wachsthum und das Grau ihres kleinblättrigen, aber allerdings mehr als olivenartig dichten Laubwerkes. Diese Haine verstärken in höchst angenehmer Weise den freundlichen Eindruck, welchen das californische Flach- und Hügelland besonders auf den macht, der von den Wüsten Utah's und Nevada's in dasselbe herabgestiegen ist. Man glaubt überall goldene Weizenfelder und fruchtreiche Baumgärten zu sehen, und freilich sind die Berge von Weizen, welche ich im August und September 1874 fast an jeder Station der mittelcalifornischen Eisenbahnen aufgestapelt sah, und die Flotte, die im Hafen von San Francisco schon bereit lag, um den reichen Erntesegen in alle Welt zu verführen, kaum geeignet gewesen, diese träumerische Vorstellung Lügen zu strafen.

Gelb und braun sind die vorwaltenden Farben in allen californischen Landschaftsbildern vom Mai bis zum November, im Norden kürzere, im Süden längere Zeit. Hier wiegt auf weite Strecken schon die Wüste vor, während dort an der Grenze von Oregon das dauernde Grün der Wälder und Matten an die lieblichsten Scenen des Ohio- und Alleghany-Gebietes erinnert. Man kann dagegen alles Land südlich von den Quellen des S. Joaquin, ein Viertel von Californien, als Wüste bezeichnen. Die Gegend um die Tulare-Seen ist schon im Sommer und Herbst eine völlige Wüstenregion, Ebene und Hügel ohne Vegetation mit Ausnahme der Pflanzen am Rande der Flüsse, die in die Seen sich ergiessen. Auch das Thal zwischen der Temescal- und Sa. Anna-Kette ist bereits so trocken, dass an seinen Abhängen selbst Chaparral nicht gedeiht und weiter nach Südwesten greifen im Gebiet der Colorado-Wüste das Verdorrte und Dünenhafte, die Vegetationslosigkeit und die Salzausblühungen der Wüstenregionen des Grossen Beckens in so weiter Ausdehnung und so entschieden über die Staatsgrenzen herüber, dass von eigenthümlich californischer Natur hier nicht mehr die Rede sein kann. Aber gegen die Küste zu und in unmittelbarer Nähe des Küstengebirges, sowie in den höheren Theilen des Gebirges selber, wo natürliche und künstliche Bewässerung eine Menge von Oasen geschaffen haben, tritt sie in ihren charakteristischen Ausprägungen hervor. Die gelben, haideartigen Grasflächen, welche recht wohl als Steppen qualificirt werden können, das allverbreitete, dornige, blattarme, oft aromatische Düfte aushauchende Gesträuch des Chaparral und Chamisal (s. o. S. 391), die Orangen- und Citronengärten, die Haine weitzerstreuter Eichbäume an den Hügelgehängen sind nirgends reiner entwickelt und in der Regenzeit fehlt es dem gelbbraunen Grunde dieses Pflanzenteppichs nicht an bunten Blüthen. In der That ist zur Zeit der Blüthe selbst das niedere, graue Chaparral nicht arm an Farbe. Ein scharlachblühendes Eriogonum trägt seine zahlreichen Blüthen in kleinen Döldchen, die an der Spitze verlängerter Stiele stehen, eine Isomeris blüht gelb, Photinia arbutifolia hat weisse Blüthenbüschel und hellrothe Beeren, und noch manche andere Blüthen oder Früchte bringen lebhafte Farben herein. Zu solcher Zeit ist es, dass eine wohlbewässerte Gegend wie das schöne Sa. Rosa-Thal den lieblichsten Eindruck macht: „Breite, fruchtbare Ebenen, wasserreiche Bäche, an denen Riesen von Cypressen, Platanen und Pekan-Bäumen stehen, im Hintergrund die kühne Umrisslinie eines hohen Gebirges. Der Blick des Reisenden, der von der traurigen Einförmigkeit des Tafellandes ermüdet ist, ruht mit Entzücken auf dieser weiten Oase[1].“

Dieser Blüthenreichthum wird um so grösser und dauernder, je mehr man sich den feuchteren Regionen der Mitte und des Nordens nähert. Hier entfaltet die zweite Hälfte des Winters und der Vorfrühling eine unerwartete Pracht des Grüns und der Blüthen. Die kahlsten Hügel gewinnen dann ein ganz anderes Ansehen als im Sommer. Bis zum Februar überzieht ein Gras- und Blumenteppich alle ihre Abhänge. Die blasse Blüthe des Dodecatheon integrifolium nickt von jeder Hügelseite, blaue Lupinen, regenbogenfarbene Gilien bedecken den Boden und verschiedene Farne und Moose spriessen mitten unter ihnen. Ribes speciosum zeigt seine scharlachrothen Blüthengehänge und die tiefgelben Veilchen der Viola pedunculata erscheinen überall in Fülle. Selbst das nordische Geschlecht der Stein-

---

1) Parry in Emory's Mexican Boundary Survey II. 14.

breche (Saxifragen) erscheint hier mit mehr als Einer Art. Eine grosse Zahl von Hydrophyllaceen gehört zu den Frühlingsboten, und von Mohngewächsen nimmt die Escholtzia mit orangegelben, Platystemon mit blassgelben, Meconopsis mit purpurrothen Blumen am Lenzflor Theil. Clematis und Megarrhiza sind Schlinggewächse, die in einigen Arten im Frühling grünen und blühen. In den Thälern Mittel- und Nord-Californiens ist wilder Hafer (Avena fatua) so häufig, dass jeder fruchtbare Strich durch ihn das Ansehen eines Getreidefeldes erhält. Selbst noch in der Gegend von Los Angeles bilden Gräser, Erodium cicutarium (Pin Grass) vor allen, und wilder Klee (Trifolium- und Medicago-Arten) mit manchen anderen Kräutern vom Februar bis Anfang Mai's üppige Wiesen.

Von der Küstenscenerie, die bezeichnet ist im Süden durch dicht herantretendes Gebirg, nackte, hochragende Klippen, zahlreiche Buchten und Canäle, im Norden durch den hochstämmigen Cedernwald der Abhänge der Küstenhügel, sei hier bloss das Bild der Bai von San Francisco hervorgehoben.

„Ich hatte viel von der Grossartigkeit dieser Scene gehört und gelesen, sagt Fröbel, muss aber sagen, dass die Wirklichkeit meine Vorstellungen übertraf. In schroffen Formen, unten hier und da mit senkrechten Felsabbrüchen, vom Fusse bis zur Spitze mit einem Kleide von Gras und immergrünem Gebüsch überzogen, ähnlich manchen grünen Bergseiten der Alpen oberhalb der Baumgrenze, steigen die Berge aus dem Wasser der in mehrere lange Arme gegliederten Bay, welche man sehr wohl mit einem Alpensee vergleichen könnte. Einige Züge in der Landschaft passen indessen nicht zu diesem Vergleich, vor allem die Sanddünen, welche sich hinter der Stadt wüstenartig zwischen die grünen Hügel lagern. Ueber mehrere von diesen Hügeln baut sich San Francisco vom Ufer der Bay etagenweise in die Höhe und durch verschiedene Thälchen zwischen denselben zieht es sich seitwärts an das Wasser herab . . . Im nördlichen Amerika wird San Francisco in der grossartigen, ich möchte sagen, majestätischen Schönheit seiner Lage unerreichbar bleiben[1].“ Die Gipfel des Küstengebirges zeigen in dieser Gegend

1) Aus America II. 540.

schöne Formen. Mount Diablo, die weithin sichtbare *Landmark* von San Francisco, wird mit dem Vesuv verglichen, und Bayard Taylor meint sogar, er sei ein graciöserer Berg als der Soracte; „seine Formen und Farben erinnern an griechische Gipfel und gleich dem Helikon oder Hymettus sieht er Ruinen zu seinen Füssen[1])“.

Nach dem anderen Rande Californiens zu, den das Gebirge der Sierra Nevada aufthürmt, tritt die Landschaft in allmählichen Uebergängen aus dem halb steppenhaften Charakter, der den Niederungen und vielen Theilen des Küstengebirges eigen ist, zu mannigfaltigerer Gliederung, dichterer Bewaldung, reicherer Bewässerung hervor. Wir sind vielleicht, indem wir dem Gebirge zustrebten, auf einer staubigen Strasse, die bald durch Schluchten, bald durch Wiesengründe, bald an rauschenden, bald an stillegehenden Bächen hinführte, bis in eine Höhe gestiegen, wo die gelbe Ebene schon tief und weit hinter uns wie ein Stück Meeresspiegel liegt. Aus den höheren Thälern wehen jetzt abendlicher Weise schon klare kühle Lüfte, die nichts mit Californien und seinem italienischen Klima gemein haben, sondern viel eher an die Alpen, an Schneefelder und blaue Eisthore erinnern. Bei Tag regiert wohl noch der californische Sommer mit trockener Hitze, Staub und ehernem Himmelsgewölb, aber wenn die Sonne hinunter ist, kommen andere Geister aus den dunkeln Schluchten herab, die voll hochragender Bäume stehen und die Quellbäche bergen; wir fühlen ihre langen duftigen Schleier kühlend durch die stille Luft wehen. Die Wasser sind lauter und ihre Ränder grüner und dichter umbuscht geworden und Anfänge grüner Wiesen sehen wir wenigstens von den Ufern her sich über ebene Stellen ausbreiten, wo das Wasser zu langsameren Fliessen gezwungen ist. Auch die Wohnungen der Farmer, die freilich noch erst dünn über dieses junge Land zerstreut sind, erinnern uns durch festere Bauart und zum Theil durch behagliche Ausstattung mit breiten Vorhallen und Rebenlauben, durch die Nähe schattiger Bäume und vielleicht auch einer Quelle, die in

---

1) At Home and Abroad II. 108. Es wird hier auf die Hüttenreste einer der zahlreichen verunglückten Niederlassungen angespielt, die Ende der 40er Jahre in der Nähe von S. Francisco zu sehen waren.

hölzerner Rinne hergeleitet ist und ihren klaren Strahl plätschernd neben dem Hause ergiesst, an die heimischen Gebirge. Es ist, als ob die Menschen mehr Lust und Trieb empfänden, es sich hier heimisch zu machen in dieser freundlichen Natur, als in der Ebene unten, wo Alles einförmiger und weniger geeignet ist, so heiter, so einladend zum Gemüth zu sprechen.

Wir mögen 1500 m. hoch stehen. Schon sehen wir nun im hochstämmigen, schattenreichen Gebirgswald, der uns umgibt, nicht mehr alle die Bäume, die uns so lange begleiteten, dass ihre Gestalten vertraut wurden. Die Nussföhre, die graue, knorrige, lang- und dünnbenadelte blieb längst zurück, dort wo das Chaparral, das dürre Dornheckengesträuch, die aromatische Heide, welche die Wiesen ersetzt, die grossblumigen, klein- und dürrblättrigen Gewächse des trockenen Erdbodens, die Blüthen des californischen Sommers zurückgeblieben sind — an den gelben Abhängen, den breiten Bachbetten, die mehr Kiesel als Wasser beherbergen, den Staubfeldern der breiten, runden, waldarmen Vorberge. So sind auch die Eichen zurückgeblieben, die dort in lichten Hainen standen. Sie sind keine Waldbäume und ebensowenig sind es die Nussföhren; darum passen sie nicht mehr in diese Region, wo die Bäume weniger selbständig und eigenwillig, sondern einander ähnlicher, weniger in die Breite und mehr in die Höhe, dichter beisammen wachsen. In den Thalflächen, den Wiesengründen kommen auch Eichen wieder. Gelb- und Zuckerföhre stehen aber jetzt mit Libocedrus in Wäldern zusammen, deren stolze Pracht und Grossartigkeit alle Nadelwälder der Alten Welt hinter sich lässt. Zwei Tannen, kaum minder stolze Gestalten, sind ihnen gesellt, und es bedürfte nicht der Riesencedern oder Mammuthbäume[1]), die in einigen Gruppen unter ihnen zerstreut wachsen, um diesem Walde, der die mittleren Höhen der Sierra von etwa 1000 bis 2500 m. bedeckt, den Ruhm einer der grossartigsten Erscheinungen im Gebiete der Waldnatur zu sichern. Mir wenig-

1) Vgl. o. S. 390. Das Bild, das diese Bäume gewähren, ist das riesenhafter Thujen oder Cypressen: Säulenrunder, glattrindiger Stamm, kurze, sperrige Aeste, walzenförmige Krone. Der Eindruck ihrer Riesenhaftigkeit (20 m. Umfang in 2 m. Höhe sind mehrfach gemessen) hebt das Geschlossene des Rindenkleides, die Regelmässigkeit des säulenartigen Wuchses, die Kurzästigkeit.

stens haben weder die schönen Wälder am Champlain-See, noch in Florida und Alabama, noch selbst der üppigste tropische Urwald die Erinnerung an diese californischen Gebirgswälder irgendwie verdunkeln können. Sie sind freilich einfach bei aller Mannigfaltigkeit, aber ihre Schönheit ist von ernster, grosser Art, ergreifend, möglichst vollkommen, weil wenig Unzulängliches von Unterholz u. dgl. in sie hineingemischt ist. Vor allem ist sie wohl darum für uns alle, die wir in der nordischen Natur, sei es Amerika's oder Europa's, aufgewachsen sind, so anziehend und fesselnd, weil sie, nur in ungemein veredelter, grossartigerer Gestalt, dieselbe Waldnatur zeigt, an der von Jugend auf unser Herz hängt, die wir alle am besten kennen und darum immer doch auch am besten verstehen.

In Nord-Californien, das in Bezug auf landschaftliche Schönheit spärlicher ausgestattet ist als der mittlere Theil des Landes, tritt uns die starre Grossartigkeit einer vulkanischen Natur entgegen. Lavafelder, die nur dürftig bewachsen sind, bedecken weite Strecken mit ihren Felsenmeeren; Felsgestein tritt häufiger aus der Erdhülle hervor und nimmt deren Stelle ein und ein rauhes, wenn auch feuchteres Klima lässt die heiteren Culturen des Südens nicht mehr gedeihen. Hochstämmige Wälder sind der grösste Schmuck dieser Gegend, deren grossartigsten Zug ausserdem Vulkane bilden, „welche sich durch Höhe und freie Stellung auszeichnen und der Landschaft mehr zur Zierde gereichen und ihr mehr Charakter verleihen als die zahlreichen Gebirgskämme ihrer Umgebung. Voran unter ihnen steht der Mt. Shasta oder Shasta Peak ... Er gehört zu den landschaftlich schönsten Vulkanen der Erde durch die reinen geschwungenen Linien des majestätischen, im oberen Drittheil seiner relativen Höhe mit Schnee bedeckten Kegels. Man kann ihn in Bezug auf malerische Schönheit dem Fusi-Yama vergleichen. Er übertrifft diesen an Höhe, aber es fehlt ihm die zauberische Umgebung des japanesischen Vulkans[1])“.

1) Richthofen, Z. d. D. geol. Ges. XXI. 599.

XXVII. Mt. Dana und Fernblick von der Sierra.

Ein Arm des Tuolumne entspringt hoch oben am Mt. Dana aus den Schneefeldern, welche sich auf der Nordwestseite das ganze Jahr hindurch in ziemlich bedeutender Ausdehnung erhalten. An ihm stiegen wir aufwärts, bis die Felsen, welche anfangs nur zerstreut umherlagen, sich zu einer Schlucht aufbauten, in der das Wasser mit Gebraus und zahlreichen kleinen Fällen herabkam. Der Bach hatte an dieser Stelle eine Moräne anzufressen begonnen und hatte, wie die tiefen Einschnitte zeigten, besonders zur Regenzeit, wo er mehr als zehnmal mächtiger sein musste, schon erhebliche Massen Gletscherschutt weggeführt. Mit den schwereren Felsblöcken hatte er seinem eigenen Bett einen wilderen Charakter gegeben. Wir verliessen sein Bett und stiegen auf den Kamm der Moräne, die 50 m. hoch sein mag und, da sie einen verschwundenen Gletscher des Mt. Dana ihr Dasein verdankt, direkt auf den Berg hinführt. Ein dichter Wald von Contorta-Föhren und Williamsoni-Tannen bekleidete ihre Abhänge und ein noch dichterer, todter Wald lag auf dem Grunde, so dass die Pferde an manchen Stellen schwer einen Pfad durch das Gewirr der Stämme fanden. Als wir höher kamen, wurde der Wald dünner und wuchsen manche Bäume schon sehr gedrückt und zerzaust, erschienen selbst schon krummholzartig, und zuletzt waren die aufrechten Bäume nur noch an geschützten Stellen zu finden. Den Wind, der ihre Kronen so niedrig hielt, spürten wir schon aus dem Thale des Tuolomne herab blasen, das jetzt zu unserer Linken lag, und es war eine Schärfe wie von Schneeluft darin. Als wir auf der Moräne hoch genug gekommen waren und den Berg gerade vor uns hatten, schwenkten wir nach links ab und ritten auf den Wiesen neben dem Bach, der hier fern von der schuttreichen Moräne, wieder ganz friedlich vor sich hinging, eine kleine Strecke aufwärts. Im Schutze zweier Felswände, die hier den Bach plötzlich wieder einengten und sein Thal, das eben noch so friedlich und blumig gewesen, wie mit hohen Wällen vermauerten, standen die letzten aufrechten Bäume, Contorta-Föhren, die voll dürrer Aeste waren und kaum eine grüne Nadel an sich hatten. An einen von ihnen banden wir die Pferde und begannen in gerader Linie zum Gipfel anzusteigen, der noch etwa 900 m. entfernt war. Unser Führer war schon auf der Moräne zurückgeblieben, weil ihm die dünne Bergluft zusetzte, und gern erlaubten wir ihm, dass er zurückkehre und ein grosses Feuer anzünde, an dem wir beim Herabsteigen die Lage des Lagerplatzes zu erkennen vermöchten.

Vor uns lag ein Wiesenstreif des kurzen, blumenreichen Grases, über den erst wenig, dann mehr, und endlich so viel scharfes Trümmerwerk von Granitblöcken, gemischt mit Schieferfelsen, gestreut war, dass der Rasen nur noch an zufällig freigebliebenen Stellen durchschaute. Streckenweise stieg man über dieses Felsengewirr wie über Stufen, aber an manchen Orten war es zu Geröll geworden, das unter den Füssen nachgab. Der ganze Gipfel war ein solches Trümmermeer, nur dass der Granit, welcher an den niederen Abhängen vorwaltete, gegen den Gipfel zu immer mehr hinter dem Schiefer zurücktrat, welcher zuletzt allein vorhanden war. Je mehr aber dieser letztere zunahm, desto schwieriger wurde das Steigen; doch war der Anstieg nie sehr steil und gefährliche Partieen waren gar nicht vorhanden. Die dünne Luft drückte das Blut etwas gegen die Stirn und Augen, aber sie machte keine entschiedenen Beschwerden. Dann und wann erfreute ein Pflänzchen in einer Felsenritze das Auge, und vor allem erfreulich war der Anblick einer Labiate mit grossen purpurrothen Lippenblüthen und immergrünem, dunkelm Laube, weil ihr ganzer Habits so sehr an die Alpenrose erinnerte.

Wir waren nun nicht mehr fern vom Gipfel, und die Landschaft entwickelte sich immer breiter und weiter. Gegen Westen lagen vor der untergehenden Sonne, welche die blaue Luft wie einen Schleier durchstrahlte, die Ketten der nächsten Bergzüge mit ihren zerrissenen, zackigen Spitzen, vor allem hervortretend wieder die vierzackige Gruppe der Cathedral Peaks, der Landmarke dieser Gegend, die aus schöngeschwungener Einsenkung sich in verschiedenen Klippenformen senkrecht erheben. Ihnen reihen sich in breiteren Formen die Berge um den Mt. Clark an. Man sieht in die weiten Höhlungen unter ihren Gipfeln, in die Thäler, die von ihnen ausgehen und die in breite Hochthäler münden, aus deren dunstbedecktem Grunde dann und wann ein See oder der Silberfaden eines Baches schimmert. Aus dem breiten Thal des Tuolumne, in welches diese Gruppen sich gegen Norden hinabsenken, steigt nach Süden zu mit sanft erhobenen Vorbergen eine regelmässige Zickzackkette von sechs flachen Pyramidengipfeln auf, die gleichförmige Erhebungen aus einem und demselben Gebirgskamm darstellen. Sie sind gleich den eben erwähnten Gruppen nur an den geschütztesten Stellen mit Schnee bedeckt, der in kleinen zerstreuten, unregelmässigen Flecken an den Abhängen liegt. Aber die Regelmässigkeit dieser Linie wird alsbald aufgehoben durch die Mt. Lyell-Gruppe, die zweithöchste nächst der unseren in diesem Theile der Sierra. Durch ein tief eingesenktes Joch hängt sie mit der Cathedralgruppe zusammen, erhebt sich zu ähnlich kühnen Formen, die öfters kreisförmige oder elliptische Tiefräume mit ihren Klippen und Graten umgeben. Einer sieht dem Glärnisch in der Schweiz mit seinem weithin sichtbaren Circus merkwürdig ähnlich, und da sich diese Gruppe hoch genug erhebt (Mt. Lyell ist 4030 m. hoch), fehlt es nicht an Schnee in den Cirken, welche wohl einst die Firnmassen derselben Gletscher beherbergten, deren Reste wir nun als regelmässige Moränen gegen Osten nach Nevada hinausziehen sehen. Weit sind ihre breiten Thäler mit den parallelen, gleich hohen Schutthügelketten dort zu verfolgen, und jede Berggruppe sendet mehrere aus. In dieser Gruppe ist der Schneereichthum grösser als in irgend einem anderen Theile der Sierra, so weit sie von hier sichtbar, und die Schneemassen, die in schön gewölbten Linien die Thäler herabziehen, würden an alpine Anblicke erinnern, wenn nicht in einer gewissen Linie zerstreute Schneeflecken an ihre Stelle träten, mit denen sie sich dann rasch auf dem braunen oder grauen Felsgrunde verlieren. Doch wollen wir im Angesicht dieses majestätischen Bildes nicht klagen, dass die Zierde der Gletscher diesem Gebirge fehle. Es ist genug Erhabenes auch ohne sie zu sehen.

Wo böten in der That die Alpen ein Bild, das dem Ausblick gleich käme, den Mt. Dana gen Osten bietet? Hier stürzt zu deinen Füssen dasselbe Gebirge, das sich so sanft erhob, mit wilder Felsenverwirrung stellenweise scheinbar senkrecht und nirgends mit geringer Neigung ab, und zeigt alle Schluchten mit viel grösseren Schneemassen gefüllt als die Westseite, die jetzt fast schneefrei ist. Selbst ein kleiner, vielleicht 300 m. langer Gletscher zieht sich hart unter unseren Füssen von einer höheren Schneemasse zu einer tiefer unten im Thale liegenden. Die grünblaue Eisfarbe verräth die unerwartete Erscheinung und der Glanz des Eises an den Stellen, wo es steil abgestürzt ist. Wir schauen auf Hochflächen, tiefer liegende Berge, deren scharf abgeschnittene Ränder nicht minder krasse Abstürze bekunden. Wie auf der Karte liegt dieses Bild der Hochebene vor uns: die Moränenthäler, der kreisrunde Monosee, wellenhafte Hügel um denselben, in der Mitte die Inseln, dann die Vulkanreihen und in der Ferne das Gipfelgewirr der südlichen Sierra. Vor allem der Gegensatz des steilen Abstürzens der Berge zum sanften, träumerischen Hinlagern der Seen, Inseln, Hügel über das Hochland vor uns, und der Gegensatz der Klarheit, in der rings die Gipfel und Kämme des Hochgebirges stehen, zum weichen, da und dort schon silbern schimmernden Duftschleier über der Ebene ist wundervoll. Fragt man nach dem Eigenthümlichen, das dieses grossartige Panorama von ähnlichen Bildern unterscheidet, die ein Blick von einem Alpengipfel bietet, so wird zu antworten sein, dass die Formen der Berge so gewaltig und kühn, und nicht weniger mannigfaltig sind, wie in den Alpen. Es möchten wohl dort weniger so massige Formen, die aus breiter Unterlage so langsam sich aufbauen (der Berg, auf dem wir stehen, gehört zu ihnen), und weniger seltsame Kuppen- und Zackenformen zu finden sein; andererseits sieht man hier keine jener Formen, welche in den Alpen die Mischung junger geschichteter Gesteine mit den Urgesteinen hervorbringt. Die Eis- und Schneebedeckung bringt in den Ausblick von einem alpinen Hochgipfel etwas Oedes, das vereinsamend auf uns wirkt; hier tritt hingegen mehr in den Vordergrund das bunte Kleid der hoch heraufgehenden Wälder und Triften, die reichlich mit dem Silber von Bächen und Seen durchstickt sind. Wenn daher auch die gewaltigen Formen ringsum nicht gestatten, dass das Bild minder erhaben wirke, so fehlt doch jenes weltferne, vereinsamende Gefühl, das uns in den Alpen ergreift. Immer bleibt das Leben, die Welt, so wie sie uns befreundet ist, hier näher.

Ich möchte sagen, dass auch die Grösse des Continents und seine ungegliederte Masse vor allem nahe traten, als ich in raschem Uebergang von der reichen, in manchen Zügen heimatlichen und in den grössten immer noch befreundeten Gebirgsnatur zur Wüste der Hochebene am Ostabhang herabstieg. Wie ganz anders hält unsere mitteleuropäische Natur nach Süden und Norden aus! Wird sie doch erst wüstenhaft, wo sie an das riesige Asien grenzt. Die Einflüsse der buchtenreichsten Meere, die sich ihre Wolken vom Polarkreis und von der Küste Afrika's entgegensenden können, sind ganz Europa gemeinsam und lassen die Natur bei allem Masse, das sie innezuhalten hat, in keinem Punkte so arm werden. Hier haben wir aber die mächtige Continentalmasse, welche die befruchtenden Einflüsse der Meeresfeuchtigkeit nur auf gewisse Strecken vom Ufer her zur Wirkung gelangen lässt. Auf der dem Meer abgewandten Seite des Gebirges, das wir hier überstiegen haben, spüren wir sofort die Nähe eines dürren Landes, des wasserarmen Herzens des Continents, dem der Atlantische Ocean und der Golf zu fern sind, und das durch diese Hochgebirgsschranken der Sierra von dem Stillen Meer abgeschnitten ist, dem es am nächsten liegt. Statt dass freiere Entfaltung des Lebens auf die Lockerung der Schnee- und Eisfesseln folgt, fallen hier diese Fesseln nur, um in dem Masse, wie sie fallen, von den viel strengeren der Dürre ersetzt zu werden. Das massige Land hat Raum genug, um scharfe Gegensätze zu voller Entfaltung kommen zu lassen. Es ist diess etwas Neues, in seiner Art Bedeutendes, aber darum nicht eben Erfreulicheres im Vergleich zu der massvoll vermittelten Stimmung, welche über allen Unterschied der Zustände in der europäischen Natur so wohlthuend hingebreitet ist.

Während unten im Thal noch ein Streifen jenseitiger Sierranatur: stolze Jeffreysii und Contorta-Föhren, Tannen und Cedern, Eichbäume, Balsampappeln, dichtes Weidengesträuch und im Gras, das in feuchten Niederungen selbst Matten bildet, der mannigfaltigste Blumenschmuck des Rittersporns, Eisenhuts, verschiedener Lupinen mit blauen, der Callistegien, Gillien, Oenotheren und Epilobien mit scharlachrothen und purpurnen, zahlreicher Compositen mit gelben und lilafarbenen Blumen — ein tiefgrüner, blatt- und blüthenreicher, saftiger Streif hinzieht, hat auf den Moränenhügeln zu beiden Seiten schon die Pflanzenwelt der Steppen sich einzustellen begonnen und kommt, wo die Bodenform sie begünstigt, bis an den Fluss herab.

Was will der vielbeschriebene Contrast nord- und südalpiner Landschaft im Vergleich mit diesem raschen Wechsel heissen?

XXVIII. Das Yosemite-Thal.

Wir waren einen grossen Theil des Tages durch die hochstämmigen Gebirgswälder gefahren, bis wir gegen Abend das Joch erreichten, dass bei nahezu 2200 m. die Scheide zwischen dem Nordarme des Merced-Flusses und dem eigentlichen Merced-Flusse selbst bildet, welcher das Yosemite-Thal durchströmt. Da und dort waren bereits Felsengruppen am Wege aufgetreten, aber die Klippen und Wälle, denen wir nun auf steil abfallendem Wege entgegenfuhren, waren doch nach Masse und Form gleich unerwartet. Man nennt hier eine Stelle, wo man einen der ersten Einblicke ins Thal gewinnt, Standpoint of Silence, um den überraschenden Eindruck zu bezeichnen, der im ersten Augenblick ganz und gar nicht in Worte zu fassen ist. Wir hatten über den affectirten Namen gelacht, aber nun machten wir ihn selber wahr.

Aus der Höhe, auf welcher wir stehen, sieht man in ein Thal, das dicht mit hohem Wald bestanden und von einem vielgewundenen Bach durchflossen ist und in dem, wenn jener Schimmer dort am oberen Ende nicht trügt, selbst die Silberspiegel einiger Seen zu vermuthen sind. Der Thalgrund liegt fast 900 m. unter uns und seine Wände sind durchaus nur Felsmassen, welche meistens ohne irgend eine hervortretende Vermittelung direkt vom Grunde zu unserer Höhe aufsteigen und fast ganz vegetationslos, von grauer Farbe, vorwiegend ungeschichtet und unzerklüftet, massiv im höchsten Grad erscheinen. Mehrere Bäche, die von den höheren Bergen herabfliessen, stürzen mit Fällen von 300 m. und höher in dieses Thal. Von den Gruppen, in welche die Felsumwallung des Thales zerfällt, haben einige kühn aufthürmende, klippenhafte, andere mehr gerundete Formen, welche durch den Contrast mit den vielen steilrechten Linien des Aufsteigens besonders merkwürdig sich herausheben. Uns zunächst reckt eine dieser kühnen Gestalten, dem Felsen El Capitan, einem Thorpfeiler des Thales angehörend, sich empor; ihr Scheitel ist Berg und Thal einer sanften Wellenlinie, die statt zum zweiten Male wieder sich aufzuwölben mit ungebrochenem Abfall mehr als 900 m. fast senkrecht ins Thal hinabstrebt.

Die ganze Felsumrandung des Yosemite besteht aus hellem, vorwiegend graulichem, stellenweis auch röthlichem Granit, welchen theils verschiedene Arten und Grade von Verwitterung, theils ursprüngliche Lagerung in eine Anzahl von Gruppen zertheilt haben. Wie anderwärts im Gebirgsbau der Sierra Nevada, spielen auch in der Umrandung dieses Thales kuppelförmig aufgewölbte Felsmassen eine grosse Rolle. Der Dom, welcher in der Benennung der Gruppen mehrmals wiederkehrt, zeigt das mehrfache Vorhandensein solcher Felsenkuppeln an, die übrigens wohl keinem Granitgebirge ganz fehlen werden. Ich erinnere mich, dass auch unsere Alpengeologen gewisse Strukturverhältnisse der Centralalpen auf früher vorhandene kuppelförmige Aufwölbungen zurückführen, welche später durch Verwitterung und Zerfall unkenntlich geworden sind. Von diesen Gruppen können El Capitan und die Cathedralfelsen, jener auf der Nord-, dieser auf der Südseite des Einganges ins Thal stehend, gleichsam als die Thorpfeiler angesehen werden, die verkünden, was im Inneren und in der Tiefe des Thales zu erwarten. Ihnen reihen sich auf der Nordseite die Drei Brüder, dann die lange steile Wand, über die der Yosemite-Fall herabkommt, und die regelmässige Flachkuppel des Norddoms an, auf der südlichen die hohen spitzen Klippen der Cathedralthürme, die Wächterfelsen (Sentinel Rock) und ein zweiter Flachdom, der diese hoch überragt. In der Tiefe des Thales schliesst die seltsam halbirte hohe Kuppelform des Half Dome und weiterhin das Cap of Liberty, das wieder an El Capitan erinnert, den Kreis.

Bei jedem Gang durchs Thal bieten der Thalgrund mit seinen Wäldern, der helle Rauschbach in seinem felsumsäumten Bette und vor allem die Bilder, die, jenachdem man geht, das Ineinanderschieben und Auseinanderrücken in den verschiedenen Gruppen der Thalwände vor Augen bringt, eine Fülle schöner Ansichten. Der Gegensatz der heiteren Thalfläche zu ihrer starren, klippigen Felsumrandung ist in allen diesen Bildern ein hervortretender Zug, und indem die Bäche, die vom Hochgebirg herabkommen, ihn mit ihren Wasserfällen auf mannigfach verschiedenen Wegen überwinden, kommt Leben und Bewegung in diese vorwiegend ernsten und grossartigen Scenen, wie in demselben Masse in kein Alpenthal. Leider haben aber diese Wasserfälle gerade in der Reisesaison am wenigsten Wasser, da schon früh im Sommer der Regen selbst im Gebirg auf ein Minimum reducirt wird und der Schnee zum grössten Theile schon Anfangs August geschmolzen ist. Das Wasser ist im Yosemite noch viel mehr als in anderen Gebirgslandschaften ein wesentliches Element der Schönheit und man sollte daher das Thal womöglich im Mai oder Juni besuchen, wenn in dieser Richtung noch kein Mangel herrscht. Vom Juli an werden die Wasserfälle und wird der Merced-Bach selbst beständig seichter und schmäler und gegen den September gehen einige der ersteren ganz ein.

Das Thal hat fünf grosse Wasserfälle, deren höchster 2600 F. hoch vom Felsrand herabkommt, während der niedrigste nicht unter 400 F. hoch ist. Man braucht kaum zu bemerken, dass keiner von ihnen zu denen gehört, die durch ihre Wassermassen Grossartiges bewirken, denn es sind ja alles nur Gebirgsbäche, die wesentlich vom schmelzenden Schnee genährt werden. Da aber der Schneefall in der Sierra viel geringer als in den europäischen Gebirgen und keine Gletscher vorhanden sind, die in ihren Eismassen gleichsam Reservoirs für die trockene Zeit des Sommers anlegen, sind im Ganzen die fliessenden Gewässer hier selbst zur Regenzeit kaum so wasserreich, wie sie bei uns fast immer (die kältesten Wintermonate ausgenommen) zu sein pflegen. So sind diese Fälle vorwiegend schmal und dünn und werden erst durch die Umgebung und die Art, wie sie fallen, in so hohem Grade schön und anziehend.

Neben dem Cathedral Rock, einer Zwillingsgruppe steiler Felsen in der Südwand des Thales, kommt der Bridal Veil-Fall (Brautschleierfall) herab, der 630 F. hoch frei herabfällt und die weiteren 300 F. seines Weges in einer Reihe herrlicher Cascaden über Trümmerwerk vollendet, das sich am Fuss des Felsens aufbaut. Ein starker Wind treibt oft den oberen frei fallenden Theil, der in schneeweissen Staub aufgelöst ist, zur Seite, dass er wie ein Schleier am harten Felsen hinweht. Daher sein Name. Eine Stunde weiter oben kommt über die Nordwand des Thales aus noch bedeutenderer Höhe ein anderer, der eigentliche Yosemite-Fall, der in einer Meilen und Meilen ohne Zugang, ohne eine Stufe, wo Leben Halt und Raum fände, ohne den Lichtblick einer dichter bewaldeten Schlucht hinziehenden Felsenwand, die von zerstreuten Bäumen nur bemoost erscheint, eine ungemein wohlthuende Unterbrechung bildet. Schneeweiss kommt das Wasser über die Kante, zerstäubt dann an der Wand des ersten, 1500 F. hohen, schier senkrechten Absatzes zu einem Schleier, der aus der Ferne silbergrau, langsam herabzuschweben scheint; er wird wieder zu einem weissen Wasserfaden, wo die Felswand weniger steil vorspringt, und wieder schleierhaft, wo sie steiler wird. Dann kommt eine Vorwölbung, durch die er sich in tiefer Schlucht einen engen, mühseligen Pfad gebahnt, dann fällt er wieder über eine steile Wand und endlich braust er über den Schutthügel, den er sich selbst vor den Berg hingebaut, in den Thalgrund hinab. 2600 F. ist seine Gesammthöhe. Mit Recht erklärt man ihn für einen der Glanzpunkte der ganzen californischen Alpenwelt. Meines Wissens ist ein höherer Wasserfall nirgends auf der Erde bekannt. Der vielgepriesene Gavarnie in den Pyrenäen ist nur 1266 F. hoch, die classischen Wasserfälle der Alpen und Norwegens sind alle niedriger, und Umgebung und Hintergrund können nirgands grossartiger sein als hier. Dass, wie gesagt, das Thal in der Mitte so eben, an den Wänden so steil und nur da, wo beide aneinanderstossen, voll wilder Trümmer ist, erhöht die Wirkung dieser so hoch herabstürzenden Bäche.

Bei jedem Gang am Rand des Thales treten uns bemerkenswerthe Eigenthümlichkeiten entgegen, welche diesem ursprünglich ganz unvermittelten Aufsteigen der Bergwände aus dem Thalgrunde entspringen: Felsenthore als Mündungen jeder Schlucht, welche mit zerklüfteten Wänden ein Bild des Thales einfassen, wie es gerade in ihrer Richtung liegt und den Fernblicken den grossartigsten

Rahmen verleihen; gewaltige Anhäufungen geborstener, abgestürzter Felsen, von denen viele grösser als haushoch sind, als Terrassen voll kleiner wilder Schluchten und Bäche vor jedem Wasserfall, am Ausgang jedes Baches, der von oben kommt; Verhüllung des Thalgrundes durch die hohen Föhren, Cedern und Fichten, welche besonders dicht am Rande der Felskolosse stehen, so dass nichts von den Missformen und dem unharmonischen Geräusch, welches die Bewohnung hereinbringt, in die erhabenen Bilder dringt. Zwei Fälle, die der Merced-Fluss selber im sogen. Kleinen Yosemite bildet — die vorgenannten gehören Zuflüssen an — ehe er in das Thal eintritt, stehen an Höhe zwar weit hinter jenen zurück, sind aber durch Wassermasse und Pracht der Umgebung in ihrer Art kaum weniger ausgezeichnet. Sie liegen hart übereinander.

Man übersieht das ganze Thal von dem Wege, der zum Glacier Point führt und dem Glacier Point selber am besten. Schaut man von jenem nach Westen, so sind die Cathedral Rocks gleichsam herabgesunken und treten als Mittelpunkt in das Bild des äusseren Thales ein, welches rechts El Capitan und links Sentinel Rock einfassen. Sie scheinen bedeutend ferner zu sein als El Capitan, mit dem gemeinsam sie uns beim Eintritt ins Thal die Thorpfeiler zu bilden schienen, denn sie sind in diesem Anblick viel weniger hoch und massig, als sie vom Thale aus sich dargestellt hatten, aber sie sind in Wirklichkeit eine kleinere Gruppe und dieser Standpunkt, der die drei westlichen Felsgruppen ebenmässig beherrscht, setzt ganz gerecht nur die thatsächlichen Verhältnisse in das rechte Licht. Wir schauen hier von einem nordöstlichen Punkte nach Südwesten. In dieser Himmelsrichtung liegt das äussere Thal im vollsten Mittagssonnenschein vor uns: Der Thalgrund voll hoher Föhren und Tannen, die rechts und links an sanften Abhängen hinaufstehen, zieht die scharfen Rahmen dieses Bildes. Der Merced-Bach windet sich durch sie hin und schimmert stellenweis so tief grün und blaugrün wie Libellenflügel. An seiner linken Seite wird der Thalgrund felsig, indem er ansteigt, und Klippen, die mit scharfen Zackenstufen sich steil erheben, tauchen hervor. Wieder ein Stückchen sanften Abhangs mit dichtem Wald. Dann plötzlich steigt fast senkrecht der Cathedral Rock aus dem Thalgrund auf, steigt mit grauen kahlen Wänden, die an wenig Vorsprüngen und Spalten wenig Nadelholz tragen, das ihn nur eben bemoost, in drei imposanten Massen empor, deren grösste mittlere sich an der Spitze rundlich abflacht, während die nähere, die mit dieser zusammenhängt, bei ebenso steilem und etwas höherem Aufsteigen steil schräg gegen die Bergwand abfällt, die mit Tannengrün sich über beiden hinzieht. Der dritte, fernere Block erscheint niedriger, steigt steil schräg und in zwei Absätzen auf und fällt in sanfterer gewölbter Linie gegen den Hauptblock (2700 F. über dem Thalkessel hoch) ab, bis dessen aufsteigende Linie diese absteigende aufnimmt. Die Bergwand, zu der sich die sanfteren Abhänge erhoben haben, zieht ein paar hundert Fuss mit besänftigend milder Kammlinie über diesen Kolossen hin und lässt weiterhin vereinzelte Klippen und Wände aus ihrem Waldesdunkel hervortreten. Sie fällt sehr sanft zum Merced-Thale ab und ähnliche Linien und dunkle Abhänge, wie sie den waldreichen Vorbergen zukommen, ziehen gen Westen hinaus, bis eine blasse, wolkenhafte, sehr ferne Erhebung, ein Stück Küstengebirg ohne Zweifel, den Horizont abschliesst[1]).

---

1) J. D. Whitney sagt in seinem geologischen Berichte (1870), von dem ein Theil als *Yosemite-Führer* ausgearbeitet ist, Folgendes: „Das Yosemite-Thal liegt ziemlich im Mittelpunkt der Längenerstreckung des Staates und genau in der Mitte zwischen dem West- und Ostabhang der Sierra, welche hier 16 g. M. breit ist. Das Thal ist nahezu flachgründig, $1^1/_2$ M. lang und $^1/_5$ bis $^1/_6$ M. breit und fast 4000 F. tief in das Niveau des umgebenden Felsenplateau's eingesenkt. Man könnte es eine riesige Kluft nennen, welche aus der Gebirgskette fast in rechtem Winkel zu ihrem Streichen herausgesprengt ist. Freilich ist dieselbe ziemlich unregelmässig, da verschiedene Vorsprünge und Einbuchtungen vorhanden, aber im Allgemeinen hält die Versenkung an einer nordöstlichen Richtung fest, bis sie am oberen Ende fast rechtwinklig nach Südosten umbiegt und in drei Zweige ausgeht, durch deren jeden man wie auf Riesentreppen zum Niveau der Hoch-Sierra hinaufsteigt. Jeden dieser Thalzweige und Engthäler (Cañons) kommen Bäche, Zuflüsse des Merced, in mächtigen Wasserfällen herab. An seinem unteren Ende aber zieht sich das Thal zu einer engen Schlucht oder Cañon zusammen, deren Wände sehr steil sind und nicht die U-Form des Yosemite, sondern die gewöhnliche Cañonform V californischer Thäler aufweisen. Die charakteristischen Eigenschaften des Yosemite-Thales, durch welche es sich von allen bekannten Thälern unterscheidet, sind 1) das fast senkrechte Aufsteigen seiner Wände; 2) deren Höhe, und zwar nicht bloss absolute, sondern auch im Verhältniss zur Breite des Thales, und 3) die sehr geringe Masse von Schutt und Trümmerwerk am Fusse der riesigen Felswände. Zu diesen Eigen-

XXIX. Der äusserste Nordwesten.

Der Unterschied des Klimas und der Vegetation tritt bei jeder Annäherung von Osten an die Hochgebirgskette der Sierra Nevada und des Cascadengebirges womöglich noch schärfer hervor als der der Bodengestalt. Alle Reisenden, die im Columbia-Thal, dem herkömmlichen Weg, von den Steppen der Columbia Plains nach dem Küstengebiet von Oregon herabgestiegen, heben den auffallenden Wechsel hervor. Das Cascadengebirge ist durch seinen Regenreichthum ebenso bekannt, um nicht zu sagen berüchtigt, als diese Steppen es für ihre Dürre sind. Durch die kalten, schneebedeckten Gipfel im Verein mit feuchten West- und Nordwest-Winden werden hier Regen zu allen Jahreszeiten hervorgerufen und diese Feuchtigkeit lässt die Vegetation des Gebirges sehr ähnlich werden der der tieferen Theile des Columbia-Thales. „Schon von den Dalles aus, schreibt J. G. Cooper, sahen wir einen dichten Nebel in dem *Gap* der Cascadenkette hängen, aber wir waren nach langer Steppenwanderung ganz unvorbereitet auf den ununterbrochenen Regen, der uns von Vancouver an begleitete. Selbst noch mitten im Regen konnten wir den hellen wolkenlosen Himmel der Steppen des Ostens erblicken. Der Wechsel der Landschaft kam mir kaum geringer vor als der, den ich früher zwischen New York und Panama beobachtet hatte. In den Dalles war der Boden mit Schnee bedeckt, aber jenseits der Gebirge fanden wir die Zeugnisse eines ewigen Frühlings in riesenhaften Wäldern, tropisch üppigem Gesträuch, hohen Farnkräutern und der reichen Moosdecke, die selbst auf hohen Felsen nicht fehlte, von denen Wasserfälle ungebrochen 1000 F. herabstürzten [1]."

---

schaften, die dem Thal in seiner ganzen Länge eigen sind, kommen andere Züge von Schönheit und Erhabenheit. Die *Dome* oder die Wasserfälle der Yosemite, ja, jeder einzelne aus ihrer Reihe, würde irgendwo in Europa genügen, Reisende von Nah und Fern anzuziehen. In der That bleiben gewisse Wasserfälle in der Nähe des Yosemite, welche schöner als viele der bestbekannten und meist besuchten Wasserfälle Europa's sind, thatsächlich fast unbeachtet, weil so manche andere interessante Dinge zu sehen sind, dass es unmöglich, für alle Zeit zu finden".

1) Pacific R. R. Rep. XII. IId P. 19.

Tief im Gebirge selbst schreibt derselbe Reisende aus der Gegend des Mt. Adams: „An einem Augustmorgen hatte endlich der Regen die Waldbrände unter unserem Standpunkte ausgelöscht und die Atmosphäre von dem Rauch befreit, der uns bis jetzt alle Aussicht benommen hatte. Das Bild, dass sich nun vor uns erhob, war von einer Pracht, die in Amerika nicht übertroffen wird. Fünf Schneegipfel umgaben uns, die viele tausend F. über unsern Lagerplatz sich erhoben, und wir waren noch weit unter der Schneelinie. Bis zu etwa 1000 F. über uns konnte man die verzwergte Vegetation der alpinen Region verfolgen, in der ein niedriger, blaugrüner Wachholder mit grossen Beeren, dessen Gebüsche sich teppichartig ausbreiteten, die häufigste und charakteristischste Pflanze zu sein schien. Unter uns sprosste in den feuchten Hochthälern, die gleichsam Vertiefungen zwischen den Bergen bilden, ein üppiger Rasen auf, der von vielfarbigen Blumen durchstickt war. Auffallend war der Reichthum an Beeren in den Wäldern unter der alpinen Region, die vorzüglich aus Pinus monticola und ponderosa und Abies nobilis bestanden. Eine Heidelbeerart hatte hier Früchte fast so gross wie Trauben. Man glaubte sich manchmal in einem Garten statt auf Alpenmatten von 1600 m. zu befinden. Ein reiches Thierleben regt sich in diesen Hochthälern. Die Wiederkäuer des Gebirges, Bergschaf und Antilope, finden hier wohlbestellte Weidegründe, Raubthiere folgen ihnen und Gänse, Enten, Kraniche, Phalaropus bevölkern die zahlreichen Seen.

Grossartig wie diese Gebirgsscenerie mit den blinkenden Schneepyramiden ihrer vulkanischen Gipfel ist, sind doch die Wälder der grösste Stolz des Oregon-Gebietes. Von der ersten Entdeckung an sind die Wälder am unteren Columbia wegen der Pracht ihrer Stämme gerühmt worden. Es muss irgend etwas im Klima sein, das dieses Höhenwachsthum der Nadelhölzer begünstigt, denn auch Arten, die nächstverwandt sind mit anderwärts wachsenden, sind doch hier ausnahmslos höher. In Oregon glaubt man, wie J. G. Cooper berichtet[1]), dass die Seltenheit des Blitzes im dortigen Tiefland ein Höhenwachsthum zulasse, das anderwärts nicht erreicht

---

1) Pacific R. R. Reports XII. II^d Part. 24. Vgl. auch o. S. 390.

werde und auch das grosse Mass der Feuchtigkeit, welche die Vegetationsperiode verlängere, wird als ein Grund angeführt. Jedenfalls ist die Erscheinung dieser Wälder in ihrer Art einzig. Selbst die herrlichen Gebirgswälder Californiens machen vielfach keinen so reichen, prächtigen Eindruck, da ihre Umgebungen schon zu trocken und das reiche Unterholz fehlt, das hier oft fast tropische Bilder erzeugt. Fast alle Bäume sind Nadelhölzer[1]); Laubholz wächst nur an den Flussufern, den Prärierändern und anderen *offenen* Lagen und kommt besonders in einigen schönen Ahornarten vor. Es tritt überall weit hinter dem Nadelwald zurück.

In Washington Terr. bleiben die Cascade Mts. durchschnittlich 30 M. von der Küste entfernt. Puget Sound, Admiralty Inlet, Hoods Canal und die Canäle, die diese tiefen Buchten mit der Georgian Bay verbinden, liegen zwischen dem Gebirge und der Küste. Die Fuca-Strasse streckt sich ostwärts nahezu 30 M. ins Land hinein. Die dadurch entstehende Halbinsel zwischen Puget Sound und dem eigentlichen Meere ist von theils welliger, theils bergiger Oberfläche. Das Küstengebirge erreicht beträchtliche Höhen halbwegs zwischen Fuca-Strasse und Puget Sound. Das Land ist im Allgemeinen gut bewaldet, nur ein Dritttheil desselben mag aus

1) Oregon-Ceder (Thuja gigantea) ist der häufigste Baum des fernen Nordwestens; wenn er auch keinen Wald ausschliesslich zusammensetzt, so ist er doch in grosser Zahl weit verbreitet. Man findet Stämme von 4 m. Durchmesser. Auch im todten Zustand trägt dieser Baum dazu bei, den Wäldern Oregons einen reichen Urwaldcharakter zu verleihen, denn seine gestürzten Stämme sind so dauerhaft, dass Fichten von 1 m. Durchmesser sie mit ihren Wurzeln umschlingen und das todte Holz im Kern doch kaum minder fest ist als das lebende. Die Douglas-Tanne (Abies Douglasii) bildet die grösste Masse der trockeneren Gebirgswälder, die Gelbtanne (A. grandis) steht in den Flussthälern, besonders in den Niederungen des Columbia, die Schwarztanne (A. Menziesii) gehört vorzüglich den seewärts gewandten Abhängen an und kommt selbst im Salzboden fort. Die Schierlingstanne (A. canadensis) wird hier viel grösser als in den Atlantischen Staaten, ist aber die gleiche Art. Eine Eibe (Taxus brevifolia), die dort nur strauchförmig wird, ist hier ein Baum, so hoch wie unsere europäische Art. Nur eine einzige Föhre (P. contorta) kommt sehr häufig in den Oregon-Wäldern vor, vorzüglich auf den trockeneren, sandigen Böden wachsend. Es sind diese 7 Nadelhölzer der Grundstock der Wälder dieses Gebietes; einige Föhren, Tannen und Cedern, welche ausserdem vorkommen, stehen ihnen an Häufigkeit weit nach.

Prärien bestehen, die aber, wo sie nicht zu weit von der Küste entfernt liegen, das ganze Jahr hindurch grün sind[1]). Die Wälder sind dieselben hohen, dunkeln, von üppigem Unterholz durchflochtenen Tannen-, Föhren- und Cedernforste wie im Columbia-Gebiet. Sie machen den prächtigsten Eindruck, wo sie bis an das Meer herabsteigen in den engen Schluchtenthälern der Fjords (Inlets), deren Landschaftsbilder an die Scenen erinnern, welche einige Theile Nord-Europa's bei ähnlicher Bodengestalt und Küstenbildung darbieten. Das schroffe Ansteigen der Gestade, die hohen, dunkeln Wälder der Nadelbäume, das grüne, inselreiche Meer, die Schneegipfel des Cascadengebirges in der Ferne[2]), rauschende Ströme, deren Wasserreichthum, starkes Gefäll und felsiges Bett sie fast alle zu Giessbächen macht, dürften in der Gesammtheit ihres landschaftlichen Eindruckes am meisten mit der Küstenlandschaft des mittleren Norwegens zu vergleichen sein. Zahlreiche Eilande, grün von üppigem Wald- und Wiesenwuchs, sind durch die Stunde zerstreut; eines der grösseren, Whidby's Island, wird *The Garden* genannt. Ihr Boden gehört zum besten Culturboden, der in den Grenzen von Washington Terr. überhaupt zu finden ist und ist einer der Gründe, wenn auch ein nur in zweiter Reihe stehender, welche die so lange strittigen Inseln der S. Juan de Fuca-Strasse den Amerikanern immer so begehrenswerth erscheinen liesen.

1) Die Prärien der westlichen Theile von Oregon und Washington Terr. gehören der Mehrzahl nach den tiefliegenden Strichen an. Einige sind sogen. Tide-Präries, d. h. Marschen, welche 2 oder 3mal jährlich von Hochfluten überschwemmt werden; die meisten finden sich in den Flussniederungen und die wenigen höher gelegenen scheinen durch Waldbrände erzeugt zu sein. Hohe Farnkräuter, die bis über Mannshöhe und zugleich dicht wachsen, geben ihnen oft einen eigenthümlichen buschigen Charakter.

2) „Dem Reisenden, der von der See her sich dieser Küste nähert, zeigt sich das Land gebirgig und mit dunkeln Wäldern bedeckt, die vom Meeresufer bis zu den Schneegipfeln sich erstrecken, und über die in unbeschreiblicher Majestät und Schönheit die leuchtenden Schneegipfel des Cascadengebirges sich erheben. Dieselben scheinen der Küste sehr nahe zu sein, aber der am weitesten vorgeschobene Mt. St. Helens ist noch immer mehr als 100 Miles von der Küste entfernt“ (J. G. Cooper, P. R. R. R. XII. II. 38).

XXX. Der nördliche Theil des Grossen Beckens.

Nach Norden zu werden im Grossen Becken die Oasen, welche weiter südlich über weite Strecken von Wüsten und Halbwüsten zerstreut waren, häufiger, und rücken näher zusammen. Der Ost- und Westrand des grossen Hochlandes, Felsengebirge und Cascadenkette, kommen einander näher und Höhenzüge, die nicht isolirt bleiben, wie in den mittleren Theilen des Beckens, sondern von diesen Randgebirgen ausstrahlen, machen den Zwischenraum zwischen denselben zu einem vielgegliederten Gebirgs- und Hügelland. Indem sie die Steppe immer mehr einschränken, bis dieselbe nördlich vom 48. Breitegrade unter starkem Ueberwiegen des Waldes in waldumrandete Wiesen zerfällt, bestimmen sie den landschaftlichen Charakter dieser Region als den eines Ueberganges von den Steppen zur Waldregion, der aber statt im Flachland, wie der ähnliche Uebergang im Osten (s. S. 375), sich im Gebirge und theilweis durch das Gebirge vollzieht.

Schon am Ostabhang des Cascadengebirges gewinnt im Vergleich zum feuchten Westabhang Wald, Gesträuch, Graswuchs, kurz alles, was Vegetation heisst und mit Vegetation zusammenhängt, sogleich einen trockeneren, ärmeren Charakter. Die Wälder sind zunächst nicht minder ausgedehnt als am Westabhang, aber sie sind viel weniger dicht, bestehen fast ausschliesslich aus der zu durchschnittlich 30 m. aufstrebenden, schlank und gerade wachsenden Ponderosa-Föhre und haben in scharfem Gegensatz zum Osten so wenig Unterholz, dass man mit Wagen zwischen ihren weit auseinanderstehenden Stämmen durchzufahren vermöchte. Manche der Terrassen, mit denen das Cascadengebirge nach Osten zu abfällt, ist mit ihrem ebenen Boden, dem kurzen, dichten Rasen, den in regelmässigen Zwischenräumen, wie gepflanzt, neben einander stehenden schlanken, hohen Bäumen, einem wohlgepflegten Park ähnlicher als einem Walde. Er nimmt eine Zone ungefähr zwischen 800 und 1500 m. am Gebirge ein, wird aber niedriger und stellenweise auch dünner, je mehr er sich dem Tafelland nähert, das ostwärts vom Cascadengebirge sich ausbreitet. Auf einem der höheren Punkte dieser östlichen Gebirgsausläufer, wie z. B. der Wasserscheide zwischen Yakima und Pisquouse R. (1750 m.), steht man noch in hohem Lärchenwald, der aber nicht unter 1500 m. herabgeht, und sicht im Westen von den wie schaumgekrönte Meereswellen sich erhebenden Schneegipfeln des Cascadengebirges den Wald ohne grosse Lücken bis an den Columbia herabziehen; aber er kreuzt ihn nur an einem fern im Norden gelegenen Punkt, in der Gegend des 48. Grades, der noch in unseren Gesichtskreis fällt; an allen anderen Stellen reicht von Osten her die Steppe der Great Plains of the Columbia dicht heran und soweit der Blick nach Osten geht, sieht er nichts als ihre braunen Flächen. Culturfähig sind in dieser ganzen Region nur die Niederungen in den Flussthälern, in welchen zahlreiche scharf ausgeprägte Terrassenbildungen die Anlage künstlicher Bewässerungen begünstigen dürften.

In den Wäldern, welche den Ostabhang des Cascadengebirges von 600 m. an bis nahe zur Schneegrenze bedecken, mischen sich Lärchen unter die vorwaltenden Gelbföhren in den nördlichen Theilen und überwiegen stellenweise sogar die Föhren an Zahl; ebendort erscheinen auch kurzstämmige Fichten in grösserer Menge. Cottonwood und Espe stehen die Bäche und Flüsse entlang, Eichen finden sich in ausgedehnteren Niederungen[1]), Weisscedern oder Arbor Vitae (Thuja) sind am Ostabhang seltener als am westlichen. Ein kräftiger Graswuchs bedeckt den Boden dieser Wälder und ist noch grün, wenn in den Steppen der tieferen Theile alles verdorrt ist. Oft treten die Bäume ganz hinter demselben zurück und so erzeugen sich Prärien, die bis zu 1 Qu.-M. Boden bedecken. Einige Bergzüge dieser Region, wie z. B. die Coeur d'Alène Mts., sind fast in ihrer ganzen Erstreckung mit Nadelholz bestanden und nur die höchsten Gipfel ragen kahl aus dem Waldkleid hervor[2]). Klare,

---

1) Nach J. J. Stevens sieht man westwärts gehend, nachdem man Ft. Union am Oberen Missouri verlassen, die ersten Eichen am Atahnama, einem Nebenflusse des Yakima (Pacific R. R. Reports XII. Part. I. 141).

2) Die tiefsten Punkte, die im Gebiet der Great Plains des Columbia noch Wald tragen, liegen nicht unter 600 m. Nach Osten zu erhebt sich diese untere Grenze immer mehr, bis sie in einigen Höhenzügen von S. Oregon und Utah nahezu mit der Grenze des ewigen Schnees zusammenfällt.

tiefe Seen, meist dicht von Bergen umrandet, so dicht, dass man von einigen behauptet, sie gefrören auch in den kältesten Wintern nie zu[1]), sind in grösserer Zahl in die Becken der Gebirgsthäler versenkt und zahlreiche Bäche und Flüsse, die aus ihnen hervorkommen, entziehen durch ihre befruchtende Thätigkeit dieses Gebiet den dürren, vertrocknenden Geistern der Steppe, welche an seinen Rändern zu lauern scheinen. Es ist schon ein ächtes Oasengebiet. Der Wüste gehört dagegen völlig der südlich von hier fliessende obere Pit R. sammt Goose und Klamath L. an. Das ganze Gebiet des Flusses ist vulkanisch. Im oberen Theil fällt es in einigen Plateaustufen zum Westfuss der Sierra ab und der Fluss hat sich in ihnen ein tiefes, cañonartiges, ungleiches Bett gegraben. Das vulkanische Felsgestein ist über weite Gebiete hin ein lockerer und löcheriger Trapp, in dessen Höhlen und Spalten zahlreiche kleine Flüsse streckenweise versinken. Erst wo er in die Westkette der Sierra eintritt, beginnt Waldwuchs an seinen Rändern sich zu zeigen. Von hier zum Des Chute R. führt der Weg über ein vulkanisches Tafelland von 1200 m. Mittelhöhe, wo auf dem mit Bimsstein und Trappblöcken überstreuten Boden Sage Brush mit Föhrenwäldern wechselt.

Das Land zwischen dem *Great Bend* des Columbia und dem Cascadengebirge hat dagegen im Allgemeinen das Ansehen der Plains, nur dass der Boden welliger und stellenweise selbst bergig ist. Ein Höhenzug erhebt sich aus dem Columbia-Thal, nördlich und südlich von der Yakima-Mündung. Das Thal des Yakima ist im unteren Theil breit, flach, waldarm ausserhalb der Bottoms, und selbst in diesen nur mit den wenigen Bäumen bestanden, die die Steppenflüsse zu begleiten pflegen. Erst von etwa 10 M. oberhalb der Mündung an beginnt der Waldstreif dichter und breiter zu werden, aber er nimmt an den Thalhängen stufenweise mit jeder der Terrassen ab, mit denen diese zum Niveau der Plains sich erheben, bis auf dem oberen Rande des Thales die Bäume fast ganz verschwunden sind. Weiter nach Osten hin ist das Gebiet vom mitt-

---

1) Z. B. vom Enchush-chesh-she-luxum, *Nie gefrierendes Wasser*, vgl. Pacific R. R. Report XII. P. I. 150.

leren Columbia bis zu den Bitter Root Mts. im grössten Theil seiner Erstreckung wohlbewässert und gut bewaldet. Der Westabhang der Bitter Root Mts. trägt dichten Föhren-, Fichten-, Lärchen- und Cedernwald und ebenso ziehen ausgedehnte Föhrenwälder, nicht bloss Waldstreifen wie an den Steppenflüssen, an den Bächen und Flüssen dieser Gegenden entlang. Die westlichen Ausläufer der Bitter Root Mts. lassen breite, offene Thäler zwischen sich, die von zahlreichen Zuflüssen des Columbia bewässert werden. Besonders ausgezeichnet ist der mittlere Theil dieses Gebietes durch seinen Reichthum an Seen, die die Wohnplätze gewaltiger Schwärme von Schwänen, Gänsen und Enten sind. Nach Westen zu nimmt von der Snake R.-Mündung an der Wasserreichthum und damit die Begrasung und Bewaldung dieser Gegend ab und die culturfähigen Regionen werden Oasen in der Steppe, doch allerdings zahlreiche und ausgedehnte Oasen. Diese Gegend ist reich an den Zeugen vulkanischer Thätigkeit und die Flüsse fliessen auf weite Strecken in hohen, basaltischen Felsufern durch dieselbe hin. Bis nahezu 400 m. erheben sich einzelne dieser Uferwände über den Wasserspiegel ihres Flusses. Aber auch dieser vorwiegend steppenhafte Strich ist nicht reizlos und es wird z. B. die Oase des L. Coeur d'Alène, der in ein dichtbewaldetes, sanftes Hügelland gebettet ist, als eine der anziehendsten Landschaften dieses Theiles des Nordwestens beschrieben.

Nachträge.

Zu S. 6. Selbst dieser in seiner Erforschung so junge Erdtheil hat nicht des Gerankes halbwissenschaftlicher Phantasien entbehren sollen, die in der Vergleichung und selbst der personificirenden Vergleichung der Länder schon in der alten Welt so Grosses geleistet haben und die in der Geschichte der Erforschung eines Landes immerhin auch ihre Stelle verdienen. Man höre, was ein Prof. R. Owen von Nashville (Tenn.) in dieser Richtung leistete: „Ich frage zaudernd, ob es nicht möglich, dass unser westlicher Continent in seiner grösseren Länge und geringeren Breite den männlichen Typus repräsentire, oder vielleicht gar überhaupt den Typus des luftathmenden Thieres mit seinen grossen centralen Luftkammern? Und ob er nicht in seiner früheren Gestalt, vor der Streckung, den Zustand der fötalen Zusammenbiegung erkennen liess? Ob wir ferner nicht in der östlichen Landmasse den weiblichen Typus erkennen dürfen, dessen Beckenweite sich im Himalaya darstellte und bei dem die Kreidezeit der Periode des Säugens entspräche? Oder den wasserathmenden Thiertypus mit seinen centralen communicirenden Wasserbecken?" (A. J. S. 1858. 134.)

Zu S. 35. J. D. Dana hat die Beziehungen zwischen der Form und der geologischen Geschichte des nordamerikanischen Continentes zum Gegenstand eingehenderer Untersuchungen gemacht als irgend ein anderer der nordamerikanischen Geologen, und seine Ansichten über dieselben sind an dieser Stelle wenigstens anzuführen, wenn sie auch bis jetzt noch weit von der Möglichkeit thatsächlichen Beweises entfernt sind. Er hebt zunächst die Analogie zwischen der Breite der grossen Oceane und der Landmassen, und zwischen jener Breite und der Höhe der Gebirge hervor. „Betrachte man die beiden grossen Oceane, den atlantischen und den pacifischen, die sich beide nach Süden erweitern und in breitem Ringe sich um den Südpol legen, während sie gegen Norden sich zu der kleinen, eingeengten arktischen See verschmälern. Wie das Atlantische halb so breit als das Stille Meer, so ist die westliche Landmasse halb so breit wie die östliche. Das Atlantische Meer stellt sich wie ein Zickzackcanal von wesentlich nordöstlicher Richtung dar, das Stille Meer ist nordwestlich gerichtet. Die Küstenlinie Nord-Amerika's, indem sie diesen nordwestlichen und nordöstlichen Richtungen entspricht, gibt dem Nordcontinent seine Dreieckform. Und wenn wir sehen, wie die niedere und schmale Kette der Alleghanies dem schmäleren, dem Atlantischen Ocean, das viel höhere und breitere Westgebirg aber dem breiten Stillen Ocean gegenüberliegt, scheint nicht die Grösse der Gebirge in einem direkten Verhältniss zu stehen zu dem Meer, dem sie zunächst liegen? Selbst wenn wir Süd-Amerika mit hereinziehen, scheint es, dass die Höhe der nordamerikanischen Cordilleren sich zu der Breite des nordpacifischen Meeres ähnlich verhält, wie die der südamerikanischen zu dem ihr gegenüberliegenden südpacifischen Meere. Auch auf der östlichen Landmasse sind die dem Stillen Meere zu gelegenen Gebirge viel mächtiger als die der atlantischen Seite, selbst in Afrika und Australien sind die östlichen Gebirge, die dem Indischen, bez. Stillen Meere zugewandten, die grössten. So stehen in der ganzen Welt die Gebirge den breitesten und tiefsten Meeren gegenüber. In Nord-Amerika finden wir dem Stillen Meere zu die mächtigsten Vulkane, die breitesten Basalt- und Lavamassen. Im Osten vertritt dieselbe der ausgedehnte Metamorphismus. Allgemein gesprochen sind die Continente Becken, deren Rand Gebirge bilden und wo sie an die grössten Meere grenzen, erheben sich diese Ränder zu den grössten Höhen und hier ist die Feuerwirkung vom Erdinnern her am grössten. Der Schluss hieraus ist die Erkenntniss, dass die Depressionen der Meere in hohem Grade die Formen des Landes bestimmt haben. Die Hebung des Landes und die Senkung der Meere ging als eine parallele Erscheinung vor sich. Und nicht eine krampfhaft im Sprunge wirkende Kraft, sondern eine tiefliegende, dauerhafte, langsame, gesetzlich fortwirkende liegt derselben zu Grund. Es ist die Zusammenziehung der erkaltenden Erdrinde". (Dana, On the Plan of Development in the Geological History of N. America. Am. J. S. 1856. 335).

Zu S. 87. Ueber die orographische Stellung der nordcalifornischen Vulkane Mt. Shasta und Lassens Peak zur Sierra Nevada spricht sich Richthofen in seinen Mittheilungen von der Westküste Nord-Amerika's[1]) folgendermassen aus: „Die Sierra verliert in ihrem Zug von Süden nach Norden den Charakter des einfachen Kammgebirges, indem ihr Kamm unter allmählicher Erniedrigung sich in eine doppelte Gipfelreihe mit grossen Becken und Ebenen zwischen beiden theilt. Hope Valley, das Becken des Tahoe-Sees, Sardine und Sierra Valley gehören der Einsenkung zwischen den Gabelarmen der Sierra an; von den letzteren tritt an die Stelle der beiden Gipfelreihen ein Labyrinth von Gipfeln und verbindenden Rücken; die zahlreichen einzelnen Becken, die hier gebildet sind, stehen unter einander in Verbindung durch tiefe Schluchten. „Steigt man nun vom Indian Valley, einer jener Thalsenkungen, die sich wie ein Seestern in mehreren Armen zwischen den allseitig vorspringenden Kämmen ausbreitet, in dem Arm von Greenville in nordwestlicher Richtung aufwärts, so hat man steilwandige Berge von Granit und Grünstein zu beiden Seiten und erreicht zwischen ihnen die Wasserscheide. Jenseits derselben tritt man aber plötzlich in eine ganz verschiedene Gebirgswelt hinaus. Breite Wiesenflächen, wie die Big Meadows und Mountain Meadows (ungefähr 4500 F. hoch) dehnen sich meilenweit aus, von wenigen darüber erhabenen Bänken, alten Lavaströmen,

1) Z. d. D. Geol. Ges. XXI. 599.

unterbrochen, die sich zungenförmig von Norden hereinziehen. In der Ferne, gegen Norden, steigen die waldigen Hügel höher an und über ihnen erhebt sich, durch seine röthliche Färbung ausgezeichnet, majestätisch das wilde, nackte Felsenriff des Lassens Peak mit einem ihm nach Westen zu verbundenen zackigen Grat, während sich östlich schwarze bewaldete Klippen anschliessen, von vulkanischem Material aufgebaut. Es scheint, als habe die Kette der Sierra Nevada mit ihren metamorphischen Gesteinen und Graniten hier in ihrer ganzen Breite einen plötzlichen Einbruch erfahren, als sei dieser von vulkanischem Material ausgefüllt worden und als habe die vulkanische Thätigkeit in der Kette von Lassens Peak culminirt und durch lange Zeit fortgefahren, Gesteine über das Niveau der Ausfüllung höher und höher aufzuthürmen, als hätten dann die Wasser, von dieser Gebirgskette gegen Süden herabströmend, zwischen den Lavaströmen die Wiesenflächen geschaffen, welche an dem von Westsüdwest nach Ostnordost gerichteten Abbruch der alten Gesteine am breitesten sind und sich gegen Norden vielfach zwischen die vulkanischen Rücken hinein verzweigen. Nachdem man die einförmige Oberflächengestaltung der Sierra Nevada durch mehrere Breitegrade verfolgt hat, ist der plötzliche Wechsel der Scenerie an dieser Abbruchsstelle höchst überraschend. Nördlich von Lassens Peak senkt sich das Land so tief herab, dass der Pit R. oder obere Sacramento-Fluss es von Osten nach Westen in einer flachen, wohl 15 d. M. breiten Mulde durchströmt, gerade dort, wo der Kamm der Sierra Nevada seine Fortsetzung haben sollte. Nichts beweist besser den vollständigen Einbruch, den das Gebirg an der Stelle der beiden Vulkane erfahren hat. Nördlich von der Senkung erhebt sich der Shasta Peak mit dem vulkanischen Geländ, das sich um seinen Fuss ausbreitet und jenseits desselben (gegen Nordwesten) zeigen sich wieder die Gesteine der Sierra Nevada (nach Prof. Brewer's Untersuchungen) und bilden ein hohes, von schroffen Schluchten durchfurchtes Gebirge, die Fortsetzung des früheren Kammes, bis sie an der Küste von Oregon wieder einen Abbruch erfahren und das Meer die weitere Verfolgung des Gebirgsbaues hindert."

Zu S. 118. „Eine innige Beziehung zwischen geologischen und topographischen Verhältnissen ist hier nicht zu verkennen. Die Ursachen, welche die Lage der grossen continentalen Wasserscheide bestimmen, sind dieselben, denen man die Existenz der Laurentischen und L. Superior-Gruppe metamorphischer und plutonischer Gesteine zuzuschreiben hat. In diesen Gesteinen liegen die Quellen der grossen Stromsysteme des Continentes und seit praesilurischen Zeiten sind Gewässer von hier aus in allen Richtungen abgeflossen". (Winchell, Geol. Survey of Minnesota 1873. 45).

Zu S. 122. Zwischen den oberen und unteren Schnellen des Court Oreille R. soll ein Kupferblock von mehr als 100 Pfd. von den Chippewah's gefunden worden sein; wahrscheinlich ein Irrblock. (D. D. Owen, Geol. Survey Wisconsin etc. 1854. 157.)

Zu S. 132. Man nennt treffend diesen flachen Raum in Maryland, wo er die Hälfte des Staates bildet, *Tidewater District*, Gezeitenregion, denn in der That gehen die Gezeiten in den hier mündenden Flüssen fast so weit landeinwärts als diese Flachküste sich erstreckt. Die Grenze der Gezeiten fällt zusammen mit der Grenze der Tertiärgebilde und der Grenze des Flachlandes gegen das Hochland. „Die Westgrenze der Tertiärformation ist eine Linie von grossem geographischem Interesse. Das obere Ende der Gezeiten bezeichnet dieselbe, die Schiffbarkeit hört hier auf, grosse Städte entstanden hier". (Hist. and Stat. of Maryland 1852. 16).

Zu S. 135. Wegen seiner Aehnlichkeit mit dem *Löss* des Rheins und anderer europäischer Flüsse wird der Lehm der Bluff-Formation auch in Amerika Löss genannt. J. S. Newberry nennt ihn *Lacustrine Non-Glacial Drift Deposit*[1]). Wie bei uns findet er sich in den Sohlen und an den Gehängen der Thäler grösserer Flüsse und wird als ein Schlammabsatz aus den von Norden und Westen in das Mississippi-Becken mündenden Flüssen oder als ein Absatz in dem grossen Binnensee angesehen, der in der jüngeren Driftperiode die Stelle des heutigen unteren und mittleren Mississippi und die Seeregion ausgefüllt haben soll.

Zu S. 151. In seinem Bericht über Veränderung der Uferlinien im Hafen von Edgartown Mass.[2]) vergleicht H. L. Whiting die Ergebnisse der Aufnahmen dieses Hafens von 1872, 1854—56 und 1846 und findet sehr erhebliche seitdem eingetretene Unterschiede in Verlauf und Beschaffenheit der Küste. 1856 lag die Oeffnung, die zwischen dem Festland und der Insel in die Cotamy Bay, den Hafen von Edgartown führt, ungefähr 1 Mile weiter östlich als 1846, und die letztere schloss sich nach und nach vollständig. Aber auch der neue Eingang ist durch Sandanhäufung seitdem geschlossen. Die Sandbank, welche diess bewirkt hat, ist in diesen 25 Jahren um 450 e. F. gegen die Bai hin getrieben worden und diese Bewegung betraf nicht weniger als 116,550,000 Cub. F.

Zu S. 154. Nach Col. Whittlesey[3]) ist eine der Apostle Islands im L. Superior, nämlich Pugataubauminnis oder Fischleinen-Insel, seit Bayfields Aufnahme (1825—27) in zwei Inseln zerrissen worden.

Zu S. 180. Wenn man mit Forshey (Proc. Am. Assoc. 1872. II. 79) „alles Anschwemmungsland am Mississippi und seinen Nebenflüssen unterhalb C. Giraudeau" zum Delta hinzunimmt, so erhält man für seine Oberfläche 90,400 Q. Kil. Lyell, der das Delta nur bis zum Ursprung des Atchafalaja hinaufführt, findet 30,000 Q. Kil. Nach Forshey ist insgesammt $^1/_{10}$ der Oberfläche des Delta von Flüssen und Seen eingenommen und 16,000 Kil. sind sumpfig.

Zu S. 266. Okefinokee Swamp in S. Georgia und Nord-Florida ist ein grossentheils bewaldeter Sumpf von 7—800 Q. Kil., der in der nassen Jahreszeit theilweis zu einem seichten See anschwillt. Man könnte ihn als eine Erweiterung in dem Lauf des Suwannee R. auffassen, dessen einer Arm aus ihm entsteht. Auch S. Mary's R. hat seine Quelle in diesem Sumpfe[4]).

Zu S. 269. „So spiegelt sich in vielen einzelnen Zügen der Charakter Central-Asiens im Great Basin von Nord-Amerika. In beiden Fällen haben die Abflusslosigkeit, das trockene Klima, welches ihr zu Grunde liegt und die

1) Geol. of Ohio II. 37.

2) Rep. U. S. Coast Survey for 1872. Wash. 1875. 262.

3) In D. D. Owen's Geol. Survey Wisconsin, Jowa etc. 1852. 437.

4) Bartram (Travels 1791. 26) nennt den Sumpf Onaquaphenogaw und lässt ausser St. Mary's auch noch Satilla und S. Juan R. demselben entfliessen.

Ansammlung der aus der Zersetzung der Gesteine hervorgehenden Salze in dem Boden der einzelnen Becken einen gleichartigen physiognomischen Charakter und gleichartige Bedingungen für die organische Welt und den Menschen geschaffen. Als ein weiteres Analogon könnten wir noch das Vorkommen von Sandwüsten anführen, welche auch im Great Basin beträchtliche Theile mancher Depressionen einnehmen, besonders solcher, welche einen weiten flachen Boden haben und das letzte Reservoir grösserer Wasserzuflüsse bilden, wie das Becken des Humboldt-Sink, aus dem die Gewässer des Humboldt-Flusses und Carson-Flusses verdunsten. Indessen besteht andererseits in der geringen Ausdehnung der Sandwüste ein bemerkenswerther Unterschied von Asien, wie denn die einzelnen Elemente der abflusslosen Becken überhaupt minder grossartig auftreten; in der Massenhaftigkeit und weiten Verbreitung vulkanischer Gesteine dürfen wir einen weiteren wesentlichen Unterschied dieser beiden grossen abflusslosen Regionen erblicken, die übrigens auch in ihrer geologischen Geschichte weit von einander abweichen würden, wenn es sich bestätigte, dass das nordamerikanische Becken seit der Liaszeit nicht mehr vom Meere bedeckt war [1])."

Zu S. 269. „Dieser See war bisher nur von Trappern besucht worden, die umherwanderten, um neue Biberflüsse zu finden und sich wenig um Geographie kümmerten. Seine Inseln waren nie besucht worden und Niemand fand sich, der seine Ufer schon ganz umwandert hatte; auch in seiner Nachbarschaft war nie eine geographische Aufnahme oder Beobachtung gemacht worden. Allgemein nahm man an, dass er keinen sichtbaren Ausfluss habe, aber von den Trappern, selbst von denen in meiner eigenen Gesellschaft, glaubten Viele, dass irgendwo an seiner Oberfläche ein schrecklicher Wirbel sei, durch welchen die Wasser des Sees auf unterirdischen Bahnen ihren Weg zum Meere fänden". (Fremont, Rep. Exp. to the Rocky Mts. 1845. 132).

Zu S. 275. Sandpfannen (sandpans) sind Tümpel, welche z. B. in der Wüste zwischen Arkansas und Cimarron als unregelmässige Löcher im Sande gefunden werden. Sie führen Grundwasser, das hier an die Oberfläche tritt, oder sind halbverschüttete, im Sand versickerte Quellen.

Zu S. 285. Sour Lake, ein Teich mit durch Schwefelsäure angesäuertem und gleichzeitig petroleumhaltigem Wasser findet sich in Hardin Cy. (Texas). In seiner Nähe liegen noch Stahl-, Schwefel- und Pechquellen. Der Schwefelsäuregehalt dürfte aus nahen Alaun- und Schwefelkieslagern stammen [2]).

Zu S. 286. Oft sind diese Flüsse, die über Kalkboden strömen, selbst wo sie Wasser führen, trocknen Fusses zu überschreiten. Das Wasser gräbt sich nämlich Furchen, die 1—1½ m. tief und eben so breit sind, und in diesen fliesst es zur Sommerszeit bei niedrigem Wasserstande fast ausschliesslich. (Michaux, F. A., Voyage à l'Ouest 1804. 224.)

Zu S. 303. St. Louis, das durch seine Lage im Mittelpunkt des Mississippi-Thales ganz besonders dazu geeignet scheint, ein Bild des Klima's des Inneren der Vereinigten Staaten zu geben, hat eine mittlere Jahrestemperatur

1) Von Richthofen, China. 1877. 179.

2) Rösler in Verh. d. k. k. geol. Reichsanstalt. 1877.

von 12,8° C., die geringste Monatswärme mit — 0,2° im Januar, die grösste mit 25,6° im Juli, eine mittlere Regenmenge von 1117 mm., deren mittleres Maximum im Juni mit 434 und deren mittleres Minimum im Januar mit 119 mm. eintritt. Schnee fällt in der Regel vom November bis März; im Oktober kamen 2 mal in 23 Jahren, im April 5 mal in 23 Jahren Schneefälle vor. Ungewöhnlich zahlreich sind in St. Louis die Gewitter, deren mittlere Zahl (nach Gewittertagen berechnet) 36,6 beträgt. Der kälteste Winter in 35 Jahren war in St. Louis der von 1855—56 mit — 3,1° C., der wärmste der von 1844—45 mit 4,7. Die durchschnittlichen Jahresextreme betragen 37° 6 und — 20,7, das absolute Maximum (Juli 1860) 40, das absolute Minimum (Januar 1864) — 30,3° C.[1])

Zu S. 328. Während im nördlichen Ohio die zartere Vegetation — z. B. Mais, Dahlien, Bataten — Ende Septembers erfriert, bleibt sie an nicht sehr weit davon entlegenen Orten in der unmittelbaren Nähe des Erie-Sees bis in die letzte Woche Oktobers grün. Während dagegen der Frühling im mittleren und südlichen Ohio im März beginnt, ist am Seeufer kein Zeichen von ihm zu bemerken, solange der See noch Eis führt. Sobald aber die letzten Eisschollen verschwunden sind, beginnt die Vegetation sich mit *subarktischer Geschwindigkeit* zu entwickeln. Frühjahrsfröste, welche die zu rasch fortgeschrittene Vegetation im Inneren des Staates schädigen, werden am Ufer des Sees nicht befürchtet.

Zu S. 331. Eine Gesellschaft neuengländischer Naturforscher überwinterte vom 12. November 1870 bis 13. Mai 1871 auf dem Gipfel des Mt. Washington. Man verdankt ihr interessante Beobachtungen über die Witterungsverhältnisse in dieser Höhe. Die niederste Temperatur wurde am 5. Februar mit — 50° C. beobachtet; die Mitteltemperaturen waren im November — 9, December — 12,5, Januar — 14, Februar — 15,5 März — 9, April — 4, Mai — 3,3. Die vorwaltenden Winde waren West im November, Januar, März und April, Nordwest im December und Februar. Die Spitze des Berges war in Wolken gehüllt 24 Tage im December, 19 im Januar, 9 im Februar, 13 im März und 17 im April. Die mittleren Barometerstände waren: 23,465 im November, 23,315 im December, 23,499 im Januar, 23,351 im Februar, 23,513 im März, 23,514 im April, 23,569 E. Z. im Mai.

Zu S. 367. Das Verhältniss zwischen Niederschlagsmenge und Bewaldung ist indessen nicht überall so einfach, wie es zunächst scheint. Die Regel hat ihre Ausnahmen. Die herrlichen Wälder des Washington Terr. liegen in Regionen mit 1800 mm. Regen, die kaum weniger schönen des Gebietes zwischen Maine und Minnesota empfangen 840—1200, während westlich von Chicago baumlose Prärien eine Region bedecken, auf welcher genau ebensoviel Regen fällt. Das südliche Minnesota ist baumlos, das nördliche Michigan bewaldet und beide haben denselben Regenfall. Nicht klarer scheint die Beziehung zwischen den Sturmbahnen und der Bewaldung zu sein, denn die Region zahlreicher Sturmcentren im nördlichen Michigan, New York und Maine ist dicht bewaldet, während das in Bezug auf die Winde ähnlich sich verhaltende östliche Nebraska waldlos ist.

---

1) Nach Engelmann's Beobachtungen s. Oester. Z. f. Met. 1872. 326.

Zu S. 368. Diese alpine und skandinavische Pflanze Linnaea borealis steigt unter der Gunst langer Winter und nebelreicher Sommer in New Hampshire bis in die Wälder an der Küste herab. Bei 42° 30' N. B. wohnt sie hier in einem und demselben Sumpf mit Magnolia glauca. „Die arktische Linnaea vor der Sonne geschützt durch eine Magnolie! Ein interessantes Beispiel der Begegnung zweier Gattungen, die für sehr verschiedene Klimate charakteristisch sind und hier an der äussersten Süd-, bez. Nordgrenze ihrer Verbreitungsgebiete zusammentreffen". (Lyell, Second Visit. I. 64).

Zu S. 382. Es gehört zu den interessantesten Beobachtungen, die man in diesem Grenzgebiet machen kann, die Veränderung, welche ein und dieselbe Pflanzenart zwischen Steppe und Hochgebirg erfährt. Wenn dasselbe Gewächs beiden Formen des Bodens angehört, so ist es in der Regel in der Steppe erheblich kleiner als in den Vorbergen. So ist die schönblühende Oxytropis Lamberti dort 6—10, hier 30 cm. hoch. Die Leguminosen und vorzüglich die weitverbreiteten Astragaleen bestätigen diese Regel am häufigsten.

Zu S. 384. Algarobia (Mezquite) ist ohne Zweifel der häufigste Baum und Strauch auf den Hochebenen des Südwestens und Mexico's. In den südlichen Theilen der Vereinigten Staaten erreicht sie nicht mehr als 2—3 m, aber im eigentlichen Mexico sieht man sie 12—15 m. hoch werden. Es ist eine entschiedene Sandpflanze, die trockenen Boden liebt und diesen ihren Lieblingsstandort auch in ihrer dürren, blattarmen, hartzweigigen Tracht ausspricht.

Zu S. 386. An den Grenzen der Sandregionen und der Prärien haben ohne Zweifel auch Verschüttungen von Wäldern stattgefunden. Vielleicht fanden sie nach Präriebränden statt. Am Atascoso, einem Nebenfluss des Nueces, wird der Boden von einer oberflächlichen Sandschichte gebildet, unter welcher eine Lage von schwarzem Humus ist. Die Gegend war einst mit Wald bedeckt. Durch Präriebrände wurde dieser bis auf diejenigen Bäume, welche schon eine sehr bedeutende Grösse erreicht hatten und daher der Wirkung des Feuers widerstehen konnten, zerstört. Damit erhielt der Flugsand der anstossenden Sandregionen freien Zutritt und konnte den Humus der Erdoberfläche überfluten. Das Waldland verwandelte sich in eine sandige Steppe mit zerstreuten alten Bäumen. Auch in der grossen sandigen Cactusregion zwischen dem Nueces und dem Rio Grande stehen überall dicke alte Baumstämme, und auch hier liegt unter der oberflächlichen Sandschicht ein Humusboden.

Zu S. 389. Protococcus nivalis, die blutrothe Alge, welche das Phänomen des *Rothen Schnees* erzeugt, findet sich auch auf den Schneefeldern californischer Berge häufig und besonders in der Höhe zwischen 2500 und 3500 m.

Zu S. 600. Sequoia gigantea, die Riesenceder, wächst in einer Anzahl von grösseren und kleineren Gruppen auf einem schmalen Streifen Landes, der vom 36. bis etwas über den 38. Breitegrad in den Vorbergen der Sierra Nevada hinzieht und dessen Höhe über dem Meere 7000 F. nicht erreicht und nicht unter 5000 herabgeht. Auf diesem Streifen bildet sie Gruppen, die durch Bestände anderer Waldbäume von einander getrennt, selbst aber mit denselben (vorzüglich Ponderosa- und Zuckerföhre und Libocedrus) gemischt sind. Reine Bestände bildet diese Sequoia nicht und unterscheidet sich dadurch wesentlich von ihrer einzig noch lebenden Gattungsverwandten, dem sog. Redwood (Sequoia sempervirens), das in den californischen Küstengebirgen ausgedehnte reine Waldungen bildet. In den Zwischenräumen, die die einzelnen Gruppen trennen, sind nur in seltenen Fällen zerstreute Riesencedern gefunden worden. Nur Ein Fall dieser Art ist, soviel mir bekannt, wissenschaftlich festgestellt, nämlich die Existenz eines ganz isolirten Baumes zwischen der Merced- und der Mariposa-Gruppe. Andere sind von Holzfällern und Goldsuchern in nicht ganz zuverlässiger Weise berichtet. Whitney, dessen verschiedene Berichte über die geologische Landsaufnahme Californiens als die beste Quelle über die Topographie der *Big Trees Groves* zu betrachten sind, bestimmt die Zahl der Gruppen oder Haine auf acht und nimmt an, dass sie insgesammt keinen grösseren Flächenraum als etwa zwei oder dritthalb (geogr.) Quadratmeilen einnehmen. Von diesen Hainen sind einige sehr klein und die grössten bei weitem nicht so ausgedehnt, wie man nach früheren Nachrichten anzunehmen geneigt sein möchte. Der nördlichste, der Calaveras-Hain, welcher zuerst entdeckt und am öftesten besucht und beschrieben wurde, ist in der Nähe des Stanislausflusses gelegen, misst 3200 F. in der Länge und 700 in der Breite und befindet sich in 4759 F. Meereshöhe. Er zählt gegen 100 grosse Bäume, deren grösster 325 F. hoch ist und sechs Fuss über dem Grund 45 F. im Umfange misst, ausserdem eine Anzahl kleinerer, im Ganzen gegen 1000, die ganz jungen, ein- oder zweijährigen ausgeschlossen. Der nächstsüdliche Hain liegt an einem Nebenflusse des Stanislausflusses, am Beaver-Creek und soll 6—800 Bäume zählen; der dritte an einem Nebenflüsschen des Merced River (Merced Grove) enthält eine geringere Zahl von Bäumen, unter denen aber mehrere sehr grosse, u. a. ein Stumpf von gegen 30 F. Durchmesser (in drei Fuss Höhe vom Boden gemessen) sich befinden; der vierte ist der vielgenannte Mariposahain, welcher Eigenthum des Staates Californiens ist, gegen 800 Bäume von mehr als einem Fuss Durchmesser und unter ihnen 125 von mehr als 40 Fuss Umfang enthält. Die südlicher gelegenen, viel weniger zugänglichen Haine sind einer am Fresno-Fluss, der gegen 600 Bäume zählen soll, ein anderer auf der Wasserscheide zwischen Kaweah- und Kingsfluss, der der grösste ist und Tausende von Bäumen umschliesst, und zwei andere an den zwei östlichen Armen des Tuleflusses, welche ebenfalls grösser als die nördlichen sein und in der Grösse der Bäume nicht hinter ihnen zurückstehen sollen. Gleich allen anderen Waldbäumen rücken auch die Riesencedern um so höher ins Gebirge, je südlicher ihre Lage. Der grosse Hain am Kingsfluss soll am schönsten in der Höhe von etwa 6600 F. sein, eine Höhe also, die die nördlicher gelegenen Haine gar nicht erreichen. Sollten auch weitere Forschungen das Gebiet dieses grossen, wunderbaren Gartens noch um ein paar Morgen erweitern — viel kann es nicht sein, was noch verborgen ist —, so ist nach dem Vorstehenden doch so viel sicher, dass die Riesencedern in Californien, der einzigen Heimath, die von einem viel grösseren Verbreitungsgebiete ihnen geblieben ist, zu zählen sind, dass ihre Standorte in einer Weise beschränkt und zerstreut sind, die bei anderen Geschlechtern lebender Wesen dem tieferen Theil des absteigenden Bogens der Lebenslinie angehört. Es wird hier nicht anders sein. Dieses Absterben wird sich natürlich nicht in Jahrhunderten vollziehen, aber man wird einen um den anderen von den Alten fallen sehen — scheinen sie doch in ihrer übermässigen Grösse den

Blitzen sich selber entgegenzurecken — und der junge Nachwuchs wird denselben Gefahren ausgesetzt sein wie alle jungen Bäume und alle Sträucher in den californischen Wäldern, vorzüglich der Feuersgefahr und der Zerstörung durch Thiere; andere trotzen diesen Gefahren vermöge ihrer Masse und weiten Verbreitung, diesen aber kann in ihren eng eingeschränkten Hainen ein Waldbrand, ein Erdbeben, das Erscheinen eines zerstörenden Insektes oder eine der inneren Krankheiten, denen auch die Pflanzen unterworfen sind, den Lebensfaden abschneiden. Es ist eine Thatsache, die sich jedem, der diese Haine besucht, sogleich aufdrängt, dass der Nachwuchs der Sequoien verhältnissmässig viel spärlicher als der der anderen Bäume, mit denen sie dort vergesellschaftet sind. Es schien mir, als ob der Nachwuchs der Sequoien mindestens sechsmal so gering sei wie der der anderen Bäume, aber man kann keine Gründe angeben, warum diese besser gedeihen sollten als jene. Dass der Baum dem Aussterben geweiht ist, ist keine Frage, doch möchte es schwer sein, die Frage nach dem Grund seines Zurückgehens zu beantworten.

Zu S. 603. Die Natur hat hier (in Süd-Californien) jenes Mass in ihren Wirkungen und Erscheinungen, welches die rechte Mitte zwischen dem Zuviel und Zuwenig hält und welches in den classischen Gegenden der alten Welt eine der grossen Bedingungen ruhmwürdiger Cultur geworden ist.“ (Fröbel, Aus America I., 519).

Zu S. 609. Die Domformen sind in der Sierra Nevada in verschiedenen Stufen der Entwickelung zahllos vertreten und nicht bloss an begünstigten Orten wie im Hintergrunde des Yosemite-Thales, wo sie in majestätischer Ausbildung und in Masse auftreten, sondern durch die ganze Kette hindurch. Unvollkommene Dome sind allverbreitet und scheinen nur der erodirenden Agentien zu warten, die die überlagernden Gesteine wegzuschaffen und die Domform klar herauszulösen vermögen. Ueber den Graniten der Sierra lagen Schiefer, die durch Erosion weggeschafft wurden und die kühnen Wölbungen des unterlagernden Gesteines enthüllten. Kein Gestein dürfte an Widerstandskraft gegen zersetzende Agentien den feinkörnigen Sierra-Granit, keine Bergform an Geschlossenheit die des Domes übertreffen. Im Allgemeinen nehmen die Domformen in der Sierra von der Merced- oder Yosemite-Region nach Norden hin an Häufigkeit ab. (A. J. S. VII. 515.)

I. Die fossilführenden Schichten Nord-Amerika's und Europa's.

Zeitalter	Formation	Schichtengruppe	Schichten in Nord-Amerika	Schichten in Europa.
Anthropozoisches od. Zeitalt. des Menschen.	—	*Alluvium.*	Höhlenablagerungen. Torf.	See- u. Höhlenablagerungen. Torf.
Cänozoisches oder Zeitalter der Säugethiere.	Quaternär.	*Terrassen-* } *Champlain-* } *Gruppe.*	Terrasen. Löss. Saxicava-Sand. Forest Bed. Champlain Clay Erie Clay.	Alte Höhlenablagerungen. Terrassen. Torf. Löss. Mariner Thon.
		Eiszeit-Gebilde.	Glacial Drift.	Reste der Eiszeit (Drift).
	Tertiär.	*Pliocän,*	Sumter } Schichten.	Crag. Astische u. Piacentische Stufe.
		Miocän.	Yorktown } Schichten.	Molasse. Tortonische, Helvetische u. Mainzer Stufe.
		Eocän.	Vicksburg Jackson Claiborne } Schichten.	Oligocän. Aquitan., Tongr. u. Ligur. Stufe. Grobkalk. Londonthon. Barton., Pariser, London, Soisson-Stufe.
Mesozoisches oder Zeitalter der Reptilien.	Kreide.	*Obere* } *Kreide.*	Fox Hill- u. Pierre-Gruppe.	Weisse Kreide, Kalkmergel, Maestricht - Schichten, Pläner- u. Quadersandstein, Gosauschichten.
		Mittlere } *Kreide.*	Benton- u. Dakota-Gruppe.	Ob. Grünsand, Gault.
		Untere } *Kreide.*	Fehlt.	Unterer Grünsand. Hils. Schrattenkalk.
		Wealden.	Fehlt.	Wälderthon u. Tithonstufe.
	Jura.	*Malm oder weisser* *Dogger od. brauner* *Lias od. schwarzer Jura.*	Jurassische Schichten in Nebraska, Colorado, Utah, Nevada, Californien und Sonora.	Oxford, Coralrag, Portland, Kimmeridge, Solenhofener Schiefer. Bath u. Kelloway. Brauneisenstein. Oolithe. Thouars. Pliensbach. Semur-Schichten.
	Zwischenbildung:	*Rhätische Stufe.*	?	Gervillienschichten, Bonebed, Dachsteinkalk, Kössener Schichten.
	Trias.	*Keuper.*	Triassische Sandsteine, Mergel, Kohlen an der atlant. Küste, in Neu-Mexico, Arizona, Californien, Sonora.	Lettenkohle, Keupersandstein, bunte Mergel. Hallstätter Kalk, Raibler, St. Cassianer Schichten.
		Muschelkalk.		Muschelkalk. Wellendolomit. Guttensteiner und Vigloria-Kalk.
		Bunter Sandstein.		Buntsandstein, Röth, Werfener Schichten.
Paläozoisches oder Zeitalter der Mollusken, Fische, Amphibien.	Dyas od. Permische Form.	*Untere.*	Permische Dolomite in Kansas u. Nebraska.	Rothliegendes.
		Obere.		Kupferschiefer. Zechstein.
	Kohlenformation (Carboniferous).	*Obere oder Produktive Kohlenformation.*	Untere kohlenführende Schichten, obere dergl. Kohlenconglomerat.	Kohlenflötze, Schieferthon.
		Untere oder Bergkalkform. (Subcarboniferous).	Subcarboniferous Limestone.	Berg- oder Kohlenkalk. Kulm. Gailthaler Schichten.
	Devon.	*Obere* } *Devonformation.*	Catskill-Gruppe. Chemung- und Portage-Gruppe. Genesee- u. Marcellus Shale.	Upper Old Red. Goniatiten- u. Clymenienkalk. Cypridinenschiefer.
		Mittlere } *Devonformation.*	Hamilton-Gruppe. Corniferous und Onondaga Limestone.	Eifel- u. Devon-Kalk. Calceolaschichte. Stringocephalen-Kalk.
		Untere } *Devonformation.*	Schoharie und Cauda-Galli Grit. Oriskany Sandstone.	Grauwacke von Coblenz. Wissenbacher Schiefer.
	Silur.	*Obere* } *Silurformation.*	Helderberg-Gruppe. Onondaga Salt Group. Niagara-, Clinton- u. Medina-Gruppe.	Ludlow- u. Aymestry-Kalk. Wenlock-Kalk. Oberer Caradoc-Sandstein. Barrande's E—H.
		Untere } *Silurformation.*	Hudson-, Trenton- u. Calciferous-Gruppe.	Unterer Caradoc-Sandstein. Tremadoc-Gruppe. Llandeilo-Schiefer. Barrande's D.
		Primordial-Stufe.	Potsdam-Sandstein. St. John's-Gruppe.	Lingula-Schiefer. Cambrische Schichten. Barrande's A—C.

II. Höhentafel.

		m.
Albuquerque	N. Mex.	1584
Alleghany City	Penn.	226
Amherst	Mass.	81
Annaheim	Cal.	80
Antelope Island	(Gr. Salzsee)	2100
Argentine Pass	R. M.	3960
Arkansas R. (Quelle)		ca. 3000
Athens	Ga.	265
Augusta	Ga.	137
Aurora	Cal.	2277
Austin	Tex.	61
Balsam Cone	All.	2034
Baton Rouge	Louis.	10,5
Beckworth Pass	S. N	1624
Belknap Mt.	Wasatch R.	3628
Berthoud Pass	R. M.	3460
Bigelow	Minn.	489
Big Lake	Minn.	281
Black Dome	All.	2045
Blanca Peak	R. M.	4394
Blue Hills (bei (Boston)	All.	180
Boulder	Col	1686
Boundary Pass	R. M.	2241
Bradford Branch der Eriebahn, Höchster Punkt	Penn.	652
Buckskin Mt.	Park R. R. M.	4358
Buffalo	N. Y.	179
Burlington	Verm.	115
Burlington	Io.	161
Cairo	Ill.	98
Cajon Pass	S. N.	1390
Camden	S. C.	84
Canadian R. (Quelle) s. Raton Pass.		
Cantonment Stevens	Wash. Terr.	1040
Capitol	Elk R. R. M.	4350
Caribou	Col.	2795
Carlin	Nev.	1503
Carrington Isl.	(Gr. Salzsee)	1480
Carson City	Nev.	1439
Carson Pass	S. N.	2670
Castle Peak	S. N.	3810
Castle Peak	Elk R. R. M.	4300
Central City	Col.	2530
Chappel	Nebr.	1739
Charleston Peak	Great Basin	3307
Chattanooga	Tenn.	206
Cheyenne	Wyom.	1850
Chicago	Ill.	180
Christone (Crestone) Peaks	Sangre de Christo R. R. M.	4305
Cincinnati	O.	167
Clear Lake	Io.	300
Cleveland	Tenn.	268
Cleveland	O.	207
Clingmanns Peak s. Black Dome.		
Cochetopa Pass	R. M.	3028
Colorado Springs	Col.	2130

		m.
Colorado City	Col.	1934
Colorado Plateau		1730
Concord	N. H	75
Conks Pass	N. Mex.	1563
Coteau des Prairies		570 — 630
Coteau du Missouri		600 — 700
Council Bluff	Io.	305
Cresco	Io.	586
Dalles	Or.	60
Davenport	Io.	171[1]
Dawes Peak	Uinta Mts.	4050
Delaware Watergap	Penn.	97
Denver	Col.	1582
Detroit	Mich.	177
Donner Pass	S. N.	2151
Downieville Buttes	S. N.	2561
Downieville	Cal.	671
Dry Lake	Cal.	— 100
Dubuque	Io.	103
Dudley	Col.	3181
Eagle Peak	R. M.	2300
Elizabethtown	Penn.	139
El Paso	N. Mex.	1201
Emigrant Gap	S. N.	1340
Evans Pass	R. M.	2378
Evanston	Ut.	2095
Fayetteville	Ark	412
Fishers Peak	R. M.	2186
Flathead Pass	Bridger R.	2316
Florence	Id.	2440
Ft. Atkinson	Kans.	710
Ft. Benton	Mont.	848
Ft. Boisé	Id.	640
Ft. Klamath	Or.	1280
Ft. Mackinac	Mich.	222
Ft. Mojave	Ariz.	184
Ft. Union	Dak.	ca. 600
Ft. Washita	I. T.	196
Fremonts Peak	Windriver Group. R. M.	4137
Fresno	Cal.	89
Frontera	Tex.	1157
Georgetown	Col.	2565
Georgetown Pass	S. N.	2170
Germantown	O.	220
Gilberts Peak	Uinta Mts.	4040
Godfrey	Kans.	1676
Grand Sachem	All	514
Grays Peak	R. M.	4372[2]
Great Salt Lake	Ut.	1280
Greenhorn Mt.	Sierra Mojada R. M.	3700
Grosser Salzsee s. Great Salt L.		
Hagerstown	Penn.	113
Harpers Ferry	Va.	83
Harrisburg	Penn.	98

Abkürzungen: All. = Alleghanie R. = Range. R. M. = Rocky Mts. S N. = Sierra Nevada.
1) Mittl. Wasserst. des Mississippi. — 2) Hayden.

		m.
Hauteur des Terres (Gipfel)	Minn.	545,4
Hayden Peak	Uinta Mts.	4120
Helena	Mont.	1300
Henness Pass	S. N.	2133
Houston	Tex.	15
Humboldt	Nev.	1299
Hunts Peak	Sangre de Christo R. R. M.	3765
Huron Mts.	Mich.	410
Isleta	N. Mex.	1500
Itasca, Lake	Minn.	511,3
Jackson	Tenn.	140
Jefferson City	Mont.	1456
Jefferson City	Mo.	169,5
Johnson Pass	S. N.	2237
Jones Pass	R. M.	3780
Keokuk	Io.	155
Killington Peak	All.	1287
Klamath Lake	Or.	1260
Knoxville	Tenn.	274
La Crosse	Minn.	196,5
L. Cross	Minn.	431
Lake Creek Pass	Sawatch R. R. M.	3758
L. Erie		175
L. Itasca		511,3
L. Michigan		180
L. of the Woods		317
L. Ontario		76
L. Pend Oreille		638
L. Superior		183
L. Winnipeg		192
L. Winnebago		228
Laramie Plains	Wyom.	2130
Laramie Peak	R. M.	ca. 3000
Lassens Butte	S. N.	3225
Laughlin Peak	R. M.	ca. 2000
Lawrence	Kans.	258
Leavenworth	Kans.	236,5[1]
Leroux Spring	Ar.	2248
Lewis and Clarke Pass	R. M.	1880
Little Rock	Ark.	94
Livermore Pass	Coast R.	209
Llano Estacado	Tex.	970—1450
Lone Peak	Wasatch R.	3266
Longs Peak	R. M.	4313
Los Angeles	Cal.	76
Marietta	O.	192
Memphis	Tenn.	67
Merced	Cal.	72
Michipicoten Island	Insel im Oberen See	240
Middle Park	R. M.	2300
Minneapolis	Minn.	250
Minnesota R. (Quelle)	Minn.	578
Mississippi (Quelle)	Minn.	511
Missouri (Mündung)	Mo.	117
Mitchells Peak s. Black Dome		
Mohave L.	Ar.	305
Monadnock	All.	1133

		m.
Mono Pass	S. N.	3282
Montgomery	Col.	3355
Moosehead L.	Me.	316
Mt. Adams	Casc. R.	2920
Mt. Aeolus	R. M.	4285
Mt. Bache	Coast R.	1156
Mt. Baker	Casc. R.	3280
Mt. Balley	S. N.	1938
Mt. Capulin	R. M.	ca. 2000
Mt. Dana	S. N.	4033
Mt. Desert	All.	488
Mt. Diablo	Coast R.	1176
Mt. Downey	Coast R.	1730
Mt. Elbert	Sawatch R. R. M.	4367
Mt. Everett	All.	803
Mt. Gasford	All.	1402
Mt. Guyot s. Balsam Cone.		
Mt. Harvard	Sawatch R. R. M.	4385
Mt. Hayden	Teton R. R. M.	3920
Mt. Hood	Casc. R.	2880
Mt. Katahdin	All.	1642
Mt. Kishnena.	R. M.	2614
Mt. Lincoln	Park R. R. M.	4359
Mt. Mansfield	All.	1350
Mt. Marcy	All.	1540
Mt. Pitt	S. N.	ca. 3000
Mt. Powell	Park R. R. M.	4085
Mt. Rainier	Casc. R.	4404
Mt. S. Francisco	S. Francisco R.	3674
Mt. S. Helena	Coast R.	1324
Mt. S. Helens	Casc. R.	2972
Mt. Shasta s. Shasta Peak.		
Mt. Sheridan	R. M.	3153
Mt. Tyndall	S. N.	4386
Mt. Uncompangre (Uncompaghra)	Uncompr. R. R. M.	4341
Mt. Vernon	Md.	40
Mt. Washington	All.	1919
Mt. Whitney	S. N.	4575
Nashville	Tenn.	133
Navajo Springs	Ariz.	1105
Natchez	Louis.	20
New Ulm	Minn.	457
North Park	R. M.	2440
Oakland	Cal.	37
Oberer See s. L. Superior.		
Ogden	Ut.	1312
Oil City	Penn.	302
Olympia	Wash. T.	91
Olympus	Coast R.	2480
Omaha	Nebr.	301[2]
Onjumi Mt.	S. N.	2554
Ozark Mts.		bis 1200
Pembina	Can.	226
Peña Blanca	N. Mex.	1610
Petersburg	Penn.	207
Pic Island	Insel im Ob. See	290
Pikes Peak	R. M.	4313
Pittsburgh	Penn.	227
Portland	Or.	46
Prairie du Chien	Wisc.	184,5
Presidio del Norte	Tex.	847
Providence	R. I.	45
Puerto del Dado	N. M.	1656
Pyramid Peak	S. N.	3076

1) M. Wasserst. — 2) M. Wasserst.

		m.
Railroad Pass	Pianleno Mts.	1586
Rainy L.	Minn.	335
Raton Pass	R. M.	1708
Reading	Penn.	81
Red Buttes	R. M.	1685
Red Cloud	Nebr.	503
Red R. (Mündung)	Tex.	16,5
Red R. (Quelle)	Tex.	747
Red Slate Peak	S. N.	4085
Rochester	N. Y.	154
Round Top	All.	1160
Sacramento	Cal.	25
Saddle Mt.	All.	1098
Salt Lake City	Ut.	1311
San Antonio	Tex.	193
San Antonio	Minn.	253
Santa Fé	N. Mex.	2148,5
S. Ignace	Insel im Ob. See	440
S. Joseph	Mo.	250
S. Juan	Nev.	2460
St. Louis[1]	Mo.	130
S. Paul	Minn.	206
Scott Mts.	S. N.	1800 — 2000
Sevier L.	Ut.	1430
Shasta Peak	S. N.	4403
Shasta Balley	S. N.	2331
Sherman	Wyom.	2552
Shreveport	Louis.	55
Sierra S. Gabriel	Coast R.	3025
Silver Mt.	S. N.	3334
Silver Mt. Pass	S. N.	2681
Siskiyou Mt.	S. N.	ca. 2100
Smoky Dome	All.	2030
Snowmass	Elk R. R. M.	4256
Sonora Pass	S. N.	3084
South Pass	R. M.	2283
South Park	R. M.	2500 — 3200
Stansbury Island	(Gr. Salzsee)	2100
Star Peak	Great Basin	ca. 3000
Stockton	Cal.	14
Strongs Knob	(Gr. Salzsee)	1490
Sunapee Mt.	All.	1413
Table Mt.	Coast R.	700
Tahawu s. Mt. Marcy.		
Tahoe L.	Cal.	2140
Taos	N. Mex.	2442
Tobyhanna[2]	Penn.	589
Truckee	Cal.	1786
Tubac	Ariz.	915
Utah L.	Ut.	1338
Union Peak	Windriver Group R. M.	ca. 4300
Utica	N. Y.	144
Virginia City	Nev.	1890
Wachusett	All.	914
Wahsatch	Ut.	2095
Washington	Ark.	201
Washita R. (Quelle)		680
Woods Peak	S. N.	3217
Westons Pass	Park R.	3560
Wheeling	Penn.	202
Whiteface	All.	ca. 1500
Williamsburg	Penn.	258
Wilsons Gap	Balt. und Ohio R. R. All.	798
Yankton	Dak.	ca. 560
Yuba Pass	S. N.	2025
Zuñi Pass	N. Mex.	2423

1) City Directrix. — 2) Höchste Stat. der Delaware, Lackawanna und W. R. R.

III. Meteorologische Tabellen.

1. Mittlere Jahres-, Sommer- und Wintertemperatur und die Niederschläge.[1])

	M. Jahres-temperatur	Sommer-temperatur	Winter-temperatur	Nieder-schläge	
				mm.	
Albany N. Y.	9° C.	19,5° C.	— 3,5° C.	1016	
Amherst Mass.	8	20	— 4	1007	
Annapolis Mar.	13	24	1,5	1257	
Augusta Ga.	17,5	26,5	9,5		
Baltimore Mar.	12	23,5	1	1065	
Baton Rouge Louis.	20	27	13,5	1502	
Beaufort S. C.	16,5	26	7,5		
Boston Mass.	9,5	20	— 2	1037	
Brownsville Tex.	23	28,5	16,5	785	Ft. Brown.
Burlington Vt.	7	20	— 6	852	
Cambridge Mass.	9	21	— 2,5	1157	
Camden S. C.	17	26	8	1262	
Camp Douglas Ut.	10,8			512	
Cedar Keys Flor.	21	26,5	14,5	1212	
Charleston S. C.	18,5	26,5	11	1087	
Chicago Ill.	8	19,5	— 3,4		
Cincinnati O.	12	21	0,7	1120	
Colorado Springs Col.	8,5				
Columbia S. C.	17,5	26,5	9,5	1177	
Concord N. H.	7	18,5	— 5	1022	
Denver Col.	9,8	36,7 (Max.)	3,2 (Min.)		
Detroit Mich.	8,5	19,5	— 3	750	
East Hampton N. Y.	9	20	— 0,5	930	
Eastport Me.	6	16	— 4,5	1002	
Ft. Brady Mich.	4,5	16,5	— 7,5	757	Tampa Bay
Ft. Brooke Flor.	22	26,5	17	1340	
Ft. Delaware	13,5	24,5	2,5		
Ft. Gibson I. T.	16	26,5	5	907	
Ft. Howard Wisc.	7	20	— 6,5	865	
Ft. Leavenworth Kans.	11,5	23,5	1,5	792	
Ft. Mackinac Mich.	4,5	16,5	— 6,5	597	
Ft. Monroe Va.	15,5	25	4,5	1175	
Ft. Owen Mont.	8	21	— 4		
Ft. Scott Kans.	12,5	24	0,5	1053	Pilatka
Ft. Shannon Flor.	21	27	14	1190	
Ft. Smith Ark.	15,5	25,5	5	1007	
Ft. Snelling Minn.	7	21,5	8,5	645	
Ft. Towson I. T.	16,5	26	6,5	1277	
Ft. Vancouver W. T.	9	15	3	970	
Ft. Washita I. T.	16,5	26,5	6,5	951	
Ft. Winnebago Wisc.	7	20	— 6,5	685	
Galveston Tex.	20,5	28	12		
Gettysburg Penns.	10	20	— 1	970	
Halifax N. S.	6	16	— 4		Niederschl, 1045 in Wolfville N. S.
Helena Mont.	7		— 2,4	583	
Highland Ill.	13,5	25,5	1	1060	
Huntsville Ill.	15	24	5,5		

1) Die Temperaturen nach L. Blodget, Climatology of the U. S., die Niederschläge nach Schott, Tables and Results (Vgl. o. S. 311).

	M. Jahres-temperatur	Sommer-temperatur	Winter-temperatur	Nieder-schläge	
				mm.	
Jacksonville Flor.	20,5° C.	27,5° C	1 ° C.	1317	
Jefferson Barracks Miss.	12,5	24,5	1	1020	
Key West Flor.	24,5	28	21	990	
Louisville Kent.	12,5	23	2,5	1202	
Marietta O.	11,5	22	1	1057	
Milwaukee Wisc.	8	19,5	− 3,4	680	
Mobile Al.	20	28	14	1610	
Muscatine Io.	8	20	− 5	1070	
Natchez Miss.	19	27	10	1405	
Nantucket Mass.	10	20	− 2		
New London Conn.	9,5	20	− 1	1117	
New Orleans Louis.	20,5	27	13	1274	
New York	11	22	− 0,3	1072	
Oregon City Or.	12,5	21	4,5		
Pensacola Flor.	20,5	27,5	12,5	1480	
Philadelphia Penn.	10,5	22	1	1120	
Pikes Peak Col. I.	− 7,3	− 2,3	−15,1		bei 4300 m.
„ „ II.	0,7	11,7	− 8,5		bei 3000 m.
Pittsburgh Penn.	10	20	0,5	875	
Portland Me.	6	17	− 5,5	1215	
Potsdam N. Y.	6,5	19	− 6,5	715	
Prairie du Chien Wisc.	8,5	20	− 6		
Portsmouth N. H.	7,5	18	− 3	745	
Providence R. I.	10	20	− 2	1100	
Quebec Can.	5	19,5	−10		
Richmond Va.	13,5	24	3	957	
Ringgold Barracks Tex.	23,5	29,5	16	532	
Sacramento Cal.	16	23	3,5		
Salem Mass.	8,5	21	− 3,5		
S. Augustine Flor.	21	27	14,5	1077	
S. Diego Cal.	16,5	22	− 3,4		
S. Francisco Cal.	13,5	15	− 3,3		
S. Louis Mo.	12.8	24,5	0,5	1117	
Savannah Ga.	19,5	27	11,5	1207	
Steubenville O.	10	21,5	− 1	1035	
Toronto Can.	6,8	18	− 4	879	
Trenton N. J.	10,5	20	0	1277	
Utica N. Y	7,5	19	− 4	1027	
Vicksburg Miss.	18	25,5	10	1220	
Washington D. C.	13	24	1,5	947	
Westpoint N. Y.	10,5	20	− 1	1290	
Williamsburg Va.	14,5	26,5	3,5	1175	

2. Mittlerer Barometer- und Thermometerstand, Niederschläge und vorherrschende Windrichtung auf den Stationen des U. S. Signal Service f. d. Jahr Oct. 1871 — Sept. 1872.[1])

	M. Barom.-stand	M. Temperatur	Gesammte Niederschläge	Vorwaltender Wind	G. Breite	G. Länge
	mm.		mm.			
Augusta Ga.	752	16,3° C.	1544	W.	33° 28′	81° 53′
Baltimore Mar.	751,5	11,2	838	NW.	39 18	76 36
Boston Mass.	749	9,3	1358	NW.	40 20	71 03
Breckenridge Minn.[2])	749.5	14,5	452	SO.	46 16	96 38
Buffalo N. Y.	748,5	8,8	709	SW.	42 53	78 55
Burlington Verm.	747,8	6,2	832	S.	44 29	73 11
Cairo Ill.	752,5	14	755	S.	37 00	89 00
Cape May N. J.	751	11	1056	NW. u. S.	39 00	74 58
Charleston S. C.	751,7	20,8	1470	SW.	32 45	79 57
Cheyenne Wyom. T.	745	6,8	352	W.	41 12	104 42
Chicago Ill.[3])	750,5	8,2	842	SW.	41 52	87 35
Cincinnati O.	752,5	13,3	937	SO.	39 06	84 30
Cleveland O.	750,2	9,3	775	S.	41 30	81 36
Corinne Ut.	750,7	9,5	432	N.	41 30	112 18
Davenport Io.	751,2	9,8	1035	SW.	41 39	90 36
Denver Col.[4])	749	8,3	407	S.	39 44	104 58
Detroit Mich.	749,5	8,2	700	SW.	42 18	83 00
Duluth Minn.	749,2	9,3	860	NO.	46 48	92 06
Escanaba Mich.	749,2	4,6	867		46 36	87 06
Ft. Benton Mont.	749,7	6,3	305,7	SW.	47 52	110 40
Ft. Sully Dak.[5])	742,5	18,3	338	SO.	44 39	100 40
Galveston Tex.	751,5	21	1310	SO.	29 19	94 46
Grand Haven Mich.	749,2	12,8	848	W.	43 05	86 13
Indianapolis Ind.	750,5	11,4	939	SW.	39 42	86 06
Indianola Tex.[6])	750.7	27,7	177	SO.	28 31	96 28
Jacksonville Flor.	752,5	20,9	1349	NO.	30 15	82 00
Keokuk Io.	749,2	11	927	W.	40 18	91 30
Key West Flor.	751,2	25,3	912	O.	24 36	81 48
Knoxville Tenn.	751,7	13,6	1101	NW.	35 56	83 58
Lake City Flor.	751	19,9	1178	SW.	30 56	82 42
Leavenworth Kans.	751	11,6	1205	SW.	39 21	94 44
Louisville Kent.	751,2	13,5	967	NW.	38 00	85 25
Lynchburg Virg.	751,7	13,3	719	SW.	37 18	85 54
Marquette Mich.	fehlt	3,8	791	W.	46 33	87 23
Memphis Tenn.	752,5	16,8	1079	S.	35 08	88 00
Milwaukee Wisc.	749,5	6,9	756	SW. u. NW.	43 03	87 57
Mobile Al.	752,2	18,9	1735	N.	30 42	87 59
Mt. Washington N. H.[7])	747,7	4,1	1395	NW.	44 16	71 16
Nashville Tenn.	753	15,2	946	W.	36 10	86 49
New London Conn.	749,5	9,2	1240	NW.	41 22	72 09
New Orleans Louis.	751,5	20	1563	SO.	29 57	90 00
New York City N. Y.	750	10,8	1157	W.	40 42	74 01
Norfolk Virg.	751,2	16,5	1258	S.	36 51	76 19

1) Report U. S. Signal Service for 1872 (Wash. 1873). — 2) Für die 5 Monate April — Sept. — 3) Für die 11 Monate Nov.—Sept. — 4) Barometer und Temp. für Nov.—Sept., Niederschlag für Jan.—Sept. — 5) Für die 5 Monate Mai—Sept. — 6) Für die 5 Monate Mai — Sept. — 7) Gipfel.

	M. Barom.-stand	M. Tempe-ratur	Gesammte Nieder-schläge	Vorwaltender Wind	G. Breite	G. Länge
	mm.					
Omaha Nebr.	747,7	9 °C.	870	SO.	41° 16′	96° 00′
Oswego N. Y.	748,5	8	615	W.	43 28	76 35
Philadelphia Penn.[1])	751	11,4	1053	NW.	39 57	75 12
Pittsburgh Penn.	747,5	10,9	775	W.	40 32	80 02
Portland Me.	749	6,6	1058	SW.	43 40	70 14
Portland Or.[2])	751,7	11	1034	NW.	45 30	122 27
Punta Rossa Flor.	751,7	23,5	1022	NO.	27 00	82 18
Rochester N. Y.	748,7	7,3	738	W.	43 08	77 51
San Diego Cal.[3])	750,5	15,7	155	W.	32 44	117 06
San Francisco Cal.	750,7	13,5	771	SW.	37 48	122 26
Santa Fé N. Mex.[4])	745,7	10	239	N.	35 41	106 03
Savannah Geo.	752	19	1549	SW.	32 05	81 08
Shreveport Louis.	751	18	1087	S.	32 30	93 45
St. Louis Mo.	750,2	12,8	787	S.	38 37	90 16
St. Paul Minn.	749,7	5,8	782	S.	44 53	93 05
Toledo Ohio	749,7	9,7	706	SW.	40 39	83 32
Vicksburg Miss.	752,5	19	1443	SO.	32 24	91 00
Virginia City Mont.[5])	741,7	4,7	259	W.	45 18	112 03
Washington D. C.	751	13	712	NW.	38 53	77 01
Wilmington N. C.	752	17,4	1506	SW.	34 11	78 10

1) Fehlt Niederschlag für Oct. — 2) Mittel für die 11 Monate Nov.—Sept. — 3) Ebenso. — 4) Mittel für die 10 Monate Dec.—Sept. — 5) Dasselbe.

Register.

Druckfehler-Berichtigung.

S. IX Z. 6 v. u. l. Science st. Sience.
S. 3 Z. 12 v. o. l. zu betrachten pflegt st. zu betrachten.
S. 76 Z. 21 v. o. l. Pass st. Paas.
S. 87 Z. 14 v. u. l. Fork st. Fock.
S. 117 Z. 9 v. o. l. Flussbett st. Fussbett.
S. 173 Z. 21 v. o. l. Tennessee st. Mississippi.
S. 204 Z. 21 v. o. l. Küstenflüsse st. Küstenfüsse.
S. 212 Z. 2 v. o. 503 st. 203.
S. 263 Z. 3 v. o. l. Bayou st. Bayon.
S. 328 Z. 2 v. u. l. 53° st. 33°.
S. 350 In der Seitenangabe l. 350 st. 250.
S. 403 Anm. l. A. J. S. 1856. II. 204 st. A. J. S.
S. 474 Z. 15 v. o. l. Rhododendren st. Rododendren.

www.ingramcontent.com/pod-product-compliance
Lightning Source LLC
LaVergne TN
LVHW010647300926
849161LV00005B/1049